Carl Friedrich Plattner

Die Probirkunst mit dem Löthrohre oder Anleitung

Carl Friedrich Plattner

Die Probirkunst mit dem Löthrohre oder Anleitung

ISBN/EAN: 9783741158728

Hergestellt in Europa, USA, Kanada, Australien, Japan

Cover: Foto ©Angelika Wolter / pixelio.de

Manufactured and distributed by brebook publishing software
(www.brebook.com)

Carl Friedrich Plattner

Die Probirkunst mit dem Löthrohre oder Anleitung

Carl Friedrich Plattner's

Probirkunst

mit dem

Löthrohre

oder

vollständige Anleitung

zu

qualitativen und quantitativen Löthrohr-
Untersuchungen.

Vierte Auflage,
neu bearbeitet und vermehrt

von

Theodor Richter,

Professor an der königl. sächs. Bergakademie und Oberhüttenamts-Assessor
zu Freiberg.

Mit 80 in den Text eingedruckten Holzschnitten
und einer Steindrucktafel.

Leipzig, 1865.

Verlag von Johann Ambrosius Barth.

Sr. Hoch- und Wohlgeboren

Herrn

Friedrich Constantin Freiherrn von Beust

Königl. Sächs. Oberberghauptmann, Comthur des Königl. Sächs.
Verdienstordens, Grosskreuz des Kais. Russ. St. Stanislausordens
usw. usw.

ehrfurchtsvoll gewidmet

von

Th. Richter.

Vorwort zur vierten Auflage.

Wenn ich nach dem Vergriffensein der dritten Auflage der Plattner'schen Löthrohrprobirkunst auf den Wunsch der Verlagshandlung die Bearbeitung der vorliegenden vierten Auflage übernahm, so geschah diess in der Meinung, dass es heute wie früher Vielen erwünscht sein möchte, ein ausführliches Lehrbuch über einen so brauchbaren Gegenstand in den Händen zu haben. Ich habe mich der Vorarbeit meines mir unvergesslichen Lehrers soviel als möglich angeschlossen und ihr nur das Neue und Bewährte, was seit dem Erscheinen der dritten Auflage bekannt geworden war, hinzugefügt, weil ich hinreichend Gelegenheit hatte mich von der zweckmässigen Eintheilung und Behandlung des Gegenstandes in seinem Werke während meiner mehrjährigen Wirksamkeit als Lehrer dieses Faches an der hiesigen Bergakademie zu überzeugen.

Möge diese vierte Auflage gleich freundliche Aufnahme finden, wie sie den vorhergehenden zu Theil geworden ist.

Freiberg, im Mai 1865.

Th. Richter.

Inhalt.

— —

Erste Abtheilung.

Beschreibung der zu Löthrohrproben erforderlichen
Gegenstände.

Seite

I. Das Löthrohr und dessen Anwendung in der Chemie und
   Mineralogie 8

II. Das Brennmaterial 9
   Löthrohrlampe 10
   Gaslampe 11
   Frick'sches Löthrohr 12
   Spirituslampe 12

III. Das Blasen und die Flamme 12
   1) Die Oxydationsflamme 15
   2) Die Reductionsflamme 17

IV. Die Unterlage 18
   a) Die unmittelbare Unterlage 18
      1) Kohle (gewöhnliche Holzkohle und künstliche Löthrohrkohlen) 18
      2) Platin in Form von Draht und Blech, Löffel und Schälchen 24
      3) Glasröhren und Glaskölbchen 26
      4) Thonschälchen und Thontiegel nebst Presse oder Form 27
      5) Knochenasche 30
   b) Die mittelbare Unterlage 30
      1) Sodapapier 30
      2) Ein Gemenge von 7 Theilen Kohle und 1 Theil Thon 31

V. Instrumente, kleine Gefässe und andere Gegenstände, welche
   zu Löthrohrproben gebraucht werden 32
   1) Eine feine Hebelwage 32
   2) Gewichte 33
   3) Löthrohrproben-Maasstab 34
      Scala für Silberkörner 35
      „   für Goldkörner 41

Seite

4) Eine gute Loupe 43
5) Zangen und Pincetten 43
6) Ein Hammer 44
7) Ein Amboss 44
8) Ein Stahlmörser 45
9) Ein Achatmörser 45
10) Einige Feilen 45
11) Ein Messer und eine kleine Scheere . . . 45
12) Ein Magnetstab 45
13) Kohlenbohrer 46
14) Kapelleneisen nebst Holzen und Stativ . . 47
15) Eine Mengkapsel von Messingblech 48
16) Ein Spatel von Eisen 48
17) Ein Kohlenhalter mit Platindraht und dergl. Blech . 48
18) Ein elfenbeinernes Löffelchen und ein Pinsel . 50
19) Ein Probirbleisieb 50
20) Ein Probirbleimaas 50
21) Ein kleiner Hohlcylinder 51
22) Cylindrische Büchsen von Holz, sowie Gläser mit eingeschliffenen Glasstöpseln zu Reagentien 51
23) Glasirte Porcellangefässe, Uhrgläser, Probircylinder, Becher-gläser, Trichter, Filtrirpapier, Heber, Spritzflasche und Tropfglas . 51
24) Eine Kohlenwage 53
25) Verschiedene Gefässe von Blech zur Aufbewahrung von Oel, Spiritus, Kohlen etc. 53

VI. Reagentien, die bei Löthrohrproben angewendet werden . 54

A) Reagentien zu solchen Löthrohrproben, die ohne Mit-anwendung des nassen Weges ausgeführt werden . . 55

  a) Allgemeine Reagentien 55

  1) Soda 55
  2) Neutrales oxalsaures Kali 55
  3) Cyankalium 56
  4) Borax 56
  5) Phosphorsalz 57
  6) Salpeter 57
  7) Doppelt-schwefelsaures Kali 57
  8) Verglaste Borsäure 58
  9) Salpetersaures Kobaltoxydul im aufgelösten Zustande . 58
  10) Blei (Probirblei) 59
  11) Zinn 60
  12) Eisen 60
  13) Silber 60
  14) Gold 60
  15) Arsen im metallischen Zustande 61

  b) Besondere Reagentien, die nur bei gewissen Pro-ben Anwendung finden 61

  1) Reagenspapiere 61
  2) Antimonsaures Kali 61
  3) Kleesalz 62
  4) Flusspath im geglühten Zustande 62
  5) Kieselerde 62
  6) Kupferoxyd 62
  7) Oxalsaures Nickeloxydul 62
  8) Chlorsilber 63
  9) Stärkemehl 63

Seite

10) Graphit 63
11) Ein Problem? 64

B) Reagentien zu solchen Löthrohrproben, die bei Mitanwendung des nassen Weges ausgeführt werden . . 63

a) Allgemeine Reagentien 63
1) Schwefelsäure 63
2) Salpetersäure 64
3) Chlorwasserstoffsäure 64
4) Essigsäure 64
5) Oxalsäure 64
6) Aetzkali 64
7) Aetzammoniak 64
8) Kohlensaures Ammoniak im gepulverten Zustande . 65
9) Platinchlorid 65
10) Destillirtes Wasser 65

b) Besondere Reagentien, deren Anwendung beschränkt ist 65
1) Weinsteinsäure im krystallisirten Zustande . . . 65
2) Kohlensaures Kali im trocknen Zustande . . . 65
3) Neutrales schwefelsaures Kali in kleinen Krystallen . 66
4) Salmiak 66
5) Molybdänsaures Ammoniak 66
6) Kaliumeisencyanür (Ferrocyankalium) 66
7) Schwefelammonium (Ammonium-Sulfhydrat) . . 66
8) Eisenvitriol 67
9) Kupfervitriol 67
10) Bleizucker 67
11) Galläpfeltinktur 67
12) Absoluter Alkohol 67

— — —

Zweite Abtheilung.

Qualitative Löthrohrproben.

I. Allgemeine Regeln 71

A) Allgemeine Regeln, nach welchen theils das Verhalten der Mineralien und anderer Substanzen vor dem Löthrohre ausgemittelt, theils auch ein grosser Theil ihrer Bestandtheile aufgefunden werden kann . . . 71

a) Prüfung der Substanzen ohne Reagentien 72
1) Prüfung in einem kleinen Glaskolben oder in einer an einem Ende ungeschmolzenen Glasröhre 72
2) Prüfung in einer an beiden Enden offenen Glasröhre . . . 76
3) Prüfung auf Kohle im Löthrohrfeuer 79
   Verhalten einiger Metalle und anderer Substanzen auf Kohle.
   Beschläge 81
4) Prüfung der Substanzen auf ihre Schmelzbarkeit und auf Färbung der äussern Löthrohrflamme 85
α) Prüfung der Substanzen auf ihre Schmelzbarkeit 85
β) Prüfung der Substanzen auf Färbung der äussern Flamme . 88
   Zusammenstellung der verschiedenen Körper, welche beim Erhitzen die äussere Flamme färben 91

Seite

5) Prüfung der Substanzen mit Anwendung von Reagentien . . . 97
   Röstung der Substanz auf Kohle 97
   1) Prüfung der Substanzen mit Borax 99
   2) Prüfung der Substanzen mit Phosphorsalz 105
   3) Prüfung der Substanzen mit Soda 108
     a) Die Schmelzbarkeit der Substanz mit Soda 108
     Zusammenstellung mehrerer sauerstoffhaltigen Mineralien nach
     ihrer Schmelzbarkeit und ihrem Verhalten zu Soda nach
     Berzelius 110
     b) Die Reduction der Metalloxyde mittelst Soda 112
     Anwendung von neutralem oxalsaurem Kali oder Cyankalium
     als Reductionsmittel 114
   4) Prüfung der Substanzen mit Kohlensolution 114
     Tabellarische Uebersicht über das Verhalten der Alkalien, Erden
     und Metalloxyde für sich und zu Reagentien im Löthrohrfeuer . 117

B) Allgemeine Regeln für qualitative Löthrohrproben,
  nach welchen mit theilweiser Anwendung des nassen
  Weges die einzelnen Bestandtheile in zusammenge-
  setzten Verbindungen aufgefunden werden können . 142
  Auflösung der Substanzen in Wasser oder Chlorwasserstoffsäure . 142
  Aufschliessung der Substanzen durch Schmelzen mit Soda und
  Borax, und Behandlung der geschmolzenen Masse mit Chlor-
  wasserstoffsäure 143
  Schmelzung der Substanzen mit Salpeter oder mit doppelt-schwe-
  felsaurem Kali 147

II. Qualitative Proben der Mineralien, Erze und Hüttenprodukte auf metallische und nichtmetallische Körper vor dem
  Löthrohre 151
  Bezeichnung der Schmelzbarkeit der Silkate und des Verhaltens
  derselben zu Chlorwasserstoffsäure durch Ziffern 151

A) Proben auf Alkalien und Erden 152
  1) Kali. Vorkommen desselben 152
    Probe auf Kali 155
  2) Natron. Vorkommen desselben 159
    Probe auf Natron 163
  3) Lithion. Vorkommen desselben 164
    Probe auf Lithion 165
  4) Ammoniak. Vorkommen desselben 168
    Probe auf Ammoniak 169
  5) Baryterde. Vorkommen derselben 169
    Probe auf Baryterde und Verhalten der betreffenden Mineralien
    vor dem Löthrohre 170
  6) Strontianerde. Vorkommen derselben 174
    Probe auf Strontianerde und Verb. der betr. Min. v. d. L. 175
  7) Kalkerde. Vorkommen derselben 177
    Probe auf Kalkerde und Verb. der betr. Mineralien v. d. L. 183
  8) Talkerde. Vorkommen derselben 198
    Probe auf Talkerde und Verb. der betr. Min. v. d. L. . . 205
  9) Thonerde. Vorkommen derselben 213
    Probe auf Thonerde und Verb. der betr. Min. v. d. L. . 218
  10) Beryllerde. Vorkommen derselben 227
    Probe auf Beryllerde und Verb. der betr. Min. v. d. 1. . 228
  11) Yttererde, mit Einschluss der Terbinerde und der Er-
    binoxyde. Vorkommen derselben 232
    Probe auf Yttererde etc. und Verb. der betr. Min. v. d. L. 234
  12) Zirkonerde Vorkommen derselben 249
    Probe auf Zirkonerde und Verb. der betr. Min. v. d. L. . 249

Inhalt.

	Seite
13) Thorerde. Vorkommen derselben	250
Probe auf Thorerde und Verh. der betr. Min. v. d. L.	255
B) Proben auf Metalle oder deren Oxyde	257
1) Cer, Lanthan und Didym. Vorkommen derselben	257
a) Probe auf Cer, Lanthan und Didym im Allgemeinen	258
b) Verhalten der betr. Mineralien v. d. L.	260
2) Mangan. Vorkommen desselben	266
a) Probe auf Mangan im Allgemeinen	269
b) Verhalten der betr. Mineralien v. d. L.	272
c) Probe auf Mangan in Hüttenprodukten	275
3) Eisen. Vorkommen desselben	276
a) Probe auf Eisen im Allgemeinen	284
b) Verhalten der betr. Mineralien v. d. L.	290
c) Probe auf Eisen in Hüttenprodukten und deren Verh. v. d. L.	301
4) Kobalt. Vorkommen desselben	304
a) Probe auf Kobalt im Allgemeinen	306
b) Verhalten der betr. Mineralien v. d. L.	309
c) Probe auf Kobalt in Hüttenprodukten	313
5) Nickel. Vorkommen desselben	313
a) Probe auf Nickel im Allgemeinen	315
b) Verhalten der betr. Mineralien v. d. L.	318
c) Probe auf Nickel in Hüttenprodukten	322
6) Zink. Vorkommen desselben	322
a) Probe auf Zink im Allgemeinen	324
b) Verhalten der betr. Mineralien v. d. L.	326
c) Probe auf Zink in Hüttenprodukten	331
7) Kadmium. Vorkommen desselben	331
a) Probe auf Kadmium im Allgemeinen	331
b) Verhalten der betr. Mineralien v. d. L.	332
8) Blei. Vorkommen desselben	334
a) Probe auf Blei im Allgemeinen	337
b) Verhalten der betr. Mineralien	341
c) Probe auf Blei in Hüttenprod. und deren Verh. v. d. L.	350
9) Zinn. Vorkommen desselben	357
a) Probe auf Zinn im Allgemeinen	358
b) Verhalten der betr. Mineralien v. d. L.	359
c) Probe auf Zinn in Hüttenprod. und deren Verh. v. d. L.	360
10) Wismuth. Vorkommen desselben	361
a) Probe auf Wismuth im Allgemeinen	363
b) Verhalten der betr. Mineralien v. d. L.	365
c) Probe auf Wismuth in Hüttenprodukten	368
11) Uran. Vorkommen desselben	368
a) Probe auf Uran im Allgemeinen	369
b) Verhalten der betr. Mineralien v. d. L.	370
12) Kupfer. Vorkommen desselben	371
a) Probe auf Kupfer im Allgemeinen	375
b) Verhalten der betr. Mineralien v. d. L.	382
c) Probe auf Kupfer in Hüttenprodukten	391
13) Quecksilber. Vorkommen desselben	394
a) Probe auf Quecksilber im Allgemeinen	396
b) Verhalten der betr. Mineralien v. d. L.	397
c) Probe auf Quecksilber in Hüttenprodukten	398
14) Silber. Vorkommen desselben	399
a) Probe auf Silber im Allgemeinen	402
b) Verhalten der betr. Mineralien v. d. L.	404
c) Probe auf Silber in Hüttenprodukten	411

Seite

15) Platin, Palladium, Rhodium, Iridium, Ruthenium
und Osmium. Vorkommen derselben 411
Verhalten der betr. Mineralien v. d. L. 412
16) Gold. Vorkommen desselben 414
a) Probe auf Gold im Allgemeinen 415
b) Verhalten der betr. Mineralien v. d. L. 417
c) Probe auf Gold in Hüttenprodukten 419
17) Titan. Vorkommen desselben 419
a) Probe auf Titan im Allgemeinen 419
b) Verhalten der betr. Mineralien v. d. L. 421
c) Verhalten des in Hüttenprodukten vorkommenden Titans . 421
18) Tantal, Niob und Dian. Vorkommen derselben . . 421
Probe auf Tantal, Niob und Dian 422
19) Antimon. Vorkommen desselben 425
a) Probe auf Antimon im Allgemeinen 426
b) Verhalten der betr. Mineralien v. d. L. 430
c) Probe auf Antimon in Hüttenprodukten 432
20) Wolfram. Vorkommen desselben 432
Probe auf Wolfram 434
21) Molybdän. Vorkommen desselben 435
Probe auf Molybdän und Verhalt. der betr. Mineralien v. d. L. 436
22) Vanadin. Vorkommen desselben 438
Probe auf Vanadin 439
23) Chrom. Vorkommen desselben 440
a) Probe auf Chrom im Allgemeinen 440
b) Verhalten der betr. Mineralien v. d. L. 443
24) Arsen. Vorkommen desselben 444
Probe auf Arsen und Verhalten der betr. Mineralien v. d. L. 446
25) Tellur. Vorkommen desselben 452
Probe auf Tellur 453

C) Proben auf nichtmetallische Körper und Säuren . 455
1) Wasser. Vorkommen desselben 455
Probe auf Wasser 455
2) Salpetersäure. Vorkommen derselben 456
Probe auf Salpetersäure und Verhalten der betr. Salze im
Allgemeinen v. d. L. 456
3) Kohlenstoff und Kohlensäure. Vorkommen derselben . 458
a) Probe auf Kohlenstoff und Kohlensäure und Verhalten der
betr. Mineralien v. d. L. 459
b) Probe auf Kohlenstoff in Hüttenprodukten 464
4) Bor und Borsäure. Vorkommen derselben 464
Probe auf Borsäure und Verhalten der betr. Mineralien v. d. L. 465
5) Kiesel und Kieselsäure. Vorkommen derselben . . . 466
Probe auf Kieselsäure und Verhalten der betr. Mineralien und
Hüttenprodukte v. d. L. 467
6) Schwefel und Schwefelsäure. Vorkommen derselben . 469
Probe auf Schwefel und Schwefelsäure und Verhalten der
betr. Salze im Allgemeinen v. d. L. 470
7) Selen. Vorkommen desselben 474
Probe auf Selen 475
8) Phosphor und Phosphorsäure. Vorkommen derselben . 475
Probe auf Phosphor und Phosphorsäure und Verhalten der
betr. Salze im Allgemeinen v. d. L. 476
9) Chlor. Vorkommen desselben 480

Seite

Probe auf Chlor und Verhalten der Chlormetalle und der chlor-
saaren Salze im Allgemeinen v. d. L. 460

10) Brom. Vorkommen desselben 482
Probe auf Brom und Verhalten der Brommetalle und der
bromsauren Salze im Allgemeinen v. d. L. 482

11) Jod. Vorkommen desselben 483
Probe auf Jod und Verhalten der Jodmetalle und der jodsauren Salze im Allgemeinen v. d. L. 484

12) Fluor. Vorkommen desselben 486
Probe auf Fluor oder Fluorwasserstoffsäure 486

13) Cyan. Vorkommen desselben in Hüttenprodukten 488
Probe auf Cyan und Verh. der Cyanmetalle im Allgem. v. d. L. 489

III. Ueber den Gang bei der Untersuchung verschiedener Verbindungen auf ihre Bestandtheile mit Hülfe des Löthrohrs 490

A) Sauerstoffsalze mit Einschluss von Chlor-, Brom-,
Jod-, Fluor- und Cyanmetallen 490
B) Silicate incl. Aluminate 497
C) Verbindungen von Metalloxyden 501
D) Schwefel-, Selen- und Arsenmetalle 503
E) Verbindungen von Metallen, die kein Arsen und kei-
nen Schwefel oder wenigstens nur eine sehr geringe
Menge davon enthalten 506

Dritte Abtheilung.

Quantitative Proben mit Hülfe des Löthrohrs.

I. Das Verrichten der auf gewisse Bestandtheile quantitativ
zu untersuchenden Substanzen 511

II. Beschreibung der einzelnen quantitativen Proben vor dem
Löthrohre 512

1) Die Silberprobe 519
A) Erze, Mineralien und Hüttenprodukte, in denen das Silber vorzugsweise an nichtmetallische Körper gebunden ist, auf Silber
zu probiren, und zwar:
a) solche, welche flüchtige Bestandtheile, namentlich Schwefel und
Arsen, sowie Chlor, Brom und Jod in grösserer oder geringerer Menge enthalten, oder auch gänzlich frei davon sind und
durch Schmelzen mit Borax und Probirblei auf Kohle zerlegt
werden können 519
Tabelle über den Kapellenzug 530
b) Mineralien, welche Verbindungen enthalten, die durch Schmelzen mit Borax und Probirblei allein auf Kohle nicht zerlegbar sind 531
c) Hüttenprodukte, welche aus Metalloxyden bestehen, die sich auf
Kohle leicht reduciren lassen 532

B) Metallverbindungen auf Feinsilber zu probiren und zwar:
a) in denen Silber einen Haupthestandtheil ausmacht 533
b) in denen Kupfer oder Nickel den vorwaltenden und Silber nur
einen geringen Bestandtheil ausmacht 535
c) in denen Blei oder Wismuth der Hauptbestandtheil ist . . 537

Seite

d) in denen Tellur, Antimon oder Zink einen Hauptbestandtheil ausmacht 538

e) in denen Zinn den Haupt- oder nur einen Nebenbestandtheil ausmacht 539

f) in denen Quecksilber der vorwaltende Bestandtheil ist ... 539

g) in denen Eisen oder Stahl der Hauptbestandtheil ist ... 540

2) Die Goldprobe 541

A) Golderze, goldhaltige Silbererze und silber- und goldhaltige Hüttenprodukte auf Gold zu probiren 542

B) Metallverbindungen auf Feingold zu probiren, und zwar:
   a) die nur aus Gold und Silber bestehen 549
   b) die ausser Gold und Silber noch andere Metalle enthalten, als:
      1) das mit Kupfer und Silber zugleich legirte Gold ... 553
      2) die Legirungen des Goldes mit Platin, Silber und Kupfer:
         α) Gold und Platin 554
         β) Gold, Platin und Silber 556
         γ) Gold, Platin, Silber und Kupfer 556
      3) Iridium enthaltendes Gold 557
      4) Palladium enthaltendes Gold 557
      5) Rhodium enthaltendes Gold 557
   c) die aus Gold und Quecksilber bestehen 559

3) Die Kupferprobe 560

A) Erze, Mineralien, Hütten- und Kunstprodukte, und zwar:
   a) welche flüchtige Bestandtheile, als: Schwefel, Selen und Arsen enthalten, auf Kupfer zu probiren 561
   b) welche das Kupfer entweder im oxydirten Zustande oder an Chlor gebunden enthalten, es sei nun im ersten Falle rein, oder mit Sturz und Wasser verbunden, oder mit erdigen Theilen verschlackt oder sonst vereinigt, auf Kupfer zu probiren ... 568

C) Metallverbindungen, in denen Kupfer einen Bestandtheil ausmacht, auf Gaarkupfer zu probiren 570
   a) die aus Kupfer und Blei bestehen 570
   b) die aus Kupfer, Eisen, Nickel, Kobalt, Zink und Wismuth bestehen und von denen das Kupfer theils mit einem von diesen Metallen allein, theils mit mehreren zugleich, so wie auch öfters nebenbei mit Blei, Antimon und Arsen verbunden ist ... 574
   c) die aus Kupfer und Antimon bestehen 577
   d) die aus Kupfer und Zinn bestehen 577

4) Die Bleiprobe 580

A) Mineralien, Erze und Hüttenprodukte, welche das Blei im geschwefelten Zustande enthalten, auf Blei zu probiren ... 581
   Erstes Verfahren 581
   Zweites Verfahren 586

B) Mineralien, Erze und Kunstprodukte, welche das Blei sowohl als Chlorblei, als auch im Zustande des Oxyds und zwar entweder im freien oder verschlackten Zustande oder mit Säuren verbunden enthalten, auf Blei zu probiren 589

C) Mineralien, welche das Blei metallisch, entweder mit Selen, oder mit andern Metallen verbunden, enthalten, auf Blei zu probiren ... 590

5) Die Wismuthprobe 591

A) Mineralien, Erze und Hüttenprodukte, in denen das Wismuth metallisch, entweder gar mit andern Substanzen, oder mit Arsenmetallen von Kobalt, Nickel und Eisen gemengt, oder mit Tellur chemisch verbunden ist, auf Wismuth zu probiren ... 592

B) Mineralien, in denen das Wismuth als Schwefelwismuth, entweder

Seite

für sich, oder mit andern Schwefelmetallen, oder mit Arsenmetallen chemisch verbunden vorkommt, auf Wismuth zu probiren 596

C) Mineralien, Erze und Produkte, die das Wismuth im oxydirten
Zustande, entweder frei, oder an Kohlensäure, Phosphorsäure,
Kieselsäure etc. gebunden enthalten, und vielleicht auch mit
Oxyden von Kupfer, Nickel, Kobalt, oder deren Salzen gemengt
sind, oder in denen das Wismuth an Chlor gebunden ist, auf
Wismuth zu probiren 598

6) Die Zinnprobe 600

A) Mineralien, Erze und Produkte, welche das Zinn entweder im
geschwefelten Zustande oder als Oxyd, gemengt mit Schwefel-
und Arsenmetallen, enthalten, auf Zinn zu probiren 600

a) Die reducirende Schmelzung des vorbereiteten Zinnerzes in
einem mit Kohle ausgefütterten Thontiegel 604

b) Die reducirende Schmelzung des vorbereiteten Zinnerzes in einem
nicht ausgefütterten Thontiegel 606

B) Mineralien und Produkte, welche das Zinn im oxydirten Zustande
enthalten, auf Zinn zu probiren, und zwar:

a) solche, welche frei von den Oxyden des Eisens und eingemengten Schwefel- und Arsenmetallen sind 608

b) Produkte, welche das Zinn im oxydirten Zustande, verbunden
mit Silicaten von Eisenoxydul und Erden, enthalten 609

C) Metallverbindungen, in denen Zinn einen Bestandtheil ausmacht,
auf Zinn zu probiren 611

7) Die Kobalt- und Nickelprobe 612

A) Mineralien, Erze und Hüttenprodukte, in denen Kobalt und
Nickel metallisch mit Arsen verbunden sind, die aber öfters mit
andern Arsenmetallen gemischt, und zuweilen auch mit sehr
geringen Mengen von Schwefelmetallen gemengt, jedoch frei von
Kupfer sind, auf Kobalt und Nickel zu probiren 619

B) Mineralien, Erze und Hüttenprodukte, in denen Kobalt und Nickel
und vielleicht noch andere Metalle z. Th. an Arsen, z. Th. an
Schwefel, oder vollständig an Schwefel gebunden sind, und
die zugleich mehr oder weniger andere Schwefelmetalle oder
erdige Theile eingemengt enthalten, auf Kobalt, Nickel und
nach Befinden gleichzeitig auf Wismuth, Blei oder Kupfer zu
probiren 624

C) Mineralien, Erze und Produkte, in denen Kobalt und Nickel im
oxydirten Zustande an Schwefelsäure, oder Arsensäure, oder Kieselsäure, oder an andere Metalloxyde, und zuweilen zugleich an
Wasser gebunden sind, auf Kobalt und Nickel zu probiren . 632

D) Gemenge von Metalloxyden, die hauptsächlich aus Oxyden des
Kobalts oder Nickels bestehen, auf Kobalt und Nickel zu probiren 634

E) Mineralien, so wie Hütten- und Kunstprodukte, die entweder aus
Metallgemischen, oder aus solchen Schwefel- und Arsenmetallen
bestehen, in welchen mehr Kupfer als Nickel vorhanden ist,
auf Kobalt und Nickel resp. Kupfer zu probiren 639

8) Die Eisenprobe 640

Vorrichten des Probemehls 642

Verfahren bei der Probe auf Eisen 642

Verfahren bei der gleichzeitig quantitativen Bestimmung der vorwaltenden erdigen Theile 645

9) Die Probe auf Chrom 647

A) Schmelzen mit Salpeter 647

a) Wenn in der Substanz weder Blei, Wismuth, Zinn, noch Kadmium enthalten ist 647

Seite

a) Wenn die vorerwähnten Stoffe darin enthalten sind . . . 648

B) Weitere Behandlung der geschmolzenen Masse 649

10) Die Untersuchung der Kohlen 653

a) Bestimmung der Wassergehaltes 653

b) Bestimmung des Koksausbringens 654

c) Aschenbestimmung 654

d) Bestimmung des absoluten Wärmeeffectes 655

Anhang.

I. Die Anwendung quantitativer Metallproben vor dem Löthrohr zur Bestimmung verschiedener Stoffe in der quantitativen chemischen Analyse 656

II. Die Spectralanalyse 660

Alphabetisches Verzeichniss der in der zweiten Abtheilung genannten
Mineralien und Hüttenprodukte 667

Uebersicht der Atomgewichte der einfachen Körper 680

Berichtigungen und Nachträge 681

Erste Abtheilung.

Beschreibung der zu Löthrohrproben erforderlichen Gegenstände.

I. Das Löthrohr und dessen Anwendung in der Chemie und Mineralogie.

Das Löthrohr ist ein Instrument, welches von den Metallarbeitern zum Zusammenlöthen kleiner Metallstücke mit einer dem betreffenden Metalle entsprechenden leichter schmelzbaren Metall-Legirung, dem sogenannten „Loth", schon seit langer Zeit mit Vortheil angewendet worden ist und gegenwärtig noch angewendet wird. Es besteht aus einer ungefähr 240 Millimeter langen konischen Röhre von Messing, die am engern Ende unter einem rechten Winkel, jedoch ohne scharfe Ecke, gebogen ist, so dass sich damit die Flamme einer Oellampe bequem auf die zu löthenden Metallstücke, die dazu auf Kohle gelegt werden, leiten lässt, wenn man das weitere Ende der Röhre zwischen die Lippen nimmt, das engere gebogene Ende gegen die Flamme richtet und einen, zu Hervorbringung der nöthigen Hitze, entsprechend starken Luftstrom durch die Röhre auf die Flamme bläst.

Dieses Instrument gehört aber auch in gegenwärtiger Zeit zu denjenigen unentbehrlichen Hülfsmitteln, welche der Chemiker in seinem Laboratorium, der Mineralog zur Prüfung und Bestimmung von Mineralien und der Berg- und Hüttenmann zur Untersuchung der Erze und Hüttenprodukte gebraucht.

Anton von Swab, schwedischer Bergrath, war, wie Berzelius[*] uns mittheilt, nach Bergman's Angabe der Erste, der das Löthrohr im Jahre 1738 zur Prüfung der Mineralien und Erze zu gebrauchen versuchte; da er aber etwas Schriftliches über seine Versuche nicht bekannt gemacht hat, so weiss man auch nicht, wie weit sich dieselben erstreckten.

Cronstedt, schwedischer Bergmeister, der Begründer des chemischen Mineralsystems, welches 1758 im Drucke erschien, bediente sich des Löthrohrs, um Mineralien von einander zu unterscheiden. Er wandte dabei schmelzbare Reagentien an, um aus den Veränderungen, die dadurch hervorgebracht wurden, auf die Zusammensetzung der Mineralien zu schliessen und dieselben darnach ordnen zu können. Von Engeström, der 1765 in England eine

---

[*] Dessen „Anwendung des Löthrohrs in der Chemie und Mineralogie", Seite 1.

Das Löthrohr, wie es die Metallarbeiter in seiner Einfachheit gebrauchen, führt, wenn man lange ununterbrochen damit bläst, die Unbequemlichkeit mit sich, dass die in der Röhre nothwendigerweise sich ansammelnde Feuchtigkeit endlich durch den Luftdruck herausgetrieben wird und in der Flamme Störungen verursacht. Dieser Unannehmlichkeit ist man durch Verbindung des Löthrohrs mit einem hohlen Raume zur Aufnahme der unvermeidlichen Feuchtigkeit begegnet. Cronstedt brachte zu diesem Zwecke in der Mitte der Röhre, jedoch etwas näher dem gebogenen Ende, eine hohle Kugel an; Borgman wählte einen halbzirkelförmigen Raum; Gahn dagegen gab dem zur Aufnahme der Feuchtigkeit bestimmten Theil des Löthrohrs (Wassersack) die Gestalt eines Cylinders.

Fig. 1.

Auch hat man das Löthrohr noch auf verschiedene andere Weise zu verbessern und zu vereinfachen gesucht, worüber Berzelius sich in seinem oben citirten Werke speciell ausspricht.

Die Länge des Löthrohrs muss den Augen des Besitzers angemessen sein, damit der Körper, welchen man vor dem Löthrohre behandeln will, mit so viel Abstand gehalten werden kann, dass man ihn am deutlichsten sieht. Aus diesem Grunde ist auch für einen Kurzsichtigen ein kürzeres und für einen Weitsichtigen ein längeres Löthrohr zu empfehlen.

Diejenige Construction von welcher jetzt am häufigsten Gebrauch gemacht wird und die bereits von Gahn angegeben und auch von Berzelius für gut befunden worden ist, stellt Fig. 1 in halber natürlicher Grösse dar. Die ganze Länge von A bis B beträgt 200 Millim. Die zum Anstecken eingerichtete Spitze b ist am zweckmässigsten von Platin und zwar entweder aus nicht zu dünnem Blech gelöthet oder aus einem Stücke gedreht. Vortheilhaft ist es, zwei solcher Spitzen zu haben, deren Oeffnungen jedoch von verschiedener Feinheit sind. Diejenige, welche enger und zwar 4,0 Millim. weit gebohrt ist, dient nur zu qualitativen Proben, die andere, 0,5 Millim. weito, theils zu solchen qualitativen Proben, welche eine starke Löthrohrflamme erfordern, theils auch zu allen quantitativen Proben. Diese Dimensionen sind erfahrungsmässig jedenfalls die besten. Ist die Oeffnung zu eng, so kann sie

mittelst eines feinen Stahlbohrers (Reib-Ahle), wie dergleichen
von den Uhrmachern gebraucht werden, leicht von innen nach
aussen weiter gebohrt werden. Da indessen dabei gewöhnlich ausserhalb der Löthrohrspitze ein vorstehender Reif entsteht, so ist dieser abwechselnd mit einer feinen Feile und
dem Bohrer so weit zu entfernen, bis die Oeffnung vollkommen rund erscheint, wenn man mit Hülfe einer Loupe
durch dieselbe hindurch sieht. Zu weit gebohrte Löthrohr-
spitzen sind nur in wenigen Fällen tauglich. Hat sich nach
längerem Gebrauche die Platinspitze mit Russ überzogen und
die Oeffnung verstopft, so kann sie nach dem Abnehmen von
der Röhre durch ein mässiges Glühen auf Kohle mit Hülfe
des Löthrohrs oder im obersten Theile einer Spiritusflamme
gereinigt werden.

Bei öfterem und anhaltenderem Gebrauche des Löthrohrs ist eine aus
einem Stück Platin gedrehte Spitze der aus Blech zusammengelötheten
vorzuziehen, da bei letzterer die Löthstelle mit der Zeit leicht schadhaft wird. Messingene und neusilberne Spitzen können wegen der leichten
Oxydirbarkeit der betreffenden Metalle nicht ausgeglüht werden und muss
man bei diesen entweder mittelst eines feinen Hornsplitters oder einer
Nadel die Oeffnung von innen nach aussen reinigen.

Um bei anhaltendem Blasen die Lippenmuskeln nicht zu
ermüden, hat Plattner ein Mundstück C von Horn empfohlen. Drückt man dieses Mundstück während des Blasens
fest an den wenig geöffneten Mund, so ist man, wenn man
einmal daran gewöhnt ist, auch im Stande, eine längere Zeit
ununterbrochen und weit stärker zu blasen, als ohne ein dergleichen Mundstück, und man empfindet dabei nicht die geringste Müdigkeit in den Lippenmuskeln. Man muss beson-

Fig. 2.

ders darauf sehen, dass der Ansatz d e gehörig
ausgeschweift werde, damit der Rand desselben
an dem Mund keinen unnöthigen Druck verur-
sache, und dass der Durchmesser am äussersten Ende ungefähr 35 Millim. betrage.

Das Material, aus welchem man Löthröhre
fertigt, ist meist Messing oder Argentan. Ein
Löthrohr von Silber wird wegen der starken
Wärmeleitung dieses Metalls bei anhaltendem
Blasen so heiss, dass man es mit blossen Fingern
kaum mehr zu halten vermag.

Sehr bequem auf Reisen ist ein Löthrohr
nach einer von Mitscherlich vorgeschlagenen
etwas veränderten Construction, wie aus nebenstehender Fig. 2 hervorgeht. Die Veränderung
besteht darin: dass der zur Aufnahme der
Feuchtigkeit dienende cylindrische Theil A mit
der langen Röhre zusammenhängt, diese letztere
aber in der Mitte bei H auseinander geschraubt,
die kleinere, mit der Platinspitze versehene

Röhre *a b* in die an den Feuchtigkeitsbehälter befestigte
Hälfte eingeschoben, und die andere Hälfte *C*, deren Mundstück *D*, wenn das Ganze aus Messing oder Argentan
besteht, mit einer Silberbedeckung versehen ist, wie ein
Futteral darüber geschoben werden kann. Man hat dann
einen Cylinder, der sich bequem in der Tasche tragen lässt.

Wenn das Löthrohr zum Glasblasen gebraucht werden soll, so kann
man sich nach Berselius einer in einem rechten Winkel gebogenen
Röhre Fig. 3 bedienen, die in die Oeffnung a Fig. 1 eingesetzt
wird und die unter allen Graden gegen die lange Röhre geneigt
werden kann, wie es der Gebrauch erfordert. Das Löthrohr
wird dabei entweder ohne Mundstück, oder mit einem breiten
knöchernen Mundstücke Fig. 4 versehen, mit dem Munde allein
festgehalten, damit man beide Hände frei behält.

Zu demselben Behufe eignet sich noch besser die in Fig. 5
abgebildete Vorrichtung. Auf einem Bretchen *b* ist eine Metallplatte *a* mit vertikalem Spalt befestigt, in welchem der Mes-
singkörper *k*, der hier wie bei einem gewöhnlichen Löthrohr den
Wasserack (*A* Fig. 1) vertritt, auf und nieder bewegt, resp.
gedreht und durch eine in der Figur nicht sichtbare Schraubenmutter, in der erforderlichen Stellung festgehalten werden kann.
Zu ähnlichem Zwecke ist auf der andern Seite die Schraubenmutter *i* für das kurze Knie *m* vorhanden, in dem die Blase-
röhre *r* steckt und
welches eigentlich
nur die Verlänge-
rung dieser Röhre
bildet. Der Mes-
singkörper *k* hat
ausserdem noch
eine Oeffnung für
die Ausströmungs-
röhre *o*, welcher
letzteren durch
Drehung von *k* jede
beliebige Neigung
gegeben werden
kann. Zu *o* und *r*
können die Theile
eines gewöhnlichen
Löthrohrs benutzt
werden. Die Lampe
l findet gleichfalls
auf *b* ihren Platz.

Fig. 3.

Fig. 4.

Fig. 5.

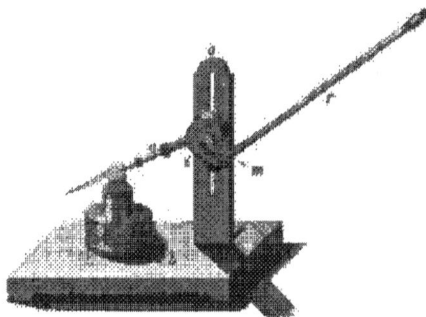

Man hat sich schon längst bemüht Vorrichtungen zu con-
struiren, durch welche eine Löthrohrflamme ohne Beihülfe der
menschlichen Lungen hervorgebracht werden kann. Ohne
auf alle derartige Apparate, von denen die älteren bereits in
dem oben citirten Werke von Berzelius Erwähnung gefunden haben, einzeln zu wollen, mögo hier nur eines derselben
näher gedacht werden, welcher in der That allen Erforder-
nissen, die man an eine solche Vorrichtung nur machen kann,
Genüge leistet, es ist diess das in Fig. 6 abgebildete Kautschuk-Gebläse.

Auf einem Bretchen *b* ist eine mittelst Knie nach einer

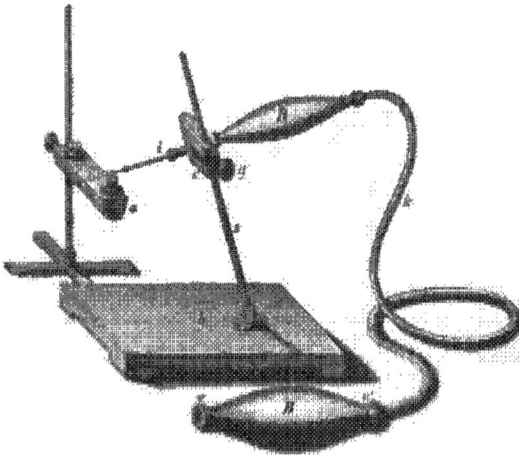

Seite hin bewegliche Metallstange *s* angebracht, an welcher der Metallkörper *c* auf und nieder bewegt und mittelst der Schraube *g* beliebig befestigt werden kann. Der Ausströmungsröhre *i* kann auf diese Weise jede Neigung und Stellung ertheilt werden, wie dies in der Figur mit der Löthrohrlampe *a* angedeutet ist. Das Gebläse *B*, der Schlauch *k*, sowie das Reservoir *R* sind in der Hauptsache aus vulkanisirtem Kautschuk hergestellt, *v* und *v'* sind Ventile. Indem man nun das Gebläse *B* mit der Hand oder, nachdem dasselbe auf den Fussboden gelegt worden, mit dem Fuss abwechselnd zusammendrückt und sich wieder ausdehnen lässt, tritt Luft bei *v* ein und wird durch *v'* und den Schlauch *k* in das Reservoir *R* und die Röhre *i* gepresst. Man erlangt nach einigen Versuchen mit Stellung der Röhre *i*, sowie stärkern oder schwächern Drücken des Gebläses bald die Fertigkeit, die verschiedenen Flammen constant hervorzubringen.

Die besonders bei quantitativen Proben mitunter wünschenswerthe schnelle Veränderung der Richtung der Röhre *i*, sowie genauere Stellung derselben, haben Oxius und Osterland (Berg- u. Hüttenm. Zeit. 1862, Nr. 13) dadurch zu erreichen gesucht, dass wie aus Fig. 7 zu ersehen, diese Röhre durch ein Kugelcharnier mit dem Apparate verbunden ist, welches in dem cylindrischen Gehäuse *A* seinen Sitz hat und durch eine Feder gut schliessend erhalten wird. Mit-

Fig. 7.

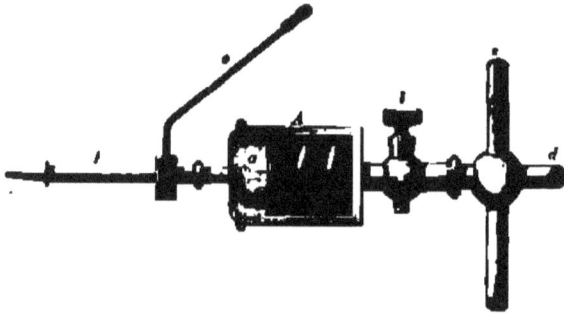

lebt des Griffes *c* ist man im Stande eine Bewegung der
Spitze *i* schnell auszuführen.

Das Kautschuk-Gebläse entspricht allen Anforderungen, deshalb dürften
auch andere in neuerer Zeit aufgetauchte Constructionen von Löthrohr-
gebläsen sich schwerlich Eingang verschaffen. Zu diesen Gebläsen gehört
z. B. danjenige von De Luca (Berg- u. Hüttenm. Zeit. 1854 S. 231) mit
der von Chevalier angebrachten Verbesserung (Polyt. Centralbl. 1857
S. 718); der Gebläsestuhl von Braun (Berg- u. Hüttenm. Zeit. 1856
Nr. 30); das Standlöthrohr von Schiff (Ann. d. Ch. u. Pharmac. n. R.
Bd. 35. S. 368); das Gebläse von Sprengel (Pogg. Ann. Bd. 112.
S. 634).

II. Das Brennmaterial.

Zu manchen qualitativen Löthrohrproben kann man im
Nothfalle eine Kerzenflamme benutzen, hat man hingegen
(wie z. B. bei quantitativen Proben) eine stärkere Flamme nöthig,
so muss man sich besonders construirter Lampen bedienen,
in welchen Rüböl, Baumöl oder ein Gemisch von Weingeist und Terpentinöl oder Leuchtgas verbrannt wird.
Die kohlenstoffarme Flamme des Weingeistes allein eignet sich
nur in wenig Fällen zu Löthrohrversuchen.
Das Rüböl muss raffinirt sein, da das ungereinigte
raucht. Baumöl brennt zwar sehr gut, besitzt aber zuweilen den Fehler, dass die Löthrohrflamme mit einer ausgebreiteten, gelbgefärbten Hülle umgeben ist, und ist dann für
solche Proben, bei denen man eine Färbung der äussern
Flamme durch die zur Untersuchung vorliegende Substanz
beobachten will, nicht brauchbar. Die schon von Berzelius
angegebene Form für die mit Rüb- oder Baumöl gespeisten
Löthrohrlampen ist auch jetzt noch die gebräuchlichste. Ihre
Einrichtung ergiebt sich aus Fig. 8. Der Kasten ist von
verzinnten Eisenblech, circa 116 Millim. lang, dunkel lackirt
und hat im Querschnitt die Form wie die vordere Ansicht *B*.

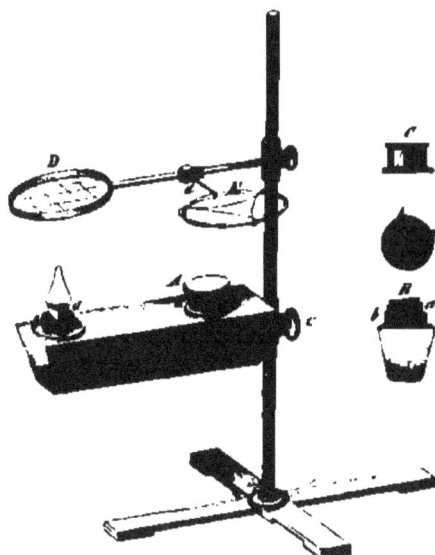

Die Dille *a* ist im Lichten 12 Millim. breit und 5 Millim. weit; auch ist sie von rechts nach links schief gefeilt, damit man in nöthigen Fällen die Flamme durch's Löthrohr niederwärts richten kann. Mittelst des Deckels *C* kann die Dillenöffnung dicht verschraubt werden. Der Deckel ist zu diesem Behufe unten mit einem breiten Rande versehen, auf welchem sich mit Wachs getränktes Leder befindet, das mit einer Auflösung von Schellack befestigt ist. Zum Eingiessen des Oeles ist bei *A* eine besondere Oeffnung, welche ebenfalls wie die Dillenöffnung mit einem Deckel verschraubt werden kann.

Fig. 8.

Der Docht ist cylindrisch gewirkt und von Baumwollengarn, wie man einen solchen für Argand'sche Lampen gebraucht. Er wird breit gedrückt und der Länge nach noch ein Mal über einander gelegt, so dass er flach in die Dille kommt, deren Weite er aber vollkommen entsprechen muss, d. h. sich weder zu locker noch zu fest darin befinden darf. Ist er eingezogen, so wird er aus dem oben angeführten Grunde parallel mit der schiefen Seite der Dille geschnitten.

Die Lampe selbst wird auf ein Messingstativ gesteckt und durch eine Schraube *e* an den Messingstab befestigt. An demselben Stative befindet sich auch noch ein mit einem beweglichen Arme versehener, im Durchmesser circa 50 Millim. betragender Messingring *D*, in welchen ein Gitter von Eisendraht, oder besser von Platindraht, befestigt ist. Dieses Gitter dient als Unterlage für kleine Porcellangefässe, in welchen man entweder über der freien Lampenflamme oder über der Spirituslampe Etwas trocknen oder Flüssigkeiten erhitzen will. Da sich diese Vorrichtung aber nicht auch dazu eignet, über einer gewöhnlichen Spirituslampe einen kleinen Platintiegel oder ein dünnes Schälchen von Platin oder Porcellan bis zum Glühen zu erhitzen, so befindet sich an der beweglichen Stelle des Armes bei *d* ein viereckiges Loch, in welches der vierkantige Stiel eines eisernen Glühringes *E* eingeschoben werden kann. Auf den Glühring legt man dann einen Triangel von dünnem Platindraht.

Für Gemische von **Weingeist** und **Terpentinöl** bedient man sich am zweckmässigsten gläserner Lampen nach Art der gewöhnlichen Spirituslampen, versieht dieselben aber dann mit einer Dille und einem Dochte, wie die oben beschriebene Oellampe. Duflos hat ein Gemisch von 12 Th. starken Weingeist und 1 Th. Terpentinöl vorgeschlagen; Pisani ein Gemisch aus 6 Volumth. Alcohol von 85° und 1 Volumth. Terpentinöl, sowie Zusatz einiger Tropfen Aether, um die trübe Flüssigkeit klar zu machen. Auch kann man statt des Terpentinöls **Benzin** benutzen, 4 Th. Brennspiritus mit 1 Th. Benzin versetzt, geben eine stark leuchtende Flamme.

Bei der Verwendung von **Leuchtgas** in vielen chemischen Laboratorien ist es bequem, sich desselben auch zu Löthrohrversuchen zu bedienen. Hierzu eignet sich am besten der von Bunsen angegebene, in Fig. 9 abgebildete Brenner. Durch den Ansatz *g*, welcher mittelst eines Kautschukrohrs mit der Gasleitung in Verbindung gesetzt wird, strömt das Gas in die senkrecht stehende Röhre *a* unten ein und zwar durch eine feine dreispaltige Oeffnung. Innerhalb des Rohres *a* mischt sich das Leuchtgas mit der durch die Seitenöffnungen *s* eintretenden atmosphärischen Luft, so dass es, am obern Ende angezündet, mit bläulicher Flamme und ohne zu russen verbrennt. Kann man schon auf diese Weise verschiedene Versuche über Färbung der Flamme, Schmelzbarkeit von Substanzen, sowie mit Borax- und Phosphorsalzperlen anstellen, so lässt sich doch auch diese Vorrichtung sehr leicht

Fig. 9.

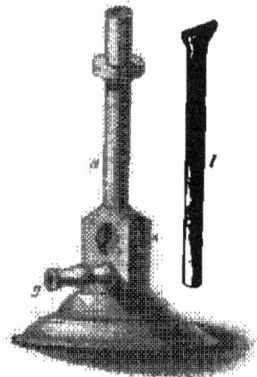

in eine eigentliche Löthrohrlampe dadurch umwandeln, dass man das nebengezeichnete Röhrchen *l*, welches oben nach Art einer Lampendille geformt, abgeschrägt und mit einem 10 bis 11 Millim. langen und circa 1,5 Millim. breiten Schlitz versehen ist, in die Röhre so weit einschiebt, dass dadurch der Luftzutritt durch *s* abgesperrt wird; das Gas verbrennt jetzt an der obern Oeffnung mit leuchtender Flamme, welcher man nach Regulirung des Gaszutritts die Grösse einer gewöhnlichen Lampenflamme leicht geben kann.

Von Frick (die physikalische Technik, II. Aufl. S. 48) ist eine Vorrichtung zum Glasblasen beschrieben worden, welche in etwas veränderter Form nach Fig. 10 (natürliche Grösse) auch zu Löthrohruntersuchungen verwendet werden kann. Die Vorrichtung kann nur da benutzt werden, wo man Leuchtgas zur Disposition hat. Lampe und Löthrohr sind bei ihr vereinigt. Ueber die Ausströmungsröhre *a* (der vordere Theil ist im Durchschnitt gezeichnet) eines gewöhnlichen Löthrohrs wird ein cylindrisch konisches Gehäuse *K* geschoben und durch die Schraube *s* befestigt. In dieses Gehäuse strömt durch den Ansatz *d*, welcher mittelst eines Kautschukrohres *q* mit einer Gasleitung in Verbindung gesetzt ist, Leuchtgas ein. Dasselbe mengt sich vor der Oeffnung der (möglichst kleinen) Löthrohrspitze mit

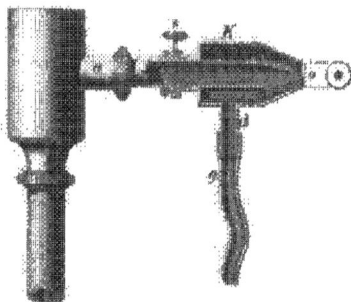
Fig. 10.

der durch dieselbe ausströmenden Luft, das Gemenge tritt durch die Oeffnung *o* aus und bildet hier entzündet eine lange Stichflamme. Durch wenige Versuche ermittelt man bald die erforderliche Menge des Gases, sowie die nothwendige Menge Luft zur Hervorbringung einer oxydirenden und reducirenden Flamme.

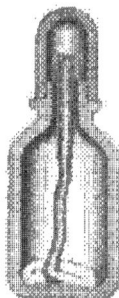
Fig. 11.

Ausser den oben beschriebenen Lampen für Oel etc. gebraucht man auch mit Vortheil eine einfache Spirituslampe Fig. 11 zur Untersuchung mancher Substanzen auf flüchtige Bestandtheile in kleinen Glaskolben und dünnen Glasröhren, ferner zum Schmelzen verschiedener Substanzen mit doppelt-schwefelsaurem Kali in einem kleinen Platinlöffel, so wie zu Glühungen etc. Zu Hause kann man sich einer Spirituslampe von grösserer Dimension bedienen, als auf Reisen, wozu der Apparat möglichst compendiös eingerichtet werden muss.

III. Das Blasen und die Flamme.

Das Blasen mit dem Löthrohre geschieht nicht mit den Athmungsorganen, weil man es in diesem Falle nicht lange aushalten und einen ununterbrochenen Luftstrom auch nur auf sehr kurze Zeit hervorbringen würde, sondern es geschieht

mit den Muskeln der Wangen. Man füllt den Mund mit
Luft und drückt diese mit Hülfe der Wangenmuskeln durch
das Löthrohr. Während des Blasens verschliesst man mit
dem Gaumen, der gleichsam als Ventil dient, die Gemeinschaft der Brusthöhle mit der Mundhöhle so lange, als der
Mund hinreichend mit Luft gefüllt ist, und lässt das Ein- und
Ausathmen blos durch die Nase erfolgen. Nimmt die Spannung der Wangenmuskeln aber ab, so lässt man beim nächsten Ausathmen durch den Schlund wieder Luft ein und
spannt mit selbiger die Wangen von Neuem, ohne das Blasen
dabei zu unterbrechen.

Anfänger im Löthrohrblasen begehen in der Regel den Fehler, dass
sie während des Blasens die Gemeinschaft der Brusthöhle mit der Mundhöhle nicht zur gehörigen Zeit verschliessen und daher die Lunge längere
oder kürzere Zeit unmittelbar wirken lassen. Dass ein solches Blasen
der Gesundheit nachtheilig werden kann, ist nicht zu bezweifeln. Es ist
daher Jedem, der mit dem Löthrohre einen ununterbrochenen Luftstrom
hervorbringen will, mit dem Blasen aber noch nicht vertraut ist, anzurathen, während des Blasens weder zu schnell, noch zu langsam, sondern
wie gewöhnlich, aber deutlich hörbar zu athmen, und das hörbare Athmen
so lange fortzusetzen, bis er einen ununterbrochenen und in der Stärke
sich gleichbleibenden Luftstrom ohne die geringste Anstrengung hervorbringen kann. Es gelingt dies zwar nicht sogleich, aber nach einigen
Tagen Uebung gebt es schon besser, und nach längerer Zeit erlangt man
eine solche Fertigkeit, dass man gar keine besondere Aufmerksamkeit
auf das Blasen selbst mehr zu verwenden braucht. Auch die vielleicht
gehegte Besorgniss, dass das Blasen mit dem Löthrohre der Gesundheit
schädlich sei, verschwindet vollständig.

Wie man während des Blasens das Löthrohr mit der
Hand hält, und was man bei der Behandlung einer Probe
vor dem Löthrohre seinen beiden Vorderarmen für eine Stellung giebt, darüber lässt sich eine Vorschrift nicht geben,
weil dies von der Gewohnheit abhängig ist. — Sehr bequem
und sicher hält man das Löthrohr, wenn man die lange konische Röhre desselben zwischen die eingebogenen vier drei-
gliedrigen Finger der rechten Hand so nimmt, dass die inneren
Glieder des Zeige- und Mittelfingers sich über, die inneren
Glieder der anderen beiden Finger sich aber unter derselben
befinden, und der Daumen, ausgestreckt, sich mit seinem
äusseren Gliede gegen die Röhre da stützt, wo sich das Mundstück anschliesst. Was die Stellung der Vorderarme betrifft,
so findet man bald, dass es bequemer ist, wenn man sich
mit denselben blos an die Kante des Tisches lehnt, als wenn
man sich mit dem Elbogen auf den Tisch stützt.

Hat man es in seiner Gewalt, einen starken und ununterbrochenen Luftstrom durch das Löthrohr zu blasen, so hält
es dann auch nicht schwer, eine gute Löthrohrflamme hervorzubringen, wenn man einen solchen Luftstrom durch die
Flamme einer Lampe leitet. Hierzu ist aber eine Kenntniss
der Flamme und ihrer einzelnen Theile erforderlich.

Betrachtet man die Flamme der Löthrohrlampe, wenn

der Docht nicht so weit herausgezogen ist, dass die Flamme raucht, so bemerkt man, dass sie aus mehreren Theilen besteht. Stellt man daneben eine brennende Kerze, so findet man in dieser Flamme ebenfalls dieselben Theile, und zwar noch deutlicher; es lassen sich in ihr vier einzelne Theile sehr gut unterscheiden.

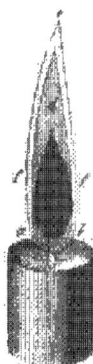

Bei der Basis einer solchen Flamme, Fig. 12, welche eine Lichtflamme vorstellt, bemerkt man einen kleinen, schön hellblau gefärbten Theil $a\,b$, welcher die Flamme an dieser Stelle umgiebt, aber immer schmäler wird, je mehr er sich vom Dochte entfernt, und ganz verschwindet da, wo die Seiten der Flamme gerade aufsteigen. Mitten in der Flamme ist ein dunkler, kegelförmiger Theil c; um diesen Theil herum befindet sich der eigentlich leuchtende Theil (Mantel) d, und an den äussersten Kanten dieses Theils wird man eine ganz dünne, kaum sichtbare Umgebung $a\,e\,b$ (den Schleier) gewahr, welche gegen die Spitze der Flamme breiter wird und der heisseste der einzelnen Flammentheile ist. Hält man bei $f\,f$ einen ziemlich feinen Platin- oder Eisendraht quer in die Flamme, so bemerkt man, dass derselbe am stärksten in der Hülle $a\,e\,b$ anschwillt und weiss glüht, während er in dem dunkleren Theile c kaum zum Glühen kommt. Die Ursache hiervon ist folgende: Die Hitze der Flamme wirkt strahlend zurück auf den Talg, das Wachs etc. und bringt diese Substanzen zum Schmelzen. Die Zwischenräume des Dochtes saugen vermöge ihrer Capillarität das flüssig gewordene Brennmaterial in die Höhe, und bringen dasselbe in eine Temperatur, welche hoch genug ist, um es in Dampf zu verwandeln. Während diese Dämpfe in heissem Zustande aufsteigen, tritt von allen Seiten atmosphärische Luft hinzu, deren Sauerstoff die Verbrennung bewirkt. Letztere findet aber nur in der äusseren Begrenzung der Flamme statt, es bildet sich in Folge dessen die Hülle $a\,e\,b$, welche aus Kohlensäure und Wasserdampf besteht, hier ist daher auch die Flamme am heissesten. In Folge dieser hohen Temperatur zerfallen die hinter dieser Hülle befindlichen Dämpfe, hauptsächlich aus beiden Kohlenwasserstoffen bestehend, in ihre Bestandtheile, der ausgeschiedene Kohlenstoff kommt zum Glühen und bewirkt das Leuchten der Flamme, wie das Entstehen des Theiles d. Indem dann der freie Kohlenstoff dem sauerstofffreien Schleier sich nähert, verbrennt er zu Kohlenoxyd, resp. Kohlensäure. Der dunkle Kern in der Flamme besteht aus noch unzersetzten Dämpfen, da die Hitze des Schleiers nach unten und nach der Mitte der Flamme zu abnimmt. Der hellblau gefärbte

Theil a b an der Basis der Flamme entsteht in Folge einer sehr vollkommenen Verbrennung an dieser Stelle, wo die Luft von allen Seiten zutreten kann; da aber der Sauerstoff nicht hinreicht, um den ausgeschiedenen Kohlenstoff zu Kohlensäure zu verbrennen, so entsteht nur Kohlenoxydgas, welches die blaue Färbung verursacht.

Von den oben genannten vier einzelnen Theilen der Flamme lassen sich die ersten drei Theile in der Flamme der Oellampe eben so leicht unterscheiden, wie in der Flamme eines Kerzenlichtes, aber der vierte, fast gar nicht leuchtende Theil sehr undeutlich und nur mit besonderer Aufmerksamkeit.

Zu Löthrohrproben wendet man von diesen einzelnen Theilen in der Regel nur zwei derselben an, und zwar: die wenig leuchtende Umgebung zur Oxydation und den leuchtenden Theil zur Reduction. Da man nun durch das Löthrohr jeden dieser beiden Theile für sich wirksam zu machen im Stande ist, so kann man auch die wenig leuchtende Umgebung die äussere oder die Oxydations-Flamme, und den leuchtenden Theil die innere oder die Reductions-Flamme nennen.

Es treten indess Fälle ein, wo die wenig leuchtende Flamme zu oxydirend, und die leuchtende wieder zu reducirend wirkt, sobald man genöthigt ist, ein lebhaftes Feuer zu geben; in solchen Fällen wendet man am besten den blauen Theil der Flamme an. Wie die verschiedenen Theile der Flamme durch das Löthrohr wirksam gemacht werden können, soll in Nachstehendem speciell beschrieben werden.

1) Die Oxydationsflamme.

Bläst man, wie aus nebenstehender Fig. 13 hervorgeht, von der einen schmalen Seite der Lampenflamme in dieselbe so, dass die Löthrohrspitze ungefähr bis auf den dritten Theil der Dillenbreite hineinreicht, und der Luftstrom, fast den Docht berührend, genau in der Mitte durchgeht, so entsteht eine lange blaue Flamme a b, welche eigentlich dieselbe wie a b in Fig. 12. Seite 14, an der Basis der freien Flamme ist, nur dass sie mit veränderter Form hervortritt und alle brennenden Gasarten enthält, welche entwickelt werden; sie bildet hier einen schwachen Kegel, während sie dort nur den untern Theil der Flamme umhüllt. Vor der Spitze dieser Flamme ist der heisseste Punkt, weil daselbst die Verbrennung der sich entwickelnden Gasarten am vollkommensten geschieht. In der freien Flamme bildet der heisseste Theil

Fig. 13.

eine Hülle um die ganze Flamme, hier aber wird er mehr
nach einem Punkte vor der blauen Flamme zusammenge-
drängt und bildet ebenfalls einen Flammenkegel, der sowohl
die blaue Flamme an der Spitze umgiebt, als auch von *a*
nach *c* sich ziemlich weit erstreckt und eine schwach bläuliche Farbe besitzt. Die auf solche Weise gebildete äussere
Flamme ist, wie schon erwähnt, vor der Spitze der blauen
Flamme, und zwar bei *d*, am heissesten; sie nimmt aber sowohl nach *c*, als auch, und sogar noch schneller, nach *b* hin
an Hitze ab. Die Oxydation geschieht, sobald nicht eine
sehr hohe Temperatur erforderlich ist, am besten, je weiter
man die Probe vor der Spitze der blauen Flamme bis zu
dem erforderlichen Grade erhitzt.

Ein Haupterforderniss zu Hervorbringung einer reinen
Oxydationsflamme ist, dass der Docht rein von verkohlten
Fasern und erhärteten Theilen, auch ausserdem parallel mit
der obern Seite der Dille geschnitten sei, weil sonst neben
dem blauen Flammenkegel leicht gelbe Streifen entstehen,
die reich an kohligen Theilen sind und reducirend auf die
Probe einwirken.

Geschieht die Behandlung der Probe auf Kohle, so darf
man nicht sehr stark blasen, weil sonst ein Theil der Kohle
zu Kohlenoxydgas verbrennt, welches der Oxydation entgegen
wirkt.

Zur Uebung im Hervorbringen einer reinen Oxydationsflamme bietet
die Molybdänsäure das beste Mittel dar, indem dieselbe mit Borax in
einem unreinen Oxydationsfeuer sofort ein braunes Glas giebt. Löst man,
wie es später in der zweiten Abtheilung bei der Prüfung der Substanzen
mit Borax speciell beschrieben werden soll, eine nicht zu geringe Menge
davon in Borax auf Platindraht im Oxydationsfeuer, nämlich in circa 3
bis 4 Millim. Entfernung vor der Spitze der blauen Flamme, auf, so bekommt man ein klares, gelblich gefärbtes Glas, welches unter der Abkühlung farblos wird. Behandelt man ein solches Glas eine kurze Zeit
unmittelbar mit der Spitze der blauen Flamme, so wird es braun und
nach längerem Blasen ganz undurchsichtig, weil die Molybdänsäure ausserordentlich leicht auf eine niedere Oxydationsstufe, nämlich auf die Stufe
des Oxydes zu bringen ist. Auch ein gelber Streif in der äusseren
Flamme bewirkt schon eine braune Färbung des Glases. Je schneller man
nun eine von Molybdänoxyd ganz undurchsichtig gewordene Boraxglasperle
wieder völlig klar herstellen kann, um so reiner ist die Oxydationsflamme,
welche man anwendet; vorausgesetzt, dass sie auch hinreichend wirksam ist.

Will man sich überzeugen, ob man eine hinreichend starke Oxydationsflamme hervorzubringen im Stande ist, so darf man nur versuchen,
das eine Ende eines 0,1 Millim. starken Platindrahtes zum Kügelchen zu
schmelzen. Man biegt den Draht an dem einen Ende unter einem rechten
Winkel und hält das umgebogene Ende so in die äussere Flamme, dass
die Achsenlinie desselben genau mit der Achsenlinie der Löthrohrflamme
zusammentrifft und nicht vibrirt. Man bemerkt bei einer reinen und
starken Flamme sehr bald, wie sich mit einem Male ein Kügelchen bildet, welches um so grösser ist, je kräftiger die Flamme war.

2) Die Reductionsflamme.

Bläst man, wie aus nebenstehender Fig. 14 zu ersehen ist, von der einen schmalen Seite der Lampenflamme mit dem Löthrohre gerade in die Mitte der Flamme so, dass die Löthrohrspitze nur wenig oder fast gar nicht hineinreicht und der Luftstrom in etwas grösserer Entfernung über den Docht hinweggeht, als bei Fig. 13, so bekommt die ganze

Fig. 14.

freie Flamme dieselbe Richtung wie der Luftstrom und erscheint als ein langer, leuchtender Kegel a b, dessen Ende a mit demselben schwach bläulich gefärbten Theile der Flamme umgeben ist, den man an der freien Flamme mit einiger Aufmerksamkeit wahrnehmen kann, nur dass er sich hier bis c erstreckt. Während man so in die Flamme bläst, werden die vom Dochte aufsteigenden Gasarten bis auf den sich ausscheidenden Kohlenstoff verbrannt, und die Hitze wird in einem weit kleinern Raume concentrirt. Der unendlich fein ausgeschiedene, bis zum Weissglühen erhitzte Kohlenstoff verbrennt aber dann ebenfalls und bildet in Gemeinschaft mit dem bereits gebildeten Wassergas die äussere Flamme, welche bis c deutlich sichtbar ist. Von dem dunkeln Kern sieht man nur noch unmittelbar über dem Docht einen kleinen bis d reichenden Theil. Zwischen a und d und zwar etwas mehr nach a zu liegt der wirksamste Theil dieser Flamme. Leitet man denselben z. B. auf ein reducirbares Metalloxyd, so dass dasselbe ganz davon umhüllt, und der Zutritt der Luft völlig davon abgeschlossen ist, so wird auch, da diese Flamme wegen ihres freien Kohlenstoffes geneigt ist Sauerstoff aufzunehmen, das Metalloxyd von seinem Sauerstoffgehalte entweder ganz oder nur zum Theil befreit, je nachdem das Oxyd leicht oder schwer zu reduciren und das reducirte Metall leicht oder schwer zu schmelzen ist, oder ob die Reduction auf Kohle, oder aus einer Auflösung in Glasflüssen auf Platindraht geschieht.

Eine gute Reductionsflamme ist schwieriger hervorzubringen als eine Oxydationsflamme, man hat dabei vorzüglich darauf zu achten, dass die Probe nur in den oben erwähnten wirksamsten Theil der Flamme gebracht und von demselben vollständig umhüllt wird, auch muss man die Flamme längere Zeit auf diese Weise unverändert zu erhalten suchen.

Zur Uebung können Manganoxyd und die Oxyde des Kupfers oder Nickels dienen. Wird Manganoxyd am Platindraht in einer Boraxperle mit Hülfe der Oxydationsflamme aufgelöst, so bekommt man eine violettroth gefärbte oder bei zu grossem Zusatze eine undurchsichtige schwarze Perle; je schneller man nun am Drahte das aufgelöste Manganoxyd zu Oxydul reduciren kann, wobei die Perle fast farblos wird, um so vollkom-

mener ist auch die Reductionsflamme, welche man dabei anwendet. Löst
man Kupferoxyd oder Nickeloxydul auf dieselbe Weise in Borax auf,
stösst die Perlen ab und behandelt sie auf Kohle mit der Reductionsflamme, so sieht man sehr bald, ob die hervorgebrachte Flamme richtig
wirkt oder nicht. Es können nämlich beide Oxyde zu Metall reducirt
werden, welches, wenn es Kupfer ist, sich zu einem kleinen Korne vereinigt, und wenn es Nickel ist, sich im zusammenhängenden Zustande zur
Seite des Glases begiebt. Je schneller die Perlen dabei klar und farblos
werden, um so reiner und kräftiger ist auch die Reductionsflamme.

Die blaue Flamme, s. Fig. 13, *a b*, wirkt in Folge ihres
Gehaltes an Kohlenoxyd ebenfalls reducirend, so dass man
selbst auf Platindraht Metalloxyde, die in Glasflüssen aufgelöst sind und sich leicht reduciren lassen, auf eine niedrigere
Oxydationsstufe zurückführen kann, es steht indess ihre Wirkung der des leuchtenden Theiles sehr nach. Aus diesem
Grunde erlangt man auch allemal, sobald eine möglichst vollständige Reduction bewirkt werden soll, mit dem leuchtenden
Theile genauere Resultate.

IV. Die Unterlage.

Wenn eine Probe der Wirkung der Löthrohrflamme ausgesetzt werden soll, so ist erforderlich, dass sie auf einen
Körper gelegt werde, der sich während des Glühens und
Schmelzens der Probe weder mit selbiger verbindet, noch ein
unrichtiges Resultat in der Probe verursacht, im Fall er ver-
brennlich ist. In manchen Fällen wird die Probe unmittelbar auf einen solchen Körper gelegt, in manchen anderen
aber geschieht es mittelbar. Die Unterlage ist demnach entweder eine unmittelbare oder eine mittelbare.

a) Die unmittelbare Unterlage.

1) Kohle. Als Unterlage eignet sich vorzüglich gut
ausgekohlte Holzkohle, weil sie, wo es nöthig ist, zur Ver-
mehrung der Hitze beiträgt. Die von reifem Fichtenholze,
welche man sich mit einer Säge in 80 bis 100 Millim. lange,
theils parallelepipedische, theils vierseitig prismatische Stücke
schneidet, wie sie zu den verschiedenen Proben angewendet
werden, sind am besten dazu. Man bedient sich nur derjenigen
Seiten der Kohle, wo die Jahresringe auf der Kante stehen.

Da man indess nicht an allen Orten Gelegenheit hat,
gute Kohlen zu Löthrohrproben zu bekommen, es auch nicht
immer gelingt, durch eine Verkohlung völlig trockenen Holzes in
Gefässen hinreichend feste Kohlen zu erlangen, so ist es besonders für quantitative Proben zweckmässig, sich Kohlen in
der erforderlichen Gestalt aus (nicht zu feinem) Kohlenpulver
und einem Bindemittel herzustellen. Von Plattner ist als das
geeignetste Bindemittel Stärkekleister empfohlen worden, den
man sich auf folgende Weise bereitet: Auf 1 Gewichtstheil
Stärke nimmt man circa 6 Gewichtstheile reines Wasser.

Das abgewogene Stärkemehl rührt man in einem irdenen Gefässe mit einem geringen Theil des abgewogenen (oder abgemessenen) Wassers zum dünnen Brei an, das übrige Wasser erhitzt man bis zum Kochen, giesst es sogleich im kochenden Zustande auf das eingerührte Stärkemehl und rührt lebhaft, am besten mit einem Quirl, so lange um, bis alles Mehl sich in Kleister verwandelt hat.

Will man sich nun Löthrohrkohlen aus Kohlenstaub und Kleister bereiten, so reibt man letztern in einem Porcellanmörser nach und nach mit so viel Kohlenstaub an, bis die Masse zu einer noch weitern Vermengung mit Kohlenstaub im Mörser zu zähe wird. Hierauf knetet man mit den Händen noch so viel Kohlenstaub ein, bis sich eine ganz steife plastische Masse bildet, die man zuletzt noch recht gut durcheinander arbeitet. Aus einer so zubereiteten Masse lassen sich Löthrohrkohlen von verschiedener Form, wie sie später beschrieben werden sollen, darstellen. Die geformten Gegenstände lässt man nach und nach vollkommen austrocknen und erhitzt dieselben dann in einem verdeckten Tiegel zur Verkohlung des Bindemittels bis zum schwachen Glühen. Die Glühung kleiner Stücke kann man in einem verdeckten Porcellantiegel über der Spirituslampe mit doppeltem Luftzuge oder einer Gaslampe vornehmen; für grössere Stücke, und auch dann, wenn man sich einen hinreichenden Vorrath künstlicher Löthrohrkohlen darstellen will, wählt man am besten einen geräumigen Tiegel von Thon oder starkem Eisenblech, den man mit einem gut schliessenden Deckel verdeckt und in einem kleinen Windofen mit sehr schwachem Luftzuge zwischen glühenden Holzkohlen, oder in einem andern mässig starken Feuer erhitzt. Die Verkohlung ist beendigt, wenn zwischen dem Deckel keine brennbaren Gasarten mehr heraustreten, und man beim Lüften des Deckels wahrnimmt, dass die oberen im Tiegel befindlichen Kohlen schwach roth glühen; man nimmt dann den Tiegel aus dem Feuer und lässt ihn, ohne den Deckel wegzunehmen, erkalten. Die Kohlen besitzen die nöthige Festigkeit und klingen, wenn man sie auf den Tisch wirft, eben so, wie gewöhnliche gute Holzkohlen.

Die verschiedenen Kohlenformen, welche man sich darstellen kann, sind folgende: Für solche Proben, bei welchen auf einen Beschlag keine Rücksicht zu nehmen ist, so wie zum Gaarmachen des Kupfers fertigt man sich kleine Kohlen, die eine ganz flach schalenartige Gestalt besitzen. Zur Herstellung solcher Kohlen kann man die weiter unten beschriebene Form für Thonschälchen (Fig. 28) anwenden; man braucht sich nur noch einen besondern Stempel (am besten eignet sich hierzu Buchsbaumholz) dazu fertigen zu lassen, dessen formender Theil einen Kugelabschnitt bildet, der nach einem 20 Millim. betragenden Halbmesser construirt ist, wie umstehende Fig. 15. andeutet.

2*

Fig. 15. Man legt, nachdem man den sonnenden Theil A (Fig. 28) mit Kohlenstaub bestreut hat, ein circa 50 Millim. langes und 5 Millim. breites Papierstreifchen darüber, füllt die Vertiefung mit Masse aus, presst solche mit dem in Kohlenstaub eingetauchten Stempel (Fig. 15) zusammen, hebt hierauf die schalenartig geformte Kohle mit Hülfe des an zwei gegenüberstehenden Seiten hervorragenden Papierstreifchens aus der Form heraus und stellt sie zum Austrocknen an einen mässig

Fig. 16. warmen Ort, worauf sie, wie oben erwähnt ausgeglüht wird. Fig. 16 zeigt eine solche Kohle.

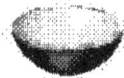

Sehr zweckmässig sind kleine Kohlentiegel zum Aufschliessen kieselsaurer Verbindungen, so wie zu quantitativen Proben. Zur Darstellung solcher Tiegel bedient man sich der weiter unten beschriebenen Tiegelform (Fig. 30). Man wendet aber an der Stelle des metallnen Mönchs einen von Holz an, wie ihn nebenstehende

Fig. 17. Fig 17. angiebt. Der Durchmesser von a b beträgt 27 Millim. und der von c 9 Millim. Man drückt zuerst die eiserne Form (Fig. 30) mit Masse aus, die man vorher zu einer kleinen Kugel zusammengedrückt und in Kohlenstaub getaucht hat, setzt hierauf den ebenfalls in Kohlenstaub getauchten hölzernen Mönch (Fig. 17) so auf, dass der Theil c genau in die Mitte kommt, presst die Masse zusammen und dreht den Mönch sanft heraus. Die Form nimmt man auf dieselbe Weise auseinander, wie es bei Fertigung von Thontiegeln beschrieben werden soll und der Kohlentiegel ist, bis zum Abschneiden der an zwei gegenüberstehenden Seiten vorstehenden Kanten, so weit fertig, dass er nur getrocknet und in einem verschlossenen Gefässe bis zum Glühen erhitzt zu werden braucht. Fig. 18 zeigt

Fig. 18. einen solchen Kohlentiegel in natürlicher Grösse. In Betreff der Tiefe der in einer solchen Kohle befindlichen Grube ist zu bemerken, dass dieselbe nur 6 Millim. tief zu sein braucht; hat man bei irgend einer quantitativen Probe eine tiefere Grube nöthig, so kann man dieselbe mit Hülfe des weiter unten beschriebenen Kohlenbohrers nach Erforderniss tiefer bohren und weiter machen.

Um vorbeschriebene Kohlenschälchen und Kohlentiegel beim Gebrauch leicht handhaben zu können, wendet man als Unterlage für dieselben einen etwa 60 bis 65 Millim. hohen und 25 Millim. starken Cylinder Fig. 19 an, den man aus irgend einer leicht zu bearbeitenden, wenig oder gar nicht schmelzbaren, die Wärme nur schwach leitenden Masse darstellt, und den man an seinen beiden Endflächen mit Vertie-

fungen *A* und *B* versieht, die der Grösse der auf-
zunehmenden Kohlen entsprechen. Als Material
hierzu eignet sich z. B. Bimsstein oder gebrannter
Thon von poröser Beschaffenheit. Will man sich
dergl. Cylinder aus Thon verfertigen, so vermengt
man trocken gepulverten Thon mit seinem gleichen
Volum gröblich gestossener Holzkohle und macht
das Gemenge durch Zusatz von Wasser bildsam.
Die daraus entweder aus freier Hand oder mit
Hülfe einer besondern Form gebildeten Cylinder
lässt man vollkommen austrocknen und brennt sie
in einem locker verdeckten Tiegel zwischen Kohlen.

Fig. 19.

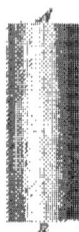

Bei quantitativen Löthrohrproben hat man zum Rösten
der Erze auf Thonschälchen, sowie zum Schmelzen der Blei-,
Wismuth-, Zinn- und mancher Nickel- und Kobaltproben in
Thontiegeln, eine ausgehöhlte Kohle nöthig, die in einen besondern Kohlenhalter gespannt wird und deren Höhlung,
wenn eine Schmelzung vorgenommen werden soll, noch mit
einer passenden ebenfalls etwas ausgehöhlten Kohle verdeckt
werden muss.

Zur Darstellung solcher Kohlen lässt sich eine hölzerne
Form von hartem Holze gebrauchen, und zwar von folgender Einrichtung:
Der eine Haupt-
theil *C* der neben-
stehenden Form
(Fig. 20) besteht
aus 4 Theilen, die
genau aneinan-
der passen und
durch einen mes-
singenen Spann-
ring zusammen-
gehalten werden,
den man durch
die Schraube *g*
mehr oder weni-
ger zusammen-
ziehen kann. Die-
se vier Theile um-
schliessen einen
vierseitig prisma-

Fig. 20.

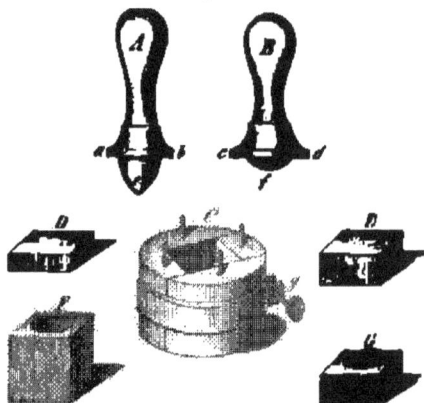

tischen Raum von 40 Millim. Höhe und 35 Millim. Weite. *A*
und *B* sind die Stempel, deren Scheiben *a b* und *c d* einen
Durchmesser haben, welcher gerade so gross ist, als der Abstand zwischen zwei sich gegenüberstehenden starken Mes-
singstiften, die auf den vier einzelnen Theilen der Form *C*
senkrecht befestigt sind und dazu dienen, dass die

Stempel *A* und *B* genau in die Mitte von *C* kommen. Der
am Stempel *A* an die Scheibe *a b* sich anschliessende Theil
e ist 18 Millim. lang und hat oben einen Durchmesser von
22 Millim.; der am Stempel *B* sich an *c d* anschliessende
Theil *f* bildet einen Kugelabschnitt, der unmittelbar an der
Scheibe eine Breite von 22 Millim. hat und 9 Millim. stark
ist. *D* ist ein 9 Millim. hohes Prisma, welches genau in *C*
passt und bei Fertigung von Kohlen zum Rösten und Schmelzen
als Boden dient. *E* ist ein 17 Millim. hohes Prisma, welches
auf *D* gelegt wird, wenn blos Deckkohlen gefertigt werden
sollen, und daher auch als Boden dient. Will man sich nun
in dieser Form Kohlen fertigen, so legt man zuerst auf das
als Boden dienende Prisma ein Blatt Papier, welches der
Weite der Form entspricht, bestreicht die Seitenflächen der
Form mit ein wenig Kohlenstaub, drückt den leeren Raum
voll Masse, setzt den erforderlichen Stempel, dessen formender Theil ebenfalls in Kohlenstaub eingetaucht worden ist,
auf, drückt ihn, während man ihn ein wenig um seine Achse
dreht, fest ein, und dreht ihn behutsam wieder heraus.
Schraubt man hierauf den Spannring locker und zieht ihn
von der Form ab, so lassen sich die Theile der Form leicht
wegnehmen, indem man sie einzeln an der geformten Kohle
niederzieht, und die Kohle ist bis zum Austrocknen (was bei
solchen Kohlen mit Vorsicht geschehen muss, weil sie, wenn
sie gleich anfangs sehr warm gestellt werden, gern aufreissen)
und zur Verkohlung des Bindemittels fertig. *F* ist eine
Kohle, wie sie in den Kohlenhalter gespannt, zu Röstungen
auf Thonschälchen und zu Schmelzungen in Thontiegeln gebraucht, und *G* ist eine Kohle, die bei Schmelzungen
zum Verdecken der in ersterer befindlichen Höhlung dient.
Beide Kohlen werden kurz vor dem Gebrauche, und zwar
die erstere an der Seite, und letztere von der Mitte der Vertiefung aus durchbohrt, wie es an den betreffenden Orten
angegeben werden soll; auch kann die Grube in der Kohle
F nach Erforderniss mit einem Kohlenbohrer noch tiefer
und weiter gebohrt werden.

Bei gänzlichem Mangel an geeigneten Holzkohlen zu

Fig. 21.

qualitativen Untersuchungen bei denen
man häufig langer parallelepipedischer
Stücke davon bedarf, können auch
solche Stücke in der oben beschriebenen Weise mit Hülfe der in Fig. 21
abgebildeten Form dargestellt werden,
nur darf man dann nicht unterlassen,
die gepulverte Kohle, falls sie bei
ihrer Verbrennung eine erhebliche
Menge Asche hinterlassen sollte, vorher
durch Digeriren mit Salpetersalzsäure

zu reinigen, das Pulver aber dann gut mit heissem Wasser auszuwaschen. Man fertigt sich solche Kohlen von ungefähr 80 Millim. Länge, 20 Millim. Breite und 10 bis 20 Millim. Stärke auf folgende Weise: Den Haupttheil A dieser Form, welcher aus 4 einzelnen Theilen a, b, c, d besteht, die durch einen Messingreif e zusammengehalten werden und einen Raum von 80 Millim. Länge, 21 Millim. Breite und 30 Millim. Höhe umschliessen, setzt man auf eine feste ebene Unterlage, legt ein 5 Millim. starkes Bretchen ein, dessen Länge und Breite dem innern Theile der Form entspricht und gleichsam als Boden dient. Dieses Bretchen bedeckt man mit einem gleich langen und breiten Blättchen Papier, füllt den leeren Raum mit so viel Masse an, als nöthig ist, um Kohlen von einer gewissen Stärke zu bekommen, legt auf diese Masse ebenfalls ein Stück Papier von der Grösse des untergelegten Blättchens, setzt den formenden Theil B ein, dessen Querschnitt 21 Millim. im Quadrat hat, und presst mit demselben die Masse zusammen. Ist diess geschehen, so zieht man die Schraube f etwas zurück, wobei sich der Messingreif auseinander giebt, zieht die vier Theile a, b, c, d einzeln heraus, und die Kohle ist, nachdem man sie noch von den anhängenden Papierblättchen befreit hat, bis zum Austrocknen und bis zur Verkohlung des Bindemittels fertig. Man setzt hierauf die einzelnen Theile wieder an einander, umgiebt sie mit dem Messingreif und fertigt sofort eine andere Kohle. Das Auseinandernehmen und wiederholte Zusammensetzen der Form kann man auch umgehen, wenn man die Form in beide Hände nimmt und mit dem Daumen den formenden Theil B so weit niederdrückt, bis die geformte Kohle frei ist. Es ist jedoch zu bemerken, dass die formenden Flächen jedes Mal, ehe man eine neue Kohle fertigt, abgewischt werden müssen, im Fall kleine Theile von Masse daran hängen sollten, und dass es zur leichtern Trennung gut ist, wenn die inneren Seitenflächen der Form A mit ein wenig Kohlenstaub bestreut werden. Nach vollständigem Trocknen müssen diese Kohlen ebenfalls zur Verkohlung des Bindemittels erhitzt werden.

Dergleichen gefertigte lange Kohlen, sowie auch aus einem Stück Holzkohle geschnittene, reinigt man nach ihrem Gebrauche am besten mittelst einer Feile oder Raspel von den darauf befindlichen Beschlägen etc. worauf sie aufs Neue benutzt werden können.

2) Platin in Form von Draht, Blech und Löffeln. Der Platindraht, dessen man sich bei qualitativen Proben am besten bedient, hat eine Stärke von circa 0,4 Millim. Man schneidet sich Stücke von etwa 45 Millim. Länge, die man nach Fig. 22 A zu einem Oehr biegt. Derselbe dient besonders als Unterlage für Borax- und Phosphorsalzperlen,

Fig. 22.

welche auf diese Weise mit aller Bequemlichkeit betrachtet werden können, und zwar ganz frei von dem falschen Farbenspiele, welches sich manchmal auf der Kohle durch die Lage der Kugel auf der schwarzen Unterlage zeigt. Nur bei Untersuchungen von Metalllegirungen oder bei solchen Reductionsproben, wo sich ein leicht schmelzbares Metall ausscheidet, lässt sich Platindraht nicht als Unterlage anwenden; hier muss man allemal Kohle gebrauchen. Man steckt den Draht beim Gebrauche entweder in einen schwachen Kork oder befestigt ihn in einem besonderen Hefte Fig. 22 *B*, welches auch als Etui für mehrere Drähte dienen kann. Damit die Drähte durch Befestigung mit einer Schraube

Fig. 23.

nicht leiden, hat man jetzt Hefte, bei denen der Draht in die Mitte zweier, sich unter rechtem Winkel kreuzender Spalte gesteckt wird, letztere werden dann durch eine darüber geschobene, zum Aufschrauben eingerichtete Hülse fest geschlossen und halten so den Draht. In Fig. 23 ist der obere Theil eines solchen Heftes mit der Hülse *a* in natürlicher Grösse abgebildet.

Die Reinigung des Oehres von den darin befindlichen Substanzen erfolgt am schnellsten in einem Probirglase durch verdünnte Chlorwasserstoffsäure in der Wärme und durch Abwaschen mit destillirtem Wasser.

Ausser mehreren schwachen Platindrähten kann man auch noch einen Platindraht haben, der 0,6 Millim. stark und an dem einen Ende ebenfalls zu einem Oehre gebogen ist (s. Fig. 22 *C*). Ein solcher Draht ist von Vortheil bei der Probe auf Tantalsäure, Wolframsäure etc., wo man die Substanz mit kohlensauren Alkalien zu schmelzen genöthigt ist. Man hält ihn entweder mit den Fingern oder befestigt ihn in einem kleinen Korke.

Der Gebrauch des Platinbleches bei qualitativen Proben ist sehr beschränkt. Man wählt hierzu Blech von dünn ausgewalztem Platin, das man in circa 60 Millim. lange und 15 Millim. breite Streifen schneidet. Man hält das Blech beim Gebrauche am leeren Theile mit einer Pincette oder schiebt es am Ende einer langen Holzkohle zwischen die Jahresringe derselben. Metallische Stoffe, im regulinischen Zustande, oder auch solche, die während des Blasens reducirt werden und leicht schmelzen, darf man nicht auf Platinblech behandeln, weil sich das Platin damit verbindet und an der betreffenden Stelle unbrauchbar wird. Man bedient sich des Platinbleches in der Regel, um manganhaltige Substanzen mit Soda darauf zu schmelzen, indem die Soda nach der Abkühlung von ge-

bildetem, mangansaurem Natron bläulichgrün gefärbt erscheint,
wodurch sich die Gegenwart von Mangan kundgiebt.

Zu manchen Proben bedarf man eines Platinlöffels,
und zwar ist es von Vortheil, zwei zu haben, einen grösseren
(Fig. 24) von circa 15 Millim. und
einen kleinen (Fig. 25) von circa 9
Millim. im Durchmesser. Beim Gebrauch des grössern Löffels steckt man
den Stiel, welcher ebenfalls von Platin
sein muss, in ein kleines, hölzernes
Heft oder, in Ermangelung eines solchen, in ein Stück Kork; den kleinern
Löffel hält man an seinem Stiele mit
der Pincette fest.

Fig. 24.

Fig. 25.

Den grössern Löffel braucht man
zum Schmelzen gewisser Substanzen mit doppelt schwefelsaurem Kali, so wie zum Glühen des durch eine quantitative
Probe ausgebrachten Goldes und zu anderen Zwecken mehr;
der kleinere Löffel dient dagegen nur zum Schmelzen gewisser Substanzen mit Salpeter. Tritt der Fall ein, dass nach
einer Schmelzung mit Salpeter der Löffel wegen anhängender
Metalloxydtheilchen nicht blank wird, wenn man die geschmolzene Masse in Wasser löst, so darf man in demselben nur
ein wenig doppelt schwefelsaures Kali über der Spirituslampe
schmelzen und ihn dann mit Wasser reinigen.

Ein dünnes Platinschälchen von circa 30 Millim. Durchmesser und
10 Millim. Tiefe ist zur Zerlegung mancher Fluorverbindungen durch
Schwefelsäure, sowie zum Einäschern der Filtra, auf welchen sich Niederschläge befinden, von denen entweder das Gewicht bestimmt werden soll,
oder die man noch weiter zu prüfen gedenkt, von Vortheil. Ist es nöthig,
das Schälchen während des Glühens mehr oder weniger bedeckt zu erhalten, so wendet man hierzu ein dünnes Platinblech an.

3) Glasröhren und Glaskölbchen. Zur Erkennung
der in Mineralien, Erzen und Produkten vorhandenen und
in erhöhter Temperatur bei Zutritt von atmosphärischer
Luft flüchtig werdenden Stoffe, bedient man sich nach
Berzelius Glasröhren von 120 bis 200 Millim. Länge
und etwa 6 Millim. Durchmesser, die an beiden Enden
offen sind. Die zu untersuchende Probe wird nahe dem einen
Ende hineingelegt, dieses Ende wird hierauf niederwärts gerichtet, und, nachdem man das entgegengesetzte Ende zur
Erregung eines Luftzuges in der Röhre über der Spirituslampe
erwärmt hat, an der Stelle, wo die Probe liegt, erhitzt. Bedarf die Probe wenig Hitze, um die flüchtigen oder flüchtig
werdenden Bestandtheile auszutreiben, so bedient man sich
hierzu der freien Spiritusflamme, im Gegentheil aber muss
man die Löthrohrflamme anwenden. Die Röhre neigt man
dabei mehr oder weniger, je nach dem der Luftzug stärker oder
schwächer sein soll. Die Körper, welche während einer solchen

Röstung durch die Verbrennung gebildet und flüchtig werden, gehen entweder als Gase fort oder sublimiren sich im Innern der Röhre und lassen sich auf diese Weise leicht erkennen.

Von dergleichen Röhren muss man einen kleinen Vorrath haben. Ist eine solche Röhre gebraucht worden, so macht man mit einer Feile oberhalb der gebrauchten Stelle einen Einschnitt, bricht den gebrauchten Theil ab, reinigt hierauf die Röhre und bewahrt sie zu einer andern Probe auf. Wird sie endlich zu kurz, so schmilzt man das eine Ende zu und gebraucht sie noch zu einer Sublimationsprobe.

Um das Herausfallen der Probe zu verhindern, welches bisweilen geschieht, wenn die Röhre eher geneigt wird, als die Probe am Glase haftet, kann nach Berzelius die Glasröhre an dem einen Ende unter einem stumpfen Winkel ge-

Fig. 26.

bogen werden, wie nebenstehende Fig. 26 angiebt. Man legt die Probe in den Winkel a und neigt die Röhre nach Erforderniss.

Fig. 27.

Wenn man sich von dem Gehalt an Wasser oder irgend eines flüchtigen Stoffes in einer Substanz überzeugen will, oder wenn man es mit Substanzen zu thun hat, die stark decrepitiren, und man solche weiter untersuchen will, so legt man die Substanz in eine unten zugeblasene und an dieser Stelle etwas erweiterte Glasröhre, welche die Form eines kleinen Kolbens Fig. 27, A hat, dessen Höhe 60 bis 70 Millim. beträgt, und erhitzt sie in der Flamme der Spirituslampe. Soll ein schon gebrauchtes und mit verdünnter Säure oder Wasser gereinigtes Kölbchen zu einer andern Probe verwendet werden, so muss man es vollkommen austrocknen. Dies bewirkt man sehr einfach und schnell auf die Weise, dass man das Kölbchen über der Spirituslampe stark erwärmt und mit Hülfe einer schwachen Glasröhre, die man bis in den bauchigen Theil des Kölbchens hereinreichen lässt, die Luft, und mit derselben das Wasser in Dampfform mit dem Munde aussaugt, wobei frische Luft in das Kölbchen tritt, die bei fortgesetztem Saugen jede Spur von Wasser dampfförmig mitnimmt.

Hat man brennbare Körper von einem Mineral, Erz oder Produkt zu sublimiren, z. B. Schwefel, Arsen etc., so wendet man eine 5 bis 6 Millim. weite und etwa 70 bis 80 Millim. lange Glasröhre an, die, wie Fig. 27, B zeigt, an dem einen Ende zugeschmolzen, aber nicht erweitert ist, damit weder eine Verbrennung, noch eine theilweise Oxydation der brennbaren Körper stattfinden kann, welche durch einen geringen Luftzug leicht verursacht wird. Auch von den Kölbchen und zugeschmolzenen Röhren muss man immer einen kleinen Vorrath zur Hand haben.

4) Schälchen und Tiegel von Thon. Die Schälchen gebraucht man zum Rösten der auf Metallgehalte quantitativ zu untersuchenden Mineralien, Erze und Hüttenprodukte, sowie auch zum Rösten solcher Substanzen, die aus einem Gemenge von erdigen Theilen mit Schwefel- und Arsenmetallen bestehen und nur qualitativ auf ihren Erden- und resp. Metallgehalt untersucht werden sollen, wie z. B. die im Grossen aufbereiteten Erze. Man fertigt diese Schälchen auf folgende Weise: Zuerst bereitet man sich aus feuerfestem, geschlemmtem Thone eine steife Paste. Hierauf bestreicht man die formenden Flächen der von Buchsbaumholz gedrehten Presse (Thonschälchenform) Fig. 28, A und B, von welcher A oben 20,5 Millim. weit und 7 Millim. tief, und B nach einem 0,8 Millim. kleinern Halbmesser construirt ist, mit etwas Oel, legt über die Mitte der concaven Vertiefung der Presse ein 50 Millim. langes und 5 Millim. breites, dünnes Papierstreifchen und drückt von der weichen Thonmasse ein im Durchmesser ungefähr 12 Millim. betragendes Kügelchen auf der Mitte des Papierstreifchens mit den Fingern fest in die Vertiefung ein. Jetzt fasst man den Theil A der Presse, welcher auf eine feste Unterlage horizontal gestellt werden muss, mit der einen Hand und drückt mit der andern Hand den convexen Theil B genau in die Mitte des in der Vertiefung liegenden Thons in senkrechter Stellung mit einer Vierteldrehung um seine Achse beinahe so weit ein, als es überhaupt nöthig ist. Hierbei drückt sich die überflüssige Thonmasse an der Seite heraus, und der Theil B der Presse kann durch behutsames Drehen wieder leicht herausgehoben werden. Den über die Vertiefung herausgetriebenen Thon schneidet man mit einem Messerchen so weit ab, wie es die Presse verlangt, und sieht dann am Rande nach, ob das Schälchen überall hinreichend dünn ist, oder ob es auf der einen Seite dicker ist, als auf der andern, oder überhaupt noch zu dick ist. Fig. 29 zeigt den Durchschnitt eines solchen Schälchens in natürlicher Grösse, welches, ehe es gebrannt wird, nur 0,8 Millim. dick sein darf. Gesetzt nun, ein solches Schälchen wäre nur auf einer Seite zu dick, so muss man den formenden Theil B nochmals, jedoch mehr nach dieser Seite, und wenn es durchgängig zu dick ist, denselben gerade in der Mitte so weit niederdrücken, als es überhaupt nöthig ist. Hierauf dreht man den convexen Theil der Presse wieder behutsam heraus, schneidet den überflüssigen

Fig. 28.

Fig. 29.

Thon weg, fasst mit den Fingern der einen Hand das eine
Ende des Papierstreifchens, mit den Fingern der andern Hand
das andere Ende, und hebt so das Schälchen behutsam aus
der Form. Das auf diese Weise gefertigte Schälchen setzt
man mit dem anhängenden Papierstreifchen bei Seite und
fertigt ein anderes. Zuweilen werden die Schälchen, wenn
man sie aus der Form hebt, am Rande etwas gedrückt oder
gezogen; dies geschieht sehr leicht, wenn man noch nicht
eingeübt ist. Diesen Fehler kann man aber wieder gut machen, wenn man die verzogenen Schälchen, noch ehe sie luft-
trocken geworden sind, mit den Fingern einzeln an den convexen Theil der Presse überall andrückt, wodurch sie, ohne
anzuhängen, ihre richtige Form bekommen. Die Papierstreifen
lösen sich dabei von selbst ab. Hat man den Schälchen ihre
richtige Form gegeben, so setzt man sie an einen warmen
Ort und lässt sie austrocknen. Ist dies erfolgt, so legt man
sie in ein schon gebranntes Thongefäss und überzieht dasselbe
unverdeckt entweder dem Brennofen eines Töpfers oder einem
andern Feuer, in welchem sie bis zum Rothglühen erhitzt
werden, z. B. einer Probir-Muffel, die eben erst angefeuert
wird, oder einem einfachen Kohlenfeuer, oder man brennt sie
in einem Platintiegel über der Spirituslampe mit doppeltem
Luftzuge oder einer Gaslampe. Beim Brennen schwinden diese
Schälchen zwar ein wenig, aber sie bleiben gerade noch so
gross, als man sie gebraucht.

Die Tiegel kommen bei quantitativen Proben zur Verwendung. Sie werden mittelst einer metallenen Form hergestellt, welche — um die technischen Namen zu gebrauchen —
aus einer Nonne und einem Mönch besteht, wovon die Nonne

Fig. 30.

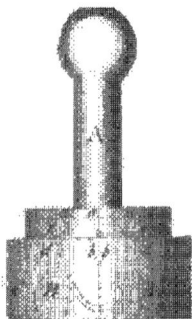

aus zwei Hälften zusammengesetzt und
mittelst eines Spannringes festgehalten
wird. Fig. 30 stellt dieses Instrument
und Fig. 31 den Durchschnitt eines
darin gefertigten Thontiegelchens vor.
A ist der Mönch, welcher bei a vier
konische Oeffnungen zur Durchlassung
des zu einem Tiegel zu viel in die Nonne
gelegten Thones hat. Der formende
Theil hat oben 19 Millim. Durchmesser
und ist 14 Millim. lang. B ist die Nonne,
die aus zwei genau zusammenpassenden
Hälften besteht, welche zusammen einen
abgestumpften Kegel bilden. An der
innern Seite einer jeden Hälfte, die von
dem Mönch überall 0,8 Millim. absteht,

sind bei b die Ecken etwas abgestumpft, damit in der Nonne
an zwei Punkten, die einander gegenüberliegen, kleine Vertiefungen entstehen, welche bei Fertigung der Tiegel sich

mit Thon ausfüllen und verhindern, dass,
wenn der Mönch herausgedreht wird, der
Tiegel nicht auch mitfolgt. *C* ist der Spannring, in den die Nonne so eingeschliffen ist,
dass sie leicht herausgehoben werden kann
und die untersten Flächen der Nonne und des
Spannringes genau in eine Ebene fallen.

Fig. 31.

Zur Fertigung solcher Thontiegel bereitet man sich aus
feuerfestem, geschlämmtem Thone mit Wasser eine steife
Paste. Aus dieser Paste formt man mit den Fingern kleine
Kugeln, von welchen jede aus etwas mehr Thon besteht, als
zu einem Tiegel erforderlich ist. Diese Thonkugeln lässt man
an der Luft so weit austrocknen, bis sie zwischen den Fingern nur noch schwer zusammengedrückt werden können.
Will man sich nun Tiegel fertigen, so bestreicht man die formenden und auch diejenigen Flächen der Nonne und des
Mönchs, welche auf- und aneinander zu liegen kommen, mit
sehr wenig Oel, setzt hierauf die Nonne mit ihrem Spannringe
auf den Amboss, der auf einer elastischen Unterlage ruht,
z. B. auf einem mehrfach übereinander gelegten wollenen
Tuche, legt die Thonkugel ein und schlägt den Mönch in
senkrechter Stellung mit Hülfe eines hölzernen Hammers so
weit in die Nonne ein, bis er mit dem vorstehenden Theile *c*
auf dem Rande *d* der Nonne aufsitzt. Hierauf dreht man den
Mönch heraus, wobei auch der überflüssige Thon mit weggenommen wird, drückt jetzt die Nonne von unten aus dem
Spannringe heraus, hält die eine Hälfte derselben zwischen
den Fingern der einen Hand und die andere zwischen den
Fingern der andern Hand, und trennt eine Hälfte nach der
andern vom geformten Tiegel. Diese Trennung geschieht
am besten, wenn man die eine Hälfte auf der andern ein
wenig herunterschiebt, wobei sie sich vom Tiegel löst, darauf
diese Hälfte wieder schwach an den Tiegel andrückt und auf
dieselbe Weise die andere Hälfte ebenfalls löst und ganz entfernt, worauf der Tiegel unbeschadet aus der zuerst abgelö-
sten Hälfte gehoben werden kann.

Die auf vorbeschriebene Weise gefertigten Tiegel befreit
man zuerst mit Hülfe des Messerchens von den vorstehenden
Theilen, welche durch die Vertiefungen in der Nonne entstanden sind; dann stellt man sie zum Austrocknen entweder zuerst an die freie Luft, oder sogleich an einen warmen Ort
und brennt sie auf dieselbe Weise, wie die Thonschälchen.

Bei den Thonschälchen ist es ein Haupterforderniss, dass man sie
recht dünn fertigt, weshalb man auch keine Zeit sparen und die Thonmasse weder zu hart noch zu weich verarbeiten darf. Ist die Masse zu
hart, so lässt sich schwer ein Schälchen daraus formen, und ist sie zu
weich, so lässt sich selten das geformte Schälchen, ohne zu reissen, aus
der Form heben. Man findet indess sehr bald, wie die Consistenz der zu
verarbeitenden Thonmasse sein muss. Ist die Form noch neu, so zieht

sich gewöhnlich das Oel, womit man die zu formenden Flächen bestreicht, in das Holz ein, und das gebildete Schälchen lässt sich nicht, ohne zu zerreissen, herausheben. Man thut daher wohl, wenn man in einer noch neuen Form dergleichen Schälchen fertigen will, die formenden Theile derselben zuvor einige Mal mit Oel zu bestreichen und solches vollkommen einziehen zu lassen. Bei Fertigung der Schälchen darf man den formenden Theil *A* mit weniger Oel bestreichen, als *B*, weil sonst das Schälchen leicht an *B* hängen bleibt und mit herausgehoben wird.

5) Knochenasche. Sie wird gebraucht, um kleine Kapellen daraus zu fertigen, auf welchen man das bei Löthrohrproben erzeugte gold- und silberhaltige Blei abtreibt. Man wendet sie von zweierlei Feinheit an, als „gesiebte" und als „geschlämmte."

Man zerschlägt gut durchgebrannte Knochen von vierfüssigen Thieren (die Knochen müssen ganz weiss von Farbe und frei von kohligen Theilen sein) und stampft dieselben in einem Mörser so lange, bis das Pulver durch ein feines Haarsieb geht; diess giebt die gesiebte Knochenasche. Einen andern Theil der feingestampften und gesiebten Knochen schüttet man in ein grosses Becherglas, übergiesst ihn darin mit so viel reinem Wasser, bis das Glas ziemlich gefüllt ist, rührt mit einem Glasstabe das Ganze um und überlässt es eine Minute lang sich selbst. Während dieser Zeit setzen sich die gröberen Theile der Knochenasche zu Boden und die feineren bleiben grösstentheils in dem Wasser vertheilt. Das trübe Wasser giesst man vorsichtig in ein anderes Becherglas ab und lässt es so lange ruhig stehen, bis sich die feinen Theile der Knochenasche zu Boden gesetzt haben, von welchen man das Wasser ebenfalls durch Abgiessen grösstentheils entfernt. Da sich mit den gröberen Theilen auch feine mit zu Boden setzen, so muss man das Schlämmen noch so oft wiederholen, bis das Wasser nur noch wenig getrübt wird. Das feine Pulver (die geschlämmte Knochenasche) bringt man auf ein Filtrum, damit der grösste Theil des anhängenden Wassers abfliesst, lässt es trocknen und glüht es. Beide Sorten bewahrt man, da sie leicht Feuchtigkeit aus der Luft anziehen, in Gläsern mit eingeriebenen Glasstöpseln zum Gebrauch auf. Das beim Schlämmen zurückgebliebene gröbere Pulver kann auf's Neue gerieben und geschlämmt werden. Wie man sich Kapellen fertigt, soll weiter unten bei den Instrumenten, namentlich bei der Beschreibung der Kapelleneisen, angegeben werden.

b) Die mittelbare Unterlage.

1) Sodapapier. Bei der quantitativen Bestimmung mehrerer Metalle ist es nöthig, die abgewogene und beschickte Probe in Etwas einzupacken, das der ersten Wirkung der Löthrohrflamme widersteht, um dadurch einem Verblasen

von Erztheilen vorzubeugen. Bereits von Harkort[*]) wurde hierzu seines Briefpapier, welches mit einer Lösung von Soda getränkt und wieder getrocknet worden ist, als am besten geeignet befunden. Auch bei qualitativen Proben kann man sich zum Einpacken voluminöser Beschickungen mit Vortheil dieses Papieres bedienen. Da aber Briefpapier häufig fremde Substanzen (z. B. Kobaltoxydul) enthält, so muss man zu qualitativen Proben an der Stelle des Briefpapiers feines Filtrirpapier anwenden. Beide Sorten von Papier richtet man sich auf folgende Weise vor: In einer Unze reinen Wassers löst man eine halbe Unze krystallisirte Soda auf, die frei von schwefelsaurem Natron ist, giesst diese Auflösung in ein flaches Gefäss, z. B. in eine Porcellanschale, zieht geschnittene Streifen von Brief- und feinem Filtrirpapier durch und lässt solche an der Luft oder an einem mässig warmen Orte langsam trocknen. Nach dem Trocknen zerschneidet man sie in Stücke von 35 Millim. Länge und 25 Millim. Breite und bewahrt sie zum Gebrauch auf, wobei man, wie es weiter unten beschrieben werden soll, kleine Cylinder daraus fertigt.

2) Ein Gemenge von 7 Theilen Kohle und 1 Theil Thon. Es wird zum Ausfüttern der kleinen Thontiegel bei quantitativen Zinn- und Bleiproben gebraucht. Man stellt es auf folgende Weise dar: nachdem man 7 Th. ganz feinen, trocknen Kohlenstaub und 1 Th. geschlämmten Thon abgewogen hat, rührt man letzteren in einer flachen Schale mit Wasser bis zur gleichmässigen Vertheilung an, schüttet dann den Kohlenstaub hinzu und knetet ihn mit dem Thonwasser zu einer Paste, lässt dieselbe an einem warmen Orte trocknen, zerdrückt sie dann wieder zu Pulver und bewahrt solches zum Gebrauch auf. Das Ausfüttern eines Thontiegels mit diesem Gemenge geschieht folgendermassen: Man macht eine kleine Quantität davon in einem Porcellanschälchen mit Wasser zu einer weichen Paste an und streicht davon einen Theil in das auszufütternde Thontiegelchen in kleinen Portionen so ein, dass die Paste auf dem Boden ungefähr 3 Millim. dick, und an den Wandungen, vorzüglich nach dem Rande zu, dünner aufzuliegen kommt, wie aus nebenstehender Fig. 32 zu ersehen ist. Ein Theil des gebundenen Wassers zieht sich sogleich in das gebrannte Tiegelchen ein, ein anderer bleibt aber noch in der Paste zurück, so dass man dieselbe, da sie noch weich genug ist, mit dem

Fig. 32.

trocknen Mönch der Tiegelform (Fig. 30, A, Seite 28) an allen Punkten glatt anstreichen kann. Ist das Tiegelchen auf diese Weise ausgefüttert, so trocknet man es über der freien Lampenflamme vollkommen aus.

---

[*]) Dessen „Probirkunst mit dem Löthrohre". Freiberg 1827, 1 Heft, S. 34.

V. Instrumente, kleine Gefässe und andere Gegenstände, welche zu Löthrohrproben gebraucht werden. *)

1) Eine feine Hebelwage. Zu quantitativen Proben hat man eine feine Wage nöthig, die bei einer Belastung von 2 Decigrammen noch 0,1 Milligr. mit einem ganz deutlichen Ausschlag angiebt. - Eine solche Wage muss so gearbeitet sein, dass sie leicht aufgestellt und wieder auseinander genommen werden kann. Die untenstehende Fig. 33 stellt eine perspectivische Ansicht der ganzen Einrichtung einer solchen Wage vor, wie sie Herr Bergmechanikus L i n g k e zu Löthrohrproben zuerst construirt hat. Die Pfannen sind von Carneol, die Messingtheile sämmtlich vergoldet. Der Balken ist 180 Millim., die Scheere von *a* bis *b* 100 Millim.

Fig. 33.

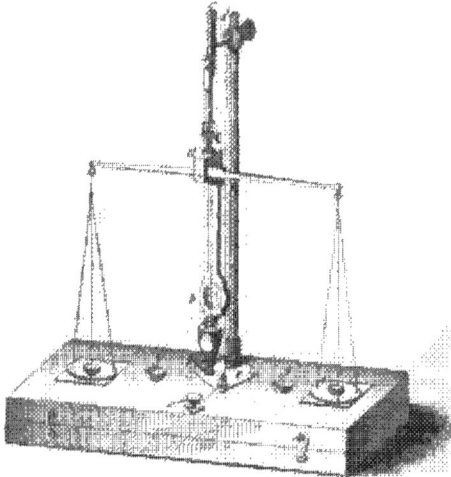

und die Schnuren (incl. der Haken) 140 Millim. lang. Die Wagschalen, welche mit den Schnuren in Verbindung stehen, sind 33 Millim. im Durchmesser und sehr wenig concav; auch steht auf jeder dieser Schalen ein 15 Millim. weites und 4 Millim. tiefes, ebenfalls vergoldetes Schälchen zur Aufnahme des zu wiegenden Körpers und der Gewichte. Zum Abwiegen

---

*) In Freiberg werden die zu Löthrohrproben erforderlichen Instrumente mit Genauigkeit vom Herrn Bergmechanikus L i n g k e und von den Herren Mechanikern N e u m a n n und O s t e r l a n d gefertigt

voluminöser Substanzen vertauscht man die kleinen Schälchen mit ein paar grösseren g g, die einen Durchmesser von 20 Millim. haben. Ihre Aufstellung findet die Wage auf einem niedrigen Kasten, in welchen in entsprechende Vertiefungen nach dem Auseinandernehmen der Wage, die einzelnen Theile derselben und andere Instrumente passen. Auf dem Deckel des Kastens kann ein starker Messingstab senkrecht aufgeschraubt werden, an dem die Wage durch eine Schraube befestigt wird. Zum Aufziehen dient eine schwache, seidene Schnur, die über drei kleine Leitscheiben, c, d, e, geführt wird, von denen die unterste, e, besonders eingeschraubt werden muss. Diese Schnur ist an dem einen Ende mit dem Aufzuge der Wage und an dem andern mit dem auf dem Deckel befindlichen, um seine Achse beweglichen Stifte in Verbindung, an welchem ein Knopf zum bequemen Anfassen angebracht ist; f ist ein an einem messingenen, beweglichen Arme befestigter Malerpinsel, welcher zur Verhinderung unnöthiger Schwingungen der Scheere dient.

Will man eine solche Wage zur Bestimmung des specifischen Gewichts von Mineralien, Hüttenprodukten u. s. w. mit gebrauchen, so lässt man sich auch die dazu erforderlichen Schälchen fertigen.

Sehr zweckmässig ist es, die Wage mit einem Glasgehäuse zu versehen, damit sie vor Staub und Luftzug geschützt ist. Herr Bergmechanikus Lingke hat zu diesem Behufe ein Gehäuse construirt, welches zusammengelegt und auf Reisen mitgenommen werden kann.

2) Gewichte. Das passendste Gewicht für Löthrohrproben ist das schon von Harkort angewendete Grammgewicht. Als Probircentner dient hier das Gewicht von 1 Decigramm $=$ 100 Milligrammen, welcher der 37,5 Theil eines auf den Freiberger Hütten gebräuchlichen Probircentners ist, indem letzterer genau 3,75 Grammen beträgt.

Ein 100-Milligrammenstück ist zwar das für Löthrohrproben erforderliche grösste Gewicht; es treten aber Fälle ein, wo ein noch grösseres Gewicht sehr erwünscht ist. Man erreicht daher allemal seinen Zweck vollkommen, wenn man ein, am besten aus Silber gefertigtes, Grammgewicht besitzt, das aus den unten angegebenen, einzelnen Stücken besteht, von welchen die Bruchtheile eines Milligramms von Federmark sind. Auf jedem einzelnen Stücke wird die Schwere nach Milligrammen angegeben und die Zahlen von 1000 bis mit 100 Milligrammen darauf gravirt; auf die übrigen Stücke bis zu 1 Milligramm, welche sehr dünn ausfallen, werden die Zahlen geschlagen oder gedrückt, und die Bruchtheile des Milligr. werden bloss an der Verschiedenheit ihrer Grösse erkannt

Bei den sächsischen Hüttenwerken wird der Silbergehalt nach einem Probircentner abgewogen, welcher in 100 Pfunde, 1 Pfund in 100 Pfundtheile und 1 Pfundtheil in zweimal 0,5 Pfundtheile getheilt ist; bei anderen Hüttenwerken dagegen ist noch ein Probircentner üblich, welcher in 110 Pfunde, das Pfund in 2 Mark oder 32 Lothe, und daher die Mark in 16 Lothe und das Loth wieder in 4 Viertel- oder 8 Achtellothe eingetheilt ist. Für den Fall, dass man den Silbergehalt nicht nach Milligr. oder Procenten, sondern nach Pfundtheilen oder Marken oder Lothen in einem Centner Erz u. s. w. bestimmen will, ist in nachstehender Tabelle der Betrag an Pfundtheilen, Marken und Lothen für jedes einzelne Stück des Grammengewichts, von 100 Milligr. an, mit beigefügt, damit man den Gehalt an Pfundtheilen oder Lothen nicht erst besonders zu berechnen braucht, nämlich:

Gramm	Milligr.	Die Abtheilungen des Grammgewichts betragen				
		nach dem 100pfündigen Löthrohrprobircentner.		nach dem 110pfündigen Löthrohrprobircentner.		
1 = 1000		Pfund.	Pfundtheile.	Mark.	Loth.	Loth.
Decigr.	Milligr.					
5 = 500		„	„	„	„	„
2 = 200		„	„	„	„	„
2 = 200		„	„	„	„	„
1 = 100		100 = 10000		220	—	3520
Centigr.	Milligr.					
5 = 50		50 = 5000		110	—	1760
2 = 20		20 = 2000		44	—	704
2 = 20		20 = 2000		44	—	704
1 = 10		10 = 1000		22	—	352
— — 5		5 = 500		11	—	176
— — 2		2 = 200		4	8,4	70,4
— — 2		2 = 200		4	0,4	70,4
— — 1		1 = 100		2	3,2	35,2
— — 0,5		0,5 = 50		1	1,6	17,6
— — 0,2		0,2 = 20		—	7,04	7,04
— — 0,2		0,2 = 20		—	7,04	7,04
— — 0,1		0,1 = 10		—	3,52	3,52
— — 0,1		0,1 = 10		—	3,52	3,52

Gesetzt, man hätte ein aus einem Centner Erz erhaltenes Silberkorn ausgewogen und es 17,8 Milligr. schwer gefunden, so sind in diesem Erze auch 17,8 Procent oder nach dem 100pfündigen Centner 17,8 Pfund oder 1780 Pfundtheile Silber enthalten. Will man nun den Gehalt an Lothen nach dem 110pfündigen Centner erfahren, so schreibe man das Gewicht der einzelnen, in der Wage liegenden Stücke unter einander und die Werthe an Probirlothen, wie sie oben angegeben sind, daneben; in der Summe findet sich dann der Gehalt, nämlich:

10 Milligramme = 352 Löthrohrprobirloth,
5 „ = 176 „
2 „ = 70,4 „
0,5 „ = 17,6 „
0,2 „ = 7,04 „
0,1 „ = 3,52 „
17,8 Milligramme = 626,56 Löthrohrprobirloth.

3) Löthrohrproben-Maasstab. Da ein durch Hülfe des Löthrohrs, aus 100 Milligr. = 1 Probirctnr. eines silberarmen Erzes ausgebrachtes Silberkorn so klein ist, dass das Gewicht desselben auf der Wage nicht bestimmt werden

kann, so kam Harkort*) auf die Idee, dergleichen Körner
auf einem besonders dazu gefertigten Maasstabe zu messen.
Diese Idee hat er verfolgt und so gut ausgeführt, dass man
nach seinem Verfahren im Stande ist, den Silbergehalt irgend
eines Erzes, Minerals oder Produkts, selbst wenn es noch
unter ¹/₁₀ Loth Silber im Centner enthält, mit hinreichender
Genauigkeit zu bestimmen.

Dieser Maasstab gründet sich darauf: dass die Gewichte
der Metallkugeln sich wie die Cubikzahlen ihrer
Durchmesser verhalten, und dass man vermittelst
zweier feinen, convergenten Linien, zwischen denen
die Kugeln eingelegt werden, im Stande ist, diese
Durchmesser genau mit einander zu vergleichen.

Plattner verfertigte später nach der von Harkort gegebenen und weiter unten mitgetheilten Vorschrift einen Maassstab, welcher in Fig. 34 S. 38 abgebildet ist und dessen Einrichtung noch jetzt als Normalmaass bei Anfertigung solcher
Maasstäbe dient.

Will man auf diese Weise das Gewicht eines durch die
Löthrohrprobe ausgebrachten Silberkornes bestimmen, so
braucht man nur dasselbe vermittelst einer feinen Pincette behutsam zwischen die beiden convergirenden Linien zu legen,
und mit Hülfe der Loupe, sowie bei senkrechter Stellung des
Auges, um jede Parallaxe zu vermeiden, zu untersuchen, wo
das Korn von den Linien eben tangirt wird; zur Linken sind
die Nummern der Theilstriche verzeichnet; zur Rechten findet
man das Gewicht in Lothen oder nach der jetzt üblichen
Bezeichnungsweise in Procenten angegeben.

Nachstehende Tabelle enthält eine Nebeneinanderstellung
der den verschiedenen Theilstrichen entsprechenden Gewichte
in Lothen, Pfundtheilen und Procenten.

Theilstrich.	Gewicht		
	Lothe im 110pfün- digen Centner.	oder Procente	oder Pfundtheile im 100pfünd. Centner.
50.	122,50000	3,48011	348,011
49.	115,29602	3,27545	327,545
48.	108,38016	3,07898	307,898
47.	101,74654	2,89053	289,053
46.	95,38928	2,70992	270,992
45.	89,30260	2,53700	253,700
44.	83,49032	2,37160	237,160
43.	77,91686	2,21545	221,545
42.	72,60624	2,06268	206,268

*) S. dessen „Silberprobe vor dem Löthrohre," S. 54 ff.

3*

Theilstrich.	Gewicht		
	Lothe im 110pfündigen Centner.	oder Procente	oder Pfundtheile im 100pfund. Centner.
41.	67,64258	1,91882	191,882
40.	62,72000	1,78182	178,182
39.	58,15262	1,65149	165,149
38.	53,77466	1,52769	152,769
37.	49,63904	1,41022	141,022
36.	45,72988	1,29894	129,894
35.	42,01760	1,19568	119,568
34.	38,51702	1,09426	109,426
33.	35,21826	1,00052	100,052
32.	32,11264	0,91229	91,229
31.	29,19618	0,82941	82,941
30.	26,46000	0,75170	75,170
29.	23,90122	0,67903	67,903
28.	21,51296	0,61116	61,116
27.	19,29034	0,54799	54,799
26.	17,22448	0,48953	48,953
25.	15,31260	0,43501	43,501
24.	13,54752	0,38487	38,487
23.	11,92368	0,33874	33,874
22.	10,43574	0,29644	29,644
21.	9,07678	0,25783	25,783
20.	7,84000	0,22273	22,273
19.	6,72182	0,19096	19,096
18.	5,71530	0,16237	16,237
17.	4,81474	0,13678	13,678
16.	4,01404	0,11404	11,404
15.	3,30750	0,09396	8,896
14.	2,69012	0,07639	7,639
13.	2,15806	0,06116	6,116
12.	1,69344	0,04811	4,811
11.	1,30438	0,03705	3,705
10.	0,98000	0,02784	2,784
9.	0,71442	0,02029	2,029
8.	0,50176	0,01426	1,426
7.	0,33614	0,00955	0,955
6.	0,21168	0,00601	0,601
5.	0,12250	0,00348	0,348
4.	0,06272	0,00178	0,178
3.	0,02646	0,00075	0,0752
2.	0,00784	0,00023	0,0223
1.	0,00098	0,00028	0,0028

Es versteht sich von selbst, dass man bei Angabe von Silbergehalten nur von etwa zwei Decimalstellen Gebrauch macht und in solchen Fällen, wo die nächste Decimalstelle über 5 beträgt, allemal die vorhergehende um 1 erhöht, z. B. beim 23. Theilstrich 0,33874 Proc. = 0,34 nimmt. Ferner trifft es nicht allemal, dass das Silberkorn genau auf einen Theilstrich zu liegen kommt, sondern dass es oft zwischen zwei Theilstrichen seinen richtigen Platz findet; dies kann

aber wieder entweder gerade in der Mitte zwischen beiden
Theilstrichen, oder einem solchen Theilstriche näher als dem
andern, der Fall sein. Liegt das Silberkorn so, dass die
beiden Theilstriche ungefähr gleichen Abstand von demselben
haben, so findet sich das Gewicht einfach dadurch, dass man
die Summe der den beiden Theilstrichen zukommenden Werthe
durch 2 dividirt. Liegt es aber dem einen Theilstriche näher
als dem andern, so muss man nach dem Augenmaass schätzen,
wie viel Theile dies von dem einen bis zum andern Theilstriche beträgt. Die Bestimmung dürfte hinreichend genau
erfolgen, wenn man sich in solchen Fällen den Zwischenraum
zwischen den betreffenden zwei Theilstrichen in drei gleiche
Theile getheilt denkt und von der Differenz der Zahlen beider Theilstriche $\frac{1}{3}$ zu der Zahl des untern Striches addirt,
wenn das Korn im untersten Dritttheil seine Lage hat oder
$\frac{1}{3}$ der Differenz von der Zahl des obern Striches subtrahirt,
wenn das Korn in das obere Dritttheil zu liegen kommt.

Bei den beim Abtreiben auf der Kapelle zurückbleibenden Silberkörnern tritt der Umstand ein, dass sie unten abgeplattet werden, weil
sie im flüssigen Zustande vermöge ihrer Schwere sich zusammendrücken
und so erkalten. Auch gehen gewisse — wenn auch nur geringe — Antheile durch die Processe des Ausziehens und Abtreibens verloren. Wollte
man also eine chemisch reine Silberkugel nehmen, deren Durchmesser
genau ermitteln, darnach und nach dem specifischen Gewicht des reinen
Silbers eine Scala berechnen, so würde man einer solchen Bestimmungs-
weise sehr weitläufige Correctionen zuzufügen haben und doch am Ende
wenig Uebereinstimmung mit den Proben im Grossen finden.

Um diesen Weitläufigkeiten, denen sich Harkort anfänglich schon
hingegeben hatte, zu entgehen, und doch die Löthrohrproben mit den
unter der Muffel gefertigten Proben in Uebereinstimmung zu bringen,
wählte er ein Erz von mittlerem Silbergehalte, dessen Gehalt durch eine
mehrfache Probe unter der Muffel genau bestimmt worden war, und fertigte davon selbst mehrere Proben vor dem Löthrohre. Von den dabei
erhaltenen Silberkörnern wählte er dasjenige aus, welches ihm am reinsten
und regelmässigsten erschien, und setzte fest, dass dieses Probekorn nach
dem Löthrohrprobircentner (100 Milligr.) ebensoviel wiege, als jedes der
unter der Muffel erhaltenen Silberkörner nach dem gewöhnlichen Probircentner. Hierauf fertigte er sich den Massstab.

Ganz auf dieselbe Weise verfuhr auch Plattner. Er bediente sich
dazu Silberkörner von einer Probe, welche übereinstimmend unter der
Muffel und vor dem Löthrohr im Ctnr. 122,6 Loth ergab. Mit Hülfe eines
Stahllineals und eines feinen Grabstichels zog er auf der einen Seite
einer polirten Elfenbeinplatte von der Grösse der Figur 34 S. 38 eine Linie
A B und nicht weit davon zwei andere Linien a b, a c, und zwar so,
dass deren Mittellinie mit A B parallel war und die beiden letzteren in
einem Punkte a convergirten, welcher dem Anfangspunkte A der Linie
A B genau rechtwinklig gegenüberstand. Auch zog er etwas entfernt
von a c eine Linie C D, und zwar parallel mit A B; letztere beide
Linien etwas stärker, a b und a c aber so fein wie möglich, so dass
letztere, als sie etwas eingeschwärzt waren, fast nur durch die Loupe
deutlich gesehen werden konnten. Die Linie A B wurde hierauf von A
nach B in 52 gleiche Theile getheilt und durch die Theilungspunkte pa-
rallele Linien zwischen A B und C D gezogen, wie es Fig. 34 angiebt.
(Den Abstand der beiden Endpunkte b und c hatte Plattner vorher

Fig. 34.

ungefähr nach dem Durchmesser des Probekorns von 122,5 Loth bestimmt.) Durch diese Parallelen wurde das gleichschenklige Dreieck *b a c* in eben so viel Dreiecke zerlegt.

Das regelmässigste von den erhaltenen Silberkörnern wurde jetzt unter den früher angegebenen Vorsichtsmaassregeln auf die Elfenbeinplatte an die Stelle im Dreieck *b a c* gelegt, wo es von den Schenkeln *a b* und *a c* genau tangirt wurde. Die Stelle, wohin nach mehreren Wiederholungen des Versuchs sowohl das zuerst gewählte als auch noch ein anderes Probekorn auf diese Art passte, war gerade auf dem Theilstriche 50, neben welchem die Zahl 122,5 zu stehen kam; mithin war bestimmt, dass ein Probekorn, welches bei dem Theilstrich 50 genau von den Linien *a b* und *a c* tangirt wird, 122,5 Loth wiegen musste, und nach dieser Annahme liess sich leicht das Gewicht eines Probekorns für die anderen Theilstriche berechnen.

Es verhalten sich, wie bereits erwähnt, die Gewichte von Kugeln wie die Cubikzahlen ihrer Durchmesser (hier wie ihre scheinbaren Durchmesser), welche auf der Scala durch die Theilstriche auf dem Dreiecke *b a c* abgeschnitten werden; da nun die dadurch gebildeten Dreiecke einander und dem Dreiecke *b a c* ähnlich sind, so verhalten sich die Durchmesser auch wie die Schenkel dieser Dreiecke, und folglich verhalten sich auch die Gewichte der Kugeln wie die Cubikzahlen der correspondirenden Schenkellängen, d. i. wie die Cubikzahlen ihrer Entfernungen vom Nullpunkte. Oder allgemein: wenn *g* das absolute Gewicht einer Kugel ist, deren Durchmesser *d c* (Fig. 34) — *D*, und deren correspondirende Schenkellänge oder Abstand vom Nullpunkt *a d* (— *a c*) — *L*; ferner, wenn γ das Gewicht einer andern Kugel, deren Durchmesser *f g* — *d* und der Abstand *a f* (— *a g*) — *l* ist, so ist

$$g : \gamma = D^3 : d^3$$

oder auch weil $D : d = L : l$

$$g : \gamma = L^3 : l^3$$

daher $\gamma = \dfrac{g \cdot l^3}{L^3} = \dfrac{g}{L^3} \cdot l^3$.

Nun war für diesen allgemeinen Ausdruck bereits gefunden worden: *g* — 122,5 und *L* — 50; wurden für *l* nach einander die Zahlen der Theilstriche 1, 2, 3 . . . . *n* gesetzt, so ergab sich für jeden Theilstrich nach einander

$$x = \frac{122,5}{50^3} \cdot 1^3$$

$$x = \frac{122,5}{50^3} \cdot 2^3 \ldots \text{u. s. w. bis}$$

$$x = \frac{122,5}{50^3} \cdot n^3$$

Der Factor $= \dfrac{122,6}{60^2} = 0,00098$ war also constant, und man hatte mit ihm nur die Cubikzahlen der Theilstriche zu multipliciren und die Produkte neben die betreffenden Theilstriche zu schreiben.

Hinsichtlich der Grösse der Convergenz der beiden Linien $o b$ und $a c$ (Fig. 84) ist noch Folgendes zu bemerken. Je geringer im Allgemeinen diese Convergenz ist, um so geringer wird die Gewichtsdifferenz für jeden Theilstrich der Scala, und um so genauer wird man die Probekörner vergleichen können; dies hat aber für die Praxis auch wieder seine Grenzen: denn wenn die Convergenz zu gering ist, als dass man von einem Theilstriche bis zum nächstfolgenden eine Differenz zwischen den Durchmessern der dazwischen zu bringenden Körner zu entdecken im Stande wäre, so ist sie von keinem Nutzen. Andererseits darf die Convergenz aber auch nicht zu gross sein, damit die Gewichtsdifferenzen nicht zu bedeutend ausfallen. Das Verhältniss, wie es auf dem Plattner'schen Massstabe stattfindet, wo bei einer Länge von 150 Millim. die Convergenz 1 Millim. beträgt, dürfte ganz zweckmässig sein.

Die Anwendbarkeit des Massstabes hat ihre Schranken. Wie man sich leicht in der oben angeführten Tabelle überzeugen kann, findet bei der Zunahme der Gewichte eine immer grössere Differenz für jeden Theilstrich statt; es muss daher auch eine gewisse Grenze geben, bis zu welcher es genau ist, die Gewichte auf der Scala zu bestimmen und über welche hinaus das unmittelbare Auswiegen auf einer feinen Hebelwage vorzuziehen ist.

Diese Grenze hängt hauptsächlich mit von der Uebung, das Silberkorn mit Hülfe einer Loupe richtig zu legen, ab. Man kann sich aber leicht controliren, wenn man von einem Erze mehrere Proben auf Silber fertigt, wobei man das Gewicht jedes einzelnen Silberkorns zuerst durch Messen auf dem Massstabe bestimmt, dann sämmtliche Körper gut ausputzt (dies geschieht, wenn man die Körner zwischen befeuchtetem Papier auf dem Ambosse etwas breit schlägt), zusammen genau auswiegt und den Durchschnittsgehalt für ein einzelnes Silberkorn berechnet. Giebt die Wage noch 0,1 Milligramm an, so kann man von vier Silberkörnern, jedes z. B. zu 5 Loth, den Gehalt für ein einzelnes Korn bis auf eine Differenz von ungefähr $\frac{1}{4}$ Loth auf der Wage bestimmen; denn diese vier Körner würden in diesem Falle zusammen 0,6 Milligramme $= 21,12$ Loth wiegen, und es kämen daher auf ein Korn 5,28 Loth. Von zwei Körnern desselben Gehaltes wäre die Differenz ebenfalls nicht bedeutender; denn diese würden zusammen 0,3 Milligramme $= 10,56$ Loth wiegen, und es käme ebenfalls auf ein Korn 5,28 Loth. Wollte man aber das Gewicht eines einzigen solchen Kornes auf der Wage bestimmen, so würde man eine bedeutendere Differenz finden, denn: das Korn, welches eigentlich mehr wiegt als 0,1 Milligramme und weniger als 0,2 Milligramme, würde vielleicht einmal für sechs Loth und ein andermal für vier Loth gerechnet werden, und es würde dadurch gegen den wahren Gehalt eine Differenz von ein Loth mehr oder weniger entstehen. Die Erfahrung spricht nun dafür, dass von dem niedrigsten Silbergehalte an, bis zu ungefähr 16 Loth im Centner, man das Gewicht eines einzigen, durch die Probe ausgebrachten Silberkorns auf dem Masstabe richtiger bestimmen kann, als auf der Wage; von einer doppelt gefertigten Probe aber von ungefähr 10 Loth Silbergehalt an wieder richtiger auf der Wage; hingegen von reichen Erzen, welche z. B. 40 und mehr Lothe Silber im Centner enthalten, man allemal das Gewicht des Silberkorns auf der Wage genauer bestimmen kann, als auf dem Masstabe. Bei einem solchen Gehalte ist die Differenz auf der Wage höchstens 1¼ Loth, auf dem Masstabe vielleicht 2 Loth und darüber, und fertigt man die Probe doppelt, so wird die Differenz auf der Wage noch unbedeutender.

Ueber Anwendung des Silberprobenmasstabes zur Bestimmung des Gewichts der durch die Löthrohrprobe ausgebrachten Goldkörner.

Es ist leicht einzusehen, dass auf einem solchen Masstabe auch kleine Goldkörner, die durch die Probe auf Gold ausgebracht werden, gemessen oder deren Gewichte bestimmt werden können. Bekämen beim Abtreiben die Goldkörner dieselbe Abplattung wie die Silberkörner, so könnte man den Goldgehalt ziemlich genau nach den specifischen Gewichten des Silbers und des Goldes berechnen; man dürfte nur die Goldkörner auf der Scala messen und das Gewicht eines solchen Kornes nach dem Verhältniss der specifischen Gewichtes des Silbers zu dem des Goldes ausmitteln. Da aber die Cohäsion beim geschmolzenen Golde stärker ist, als beim geschmolzenen Silber, und das Gold sich deshalb vermöge seiner eigenen Schwere nicht so sehr zusammendrückt als das Silber, sondern sich mehr zu einer vollkommenen Kugel gestaltet, auch nach dem Erkalten einen kleineren Durchmesser zeigt, als ein nach dem cubischen Inhalte gleich grosses Silberkorn, so lässt sich ein solches Verfahren, wo es auf die möglichste Genauigkeit ankommt, durchaus nicht anwenden.

Plattner hat deshalb auch hierfür eine besondere Scala entworfen und zwar in ganz ähnlicher Weise wie bei den Silberproben mit Hülfe eines Golderzes, bei dessen Probe übereinstimmende Resultate unter der Muffel und vor dem Löthrohre erhalten worden waren. Von den betreffenden Goldkörnern wog jedes 214,72 Löthrohrprobirloth und passte auf dem Silberprobenmasstab gerade in die Mitte zwischen den 46sten und 47sten Theilstrich; es ist daher für bestimmt anzunehmen, daß ein vor dem Löthrohre ausgebrachtes reines Goldkorn, welches auf dieser Stelle genau von den beiden Linien $a\,b$ und $a\,c$, bei senkrechter Stellung des Auges, tangirt zu werden scheint, 214,5 Loth (nach dem Löthrohrprobirgewichte) wiegen muß.

Für die Berechnung der Zahlen der anderen Theilstriche gilt nun dieselbe Regel, wie oben bei dem Silberprobenmaßstabe.

Der constante Factor ist demnach hier $\dfrac{214,5}{46,5^2} = 0{,}0021338$.

Da ein geringer Goldgehalt eines Erzes etc. häufig auch noch nach Grän (1 Loth = 18 Grän) angegeben wird, so ist in nachstehender Tabelle das Gewicht nicht nur in Lothen und Procenten angegeben, sondern auch so weit, als man ein Goldkorn auf dem Maßstabe noch mit ziemlicher Sicherheit richtig messen kann, und zwar bis zum 26sten Theilstriche, auf Grän berechnet, nämlich:

Theilstrich.	Gewicht.		
	Loth.	Grän.	Procent.
50.	206,67250		
49.	250,98808		
48.	235,93476		
47.	221,49304		
46.	207,65467		
45.	194,40426		
44.	181,72984		
43.	169,61864		
42.	158,06786		
41.	147,00468		
40.	136,53632		
39.	126,54996		
38.	117,06282		
37.	108,06209		
36.	99,53497		
35.	91,46868		
34.	83,85036		
33.	76,66727		
32.	69,90659		
31.	63,55552		
30.	57,60126		
29.	52,03100		
28.	46,83195		
27.	41,99131		
26.	37,49628	674,933	1,00523
25.	33,33405	600,013	0,94609
24.	29,49184	530,853	0,83784
23.	25,95683	467,221	0,73741
22.	22,71623	408,892	0,64584
21.	19,75936	355,604	0,56134
20.	17,06704	307,206	0,48485
19.	14,60253	263,391	0,41570
18.	12,44187	225,953	0,35346

Theilstrich.	Gewicht.		
	Loth.	Gran.	Procent.
17.	10,46129	188,663	0,29776
16.	8,75832	157,289	0,24824
15.	7,20015	129,603	0,20455
14.	5,85309	105,372	0,16630
13.	4,68703	84,366	0,13296
12.	3,68648	66,354	0,10473
11.	2,83952	51,111	0,08060
10.	2,13338	38,400	0,06061
9.	1,55528	27,994	0,04418
8.	1,09229	19,661	0,03103
7.	0,73174	13,171	0,02079
6.	0,46061	8,294	0,01309
5.	0,26667	4,800	0,00757
4.	0,13653	2,457	0,00388
3.	0,05760	1,036	0,00164
2.	0,01706	0,307	0,00048
1.	0,00213	0,038	0,00006

Was die Genauigkeit bei Bestimmung des Goldgehaltes auf dem Maassstabe anlangt, so ist diese nicht viel geringer als die des Silbergehaltes, denn die Differenz der Zahlen an Lothen neben denjenigen Theilstrichen, zwischen welchen das Gewicht eines Goldkorns bestimmt wird, verhält sich zu der Differenz der Zahlen an Lothen neben denjenigen Theilstrichen, zwischen welchen ein eben so schweres Silberkorn hinpasst, beinahe wie das specifische Gewicht des Goldes zu dem des Silbers; nur die geringere Abplattung des Goldkorns verursacht eine kleine Verschiedenheit in diesem Verhältnisse.

Die Grenze, bis zu welcher das Gewicht eines Goldkorns sicherer auf dem Maassstabe bestimmt, als auf der Wage ausgewogen werden kann, ist dieselbe, wie bei der Bestimmung des Silbergehaltes S. 39. u. 40.

Der Silberprobemaassstab, wie man ihn gewöhnlich gebraucht, ist nur so breit, dass blos die Zahlen der Gewichte nach Lothen oder Procenten oder Pfundtheilen für Silberkörner darauf geschrieben werden könen; es ist daher nicht gut möglich, auch die Zahlen der Gewichte für Goldkörner darauf zugleich mit zu bemerken. Will man jedoch bei Bestimmung eines Gehaltes auf dem Maassstabe, sei es nun ein Silbergehalt nach Procenten oder Pfundtheilen, oder ein Goldgehalt nach Lothen, Gran oder Procenten, das jedesmalige Nachschlagen vermeiden, so fertige man sich (vorausgesetzt, dass der Maassstab mit den fortlaufenden Nummern der Theilstriche versehen ist) auf einem Blatt Papier eine tabellarische Uebersicht über die Gehalte nach den verschiedenen Gewichten, wie sie sich für Silber S. 86, und für Gold S. 41 und 42 verzeichnet finden, vom 28sten Theilstriche an, ungefähr wie nachstehende:

Theilstrich	Gehalt in einem Löthrohrprobircentner = 100 Milligramme an				
	Silber.			Gold.	
	Procente.	Pfundtheile.	Lothe.	Grän.	Procente.
20.	0,489	48,9	37,5	674,9	1,065
25.	0,435	43,5	33,3	600,0	0,946
24.	0,395	39,5	29,5	530,8	0,838

u. s. w.

4) **Eine gute Loupe.** Diese ist unumgänglich nothwendig, um häufig bei Reactionsversuchen die Resultate sicherer beurtheilen und bei quantitativen Proben das Gewicht der ausgebrachten Silber- und Goldkörner auf dem Maassstabe bestimmen zu können. Es eignet sich dazu recht gut eine Loupe, die aus zwei Gläsern von gleicher Vergrösserungskraft besteht, die aber so gefasst sind, dass nicht nur jedes Glas für sich, sondern dass auch beide Gläser über einander geschoben, gemeinschaftlich angewendet werden können; Fig. 35 zeigt eine solche doppelte Loupe.

Fig. 35.

5) **Zangen und Pincetten.** Zu Löthrohrproben braucht man verschiedene Zangen, und zwar:

a) **Eine Zange** (Pincette) mit Platinansatz, um während des Blasens eine Probe damit zu halten, deren Schmelzbarkeit und sonstiges Verhalten man unmittelbar in der Löthrohrflamme zu untersuchen beabsichtigt. Fig. 36 zeigt die Form einer solchen Zange, sie ist circa 130 Millimeter lang.

Fig. 36.

b) **Eine Kneifzange,** Fig. 37, um von den zu untersuchenden Mineralien kleine Proben abbrechen zu können, ohne dass man dabei den Stufen schadet; ganz so, wie sie Berzelius gebrauchte. Sie ist wie eine Nagelzange, nur mit dem Unterschiede, dass die abkneifende Schärfe mehr breit und stark als scharf ist.

Fig. 37.

c) **Eine Stahlzange** von der Form wie Fig. 38, welche man zum Abschlacken des bei Silber- und Goldproben erhaltenen Werkbleies und noch bei anderen Arbeiten nöthig hat. Die Schnauze dieser Zange muss etwas breit und die inneren Flächen derselben dürfen nicht feilenartig gehauen, sondern blos rauh sein.

Fig. 38.

d) **Eine Pincette von Messing**, wie sie Fig 39 in zwei Ansichten zeigt, um bei Löthrohrproben, namentlich bei quantitativen Proben, kleine Gegenstände damit fassen zu können.

Fig 39.

e) **Eine ähnliche Pincette**, ebenfalls von Messing, aber etwas kleiner, an der das Ende eines jeden Schenkels spitz gearbeitet ist. Sie dient, theils um die Gewichte fassen zu können, theils aber auch, um die zu messenden Silber- und Goldkörner auf den Massstab zu bringen und auf demselben fortzurücken.

f) **Eine Pincette von Eisen**, ungefähr 110 Millim. lang und von der Form Fig. 40, zur Ausbesserung des Lampendochtes, so wie zur höheren oder tieferen Stellung desselben in der Dille.

Fig. 40

6) **Ein Hammer** von gutem und gehärtetem Stahl, welcher vierkantig gearbeitet und an dem einen Ende mit einer polirten ebenen Bahn und an dem andern Ende mit einer breiten Schärfe versehen ist, wie Fig. 41 zeigt.

Fig. 41.

7) **Ein Amboss.** Man gebraucht einen Amboss von gehärtetem Stahl, der polirt ist, um die zu pulverisirenden Mineralien und Produkte zuerst gröblich darauf zu zerschlagen, so wie die redncirten Metallkörner auf ihm auszuplatten, das bei Silber- und Goldproben ausgebrachte Werkblei auf solchem abzuschlacken u. s. w. Er hat am besten die Form eines Parallelepipedes Fig. 42

Fig. 42.

von ungefähr 55 Millim. Länge und 32 Millim. Breite. Die Stärke ist circa 13 Millim.

Beim Zerkleinern harter und spröder Substanzen, so wie beim Ausplatten kleiner Metallkörner auf dem Amboss, kann man sich, um das Fortschleudern derselben zu verhindern, auch eines eisernen Ringes bedienen, der im Lichten einen Durchmesser von etwa 20 Millim. und eine Breite von 10 Millim. hat. Man drückt ihn mit den Fingern, dem Zwecke entsprechend, gegen den Amboss, während man auf die vom Ringe umgebene Substanz mit dem Hammer schlägt.

8) Ein Stahlmörser. Zum Zerkleinern metallischer Fossilien und Hüttenprodukte, so wie auch zum Pulverisiren verschiedener vor dem Löthrohre auf Kohle geschmolzener Verbindungen, eignet sich am besten der Abich'sche Stahlmörser Fig. 43. In einer gehärteten runden Stahlplatte, A B, befindet sich eine 6 Millim. betragende cylindrische Vertiefung C; in diese passt genau ein hohler Cylinder D E von Eisen, der einen Durchmesser von 24 Millim. und eine Höhe von 21 Millim. hat, und in diesen wieder ein anderer massiver, 45 Millim. hoher und 18 Millim. starker Cylinder F, von gehärtetem Stahl, dessen oberes Ende abgerundet ist. Beide Cylinder sind gut in einander geschliffen.

Fig. 43.

Will man ein Mineral etc. pulverisiren, so zieht man den Cylinder F heraus, legt den zu pulverisirenden Körper in den hohlen Cylinder D E, bringt den Cylinder F wieder an seinen Ort, hält das Zerkleinerungsinstrument zwischen den Fingern so, dass man beide Cylinder gegen die Stahlplatte drückt, und giebt auf das abgerundete Ende des Cylinders F einige Hammerschläge. Hebt man hierauf die Cylinder nach einander aus der Stahlplatte, so findet man die Substanz zu einem ziemlich feinen Pulver zertheilt, welches in einem Achatmörser noch feiner zerrieben werden kann.

9) Ein Achatmörser wie Fig. 44. Ein solcher Mörser bekommt mit der Zeit durch das Pulverisiren sehr harter Körper feine Ritze, in denen sich beim Zerreiben und Schlämmen von metallhaltigen Schlacken leicht etwas Metall einreibt. Der Mörser muss dann jedesmal mit befeuchteter Knochenasche gereinigt werden.

Fig. 44.

10) Einige Feilen, dreikantig, platt, halbrund und rund, sowohl von verschiedener Grösse, als auch etwas verschieden in der Feinheit des Hiebes, werden zu verschiedenen Zwecken gebraucht; auch eignet sich eine Raspel ganz vorzüglich dazu, um den Löthrohrkohlen mit Leichtigkeit die passende Form zu geben und sie nach ihrem Gebrauche wieder zu reinigen.

11) Ein Messer, so wie eine kleine Scheere, deren Backen etwas stark sind.

12) Ein Magnetstahl in Gestalt eines vierkantigen Stäbchens von ungefähr 85 Millim. Länge und 4 Millim. Stärke, an dem einen Ende mit einer Schneide versehen.

13) Kohlenbohrer. Bei quantitativen Löthrohrproben hat man verschiedene Vertiefungen in die Kohle zu bohren, weshalb dazu auch verschiedene Bohrer erforderlich sind. Man gebraucht im Ganzen drei verschiedene von gehärtetem Stahl, nämlich:

a) Einen Bohrer von der Form wie Fig. 45, um Gruben

Fig. 45.

für einzuschmelzende Silber-, Gold-, Kupfer- und noch andere Proben in die Kohlen zu bohren. Er ist vierseitig und die Seiten sind von unten so ausgefeilt, dass er als ein unterm rechten Winkel sich kreuzender Doppelmeisel erscheint, der sehr wenig abgerundet ist. Die Breite von jedem der vereinigten Meisel beträgt 8 Millimeter. Zum bequemen Anfassen hat dieser Bohrer ein kleines hölzernes Heft.

Will man mit diesem Bohrer eine Grube machen, so setzt man denselben auf den Querschnitt der Kohle rechtwinklig auf, drückt ihn wenig stark an und dreht ihn schnell um seine Achse einige Male abwechselnd nach der rechten und linken Seite, bis man glaubt, die hinreichende Tiefe erlangt zu haben. Hierauf hebt man den Bohrer aus der Grube und schüttet oder bläst den darin hängenden Kohlenstaub heraus. Die Weite der Grube ist dabei allemal dem Durchmesser des Bohrers angemessen. Was die Tiefe anlangt, so richtet sich dieselbe nach der Höhe des Papiercylinders, in welchen die zu schmelzende Probe eingepackt ist. Man braucht z. B. zu einer Kupferprobenbeschickung eine weniger tiefe Grube in die Kohle zu bohren, als zu einer kupferreichen Silberprobenbeschickung, weil letztere viel Probirblei enthält.

b) Einen zweiten Kohlenbohrer, um eine grössere Grube zu bohren, deren Längendurchschnitt eine halbe Ellipse bildet. Sein oberer Durchmesser beträgt 22 Millim. und seine Länge

Fig. 46.

bis dahin 18 Millim.; die übrige Einrichtung desselben findet sich in zwei verschiedenen Ansichten in beistehender

Fig. 46. Das Bohren mit diesem Instrumente geschieht ganz auf dieselbe Weise, wie mit dem vorigen Kohlenbohrer; sobald aber die Seite a genau mit der durchbohrten Seite der Kohle in eine Ebene kommt, hört man auf und reinigt die Grube von dem darin liegenden Kohlenstaub.

c) Einen dritten Kohlenbohrer von der Form wie Fig.
47. Das eine Ende ist ein 6
Millim.breiter Doppelmeisel und
ganz so gearbeitet wie der erste
Kohlenbohrer zu cylindrischen
Gruben. Er dient zum Durchbohren der vordern Seite der
in den unten beschriebenen Kohlenhalter gespannten Kohle,
so wie zum Durchbohren der Deckkohlen, die beim Schmelzen der quantitativen Blei-, Wismuth-, Zinn-, Nickel- und Kobaltproben in Thontiegeln erforderlich sind. Das andere
Ende, welches 9 Millim. breit, spatelähnlich und schneidend ist,
dient, um kleine Gruben für qualitative Proben in die Kohle
zu bohren, wenn solche etwas tief werden sollen.

Fig. 47.

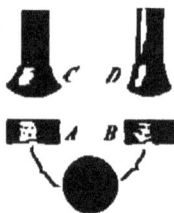

14) Kapelleneisen nebst Bolzen und Stativ. Zum
Abtreiben des silber- und goldhaltigen Bleies, wie man es bei
quantitativen Silber- und Goldproben als Werkblei erhält,
sind kleine Kapellen von Knochenasche erforderlich, die man
am besten in einer metallenen Form schlägt und die man,
ohne sie aus der Form zu nehmen, bequem zum Abtreiben
anwenden kann. Man kann zwei solcher
Formen haben, eine für grössere, die andere für kleinere Kapellen, wie Fig. 48
A, B zeigt; unbedingt nöthig ist dies jedoch
nicht, da man mit einer grössern unter allen
Umständen ausreicht. C und D sind die
dazu erforderlichen Bolzen. Die Formen
haben einen Durchmesser von 17 Millim.,
sind aus Eisen gefertigt, und ihre Vertiefung
ist rauh gearbeitet, damit die darin ge-
schlagene Kapelle nicht herausfällt, was
sehr leicht geschieht, wenn eine solche Vertiefung glatt ist.
Die Bolzen bestehen aus gehärtetem Stahl; ihre formenden
Flächen bilden ebenfalls, wie die in den Formen befindlichen
Vertiefungen, Abschnitte von Kugeln, jedoch nach einem
etwas grösseren Durchmesser, und sind polirt. Zum sichern
Anfassen der Formen (Kapelleneisen), wenn sie beim Gebrauch
heiss geworden sind, ist auf der untern Seite ein Kreuz ein-
gefeilt, damit man mit dem einen Schenkel der Pincette in
eine der vier offenen Stellen fahren und das Kapelleneisen,
während man den andern Schenkel der Pincette über dem
obern Theil des Eisens hinschiebt und die Pincette zusammendrückt, an jeden beliebigen Ort bringen kann.

Fig. 48.

Die Fertigung einer Kapelle geschieht auf die Weise,
dass man das Kapelleneisen gedrückt voll Knochenasche füllt,
den zu diesem Kapelleneisen gehörigen Bolzen senkrecht darauf
setzt und mit selbigem durch einige leichte Hammerschläge
die Knochenasche so weit zusammenpresst, bis die convexe

Fig. 49.

Fläche des Bolzens den innern Rand des Kapelleneisens überall berührt, worauf die Kapelle fertig ist.

Als Träger für die Kapelle beim Abtreiben dient ein Stativ, Fig. 49, circa 90 Millim. hoch. Dasselbe ist von oben herein bis c cylindrisch ausgebohrt. In diesem Theile ist ein starker Eisendraht so eingeschroben, dass derselbe von oben herein bis dahin ganz frei steht. Die Kapelle wird in das am obern Ende befindliche Kreuz so gesetzt, dass das im Kapelleneisen eingefeilte Kreuz nicht mit dem Kreuze des Stativs in Verbindung kommt, sondern zwischen je zwei Armen zu sehen ist, um nach Beendigung des Abtreibens das heiss gewordene Kapelleneisen ganz bequem mit Hülfe der Pincette wieder vom Stativ nehmen zu können.

15) **Eine Mengkapsel von Messingblech, die** inwendig polirt ist, von der Form beistehender Fig. 50. Sie ist 58 Millim. lang; im weitesten Theile 22 Millim. breit und 5 Millim. tief; und an der Schnauze, wo die Abrundung beginnt, 7 Millim. breit und 3 Millim. tief. Man gebraucht eine solche, um besonders bei quantitativen Proben die zusammengemengte Beschickung bequem in den Sodapapiercylinder schütten zu können.

Fig. 50.

16) Ein Spatel von Eisen und polirt, von 95 Millim. Länge und der Form wie Fig. 51. Man bedient sich seiner zum Vermengen der Beschickungen, vorzüglich aber beim Rösten der auf Metalle quantitativ zu probirenden Erze und zu anderen Zwecken mehr.

Fig. 51.

17) **Ein Kohlenhalter mit Platindraht und dergleichen Blech.** Bei quantitativen Metallproben, die geröstet oder in Thontiegeln geschmolzen werden müssen und dabei eine starke Hitze verlangen, muss die dazu erforderliche Kohle an dem zu gebrauchenden Ende mit einer Umgebung von Eisenblech, (Kohlenhalter) geschützt werden. — Fig. 52 zeigt einen solchen Kohlenhalter, wie ihn **Plattner** angegeben hat, von zwei verschiedenen Seiten. Jede der vier Seiten desselben ist 32 Millim. breit und 36 Millim. hoch. An der vordern Seite B ist er mit einer sich in einer 7 Millim. im Durchmesser betragenden runden Oeffnung a endigenden Spalte b und an der Rückseite mit einer eisernen Schraube c versehen, an welcher an dem innern Ende eine um ihre Achse bewegliche Scheibe d und an dem äussern Ende ein hölzernes Heft e angebracht ist. Die Schraube c befindet sich

unterhalb der Mitte des Kohlenhalters, damit beim Aus-
brennen der Kohle dennoch
unten die Spannung nicht auf-
hört und die Kohle nicht aus
ihrem Halter fallen kann, was
der Fall sein würde, wenn sich
die Schraube in der Mitte des
Kohlenhalters befände. Die
ausserhalb des Kohlenhalters
angebrachte Schraubenmutter
f, in welcher die eiserne
Schraube geht, ist zum Ein-
schieben eingerichtet. Ferner ist ein kleines Eisenblech h
an der vordern Seite des Kohlenhalters vermittelst eines Nietes
so befestigt, dass dasselbe gedreht und mit ihm die Spalte
b verschlossen oder geöffnet werden kann, wie es die punk-
tirten Linien zeigen. Auch ist in der einen Seite A des
Kohlenhalters eine kleine Spalte i von 8 Millim. Länge und
0,8 Millim. Breite zum Einlegen des sogleich zu beschreiben-
den Platindrahtes, und unter dieser Spalte eine kleine Hülse
k von Messing angebracht, in welche das Ende dieses Platindrahtes gesteckt wird.

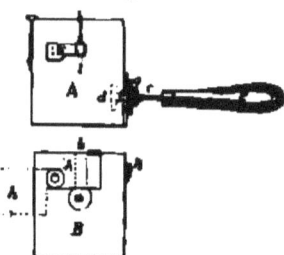

Fig. 52.

Wenn nun ein Erz in einem
Thonschälchen geröstet oder eine
Probe in einem Thontiegel geschmolzen werden soll, so muss
sich das Schälchen oder der Tiegel in der in die Kohle gemachten Grube so befinden, dass sie
nicht unmittelbar auf der Kohle,
sondern mehr im Freien stehen.
Dies bewirkt man durch einen
83 Millim. langen und 0,6 bis
0,7 Millim. starken Platindraht,
dem man durch Biegen mittelst
eines Zängelchens die in Fig. 53
in natürlicher Grösse abgebildete
Gestalt giebt. Zuerst biegt man
den Ring A, dann den geraden
Theil bei l sowohl etwas zurück,

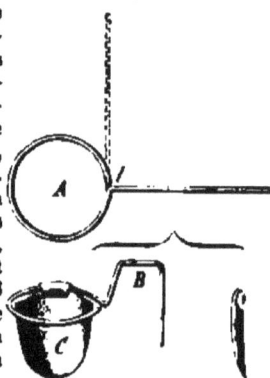

Fig. 53.

als auch (der Neigung der in der Kohle befindlichen Vertiefung entsprechend) unter einem stumpfen Winkel aufrecht,
den übrig bleibenden Theil endlich, wie aus B zu ersehen,
unter einem rechten Winkel abwärts. Die Länge des obern
horizontalen Theiles muss, wie aus Fig. 54 bei n (welche
den Kohlenhalter mit der Kohle und dem eingehangenen
Drahte vorstellt) zu ersehen, vor dem Biegen des Drahtes,

Fig. 54

nach der Entfernung der Oeffnung in der Hülse k von der Wandung der Vertiefung in der Kohle (S. 21 Fig. 20 F) bemessen werden. Das Kohlenprisma wird von unten so in den Kohlenhalter eingeschoben, dass die obere Seite, auf welche der Theil B des Drahtes zu liegen kommt, gerade bis an die Spalte i reicht. An den Platindraht wird, der Oeffnung a gegenüber, ein kleines Platinblech C (nat. Grösse) gehangen, welches man sich aus dünnem Blech selbst fertigen kann. Dieses Blech findet indess nur bei Röstproben Anwendung und dient dann dazu, denjenigen Theil der Kohle, welcher der Spitzflamme am meisten ausgesetzt ist, vor vorzeitiger Verbrennung zu schützen.

18) Ein elfenbeinernes Löffelchen von 8 Millim.

Fig. 55.

äusserer Breite und der Form Fig. 55, ganz glatt und polirt, sowie ein kleiner Pinsel bei quantitativen Proben zum Reinigen der Wagschale, Mengkapsel und des Röstschälchens von dem etwa zurückgebliebenen feinen Staub.

19) Ein Probirbleisieb. Zu Löthrohrproben muss

Fig. 56.

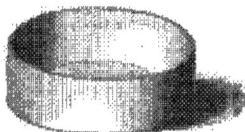

man, des bessern Vermengens halber, das Probirblei so fein zertheilt wie möglich anwenden. Man muss daher das gekörnte Probirblei durch ein kleines Sieb sieben, dessen Boden mit Löchern versehen ist, in die eine Stecknadel von mittlerer Stärke passt. Ein solches Sieb (Fig. 56) ist im Lichten gerade so weit, dass in dasselbe die Nonne in der oben beschriebenen Thonschälchenform passt und es daher beim Transport weiter keinen besondern Platz gebraucht.

20) Ein Probirbleimass. Da das Abwiegen des zu einer quantitativen Silber- oder Goldprobe erforderlichen

Fig. 57.

Probirbleies umständlich ist und es überhaupt nicht darauf ankommt, ob man etwas mehr oder weniger zu einer Probe verwendet, so bediente sich schon Harkort hierzu eines Masses, Fig. 57, ähnlich wie es beim Abmessen des Schiesspulvers angewendet wird. Dasselbe besteht aus einer an beiden Enden glatt abgeschliffenen, 35 Millim. langen und 7 bis 8 Millim. weiten Glasröhre und einem in dieselbe genau passenden Holzcylinder. Letzterer hat unten mehrere Theilstriche, die durch vorheriges Abwiegen von 5, 10, 15 und 20 Löthrohrprobircentnern feinen Probirbleies, welches oben eingeschüttet wurde, bestimmt worden sind. Will man z. B. eine Probe mit 10 Probircentnern Blei beschicken, so darf man nur den Holzcylinder so weit herauszuziehen, bis der

Theilstrich, neben welchem die Zahl 10 steht, mit dem untern Ende des Glascylinders in einer Linie ist, der oben entstandene leere Raum fasst dann gerade 10 Ctr. Probirblei. Es versteht sich von selbst, dass man allemal das Probirblei von derselben Feinheit wieder anwenden muss, wie zur Bestimmung der einzelnen Abtheilungen.

21) Ein kleiner massiver Holzcylinder. Zu Fertigung kleiner Cylinder aus Sodapapier (S. 30) kann man sich eines Cylinders von Holz, von 25 Millim. Länge und 7 Millim. Stärke, wie Fig. 58, *B*, bedienen. Bei Anfertigung des Papiercylinders wird der Holzcylinder, wie dies aus der Figur ersichtlich, an das Papier *A* angelegt und letzteres um das Holz gerollt. Das vorstehende Stück des Papiercylinders drückt man dann in verschiedenen Theilen mit Hülfe des Löffelchens bis auf den Holzcylinder nieder und endlich auch das verschlossene Ende gegen die Tischplatte, damit der zusammengeschlagene Theil um so fester schliesse.

Fig. 58

22) Mehrere cylindrische Büchsen von hartem Holze, zu trockenen Reagentien, von der Form der nebenstehenden Fig. 59, sowie mehrere Gläser mit gut eingeschliffenen Glasstöpseln, wie Fig. 60. Gläser und Büchsen finden ihren Platz in einem hölzernen Gestell oder Kästchen neben und hinter einander. Für solche flüssige Reagentien, von denen man häufig mehr nöthig hat, wie z. B. von Salpetersäure, Chlorwasserstoffsäure etc., wendet man etwas grössere Gläser an, die man in ein besonderes Gestell setzt.

Fig. 59.   Fig. 60.

23) Zu ausgedehnteren Löthrohruntersuchungen, wo häufig auch die Anwendung des nassen Wegs unvermeidlich wird, bedarf man verschiedener Geräthschaften und Hülfsmittel, welche hier zusammen Erwähnung finden sollen. Es sind dies glasirte Porcellangefässe von der Form wie Fig. 61, 62 und 63. Fig. 61 am zweckmässigsten von zweierlei Grösse, die grössere 30 Millim. hoch und in der Mitte circa 45 Millim. weit, die kleinere dagegen nur 25 Millim. hoch und 30 Millim. weit. Zum Bedecken dieser Gefässe bedarf man einiger Uhrgläser von entsprechendem Durchmesser. Von Fig. 62 sind ebenfalls ver-

Fig. 61.

Fig. 62.

52 Instrumente etc.

schiedene Grössen zu empfehlen, man kann sich hierzu der
käuflichen Tusch- oder Farbenäpfchen bedienen.

Fig. 63.

Man gebraucht sie besonders zur Aufnahme kleiner Probestückchen, geschmolzener Glasperlen
etc. Der kleinsten Form, Fig. 63, von 25 Millim.
Weite und 10 Millim. Tiefe, bedarf man, um
Substanzen über der Spirituslampe erhitzen zu
können, die Platin angreifen.

Zur Auflösung zusammengesetzter Verbindungen in Säuren, dienen Probircylinder,

Fig. 64.   Fig. 65.

Fig. 64, welche in einem
zusammenlegbaren Gestell
von Holz oder Blech ihren
Platz haben. Zu ähnlichen
Zwecken, sowie bei Filtrationen, kann man auch
einige kleine Becherglässer gut benutzen. Unentbehrlich sind einige
kleine Trichter von Glas,
auf die Probircylinder zu
stellen; für grössere Trichter ist ein kleines Filtrirgestell, Fig. 65, zweckmässig. Das Filtrirpapier,

Fig. 66.

dessen man sich bedient, darf nur sehr wenig Asche
und diese von weisser Farbe hinterlassen, da man es
bei geringen Niederschlägen nicht immer vermeiden
kann, einen Theil des Filtrums mit zu verbrennen,
wenn man dergleichen Niederschläge weiter untersuchen will.

Von Nutzen ist ferner ein kleiner gläserner
Heber von circa 150 Millim. Länge, dessen Mitte
zu einer etwa 25 Millim. weiten Kugel ausgeblasen
ist, wie aus Figur 66 zu ersehen ist. In Ermangelung
eines solchen Hebers kann man auch eine 10 Millim.
weite Glasröhre gebrauchen, die an dem einen Ende
zur Spitze ausgezogen ist.

Endlich ist man noch einer kleinen Spritzflasche von
der Form umstehender Fig. 67 oder eines Tropfglases Fig. 68
benöthigt. Wird mit dem Munde durch die nahe unter dem
Korke mündende Röhre a, Fig. 67, Luft eingeblasen, so dringt
aus b ein gleichmässiger Wasserstrahl heraus. Ein Glaskolben von circa 45 Millim. Durchmesser ist hinreichend gross.
Neigt man das halb mit Wasser gefüllte Tropfglas, Fig. 68,
mit der Spitze a so weit, dass das Wasser sich dahin begiebt,
so dringt es in einzelnen Tropfen heraus, was in manchen Fällen,
wenn man irgend etwas mit einem Tropfen Wasser befeuch-

ten will, von Vortheil ist.
Ausserdem kann man ein
solches Tropfglas auch als
Spritzflasche gebrauchen,
wenn man den Hals *b* mit
einem Korke verschliesst,
durch welchen eine untern
rechten Winkel gebogene
enge Glasröhre geht, die
im Glase nahe unter dem
Kork mündet. Man darf
nur das Glas mit der Spitze
neigen und durch die Glasröhre Luft hineinblasen; das
Wasser fliesst dann in einem
sehr feinen Strahle aus.

Fig. 67.

Fig. 68.

24) Eine Kohlensäge, von etwa 150 Millim. Länge,
18 Millim. Breite, 1 Millim. Stärke und mit einem hölzernen
Heft versehen. Zum Sägen grosser Stücken Kohle kann man
allerdings eine Bügelsäge mit mehr Vortheil anwenden; allein
auf Reisen, wo man ein solches grösseres Werkzeug nicht
mit sich führen kann und gewöhnlich schon passend geschnittene oder künstlich bereitete Kohlen vorräthig bei sich hat,
erreicht man seinen Zweck mit ersterer eben auch.

25) Verschiedene Gefässe von Bloch, für den Fall,
dass man den Apparat mit auf Reisen hat und genöthigt ist,
Oel, Spiritus, Kohlen und Thongefässe in Vorrath mit sich
zu führen. Für Oel und Spiritus dienen dunkel lackirte Flaschen
von verzinntem Eisenblech, deren Oeffnungen eben
so verschlossen sind wie die der Löthrohrlampe; ein
vierseitiges Futteral dient zur Aufnahme der verschiedenen Kohlen, welche aber fest eingelegt werden müssen, da namentlich die künstlich bereiteten
Kohlen leicht durch Reibung oder Stoss beschädigt
werden; ein ähnliches Futteral hat man zur sichern
Aufbewahrung der Glasröhren, Kölbchen, Probircylinder und Trichter nothwendig. Zur Aufbewahrung von Thonschälchen und Thontiegeln ist von
Plattner ein besonderes Futteral empfohlen worden. Dasselbe besteht aus einem hohlen Cylinder
von Messing, in welchen ein dergleichen Gestell
geschoben werden kann, das 25 Stück Thontiegel
und 10 Stück Thonschälchen aufzunehmen vermag.
Beistehende Fig. 69. zeigt die Einrichtung eines
solchen Futterals. Hat man das Gestell mit Tiegeln
oder Schälchen gefüllt, so stopft man den noch übrigen Raum
mit weichem Papier oder Wolle aus und schiebt den Cylinder darüber. Damit sich aber beim Transport der Cylinder

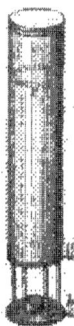

Fig. 69.

nicht zurückziehe, so sind bei *a* und *b* kleine Oehre angebracht, durch die man eine schwache Schnure ziehen und
mit derselben beide Oehre zusammenbinden kann. Der Ring,
in welchen die vier senkrecht stehenden Drähte eingelassen
sind, hat bei *c* eine Spalte, die so weit ist, dass man mit
den Schenkeln der Pincette bequem hindurch kann, wenn
man einen Tiegel oder ein Schälchen aus dem Gestelle her-
aushebt.

Endlich ist es auch erforderlich, die bisher aufgezählten
Gegenstände, sobald sie auf Reisen mitgenommen werden
sollen, in einem Kasten so zu verwahren, dass sie leicht einzeln aufzufinden sind und der ganze Apparat dabei compendiös erscheint. Dazu eignet sich ein Kasten von Holz, der
verschlossen werden kann. In dem untern Raume dieses
Kastens müssen besondere Vorrichtungen so angebracht sein,
dass man alle diejenigen grösseren Gegenstände, welche nicht
erst in ein besonderes Futteral gelegt werden können, sicher
verwahren kann. Auf diese Gegenstände kommen dann die
anderen, die sich theils schon in besonderen kleinen Futteralen
befinden, theils auch nur in Holzplatten nahe an einander
eingelegt werden, die mit weichem Leder gefütterte, den einzelnen Gegenständen entsprechende Vertiefungen haben. Auch
muss der Deckel des Kastens im Innern mit einem, mit
weichem Leder überzogenen, elastischen Kissen versehen sein.
In demselben Kasten können auch die mit trockenen Reagentien gefüllten Holzbüchsen und Gläser (S. 51, Fig. 59 u. 60),
sowie auch zwei Gläser mit Kobalt- und Platinsolution, welche
sämmtlich für sich in einem Gestell oder Kästchen stehen
können, ihren Platz haben. Will man noch andere flüssige
Reagentien mit sich führen, so ist es am besten, diese in
einem besonderen Kästchen zu verwahren, da einige derselben
Dämpfe verbreiten, die zerstörend auf metallene Gegenstände
einwirken.

VI. Reagentien, die bei qualitativen und quantitativen Löthrohrproben angewendet werden.

Bei Löthrohrproben ist, wie bei jeder chemischen Untersuchung, eine Hauptbedingung die, dass die nöthigen Reagentien so rein wie möglich angewendet werden. Sie sollen
daher hier nicht nur einzeln angeführt, sondern es soll auch, wo
dies besonders wichtig, über ihre Reinigung, die Kennzeichen
ihrer Reinheit und den Zweck ihrer Anwendung das Nöthige
erwähnt werden.

A. Reagentien zu solchen Löthrohrproben, die ohne Mitanwendung des nassen Weges ausgeführt werden.

a) Allgemeine Reagentien.

1) Soda (kohlensaures Natron). Man kann sowohl das Carbonat, als auch das Bicarbonat anwenden, sobald es nur chemisch rein ist, besonders von Schwefelsäure.

Bereitung. Man bringe käufliches doppelt-kohlensaures Natron, im gepulverten Zustande in einen, mit Baumwolle locker verstopften Glastrichter, streiche die Oberfläche eben, und bedecke dieselbe mit einer Scheibe doppelt zusammengelegten Filtrirpapiers so, dass die Ränder, welche dabei nach oben gebogen werden, fest an dem Trichter anliegen. Hierauf wasche man durch Aufgiessen geringer Mengen kalten destillirten Wassers so lange aus, bis das Filtrat, nach Ansäuern mit Salpetersäure, weder durch salpetersaures Silberoxyd noch durch Chlorbaryum getrübt wird. Das auf diese Weise gereinigte Bicarbonat trockne man sehr stark und bewahre es zerrieben in einer hölzernen Büchse auf. Will man es in einfach-kohlensaures Natron umändern, so braucht man es nur in einer flachen Porcellanschale oder einem dergleichen Tiegel gelinde über der Spirituslampe mit doppeltem Luftzuge zu glühen; das geglühte Salz muss dann aber in einem Glase mit eingeschliffenem Glasstöpsel aufbewahrt werden.

Prüfung und Anwendung. Man legt eine kleine Menge von dem gereinigten Salze auf Kohle, und behandelt es mit der Reductionsflamme so lange, bis es sich in die Kohle gezogen hat. Nach dem Erkalten schneidet man mit dem Messer diejenige Stelle der Kohle aus, welche von der Soda durchdrungen ist, legt diese Masse auf ein blankes Silberblech und befeuchtet sie so stark mit Wasser, dass der als Unterlage dienende Theil des Silberbleches selbst mit befeuchtet wird. War die Soda frei von Schwefelsäure, so bleibt die Oberfläche des Silbers unverändert; enthielt sie aber eine Spur von Schwefelsäure, so hat sich diese mit dem Natron bei der Behandlung auf Kohle zu Schwefelnatrium reducirt, und dieses verursacht, dass das Silber sehr bald, oder nach Verlauf einiger Minuten, gelb, braun bis schwarz von gebildetem Schwefelsilber anläuft. — Die Soda dient zur Prüfung auf Schwefelsäure sowie bei qualitativen und quantitativen Proben zur Aufschliessung und Zersetzung kieselsaurer, wolframsaurer und titansaurer Verbindungen, sowie als Beförderungsmittel der Reduction verschiedener Metalloxyde.

2) Neutrales oxalsaures Kali. Man löst saures oxalsaures Kali (Kleesalz) in Wasser auf, neutralisirt die Auflösung mit Kali, filtrirt, und dampft die Flüssigkeit zur Trockniss ab, wobei man in der letztern Zeit mit einem Glasstabe öfters umrührt und eine Temperatur anwendet, die hoch genug, aber nicht so hoch ist, dass das Salz eine Zersetzung erleidet. Die trockene Salzmasse pulverisirt man und bewahrt sie in einem gut verschliessbaren Glase zum Gebrauche auf.

Prüfung und Anwendung. Die Auflösung des neutralen Salzes darf bei Zusatz von Schwefelammonium nicht getrübt werden. — In vollkommen trocknem Zustande eignet sich das Salz wegen seiner Eigenschaft, in schwacher Glühhitze Kohlenoxydgas (ohne Kohlensäure) zu entwickeln,

ganz vortrefflich zur Probe auf Arsen, sowie zu Reductionsproben auf
Kohle noch besser als Soda.

3) Cyankalium. Man stellt es nach Liebig dar, indem man 8 Gewth. entwässertes und von schwefelsaurem Kali
freies Blutlaugensalz (Kaliumeisencyanür) mit 3 Gewth. trocknen kohlensauren Kali's zusammenreibt, und das Gemenge in
einem bedeckten Porcellantiegel bei mässiger Rothglühhitze
so lange schmilzt, bis die Masse klar geworden ist, und eine
herausgenommene Probe völlig weiss erscheint. Die klare
Masse giesst man von den am Boden des Tiegels befindlichen,
ausgeschiedenen feinen Eisentheilen behutsam auf ein blankes
Eisenblech ab, und bewahrt das erstarrte Salz in Form eines
gröblichen Pulvers in einem Glase mit eingeschliffenem Glasstöpsel auf.

Anwendung. Das auf vorbeschriebene Weise dargestellte Cyankalium enthält zwar cyansaures Kali; die Beimischung dieses Salzes ist aber
von keinem Nachtheil. Man wendet das Cyankalium hauptsächlich als Reductionsmittel an, indem es in dieser Beziehung der Soda stets, und dem
neutralen oxalsauren Kali auch in manchen Fällen vorzuziehen ist.

4) Borax (doppelt-borsaures Natron). Der in den
Apotheken käufliche gereinigte Borax eignet sich vollkommen
zu Löthrohrversuchen. Zu qualitativen Proben dient das pulverisirte wasserhaltige Salz, bei quantitativen Proben aber,
wo alles Aufblähen möglichst vermieden werden muss, ist es
zweckmässiger, den Borax im verglasten Zustande anzuwenden.
Man schmilzt ihn entweder im Platintiegel über der Spirituslampe mit doppeltem Luftzuge oder auf Kohle vor dem Löthrohre im Oxydationsfeuer, zerklopft das Glas entweder
zwischen Papier oder im Stahlmörser zu grobem Pulver, reibt
es im Achatmörser noch etwas feiner, und bewahrt es in einem
Glase mit eingeschliffenem Glasstöpsel auf. Unreinen Borax
kann man durch Umkrystallisiren reinigen. Die Krystalle
wäscht man in einem Glastrichter mit wenig kaltem destillirten Wasser ab, trocknet und pulverisirt sie.

Prüfung und Anwendung. Reiner Borax darf, wenn eine kleine
Menge davon in das Oehr eines Platindrahtes geschmolzen wird, weder
im Oxydationsfeuer noch im Reductionsfeuer ein gefärbtes Glas bilden;
ferner darf eine Auflösung desselben in Wasser durch kohlensaures Natron
keine Fällung geben, auch darf in einer solchen Auflösung nach Zusatz
von Salpetersäure weder durch salpetersauren Baryt noch durch salpetersaures Silber ein Niederschlag entstehen. — Die Borsäure hat die Eigenschaft, sich bei erhöhter Temperatur mit Oxyden zu verbinden, schwache
Säuren auszutreiben, und bei Mitwirkung einer oxydirenden Löthrohrflamme
Metalle, Schwefel- und Haloidverbindungen zur Oxydation zu disponiren.
Es entstehen borsaure Oxyde, die mit borsaurem Natron leicht schmelzen
und ein klares Glas gehen. Der Borax enthält neben borsaurem Natron
freie Borsäure, er ist daher auch geneigt, Basen und Säuren aufzulösen
und mithin sowohl basische als auch saure Doppelsalze zu bilden, die
alle bis zu gewissen Grade flüssig sind. Da diese Salze gewöhnlich ihre Klarheit bei der Abkühlung behalten, so sieht man bei qualitativen
Proben um so sicherer die Farbe, die durch die Verbindung mit dem aufgelösten Körper hervorgebracht wird. Bei quantitativen Proben dient er
theils für sich, theils auch in Gemeinschaft mit Soda als Auflösungsmittel

für die in Erzen und Mineralien enthaltenen Erden und schwer reducirbaren Metalloxyde, sowie zur Trennung verschiedener Arsenmetalle von einander.

5) **Phosphorsalz** (**phosphorsaures Natron-Ammoniak**). Dieses Doppelsalz, welches man nicht immer rein von Chlornatrium bekommt, fertigt man sich am besten nach Berzelius auf folgende Weise: Man löst 100 Theile krystallisirtes phosphorsaures Natron und 16 Theile Salmiak durch Unterstützung von Wärme in 32 Theilen Wasser auf, filtrirt die Auflösung noch im kochend heissen Zustande und lässt sie erkalten. Während des Erkaltens schiesst das Doppelsalz an, in der Mutterlauge bleibt Kochsalz und etwas von dem Doppelsalze zurück, welches letztere jedoch durch eine weitere Abdunstung der Mutterlauge nie rein von Kochsalz anschiesst und deshalb zu Löthrohrproben nicht zu gebrauchen ist. Man giesst daher die Mutterlauge rein ab, trocknet die Krystalle zwischen Filtrirpapier und bewahrt das Salz in einer hölzernen Büchse zum Gebrauch auf. Wird es auf Kohle oder auf Platindraht durch die Löthrohrflamme erhitzt, so kocht es, bläht sich ein wenig auf und giebt seinen Gehalt an Wasser und Ammoniak ab, wobei saures phosphorsaures Natron zurückbleibt, das still fliesst und unter der Abkühlung zu einem klaren, farblosen Glase erstarrt.

Prüfung und Anwendung. Ist das Phosphorsalz nicht rein von Chlornatrium, so giebt es bisweilen ein Glas, das unter der Abkühlung unklar wird, auch findet eine blaue Färbung der äussern Flamme Statt, wenn man in dem, in dem Oehr eines Platindrahtes, zur Probe geschmolzenen Salze ein wenig Kupferoxyd auflöst. In diesem Falle muss man es in einer geringen Menge siedenden Wassers wieder auflösen und von Neuem zum Krystallisiren hinstellen. — Als Reagens wirkt das Phosphorsalz bei Löthrohrproben, nachdem es durch Schmelzen von seinem Krystallwasser und vom Ammoniak befreit worden, vorzüglich durch die freie Phosphorsäure, welche eine starke Auflösungskraft auf viele Stoffe äussert, die man untersuchen will. Sie nimmt alle Basen auf und giebt mit ihnen mehr oder minder leicht schmelsbare Doppelsalze, auf deren Durchsichtigkeit und Farbe man hauptsächlich achten muss. Auch dient das Phosphorsalz bei der Probe auf Fluor zur Abscheidung der Basen.

Die Wirkung des Phosphorsalzes ist zwar analog der des doppelt borsauren Natrons; allein die Gläser, welche es mit Metalloxyden bildet, weichen in Bezug auf die Farbe und deren Intensität in den meisten Fällen von denjenigen ab, welche man mit Borax und denselben Metalloxyden bei gleicher Behandlung bekommt.

6) **Salpeter** (**salpetersaures Kali**). Der käufliche Salpeter wird in einer geringen Menge siedenden Wassers aufgelöst, die Auflösung noch siedend heiss filtrirt und zur Krystallisation hingestellt. Nachdem sich eine Menge kleiner Krystalle gebildet hat, giesst man die Mutterlauge ab, trocknet die Krystalle zwischen Filtrirpapier und bewahrt sie so in einem hölzernen Büchschen auf.

Anwendung. Der Salpeter dient nur als Oxydationsmittel.

7) **Doppelt-schwefelsaures Kali**. Dieses Salz kann man sich zu Löthrohrproben selbst fertigen und zwar auf folgende Weise: Man übergiesst 2 Gewichtstheile gröblich zer-

stossene Krystalle von reinem schwefelsauren Kali in einem
Porcellantiegel mit 1 Theil reiner Schwefelsäure, setzt den
Tiegel über die Flamme der Spirituslampe mit doppeltem
Luftzug und erhitzt ihn nach und nach so stark, bis das Ganze
eine wasserklare Flüssigkeit bildet. Hierauf nimmt man den
Tiegel vom Feuer und lässt das flüssige Salz erkalten. Es
erstarrt sehr schnell, sieht ganz weiss aus und kann nach
dem Erkalten durch Umstürzen des Tiegels in einem einzigen
Stücke erhalten werden. Das so bereitete Salz pulverinirt
man und hebt es in einem Glas mit eingeriebenem Glasstöpsel zum Gebrauche auf.

Anwendung. Das doppelt-schwefelsaure Kali wird bei der Probe
auf Lithion, Borsäure, Salpetersäure, Fluor, Brom, Chlor und Jod, so wie zur
Zerlegung titansaurer, tantalsaurer und wolframsaurer Verbindungen angewendet. Auch kann es zur Trennung der Baryt- und Strontianerde von
anderen Erden und verschiedenen Metalloxyden auf nassem Wege benutzt
werden, wo das Löthrohr allein nicht ausreicht. Die Art der Anwendung
soll bei den einzelnen Proben speciell beschrieben werden.

8) Verglaste Borsäure. Man bekommt sie aus den
chemischen Fabriken eben so gut und noch billiger, als wenn
man sie selbst bereitet. Sie wird in Pulverform in einem
luftdicht verschlossenen Glase aufbewahrt.

Anwendung. Für qualitative Proben dient sie zur Auffindung der
Phosphorsäure in Mineralien und geringer Mengen Kupfers in vielem Blei.
Bei quantitativen Proben ist sie unentbehrlich zur Abscheidung des Bleies
vom Kupfer, so wie zur Trennung des Bleies von strengflüssigern Legirungen edler Metalle, die auf der Kapelle nicht ganz davon befreit werden können.

9) Salpetersaures Kobaltoxydul im aufgelösten
Zustande. Man löst reines Kobaltoxydul in der nöthigen
Menge verdünnter Salpetersäure auf, dampft die Auflösung
bei gelinder Wärme bis zur Trockniss ab, löst das trockene
Salz in destillirtem Wasser, filtrirt diese Auflösung und be-
wahrt sie in einem Glase auf. Die Auflösung darf nicht
concentrirt sein, weil sie sonst ihrem Zwecke nicht in allen
Fällen entspricht.

Das Kobaltoxydul, welches man zur Auflösung anwendet, muss chemisch rein sein; es darf kein Nickeloxydul und
Eisenoxyd enthalten, auch darf ihm kein Kali anhängen.
Letzteres lässt sich durch Auskochen des Oxyduls mit destillirtem Wasser entfernen.

Anwendung. Das salpetersaure Kobaltoxydul dient zur Erkennung
verschiedener Erden und Metalloxyde, indem das Kobaltoxydul mit denselben beim Glühen in der äussern Löthrohrflamme Verbindungen bildet,
welche sich durch eigenthümliche Färbungen auszeichnen.

Da man zu einer Probe mit salpetersaurem Kobaltoxydul oft nur
einen oder wenige Tropfen von der Solution gebraucht, so ist es sehr bequem, wenn man mittelst eines kleinen Instrumentes das Erforderliche
leicht herausheben und die damit zu prüfende Substanz befeuchten kann.
Man bewerkstelligt dies am einfachsten entweder mit einem Platindraht,
der an dem einen Ende löffelförmig ausgeschmiedet und in einem Kork

befestigt ist, oder mit einer dünnen Glasröhre, die ebenfalls an dem einen
Ende in einem Kork befestigt ist, welcher der Halsweite des Glases entspricht,
wie Fig. 70 angiebt. Die letztere Vorrichtung ist in so
fern sehr bequem, weil die Glasröhre, wenn man sie in
die Solution taucht und den Kork ein wenig in den Hals
des Glases eindrückt, als Heber dient; indem durch die Com-
pression der Luft im Glase ein Theil der Solution in die
Röhre tritt. Zieht man den Kork mit der gefüllten Glasröhre wieder heraus und verschliesst dabei die weite
Oeffnung der Röhre mit dem Finger, so kann man beliebig einen, zwei und mehrere Tropfen herauslassen,
ohne dass man nöthig hat, die zu prüfende Substanz
mit dem dünnen Ende der Glasröhre zu berühren. Auf
Reisen wird dann das Glas mit einem eingeriebenen
Stöpsel verschlossen und der kleine Heber besonders aufbewahrt.

Fig. 70.

10) Blei (Probirblei), in fein gekörntem Zustande
und auch in Form eines ganzen Stückchens, möglichst frei
von anderen Metallen, namentlich von Gold und Silber. Kann
man gekörntes Probirblei von den Blei- und Silber-Schmelz-
hütten bekommen, so hat man weiter nichts zu thun, als
solches durch das kleine Probirbleisieb (S. 50, Fig. 56) zu
sieben, um die feinen Körner von den gröberen zu scheiden
und das Durchgesiebte in einem hölzernen Büchschen aufzu-
bewahren. Hat man aber nicht Gelegenheit, ein solches Blei
zu erhalten, so kann man sich seinen Bedarf an Probirblei
auch auf eine andere Weise selbst fertigen, und zwar durch
Reduction des Bleioxydes aus Bleizucker (essigsaurem Bleioxyd) mittelst Zink. Das Verfahren dabei ist folgendes:

Man löst Bleizucker in einer kleinen Menge siedenden
Wassers auf, filtrirt diese Auflösung und stellt einen Zinkstab
hinein. Das nach Verlauf von ungefähr 6 Stunden metallisch
ausgeschiedene Blei trennt man von dem Zinkstab behutsam
los, damit letzterer seine Oberfläche von Neuem darbietet;
hierauf lässt man das Gefäss mit der Solution nebst dem ausgeschiedenen Blei und dem Zink wieder 6 Stunden stehen,
trennt das reducirte Blei abermals ab und führt so fort, bis
alles Blei metallisch ausgeschieden ist. Das auf diese Weise
erhaltene Blei reinigt man durch mehrmaliges Waschen mit
Wasser von der anhängenden zinkhaltigen sauren Flüssigkeit
und trocknet es zwischen Filtrirpapier an einem warmen Orte,
zerreibt es dann in einem Porcellanmörser und scheidet das
Zerriebene von dem noch Zusammenhängenden durch das
kleine Probirbleisieb.

Anwendung. Das Probirblei wird hauptsächlich bei quantitativen
Gold-, Silber- und Kupferproben gebraucht. Da das Volumen eines Gewichtstheiles solchen Bleies, welches aus Bleizucker nach vorstehendem
Verfahren dargestellt wird, sich aber zu dem Volumen eines eben so
grossen Gewichtstheiles gekörnten und gesiebten wie 6 : 5 verhält, so
muss man, wenn man jenes Blei für die Silber- und Goldproben nicht
abwiegen, sondern mit dem Seite 50, Fig. 57 beschriebenen Maasse abmessen will,

bei 5 Centnern 1 Centner
" 10   "   2   "
" 15   "   3   "   und
" 20   "   4   "

zugeben, um das richtige Gewicht zu erhalten.

Wer gekörntes Probirblei nicht leicht haben kann, wird sich seinen Bedarf gewiss aus Bleizucker auf die vorbeschriebene Weise selbst darstellen, weil es die leichteste Methode ist, reines und fein zertheiltes Probirblei für Löthrohrproben zu bereiten.

11) Zinn. Man wendet gewöhnlich Stanniol an, den man in lange, 12 Millim. breite Streifen schneidet und fest aufrollt.

Anwendung. Das Zinn dient zu Hervorbringung des niedrigsten Grades von Oxydation in Glasflüssen, vorzüglich bei geringen Gehalten an solchen Metalloxyden, die zu Oxydul reducirt werden können und in diesem Zustande ein mehr überzeugendes Resultat geben. Man schneidet mit der Scheere ein wenig Metall ab, legt es unmittelbar neben die Glaskugel und schmilzt in beiden Fällen dieselbe schnell auf einen Augenblick im Reductionsfeuer um. Wenn das Zinn zugesetzt worden, darf man nicht zu lange auf das Glas blasen, weil theils das Zinn manches Metall ganz auszufüllen im Stande ist, das eigentlich nur zu Oxydul reducirt und an seiner Farbe im Glase erkannt werden soll, theils aber auch so viel Zinn aufgelöst werden kann (vorzüglich im Phosphorsalze), dass das Glas ganz unklar wird, wodurch alle Reaction verschwindet.

12) Eisen, in Form von Claviersaiten und auch von der Stärke einer mässig starken Stricknadel.

Anwendung. Der dünne Draht dient zur Probe auf Phosphorsäure, der stärkere Draht zur qualitativen Probe auf Antimon sowie zur quantitativen Bleiprobe.

13) Silber.

Anwendung. Man gebraucht ein kleines Silberblech zu Reactionen für Hepar oder lösliche Schwefelmetalle. Auch hat man zu manchen quantitativen Goldproben Silber nöthig, das am besten aus Chlorsilber reducirt und zu Blech geschlagen oder gewalzt ist, damit man leicht beliebige Theile wegschneiden kann.

14) Gold, in Form von kleinen Körnern bis zu 80 Milligr. Schwere, oder in Form von dünnem Blech. Man kann sich dasselbe rein darstellen, wenn man Ducatengold in Salpetersalzsäure (Königswasser) auflöst, die Auflösung gehörig mit Wasser verdünnt, dieselbe so lange stehen lässt, bis sie sich geklärt und eine vielleicht vorhandene geringe Menge von Chlorsilber sich abgesetzt hat, hierauf filtrirt und das Gold durch eine Auflösung von Eisenvitriol ausfällt. Nachdem sich das fein zertheilte metallische Gold abgesetzt hat, wird es auf einem Filtrum gesammelt, gut ausgesüsst, getrocknet und schwach geglüht. Das Filtrum wird am besten für sich eingeäschert. Aus dem so erhaltenen Golde kann man sich dann durch Zusammenschmelzen auf Kohle, wobei man ein wenig Borax zusetzt, Körner von beliebiger Grösse darstellen.

Anwendung. Das Gold dient bei manchen Reductionsproben zur Aufnahme geringer Mengen einiger sich reducirenden Metalle, die man entweder blos abscheiden, oder erkennen, oder auch wohl in manchen Fällen quantitativ bestimmen will, wie namentlich Kupfer und Nickel.

15) **Arsen im metallischen Zustande.** Kann man dasselbe nicht käuflich erhalten, so erhitzt man gepulverten Arsenkies in einer mit einer Vorlage versehenen Glasretorte so lange, als sich noch ein Sublimat von metallischem Arsen in dem Hals der Retorte ansetzt. Nach dem Erkalten zerschlägt man die Retorte und bewahrt das in der letztern Zeit sich aufsublimirte Arsen, welches frei von Schwefel ist, zum Gebrauche auf.

Anwendung. Es dient bei der Nickel- und Kobaltprobe zur Umänderung der Metalloxyde in Arsenmetalle.

b) Besondere Reagentien, die nur bei gewissen Proben Anwendung finden.

1) **Reagenspapiere** von Lakmus, geröthetem Lakmus und Fernambuk, geschnitten in schmale Streifen. Man färbt sich das Papier selbst und zwar auf folgende Weise:

a) **Lakmuspapier.** Man zerreibt einen Theil Lakmus von der besten Qualität zu einem gröblichen Pulver, verbindet dies mit wenig Wasser zu einem Teig, bindet diesen in einen Beutel von feiner Leinwand, hängt den Beutel in ein Gefäss, welches 10mal so viel siedend heisses Wasser enthält, als man Lakmus genommen hat, und lässt das Pigment extrahiren. Diese Lakmusbrühe giesst man in eine Porcellanschale oder Untertasse, zieht mit Hülfe eines Glasstäbchens das zu färbende Papier (wozu sich feines Filtrirpapier am besten eignet, das in zwei Zoll breite Streifen geschnitten ist) durch und hängt die Streifen auf einen Bindfaden an einem staubfreien, schattigen Orte zum Trocknen auf.

b) **Geröthetes Lakmuspapier.** Man bereitet es auf dieselbe Weise wie das blaue Lakmuspapier, nur mit dem Unterschiede, dass man den mit Wasser bereiteten Lakmusauszug zuvor mit möglichst wenig verdünnter Schwefelsäure röthet. Die Röthung muss aber nach und nach bei starkem Umrühren oder Schütteln erfolgen, damit man nicht mehr Säure hinzufügt, als gerade nöthig ist, weil sonst das Papier nicht empfindlich genug wird.

c) **Fernambukpapier.** Man kocht die Späne von Fernambuk in einem Glaskolben mit Wasser, filtrirt die Brühe von den Holzfasern ab und färbt mit solcher das Papier auf die nämliche Weise wie mit dem Lakmusauszug.

Anwendung. Das blaue Lakmuspapier wird bekanntlich zur Erkennung freier Säuren, das geröthete Lakmuspapier als ein empfindliches Reagens auf freie Alkalien verwendet. Das Fernambukpapier dient besonders bei der Probe auf Fluorwasserstoffsäure, indem es von dieser eine gelbe Farbe bekommt.

2) **Antimonsaures Kali** im gepulverten Zustande. Man vermengt 1 Theil Antimon mit 6 Theilen Salpeter und lässt dieses Gemenge in einem glühenden Thontiegel detoniren. Das entstandene Salz pulverisirt man, laugt es mit kaltem

Wasser aus und behandelt es dann mit Wasser in der Siedehitze. Dabei löst sich neutrales antimonsaures Kali auf und
ein saures Salz bleibt zurück. Die Auflösung des neutralen
Salzes wird durch Filtration von dem Rückstande getrennt,
zur Trockniss abgedampft und das trockene Salz noch so stark
erhitzt, bis es völlig frei von Wasser ist und eine weisse
Farbe angenommen hat. Es wird noch warm pulverisirt
und in einem luftdicht verschliessbaren Glase zum Gebrauche
aufbewahrt.

Anwendung. Es dient zur Auffindung kleiner Mengen von Kohlenstoff in zusammengesetzten Substanzen. Wird es nämlich mit solchen geglüht, so giebt es Sauerstoff an den Kohlenstoff ab und bildet kohlensaures Kali, welches, in Wasser aufgelöst und noch ganz warm mit Salpetersäure versetzt, seine Kohlensäure gasförmig ausgiebt.

3) Kochsalz (Chlornatrium), im abgeknisterten oder
geschmolzenen und gepulverten Zustande, oder Steinsalz.

Anwendung. Sein Gebrauch ist sehr eingeschränkt; es lässt sich
aber mit Vortheil als Decke für die zu quantitativen Blei-, Wismuth-,
Zinn-, Nickel- und Kobaltproben nöthigen Beschickungen anwenden,
wenn die Schmelzung in Thontiegeln geschieht.

4) Flussspath, im geglühten Zustande in einem hölzernen Büchschen aufbewahrt. Er muss ganz frei von Borsäure sein, was nach Kersten nicht immer der Fall sein
soll. Er darf daher, mit doppelt-schwefelsaurem Kali gemengt
und auf Platindraht innerhalb der blauen Flamme geschmolzen, die äussere Flamme nicht grün färben.

Anwendung. Der Flussspath dient in Gemeinschaft mit doppelt-
schwefelsaurem Kali zur Entdeckung von Lithion und Borsäure in zusammengesetzten Verbindungen.

5) Kieselerde. Als solche kann man die bei chemischen
Analysen kieselsaurer Verbindungen rein ausgeschiedene Kiesel-
erde, sobald sie nach dem Glühen eine vollkommen weisse
Farbe besitzt, so wie auch Bergkrystall, den man zwischen
Papier in ein gröbliches Pulver verwandelt und im Achat-
mörser fein reibt, anwenden.

Anwendung. Die Kieselerde dient, mit Soda zu einem Glase zusammengeschmolzen, zur Prüfung irgend einer Substanz auf Schwefelsäure,
ferner in Verbindung mit Soda und Borax zur Trennung des Zinns vom
Kupfer, so wie in Gemeinschaft mit Soda in manchen Fällen zur Probe
auf Phosphorsäure.

6) Kupferoxyd. Man bereitet es am einfachsten auf
die Weise, dass man reines, metallisches Kupfer in Salpetersäure auflöst, die Auflösung zur Trockniss abdampft und die
trockene Masse in einem dünnen Porcellanschälchen nach
und nach bis zum starken Glühen erhitzt.

Anwendung. Es dient hauptsächlich zur Entdeckung eines geringen
Chlorgehaltes in zusammengesetzten Verbindungen.

7) Oxalsaures Nickeloxydul. Man löst völlig kobalt-
und eisenfreies Nickeloxydul in Chlorwasserstoffsäure auf,
dampft die Auflösung im Wasserbade zur Trockniss ab, löst
die trockene Masse in Wasser, filtrirt und fällt das Nickel-

oxydul durch Oxalsäure aus. Den erhaltenen Niederschlag trocknet man und bewahrt ihn zum Gebrauch auf. Man bedient sich desselben zur Erkennung des Kalis in besondern Fällen.

8) **Chlorsilber**, im dickbreiigen Zustande.

Anwendung. Es dient zur Hervorbringung einiger Flammenfärbungen, welche damit deutlicher eintreten als mit Salzsäure.

9) **Stärkemehl**.

Anwendung. Es dient bei den quantitativen Blei-, Wismuth-, Zinn-, Nickel- und Kobaltproben als reducirend wirkendes Mittel, wenn dieselben mit kohlensaurem Kali und Natron in Thontiegeln geschmolzen werden.

10) **Graphit**. Der im Handel vorkommende Graphit ist oft sehr unrein; er enthält gewöhnlich viel erdige Theile und ist dann zu Löthrohrproben nicht zu gebrauchen. Man muss suchen ein Stück zu bekommen, welches mild, aber nicht blättrig und schuppig ist, weil solcher Graphit zu schwer verbrennt; dieses pulverisirt man und prüft einen kleinen Theil des Pulvers durch Verbrennen in einem Thonschälchen auf seine Reinheit. Kann man kein reines Stück bekommen, so reinigt man sich den unreinen Graphit auf folgende Weise: Man pulverisirt ihn möglichst fein, mengt ihn dem Volumen nach mit zwei Theilen kohlensauren Kali's zusammen und erhitzt dieses Gemenge in einem bedeckten Thontiegel bis zum Rothglühen. Die geglühte Masse pulverisirt man und kocht sie mit Wasser aus, wodurch eine Beimengung von Kieselerde mit dem Alkali ausgezogen wird. Hierauf behandelt man den zurückgebliebenen Graphit mit verdünnter Salpetersäure in der Wärme, wodurch der Gehalt an Eisen nebst den übrigen Erden aufgelöst und durch Filtration und gutes Aussüssen entfernt werden kann. Der zurückbleibende Graphit wird stark getrocknet und zum Gebrauche aufbewahrt.

Anwendung. Reiner, höchst fein zertheilter Graphit eignet sich als Zuschlag bei der Röstung schwefel- oder arsenhaltiger Substanzen, in denen ein Gehalt an Kupfer quantitativ bestimmt werden soll.

11) **Ein Probirstein** zur Prüfung der edlen Metalle und deren Legirungen durch den Strich. Ein solcher Stein besteht in einem glatt geschliffenen harten schwarzen Stücke Basalt oder Kieselschiefer. Um die metallischen Striche wieder zu entfernen, bestreicht man sie mit ein wenig Oel und reibt sie mit Kohle ab, damit die Fläche wieder rein wird und nach dem Abwischen ganz schwarz erscheint.

B. **Reagentien zu solchen Löthrohrproben, die bei Mitanwendung des nassen Weges ausgeführt werden.**

a) **Allgemeine Reagentien.**

1) **Schwefelsäure**, concentrirt.

Anwendung. Sie dient, um in bor- und phosphorsäurehaltigen

Substanzen die Reaction der betreffenden Säure in der äussern Flamme zu verstärken, so wie auch zur Zerlegung mancher Fluorverbindungen und zur Probe auf Arsen. Ferner gebraucht man sie im verdünnten Zustande zur Nachweisung der Kalkerde unter gewissen Umständen, und ebenso zur Trennung der Baryt- und Strontianerde von anderen Erden.

2) **Salpetersäure**, chemisch rein.

Anwendung. Sie wird zur Oxydation des Eisenoxyduls zu Oxyd in Auflösungen, zur Scheidung des Silbers vom Golde und noch in anderen Fällen mit Vortheil angewendet.

3) **Chlorwasserstoffsäure.**

Anwendung. Sie dient zur Entdeckung geringer Gehalte von Ammoniak in Salzen, das man durch Soda in der Wärme frei macht und mit einem mit Chlorwasserstoffsäure befeuchteten Glasstäbchen in Berührung bringt, wo sogleich weisse Nebel entstehen. Ferner gebraucht man sie zur Auffindung der Kohlensäure in solchen Verbindungen, die in Chlorwasserstoffsäure auflöslich sind. Auch dient sie zur Auflösung verschiedener Erdensalze, zur Zerlegung mancher Silikate, deren Basen allein vor dem Löthrohre nicht mit Sicherheit aufgefunden werden können. Endlich wendet man sie noch bei der quantitativen Zinnprobe zur Abscheidung verschiedener Metalloxyde von dem gerösteten Zinnerz an.

4) **Essigsäure.**

Prüfung und Anwendung. Essigsaurer Baryt darf keine Trübung geben. Die Anwendung der Essigsäure ist bei Löthrohrproben nicht häufig. Man wendet sie nur bei Untersuchung zusammengesetzter Substanzen auf geringe Gehalte von Chrom, Vanadin und Phosphorsäure an.

5) **Oxalsäure.**

Anwendung. Sie dient im aufgelösten Zustande zur Fällung der Kalkerde aus einer ammoniakalischen Flüssigkeit, so wie zur Trennung der Zirkonerde, des Eisenoxydes und des Uranoxydes von der Yttererde und dem Cer- und Lanthanoxyd. Auch lässt sie sich zur Reduction des in Königswasser aufgelösten Goldes anwenden.

6) **Aetzkali in aufgelöstem Zustande.** Auf Reisen kann man es im festen Zustande mit sich führen und beim Gebrauche die nöthige Menge in Wasser auflösen. Da das käufliche Aetzkali nicht immer ganz frei von einer geringen Menge Thonerde ist, so kann man zur Reinigung dasselbe in absolutem Alkohol auflösen, die Auflösung von dem Rückstande abgiessen, solche in einem silbernen Gefässe einkochen und bis zum glühenden Fluss eindicken. Das flüssige Aetzkali giesst man dann auf ein kaltes, reines Eisenblech, und wenn es **erstarrt** ist, bringt man es in ein Glas, welches mit einem eingeschliffenen Glasstöpsel luftdicht verschlossen werden kann.

Anwendung. Das Aetzkali dient, in Wasser aufgelöst, zur Trennung der Thonerde und der Beryllerde von den Oxyden des Eisens, Mangans, Chroms etc., nachdem die genannten Erden und Metalloxyde aus ihrer Auflösung durch Ammoniak ausgefällt und darauf gut ausgewaschen worden sind.

7) **Aetzammoniak.**

Prüfung und Anwendung. Es muss frei von Kohlensäure sein, weshalb eine Auflösung von Chlorcalcium auch keine Trübung von kohlensaurem Kalk hervorbringen darf. — Es dient bei Löthrohrproben, wenn man mit Hinzuziehung des nassen Weges in zusammengesetzten Verbindungen die einzelnen Erden auffinden will, zur Trennung der Thonerde, Beryllerde, Yttererde, des Eisenoxydes, Chromoxydes etc. von der Kalkerde, Talkerde und dem Manganoxydul aus ihren Auflösungen, die in manchen Fällen entweder freie Chlorwasserstoffsäure oder Salmiak enthalten müssen.

8) **Kohlensaures Ammoniak** im gepulverten Zustande. Man verwahrt es in einem Glase mit eingeschliffenem Glasstöpsel.

Anwendung. Dieses Salz, wenn es in Wasser aufgelöst wird, dient bei qualitativen Proben, die nicht vor dem Löthrohre allein mit Sicherheit angestellt werden können, zur Trennung der Beryllerde von der Thonerde und des Uranoxydes vom Eisenoxyd auf nassem Wege, so wie als Zusatz zum Waschwasser für ausgefällte phosphorsaure Ammoniak-Talkerde. Auch wird es als Röstzuschlag bei manchen quantitativen Proben zur Zerlegung gewisser schwefelsaurer Metalloxyde angewendet.

9) **Platinchlorid.** Man bereitet es auf folgende Weise: Zuerst erwärmt man ganz dünne Blättchen metallischen Platins mit der doppelten Gewichtsmenge Chlorwasserstoffsäure, hierauf setzt man so lange tropfenweise Salpetersäure hinzu, bis die Auflösung erfolgt ist. Zur Entfernung der freien Säure wird die Flüssigkeit vorsichtig bis zur Trockniss abgedampft, die rückständige braune Masse in Wasser gelöst, die Lösung filtrirt und in diesem Zustande aufbewahrt. Sie darf nicht zu verdünnt sein.

Anwendung. Es dient als vorzüglichstes Reagens auf nassem Wege für Kali, wenn solches in zusammengesetzten Verbindungen mit Natron oder Lithion in geringer Menge vorhanden ist.

10) **Destillirtes Wasser.** Bei solchen Löthrohrproben, die nur mit Hinzuziehung des nassen Weges vollständig ausgeführt werden können, muss man stets destillirtes Wasser anwenden. Es darf, auf Platinblech verdampft, keinen Rückstand hinterlassen und weder durch Baryt- noch Silbersalze getrübt werden.

b) Besondere Reagentien, deren Anwendung beschränkt ist.

1) **Weinsteinsäure** im krystallisirten Zustande. Man verwahrt sie in einem hölzernen Büchschen.

Anwendung. Sie dient bei der Trennung des Eisens von der Yttererde und Zirkonerde durch Schwefelammonium.

2) **Kohlensaures Kali** im trockenen Zustande. Man verwahrt es in einem Glase mit eingeriebenem Glasstöpsel.

Anwendung. Es wird bei der qualitativen Probe auf Tantal- und Niobsäure an der Stelle der Soda angewendet. Auch lässt es sich in Gemeinschaft mit Soda zu quantitativen Metallproben gebrauchen, die in Thontiegeln geschmolzen werden müssen.

3) **Neutrales schwefelsaures Kali** in kleinen Krystallkrusten. Dieses Salz bekommt man sehr rein in den Apotheken; man bewahrt es in einem hölzernen Büchschen zum Gebrauche auf.

Anwendung. Es wird in manchen Fällen zur Auffindung der Zirkonerde und zur Trennung der Oxyde des Cers, Lanthans und Didyms von anderen Körpern auf nassem Wege angewendet, wenn das Löthrohr allein nicht hinreichend ist.

4) **Salmiak (Chlorammoninum).** Man bekommt ihn in den Apotheken sehr rein. Auch kann man ihn nochmals in heissem Wasser auflösen, die Auflösung filtriren und zur Krystallisation hinstellen. Die dadurch erhaltenen Krystalle trocknet man, nachdem die Mutterlauge abgegossen ist, zwischen Filtrirpapier und bewahrt sie in einem hölzernen Büchschen zum Gebrauche auf.

Anwendung. Der Salmiak dient blos bei der Probe auf Gold, wenn Platin oder Iridium abgeschieden werden sollen.

5) **Molybdänsaures Ammoniak.** Dieses Salz kann man sich auf folgende Weise darstellen. Man zerreibt reinen Molybdänglanz so fein als möglich, röstet das feine Pulver in einer kleinen ganz flachen Schale von Platin- oder Eisenblech über einer Gaslampe oder Spirituslampe mit doppeltem Luftzuge bei mässiger Hitze so lange, bis das Pulver eine gelbe Farbe angenommen und sich grösstentheils in Molybdänsäure umgeändert hat, die unter der Abkühlung gelblich weiss wird. Das geröstete Pulver digerirt man längere Zeit mit Ammoniak, wobei die Molybdänsäure ausgezogen und molybdänsaures Ammoniak gebildet wird, welches man von dem aus unzersetztem Molybdänglanz und Molybdänoxyd bestehenden Rückstande durch Filtration trennt, zur Trockniss abdampft und zum Gebrauche aufbewahrt. Der Rückstand kann von Neuem geröstet und mit Ammoniak behandelt werden.

Anwendung. Das molybdänsaure Ammoniak ist in Wasser aufgelöst das empfindlichste Reagens auf Phosphorsäure.

6) **Kaliumeisencyanür (Ferrocyankalium).** Man kann es im krystallisirten Zustande aufbewahren und beim Gebrauche die nöthige Menge in ungefähr 8 bis 10 Theilen Wasser auflösen.

Anwendung. Es dient zur Auffindung eines sehr geringen Eisengehaltes in chrom- und vanadinhaltigen Substanzen, wenn solche zuvor mit doppelt schwefelsaurem Kali geschmolzen worden sind.

7) **Schwefelammonium (Ammonium-Sulfhydrat).** Man verdünnt reines Aetzammoniak mit dem gleichen Volumen Wasser, leitet in die Mischung so lange Schwefelwasserstoffgas, bis eine Auflösung von Bittersalz, mit einem Theile derselben vermischt, sich vollkommen klar erhält. Diese Probe ist nöthig, um zu erfahren, ob das Ammoniak auch völlig gesättigt ist. Das so bereitete Schwefelammonium bewahrt man in einem Glase mit eingeriebenem Glasstöpsel auf, welches man noch mit Blase oder dünnem Cautschuck verbindet.

Anwendung. Dieses Reagens dient zur Trennung des Manganoxyduls und des Kobaltoxyduls von der Talkerde, ferner zur Trennung des Eisenoxydes von der Yttererde, so wie zur Trennung der Wolframsäure von der Tantal- und Niobsäure, wie es bei den verschiedenen Proben, wo der nasse Weg zu Hülfe genommen werden muss, angegeben werden soll.

8) Eisenvitriol (neutrales schwefelsaures Eisen oxydul). Um dieses Salz aufbewahren zu können, ohne dass sich schwefelsaures Eisenoxyd bildet, löst man nach Otto möglichst reinen Eisenvitriol in siedendem Wasser auf, kocht die Auflösung mit metallischem Eisen, filtrirt ganz heiss und versetzt die Auflösung unter Umrühren mit Alkohol. Es scheidet sich beim Erkalten ein völlig oxydfreies Salz in kleinen Krystallen aus, welches man auf einem Filtrum sammelt, mit Alkohol abwäscht und dabei den Filtrirtrichter nach jedesmaligem Aufgiessen bedeckt. Das gereinigte Salz befreit man zuerst von dem grössten Theil der anhängenden Flüssigkeit zwischen Fliesspapier, trocknet es dann, in dergleichen Papier eingewickelt, an einem mässig warmen Orte und bewahrt es in einem Glase zum Gebrauche auf.

Anwendung. Dieses Salz dient, in Wasser aufgelöst, in manchen Fällen bei der Probe auf Gold zur Ausfällung desselben aus seiner Auflösung in Königswasser, indem es reducirend wirkt. — Es giebt zwar noch andere Fällungsmittel für das Gold, wie namentlich Oxalsäure, Antimonchlorür etc.; man reicht aber mit Eisenvitriol bei Löthrohrproben völlig aus.

9) Kupfervitriol (schwefelsaures Kupferoxyd).

Anwendung. Sein Gebrauch ist bei Löthrohrproben sehr beschränkt. In manchen Fällen wendet man ihn aber zur Auffindung von Chlor in zusammengesetzten Verbindungen doch mit Vortheil an. Man verwahrt ihn in einem hölzernen Büchschen in Form eines groben Pulvers.

10) Bleizucker (essigsaures Bleioxyd).

Anwendung. Dieses Reagens, welches man in Krystallen in einem hölzernen Büchschen aufbewahrt, dient bei der Probe auf Chrom, Vanadin und Phosphorsäure, wenn man genöthigt ist, den nassen Weg zum Theil mit anzuwenden.

11) Galläpfeltinctur. Man digerirt gegen 24 Stunden lang 1 Theil grob gepulverte Galläpfel mit 6 Theilen Alkohol, giesst die Flüssigkeit ab, drückt den Rückstand aus, mischt beide Auflösungen zusammen, filtrirt und bewahrt die klare Flüssigkeit in einem gut verschlossenen Glase zum Gebrauche auf.

Anwendung. Die Galläpfeltinctur dient zur Unterscheidung der Tantalsäure von der Niobsäure, wie es bei der Probe auf Tantal und Niobium angegeben werden soll.

12) Absoluter Alkohol.

Anwendung. Er dient mit Platinchlorid zusammen bei der Probe einer kieselsauren Verbindung auf einen Gehalt an Kali. Auch bedarf man seiner bei der Probe auf Baryterde und Strontianerde, sowohl zur Unterscheidung, als zur Trennung dieser Erden von einander.

Zweite Abtheilung.

Qualitative Löthrohrproben.

I. Allgemeine Regeln.

A. Allgemeine Regeln, nach welchen theils das Verhalten der Mineralien und anderer Substanzen vor dem Löthrohre ausgemittelt, theils auch ein grosser Theil ihrer Bestandtheile aufgefunden werden kann.

Die Prüfung einer Substanz auf ihr Löthrohrverhalten geschieht theils ohne, theils mit Anwendung von Reagentien. Die Prüfung ohne Anwendung von Reagentien erfolgt:

1) In einem kleinen Glaskolben oder in einer an einem Ende zugeschmolzenen Glasröhre, um zu erfahren, ob die Substanz beim Erhitzen decrepitirt oder flüchtige Bestandtheile ausgiebt, die erkannt werden können, so dass sich öfters dadurch schon auf die Zusammensetzung der Substanz schliessen lässt;

2) in einer an beiden Enden offenen Glasröhre, um Bestandtheile aufzufinden, welche in der Glühhitze bei Zutritt von atmosphärischer Luft sich oxydiren und flüchtig werden;

3) auf Kohle, um wahrzunehmen, welche Veränderungen die Substanz im Oxydations- und Reductionsfeuer erleidet, ob dabei metallische Bestandtheile flüchtig werden, die sich oxydiren und auf der Kohle einen Beschlag bilden, an welchem sie erkannt werden etc. und

4) entweder in der Pincette mit Platinansatz, oder, wenn die Substanz aus einem leicht schmelzbaren Salze besteht, in dem Oehr eines Platindrahtes, um theils die Schmelzbarkeit der Substanz kennen zu lernen, theils auch, um zu erfahren, ob und was dieselbe der äussern Löthrohrflamme für eine Farbe ertheilt.

Die Prüfung mit Anwendung von **Reagentien** geschieht theils auf Platindraht, theils auf Kohle.

Was die Menge oder Grösse der Probe betrifft, welche man von einer zu untersuchenden Substanz zu nehmen hat, so lässt sich darüber im Allgemeinen nur so viel sagen, dass man zur Prüfung in Glaskölbchen und Glasröhren nicht zu

wenig verwende, dagegen bei Prüfung auf Schmelzbarkeit
und Färbung der Flamme nur sehr kleine Splitter oder
Stückchen und ebenso auch bei der Prüfung von metalloxyd-
haltigen Substanzen mit Borax und Phosphorsalz nur geringe
Mengen nehme.

Es ist bei Löthrohruntersuchungen zu empfehlen, die Lampe auf
einen Bogen weisses Papier auf den Tisch zu stellen, um sowohl letzteren
nicht zu beschädigen, als auch herabfallende Körper leichter wiederfinden
zu können und vor Verunreinigungen zu schützen.

a) Prüfung der Substanzen ohne Reagentien.

*1) Prüfung in einem kleinen Glaskolben oder in einer an einem Ende
zugeschmolzenen Glasröhre.*

Scheint die zu untersuchende Substanz frei von brennbaren unorganischen Stoffen zu sein, wie z. B. von Schwefel,
Arsen etc., so bringt man eine angemessene Quantität davon
in einen kleinen Glaskolben (S. 26, Fig. 27, *A*); scheint sie
aber dergleichen Körper zu enthalten, so muss man eine nicht
zu weite Glasröhre, Fig. 27, *B* anwenden, welche an dem
einen Ende zugeschmolzen ist, damit die Substanz von so
wenig wie möglich atmosphärischer Luft umgeben ist, und
mithin eine Oxydation der brennbaren Körper nicht stattfinden kann. In beiden Fällen erhitzt man die Probe in
der Flamme der Spirituslampe anfangs nur schwach, später
aber, wenn es nöthig erscheint, bis zum Glühen, und beobachtet dabei alle Erscheinungen, die sich zeigen.

Die hauptsächlichsten Erscheinungen, welche bei einer
solchen Prüfung vorkommen, finden sich durch Beispiele er-
läutert in Nachstehendem zusammengestellt.

Prüfung der Substanz für sich in einem kleinen Glaskolben.

Es gehören hierher: Salze und salzähnliche Verbindungen,
Silicate und Aluminate, Hydrate, sowie Metalloxyde und
deren Verbindungen.

α) Die S. verändert beim Erhitzen ihre Gestalt oder ihren
Aggregatzustand, decrepitirt (z. B. Schwerspath, Flussspath, Kalkspath und viele andere Mineralien), phosphorescirt (z. B. Flussspath, vorzüglich der grüne, Apatit,
mancher Kalkspath, Harmotom, Disthen etc.), zeigt eine
Feuererscheinung (glasiger Gadolinit, Orthit, Samarskit
etc.) oder wechselt die Farbe, welche bei manchen Substanzen
nach dem Erkalten wieder erscheint, wobei ausser vielleicht
etwas Wasser nichts Flüchtiges fortzugehen scheint, (z. B.
Zinkoxyd, Titansäure, kohlens. Bleioxyd, kohlens.
Kupferoxydhydrat, Spatheisenstein).

β) Die S. scheint sich nicht zu verändern, giebt aber bei
längerem und stärkerem Glühen flüchtige Bestandtheile ab. —
So entwickeln manche Superoxyde Sauerstoffgas, welches

dadurch leicht zu erkennen ist, dass, wenn zu dem Probestückchen ein kleiner Kohlensplitter gebracht worden, derselbe bei gehöriger Hitze plötzlich in lebhaftes Glühen kommt. **Hydrate, wasserhaltige Silikate oder Substanzen, welche mechanisch gebundenes Wasser enthalten,** geben Wasser ab, welches sich im Halse des Kölbchens ansammelt. Enthalten solche Verbindungen Schwefelsäure oder Fluor, und sind in der Hitze zersetzbar, so reagirt das Wasser bei starkem Glühen der Substanz auf Lakmus- resp. Fernambukpapier sauer; auch wird bei Gegenwart von einem zersetzbaren Fluormetall Fluorwasserstoffsäure gebildet, die das Glas in einem kleinen Abstande von der Probe angreift und matt macht.

γ) Die S. schmilzt, ohne Wasser abzugeben, und kommt bei starkem Erhitzen zum Kochen. — **Manche chlor-, brom- und jodsauren Salze.** — Es entwickelt sich Sauerstoffgas, welches sich leicht durch ein glimmendes Holzspähnchen erkennen lässt, wenn man mit demselben in die Mündung des Kölbchens fährt, wobei es zu brennen anfängt, oder wenn man ein wenig Kohle auf das schmelzende Salz fallen lässt, wodurch sofort eine Verpuffung entsteht. Aehnlich verhält sich **salpeters. Kali und Natron.**

δ) Die S. schmilzt, giebt viel Wasser ab, welches sich in dem Halse des Kölbchens ansammelt, und wird wieder fest. — **Salze, welche viel Krystallwasser enthalten.** Man trocknet den Hals des Kölbchens mit Fliesspapier aus, schiebt ein Streifchen Lakmuspapier ein und erhitzt stärker. Manche Salze mit schwachen Basen (Thonerde, Eisenoxyd etc.) zersetzen sich bei Rothglühhitze, und es findet jetzt eine mehr oder weniger stark saure Reaction Statt, wobei das Glas im Innern über der Probe zuweilen trübe wird. Auch lassen sich die frei werdenden Säuren zuweilen durch ihren eigenthümlichen Geruch erkennen.

ε) Die S. schmilzt und giebt Säure ab. — **Saure Salze, deren Säuren im reinen oder wasserhaltigen Zustande flüchtig sind.** — Der Ueberschuss an Säure entweicht und färbt ein in den Hals des Kölbchens geschobenes Lakmuspapier roth. Von den neutralen Salzen, deren Säuren flüchtig sind, werden hauptsächlich nur die salpetersauren und die unterschwefelsauren Salze zersetzt; erstere entwickeln ein gelbrothes Gas von salpetriger Säure und letztere ein farbloses Gas von schwefliger Säure. In gewissen Fällen entwickeln auch **Fluormetalle** mehr oder weniger Fluorwasserstoffsäure, vorzüglich wenn die Verbindung zugleich etwas Wasser enthält, und ein Theil des Fluors an eine schwache Base, z. B. Aluminium, gebunden ist. Zeigen sich vielleicht violette Dämpfe, die nach Jod riechen, so ist Jod im freien Zustande vorhanden.

ζ) Es tritt Verkohlung ein, die zuweilen mit einem Aufblähen und oft mit einem brandigen oder bituminösen Geruch
verbunden ist. — Organische Substanzen. — Uebergiesst
man den kohligen Rückstand nach dem Erkalten mit einer
Säure und bemerkt dabei, dass er aufbraust, so ist anzunehmen, dass Alkalien oder alkalische Erden an organische
Säuren gebunden in der Substanz vorhanden sind. Kennt
man den Geruch, welchen gewisse organische Säuren bei
ihrer Verkohlung entwickeln, z. B. Weinsteinsäure, Benzoë-
säure etc., so werden diese gleichzeitig mit aufgefunden. Verbreitet sich bei Hinzufügung von Chlorwasserstoffsäure ein
Geruch nach Blausäure, so wird die Anwesenheit einer Cyan-
verbindung dadurch angedeutet. Befinden sich in der Substanz organische, stickstoffhaltige Bestandtheile, so wird beim
Erhitzen der Substanz zuweilen Ammoniak gebildet, welches
durch befeuchtetes geröthetes Lakmuspapier oder durch ein
mit Chlorwasserstoffsäure befeuchtetes Glasstäbchen erkannt
werden kann.

η) Die S. sublimirt und condensirt sich im Halse des
Kölbchens. — Die meisten Salze des Ammoniaks, die
sich entweder vollständig sublimiren, oder, wenn sie an eine
feuerbeständige Säure gebunden sind, nur ihr Ammoniak
abgeben, welches durch den Geruch und durch geröthetes
Lakmuspapier erkannt werden kann; Quecksilberchlorid,
das bei niedriger Temperatur zuerst schmilzt und dann sich
sublimirt; Quecksilberchlorür, das, ohne vorher zu
schmelzen, sich mit gelblicher Farbe sublimirt, unter der Abkühlung aber weiss wird; Chlorblei, das zur dunkelgelben
Flüssigkeit schmilzt, zum Theil sublimirt und unter der Abkühlung undurchsichtig und weiss wird; arsenige Säure,
die sich sehr leicht sublimirt und krystallinisch ansetzt; Antimonoxyd, das zuerst zu einer gelben Flüssigkeit schmilzt
und dann in glänzenden Krystallnadeln sublimirt, sobald es
nicht auf Kosten der eingeschlossenen Luft höher oxydirt
wird; tellurige Säure, die ein ähnliches Verhalten zeigt,
wie Antimonoxyd, aber weit schwerer zu verflüchtigen ist
und kein krystallinisches Sublimat bildet; Osmiumsäure, die
sich in Gestalt weisser Tröpfchen sublimirt und dabei einen
stechenden, höchst unangenehmen Geruch entwickelt.

Prüfung der Substanz für sich in einer an einem Ende zugeschmolzenen Glasröhre.

Zu den Substanzen, die auf diese Weise geprüft werden,
gehören: Schwefel-, Selen-, Arsen- und Tellurmetalle, sowie
Metallverbindungen.

α) Die S. verändert ihre Form entweder gar nicht, oder
sie decrepitirt, oder sie schmilzt und giebt in keinem Falle
etwas Flüchtiges; selbst dann nicht, wenn man das zuge-

schmelzene Ende der Glasröhre mit Hülfe des Löthrohrs (wobei
man auf die Flamme der Spirituslampe bläst) so stark erhitzt,
dass das Glas zu schmelzen anfängt. Die Glasröhre wird zwar
im Innern unmittelbar über der Probe manchmal trübe; dieses
rührt aber davon her, dass, wenn die S. Schwefelmetalle
enthält, sich ein wenig schweflige Säure bildet, die das
glühende Glas angreift.

β) Die S. giebt, bei veränderter oder unveränderter Form
ein Sublimat von Schwefel, welches in der Wärme dunkelgelb bis rothbraun erscheint, unter der Abkühlung aber rein
schwefelgelb wird. — Solche Schwefelmetalle, welche auf
einer hohen Schwefelungsstufe stehen, wie z. B. Schwefelkies, der beinahe 1 Atom seines Schwefelgehaltes abgiebt;
oder Verbindungen von Schwefelmetallen, von denen das
eine auf 1 Atom Metall mehr als 1 Atom Schwefel enthält,
wie z. B. der Kupferkies. Bisweilen geben auch natürliche Einfach-Schwefelmetalle, wenn sie einen kleinen Ueberschuss von Schwefel enthalten, denselben mehr oder weniger
vollständig ab, so dass sich in der Glasröhre ein dünner, fast
weisser Anflug bildet.

γ) Die S. giebt ein Sublimat von Schwefelarsen, welches
in der Wärme dunkel braunroth bis fast schwarz, nach der
Abkühlung aber röthlichgelb bis roth erscheint. — Natürliches oder künstliches Schwefelarsen, sowie Verbindungen oder Gemenge von Schwefel- und Arsenmetallen, in welchen, wenn sie alles Arsen abgeben, mehr
Schwefel enthalten ist, als sie zur Umänderung in Einfach-
Schwefelmetalle bedürfen.

δ) Die S. giebt, bei starkem Erhitzen mit Hülfe der Löthrohrflamme, ein schwarzes Sublimat, welches sich unmittelbar
über der Probe ansetzt, unter der Abkühlung kirschroth bis
bräunlich roth wird und aus einer Verbindung von Schwefelantimon und Antimonoxyd besteht. — Schwefelantimon
und Verbindungen von Schwefelmetallen mit viel
Schwefelantimon.

ε) Die S. giebt ein schwarzes metallisch glänzendes, krystallinisches Sublimat von Arsen, und entwickelt gleichzeitig
einen knoblauchartigen Geruch. — Metallisches Arsen
und solche Arsenmetalle, die auf 2 Atome Metall mehr als
1 Atom (Doppel-Atom) Arsen enthalten, z. B. Speiskobalt,
Weissnickelkies etc.; ferner Schwefelarsenmetalle, bei
denen das frei werdende Arsen durch den vorhandenen
Schwefel so weit ersetzt wird, dass sich Einfach-Schwefelmetalle bilden, z. B. Arsenkies. Bisweilen sublimirt erst
eine geringe Menge von Schwefelarsen, ehe rein metallisches
Arsen zum Vorschein kommt.

ζ) Die S. giebt ein schwarzes, glanzloses Sublimat von
Schwefelquecksilber, welches zerrieben roth erscheint. Natür-

liches oder künstliches Schwefelquecksilber als Zinnober;
sowie quecksilberhaltiges Fahlerz.

η) Die S. giebt ein glänzendes, krystallinisches graues
Sublimat von Selenquecksilber. — Natürliches Selenquecksilber und Selenbleiquecksilber.

ϑ) Die S. giebt einen Anflug oder einen aus lauter kleinen
Kugeln bestehenden Beschlag von metallisch glänzendem Quecksilber. — Verbindungen des Quecksilbers mit anderen Metallen (Amalgame).

Schwefelmetalle, die nicht flüchtig sind oder auf einer niedrigen
Schwefelungsstufe stehen, ferner Arsenmetalle, die ebenfalls nicht
flüchtig sind, oder in denen auf 2 Atome Metall nur 1 Atom (Doppel-
Atom) oder noch weniger Arsen kommt, so wie Tellur- und Antimonmetalle, geben sich in einer, an einem Ende zugeschmolzenen Glasröhre entweder gar nicht, oder nur mit Unsicherheit zu erkennen.

2) Prüfung der Substanzen in einer an beiden Enden offenen Glasröhre.

Dieselben Substanzen, welche man in einer an einem
Ende zugeschmolzenen Glasröhre prüft, müssen auch in
einer Erhitzung in einer an beiden Enden offenen Röhre unterworfen werden. Man legt die Probe so hinein, dass sie dem
einen Ende der Röhre ziemlich nahe ist, und erhitzt diese
Stelle, während man das mit der Probe versehene Ende gegen
den Horizont etwas neigt, zuerst in der freien Spiritusflamme,
und wenn die Hitze nicht hinreichend ist, noch mit Hülfe
des Löthrohrs. Für gewöhnlich wendet man die Probe in
Form eines Stückchens an; hat man aber bei der Prüfung
in einer an einem Ende zugeschmolzenen Glasröhre wahrgenommen, dass die Substanz decrepitirt, so muss man die zur
Probe nöthige Menge vorher pulverisiren. Während man nun
die Röhre mehr oder weniger neigt, hat man es ganz in seiner
Gewalt, ein stärkeres oder schwächeres Strömen von atmosphärischer Luft durch die Röhre hervorzubringen. Enthält
die Substanz Stoffe, die in einer an einem Ende zugeschmolzenen Glasröhre durch Erhitzung nicht flüchtig werden, so
werden es manche, wenn man sie in einer offenen Glasröhre
erhitzt, wo sie den Sauerstoff der durchströmenden Luft ab-
sorbiren und sich zu flüchtigen Säuren oder Metalloxyden
oxydiren. Einige entweichen in Gasform und können durch
den Geruch wahrgenommen werden, andere setzen sich wieder
als Sublimat in dem kältern Theil der Glasröhre an, und zwar
nach dem Grade ihrer Flüchtigkeit in grösserer oder geringerer
Entfernung von der Probe.

Bei einer solchen Prüfung, die eigentlich in einer Röstung
besteht, ist hauptsächlich mit darauf Rücksicht zu nehmen,
dass nicht ein zu grosses Stück zur Probe verwendet werde
und auch die Hitze nicht zu schnell stark einwirke, weil
sonst der grössere Theil der flüchtigen Stoffe unverändert
sublimirt wird; auch muss man dann, wenn man von einer

Probe, die in Form eines Bruchstückchens in die Glasröhre
gelegt wurde, keine deutliche Reaction erhält, nicht verab-
säumen, den Versuch mit gepulverter Substanz zu wiederholen.

Es giebt mehrere Körper, die sich bei der Prüfung in
der offenen Glasröhre erkennen und in den meisten Fällen,
selbst in sehr zusammengesetzten Substanzen, mit Sicherheit
nachweisen lassen; es gehören dahin hauptsächlich folgende:

α) S c h w e f e l. Werden Schwefelmetalle oder Substanzen,
in denen irgend ein Schwefelmetall selbst nur in geringer
Menge enthalten ist, in der offenen Glasröhre geröstet, so
bildet sich schweflige Säure, die sowohl durch ihren bekannten
stechenden Geruch an dem höher gehaltenen Ende der Glasröhre, als auch durch ein daselbst eingeschobenes Streifchen
befeuchtetes Lakmuspapier, welches sofort roth gefärbt wird,
erkannt werden kann. Schwefelmetalle, welche sich schwer
rösten lassen, z. B. Zinkblende und Molybdänglanz, sowie
solche Substanzen, die nur geringe Mengen von Schwefel enthalten, müssen vorher gepulvert werden. Enthält die Substanz
Metalle, welche sich in der Glasröhre in flüchtige Oxyde umändern, so bilden sich besondere Sublimate, die charakteristische Eigenschaften besitzen und daher, wie weiter unten
näher angegeben, erkannt werden können.

Erhitzt man die Probe zu schnell und zu stark, oder wendet man zu
viel zur Probe an, so sublimirt aus Schwefelmetallen, die auf einer
hohen Schwefelungsstufe stehen, leicht mehr oder weniger Schwefel, weil
die in einer gewissen Zeit durch die Röhre strömende Luft nicht so viel
Sauerstoff enthält, als zur Oxydation des in derselben Zeit frei werdenden
Schwefels erforderlich ist. Enthält das Schwefelmetall mehr oder weniger
Arsen, so sublimirt bei zu starker Hitze leicht Schwefelarsen, und enthält
es Quecksilber, so sublimirt leicht Schwefelquecksilber.

β) S e l e n. Selenmetalle und Substanzen, welche Selen,
selbst nur in geringer Menge, enthalten, geben in der offenen
Glasröhre ein gasförmiges Oxyd, welches den Geruch von
verfaultem Rettig besitzt. Enthält die S. Selen als wesentlichen Bestandtheil, so setzt sich auch ein Sublimat von Selen
an, das in der Nähe der Probe stahlgrau, und weiter entfernt, roth erscheint; auch bemerkt man in noch grösserer
Entfernung zuweilen kleine Krystalle von seleniger Säure, die
sehr leicht zu verflüchtigen sind.

γ) A r s e n. Metallisches Arsen und Arsenmetalle, die so
viel Arsen enthalten, dass, wenn sich bei der Röstung in der
offenen Glasröhre basisch arsensaure Metalloxyde bilden (wie
dies namentlich beim natürlichen Arsennickel und Arsenkobalt
der Fall ist), noch Arsen frei wird, geben ein krystallinisches
Sublimat von arseniger Säure, welches sich, weil es sehr
flüchtig ist, ziemlich weit von der Probe entfernt, an das
Glas ansetzt. Durch blosses Erwärmen kann es in der Röhre
weiter getrieben werden. Arsenmetalle, die nur so viel Arsen
enthalten, als sie zur Umänderung in basisch arsensaure Salze

bedürfen (z. B. nickel- und kobaltreiche Speisen), geben dagegen nicht immer ein deutliches Sublimat von arseniger Säure,
selbst wenn sie im gepulverten Zustande in die Glasröhre gebracht werden.

Wendet man vom metallischen Arsen ein zu grosses Stück zur Probe
an, oder enthält das Arsenmetall sehr viel Arsen, so sublimirt bei zu
starker Hitze leicht Arsensuboxyd von braunschwarzer Farbe, oder selbst
etwas Arsen im metallischen Zustande, wobei zugleich ein deutlicher Knoblauchgeruch wahrzunehmen ist, der dem aus der Röhre tretenden Suboxyd
angehört. Enthält das Arsenmetall ein leicht zersetzbares Schwefelmetall,
so bildet sich bei starkem Erhitzen auch leicht ein Sublimat von rothem
oder gelbem Schwefelarsen.

δ) Antimon. Metallisches Antimon, Antimonmetalle,
Schwefelantimon und Verbindungen von Schwefelmetallen,
die Schwefelantimon enthalten, oxydiren sich und stossen einen
weissen Rauch aus, der anfangs aus Antimonoxyd besteht,
sich aber, wenn er heiss genug ist, auf Kosten der durch die
Glasröhre strömenden Luft zum grossen Theil in eine Verbindung von Antimonoxyd und Antimonsäure umändert. Das
reine Antimonoxyd ist flüchtig, zieht sich in Gestalt eines
weissen Rauchs in der ganzen Glasröhre hin und setzt sich
an die nach oben gewandte Seite der Röhre mit weisser
Farbe an, zum Theil entweicht es auch ganz; durch neues
Erhitzen bis zum Glühen kann es verflüchtigt werden; doch oxydirt sich sehr leicht ein Theil desselben höher und bleibt zurück. Die Verbindung von Antimonoxyd und Antimonsäure
ist, sobald sie sich gebildet hat, nicht mehr flüchtig, und
setzt sich grösstentheils an der nach unten gewandten Seite der
Glasröhre in Form eines weissen, in der Hitze gelblichen Pulvers
ab. Sie bildet sich hauptsächlich beim Rösten von Schwefelantimon, schwefelantimonhaltigen Verbindungen und einigen Antimonmetallen, in welchen Substanzen die einzelnen Bestandtheile
leicht oxydirbar sind und bei ihrer Oxydation ziemlich viel
Wärme entwickeln. Gleichzeitig bildet sich bei Gegenwart
von Schwefel auch schweflige Säure, die durch den Geruch
und durch Lakmuspapier erkannt werden kann. Besteht die
Substanz aus Antimonoxyd oder enthält sie solches im freien
Zustande, so wird ein Theil desselben unverändert sublimirt,
ein anderer Theil oxydirt sich aber höher und bleibt zurück.
Enthält die S. neben Schwefelantimon auch Schwefelblei, wie
z. B. der Bournonit, so bildet sich ein Sublimat, das
zum Theil aus flüchtigem Antimonoxyd und zum Theil aus
antimons. Bleioxyd besteht, welches letztere eine hellgelbe
Farbe besitzt.

Erhitzt man Schwefelantimon oder Verbindungen von Schwefelmetallen, die viel Schwefelantimon enthalten, sehr stark, so entsteht leicht
an manchen Stellen des weissen Beschlags eine röthliche oder bräunliche
Färbung von mitfortgerissenem Schwefelantimon, welches auch in Verbindung
mit Antimonoxyd (s. S. 75, δ) abcrzt.

ι) Tellur. Tellur und Tellurmetalle bilden beim Erhitzen in der offnen Glasröhre tellurige Säure, die sich wie
die Oxydationsprodukte des Antimons als weisser Rauch in
der Röhre hinzieht und auch zum grössern Theil bald an das
Glas anlegt. Wird indess diese Stelle der Glasröhre mit dem
Löthrohre erhitzt, so schmilzt das Sublimat zu kleinen farblosen Tröpfchen zusammen und kann dadurch leicht von jenem
unterschieden werden.

ζ) Quecksilber. Verbindungen des Quecksilbers mit
anderen Metallen geben ein Sublimat von metallischem Quecksilber, welches aus lauter Kügelchen besteht, die fast zusam-
menhängen und durch Klopfen an die Röhre, während man
dieselbe langsam um ihre Achse dreht, zu einer einzigen
Kugel vereinigt werden können. Schwefelquecksilber wird
bei vorsichtigem Erhitzen in schweflige Säure und in Quecksilber zerlegt, welches letztere sich als Metallspiegel oberhalb
der Probe ansetzt. Ist die Hitze zu stark, so sublimirt leicht
ein Theil Schwefelquecksilber unzersetzt, welches sich in der
nächsten Nähe der Probe mit schwarzer Farbe anlegt, durch
vorsichtiges Erwärmen aber zersetzt werden kann. Die Chlorverbindungen des Quecksilbers sind sehr flüchtig und sublimiren sich unzersetzt.

Schwefelblei giebt ausser schwefliger Säure ein weisses Sublimat
von schwefelsaurem Bleioxyd (hauptsächlich auf der nach unten gewandten
Seite der Glasröhre) welches mit der Löthrohrflamme stark erhitzt, zum
Theil zu gelben Tröpfchen schmilzt, die unter der Abkühlung weiss werden.
Die Probe selbst umgiebt sich mit geschmolzenem Bleioxyd, welches schwefelsaures Bleioxyd enthält, und eine gelbe Farbe besitzt, die unter der
Abkühlung heller wird. Chlorblei und Substanzen, die dasselbe enthalten, geben ein Sublimat, welches bei wiederholtem Erhitzen nur zum
Theil, nebst dem aus dem übrigen Theil frei werdenden Chlor, verflüchtigt wird. Das Zurückbleibende besteht aus Bleioxyd-Chlorblei und schmilzt
wie schweflige Säure zu Tröpfchen, die aber in der Wärme gelb und nach
der Abkühlung perlgrau bis weiss erscheinen. Schwefelwismuth verhält sich ganz ähnlich wie Schwefelblei. Wismuthmetalle geben in
der offnen Röhre Wismuthoxyd. Das Sublimat befindet sich ganz in der
Nähe der eingelegten Probe, und lässt sich zu braunen oder dunkelgelben
Tröpfchen schmelzen, die von denen der tellurigen Säure ganz verschieden sind. Schwefelmolybdän lässt sich schwer röten; es giebt
schweflige Säure und, im gepulverten Zustande bei starker Hitze, nach
längerer Zeit auch ein geringes Sublimat von Molybdänsäure, die unter
der Loupe krystallinisch erscheint.

3) Prüfung der Substanzen auf Kohle im Löthrohrfeuer.

Besteht die zu prüfende Substanz aus einer festen Masse
und lässt sich erhitzen, ohne zu decrepitiren, so wendet man
zur Probe ein kleines Bruchstück an, im Gegentheil muss sie
möglichst fein pulverisirt werden. Man legt die Probe auf
diejenige Seite einer Kohle, auf welcher die Jahresringe auf
der Kante stehen, und zwar nahe demjenigen Ende, welches
man der Löthrohrflamme nähern will. Damit die Probe nicht

so leicht fortgeblasen wird, macht man vorher an dieser Stelle ein ganz flaches Grübchen. Zuerst leitet man auf die Probe eine schwache Oxydationsflamme, hält dabei die Kohle horizontal und das freie Ende derselben in diejenige Richtung, nach welcher der von der Probe vielleicht aufsteigende Rauch durch die Löthrohrflamme getrieben wird. Man leitet die Flamme dabei geneigt auf die Probe, und zwar unter einen Winkel von ungefähr 20 Graden und bläst nur kurze Zeit, jedoch so lange, bis man entweder eine Farbenveränderung, ein Aufglühen, Anschwellen, eine Schmelzung oder die Ausscheidung eines flüchtigen Stoffes, oder überhaupt eine Veränderung der Substanz wahrnimmt, aus welcher sich ein Schluss auf die Beschaffenheit oder Zusammensetzung der Substanz machen lässt. In demselben Augenblicke, als man das Blasen unterbricht, überzeugt man sich durch den Geruch von der Gegenwart flüchtig gewordner Säuren oder des Schwefels, Arsens und Selens. Da sich indess das Arsen, sobald es nur in geringer Menge in der Substanz enthalten ist, bei der Behandlung der Probe im Oxydationsfeuer nicht so leicht durch den Geruch erkennen lässt, als Schwefel und Selen, so behandelt man die Probe auch mit der Reductionsflamme, wobei sich ein Gehalt an Arsen oft sehr deutlich durch den Geruch wahrnehmen lässt. Während man die Probe mit der Flamme erhitzt, beobachtet man zugleich mit: ob sie nach dem Schmelzen auf der glühenden Stelle detonirt, wie es z. B. mit den salpeter-, chlor-, brom- und jodsauren Salzen der Fall ist. Auch richtet man seine Aufmerksamkeit mit darauf: ob die Kohle vielleicht mit einem flüchtig gewordenen Körper belegt werde; ob sich derselbe nahe an der Probe oder weit von derselben entfernt befindet; was er sowohl noch heiss, als auch nach der Abkühlung für eine Farbe besitzt; ob er sich durch blosses Erwärmen mit der Flamme oder durch Berührung mit derselben verflüchtigen lässt, und ob er in letzterem Falle mit einem farbigen Scheine verschwindet, d. h. eine Färbung in der äussern Flamme verursacht.

Ist die Substanz eine erdige, so legt man sie nach starkem Durchglühen auf befeuchtetes geröthetes Lakmuspapier und sieht nach, ob sie alkalisch reagirt. Dies ist der Fall mit den Verbindungen der alkalischen Erden mit Kohlensäure, Schwefelsäure, Salpetersäure und den Verbindungen ihrer Radicale mit Chlor, Brom, Jod und Fluor.

Ein wichtiges Erkennungsmittel für verschiedene Stoffe ist der bei ihrer Erhitzung auf Kohle entstehende Dampf, welcher sich in grösserer oder geringerer Entfernung von der Probe als sogenannter Beschlag auf der Kohle absetzt. Man darf sich indess hierbei nicht durch die Asche täuschen lassen, welche die Kohle an der Stelle, wo sie verbrennt, zurücklässt, da dieselbe allerdings zuweilen Aehnlichkeit mit einem Beschlage hat. Untersucht man indessen die Kohle vorher durch Anblasen mit der Oxydationsflamme auf ihren ungefähren Gehalt an Asche, so wie auf die Beschaffenheit derselben, und berücksichtigt dies bei der Behandlung der Probe, so kann eine Täuschung nicht vorkommen.

Charakteristische Beschläge geben folgende Stoffe:

α) Selen schmilzt sehr leicht und giebt im Oxydations- und Reductionsfeuer einen braunen Rauch, so wie auch in geringer Entfernung von der Probe einen stahlgrauen, schwach metallisch glänzenden, und in grösserer Entfernung einen dunkelgrauen, matten Beschlag. Dieser Beschlag lässt sich mit der Oxydationsflamme ziemlich leicht von einer Stelle zur andern treiben; und wird er mit der Reductionsflamme angeblasen, so verliert er seine Stelle mit einem schönen azurblauen Scheine. Während Selen auf Kohle geschmolzen oder ein dabei gebildeter Beschlag mit der Löthrohrflamme berührt wird, ist ein starker Geruch nach verfaultem Rettig wahrzunehmen, welcher dem gasförmig und farblos entweichenden Oxyde angehört.

β) Tellur schmilzt sehr leicht, verflüchtigt sich mit Rauch und beschlägt die Kohle im Oxydations- und Reductionsfeuer in nicht sehr grosser Entfernung von der Probe mit telluriger Säure. Der Beschlag ist weiss, hat aber eine rothe oder dunkelgelbe Kante; er lässt sich mit der Oxydationsflamme von einer Stelle zur andern treiben; und wird er mit der Reductionsflamme angeblasen, so verschwindet er mit einem grünen, bei Gegenwart von Selen mit einem blaugrünen Scheine.

γ) Arsen verflüchtigt sich, ohne erst zu schmelzen, und beschlägt die Kohle im Oxydations- und Reductionsfeuer mit arseniger Säure. Der Beschlag ist weiss, in dünnen Lagen graulich (theils von der durchscheinenden Kohle, theils von einer Beimengung an Suboxyd herrührend) und weit entfernt von der Stelle, auf welche die Probe gelegt wurde. Er lässt sich durch blosses Erwärmen mit der Löthrohrflamme sogleich wieder forttreiben. Bläst man ihn hastig mit der Reductionsflamme an, so verschwindet er mit einem schwachen hellblauen Scheine. Bei der Verflüchtigung des Arsens auf Kohle ist ein starker Geruch nach Knoblauch wahrzunehmen, der dem, auf Kosten der atmosphärischen Luft, sich bildenden Suboxyde angehört.

δ) Antimon schmilzt sehr leicht und beschlägt die Kohle im Oxydations- und Reductionsfeuer mit Antimonoxyd. Der Beschlag ist weiss, in dünnen Lagen bläulich und weniger weit entfernt von der Probe als der Beschlag von arseniger Säure. Durch gelindes Erhitzen mit der Oxydationsflamme lässt er sich, ohne einen farbigen Schein zu geben, von einer Stelle zur andern treiben; leitet man aber die Reductions-

flamme auf ihn, so verändert er seine Lage mit einem schwach
grünlichen Scheine. Der Beschlag von Antimonoxyd ist nicht
so flüchtig als der der arsenigen Säure.

Wird metallisches Antimon auf Kohle geschmolzen und
bis zum Rothglühen erhitzt, hierauf das Blasen unterbrochen
und die Kohle mit der flüssigen Metallkugel ruhig hingestellt,
so erhält sich letztere eine lange Zeit im glühenden Fluss
und entwickelt dabei einen dicken weissen Rauch, welcher
sich zum Theil auf der Kohle niederschlägt und zuletzt um
die Kugel in weissen perlmutterglänzenden Krystallen anlegt.
Dieses Phänomen gründet sich darauf, dass die glühende
Metallkugel Sauerstoff aus der Atmosphäre absorbirt, sich Antimonoxyd bildet und dabei so viel Wärme frei wird, dass
das leicht schmelzbare Antimon, so lange als es noch nicht
mit Krystallen von Antimonoxyd überdeckt ist, flüssig erhalten wird.

ɛ) Thallium schmilzt sehr leicht und giebt in einiger
Entfernung von der Probe einen nicht sehr starken, weissen
Beschlag von Oxyd, der sich durch blosses Erwärmen forttreiben lässt, beim Berühren mit der Flamme aber mit grüner
Färbung derselben verschwindet. Die geschmolzene Metallkugel, welche beim Berühren mit der Flamme letztere ebenfalls stark grün färbt, bleibt nach dem ruhigen Hinstellen der
Kohle in Folge einer fortdauernden Oxydation längere Zeit
flüssig, wobei man zuweilen in der nächsten Nähe der Metallkugel die Entstehung eines braunen Beschlags (vielleicht Per-
oxyd) wahrnimmt.

ζ) Blei schmilzt leicht und beschlägt die Kohle im Oxy-
dations- und Reductionsfeuer mit Oxyd. Der Beschlag ist
in der Wärme dunkel citronengelb, nach dem Erkalten
schwefelgelb und in dünnen Lagen bläulich-weiss. Der gelbe
Beschlag besteht aus reinem Bleioxyd und der bläulich-weisse
aus kohlensaurem Bleioxyd. Wird der Beschlag mit der
Flamme angeblasen, so dass die Kohle zum Glühen kommt,
so verändert er seine Stelle, weil das Bleioxyd auf der bis
zum Glühen erhitzten Kohle reducirt, das Metall sofort wieder
verflüchtigt und dabei von Neuem oxydirt wird. Der Flamme
wird dabei eine azurblaue Färbung ertheilt.

η) Wismuth schmilzt sehr leicht und beschlägt die Kohle
im Oxydations- und Reductionsfeuer mit Oxyd. Der Beschlag
ist in der Wärme dunkel orangegelb, nach dem Erkalten
citronengelb und in dünnen Lagen gelblich-weiss. Der gelbe
Beschlag besteht aus reinem Wismuthoxyd und der gelblich-
weisse, am weitesten von der Probe entfernte Beschlag aus
kohlensaurem Wismuthoxyd, dem etwas Wismuthoxyd mit
beigemengt ist. Er lässt sich zwar durch Anblasen mit der
Flamme, sobald die Kohle dabei zum Glühen kommt, wie der

Bleioxydbeschlag von einer Stelle zur andern treiben, besitzt aber nicht die Eigenschaft, seine Stelle im Reductionsfeuer mit einem farbigen Scheine zu verlassen.

ϑ) Kadmium schmilzt sehr leicht, entzündet sich im Oxydationsfeuer, brennt mit dunkelgelber Flamme und braunem Rauche, wobei die Kohle ziemlich nahe an der Probe mit Oxyd beschlagen wird. In der nächsten Nähe der Probe ist der Beschlag dicht, krystallinisch und von sehr dunkler, fast schwarzer Farbe, weiterhin rothbraun und endlich in dünnen Lagen orangegelb. Der Kadmiumoxydbeschlag lässt sich, da das Kadmiumoxyd ziemlich leicht reducirbar und das Metall flüchtig ist, mit jeder Flamme forttreiben, giebt aber dabei keinen farbigen Schein. Von der äussersten Grenze des Beschlags an erscheint die Kohle bisweilen pfauenschweifig bunt angelaufen.

ι) Indium schmilzt und giebt einen der Probe sehr nahe liegenden Beschlag, der in der Wärme dunkelgelb ist, nach dem Erkalten indess eine gelblich weisse Färbung annimmt, beim Anblasen mit der Reductionsflamme seine Stelle schwierig verlässt und dabei der Flamme eine schöne violette Färbung ertheilt.

ϰ) Zink schmilzt leicht, entzündet sich im Oxydations-feuer, verbrennt mit einer stark leuchtenden, grünlich weissen Flamme und einem dicken weissen Rauche, wobei die Kohle mit Oxyd beschlagen wird. Der Beschlag befindet sich ziemlich nahe an der Probe; er ist in der Wärme gelb und nach völligem Erkalten weiss. Erhitzt man ihn mit der Oxydations-flamme, so leuchtet er, lässt sich aber nicht verflüchtigen, weil die glühende Stelle der Kohle, auf welcher er liegt, nicht reducirend genug wirkt. Selbst bei Anwendung der Reductionsflamme geschieht die Verflüchtigung nur langsam.

λ) Zinn schmilzt leicht, bedeckt sich im Oxydations-feuer mit Oxyd, welches mechanisch fortgeblasen werden kann; im Reductionsfeuer bekommt das geschmolzene Metall eine blanke Oberfläche und beschlägt die Kohle mit Oxyd. Der Beschlag ist in der Wärme schwach gelb und leuchtend, wenn die Oxydationsflamme auf ihn gerichtet wird; unter der Abkühlung nimmt er aber eine weisse Farbe an. Er befindet sich so nahe an der Probe, dass er sich unmittelbar an dieselbe anschliesst. Der Beschlag ist mit keiner Flamme zu verflüchtigen; in der Reductionsflamme verwandelt er sich langsam in metallisches Zinn.

μ) Molybdän (in Pulverform) kann vor dem Löthrohre nicht geschmolzen werden; wird es aber mit der äussern Flamme erhitzt, so oxydirt es sich nach und nach und beschlägt die Kohle in geringer Entfernung von der Probe mit Molybdänsäure, die sich an manchen Stellen, und vorzüglich

6*

zunächst der Probe, in durchsichtigen Krystallschuppen, ausserdem aber pulverförmig absetzt. Der Beschlag besitzt, so lange er heiss ist, eine gelbliche Farbe, wird aber unter der Abkühlung weiss. Mit der Flamme angeblasen, verändert er seine Beschaffenheit; wird er mit der gelben Flamme nur oberflächlich berührt, so entsteht an dieser Stelle eine sehr schöne dunkelblaue Färbung von molybdänsaurem Molybdänoxyd; war dagegen die Erhitzung so stark, dass die Kohle zum Glühen kam, so erscheint letztere nach dem Erkalten dunkel kupferroth und metallisch glänzend von zurückgebliebenem Molybdänoxyd, welches sich durch vollständigere Reduction der Molybdänsäure gebildet hat und sich nicht verflüchtigen lässt. Im Reductionsfeuer ist das metallische Molybdän unverändert.

ν) Silber in einem kräftig wirkenden Oxydationsfeuer anhaltend flüssig erhalten, beschlägt die Kohle schwach rothbraun mit Oxyd. In Verbindung mit wenig Blei entsteht anfangs ein gelber Beschlag von Bleioxyd; später aber, wenn das Silber reiner von Blei wird, färbt sich die Kohle ausserhalb des gelben Beschlages dunkelroth. Enthält das Silber wenig Antimon, so entsteht zuerst ein weisser Beschlag von Antimonoxyd, der sich aber bei fortgesetztem Blasen röthet. Enthält das Silber wenig Blei und Antimon zugleich, so entsteht, nachdem der grösste Theil des Bleies und des Antimons verflüchtigt ist, ein starker carmoisinrother Beschlag. Diese rothen Beschläge erhält man zuweilen bei der Prüfung reicher Silbererze für sich auf Kohle.

Bei der Erhitzung mancher Verbindungen auf Kohle erhält man Reactionen, welche mit den eben erwähnten Beschlägen Aehnlichkeit haben und die man berücksichtigen muss, indem sonst leicht Täuschungen und Verwechselungen vorkommen können. Es sind dies gewisse Schwefel-, Chlor-, Brom- und Jod-Metalle, welche hierbei einen weissen Beschlag geben. Von den Schwefelmetallen sind es hauptsächlich folgende: Schwefelkalium und Schwefelnatrium, welche, nachdem sie aus schwefelsauren Alkalien auf Kohle im Reductionsfeuer enstanden sind, einen weissen Beschlag geben, der, weil bei der Verflüchtigung eine Oxydation erfolgt, aus neutralem schwefelsauren Alkali besteht. Ein solcher Beschlag bildet sich jedoch nicht eher, als bis alles schwefelsaure Alkali in die Kohle gedrungen und reducirt worden ist. Da sich hierbei Schwefelkalium flüchtiger zeigt als Schwefelnatrium, so bekommt man auch von ersterem einen stärkern Beschlag als von letzterem. Wird ein solcher Beschlag mit der Flamme berührt, so verschwindet er beim Kali mit einem blauvioletten Scheine, und beim Natron mit einem röthlich-gelben Scheine. Schwefellithium verhält sich ähnlich, der Beschlag verschwindet hier mit einem purpurrothen Scheine. Jedenfalls zeigen auch die Schwefelverbindungen der neuerdings entdeckten Alkalien, Caesium und Rubidium, ein solches Verhalten. Schwefelblei und Schwefelwismuth geben zwei verschiedene Beschläge, von denen der flüchtigste von weisser Farbe ist, und aus dem schwefelsauren Oxyd besteht, während derjenige Beschlag, welcher der Probe am nächsten ist, dem Oxyde des betreffenden Metalles angehört und sich durch seine Farbe, sowohl in noch heissem Zustande, als auch nach der Abkühlung, zu erkennen giebt. Der weisse Beschlag beim Blei verschwindet beim Berühren mit der Flamme mit einem bläulichen Schein und hinterlässt, wie der Wismuthbeschlag, auf den Stellen der Kohle, welche zum Glühen kamen, gelbe Flecke von Oxyd. Schwefelantimon, Schwefelzink und Schwefelzinn geben nur Oxyde des betreffenden Metalles, und zeigt sich ein solcher Beschlag entweder flüchtig (Antimonoxyd), oder feuerbeständig (Zinkoxyd und Zinnoxyd).

Unter den Chlormetallen besitzen mehrere die Eigenschaft, wenn sie auf Kohle mit der Löthrohrflamme erhitzt werden, sich zu verflüchtigen und einen weissen Beschlag abzusetzen; es gehören dahin folgende: Chlorkalium, Chlornatrium, Chlorlithium, der Beschlag bildet sich erst dann, nachdem sie im geschmolzenen Zustande in die Kohle gedrungen sind, (Chlorkalium giebt den stärksten und Chlorlithium den schwächsten Beschlag, auch ist letzterer nicht rein weiss, sondern graulich-weiss); Chlorammonium, Chlorquecksilber, Chlorantimou, welche sich verflüchtigen, ohne erst zu schmelzen; Chlorzink, Chlorblei, Chlorwismuth, Chlorzinn, welche erst schmelzen und dann zwei Beschläge geben, einen weissen flüchtigen von dem Chlormetalle, und einen weniger flüchtigen von dem Oxyde des Metalles. Werden die Beschläge von den genannten Chlormetallen mit der Reductionsflamme angeblasen, so verschwinden sie zum Theil mit einem farbigen Scheine; vom Chlorkalium ist er bläulich, in's Violette geneigt, vom Chlornatrium röthlich-gelb, vom Chlorlithium purpurroth und vom Chlorblei blau; die übrigen verschwinden, ohne einen Schein zu geben. Chlorkupfer schmilzt ebenfalls und färbt dabei die Flamme intensiv azurblau. Auch bemerkt man, dass sich bei fortgesetztem Blasen ein Theil der Probe mit einem weissen Rauche verflüchtigt, der stark nach Chlor riecht, und ein andrer Theil auf der Kohle drei an Farbe verschiedene Beschläge bildet, von denen derjenige, welcher der Probe am nächsten ist, dunkelgrau, der weiter entferntere dunkelgelb bis braun und der am weitesten entfernte bläulich-weiss erscheint. Wird ein solcher Beschlag mit der Flamme angeblasen, so verändert er zum Theil seine Lage mit einem azurblauen Scheine.

Von den Brom- und Jodmetallen, welche sich auf Kohle ganz ähnlich verhalten, wie die Chlormetalle, verdienen hier besonders Bromkalium, Bromnatrium, Jodkalium und Jodnatrium genannt zu werden. Dieselben schmelzen auf Kohle, ziehen sich dann hinein und verflüchtigen sich darauf mit einem weissen Rauche, der zum Theil, ziemlich weit von der Probe entfernt, einen Beschlag auf der Kohle bildet. Ein solcher Beschlag, wenn er mit der Reductionsflamme berührt wird, verschwindet mit einem farbigen Scheine, der vom Brom- und Jodkalium bläulich, in's Violette sich ziehend, und vom Brom- und Jodnatrium röthlichgelb gefärbt ist.

4) Prüfung der Substanzen auf ihre Schmeltbarkeit und auf Färbung der äussern Löthrohrflamme.

a) Prüfung der Substanzen auf ihre Schmelzbarkeit.

Besteht die Substanz aus einem Metalle, aus einer Metallverbindung, aus Schwefelmetallen, oder scheint sie überhaupt Bestandtheile zu enthalten, die in der Hitze das Platin angreifen, so legt man eine kleine Probe davon auf Kohle und erhitzt sie auf solcher mit der Reductionsflamme oder innerhalb der blauen Flamme. Von den Metallen können die meisten auf diese Weise geschmolzen werden. Sie besitzen aber grösstentheils die Eigenschaft, sich dabei mehr oder weniger zu oxydiren und nach und nach zu verflüchtigen; nur von den edlen Metallen machen Gold und Silber

eine Ausnahme, obgleich das Silber auch nicht ganz feuerbeständig
ist (S. 84). Die anderen edlen Metalle, als: Platin, Iridium, Palladium, Rhodium und Osmium können, wenn
man sie in Form von Pulver, Körnchen oder Blättchen auf
Kohle erhitzt, nicht geschmolzen werden; das Osmium wird
aber im Oxydationsfeuer zu Osmiumsäure oxydirt, und als
solche verflüchtigt. Platin, in Form ganz feinen Drahtes,
oder sehr dünner, höchst spitziger Blechstreifen kann, wie
bereits S. 16 angegeben ist, mit einer guten Oxydationsflamme
geschmolzen werden. Von den übrigen Metallen, deren Oxyde
im Reductionsfeuer, besonders durch einen Zusatz von Soda
oder neutralem oxalsaurem Kali, reducirt werden können,
sind Molybdän (welches sich in einem reinen Oxydationsfeuer nach und nach in Molybdänsäure verwandelt (S. 83),
Wolfram, Nickel, Kobalt und Eisen auf Kohle ebenfalls unschmelzbar. Nickel und Kobalt können indessen in
Form ganz dünner und spitziger Blechstreifen schon mit der
Spitze der blauen Flamme an den spitzen Enden zu Kügelchen
geschmolzen werden, welche sich ausplatten lassen. Feiner
Eisendraht schmilzt zwar ebenfalls, aber das Kügelchen
ist spröde und besteht aus Oxyd-Oxydul.

Die Verbindungen der Metalle mit Arsen sind grösstentheils schmelzbar, und selbst auch dann, wenn die Metalle
für sich auf Kohle nicht geschmolzen werden können, wie
dies z. B. mit dem Nickel, Kobalt und Eisen der Fall ist.

Ebenso verhält es sich mit den Schwefelmetallen. Mehrere
derselben werden aber dabei nach und nach verflüchtigt, ent-
wickeln schweflige Säure und beschlagen die Kohle (S. 84).
Unschmelzbar sind von den in der Natur vorkommenden
Schwefelmetallen: Schwefelmangan, Schwefelmolybdän und
Schwefelzink.

Von den Metalloxyden, zu deren Prüfung auf ihre Schmelzbarkeit man eine reine Oxydationsflamme anwenden muss,
können nur wenige geschmolzen werden, und dies sind folgende: Kupferoxyd, Antimonoxyd, welches sich nach
dem Schmelzen verflüchtigt, Wismuthoxyd und Bleioxyd, welche beide, nachdem sie geschmolzen sind, durch
die glühende Kohle zu Metall reducirt werden.

Scheint die auf ihre Schmelzbarkeit zu prüfende Substanz eine erdige, oder ein Silicat, oder überhaupt eine solche
zu sein, welche in der Hitze das Platin nicht angreift, und
befindet sie sich dabei im festen Zustande, so schlägt oder
bricht man sich einen dünnen Splitter ab, oder man wählt
unter den kleinen Stücken ein Krümchen, das eine Spitze
oder scharfe Kante hat, fasst diess mit der Pincette zwischen
den Platinspitzen und hält die scharfe Kante in den heissesten
Theil einer reinen Oxydationsflamme. Hat man aber bei der
Prüfung der Substanz im Glaskolben wahrgenommen, dass sie

decrepitirt, so wählt man unter diesen erhitzten Stückchen ein passendes aus. Zerfällt die Substanz völlig zu Pulver oder besteht aus rundlichen Körnern, die sich in keine scharfkantigen Bruchstückchen theilen lassen, so wendet man dasjenige Verfahren an, welches Berzelius für sehr schwer schmelzbare Mineralien angegeben hat, man reibt die Substanz mit wenig Wasser im Achatmörser fein, streicht von dem dünnen Brei etwas auf Kohle und trocknet und erhitzt (zuletzt stark) dasselbe so lange mit Hülfe der Löthrohrflamme, bis die ausgebreitete Masse lose auf der Kohle liegt. Sie bildet nun eine zusammenhängende dünne Platte, die man behutsam in die Pincette zwischen die Platinspitzen nimmt und sie darauf an der äussersten Kante in dem heissesten Theile einer reinen Oxydationsflamme erhitzt. Dasselbe gilt auch für Substanzen, die schon im fein zertheilten Zustande vorhanden sind.

Wendet man zur Prüfung einer Substanz auf ihre Schmelzbarkeit in der Pincette eine reine, starke Oxydationsflamme an, d. h. erhitzt man die äusserste Kante oder Spitze der angewandten Probe in der äussern Flamme so, dass noch ein geringer Abstand zwischen der Spitze der blauen Flamme und der zu prüfenden Probe wahrzunehmen ist, so sieht man bei hinreichend starkem Blasen sehr bald, ob die Substanz schmelzbar ist oder nicht. Die unschmelzbaren Substanzen behalten ihre scharfen Kanten unverändert bei (wovon man sich jedoch nur mit Hülfe der Loupe überzeugen kann), die schwer schmelzbaren runden sich an den Kanten ab und die leicht schmelzbaren schmelzen zu einer Kugel. Man kann daher in Bezug auf ihre Schmelzbarkeit vor dem Löthrohre die Substanzen eintheilen:

1) in solche, die sich zu Kugeln schmelzen lassen, und zwar: a) leicht, b) schwer;

2) in solche, die nur an den Kanten geschmolzen werden können, und zwar: a) leicht, b) schwer und

3) in unschmelzbare.

Um den Grad der Schmelzbarkeit bei den schmelzbaren Mineralien noch genauer bestimmen zu können, kann man sich der von v. Kobell hierfür angegebenen Scala bedienen, mittelst welcher man die Schmelzbarkeit der zu prüfenden Mineralien mit der bekannten Schmelzbarkeit anderer Mineralien vergleicht:

1) Antimonglanz, welcher schon an der blossen Lichtflamme schmilzt;

2) Natrolith, welcher nur in feinen Nadeln an der Lichtflamme, dagegen aber selbst in Stücken leicht vor dem Löthrohre geschmolzen werden kann;

3) Almandin oder Thoneisengranat (aus dem Zillerthale), welcher an der Lichtflamme zwar nicht, vor dem Löthrohre aber noch recht gut in stumpfen Stücken schmilzt;

4) Strahlstein (aus dem Zillerthale), welcher merklich schwerer als Almandin, aber noch merklich leichter als

5) Orthoklas (Adular) schmilzt;

8) Bronzit (Diallag, aus dem Bayreuthischen, Ultenthale etc.), welcher nur in den feinsten Fasern abgerundet werden kann.

Für den Gebrauch schlägt man sich von den Mineralien dieser Scala Splitter von verschiedener Grösse und Feinheit vorräthig, um sie bei der Prüfung eines Minerals auf dessen Schmelzbarkeit immer bereit zu haben. Die Nuancen zwischen den Normalstufen schätzt man ungefähr, wie bei der Bestimmung der Hartegrade, und giebt sie in Decimalen an. Ist z. B. der Schmelzgrad eines Minerals 2,7—2,3, so soll damit gesagt sein, dass das Mineral etwas leichter schmelzbar sei als 8 (Almandin).

Es giebt Mineralien, die in einem reinen Oxydationsfeuer sich unschmelzbar zeigen, aber im Reductionsfeuer, oder selbst schon in der Spitze der blauen Flamme an den Kanten geschmolzen werden können, wie z. B. Rotheisenstein, welcher sich im Oxydationsfeuer unschmelzbar zeigt, im Reductionsfeuer aber einen Theil seines Sauerstoffs verliert und sich dann an den Kanten schmelzen lässt; ferner Magneteisenstein, welcher im Oxydationsfeuer sich höher oxydirt und unschmelzbar wird, im Reductionsfeuer aber an den Kanten geschmolzen werden kann; Spatheisenstein, welcher, nachdem er durch Glühen im Glaskolben auf Kosten der flüchtig gewordenen Kohlensäure in Eisenoxyd-Oxydul verwandelt worden ist, sich dann eben so verhält wie Magneteisenstein; auch gehören noch hierher: Chromeisen, Titaneisen, Franklinit und die Silicate des Eisenoxyduls, welche Mineralien im Oxydationsfeuer unschmelzbar sind, im Reductionsfeuer oder in der Spitze der blauen Flamme aber an den scharfen Kanten mehr oder weniger geschmolzen werden können. Aus diesem Grunde ist bei der Prüfung solcher Mineralien auf ihre Schmelzbarkeit, deren Bestandtheile Oxyde sind, der Consequenz wegen anfangs allemal eine reine Oxydationsflamme anzuwenden, und nur dann, wenn sich die Substanz unschmelzbar zeigt, Gebrauch von der Reductionsflamme zu machen, um sich zu überzeugen, ob ein Unterschied wahrzunehmen ist.

Manche Substanzen, namentlich Mineralien, wenn sie stark erhitzt werden, verändern ihre Farbe und ihre Form, ohne zu schmelzen; einige schwellen auf, wie Borax, andere bilden blumenkohlähnliche Verzweigungen, und von diesen schmilzt ein Theil nach der Aufschwellung, ein anderer bleibt aufgeschwollen, ohne zu schmelzen. Auch giebt es Mineralien, die schmelzen und schäumen und dabei ein blasiges Glas geben, das von den vielen Luftblasen, die es enthält, unklar erscheint, obgleich die Glasmasse selbst durchscheinend ist. Dieses Aufblähen und Schäumen stellt sich gewöhnlich erst bei einer Temperatur ein, wenn alles Wasser ausgetrieben ist. Die blumenkohlähnlichen Anschwellungen schreinen von einer durch die Hitze hervorgebrachten Veränderung in der Vereinigungsart der Bestandtheile und ihrer relativen Lage herzurühren; das Schäumen und Aufblähen aber, das bei einer schon geschmolzenen Masse vor sich geht, scheint von der Entwickelung eines flüchtigen Bestandtheils in Gasform herzukommen, obgleich es recht oft bei Verbindungen eintritt, deren Analysen nicht die Gegenwart eines solchen Stoffes zu erkennen geben. Es zeigt sich vorzüglich bei Silicaten von Kalkerde oder einem Alkali mit Thonerde.

β) Prüfung der Substanzen auf Färbung der äussern Löthrohrflamme.

Es giebt mehrere Körper, welche die Eigenschaft besitzen, die äussere Löthrohrflamme mehr oder weniger zu färben, wenn sie mit der Spitze der blauen Flamme erhitzt werden. Ist diese Farbe, welche der äussern Flamme von irgend einer Substanz mitgetheilt wird, ausgezeichnet und scharf begrenzt, so kann sie auch als ein charakteristisches Mittel in manchen Fällen sogleich zur Erkennung von in der Substanz befindlichen Bestandtheilen benutzt werden.

Da in der Regel diese Versuche von harten Mineralien mit kleinen Splittern oder Blättchen unternommen werden, die man in die Platinspitzen der Pincette klemmt, und wenn man es mit einer pulverförmigen oder mit einer solchen Substanz zu thun hat, die heftig decrepitirt, man dieselbe erst mit wenig Wasser im Achatmörser feinreiben und auf dieselbe Weise zu einer dünnen Scheibe gestalten muss, wie zur Prüfung auf ihre Schmelzbarkeit (S. 87), so lassen sich diese Versuche sehr oft auch gleichzeitig mit der Prüfung der Substanzen auf ihre Schmelzbarkeit verbinden.

Hat man von harten Mineralien eine Probe mit der Pincette so gefasst, dass entweder eine Spitze oder eine scharfe Kante weit genug vorsteht, so überzeugt man sich zuerst nach der oben gegebenen Vorschrift von dem Grade ihrer Schmelzbarkeit; hierauf berührt man den erhitzten Theil unmittelbar mit der Spitze der blauen Flamme und beobachtet dabei, ob die äussere, schwach bläuliche Flamme gefärbt werde. Von manchen Substanzen erfolgt gar keine Färbung; die wenig leuchtende bläuliche Umgebung der blauen Flamme streift an der Probe vorbei, ohne an ihrer Farbe verändert zu werden. Von manchen anderen Substanzen wird, wenn die blaue Flamme sogleich darauf wirkt, die äussere Flamme in Folge eines geringen Wassergehaltes oder eines Gehaltes an Kohlensäure zuerst etwas vergrössert und öfters schwach röthlichgelb gefärbt, später verschwindet aber diese gelbliche Färbung und es tritt eine ganz andere ein, die von den flüchtig werdenden Bestandtheilen herrührt. Auch giebt es Substanzen, bei denen die Färbung sogleich erfolgt; zeigt sich dabei das Probestückchen schwer- oder ganz unschmelzbar, so geschieht es oft, dass die Färbung der äussern Flamme nach länger fortgesetztem Blasen noch intensiver wird. War die angewandte Probe bei der Prüfung auf ihre Schmelzbarkeit zur Kugel geschmolzen und bringt in der äussern Flamme keine deutliche Färbung mehr hervor, so muss man ein neues Probestückchen zu diesem Versuche anwenden. Dieser Fall tritt bisweilen bei Mineralien ein, die im Oxydationsfeuer zur Kugel geschmolzen werden können, so dass sich die Färbung der äussern Flamme von einem und demselben Probestückchen nicht mit Sicherheit wahrnehmen lässt, weil eine schon geschmolzene Kugel nicht so intensiv färbt, als eine Spitze oder scharfe Kante, während sie zur Kugel schmilzt.

Manche Substanzen bringen für sich entweder gar keine oder nur eine undeutliche Färbung in der äussern Flamme hervor, obgleich sie einen Bestandtheil enthalten, welcher die

Eigenschaft besitzt, im freien Zustande diese Flamme intensiv zu färben, wie z. B. solche, die Phosphorsäure, Borsäure oder Lithion in geringer Menge enthalten; in solchen Fällen befeuchtet man entweder die ganz fein gepulverte Substanz mit Schwefelsäure, oder man wendet besondere Flüsse an und behandelt in beiden Fällen die Probe auf Platindraht.

Von Substanzen, die leicht schmelzbar sind, wie z. B. leichtflüssige Salze, werden die Versuche auf Platindraht vorgenommen: es ist jedoch dabei anzurathen, nur wenig von einer solchen Substanz zu nehmen, weil von einer geringen Menge, die hinreichend stark genug erhitzt werden kann, die Färbung allemal intensiver ausfüllt, als von einer zu grossen. Um die zur Probe nöthige kleine Menge der zu prüfenden Substanz an den Platindraht zu befestigen, braucht man oft nur das Oehr des Platindrahtes bis zum Glühen zu erhitzen und mit der Substanz in Berührung zu bringen, oder man befeuchtet das Oehr mit destillirtem Wasser, wenn die Substanz am glühenden Drahte nicht haftet. Wasserhaltige Salze haften sehr leicht an dem heissen Oehr des Platindrahtes, wasserleere dagegen entweder gar nicht, oder nur sehr schwer.

Metalle und deren Verbindungen, so wie Schwefelmetalle und leicht reducirbare Metalloxyde in Pulverform, müssen auf Kohle gelegt werden. Befinden sie sich in festem Zustand, so nimmt man ein Stückchen, welches ungefähr die Grösse eines Hanfkorns besitzt, und befinden sie sich in Pulverform, so nimmt man eine kleine Menge davon, die, zusammengeschmolzen, ebenfalls nicht mehr betragen würde. In beiden Fällen legt man die Probe in ein ganz flaches Grübchen, welches man auf der einen langen Seite der Kohle vorbereitet hat, und leitet die blaue Flamme unmittelbar darauf. Besitzt nun die Substanz die Eigenschaft, der äussern Löthrohrflamme eine Färbung zu ertheilen, so bemerkt man ganz deutlich, dass die Probe mit einem mehr oder weniger intensiv gefärbten Scheine umgeben wird. Ist die Substanz flüchtig, und es bildet sich in Folge davon ein Beschlag auf der Kohle, so kann derselbe ebenfalls mit der blauen Flamme behandelt werden; zweckmässiger ist es jedoch, hier eine sich weiter ausbreitende Reductionsflamme anzuwenden, um den farbigen Schein, mit welchem der Beschlag verschwindet, recht deutlich wahrnehmen zu können.

Alle Versuche auf Färbung der äussern Flamme, sie mögen nun in der Pincette, oder auf Platindraht, oder auf Kohle unternommen werden, gelingen am besten entweder in einem verdunkelten Zimmer, oder auch, wenn man sich in einem hellen Zimmer so vor die Löthrohrlampe setzt, dass das Tageslicht nicht unmittelbar auf die Flamme fällt, weil man nur auf diese Weise die äussere, schwach gefärbte Umgebung der blauen Flamme am deutlichsten sehen kann.

Bei den Versuchen auf Färbung der äussern Löthrohrflamme kann man sich vor einer Verunreinigung durch Natron nicht genug in Acht nehmen, denn käme nur eine selbst äusserst geringe Menge eines Natronsalzes hinzu, so wäre, weil das Natron intensiver färbt als fast alle andern Körper, der Versuch auf Färbung der äussern Flamme vergebens. Die Stückchen der zu untersuchenden Mineralien oder Substanzen dürfen daher so wenig als möglich mit den Fingern berührt werden, ebenso muss man beim Feinreiben der Substanz mit Wasser im Achatmörser sehr vorsichtig sein und denselben, wenn vielleicht zuvor eine Probe mit Soda oder Borax darin gemengt worden ist, erst mit Wasser waschen und rein austrocknen. Auch muss der Platindraht, den man zu dem Versuch auf Färbung verwendet, vollkommen rein sind, in der Spitze der blauen Flamme vorher erhitzt, darf er der äussern Flamme keine Färbung ertheilen. Rührt eine röthlichgelbe Färbung vielleicht nur davon her, dass man das Oehr des Platindrahtes zufällig mit schweissigen Fingern berührt und dadurch an dasselbe Spuren von Chlornatrium gebracht hat, so verliert sich diese Färbung nach fortgesetztem Blasen vollkommen; war aber von einer vorher geprüften natronhaltigen Substanz vielleicht eine ganz geringe Menge daran hängen geblieben, so wird die äussere Flamme auch nach länger fortgesetztem Blasen noch intensiv röthlich-gelb gefärbt. In diesem letzteren Falle ist man genöthigt, den Draht zu reinigen, welches entweder mit erwärmter Chlorwasserstoffsäure in einem kleinen Probirglase und durch darauf folgendes Abwaschen mit Wasser, oder durch Anschmelzen einer kleinen Menge doppelt schwefelsauren Kali's und Abstossen des geschmolzenen Salzes sehr leicht bewerkstelligt werden kann.

Die Färbungen, welche verschiedene Körper beim Erhitzen mit der blauen Flamme der äussern Flamme ertheilen, sind gelb, violett, roth, grün und blau.

1) Gelb. Alle Natronsalze, wenn sie auf Platindraht unmittelbar mit der Spitze der blauen Flamme berührt und geschmolzen werden, besitzen die Eigenschaft, die äussere Flamme intensiv röthlich-gelb zu färben. Eine beigemengte grosse Menge anderer Salze, deren Basen die äussere Flamme ebenfalls, jedoch nicht so intensiv färben wie Natron, hebt diese Eigenschaft nicht auf. Natronhaltige Silicate, wenn kleine Splitter derselben in der Pincette mit der Spitze der blauen Flamme stark erhitzt oder geschmolzen werden, färben die äussere Flamme ebenfalls je nach ihrem Natrongehalte mehr oder weniger.

2) Violett. Kali, so wie die meisten seiner Salze (bor- und phosphorsaures Kali ausgenommen), ebenso Rubidium- und Cäsiumsalze und die Verbindungen des Indiums ertheilen der äussern Flamme eine blau-violette Färbung. Bei der Seltenheit und den höchst geringen Mengen indess, in denen die ebengenannten drei Stoffe angetroffen werden, hat man es besonders mit derjenigen Färbung zu thun, welche das Kali hervorbringt. Ist den Kalisalzen nur eine äusserst geringe Menge eines Natronsalzes beigemischt, so wird diese Reaction so weit verändert, dass man zwar in der Nähe der Probe noch recht deutlich eine schwach violette Färbung wahrnehmen kann, weiter entfernt sich aber eine intensiv röthlich-gelbe Färbung vom Natron zeigt. Beträgt

die Beimischung eines Natronsalzes schon einige Procent, so
wird die Reaction auf Kali ganz unterdrückt, indem dann
nur eine röthlich-gelbe Färbung wahrgenommen werden kann.
Man kann sich in solchen Fällen zur Erkennung des Kali's
eines mit Kobaltoxydul blaugefärbten Glases oder einer Schicht
Indigolösung bedienen, durch welche die Färbung betrachtet
wird. Das Speciellere darüber soll bei der Probe auf Kali
mitgetheilt werden. Auch wird die Reaction auf Kali unterdrückt, wenn dem Salze ein Lithionsalz in nicht ganz geringer Menge beigemengt ist. Silicate, welche ziemlich viel
Kali enthalten, bringen nur in solchen Fällen eine violette
Färbung der äussern Flamme hervor, wenn sie völlig frei
von Natron und Lithion sind und ziemlich leicht an den
Kanten geschmolzen werden können.

3) Roth. Es giebt drei Körper, welche der äussern
Löthrohrflamme eine rothe Farbe ertheilen, nämlich: Lithion,
Strontian und Kalk.

α) Lithion und dessen Salze, wenn sie auf Platindraht
mit der Spitze der blauen Flamme berührt und geschmolzen
werden, färben die äussere Flamme carminroth; am stärksten
färbt Chlorlithium. Beträchtliche Beimengungen von Kalisalzen verhindern diese Färbung nicht, sie bekommt höchstens
einen Schein in's Violette; dagegen sind schon kleine Mengen
von einem Natronsalze im Stande, diese rothe Färbung in
eine gelblichrothe umzuändern. Ist die Beimischung eines
Natronsalzes bedeutend, so entsteht nur eine stark röthlichgelbe Färbung, die sich kaum mehr von der reinen Natronfärbung unterscheiden lässt. Ueber die deutliche Erkennung
des Lithions in solchen Fällen siehe die Probe auf Lithion.

Von den lithionhaltigen Mineralien lassen mehrere die
Gegenwart desselben beim Erhitzen mit der Spitze der Flamme
mehr oder weniger deutlich erkennen, so z. B. der Lithionglimmer von Altenberg und Zinnwald, der Spodumen, der
Petalit. Der Triphylin (phosphors. Lithion, Eisen- und Manganoxydul) giebt, wenn man eine kleine Menge desselben in
gepulvertem Zustande an Oehr eines Platindrahtes mit der
Spitze der blauen Flamme zusammenschmilzt, in der äussern
Flamme einen rothen Streifen vom Lithion, welcher mit einer
grünen Hülle, von der Phosphorsäure herrührend (s. weiter
unten), umgeben ist. In der Pincette ist diese Reaction schwer
zu bemerken, weil der Triphylin zu leicht schmilzt.

Lithionhaltige Silicate, welche für sich keine rothe Färbung in der äussern Flamme hervorbringen, zeigen nach
Turner eine solche, wenn sie mit Flussspath und doppelt
schwefelsaurem Kali, wie es bei der Probe auf Lithion an-

gegeben werden soll, auf Platindraht mit der Spitze der blauen
Flamme geschmolzen werden.

β) Strontian. Chlorstrontium auf Platindraht in der
blauen Flamme geschmolzen, bringt sogleich eine purpurrothe
Färbung in der äussern Flamme hervor. Manche Strontian-
erdesalze, wie z. B. kohlensaurer Strontian (Strontianit)
und schwefelsaurer Strontian (Cölestin), färben, wenn sie
in der Pincette der Spitze der blauen Flamme ausgesetzt
werden, die äussere Flamme anfangs schwach gelblich, später
aber purpurroth. Der Strontianit verliert dabei seine Kohlensäure und bekommt kleine Aeste, die ein blendend weisses
Licht verbreiten und die äussere Flamme intensiv purpurroth
färben. Der Cölestin schmilzt zur Kugel und färbt die äussere
Flamme schwach purpurroth.

Die Gegenwart von Baryt in den Salzen des Strontians
kann bei zunehmender Menge die rothe Färbung ganz verhindern, so dass endlich nur eine grüne Färbung vom Baryt
erfolgt.

γ) Kalk. Chlorcalcium färbt die äussere Flamme roth,
jedoch nicht so intensiv wie Chlorstrontium; das Roth ist ein
mit Gelb gemischtes Purpurroth. Fluorcalcium (Flussspath)
färbt im Anfange, während es schmilzt, die Flamme gelblich,
diese Färbung geht aber bald, indem das Geschmolzene sich
in basisches Fluorcalcium verwandelt und schwer schmelzbar
wird, in eine intensiv gelbrothe charakteristische Kalkfärbung
über. Die meisten reinen Kalkspäthe und dichten Kalksteine
bringen anfangs eine schwach gelbliche Färbung in der äussern
Flamme hervor, später aber, wenn die Kohlensäure entfernt
ist, tritt eine rothe Färbung ein, die jedoch weniger intensiv
ist, wie von den vorgenannten beiden Kalksalzen. Die Gegenwart von Baryt hebt die Reaction auf Kalk auf. Gyps
und Anhydrit bewirken anfangs nur eine schwach gelbliche
Färbung, später aber eine wenig intensiv rothe.

Von den Silicaten bringt nur der Tafelspath eine
dem Kalk angehörige, schwach rothe Färbung in der äussern
Flamme hervor.

4) Grün. Es giebt mehrere Körper, welche in der
äussern Löthrohrflamme eine grüne Färbung verursachen:
diese sind: Kupferoxyd, Thallium, Borsäure, Tellurige Säure, Baryt, Molybdänsäure und Phosphorsäure.

α) Kupferoxyd. Kupferoxyd, sowohl für sich, als auch
in Verbindung mit einigen Säuren, die selbst keine Färbung
verursachen, bringt, wenn man eine geringe Menge an dem
Oehr eines Platindrahtes mit der Spitze der blauen Flamme
erhitzt, in der äussern Flamme eine smaragdgrüne Färbung
hervor, z. B. kohlensaures und salpetersaures Kupferoxyd.

Ebenso färben Silicate und andere Verbindungen, welche
Kupferoxyd enthalten, wenn sie in der Pincette mit der Spitze
der blauen Flamme erhitzt werden, die äussere Flamme gewöhnlich sehr intensiv grün, wie z. B. Dioptas, Kieselma-
lachit. Dieselbe Färbung erfolgt auch, wenn Kupferoxyd
einen unwesentlichen Bestandtheil ausmacht, wie z. B. im
Kalait, in manchem Zinkspath. Die Verbindung des Kupfers
mit Jod verursacht ebenfalls eine sehr intensive grüne Färbung
in der äussern Flamme. Metallisches Kupfer, wenn es bei
der Behandlung auf Kohle mit der Löthrohrflamme nicht ganz
vor dem Zutritt der atmosphärischen Luft geschützt ist, oxydirt sich auf der Oberfläche und bringt in der äussern Flamme
eine smaragdgrüne Färbung hervor.

β) Thallium. Schmilzt man met. Thallium auf Kohle
und berührt dasselbe mit der Spitze der blauen Flamme, so
umgiebt sich das flüssige Metall mit einem grünen Scheine
(s. S. 82). Thalliumsalze färben, am Platindraht erhitzt, die
äussere Flamme intensiv grün.

γ) Borsäure. Natürliche und künstliche Borsäure färbt,
wenn sie in dem Oehr eines Platindrahtes mit der Spitze der
blauen Flamme geschmolzen wird, die äussere Flamme gelblichgrün. Ist jedoch diese Säure nicht ganz frei von Natron,
so entsteht in der äussern Flamme eine grüne Farbe, die
mit mehr oder weniger Gelb gemischt ist. Von den Borsäure
enthaltenden Mineralien färben mehrere, wie z. B. der Datolith, Boracit, die äussere Flamme deutlich gelblich grün.
Andere zeigen diese Reaction erst, wenn sie im feingepulverten Zustande mit Schwefelsäure befeuchtet in dem Oehre
eines Platindrahtes mit der Spitze der blauen Flamme erhitzt
werden. Borax bringt wegen seines Natrongehaltes eine gelbe
Färbung hervor, wird aber dieses Salz geschmolzen, gepulvert
und mit S befeuchtet erhitzt, so erfolgt auf kurze Zeit eine
intensiv grüne Färbung; diese ändert sich aber sogleich wieder
in eine gelbe um, sobald das Salz zerlegt oder keine freie
Schwefelsäure mehr vorhanden ist. Ein anderes und zwar
sehr sicheres Verfahren zur Entdeckung der Borsäure in
Mineralien durch die grüne Färbung der äussern Flamme ist
von Turner vorgeschlagen worden. Bei der Probe auf Borsäure soll es speciell beschrieben werden.

δ) Tellurige Säure. Wird tellurige Säure an das befeuchtete Oehr eines Platindrahtes gebracht und hierauf in
der Spitze der blauen Flamme erhitzt, so schmilzt sie, raucht
und färbt dabei die äussere Flamme grün. Wird die bei
der Behandlung eines Tellurerzes auf Kohle abgesetzte tellurige Säure mit der blauen Flamme angeblasen, so verschwindet sie mit einem grünen und bei Gegenwart von Selen
mit einem blaugrünen Scheine (S. 81).

ε) Baryt, Chlorbaryum in dem Oehr eines Platindrahtes
mit der Spitze der blauen Flamme flüssig erhalten, bewirkt
in der äussern Flamme eine grüne Färbung, die anfangs nur
blassgrün erscheint, später aber intensiv gelblichgrün wird.
Die Färbung geschieht auch hier am schönsten, wenn man
nur sehr wenig von diesem Salze zur Probe verwendet. Kohlensaurer Baryt (Witherit) und schwefelsaurer Baryt (Schwerspath) färben, wenn sie in der Pincette mit der Spitze der
blauen Flamme stark erhitzt werden, die äussere Flamme
ebenfalls gelblich grün; jedoch nicht ganz so intensiv, wie
Chlorbaryum. Durch die Gegenwart von Kalk wird die
Reaction des Baryts nicht aufgehoben: als Beispiel dient der
Barytocalcit, welcher aus kohlensaurem Baryt und kohlensaurem Kalk besteht. Dieses Mineral bringt in der äussern
Flamme nur eine gelblichgrüne Färbung hervor; man bemerkt
indessen bei länger fortgesetztem Blasen, dass zuweilen das
Ende der Flamme auch röthlich gefärbt wird.

ζ) Molybdänsäure. Molybdänsäure oder auch Molybdänoxyd an das befeuchtete Oehr eines Platindrahtes gebracht
und mit der Spitze der blauen Flamme erhitzt, färben, während
sich Molybdänsäure verflüchtigt, die äussere Flamme gelbgrün, und zwar ist die gelbe Färbung vorherrschender als
bei Baryt. Erhitzt man von einem dünnen Blättchen des
natürlichen Schwefelmolybdäns (Molybdänglanzes), welches
man mit der Pincette festhält, die eine scharfe Kante mit der
Spitze der blauen Flamme, so wird, ohne dass eine Schmelzung erfolgt, die äussere Flamme von sich bildender Molybdänsäure sogleich gelbgrün gefärbt.

η) Phosphorsäure. Nach Fuchs und Erdmann
bringen Phosphorsäure, phosphorsaure Salze und Mineralien,
welche Phosphorsäure enthalten, theils für sich allein, theils
erst nach dem Befeuchten mit Schwefelsäure, eine blaulichgrüne
Färbung in der äussern Flamme hervor. Diese Reaction ist
so sicher, dass man bei gehöriger Vorsicht noch sehr kleine
Mengen Phosphorsäure in Mineralien entdecken kann, wenn
man solche im gepulverten Zustande mit Schwefelsäure befeuchtet, die teigige Masse in das Oehr eines Platindrahtes
streicht und mit der Spitze der blauen Flamme erhitzt. Dasselbe gilt auch für Salze, welche für sich vielleicht wegen
eines Gehaltes an Natron oder eines andern intensiv färbenden
Bestandtheils nicht auf Phosphorsäure reagiren. Enthalten diese
Salze Wasser, so muss man dasselbe erst auf Kohle durch
Glühen oder Schmelzen einer kleinen Probe mit Hülfe der
Löthrohrflamme entfernen und hierauf die entwässerte Probe
pulverisiren, mit Schwefelsäure befeuchten und auf Platindraht
der blauen Flamme aussetzen. Enthält ein solches Salz
Natron, so wird in der Zeit, als durch Einwirkung der

Schwefelsäure die gebundene Phosphorsäure frei wird, die äussere Flamme zwar ganz deutlich blaugrün gefärbt, später aber erfolgt eine intensiv röthlichgelbe Färbung vom Natron. Da die bläulichgrüne Färbung nur kurze Zeit dauert, so muss man, so wie man die Probe der Spitze der blauen Flamme nähert, von dieser Zeit an sogleich beobachten, ob die äussere Flamme bläulichgrün gefärbt wird oder nicht. — Phosphorsaures Bleioxyd, so wie Grün- und Braun-Bleierz färben die Spitze der vom Bleioxyd blau gefärbten Flamme ausdauernd grün. Man sieht diese Reaction besonders deutlich, wenn man schwach bläst und die Probe mit der Spitze der blauen Flamme berührt.

Ammoniak und Salpetersäure weniger für sich, als zusammen verbunden, ferner Chlorammonium etc., wenn sie in dem Oehre eines reinen Platindrahtes unmittelbar mit der Spitze der blauen Flamme berührt und verflüchtigt werden, bringen eine schwache aber ganz ähnliche blaugrüne Färbung in der äussern Flamme hervor wie Phosphorsäure.

5) Blau. Die Substanzen, welche eine solche Färbung in der äussern Flamme hervorbringen, sind: Selen, Arsen, Blei, Chlor- und Bromkupfer und Antimon.

a) Selen. Wird Selen auf Kohle innerhalb der blauen Flamme geschmolzen, so verflüchtigt sich dasselbe mit einem intensiv azurblauen Scheine. Eben so verhält sich auch ein auf Kohle gebildeter Beschlag von Selen (S. 81).

β) Arsen. Metallisches Arsen und solche Arsenmetalle, von denen die mit dem Arsen verbundenen selbst keine Färbung in der äussern Flamme verursachen, wie z. B. Rothnickelkies, Speisskobalt etc., umgeben sich mit einem hellblauen Scheine, wenn sie auf Kohle mit der blauen Flamme erhitzt werden. Wird der dabei auf der Kohle entstehende Beschlag von arseniger Säure, welcher sehr flüchtig ist, mit der blauen Flamme hastig angeblasen, so bemerkt man ganz deutlich, dass er ebenfalls mit einem hellblauen Scheine verschwindet (S. 81). Werden arsensaure Salze, deren Basen selbst keine Färbung in der äussern Flamme hervorbringen, wie z. B. Nickelblüthe, Kobaltblüthe, Eisensinter etc., in der Pincette der Spitze der blauen Flamme ausgesetzt, so wird die äussere Flamme intensiv hellblau gefärbt. In manchen Fällen findet auch eine hellblaue Färbung statt, wenn die Base ebenfalls eine Färbung verursacht, z. B. bei arsensaurem Kalk (Pharmakolith).

γ) Blei. Schmelzt man metallisches Blei auf Kohle innerhalb der blauen Flamme, so umgiebt sich das flüssige Metall mit einem azurblauen Scheine, während die Kohle mit Bleioxyd beschlagen wird. Erhitzt man einen solchen Beschlag mit der blauen Flamme, so wird er mit einem azurblauen Scheine weiter getrieben (S. 82). Die meisten Bleisalze färben, wenn sie entweder auf Platindraht oder in der Pincette mit der Spitze der blauen Flamme geschmolzen werden, die äussere Flamme intensiv azurblau.

δ) Chlor- und Bromkupfer. Natürliches oder künstliches Chlorkupfer, wenn es auf Platindraht mit der blauen Flamme stark erhitzt wird, färbt die äussere Flamme anfangs intensiv azurblau, später aber grün von gebildetem Kupferoxyd. Kupferhaltige Substanzen, z. B. kupferhaltige Metalloxyde und Schlacken im fein gepulverten Zustande mit Chlorwasserstoffsäure befeuchtet und innerhalb der blauen Flamme geglüht, oder geschmolzen, färben die äussere Flamme auf kurze Zeit azurblau. Behandelt man Bromkupfer auf dieselbe Weise wie Chlorkupfer, so wird die äussere Flamme anfangs grünlichblau und später grün von gebildetem Kupferoxyd gefärbt.

ε) Antimon. Wird metallisches Antimon auf Kohle innerhalb der blauen Flamme geschmolzen, so umgiebt sich die flüssige Metallkugel mit einem kaum merklich grünlich blau gefärbten Scheine; wird der dabei entstehende weisse Beschlag von Antimonoxyd mit der blauen Flamme angeblasen, so verschwindet er mit einem grünlichblauen Scheine. (S. 81.)

b) Prüfung der Substanzen mit Anwendung von Reagentien.

Wenn man bei der Prüfung irgend einer Substanz ohne Anwendung von Reagentien kein solches Resultat erlangt, welches mit Sicherheit auf die Bestandtheile der fraglichen Substanz schliessen lässt, so geht man dann zu einer Prüfung vor dem Löthrohre mit Anwendung von Reagentien über. Die vorzüglichsten Reagentien hierzu sind: Borax, Phosphorsalz, Soda und Kobaltsolution.

Substanzen, welche bei der Prüfung im Glaskolben, in der offenen Glasröhre und auf Kohle sich frei von brennbaren Körpern gezeigt haben, können ohne Weiteres mit den genannten Reagentien behandelt werden; hingegen Schwefel- und Arsenmetalle, so wie Oxyde, die mit Schwefel- oder Arsenmetallen gemengt sind, müssen in den meisten Fällen erst durch Entfernung ihres Schwefelgehaltes und des grössten Theils ihres Arsengehaltes, so wie durch vollständige Oxydation der Metalle dazu vorbereitet werden, und zwar durch eine

Röstung der Substanz auf Kohle.

Man bringt zu diesem Behufe von der ganz fein gepulverten Substanz einen Theil (je nachdem man wenig oder viel zu gebrauchen vermuthet, ungefähr 30 bis 50 Milligramme, oder auch noch mehr) in eine auf Kohle ganz flach geschabte Vertiefung, drückt das Probepulver mit dem Spatel oder dem

Messerchen zu einer dünnen Scheibe und behandelt es mit der
Flamme des Löthrohrs. Anfangs wendet man eine schwache
Oxydationsflamme an, und zwar so, dass die Probe nur von
dem Ende der äussern Flamme getroffen und bis zum schwachen
Rothglühen erhitzt wird. Bei dieser Behandlung wird der
grösste Theil des Schwefels als schweflige Säure verflüchtigt,
die Metalle werden oxydirt und, da sich schweflige Säure
in der Glühhitze auf Kosten schon vorhandener oder eben
erst gebildeter Metalloxyde leicht in Schwefelsäure verwandelt,
zum Theil in schwefelsaure und, bei Gegenwart von Arsen,
auch in arsensaure Metalloxyde umgeändert. Sobald man
durch den Geruch keine schwefligsauren Dämpfe mehr wahrnimmt, wendet man eine schwache Reductionsflamme an. In
dieser Flamme werden die gebildeten schwefelsauren und arsensauren Metalloxyde grösstentheils wieder reducirt, und das
Arsen wird mehr oder weniger vollständig verflüchtigt, je
nachdem die Arsenmetalle ihren Gehalt an Arsen leicht oder
schwer abgeben. Bemerkt man keinen Arsengeruch mehr, so
glüht man die Probe noch einmal in einem schwachen Oxydationsfeuer durch, wobei in der Regel noch ein schwacher
Geruch nach schwefliger Säure wahrgenommen wird. Hierauf
wendet man die Probe, die nur zusammengebacken, aber
nicht gesintert, noch weit weniger geschmolzen sein darf, mit
dem Spatel um und behandelt dieselbe auf der andern Seite
abwechselnd mit der Oxydations- und Reductionsflamme gerade
so, wie es so eben angegeben worden ist. Ist auch diese
Seite so weit abgeröstet, so reibt man die zusammenhängende
Masse im Achatmörser fein, bringt das feine Pulver, da es
noch nicht frei von eingemengten schwefel- und arsensauren
Metalloxyden ist, oder wohl gar — wenn die Röstung nicht
sorgfältig genug bewerkstelligt wurde — noch Schwefel- und
Arsenmetalle in geringer Menge enthält, wieder zurück auf
die Kohle, drückt es abermals zur dünnen Scheibe und röstet
es noch einmal nach dem angegebenen Verfahren auf beiden
Seiten ab. Der Schwefel ist auf diese Weise öfters leichter
fortzuschaffen als das Arsen; es giebt indessen aber auch
Schwefelmetalle, welche sich grösstentheils nur in schwefelsaure Metalloxyde verwandeln lassen, wie z. B. Schwefelblei;
auch geschieht es nicht so leicht, Schwefelkupfer durch Röstung in vollkommen schwefelsäurefreies Kupferoxyd umzuändern, obgleich schwefelsaures Kupferoxyd bei anhaltender
Hitze in ziemlich reines Kupferoxyd verwandelt werden kann.
Vermengt man indessen die bereits geröstete Probe mit einem
gleichen Volum von kohlens. Ammoniak im Mörser und glüht
das Gemenge auf Kohle noch einmal mit der Oxydationsflamme schwach durch, so wird schwefelsaures Ammoniak gebildet, welches sich verflüchtigt, und das Kupferoxyd bleibt
frei von Schwefelsäure zurück. Enthält die Substanz Arsen,

so bleibt ein Theil desselben oft hartnäckig als Arsensäure
mit einigen Metalloxyden, und namentlich mit Nickel- und
Kobaltoxydul verbunden, zurück. Ist Antimon in der Substanz enthalten, so verflüchtigt sich sogleich im Anfange der
Röstung ein Theil desselben als Antimonoxyd und der
übrige Theil verwandelt sich in eine Verbindung von Antimonoxyd und Antimonsäure, die nicht flüchtig ist. Enthält die zu röstende Substanz viel Schwefelantimon, Schwefelblei, oder ein anderes leicht schmelzbares Schwefelmetall,
und ist daher geneigt, bei der Röstung leicht zu sintern,
z. B. Fahlerz, Bournonit, so ist es zweckmässig, wenn man
die flüchtigen Schwefelmetalle erst durch Schmelzen der Substanz auf Kohle verflüchtigt, sie dabei an dem Beschlage erkennt, den sie auf Kohle bilden, und nur den bleibenden
Rückstand röstet, wozu man denselben aber erst fein reibt.
Enthält die zu röstende Substanz viel Arsen, so scheidet sich
schon bei Anwendung der ersten Hitze ein grosser Theil desselben aus und verbreitet sich im Arbeitszimmer; will man
dies vermeiden, so darf man nur die Probe, ehe man sie der
Röstung auf Kohle aussetzt, erst in einer an beiden Enden
offenen Glasröhre glühen, wo der grösste Theil des Arsens
als arsenige Säure sublimirt und ein Theil des Schwefels als
schweflige Säure dabei verflüchtigt wird.

Ist die Probe hinreichend gut geröstet, so darf sie im
glühenden Zustande nicht mehr nach schwefliger Säure oder
nach Arsen riechen, auch muss sie ein ganz mattes Ansehen
haben und sich im Achatmörser sehr leicht zum feinsten Pulver zerdrücken lassen; im entgegengesetzten Falle ist man
genöthigt, sie im fein aufgeriebenen Zustande noch länger zu
rösten.

Hat man es mit Selen-, Tellur- oder Antimonmetallen zu thun, die
entweder nur wenig oder gar keinen Schwefel enthalten und die man bei
der Prüfung in einer an einem Ende zugeschmolzenen Glasröhre, oder in
einer offenen Glasröhre, oder auf Kohle als solche erkannt hat, so ist
sehr selten eine Röstung nöthig, weil in den meisten Fällen das Selen
und die flüchtigen Metalle durch eine anhaltende Schmelzung für sich
auf Kohle im Löthrohrfeuer verflüchtigt und die nicht flüchtigen Metalle
dann sehr leicht durch eine Schmelzung mit Borax oder Phosphorsalz auf
Kohle im Oxydationsfeuer etc. erkannt werden können. Tellursilber macht
indess insofern eine Ausnahme, als es nur einen Theil seines Tellurgehaltes abgiebt und man von demselben weder im Oxydations- noch im Reductionsfeuer ein tellurfreies Silberkorn erlangen kann.

1) Prüfung der Substanzen mit Borax.

Eine solche Prüfung kann entweder am Platindraht oder
auf Kohle geschehen. Substanzen, die aus Erden oder Metalloxyden bestehen, werden in der Regel zuerst am Platindraht im Oxydationsfeuer und dann im Reductionsfeuer, entweder ebenfalls am Draht oder auf Kohle behandelt; ebenso
auch geröstete Schwefel- und Arsenmetalle, welche frei von

arsensaurem Nickel- und Kobaltoxydul zu sein scheinen. Substanzen, die viel arsensaures Nickel- und Kobaltoxydul enthalten, so wie geröstete Arsenmetalle, in denen die genannten Metallsalze einen Hauptbestandtheil ausmachen, behandelt man sogleich auf Kohle. In wiefern der Borax als Reagens wirkt, ist S. 56 angegeben.

Bei der Prüfung einer Substanz mit Borax am Platindraht verfährt man folgendermaassen: Zuerst erhitzt man das Oehr eines Drahtes durch die Löthrohrflamme bis zum Glühen, taucht es hierauf schnell in den Borax und schmelzt die daran hängen gebliebene Quantität in der Oxydationsflamme zu Glas. Dieses Eintauchen etc. wiederholt man so oft, bis sich eine Perle gebildet hat, welche der Grösse des Oehrs entspricht. Das geschmolzene Glas bleibt dabei so fest an der Biegung des Drahtes hängen, dass es, ohne einen starken Stoss zu erleiden, nicht herabfällt. Die Perle muss in heissem Zustande sowohl als nach der Abkühlung vollkommen farblos erscheinen, zeigt sie irgend eine Färbung, so muss sie wieder vom Platindraht getrennt werden. Dies geschieht sehr leicht auf die Weise, dass man die Perle stark erhitzt, darauf den Draht mit dem flüssigen Glase schnell von der Flamme nimmt, über ein auf dem Tisch schon bereit stehendes, nicht zu kleines Porcellanschälchen führt und mit dem Ballen der Hand, in welcher man die Probe hält, einen Stoss auf den Tisch giebt. Durch diese Erschütterung fällt das Glas vom Drahte in das Schälchen und erstarrt. Je schneller man diese Manipulation ausführt und je fester man dabei den Draht hält, desto vollkommener gelingt die Trennung (das Abstossen) des Glases.

Um die zu prüfende Substanz an die Boraxperle zu bringen, kann man letztere entweder nach dem Erkalten ein wenig befeuchten, oder man kann auch die Probe sogleich an die noch flüssige Glasperle hängen; in beiden Fällen schmelzt man das Hängengebliebene mit dem Borax in der Oxydationsflamme zusammen.

Man beobachtet hierbei, ob der Körper sich leicht oder träge löst, mit oder ohne Brausen, ob das Glas, nachdem die Substanz aufgelöst ist, gegen das Tageslicht gehalten, gefärbt erscheint, und ob diese Farbe sich bei der Abkühlung gleichbleibt oder lichter wird, so wie auch, ob das Glas unter der Abkühlung klar bleibt oder undurchsichtig wird.

Es giebt Körper, welche mit dem Borax bei einem gewissen Sättigungsgrade ein klares Glas geben, das auch bei der Abkühlung klar bleibt, aber wenn es gelinde mit der Flamme erwärmt wird, vorzüglich durch abwechselndes hastiges Anblasen (Flattern) mit dieser Flamme, undurchsichtig, milchweiss oder opalartig und in einigen Fällen auch gefärbt wird. Dieses findet aber meistentheils nur bei solchen Kör-

pern statt, von welchen das Glas, nachdem es vollkommen
gesättigt ist, im flüssigen Zustande durchsichtig und unter
der Abkühlung im Erstarrungsmoment von selbst emailähnlich
wird. Es ist dies der Fall mit den alkalischen Erden, ferner mit der Yttererde, Beryllerde, Zirkonerde, den Ceroxy-
den, der Tantalsäure, der Titansäure etc. Mit einigen anderen Körpern, als: mit Kieselerde, den Eisen-
oxyden, den Manganoxyden etc. geschieht es nicht; die Gegenwart von Kieselerde verursacht sogar, dass diejenigen
Körper, welche für sich dem Boraxglase nach dem Erkalten
ein emailähnliches Ansehen geben, dieses Phänomen nicht
zeigen. Es beweisen dies deren Silicate, die bis zur völligen
Sättigung des Boraxglases stets ein durchsichtiges Glas
geben; nur bei Uebersättigung wird das Glas erst unter der
Abkühlung unklar. Wird eine Boraxperle, in welcher ein
Körper bis zu einem gewissen Sättigungsgrade aufgelöst ist,
durch abwechselndes hastiges Anblasen mit der Flamme undurchsichtig, so sagt man: das Glas kann unklar geflattert werden. Die Ursache des Unklarwerdens liegt darin,
dass beim Flattern eine unvollkommene Schmelzung erfolgt,
bei welcher sich aus der basischen borsauren Verbindung ein
Theil der Base ausscheidet, und dass bei Uebersättigung des
Glases, wobei die Glasperle in der Wärme noch klar erscheint,
unter der Abkühlung ebenfalls ein Theil der Base ausgeschieden wird.

Hat man es mit einer Substanz zu thun, die viel von
einem färbenden Metalloxyde oder von mehreren dergleichen
enthält, so darf man nur wenig auf einmal auflösen, weil man
bei einem zu grossen Zusatze ein so dunkel gefärbtes Glas
bekommt, dass man nicht im Stande ist, die Farbe zu erkennen. Man muss in solchen Fällen das zu dunkel gefärbte
Glas im noch weichen Zustande platt drücken, oder wenn
auch diess nicht hinreicht, einen Theil des platt gedrückten
Glases abklopfen und den hängen gebliebenen Theil mit einer
neuen Portion von Borax im Oxydationsfeuer verdünnen.

Die Färbung einer Perle kann mit oder ohne Loupe be-
urtheilt werden. Man muss dabei mit auf den Umstand Acht
haben, dass die Farben bei manchen Substanzen in der
Wärme und Kälte verschieden sind.

Nachdem man die Substanz im Oxydationsfeuer gelöst
hat, behandelt man das Glas mit der Reductionsflamme, bläst
aber dabei so, dass kein Russ auf die Probe abgesetzt wird.

Scheinen in dem Glase Metalloxyde oder Metallsäuren
aufgelöst zu sein, die sich aus dem Borax schwer oder gar
nicht zu Metall reduciren lassen, wie z. B. Ceroxyd, Manganoxyd, Kobaltoxydul, Eisenoxyd, Uranoxyd, Chromoxyd, Titansäure, Wolframsäure etc., so kann die Behandlung der
Glasperle mit der Reductionsflamme sogleich am Platindrahte

geschehen; sind aber Metalloxyde vorhanden, die sich leicht
zu Metall reduciren lassen, wie z. B. Zinkoxyd, Nickeloxydul, Kadmiumoxyd, Bleioxyd, Wismuthoxyd, Kupferoxyd,
Silberoxyd, Antimonoxyd etc., so muss wegen der Zerstörung
des Platins durch das reducirte Metall die Reduction auf
Kohle vorgenommen und die Perle zu diesem Behufe vom
Draht abgestossen werden.

Die abgestossene Glasperle legt man in eine kleine Vertiefung auf Kohle und behandelt sie mit einer reinen nicht
russenden Reductionsflamme. Nach Verlauf von 1 bis 2 Minuten unterbricht man das Blasen, drückt sogleich das weiche
Glas mit der Pincette ein wenig zusammen und hebt es etwas aus der Kohle heraus, damit man die Farbe desselben
deutlich sehen kann. War das in Borax aufgelöste Metalloxyd an eine merkliche Menge von Schwefelsäure gebunden,
so kann sich auf Kohle leicht Schwefelnatrium bilden, welches
dem Glase eine gelblichrothe Farbe ertheilt, vorzüglich wenn
dasselbe langsam erkaltet. Berücksichtigt man dies nicht, so
kann man leicht zu einem falschen Resultat gelangen.

Sind in dem Glase leicht reducirbare Metalloxyde aufgelöst, so wird, wenn das Metall flüchtig ist, die Kohle in
einem gewissen Abstande von der Probe mit Metalloxyden
beschlagen. Es geschieht dies, wenn das Glas viel Antimonoxyd, Zinkoxyd, Indiumoxyd, Kadmiumoxyd, Wismuthoxyd
oder Bleioxyd enthält.

In einigen Fällen setzt man zu der vom Platindrahte
abgestossenen Glasperle, nachdem man sie auf Kohle gelegt
hat, ein kleines Stück reines Zinn von der Grösse eines kleinen Nadelkopfes, und schmelzt beides einige Augenblicke
mit der Reductionsflamme. Das Zinn nimmt dabei vermöge
seiner grossen Verwandtschaft zum Sauerstoff einen Theil desselben von dem im Glase befindlichen Metalloxyde auf und
löst sich farblos im Glase, während das Metalloxyd als Oxydul mit einer deutlichen Farbe — jedoch oft nur bei völliger
Abkühlung — hervortritt.

Beabsichtigt man aus einer Boraxperle, die übrigens
wenig oder gar keine leicht reducirbaren Oxyde enthält,
Kupfer- oder Nickeloxyd im Reductionsfeuer vollständig abzuscheiden, so kann man zu der in eine Vertiefung auf
Kohle zu legenden Perle mit Vortheil etwas metallisches Blei
hinzusetzen. Das in der Perle vertheilte Metall vereinigt sich
leicht mit dem Blei zu einem Korn, und das Glas, welches
die vielleicht vorhandenen, nicht reducirbaren Oxyde noch
enthält, kann dann am Platindraht einer weitern Untersuchung
unterworfen werden.

Manche Arsenmetalle, wie z. B. Kupfernickel, Speisskobalt, Kobaltspeise, Bleispeise etc., in denen Arsennickel oder Arsenkobalt den Hauptbestandtheil ausmachen,

kann man, da diese Substanzen in der Regel leicht schmelzen, sogleich mit Borax auf Kohle behandeln, ohne sie vorher geröstet zu haben. Die Art und Weise soll bei der Probe auf Eisen und Nickel angegeben werden.

Zur leichtern Orientirung in den Farben, welche die Metalloxyde und Metallsäuren dem Borax im Oxydations- und Reductionsfeuer ertheilen, soll hier eine ähnliche Uebersicht folgen, wie eine solche schon von H. Rose (s. dessen „Ausführl. Handbuch der analytischen Chemie, B. I, S. 795") und von Scheerer (s. dessen „Löthrohrbuch, II. Aufl. S. 44") zusammengestellt worden ist.

Es geben mit Borax im Oxydationsfeuer

a) farblose Perlen:

Zustand der Perlen.		
Heiss und kalt:	Kieselerde, Thonerde, Zinnoxyd. Baryterde, Strontianerde, Kalkerde, Talkerde, Beryllerde, Yttererde, Zirkonerde, Thorerde, Lanthanoxyd, Silberoxyd, Tantalsäure, Niobsäure, Unterniobsäure, Tellurige Säure.	Bei starker Sättigung durch Flattern unklar (weiss).
	Titansäure, Wolframsäure, Molybdänsäure, Indiumoxyd, Zinkoxyd, Kadmiumoxyd, Bleioxyd, Wismuthoxyd, Antimonoxyd.	Bei schwacher Sättigung.

b) gelbe Perlen:

Heiss:		
	Titansäure, Wolframsäure, Molybdänsäure, Zinkoxyd, Kadmiumoxyd.	Bei starker Sättigung; unter der Abkühlung farblos und durch Flattern unklar.
	Bleioxyd, Wismuthoxyd, Antimonoxyd.	Bei starker Sättigung; unter der Abkühlung farblos.
	Ceroxyd, Eisenoxyd, Uranoxyd.	Bei schwacher Sättigung; unter der Abkühlung mehr oder weniger farblos.
	Chromoxyd, bei schwacher Sättigung; nach dem Erkalten gelblichgrün.	
	Vanadinsäure; nach dem Erkalten grünlichgelb.	

c) rothe bis braune Perlen:

Heiss:	Ceroxyd; unter der Abk. gelb und durch Flatt. emailartig. Didymoxyd (rosa); unter der Abk. ebenso. Eisenoxyd; unter der Abk. gelb. Uranoxyd; unter der Abk. gelb, und durch Flatt. emailgelb. Chromoxyd; unter der Abkühlung gelblichgrün. Manganhaltiges Eisenoxyd; unter der Abk. gelblichroth.
Kalt:	Nickeloxydul (rothbraun bis braun); heiss: violett. Manganoxyd (violettroth); heiss: violett. Kobalthaltiges Nickeloxydul (bei wenig Kobalt violettbraun); heiss: violett.

d) violette Perlen (amethystfarben):

Zustand
der
Perlen.

Heiss:

Nickeloxydul; unter der Abk. rothbraun bis braun.
Manganoxyd; unter der Abk. roth in's Violette.
Kobalthaltiges Nickeloxydul; kalt: in's Bräunliche übergehend.
Bei einem reichlichen Gehalt an Kobalt auch nach der Abk. violett.
Manganhaltiges Kobaltoxydul; nach dem Erkalten ebenso.

e) blaue Perlen:

Heiss: Kobaltoxydul; nach dem Erk. ebenfalls blau.
Kalt: Kupferoxyd (bei starker Sättigung grünlichblau); heiss: grün.

f) grüne Perlen:

Heiss:

Kupferoxyd; nach dem Erk. blau (bei starker Sättigung grünlichblau).
Kobalthaltiges Eisenoxyd, kupferhaltiges Eisenoxyd, eisenhaltiges Kupferoxyd, nickelhaltiges Kupferoxyd.

Die grüne Farbe verändert sich unter der Abk. nach dem Grade der Sättigung sowohl, als nach dem Mengenverhältnisse, in welchem die Oxyde zu einander stehen, in hellgrün, blau oder gelb.

Kalt: Chromoxyd (gelblich grün); heiss: gelb bis roth.

Es geben mit Borax im Reductionsfeuer

a) farblose Perlen:

Heiss
und
kalt:

Kieselerde, Thonerde, Zinnoxyd.
Baryterde, Strontianerde, Kalkerde, Talkerde, Berylerde, Yttererde, Zirkonerde, Thorerde, Lanthanoxyd, Ceroxyd, Tantalsäure.

Bei starker Sättigung durch Flattern unklar.

Indiumoxyd, Manganoxyd. (Das Glas des letztern nimmt unter der Abk. leicht eine schwache Rosafarbe an).
Niobsäure, Unterniobsäure; bei geringer Sättigung.

Silberoxyd, Zinkoxyd, Kadmiumoxyd, Bleioxyd, Wismuthoxyd, Antimonoxyd, Nickeloxydul, Tellurige Säure.

Bei längerem Blasen (Bei kürzerem Blasen grau).

Heiss: Kupferoxyd; bei starker Sättigung unter der Abk. undurchsichtig roth.

b) gelbe bis braune Perlen:

Heiss:

Titansäure (gelb bis braun); bei starker Sättigung durch Flattern emailblau.
Wolframsäure (gelb bis dunkelgelb); nach dem Erk. bräunlich.
Molybdänsäure (braun bis undurchsichtig). In der breit gedrückten schwarzen Perle befindet sich ausgeschiedenes Molybdänoxyd.
Vanadinsäure (bräunlich); nach dem Erk. chromgrün.

Zustand d.
Perlen.
Heiss:

c) blaue Perlen:

Kobaltoxydul; nach dem Erk. ebenfalls blau.

d) grüne Perlen:

Heiss
und
kalt:

> Eisenoxyd (gelblich- oder bouteillengrün); vorzüglich nach dem Erkalten.
> Uranoxyd (gelblichgrün); stark gesättigt, durch Flatt. schwarz.
> Chromoxyd (nach dem Grade der Sättigung: hell- bis dunkel-smaragdgrün).

Kalt:

Vanadinsäure (chromgrün); heiss: bräunlich.

e) graue und trübe Perlen, bei welchen die Trübung oft schon während des Blasens deutlich hervortritt.

Kalt:

> Silberoxyd, Zinkoxyd, Kadmiumoxyd, Bleioxyd, Wismuthoxyd, Antimon-oxyd, Nickeloxydul, Tellurige Säure.
> Niobsäure. Unterniobsäure, bei starker Sättigung.

Bei kürzerem Blasen.
(Bei längerem Blasen farblos).

f) rothe Perlen:

Kalt:

Didymoxyd (rosa), Kupferoxyd (undurchsichtig), bei starker Sättigung; heiss: farblos.

2) *Prüfung der Substanzen mit Phosphorsalz.*

Eine solche Prüfung kann ebenfalls auch, wie mit Borax, theils auf Platindraht, theils auf Kohle geschehen. Inwiefern das Phosphorsalz sich als Reagens zu Löthrohrproben eignet, ist bereits S. 57 angeführt worden.

Das Phosphorsalz darf nur nach und nach in kleinen Portionen an den Draht geschmolzen werden, wollte man gleich anfangs so viel nehmen, als zu einer Probe erforderlich ist, so würde man selten viel am Drahte behalten, weil das Phosphorsalz beim Erhitzen stark kocht, während sich das Krystallwasser nebst dem Ammoniak entfernt. Auf Kohle kann man sogleich die zu einer Probe erforderliche Menge anwenden. Was bei der Prüfung der Substanzen mit Borax zu beobachten ist, gilt auch für die Prüfung mit Phosphorsalz. Da die Kieselsäure nur sehr wenig von Phosphorsalz gelöst wird, so kann man mittelst desselben bei Löthrohruntersuchungen sehr leicht Silicate erkennen. Die Basen lösen sich auf, während die Kieselsäure zum grössten Theil abgeschieden wird und in dem geschmolzenen Glase in Form eines gelatinösen Skeletts schwimmt. Da man aber von manchen Silicaten ein Glas bekommt, welches, so lange es heiss ist, zwar klar erscheint, aber unter der Abkühlung mehr oder weniger opalisirt, so muss man sich von der ausgeschiedenen Kieselsäure überzeugen, so lange das Glas noch heiss ist und dabei die Loupe zu Hülfe nehmen. Silicate, deren

Basen für sich in Phosphorsalz schwer auflöslich sind, wie namentlich Thonerde und Zirkonerde, werden durch Phosphorsalz sehr schwer oder gar nicht zersetzt, welches Verhalten hauptsächlich am Zirkon beobachtet werden kann.

Die Farben, welche die Metalloxyde und Metallsäuren dem Phosphorsalze im Oxydations- und Reductionsfeuer ertheilen, sind in den meisten Fällen verschieden von denjenigen Farben, die bei der Prüfung dieser Substanzen mit Borax zum Vorschein kommen; folgende Zusammenstellung wird dies, wenn sie mit der vorhergehenden (S. 103—105) verglichen wird, auch beweisen.

Es gehen mit Phosphorsalz im Oxydationsfeuer

a) farblose Perlen:

Zustand der Perlen. Heiss und kalt:

Kieselerde (sehr wenig löslich).
Thonerde, Zinnoxyd (schwer löslich).
Baryterde, Strontianerde, Kalkerde, Talkerde, Berylerde, Yttererde, Zirkonerde, Thorerde, Lanthanoxyd, Tellurige Säure. } Bei starker Sättigung durch Flattern unklar (weiss).

Tantalsäure, Niobsäure, Unterniobsäure, Titansäure, Wolframsäure, Zinkoxyd, Kadmiumoxyd, Indiumoxyd, Bleioxyd, Wismuthoxyd, Antimonoxyd. } Bei nicht zu starker Sättigung. (Bei starker Sättigung gelblich bis gelb, und unter der Abkühlung farblos).

b) gelbe Perlen:

Heiss:

Tantalsäure, Niobsäure, Unterniobsäure, Titansäure, Wolframsäure, Zinkoxyd, Kadmiumoxyd, Bleioxyd, Wismuthoxyd, Antimonoxyd. } Bei starker Sättigung: unter der Abkühlung aber farblos.

Silberoxyd (gelblich); unter der Abkühlung opalfarben.
Ceroxyd, Eisenoxyd. Bei starker Sättigung nach dem Erkalten farblos. (Bei schwacher Sättigung heiss: roth und kalt: gelb).
Uranoxyd; nach dem Erkalten gelbgrün.
Vanadinsäure (dunkelgelb); nach dem Erk. heller.

Kalt: Nickeloxydul; heiss: röthlich.

c) rothe Perlen:

Heiss:

Ceroxyd, Eisenoxyd. Bei starker Sättigung nach dem Erk. gelb.
Didymoxyd (rosa bei starker Sättigung.)
Nickeloxydul (röthlich); nach dem Erk. gelb.
Chromoxyd (röthlich); nach dem Erk. smaragdgrün.

d) violette Perlen (amethystfarben):

Heiss: Manganoxyd (braunviolett); unter der Abk. hell rothviolett.

e) blaue Perlen:

Heiss: Kobaltoxydul; nach dem Erk. ebenfalls blau.
Kalt: Kupferoxyd (bei starker Sättigung grünlichblau); heiss: grün.

f) grüne Perlen:

Zustand der Perlen.	Kupferoxyd: nach dem Erkalten blau (bei starker Sättigung grünlichblau).
	Molybdänsäure (gelbgrün); unter der Abk. heller.
Heiss:	Kobalthaltiges Eisenoxyd, kupferhaltiges Eisenoxyd, eisenhaltiges Kupferoxyd, nickelhaltiges Kupferoxyd. / Die grüne Farbe verändert sich unter der Abkühlung nach dem Grade der Sättigung sowohl, als auch nach dem Mengenverhältnisse, in welchem die Oxyde zu einander stehen, in hellgrün, blau oder gelb.
Kalt:	Uranoxyd (gelbgrün); heiss: röthlich.
	Chromoxyd (smaragdgrün); heiss: gelb

Es geben mit Phosphorsalz im Reductionsfeuer

a) farblose Perlen:

Heiss und kalt:	Kieselerde (sehr wenig löslich). Thonerde, Zinnoxyd (schwer löslich). Baryterde, Strontianerde, Kalkerde, Talkerde, Beryllerde, Yttererde, Zirkonerde, Thorerde, Lanthanoxyd.	Bei starker Sättigung durch Flattern unklar (weiss).
	Ceroxyd, Didymoxyd, Manganoxyd. Tantalsäure, Silberoxyd, Zinkoxyd, Kadmiumoxyd, Indiumoxyd, Bleioxyd, Wismuthoxyd, Antimonoxyd, Tellurige Säure.	Bei längerem Blasen. (Sonst grau).
	Nickeloxydul (hauptsächlich auf Kohle).	

b) gelbe bis rothe Perlen:

Heiss:	Eisenoxyd (gelb bis roth); unter dem Erk. zuerst grünlich, dann röthlich.
	Titansäure (gelb); unter der Abk. violett.
	Uterniobsäure (violettbraun). Hauptsächlich auf Kohle.
	Vanadinsäure (bräunlich); nach dem Erk. chromgrün.
	Eisenhaltige Titansäure (gelb), nach dem Erk. braunroth (blutroth). „ Wolframsäure
	„ Niobsäure (braunroth); nach dem Erk. „ Unterniobsäure dunkelgelb.

c) violette Perlen (amethystfarben):

Kalt:	Niobsäure (bei starker Sättigung); heiss: schwach schmutzig blau.
	Titansäure (schon bei mässiger Sättigung): heiss: gelb.

d) blaue Perlen:

Kalt:	Kobaltoxydul; auch vor dem Erkalten.
	Wolframsäure; heiss: bräunlich.
	Niobsäure (bei sehr starker Sättigung); heiss: schmutzig blau.

e) grüne Perlen:

Kalt:	Uranoxyd; heiss: weniger schön.
	Molybdänsäure; heiss: schmutzig grün.
	Vanadinsäure; heiss: bräunlich.
	Chromoxyd; heiss: röthlich.

f) graue und trübe Perlen, bei welchen die Trübung oft schon während des Blasens deutlich hervortritt:

Zustand der Perlen. Kalt:	Silberoxyd, Zinkoxyd, Kadmiumoxyd, Indiumoxyd, Illeioxyd, Wismuthoxyd, Antimonoxyd, Nickeloxydul, Tellurige Säure.	Am leichtesten auf Kohle (resp. mit Zinn). Nach längerem Blasen farblos.

g) rothe Perlen.

Kalt: Didymoxyd (rosa), Kupferoxyd (undurchsichtig), bei starker Sättigung, oder mit Zinn auf Kohle.

3) *Prüfung der Substanzen mit Soda.*

Die Anwendung der Soda bei Löthrohrproben bezweckt entweder nur ein Zusammenschmelzen mit der Substanz oder eine **Reduction** der in derselben befindlichen **Metalloxyde**, da man das Letztere mit Hülfe eines solchen Zusatzes in den meisten Fällen vollständiger zu thun vermag, als mit der Reductionsflamme allein.

a) Die Schmelzbarkeit der Substanz mit Soda.

Eine grosse Anzahl von Körpern hat die Eigenschaft, in einer höhern Temperatur sich mit Soda zu verbinden und theils schmelzbare, theils unschmelzbare Verbindungen zu geben.

Zu den schmelzbaren gehören jedoch nur wenige; es sind dies hauptsächlich die Kieselsäure, die Titansäure, die Wolframsäure, Molybdänsäure, Tantalsäure, Vanadinsäure und die Niobsäuren. Geschieht die Schmelzung auf Kohle, so vereinigt sich sowohl die Kieselsäure als auch die Titansäure mit der Soda unter Aufbrausen zur klaren Perle. Das gebildete kieselsaure Natron bleibt, sobald kein Ueberschuss von Soda zugesetzt worden ist, unter der Abkühlung klar, das titansaure Natron aber wird undurchsichtig und krystallinisch. Wolframsäure, Molybdänsäure und die übrigen der genannten Säuren verbinden sich zwar ebenfalls mit Soda unter Aufbrausen, die Verbindungen gehen aber in die Kohle. Ausser den genannten Säuren zeigen sich mit Soda noch die Salze der Baryt- und Strontianerde schmelzbar; die Verbindungen gehen aber ebenfalls in die Kohle. Die meisten Kalkerdesalze schmelzen zwar auch mit Soda; sie werden aber, selbst wenn die Säuren derselben stärker sind als Kohlensäure, zerlegt, wobei das Natronsalz in die Kohle geht, und die Kalkerde zurückbleibt.

Bei dem Zusammenschmelzen von Substanzen mit Soda mengt man die zu prüfenden gepulverten Körper mit derselben auf der innern Seite der linken Hand zusammen und streicht das angefeuchtete Gemenge auf Kohle in ein flaches Grübchen. Zuerst erhitzt man schwach, bis das Wasser verdunstet ist, hierauf aber so stark wie möglich. Es ist im

Allgemeinen rathsam, die Soda nur in kleinen Portionen zuzusetzen, um die Veränderungen deutlich bemerken zu können, die eine immer grössere Menge von Soda, welche man
im feuchten Zustande auf die bereits geschmolzene Masse
streicht, hervorbringt. Manche Körper, namentlich Silicate,
welche für sich schwer schmelzbar sind, deren Basen jedoch
nicht geschmolzen werden können, schmelzen mit wenig Soda
zu einem klaren Glase; mit mehr Soda bilden sie aber eine
schlackige oder unschmelzbare Masse. Ist die Probe in Soda
unlöslich, wird aber von ihr zersetzt, so sieht man, wie sie
nach und nach anschwillt und ihr Ansehen verändert, ohne
mit der Soda bei irgend welchem Zusatze zu einer Kugel zu
schmelzen. Ist die Substanz unlöslich in Soda und wird auch
nicht von ihr zersetzt, so geht die Soda in die Kohle und
hinterlässt die Probe unverändert.

Enthält eine in Soda auflösliche Probe, die frei von färbenden Metalloxyden ist, Schwefelsäure oder Schwefel,
so bekommt das Glas von gebildetem Schwefelnatrium unter
der Abkühlung eine gelbe, rothe bis gelbbraune Farbe, je
nachdem der Gehalt an Schwefelsäure oder Schwefel gering
oder bedeutend ist. Dergleichen Färbungen nimmt auch gewöhnlich die ausgebreitete Masse an, welche man beim Zusammenschmelzen schwefelsaurer Salze mit Soda auf Kohle
erhält. Wird eine solche z. Th. oder auch vollständig in die
Kohle gezogene Masse aus der Kohle ausgebrochen, auf Silberblech gelegt und stark mit Wasser befeuchtet, so erhält
man einen schwarzen oder dunkelbraunen Fleck von Schwefelsilber. Dieses Verhalten benutzt man zuweilen bei der
Prüfung irgend einer Substanz auf einen Gehalt an Schwefelsäure.

Substanzen, welche Mangan selbst nur in geringer
Menge enthalten, geben in gepulvertem Zustande mit Soda
gemengt und auf Platinblech im Oxydationsfeuer geschmolzen,
manganaures Natron, welches sich auf dem Blech ausbreitet,
und unter der Abkühlung eine blaugrüne Farbe annimmt.

Vermuthet man nach dem Verhalten bei der Prüfung der
Substanz für sich, dass in derselben Ammoniak- oder
Quecksilbersalze enthalten seien, so mengt man sie in
gepulvertem Zustande mit vorher getrockneter Soda und erhitzt das Gemenge in einem Glaskölbchen über der Spirituslampe; die Salze werden zerlegt und es entwickelt sich im
erstern Falle kohlensaures Ammoniak (durch den Geruch und
durch geröthetes Lakmuspapier erkennlich) und in letzterem
Quecksilber, welches sich in Tröpfchen ansetzt oder nur einen
grauen Anflug bildet.

Bei der Schmelzung der Silicate mit Soda geben dieselben Kieselsäure an das Natron ab, und es entstehen leicht schmelzbare Silicatverbindungen von niedrigen Silicirungsstufen. Wird mehr Soda zugesetzt,

so scheiden sich diejenigen Basen aus, welche nicht zu den stärkeren gehören, und die Masse wird unschmelzbar. Ist es hingegen ein Silicat, in welchem der Sauerstoff der Kieselsäure wenigstens doppelt so gross ist als der der Base, so entsteht bei einem gerade hinreichenden Zusatz von Soda ein klares Glas, das auch während der Abkühlung klar bleibt, sobald das sich bildende Doppelsilicat schmelzbar ist. Ist es hingegen ein Silicat, in welchem der Sauerstoff der Kieselsäure dem der Base gleich ist, so wird die angewandte Probe in den meisten Fällen von Soda zwar unter Brausen zersetzt, sie kann aber nicht zum klaren Glase geschmolzen werden, weil das sich bildende Doppelsilicat zu schwer schmelzbar ist. Bilirate, die für sich schon schmelzbar sind, aber deren Basen für sich nicht geschmolzen werden können, geben mit wenig Soda ein klares Glas, das aber von mehr Soda unklar und von einer noch grössern Menge unschmelzbar wird, indem eine Ausscheidung der Base durch das Natron der Soda erfolgt.

Zusammenstellung von oxydirten Mineralien nach ihrer Schmelzbarkeit und ihrem Verhalten zu Soda.

A) Mineralien, welche sich zu Kugeln schmelzen lassen.

a) Es geben mit Soda eine geflossene Kugel:

Achmit,	Eudialith,	Lievrit,
Axinit, A.	Gadolinit von Kararfvet,	Natronspodumen,
Boracit, A.	Glimmer aus Urkalk,	Pyrosmalith,
Borasäure, A.	Granat,	Skapolith, A,
Botryolith, A,	Helvin,	Sodalith von Grönland,
Cerin, A.	Hydroboracit, A.	Spodumen, A.
Cronstedtit,	Krokydolith,	Talk, schwarzer,
Datholith, A,	Labrador,	Tinkal,
Eläolith, A.	Lapis Lazuli,	die Zeolithe, A.

b) Es geben mit wenig Soda eine Kugel, aber mit mehr eine schlackige Masse:

Amblygonit,	Mangankiesel,	Pyrorthit,
Flussspath,	schwarzer, A,	Sodalith,
Granat, manganhaltiger,	Okenit,	Sordawalit.
Idokras, A,	Orthit, A,	
Mangankiesel, rother,	Pectolith,	

c) Es geben mit Soda nur Schlacke:

Amphodelith,	Hauyn,	Pyrop,
Brevicit,	Hetepocit,	Seifenstein,
Chlorit,	Kali-Turmalin,	Skorodit,
Dichroit, rother,	schwarzer,	Tetraphylin,
Eisenoxyd, phosphor-	Pharmakolith,	Uranit,
saures,	Polyhalit,	Wolfram,
Fahlunit,	Pyrargillit,	Würfelerz.

d) Es geben mit Soda in die Kohle:

Cölestin (schwefelsaurer Strontian), Witherit (kohlensaurer Baryt),

e) Es schmelzen mit Soda im Anfange mehr oder weniger vollkommen zur klaren Masse, werden aber bei einer hinreichenden Menge von Soda zerlegt, und hinterlassen, während das Natronsalz in die Kohle geht, eine unschmelzbare Rinde:

Anhydrit,	Glauberit,	Kryolith,
Gay-Lussit,	Gyps,	Polyhalit.

f) Es geben mit Soda regulinisches Metall:

Bleioxyd, chromsaures,
  · · molybdänsaures,
  · · schwefelsaures,
  · · vanadinsaures,
  · · wolframsaures,
Chlorblei,
Chlorkupfer,

Chlorsilber,
Kobaltblüthe,
Kupferoxyd, kohlensaures,
  · · phosphorsaures,
  · · schwefelsaures,
Nickelblüthe,
Vauquelinit.

B) Mineralien, welche sich nur an den Kanten schmelzen lassen.

a) Es geben mit Soda eine geflossene Kugel:

Albit,
Anorthit,
Calait,
  ·

Euklas, *A*,
Feldspath,
Nephelin,
Speckstein.

Petalit,
Smaragd,
Sodalith, vom Vesuv,

b) Es geben mit wenig Soda eine geflossene Kugel, aber mit mehr eine schlackige Masse:

Diallag, Epidot, *A*, Hypersthen, Tafelspath, Zoisit, *A*,

c) Es geben mit Soda nur Schlacke:

Bleigummi, *A*,
Dichroit, blauer,
Glimmer aus Granit, *A*,
Karpholit,
Lazulith, *A*,

Mangankiesel von Pie-
  mont,
Natronturmalin, grü-
  ner, *A*,
Pimelith,
Stilpnosiderit.

Pinit,
Pyrochlor,
Scheelit,
Serpentin,
Sphen, *A*,

d) Es geben mit Soda in die Kohle:

Schwerspath (schwefelsaure Baryterde).

e) Es schmelzen mit Soda oder schwellen blos an, werden aber bei einer hinreichenden Menge dieses Salzes zerlegt, und hinterlassen, während das Natronsalz in die Kohle geht, eine Rinde:

Apatit (schwillt an), Kalkhaltiger Schwerspath (schmilzt).

C) Unschmelzbare Mineralien.

a) Es geben mit Soda eine geflossene Kugel:

Agalmatolith,
Dioptas,
Ilisingerit,

Leucit,
Pyrophyllit, *A*,
Quarz,
Wolchonskoit.

Rutil,
Sideroschisolith,
Thon, feuerfester,

b) Es geben mit wenig Soda eine Kugel, mit mehr aber eine schlackige Masse:

Cerit,
Gadolinit, *A*,

Lithionturmalin, *A*,
Olivin,
Talk.

Phenakit,
Picrosmin,

c) Es geben mit Soda nur Schlacke:

Aeschinit, *A*,
Alanastein, *A*,
Allophan,
Aluminit,
Andalusit,
Chloritspath,
Chromeisen,
Chromocker,

Cyanit,
Cymophan,
Eisenoxyde,
Eisenoxyd, schwefel-
  saures,
Fluorcerium,
Gahnit | Beschlag von
Galmei | Zinkoxyd,

Gehlenit,
Manganoxyde,
Oerstedin,
Polymignit,
Spinell,
Staurotid,
Talkerdehydrat,
Tantalit,

Thonerdehydrat,	Topas,	Yttrocerit,
Thonerde, schwefel-	Uwarowit,	Yttrotantal,
saure, *A*,	Wörthit,	Zinnoxyd, (bei starkem
Thorit,	Yttererde, basisch phos-	Zusatz, metallisches
Titaneisen	phorsaure,	Zinn)
	Zirkon.	

d) Es schmelzen mit Soda oder schwellen blos an, werden aber von einer hinreichenden Menge dieses Salzes zerlegt, und hinterlassen, während das Natronsalz in die Kohle geht, eine unschmelzbare Rinde:

Alaun (entwässert),	Bittersalz (entwässert),	Kalkspath,
Arragonit,	Bitterspath,	Lasalit, *A*,
Barytocalcit,	Calcit,	Magnesit,
	Wawellit, *A.*	

e) Es geben mit Soda in die Kohle:

Strontianit (kohlensaure Strontianerde), A.

β) Die Reduction der Metalloxyde mittelst Soda.

Manche Metalloxyde lassen sich ohne Zusatz von Soda auf Kohle in der Reductionsflamme reduciren; sind sie aber mit nicht reducirbaren Stoffen vermengt oder wohl gar chemisch verbunden, so hält es nicht nur schwer, sondern es ist zuweilen sogar unmöglich, sie so zu reduciren, dass man sich von ihrer Gegenwart sogleich überzeugen könnte; durch einen Zusatz von Soda kann dies aber sehr vollkommen geschehen. Auch giebt es Metalloxyde, die sich ohne Zusatz von Soda nicht zu Metall reduciren lassen, dagegen aber vollständig reducirt werden können, sobald man sie mit Soda in einem hinreichend starken Reductionsfeuer behandelt. Die leichtere Reduction der verschiedenen Metalloxyde durch einen Zusatz von Soda ist ebensowohl dem Umstande zuzuschreiben, dass sich beim Erhitzen der Soda auf Kohle im Reductionsfeuer Cyannatrium bildet, welches begierig Sauerstoff anzieht, um in cyansaures Natron überzugehen, als auch gründet sie sich ohne Zweifel mit darauf, dass die Kohlensäure und ein Theil des Sauerstoffs der Soda, während dieses Salz bei hinreichend hoher Temperatur in die Kohle dringt, durch die Kohle in Kohlenoxydgas verwandelt wird, und dieses in Gemeinschaft mit dampfförmig entweichendem Natrium reducirend auf die Metalloxyde einwirkt.

Bei diesen Reductionsversuchen, welche am zweckmässigsten so angestellt werden, dass man die gepulverte Probe mit der angefeuchteten Soda auf der innern Seite der linken Hand zu einem Teige mengt, diesen auf Kohle abstreicht und ein gutes, nicht zu kurze Zeit dauerndes Reductionsfeuer giebt, hält es zuweilen schwer, die ausgeschiedenen Metalltheile sogleich zu erkennen, und man ist dann genöthigt, die ganze mit Soda durchzogene Stelle der Kohle, auf welcher die Reduction geschah, loszubrechen, in einem Achatmörser mit wenig Wasser zu zerreiben und dann unter Zusatz einer grossen Menge Wasser eine Schlämmung damit vorzunehmen. Man muss das Reiben der zurückgebliebenen Theile und das behutsame Abschlämmen noch so oft wiederholen, bis alle nicht metallisch erscheinenden Theile fort sind. Enthält die untersuchte Substanz kein reducirbares Metalloxyd, so ist der Mörser leer; enthält sie aber auch nur eine geringe Menge eines solchen Metalloxydes, so finden sich am Boden plattgedrückte glänzende Blättchen von Metall, im Fall das reducirte Metall leicht schmelzbar und geschmeidig ist, oder es findet sich ein metallisches Pulver, wenn das Metall schwer schmelzbar oder nicht geschmeidig ist. Das Zurückgebliebene muss mit Hülfe der Loupe betrachtet und unter Wasser mit dem Magnetstahl, nöthigenfalls auch mit Borax und Phosphorsalz auf Kohle geprüft werden, wenn ein Gemisch von mehreren Metallen erhalten wurde.

Um zu diesem Behufe die im Mörser zurückgebliebene öfters sehr geringe Menge metallischer Theile leicht und sicher auf Kohle bringen zu können, überdeckt man die noch feuchten Metalltheile mit einem Blättchen feinen Filtrirpapiers, drückt dasselbe mit einem Finger fest an und wischt damit den Mörser aus, so dass dann alle Metalltheile an dem feuchten Papier haften, welches, zusammengewickelt, auf Kohle leicht verbrannt werden kann. Sind die Metalltheile in sehr geringer Menge vorhanden, so wickelt man sogleich die zur Prüfung nöthige Portion von Borax oder Phosphorsalz in das Papier mit ein.

Sind mehrere reducirbare Metalloxyde in derselben Substanz enthalten, so bekommt man sie gewöhnlich zusammen zu einer Legirung. Bei tantalsauren Verbindungen und Schlacken muss man, um die öfters darin befindliche geringe Menge von Zinnoxyd reduciren zu können, ausser Soda auch ein wenig Borax mit anwenden. Durch den Zusatz von Borax wird die tantalsaure und resp. kieselsaure Verbindung leichter aufgelöst und die Reduction des Eisenoxyduls zu Metall verhindert, welches Letztere deshalb nothwendig ist, weil Zinn und Eisen sich sonst legiren.

Die Metalle, welche mit Anwendung von Soda nach dem oben angegebenen Verfahren reducirt werden können, sind ausser den edlen: Molybdän, Wolfram, Antimon, Tellur, Kupfer, Wismuth, Zinn, Blei, Zink, Indium, Kadmium, Nickel, Kobalt und Eisen. Unter diesen giebt es aber einige, welche sich zum Theil oder auch wohl ganz verflüchtigen und die Kohle mit ihren Oxyden beschlagen, sobald sie nicht mit anderen Metallen, die nicht flüchtig sind, gemeinschaftlich reducirt werden; dahin gehören: Antimon, Tellur, Wismuth, Blei, Zink, Indium und Kadmium. Arsen und Quecksilber werden zwar ebenfalls reducirt, aber sie rauchen sogleich fort und können, wenn sie auf Kohle keinen deutlichen Beschlag geben, an welchem sie zu erkennen sind, auf keine andere Art, als durch eine Sublimation im Glaskolben metallisch erhalten werden; worüber das Speciellere später bei den Proben auf diese Metalle folgen soll. War die Probe nicht frei von arsensaurem Nickel- oder Kobaltoxydul, wie es z. B. mit der Nickelblüthe, der Kobaltblüthe und gerösteten Arsenmetallen der Fall ist, in denen Nickel oder Kobalt einen Bestandtheil ausmachen, so bekommt man stets leichtflüssige Metallkörner, die in Folge eines nicht unbedeutenden Arsengehalts spröde sind. Enthielt die Probe ausser Kupferoxyd auch eine Säure des Antimons oder Zinnoxyd, so reducirt sich eine leicht schmelzbare, aber spröde Legirung von Kupfer und Antimon oder Kupfer und Zinn. —

An der Stelle der Soda kann man sich zur Reduction der Metalloxyde auf Kohle, namentlich der schwer reducirbaren Oxyde, mit Vortheil des n e u t r a l e n o x a l s a u r e n K a l i's sowohl, als auch des C y a n k a l i u m s bedienen, indem beide eine weit stärker reducirende Eigenschaft besitzen als die Soda. Schon bei einer schwachen Reductionsflamme werden z. B. Zinnoxyd, Eisenoxyd, Kobaltoxydul etc. mit diesen beiden Reductionsmitteln sofort zu Metall reducirt, während man bei Anwendung von Soda eine weit längere Zeit und stark blasen muss.

Die Ursache dieser schnelleren Reduction liegt darin: dass das neutrale oxalsaure Kali schon bei eintretender Glühhitze Kohlenoxydgas in grosser Menge entwickelt, welches stark reducirend auf die Metalloxyde einwirkt, während die sich zugleich bildende Kohlensäure von dem bei der Zersetzung des Salzes frei werdenden Kali aufgenommen, bei starker Hitze aber durch die Kohle ebenfalls in Kohlenoxydgas umgewandelt wird, das Cyankalium dagegen schon bei schwacher Hitze den Sauerstoff aus den zu reducirenden Metalloxyden direct aufnimmt, und sich, so weit dieser Sauerstoff reicht, in Cyansaures Kali umändert. Das Cyankalium hat indessen den Fehler, dass es bei seiner leichten Schmelzbarkeit sich auf der Kohle mit einem Male ausbreitet und die reducirten Metalltheile sehr zerstreut, während das neutrale oxalsaure Kali, welches zwar ebenfalls leicht geschmolzen werden kann, sich weniger ausbreitet und deshalb eine leichte Vereinigung der reducirten Metalltheile zu grösseren Körnern gestattet.

Auch sind beide Reductionsmittel der Soda vorzuziehen, wenn die Reductionsprobe in einem Glaskölbchen vorgenommen werden muss, wie namentlich zur Auffindung einer geringen Menge von Arsen, worüber das Speciellere bei der Probe auf Arsen folgen soll.

4) Prüfung der Substanzen mit Kobaltsolution.

Eine solche Prüfung kann nur bei Substanzen angewendet werden, die nach dem Glühen im Oxydationsfeuer eine vollkommen oder ziemlich weisse Farbe besitzen. Hat man ein Stückchen von geringer Dichtheit, welches etwas von der Solution einsaugen kann, so befeuchtet man dasselbe damit und erhitzt es in der Platinpincette nach und nach ziemlich stark mit der Oxydationsflamme. Pulvrige Substanzen rührt man mit der Solution an und streicht den dünnen Brei auf Kohle. Bei der Prüfung von Beschlägen setzt man auf dieselben einen oder mehrere Tropfen der Solution und erhitzt dann die befeuchtete Stelle bis zum Glühen, jedoch vorsichtig, damit die gewöhnlich nur dünne Lage von Oxyd nicht fortgeblasen wird.

Krystallisirte Verbindungen oder überhaupt solche, die wegen ihrer Dichtheit keine Flüssigkeit einsaugen, müssen, wenn sie mit Kobaltsolution behandelt werden sollen, im Achatmörser sehr fein gepulvert, mit wenig Wasser aufgerieben und auf Kohle ausgebreitet und getrocknet werden. Auf das ausgebreitete Pulver setzt man einen Tropfen Kobaltsolution und erhitzt es in der Oxydationsflamme nach und nach bis zum schwachen Glühen. Bemerkt man, dass sich die Masse als eine dünne Scheibe von der Kohle ablöst, so nimmt man sie noch in die Platinpincette und erhitzt sie stärker in der Oxydationsflamme. Die Farbe, welche die Probe dabei annimmt, beurtheile man nur erst nach völligem Erkalten und zwar beim Tageslicht, niemals beim Lampenlicht.

Die nach dem Befeuchten der Substanzen mit Kobaltsolution oder auch bei dem beginnenden Erhitzen häufig auftretenden Färbungen in Blau, Roth, Schwarz, rühren allerdings von einer Zersetzung der Solution her, sind aber durchaus nicht als Kennzeichen eines gesuchten Stoffes zu betrachten.

Die im Allgemeinen zu einer Probe nöthige Quantität von Kobaltsolution beruht auf dem Grade ihrer Concentration; durch einige vorläufige Versuche lernt man indess sehr bald, wie viel man nehmen muss, um eine deutliche Reaction zu bekommen. Die zuverlässigsten Resultate erlangt man stets nur mit einer sehr verdünnten Solution; ist sie zu concentrirt, so wird die Probe beim Glühen leicht grau oder schwarz.

Die Farben, welche einige Erden, Metalloxyde und Metallsäuren beim Glühen nach dem Befeuchten mit Kobaltsolution annehmen, sind folgende:

a) **braunroth**: Baryterde.
b) **fleischroth**: Talkerde, Tantalsäure (nach völliger Abkühlung).
c) **violett**: Zirkonerde (schmutzig), phosphorsaure und arsensaure Talkerde, (welche dabei geschmolzen werden).
d) **blau**: Thonerde, Kieselerde.
e) **grün**: Zinkoxyd (gelblichgrün), Zinnoxyd (bläulichgrün), Titansäure (gelblichgrün), Unterniobsäure (schmutzig grün), Antimonsäure (schmutzig dunkelgrün).
f) **grau**: Strontianerde, Kalkerde, Beryllerde (bläulich grau), Niobsäure.

Von diesen Färbungen macht man indess nur bei einigen der genannten Körper behufs ihrer Erkennung vor dem Löthrohr Gebrauch und zwar besonders bei der Thonerde und Talkerde, sowie bei dem Zink- und Zinnoxyd.

Das Blau der Thonerde darf man nicht mit derjenigen blauen Färbung verwechseln, welche unter ähnlichen Umstän-

den bei vielen Silicaten in Folge einer Bildung von kieselsaurem Kobaltoxydul leicht zum Vorschein kommt. Letztere
Verbindung ist bei genauer Besichtigung fast stets geschmolzen
und glasig, während das Thonerdeblau matt erscheint; auch
entsteht jenes erst bei sehr hoher Temperatur, es ist daher
anzurathen, bei Substanzen, die nach dem Befeuchten mit
Kobaltsolution und Durchglühen keine blaue Farbe zeigen,
das Erhitzen nicht zu weit und etwa bis zum Schmelzen zu
treiben. Gegentheils kann man bei der Prüfung auf Talkerde, wo die durchgeglühte Substanz vielleicht nur eine
äusserst schwache Rosafärbung angenommen, die Probe noch
stärker erhitzen und sogar versuchen, sie zum Schmelzen zu
bringen, weil bei Gegenwart von Talkerde nicht nur die
rothe Farbe bleibt, sondern eher noch deutlicher wird.

Sind in einem erdigen Minerale Metalloxyde enthalten,
die eine andere als weisse Farbe besitzen, so lassen solche
bei nicht zu geringer Menge die Reaction auf Thon- und
Talkerde nicht zu; man bekommt dann gewöhnlich eine graue
oder schwarze Masse.

Was die Art und Weise der Anwendung von noch anderen Reagentien betrifft, deren man sich bei qualitativen
Löthrohrproben in verschiedenen Fällen bedienen muss, so
soll das Nöthige darüber bei den einzelnen Proben speciell
mitgetheilt werden.

Um das Verhalten der Alkalien, Erden und Metalloxyde
für sich und das Verhalten der Erden und Metalloxyde zu
Borax, Phosphorsalz, Soda und Kobaltsolution im Löthrohrfeuer möglichst kurz und übersichtlich zusammengestellt zur
Hand zu haben, diene folgende Uebersicht.

Tabellarische Uebersicht

des Verhaltens der Alkalien, Erden und Metalloxyde für sich und zu Reagentien im Löthrohrfeuer.

Alkalien.	Verhalten für sich auf Platindraht.
1) Kali, K.*)	Färbt, wenn es mit der Spitze der blauen Flamme geschmolzen wird, die äussere Flamme violett. — Eine ganz geringe Beimengung von Natron verhindert diese Reaction.
2) Natron, Na.	Färbt, wenn es mit der Spitze der blauen Flamme geschmolzen wird, die äussere Flamme stark röthlich gelb. Eine Beimengung von Kali, selbst wenn sie sehr bedeutend ist, verhindert diese Reaction nicht.
3) Lithion, Li.	Färbt, wenn es mit der Spitze der blauen Flamme geschmolzen wird, die äussere Flamme carminroth. — Eine schon bedeutende Beimengung von Kali, selbst wenn sie mehr beträgt, als die Menge des Lithions, verhindert diese Reaction nicht; hingegen eine nur geringe Beimengung von Natron verändert diese Reaction, und die Flamme erscheint mehr oder weniger gelblichroth bis röthlichgelb.
4) Ammoniak, NH³.	Färbt in seinen Verbindungen mit Salpetersäure, Schwefelsäure und Chlor die äussere Flamme schwach grünlich.

Erden.	Verhalten für sich auf Kohle und in der Pincette.	Verhalten zu Borax auf Platindraht.
1) Baryterde, Ba.	Als Hydrat schmilzt sie, kocht und schwillt an, gesteht auf der Oberfläche und zieht sich dann mit heftigem Kochen in die Kohle. Im kohlensauren Zustande schmilzt sie leicht zum klaren Glase, das unter der Abkühlung emailweiss wird. — Bei wiederholter Schmelzung kommt sie ins Kochen, spritzt um sich, wird kaustieirt und von der Kohle eingesogen. In der Pincette erhitzt, färbt sie die äussere Flamme gelblichgrün.	Die kohlensaure unter Brausen zu einem klaren Glase auflöslich, das bei einem gewissen Zusatze emailweiss geflattert werden kann und bei einem grössern Zusatze unter der Abkühlung von selbst emailweiss wird.
2) Strontianerde, Sr.	Das Hydrat verhält sich gleich dem der Baryterde. Die kohlensaure schmilzt auf Kohle nur an den äussersten Kanten und schwillt blumenkohlartig auf. Die Verzweigungen geben ein glänzendes Licht und bei der Behandlung mit der Reductionsflamme einen rothen Schein; auch reagiren sie nach der Abkühlung alkalisch. In der Pincette erhitzt, färbt sie die äussere Flamme purpurroth.	Wie Baryterde.

*) Ein ganz ähnliches Verhalten zeigen die beiden neuentdeckten Alkalien, das Rubidiumoxyd (Rubidion, Rb.) und Caesiumoxyd (Caesion, Cs.)

Verhalten für sich auf Platinblech.	Anmerkungen.
0	
0	Farben im aufgelösten Zustande geröthetes Lakmuspapier blau.
Auf Platinblech geschmolzen, verursacht es, dass das Platin rund um die Stelle, welche von dem Alkali bedeckt wird, dunkelgelb anläuft. Die hervorgebrachte Reaction verschwindet, wenn die Stelle mit Wasser gewaschen und das Metall geglüht wird; es hat aber seine Politur verloren und glänzt matt, was besonders beim Glühen zu erkennen ist.	
0	Lässt sich durch seinen eigenthümlichen Geruch erkennen und färbt geröthetes Lakmuspapier blau

Verhalten zu Phosphorsalz auf Platindraht.	Verhalten zu Soda auf Kohle.	Verhalten zu Kobaltsolution im Oxydationsfeuer.
Wie zu Borax.	Schmilzt mit solcher zusammen und wird von der Kohle eingesogen.	Zu einer braunrothen Kugel zusammenschmelzbar, die unter der Abkühlung ihre Farbe verliert und an der Luft bald zu einem lichtgrauen Pulver zerfällt. Ist die Kobaltsolution sehr verdünnt, so erscheint die Kugel nur schwach braun.
Wie Baryterde.	Die kaustische unauflöslich. Kohlensaure Strontianerde mit dem gleichen Volumen Soda gemengt, schmilzt zu einem klaren Glase, das bei der Abkühlung milchweiss wird. In stärkerem Feuer geräth das Glas ins Kochen, die Erde wird kausticirt und geht in die Kohle. Ein grösserer Zusatz wird nicht gelöst, wird aber kausticirt und geht in die Kohle.	Sintert und nimmt eine schwarze oder dunkelgraue Farbe an.

Erden.	Verhalten für sich auf Kohle und in der Pincette.	Verhalten zu Borax auf Platindraht.
3) Kalkerde, Ca.	Die kaustische schmilzt und verändert sich nicht. Die kohlensaure wird kaustisch, weisser von Farbe, leuchtet stärker im Feuer, reagirt dann alkalisch und fällt, wenn ein ganzes Stückchen angewendet wurde, bei der Befeuchtung mit Wasser zu Pulver. In der Pincette erhitzt, färbt sie die äussere Flamme schwach roth.	Leicht auflöslich zum klaren Glase, das unklar geflattert werden kann. Die kohlensaure unter Brausen auflöslich. Ein grösserer Zusatz giebt ein klares Glas, das unter der Abkühlung unklar und krystallinisch wird, aber niemals so milchweiss ist, wie von Baryt- oder Strontianerde.
4) Talkerde, Mg.	Die kohlensaure wird zersetzt, leuchtet dann im Feuer und reagirt alkalisch.	Wie Kalkerde, wird aber nicht so stark krystallinisch.
5) Thonerde, Al.	Unveränderlich.	Langsam zum klaren Glase auflöslich, das weder durch Flattern, noch bei vollkommener Sättigung unter der Abkühlung von selbst unklar wird. Wenn viel in feinem Pulver zugesetzt wird, so entsteht ein unklares Glas, dessen Oberfläche bei der Abkühlung krystallinisch wird und das kaum mehr schmilzt.
6) Beryllerde, Be.	Unveränderlich.	In grosser Menge zum klaren Glase auflöslich, das durch Flattern und bei völliger Sättigung unter der Abkühlung von selbst milchweiss wird.
7) Yttererde, Y.*)	Unveränderlich.	Wie Beryllerde.
8) Terbinerde, Tr.	Unveränderlich.	Wie Beryllerde.
9) Erbinoxyd, E.	Das gelbe Oxyd nimmt im Reductionsfeuer eine hellere Farbe an und bekommt ein durchscheinendes Ansehen.	Löst sich etwas träge zu einem klaren, farblosen Glase auf, das durch Flattern und bei völliger Sättigung unter der Abkühlung von selbst milchweiss wird.

*) Das Verhalten von 7, 8, 9 und 11 ist das bereits von Berzelius angegebene.

Verhalten zu Phosphorsalz auf Platindraht.	Verhalten zu Soda auf Kohle.	Verhalten zu Kobaltsolution im Oxydationsfeuer.
In grosser Menge (die kohlensäure mit Brausen) zu einem klaren Glase auflöslich, das, wenn es ziemlich gesättigt ist, unklar geflattert werden kann. Bei vollkommener Sättigung wird das klare Glas unter der Abkühlung milchweiss.	Unauflöslich. Die Soda geht in die Kohle und lässt die Kalkerde zurück.	Zeigt sich völlig unschmelzbar und wird grau.
Leicht (die kohlensäure mit Brausen) zum klaren Glase auflöslich, das unklar geflattert werden kann und das bei vollkommener Sättigung unter der Abkühlung von selbst milchweiss wird.	Wie Kalkerde.	Nimmt nach langem Blasen eine wenig intensive fleischrothe Farbe an, die nach der völligen Abkühlung erst richtig gesehen werden kann. Phosphorsaure und arsensaure Talkerde schmelzen und nehmen eine violettrothe Farbe an.
Ebenfalls langsam zum klaren Glase löslich, das stets klar bleibt. Bei einem zu grossen Zusatze wird das Ungelöste halb durchsichtig.	Schwillt ein wenig an, giebt eine unschmelzbare Verbindung und die überschüssige Soda geht in die Kohle.	Erhält nach starkem Blasen eine schöne blaue Farbe, deren Intensität bei der Abkühlung erst richtig zum Vorschein kommt.
Wie zu Borax.	Unauflöslich.	Nimmt eine hellblaulichgraue Farbe an.
Wie Beryllerde.	Unauflöslich.	0
Wie Beryllerde.	Unauflöslich.	0
Wie zu Borax	Unauflöslich.	0

Erden.	Verhalten für sich auf Kohle und in der Pincette.	Verhalten zu Borax auf Platindraht.
10) Zirkonerde oder (Zirkonsäure) Zr.	Unschmelzbar. Aus schwefelsaurer Zirkonerde bereitet, leuchtet sie stärker als irgend ein anderer Körper.	Wie Beryllerde.
11) Thorerde, Th.	Unveränderlich.	In geringer Menge zu einem klaren Glase auflöslich, das bei völliger Sättigung unter der Abkühlung milchweiss wird, das aber, wenn es nach dem Erkalten klar erscheint, nicht unklar geflattert werden kann.
12) Kieselerde oder Kieselsäure, Si.	Unveränderlich.	Langsam zu einem klaren schwer schmelzbaren Glase auflöslich, das nicht unklar geflattert werden kann.

Metalloxyde und Metallsäuren nach alphabetischer Ordnung.	Verhalten für sich auf Kohle etc.	Verhalten zu Borax auf Platindraht.
		im Oxydations- und
1) Antimonoxyd. Sb.	Oxyd. F. Entfernt sich von der Stelle, wo sie hingelegt wurde und breitet sich zum Theil auf einer andern aus. Red. F. Wird reducirt und verflüchtigt. Die Kohle wird dabei meist mit Antimonoxyd beschlagen; auch ist eine grünlichblaue Färbung der äussern Flamme wahrzunehmen	Oxyd. F. In grosser Menge zum klaren Glase auflöslich, das, so lange es beim ist, gelblich und nach dem Erkalten farblos erscheint. Auf Kohle kann die aufgelöste Säure verblasen werden, so dass ein Zusatz von Zinn dann keine Veränderung weiter hervorbringt. Red. F. Das im Oxydationsfeuer nur kurze Zeit behandelte Glas wird auf Kohle graulich und trübe von reducirten Antimontheilchen; diese verflüchtigen sich aber bei längerem Blasen und das Glas wird klar. Mit Zinn wird das Glas graulich schwarz, je nachdem es schwächer oder stärker gesättigt ist.
2. Arsenige Säure, As.	Verflüchtigt sich schon unter der Rothglühhitze.	o

Verhalten zu Phosphorsalz auf Platindraht.	Verhalten zu Soda auf Kohle.	Verhalten zu Kobaltsolution im Oxydationsfeuer.
Löst sich etwas träger als im Borax und giebt schneller ein unklares Glas.	Unauflöslich.	Bekommt eine schmutzig violette Farbe.
Wie zu Borax.	Unauflöslich.	o
In ganz geringer Menge zum klaren Glase löslich. Das Ungelöste wird halb durchsichtig.	Unter starkem Brausen zum klaren Glase löslich.	Mit wenig Kobaltsolution nimmt sie eine schwach blauliche Farbe an, die durch einen grössern Zusatz von Kobaltsolution schwarz oder dunkelgrau wird. Die dünnen Kanten der Probe können aber im heftigsten Feuer zum röthlichblauen Glase geschmolzen werden.

Verhalten zu Phosphorsalz auf Platindraht.	Verhalten zu Soda.	Verhalten zu Kobaltsolution im Oxydationsfeuer.
	Reductionsfeuer.	
Oxyd. F. Unter Kochen zum klaren, in der Wärme nur schwach gelblich erscheinenden Glase auflöslich. *Red. F.* Auf Kohle wird das gesättigte Glas anfangs trübe, später aber wieder klar, indem das Antimon reducirt und verflüchtigt wird. Mit Zinn behandelt, wird das Glas unter der Abkühlung grau von reducirtem Antimon, nach längerem Blasen aber wieder klar. Auch wenn das Glas sehr wenig Antimonoxyd aufgelöst enthält, bringt Zinn eine graulliche Trübung hervor. ·	Auf Kohle im Oxydations- und Reductionsfeuer sehr leicht reducirbar, das Metall raucht aber sogleich fort und beschlägt die Kohle weiss mit Antimonoxyd.	Wird ein auf Kohle gebildeter Beschlag von Antimonoxyd mit Kobaltsolution befeuchtet und hierauf im Oxydationsfeuer geglühet, so verflüchtigt sich zwar ein Theil des Beschlags, aber ein anderer Theil bleibt höher oxydirt zurück und erscheint nach völligem Erk. schmutzig dunkelgrün.
o	Auf Kohle wird sie unter Entwickelung von Arsendämpfen reducirt, die sich durch einen starken knoblauchartigen Geruch zu erkennen geben.	o

Metalloxyde und Metallsäuren nach alphabetischer Ordnung.	Verhalten für sich auf Kohle etc.	Verhalten zu Borax auf Platindraht.
		Im Oxydationsfeuer.
3) Bleioxyd, Pb.	Mennige auf Platinblech erhitzt, färbt sich schwarz und verwandelt sich bei anfangender Glühung in gelbes Oxyd. Bei stärkerer Hitze schmilzt dieses Oxyd zum gelben Glase. Auf Kohle im Oxydations- und Red.-Feuer wird es sogleich unter Brausen zu metall. Blei reducirt, das sich bei fortgesetztem Blasen nach und nach verflüchtigt u. die Kohle mit gelbem Oxyd beschlägt; auch bildet sich hinter dem gelben Beschlag noch ein dünner weisser, welcher aus kohlens. Bleioxyd besteht. Im Red.- F. verschwinden diese Beschläge mit einem azurblauen Scheine.	Oxyd. F. Leicht zum klaren gelben Glase auflöslich, das unter der Abkühlung farblos wird, bei einem grossen Zusatze unklar geflattert werden kann und bei einem noch grösseren Zusatze unter der Abkühlung von selbst unklar und zwar emailgelb wird. Red. F. Auf Kohle breitet sich das oxydhaltige Glas aus und wird trübe; bei fortgesetztem Blasen reducirt sich das Bleioxyd unter Aufbrausen zu metall. Blei, und das Glas wird wieder klar.
4) Ceroxyd, Ce.	Das Oxydul verwandelt sich im Oxydationsfeuer in Oxyd; dieses bleibt im Reductionsfeuer unverändert.	Oxyd. F. Zum dunkelgelben bis rothen Glase auflöslich (ähnlich wie Eisenoxyd); die Perle wird aber unter der Abkühlung gelb. Bei einer gewissen Sättigung kann das Glas emailartig geflattert werden, und bei stärkerer Sättigung wird es unter der Abkühlung von selbst emailartig. Red. F. Ein gelbgefärbtes Glas wird farblos. Ein stark gesättigtes Glas wird unter der Abkühlung emailweiss und krystallinisch.
5) Chromoxyd, Cr.	Im Oxydations- und Reductionsfeuer unveränderlich.	Oxyd. F. Löst sich langsam auf, färbt aber intensiv. Bei einem geringen Zusatz erscheint das Glas, so lange es heiss ist, gelb (Chromsäure), kalt aber gelbgrün; bei einem grössern Zusatz heiss dunkelroth, wird aber unter der Abkühlung gelb und bei völligem Erkalten schön gelblich grün. Red. F. Das wenig gesättigte Glas ist heiss und kalt schön grün (Oxyd). Von einem grösseren Zusatz wird es dunkler oder rein smaragdgrün. Zinn bringt weiter keine Veränderung hervor.
6) Didymoxyd, D.	Oxyd. F. Unschmelzbar. Red. F. Verliert bei starker Hitze seine braune Farbe und wird grau. (Berzel.)	Oxyd. F. Zum klaren rosenrothen Glase auflöslich, welches sich im Reductionsfeuer nicht verändert. (Hermann).

Verhalten zu Phosphorsalz auf Platindraht.	Verhalten zu Soda.	Verhalten zu Kobaltsolution im Oxydationsfeuer.
Reductionsfeuer.		
Oxyd. F. Wie zu Borax. Es ist aber eine grössere Menge von Oxyd nöthig, um ein Glas zu erlangen, welches, während es noch heiss ist, gelb erscheint. *Red. F.* Das oxydhaltige Glas wird auf Kohle graulich und trübe. Bei einem starken Zusatze von Oxyd wird die Kohle mit gelbem Oxyd beschlagen. Durch Zinn wird das Glas trüber und dunkler graulich als ohne Zinn, aber nie ganz undurchsichtig.	*Oxyd. F.* Auf Platindraht leicht zu einem klaren Glase auflöslich, das unter der Abkühlung gelblich und undurchsichtig wird. *Red. F.* Auf Kohle wird es sofort zu metallischem Blei reducirt, welches bei fortgesetztem Blasen die Kohle mit Oxyd beschlägt.	0
Oxyd. F. Wie zu Borax; die Farbe verschwindet aber ganz bei der Abkühlung. *Red. F.* Das Glas erscheint sowohl heiss als kalt ganz farblos, wodurch sich das Ceroxyd vom Eisenoxyd unterscheidet. Bei keiner Sättigung wird das Glas unter der Abkühlung unklar.	Unauflöslich. Die Soda geht in die Kohle, das Oxyd verwandelt sich in Oxydul und bleibt mit hellgrauer Farbe zurück.	0
Oxyd. F. Zum klaren Glase auflöslich, das, so lange es heiss ist, röthlich erscheint, unter der Abkühlung aber eine schmutzig grüne und beim völligen Erkalten eine schöne grüne Farbe annimmt. *Red. F.* Wie im Oxydationsfeuer. Die Farben erscheinen aber etwas dunkler; eben so auch mit Zinn.	*Oxyd. F.* Auf Platindraht zu einem dunkelbräunlichgelben Glase auflöslich, das unter der Abkühlung undurchsichtig gelb wird (Chromsäure). *Red. F.* Das Glas wird undurchsichtig und unter der Abkühlung grün (Oxyd). Auf Kohle kann es nicht zu Metall reducirt werden; es bleibt, während die Soda in die Kohle geht, als Oxyd mit grüner Farbe zurück.	0
Wird schwieriger gelöst als von Borax, bei starker Sättigung aber deutlich rosenroth (Hermann).	Unauflöslich. Die Soda geht in die Kohle und das Oxyd bleibt mit grauer Farbe zurück. (Berzelius.)	0

Metalloxyde und Metallsäuren nach alphabetischer Ordnung.	Verhalten für sich auf Kohle etc.	Verhalten zu Borax auf Platindraht.
		im Oxydations- und
7) Eisenoxyd, Fe.	*Oxyd. F.* Unveränderlich. *Red. F.* Wird schwarz und magnetisch (Oxyd-Oxydul).	*Oxyd. F.* Von einem geringen Zusatze erscheint das heisse Glas gelb, das kalte farblos; bei einem grössern Zusatze besitzt das heisse Glas eine rothe und das kalte eine gelbe Farbe; von einem noch grössern Zusatze ist das heisse Glas dunkelroth und wird unter der Abkühlung dunkelgelb. *Red. F.* Das oxydhaltige Glas wird bouteillengrün (Oxyd-Oxydul). Auf Kohle mit Zinn behandelt, wird es anfangs bouteillengrün, nach längerem Blasen aber vitriolgrün (Oxydul).
8) Goldoxyd, Āu.	Wird beim Erhitzen bis zum Glühen mit jeder Flamme zu Metall reducirt, welches leicht zum Korne geschmolzen werden kann.	*Oxyd. F.* Wird, ohne sich aufzulösen, reducirt, und kann auf Kohle zum Goldkorne geschmolzen werden. *Red. F.* Desgleichen.
9) Indiumoxyd, In.	*Oxyd. F.* Wird beim Erhitzen dunkelgelb, unter der Abkühlung aber wieder heller und schmilzt nicht. *Red. F.* Wird nach und nach reducirt, das Reducirte wird aber verflüchtigt und lagert sich als Beschlag auf der Kohle ab. Die violette Färbung der äussern Flamme ist dabei sehr deutlich wahrzunehmen.	*Oxyd. F.* Zum klaren, im heissen Zustande schwach gefärbten Glase auflöslich, das unter der Abkühlung farblos, bei grossem Zusatze aber trübe wird. *Red. F.* Das Glas verändert sich nicht. Auf Kohle wird das Oxyd reducirt; das reducirte Metall wird flüchtig, oxydirt sich wieder und beschlägt die Kohle. Trotz der Natronreduction bemerkt man die violette Färbung der äussern Flamme.
10) Iridiumoxyd, Ir.	Wird in der Glühhitze reducirt; die Metalltheile können aber nicht geschmolzen werden.	*Oxyd. F.* Wird, ohne sich aufzulösen, reducirt; das Metall kann aber selbst auf Kohle nicht zum Korne vereinigt werden. *Red. F.* Desgleichen.
11) Kadmium-oxyd, Cd.	*Oxyd. F.* Auf Platinblech unveränderlich. *Red. F.* Auf Kohle verschwindet es in kurzer Zeit und beschlägt die Kohle rund umher mit einem rothbraunen bis dunkelgelben Pulver,	*Oxyd. F.* In sehr grosser Menge zu einem klaren gelblichen Glase auflöslich, dessen Farbe unter der Abkühlung beinahe verschwindet. Bei starker Sättigung kann das Glas milchweiss geflattert werden, und bei noch

Verhalten zu Phosphorsalz auf Platindraht.	Verhalten zu Soda.	Verhalten zu Kobaltsolution im Oxydationsfeuer.
	Reductionsfeuer.	
Oxyd. F. Von einem gewissen Zusatze erscheint das heisse Glas gelblichroth, wird aber unter der Abkühlung zuerst gelb, dann grünlich und zuletzt farblos. Von einem sehr grossen Zusatze heiss dunkelroth, unter der Abkühlung braunroth, dann schmutzig grün und kalt bräunlichroth. Die Farben verschwinden unter der Abkühlung weit eher als im Boraxglase. Red. F. Bei einem geringen Zusatze scheint das oxydhaltige Glas nicht verändert zu werden; bei einem grössern ist es heiss roth und wird unter der Abkühlung zuerst gelb, dann grünlich und endlich röthlich. Mit Zinn auf Kohle behandelt, wird das Glas beim Erkalten grün und zuletzt farblos. (Oxydul).	Oxyd. F. Unauflöslich. Red. F. Auf Kohle wird es reducirt und giebt beim Abschlämmen der kohligen Theile ein graues magnetisches Metallpulver.	0
Wie zu Borax.	Wie zu Borax; die Soda geht aber in die Kohle.	0
Wie zu Borax, das Glas wird aber mit Zinn auf Kohle behandelt, unter der Abkühlung grau und trübe.	Oxyd. F. Unlöslich Red. F. Auf Kohle wird es reducirt, z. Th. verflüchtigt sich das Metall und beschlägt die Kohle mit Oxyd, z. Th. ist es in beinahe silberweissen Kügelchen in der Salzmasse wahrzunehmen.	0
Wie zu Borax.	Wie zu Borax; die Soda geht aber in die Kohle.	0
Oxyd. F. In sehr grosser Menge zum klaren Glase auflöslich, das bei einem starken Zusatze heiss gelblich, nach der Abkühlung aber farblos erscheint, und, wenn es gesättigt ist, unter der Abkühlung milchweiss wird. Red. F. Auf Kohle wird das auf-	Oxyd. F. Unauflöslich. Red. F. Auf Kohle wird es sogleich reducirt; das Metall verflüchtigt sich und beschlägt die Kohle mit rothbraunem und dunkelgelbem Oxyd. Weiter ent-	0

Metalloxyde und Metallsäuren nach alphabetischer Ordnung.	Verhalten für sich auf Kohle etc	Verhalten zu Borax auf Platindraht.
		im Oxydations- und
	denen Farbe erst nach völligem Erkalten richtig gesehen werden kann. Von dem Beschlage aus läuft die Kohle pfauenschweifig bunt an.	stärkerer Sättigung wird es unter der Abkühlung von selbst emailweiss. *Red. F.* Auf Kohle kommt das oxydhaltige Glas zum Kochen; das Kadmium wird reducirt, das Metall verflüchtigt sich aber sofort und beschlägt die Kohle mit dunkelgelbem Oxyd.
12) Kobalt-oxydul. **Co.**	*Oxyd. F.* Unveränderlich. *Red. F.* Schrumpft etwas zusammen und wird, ohne zu schmelzen, zu Metall reducirt, welches dem Magnetstahle folgt und, im Mörser aufgerieben, Metallglanz annimmt.	*Oxyd. F.* Färbt sehr intensiv. Das Glas erscheint heiss und kalt rein smalteblau. Bei starker Sättigung wird das Glas so tief dunkelblau, dass es schwarz aussieht, *Red. F.* Wie im Oxydationsfeuer.
13) Kupferoxyd, **Cu.**	*Oxyd. F.* Schmilzt zu einer schwarzen Kugel, die sich auf der Kohle bald ausbreitet und auf der untern Seite reducirt. *Red. F.* Bei einer Temperatur, bei welcher Kupfer noch nicht schmilzt, wird das Oxyd reducirt. Die reducirten Theile leuchten mit dem metallischen Glanze des Kupfers; sobald aber das Blasen unterbrochen wird, oxydirt sich die Oberfläche des Metalles wieder und wird schwarz oder braun. Bei stärkerer Hitze schmilzt es zum Kupferkorne.	*Oxyd. F.* Färbt ziemlich intensiv. Ein geringer Zusatz färbt das Glas so, dass es im heissen Zustande grün erscheint, unter der Abkühlung aber blau wird. Von einem grössern Zusatze ist es heiss dunkelgrün bis undurchsichtig, wird aber unter der Abkühlung grünlichblau. *Red. F.* Bei einer gewissen Sättigung wird das oxydhaltige Glas bald farblos, nimmt aber unter der Abkühlung eine rothe Farbe an und wird undurchsichtig (Oxydul). Auf Kohle kann das Kupfer metallisch ausgefällt werden, so dass das Glas nach dem Erkalten ganz farblos erscheint. Ein oxydhaltiges Glas mit Zinn auf Kohle behandelt, wird unter der Abkühlung braunroth und undurchsichtig (Oxydul).
14) Lanthan-oxyd, **La.**	Unveränderlich.	*Oxyd. F.* Zum klaren farblosen Glase auflöslich, das bei einer gewissen Sättigung emailweiss geflattert werden kann, und bei stärkerer Sättigung unter der Abkühlung von selbst emailartig wird. (Berzelius.) *Red. F.* Wie im Oxydationsfeuer.
15) Mangan-oxyd, **Mn.**	*Oxyd. F.* Unschmelzbar. Das Oxyd sowohl als auch das Superoxyd wird bei hinreichend starkem Feuer in Oxyd-Oxydul umgeändert, indem beide Oxyde Sauer-	*Oxyd. F.* Färbt sehr intensiv. Das Glas erscheint, so lange es heiss ist, violett (amethystfarbig), wird aber unter der Abkühlung violettroth. Von einem etwas zu starken Zusatze wird das Glas ganz schwarz und undurch-

Verhalten zu Phosphorsalz auf Platindraht.	Verhalten zu Soda.	Verhalten zu Kobaltsolution im Oxydationsfeuer.
Reductionsfeuer.		

zelöste Oxyd langsam und unvollständig reducirt. Das reducirte Metall beschlägt die Kohle ganz schwach mit dunkelgelbem Oxyd, dessen Farbe erst nach dem Erkalten richtig zum Vorschein kommt. Ein Zusatz von Zinn beschleunigt die Reduction.	fernt läuft die Kohle pfauenschweifig bunt an.	
Oxyd. F. Wie zu Borax; die Farbe ist bei gleichem Zusatze aber nicht ganz so intensiv, was hauptsächlich nach der Abkühlung wahrzunehmen ist. *Red. F.* Wie im Oxydationsfeuer.	*Oxyd. F.* Auf Platindraht in ganz geringer Menge zur durchsichtigen schwach rothen Masse auflöslich, die unter der Abkühlung grauwird. *Red. F.* Auf einem grauen magnetischen Pulver reducirbar, welches beim Reiben Metallglanz annimmt.	0
Oxyd. F. Das Glas wird von einer gleich grossen Menge Oxydes nicht so intensiv gefärbt als Borax. Die Farben sind dieselben wie im Boraxglase und zwar, je nachdem wenig oder viel aufgelöst wird, heiss: grün bis dunkelgrün und undurchsichtig und nach dem Erkalten blau bis grünlichblau. *Red. F.* Ein ziemlich stark gesättigtes Glas wird dunkelgrün, und unter der Abkühlung, in dem Augenblicke des Erstarrens, undurchsichtig braunroth (Oxydul). Enthält das Glas nur wenig Oxyd aufgelöst, wird aber auf Kohle mit Zinn behandelt, so erscheint es in der Hitze farblos und wird unter der Abkühlung braunroth und undurchsichtig.	*Oxyd. F.* Auf Platindraht zu einem klaren grünen Glase auflöslich, das unter der Abkühlung seine Farbe verliert und undurchsichtig wird. *Red. F.* Auf Kohle wird es sehr leicht zu metallischem Kupfer reducirt, welches bei hinreichend starkem Feuer zu einem oder mehreren Körnern schmilzt.	0
Wie zu Borax.	Unauflöslich. Die Soda geht in die Kohle und das Oxyd bleibt mit grauer Farbe zurück. (Berzelius.)	0
Oxyd. F. Das Glas verlangt einen grossen Zusatz, ehe es deutlich gefärbt erscheint; es besitzt dann, so lange es heiss ist, eine braunviolette Farbe und wird unter der Abkühlung rothviolett. Bei keinem Zusatze wird es undurchsichtig. Enthält das Glas nur so we-	*Oxyd. F.* Auf Platindraht oder Platinblech in ganz geringer Menge zur klaren durchsichtigen grünen Masse auflöslich, die unter der Abkühlung undurch-	0

Metalloxyde und Metallsäuren nach alphabetischer Ordnung.	Verhalten für sich auf Kohle etc.	Verhalten zu Borax auf Platindraht.
		im Oxydations- und
		sichtig, so dass man die Farbe nur wahrnehmen kann, wenn man das noch weiche Glas mit der Pincette platt drückt. *Red. F.* Das gefärbte Glas wird farblos (Oxydul). Ist das Glas sehr dunkel gefärbt, so gelingt die Reduction auf Kohle, u. vorzüglich bei einem Zusatze von Zinn, besser als auf Platindraht.
	xstoff abgeben und eine rothbraune Farbe annehmen. *Red. F.* Ebenso.	
16) Molybdänsäure, Mo.	*Oxyd. F.* Schmilzt, breitet sich aus, verflüchtigt sich und bedeckt die Kohle in gewisser Entfernung in Gestalt eines gelblichen Pulvers, das der Probe zunächst aus kleinen Krystallen besteht. Der pulverförmige Beschlag wird unter der Abkühlung weiss und die Krystalle erscheinen farblos. Vor diesem Beschlage befindet sich ein dünner, nicht zu verflüchtigender Ueberzug von Molybdänoxyd, welcher nach dem Erkalten dunkelkupferroth und metallisch glänzend erscheint. (S. 84.) *Red. F.* Der grösste Theil geht in die Kohle und kann bei gutem Feuer zu Metall reducirt werden, welches durch Abschlämmung der anhängenden Kohlentheile in Form eines grauen Pulvers zu erlangen ist.	*Oxyd. F.* Leicht und in grosser Menge zum klaren Glase auflöslich, das, während es heiss ist, gelb erscheint, nach der Abkühlung aber farblos wird. Bei einem sehr grossen Zusatze zeigt das Glas im heissen Zustande eine dunkelgelbe bis dunkelrothe Farbe, und wird unter der Abkühlung opalartig bis emaillblaulichgrau. *Red. F.* Das im Oxydationsfeuer behandelte Glas wird bei einer starken Sättigung braun und bei einer noch stärkeren undurchsichtig (Oxyd). In gutem Feuer wird Molybdänoxyd in Form von schwarzen Flocken ausgeschieden, die in dem gelblich gewordenen Glase sehr deutlich zu sehen sind, wenn man dasselbe mit der Pincette breit drückt.
17) Nickeloxydul. Ni.	*Oxyd. F.* unveränderlich. *Red. F.* Auf Kohle wird es zu Metall reducirt. Das reducirte zusammenhängende Pulver kann nicht geschmolzen werden; es nimmt aber im Mörser stark gerieben, Metallglanz an und folgt begierig dem Magnetstahle.	*Oxyd. F.* Färbt ziemlich intensiv. Von einem geringen Zusatze erscheint das heisse Glas violett und wird unter der Abkühlung blass rothbraun; von einem grössern Zusatze sind diese Farben dunkler. *Red. F.* Das oxydhaltige Glas wird grau und trübe oder ganz undurchsichtig von fein zertheiltem met. Nickel. Bei fortgesetztem Blasen hängen sich die reducirten Metalltheile an einander, ohne zu schmelzen, und das Glas wird farblos. Auf Kohle, und vorzüglich mit Zinn, geschieht die Reduction noch schneller, und das reducirte Nickel vereinigt sich mit dem Zinn zum Korne.

Verhalten zu Phosphorsäure auf Platindraht.	Verhalten zu Soda.	Verhalten zu Kobaltsolution im Oxydationsfeuer.

Reductionsfeuer.

nig Oxyd, dass es farblos erscheint, so wird durch Salpeter die Farbe hervorgebracht (s. Probe auf Mangan). Ein oxydhaltiges Glas kocht bei starkem Feuer und giebt Gas ab. *Red. F.* Das gefärbte Glas wird sehr bald farblos (Oxydul), und verhält sich dann ganz ruhig.

sichtig und blaugrün wird (mangansaures Natron). *Red. F.* Auf Kohle kann es nicht zu Metall reducirt werden; die Soda geht in die Kohle und das Mangan bleibt als Oxydul zurück.

Oxyd. F. Leicht zum klaren Glase auflöslich, das von einem mässigen Zusatze im heissen Zustande gelbgrün erscheint, unter der Abkühlung aber beinahe farblos wird. Auf Kohle wird das Glas ganz dunkel und unter der Abkühlung schön grün (in Folge einer Reduction zu Oxyd durch gebildetes Kohlenoxydgas). *Red. F.* Das im Oxydationsfeuer behandelte Glas wird ganz dunkel schmutzig grün, nimmt aber unter der Abkühlung eine reinere grüne Farbe an. Auf Kohle verhält es sich ebenso; Zinn färbt die grüne Farbe etwas dunkler (Oxydul?).

Oxyd. F. Auf Platindraht unter Brausen zum klaren Glase schmelzbar, das unter der Abkühlung milchweiss wird. *Red. F.* Auf Kohle findet anfangs eine Schmelzung unter Aufbrausen Statt; die geschmolzene Masse wird aber dann von der Kohle eingesogen und es reducirt sich ein grosser Theil der Molybdänsäure zu Metall, welches durch Abschlämmen als ein stahlgraues Pulver erhalten werden kann.

Oxyd. F. Zu einem röthlichen Glase auflöslich, das unter der Abkühlung gelb wird. Von einem grösseren Zusatze erscheint das heisse Glas braunroth und wird beim Erkalten röthlichgelb. *Red. F.* Auf Platindraht scheint das oxydhaltige Glas nicht verändert zu werden. Auf Kohle mit Zinn behandelt, wird es im Anfange undurchsichtig und grau, nach längerem Blasen wird aber alles Nickel reducirt und das Glas wird farblos.

Oxyd. F. Unauflöslich. *Red. F.* Auf Kohle leicht zu kleinen weissen, glänzenden Metalltheilen reducirbar, die nach der Abschlämmung der kohligen Theile begierig dem Magnetstahle folgen.

Metalloxyde und Metallsäuren nach alphabetischer Ordnung.	Verhalten für sich auf Kohle etc.	Verhalten zu Borax auf Platindraht
		in Oxydations- und
18) Niobsäure, Nb.	*Oxyd. F.* Nimmt beim Erhitzen eine gelbliche Farbe an, wird aber unter der Abkühl. wieder weiss. Eine weitere Veränderung ist nicht zu bemerken. *Red. F.* Eben so.	*Oxyd. F.* Leicht zu einem klaren farblosen Glase auflöslich, das bei einem gewissen Zusatze unklar geflattert werden kann, und bei einem grösseren Zusatze unter der Abkühlung von selbst unklar wird. *Red. F.* Ein im Oxydationsfeuer behandeltes Glas, welches unter der Abkühlung von selbst unklar wird, verändert sich nicht.
19) Unterniobsäure, Nb.	*Oxyd. F.* Färbt sich beim Erhitzen gelb, wird aber unter der Abkühlung wieder weiss. *Red. F.* Eben so.	*Oxyd. F.* Leicht zu einem klaren farblosen Glase auflöslich, das bei einem sehr grossen Zusatze unklar geflattert werden kann. *Red. F.* Ein im Oxydationsfeuer gebildetes Glas, welches unter der Abkühlung opalisirt, wird wieder klar. Bei einem stärkern Zusatze wird es unter der Abkühlung trübe und blaulichgrau. Bei einem sehr starken Zusatze wird es ganz unklar und blaulichgrau.
20) Osmiumoxyd, Os.	*Oxyd. F.* Verwandelt sich in Osmiumsäure, die sich, ohne einen Beschlag zu geben, mit einem durchdringenden, stechenden Geruch verflüchtigt, und sehr reizend auf die Augen wirkt. *Red. F.* Wird zu einem dunkelbraunen unschmelzbaren Metallpulver reducirt (das sehr leicht zu Osmiumsäure oxydirt werden kann).	0
21) Palladiumoxydul, Pd.	Wird in der Glühhitze reducirt, die Metalltheile können aber nicht geschmolzen werden.	*Oxyd. F.* Wird, ohne sich aufzulösen, reducirt, die ausgeschiedenen Metalltheile lassen sich aber nicht (selbst auf Kohle nicht) zum Korne vereinigen. *Red. F.* Eben so.

Oxyd. F. In grosser Menge zum klaren Glase auflöslich, das, so lange es heiss ist, gelb erscheint, unter der Abkühlung aber farblos wird. *Red. F.* Bei einem sehr starken Zusatze wird das Glas braun. Ein Zusatz von Eisenvitriol bewirkt, dass die Perle eine blutrothe Farbe bekommt.	*Oxyd. F.* Schmilzt mit dem gleichen Volumen Soda gemengt unter Brausen zusammen; mit einem grössern Zusatz von Soda geht sie in die Kohle. *Red. F.* Eben so. Eine Reduction zu Metall kann nicht bewirkt werden.	**Nimmt eine hellgraue Farbe an.**
Die aus Unterniobchlorid dargestellte Säure verhält sich folgendermassen: *Oxyd. F.* Wenn sie in grosser Menge hinzugefügt wird, löst sie sich zu einem grünblauen Glase auf, das durch längeres Blasen klar und farblos wird. *Red. F.* Die Probe wird rein blau (auf Kohle schwach braun?) und durch Zusatz von Eisenvitriol blutroth. Die unmittelbar aus dem Columbiten dargestellte und gereinigte Säure giebt jedoch in der innern Flamme nur **ein braunes Glas.**	*Oxyd. F.* Schmilzt mit ungefähr dem gleichen Volumen Soda unter Brausen zusammen. Mit einem grössern Zusatze von Soda geht sie in die Kohle. *Red. F.* Eben so. Eine Reduction zu Metall kann nicht bewirkt werden.	Erscheint, so lange sie heiss ist, grau, wird aber unter der Abkühlung schmutzig grün. Ist die Hitze zu stark, so tritt eine Sinterung ein, und die geglühte Probe erscheint nach völliger Abkühlung an der am stärksten erhitzten Stelle dunkel grau,
"	Wird sehr leicht zu einem unschmelzbaren Metallpulver reducirt, welches durch Abschlämmen rein erhalten werden kann.	0
Wie zu Borax.	Unauflöslich. Die Soda geht in die Kohle und hinterlässt das Palladium als ein unschmelzbares Pulver.	0

Metalloxyde und Metallsäuren nach alphabetischer Ordnung.	Verhalten für sich auf Kohle etc.	Verhalten zu Borax auf Platindraht.
		im Oxydations- und
22) Platinoxyd, Pt.	Wird in der Glühhitze reducirt, die Metalltheilchen können aber nicht geschmolzen werden.	*Oxyd. F.* Wird, ohne sich aufzulösen, reducirt; die Metalltheile können aber selbst auf Kohle nicht zum Korne vereinigt werden. *Red. F.* Eben so.
23) Quecksilberoxyd, Hg.	Wird augenblicklich reducirt und verflüchtigt.	0
24) Rhodiumoxyd, R. 25) Rutheniumoxyd, Ru.	Werden leicht reducirt, die Metalltheile können aber nicht geschmolzen werden.	*Oxyd. F.* Werden, ohne sich aufzulösen, reducirt; die Metalltheile können aber selbst auf Kohle nicht zum Korne geschmolzen werden. *Red. F.* Wie im Oxydationsfeuer.
26) Silberoxyd, Ag.	Wird leicht zu metallischem Silber reducirt, welches zu einem oder mehreren Kügelchen schmilzt	*Oxyd. F.* Wird z. Th. aufgelöst z. Th. auch zu Metall reducirt. Das Glas wird unter der Abkühlung, nach der ungleichen Menge, entweder nur opalartig oder milchweiss. Metallisches Silber auf einem Thonschälchen mit Borax geschmolzen, zieht das selbe Glas. *Red. F.* Auf Kohle wird das oxydhaltige Glas anfangsgrünlich von reducirten Silbertheilen, später aber nachdem alles Silber ausgefällt und zum Korne geschmolzen ist, klar und farblos.
27) Tantalsäure, Ta.	*Oxyd. F.* Färbt sich beim Erhitzen schwach gelb, wird aber unter der Abkühlung wieder weiss. Eine weitere Veränderung findet nicht Statt. *Red. F.* Eben so.	*Oxyd. F.* Leicht zu einem klaren Glase auflöslich, das bei einem gewissen Zusatze, so lange es heiss ist, gelblich erscheint, unter der Abkühlung aber farblos wird und unklar geflattert werden kann. Ein grösserer Zusatz verursacht, dass das Glas unter der Abkühlung von selbst emailweiss wird. *Red. F.* Wie im Oxydationsfeuer.

Verhalten zu Phosphorsalz auf Platindraht.	Verhalten zu Soda.	Verhalten zu Kobaltsolution im Oxydationsfeuer.
Reductionsfeuer.		
Wie zu Borax.	Wie zu Borax: die Soda geht aber in die Kohle.	0
0	Im Glaskölbchen bis zum Glühen erhitzt, wird es (wie für sich) reducirt und dampfförmig ausgeschieden. Die Dämpfe condensiren sich im Hals des Kölbchens und bilden einen metallischen Beschlag, der durch behutsames Klopfen zur Quecksilberkugel vereinigt werden kann.	0
Wie zu Borax.	Wie zu Borax: die Soda geht aber in die Kohle.	0
Oxyd. F. Das Oxyd sowohl, als das metallische Silber verursacht eine gelbliche Farbe im Glase. Bei einem grossen Gehalte an Silberoxyd erscheint das Glas nach dem Erkalten opalartig, gegen das Tageslicht gehalten gelblich und gegen Feuerschein röthlich. *Red. F.* Wie zu Borax.	Wird augenblicklich reducirt und schmilzt, während die Soda in die Kohle geht, zu einem oder mehreren Silberkügelchen.	0
Oxyd. F. In grosser Menge zum klaren Glase unlöslich, das bei einem sehr starken Zusatze, so lange es heiss ist, gelblich erscheint, unter der Abkühlung aber farblos wird. *Red. F.* Das im Oxydationsfeuer gebildete Glas erleidet keine Veränderung.	*Oxyd. F.* Mit etwas mehr als dem gleichen Volumen von Soda gemengt, schmilzt sie auf Kohle unter Brausen zur Perle, die sich aber bald ausbreitet; mit einem etwas grösseren Zusatze von Soda geht sie in die Kohle. *Red. F.* Eben so. Eine Reduction zu Metall findet nicht Statt.	Erscheint nach langem Durchglühen hellgrau, nimmt aber unter d. Abkühlung eine schwach rothe Farbe an, ganz ähnlich wie Talkerde. Ist sie nicht ganz frei von einem Alkali, so sintert sie und wird bläulichschwarz.

Metalloxyde und Metallsäuren nach alphabetischer Ordnung.	Verhalten für sich auf Kohle etc.	Verhalten zu Borax auf Platindraht.
		im Oxydations- und
28) Tellurige Säure, Te.	*Oxyd. F.* Schmilzt und reducirt sich mit Brausen. Das reducirte Metall verflüchtigt sich aber sofort, und beschlägt die Kohle weiss mit telluriger Säure; ein solcher Beschlag hat gewöhnlich eine rothe oder dunkelgelbe Kante. *Red. F.* Desgl. Auch wird die äussere Flamme bläulichgrün gefärbt.	*Oxyd. F.* Zum klaren farblosen Glase auflöslich, das auf Kohle grau von reducirten Metalltheilen wird. *Red. F.* Das auf Platindraht im Oxydationsfeuer behandelte Glas wird auf Kohle zuerst grau, und nachdem alles Tellur reducirt und verflüchtigt ist, wieder farblos. Auch wird die Kohle mit telluriger Säure beschlagen.
29) Titansäure, Ti.	*Oxyd. F.* Nimmt beim Erhitzen eine gelbe Farbe an, wird aber unter der Abkühlung wieder weiss. Eine weitere Veränderung findet nicht Statt. *Red. F.* Desgleichen.	*Oxyd. F.* Leicht zum klaren Glase auflöslich, das bei einem grossen Zusatze, so lange es heiss ist, gelb erscheint, unter der Abkühlung aber farblos wird und unklar gefittert werden kann, und bei einem sehr grossen Zusatze unter der Abkühlung von selbst emailweiss wird. *Red. F.* Bei einem geringen Zusatze wird das Glas gelb, bei einem grösseren dunkelgelb bis braun (Oxyd). Ein gesättigtes Glas kann emailblau gefittert werden.
30) Uranoxyd, U.	*Oxyd. F.* Es schmilzt nicht, nimmt aber eine schmutzig dunkel gelblichgrüne Farbe an (Oxyd-Oxydul). *Red. F.* Wird schwarz und zeigt auch diese Farbe beim Aufreiben im Mörser. (Oxydul).	*Oxyd. F.* Verhält sich wie Eisenoxyd: die Farben sind aber von gleichen Mengen etwas heller. Bei starker Sättigung kann das Glas emailgelb gefittert werden. *Red. F.* Giebt dieselben Farben wie Eisenoxyd. Das grüne (von Oxyd-Oxydul) bis zu einem gewissen Grade gesättigte Glas kann schwarz gefittert werden; es wird aber weder emailähnlich noch krystallinisch. Auf Kohle mit Zinn behandelt, wird das Glas dunkelgrün (Oxydul).
31) Vanadinsäure, V.	Schmelzbar. Der mit der Kohle in Berührung befindliche Theil wird reducirt und zieht sich in die Kohle; der übrige Theil bekommt Farbe und Glanz wie Graphit und ist Vanadinsuboxyd.	*Oxyd. F.* Zum klaren Glase auflöslich, das von einem geringen Zusatze farblos, von grösserem aber gelb erscheint und unter der Abkühlung grünlich gelb wird. *Red. F.* Das im Oxyd.-F. gefärbte Glas verändert sich so, dass es, so lange es heiss ist, bräunlich erscheint und unter der Abkühlung schön chromgrün wird (Oxyd).

Verhalten zu Phosphorsalz auf Platindraht.	Verhalten zu Soda.	Verhalten zu Kobaltsolution im Oxydationsfeuer.
Reductionsfeuer.		
Wie zu Borax.	Auf Platindraht zum klaren farblosen Glase auflöslich, das unter der Abkühlung weiss wird. Auf Kohle wird sie reducirt und verflüchtigt, wobei sich ein Beschlag von telluriger Säure bildet.	0
Oxyd. F. Leicht z. klar. Glase auflösl., das von einem grossen Zus. gelb erscheint, unter d. Abk. aber farblos wird. *Red. F.* Das im Oxydat.-F. gebildete Glas verändert sich so, dass es im heissen Zustande zwar ebenfalls eine gelbe Farbe zeigt, sich aber unter der Abk. röthet und eine schöne violette Farbe annimmt (Oxyd.). War die Titansäure nicht frei von Eisen, so wird das Glas unter der Abk. braungelb bis braunroth. Auf Kohle mit Zinn behandelt, wird das Glas violett, wenn der Gehalt an Eisen nicht zu gross ist.	*Oxyd. F.* Auf Kohle unter Brausen zum dunkelgelben Glase auflöslich, das unter der Abkühlung krystallisirt und dabei so viel Wärme entwickelt, dass die Kugel wieder stark aufglüht. Beim völligen Erkalten wird das Glas grauweiss bis weiss. *Red. F.* Eben so. Eine Reduction zu Metall kann nicht bewirkt werden.	Nimmt eine gelblichgraue Farbe an, ähnlich wie Zinkoxyd, aber nicht so schön.
Oxyd. F. Zum klaren, gelben Glase auflöslich, dessen Farbe unter der Abkühlung gelbgrün wird. *Red. F.* Das oxydhaltige Glas wird schmutziggrün, unter der Abkühl. aber rein und schön grün (Oxyd-Oxydul). Mit Zinn auf Kohle behandelt wird die grüne Farbe dunkler (Oxydul).	*Oxyd. F.* Unauflöslich. Ein geringer Zusatz von Soda giebt Zeichen von Schmelzung. Von einer grössern Menge von Soda wird die Masse gelbbraun. Mit einer noch grösseren Menge geht das Oxyd in die Kohle. *Red. F.* Eben so; das Oxyd lässt sich nicht zu Metall reduciren.	0
Oxyd. F. Zum klaren Glase auflöslich, das bei einem nicht zu geringen Zusatze, so lange es heiss ist, dunkelgelb erscheint, und unter der Abkühlung eine hellgelbe Farbe annimmt. *Red. F.* Wie zu Borax.	Schmilzt damit zusammen und zieht sich in die Kohle.	0

Metalloxyde und Metallsäuren nach alphabetischer Ordnung.	Verhalten für sich auf Kohle etc.	Verhalten zu Borax auf Platindraht. im Oxydations- und
32) Wismuth-oxyd Bi.	Oxyd. F. Auf Platinblech schmilzt es leicht zu einer dunkelbraunen Masse, die unter d. Abk. blassgelb wird. Auf Kohle wird es im Oxydations- u. Reductionsfeuer zu metallischem Wismuth reducirt, das sich bei fortgesetztem Blasen nach und nach verflüchtigt und die Kohle mit gelbem Oxyd beschlägt; auch bildet sich hinter dem gelben Beschlag noch ein dünner weisser, welcher aus kohlens. Wismuthoxyd besteht. Im Reductionsfeuer verschwinden diese Beschläge ohne einen farbigen Schein zu geben.	Oxyd. F. Leicht zu einem klaren gelben Glase auflöslich, das bei einem geringen Zusatze unter der Abkühlung farblos wird. Von einem grösseren Zusatze erscheint das Glas, so lange es heiss ist, gelblichroth, wird aber unter der Abkühlung gelb und beim völligen Erkalten opalartig. Red. F. Auf Kohle wird das Glas anfangs grau und trübe, dann reducirt sich das Oxyd unter Aufbrausen zu Metall und das Glas wird wieder klar. Mit einem Zusatze von Zinn geschieht die Ausfällung des Wismuths noch schneller.
33) Wolfram-säure, W.	Oxyd. F. Unveränderlich, sobald die Hitze nicht so stark ist, dass in Folge einer Bildung von Kohlenoxydgas eine Reduction zu Oxyd erfolgt. Red. F. Wird schwarz (Oxyd), schmilzt aber nicht.	Oxyd. F. Leicht zum klaren farblosen Glase auflöslich. Bei einem ziemlich grossen Zusatze erscheint es, so lange es heiss ist, gelb, bei einem grösseren Zusatze kann es emailartig geflattert werden und bei einem noch grösseren wird es unter der Abkühlung von selbst emailweiss. Red. F. Bei einem geringen Zusatze wird das Glas nicht verändert, bei einem grösseren wird es gelb bis dunkelgelb und unter der Abkühlung gelblichbraun (Oxyd). Auf Kohle erfolgt diese Reaction mit einer geringeren Menge. Zinn bringt bei nicht zu starker Sättigung dunklere Farben hervor.
34) Zinkoxyd, Zn.	Oxyd. F. Wird beim Erhitzen gelb und unter der Abkühlung wieder weiss. Es schmilzt nicht, leuchtet aber stark beim Glühen. Red. F. Verschwindet nach und nach, indem es reducirt, aber das Reducirte sofort verflüchtigt und wieder oxydirt wird; ein grosser Theil des flüchtig gewordenen Zinks setzt sich als Oxyd auf einer andern Stelle der Kohle an u. bildet einen deut-	Oxyd. F. Leicht und in grosser Menge zu einem klaren, im heissen Zustande gelblich gefärbten Glase auflöslich, das unter der Abkühlung farblos wird, bei einem grossen Zusatze emailartig geflattert werden kann und bei einem noch grösseren unter der Abkühlung von selbst emailartig wird. Red. F. Das gesättigte Glas wird beim ersten Anblasen unklar und grünlich (weil sich bei unvollk. Schmelzung desselben ein Theil des Oxydes ausscheidet), nach längerem Blasen aber wieder klar. Auf Kohle wird das Oxyd nach und nach reducirt; das

Verhalten zu Phosphorsalz auf Platindraht.	Verhalten zu Soda.	Verhalten zu Kobaltsolution im Oxydationsfeuer.
Reductionsfeuer.		
Oxyd. F. Leicht zu einem klaren gelben Glase auflöslich, das unter der Abkühlung farblos wird. Bei einem starken Zusatze kann das Glas email-artig getattert werden, und bei einem noch starkeren wird es unter der Abkühlung von selbst emailweiss. *Red. F.* Auf Kohle, vorzüglich mit Zinn, verändert sich das Glas so, dass es im heissen Zustande klar und farblos erscheint, unter der Abkühlung aber schwarzgrau und undurchsichtig wird.	Auf Kohle wird es sofort zu metallischem Wismuth reducirt.	0
Oxyd. F. Leicht zum klaren farblosen Glase auflösl., das erst bei starker Sättigung im heissen Zust. gelb erscheint. *Red. F.* Das im Oxydationsfeuer gebildete Glas erscheint nach kurzer Behandlung im heissen Zust. schmutziggrün, wird aber unter der Abk. blau (wolframs. Wolframoxyd); bei zu langem Blasen wird es unter der Abk. bläulichgrün. Auf Kohle, vorzügl. mit Zinn, wird es dunkelgrün (Oxyd). Enthält die Wolframsäure Eisen, so erscheint das heisse Glas am Platindrahte gelb, wird aber unter der Abk. braunroth (blutroth), wie von Eisenh. Titansäure. Durch Zinn auf Kohle wird d. einenh. Glas blau, wenn der Gehalt an Eisen unbedeutend ist.	*Oxyd. F.* Auf Platindraht zum klaren, dunkelgelben Glase auflöslich, das unter der Abkühlung krystallinisch und undurchsichtig weiss oder gelblich wird. *Red. F.* Mit wenig Soda kann auf Kohle eine grosse Menge zu metallischem Wolfram reducirt werden; mit mehr Soda, wobei Alles in die Kohle dringt, erhält man gelbes, metallisch glänzendes Wolframoxyd-Natron.	0
Wie zu Borax.	*Oxyd. F.* Unauflöslich. *Red. F.* Auf Kohle wird es reducirt; das Metall verflüchtigt sich, oxydirt sich dabei wieder und beschlägt die Kohle mit Zinkoxyd. Bei gutem Feuer kann selbst eine Zinkflamme hervorgebracht werden.	Nimmt eine schöne, gelblichgrüne Farbe an, die nach völligem Erkalten am deutlichsten ist.

Metalloxyde und Metallsäuren nach alphabetischer Ordnung.	Verhalten für sich auf Kohle etc.	Verhalten zu Borax auf Platindraht.
		im Oxydations- und
	lichen Beschlag, der anfangs gelblich erscheint, unter der Abkühlung aber weiss wird. *Oxyd. F.* Das Oxyd brennt, angezündet wie Zunder und verwandelt sich in Oxyd. Das Oxyd leuchtet stark und erscheint, so lange es heiss ist, gelblich, wird aber unter der Abkühlung schmutzig gelblichweiss. *Red. F.* Das Oxyd kann bei anhaltend starkem Feuer zu Metall reducirt werden, wobei sich gewöhnlich ein geringer, der Probe nahe liegender Beschlag von Zinnoxyd bildet.	reducirte Metall wird aber sogleich flüchtig, oxydirt sich wieder, und beschlägt die Kohle. *Oxyd. F.* In geringer Menge und sehr langsam zum klaren, farblosen Glase auflöslich, das unter der Abkühlung klar bleibt und auch nicht unklar geflattert werden kann. Ein gesättigtes, ganz kalt gewordnes Glas bis zum schwachen Glühen erhitzt, wird unklar, verliert seine runde Form und zeigt undeutliche Krystallisation. *Red. F.* Ein noch ungesättigtes Glas erleidet keine Veränderung. Auf Kohle kann aus einem Glase, welches viel Oxyd aufgelöst enthält, ein Theil desselben reducirt werden.
35) Zinnoxyd, Sn.		

Verhalten zu Phosphorsalz auf Platindraht.	Verhalten zu Soda.	Verhalten zu Kobaltsolution im Oxydationsfeuer.
Reductionsfeuer.		

Oxyd. F. In geringer Menge und sehr langsam zum klaren, farblosen Glase auflöslich, das auch unter der Abkühlung klar bleibt. *Red. F.* Das oxydhaltige Glas wird nicht verändert, weder auf Platindraht noch auf Kohle.	*Oxyd. F.* Auf Platindraht verbindet es sich mit Soda unter Brausen zu einer aufgeschwollenen unschmelzbaren Masse. *Red. F.* Auf Kohle wird es zu metallischem Zinn reducirt.	Nimmt eine blaugrüne Farbe an, die erst nach völliger Abkühl. richtig gesehen werden kann.

II. Allgemeine Regeln für qualitative Löthrohrproben, nach welchen mit theilweiser Anwendung des nassen Weges die einzelnen Bestandtheile in zusammengesetzten Verbindungen aufgefunden werden können.

Bei der Untersuchung von zusammengesetzten Substanzen mit Hülfe des Löthrohrs kann man zur Nachweisung der sämmtlichen Bestandtheile in vielen Fällen die Anwendung des nassen Weges nicht umgehen. Indess auch dann noch gewährt die Zuhülfenahme des Löthrohrs Vortheil, da man mit demselben nicht nur verschiedene dabei vorzunehmende Operationen ausführen, sondern es auch zur Controle und weitern Untersuchung der abgeschiedenen Bestandtheile benutzen kann.

Ehe man die Zerlegung auf nassem Wege vornimmt, muss man erst das Verhalten des Körpers vor dem Löthrohr kennen gelernt und daraus das Resultat gezogen haben, mit was für einer Verbindung man es zu thun hat; ob es nämlich ein Alkali-, Erden- oder Metallsalz, oder ein Silicat ist, und ob diese Verbindungen leicht reducirbare Metalloxyde enthalten; ferner, ob es eine Verbindung von Metalloxyden oder eine Verbindung von Schwefel- oder Selenmetallen, oder eine Verbindung von verschiedenen Metallen unter sich ist, zu welcher letztern auch die Arsen- und Tellurmetalle zu rechnen sind. Man erleichtert sich die weitere Untersuchung nicht unwesentlich, wenn man weiss, unter welche Abtheilung von Verbindungen man den unbekannten Körper zu bringen hat.

Das Lösungsmittel, dessen man sich in solchen Fällen, wo man nicht in Wasser lösliche Verbindungen vor sich hat, bedient, ist am häufigsten Chlorwasserstoffsäure. Geschieht die Auflösung nicht bei gewöhnlicher Temperatur, so erwärmt man das Glas über der Spirituslampe. Löst sich die Substanz in der Säure unter Aufbrausen auf, so enthält sie entweder ein kohlensaures Salz, indem die Kohlensäure gasförmig entweicht, ohne einen Geruch zu verbreiten; oder sie enthält ein Metalloxyd, welches auf einer hohen Oxydationsstufe steht, es entwickelt sich dann Chlor in Gasform, welches sich durch seinen stechenden Geruch zu erkennen giebt. Das Letztere findet Statt, wenn das Mineral z. B. Manganoxyd oder Mangansuperoxyd enthält, welche sich in Manganchlorür verwandeln. Die gebildete saure Auflösung wird mit destillirtem Wasser verdünnt und auf verschiedene Erden und Säuren untersucht, wie es bei den einzelnen Proben angegeben werden soll.

Von besonderer Wichtigkeit ist die Prüfung der Silicate mit Chlorwasserstoffsäure. Eine ziemliche Anzahl derselben lässt sich damit vollkommen zersetzen, die Basen lösen sich auf, während die Kieselsäure entweder gelatinös oder pulverförmig (und dann gewöhnlich etwas voluminös) ausgeschieden wird.*) Ist das Silicat durch Chlorwasserstoffsäure vollkommen zersetzbar, so verdünnt man das Ganze mit Wasser, filtrirt und untersucht die Auflösung auf ihre Bestandtheile, wie es bei der Probe auf verschiedene Erden für kieselsaure Verbindungen angegeben werden soll. Ist das Silicat durch Chlorwasserstoffsäure nicht vollkommen zersetzbar, so ist man genöthigt, eine andere kleine Menge durch Schmelzen mit Soda und Borax aufzuschliessen, wie es sogleich angegeben werden soll.

In manchen Fällen ist es nöthig, eine Substanz zur Untersuchung auf einen einzigen Bestandtheil mit Salpeter zu schmelzen, um dadurch diesen Theil höher zu oxydiren und als Säure an das Kali des Salpeters zu binden, von welchem er leichter getrennt und dann erkannt werden kann. Auch muss man zuweilen eine Substanz durch Schmelzen mit doppelt schwefelsaurem Kali und Auflösen der geschmolzenen Masse in Wasser entweder sogleich von einigen Bestandtheilen befreien, oder das Ganze in schwefelsaure Salze verwandeln, um nach der Auflösung in Wasser die Trennung der verschiedenen Bestandtheile vornehmen zu können.

Aufschliessung der Substanzen durch Schmelzen mit Soda und Borax und Behandlung der geschmolzenen Masse mit Chlorwasserstoffsäure.

Von der möglichst fein gepulverten Substanz vermengt man eine Quantität von 75 bis 100 Milligr. im Achatmörser mit Soda und Borax**), deren Mengen sich nach der Strenge Flüssigkeit des Körpers richten. In den meisten Fällen reicht man mit 1 Theil Soda und 1 Theil Borax, dem Gewichte nach, aus; enthält jedoch die Substanz viel Talkerde, Thonerde, Beryllerde oder Zirkonerde, so muss man mit dem Boraxzusatze steigen bis zu 2 Theilen, ebenso erfordert ein bedeutender Gehalt an Schwerspath einen vermehrten Zusatz von Soda und Borax. Das Gemenge packt man in einen Sodapapiercylinder von feinem Filtrirpapier und schmilzt es

---

*) Um sich bei Silicaten und auch andern Verbindungen der Erden- und Metalloxyde zu überzeugen, ob sie von Säuren zersetzt werden, prüft man einen Theil der Flüssigkeit, nachdem das feine Pulver einige Zeit mit der Säure gekocht worden, mit Aetzammoniak und phosphorsaurem Natron. Erhält man hierbei einen merklichen Niederschlag, so hat auch eine Zersetzung stattgefunden, werden aber nur einige Flocken gefällt, so ist auch die Substanz nicht oder nur schwierig zersetzbar.

**) Da die Borsäure an Natron gebunden angewendet wird, so wirkt sie später bei der Zerlegung der geschmolzenen Verbindung auf nassem Wege durchaus nicht störend.

in einer cylindrischen Grube auf Kohle oder in einem Kohlentiegelchen mit der Löthrohrflamme zusammen. Hat man die
Substanz frei von leicht reducirbaren Metalloxyden gefunden,
so kann man die Schmelzung mit der Oxydationflamme bewirken; enthält sie aber dergleichen Bestandtheile, wie z. B.
manche Schlacken, so muss man die Reductionsflamme anwenden, damit diese Oxyde metallisch ausgeschieden werden.

Sind, wie dies am häufigsten der Fall ist, die reducirbaren Metalloxyde nur in so geringer Menge vorhanden, dass
man sie schwer zu einem einzigen Korne reduciren kann, so
setzt man ungefähr 60 bis 80 Milligramme Silber oder noch
besser Gold in einem Korne zu und behandelt die Beschickung
auf Kohle im Reductionsfeuer gerade so, wie eine quantitative
Kupferprobenbeschickung (s. die quantitative Kupferprobe).
Hierbei lösen sich die erdigen Bestandtheile und die schwer
reducirbaren Metalloxyde in dem sich bildenden Glase von
Soda und Borax auf und schmelzen zu einer leichtflüssigen
Perle. Die Säuren des Arsens und die leicht reducirbaren
Metalloxyde werden reducirt, ist vielleicht Schwefelsäure vorhanden, so bildet sich theils Schwefelnatrium, theils geht der
Schwefel mit den reducirbaren Metallen zusammen; das me-
tallische Arsen wird theils von den reducirten Metallen aufgenommen, theils auch verflüchtigt, und die reducirten Metalle, welche sich nicht verflüchtigen, vereinigen sich und
schmelzen mit dem Silber oder Golde zu einer leichtflüssigen
Kugel, die sich zur Seite des Glases biegiebt. Diejenigen
Metalloxyde, welche in dem Glase aufgelöst bleiben, befinden
sich darin auf der niedrigsten Stufe der Oxydation.

Eine solche Schmelzung, sie werde nun mit der Oxy-
dations- oder Reductionflamme bewirkt, muss in einem lebhaften Feuer und mit gehöriger Beharrlichkeit erfolgen, weil
man im entgegengesetzten Falle keine vollkommene Zersetzung der Substanz erreicht. Das geschmolzene Glas muss
dünnflüssig und so viel als möglich klar und frei von Gasblasen und Metalltheilchen sein. Schäumt nach längerem
Blasen die Glaskugel noch, oder zeigt sie noch Gasblasen,
so ist dies ein Beweis, dass entweder die Auflösung der nicht
reducirbaren Theile, oder die Reduction der reducirbaren Metalloxyde noch nicht vollendet ist und man die Schmelzung
bei lebhaftem Feuer noch länger fortsetzen muss.

Eine Probe, die man im Oxydationsfeuer geschmolzen
hat, nimmt man nach ihrem Erstarren aus der Kohle, reinigt
sie von den vielleicht anhängenden Kohlentheilchen mit dem
Messer und Pinsel und pulverisirt sie, was entweder im Stahlmörser oder, in dessen Ermangelung, zwischen Papier auf
dem Amboss und nachher im Achatmörser geschehen kann.
Man muss aber Alles in Pulver verwandeln, weil sonst bei
der darauf folgenden Behandlung der geschmolzenen Probe

mit Säure leicht Theile des Glases unaufgelöst bleiben können. Das Pulverisiren sogleich nach der Schmelzung ist deshalb nöthig, weil das geschmolzene Glas leicht Feuchtigkeit aus der Luft anzieht, zähe wird, und dann schwer zu pulverisiren ist.

Eine Probe, die man im Reductionsfeuer geschmolzen und daraus ein Metallkorn reducirt hat, oder bei welcher man das zugesetzte Silber oder Gold mit den reducirten Metallen zu einer Kugel geschmolzen zu haben glaubt, muss man im dünnflüssigen Zustande noch so lange bei Anwendung einer guten Reductionsflamme in der Kohle von einer Stelle zur andern langsam fliessen lassen, bis man sich vollkommen überzeugt hat, dass das Glas ganz frei von Metallkügelchen und Gasblasen ist und das Metall, zu einer einzigen Kugel vereinigt, sich daneben befindet. Ist dies nach Wunsch gelungen, so unterbricht man das Blasen und lässt die Probe auf der Kohle so weit abkühlen, bis sie vollkommen erstarrt ist. Darauf hebt man sie mit der Pincette aus der Kohle, trennt mit dem Hammer im Stahlmörser oder auf dem Amboss zwischen Papier das Metallkorn vom Glase, reinigt letzteres von den vielleicht anhängenden Kohlentheilen und pulverisirt es. Ist das Reductionsfeuer, in welchem die Schmelzung geschieht, nicht rein und stark genug, so kann ein Theil der reducirbaren Metalloxyde zurückbleiben, was einen störenden Einfluss auf die weitere Zerlegung des geschmolzenen Glases äussert.

Die Metalloxyde, welche bei einer Schmelzung mit Soda und Borax im Reductionsfeuer leicht reducirt und daher von den eigentlichen Erdarten und anderen nicht reducirbaren Metalloxyden getrennt werden können, sind folgende: die Säuren des Arsens und des Antimons, Silberoxyd, die Oxyde des Quecksilbers, des Kupfers, des Wismuths, des Thalliums, des Bleies, des Zinns, des Zinks, des Indiums, das Kadmiumoxyd und die Oxyde des Nickels. Tellur, Osmium, Gold, Platin, Iridium, Rhodium und Palladium kommen in der Natur nur im metallischen Zustande vor; sie sind daher durch einen Zusatz von Silber oder Gold leicht von anderen nicht reducirbaren Metalloxyden und den eigentlichen Erden zu trennen. Diejenigen Metalle, welche flüchtig sind, rauchen bei einer solchen Schmelzung theils ganz, theils auch nur zum Theil fort, und einige davon beschlagen die Kohle, während die zurückbleibenden sich mit dem zugesetzten Silber oder Golde vereinigen. Wie man die reducirten Metalle dann weiter untersucht, ergiebt sich aus dem, was bei den einzelnen Proben auf die betreffenden Metalle in Metallverbindungen gesagt ist. Die Metalloxyde, welche beim Schmelzen mit Soda und Borax im Reductionsfeuer nicht reducirt werden können, sind: die Oxyde des Chroms, die Molybdänsäure, die Wolframsäure, die Tantalsäure, die Säuren des Niobs, die Titansäure, die Uranoxyde, die Kobaltoxyde (wenn die Substanz frei von Arsensäure oder das Kobalt in nicht zu grosser Menge vorhanden ist), die Eisenoxyde, die Manganoxyde und die Ceroxyde; diese können aber grösstentheils wieder leicht von den Erden getrennt und vor dem Löthrohre, wie es bei den qualitativen Proben an verschiedenen Orten angegeben ist, erkannt werden.

Das bei der Schmelzung erhaltene und fein gepulverte Glas schüttet man in ein Porcellanschälchen (Fig. 61 S. 51), befeuchtet es zuerst sehr stark mit Wasser, und fügt hierauf so viel Chlorwasserstoffsäure hinzu, als zur Auflösung des ganzen Pulvers nöthig ist und dass die Auflösung dann noch etwas freie Säure enthält. Das Porcellanschälchen setzt man auf das in einen Messingring gespannte Drahtgitter (S. 10). welches man vorher über die Lampenflamme gerückt hat, und rührt das Pulver mit einer schwachen zugeschmolzenen Glasröhre so lange in der Säure auf, bis die auflösbaren Theile desselben von den unauflösbaren getrennt sind. Enthält das aufzulösende Pulver Schwefelnatrium, welches sich allemal bildet, wenn die Substanz Schwefelsäure oder Schwefel enthält, so entwickelt sich Schwefelwasserstoff; die übrigen Bestandtheile, ausser der Kieselsäure, verwandeln sich in Chlormetalle und lösen sich in der verdünnten Säure auf. Auch geht bisweilen fast alle Kieselsäure in die Auflösung mit über. Da nun gewöhnlich nur kieselsaure Verbindungen durch Schmelzen mit Soda und Borax aufgeschlossen werden, so hat man es hier selten mit Molybdänsäure, Wolframsäure, Tantalsäure, den Niobsäuren und Titansäure zu thun. Ist die Auflösung beendigt, so lässt man das Ganze bis zur Trockniss abdampfen. Das Abdampfen darf aber, wenn die Auflösung vielleicht zu viel freie Säure enthält und man nicht mit einem Rauchfange versehen ist, wegen der aufsteigenden Dämpfe nicht in demselben Zimmer geschehen, in welchem man arbeitet, sondern es muss unmittelbar unter einer Esse, oder doch ausserhalb des Zimmers vorgenommen werden; hat man dagegen die Chlorwasserstoffsäure nur in kleinen Portionen und mit geringem Ueberschuss zugesetzt, so kann das Abdampfen auch in dem gewöhnlichen Arbeitszimmer geschehen. Das Abdampfen muss, vorzüglich zu Ende, nur allmählig erfolgen und bis zur Trockniss fortgesetzt werden, um sowohl die überflüssige Säure zu entfernen, als auch die Kieselsäure, welche sich während des Abdampfens gallertartig ausscheidet, zu verdichten.

Ist die Flüssigkeit zur Trockniss abgedampft, so dass man durch den Geruch nur noch äusserst wenig aufsteigende saure Dämpfe mehr bemerkt, so befeuchtet man die Masse zuerst mit Chlorwasserstoffsäure und übergiesst sie nach einer Weile mit destillirtem Wasser. Hierauf setzt man das Schäl-

oben auf das Drahtgitter über die Lampenflamme, um die Chlormetalle von den unaufgelösten Theilen (welche bei solchen Substanzen, die auf diese Weise zerlegt werden, gewöhnlich nur in Kieselsäure bestehen) zu trennen und aufzulösen. Die abgeschiedene Kieselsäure kann man dann sehr leicht durch Filtration und Aussüssen mit Wasser von der Auflösung absondern und nöthigenfalls vor dem Löthrohre mit Soda prüfen.

Enthält die Substanz Eisenoxyd, so wird dieses bei der Schmelzung zu Oxydul reducirt, aber bei der Behandlung der geschmolzenen Masse mit Chlorwasserstoffsäure nicht vollständig wieder auf die Stufe des Oxydes gebracht, und am unvollständigsten, wenn der Gehalt an Eisen sehr bedeutend ist. Da aber gerade dieses zur sichern Auffindung der einzelnen Bestandtheile wesentlich nothwendig ist, so muss man die von der Kieselerde abfiltrirte Flüssigkeit, zu welcher man auch noch das erste Aussüsswasser bringt, in einem Probirglase bis zum Kochen erhitzen, hierauf mit einigen Tropfen Salpetersäure versetzen und nochmals erhitzen, damit das Eisenoxydul in Oxyd umgeändert wird. Will man bei der Behandlung der geschmolzenen Probe mit Chlorwasserstoffsäure nicht auf eine Bildung von Schwefelwasserstoffgas Rücksicht nehmen, so kann man die zur Oxydation des Eisenoxyduls nöthige Salpetersäure auch sogleich vor dem Abdampfen zusetzen.

Die in der von der Kieselsäure abfiltrirten Flüssigkeit befindlichen basischen Bestandtheile der Substanz scheidet man nach Methoden, die bei den einzelnen qualitativen Proben auf verschiedene Erden angegeben werden sollen.

Schmelzung der Substanzen mit Salpeter oder mit doppelt-schwefelsaurem Kali.

Das Schmelzen mit Salpeter geschieht zuweilen nur in dem Oehr eines Platindrahtes, öfter aber auch in einem Platinlöffel[*]. Pulverförmige und pulverisirbare Substanzen vermengt man im feingeriebenen Zustande sogleich mit der nöthigen Menge von Salpeter im Mörser; Metallgemische, die sich nicht pulverisiren lassen, muss man mit Hülfe des Hammers oder der Feile so viel als möglich zu zertheilen suchen. Wie viel man Salpeter anzuwenden habe, richtet sich nach der Beschaffenheit der zu oxydirenden Substanz; gewöhnlich wendet man das 3- bis 4fache Volumen an, sobald die Substanz nicht sehr specifisch schwer ist. Sucht man in der Substanz nur einen einzigen Bestandtheil, so kann die Schmel-

---

[*] Das Platin wird zwar durch Salpeter auf der Oberfläche ein wenig oxydirt, aber dies ist so unbemerkbar, dass es durchaus keinen nachtheiligen Einfluss auf die Probe hat und man auch nicht fürchten darf, dass der Löffel bald schadhaft werde.

zung am Platindrahte erfolgen; das Gemenge muss aber dabei mit ein wenig Wasser befeuchtet und als ein Teig in das Oehr des Drahtes gestrichen werden. Zur Schmelzung wendet man die Oxydationsflamme an, und wenn die Masse nicht mehr schäumt, streicht man eine andere Portion von dem Teige an die schon geschmolzene Masse, schmelzt diese eben so zusammen und fährt so fort, bis die schmelzende Masse wegen zu gross gewordenen Volumens nicht mehr am Drahte hängen bleiben will. Bei einer solchen Schmelzung muss man aber den Platindraht schief und zwar so halten, dass sich das Oehr desselben nach unten gerichtet befindet, weil der Salpeter gern am Drahte herunterfliesst.

Vermuthet man, dass die Substanz nur äusserst wenig von dem zu suchenden Körper enthalte, oder beabsichtigt man mehrere Bestandtheile zu oxydiren, um sie in diesem Zustande weiter behandeln zu können, oder hat man es mit Metallgemischen zu thun, die sich nicht pulverisiren lassen, so muss man eine etwas grössere Menge von der Substanz zur Probe verwenden und die Schmelzung in dem kleinen Platinlöffel vornehmen. Man darf aber das ganze Gemenge nicht auf einmal in den Löffel schütten, sondern man muss im Anfange nur erst eine kleine Portion nehmen, weil beim Schmelzen Gase und Dämpfe entweichen, welche verursachen, dass die schmelzende Masse leicht übersteigt. Zuerst erhitzt man den Löffel mit der Oxydationsflamme ausserhalb des Bodens, dann leitet man diese Flamme in den Löffel und schmelzt das Ganze so lange, bis es ruhig wird. Hierauf trägt man den übrigen Theil des Gemenges in eben solchen Portionen nach, und schmelzt nach jedesmaligem Nachtragen das Ganze so lange, bis kein starkes Aufschäumen mehr wahrzunehmen ist. Bei einer solchen Schmelzung muss man die Lage des Löffels so vor der Löthrohrflamme verändern, dass alle im Löffel befindlichen Theile des zu schmelzenden Gemenges von ihr getroffen werden und der Löffel stets rothglühend erscheint.

Von Metallgemischen können nur solche mit Salpeter im Platinlöffel behandelt werden, die sich leicht oxydiren und sich nicht mit dem Platin in der Temperatur, die man mit dem Löthrohre hervorzubringen im Stande ist, verbinden. Die Schmelzung eines Metallgemisches mit Salpeter beschränkt sich auch eigentlich nur auf die Auffindung sehr geringer Mengen von Arsen in solchen Metallen, von denen es schwer zu trennen ist und die nur ausserordentlich schwer schmelzen, wie z. B. Nickel und Kobalt.

Das Schmelzen einer Substanz mit doppelt-schwefelsaurem Kali geschieht allemal in dem grössern Platinlöffel, und zwar auf dieselbe Weise wie mit Salpeter und am besten in der Flamme der Spirituslampe; die Substanz muss aber vollkommen getrocknet, vorher fein gepulvert, und, wenn sie schwer zersetzbar ist, geschlämmt worden sein. Geschieht die Schmelzung mit der Flamme des Löthrohrs, so können sehr leicht durch zu starke Hitze einige schwefelsaure Salze, die man bei einer solchen Schmelzung bildet, zum Theil ihrer gebundenen Säure wieder beraubt werden. Unternimmt man aber die Schmelzung in der Flamme der Spirituslampe, wo man anfangs den Löffel nur unmittelbar über das Ende der Flamme hält und, nachdem die Gase grösstentheils entwichen sind, nach und nach tiefer in die Flamme senkt, so wirkt die Hitze von allen Seiten auf den Boden des Löffels gleichmässig ein, die schmelzende Masse wird nur schwach rothglühend und die sich bildenden Salze werden nicht zerstört*).

Muss man viel von dem sauren Salze anwenden, so wird der Löffel manchmal voll, ehe noch das ganze Gemenge eingetragen ist. In diesem Falle ist man genöthigt, die flüssige Masse über dem Amboss auszugiessen und das übrig gebliebene Gemenge nachzuschmelzen. Auch ist es sogar rathsam, die geschmolzene Masse auszugiessen, weil man dieselbe nach dem Erkalten im Stahlmörser leicht pulvern und in diesem Zustande in kürzerer Zeit in Wasser auflösen kann. Die Menge des anzuwendenden doppelt-schwefelsauren Kali's richtet sich nach den verschiedenen Bestandtheilen der zu schmelzenden Substanz; so ist z. B. zu Eisenoxydul 3,6mal, zu Kalkerde 4,5mal, zu Talkerde 6mal und zu Thonerde 7,8mal so viel, dem Gewichte nach, doppelt-schwefsaures Kali erforderlich, um sie in schwefelsaure Salze zu verwandeln. Man verführt jedoch allemal vorsichtiger, wenn man etwas mehr von dem sauren Salze nimmt, als gerade nöthig ist, weil die Oxyde des Eisens und der Thonerde bei anhaltend starker Hitze leicht einen Theil ihrer gebundenen Schwefelsäure wieder verlieren.

Die beim Schmelzen einer Substanz mit Salpeter oder doppelt-schwefelsaurem Kali entstehende feste Masse, sie mag sich nun am Platindrahte oder im Platinlöffel befinden, kann, wenn man sie nicht ausgegossen hat, nicht gut pulverisirt und in diesem Zustande in Wasser aufgelöst werden, weil man beim Losbrechen derselben das Platin leicht beschädigen kann; man ist daher genöthigt, den Draht oder den Löffel mit der geschmolzenen Masse in ein dem Volumen der Masse angemessenes Porcellanschälchen zu legen, mit der zur Auflösung nöthigen Menge von Wasser zu übergiessen und das Gefäss auf das Drahtgitter über die Lampenflamme zu stellen. Während das Wasser warm wird, löst sich gewöhnlich die

*) Für solche Schmelzungen ist es von Vortheil, die Flamme mit einem Cylinder von Eisenblech, der etwa bis zur Spitze der Flamme reicht, seinen Stand auf der gläsernen Lampe hat und am untern Ende mit mehreren Oeffnungen versehen ist, zu umgeben.

Masse vom Platin los und kann dann mit dem Pistill des
Achatmörsers zerdrückt werden. In den meisten Fällen kann
man das Wasser bis zum Kochen erhitzen und dadurch die
Salzmasse leicht auflösen. Ist aber eine titansäurehaltige Substanz mit doppelt-schwefelsaurem Kali geschmolzen worden,
um die Titansäure auflöslich zu machen, und man hat die
geschmolzene Masse mit etwas mehr als der zur Auflösung
derselben gerade nöthigen Menge Wassers übergossen, so
darf man dasselbe nicht bis zum Kochen erhitzen, weil sich
sonst die Titansäure nicht vollständig auflöst und derjenige
Theil, welcher in einer niedern Temperatur aufgelöst worden
ist, wieder ausgefällt wird. —

Bei diesen Arbeiten auf nassem Wege erhält man Rückstände und Niederschläge, die man, nachdem sie abfiltrirt,
einer weitern Untersuchung unterwerfen will und deshalb
häufig trocknen muss. Ist die zu trocknende Masse in hinreichender Menge vorhanden, so legt man das Filtrum auseinander und auf doppelt zusammengelegtes Löschpapier,
schabt die Masse mit dem Spatel weg, bringt sie in ein Porcellanschälchen und trocknet sie in demselben über der Lampenflamme. Ist die Menge des Rückstandes oder des Niederschlags nur unbedeutend, so hält man das entfaltete Filtrum
gegen das Tageslicht, schneidet mit der Scheere die leeren
Theile des Papiers weg und trocknet den übrigen Theil mit
der darauf liegenden Masse in einem Porcellanschälchen ebenfalls sogleich über der Lampenflamme. Das trockne Papier
legt man doppelt zusammen, hängt es an einen Platindraht,
zündet es an dem einen Ende an und lässt es über einem
reinen Porcellanschälchen verbrennen, wo man dann den
Rückstand mit ein wenig Kohle vermengt im Schälchen findet. Diese Kohlentheile kann man zwar sehr leicht im Platinlöffel verbrennen, man hat es aber nicht nöthig, wenn man
die trockene Masse mit Flüssen weiter behandeln will, weil
sie dabei zerstört werden.

Ueber die bei den Untersuchungen auf nassem Wege in
Anwendung kommenden gewöhnlichen chemischen Operationen
(Fällen, Decantiren, Filtriren, Aussüssen etc.) hier Weiteres
mitzutheilen, dürfte überflüssig sein, da wohl Jeder, der sich
mit Löthrohruntersuchungen beschäftigt, hiervon einigermassen
Kenntniss hat, oder doch in jeder „Anleitung zu chemischen
Analysen" den erforderlichen Aufschluss leicht finden kann.

II. Qualitative Proben der Mineralien, Erze und Hüt-
tenprodukte auf metallische und nichtmetallische Kör-
per vor dem Löthrohre.

In dieser Abtheilung sind vor der Beschreibung einer
jeden Probe

1) alle diejenigen Mineralien und Hüttenprodukte genannt, in denen der zu suchende Stoff einen wesentlichen Bestandtheil ausmacht;

2) bei den Silicaten, die sich weniger leicht von einander unterscheiden lassen als die übrigen oxydirten Mineralien, das Verhalten derselben für sich im Löthrohrfeuer, und zwar in Bezug auf ihre relative Schmelzbarkeit, so weit sie bekannt ist, durch die Zahlen I, II, III und den Buchstaben A unmittelbar nach dem Namen des Minerals mit angedeutet, weil dadurch bei der Vergleichung eines fraglichen Minerals mit den bereits bestimmten Mineralien eine Erleichterung gewährt wird;

I　bedeutet, dass das Silicat leicht zur Kugel schmelzbar sei,

I—II　„　dass dasselbe schwer zur Kugel schmelzbar sei,

II　„　dass es leicht an den Kanten geschmolzen werden könne,

II—III　„　dass es schwer an den Kanten geschmolzen werden könne,

III　„　dass es unschmelzbar sei, und

A　„　Aufblähen, Aufwallen, Aufschäumen, sich Verzweigen;

3) ist das Verhalten der in Wasser unlöslichen Salze, der Silicate, der Aluminate und der Verbindungen von Metalloxyden im gepulverten Zustande zu Chlorwasserstoffsäure, so weit als es bekannt ist, durch deutsche Ziffern bezeichnet;

1　bedeutet, dass das Mineral in Chlorwasserstoffsäure vollkommen löslich oder vollkommen zersetzbar sei,

1 G　„　dass bei Silicaten die Kieselsäure dabei im gelatinösen Zustande ausgeschieden werde,

1—2　„　dass das Mineral in Chlorwasserstoffsäure schwer vollständig löslich oder zersetzbar sei,

2　„　dass dasselbe in Chlorwasserstoffsäure unvollständig löslich oder unvollständig zersetzbar sei, und

3　„　dass es in Chlorwasserstoffsäure unlöslich oder unzersetzbar sei.

Ferner ist

4) zur bessern Uebersicht über die Zusammensetzung der Mineralien bei jedem einzelnen, wo es (mit wenig Ausnahmen) zuerst genannt wird, dessen chemische Formel mit beigefügt und endlich auch

5) bei denjenigen Mineralien, welche in Bezug ihres Metallgehaltes dem Berg- und Hüttenmann von besonderem Interesse sind, die metallischen Bestandtheile nach Procenten mit angegeben, damit der in irgend einem fraglichen Minerale v. d. L. gefundene Metallgehalt leicht mit dem eines bekannten Minerals verglichen werden kann.

A) Proben auf Alkalien und Erden.

1) Kali = $\dot{\text{K}}$.

Vorkommen desselben im Mineralreiche.

Das Kali findet sich nie frei, sondern nur in Verbindung mit Chlor, Schwefelsäure und Salpetersäure in einigen Salzen, und mit Kieselsäure in mehreren Silicaten.

a) Mit Chlor in folgenden Salzen:

Sylvin = KCl;

Carnallit = $KCl + 2 MgCl + 12 \dot{H}$;

Kremersit = $(K, NH^4) Cl + FeCl^3 + 3 \dot{H}$;

b) mit Schwefelsäure im:

Glaserit = $\bar{\dot{K}S}$ und Micsenit = $\bar{\dot{K}}\bar{S}^2$;

Alaunstein, $2 = \bar{\dot{K}S} + \bar{\bar{Al}}\bar{S}^3 + 2 \bar{\bar{Al}}\dot{H}^3$, gewöhnlich mit etwas $\bar{S}i$, $\bar{N}a\bar{S}$, $\bar{C}a\bar{S}$, $\bar{B}a\bar{S}$ gemengt;

Löwigit = $\bar{\dot{K}S} + 3 \bar{\bar{Al}}\bar{S} + 9 \dot{H}$;

Kalialaun = $\bar{\dot{K}S} + \bar{\bar{Al}}\bar{S}^3 + 24 \dot{H}$;

Pikromerit = $\bar{\dot{K}S} + \bar{\dot{M}g}\bar{S} + 6 \dot{H}$;

Cyanochrom = $\bar{\dot{K}S} + \bar{\dot{C}u}\bar{S} + 6 \dot{H}$;

Polyhalith = $[(\bar{\dot{K}S} + \bar{\dot{M}g}\bar{S}) + \dot{H}] + (2 \bar{\dot{C}a}\bar{S} + \dot{H})$, excl. geringer Mengen von NaCl und $\bar{F}e$;

Gelbeisenerz, kalihaltiges, $1 = 4 \bar{\bar{Fe}}\bar{S} + \bar{\dot{K}S} + 9 \dot{H}$ excl. geringer Mengen von $\bar{C}a\bar{S}$ und $\bar{NH^4}\bar{S}$; enth. 46,7 Fe;

Jarosit = $\bar{\dot{K}S} + 5 \bar{\bar{Fe}}\bar{S} + 10 \dot{H}$;

Voltait = $\bar{S}, \bar{\bar{Al}}, \bar{\bar{Fe}}, \dot{F}e, \dot{K}, \dot{H}$;

c) mit Salpetersäure im

Salpeter (Kalisalpeter) = $\bar{\dot{K}}\bar{\bar{N}}$, fast stets gemengt mit andern Salzen, z. B. $\bar{C}a\bar{S}$, KCl;

d) mit Kieselsäure in verschiedenen Silicaten, und zwar

 α) in *wasserfreien* Silicaten, oder solchen, die im Glaskolben nur geringe Mengen von Wasser geben; dahin gehören folgende:

Leucit, III, $1 = \dot{K}^3 \bar{S}i^2 + 3 \bar{\bar{Al}}\bar{S}i^2$ incl. mehr oder weniger $\dot{N}a$;

Hyalophan $3 = (\dot{K} \dot{B}a)^3 \bar{S}i + 3 \bar{\bar{Al}}\bar{S}i^2$;

Feldspath (Orthoklas), II, $3 = \dot{K} \bar{S}i + \bar{\bar{Al}}\bar{S}i^3$, zuweilen $\dot{N}a$,

Ca, Mg, Fe enthaltend; sowohl der gem. F. (Adular, Amazonenstein, fleischfarbiger F., Valencianit, Mikroklin, Loxoclas, Chesterlith, Perthit etc.), als auch der glasige F. von verschiedenen Orten;

Glimmer, und zwar:

Kaliglimmer. *a) lithionfreier*; hauptsächlich weisse aber auch braune und grüne Glimmer, I oder II (je nach der Höhe des Thonerdegehaltes), $3 = \overline{K}\overline{S}i + 2\,\overline{A}l\,\overline{S}i$; $\overline{K}\overline{S}i + 3\,\overline{A}l\,\overline{S}i$; $\overline{K}\overline{S}i + 4\,\overline{A}l\,\overline{S}i$. Er enthält gewöhnlich noch geringe Mengen von Na, Ca, Mg, Mn, Fe, Fl und H. Der Gehalt an Fluor steigt höchstens auf 1 p. c., die Menge des Wassers schwankt von 1 bis 6 p. c. und beträgt bei der Mehrzahl zwischen 2 und 4 p. c. *b) lithionhaltiger* I A, 2. Im Allgemeinen von derselben Zusammensetzung wie *a)*, nur tritt hier Li hinzu und das Mangan (Mn und Mn) mehr hervor. Der Gehalt an Wasser ist geringer, der an Fluor wesentlich höher (1,4 bis 10,2 p. c.) als in *a*. Im Lepidolith von Rozena und von Hebron in Maine (Nordamerika), sowie im Lithionglimmer von Zinnwald finden sich Rubidium- und Cäsiumoxyd; in letzterem auch Thallium. Magnesiaglimmer meist von dunkler, grüner, brauner oder schwarzer Farbe, II und II—III, $3 =$ Die meisten Varietäten lassen sich auf die Formel $\dot{R}^3\overline{S}i + \overline{A}l\,\overline{S}i$ zurückführen, in welchen $\dot{R} = \dot{K}$ (Na), Mg und Fe, auch wohl eine theilweise Vertretung von $\overline{A}l$ durch $\overline{F}e$ vorausgesetzt wird. Der Magnesiagehalt ist wesentlich und geht bis zu 30 p. c., Thonerde ist in geringerer Menge da als im Kaliglimmer. Fluor ist fast immer und Wasser häufig vorhanden.

Manche Glimmer (Kali- und Magnesiahaltige) zeigen einen Titansäuregehalt (1 bis 3, 3 p. c.).

Fuchsit, ein Kaliglimmer mit beinahe 4 p. c. Chromoxyd.

Chromglimmer, ein beinahe 6 p. c. Chromoxyd enthaltender Magnesiaglimmer.

Baulit (Krablit), II, $3 = (\dot{K}, \dot{N}a, \dot{C}a)\,\overline{S}i^2 + \overline{A}l\,\overline{S}i^4$ excl. Mg, Fe, Mn.

Diploit (Latrobit), II A, $3 = (\dot{C}a, \dot{K}, \dot{M}n, \dot{M}g)^3\,\overline{S}i + 4\,\overline{A}l\,\overline{S}i$ excl. H, einige Procent $\overline{A}l$ ersetzt durch $\overline{M}n$.

Lepidomelan, I—II, $1 = (\dot{F}e, \dot{K})^3\,\overline{S}i + 3\,(\overline{A}l, \overline{F}e)\,\overline{S}i$ excl. Ca, Mg. H;

Eläolith, I A, 1 G $\Big\}$ Nephelin, II, 1 G $= (\dot{N}a, \dot{K})^2\,\overline{S}i + 2\,\overline{A}l\,\overline{S}i$, excl. Ca, Mg, Fe, H;

Couzeranit, I—II, $3 = 3\,(\dot{C}a, \dot{M}g, \dot{K}, \dot{N}a)\,\overline{S}i + 2\,\overline{A}l\,\overline{S}i$;

Weissit, II = (Ṁg, Ḟe, Ṁn, K̇, Ṅa)³ S̄i² + 2 Ā̄l S̄i² excl. Ḣ;

Perlstein (Sphärolith), II A = S̄i, Āl, K̇, Ṅa, Ċa, Ṁg, F̄e (Ṁn, Ḣ);

Tachylith, I, 1 = (Ḟe, Ċa, Ṁg, Ṅa, K̇)³ S̄i² + Āl S̄i, excl.
  Ṫi, Ṁn, Ḣ, ṄḢ³; von ähnlicher Zusammensetzung ist der
  Sideromelan, derselbe enthält jedoch keine Ṫi und das Ḟe
  als F̄e.

Melilith, I, 1 G
Humboldtilith, I—II, 1 G } = 2(Ṅa, K̇, Ṁg, Ċa)³ S̄i + (Ḟe, Āl) S̄i;

β) in *wasserhaltigen* Silicaten:

Pollux, II, 1 = S̄i, Āl, K̇,*) Ṅa, Ḣ mit wenig Ċa, F̄e und L̇i;

Algerit, II—III, A = K̇S̄i + Āl² S̄i² + 3 Ḣ.

Damourit, II, 1 = K̇ S̄i + 3 Āl S̄i + 2 Ḣ;

Agalmatolith, II—III, 3 = K̇ S̄i² + 3Āl S̄i + 3 Ḣ;

Rosellan (Rosit), II = (K̇, Ċa, Ṁg)³ S̄i² + 6 Āl S̄i + 6 Ḣ,
  excl. Ḟe, Ṁn; ganz ähnliche Verbindungen sind der Polyargit und Wilsonit.

Onkosin, I—II A, 3 = (K̇, Ṁg)³ S̄i⁴ + 6 Āl S̄i + 3 Ḣ;

Zeagonit (Gismondin), III, 1 G = 3 (Ċa, K̇)³ S̄i + 2 Āl S̄i
  + 9 Ḣ;

Apophyllit, I A, 1 = 8 Ċa S̄i + K̇ S̄i² + 16 Ḣ. Das niemals fehlende Fl (0, 46 bis 1, 71 p c.) ist vielleicht in Verbindung mit einem Theile des K als K̇ Fl vorhanden.

Xylochlor wie Apophyllit, enthält geringe Mengen von Āl,
  Ṁg und Ḟe;

Gongylit, II—III = 2 Ṙ S̄i + R̄² S̄i² + 3 Ḣ, worin Ṙ =
  Ṁg und K̇ und R̄ = Āl, F̄e, excl. geringer Mengen von
  Ṁn, Ċa und Ṅa.

Groppit, II = (Ṁg, Ċa, K̇, Ṅa)³ S̄i + (Āl, Ḟe) S̄i + 2 Ḣ;

Herschelit, I, 1 = [(Ṅa, K̇²) S̄i² + 3 Āl S̄i²] + 15 Ḣ;

Pinit, II, 2 und zwar P. von Penig = [(K̇, Ṅa, Ḟe, Ṁg, Ċa)³
  S̄i² + 3 (Āl, Ḟe) S̄i] + 2 Ḣ; P. von Aue = (Ṙ³ S̄i² +
  3 R̄ S̄i) + (Āl S̄i² + 6 Ḣ);

Pinitoid, 3 = 3 (Ḟe, K̇, Ṅa, Ṁg) S̄i + 4 Āl S̄i + 3 Ḣ;

Gigantolith, I—II A = (Ṁg, Ṁn, K̇, Ṅa)³ S̄i² + 2 (Āl Ḟe)
  S̄i + 3 Ḣ; von ähnlicher Zusammensetzung sind der Liebenerit, Gieseckit, Iberit, Killinit.

---

*) Nach Pisani ist in diesem seltenen Mineral Kali nur in Spuren, da-
gegen Cäsiumoxyd in ziemlicher Menge (34.07 p. c.) enthalten.

Chabasit, (Acadiolith, Levyn,
　　Mesolin) I A, I
Gmelinit, (Sarcolith Hydrolith)
　　I A, 1 G
$= (\overset{.}{C}a, \overset{.}{N}a, \overset{.}{K})^3 \overset{..}{S}i^3 + 3 \overline{A}l \overset{..}{S}i^3 + 18\overset{.}{H}$

Phakolith, 1 A $= 2 (\overset{.}{C}a, \overset{.}{N}a, \overset{.}{K}) \overset{..}{S}i + \overline{A}l^2\overset{..}{S}i^3 + 10\overset{.}{H}$;

Pyrargillit, III, 1 $= (\overset{.}{F}e, \overset{.}{M}n, \overset{.}{M}g, \overset{.}{N}a, \overset{.}{K})\overset{..}{S}i + \overline{A}l \overset{..}{S}i + 4\overset{.}{H}$,
　　ist nach G. Bischof ein Umwandlungsprodukt des Cordierits;

Harmotom
Kalk-Harmotom (Phillipsit), I A, 1 G $= (\overset{.}{C}a, \overset{.}{K}, \overset{.}{N}a)^3 \overset{..}{S}i^3 + 3\overline{A}l \overset{..}{S}i^3 + 15\overset{.}{H}$.

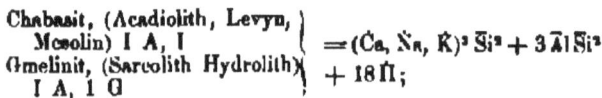

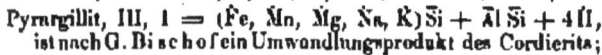

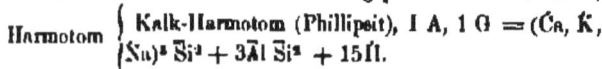

Ausser den genannten Silicaten giebt es noch mehrere Mineral-Substanzen, die mehr oder weniger Kali enthalten, in denen es aber meist nur untergeordnet auftritt, z. B.:

Albit,
Pektolith,　　s. Natron;
Eudialyt
Stilbit, s. Kalkerde;
Palagonit, s. Kalkerde;
Villarsit, s. Talkerde;
Polymignit, s. Yttererde;
Parisit, s. Cer;
Psilomelan, s. Mangan;

Obsidian, II, A, 3 $= \overset{..}{S}i, \overline{A}l, \overset{.}{K}, \overset{.}{N}a, \overset{.}{C}a, \overset{.}{M}g, \overset{.}{F}e, \overset{.}{M}n$; in seiner Mischung verschieden;

Bimsstein, II A, 3 $= \overset{..}{S}i, \overline{A}l, \overset{.}{N}a, \overset{.}{K}, \overset{.}{F}e, \overset{.}{M}n, \overset{.}{C}a, \overset{.}{M}g$, zuweilen Cl, Ti und H enthaltend;

Lava, s. Natron;
Trachit, dessen Hauptmasse aus Feldspath besteht;
Phonolith (Klingstein), III, aus Kali-Natronfeldspath und andern Silicatverbindungen bestehend;
Porphyr, ein Gemenge von Kali- und Natronfeldspath und Quarz, zuweilen auch andere Silicate enthaltend;
Syenit, dessen Hauptgemengtheile ausser Hornblende, zwei verschiedene Feldspäthe, nämlich Orthoklas und Andesin sind;
Meteorsteine, aus kieselsauren Verbindungen (Angit, Hornblende, Albit, Labrador, Anorthit), Chromeisen, Magneteisen, Oxyden von Zinn, Nickel und Kupfer, ferner, Arsensäure, Phosphorsäure, Titansäure, Schwefeleisen und gediegenem Eisen bestehend;
Zeichenschiefer $= \overset{..}{S}i, \overline{A}l, \overset{.}{K}, \overset{.}{N}a. \overset{.}{M}g, \overset{.}{F}e, C, \overset{.}{H}$;

Probe auf Kali.

In den leicht schmelzbaren Kalisalzen (phosphorsaures und borsaures Kali ausgenommen), so wie in den Verbindungen des Kaliums mit Chlor, Brom etc., erkennt man dieses Alkali sogleich, wenn man eine kleine Menge derselben in dem

Oehr eines Platindrahtes mit der Spitze der blauen Flamme
schmilzt. Die äussere Flamme wird dabei allemal, sobald die
Substanz vollkommen frei von Natron ist, und der Platindraht völlig rein war, mehr oder weniger stark violett gefärbt (S. 91).

Enthält ein Salz ausser Kali auch Natron, oder Lithion,
so erscheint die äussere Löthrohrflamme nicht rein violett,
Salze und Ver- sondern entweder mehr oder weniger gelb vom
bindungen d. Ka-
lium mit Chlor Natron oder roth vom Lithion, so dass das Kali
etc. durch diese einfache Probe entweder gar nicht,
oder nicht mit völliger Gewissheit aufgefunden werden kann.
Ist indessen der Gehalt an Natron oder Lithion nur gering,
so wird die äussere Flamme in der Nähe der Probe zuweilen
doch so deutlich violett gefärbt, dass man mit einer solchen
Reaction zufrieden sein kann. Steigt aber der Gehalt an
Natron bis zu einigen Procenten, so ist auch selbst in der
Nähe der Probe eine violette Färbung nicht mehr wahrzunehmen.

In diesem Falle lässt sich das von Harkort vorgeschlagene Verfahren anwenden. Man schmilzt nämlich in dem
Oehr eines Platindrahtes etwas Borax (dem man noch eine
kleine Menge von Borsäure zusetzt) zur Perle und löst in derselben so viel reines (namentlich kobaltfreies) Nickeloxydul
auf, dass das Glas nach dem Erkalten bräunlich erscheint.
Zu diesem Glase setzt man einen nicht zu geringen Theil
von dem auf Kali zu untersuchenden Salze, schmilzt es im
Oxydationsfeuer damit zusammen und sieht dann nach, ob
das Glas nach der Abkühlung eine bläuliche Färbung angenommen hat, in welchem Falle auch das Salz wesentlich
kalihaltig ist. Diese Probe, welche indess nur dann anwend-
bar ist, wenn das Kali sich in sehr grosser Menge in dem
Salze vorfindet, beruht auf der Beobachtung von Lampadius,
dass das Nickeloxydul das Kaliglas blau, das Natronglas hingegen braun färbt.

Das einfachste Mittel, das Kali in Salzen, welche in
Folge eines grössern oder geringern Natrongehaltes eine violette Färbung der Flamme nicht mehr erkennen lassen, mit
Sicherheit aufzufinden, ist nach Cartmell*) die Betrachtung
der Flammenfärbung durch ein tiefblau gefärbtes Kobaltglas oder eine Schicht Indigolösung**). Der Kaligehalt giebt
sich je nach der Dicke des durchstrahlten Mediums durch
eine violette oder ponceaurothe Farbe zu erkennen, während
die Natronfärbung bei sehr grossen Mengen desselben blau

---

*) Philosoph Magaz. for November 1858, desgl. auch Bunsen in den
Annal. der Chemie und Pharmacie, Bd. CXI, Hft 3.
**) Die Lösung, welche filtrirt sein muss, enthält auf 1500 bis 2000
Theile Wasser einen Theil Indigo in 8 Theilen rauchender Schwefelsäure
aufgelöst.

erscheint, bei kleineren aber unsichtbar ist. Zu dieser Probe kann man sich eben so wohl der Flamme eines Bunsen'schen Brenners (S. 11, Fig. 9), als auch der blauen Löth- rohrflamme bedienen. Zur bequemen Beobachtung im letztern Falle eignet sich ein kleines Stativ, Fig. 71. In dem bleiernen oder eisernen Fusse desselben ist ein Röhrchen *h* befestigt, in welchem der obere Theil *s*, der in einer Klemme die Kobaltglasplatte *g* trägt, beliebig verschiebbar ist. Durch einige Versuche erlangt man bald die richtige Stellung des Glases zwischen Auge und Flamme und die Uebung, den Platindraht mit der Probe in die Richtung und Spitze der (durch das Glas nicht sichtbaren) blauen Flamme zu halten. Für die Indigolösung kann man sich aus Glasplatten ein kleines offenes Gefäss mittelst geeigneten Kitts herstellen, welches seinen Platz ebenfalls auf einem kleinen Stativ vor der Flamme findet.

Fig. 71.

Sind in der Probe Substanzen, welche die Flamme leuchtend machen (also mit Kohleausscheidung verbrennende organische Stoffe), so müssen diese durch vorheriges Glühen der Probe beseitigt werden, indem man sonst durch das Glas dieselbe violette Färbung wie beim Kali wahrnimmt. Auch darf man die von dem glühenden Platindrahte ausgehenden ebenfalls violetten und rothen Strahlen nicht mit der eigentlichen Kalifärbung verwechseln, welche sich vielmehr von der Probe aus nach der Spitze der Flamme fortzieht.

Da die Lithionflamme durch Kobaltglas von mässiger Dicke oder eine dünne Schicht Indigolösung betrachtet, carminroth erscheint, hingegen durch sehr starkes oder sehr dunkel gefärbtes Glas oder eine dickere Schicht Indigolösung nicht mehr sichtbar ist, während die rothe Färbung der Kaliflamme immer noch deutlich durchscheint, so muss diess bei der Nachweisung des Kali's und gleichzeitigen Gegenwart des Lithion's berücksichtigt und in einem solchen Falle stärkeres oder dunkler gefärbtes Glas, dessen Wirkung man vorher an reinen Salzen geprüft hat, angewendet werden.

Nach den Beobachtungen von Merz (Journ. f. prakt. Ch. Bd. 80 S. 491) ist die Lithionflamme durch grünes Glas nicht sichtbar, während die Flamme des Kali's blaugrün (ebenso die des Baryts, die des Natrons dagegen orangegelb) erscheint; man kann daher auch in dem zuletzt erwähnten

Falls anstatt des stärkeren Kobaltglases oder der Indigolösung
ein grüngefärbtes Glas benutzen.

In kieselsauren Verbindungen kann man den Gehalt an
Kali durch Färbung der Löthrohrflamme nicht mit Sicherheit
auffinden, weil diese Verbindungen fast immer
Silicate. mehr oder weniger Natron enthalten, welches die
Reaction auf Kali in der äussern Flamme unterdrückt. Aber
auch selbst bei denjenigen Silicaten, die frei von Natron sind,
ist die Veränderung der Farbe der äussern Flamme gewöhnlich so unbedeutend, dass sie durch das Auge gar nicht oder
nur undeutlich wahrgenommen werden kann. Auch lässt sich
das von Harkort vorgeschlagene Verfahren nicht anwenden,
weil der verhältnismässig immer nur geringe Gehalt an Kali
in diesen Silicaten ein von Nickeloxydul braun gefärbtes
Boraxglas gar nicht verändert.

Dagegen lässt sich nach Bunsen (a. a. O. S. 268) auch
bei den Silicaten das Kobaltglas und die Indigolösung mit
Vortheil zur Nachweisung des Kalis anwenden, wenn man
solche Verbindungen mit kali- und natronfreiem Gips in der
Flamme erhitzt, wobei sich kieselsaurer Kalk und flüchtiges
schwefelsaures Alkali bildet, welches die Flamme färbt. Auch
hier hat man bei Gegenwart von Lithion das oben Gesagte
zu berücksichtigen (s. auch Probe auf Lithion).

Mit Hülfe des nassen Weges lässt sich in Silicaten der
Gehalt an Kali, wenn derselbe nicht zu gering ist, ebenfalls
sicher auf folgende Weise auffinden.

Man schmilzt nach S. 143 ungefähr 100 Milligr. der ganz
fein geriebenen Substanz mit 100 Milligr. Soda und 100 Milligr.

Fig. 72.   Silicate.   Borax, (von welchen Salzen man sich vorher
überzeugt hat, dass sie völlig frei von Kali
sind), zu einer durchsichtigen blasenfreien Kugel *).
Zeigt sich die Probe bei einem ziemlich hohen Gehalt an
Kalkerde oder Talkerde sehr strengflüssig, so setzt man
noch etwas Borax nach. Die geschmolzene Kugel löst man
in einem Porcellanschälchen durch verdünnte Chlorwasserstoffsäure, löst die zur Trockniss eingedampfte
Masse mit sehr wenig Wasser auf, verdünnt mit Alkohol (jedoch nicht so stark, dass eine Ausfällung von
Salzen entsteht), filtrirt, oder giesst die klare spirituöse Flüssigkeit von der rückständigen Kieselerde in
ein kleines Probirglas ab und süsst die rückständige
Kieselerde mit 80grädigem Spiritus aus. Versetzt man
hierauf die klare Flüssigkeit mit einigen Tropfen einer
ziemlich concentrirten Auflösung von Platinchlorid, so
überzeugt man sich sogleich, ob die in Untersuchung

---

*) Der Kaligehalt der Kohle, welcher von dem verbrannten Theile
einer gewöhnlichen Kohle mit hinzu gebracht wird, ist so ausserordentlich

genommene Substanz Kali enthält oder nicht, und wenn Kali vorhanden ist, ob die Menge desselben bedeutend oder nur gering ist. Kennt man z. B. das Volumen des Doppelchlorids, welches sich ausscheidet, wenn man 100 Milligr. eines Feldspathes, dessen Gehalt an Kali durch die chemische Analyse vielleicht zu 14 Procent gefunden worden ist, auf vorbeschriebene Weise mit Soda und Borax aufschliesst, so lässt sich der Gehalt an Kali in anderen Silicaten aus der Menge des sich bildenden Doppelchlorids annähernd abschätzen und zwar am sichersten, wenn man ein Probirglas von circa 10 Millimeter Durchmesser anwendet, dessen unterer Theil eine kurze Röhre von etwa 2 Millimeter Durchmesser bildet, in welcher sich das krystallinische Kalium-Platinchlorid absetzen kann, wie nebenstehende Fig. 72 andeutet.

2) Natron = $\dot{N}a$.

Vorkommen desselben im Mineralreiche.

Das Natron findet sich ziemlich häufig, jedoch nie frei, sondern stets in Verbindung mit andern Körpern.

a) Als Natrium mit Chlor im

Steinsalz = NaCl, zuweilen Spuren von Salmiak enthaltend;

b) Als Natrium mit Fluor im

Kryolith, 1—2 = $3NaFl + AlFl^3$;

Chiolith, mit diesem Namen werden nach der Untersuchung von Rammelsberg zwei verschiedene Verbindungen bezeichnet: $3NaFl + 2AlFl^3$ und $2NaFl + AlFl^3$.

c) Mit Schwefelsäure in folgenden Salzen:

Thenardit (wasserfreies schwefelsaures Natron) = $\dot{N}a\bar{S}$, gemengt mit wenig $\dot{N}a\ddot{C}$;

Lecontit = $(\dot{N}a, \dot{K}, \dot{N}\dot{H}^4)\bar{S} + 2\dot{H}$.

Glaubersalz = $\dot{N}a\bar{S} + 10\dot{H}$, jedoch öfters mit andern Substanzen verunreinigt;

Glauberit (Brongniartin) = $\dot{N}a\bar{S} + \dot{C}a\bar{S}$;

Löweit = $2(\dot{N}a\bar{S} + \dot{M}g\bar{S}) + 5\dot{H}$ mit Spuren von $\bar{A}l$ und $\bar{F}e$;

Astrachanit = $(\dot{N}a\bar{S} + \dot{M}g\bar{S}) + 4\dot{H}$;

Natronalaun = $\dot{N}a\bar{S} + \bar{A}l\bar{S}^3 + 24\dot{H}$;

Gelbeisenerz, natronhaltiges, 1 = $4\bar{F}e\bar{S} + \dot{N}a\bar{S} + 9\dot{H}$.

Svanbergit, II—III, 2 = $\dot{N}a, \dot{C}a, \bar{A}l, \bar{S}, \bar{P}, \dot{H}$.

d) Mit Salpetersäure im

gering, dass er, wenn die Substanz frei von Kali ist, allein nicht aufgefunden werden kann und daher auf die Probe einen nachtheiligen Einfluss auch nicht äussert.

Natronsalpeter $= \dot{N}a\, \ddot{\bar{N}}$, excl. geringer Mengen von NaCl und $(\dot{K}, \dot{C}a)\ddot{S}$.

e) Mit **Kohlensäure** und **Wasser** in folgenden Salzen:
Soda. In dem natürlichen Salze scheint die Verbindung $\dot{N}a\dot{C}$ + H die Hauptmasse zu bilden, ausserdem sind besonders $\dot{N}a\ddot{S}$ und NaCl darin enthalten.

Trona (Urao) $= \dot{N}a^2\dot{C}^3$ + 4H, zuweilen $\dot{N}a\ddot{S}$ enthaltend;

Gay-Lussit, 1 $= \dot{N}a\dot{C} + \dot{C}a\dot{C}$ + 5H.

f) Mit **Borsäure** und **Wasser** im

Tinkal (Borax) $= \dot{N}a\,\ddot{B}^2$ + 10H und

Boronatrocalcit $= \dot{N}a\,\ddot{B}^2 + 2\dot{C}a\ddot{B}^2$ + 18 H excl. geringer
Mengen von $\dot{K}$, $\ddot{S}$ und Cl.

Hydroborocalcit, s. Kalkerde.

g) Mit **Kieselsäure** in mehreren Silicaten, und zwar
α) in *wasserfreien* Silicaten, die im Glaskolben entweder
gar kein Wasser oder nur Spuren davon geben; dahin gehören folgende:

Nephelin und Eläolith, s. Kali;

Natronspodumen (Oligoklas), I, 2 $= (\dot{N}a, \dot{K})\,\ddot{S}i + \ddot{\bar{A}}l\,\ddot{S}i^2$,
incl. geringer Mengen von $\dot{C}a$, $\dot{M}g$ und $\dot{F}e$;

Albit (Periklin, Tetartin), I—II, 3 $= (\dot{N}a, \dot{K})\,\ddot{S}i + \bullet\ddot{\bar{A}}l\,\ddot{S}i^3$,
incl. $\dot{C}a$, $\dot{M}g$, $\dot{F}e$;

Achmit, I, 2 $= \dot{N}a\ddot{S}i + \ddot{F}e\ddot{S}i^2$ excl. $\dot{C}a$, $\dot{M}n$, $\ddot{T}i$, H;

Glaukophan, I, 2 $= 3\,(\dot{N}a, \dot{F}e, \dot{M}g, \dot{C}a)^3\,\ddot{S}i^2 + 2\,\ddot{\bar{A}}l\,\ddot{S}i$;

Arfvedsonit, I A, 2 $= \dot{N}a\,\ddot{S}i + \ddot{F}e^3\ddot{S}i^2$, excl. $\dot{C}a$, $\ddot{\bar{A}}l$, $\dot{M}n$,
$\dot{K}$, Cl, Fl, H;

Bytownit, III $= (\dot{C}a, \dot{N}a, \dot{M}g)^3\ddot{S}i^2 + 3\,(\ddot{\bar{A}}l, \ddot{F}e)\,\ddot{S}i$ excl. H;

Andesin, I—II $= (\dot{N}a, \dot{K}, \dot{C}a, \dot{M}g)^3\,\ddot{S}i^2 + 3\,(\ddot{\bar{A}}l, \ddot{F}e)\,\ddot{S}i^2$;

Porcellanspath, I A. 1 $= (\dot{C}a, \dot{N}a)^3\,\ddot{S}i^2 + 2\,\ddot{\bar{A}}l\,\ddot{S}i$; nach **Fuchs**
und **Sebastianutl** soll dieses Mineral auch NaCl enthalten.

Saussurit, II, 3 $= (\dot{C}a, \dot{M}g, \dot{F}e, \dot{N}a)^3\,\ddot{S}i + 2\,\ddot{\bar{A}}l\,\ddot{S}i$;

Dipyr, I A, 2 $= 4\,(\dot{C}a, \dot{N}a)\,\ddot{S}i + 3\,\ddot{\bar{A}}l\,\ddot{S}i$; ganz ähnlich zusammengesetzt ist der Prehnitoid mit sehr geringen Mengen
von $\dot{F}e$, $\dot{M}n$ und $\dot{M}g$.

Hyposklerit, II—III $= \dot{R}^3\ddot{S}i^2 + 2\,\ddot{\bar{R}}\ddot{S}i^2$; $\dot{R} = \dot{C}a$, $\dot{M}g$, $\dot{N}a$,
$\dot{K}$, $\dot{C}e$, $\dot{L}a$, $\dot{M}n$ und $\ddot{\bar{R}} = \ddot{\bar{A}}l$, $\ddot{F}e$;

Labrador, I—II, 2 $= (\dot{C}a, \dot{N}a)\,\ddot{S}i + \ddot{\bar{A}}l\,\ddot{S}i$ incl. geringer Mengen
von $\dot{K}$, $\dot{M}g$ und $\dot{F}e$;

Tachylith, s. Kali;

Humboldtilith, s. Kali;

Indianit, I—II, $2 = (\dot{C}a, \dot{N}a)^3 \bar{S}i + 3\bar{A}l \bar{S}i$, excl. $\dot{F}e$ und $\dot{H}$;

Wichtyn (Wichtysit), I—II, $3 = (\dot{F}e, \dot{C}a, \dot{M}g, \dot{N}a)^3 \bar{S}i^2 + (\bar{A}l, \bar{F}e) \bar{S}i^3$;

Turmalin, s. Talkerde;

Sundvikit $= \bar{S}i, \bar{A}l, \bar{M}n, \dot{F}e, \dot{C}a, \dot{M}g, \dot{N}a, \dot{H}$.

Paralogit, 1, $= \bar{S}i \bar{A}l, \dot{C}a, \dot{N}a$ (10,8 p.c), $\dot{K}$.

Erlan, 1, $2 = \bar{S}i, \bar{A}l, \bar{F}e, \bar{M}n, \dot{C}a, \dot{M}g, \dot{N}a$.

β) *Wasserhaltige* Silicate.

Retinalith, III, $= 2\dot{N}a\bar{S}i + \dot{M}g^2\bar{S}i + 6\dot{H}$, excl. $\bar{A}l, \bar{F}e$;

Natrolith (Natron-Mesotyp), I A, $1 \dot{G} = \dot{N}a\bar{S}i + \bar{A}l \bar{S}i + 2 \dot{H}$, excl. $\dot{C}a, \bar{F}e$; ähnlich der Galaktit.

Analcim, I A, $1 = \dot{N}a^3 \bar{S}i^2 + 3\bar{A}l \bar{S}i^2 + 6 \dot{H}$;

Lehuntit, I A, $1 = (\dot{N}a, \dot{C}a) \bar{S}i + \bar{A}l \bar{S}i + 3\dot{H}$;

Pfeifenstein $= (\dot{N}a, \dot{C}a, \dot{M}g)^3 \bar{S}i^3 + 2\bar{A}l \bar{S}i^2 + 3\dot{H}$;

Brevicit, I—II $= (\dot{N}a, \dot{C}a)^3 \bar{S}i^2 + 3\bar{A}l \bar{S}i + 6\dot{H}$;

Pollux, s. Kali;

Pektolith, I, $1 = 3(\dot{N}a, \dot{K}) \bar{S}i + 4\dot{C}a^3\bar{S}i^2 + 3\dot{H}$, excl. geringer Mengen von $\bar{A}l, \bar{F}e$;

Saccharit, II, $2 = 2[(\dot{C}a, \dot{N}a)^3 \bar{S}i^2 + 3\bar{A}l \bar{S}i^2] + 3\dot{H}$;

Mesolith (Kalk- und Natron-Mesotyp), I A, $1 \dot{G} = [\dot{N}a\bar{S}i + \bar{A}l \bar{S}i + 2\dot{H}] + 2 [(\dot{C}a\bar{S}i + \bar{A}l \bar{S}i + 3\dot{H})]$;

Mesolith von Hauenstein, I A, $1 \dot{G} = \dot{N}a \bar{S}i + \bar{A}l \bar{S}i + 3\dot{H}] + [\dot{C}a\bar{S}i + \bar{A}l \bar{S}i + 3\dot{H}]$ oder $(\dot{C}a, \dot{N}a) \bar{S}i + \bar{A}l \bar{S}i + 3 \dot{H}$; zu den Mesolithen gehörig: der Natrimolith und vielleicht auch der Färolith.

Herschelit
Chabasit } s. Kali;
Gmelinit

Harringtonit, I A, $1 \dot{G} = (\dot{C}a, \dot{N}a) \bar{S}i + \bar{A}l \bar{S}i + 2\dot{H}$;

Krokydolith, I—II, $2 = (\dot{N}a, \dot{M}g)^3\bar{S}i^4 + 3\dot{F}e^3\bar{S}i^2 + x\dot{H}$, mit 34 Proc. $\dot{F}e$;

Thomsonit (Comptonit), I A, $1 \dot{G} = (\dot{C}a, \dot{N}a, \dot{K})^3 \bar{S}i + 3\bar{A}l \bar{S}i + 7\dot{H}$; ähnlich der Ozarkit.

Savit, II—III, $1 = 3 (\dot{N}a, \dot{K}, \dot{M}g) \bar{S}i^3 + \bar{A}l \bar{S}i + 2\dot{H}$.

Faujasit, I A, $1 = (\dot{C}a, \dot{N}a)^3 \bar{S}i^4 + 3\bar{A}l \bar{S}i^3 + 24\dot{H}$;

Ledererit, I A, $1 \dot{G} = (\dot{C}a, \dot{N}a)^3\bar{S}i^2 + 3\bar{A}l \bar{S}i^2 + 6\dot{H}$, excl. $\bar{P}$ und $\bar{F}e$;

Fahlunit, II, 3 = $(\dot{M}g, \dot{M}n, \dot{K}, \dot{N}a, \dot{F}e)^3 \bar{S}i^2 + 3(\bar{A}l, \bar{F}e)$
$\bar{S}i + 6\dot{H}$;

Pechstein, II, 3 = $\bar{S}i, \bar{A}l, \dot{C}a, (\dot{M}g), \dot{F}e, \dot{N}a, (\dot{K}), \dot{H}$;

Epistilbit, I A, 1 = $(\dot{C}a, \dot{N}a) \bar{S}i + 3 \bar{A}l \bar{S}i^3 + 6\dot{H}$; ganz
ähnlich der Parastilbit, jedoch nur mit $3\dot{H}$.

Pyrargillit
Phakolith } s. Kali.

γ) Silicate mit Sulphaten.

Noscan, I, 1 G = $(\dot{N}a^3 \bar{S}i + 3\bar{A}l \bar{S}i) + \dot{N}a \bar{S}$, excl. Cl und $\dot{H}$;

Skolopsit, I A, 1 G = $3(\dot{R}^3 \bar{S}i^2 + \bar{A}l \bar{S}i) + \dot{N}a \bar{S}$ excl. Cl.
$\dot{R} = \dot{N}a, \dot{K}, \dot{C}a, \dot{M}g, \dot{M}n.$

Lasurstein, wie Noscan; wird aber in Folge eines geringen
Gehaltes von Schwefeleisen (und Schwefelnatrium) durch
Chlorwasserstoffsäure unter Entwickelung von Schwefel-
wasserstoffgas zerlegt.

Hauyn, I, 1 G = $(\dot{N}a^3 \bar{S}i + 3 \bar{A}l \bar{S}i) + 2\dot{C}a \bar{S}i$;

Ittnerit, I A, 1 G = $9[\text{NaCl} + (\dot{R}^3 \bar{S}i + 3\bar{A}l \bar{S}i) + 6\dot{H}] +$
$10 [\dot{C}a \bar{S} + (\dot{R}^3 \bar{S}i + 3\bar{A}l \bar{S}i) + 6\dot{H}]$, (im ersten Gliede ist
Sodalith, im zweiten ein Hauyn mit der Hälfte $\dot{C}a \bar{S}$
enthalten.)

δ) Silicate mit Carbonaten.

Cancrinit, I A, 1 G unter Aufbrausen, = $2(\dot{N}a^3 \bar{S}i + 2\bar{A}l \bar{S}i)$
$+ [(\dot{N}a \dot{C} + \dot{C}a \dot{C}) + 2\dot{H}]$ excl. Spuren von Cl;

Stroganowit, I A, 1 unter Aufbrausen, = $[(\dot{C}a, \dot{N}a)^3 \bar{S}i +$
$2\bar{A}l \bar{S}i] + \dot{C}a \dot{C}$;

Davyn vom Vesuv, I, A, 1 unter Aufbrausen, = $\bar{S}i, \bar{A}l, \dot{C}a,$
$\dot{N}a, \dot{K}, \dot{F}e, \dot{C}$; wahrscheinlich mit Cancrinit identisch.

ε) Silicate mit niobsauren Metalloxyden.
Wöhlerit, s. Zirkonerde.

ζ) Silicate mit Chlormetallen.

Sodalith vom Vesuv, II, 1 G } = $NaCl + (\dot{N}a^3 \bar{S}i +$
Sodalith von Grönland, I A, 1 G } $3\bar{A}l \bar{S}i)$;

Eudialyt, I, 1 G = $\bar{S}i, \bar{A}l, \dot{F}e, \dot{M}n, \dot{Z}r, \dot{C}a, \dot{N}a, Cl$; von
ähnlicher Zusammensetzung ist der Eukolith, letzterer ent-
hält auch etwas $\dot{T}a$ und $\dot{C}o$ (La).

ι) Silicate mit Fluormetallen.

Leucophan, (Melinophan), 1 = $2 \text{NaFl} + (2\dot{C}a^3 \bar{S}i^2 + \bar{B}e^3 \bar{S}i^3)$
excl. etwas $\dot{K}$ und $\dot{M}n$.

Ausser den vorgenannten Salzen und Silicaten giebt es

noch mehrere Mineralsubstanzen, die mehr oder weniger
Natron enthalten; es sind dies hauptsächlich folgende:

Leucit
Feldspath } s. Kali;
Perlstein

Spodumen } s. Lithion;
Petalit

Vesuvian } s. Kalkerde;
Xanthophyllit

Skapolith, in manchem, s. Kalkerde;

Basalt, zusammengesetzt aus mehreren Silicaten (Zeolith,
Olivin, Labrador, Augit) und Magneteisen;

Lava, wahrscheinlich ein Gemenge von natronreichem Leucit,
Augit und Magneteisen;

Obsidian
Bimsstein
Phonolith (Klingstein) } s. Kali.
Porphyr
Meteorsteine

Probe auf Natron.

Das Natron lässt sich in den oben angeführten natürlichen Salzen sowohl, als auch in jedem andern Salze, in
welchem es einen Bestandtheil ausmacht, sehr
leicht erkennen, wenn man eine ganz kleine Menge
des fraglichen Salzes in dem Oehr eines Platindrahtes mit der Spitze der blauen Flamme erhitzt
oder schmilzt, indem sogleich eine Vergrösserung und röthlichgelbe Färbung der äussern Flamme entsteht (S. 91). Diese
gelbe Färbung der Flamme findet noch Statt, wenn das Salz
ausser einer geringen Menge von Natron auch viel Kali und
Lithion enthält. Ist der Gehalt an Kali in einem Salze, (welches
frei von Phosphorsäure oder Borsäure ist), sehr bedeutend,
so wird die äussere Flamme in der unmittelbaren Nähe der
Probe nicht rein röthlichgelb, sondern mehr violett, aber weiter
entfernt, nur röthlichgelb gefärbt, so dass man daran recht
gut wahrnehmen kann, wenn der Gehalt an Natron viel geringer ist, als der an Kali. Bei Gegenwart von Lithion erscheint die vom Natron gelb gefärbte äussere Flamme um so
stärker mit Roth gemischt, je reicher das Salz an Lithion und
je ärmer dasselbe an Natron ist, so dass bei Gegenwart von
ziemlich viel Lithion und nur wenig Natron die äussere Flamme
nicht röthlichgelb, sondern gelblichroth gefärbt wird.

Bringt man nach Bunsen (Ann. d. Chem. u. Pharmac.
Bd. CXI Hft. 3) an einem Platindrahte eine kleine Probe
irgend eines flüchtigen Natronsalzes in den Schmelzraum der
Flamme eines Leuchtgasbrenners (S. 11 Fig. 9), so erscheint
ein in die Nähe gebrachter und mit dem von der Probe aus-

gehenden Lichte beleuchteter Krystall von saur. chromsaurem
Kali farblos. Eine schärfere Reaction erhält man, wenn man
statt dieses tiefrothen Salzes ein etwa 1 Quadratcentimeter
grosses mit Quecksilberjodid bestrichenes Papier anwendet,
dasselbe färbt sich dann weiss mit schwachem Stich ins Fahl-
gelbe. Kali, Lithion und Kalk verhindern diese Reaction nicht.

Nach Merz erscheint die Natronflamme durch grünes Glas
orangegelb, während die Kaliflamme blaugrün gefärbt,
die Lithionflamme aber unsichtbar ist.

In kieselsauren Verbindungen, wie namentlich in den
oben genannten natürlichen Silicaten, als auch in andern mehr
oder weniger schwer schmelzbaren zusammengesetzten Substanzen, kann die Gegenwart von Natron ebenfalls durch die röthlichgelbe Färbung der äussern
Flamme nachgewiesen werden, wenn man kleine Splitter davon in der Pincette der Spitze der blauen Flamme aussetzt.

Von besonderem Interesse ist die oben erwähnte Bunsen'sche Probe bei der Untersuchung der Silicate, welche
sich indess nur mit Hülfe der Flamme eines Leuchtgasbrenners
ausführen lässt. Man bedarf dazu einer Anzahl genau analy-
sirter Feldspathfossilien, welche nach ihrem zunehmenden Natrongehalte geordnet sind und im geglühten und pulverisirten
Zustand aufbewahrt werden. Bringt man aus derselben
sammt den zu untersuchenden Proben mit oder ohne Gips
gleichzeitig dergestalt einander gegenüber in den Schmelzraum
der Flamme, dass ausser den Proben selbst auch gleich lange
Drahtenden sich im Glühen befinden, so erscheint ein vor
der Flamme aufgestelltes Jodquecksilberpapier mehr oder weniger gebleicht. Entfernt man die zu bestimmende Probe aus
der Flamme und zeigt sich dabei auf dem Papier ein merklicher Uebergang nach Roth, so enthält dieselbe mehr Natron
als das zur Vergleichung benutzte Silicat, wird das Papier
dagegen merklich weisser, so findet das Gegentheil statt. Indem man auf diese Weise ermittelt, zwischen welche Nummern
die Reaction fällt, kann man den gesuchten Natrongehalt des
zu bestimmenden Fossils annähernd ermitteln. Bei der Probe
dürfen verschiedene Vorsichtsmassregeln nicht ausser Acht ge-
lassen werden, es muss hier jedoch wegen des Weitern auf
die oben citirte Abhandlung von Bunsen verwiesen werden.

3) Lithion = $\dot{L}i$.

Vorkommen desselben im Mineralreiche.

Das Lithion findet sich nie frei, sondern stets in Verbindung mit andern Körpern und zwar:

α) In phosphorsauren Verbindungen, theils mit, theils ohne
Fluormetalle, als:

Amblygonit, I 2, seine Zusammensetzung entspricht noch am
meisten der Formel: $[(Li, Na) Fl + Al Fl^3] + [(Li, Na)^3$
$\bar{P}^2 + \bar{A}l^3 \bar{P}^2]$.

Triphylin (Tetraphylin, Perowskyn), I 1, nach Rammelsberg $= (Li, Mg)^3 \bar{P} + 2 (Fe, Mn)^3 \bar{P}$.

b) In kieselsauren Verbindungen; dahin gehören:

Spodumen (Triphan) I A, $3 = (Na, Li)^3 \ddot{S}i^2 + 4 \bar{A}l \ddot{S}i^2$;

Petalit, II, $3 = (Li, Na)^3 \ddot{S}i^4 + 4 \bar{A}l \ddot{S}i^2$;

Kastor (wahrsch. Petalit), I—II, $3 = \dot{L}i \ddot{S}i^3 + 2 \bar{A}l \ddot{S}i^3$ (?) nebst
Spuren von $\dot{K}$ und $\dot{N}a$;

Turmalin, lithionhaltiger (Lithionturmalin) s. Talkerde;

Lepidolith, s. Kali;

Glimmer, lithionhaltiger (Lithionglimmer) aus Altenberg und
Zinnwald, s. Kali;

Skapolith (einige), s. Kalkerde.

Probe auf Lithion.

Das Lithion lässt sich in seinen Salzen sehr leicht auffinden, wenn man von denselben, je nach ihrer leichtern oder
schwerern Schmelzbarkeit, entweder in dem vorher
für sich auf seine Reinheit geprüften Oehr eines   Salze.
Platindrahtes, oder in der Pincette, eine kleine Menge der
Spitze der blauen Flamme aussetzt; es erfolgt, da das Lithion
die Eigenschaft besitzt, die äussere Löthrohrflamme carminroth zu färben, stets eine rothe Färbung dieser Flamme (S. 92).
Da indess mehrere Strontian- und Kalksalze ebenfalls eine
rothe Färbung in der äussern Flamme verursachen, so muss
hierauf Rücksicht genommen und das fragliche Salz noch
weiter geprüft werden, wie es bei der Probe auf Strontian-
und Kalkerde angegeben werden soll. Das Carminroth, welches
von einem reinen Lithionsalze hervorgebracht wird, kann bedeutend verändert erscheinen, wenn das Salz noch andere
Körper enthält, die ebenfalls die Eigenschaft besitzen, die
äussere Löthrohrflamme zu färben, wie z. B. Natron.

Ist das zu prüfende Lithionsalz frei von Natron, enthält
aber Phosphorsäure, welche eine bläulichgrüne Färbung in
der äussern Flamme verursacht, so entsteht kein Farbengemisch von Roth und Grün, sondern beide Farben erscheinen
getrennt. Dieses findet Statt bei der Prüfung des Triphy-
lins (S. 92).

Ein Gemenge von Lithion- und Kalisalzen in dem Oehr
eines Platindrahtes der Spitze der blauen Flamme ausgesetzt,
verursacht in der äussern Flamme eine rothe Färbung, deren
Intensität aber um so geringer ist und mehr rothviolett erscheint, je beträchtlicher der Gehalt des Kali's zu dem des

Lithions ist. Ein Gemenge von Lithion-, Kali- und Natron-
salzen bringt bei einem überwiegenden Gehalt an Lithion eine
gelblichrothe, dagegen bei einem überwiegenden Gehalt an
Kali nur ganz in der Nähe der Probe eine roth-
violette, weiter entfernt aber eine röthlichgelbe
Färbung in der äussern Flamme hervor. Ist der Gehalt an
Natron überwiegend, und man erhitzt die Probe mit der Spitze
der blauen Flamme bis zum Schmelzen, so wird die Reaction
auf Lithion und Kali unterdrückt und es erfolgt blos eine
röthlichgelbe Färbung in der äussern Flamme; berührt man
aber das Salzgemenge blos mit der äussern Flamme, und bläst
dabei nur ganz schwach, so kommt oft auf kurze Zeit eine
deutlich rothe Farbe zum Vorschein.

Als Ursache, dass die Reaction des Lithions durch Natron undeutlich oder bisweilen auch ganz unterdrückt wird,
ist nach Stein („Ann. der Chem. u. Pharm. von Wöhler
und Liebig," Bd. 52, S. 243) die zu hohe Temperatur anzunehmen. Derselbe hat gefunden, dass, wenn man die
Probe an den Platindraht anschmilzt, jedoch so, dass sie noch
porös bleibt, dann mit Talg tränkt und in einer Lichtflamme
erhitzt, die rothe Flamme des Lithions noch deutlich zu erkennen ist, selbst wenn auf 1 Theil Lithion mehr als 2000
Theile Natron kommen.

Bei der Probe auf Kali (S. 156) ist bereits angegeben,
welche Wirkung die Lithionflamme durch Kobaltglas oder Indigolösung betrachtet, hervorbringt. Man hat auf diese Weise
ein sicheres Mittel in Händen, Lithion im Gemenge mit Kali
und Natron nachzuweisen. Cartmell (a. a. O.) empfiehlt zu
diesem Behufe die Betrachtung der gemeinschaftlichen Flammenfärbung der genannten Basen (an einem Bunsen'schen
Brenner) neben einer reinen Kaliflamme durch eine Schicht
Indigolösung. Noch besser gelingt nach Bunsen (a. a. O.)
die Unterscheidung, wenn man die Folge der Farben-
veränderungen beobachtet, welche jede der neben einander erzeugten Flammen dadurch erleidet, dass man deren
Strahlen durch immer dicker werdende Schichten einer Indigolösung, die sich zu diesem Zwecke in einem aus Spiegel-
glasplatten zusammengesetzten Hohlprisma befindet, dem Auge
vorführt. Reines kohlensaures Lithion oder Chlorlithion zeigt
durch die dünnsten Schichten eine carminrothe Flamme, während Kali noch himmelblau bis violett erscheint. Die Lithionflamme wird aber mit zunehmender Dicke der Schicht immer
schwächer und verschwindet längst, ehe die dickste Schicht
der Lösung vor das Auge gelangt ist. Kalk und Natron sind
hierbei ohne Einfluss.

Da die genannten beiden Salze von allen Lithionverbin-
dungen die intensivste Färbung geben, so darf man nur die
Stelle des Prisma's, wo die Flammenfärbung dieser Körper

vollkommen ausgelöscht erscheint, durch eine Marke bezeichnen, um oberhalb derselben Schichten zu erhalten, durch welche man nur Kali und niemals Lithion wahrnehmen kann. Dieser Theil des Prisma's ersetzt dann völlig ein dickes Kobaltglas.

Bringt man nun eine Probe von einem lithionhaltigen Kalisalze in den Schmelzraum (Natron, wenn es nicht in allzu grosser Menge vorhanden ist, ändert diese Vorgänge nur wenig), und vergleicht die Flamme mit einer gegenüber erzeugten reinen Kaliflamme, so erscheint dann bei dünnen Schichten die lithionhaltige Flamme röther als die reine Kaliflamme, bei etwas dickern Schichten werden die Flammen gleich roth, wenn das Verhältniss des Lithions zum Kali sehr gering ist, herrscht Lithion vor, so nimmt die Intensität der roth gewordenen lithionhaltigen Flamme bei dickern Schichten merklich ab, während die reine Kaliflamme dadurch fast gar nicht geschwächt wird.

In Silicaten, welche Lithion enthalten, lässt sich dieses Alkali ebenfalls auch durch die Löthrohrflamme nachweisen. Ist der Gehalt an Lithion nicht zu gering, so giebt er sich durch eine rothe Färbung der äussern Flamme sogleich zu erkennen, wenn man kleine Splitter der Silicate in der Pincette der blauen Flamme aussetzt. Ist nun ein solches Silicat frei von Natron, so entsteht, während das Probestückchen schmilzt, eine intensiv purpurrothe Färbung in der äussern Flamme; dies ist z. B. der Fall mit dem Lithionglimmer von Altenberg und Zinnwald und dem Kastor. Weniger intensiv und rein, aber immer noch deutlich erkennbar, namentlich bei nicht zu starker Erhitzung, ist die Färbung beim Petalit und Spodumen.

Silicate, welche nur wenig Lithion enthalten, wie namentlich der Lithionturmalin und manche Skapolithe, färben die äussere Flamme fast gar nicht oder nur sehr undeutlich roth. In diesem Falle lässt sich die von Turner angegebene Methode anwenden: Man macht das möglichst feingepulverte Silicat mit einem Gemenge von 1 Theil Flussspath und $1\frac{1}{2}$ Theil doppelt-schwefelsaurem Kali und ein wenig Wasser zu einem Teige, streicht diesen in das Oehr eines Platindrahtes und schmelzt das Gemenge innerhalb der blauen Flamme zusammen, wobei man auf die Färbung der äusseren Flamme genau mit Acht giebt. Nach Merlot muss man zu 1 Theil des gepulverten Silicates 2 Theile von dem Gemenge nehmen, wenn die Reaction auf Lithion ganz sicher sein soll. Enthält das Silicat eine geringe Menge von Lithion, so wird die äussere Flamme davon roth gefärbt; jedoch nicht intensiv, sondern das Roth hat eine starke Neigung ins Violette vom Kali. Ist das Silicat frei von Lithion, so entsteht blos eine violette Färbung vom Kali; enthält es Natron, so ist die Reaction undeutlich. Enthält das Silicat Borsäure,

so entsteht anfangs eine grüne Fär-
bung in der äussern Flamme, welche die Gegenwart der
Borsäure anzeigt, später aber bemerkt man eine mehr oder
weniger intensiv rothe vom Lithion.

Auch in Silicaten lässt sich unter Benutzung eines Bunsen'schen Gasbrenners und des oben erwähnten Hohlprisma's
ein Lithiongehalt mit Sicherheit auffinden (s. Bunsen a. a. O.)
Die Probe wird zu diesem Behufe mit Gips an einem Punkte
des Schmelzraums, eine Probe von kohlensaurem Kali an dem
gegenüberliegenden Punkte erhitzt und die beiden dabei erzeugten Flammen durch das vor dem Auge vorübergeführte
Indigprisma betrachtet. Ist die Probe lithionhaltig, so erscheint ihre Flamme an der Stelle des Prisma's, wo die Natronfärbung verschwunden ist, roth gegen die noch kornblumen-
blaue Kaliflamme, bei dickern Indigschichten nimmt dann das
Roth der Lithionflamme an Intensität allmälig ab, während
das Blau der Kaliflamme durch Violett in Roth übergeht,
welches bei einer gewissen Dicke der Schicht der Färbung
der Lithionflamme völlig gleich wird.

4) Ammoniak $= NH^3$.

Vorkommen desselben im Mineralreiche.

Das Ammoniak findet sich stets in Verbindung mit anderen Körpern, und zwar:

a) als Ammonium mit Chlor im
Salmiak $= NH^4Cl$;
Kremersit, s. Kali.

b) mit Schwefelsäure in folgenden beiden Salzen:
Mascagnin $= N\bar{H}^4\bar{S} + \dot{H}$;
Ammoniakalaun $= N\dot{H}^4\bar{S} + \bar{Al}\bar{S}^3 + 24\dot{H}$.
Lecontit, s. Natron;

c) mit Borsäure im
Larderellit $= N\dot{H}^4\bar{B}^4 + 4H$.

Auch findet es sich in geringer Menge noch in mehreren
anderen Mineralsubstanzen als unwesentlicher Bestandtheil; es
sind dies namentlich folgende:
Tachylith, s. Kali;
Steinsalz (in manchem), s. Natron;
Pikrosmin, s. Talkerde;
Sassolin, s. Borsäure, sowie
in verschiedenen Thonarten, in manchen natürlichen Eisen-
oxyden und anderen Mineralkörpern, wenn dieselben organische Materien eingeschlossen enthalten.

Probe auf Ammoniak.

Das Ammoniak lässt sich in seinen Verbindungen, von denen sich einige durch ihre Flüchtigkeit oft schon bei der Prüfung für sich im Glaskölbchen zu erkennen geben (S. 74), sehr leicht auffinden, wenn man eine kleine **Salze etc.** Menge der zu prüfenden Substanz mit Soda mengt und das Gemenge entweder in einem Glaskölbchen oder in einer an dem einen Ende zugeschmolzenen Glasröhre über der Spirituslampe nach und nach erhitzt. Es entwickelt sich Ammoniakgeruch, und ein in das offene Ende des Kölbchens oder Röhrchens gestecktes befeuchtetes geröthetes Lakmuspapier wird blau gefärbt. Auch entstehen weisse Nebel, wenn man ein mit Chlorwasserstoffsäure befeuchtetes Glasstäbchen über die Oeffnung des Kölbchens oder der Glasröhre hält.

Was die anderen oben genannten Mineralkörper betrifft, in denen das Ammoniak nur einen unwesentlichen und oft nur zufälligen Bestandtheil ausmacht, so giebt sich **Substanzen mit** deren Gehalt an Ammoniak in den meisten Fällen **wenig Ammo-** bei der Prüfung für sich im Glaskölbchen, ent- **niak.** weder schon durch den Geruch oder durch ein befeuchtetes geröthetes Lakmuspapier zu erkennen, indem das Ammoniak, wenn es entweder schon vorhanden ist, entweicht, oder beim Erhitzen einer Substanz, die organische, stickstoffhaltige Theile enthält, sich erst Ammoniak bildet, welches ebenfalls entweicht.

5) Baryterde = $\dot{\text{B}}$a.
Vorkommen derselben im Mineralreiche.

Die Baryterde kommt stets in Verbindung mit anderen Körpern vor, und zwar:

a) Mit Schwefelsäure im

Schwerspath, $3 = \dot{\text{B}}$a$\bar{\text{S}}$, zuweilen $\dot{\text{C}}$a$\bar{\text{S}}$ oder $\dot{\text{S}}$r$\bar{\text{S}}$ enthaltend;

Barytocölestin, $3 = \dot{\text{B}}$a$\bar{\text{S}}$ und $\dot{\text{S}}$r$\bar{\text{S}}$ in wechselnden Verhältnissen, so dass sich eine bestimmte Formel nicht angeben lässt.

Dreelit, $2 = \dot{\text{B}}$a$\bar{\text{S}}$, $\dot{\text{C}}$a$\bar{\text{S}}$, $\dot{\text{C}}$a$\ddot{\text{C}}$, $\ddot{\text{S}}$i; $\bar{\text{Al}}$, $\dot{\text{H}}$.

b) Mit Kohlensäure in folgenden Mineralien:

Witherit, $1 = \dot{\text{B}}$a$\ddot{\text{C}}$;

Barytocalcit, $1 = \dot{\text{B}}$a$\ddot{\text{C}} + \dot{\text{C}}a\ddot{\text{C}}$, enthält stets etwas $\dot{\text{M}}$n$\ddot{\text{C}}$.

Alstonit, 1; enthält in anderer Krystallform dieselben Bestandtheile wie der Barytocalcit, nur scheinen verschiedene Verhältnisse beider Carbonate vorzukommen.

c) Mit Kieselsäure im

Barytharmotom, I—II, $1 = (\dot{\text{B}}$a, $\dot{\text{K}}$, $\dot{\text{N}}$a$)\ddot{\text{S}}$i $+ \bar{\text{Al}}\ddot{\text{S}}i^2 + 5\dot{\text{H}}$ incl. $\dot{\text{Fe}}$.

Brewsterit, I A, 1 = [($\dot{S}r$, $\dot{B}a$) $\ddot{S}i$ + $\ddot{A}l$ $\ddot{S}i^3$] + 5$\dot{H}$, excl. $\dot{C}a$, $\dot{F}e$.

Auch findet sich die Baryterde noch als Gemengtheil in folgenden Mineralien:

Psilomelan, baryhaltiger, $\Big\}$ s. Mangan.
Braunit,
Hausmannit,

Da der Schwerspath zuweilen einen Bestandtheil der im Grossen aufbereiteten Erze ausmacht und auch als Zuschlag bei manchen Schmelzprocessen zur Anwendung kommt, so bildet die Baryterde nicht selten einen Bestandtheil von Schlacken; bisweilen enthalten letztere auch Schwefelbaryum.

Probe auf Baryterde,

mit Einschluss des Löthrohrverhaltens derjenigen baryt-
erdehaltigen Mineralien, deren Bestandtheile sich dabei
grösstentheils mit auffinden lassen.

Schwefelsaure Verbindungen.

a) Schwerspath schmilzt nur an den Kanten, wird die Probe mit der Spitze der blauen Flamme berührt, so wird die äussere Flamme gelblichgrün gefärbt; auf Kohle wird er im Reductionsfeuer zu Schwefelbaryum reducirt. Mit Soda auf Platinblech schmilzt er zur klaren Masse; auf Kohle bildet er mit diesem Flusse anfangs eine klare Perle, die sich aber bei fortgesetztem Blasen ausbreitet und unter Kochen als stark hepatische Masse in die Kohle eindringt. Wird diese Masse ausgebrochen, auf blankes Silber-
blech gelegt, und stark mit Wasser befeuchtet, so entsteht ein schwarzer Fleck von Schwefelsilber.

Enthält der Schwerspath etwas $\dot{C}a\ddot{S}$, und man behandelt eine kleine Menge im gepulverten Zustande mit Soda auf Kohle, so wird die Kalkerde ausgeschieden, während die schwefelsaure Baryterde und die Schwefelsäure der Kalkerde mit der Soda in die Kohle eindringen: sie hängt sich gewöhnlich an den Kanten der Jahresringe der Kohle an und giebt sich durch ziemlich starkes Leuchten zu erkennen, wenn man die Oxydationsflamme noch eine Zeit lang auf die Stelle ein-
wirken lässt, auf welcher die Soda mit dem schwefelsauren Baryt schon grösstentheils eingedrungen ist.

b) Barytocölestin schmilzt sehr schwer, jedoch leichter als Schwerspath, und verursacht eine gelblichgrüne Färbung der äussern Flamme, wenn die Probe mit der Spitze der blauen Flamme berührt wird. Von der Verschiedenheit in der Schmelzbarkeit beider Mineralien überzeugt man sich am leichtesten, wenn man kleine Mengen derselben im Achatmörser unter Zusatz von ein wenig Wasser fein reibt, jedes

Gemenge für sich nach S. 87 zu einer dünnen Scheibe gestaltet und dann eine Scheibe nach der andern einer gleich
starken Hitze aussetzt.

Zu Soda verhält er sich auf Kohle wie Schwer-   **Soda.**
spath, weil schwefelsaure Strontianerde mit Soda ebenfalls eine
schmelzbare Verbindung giebt, die in die Kohle dringt.

Von der Gegenwart der Strontianerde überzeugt man sich
durch eine besondere Probe, welche eigentlich später bei der
Probe auf Strontianerde beschrieben werden sollte, die aber
des Zusammenhanges wegen schon hier folgen soll.

Man reibt eine kleine Menge des Minerals mit etwas ge-
reinigtem Graphit und Wasser im Achatmörser zusammen,
tröpfelt diese Mengung auf Kohle, und behandelt sie nach
vorsichtigem Trocknen auf beiden Seiten eine Zeit lang mit
der Reductionsflamme; die dadurch entstehende Verbindung
von Schwefelbaryum und Schwefelstrontium zersetzt man in
einem Porcellanschälchen mittelst Chlorwasserstoffsäure, dampft
die Auflösung, ohne solche von den unaufgelöst zurückgebliebenen Theilen erst zu trennen, über der Lampenflamme zur Trockniss ab, löst das trockene Salz in einigen
Tropfen destillirten Wassers auf, verdünnt die Auflösung
mit so viel Alkohol, dass etwa ein 80grädiger Spiritus
entsteht, und zündet diesen an. Rührt man mit einem Glasstäbchen ununterbrochen um, damit das während der Verbrennung des Alkohols sich ausscheidende Salz mit der Flamme
des Alkohols in Berührung kommt, so wird dieselbe vom gebildeten Chlorstrontium roth gefärbt. Diese Färbung ist, selbst
bei einem geringen Gehalt an Strontian, an den Kanten der
Flamme noch sehr deutlich, wenn man die im Porcellanschälchen mit Alkohol versetzte Auflösung der resp. Salze
mit einem Kügelchen von Baumwolle aufsaugt, welches man
am einfachsten mit einem Platindraht hält, an welchem an
dem einen Ende ein ziemlich weites Oehr angebogen ist. Man
braucht das feuchte Kügelchen nur anzuzünden und den Alkohol ruhig abbrennen zu lassen. Es ist indess auch hier,
wie bei der Färbung der äussern Löthrohrflamme, die Vorsicht zu empfehlen, jede Verunreinigung mit einem Natronsalze zu vermeiden, weil die Flamme des Alkohols von Natron intensiv röthlichgelb gefärbt und dadurch die rothe
Färbung von einem geringen Gehalt an Strontian mehr oder
weniger unterdrückt wird.

c) Droelit, welcher nach Dufrénoy zu einem weissen,
blasigen Glase schmilzt, verhält sich zu Soda wahrscheinlich
ganz ähnlich, wie ein kalkhaltiger Schwerspath.

Kohlensaure Verbindungen.

a) Witherit schmilzt in der Pincette leicht zur Perle,
und färbt, wenn die Schmelzung unmittelbar mit der Spitze

der blauen Flamme bewirkt wird, die äussere Flamme deutlich gelblichgrün. Mit Soda gemengt schmilzt er ebenfalls sehr leicht, zieht sich aber in die Kohle. Wird die eingedrungene Masse ausgebrochen, auf blankes Silberblech gelegt und stark mit Wasser befeuchtet, so bleibt das Silber unverändert, sobald das Mineral sowohl als auch die Soda frei von Schwefelsäure ist. (Die Kohlensäure entweicht unter Aufbrausen, wenn der Witherit in verdünnter Chlorwasserstoffsäure aufgelöst wird).

b) **Barytocalcit** ist fast unschmelzbar, färbt aber die äussere Flamme intensiv gelblich grün. Bei starkem Feuer überzieht er sich mit einer blaugrünen Fritte (Ba Mn) und wird alkalisch gebrannt, wovon man sich überzeugen kann, wenn man das durchgeglühte Probestückchen auf befeuchtetes geröthetes Lakmuspapier legt. Mit Soda auf Kohle wird die Kalkerde ausgeschieden, während alles Uebrige in die Kohle geht. Mit Borax und Phosphorsalz (unter Zusatz von Salpeter nach S. 131) erhält man eine schwache aber deutliche Manganreaction.

Ganz ähnlich wie der Barytocalcit, nur mit Ausnahme der Manganreaction, verhält sich der **Alstonit**.

Die Gegenwart der Kalkerde im Barytocalcit und Alstonit lässt sich auch auf die Weise auffinden, dass man das gepulverte Mineral mit Chlorwasserstoffsäure befeuchtet, den Brei in das Oehr eines Platindrahtes streicht und dasselbe vorsichtig der Spitze der blauen Flamme nähert. Man bemerkt im ersten Augenblicke der Einwirkung der Flamme deutlich Streifen der gelbrothen Kalkfärbung, die jedoch sehr bald durch die gelblichgrüne Barytfärbung wieder unterdrückt wird.

Kieselsaure Verbindungen.

In Silicaten, welche Baryterde enthalten, lässt sich dieselbe weder durch das Verhalten zur äussern Löthrohrflamme noch zu Soda auffinden; auch giebt es kein anderes Mittel auf trockenem Wege die Baryterde in kieselsauren Verbindungen mit Bestimmtheit nachzuweisen. Man ist daher genöthigt, den trockenen Weg mit dem nassen zu verbinden.

Die oben genannten beiden kieselsauren Verbindungen, nämlich der **Barytharmotom** und der **Brewsterit**, lassen sich durch Chlorwasserstoffsäure so zersetzen, dass in der von der Kieselsäure abfiltrirten Flüssigkeit alle Basen zu finden sind, welche die betroffende kieselsaure Verbindung aufzuweisen hat. Versetzt man die Flüssigkeit entweder mit doppeltschwefelsaurem Kali oder mit ein Paar Tropfen verdünnter Schwefelsäure, so fällt sowohl die Baryterde als auch die Strontianerde an Schwefelsäure gebunden nieder, und es fragt sich nur, ob es die eine oder die andere der genannten Erden, oder ob es ein Gemenge von beiden ist.

Um dies zu erfahren, sammelt man den Niederschlag auf einem kleinen Filtrum, süsst ihn mit heissem Silicate. Wasser gut aus, streicht einen Theil davon auf Kohle, trocknet denselben mit der Flamme des Löthrohrs und erhitzt ihn noch so stark, bis er eine zusammenhängende dünne Scheibe bildet. Diese Scheibe fasst man mit der Pincette und prüft sie auf ihre Schmelzbarkeit und auf Färbung der äussern Löthrohrflamme. Lässt sie sich zur Kugel schmelzen und färbt dabei die äussere Flamme roth, so besteht der Niederschlag aus schwefelsaurer Strontianerde; lässt sie sich aber nur schwer an den Kanten schmelzen und bringt in der äussern Löthrohrflamme eine gelblichgrüne Färbung hervor, so besteht der Niederschlag aus schwefelsaurer Baryterde, und zeigt sie sich endlich strengflüssiger als im ersten, jedoch leichtflüssiger als im zweiten Falle, und bringt dabei in der äussern Flamme eine mehr gelblichgrüne als rothe Färbung hervor, so kann man sicher darauf rechnen, dass man es mit einem Gemenge von beiden Erden zu thun hat. Um diese Reaction aber völlig unzweifelhaft hervorbringen zu können, ist es nöthig, dass der Niederschlag der schwefelsauren Erden so weit ausgesüsst werde, dass ein Rückhalt von Natron nicht mehr vorhanden ist, weil sonst die Schmelzbarkeit des Niederschlags, so wie die Färbung der äussern Flamme durch einen solchen Rückhalt verändert wird.

Hat man sich durch die gelblichgrüne Färbung der äussern Flamme von der Gegenwart der Baryterde überzeugt, ist jedoch noch im Zweifel, ob dieselbe auch frei von Strontianerde ist, so darf man nur die schon geprüfte Probe oder einen andern Theil des Niederschlags mit Graphit gemengt, auf Kohle, wie es oben beim Barytocölestin angegeben wurde, im Reductionsfeuer behandeln, das dabei gebildete Schwefelbaryum (und Schwefelstrontium) in einem Porcellanschälchen durch Chlorwasserstoffsäure zersetzen, die Auflösung mit dem vielleicht gebliebenen Rückstand zur Trockniss abdampfen, die trockne Masse in wenig Wasser auflösen, diese Auflösung mit Alkohol versetzen, diesen anzünden und beim Umrühren mit einem Glasstäbchen Acht geben, ob die Flamme des Alkohols roth gefärbt wird oder nicht. Sucht man das Salz mit Hülfe des Glasstäbchens so viel als möglich mit der Flamme des Alkohols in Berührung zu bringen, so bemerkt man, auch selbst bei einem nur geringen Gehalt von Strontian, periodenweise eine deutlich rothe Färbung. Deutlicher ist jedoch diese Färbung, wenn man die spirituöse Flüssigkeit auf Kügelchen von Baumwolle abbrennt (S. 171). Wie die anderen Basen im Barytharmotom und im Brewsterit aufgefunden werden, und wie man aufbereitete Erze und Schlacken auf ihre Bestandtheile mit Hülfe des nassen Weges untersucht, findet sich bei der Probe auf Kalkerde für kieselsaure Verbindungen beschrieben.

Silicate.   Nach Chapman (Chemic. Gaz. 91 S. 299) soll man Gemenge von $Ba\bar{S}$ und $Sr\bar{S}$ in einem Platinlöffel mit 3 bis 4 Theilen Chlorcalcium schmelzen und die geschmolzene Masse mit Wasser auskochen. Die klare Flüssigkeit versetzt man nach der Verdünnung mit Wasser mit einigen Tropfen einer Lösung von chromsaurem Kali und beobachtet, ob eine Trübung entsteht, welche die Gegenwart von Baryt anzeigt, da Strontianerde nur aus einer concentrirten Lösung gefällt wird.

Barythaltige Manganerze.

In den oben genannten drei Manganerzen, nämlich im Braunit, Hausmannit und im barythaltigen Psilomelan giebt sich der geringe Gehalt an Baryt zuweilen schon dadurch zu erkennen, dass kleine Splitter davon, in **Barythaltige Manganerze.** der Spitze der blauen Flamme entweder für sich oder nach dem Befeuchten mit Chlorwasserstoffsäure erhitzt, die äussere Flamme schwach, jedoch deutlich gelblichgrün färben. Bekommt man durch diese einfache Prüfung kein genügendes Resultat, so löst man von dem betreffenden Minerale eine nicht zu geringe Menge in Chlorwasserstoffsäure auf, verdünnt mit Wasser, filtrirt, wenn es nöthig ist, und prüft mit doppelt-schwefelsaurem Kali oder verdünnter Schwefelsäure. Entsteht ein Niederschlag, so kann derselbe, nachdem er abfiltrirt worden ist, wie im Vorhergehenden geprüft werden.

6) Strontianerde = $\dot{S}r$.

Vorkommen derselben im Mineralreiche.

Die Strontianerde findet sich nur

a) Mit Schwefelsäure verbunden im

Cölestin, 3 = $Sr\bar{S}$, zuweilen geringe Mengen von Ba, Ca, Fe und H enthaltend;

Barytocölestin, s. Baryterde, und
zuweilen in geringer Menge im Schwerspath, s Baryterde;

b) Mit Kohlensäure im

Strontianit, 1 = $Sr\bar{C}$, oft mehr oder weniger $Ca\bar{C}$, Mn, Fe und H enthaltend, und in geringer Menge im Arragonit, s. Kalkerde;

c) Mit Kieselsäure im

Brewsterit, s. Baryterde.

Probe auf Strontianerde

mit Einschluss des Löthrohrverhaltens derjenigen strontian-
erdehaltigen Mineralien, deren Bestandtheile sich dabei
grösstentheils mit auffinden lassen.

Schwefelsaure Verbindungen.

Cölestin (welcher im krystallisirten Zustande gewöhnlich decrepitirt) schmilzt sowohl in der Pincette als auf Kohle
im Oxydationsfeuer zur milchweissen Kugel. Berührt
man die in der Pincette schmelzende Probe mit der
Spitze der blauen Flamme, so wird die äussere Flamme roth
gefärbt (S. 93). Schmelzt man die Probe auf Kohle im Reductionsfeuer, so breitet sie sich aus und verwandelt sich in
eine schwer schmelzbare, hepatische Masse, die grösstentheils
aus Schwefelstrontium besteht. Behandelt man dieselbe mit
Chlorwasserstoffsäure und Alkohol, wie es bei der Probe auf
Baryterde und namentlich bei den strontianhaltigen Mineralien
angegeben ist, so wird die Flamme des Alkohols intensiv roth
gefärbt.

Wird der Cölestin im gepulverten Zustande mit Soda
gemengt und auf Kohle geschmolzen, so fliesst er zur klaren
Masse, die sich unter Brausen in die Kohle zieht; enthält
er geringe Mengen Ca oder Fe, so werden diese Beimengungen ausgeschieden und verhalten sich, wie es beim
kalkhaltigen Schwerspath (S. 170) angegeben wurde. Wird
die in die Kohle gedrungene Masse ausgebrochen, auf
blankes Silberblech gelegt und stark mit Wasser befeuchtet,
so entsteht ein schwarzer Fleck von Schwefelsilber.

Wie man sich von der Gegenwart der Strontianerde im
Barytocölestin und in manchem Schwerspath überzeugt, ist
bei der Probe auf Baryterde angegeben worden.

Kohlensaure Verbindungen.

a) Strontianit schwillt im Löthrohrfeuer auf und ver-
zweigt sich, die einzelnen Zweige leuchten dann mit blendend
weissem Scheine und schmelzen nur an den dünnsten Kanten.
Berührt man die Probe mit der Spitze der blauen Flamme,
so wird die äussere Flamme roth gefärbt, und zwar am deutlichsten, wenn die Probe am stärksten leuchtet. Legt man
hierauf die Probe auf befeuchtetes geröthetes Lakmuspapier,
so reagirt sie alkalisch.

Löst man eine kleine Menge von Strontianit in einem
Porcellanschälchen in verdünnter Chlorwasserstoffsäure auf,
(wobei ein starkes Aufbrausen von entweichender Kohlensäure wahrzunehmen ist), dunstet die Auflösung ab und behandelt das trockene Salz, welches hauptsächlich aus Chlorstrontium besteht, entweder auf Platindraht mit der Spitze

der blauen Flamme, oder mit Alkohol, wie es bei der Probe
auf Baryterde für strontianerdehaltige Substanzen angegeben
Salze. ist, so entsteht ebenfalls eine rothe Färbung in
den resp. Flammen.

Nach v. Kobell braucht man blos eine kleine Probe
des Strontianits mit Chlorwasserstoffsäure zu befeuchten und
darauf an den blauen Theil der Lichtflamme zu halten, welcher
ebenfalls roth gefärbt wird.

Mengt man den Strontianit mit Soda und behandelt das
Gemenge auf Kohle mit der Löthrohrflamme, so kann man
sich sogleich überzeugen, wie rein derselbe ist. Das reine
Mineral schmilzt mit Soda zur klaren Masse, die in die Kohle
geht; enthält es aber Kalkerde, Eisenoxyd etc., so werden
diese Beimengungen eben so ausgeschieden, wie Kalkerde
aus Schwerspath.

b) Im Arragonit lässt sich die geringe Menge von Strontianerde schon daran erkennen, dass, wenn man ein kleines
Stückchen der im Glaskölbchen zerfallenen Probe in der Pincette mit der Spitze der blauen Flamme prüft, dasselbe zwar
nicht geschmolzen werden kann, aber die äussere Flamme
davon intensiver roth gefärbt wird, als von einem gleich
grossen Stückchen Kalkspathes. Will man indess sich noch
weiter von der Gegenwart der Strontianerde überzeugen, so
ist man genöthigt, eine nicht zu geringe Menge von dem
Minerale in verdünnter Chlorwasserstoffsäure aufzulösen, und
mit einigen Tropfen verdünnter Schwefelsäure die Strontianerde auszufüllen. Den Niederschlag sammelt man auf
einem kleinen Filtrum und prüft ihn vor dem Löthrohre, wie es bei der Probe auf Baryterde für kieselsaure
Verbindungen (S. 173) angegeben ist. Der Niederschlag
schmilzt dabei zur Kugel und färbt die äussere Flamme
roth wie schwefelsaure Strontianerde.

Wie die Strontianerde im Brewsterit nachgewiesen
werden kann, ist bereits bei der Probe auf Baryterde (S. 172)
beschrieben worden.

Obgleich auf erzführenden Gängen zuweilen Strontianit
mit vorkommt, und man daher auch annehmen kann, dass
die Strontianerde manchmal einen geringen Bestandtheil der
aufbereiteten Erze und der daraus erzeugten Schlacken ausmacht, so wird man aber gewiss selten im Stande sein, diese
höchst geringen Mengen mit Bestimmtheit nachzuweisen. Will
man indess bei der Prüfung eines aufbereiteten Erzes oder
einer Schlacke auf Baryterde gleichzeitig auch auf einen Gehalt von Strontianerde mit Rücksicht nehmen, so hat man
dabei dasselbe zu beobachten, worauf bei der Probe auf Baryterde (S. 173) aufmerksam gemacht worden ist.

7) Kalkerde = $\dot{C}a$.

Vorkommen derselben im Mineralreiche.

Die Kalkerde kommt ziemlich häufig vor; sie findet sich:

a) Als Calcium mit Chlor im

Tachydrit, 1 = (CaCl + 2MgCl) + 12 $\dot{H}$;

b) Als Calcium mit Fluor im

Flussspath, 1—2 = CaFl, zuweilen geringe Mengen von Cl oder $\bar{P}$ enthaltend; in dem blauen Fl. von Wölsendorf in Baiern soll unterchlorigsaure Kalkerde enthalten sein;

Prosopit = CaFl, SiFl³, $\bar{Al}$, $\dot{M}g$, $\dot{M}n$, $\dot{H}$;

Yttrocerit, 1 = CaFl, YFl, CeFl in veränderlichen Verhältnissen und wahrscheinlich $\dot{T}r$, $\dot{E}$ und vielleicht auch La und $\dot{D}i$ enthaltend;

c) Mit Schwefelsäure in folgenden Mineralien:

Anhydrit, 2 = $\dot{C}a\bar{S}$, öfters geringe Mengen von $\bar{S}i$, $\bar{C}$, $\dot{F}e$ und $\dot{H}$ enthaltend;

Gyps, 1—2 = $\dot{C}a\bar{S}$ + 2$\dot{H}$, zuweilen mit fremdartigen Substanzen verunreinigt;

Polyhalit, s. Kali;

Glauberit (Brongniartin), s. Natron;

Dreelit, s. Baryterde.

d) Mit Salpetersäure im

Kalksalpeter = $\dot{C}a\bar{\bar{N}}$ + $\dot{H}$.

e) Mit Phosphorsäure und zugleich als Calcium mit Fluor und Chlor im

Apatit (Phosphorit), 1. Wesentlich drittelphosphorsaurer Kalk mit Chlor- oder Fluorcalcium = Ca(Fl,Cl) + 3 $\dot{C}a^3\bar{P}$; der Chlorgehalt geht von Spuren bis 4,1 p. c., der Fluorgehalt ist selten direct bestimmt (1, 9 — 2,0 p.c.); ausserdem finden sich in vielen Apatiten etwas $\dot{F}e$, $\dot{M}g$ und geringe Mengen von Alkalien.

Talkapatit, ausser den gewöhnlichen Bestandtheilen des Apatits auch $\dot{M}g$, $\bar{S}$ und unauflösliche Theile enthaltend;

Francolit, dem Apatit analog zusammengesetzt, nur dass ein Theil der $\dot{C}a$ durch $\dot{F}e$ und $\dot{M}g$ ersetzt ist;

Hydroapatit, enthält ausser den Bestandtheilen des Apatits 5,3 p. c. Wasser;

Pyroklasit und Glaubapatit, sind in der Hauptsache wasserhaltiger, phosphorsaurer Kalk = $\dot{C}a^3\bar{P}$ + 2$\dot{H}$, ersterer mit schwefels. und kohlens. Kalk, schwefels. Natron, Chlor-

natrium, org. Substanz und Sp. v. Fluor, letzterer mit
(15,1 p. c.) schwefelsaurem Natron und Wasser;

Lasurapatit und Osteolith, enthalten weder Chlor noch Fluor,
ersterer aber ausser phosph. Kalk, $\overline{Si}$, $\overline{Al}$ und $\dot{M}g$; letzterer
$\overline{Si}$, $\overline{Al}$, $\dot{M}g$, $\dot{F}e$, $\dot{K}$, $\dot{N}a$, $\overline{C}$, $\dot{H}$.

f) Mit Kohlensäure in folgenden Mineralsubstanzen:

Kalkspath, 1 = $\dot{C}a\overline{C}$, zuweilen $\dot{F}e$, $\dot{M}n$, $\dot{C}o$ und $\dot{H}$ enthaltend;

Arragonit, 1 = $\dot{C}a\overline{C}$, mit geringen Mengen von $\dot{S}r\overline{C}$ oder
$\dot{P}b\overline{C}$ (Tarnowitzit), oder $\dot{C}u\overline{C}$, $\dot{F}e$ und $\dot{H}$;

Calcit, 1 = $\dot{C}a\overline{C}$, gemengt mit $\dot{C}a\overline{S}$, $\dot{F}e$, $\dot{M}n$ und Thon;

Gay-Lussit, s. Natron;

Plumbocalcit, 1 = $(\dot{C}a, \dot{P}b)\overline{C}$;

Predazzit, 1 = 2 $\dot{C}a\overline{C}$ + $\dot{M}g\dot{H}$;

Pencatit, 1 = $\dot{C}a\overline{C}$ + $\dot{M}g\dot{H}$;

Hydromagnocalcit, 1 = 3 $(\dot{C}a, \dot{M}g)\overline{C}$ + $\dot{H}$;

Bitterspath (Perlspath, Tharandit, Lukullan, Dolomit, Rauten-
spath), 1 = $\dot{C}a\overline{C}$ + $\dot{M}g\overline{C}$, zuweilen $\dot{M}n$, $\dot{F}e$ oder $\dot{F}e$ enthaltend; andere Varietäten = 3 $\dot{C}a\overline{C}$ + 2 $\dot{M}g\overline{C}$, oder =
2$\dot{C}a\overline{C}$ + $\dot{M}g\overline{C}$ (Gubrhofian) oder = $\dot{C}a\overline{C}$ + 3 $\dot{M}g\overline{C}$ (Ko-
nit). Im Braunspath (Ankerit, Tautoklin) = $\dot{C}a\overline{C}$ + $(\dot{M}g,$
$\dot{F}e)\overline{C}$, finden sich beide Carbonate mit grösseren, indess
sehr variirenden Mengen von $\dot{F}e\overline{C}$ und $\dot{M}n\overline{C}$.

Barytocalcit, s. Baryterde;

Manganocalcit \
Manganspath / s. Mangan;

Kupferschaum, s. Kupferoxyd, arsensaures.

Auch macht $\dot{C}a\overline{C}$ den Hauptbestandtheil der Kreide, des
Kalksteins und des Mergels aus.

g) Mit Oxalsäure im

Oxalsauren Kalk, 1 = $\dot{C}a\overline{C}$ + $\dot{H}$, (kleine Krystalle auf Kalkspath) (?)

h) Mit Borsäure im

Borocalcit, 1. Sehr verschiedenartig zusammengesetzt, die tos-
canische Varietät = $\dot{C}a\overline{B}$ + 4 $\dot{H}$; die südamerikanische
= $\dot{C}a\overline{B}^3$ + 6 $\dot{H}$, sowie $\dot{C}a\overline{B}^4$ + 10 $\dot{H}$ (letztere Formel
nach Abrechnung von Chlorcalcium und Gyps). Nach
Salvétat zeigt ein ganz ähnliches Mineral aus Peru ein
ganz abweichendes Verhältniss der Bestandtheile.

Hydroborocalcit, 1 = $(\dot{N}a\overline{B}^2 + \dot{C}a^3\overline{B}^3)$ + 10$\dot{H}$;

Hydroboracit, 1 = $(\dot{C}a^3\overline{B}^4 + \dot{M}g^3\overline{B}^4)$ + 18$\dot{H}$;

Boronatrocalcit, s. Natron.

Rhodicit, nach G. Rose $\dot{C}a$ und $\overline{B}$.

i) Mit **Arsensäure** in folgenden Mineralien:

Haidingerit, $1 = \dot{C}a^3\,\bar{\bar{A}}s + 4\,\ddot{H}$;

Pharmakolith, $1 = \dot{C}a^3\,\bar{\bar{A}}s + 6\,\ddot{H}$;

Pikropharmakolith, $1 = (\dot{C}a, \dot{M}g)^3\,\bar{\bar{A}}s + 12\,\ddot{H}$, excl. Co;

Berzeliit, $1 = \dot{C}a^3\bar{\bar{A}}s + (\dot{M}g, \dot{M}n)^3\,\bar{\bar{A}}s$.

k) Mit **Wolframsäure** im

Scheelit (Schwerstein), 1 mit Abscheidung der $\bar{W} = \dot{C}a\bar{W}$, öfters $\bar{S}i$, wenig Fl und zuweilen Fe und $\dot{M}n$ enthaltend.

l) Mit **Antimonsäure** im

Romeit, $3 = \dot{C}a^2\,\bar{S}b + \dot{C}a\bar{\bar{S}}b$ oder auch Ca $\bar{\bar{S}}b$ mit geringen Mengen von $\dot{M}n$, Fe und $\bar{S}i$.

m) Mit **Unterniobsäure** im

Pyrochlor von Miask $= \bar{N}b$ (nach v. Kobell $\bar{D}$) mit etwas $\bar{W}$ und Ti in Verbindung mit $\dot{C}a$, $\dot{Y}$, $\dot{C}e$, $\bar{T}b$, ger. M. von Fe und $\dot{M}n$, so wie mit (Na, K, Li) Fl;

Pyrochlor von Brevig, soll frei von NaFl sein; enthält aber $\ddot{U}$ und $\ddot{H}$;

Pyrochlor von Fredriksvärn, ähnlich wie der vorhergehende zusammengesetzt, beide aber ohne $\dot{Y}$.

Pyrochlor (Mikrolith) v. Chesterfield $= \bar{N}b$, $\bar{W}$, $\dot{U}$, $\dot{Y}$, $\dot{C}a$, $\ddot{H}$.

n) Mit **Titansäure** im

Perowskit, $2 = \dot{C}a\,\bar{T}i$, mit ger. Mengen von Fe, $\dot{M}n$ und $\dot{M}g$.

o) Mit **Kieselsäure** in einer grossen Anzahl von Silicaten.

   α) *Wasserfreie* Silicate, die, im Glaskölbchen erhitzt, entweder gar kein Wasser, oder nur Spuren davon geben; es gehören dahin folgende:

Wollastonit (Tafelspath), II, $1G = \dot{C}a^3\,\bar{S}i^2$, öfters $\dot{M}g$, Fe und $\ddot{H}$ enthaltend;

Gehlenit, II—III, $1\,G = (\dot{C}a, \dot{M}g)^3\bar{S}i + (\bar{A}l, Fe)\bar{S}i$;

Kalkgranat (Kaneelstein, Essonit, Grossular, Colophonit), I, $2 = \dot{C}a^3\bar{S}i + \bar{A}l\,\bar{S}i$, in welchem oft ein Theil der $\dot{C}a$ durch $\dot{M}g$ und $\dot{M}n$, und ein Theil der $\bar{A}l$ durch Fe ersetzt ist;

Kalkeisengranat von versch. Orten (Polyadelphit), I, $2 = \dot{C}a^3\bar{S}i + Fe\bar{S}i$ incl. geringer Mengen von $\dot{M}g$, $\dot{M}n$ und $\bar{A}l$;

Chromgranat (Uwarowit), III, $3 = (\dot{C}a, \dot{M}g, Fe)^3\,\bar{S}i + (\bar{C}r\,\bar{A}l)\,\bar{S}i$ excl. $\ddot{H}$;

Vesuvian (Idocras, Cyprin, Egeran, Frugardit) I A, $2 = 3\dot{R}^3\bar{S}i + 2\bar{R}\,\bar{S}i$; $\dot{R} = \dot{C}a$, $\dot{M}g$, $\dot{M}n$ und $\bar{R} = \bar{A}l$ und Fe;

12*

Batrachit, H, 2 = $\dot{C}a^3 \bar{S}i + \ddot{M}g^3 \bar{S}i$ excl. $\dot{H}$, worin ein kleiner
Theil der $\ddot{M}g$ durch $\dot{F}e$ vertreten ist. Fast dieselbe Zusammensetzung hat auch der Monticellit H—III, 1 G;
     Augite, deren Schmelzbarkeit verschieden ist.

  1) Kalk-Talk-Augit, dahin gehören:

Augit aus Brasilien = $\dot{C}a^3 \bar{S}i + \ddot{M}g^3 \bar{S}i$;

Diopsid,
Kokkolith,
Funkit,
Augit, bläulichgrüner, von Pargas,
Salit, grünlicher,
Malakolith, weisser,
Asbest aus dem Zillerthale,
    } I—II, 2 = $(\dot{C}a, \ddot{M}g)^3 \bar{S}i$ incl. $\dot{F}e$ und $\dot{M}n$;

  2) Kalk-Eisen-Augit, als:
Hedenbergit von Tunaberg
Augit, schwarzer krystall. von Taberg,
Augit, grüner,
Malakolith, rothbrauner,
Polylith.
    } I A, 2 = $(\dot{C}a, \dot{F}e)^3 \bar{S}i^2$ incl. $\ddot{M}g$, $\dot{M}n$;

  3) Kalk-Mangan-Augit, als:
Mangankiesel, rother, (Rhodonit, Pajsbergit) I, 2 = $\ddot{M}n^3 \bar{S}i^2$ incl.
   $\dot{C}a$, $\ddot{M}g$;

Bustamit, I, 2 = $\dot{C}a^3 \bar{S}i^2 + 2 \ddot{M}n^3 \bar{S}i^2$ incl. wenig $\dot{N}a$;

  4) Kalk-Talk-Eisen-Augit, als:
Malakolith, grüner, aus Dalekarlien, I A, 2 = $(\dot{C}a, \ddot{M}g, \dot{F}e)^3$
   $\bar{S}i^2$ incl. $\dot{M}n$;

Augit, brauner, von Pargas,
Augit von der Rhön,
Augit aus der Lava des Vesuvs,
Augit vom Aetna,
Augit aus dem Augitporphyr im Fassathale,
Augit aus der Eifel,
    } I, 2 = $(\dot{C}a, \ddot{M}g, \dot{F}e)^3$ $\bar{S}i^2$ excl. $\bar{A}l$, sobald sie nicht als Säure auftritt.

Pyrgom, von Traversella und Gedrit,
Diallag (Broncit) II—III, 2 = $\ddot{M}g^3 \bar{S}i^2 + (\dot{C}a, \dot{F}e)^3 \bar{S}i^2$ excl.
   $\bar{A}l$, $\dot{M}n$ und $\dot{H}$ sowohl, als auch $3 \ddot{M}g^3 \bar{S}i^2 + \dot{F}e^3 \bar{S}i^2$ excl.
   $\bar{A}l$, $\dot{M}n$ und $\dot{H}$;

Hypersthen (Paulit), II—III, 2 = $\ddot{M}g^3 \bar{S}i^3 + \dot{F}e^3 \bar{S}i^2$ excl. $\bar{A}l$,
   und gewöhnlich auch $\dot{C}a$ und $\dot{H}$ enthaltend;

Skapolith, als:
   Skapolith von Tunaberg etc.,
   Wernerit von Ersby, Nuttalith,
   Atheriastit, Glaskolith,
    } I—II A, 1 = $\dot{C}a^3 \bar{S}i + 3 \bar{A}l \bar{S}i$, mit ger. Mengen von $\dot{F}e$, $\dot{K}$, $\dot{N}a$ und $\dot{H}$;

Mejonit vom Vesuv I A, $1 = \dot{C}a^3 \ddot{S}i + 2 \bar{A}l \ddot{S}i$ incl. $\dot{K}$, $\dot{N}a$ oder $\dot{L}i$ und $\dot{F}e$;

Ekebergit, $1 A$, $1 = (\dot{C}a, \dot{N}a)^3 \ddot{S}i^2 + 2 \bar{A}l \ddot{S}i$, mit geringen Mengen von $\dot{F}e$ und $\dot{M}g$.

(Auch sollen die Skapolithe ger. Mengen von Fl enthalten).

Zu den Skapolithen gehören noch der Atherinstit und Glaukolith.

Axinit, $1 A$, $3 = (\dot{C}a, \dot{M}g)^3 (\ddot{S}i \ddot{B})^2 + 2(\bar{A}l \ddot{F}e, \ddot{M}n) (\ddot{S}i \ddot{B})$;

Danburit $= \dot{C}a^3\ddot{S}i^2 + \ddot{B}^3\ddot{S}i^2$;

Babingtonit, I A, $1-2 = 3 \dot{R}^3\ddot{S}i^2 + \ddot{F}e \ddot{S}i^3$, $\dot{R} = \dot{C}a$, $\dot{F}e$, $\dot{M}n$;

Barsowit, II, $1 G = (\dot{C}a, \dot{M}g)^3 \ddot{S}i + 3 \bar{A}l \ddot{S}i$;

Jeffersonit I, $3 = (\dot{C}a, \dot{M}g, \dot{F}e) \ddot{S}i$ excl. $\bar{A}l$ und $\dot{Z}n$;

Isopyr, I, $2 = 2(\dot{C}a, \dot{F}e) \ddot{S}i + \bar{A}l \ddot{S}i^2$ excl. $\dot{C}u$; (?)

Epidot (Zoisit, Bucklandit, Pistacit, Puschkinit), dessen Schmelzbarkeit verschieden ist: I A, II A, II, 2. Die chem. Zusammensetzung ist ebenfalls verschieden; doch am meisten der Formel $\dot{R}^3\ddot{S}i + 2 \ddot{R}\ddot{S}i$ entsprechend, in welcher $\dot{R}$ als $\dot{C}a$ mit mehr oder weniger $\dot{M}g$, $\dot{F}e$ oder $\dot{M}n$ und $\ddot{R}$ hauptsächlich als $\bar{A}l$ mit mehr oder weniger $\ddot{F}e$ oder $\ddot{M}n$ auftritt. Der Bucklandit nähert sich der Formel $2 \dot{R}^3 \ddot{S}i + 3 \ddot{R}\ddot{S}i$. Uebrigens enthalten die Epidote nach Hermann auch 1—2 Proc. $\dot{C}$, und manche auch ger. Mengen von $\ddot{B}$.

Anorthit, II, $= 1$ $\dot{N}^3$ $\ddot{S}i + 3 \bar{A}l \ddot{S}i$, incl. ger. Mengen von $\dot{K}$, $\dot{N}a$, $\dot{M}g$ und $\dot{F}e$;

Erabyit, II—III $= \dot{C}a \ddot{S}i + \bar{A}l \ddot{S}i$ (wasserfreier Skolezit).

Lepolith, II—III, $1 = (\dot{C}a, \dot{M}g, \dot{N}a)^3 \ddot{S}i + 3(\bar{A}l, \ddot{F}) \ddot{S}i$;

Lievrit, I, $1 G = (\dot{C}a^3\ddot{S}i + 2 \ddot{F}e^3\ddot{S}i) + 2 \ddot{F}e\ddot{S}i$, zuweilen $\ddot{M}n$, $\bar{A}l$ und $\dot{H}$ enthaltend;

Hornblende, in mancher, s. Talkerde;

Amphodelith $= (\dot{C}a, \dot{M}g, \dot{F}e)^3\ddot{S}i + 3 \bar{A}l \ddot{S}i$;

Meteorsteine, s. Kali.

β) Silicate mit Carbonaten:

Stroganowit, s. Natron;

Cancrinit, s. Natron.

γ) Wasserhaltige Silicate.

Gurolit, I A, $1 = 2 \dot{C}a\ddot{S}i + 3 \dot{H}$ excl. Spuren von $\dot{M}g$ und $\bar{A}l$;

Okenit, I A, $1 G = \dot{C}a^3\ddot{S}i^4 + 6 \dot{H}$, excl. ger. Mengen von $\bar{A}l$, $\dot{F}e$, $\dot{M}n$, $\dot{K}$ und $\dot{N}a$;

Stellit, I, $= 5 (\dot{C}a, \dot{M}g, \dot{F}e)^3\ddot{S}i^2 + \bar{A}l \ddot{S}i + 6 \dot{H}$;

Prehnit (Edelith, Koupholith), I A, $2 = \dot{C}a^2 \bar{S}i + (\bar{A}l, \bar{F}e)\bar{S}i + \dot{H}$ incl. $\dot{N}a$;

Cyanolith, II—III, I G $= \dot{C}a^4\bar{S}i^{10} + 5\dot{H}$ (?) ausserdem wenig $\bar{A}l$, $\dot{K}$ und Sp. von $\dot{M}g$;

Cerinith, II, $2 = 3\dot{C}a\bar{S}i + 2\bar{A}l\bar{S}i + 12\dot{H}$;

Glottalith, I A $= \dot{C}a^2\bar{S}i^2 + \bar{A}l\bar{S}i + 9\dot{H}$ excl. $\bar{F}e$;

Kirwanit, II $= 3(\dot{C}a, \bar{F}e)^2\bar{S}i + \bar{A}l\bar{S}i + 2\dot{H}$;

Skolezit (Kalk-Mesotyp), I A, I G $= \dot{C}a\bar{S}i + \bar{A}l\bar{S}i + 3\dot{H}$;

Diphanit, $1 = 2(\dot{C}a, \bar{F}e, \dot{M}n)^2\bar{S}i + 3\bar{A}l^2\bar{S}i + 4\dot{H}$; nach Breithaupt mit dem Perlglimmer oder Margarit identisch;

Chonikrit, I A, $1 = 3(\dot{M}g, \dot{C}a, \bar{F}e)^2\bar{S}i + \bar{A}l^2\bar{S}i + 6\dot{H}$ (?);

Edingtonit I—II, I G $= \dot{B}a\bar{S}i + \bar{A}l\bar{S}i + 3\dot{H}$;

Laumontit, I A, I G $= \dot{C}a^3\bar{S}i + 3\bar{A}l\bar{S}i^2 + 12\dot{H}$; von ganz ähnlicher Zusammensetzung, nur mit $9\dot{H}$, der Caporcianit;

Palagonit, I, $1 = (\dot{C}a, \dot{M}g, \dot{N}a, \dot{K})^3\bar{S}i^2 + 2(\bar{A}l, \bar{F}e)\bar{S}i + 9\dot{H}$(?); manche Varietäten mit viel höherm Wassergehalt;

Leonhardit, I A, I G $= 3\dot{C}a\bar{S}i + 4\bar{A}l\bar{S}i^2 + 15\dot{H}$;

Hurouit, III $= (\dot{C}a, \dot{M}g, \bar{F}e)^3\bar{S}i^2 + 4\bar{A}l\bar{S}i + 3\dot{H}$;

Chalilith $= (\bar{F}e, \dot{C}a, \dot{M}g)^3\bar{S}i + 2\bar{A}l\bar{S}i + 13\dot{H}$;

Chlorastrolith, I—II, $1 = (\dot{C}a, \dot{N}a, \dot{K})^2\bar{S}i + 2(\bar{A}l, \bar{F}e)\bar{S}i + 3\dot{H}$;

Aedelforsit (rother Zeolith), I A, I G $= \dot{C}a\bar{S}i + \bar{A}l\bar{S}i^2 + 4\dot{H}$ excl. $\bar{F}e$, $\dot{M}g$, $\dot{M}n$;

Stilbit (Strahlzeolith, Desmin), I A, $1 = \dot{C}a\bar{S}i + \bar{A}l\bar{S}i^2 + 6\dot{H}$ incl. einer geringen Menge von $\dot{K}$ und $\dot{N}a$;

Heulandit (Blätterzeolith), I A, $1 = \dot{C}a\bar{S}i + \bar{A}l\bar{S}i^2 + 5\dot{H}$;

Neurolith, III $= (\dot{C}a, \dot{M}g)^3\bar{S}i^4 + 5\bar{A}l\bar{S}i^4 + 6\dot{H}$.

δ) Wasserhaltige Silicate, in denen Thonerde als Säure mit auftritt, nämlich:

Xantophyllit, III, 2 nach Rammelsberg $= [3(\dot{R}\bar{S}i + \dot{R}^3\bar{A}l^2) + \dot{H}] + \bar{A}l\dot{H}^3$, in welcher Formel $\dot{R} = \dot{M}g$, $\dot{C}a$, $\bar{F}e$ und $\dot{N}a$ bedeutet; nach Schoerer $= \dot{R}^2\bar{S}i + \dot{R}\bar{A}l$, indem er einen Theil der $\bar{A}l$ als $\bar{S}i$ ersetzend annimmt und das Wasser zu den Basen rechnet ($3\dot{H} = \dot{R}$);

Seybertit (Clintonit), III, $1 = \dot{R}\bar{S}i + \dot{R}^3\bar{A}l^2 + \dot{H}$, in welcher Formel $\dot{R} = \dot{M}g$, $\dot{C}a$ und $\bar{F}e$ bedeutet.

Holmit (Holmesit), III $= \bar{S}i$, $\bar{A}l$, $\dot{C}a$, $\dot{M}g$, $\dot{Z}r$, $\bar{F}e$, $\dot{M}n$, $\dot{H}$ und Fl;

ε) Wasserhaltige Silicate, in denen Borsäure auftritt, dahin gehören:

Datolith, I A, 1 G $= 2 \dot{C}a^3 \bar{S}i + \bar{B}^3 \bar{S}i^2 + 3 \dot{H}$ oder $\dot{C}a^3 \bar{S}i^4 +$
3 $\dot{C}a \bar{B} + 3 \dot{H}$;

Botryolith, I A, 1 G $= 2 \dot{C}a^3 \bar{S}i + \bar{B}^3 \bar{S}i^2 + 6 \dot{H}$, oder $\dot{C}a^3 \bar{S}i^4$
$+ 3 \dot{C}a\bar{B} + 6 \dot{H}$.

ζ) Titansäurehaltige Silicate, als:

Titanit (Sphen, Greenovit), II A, 2 $= 2 \dot{C}a \bar{S}i + \dot{C}a \ddot{T}i^2$ incl.
ger. Mengen von Fe und Mn; dieselbe Zusammensetzung
hat wahrscheinlich auch der Guarinit;

Schorlamit (Ferrotitanit), II, 2 $= (\dot{C}a^3 \bar{S}i + \dot{F}e\bar{S}i) + \dot{C}a \ddot{T}i^2$
nach Whitney, oder $2 \dot{R}^3 \bar{S}i + \dot{F}e \ddot{T}i^2$ nach Rammelsberg, worin $\dot{R} = \dot{C}a$, $\dot{M}g$ und $\dot{F}e$ bedeutet.

Yttrotitanit (Keilhauit), I, 1 $= [3 \dot{C}a \bar{S}i^2 + (\bar{A}l, \; \ddot{F}e) \bar{S}i] +$
$\dot{Y} \ddot{T}i^2$ incl. ger. Mengen von Mn und Ċe.

Ausser in den vorgenannten natürlichen Silicaten macht
die Kalkerde auch in mehreren andern ebenfalls natürlichen
Silicaten einen wesentlichen Bestandtheil aus, die grösstentheils beim Kali (S. 152—155) und Natron (S. 159—163) bereits genannt worden sind, theils auch bei der Talkerde und
der Thonerde erst genannt werden sollen.

Da auf erzführenden Gängen häufig Kalkspath, Braunspath und Flussspath vorkommt, so macht die Kalkerde öfters
einen nicht unbedeutenden Bestandtheil der bergmännisch
gewonnenen und im Grossen aufbereiteten, namentlich der
trocken gepochten Erze, und folglich auch einen Bestandtheil
der bei der Zugutemachung solcher Erze auf dem Wege der
Schmelzung fallenden Schlacken aus, in welchen letzteren der
Gehalt an Kalkerde öfters noch durch einen beim Verschmelzen mancher Erze erforderlichen kalkhaltigen Zuschlag erhöht wird. Zuweilen enthalten diese Schlacken Ċa und
Ca Fl.

Probe auf Kalkerde
**mit Einschluss des Löthrohrverhaltens derjenigen kalk-
erdehaltigen Mineralien, deren Bestandtheile sich dabei
grösstentheils mit auffinden lassen.**

.. Fluorcalcium und dessen Verbindungen.

a) Flussspath, welcher bei der Prüfung im Glaskolben
oft mit einem violetten oder grünlichen Scheine im Dunkeln
leuchtet und gewöhnlich decrepitirt, lässt sich sehr
leicht durch folgendes Verhalten vor dem Löth- Flussspath.
rohre erkennen.

In der Pincette schmilzt er zur Kugel und färbt nach
längerem Erhitzen die äussere Flamme intensiv gelblich roth
(S. 93).

Auf Platinblech und auf Kohle schmilzt er mit Soda zu

einer klaren Masse, die unter der Abkühlung unklar wird;
von mehr Soda wird er auf Kohle in ein schwer schmelzbares Email verwandelt, welches zurückbleibt, während der
grösste Theil der Soda in die Kohle geht.

Mit Gyps, Schwerspath oder Cölestin schmilzt
er auf Kohle leicht zu einer klaren Perle, die
bei der Abkühlung unklar wird.

Von Borax und Phosphorsalz wird er sehr leicht in
grosser Menge aufgelöst; das Glas wird aber bei Uebersättigung unklar.

In einer an beiden Enden offenen Glasröhre mit vorher
geschmolzenem Phosphorsalz behandelt (s. Probe auf Fluor),
entwickelt er Fluorwasserstoffsäure.

b) Das Verhalten des Yttrocerits s. bei der Probe
auf Yttererde.

Schwefelsaure Verbindungen.

a) Von den beiden Verbindungen der Kalkerde mit
Schwefelsäure giebt der Anhydrit im Glaskölbchen kein,
oder nur Spuren von Wasser, während der Gyps
solches ausgiebt und milchweiss wird. Beide verhalten sich dann wie folgt:

In der Pincette schmelzen sie schwer zu einer emailweissen Perle und färben die äussere Flamme roth, jedoch
schwächer als Cölestin.

Auf Kohle werden sie in gutem Reductionsfeuer zu
Schwefelcalcium reducirt, reagiren dann auf befeuchtetem geröthetem Lakmuspapier alkalisch und verbreiten einen hepatischen Geruch.

Von Borax werden sie auf Platindraht zu einem klaren
Glase aufgelöst, das farblos ist, wenn kein Eisenoxyd eingemengt war, im entgegengesetzten Falle aber, so lange es
heiss ist, gelb gefärbt erscheint. Bei Uebersättigung wird die
Perle unter der Abkühlung unklar. Geschieht die Prüfung
mit Borax auf Kohle, so nimmt die Glasperle bei starker
Sättigung ebenfalls eine gelbe Farbe an, die jedoch weniger
von einem geringen Eisengehalte, als von gebildetem Schwefelnatrium herrührt.

Mit Soda gemengt können sie auf Kohle nicht zur klaren
Masse geschmolzen werden, wodurch sie sich sogleich vom
Schwerspath und Cölestin unterscheiden. Es findet zwar eine
Zerlegung Statt, aber die Kalkerde bleibt als eine unschmelz-
bare Masse zurück, während das gebildete schwefelsaure Na-
tron mit der überschüssigen Soda in die Kohle geht.

Mit Flusspath schmelzen sie dagegen zur klaren Perle,
die bei der Abkühlung emailweiss wird und bei fortgesetztem
Blasen anschwillt und unschmelzbar wird.

b) Der Polyhalit, welcher aus $\overline{Ca}S$, $\overline{Mg}S$ und $\overline{K}S$

besteht, giebt im Glaskölbchen erhitzt, Wasser, schmilzt auf Kohle zu einer unklaren röthlichen Kugel, die im Reductionsfeuer gestellt, weiss wird und eine hohle Rinde darstellt, die salzig und etwas hepatisch schmeckt.

Auf Platindraht geschmolzen, reagirt er wegen eines geringen Gehaltes an Na Cl in der äusseren Flamme auf Natron, so dass der Gehalt an Kali nur unter Anwendung von Kobaltglas oder Indigolösung (s. Probe auf Kali) wahrgenommen werden kann. Schwefelsäure Verbindungen.

Von Borax wird er leicht unter Brausen zu einem klaren, von etwas Eisen gefärbten Glase aufgelöst, das von einem sehr grossen Zusatze unklar wird.

Von Phosphorsalz wird er leicht zu einem klaren, farblosen Glase aufgelöst, das nur von einem sehr grossen Zusatze Eisenfarbe zeigt und unter der Abkühlung unklar wird.

Von Soda wird er zerlegt und giebt eine erdige Masse, die im Reductionsfeuer gelblich von eingemengter Hepar wird. Mit Flussspath schmilzt er zu einer unklaren Perle.

Kalkerde und Talkerde kann man nur mit Hinzuziehung des nassen Weges ausscheiden und jede dieser Erden für sich der weitern Prüfung vor dem Löthrohre unterwerfen. Löst man dazu das Mineral in verdünnter Chlorwasserstoffsäure auf und fällt durch Ammoniak die geringe Menge von Eisenoxyd aus, die in der Auflösung enthalten ist, so lässt sich dann die Kalkerde durch Oxalsäure und die Talkerde durch Phosphorsalz fällen.

c) Der Glauberit, welcher ausser $\overline{Ca}\overline{S}$ auch $\overline{Na}\overline{S}$ enthält und dessen Gehalt an Natron sich in der äusseren Löthrohrflamme zu erkennen giebt (s. Probe auf Natron), decrepitirt im Glaskölbchen mit ziemlicher Heftigkeit und zeigt sehr wenig Wasser; bei anfangender Glühung schmilzt er zur klaren Masse, ohne etwas Flüchtiges abzugeben. Auf Kohle wird er zuerst weiss, dann schmilzt er zur klaren Perle, die unter der Abkühlung unklar wird. Im Reductionsfeuer wird die Perle aber unschmelzbar und hepatisch; nach längerem Blasen geht das gebildete Schwefelnatrium in die Kohle und der Kalk bleibt zurück.

Von Borax und Phosphorsalz wird er unter Brausen in grosser Menge aufgelöst; die Gläser werden aber unter der Abkühlung unklar.

Mit Soda auf Kohle behandelt, wird er zerlegt, es bildet sich eine hepatische Masse, die in die Kohle geht, den Kalk aber zurück lässt.

Mit Flussspath schmilzt er wie Gyps.

d) Im Dreelit, welcher sich vor dem Löthrohre zu Soda wahrscheinlich wie ein kalkhaltiger Schwerspath verhält, kann die Kalkerde mit Bestimmtheit aufgefunden wer-

den, wenn man eine kleine Menge des gepulverten Salzes
mit verdünnter Chlorwasserstoffsäure in einem Probirglase digerirt und aus der mit Wasser verdünnten Auflösung, nachdem man dieselbe von der zurückgebliebenen schwefelsauren
Barytorde abfiltrirt und ammoniakalisch gemacht hat, die
Kalkerde durch Oxalsäure ausfällt.

Salpetersaure Kalkerde.

Giebt im Glaskolben Wasser und beim stärkeren Erhitzen
salpetrige Säure. Am Platindraht bleibt nach dem Erhitzen eine
stark leuchtende, die äussere Flamme gelbroth färbende Masse.

Auf Kohle verpufft das Salz schwach und hinterlässt eine
weisse erdige, alkalisch reagirende Masse, die mit Soda zusammengeschmolzen sich nicht in die Kohle zieht.

Phosphorsaure Kalkerde mit Chlor- und Fluor-Calcium.

Der Apatit (Phosphorit, Talkapatit und Francolit) verhält sich vor dem Löthrohre, wie folgt.

Im Gläskölbchen erhitzt, verändert er sich
nicht, und giebt auch nichts Flüchtiges.

Phosphorsaure Verbindungen.

In der Pincette schmilzt er nur schwer an den
Kanten zu einem durchscheinenden Glase, ohne in der äusseren
Flamme eine deutliche Färbung hervorzubringen. Wird dagegen
das feine Pulver des Minerals, mit Schwefelsäure befeuchtet, in
dem Oehr eines Platindrahtes der Spitze der blauen Flamme
ausgesetzt, so entsteht auf kurze Zeit von der frei werdenden
Phosphorsäure eine bläulichgrüne Färbung in der äusseren
Flamme (S. 95). Auch lässt sich die Phosphorsäure noch auf
eine andere Weise nachweisen (s. Probe auf Phosphorsäure).

Von Borax wird er langsam zu einem klaren Glase aufgelöst, das manchmal von einem geringen Eisengehalte im
heissen Zustande gelb gefärbt erscheint, bei einem gewissen
Zusatze unklar gestaltet werden kann und bei einem noch
grösseren Zusatze unter der Abkühlung von selbst unklar wird.

Von Phosphorsalz wird er in grosser Menge zu einem
klaren Glase aufgelöst, das, wenn es beinahe gesättigt ist,
unter der Abkühlung unklar wird und Facetten bekommt,
die jedoch weniger deutlich sind, als die, welche phosphorsaures Bleioxyd in diesem Salze hervorbringt. Ist das Glas
vollkommen gesättigt, so gesteht es ohne Facettirung zu einer
milchweissen Kugel.

Mit gleichen Theilen Soda schwillt er unter Brausen zu
einer unschmelzbaren Masse an; ein grösserer Zusatz von
Soda geht in die Kohle.

Ein vielleicht vorhandener geringer Gehalt von Mangan
giebt sich durch Schmelzen des fein gepulverten Minerals mit
Soda und Salpeter auf Platinblech zu erkennen (s. Probe auf
Mangan).

Chlor und Fluor, wenn sie nicht in zu geringen Mengen

vorhanden sind, findet man nach Methoden, die bei den betreffenden Proben beschrieben werden sollen.

Will man sich noch weiter von der Gegenwart der Kalkerde im Apatit überzeugen, so muss man den nassen Weg zu Hülfe nehmen. Man löst eine kleine Menge des gepulverten Minerals in Chlorwasserstoffsäure auf, setzt einige Tropfen Schwefelsäure hinzu, verdünnt die saure Auflösung mit dem dreifachen Volumen starken Alkohols und schüttelt das Ganze um. Der Kalk scheidet sich als schwefelsaurer Kalk aus und kann nach einiger Zeit abfiltrirt werden; er muss sich nach dem Aussüssen mit Spiritus vor dem Löthrohre wie Gyps verhalten. Die spirituöse Flüssigkeit kann man nach der Entfernung des Alkohols durch Abdampfen, noch auf andere unwesentliche Bestandtheile, wie z. B. auf Thonerde und Eisenoxyd, prüfen. (Da aus einer mit Wasser verdünnten Auflösung von phosphorsaurer Kalkerde in Chlorwasserstoffsäure durch Ammoniak die Kalkerde ebenfalls mit Phosphorsäure verbunden niederfällt, so darf man die Auflösung nicht zuerst mit Ammoniak versetzen, sondern man ist genöthigt, die Kalkerde aus einer spirituösen Flüssigkeit durch Schwefelsäure auszuscheiden.) Hat man die Absicht, den Apatit auch auf einen Gehalt an Talkerde zu prüfen, so muss man das feingepulverte Mineral erst mit Soda und Kieselerde schmelzen, wie es bei der Probe auf Phosphorsäure angegeben werden soll, hierauf die geschmolzene Masse mit Wasser behandeln, die an Kohlensäure gebundenen Erden, so wie die vielleicht ungelöst bleibende Kieselerde, in Chlorwasserstoffsäure auflösen und aus der mit Wasser verdünnten Auflösung, nachdem durch Ammoniak die Kieselerde und die vorhandenen Spuren von Thonerde und Eisenoxyd ausgefüllt worden sind, die Kalkerde durch Oxalsäure und die Talkerde durch Phosphorsalz fällen.

Von den übrigen oben genannten Kalkphosphaten geben der Hydroapatit, Pyrosklerit und Glaubapatit beim Erhitzen Wasser; Fluor ist mit Ausnahme des Hydroapatits nicht nachzuweisen, ebenso Chlor. Die übrigen Reactionen entsprechen denen des Apatits. Nach Shepard decrepitirt der Hydroapatit beim Erhitzen, schwärzt sich, giebt Wasser und brenzliche Stoffe, brennt sich vor der Flamme weiss und reagirt im geschmolzenen Zustande alkalisch.

* **Verbindungen der Kalkerde mit Kohlensäure.**

a) **Kalkspath.** Im Glaskölbchen erhitzt, decrepitirt er bisweilen und nimmt, wenn er Metalloxyde enthält, eine andere Farbe an.

In der Pincette zeigt er sich unschmelzbar, wird kaustisch, schwach leuchtend und färbt die äussere Flamme roth, jedoch viel schwächer als Strontianit.

Befeuchtet man die geglühte Probe mit Chlorwafferstoffsäure, so erhält man eine deutliche und charakteristische Kalkfärbung. Ein gut durchgeglühtes Probestückchen reagirt auf geröthetem Lakmuspapier alkalisch.

Zu den Glasflüssen, von denen er mit Brausen aufgelöst wird, verhält er sich wie Kalkerde. Enthält er Metalloxyde, so geben sich dieselben dabei zu erkennen; es wäre denn, dass Spuren von Mangan besonders aufgesucht werden müssten (s. Probe auf Mangan).

Kohlensauer Verbindungen. Mit Soda auf Platinblech fliesst er mit Ausscheidung der Metalloxyde zur klaren Masse; auf Kohle findet anfangs ebenfalls eine Schmelzung Statt, später aber geht der grösste Theil der Soda in die Kohle und der Rückstand wird unschmelzbar und bei starkem Blasen leuchtend.

b) Arragonit verhält sich wie Kalkspath, nur mit dem geringen Unterschied, dass derselbe, wenn er Strontian enthält, die äussere Flamme intensiver roth färbt, und wenn er Blei enthält, in der äussern Flamme keine rein rothe, sondern eine bläuliche Färbung verursacht, so wie auch bei der Prüfung mit Soda auf Kohle im Reductionsfeuer einen geringen Beschlag von Bleioxyd auf die Kohle absetzt. Dies geschieht beim Tarnowitzit.

c) Calcit verhält sich ebenfalls wie Kalkspath, nur entsteht auf Silberblech eine Reaction auf Schwefel, wenn man die mit Soda auf Kohle im Reductionsfeuer behandelte Probe darauf legt und mit Wasser befeuchtet.

d) Gay-Lussit giebt im Glaskolben Wasser und reagirt dann alkalisch.

In der Pincette schmilzt er zu einer unklaren Perle und färbt die äussere Flamme intensiv gelb vom Natron.

Zu den Glasflüssen und zu Soda verhält er sich wie kohlensaurer Kalk.

e) Plumbocalcit verhält sich wie bleihaltiger Arragonit, nur giebt er mit Soda auf Kohle einen stärkern Beschlag von Bleioxyd.

f) Predazzit, Pencatit, Hydromagnocalcit, Bitterspath und alle Verbindungen von kohlensaurer Kalk- und Talkerde verhalten sich vor dem Löthrohre ähnlich wie kohlensaure Kalkerde ohne Talkerde; nur fliessen sie mit Soda auf Platinblech nicht klar, weil die Talkerde ausgefüllt wird, die sich dabei zu erkennen giebt. Ist die Reaction nicht deutlich genug, so kann zur Auffindung der Talkerde der nasse Weg zu Hülfe genommen werden (s. Probe auf Talkerde). Nach v. Zehmen soll sich Kalk vom Dolomit auf folgende Weise unterscheiden lassen: Man pulverisirt das fragliche Mineral möglichst fein, bringt das Pulver auf ein Streifchen Platinblech, in welches man vorher eine kleine Vertiefung eingedrückt hat, und setzt es auf mehrere Minuten der Flamme der Spirituslampe aus, bis dass es vollständig durch und durch glühend erscheint. Kalkpulver bildet nach dem Glühen eine leicht zusammenhängende Masse, die beim vorsichtigen Abwerfen vom Platinblech nicht ganz zerbröckelt; ausserdem zeigt das Pulver Tendenz zur Adhäsion an dem Platin, von dem es nur durch eine leise Erschütterung gelöst werden kann. Dolomitpulver bildet nach dem Glühen keine zusammenhängende Masse, sondern fällt, wie es war, als lockeres Pulver vom Platin; bei manchen Dolomiten zeigt sich ein lebhaftes Aufsteigen während der Glühung, was davon herrührt, dass die Talkerde ihre Kohlensäure rasch abgiebt und das entweichende Gas Talkerdetheilchen mit in die Flamme überführt.

g) Das Verhalten des **Barytocalcits** ist bereits bei der Probe auf Baryterde angegeben.

Oxalsaurer Kalk verwandelt sich bei schwachem Glühen in kohlensauren Kalk, dessen Oxalsaurer Kalk. Verhalten v. d. L. sich aus dem des Kalkspathes ergiebt.

Borsaure Verbindungen.

Borocalcit, Hydroborocalcit und **Hydroboracit** geben im Glaskolben viel Wasser. In der Pincette schmelzen sie unter schwachem Aufblähen zum klaren Glase, das auch unter der Abkühlung klar bleibt, 1 und Borsaure Verbindungen. 3 färben dabei die äussere Flamme schwach grünlich, 2 aber röthlichgelb; mit Schwefelsäure befeuchtet, tritt bei allen die gelblichgrüne Färbung von der Borsäure hervor (S. 94).

In Borax und Phosphorsalz lösen sie sich in grosser Menge klar auf und geben auch mit wenig Soda auf Kohle ein klares Glas. Mit mehr Soda geschmolzen, geben sie eine Perle, die unter der Abkühlung milchweiss und krystallinisch wird; mit noch mehr breitet sich die Perle aus und wird unter der Abkühlung ebenfalls weiss und krystallinisch.

Kalkerde und Talkerde können nur mit Hinzuziehung des nassen Weges isolirt werden, wenn man zuerst das feingepulverte Mineral in Chlorwasserstoffsäure auflöst, die Auflösung, welche sauer sein muss, mit Wasser verdünnt und hierauf in derselben so viel Soda auflöst, als erforderlich ist, um die Borsäure vollständig an Natron zu binden, damit bei einem Zusatze von Ammoniak kein Niederschlag von borsaurer Talkerde entstehen kann. Diese Flüssigkeit, welche auch freie Chlorwasserstoffsäure enthalten muss, prüft man mit Ammoniak im Ueberschuss, fällt aus der ammoniakalischen Flüssigkeit die Kalkerde durch Oxalsäure und die Talkerde durch Phosphorsalz.

Rhodizit giebt im Kolben kein Wasser und schmilzt nur an den Kanten, wobei man eine grüne Färbung in der äussern Flamme wahrnimmt. Die Kalkerde muss wie bei den vorhergehenden nachgewiesen werden.

Verbindungen der Kalkerde mit Arsensäure.

a) Haidingerit, Pharmakolith und Pikropharmakolith, von welchen letzterer etwas Talkerde enthält, verhalten sich vor dem Löthrohre gleich. Im Glas-

Arsensaure Verbindungen. kölbchen erhitzt, geben sie viel Wasser (namentlich letzterer), aber weiter nichts Flüchtiges. Wird ein Theil der im Glaskölbchen geprüften, undurchsichtig gewordenen Probe in der Pincette der Löthrohrflamme ausgesetzt, so schmilzt dieselbe in der äussern Flamme unter Aufwallung zu einem weissen Email, und wird sie mit der Spitze der blauen Flamme berührt, so entsteht in der äussern Flamme eine hellblaue Färbung von entweichendem Arsen. Auf Kohle mit der Reductionsflamme behandelt, verbreiten sie einen deutlichen Arsengeruch und schmelzen zu einer halb durchscheinenden Kugel, bisweilen von einem geringen Kobaltgehalt nach der Abkühlung eine bläuliche Farbe zeigt.

Zu Borax und Phosphorsalz verhalten sie sich wie Kalkerde, nur mit dem Unterschiede, dass, wenn die Auflösung auf Kohle geschieht, die Arsensäure reducirt wird und das Arsen bei seiner Verflüchtigung einen starken Geruch verbreitet. Pharmakolith und Pikropharmakolith geben zuweilen in Folge eines geringen Kobaltgehaltes blaue Perlen.

Von Soda werden sie auf Kohle unter Verflüchtigung von Arsendämpfen zerlegt; die Soda geht in die Kohle und der Kalk bleibt zurück. Wird die vom Pikropharmakolith hierbei zurückbleibende Masse in Chlorwasserstoffsäure aufgelöst, die Auflösung mit Ammoniak übersättigt und die Kalkerde durch Oxalsäure ausgefällt, so lässt sich dann die noch aufgelöste Talkerde durch Phosphorsalz nachweisen.

b) Berzeliit, welcher aus wasserfreier halbbasischer arsensaurer Kalk- und Talkerde und wenig Procenten Manganoxydul besteht, zeigt sich vor dem Löthrohre unschmelzbar und färbt sich grau. (Mit der Spitze der blauen Flamme erhitzt, verursacht er wahrscheinlich in der äussern Flamme eine hellblaue Färbung.) Zu Borax, Phosphorsalz und Soda verhält er sich wie die vorhergehenden drei Salze, nur mit dem Unterschiede, dass er dem Boraxglase eine deutliche Färbung von Mangan ertheilt. Will man sich von der Gegenwart der Talkerde überzeugen, so darf man nur die bei der Prüfung des Minerals mit Soda auf Kohle zurückbleibende Rinde in Chlorwasserstoffsäure auflösen und aus dieser Auflösung, nach der Verdünnung mit Wasser, Kalkerde, Talkerde und Manganoxydul durch entsprechende Reagentien ausfällen (s. weiter unter bei den Silicaten).

Wolframsaure Kalkerde.

Scheelit oder Schwerstein schmilzt in der Pincette an den Kanten zu einem halbdurchsichtigen Glase, ohne in der äusseren Flamme eine deutliche Färbung hervorzubringen.

Von Borax wird er im Oxydationsfeuer leicht zu einem klaren Glase aufgelöst, das aber bald milchweiss, krystallinisch und im Reductionsfeuer selbst bei Zinnzusatz auf Kohle nicht gefärbt wird.

Von Phosphorsalz wird nur das ganz eisenfreie Mineral im Oxydationsfeuer leicht zu einem klaren, farblosen Glase aufgelöst, welches nach der Behandlung im Reductionsfeuer nach der Abkühlung von Wolframoxyd blau gefärbt erscheint. Die eisenhaltigen Varietäten geben mit Phosphorsalz im Reductionsfeuer ein bräunliches Glas, welches erst durch Behandeln mit Zinn auf Kohle blau wird.

Mit Soda bildet er auf Kohle eine aufgeschwollene, weisse, an den Kanten abgerundete Schlacke.

Mit geschmolzenem Phosphorsalz in einer offenen Glasröhre geprüft, entwickelt er eine geringe Menge von Fluorwasserstoffsäure. Ein Gehalt an Chlor kann nicht aufgefunden worden.

Schmelzt man eine kleine Menge des gepulverten Minerals mit der 4—5fachen Menge von Soda im Platinlöffel und löst hierauf die geschmolzene Masse in heissem Wasser, so löst sich wolframsaures Natron mit der überschüssig zugesetzten Soda auf, Kalkerde bleibt aber mit der geringen Beimengung von Eisen- und Manganoxyd zurück und kann vor dem Löthrohre geprüft werden. Wie man die Wolframsäure aus der Auflösung scheidet, soll bei der Probe auf Wolfram angegeben werden, wo auch noch ein anderes einfaches Verfahren beschrieben werden soll, die Wolframsäure in zusammengesetzten Substanzen zu erkennen.

Die antimonsaure Kalkerde (Romeit) lässt sich durch ihr Verhalten zu Soda auf Kohle sehr leicht erkennen, indem die Antimonsäure reducirt und verflüchtigt wird (wobei sie die Kohle weiss beschlägt) und die Kalkerde zurückbleibt, während der Ueberschuss an Soda in die Kohle geht.

Unterniobsaure Verbindungen.

a) **Pyrochlor** von Miask giebt, im Glaskölbchen geglüht, nur Spuren von Wasser. In der Pincette zeigt er sich

unschmelzbar, nimmt aber eine gelbe Farbe an. Berührt
man das Probestückchen mit der Spitze der blauen Flamme,
so wird die äussere Flamme gelb (mit viel Roth
gemischt) gefärbt (Natron und Lithion).

Unterscheidende Verbindungen.

Von Borax wird er im Oxydationsfeuer zu
einem heiss rothgelben, kalt farblosen Glase aufgelöst, das
sich bei einer gewissen Sättigung unklar (röthlichgrau) flattern
lässt und das bei einem grössern Zusatze unter der Abkühlung
von selbst unklar und gelblich- bis röthlichgrau wird.

Von Phosphorsalz wird er im Oxydationsfeuer leicht zu
einem klaren gelben Glase aufgelöst, welches nach der Behandlung im Reductionsfeuer dunkel braunroth wird, wie von
eisenhaltiger Titansäure; mit Zinn behandelt, wird das Glas
violett. Er ist also frei von Uran.

Mit wenig Soda schmilzt er unter Aufbrausen zu einer
schlackigen Masse; wird mehr Soda angewendet, so geht der
grösste Theil derselben in die Kohle.

Mit Soda und Salpeter kann eine Reaction auf Mangan
nicht hervorgebracht werden.

b) Pyrochlor von Fredriksvärn verhält sich vor dem
Löthrohre etwas anders als der Pyrochlor von Miask. Das
Verhalten ist nach Berzelius folgendes:

Für sich wird er hellbraungelb, bleibt glänzend und
schmilzt sehr schwer zu einer schwarzbraunen, schlackigen
Masse.

Von Borax wird er im Oxydationsfeuer zu einem rothgelben, klaren Glase aufgelöst, das sich leicht unklar flattern
lässt, wobei es eine gelbe Farbe annimmt; bei einem grösseren
Zusatze wird die Perle unter der Abkühlung von selbst unklar.
Im Reductionsfeuer färbt sich die Perle dunkelroth und lässt
sich zu einem hellgraulichblauen Email, zuweilen mit Streifen
von reinem Blau, flattern.

In Phosphorsalz löst er sich, anfangs mit etwas Aufbrausen, vollkommen auf. Im Oxydationsfeuer ist die Perle,
so lange sie heiss ist, gelb, wird aber beim Erkalten schön
grasgrün (Uran). Im Reductionsfeuer wird diese grüne Farbe
allmählig durch das Auftreten einer andern schmutziger, und
nach kurzem Reduciren erhält man leicht eine dunkelrothe,
in's Violette spielende Perle, wie von etwas Eisen enthaltender Titansäure.

Mit Soda auf Platinblech giebt er eine grüne Mangan-
Reaction.

c) Pyrochlor von Brewig verhält sich v. d. L. wahrscheinlich ganz ähnlich wie der vorhergehende.

Um in dem Pyrochlor die Gegenwart der Kalkerde nachweisen zu können, ist man genöthigt, eine kleine Menge des
fein gepulverten Minerals nach S. 147 mit der 6—8fachen
Gewichtsmenge doppelt-schwefelsauren Kali's im Platinlöffel

zu schmelzen, die geschmolzene Masse auszugiessen, zu pulverisiren und mit Wasser zu behandeln, wobei sich die basischen Bestandtheile grösstentheils auflösen und
die Unterniobsäure mit einem Theil der Titansäure **Unterniobsäure Verbindungen.**
und etwas Gyps gemengt, zurückbleibt. Versetzt
man nach der Filtration und längerem Ausfüssen (zur Trennung des Gypses von den genannten Säuren) die Auflösung
mit einigen Tropfen Salpetersäure und erhitzt sie bis zum
Kochen, so wird der aufgelöste Theil der Titansäure mit
weisser Farbe ausgeschieden. Filtrirt man den Niederschlag
ab, übersättigt die Auflösung, welcher man der Sicherheit
wegen vorher noch etwas Chlorwasserstoffsäure zusetzen kann,
mit Ammoniak, so kann dann, nachdem der entstandene Niederschlag von verschiedenen Erden und Metalloxyden durch
Filtration geschieden worden ist, die Kalkerde durch Oxalsäure ausgefällt und vor dem Löthrohre geprüft werden.

Will man sich zugleich von der Gegenwart der übrigen
Bestandtheile überzeugen, so ist dabei dasjenige zu berücksichtigen, was bei der Probe auf Yttererde für tantalsaure Verbindungen etc. angeführt ist, die ebenfalls zur Auffindung
ihrer einzelnen Bestandtheile erst mit doppelt-schwefelsaurem
Kali geschmolzen werden.

Titansaure Kalkerde.

Perowskit verhält sich nach G. Rose vor dem Löthrohre, wie folgt:

In der Pincette und auf Kohle ist er unschmelzbar.   **Titansaure Kalkerde.**

In Borax löst er sich im gepulverten Zustande
in grosser Menge zu einem klaren grünlichen Glase auf, das
unter der Abkühlung farblos wird. Nach der Behandlung im
Reductionsfeuer erscheint das Glas bei geringer Sättigung in
der Wärme licht gelblichgrün, nach dem Erkalten wasserhell, bei stärkerer Sättigung nach dem Erkalten braun.

In Phosphorsalz löst er sich im Oxydationsfeuer ebenfalls
leicht auf; die Perle erscheint in der Wärme grünlich und
wird unter der Abkühlung farblos. Im Reductionsfeuer wird
die Perle graulichgrün, nimmt aber unter der Abkühlung
eine mehr oder weniger intensive violblaue Farbe an, je
nachdem mehr oder weniger von dem Minerale aufgelöst
worden ist.

Mit einer geringen Menge Soda gemengt, schmilzt das
Mineral zu einer grünlichen, undurchsichtigen Schlacke zu-
sammen; mit mehr Soda zieht sich die Masse in die Kohle.
Durch Zerreiben und Schlämmen der mit Soda getränkten
Kohle lässt sich nichts Metallisches erhalten.

Um die Kalkerde von der Titansäure so zu trennen, dass
man sie als solche mit Bestimmtheit erkennen kann, darf

man das fein gepulverte Mineral nur mit doppelt-schwefelsaurem Kali schmelzen und die geschmolzene Masse weiter
behandeln, wie es soeben beim Pyrochlor angegeben worden ist.

Kieselsaure Verbindungen (Silicate).

Die oben unter α, β, γ und δ verzeichneten Silicate, sowie die vorher beim Kali und Natron namhaft gemachten
kalkerdehaltigen Silicate, lassen sich durch ihr Verhalten vor
dem Löthrohre für sich und bei der Prüfung mit Reagentien
von einander unterscheiden, so bald sie in ihrer Zusammensetzung verschieden sind; auch lässt sich aus diesem
Silicate.   Verhalten oft auf die Gegenwart von Kalkerde
schliessen. Als Kennzeichen sind zu betrachten: 1) Das
Aufblühen, Aufschäumen bei der Prüfung auf ihre Schmelzbarkeit, welches in vielen Fällen bei kalkerdehaltigen Silicaten wahrzunehmen ist (S. 88); 2) das Verhalten zu Borax
und Phosphorsalz, indem sich diese Silicate grösstentheils in
Borax leicht auflösen und bei der Prüfung mit Phosphorsalz
nicht nur die Kieselsäure ausgeschieden, sondern auch das
Glas in den meisten Fällen unter der Abkühlung opalartig
wird (S. 105), und 3) das Verhalten zu Soda, mit welcher
sie, wenn man zu viel Soda anwendet, zu Kugeln
schmelzen, mit mehr Soda aber zuweilen eine schlackige
Masse geben (s. die Zusammenstellung S. 110).

Um in zweifelhaften Fällen mit völliger Sicherheit einen
Gehalt an Kalkerde in den erwähnten verschiedenen Silicaten
sowohl, als auch in Meteorsteinen, in aufbereiteten Erzen
und in Schlacken auffinden zu können, ist man genöthigt,
die betreffende Substanz, wenn sie nicht durch Chlorwasserstoffsäure völlig zersetzbar ist, nach S. 142 mit Soda und Borax
und nach Befinden mit einem Zusatz von Silber, oder bei
Schlacken, die mehrere Metalloxyde enthalten, mit einem
Zusatz von Gold auf Kohle zur Perle zu schmelzen, diese zu
pulverisiren und mit Chlorwasserstoffsäure und Wasser zu
behandeln. Die von der Kieselsäure abfiltrirte Flüssigkeit
prüft man, nachdem ein Gehalt an Eisenoxydul durch Salpetersäure in Oxyd verwandelt worden ist, zuerst mit einem
Tropfen verdünnter Schwefelsäure oder mit einer geringen
Menge von doppelt-schwefelsaurem Kali auf einen Gehalt
an Baryterde und fällt hierauf durch Ammoniak im geringen Ueberschuss Thonerde, Eisenoxyd und Chromoxyd
aus, im Fall letzteres vorhanden ist (z. B. im Uwarowit).
Wie die Thonerde von diesen beiden Metalloxyden zu trennen
ist, soll bei der Probe auf Thonerde, wo von der Zerlegung
kieselsaurer Verbindungen die Rede sein wird, angegeben
worden. Enthält die Substanz Wolframsäure, wie es z. B.
bei manchen Zinnschlacken der Fall ist, so ist die Kieselerde auf Wolframsäure zu untersuchen, wie es bei der Probe

auf Wolfram für kieselsaure Verbindungen beschrieben werden
soll. Um nun die Kalkerde in der ammoniakalischen Flüssigkeit zu finden, die zugleich noch Talkerde, Manganoxydul und Kobaltoxydul enthalten kann, verfährt man auf folgende Weise:

Hat man bei der Prüfung der fraglichen Substanz mit
Glasflüssen wahrgenommen, dass nur ein geringer Gehalt an
Mangan oder Kobalt vorhanden sei, oder dieselbe ganz frei
davon zu sein scheine, so fällt man aus der ammoniakalischen
Flüssigkeit durch Oxalsäure die Kalkerde als oxalsaure Kalkerde aus, filtrirt dieselbe, nachdem sie sich abgesetzt hat,
ab, wäscht sie mit Wasser aus und prüft sie — wenn man
es für nöthig findet — vor dem Löthrohre. Die durchgelaufene Flüssigkeit versetzt man, nachdem man sich durch
einen nochmaligen geringen Zusatz von Oxalsäure überzeugt hat, dass auch wirklich alle Kalkerde ausgefällt
ist, mit Phosphorsalz (am besten in wenig Wasser aufgelöst), wodurch Talkerde und Manganoxydul als phosphorsaure Salze in Verbindung mit Ammoniak ausgefällt
werden. Den erhaltenen Niederschlag sammelt man auf einem
Filtrum, wäscht ihn mit kaltem Wasser aus, dem ein wenig
kohlensaures Ammoniak zugesetzt worden ist (weil reines
Wasser auflösend wirkt), und prüft ihn vor dem Löthrohre.
Auf Kohle schmilzt er zur Perle, die bei völliger Abwesenheit von Kobalt emailweiss, bei Gegenwart von Kobalt aber
blau oder violett gefärbt erscheint. Pulverisirt man die geschmolzene Perle und schmelzt das Pulver mit Soda und
einem Zusatz von Salpeter auf Platinblech, wie es bei der
Probe auf Mangan beschrieben werden soll, so überzeugt man
sich sehr bald, ob die Talkerde frei von Mangan ist oder
nicht. Das Manganoxydul wird dabei höher oxydirt und mit
den Alkalien zu einer leicht flüssigen Masse verbunden, die
mit der Löthrohrflamme von einer Stelle des Platinblechs zur
andern getrieben werden kann, während die Talkerde sich
auf dem Platin festsetzt und deutlich zu sehen ist. War Mangan vorhanden, so erscheint die geschmolzene Masse nach
der Abkühlung blaulichgrün, im entgegengesetzten Falle weiss.

Hat man bei der Prüfung der fraglichen Substanz mit
Glasflüssen wahrgenommen, dass dieselbe viel Mangan oder
Kobalt enthält (was jedoch nur selten vorkommt), und man
wünscht nach Abscheidung der Kalkerde sich auch von einem
Gehalt an Talkerde mit Sicherheit zu überzeugen, so ist man
genöthigt, folgenden Weg einzuschlagen: Man versetzt die
ammoniakalische Flüssigkeit mit so viel Schwefelammonium,
bis die Oxyde des Mangans und Kobalts als Schwefelmetalle
gefällt sind, trennt den Niederschlag durch Filtration und
wäscht ihn auf dem Filtrum mit Wasser, dem ein wenig
Schwefelammonium beigemischt ist, aus. Hat man Ursache,

ihn näher zu untersuchen, so prüft man ihn, nachdem er
auf Kohle abgeröstet worden, mit Phosphorsalz auf Kohle,
wobei sich ein Gehalt an Kobalt leicht entdecken lässt,
so wie auch mit Soda und einem Zusatz von Salpeter auf Platinblech, um einen Gehalt an Mangan nachzuweisen.

Die von den Schwefelmetallen abfiltrirte Flüssigkeit, zu
welcher man nur wenig Auswaschwasser bringen darf, um sie
theils nicht zu sehr zu verdünnen, theils auch nicht unnöthiger
Weise zu vermehren, macht man durch Chlorwasserstoffsäure
sauer und digerirt sie in einem Porcellangefäss über der Löthrohrflamme so lange, bis sie nicht mehr nach Schwefelwasserstoff riecht und klar über den ausgeschiedenen Schwefeltheilchen erscheint *). Hierauf filtrirt man die Schwefeltheilchen
ab, übersättigt die Flüssigkeit mit Ammoniak, fällt, wie oben, die
Kalkerde durch Oxalsäure und die Talkerde durch Phosphorsalz.

Wie man kieselsaure Verbindungen, die ausser Kalkerde auch
Ytererde, Zirkonerde und Ceroxydul enthalten, zerlegt, soll bei
der Probe auf Ytererde und Zirkonerde angegeben werden.

Von den oben unter e verzeichneten Silicaten, in denen
Borsäure als Basis mit auftritt, verhalten sich der Datolith
und Botryolith folgendermassen:

Im Glaskolben erhitzt, geben sie etwas Wasser.

In der Pincette schwellen sie auf, schmelzen aber dann
ziemlich leicht zu einem dichten, klaren, meistens farblosen
Glase; berührt man die Probe während des Schmelzens mit
der Spitze der blauen Flamme, so bemerkt man in der äussern
Flamme eine deutlich grüne Färbung, wodurch die Gegenwart von Borsäure angezeigt wird. Ist die grüne Färbung
nicht intensiv genug, so darf man die bereits entwässerte
Probe nur mit Schwefelsäure befeuchten.

Von Borax werden sie leicht zu einem klaren Glase aufgelöst, das bisweilen einen sehr geringen Gehalt an Eisen verräth.

Von Phosphorsalz werden sie, mit Hinterlassung eines
Kieselskelettes, aufgelöst; bei starker Sättigung wird das Glas
unter der Abkühlung unklar bis emailweiss.

Mit wenig Soda schmelzen sie auf Kohle zu einem klaren
Glase; setzt man mehr Soda zu, so wird das Glas unter der
Abkühlung unklar; ein noch grösserer Zusatz verursacht, dass
sich die bereits geschmolzene Perle ausbreitet und das Bestreben zeigt, sich in die Kohle zu ziehen.

Das Verhalten zu Kobaltsolution ist ohne Werth, weil
sieh das Kobaltoxyd in den leicht schmelzbaren Silicaten auflöst und dem Glase eine blaue Farbe ertheilt.

---

*) Da bei der Abscheidung des Mangans und Kobalts durch Schwefel-
ammonium der Geruch nach Schwefelwasserstoff nicht zu vermeiden ist, so
darf man die dabei vorkommenden Arbeiten nicht in demselben Zimmer vornehmen, in welchem man sonst gewöhnlich mit dem Löthrohre arbeitet.

Will man die Kalkerde von der Borsäure trennen, so muss man die betreffenden Silicate im gepulverten Zustande durch Chlorwasserstoffsäure zerlegen, wobei sich die Kieselsäure als Gallerte ausscheidet, hierauf $^{Silicate.}$ nach der Verdünnung mit Wasser die Kieselsäure von der Auflösung durch Filtration trennen, und die Auflösung mit Ammoniak übersättigen; es lässt sich dann die Kalkerde durch Oxalsäure ausfüllen und vor dem Löthrohre prüfen. Wäre Talkerde vorhanden, so würde durch einen Zusatz von Ammoniak ein Niederschlag von borsaurer Talkerde entstehen, weil die Auflösung weder Kali noch Natron enthält.

Die oben unter ζ aufgeführten kieselsauren Verbindungen, in welchen Titansäure enthalten ist, nämlich T i t a n i t (Sphen, G r e e n o v i t, Guarinit) und S c h o r l a m i t, verhalten sich vor dem Löthrohre, wie folgt:

Der T i t a n i t giebt im Glaskolben zuweilen Spuren mechanisch eingeschlossenen Wassers. Der gelbe verändert sich nicht, der braune wird gelb, und nach B e r z e l i u s zeigt eine Varietät von Frugård in Finnland bei dieser Farbenveränderung eine Feuererscheinung, ähnlich wie der glasige Gadolinit, aber weit schwächer.

In der Pincette schmilzt er an den Kanten unter einiger Aufschwellung zu einem schwärzlichen Glase, ohne die äussere Flamme zu färben.

Von Borax wird er leicht zu einem klaren, gelben Glase aufgelöst, das von einem grössern Zusatze etwas dunkler wird.

Von Phosphorsalz wird er schwer aufgelöst; das Ungelöste wird milchweiss. Behandelt man die Perle auf Kohle mit Zinn, so nimmt dieselbe eine blass röthlichviolette Farbe an, wodurch die Gegenwart von Titansäure nachgewiesen wird. Das Glas opalisirt dann gewöhnlich unter der Abkühlung.

Von Soda wird er zu einem unklaren Glase aufgelöst, das durch keine bestimmte Menge von Soda klar erhalten werden kann. Unter der Abkühlung wird es weiss oder graulichweiss. Mit viel Soda geht der grösste Theil der Probe in die Kohle und eine unschmelzbare Masse (Kalkerde) bleibt zurück.

Schmilzt man eine kleine Menge des feingepulverten Minerals nach S. 147 mit der 3fachen Menge doppelt-schwefelsauren Kali's im Platinlöffel und behandelt die geschmolzene Masse bei einer Temperatur von 50—60° Réaum. mit einer hinreichenden Menge von Wasser, der man einige Tropfen Chlorwasserstoffsäure zur leichtern Auflösung der schwefelsauren Kalkerde zugesetzt hat, so löst sich Titansäure und schwefelsaure Kalkerde auf und die Kieselsäure bleibt zurück.

Versetzt man die Auflösung nach der Filtration und dem Aussüssen mit einigen Tropfen Salpetersäure und erhitzt sie bis
zum Kochen, so wird, wenn die Auflösung hinreichend verdünnt ist, die Titansäure ausgeschieden und kann auf einem
Filtrum gesammelt und vor dem Löthrohre weiter geprüft
werden. Die von der Titansäure abfiltrirte Flüssigkeit übersättigt man mit Ammoniak und scheidet dadurch einen Gehalt an Eisenoxyd ab. Nachdem derselbe ebenfalls durch
Filtration getrennt ist, fällt man die Kalkerde durch Oxalsäure.

Der Schorlamit (Ferrotitanit) verhält sich nach
Rammelsberg v. d. L. wie folgt: Im Glaskölbchen giebt
er nichts Flüchtiges. In der Pincette schmilzt er schwer an
den Kanten; die Boraxperle ist in der äussern Flamme gelb,
in der innern grün; die Phosphorsalzperle, in der letzteren
mit Zinn behandelt, nimmt eine violette Färbung an.

Der Yttrotitanit (Keilhauit) verhält sich nach
Scheerer vor dem Löthrohre wie folgt:

Im Glaskolben erhitzt, giebt er kein Wasser aus.

In der Pincette verändert er seine Farbe wenig oder gar
nicht und kann auch nicht geschmolzen werden.

Zu den Flüssen verhält er sich wie Titanit (Sphen),
zeigt aber einen nicht unbeträchtlichen Eisengehalt.

Zur Auffindung derjenigen Bestandtheile, welche sich
vor dem Löthrohre nicht zu erkennen geben, ist man genöthigt, den nassen Weg zu Hülfe zu nehmen. Man schmilzt,
wie oben beim Titanit angegeben, das Mineral mit doppelt-
schwefelsaurem Kali etc. und fällt aus der Flüssigkeit, nach-
dem die Titansäure abgeschieden, $\dot{Y}$, $\ddot{Al}$ und $\ddot{Fe}$ aus, während $\dot{Ca}$, $\dot{Mg}$ und $\dot{Mn}$ gelöst bleiben. Die letzteren fällt man
durch Oxalsäure und Phosphorsalz, die Abscheidung der Ytter-
erde vom Eisenoxyd und der Thonerde soll bei der Probe
auf Yttererde angegeben werden.

8. Talkerde = $\dot{Mg}$.

Vorkommen derselben im Mineralreiche.

Die Talkerde macht in mehreren Mineralsubstanzen einen
mehr oder weniger wesentlichen Bestandtheil aus. Als wesentlicher Bestandtheil tritt sie in nachstehenden Mineralien auf.

a) Als freie Talkerde im

Periklas, 1 = $\dot{Mg}$, jedoch $\ddot{Fe}$ enthaltend.

b) In Verbindung mit Hydratwasser im

Magnesiahydrat (Brucit, Nemalith, Talkhydrat), 1 = $\dot{Mg}\dot{H}$,
zuweilen $\dot{C}$, $\ddot{Si}$, $\dot{Ca}$, $\dot{Mn}$ und $\ddot{Fe}$ enthaltend.

c) In Verbindung mit Metalloxyden im

Magnoferrit, 1—2 = $\dot{Mg}^2\ddot{Fe}^4$ oder was wahrscheinlicher, da der Verbindung Eisenglanz beigemengt ist, $= \dot{M}g\bar{F}e$, auch $\dot{C}u$ und unlösliche Theile enthaltend.

d) Als **Magnesium** mit **Chlor** im
Tachydrit, s. Kalkerde;
Carnallit, s. Kali;

e) Mit **Schwefelsäure** in folgenden Mineralien:
Martinsit (Kieserit), $\dot{M}g\bar{S} + \dot{H}$;
Bittersalz $= \dot{M}g\bar{S} + 7\dot{H}$;
Astrachanit, s. Natron;
Polyhalit, s. Kali;
Alaun, talkerdehaltiger (Magnesia-Alaun, Pickeringit) $= \dot{M}g\bar{S}$
$+ \bar{Al}\bar{S}^3 + 22\dot{H}$;
Alaun, mangan- und talkerdehaltiger, $= (\dot{M}g, \dot{M}n)\bar{S} + \bar{Al}\bar{S}^3$
$+ 24\dot{H}$;

f) Mit **Phosphorsäure** in folgenden beiden Mineralien,
von denen das erste auch Fluormagnesium enthält:

Wagnerit, $1 = \dot{M}gFl + \dot{M}g^3\bar{\bar{P}}$, mit geringen Mengen von
$\ddot{S}i$, $\dot{C}a$ und $\dot{F}e$;

Lazulith (Blauspath), $2 = (\dot{R}^3\bar{\bar{P}} + \bar{Al}^3\bar{\bar{P}}) + 2\dot{H}$ oder $(\dot{R}^3\bar{\bar{P}}$
$+ \bar{Al}^3\bar{\bar{P}}) + 2\dot{H}$, R $= \dot{M}g$, $\dot{C}a$, $\dot{F}e$, gewöhnlich etwas $\ddot{S}i$
(eingemengten Quarz) enthaltend, die hellen Varietäten
eisenärmer als die dunkeln.

g) Mit **Kohlensäure** (und **Hydratwasser**) in folgenden
Mineralien:

Magnesit, $1 = \dot{M}g\ddot{C}$, zuweilen $\dot{C}a$, $\dot{F}e$ und $\ddot{S}i$ enthaltend;
Talkspath (Magnesitspath), $1 = \dot{M}g\ddot{C}$ mit mehr oder weniger
$\dot{F}e$, $\dot{M}n$ und $\dot{H}$;
Breunerit (Mesitinspath, Pistomesit), isomorphe Mischungen
von $\dot{M}g\ddot{C}$ und $\dot{F}e\ddot{C}$ (denen häufig das Kalk- oder Mangan-
carbonat beigemischt ist) mit vorwaltendem Magnesiacarbonat.
Sideroplesit, $1 = 2\dot{F}e\ddot{C} + \dot{M}g\ddot{C}$.
Predazzit
Poncatit
Hydromagnocalcit } s. Kalkerde;
Bitterspath
Braunspath
Hydromagnesit $1 = 3(\dot{M}g\ddot{C} + \dot{H}) + \dot{M}g\dot{H}$;
Lancasterit $1 = (\dot{M}g\ddot{C} + \dot{H}) + \dot{M}g\dot{H}$ (?)

h) Mit **Borsäure** im
Boracit, $1 = \dot{M}gCl + 2\dot{M}g^3\bar{B}^4$ incl. wenig $\dot{F}e$.

Stassfurthit, $1 = (MgCl + 2\dot{M}g^3\dot{B}^4) + \dot{H}$ mit wenig Fe.
Hydroboracit, s. Kalkerde.

  i) Mit Arsensäure im

Hörnesit, $1 = \dot{M}g^3\ddot{A}s + 8\dot{H}$.
Pikropharmakolith,
Berzeliit,   } s. Kalkerde.

  k) Mit Kieselsäure in nachstehenden Silicaten[*]:
  α) *Wasserfreie* Silicate, die, im Glaskölbchen erhitzt, entweder gar kein Wasser, oder nur Spuren davon geben.

Olivin, III (II), 1 G Chrysolith, III (II), 1 G Hyalosiderit, I—II, 1 G (Forsterit, Boltonit, Olinkit, Peridot),	$= \dot{M}g^3\ddot{S}i$ und $\dot{F}e^3\ddot{S}i$ in veränderlichen Verhältnissen; letzterer ist am eisenreichsten und daher auch am schmelzbarsten. Die allgemeine Formel ist also $(\dot{M}g, \dot{F}e)^3\ddot{S}i$; als Nebenbestandtheile finden sich in geringen Mengen $\dot{C}a, \dot{M}n, \ddot{A}l, \ddot{C}r, \dot{N}i, \dot{C}u, \dot{S}n$; in manchem Olivin auch Fl.

Enstatit, III $= \dot{M}g^3\ddot{S}i^3$ nebst geringen Mengen von Fe,
   Äl und Fl.

Talk, II bis III, $3 = \dot{M}g^4\ddot{S}i^4 + x \dot{H}$, worin ein Theil der
  Mg durch Fe ersetzt ist, ausserdem ger. Mengen von Äl
  und zuweilen auch Si enthaltend. Von derselben Zusammensetzung ist auch ohne Zweifel der Speckstein (Steatit,
  Rensselaerit). Der Talk giebt seinen Wassergehalt nur bei
  sehr starkem Glühen ab und ist desshalb unter den wasserfreien Silicaten hier mit aufgeführt.

Speckstein, II—III, $3 = \dot{M}g^3\ddot{S}i^2 + 6\dot{M}g\ddot{S}i$ incl. Fe, für
  gewöhnlich mit $\dot{M}g\dot{H}$ gemengt, auch öfters Äl, Mn und
  Bitumen enthaltend.

Nephrit, II A $= 3(\dot{C}a, \dot{F}e, \dot{M}n)^2\ddot{S}i + 4\dot{M}g^3\ddot{S}i^2$;
Amphibol (Hornblende), und zwar

  1) Thonerdefreie Hornblenden:
Tremolit, Grammatit von Fahlun, Strahlstein, Raphilit, I—II A,

---

[*] Scheerer (dessen „Beiträge zur nähern Kenntniss des polymeren Isomorphismus" in Poggendorff's Ann. Bd. 84) nimmt an: 1) dass 1 Atom Mg durch 3 Atome Ḧ und 2) dass 2 Atome Si durch 3 Atome Äl ersetzt werden können, wodurch sich die chemischen Formeln der betreffenden Silicate sehr vereinfachen lassen. Letztere Annahme soll auch hier in Anwendung gebracht werden. Was dagegen das in den talkerdehaltigen Silicaten enthaltene Wasser anlangt, so soll dasselbe, in Berücksichtigung des Zweckes der aufgestellten Formeln, ebenfalls wie bei andern wasserhaltigen Silicaten, als Hydratwasser betrachtet werden.

$2 = \dot{C}a\ddot{S}i + \dot{M}g^3\ddot{S}i^2$, mit geringen Mengen von $\dot{F}e$, $\dot{M}n$, $\bar{A}l$, $\dot{H}$ und Fl;

Kymatin, 1, 2 $= \dot{C}a\ddot{S}i + (\dot{M}g, \dot{F}e)^3\ddot{S}i^2$ excl. wenig $\bar{A}l$;

Antophyllit, I A, 2 $= \dot{F}e\ddot{S}i + \dot{M}g^3\ddot{S}i^2$ mit ger. Mengen von $\dot{M}n$, $\dot{C}a$, $\bar{A}l$ und $\dot{H}$;

Asbest von Koruk, I—II, 2 $= \dot{F}e\ddot{S}i + 2\dot{M}g^3\ddot{S}i^2$, mit Spuren von $\dot{C}a$, $\bar{A}l$ und $\dot{M}n$;

Asbest von Pitkäranda, I, 2 $= (\dot{F}e, \dot{M}g, \dot{C}a)^2\ddot{S}i$;

Asbest von der Tarentaise, I, 2 $= (\dot{C}a, \dot{F}e)\ddot{S}i + \dot{M}g^3\ddot{S}i^2$ nebst ger. Mengen von $\dot{M}n$, $\bar{A}l$, Fl und $\dot{H}$;

2) Thonerdehaltige Hornblenden, zu welchen die meisten Arten von grüner und schwarzer Farbe gehören:
Amianth gehört zum Asbest.

Grammatit von Åker,
Hornblende v. d. Wetterau,
Hornblende von Lindbo,
Hornblende von Pargas,
Hornblende von Veltlin,
Hornblende von Kongsberg,
Hornblende von Nordmark,

I A, 2 $= \dot{R}(\ddot{S}i, \bar{A}l) + \dot{R}^3(\ddot{S}i, \bar{A}l)^2$, worin $\dot{R} = \dot{C}a$, $\dot{M}g$, $\dot{F}e$, $\dot{M}n$, in veränderlichen Mengen bedeutet; ausserdem enthalten sie auch Fl und zuweilen $\dot{H}$ in geringer Menge.

Hierher gehörig sind noch Edenit, Carinthin, Uralit, Pitkärandit.

Granat, schwarzer von Arendal (Talkgranat), I, 2 $= (\dot{M}g, \dot{F}e, \dot{C}a, \dot{M}n)^3\ddot{S}i + \bar{A}l\ddot{S}i$;

Pyrop aus Böhmen, I—II, 3 $= \ddot{S}i$, $\bar{A}l$, $\bar{F}e$, $(\dot{F}e)$, $\dot{M}g$, $\dot{C}a$, $\dot{M}n$, $\bar{C}r$;

Pyrop aus Schottland $= (\dot{M}g, \dot{C}a, \dot{M}n)^3\ddot{S}i + 3(\bar{A}l, \bar{F}e)\ddot{S}i$;

Cordierit (Dichroit, Steinheilit, harter Fahlunit, Luchssaphir, Iolith), II, 2 $= (\dot{M}g, \dot{C}n)^3\ddot{S}i^2 + 3(\bar{A}l\bar{F}e)\ddot{S}i$;

Sapphirin, III, $= \bar{A}l\ddot{S}i + 3\dot{M}g\bar{A}l$, mit ger. Mengen von $\dot{C}a$, $\dot{F}e$ und $\dot{M}n$.

Turmalin. Die Turmaline enthalten von aciden Bestandtheilen $\ddot{S}i$, $\dot{H}$, $\ddot{P}$ und Fl; an stärkern Basen $\dot{K}$, $\dot{N}a$, $\dot{L}i$, $\dot{C}a$, $\dot{M}g$, $\dot{F}e$ und $\dot{M}n$, von schwächeren Basen $\bar{A}l$, $\bar{F}e$ und $\bar{M}n$. Das meist zu 2 bis 2, 5 p. c. vorhandene Fluor ist wahrscheinlich Vertreter des Sauerstoffs, die Menge der $\ddot{P}$ aber so gering, dass sie vernachlässigt werden kann. Unter den schwächern Basen ist $\bar{A}l$ vorwaltend, nächst ihr $\bar{F}e$; $\dot{M}n$ und $\dot{L}i$ finden sich nur in den grünen und rothen Varietäten, unter den Alkalien herrscht $\dot{N}a$ vor. Die Menge

der $\ddot{B}$ schwankt bei den meisten zwischen 7 und 9 p. c.
Rammelsberg unterscheidet 5 Gruppen:

A) Gelbe, braune und schwarze, lithionfreie Turmaline.

1) Magnesia-Turmalin I A, $3 = \dot{R}^3 \ddot{S}i^2 + 3 \ddot{R} \ddot{S}i$ (wo unter $\ddot{S}i$ auch $\ddot{B}$ mit inbegriffen ist);

2) Magnesia-Eisen-Turmalin, I A, $3 = \dot{R}^3 \ddot{S}i^2 + 4 \ddot{R} \ddot{S}i$;

3) Eisen-Turmalin, I—II A, $3 = \dot{R}^3 \ddot{S}i^2 + 6 \ddot{R} \ddot{S}i$.

B) Blaue, grüne, rothe und farbl. lithionh. Turmaline.

4) Eisen-Mangan-Turmalin (blauer und grüner) II A und II—III, $3 = \dot{R} \ddot{S}i + 3 \ddot{R} \ddot{S}i$;

5) Mangan-Turmalin (rother und farbloser), II—III A und III, $3 = \dot{R} \ddot{S}i + 4 \ddot{R} \ddot{S}i$.

β) Wasserhaltige Silicate.

Villarsit, III, $1 = 4 (\dot{M}g, \dot{F}e)^3 \ddot{S}i + 3 \dot{H}$ incl. $\dot{M}n$ und $\dot{C}a$, ausserdem auch ger. Mengen von $\dot{K}$;

Serpentin (Marmolith, Pikrolith, Williamsit, Bowenit, Metaxit), II—III, 1—2, $= (2 \dot{M}g^3 \ddot{S}i^2 + 3 \dot{H}) + 3 \dot{M}g \dot{H}$, incl. $\dot{C}a$, $\dot{F}e$ und $\ddot{A}l$; auch enthält er zuweilen $\dot{M}n$, $\ddot{C}r$, $\dot{N}i$ und Bitumen;

Thermophyllit, III A, $2 = \dot{M}g \ddot{S}i + \dot{M}g \dot{H}$ (?)

Marmolith aus Finnland, III, $2 = (\dot{M}g^3 \ddot{S}i^2 + 2 \dot{H}) + 2 \dot{M}g \dot{H}$;

Chrysotil (Baltimorit), II—III, $2 = 3 (\dot{M}g^3 \ddot{S}i + \dot{H}) + \dot{M}g \dot{H}^3$, incl. ger. Mengen von $\dot{F}e$ und $\ddot{A}l$;

Gymnit (Deweylit), III $= \dot{M}g \ddot{S}i + \dot{M}g \dot{H}^3$ mit ger. Mengen von $\dot{C}a$, $\ddot{A}l$ und $\dot{F}e$;

Nickelgymnit $(\dot{N}i, \dot{M}g)^3 \ddot{S}i + 3 \dot{H}$, incl. ger. Mengen von $\dot{F}e$ und $\dot{C}a$.

Kämmererit (Rhodochrom), III, $= 2 \dot{M}g^3 \ddot{S}i + (\ddot{A}l, \ddot{C}r) \ddot{S}i + 6 \dot{H}$, incl. wenig $\dot{C}a$ und $\dot{F}e$;

Pyrosklerit, I—II, $1 = 2 (\dot{M}g, \dot{F}e)^3 \ddot{S}i + (\ddot{A}l, \ddot{C}r) \ddot{S}i + 4\frac{1}{2} \dot{H}$, fast dieselbe chemische Zusammensetzung hat der (eisenreichere) Vermiculith.

Tabergit $= 2 \dot{R}^3 \ddot{S}i + \ddot{A}l \ddot{S}i + 5 \dot{H}$ excl. etwas Fl, $\dot{R} = \dot{M}g$, $\dot{F}e$, $\dot{M}n$, $\dot{K}$;

Loganit, III $= \ddot{S}i$, $\dot{M}g$, $\ddot{A}l$, $\dot{F}e$, $\dot{C}a$, $\ddot{C}$, $\dot{H}$.

Peplolith, von ähnlicher Zusammensetzung wie Fahlunit S. 162, jedoch frei von Alkalien.

Pikranalcim, von der Zusammensetzung des Analcims S. 161, nur statt des Natrons 10 p. c. Magnesia.

Aphrodit, $= \dot{M}g^3 \ddot{S}i^2 + 2\dot{H}$, mit geringen Mengen von $\dot{M}n$, $\dot{F}e$ und $\bar{A}l$;

Kerolith von Zöblitz, III $= 2(\dot{M}g^3 \ddot{S}i^2 + 2\dot{H}) + \dot{M}g\dot{H}$ excl. $\dot{F}e$ und $\bar{A}l$;

Antigorit, II–III, $1-2 = (\dot{M}g, \dot{F}e)^3 \ddot{S}i^2 + \dot{M}g\dot{H}$ excl $\bar{A}l$;

Pikrosmin, III $= 2\dot{M}g^2 \ddot{S}i^2 + 3\dot{H}$, mit ger. Mengen von $\dot{M}n$, $\dot{F}e$, $\bar{A}l$ und $\dot{N}\dot{H}^2$;

Chlorit (Leuchtenbergit, Pennin, Chromchlorit, Klinochlor), II, $3 = (3\dot{R}^3\ddot{S}i + \bar{R}^2\ddot{S}i) + 9\dot{H}$; $\dot{R} = \dot{M}g, \dot{C}a, \dot{F}e$; $\bar{R} = \bar{A}l, \bar{F}e, \bar{C}r$;

Ripidolith, II, $3 = (3\dot{R}^3\ddot{S}i + \bar{R}^2\ddot{S}i) + 9\dot{H}$, ganz ähnliche Verbindungen der Delessit, Orengesit, Eisenchlorit.

Monradit, III $= 4(\dot{M}g, \dot{F}e)^3 \ddot{S}i^2 + 3\dot{H}$;

Neolith $= \dot{R}(\ddot{S}i, \bar{A}l) + \dot{R}^3(\ddot{S}i, \bar{A}l)^2 + 1\frac{1}{2}\dot{H}$;

Spadait, I, $1 = 4\dot{M}g\ddot{S}i + \dot{M}g\dot{H}^4$ mit ger. Mengen von $\dot{F}e$ und $\bar{A}l$;

Pikrophyll, III $= (\dot{M}g, \dot{F}e)^3 \ddot{S}i^2 + 2\dot{H}$, mit ger. Mengen von $\dot{C}a, \dot{M}n$ und $\bar{A}l$;

Schillerspath, II–III, $2 = 3(\dot{M}g, \dot{F}e, \dot{C}a)\ddot{S}i + 2\dot{M}g\dot{H}^2$ nebst $\dot{M}n, \bar{C}r$ und $\bar{A}l$;

Meerschaum, II–III, $1 = \dot{M}g\ddot{S}i + \dot{H}$, gewöhnlich geringe Mengen von $\dot{C}a, \bar{A}l$ und $\dot{F}e$ enthaltend;

Saponit (Piotin), I $= 2\dot{M}g^3\ddot{S}i^2 + \bar{A}l\ddot{S}i + 6\dot{H}$, incl. $\dot{C}a$ und $\dot{F}e$;

Pseudophit, III, $2 = 4\dot{M}g^3\ddot{S}i + \bar{A}l\ddot{S}i + 9\dot{H}$, incl. wenig $\dot{F}e$.

Seifenstein, I $= (3\dot{M}g^2\ddot{S}i + 2\bar{A}l\ddot{S}i + 3\dot{H}) + 4(\dot{M}g^3\ddot{S}i^2 + 3\dot{H})$ incl. $\dot{C}a$ und $\dot{F}e$, ähnlich zusammengesetzt der Thalit;

Eukamptit, I–II, $1 = (\dot{M}g, \dot{F}e, \dot{M}n)^3\ddot{S}i + \bar{A}l\ddot{S}i + \dot{H}$.

Disterrit (Brandisit) $= 3(\dot{M}g, \dot{C}a)(\ddot{S}i, \bar{A}l) + \dot{H}$ mit $\dot{F}e$ und $\dot{K}$;

Pyrallolith, II, $3 = \dot{M}g\ddot{S}i$ gemengt mit $\dot{M}g\dot{H}$; ausserdem enthält er noch $\dot{C}a, \bar{A}l, \dot{M}n, \dot{F}e$ und Bitumen. Soll ein zersetzter Augit sein;

Dermatin, III $= (\dot{M}g, \dot{F}e)^3\ddot{S}i^2 + 6\dot{H}$, mit geringen Mengen von $\dot{M}n, \bar{A}l, \dot{C}a, \dot{N}a, \dot{S}$ und $\ddot{C}$;

Hydrophit (Jenkinsit), II–III $= (\dot{M}g, \dot{F}e)^2\ddot{S}i + 3\dot{H}$ excl. $\dot{M}n, \bar{A}l$ und $\dot{V}$;

Epichlorit I–II, $2 = 2[(\dot{M}g, \dot{F}e, \dot{C}a)\ddot{S}i^2 + (\bar{A}l, \bar{F}e)\ddot{S}i +$

$3\dot{H}] + 3\dot{Mg}\dot{H}$ oder $\dot{R}$ $(\bar{Si}, \bar{Al}) + \dot{H}$;

Skotiolith, $1 = (\dot{Mg}\dot{Fe})^6 \bar{Si}^5 + \dot{Fe}\,\bar{Si}^2 + 9\dot{H}$ incl. geringer Mengen von $\dot{Ca}$ und $\bar{Al}$;

Kerolith von Frankenstein in Schlesien, $III = 2\dot{Mg}^3\bar{Si}^2 + 9\dot{H}$, nach einer früheren Analyse aus: $\dot{Mg}^3\bar{Si}^2 + \bar{Al}\,\bar{Si} + 15\dot{H}$ bestehend;

Bergholz, $I = \dot{Fe}\bar{Si}^2 + 2\dot{Mg}\bar{Si} + \dot{Mg}\dot{H}$, incl. ger. Mengen von $\dot{Ca}$ und $\bar{Al}$;

Prasëolith, $II-III = (\dot{Mg}, \dot{Mn})^3\bar{Si} + 3(\bar{Al}, \dot{Fe})\bar{Si} + 3\dot{H}$;

Esmarkit, $II = (\dot{Mg}, \dot{Fe}, \dot{Mn})^3\bar{Si}^2 + 3\bar{Al}\,\bar{Si} + 3\dot{H}$, mit Spuren von $\dot{Ca}$, $\dot{Pb}$, $\dot{Cu}$, $\dot{Co}$ und $\dot{Ti}$;

γ) Silicate mit Phosphaten.

Sordawalith, $1, 2 = \bar{Si}, \bar{Al}, \dot{Fe}, (\ddot{Fe}\,?), \dot{Mg}, \bar{P}, \dot{H}$.

δ) Silicate mit Fluormetallen.

Chondrodit (Humit), $III, 1\,G = (4\,Mg\,Fl + Si\,Fl^3) + n\dot{Mg}^4\bar{Si}$; $n = 12, 18, 27$ und 36.

Ausser in den hier genannten Silicaten macht die Talkerde auch in mehreren andern Silicaten einen wesentlichen Bestandtheil aus, die theils schon bei den Alkalien und der Kalkerde genannt worden sind, theils erst bei der Thonerde genannt werden sollen.

ε) Aluminate.

Spinell, $III, 3 = \dot{Mg}\bar{Al}$, zuweilen $\bar{Si}$, $\dot{Ca}$, $\dot{Fe}$ oder $\dot{Cr}$ enthaltend;

Hydrotalkit (Völknerit), $III, 1$, unter Nichtberücksichtigung der Kohlensäure $= \dot{Mg}^3\bar{Al} + 12\dot{H}$ oder $\dot{Mg}^6\bar{Al} + 16\dot{H}$;

Ceylonit (Pleonast, Hercynit), $III, 3 = \dot{Mg}\bar{Al} + \dot{Fe}\bar{Al}$; doch zeigen die verschiedenen Varietäten ein abweichendes Verhältniss beider Aluminate.

Chlorospinell, $III, = \dot{Mg}(\bar{Al}, \dot{Fe})$, mit wenig $\dot{Ca}$ und $\dot{Cu}$;

Automolit (Gahnit), { s. Zink.
Kreittonit,

Da auf Gängen mit den Erzen zuweilen talkerdehaltige Mineralien vorkommen, so ist auch in den im Grossen aufbereiteten, namentlich in den trocken gepochten Erzen, so wie in den beim Verschmelzen solcher Erze abfallenden Schlacken mehr oder weniger Talkerde aufzufinden.

Probe auf Talkerde,

mit Einschluss des Löthrohrverhaltens derjenigen talkerdehaltigen Mineralien, deren Bestandtheile sich dabei grösstentheils mit auffinden lassen.

Talkerde und Talkerdehydrat.

Periklas und Magnesiahydrat (Brucit, Nemalith, Talkhydrat) von welchen letztere im Glaskolben ziemlich viel Wasser geben, reagiren, wenn sie auf Kohle oder in der Pincette stark geglüht worden sind, Talkerde und Talkerdehydrat. auf geröthetem Lakmuspapier alkalisch und ver- halten sich zu Glasflüssen und Kobaltsolution wie Talkerde, nur dass sie nebenbei die Gläser zuweilen von einem Gehalt an Eisen mehr oder weniger gelb färben.

Der Magnoferrit giebt wegen seines hohen Eisenge- haltes eine starke Eisenreaction in Glasflüssen, der Kupfer- gehalt lässt sich durch Befeuchten mit Chlorwasserstoffsäure und Erhitzen in der äussern Flamme auffinden, die Talkerde dagegen nur auf nassem Wege mittelst Phosphorsalz, nach- dem das Eisen aus der Lösung durch Ammoniak abgeschie- den worden ist.

Chlorverbindungen und schwefelsaure Salze.

a) Tachydrit. Ueber das Verhalten dieses Minerals vor dem Löthrohr ist nichts Näheres bekannt. Im Kolben giebt es jedenfalls viel Wasser. Wegen des Zusammenvorkommens mit Steinsalz ist vielleicht die Reaction des Chlorcalciums oder der Kalkerde in der äussern Flamme in Folge einer Natronfärbung nicht ohne Weiteres wahrzunehmen und würde dann nur erst nach längerem und starkem Erhitzen des Sal- zes am Platindraht und Befeuchten mit Chlorwasserstoffsäure zum Vorschein kommen. Die Gegenwart der Talkerde kann nur auf nassem Wege nachgewiesen werden, nachdem nach S. 195 die Kalkerde abgeschieden und zu der Lösung Phos- phorsalz gesetzt worden ist. Das Chlor lässt sich durch eine kupferoxydhaltige Phosphorsalzperle (s. Probe auf Chlor) auf- finden.

b) Carnallit giebt im Kolben viel Wasser und färbt die äussere Flamme intensiv röthlich gelb von NaCl. Unter Anwendung von Kobaltglas oder Indigolösung lässt sich aber auch der Kaligehalt leicht auffinden (s. Probe auf Kali). Die mit Soda auf Kohle im Reductionsfeuer geschmolzene Masse reagirt auf Silberblech hepatisch. Mit einer kupferoxydhal- tigen Phosphorsalzperle erhält man eine Chlorreaction (s. Probe auf Chlor). Die Gegenwart der verschiedenen Erden lässt sich nur auf nassem Wege nachweisen. S. 195.

c) Martinsit und Bittersalz geben, im Glaskolben

erhitzt, Wasser, welches, wenn das Erhitzen eine längere Zeit
fortgesetzt wird, später auf Lakmuspapier sauer reagirt.

Auf Kohle erhitzt, geben sie ihren Gehalt an
Schwefelsaure Verbindungen. Wasser und Schwefelsäure ab, der Rückstand
wird etwas leuchtend, zeigt sich unschmelzbar und
reagirt dann alkalisch.

Der Martinsit ertheilt wegen etwas beigemengten Chlornatriums der äussern Flamme eine röthlich gelbe Färbung.

Zu Borax und Phosphorsalz verhalten sie sich wie Talkerde.

Mit Soda auf Kohle schwellen sie an, schmelzen aber
nicht; wird die Masse mit Wasser befeuchtet, so verbreitet
sie einen hepatischen Geruch.

Mit Kobaltsolution befeuchtet und im Oxydationsfeuer
stark durchgeglüht, nehmen sie eine rosenrothe Farbe an.

d) Astrachanit. Das Löthrohrverhalten des natürlichen
Astrachanits ist nicht bekannt. Der künstlich zusammengesetzte verhält sich wie folgt:

Im Glaskolben erhitzt, giebt er Wasser und schmilzt.

In dem Oehr eines Platindrahtes schmilzt er sehr leicht,
und färbt die äussere Flamme stark röthlichgelb.

Auf Kohle schmilzt er sehr leicht zur halbklaren Perle,
die unter der Abkühlung ganz undurchsichtig und weiss wird.
Bei starkem Feuer kommt die Perle in's Kochen, breitet sich
etwas aus, der grösste Theil des schwefelsauren Natrons geht
in die Kohle, und endlich bleibt eine unschmelzbare Masse
zurück, die von gebildetem Schwefelnatrium gelb gefärbt erscheint. Die in die Kohle gedrungene Masse reagirt auf Silberblech stark auf Schwefel.

e) Alaun, Magnesia-Alaun sowohl, als auch man-
gan- und talkerdehaltiger, schmelzen im Kolben in
ihrem Krystallwasser, blähen sich auf und geben Wasser ab.
Wird die trockene Masse stärker erhitzt, so entwickelt sich
schweflige Säure.

Von Borax und Phosphorsalz werden beide vollkommen
aufgelöst, letzterer ertheilt den Gläsern, vorzüglich dem Boraxglase, eine Manganfarbe.

Die Talkerde kann mit Bestimmtheit nur dadurch nachgewiesen werden, dass man eine kleine Menge des Alauns
in Wasser auflöst, die Auflösung mit Chlorwasserstoffsäure
sauer macht, hierauf durch Ammoniak die Thonerde ausfällt
und aus der ammoniakalischen Flüssigkeit das Manganoxydul
durch Schwefelammonium und die Talkerde durch Phosphorsalz trennt, wie es bei der Probe auf Kalkerde für kieselsaure Verbindungen (S. 194) angegeben ist.

Phosphorsaure Verbindungen.

a) Wagnerit, welcher Fluormagnesium enthält, schmilzt
in der Pincette sehr schwer und nur in dünnen Splittern un-

ter Entwickelung einiger Luftblasen zu einem dunkel grünlichgrauen Glase. Mit Schwefelsäure befeuchtet, färbt er die
äussere Flamme vorübergehend blass bläulich- Phosphorsäure
grün von der Phosphorsäure (S. 95). Verbindungen.

In Borax und Phosphorsalz löst er sich leicht zu klaren,
von Eisenoxyd schwach gelb gefärbten Gläsern auf.

Mit Soda schmilzt er unter Aufbrausen zusammen, wird
aber nicht aufgelöst; auf Platinblech giebt er eine schwache
Manganreaction.

Mit geschmolzenem Phosphorsalz in einer an beiden Enden offenen Glasröhre behandelt (s. Probe auf Fluor), giebt
er Fluorwasserstoffsäure.

Um in dem Wagnerit die Talkerde mit Bestimmtheit
nachzuweisen, schmelzt man eine kleine Menge desselben im
höchst fein gepulverten Zustande mit circa der dreifachen
Gewichtsmenge von gleichen Theilen Soda und Kalihydrat
im Platinlöffel und behandelt die geschmolzene Masse in einem
Porcellanschälchen über der Lampenflamme mit Wasser. Dabei löst sich phosphorsaures Natron und Kali, so wie die im
Mineral vielleicht vorhandene Kieselerde und das überschüssig
zugesetzte kohlensaure Natron auf, und die Talkerde bleibt
mit der geringen Menge von Eisenoxyd zurück. Sammelt
man dieselbe auf einem kleinen Filtrum, wäscht sie aus, vertauscht das gefüllte Probirglas mit einem leeren, löst die
Talkerde und das Eisenoxyd sogleich auf dem Filtrum in
ein wenig Chlorwasserstoffsäure auf und süsst das Filtrum
aus, so lässt sich, nachdem man die geringen Mengen von
Eisenoxyd durch einen Ueberschuss von Ammoniak und hierauf eine vorhandene, ebenfalls geringe Menge von Kalkerde
durch Oxalsäure abgeschieden hat, aus der ammoniakalischen
Auflösung die Talkerde durch Phosphorsalz ausfällen und vor
dem Löthrohre prüfen. In der bei der Behandlung der geschmolzenen Masse mit Wasser erhaltenen Auflösung kann
zum Ueberfluss noch die Phosphorsäure nachgewiesen werden,
wie es bei der Probe auf dieselbe angegeben werden soll.

b) Lazulith (Blauspath) giebt im Glaskolben ein
wenig Wasser und verliert seine blaue Farbe.

In der Pincette bläht er sich auf, zerklüftet, zerfällt in
kleine Stücke und wird weiss, schmilzt aber nicht. Berührt
man die Probe mit der Spitze der blauen Flamme, so wird
die äussere Flamme schwach blaugrün gefärbt; diese von der
Phosphorsäure herrührende Färbung wird intensiver, wenn
man das Mineral mit Schwefelsäure befeuchtet.

Von Borax wird er zu einem klaren Glase aufgelöst,
welches, so lange es heiss ist, von einem Eisengehalte gelb
gefärbt erscheint.

Von Phosphorsalz wird er an den Kanten durchsichtig

und nach und nach zu einem klaren Glase aufgelöst, welches
in der Wärme einen Gehalt an Eisen anzeigt.

Mit Soda auf Kohle schwillt er an und giebt
Phosphorsaure   eine unschmelzbare Masse.
Verbindungen.
Mit Kobaltsolution befeuchtet und im Oxyda-
tionsfeuer geglüht, nimmt er eine schöne blaue Farbe an.

Um in dem **Lazulith** und **Blauspath**, welche Mineralien ausser phosphorsaurer Talkerde etc. auch phosphorsaure Thonerde enthalten, die Talkerde zu finden, kann man
dieselben auf Kohle mit Soda und Kieselerde im Oxydationsfeuer schmelzen und die geschmolzene Perle weiter behandeln, wie es bei der Probe auf Phosphorsäure angegeben
werden soll. Bei der Behandlung der geschmolzenen Probe
mit Wasser bleibt, ausser der Talkerde und dem Eisenoxyd,
auch kieselsaures Thonerde-Natron zurück; löst man diesen
Rückstand nach der Filtration und dem Auswaschen mit
Wasser sogleich auf dem Filtrum in Chlorwasserstoffsäure
auf, so lässt sich dann die Thonerde, das Eisenoxyd und die
Kieselerde durch Ammoniak, eine vorhandene geringe Menge
von Kalkerde durch Oxalsäure und die Talkerde durch Phosphorsalz ausfällen. Den durch Ammoniak erhaltenen Niederschlag löst man, wenn man ihn weiter untersuchen will, in
Chlorwasserstoffsäure, dampft die Auflösung zur Trockniss
ab, löst die trockene Masse in Wasser, scheidet die zurückbleibende Kieselerde durch Filtration und fällt Thonerde und
Eisenoxyd gemeinschaftlich durch Ammoniak aus. Thonerde
und Eisenoxyd trennt man dann durch eine Auflösung von
Aetzkali, wie es bei der Probe auf Thonerde für kieselsaure
Verbindungen angegeben werden soll.

Da diese Mineralien geringe Mengen von Kieselerde enthalten, welche hierbei nicht mit aufgesunden werden können,
so kann man auch folgenden Weg einschlagen: Man schmilzt
zuerst das gepulverte Mineral nach S. 142 mit Soda und Borax auf Kohle und behandelt die geschmolzene Masse
mit Chlorwasserstoffsäure etc. Die von der Kieselsäure
abfiltrirte Flüssigkeit versetzt man mit Ammoniak im Ueberschuss und fügt der Sicherheit wegen auch noch etwas Phosphorsalz hinzu, damit alle Basen an Phosphorsäure gebunden
ausgefällt werden. Den entstandenen Niederschlag filtrirt
man ab, wäscht ihn aus, trocknet ihn, schmelzt ihn wie oben
mit Soda und Kieselerde auf Kohle, behandelt die geschmolzene Masse mit Wasser und untersucht den bleibenden Rückstand weiter, wie es ebenfalls schon angegeben worden ist.

Kohlensaure Verbindungen, ohne und mit Wasser.

Magnesit giebt im Glaskolben sehr wenig oder gar
kein Wasser. In der Pincette zeigt er sich unschmelzbar,

schrumpft aber etwas zusammen und reagirt dann auf geröthetem Lakmuspapier alkalisch.

Hydromagnesit giebt im Glaskolben Wasser, und verhält sich dann wie Magnesit, desgleichen der **Lancasterit**. *Kohlensaure Verbindungen.*

Zu Borax, Phosphorsalz, Soda und Kobaltsolution verhalten sich diese drei Mineralien im Allgemeinen wie kohlensaure Talkerde.

Ist in einer solchen Verbindung ein Theil der Talkerde durch Fe oder Mn ersetzt, wie im **Talkspath**, **Magnesitspath**, **Breunerit**, **Mesitinspath**, **Pistomesit**, **Sideroplesit** etc., so findet in den Glasflüssen eine Reaction auf Eisen oder Mangan Statt, und eine Prüfung mit Kobaltsolution muss in manchen Fällen ganz unterbleiben. Wird ausserdem noch ein Theil der Talkerde durch Kalkerde vertreten, wie im **Braunspath**, **Ankerit**, **Predazzit**, **Pencatit**, **Hydromagnocalcit**, **Bitterspath** etc., so wird die Reaction auf Talkerde vor dem Löthrohre ganz unsicher, so dass man genöthigt ist, den nassen Weg zu Hülfe zu nehmen. Man löst daher eine kleine Menge des fraglichen Minerals im gepulverten Zustande in Chlorwasserstoffsäure auf, was bei Unterstützung von wenig Wärme unter starkem Aufbrausen sehr leicht geschieht, verwandelt das Eisenchlorür, wenn solches vorhanden ist, in der Kochhitze durch ein Paar Tropfen Salpetersäure in Chlorid, scheidet das Eisen durch einen Ueberschuss von Ammoniak und die Kalkerde durch Oxalsäure aus, und fällt aus der übrig bleibenden Flüssigkeit die Talkerde mit dem oft nur in geringer Menge vorhandenen Manganoxydul durch Phosphorsalz, welcher Niederschlag sich nach der Filtration mit Kobaltsolution prüfen lässt (S. 120).

Borsaure Talkerde.

Boracit ist im Glaskolben für sich unveränderlich und giebt auch kein Wasser oder nur Spuren davon.

In der Pincette schmilzt er unter Aufwallen zu einer fast weissen, krystallinischen Perle und färbt die äussere Flamme grün von der Borsäure. *Borsaure Verbindungen.*

Von Borax wird er leicht zu einem klaren Glase aufgelöst, das, so lange es heiss ist, von einem Gehalt an Eisen gelb gefärbt erscheint.

Von Phosphorsalz wird er ebenfalls leicht aufgelöst; das Glas kann aber bei ziemlicher Sättigung unklar geflattert werden, und bei Uebersättigung wird es unter der Abkühlung von selbst unklar.

Mit Soda verbindet er sich sehr leicht. Schmelzt man ihn mit so viel Soda zusammen, als gerade nöthig ist, um während des Schmelzens ein klares Glas zu bekommen, so krystallisirt dasselbe unter der Abkühlung mit Facetten, ähnlich wie phosphorsaures Bleioxyd. Setzt man mehr Soda hinzu, so bekommt man ein klares, nicht mehr krystallisirbares Glas, welches als ein Talkerde

Borsaure Verbindungen. enthaltendes Boraxglas zu betrachten ist.

Wird von dem gepulverten Minerale eine kleine Menge mit nicht zu wenig Kupferoxyd gemengt und das Gemenge in einer Vertiefung auf Kohle mit der Spitze der blauen Flamme stark erhitzt, so bemerkt man nach kurzer Zeit eine sehr deutliche Färbung der Flamme von Chlorkupfer.

Um die Talkerde mit Sicherheit nachweisen zu können und sich zu überzeugen, dass auch keine andere erdige Basis vorhanden ist, löst man eine kleine Menge des Minerals in Chlorwasserstoffsäure auf und verfährt dann weiter, wie es bei dem Boracalcit etc. (S. 189) angegeben ist.

Stassfurthit verhält sich ganz wie Boracit, nur dass er im Kolben eine geringe Menge Wasser abgiebt.

Kieselsaure Verbindungen (Silicate).

Das Verhalten der oben unter α und β verzeichneten Silicate und derjenigen talkerdehaltigen Silicate, welche beim

Silicate. Kali, Natron und Lithion namhaft gemacht worden sind, ist, ausser dem bereits bekannten Verhalten im Glaskolben, ob sie nämlich Wasser geben oder nicht, und dem Grade ihrer Schmelzbarkeit im Allgemeinen folgendes:

In Borax lösen sie sich mehr oder weniger leicht zu einem klaren Glase auf, das, wenn das Silicat eisenhaltig ist, nach der Höhe des Gehaltes stärker oder schwächer gelb gefärbt erscheint.

In Phosphorsalz werden sie mit Hinterlassung eines Kieselskeletts aufgelöst; diejenigen Silicate, in denen wenig oder gar keine Thonerde vorhanden ist, am leichtesten; das Glas opalisirt gewöhnlich unter der Abkühlung.

Zu Soda verhalten sie sich ebenfalls nicht gleich; die meisten schmelzen indessen mit wenig Soda zur Kugel und geben mit einer etwas grösseren Menge eine schlackige Masse (s. auch die Zusammenstellung S. 110).

Kobaltsolution bringt nur bei denjenigen Silicaten eine Reaction auf Talkerde hervor, welche wenig oder gar keine färbenden Metalloxyde und auch nicht zu viel Thonerde enthalten; denn bei Gegenwart von z. B. einer merklichen Menge Eisenoxydes wird die rothe Farbe, welche Talkerde von Kobaltsolution annimmt, gänzlich unterdrückt, und enthält das Silicat viel Thonerde ohne färbende Metalloxyde, so bringt Kobaltsolution wieder eine mehr blaue als rothe Färbung hervor, die indess, wenn der Gehalt an Thonerde nicht sehr hoch ist, fast violett (von dem Blau der Thonerde und dem Rosenroth der Talkerde) erscheint.

Um in solchen Silicaten, in denen sich die Talkerde

nicht durch das angeführte Verhalten vor dem Löthrohre erkennen läsat, so wie auch in aufbereiteten Erzen und in
Schlacken die genannte Erde mit Sicherheit auffinden zu
können, schlägt man den bei der Probe auf Kalkerde (S. 194)
speciell bezeichneten Weg ein.

Silicate mit Phosphaten.

Sordawalith giebt nach Berzelius im Glaskolben
Wasser und schmilzt sowohl in der Pincette als auch auf
Kohle ruhig zu einer schwarzen Kugel. (Vielleicht
bringt er in der äusseren Flamme, wenn er im [Silicate mit Phosphaten]
gepulverten Zustande mit Schwefelsäure befeuch-
tet in dem Oehr eines Platindrahtes mit der Spitze der blauen
Flamme geschmolzen wird, eine Reaction auf Phosphorsäure
hervor?)

Von Borax wird er leicht zu einem von Eisen gefärbten
Glase aufgelöst. Von Phosphorsalz wird er mit Hinterlassung
eines Kieselskeletts zerlegt.

Mit wenig Soda schmilzt er zur Kugel, mit mehr bildet
er eine schlackige Masse.

Die Talkerde ist nur mit Hinzuziehung des nassen Weges
aufzufinden, nachdem man das Mineral mit etwas Soda auf
Kohle im Oxydationsfeuer zur Perle geschmolzen hat. Man
pulverisirt nämlich diese Perle und behandelt sie mit Wasser.
Es löst sich kieselsaures und phosphorsaures Natron auf und
die Basen bleiben mit etwas Kieselerde zurück. Löst man
diesen Rückstand in Chlorwasserstoffsäure auf, so lassen sich
dann Thonerde und Eisenoxyd durch Ammoniak und die
Talkerde durch Phosphorsalz fällen.

Silicate mit Fluormetallen.

Chondrodit giebt im Glaskolben zuweilen Spuren von
Wasser und färbt sich schwarz (der vom Vesuv verändert
sein Ansehen nicht), wird jedoch im offenen Feuer
wieder weiss, schmilzt aber nicht und nimmt, [Silicate mit Fluormetallen.]
wenn er frei von Eisen ist, eine milchweisse
Farbe an.

In einer offenen Glasröhre giebt er sowohl für sich, als
auch mit geschmolzenem Phosphorsalz gemengt (s. Probe auf
Fluor), eine sehr deutliche Reaction auf Fluorwasserstoffsäure.

Von Borax wird er langsam zu einem klaren, bisweilen
von Eisen gefärbten Glase aufgelöst, das bei starker Sättigung
unklar geflattert werden kann und dann mehr oder weniger
krystallinisch erscheint.

Von Phosphorsalz wird er mit Hinterlassung eines Kieselskeletts zerlegt; das Glas opalisirt bei der Abkühlung.

Mit wenig Soda bildet er eine schwer schmelzbare graue
Schlacke; mit mehr schwillt er an und wird unschmelzbar.

14 *

Der eisenfreie giebt mit Kobaltsolution eine schwache Rosenfarbe, der eisenhaltige dagegen eine graubraune. Die Talkerde kann im letzteren Falle nur mit Hinzuziehung des nassen Weges mit Sicherheit aufgefunden werden (S. 194).

Aluminate.

a) Spinell ist für sich unveränderlich. Der rothe von Ceylon wird beim Erhitzen in der Pincette schwarz und un-
Aluminate. durchsichtig, unter der Abkühlung aber durchscheinend und chromgrün, dann beinahe farblos und endlich wieder roth.

Von Borax wird er selbst als Pulver schwer zu einem klaren schwach gelblichgrünen Glase gelöst.

Von Phosphorsalz wird er in Pulverform ziemlich leicht zu einem klaren Glase aufgelöst, das in der Wärme röthlich erscheint, unter der Abkühlung aber schwach, jedoch deutlich chromgrün wird.

Von Soda wird er nicht gelöst, sondern schmilzt mit derselben nur zu einer aufgeschwollenen Masse zusammen; wendet man dagegen ein Gemenge von Soda und Borax an, so schmilzt er damit ohne Brausen sehr leicht zu einem klaren Glase. Auf Platinblech zeigt er mit Soda und Salpeter Spuren von Mangan.

Von Kobaltsolution nimmt das feine Pulver eine blaue Farbe an.

Die Talkerde lässt sich nur mit Sicherheit nachweisen, wenn man den Spinell im möglichst fein gepulverten Zustande dem Volumen nach mit 2 Theilen Soda und 3 Theilen Borax auf Kohle zur Perle schmilzt, dieselbe pulverisirt und das Pulver dann mit Chlorwasserstoffsäure behandelt etc. (S. 143).

b) Völknerit und Hydrotalkit, deren Löthrohrverhalten zwar nicht bekannt ist, geben ganz gewiss, im Glaskolben erhitzt, viel Wasser und verhalten sich dann vor dem Löthrohre wahrscheinlich ähnlich wie Spinell.

Die Talkerde kann wohl nur, wie im Spinell, mit Hinzuziehung des nassen Weges aufgefunden werden.

c) Ceylonit (Pleonast, Hercynit) verändert beim Erhitzen seine Farbe, schmilzt aber nicht.

Von Borax und Phosphorsalz wird er zu einem klaren, von Eisen gefärbten Glase aufgelöst; die Auflösung geschieht am leichtesten, wenn er in Pulverform angewendet wird.

Mit Soda schwillt er zuerst zu einer schwarzen Schlacke an, die mit mehr Soda ganz unschmelzbar wird; mit einem Gemenge von Soda und Borax schmilzt er auf Kohle zur klaren Perle, die nach dem Erkalten vitriolgrün erscheint.

Die Talkerde kann nur auf demselben Wege aufgefunden werden, wie im Spinell.

d) Chlorospinell verhält sich wie Pleonast, nur lässt sich mit Phosphorsalz eine Reaction auf Kupfer wahrnehmen, wenn man das Glas auf Kohle mit Zinn behandelt.

Schmelzt man das fein gepulverte Mineral mit Soda und Borax auf Kohle neben einem Feinsilberkorne so lange im Reductionsfeuer, bis alles Kupferoxyd reducirt und als Metall mit dem Silber verbunden ist, auch die Glasperle sich vollkommen durchsichtig zeigt, so lässt sich dann die Talkerde in der geschmolzenen Masse mit Anwendung des nassen Weges, wie er beim Spinell angedeutet wurde, sehr leicht nachweisen.

9) Thonerde $= \overline{Al}$.

Vorkommen derselben im Mineralreiche.

Die Thonerde ist sehr verbreitet; sie kommt vor:

a) Als Aluminium in Verbindung mit Fluor und Fluornatrium im
Kryolith und Chiolith, s. Natron.

b) Im freien Zustande als:

Korund, $3 = \overline{Al}$. Man unterscheidet α) Sapphir (nebst Rubin und Salamstein), β) Korund und Diamantspath und γ) Smirgel; welche Varietäten mehr oder weniger $\dot{Fe}$, $\dot{Ca}$ und $\dot{Si}$ beigemengt enthalten.

c) In Verbindung mit Hydratwasser in folgenden Mineralien:

Diaspor, $1—2 = \overline{Al} \dot{H}$, mancher etwas $\dot{Fe}$, $\dot{Ca}$ und $\dot{Si}$ enthaltend;

Hydrargillit, $1 = \overline{Al} \dot{H}^3$, der vom Ural wenig $\bar{P}$ enthaltend;
Bleigummi, s. Blei.

d) Mit Schwefelsäure in folgenden Mineralien:

Felsöbanyit, $1 = \overline{Al}^2 \dot{S} + 10 \dot{H}$;

Alunian $= \overline{Al} \dot{S}^2$;

Aluminit, $1 = \overline{Al} \dot{S} + 9 \dot{H}$, verbunden mit mehr oder weniger $\overline{Al} \dot{H}$, zuweilen geringe Mengen von $\dot{Fe}$, $\dot{Ca}$ und $\dot{Si}$ enthaltend;

Thonerde, schwefelsaure (Haarsalz, Federalaun z. Th.) $= \overline{Al} \dot{S}^3 + 18 \dot{H}$, gewöhnlich ger. Mengen von $\dot{Fe}$, $\dot{Ca}$, $\dot{Mg}$, $\dot{Mn}$ und zuweilen $\dot{K}$, $\dot{Na}$ und $\dot{Si}$ enthaltend;

Alaunstein |
Löwigit   } s. Kali;
Kalialaun |

Natronalaun, s. Natron;
Ammoniakalaun, s. Ammoniak;
Magnesiaalaun, s. Talkerde;
Mangan- und Talkerdealaun, s. Talkerde;
Eisenalaun, ⎰
Pissophan, ⎱ s. Eisen.
Svanbergit, s. Natron.

e) Mit Phosphorsäure, in nachstehenden Mineralien:

Kalait (Türkis), $1 = \overline{Al}^2 \overset{\cdot}{\overline{P}} + 5\overset{..}{H}$ oder $(\overline{Al}^4 \overset{\cdot}{\overline{P}}^2 + 9\overset{..}{H}) +$
2 $\overline{Al} \overset{..}{H}^3$;

Peganit, $1 = \overline{Al}^2 \overset{\cdot}{\overline{P}} + 6\overset{..}{H}$ oder $(\overline{Al}^4 \overset{\cdot}{\overline{P}}^2 + 12\overset{..}{H}) + 2 \overline{Al} \overset{..}{H}^3$, gemengt mit Phosphaten von $\overline{Fe}$ (und $\overline{Cu}$?);

Fischerit, 1 (durch Schwefelsäure) $= \overline{Al}^2 \overset{\cdot}{\overline{P}} + \aleph \overset{..}{H}$, ebenfalls $\overset{.}{Ca}$ und $\overline{Fe}$, sowie $\overset{.}{Ca} \overset{\cdot}{\overline{P}}$ enthaltend.

Gibbsit, $1 = \overline{Al} \overset{\cdot}{\overline{P}} + 8\overset{..}{H}$, aber grösstentheils gemengt mit mehr oder weniger $\overline{Al} \overset{..}{H}^3$, so wie ger. Mengen von $\overline{Fe}$ und $\overline{Si}$ enthaltend;

Amblygonit, s. Lithion;
Lazulith, s. Talkerde;

Wawellit, $1 = \overline{Al}^3 \overset{\cdot}{\overline{P}}^2 + 12\overset{..}{H}$, zuweilen geringe Mengen von $\overline{Fe}$ und Fl enthaltend;
Striegisan unterscheidet sich vom Wawellit durch einen merklichen Gehalt an $\overline{Si}$, $\overset{.}{Ca}$ und $\overline{Fe}$;

Varitcit $= \overset{\cdot}{\overline{P}}$, $\overline{Al}$, $\overline{Cr}$, $\overline{Fe}$, $\overline{Cu}$, $\overset{.}{Mg}$, $\overset{..}{H}$ und $N H^3$;
Kakoxen, ⎰
Childrenit, ⎱ s. Eisen.

f) Mit Honigsteinsäure (M) im
Mellit (Honigstein) $= \overline{Al} M^3 + 15\overset{..}{H}$.

g) Mit Kieselsäure in mehreren Silicaten.

a) *Wasserfreie* Silicate, die im Glaskolben entweder gar kein Wasser oder nur geringe Mengen davon geben, welche letztere aber nicht als wesentlich zu betrachten sind.

Cyanit (Disthen), III, $3 = \overline{Al}^3 \overline{Si}^2$, zuweilen $\overline{Fe}$, $\overset{.}{Ca}$, $\overset{.}{Mg}$, $\overline{Cu}$, und $\overset{..}{H}$ enthaltend;

Andalusit (Chiastolith, Hohlspath), III, $3 = \overline{Al}^4 \overline{Si}^3$ (manche Varietät auch $\overline{Al}^3 \overline{Si}^2$), öfters $\overset{.}{K}$, $\overset{.}{Ca}$, $\overset{.}{Mg}$, $\overline{Fe}$, $\overline{Mn}$ und H enthaltend;

Sillimanit, III $= \overline{Al}^3 \overline{Si}^2$ mit wenig $\overline{Fe}$ und $\overset{.}{Mg}$;

Buoholzit (Fibrolith, Xenolith), III, 3 $=$ $\bar{A}l\,\bar{S}i$, mit geringen
  Mengen von $\dot{F}e$ und $\dot{K}$;

Staurolith, II, 3. Von sehr verschiedener Zusammensetzung;
  nach den neuesten Untersuchungen von Rammelsberg
  ist das Eisen fast gänzlich als Oxydul und nicht wie
  früher angenommen als Oxyd vorhanden. Die untersuchten Varietäten entsprechen nach Demselben der all-
  gemeinen Verbindung: $(\dot{R}^3\,\bar{A}l^3)\,\bar{S}i^4$; ausser $\dot{F}e$ und $\bar{A}l$ sind
  $\dot{F}e$, $\dot{M}g$ und $\dot{M}n$ vorhanden.

Bamlit, III, 3 $=$ $\bar{A}l^2\bar{S}i^3$ mit ger. Mengen von $\dot{F}e$, $\dot{C}a$ und Fl;
Wiohlisit |
Lepolith | s. Kalkerde;
Euklas, s. Beryllerde;
Beryll (Smaragd), s. Beryllerde;
Bimsstein, s. Kali;
Banlit, s. Kali;
Feldspath, s. Kali und Natron;
Turmalin, s. Talkerde.

β) *Wasserhaltige* Silicate.

Wörthit, III, 3 $=$ $\bar{A}l^4\bar{S}i^3 + 3\dot{H}$ nebst wenig $\dot{M}g$; ganz ähn-
  lich zusammengesetzt ist der Mourolith;
Kollyrit III, 1 $=$ $\bar{A}l^3\,\bar{S}i + 15\dot{H}$, auch $\bar{A}l^3\bar{S}i^3 + 9\dot{H}$;
Talksteinmark (Myelin), III, 2 $=$ $2\bar{A}l^3\bar{S}i + 3\dot{H}$;
Dillnit $=$ $\bar{A}l^4\bar{S}i + 9\dot{H}$;
Milaschin (Serbian), III, 2 $=$ $(\bar{A}l,\ \bar{C}r)^3\bar{S}i^2 + 9\dot{H}$, mit ge-
  ringen Mengen von $\dot{C}a$ und $\dot{M}g$; der chromoxydreichere
  Wolchonskoit von ähnlicher Zusammensetzung u. Chrom;
Chloritoid (Chloritspath) III, 3 $=$ $3(\dot{F}e,\dot{M}g)^3\bar{S}i + 2\bar{A}l^3\bar{S}i +$
  $6\dot{H}$; ganz ähnliche Mineralien sind der Sismondin und
  Masonit.
Pholerit, III, $=$ $\bar{A}l\,\bar{S}i + 2\dot{H}$;
Glagerit, III, 2 $=$ $2\bar{A}l\,\bar{S}i + 6\dot{H}$;
Margarit (Perlglimmer, Emerylith, Corundellit, Clingmannit)
  II—III, $=$ $\dot{R}^3\,\bar{S}i + 3\,\bar{A}l^2\bar{S}i + 3\,\dot{H}$; $\dot{R} =$ $\dot{C}a$, $\dot{M}g$, $\dot{K}$,
  $\dot{N}a$; auch ist stets etwas $\dot{F}e$ vorhanden;
Schrötterit (Opalin-Allophan) 1 $=$ $\bar{A}l^4\bar{S}i + 18\,\dot{H}$, enthält etwas
  $\dot{F}e$, $\dot{C}n$, $\dot{C}u$ und $\bar{S}$ (vielleicht ein Gemenge);
Halloysit, ist in seiner Schmelzbarkeit so wie in seiner Zusammensetzung verschieden $=$ $\bar{A}l^3\bar{S}i^4 + 12\,\dot{H}$ auch
  $\bar{A}l^2\bar{S}i^3 + 6\dot{H}$ etc.;

Gilbertit $= 2(\bar{A}l, \dot{F}e) \bar{S}i + \dot{H}$ nebst $\dot{C}a$ und $\dot{M}g$;

Allophan, III, 1 G, Gemenge von wasserhaltigen Thonerde- und Kupfersilicaten von sehr verschiedener Zusammen- setzung, der von Guldhausen $= (\bar{A}l^3 \bar{S}i^2 + 15 \dot{H}) + (\dot{C}u^3 \bar{S}i + 12\dot{H})$ mit 14 bis 19 $\dot{C}u$;

Anauxit, II—III $= \bar{S}i, \bar{A}l, \dot{M}g, \dot{F}e, \dot{H}$;

Kaolin (Porcellanerde, viele Thone), III, 2, wesentlich aus $\bar{S}i, \bar{A}l$ und $\dot{H}$ von veränderlicher Zusammensetzung be- stehend, und gewöhnlich mehr oder weniger geringe Mengen von $\dot{C}a \ddot{C}, \dot{M}g \ddot{C}, \dot{F}e \dot{H}$ und Alkalien, sowie Ueberreste zersetzter thonerdehaltiger Silicate enthaltend. Die meisten Varietäten schwanken um die Formel $\bar{A}l^3 \bar{S}i^4 + 6 \dot{H}$, welche auch manches Steinmark hat;

Chromocker von Halle, II—III, 2—3 $= \bar{A}l^3 \bar{S}i^4 + 6 \dot{H}$ incl. $\dot{F}e, \ddot{C}r$ nebst wenig $\dot{K}$ und $\dot{N}a$;

Steinmark, s. Kali;

Aspasiolith III, 1 $= [(\dot{M}g, \dot{F}e)^3 \bar{S}i^2 + 3 \bar{A}l \bar{S}i] + (\bar{A}l \bar{S}i^2 + 5\dot{H})$, nach Scheerer $= (\dot{R})^3 \bar{S}i^2 + 3 \bar{R} \bar{S}i$;

Zeuxit, II $= (\dot{F}e, \dot{C}a)^3 \bar{S}i + 2 \bar{A}l \bar{S}i^2 + 3 \dot{H}$;

Ellagit, I—II $= \bar{S}i, \bar{A}l, \dot{F}e, \dot{C}a, \dot{H}$;

Nakrit $= \bar{S}i, \bar{A}l, \dot{C}a, \dot{M}g, \dot{F}e, \dot{M}n$, in veränderlichen Verhält- nissen, mit mehr oder weniger $\dot{H}$;

Epbesit, III $= \dot{R}^2 \bar{S}i + 5 \bar{A}l^2 \bar{S}i + 4 \dot{H}, \dot{R} = \dot{C}a, \dot{F}e, \dot{N}a$;

Pyrophyllit, III A, 3 $= \dot{M}g^3 \bar{S}i^2 + 9 \bar{A}l \bar{S}i^2 + 9\dot{H}$; eine von Rammelsberg untersuchte Varietät aus der Gegend von Spaa nähert sich der Zusammensetzung von $(\bar{A}l \bar{S}i^3 + \dot{H}) + (\bar{A}l \bar{S}i^2 + \dot{H})$; auch enthält er geringe Mengen von $\dot{M}g$ und $\dot{C}a$;

Karpholith, I—II A, 3 $= (\dot{M}n, \dot{F}e)^3 \bar{S}i + 3 \bar{A}l \bar{S}i + 6 \dot{H}$ mit wenig Fl;

Razoumoffskin $= \bar{A}l \bar{S}i^3 + 3\dot{H}$ mit ger. Mengen von $\dot{C}a, \dot{M}g$ und $\dot{F}e$;

Ottrelit, II—III, 3 $= (\dot{F}e, \dot{M}n)^3 \bar{S}i^3 + 2 \bar{A}l \bar{S}i + 3\dot{H}$;

Cimolit, III, 3 $= \bar{A}l \bar{S}i^3 + 3\dot{H}$, zuweilen $\dot{F}e$ und $\dot{K}$ enthaltend;

Bol, II A, 2 $= \bar{A}l \bar{S}i^2 + 6 \dot{H}$, mit etwas $\dot{F}e^2 \dot{H}^3$ und geringen Mengen von $\dot{C}a$ und $\dot{M}g$;

Bolus, III, 1—2 $= \bar{S}i, \bar{A}l, \dot{F}e, \dot{H}$, in veränderlichen Verhält- nissen, zuweilen auch $\dot{H}$ und $\dot{N}a$ Cl enthaltend;

Eisensteinmark von Zwickau $= (\bar{A}l \dot{F}e)^3 \bar{S}i^3 + 6\dot{H}$, mit 12,9

Proc. $\dot{F}o$ und ger. Mengen von $\dot{C}a$, $\dot{M}g$, $\dot{K}$ und $\ddot{M}n$ enthaltend;

Plinthit, III $= (\bar{A}l, \ddot{F}e)\ddot{S}i + 3\ddot{H}$, excl. $\dot{C}a$;

Bergseife $= \ddot{S}i, \bar{A}l, \ddot{F}e, \dot{C}a (\dot{M}g, \dot{M}n), \ddot{H}$, bisweilen auch $\bar{\dot{P}}$, Humussäure, kohlige Theile und Erdharz enthaltend;

Smectit, III $= 3(\dot{M}g, \dot{C}a)\ddot{S}i + 2(\bar{A}l, \ddot{F}e)\ddot{S}i^3 + 25\ddot{H}$;

Euphyllit, vielleicht $\dot{R}$ $\ddot{S}i + \bar{A}l^3$ $\ddot{S}i^3 + 2\ddot{H}$; $\dot{R} = \dot{C}a, \dot{M}g, \dot{N}a, \dot{K}$;

Sloanit I A, 1 $\dot{C} = 2\dot{R}$ $\ddot{S}i + \bar{A}l^3\ddot{S}i^3 + 6\ddot{H}$; $\dot{R}$ wie bei dem vor. Mineral;

Aphrosiderit II—III, 1 $= 3\dot{R}^3$ $\ddot{S}i + \bar{A}l^3\ddot{S}i^3 + 6\ddot{H}$; $\dot{R} = \ddot{F}e$ (44, 2 p. c.) und $\dot{M}g$ (1, 0 p. c.);

Malthacit, III $= \ddot{S}i, \bar{A}l, \ddot{F}e, \dot{C}a, \ddot{H}$.

γ) Silicate mit Fluormetallen.

Topas (Pyrophysalith), III, 3 $= (3 Al Fl^3 + 2 Si Fl^3) + 6$ $\bar{A}l^3\ddot{S}i^3$, zuweilen Spuren von $\ddot{F}e$ enthaltend;

Pyknit, III, 3 $= (Al Fl^3 + Si Fl^3) + 6$ $\bar{A}l$ $\ddot{S}i$, zuweilen ger. Mengen von $\dot{C}a$ und $\ddot{F}e$ enthaltend.

Ausser den genannten Silicaten giebt es noch viele dergleichen Verbindungen, in welchen Thonerde ebenfalls als wesentlicher Bestandtheil zu betrachten ist; sie sind zum Theil bereits beim Kali, Natron, Lithion, bei der Baryterde, Kalkerde und Talkerde genannt worden, theils sollen sie bei den andern Erden und denjenigen Metallen noch genannt werden, deren Oxyde mit Thonerde gemeinschaftlich an Kieselerde gebunden sind.

A) Verbindungen, in welchen Thonerde als Säure auftritt; dahin gehören folgende Aluminate:

Spinell,
Völknerit,
Hydrotalkit, } s. Talkerde;
Pleonast (Ceylonit),
Chlorospinell,
Chrysoberyll, s. Beryllerde;
Gahnit, } s. Zink.
Kreittonit,

Da die meisten Gebirgsarten, in welchen erzführende Gänge übersetzen, mehr oder weniger Thonerde enthalten, und man bei der Gewinnung der Erze selten das anhängende Gestein und die auf den Gängen selbst mit vorkommenden thonerdehaltigen Fossilien vollkommen von den Erztheilen trennen kann, so macht die Thonerde auch sehr oft einen nicht ganz geringen Bestandtheil der auf trockenem Wege aufberei-

teten Erze und mithin auch einen Bestandtheil der bei der
Zugutemachung solcher Erze fallenden Schlacken aus.

Probe auf Thonerde
mit Einschluss des Löthrohrverhaltens derjenigen thonerdehaltigen Mineralien, deren Bestandtheile sich dabei
grösstentheils mit ausmitteln lassen.

Fluornatrium mit Fluoraluminium.

a) **Kryolith** decrepitirt bisweilen beim Erhitzen im
Glaskolben.

Fluor-
Verbindungen. In einer an beiden Enden offenen Glasröhre
mit der Löthrohrflamme so erhitzt, dass die Flamme
zu dem tiefer gehaltenen Ende eintritt, entwickelt
sich viel Fluorwasserstoffsäure, die das Glas angreift; auch
reagirt das in der Röhre sich ansammelnde Wasser auf Fernambukpapier sauer.

In der Pincette schmilzt er ausserordentlich leicht, giebt
einen Theil seines Fluorgehaltes durch Verflüchtigung ab,
und färbt die äussere Flamme intensiv röthlichgelb vom Natron.

Auf Kohle schmilzt er ebenfalls sehr leicht zur klaren
Perle, die unter der Abkühlung unklar wird. Nach länger
fortgesetztem Blasen breitet sich die Perle aus, das Fluornatrium geht in die Kohle, es wird ein stechender Geruch
nach Fluorwasserstoffsäure bemerkbar und eine Rinde von
Thonerde bleibt zurück, die, mit Kobaltsolution befeuchtet
und im Oxydationsfeuer stark geglüht, eine blaue Farbe
annimmt.

Von Borax und Phosphorsalz wird er leicht und in grosser
Menge zu einem klaren Glase aufgelöst, das bei der Abkühlung milchweiss wird.

Mit Soda schmilzt er zu einem klaren Glase, das bei der
Abkühlung sich ausbreitet und milchweiss wird.

b) **Chiolith** verhält sich nach Hermann vor dem Löthrohre, wie folgt:

Im Glaskolben erhitzt, schmilzt er schon unter dem Schmelz-
punkte des Glases, giebt aber kein Wasser.

In der offenen Glasröhre erhitzt, giebt er einen hohen
Gehalt an Flusssäure zu erkennen.

Mit Borax und Phosphorsalz schmilzt er äusserst leicht
zu farblosen Gläsern zusammen.

Thonerde.

Korund (Sapphir, Rubin, Salamstein, Diamantspath und
Smirgel) verhält sich nach Berzelius vor dem Löthrohre,
wie folgt:

Thonerde Für sich bleibt er ganz unveränderlich, sowohl in Stücken als in Pulverform.

Von Borax wird er schwer, aber vollkommen zu einem

klaren Glase aufgelöst, das völlig farblos ist, wenn die Probe frei von Eisenoxyd war.

Von Phosphorsalz wird er nur in Pulverform und dennoch langsam zu einem klaren Glase aufgelöst. Thonerde.

Von Soda wird er gar nicht angegriffen.

Das höchst fein geriebene Pulver mit Kobaltsolution befeuchtet und anhaltend im Oxydationsfeuer geglüht, nimmt eine schöne blaue Farbe an.

Will man den Korund auf nassem Wege noch auf eine Beimischung von Si, Fe, Ca etc. untersuchen, so darf man ihn nur im fein zerstossenen Zustande (was am besten im Stahlmörser geschieht, damit man sicher ist, dass keine Kieselerde vom Achatmörser hinzukommt) mit Soda und Borax auf Kohle schmelzen und die geschmolzene Masse mit Chlorwasserstoffsäure weiter behandeln, wie es S. 142 angegeben worden ist. Die von einem vielleicht zurückgebliebenen geringen Gehalt an Kieselsäure abfiltrirte Flüssigkeit prüft man dann weiter, wie es bei der Kalkerde (S. 194) beschrieben wurde.

Nach H. Rose lässt er sich auch mit doppelt-schwefelsaurem Kali leicht zu einer in Wasser auflöslichen Masse zusammenschmelzen.

Thonerde-Hydrat.

a) Diaspor giebt im Glaskolben bei Einwirkung der ersten Hitze wenig Wasser, mehr aber, wenn die Probe bis zum Glühen erhitzt wird. Er decrepitirt wenig oder gar nicht; Berzelius hat indess einen Thonerde-Hydrat. Diaspor von einem unbekannten Fundorte vor dem Löthrohre untersucht, welcher mit Heftigkeit decrepitirte und zu kleinen glänzenden weissen Schuppen zerfiel, die ihr Hydratwasser erst bei Rothglühhitze abgaben.

In der Pincette und auf Kohle zeigt er sich unschmelzbar. Zu Borax, Phosphorsalz und Soda verhält er sich wie Thonerde; ist er merklich eisenhaltig, so erscheint die Boraxglasperle gelb gefärbt.

Wird er im fein gepulverten Zustande mit Kobaltsolution befeuchtet und im Oxydationsfeuer stark geglüht, so nimmt er eine blaue Farbe an.

b) Hydrargillit verhält sich vor dem Löthrohre wie Diaspor; enthält er Phosphorsäure, so färbt er die äussere Flamme schwach grün.

Schwefelsaure Verbindungen.

a) Der Fölschanyit, Aluminit und Alumian verhalten sich folgendermassen. Die beiden erstgenannten geben im Kolben viel Wasser und bei stärkerer Hitze schweflige

Säure und Schwefelsäure, die sowohl durch den Geruch als auch durch Lakmuspapier zu erkennen sind.

Schwefelsaure Verbindungen. Zu Borax und Phosphorsalz verhalten sie sich wie Thonerde.

Mit Soda geben sie eine unschmelzbare hepatische Masse.

Mit Kobaltsolution erhält man ein schönes Blau.

Dasselbe Verhalten mit Ausnahme der Entwickelung von Wasserdämpfen zeigt auch der Alunian.

b) Alaunstein giebt im Glaskolben Wasser und zerspringt (vorzüglich der krystallisirte) bisweilen zu Pulver. Wird der Rückstand stärker erhitzt, so sublimirt sich zuweilen eine geringe Menge von schwefelsaurem Ammoniak; auch entwickelt sich schweflige Säure und Schwefelsäure, von denen das glühend heisse Glas im Innern über der Probe trübe wird.

In der Pincette bringt er in der äusseren Flamme, besonders in der Nähe der Probe, eine violette Färbung hervor, die nach der Spitze der Flamme zu in röthlich gelb (Natron) übergeht. Ist die Reaction auf Natron zu stark, so findet man das Kali leicht nach S. 156.

Von Borax wird er zu einem klaren, farblosen Glase gelöst.

Von Phosphorsalz wird er ebenfalls leicht gelöst, es bleibt aber bisweilen ein halb durchsichtiges Kieselskelett zurück.

Mit Soda schmilzt er nicht, giebt aber auf Kohle eine hepatische Masse.

Von Kobaltsolution nimmt er eine schöne blaue Farbe an.

c) Thonerde, schwefelsaure (Haarsalz, Federalaun zum Theil), bläht sich im Kolben auf, giebt viel Wasser und beim Erhitzen bis zum Glühen schweflige Säure und Schwefelsäure.

Das entwässerte Salz zeigt sich in der Pincette unschmelzbar, bringt aber in der äussern Flamme öfters eine Reaction auf Kali oder Natron hervor.

Zu Borax, Phosphorsalz und Soda verhält sie sich wie Aluminit; das Boraxglas wird indess manchmal von einem merklichen Gehalt an Eisenoxyd gelb gefärbt.

Von Kobaltsolution nimmt sie, wenn der Gehalt an Eisenoxyd nicht zu beträchtlich ist, eine schöne blaue Farbe an.

Geringe Beimengungen von anderen Erden lassen sich, da das Salz in Wasser löslich ist, durch entsprechende Reagentien leicht auffinden.

d) Kalialaun schmilzt im Glaskolben in seinem Krystallwasser, bläht sich auf und giebt viel Wasser. Wird der Rückstand bis zum Glühen erhitzt, so entwickelt sich schweflige Säure und Schwefelsäure.

Der entwässerte Alaun zeigt sich in der Pincette unschmelzbar und reagirt in der äusseren Flamme auf Kali, sobald er frei von Natron ist. Reagirt er auf Natron, so findet man das Kali nach S. 156.

Zu Borax, Phosphorsalz, Soda und Kobalt-solution verhält er sich wie schwefelsaure Thonerde.

schwefelsaure Verbindungen

e) **Natronalaun** verhält sich wie Kalialaun, nur mit dem Unterschiede, dass er in der äussern Löthrohrflamme eine intensiv röthlichgelbe Färbung hervorbringt und bei einer besonderen Probe auf Kali sich frei von diesem Alkali zeigt.

f) **Ammoniakalaun** verhält sich im Glaskolben anfangs eben so wie die beiden vorhergehenden, giebt aber bei stärkerer Hitze ein Sublimat von schwefelsaurem Ammoniak; auch entwickelt er schweflige Säure.

Zu Borax, Phosphorsalz und Kobaltsolution verhält er sich wie die vorhergehenden.

Mit Soda gemengt und im Glaskolben gelinde erhitzt, entwickelt er kohlensaures Ammoniak, welches sich durch den Geruch zu erkennen giebt und geröthetes Lakmuspapier blau färbt.

g) **Magnesiaalaun** so wie **Mangan-** und **Talkerde-alaun.** Das Löthrohrverhalten derselben ist bereits bei der Talkerde (S. 206) beschrieben worden.

Phosphorsaure Verbindungen.

a) **Kalait** (Türkis) decrepitirt beim Erhitzen im Glaskolben, giebt etwas Wasser und färbt sich schwarz.

In der Pincette zeigt er sich unschmelzbar, nimmt jedoch ein braunes, glasiges Ansehen an und färbt die äussere Flamme grün. Diese Färbung entsteht theils durch die vorhandene Phosphorsäure, theils auch durch den geringen Gehalt an Kupferoxyd.

Phosphorsaure Verbindungen

Von Borax und Phosphorsalz wird er leicht aufgelöst; die Gläser erscheinen, so lange sie heiss sind, gelblichgrün, werden aber unter der Abkühlung rein grün (Eisen- und Kupferoxyd). Wird das Phosphorsalzglas auf Kohle mit Zinn behandelt, so wird es unter der Abkühlung undurchsichtig und roth von Kupferoxydul.

Von Soda schwillt er zuerst an, wird aber nach und nach zu einem halbklaren, von Eisen gefärbten Glase aufgelöst. Von einer grösseren Menge wird er unschmelzbar, und wenn man noch mehr Soda zusetzt und das Ganze mit einer guten Reductionsflamme behandelt, reducirt sich etwas Kupfer.

Die Phosphorsäure lässt sich unter Zuhülfenahme des nassen Weges nachweisen, wenn man, wie es bei der Probe auf diese Säure speciell angegeben ist, das Mineral mit Soda und Kieselerde schmilzt und aus der wässrigen Lösung der

geschmolzenen Masse die Phosphorsäure durch essigsaures
Bleioxyd ausfällt.   Aus dem beim Auflösen im Wasser ge-
Phosphorsaure bliebenen Rückstand können nach der Lösung dessel-
Verbindungen. ben in Chlorwasserstoffsäure, wie beim Lazulith S.
208 bereits angegeben, andere Bestandtheile leicht aufgefunden
werden.

b) Peganit von Langenstriegis kommt theils von sma-
ragdgrüner, theils von grünlichgrauer, theils auch von grün-
lichweisser Farbe vor.

Der smaragdgrüne giebt, im Glaskolben erhitzt, Wasser
und nimmt eine unreine rosenrothe Farbe an.   Wird eine
gewogene Menge im Platintiegel geglüht, so verliert sie 23,5
Proc. Wasser.

In der Pincette erhitzt, färbt er sich violett, bekommt
bei starkem Feuer Risse, schmilzt nicht, nimmt jedoch ein
glasiges Ansehen an und bringt in der äusseren Flamme eine
grünliche Färbung hervor, theils in Folge der Phosphorsäure,
theils wegen eines geringen Kupfergehaltes.   Der letztere bewirkt nach dem Befeuchten des Probestückchens mit Chlorwasserstoffsäure eine schnell vorübergehende azurblaue Färbung.

In Borax und Phosphorsalz löst er sich in Pulverform
leicht auf; die Gläser erscheinen, so lange sie heiss sind, von
einem geringen Eisengehalte gelb, werden aber unter der
Abkühlung fast farblos.

Mit wenig Soda schmilzt er unter Aufwallen zu einem
von Eisenoxydul grün gefärbten halbklaren Glase; von einer
grösseren Menge wird er unschmelzbar; eine noch grössere
Menge von Soda geht in die Kohle.   Mangan kann durch
eine Schmelzung mit Soda und Salpeter auf Platinblech nicht
aufgefunden werden.

Von Kobaltsolution nimmt das feine Pulver eine blaue
Farbe an.

In Chlorwasserstoffsäure löst er sich bis auf eine sehr
geringe Menge von Kieselerde leicht auf.

Der grünlichgraue Peganit giebt, im Glaskolben erhitzt,
Wasser und färbt sich röthlich.   Beim Glühen im Platintiegel
verliert er 24,1 Procent.

In der Pincette erhitzt, färbt er sich röthlichweiss und
verhält sich übrigens wie der vorige.

Zu Borax, Phosphorsalz, Soda und Kobaltsolution verhält
er sich ebenfalls wie der vorige, nur scheint der Gehalt an
Eisen etwas bedeutender zu sein.

Die Nachweisung der Phosphorsäure im Peganit sowie
anderer Bestandtheile kann wie beim Kalait geschehen.

c) Das Verhalten des Fischerit ist ganz ähnlich dem der
beiden vorhergehenden Mineralien.

d) Gibbsit. Das Löthrohrverhalten dieses Minerals ist nicht vollständig bekannt; die Bestandtheile desselben deuten es indessen hinreichend an.

e) Amblygonit giebt im Glaskolben etwas Feuchtigkeit, die beim starken Erhitzen sauer wird und das Glas angreift. Phosphorsäure Verbindungen.

In der Pincette schmilzt er sehr leicht zur klaren Perle und ertheilt der äussern Flamme eine gelblichrothe Farbe von Lithion und Natron. Macht man einen Theil des fein gepulverten Minerals mit einem Tropfen Schwefelsäure zu einem Teig, streicht diesen in das Oehr eines Platindrahtes und erhitzt ihn innerhalb der blauen Löthrohrflamme, so entsteht auf einige Augenblicke eine blaugrüne Färbung in der äussern Flamme, die von der Phosphorsäure herrührt, dann kommt aber sogleich die gelblichrothe Farbe wieder zum Vorschein.

Von Borax und Phosphorsalz wird er sehr leicht und in grosser Menge zu einem klaren, farblosen Glase aufgelöst.

Mit wenig Soda schmilzt er, mit mehr schwillt er an und bildet eine unschmelzbare Masse.

Mit geschmolzenem Phosphorsalz in einer an beiden Enden offenen Glasröhre behandelt, wie es bei der Probe auf Fluor angegeben werden soll, entwickelt er Fluorwasserstoffsäure.

f) Wawellit giebt, im Glaskolben erhitzt, Wasser, von dem die letzten Tropfen auf Fernambukpapier sauer reagiren. Auch wird von der frei gewordenen Fluorwasserstoffsäure das Glas angegriffen, so dass nach Forttreibung des Wassers Ringe von Kieselerde zurückbleiben. Wird eine gewogene Menge in einem bedeckten Platinlöffel geglüht, so verliert dieselbe zwischen 27 und 28 Procent an ihrem Gewicht.

In der Pincette schwillt er auf und zertheilt sich manchmal von einem Punkte aus in lauter kleine nadelförmige Theile, die selbst in der stärksten Hitze, welche das Löthrohr hervorbringt, nicht geschmolzen werden können, aber eine weisse Farbe annehmen, wenn das Mineral nicht schon selbst eine weisse Farbe besitzt. Diese Theile bringen in der äussern Löthrohrflamme eine blaugrüne Färbung hervor, die, wenn die Probe mit Schwefelsäure befeuchtet wird, am deutlichsten ist (Phosphorsäure).

Zu Borax, Phosphorsalz, Soda und Kobaltsolution verhält er sich wie Thonerde, nur erscheint das Boraxglas bei starker Sättigung in der Wärme bisweilen von einem geringen Eisengehalte schwach gelb gefärbt. Auch bekommt man mit Soda und viel Salpeter auf Platinblech manchmal eine Manganreaction.

In Chlorwasserstoffsäure löst er sich, wenn er frei von Kieselerde ist, vollkommen auf.

g) Striegisan verhält sich im Glaskolben wie Wawellit,

seine graue Farbe wird aber etwas dunkler. Im Platinlöffel
geglüht, erleidet er einen Gewichtsverlust von 25,7 Procent.
Phosphorsaure Verbindungen. In der Pincette erhitzt, wird er graulich-
weiss, ist unschmelzbar und färbt die äussere
Flamme blaugrün.

Zu Borax, Phosphorsalz, Soda und Kobaltsolution verhält
er sich wie Wawellit, nur mit dem Unterschiede, dass er in
den Glasflüssen einen etwas höhern Gehalt an Eisen anzeigt
und dass im Phosphorsalzglase geringe Mengen von Kieselerde ausgeschieden werden. ·

In Chlorwasserstoffsäure löst er sich bis auf einen geringen
grauen Rückstand auf.

Schmelzt man den Striegisan eben so wie den Kalait und
Peganit mit Soda und Kieselerde und behandelt die geschmolzene Masse auf nassem Wege weiter, so lässt sich ausser
Thonerde und Eisenoxyd auch eine kleine Menge von Kalkerde auffinden.

A) Variscit giebt, im Glaskolben erhitzt, ohne zu de-
crepitiren, ziemlich viel Wasser, welches alkalisch reagirt.
Das eingelegte Probestückchen nimmt dabei eine schwache
Rosafarbe an. Wird er im gepulverten Zustande, mit Soda
vermengt, im Glaskolben erhitzt, so entwickelt er kohlensaures
Ammoniak.

In der Pincette zeigt er sich völlig unschmelzbar und
bekommt eine weisse Farbe, die sich im Reductionsfeuer auch
nicht verändert. Berührt man die Probe mit der Spitze der
blauen Flamme, so wird die äussere Flamme bläulichgrün
gefärbt (Phosphorsäure)*).

In Borax und Phosphorsalz löst er sich, selbst in Stücken,
ziemlich leicht zu einem klaren, schwach gelblichgrünen Glase
auf, welches nicht unklar geflattert werden kann.

Von Soda wird er unter Brausen zerlegt, schmilzt mit
derselben aber nur unvollkommen; bei einem grössern Zusatze scheidet sich eine unschmelzbare Masse aus. Eine Reaction auf Mangan kann mit Soda und Salpeter auf Platinblech nicht hervorgebracht werden.

Von Kobaltsolution nimmt er im Oxydationsfeuer eine
blaue Farbe an.

Mit Soda und Borax auf Kohle geschmolzen, die geschmolzene Verbindung durch Chlorwasserstoffsäure zerlegt
und die Auflösung zur Trockniss abgedampft, erhält man
eine Verbindung von Salzen, die sich in Wasser vollständig
auflösen; das Mineral ist also frei von Kieselerde.

Wird ein anderer Theil des gepulverten Minerals mit

---

*) Diese Färbung ist indess bei manchen Stücken so lebhaft grün,
dass man die Gegenwart von Kupfer vermuthen muss, was auch durch
die nach dem Befeuchten des Stückchens mit Chlorwasserstoffsäure entstehende schöne blaue Färbung der Flamme bestätigt wird.

Soda und Kieselerde auf Kohle geschmolzen und die geschmolzene Verbindung auf nassem Wege weiter behandelt, wie es oben beim Kalait und Peganit angegeben wurde, so lassen sich ausser Thonerde auch geringe Mengen von Eisenoxyd, Chromoxyd und Talkerde auffinden und ebenso die Phosphorsäure mit Sicherheit nachweisen.

Honigsteinsaure Thonerde.

Mellit (Honigstein) giebt im Kolben Wasser. Wird er bis zum Glühen erhitzt, so verkohlt er und stösst einen schwach brandigen Geruch aus

In der Pincette und auf Kohle brennt er sich **Honigsteinsaure Verbindung** weiss und verhält sich dann zu den Flüssen und zu Kobaltsolution wie reine Thonerde.

Kieselsaure Verbindungen (Silicate).

Das Verhalten der oben unter α und β verzeichneten Silicate und derjenigen thonerdehaltigen Silicate, welche bereits bei den Alkalien und den vorangegangenen Erden genannt worden sind, ist ausser dem bekannten Verhalten im Glaskolben, ob sie nämlich Wasser geben oder nicht, und dem Grade ihrer Schmelzbarkeit ziemlich verschieden; indess lässt sich von den thonerdereichen Silicaten doch Folgendes im Allgemeinen sagen: **Silicate.**

In Borax lösen sie sich schwer zu einem klaren Glase auf, das, wenn das betreffende Silicat eisenhaltig ist, mehr oder weniger stark gelb gefärbt erscheint.

Von Phosphorsalz werden sie langsam und in der Regel nur in Pulverform zerlegt, indem sich die Basen auflösen und die Kieselsäure zurückbleibt. Bei Gegenwart von alkalischen Basen opalisirt die Glasperle unter der Abkühlung.

Mit wenig Soda schmelzen sie in den meisten Fällen zur Kugel, geben aber, sobald die Basen nicht auf einer hohen Silicirungsstufe stehen, mit mehr Soda eine schlackige Masse (s. auch die Zusammenstellung S. 110).

Kobaltsolution ist nur in solchen Fällen als Reagens auf Thonerde anzuwenden, wenn das Silicat unschmelzbar ist und wenig oder gar keine färbenden Metalloxyde und auch nicht viel Talkerde enthält. Ein von diesen Bestandtheilen freies unschmelzbares Thonerdesilicat nimmt von Kobaltsolution oft eine schöne blaue Farbe an, wenn man es im fein gepulverten Zustande damit prüft.

Lässt sich durch das Verhalten vor dem Löthrohre weder das Silicat bestimmen, noch ein Gehalt an Thonerde auffinden, so ist man genöthigt, den bei der Probe auf Kalkerde (S. 194) bezeichneten Weg einzuschlagen. Denselben Weg muss man auch wählen, wenn man Gebirgsarten, aufbereitete Erze und Schlacken auf Thonerde untersuchen will.

Nachdem man die betreffende Substanz entweder sogleich durch Chlorwasserstoffsäure zerlegt, oder sie vorher erst mit Soda und Borax geschmolzen und in beiden Fällen die Kieselsäure und einen vielleicht geringen Gehalt an Baryterde abgeschieden hat, versetzt man die saure Auflösung, welche die übrigen Basen enthält und in welcher man einen Gehalt an Eisenchlorür durch Salpetersäure in Eisenchlorid verwandelt hat, nach und nach mit Ammoniak im Ueberschuss, wodurch Thonerde und Eisenoxyd gemeinschaftlich ausgefällt werden. Enthält die Substanz vielleicht Chrom, so befindet sich auch dieser Bestandtheil als Chromoxyd mit bei dem Niederschlage. Eben so finden sich von einer Substanz, die viel Talkerde oder Manganoxydul enthält, oftmals ganz geringe Mengen von diesen Bestandtheilen mit bei der Thonerde und dem Eisenoxyde. Den erhaltenen Niederschlag trennt man durch Filtration von der darüber stehenden ammoniakalischen Flüssigkeit, süsst ihn mit heissem Wasser gut aus und erhitzt ihn noch feucht mit einer Auflösung von Aetzkali in einem kleinen Porcellangefäss über der Lampenflamme so lange, bis die Thonerde aufgelöst und das Eisenoxyd mit dunkelbrauner Farbe allein, oder mit Chromoxyd und der gefallenen äusserst geringen Menge von Talkerde oder Manganoxydul (die bei einer qualitativen Probe nicht berücksichtigt zu werden braucht) übrig geblieben ist. Hierauf verdünnt man die alkalische Auflösung der Thonerde mit Wasser, filtrirt das Eisenoxyd ab, versetzt die durchgelaufene Flüssigkeit mit so viel Chlorwasserstoffsäure, dass sie schwach sauer reagirt, und fällt die Thonerde abermals durch Ammoniak aus. Nach der Filtration und gutem Auslüssen mit heissem Wasser kann sie dann mit Kobaltsolution geprüft werden. Ist vielleicht die Vermuthung vorhanden, dass das Mineral neben Thonerde auch Beryllerde enthalten könne, die sich zu Kali und Ammoniak eben so verhält wie Thonerde, so kann man die ausgeschiedene Thonerde auch auf Beryllerde untersuchen, wie es bei der Probe auf Beryllerde selbst angegeben werden soll.

Hat man bei der Prüfung der Substanz mit Glasflüssen eine Reaction auf Chrom bemerkt, so hat man Ursache, das ausgeschiedene Eisenoxyd auf Chrom zu prüfen. Auf welche Weise dies geschieht, findet sich bei der Probe auf Chrom beschrieben.

Wie die in der von der Thonerde, dem Eisenoxyde etc. abfiltrirten ammoniakalischen Flüssigkeit noch vorhandenen anderen Basen, namentlich Kalkerde, Talkerde und Manganoxydul ausgeschieden werden, findet sich bei der Kalkerde (S. 194 ff.) mitgetheilt.

Thonerde-Silicate mit Fluor-Aluminium.

Topas (Pyrophysalith) und **Pyknit** im Glaskolben erhitzt, verändern sich nicht und geben auch nichts Flüchtiges.

In der offenen Glasröhre mit geschmolzenem Phosphorsalz erhitzt (s. Probe auf Fluor) geben sie Fluorwasserstoffsäure. Silicate mit Fluormetallen

In der Pincette sind sie unschmelzbar. Der gelbe Topas nimmt bisweilen eine schwach rosenrothe Farbe an.

Von Borax werden sie langsam zu einem klaren Glase aufgelöst, welches, wenn die Probe eisenhaltig ist, schwach gelb gefärbt erscheint.

Von Phosphorsalz werden sie langsam zerlegt; die Kieselerde scheidet sich als Skelett aus und die Perle opalisirt unter der Abkühlung.

Mit wenig Soda schmelzen sie schwer zu einer blasigen, halbklaren Schlacke, mit mehr schwellen sie an und werden unschmelzbar.

Im fein gepulverten Zustande mit Kobaltsolution behandelt, nehmen sie eine blaue Farbe an.

Nach **Turner** sollen manche Topase, mit Flussspath und doppelt-schwefelsaurem Kali auf Platindrath geschmolzen, in der äussern Flamme eine Reaction auf Borsäure hervorbringen.

Aluminate.

Von einigen der oben genannten Aluminate ist das Verhalten vor dem Löthrohre bereits bei der Talkerde angeführt worden, von den anderen soll es erst bei der Beryllerde und dem Zink beschrieben werden.

10) Beryllerde $= \bar{\bar{B}}e$.

Vorkommen derselben im Mineralreiche.

Die Beryllerde findet sich nicht häufig; sie kommt nur in Verbindung mit Kieselerde und Thonerde vor.

a) Mit Kieselsäure in nachstehenden Silicaten:

Phenakit, III, 3 $= \bar{\bar{B}}e\bar{S}i$, zuweilen Spuren von $\bar{A}l$, $\dot{C}a$ und $\dot{M}g$ enthaltend;

Euklas, II—IIIA, 3 $= 2\bar{\bar{B}}e\bar{S}i + \bar{A}l^2\bar{S}i^2 + 3\dot{H}$, geringe Mengen von $\dot{S}n$, $\dot{F}e$ und Fl enthaltend;

Beryll (Smaragd), II—III, 3 $= \bar{\bar{B}}e\bar{S}i^2 + \bar{A}l\bar{S}i^2$, zuweilen geringe Mengen von $\dot{C}a$, $\dot{F}e$ und $\bar{C}r$ enthaltend;

Gadolinit, mancher, s. Yttererde.

Helvin, I—IIA, 1 (unter Entwickelung von Schwefelwasserstoffgas) $= \dot{M}n\ddot{S} + [(\dot{M}n, \dot{F}e)^3\bar{S}i^2 + \bar{\bar{B}}e\bar{S}i]$;

Leucophan, s. Natron.

b) In Verbindung mit **Thonerde** im Chrysoberyll, III, 3 $=$ $\bar{B}e + 3 \bar{A}l$ oder $\bar{B}e\, \bar{A}l^3$. Ausserdem finden sich in demselben bisweilen noch ger. Mengen von $\dot{F}e$ oder $\overset{..}{F}e$, $\dot{C}a$, $\overset{..}{C}r$, $\dot{C}u$, $\dot{P}b$, $\overset{..}{S}i$ und $\overset{..}{T}i$.

Probe auf Beryllerde
mit Einschluss des Löthrohrverhaltens der genannten beryll-
erdehaltigen Mineralien.

Silicate.

Phenakit giebt, im Glaskolben erhitzt, nichts Flüchtiges. In der Pincette ist er ganz unschmelzbar.

Silicate.   Von Borax wird er in Stücken ausserordentlich schwer, als feines Pulver dagegen ziemlich leicht zu einem klaren Glase aufgelöst. Wird das stark gesättigte Glas mit einer flatternden Flamme behandelt, so bilden sich mitten im Glasse weisse Flocken.

Von Phosphorsalz wird er im gepulverten **Zustande unter** Abscheidung von Kieselerde gelöst.

Mit wenig Soda verbindet er sich zu einer milchweissen Kugel; mit mehr Soda schwillt er an und bildet eine unschmelzbare weisse Schlacke.

Kobaltsolution bringt keine Reaction hervor.

Schmilzt man das fein gepulverte Mineral nach S. 142 mit Soda und Borax auf Kohle und behandelt die geschmolzene Verbindung mit Chlorwasserstoffsäure bis zur Abscheidung der Kieselerde, so lässt sich dann die Beryllerde leicht ausscheiden und für sich weiter prüfen. Man versetzt zu diesem Behufe die saure Auflösung mit Ammoniak im geringen Ueberschuss und fällt dadurch die Beryllerde mit den vorhandenen Spuren von Eisenoxyd aus; diesen Niederschlag sammelt man auf einem Filtrum, süsst ihn gut aus und behandelt ihn noch feucht in einem kleinen Porcellangefässe mit Kaliauflösung in der Wärme so lange, bis er wieder aufgelöst und das beigemengte Eisenoxyd abgeschieden ist. Hierbei hat man aber nach den vom Grafen Schaffgotsch gemachten Erfahrungen ganz besonders darauf Acht zu geben, dass die Kaliauflösung nicht zum Kochen komme, weil sonst leicht ein Theil Beryllerde unaufgelöst zurückbleibt. Verdünnt man hierauf die alkalische Auflösung der Beryllerde mit Wasser, filtrirt, versetzt die Flüssigkeit mit Chlorwasserstoffsäure bis zur schwach sauren Reaction und fällt die Beryllerde abermals durch Ammoniak aus, so kann man sich dann überzeugen, ob sie frei von Thonerde ist oder nicht, wenn man sie abfiltrirt, gut aussüsst und in noch feuchtem Zustande in einem Probirglase mit einer grossen Menge einer Auflösung von kohlensaurem Ammoniak schüttelt, welche die Beryllerde auflöst, die Thonerde aber ungelöst zurücklässt.

Gesetzt nun, es bliebe etwas Thonerde zurück, so filtrirt man dieselbe ab, süsst sie gut aus und prüft sie mit Kobaltsolution. Die ammoniakalische Auflösung der Beryllerde giesst man in ein Porcellangefäss und erhitzt sie darin bis **Silicate.** zum Kochen, wobei die Beryllerde als basisch kohlensaures Salz ausgefällt wird, welches dann durch Glühen im Platinschälchen in reine Beryllerde umgewandelt werden kann. Ihr Verhalten vor dem Löthrohre s. S. 120.

Euklas im Glaskolben erhitzt, verändert sich nicht; von dem Gehalt an Wasser kann man sich hierbei nicht überzeugen, da dasselbe nur bei sehr hoher Temperatur fortgeht.

In der Pincette erhitzt, schwillt er blumenkohlartig an, wird weiss und schmilzt schwer an den Kanten zu einem weissen Email.

Von Borax wird er langsam zu einem klaren, farblosen Glase aufgelöst, welches nicht unklar geflattert werden kann. Wendet man die Probe in Form eines Stückchens an, so schwillt dasselbe erst unter schwachem Aufbrausen an und wird weiss.

Von Phosphorsalz wird er unter schwachem Aufbrausen zerlegt. Es scheidet sich ein Skelett von Kieselerde mit weisser Farbe aus, während das Glas klar und farblos bleibt, unter der Abkühlung aber opalisirt.

Mit einer gewissen Menge von Soda schmilzt er zu einer Perle, die jedoch nicht klar wird; setzt man mehr Soda hinzu, so wird die Perle klar, unter der Abkühlung aber wieder unklar; ein noch grösserer Zusatz von Soda geht in die Kohle.

Durch einen Reductionsversuch mit Soda auf Kohle erhält man Spuren von Zinn.

Beryll (Smaragd) im Glaskolben erhitzt, verändert sich nicht.

In der Pincette runden sich dünne Splitter in starkem Feuer ab und bilden eine farblose, blasige Schlacke. Der durchsichtige wird dabei milchweiss.

Von Borax wird er zu einem klaren Glase aufgelöst, welches, wenn das Mineral Chrom enthält, unter der Abkühlung schön grün erscheint.

Von Phosphorsalz wird er nur sehr unvollständig zerlegt; das Probestückchen bleibt fast unverändert, vermindert sich aber an Grösse, zum Beweis, dass ausser den Basen auch Kieselsäure mit aufgelöst wird. Das Glas opalisirt unter der Abkühlung und besitzt, wenn das Mineral Chrom enthält, eine grüne Farbe.

Von Soda wird er zu einem klaren, farblosen Glase aufgelöst. Nach Berzelius giebt der gelbliche, im Bruche körnige Smaragd von Broddbo und Finbo bei der Reductionsprobe sichtliche Spuren von Zinn.

Zur Ausscheidung der Beryllerde aus dem Euklas und Beryll wählt man dasselbe Verfahren, wie oben für den Phenakit. Nachdem man die Kieselsäure abgeschieden

Silicate. und das Eisenchlorür durch Salpetersäure in Chlorid verwandelt hat, fällt man durch Ammoniak im geringen Ueberschuss Thonerde, Beryllerde, Eisenoxyd und Chromoxyd und behandelt den Niederschlag nach der Filtration mit einer Auflösung von Kali in der Wärme (ohne jedoch die Kalilösung zum Kochen zu bringen) so lange, bis alle Thonerde und Beryllerde aufgelöst ist. Nach der Verdünnung mit Wasser filtrirt man die zurückgebliebenen Metalloxyde ab, süsst sie gut aus und prüft sie mit Borax vor dem Löthrohre auf Eisen und Chrom. Die alkalische Auflösung der Erden versetzt man mit so viel Chlorwasserstoffsäure, bis sie schwach sauer reagirt, und fällt die Erden abermals durch Ammoniak aus. Nach der Filtration können sie dann leicht durch eine Auflösung von kohlensaurem Ammoniak getrennt und vor dem Löthrohre geprüft werden, worüber das Nöthige bereits beim Phenakit angegeben ist. Man hat zwar für eine genauere quantitative Trennung beider Erden noch andere Methoden (s. Ausführliches Handbuch der analytischen Chemie von H. Rose B. II, S. 60 ff.); da diese aber etwas umständlicher sind, und es hier nicht auf eine quantitative Bestimmung der betreffenden Erden ankommt, so kann von denselben auch abgesehen werden.

Helvin giebt, für sich im Glaskolben erhitzt, ein wenig Wasser, ohne seine gelbe Farbe und Durchsichtigkeit zu verlieren.

In der Pincette mit der äussern Flamme erhitzt, bläht er sich stark auf und schmilzt dann unter Aufkochen schwer zur dunkelgelben bis braunen Perle, die nicht blasenfrei ist; wendet man die blaue Flamme an, so bläht er sich weniger stark auf und schmilzt ebenfalls, jedoch unter schwächerem Aufkochen, schwer zur dunkelgelben Perle, ohne eine Färbung in der äussern Flamme hervorzubringen.

Von Borax wird er langsam zu einem klaren, violetten Glase aufgelöst, welches im Reductionsfeuer fast farblos wird.

Von Phosphorsalz wird er ziemlich leicht mit Abscheidung eines Kieselskeletts zerlegt und giebt ein Glas, welches zwar weder in der Wärme noch nach der Abkühlung eine Farbe zeigt, aber während des Erkaltens opalisirt.

Mit Soda schwillt er zuerst an und schmilzt nachher zu einer schwarzen Kugel, die im Reductionsfeuer kastanienbraun wird. Wendet man mehr Soda an, so fliesst die Masse breit, zieht sich zum Theil in die Kohle und bringt, wenn sie auf Silberblech gelegt und mit Wasser befeuchtet wird, eine Reaction auf Schwefel hervor.

Mit Soda und Salpeter giebt er auf Platinblech eine starke Manganreaction.

Um in dem Helvin die Beryllerde nachweisen zu können, ist man genöthigt, den nassen Weg zu Hülfe zu nehmen. Man löst das fein gepulverte Mineral in Chlorwasserstoffsäure auf, was unter Entwickelung von Schwefelwasserstoffgas geschieht (wovon man sich sowohl durch den Geruch, als auch durch ein mit Bleizuckerauflösung befeuchtetes Streifchen Papier überzeugen kann), dampft, um die sich zum Theil gelatinös ausgeschiedene Kieselsäure zu verdichten, das Ganze vorsichtig ab, befeuchtet die trockenen Salze mit Chlorwasserstoffsäure, löst sie dann in siedend heissem Wasser auf und filtrirt. Die durchgelaufene Auflösung erhitzt man bis zum Kochen, versetzt sie mit ein Paar Tropfen Salpetersäure, erhitzt abermals, um das vielleicht noch vorhandene Eisenchlorür in Chlorid umzuändern, und fällt mit Ammoniak im Ueberschuss Beryllerde und Eisenoxyd aus. Beide Bestandtheile trennt man durch eine Auflösung von Kali in mässiger Wärme, auf dieselbe Weise, wie bei der Zerlegung des Phenakits (S. 228), und prüft die aus der alkalischen Auflösung wieder ausgefällte Beryllerde mit einer Auflösung von kohlensaurem Ammoniak.

Das noch in der von der Beryllerde und dem Eisenoxyd abfiltrirten ammoniakalischen Flüssigkeit befindliche Manganoxydul kann entweder durch Schwefelammonium oder durch eine Auflösung von Phosphorsalz ausgefällt und, vor dem Löthrohre auf dieselbe Weise geprüft werden, wie es schon bei der Probe auf Kalkerde für kieselsaure Verbindungen (S. 194) beschrieben worden ist.

Leucophan schmilzt nach Erdmann vor dem Löthrohre zu einer klaren, in's Violette sich ziehenden Perle, welche unklar geflattert werden kann.

Von Borax wird er leicht zu einem klaren amethystfarbigen Glase aufgelöst.

Von Phosphorsalz wird er leicht zersetzt, unter Zurücklassung eines Kieselskeletts.

Mit wenig Soda schmilzt er zu einer trüben Perle; mit einer grösseren Menge breitet sich die geschmolzene Masse aus und geht zum Theil in die Kohle.

Mit geschmolzenem Phosphorsalz in einer offenen Glasröhre erhitzt, zeigt er einen Fluorgehalt.

Da dieses Mineral nach der chemischen Untersuchung von Erdmann über 7 Proc. Natrium an Fluor gebunden enthält, so ist wohl auch anzunehmen, dass dasselbe die äussere Flamme intensiv röthlichgelb färbt.

Zur Nachweisung der Kalk- und Beryllerde ist man genöthigt, den nassen Weg zu Hülfe zu nehmen. Wie man verfährt, ergiebt sich leicht aus dem, was bereits beim Phe-

nakit und Beryll darüber gesagt ist. Nach Abscheidung der
Beryllerde aus ihrer Auflösung in Chlorwasserstoffsäure durch
Ammoniak und weiterer Prüfung derselben, fällt man die
Kalkerde durch Oxalsäure.

Verbindung der Beryllerde mit Thonerde.

Chrysoberyll im Glaskolben erhitzt, giebt nichts Flüchtiges und verändert sich auch sonst nicht.

Verbindung der Beryllerde mit Thonerde.   In der Pincette zeigt er sich unschmelzbar;
im fein gepulverten Zustande nimmt er indess auf
Kohle bei starkem Feuer an den Kanten ein glasiges Ansehen an.

Von **Borax** wird er langsam zu einem klaren Glase aufgelöst, das bei keinem Sättigungsgrade unklar wird.

Von **Phosphorsalz** wird er ebenfalls — in Stücken sehr
schwer, in Pulverform aber leichter — vollkommen zu einem
klaren Glase aufgelöst, das unter der Abkühlung klar bleibt.

Von **Soda** wird er weder in Stücken noch in Pulverform
angegriffen; wendet man ein Bruchstückchen an, so bemerkt
man blos, dass es auf der Oberfläche matt wird.

Von **Kobaltsolution** nimmt das fein gepulverte Mineral
in gutem Oxydationsfeuer eine blaue Farbe an.

Will man die Beryllerde aus diesem Mineral isolirt darstellen, so ist man genöthigt, denselben Weg einzuschlagen,
welcher oben beim Phenakit (S. 228), Euklas und Beryll
(S. 229) schon beschrieben worden ist.

11) Yttererde = $\dot{Y}$,
mit Einschluss der Terbinerde = $\dot{Tr}$ und des Erbin-oxydes = $\dot{E}$.

Vorkommen derselben im Mineralreiche.

Die Yttererde kommt zwar nur selten vor, aber fast stets
in Gemeinschaft mit Terbinerde und Erbinoxyd in verschiedenen Verbindungen.

a) Als **Fluoryttrium** im
Yttrocerit, s. Kalkerde;

b) In Verbindung mit **Phosphorsäure**, als:
Xenotim (Ytterspath, Yttrophosphat), $\dot{3}$. Wahrscheinlich ein

Drittelphosphat von Yttererde und Ceroxydul = $(\dot{Y}, \dot{C}e)^3 \bar{P}$
mit geringen Mengen von $\ddot{F}e$ und $\ddot{S}i$.

c) Mit **Tantalsäure** in nachstehenden Mineralien:
Yttrotantalit, $\dot{3}$, und zwar:
  α) gelber $\dot{Y}$. Wesentlich tantalsaure Yttererde mit
  7 p. c. Uranoxydul, ausserdem $\dot{C}a$, $\dot{M}g$, $\dot{C}e$, $\ddot{F}e$, $\ddot{W}$,
  $\ddot{S}n$, $\dot{C}u$ und $\ddot{H}$;
  β) schwarzer $\dot{Y}$. Von ganz ähnlicher Zusammensetzung

wie der vorige, nur mit etwas geringerem Yttererde-
und Urangehalt, aber höherem Eisenoxydul- und
Kalkerdegehalt;

Hjelmit = Ta, Ẏ, Ċa, U, Fe, W̄, Sn, Ċe, La, Di, Mn, so
wie sehr geringe Mengen von Ċu und Mg.

d) Mit Diansäure*) im

Fergusonit, 3. D̄ in Verbindung mit Ẏ, ausserdem hauptsächlich Ż.r und Ċe, sowie Π und geringe Mengen von Fe,
Sn und Ūn enthaltend;

Samarskit (Uranotantal, Yttroilmenit), 1. D̄, Ū, Żr, Ẏ, Ṫh
und Fe, nebst geringen Mengen von Ċa, Mg, Mn und Sn;

Tyrit. D̄, Ẏ, (K), Ce, Ċr, Fe, Ċa, Āl, Sn, Żr, Π.

e) Mit Dian- und Titansäure in folgenden Mineralien:

Euxenit, 3 = Ṫi, D̄, Ẏ, Ū, Ċe, Fe, Ċa und Π;

Polykras, 2 = Ṫi, D̄, Żr, Ẏ, Fe, Ċe, Ū, nebst ger. Mengen
von Āl, Ċa und Mg;

Aeschynit, 3 = N̄b, Ṫi, Żr, Ċe, C̄e, La, Ẏ, Fe Π mit einer
Spur von Fl.

f) Mit Titansäure im

Polymignit, 3 = Ṫi, Żr, Fe, Ẏ, C̄e, Ċa, Mn mit Spuren von
K̇, Mg, S̈i und Sn.

g) Mit Kieselsäure in einigen Silicaten, die zum Theil
eine geringe Menge von Wasser enthalten.

Gadolinit (beryllerdefreier) von Ytterby, Finbo und Bnoddbo,
III, 1 G, = (Ẏ, Ċe, Fe)³S̈i, incl. ger. Mengen von Āl, Ċa
und Mg;

Desgl. (beryllerdehaltiger) von Ytterby und Hitterŏen, III,
1 = S̈i, Ẏ, Fe, La, Be, Ċa und wahrscheinlich auch Ṫr,
Ė und Di;

Alvit, III, 3 = S̈i, Ẏ, Th?, Żr, Āl, B̄e, Fe, C̄e, Ċa, Π;

Muromontit, II, 1 G = S̈i, Ẏ, Fe, Ċe, La, B̄e, Āl mit sehr
ger. Mengen von Mn, Ċa, Mg, N̈a, K und Π;

Bodenit, II, 1 G = S̈i, Ẏ, Fe, Ċe, La, Āl, Ċa, Mg, Mn, K̇,
Na und Π.

---

*) Obwohl die Existenz dieser von v. Kobell neuerdings entdeck-
ten Säure (vom Radical Dian) nach H. Rose und Anderen noch fraglich,
so sollen doch die betreffenden Mineralien hier als dianäurehaltig aufgeführt werden, um anzudeuten, dass die aus denselben nach dem bei
der Probe auf Tantal und Niob angegebenen Verfahren abgeschiedene
Säure ein abweichendes Verhalten von demjenigen der Tantal- und Unterniobsäure zeigt.

h) Mit Titansäure und kieselsauren Verbindungen im Yttrotitanit (Keilhauit), s. Kalkerde.

Ausser den vorgenannten Mineralien giebt es noch einige, welche geringe Mengen von Ytererde enthalten, s. Cer.

Probe auf Ytererde, Terbinerde und Erbinoxyd mit Einschluss des Löthrohrverhaltens der genannten ytererdehaltigen Mineralien.

Da Mosander bei Entdeckung der Terbinerde und des Erbinoxydes in der aus verschiedenen ytererdehaltigen Mineralien auf chemischem Wege ausgeschiedenen Ytererde [*] gleichzeitig gefunden hat, dass eine scharfe Trennung dieser drei Basen von einander mit vielen Schwierigkeiten verbunden ist, und dass man nur bei Anwendung einer ziemlich grossen Menge einer auf gewöhnlichem Wege ausgeschiedenen Ytererde darauf rechnen kann, jede dieser drei Basen isolirt (obgleich nicht immer chemisch rein) zu erlangen: so wird man auch bei Löthrohrproben, wo man es nur mit kleinen Mengen zu thun hat, von einer genauen Trennung der genannten drei Basen so lange absehen müssen, bis man ganz sichere und einfache Trennungsmethoden kennt. Die Probe auf Ytererde mit Hülfe des Löthrohrs wird sich daher für jetzt in den meisten Fällen nur auf eine gemeinschaftliche Ausscheidung aller drei Basen beschränken können, und nur in solchen Fällen sich weiter erstrecken lassen, wenn die zu untersuchende Substanz reich an Ytererde ist, oder man eine grössere Quantität zur Probe verwendet, als man für gewöhnlich zu einer Löthrohrprobe gebraucht. Hat man sich eine nicht zu geringe Menge von Ytererde nach den weiter unten folgenden Methoden aus irgend einer Substanz frei von Eisen, Uran und andern leicht zu trennenden Metallen, deren Oxyde nach dem Glühen gefärbt erscheinen, dargestellt, so kann man nach Mosander reine Ytererde daraus erlangen:

1) wenn man die ausgeschiedene Ytererde in Chlorwasserstoffsäure auflöst, die Auflösung mit verdünntem Ammoniak in kleinen Mengen versetzt, den nach jedem Zusatze erscheinenden Niederschlag besonders abfiltrirt, ihn auswäscht und trocknet. Man erhält dabei lauter basische Salze, von denen die letzteren völlig farblos sind und nur Ytererde enthalten. Die nächst vorhergehenden sind röthlich und enthalten immer mehr Terbinerde, während die ersten vorzugsweise aus Erbinoxyd bestehen. Ferner kann man

2) die aus den Mineralien ausgeschiedene Ytererde in Salpetersäure auflösen und die Auflösung auf gleiche Weise behandeln wie die vorhergehende. Erhitzt man die erhaltenen Niederschläge für sich, so giebt der erste ein dunkelgelbes Oxyd und die folgenden werden immer blässer, so dass der

---

[*] Poggendorff's Annalen Bd. 60, S. 297 u. ff.

letzte ganz weiss erscheint und aus völlig reiner Yttererde
besteht.   Auch lässt sich

3) aus einer sauren Auflösung der gewöhnlichen Yttererde durch doppelt-oxalsaures Kali unter gewissen Vorsichtsmaassregeln eine ähnliche Trennung bewirken, wie durch Ammoniak.   Da indessen diese Methode umständlich und zeit-
erfordernd ist, so soll von einer weitern Beschreibung hier
abgesehen werden.

**Fluorcalcium mit Fluoryttrium und Fluorcerium in veränder-
lichen Verhältnissen.**

Yttrocerit verhält sich nach Berzelius vor dem Löthrohre, wie folgt:

a) Yttrocerit von Finbo giebt, für sich im Glaskolben
erhitzt, etwas Wasser, das angebrannt riecht.   Der dunkle
verliert die Farbe und wird weiss.   Auf Kohle
schmilzt er nicht; aber durch Zusatz von etwas
Gyps schmilzt er zur Perle, die bei keiner Temperatur klar wird.

Von Borax und Phosphorsalz wird er leicht zu einem
klaren, in der Wärme gelb erscheinenden Glase aufgelöst, das
bei einer gewissen Sättigung unter der Abkühlung unklar wird.

Mit wenig Soda schmilzt er auf Kohle ziemlich leicht zur
Kugel, mit mehr Soda wird dieselbe strengflüssig; ein noch
grösserer Zusatz von Soda geht in die Kohle und lässt eine
unschmelzbare Masse zurück.

b) Yttrocerit von Broddbo, im Glaskolben erhitzt, decrepitirt ein wenig.   Auf Kohle schmilzt er nicht, wird aber
beim Erhitzen milchweiss, später ziegelroth, jedoch ungleich
gefärbt.   Mit Gyps schmilzt er (wegen eines sehr hohen Gehaltes an Fluorcerium) nicht.

Zu Borax und Phosphorsalz verhält er sich fast wie
Ceroxyd.

Von Soda schwillt er etwas an, ohne gelöst zu werden;
ein grösserer Zusatz von Soda geht in die Kohle und lässt
eine graue unschmelzbare Masse zurück.

Der Yttrocerit von beiden Fundorten giebt in einer an
beiden Enden offenen Glasröhre, mit vorher geschmolzenem
Phosphorsalz behandelt (s. Probe auf Fluor), Fluorwasserstoffsäure.

Um die Yttererde im Yttrocerit nachweisen zu können,
muss man den nassen Weg zu Hülfe zu nehmen, wobei man
auf folgende Weise verfahren kann.

Man übergiesst eine kleine Menge des höchst fein gepulverten Minerals in einem Platinschälchen mit Schwefelsäure,
rührt das Ganze mit einem Platindraht um und erhitzt mit
Hülfe der Spirituslampe unter einer gut ziehenden Esse so
lange, bis zuerst alles Fluor als Fluorwasserstoffgas und end-

lich auch die überschüssig zugesetzte Schwefelsäure entfernt
ist, so dass man es dann mit schwefelsauren Salzen zu thun
hat. Diese Salze löst man in verdünnter Chlorwasserstoffsäure auf, verdünnt die Auflösung mit Wasser
und filtrirt, im Fall noch etwas Gyps unaufgelöst vorhanden sein sollte. Aus der klaren Auflösung fällt man durch Ammoniak im geringen Ueberschuss Ceroxydul (Lanthanoxyd und
Didymoxyd) und Yttererde (Terbinerde und Erbinoxyd) und trennt
den Niederschlag durch Filtration. Aus der ammoniakalischen
Flüssigkeit fällt man durch Oxalsäure die Kalkerde. Den durch
Ammoniak erhaltenen Niederschlag wäscht man so lange mit
heissem Wasser aus, bis das Aussüsswasser von Oxalsäure
nicht mehr getrübt wird. (Wäre man genöthigt, diesen Niederschlag auf Thonerde oder Beryllerde zu untersuchen, so
würde man ihn mit einer Auflösung von Kali bei mässiger
Wärme zu behandeln haben, und enthielte er Eisenoxyd, so
würde man dieses hierauf durch eine verdünnte Auflösung
von Oxalsäure (s. unten bei der phosphorsauren Yttererde)
abscheiden; da indess nach Berzelius der Yttrocerit weder
die eine noch die andere dieser beiden Erden enthält und
auch frei von Eisen ist, so fällt eine solche Behandlung weg).
Den gut ausgewaschenen Niederschlag bringt man in das
grössere Porcellangefäss (S. 51, Fig. 61), oder in ein kleines
Becherglas, löst ihn darin in wenig Chlorwasserstoffsäure auf
und verdünnt die Auflösung mit Wasser. In diese Auflösung
stellt man entweder eine Kruste von krystallisirtem schwefelsaurem Kali so, dass sie noch über die Oberfläche der Auflösung hervorragt, und lässt das Ganze 24 Stunden stehen,
oder man versetzt die Auflösung, wenn sie nicht zu verdünnt
ist, mit einer in der Wärme bereiteten, ganz concentrirten
Auflösung von schwefelsaurem Kali und lässt das Ganze erkalten. In beiden Fällen erhält man eine Flüssigkeit, die
mit schwefelsaurem Kali gesättigt ist, in welcher sich Yttererde und Ceroxydul mit Kali und Schwefelsäure zu Doppel-
salzen verbinden. Das durch Yttererde gebildete ist in der
von schwefelsaurem Kali gesättigten Auflösung auflöslich, das
durch das Ceroxydul gebildete hingegen ist unauflöslich und
fällt als weisses Pulver zu Boden. Den Niederschlag trennt
man von der darüber stehenden Flüssigkeit durch Filtration
und wäscht ihn mit einer gesättigten Auflösung von schwefelsaurem Kali aus. Nach dem Auswaschen löst man ihn in
siedend heissem Wasser auf, schlägt das Ceroxydul mit einer
Auflösung von Kali in der Wärme nieder, filtrirt, süsst gut
aus und glüht es im Platinlöffel. Während des Glühens oxydirt es sich zu Oxyd und nimmt, wenn es rein ist, eine citron-
gelbe Farbe an; ist es aber didymhaltig, so nimmt es eine
zimmtbraune Farbe an. Eine Beimengung von Lanthanoxyd
lässt sich hierbei nicht mit wahrnehmen, weil dasselbe eine

(Randnotiz: Fluor-Verbindungen.)

weisse Farbe besitzt; behandelt man das geglühte Oxyd aber mit Salpetersäure bis zur Trockniss und glüht den trocknen Rückstand bei Zutritt von Luft, so lässt sich das Lanthanoxyd dann durch sehr ver- *Fluor-Verbindungen.* dünnte Salpetersäure ausziehen und durch eine Auflösung von Kali ausfällen (s. Probe auf Cer, Lanthan und Didym).

Die in der Auflösung zurückgebliebene Yttererde schlägt man ebenfalls durch Kaliauflösung in der Wärme nieder, filtrirt sie ab und glüht sie im Platinlöffel. Ob dieselbe frei von Terbinerde und Erbinoxyd ist, erfährt man, wenn man sie entweder in Chlorwasserstoffsäure oder in Salpetersäure auflöst und die Auflösung mit Ammoniak in kleinen Mengen versetzt, wie es oben (S. 234) angegeben ist. Erscheinen die ersten Niederschläge nach dem Glühen gelb, so ist anzunehmen, dass die ausgefällte Yttererde auch Erbinoxyd enthalten hat, indem dasselbe nach dem Glühen eine dunkelgelbe Farbe besitzt, während Yttererde und Terbinerde nach dem Glühen eine rein weisse Farbe zeigen.

Phosphorsaure Verbindung.

Xenotim (Ytterspath, Yttrophosphat) giebt, im Glaskolben erhitzt, nichts Flüchtiges.

In der Pincette schmilzt das Mineral unter schwachem Aufwallen schwer an den Kanten und *Phosphorsaure Yttererde* färbt die äussere Flamme nach dem Befeuchten mit Schwefelsäure auf kurze Zeit deutlich bläulichgrün.

Von Borax wird es langsam zu einem klaren Glase aufgelöst, welches in der Wärme von einem geringen Eisengehalte schwach gelb erscheint, bei mässiger Sättigung milchweiss geflattert werden kann und bei noch stärkerer Sättigung unter der Abkühlung von selbst unklar wird.

Von Phosphorsalz wird es sehr schwer aufgelöst, wodurch es sich vom Apatit unterscheidet. Das Glas erscheint farblos.

Von Soda wird es mit Brausen zu einer hellgrauen, unschmelzbaren Schlacke zersetzt.

Mit Borsäure und Eisen erhält man einen Regulus von Phosphoreisen.

Will man die Yttererde mit Bestimmtheit nachweisen, so ist man genöthigt, den nassen Weg zu Hülfe zu nehmen. Man kann dabei auf folgende Weise verfahren. Man mengt das höchst fein gepulverte Mineral im Achatmörser dem Gewichte nach mit 4 bis 5mal so viel Soda zusammen und schmilzt das Gemenge entweder in einzelnen Portionen in dem Oehr eines starken Platindrahtes oder im Platinlöffel so lange, bis es nicht mehr braust. Hierauf übergiesst man die geschmolzene Masse nebst Löffel in einem kleinen Porcellangefäss mit Wasser und erhitzt solches über der Lampenflamme

bis zum Kochen. Das gebildete phosphorsaure Natron löst
sich nebst dem überschüssig angewandten kohlensauren Natron auf und die Yttererde bleibt mit etwas Eisenoxyd, das als basisch phosphorsaures Eisenoxyd
in dem Minerale enthalten ist, ungelöst zurück. Den
Rückstand trennt man durch Filtration von der Flüssigkeit und
süsst ihn mit Wasser gut aus. In dieser Flüssigkeit, wenn man
einen kleinen Theil davon nimmt, kann die Phosphorsäure sehr
leicht nachgewiesen werden (s. Probe auf Phosphorsäure).

Phosphorsaure Yttererde.

Den aus Yttererde und Eisenoxyd bestehenden Rückstand
kann man auf folgende Weise zerlegen. Man löst ihn in noch
feuchtem Zustande in Chlorwasserstoffsäure auf, verdünnt die
Auflösung mit Wasser, fällt hierauf die Basen als Hydrate
mit Ammoniak aus, bringt dieselben nach vollständigem Aussüssen in ein Probirglas, übergiesst sie mit einer verdünnten
Auflösung von Oxalsäure und erhitzt das Ganze über der
Spirituslampe bis nahe zum Kochen. Dabei verwandeln sich
beide Basen in oxalsaure Salze, von denen jedoch nur das
oxalsaure Eisenoxyd aufgelöst wird und von der oxalsauren
Yttererde, die als ein weisses, schweres Pulver erscheint, leicht
durch Filtration getrennt werden kann. Die oxalsaure Yttererde, welche auch in reinem Wasser unauflöslich ist, wird
nach gutem Aussüssen getrocknet und geglüht. Ob dieselbe
aus reiner Yttererde besteht, oder ob sie Terbinerde und Erbinoxyd enthält, kann man nur durch eine besondere Prüfung auf nassem Wege erfahren, wie ihn Mosander angegeben hat (S. 234), sobald die ausgeschiedene Quantität an
Yttererde nicht zu gering ist.

Das in der Auflösung befindliche Eisenoxyd scheidet man
durch eine Auflösung von Kali aus, nachdem man vorher etwas Salpetersäure hinzugefügt hat, erwärmt das Ganze, filtrirt, süsst gut aus und prüft es, wenn es nöthig ist, vor dem
Löthrohre mit Borax.

Tantalsaure Verbindungen.

Yttrotantalit, gelber und schwarzer.

Diese Yttrotantalite verhalten sich nach Berzelius vor
dem Löthrohre folgendermassen:

Tantalsaure Verbindungen.

Für sich im Glaskolben erhitzt, geben sie Wasser, die dunkel gefärbten werden dabei gelb. Einige
werden fleckig von schwarzen Theilen. Durch's
Glühen werden sie weiss und das Glas wird oberhalb angegriffen. Das ausgetriebene Wasser färbt ein eingeschobenes
Streifchen Fernambukpapier im ersten Augenblick gelb und
bleicht es nachher.

In der Pincette und auf Kohle zeigen sie sich unschmelzbar.

Von Borax werden sie zu einem beinahe farblosen Glase
aufgelöst, das bei einem grössern Zusatz von selbst unklar wird.

Von Phosphorsalz werden sie anfangs zerlegt, wobei die Tantalsäure als ein weisses Skelett ungelöst bleibt; nach fortgesetztem Blasen wird aber auch diese aufgelöst. Der schwarze Yttrotantalit von Ytterby giebt ein Glas, welches nach der Behandlung im Reductionsfeuer eine schwache Rosafarbe annimmt, wenn es erkaltet, was von einem Gehalt an Wolfram herrührt. Der gelbe von Ytterby giebt ein Glas, welches unter der Abkühlung schwach, aber schön grün ist von einem Gehalt an Uran. Der Yttrotantalit von Finbo und Körarfvet giebt eine starke Eisenfarbe, wodurch die Reduction auf Uran verdunkelt wird.

Tantalsäure Verbindungen.

Von Soda werden sie zerlegt, ohne aufgelöst zu werden. Auf Platinblech zeigen sie einen Mangangehalt. Durch eine Reductionsprobe mit Soda und Borax bekommt man Spuren von Zinn. Der Yttrotantalit von Finbo enthält indessen so viel Eisen, dass man das Zinn dadurch nicht entdecken kann.

Hjelmit verhält sich folgendermassen:

Decrepitirt beim Erhitzen, zerfällt und giebt Wasser. In der Oxydationsflamme wird er ohne zu schmelzen braun.

Borax löst ihn leicht zu einem klaren Glase, das unklar geflattert werden kann, Phosphorsalz zu einem blaugrünen Glase.

Mit Soda auf Kohle erhält man Metallflitter.

Diansaure Verbindungen.

Fergusonit verhält sich nach Berzelius vor dem Löthrohre, wie folgt:

Im Kolben giebt er ein wenig Wasser.

Diansaure Verbindungen.

Auf Kohle erhitzt, färbt er sich erst dunkel und dann blassgelb, er kann aber nicht geschmolzen werden.

Von Borax wird er schwer gelöst, das Glas ist gelb, so lange es warm ist. Das Ungelöste ist weiss. Das gesättigte Glas kann unklar (mit einer schmutzig gelbrothen Farbe) geflattert werden.

Von Phosphorsalz wird er langsam aufgelöst, das Ungelöste ist weiss. Das Glas ist im Oxydationsfeuer gelb, im Reductionsfeuer farblos oder hat bei guter Sättigung einen Stich in's Rothe; es wird dann leicht bei der Abkühlung oder durch Flattern unklar, was nicht bei einem mittelmässigen Zusatze von der Probe stattfindet.

Mit Zinn geschmolzen, nimmt das Phosphorsalzglas keine Farbe an; das Ungelöste aber erhält einen Stich in's Fleischrothe.

Von Soda wird er zerlegt, ohne aufgelöst zu werden, mit Hinterlassung einer röthlichen Schlacke. Mit einer hinreichenden Menge von Soda im Reductionsfeuer reducirt sich etwas Zinn.

Samarskit (früher Uranotantal) zeigt nach G. Rose folgendes Löthrohrverhalten:

Im Glaskolben erhitzt, decrepitirt er etwas, verglimmt, berstet dabei auf und wird schwarz.

Vor dem Löthrohre schmilzt er an den Kanten zu einem schwarzen Glase.

Mit Borax giebt er im Oxydationsfeuer ein gelblichgrünes bis röthliches, im Reductionsfeuer ein gelbes bis grünlich schwarzes Glas, welches durch Flattern undurchsichtig und gelblichbraun wird.

Mit Phosphorsalz erhält man im Oxydationsfeuer ein klares, smaragdgrünes Glas, welches seine Farbe im Reductionsfeuer nicht verändert.

Mit Soda auf Platinblech zeigt sich Manganreaction.

Mit doppelt-schwefelsaurem Kali geschmolzen, bildet er eine rothe Auflösung, die unter der Abkühlung zu einer gelben Masse erstarrt.

Tyrit decrepitirt stark, giebt Wasser und wird gelb.

Mit Borax erhält man ein Glas, welches warm röthlichgelb und kalt farblos ist.

Mit Phosphorsalz giebt er ein Kieselskelett, während das Glas warm grünlichgelb, kalt grün gefärbt ist.

Dian- und titansaure Verbindungen.

a) Euxenit zeigt nach Scheerer folgendes Verhalten vor dem Löthrohre:

In der Pincette und auf Kohle kann er nicht geschmolzen werden.

Von Borax und Phosphorsalz wird er aufgelöst; die Gläser erscheinen in der Wärme gelb, das Phosphorsalzglas wird aber unter der Abkühlung bei nicht zu geringer Sättigung gelblich-grün von einem Gehalt an Uran.

b) Polykras verhält sich nach Scheerer vor dem Löthrohre folgendermassen:

Im Glaskölbchen plötzlich erhitzt, decrepitirt er und giebt Spuren von Wasser.

In der Pincette bis zum dunkeln Rothglühen erhitzt, zeigt er sich pyrognomisch und nimmt eine licht graubraune Farbe an.

In Borax löst er sich im Oxydationsfeuer zu einem klaren, gelben Glase auf, das im Reductionsfeuer, und vorzüglich bei Zusatz von Zinn, eine mehr braune Farbe annimmt.

In Phosphorsalz löst er sich ebenfalls zu einem klaren, gelben bis gelblichbraunen Glase auf, das indess unter der Abkühlung in's Grünliche übergeht. Im Reductionsfeuer wird die Farbe des Glases dunkler.

Mit Soda kann weder eine Reaction auf Mangan hervorgebracht werden, noch lässt sich auf Kohle etwas Metallisches reduciren.

c) Aeschynit von Miask verhält sich nach Berzelius und Hermann vor dem Löthrohre, wie folgt:

Im Glaskolben erhitzt, giebt er etwas Wasser, mit Spuren von Fluorwasserstoffsäure.

In der Pincette erhitzt, schwillt er auf und verändert seine schwarze Farbe in eine rostbraune.

In Borax löst er sich im Oxydationsfeuer ziemlich leicht zu einem klaren Glase auf, welches in der Wärme gelb und nach der Abkühlung farblos erscheint. Im Reductionsfeuer nimmt das Glas nach Zusatz von Zinn eine blutrothe Farbe an.

In Phosphorsalz löst er sich schwieriger; bei geringem Zusatz erhält man ein klares, farbloses Glas, welches aber bei einem grösseren Zusatze von einer weissen Ausscheidung leicht trübe wird. Im Reductionsfeuer mit Zinn auf Kohle nimmt das Glas eine Amethystfarbe an.

Mit Soda braust das Mineral, ohne gelöst zu werden, und giebt nichts Regulinisches.

Um in den vorgenannten tantalsauren, diansauren und titansauren Verbindungen, die ausser den betreffenden Säuren noch Wolframsäure und als Basen Kalkerde, Yttererde, Zirkonerde, Ceroxydul, Lanthanoxyd, Oxyde des Eisens, des Mangans, des Urans und Zinnoxyd enthalten können, die einzelnen Bestandtheile aufzufinden und mit Bestimmtheit nachzuweisen, ist man genöthigt, den nassen Weg zu Hülfe zu nehmen. Man verfährt dabei auf folgende Weise:

1) Man schmilzt nach S. 147 eine nicht zu geringe Menge des höchst fein gepulverten Minerals mit der achtfachen Gewichtsmenge doppelt-schwefelsauren Kali's in mehreren Portionen und zwar jede Portion im Platinlöffel so lange, bis Alles klar fliesst, worauf man die flüssige Salzmasse sogleich über den Stahlamboss ausgiesst.

Ist auf diese Weise Alles geschmolzen, so pulverisirt man die erhärtete Salzmasse zuerst im Stahlmörser und hierauf noch im Achatmörser möglichst fein. Wird jetzt das Pulver in einem Porcellangefäss mit einer hinreichenden Menge von Wasser in der Wärme behandelt, ohne dass das Ganze zum Kochen kommt, so lösen sich von den oben genannten Bestandtheilen auf:

$$\dot{C}a, \ \dot{Y}, \ \dot{C}e, \ Ln, \ \dddot{F}e, \ \ddot{M}n, \ \ddot{U},$$

und es bleiben mit weisser Farbe ungelöst zurück:

$$\dot{T}a, \ \ddot{B}, \ \dddot{W}, \ \ddot{S}n,$$

und wenn das Mineral Titansäure, Zirkonerde und Thorerde enthält, so bleibt auch gern ein Theil der Ti, der Zr und Th ungelöst zurück. Trennt man die gebildete Auflösung von dem Rückstande durch Filtration und süsst mit heissem Wasser gut aus, wobei ein Zusatz von einigen Tropfen Chlorwasserstoffsäure zur völligen Abscheidung des Gypses und des schwefelsauren Eisenoxydes von Vortheil ist, so hat man dann in dem gebliebenen Rückstand alle $\ddot{B}$, $\dot{T}a$ und $\dddot{W}$, so

wie einen Theil der Ti, der Zr und Th nebst der geringen
Menge von Sn zu suchen, die zuweilen in einem solchen Minerale enthalten ist.

Dian- u. titan-
saure Verbin-
dungen.

2) Den gebliebenen Rückstand trocknet man,
zerreibt ihn möglichst fein, vermengt ihn dem Volumen nach mit 5mal so viel kohlensaurem Kali und schmilzt
das mit Wasser befeuchtete Gemenge in einzelnen Portionen
in dem Oehr eines Platindrahtes[*]) mit der Oxydationsflamme so lange, bis es ruhig fliesst, worauf man die jedes Mal
geschmolzene Portion abstösst. Die geschmolzene Masse pulverisirt man, behandelt sie in einem Porcellanschälchen zuerst mit
kaltem Wasser, um alles überschüssige kohlensaure Kali aufzulösen, saugt diese Auflösung mit Hülfe des Glashebers ab und behandelt den Rückstand von Neuem mit Wasser, welches man bis
zum Sieden erhitzt. Hierbei werden nun aufgelöst: $\overline{\text{Ta}}$, $\overline{\text{D}}$,
$\overline{\text{W}}$, Th und der grösste Theil des Sn an Kali gebunden, während
die Ti grösstentheils, die Zr vollständig zurückbleibt.
Trennt man die Auflösung von dem Rückstande durch Filtration, süsst gut aus, vereinigt die Auflösung mit der erstern,
im Fall ein Theil der neu gebildeten Kalisalze schon in kaltem Wasser löslich war, macht die ganze Flüssigkeit mit
Chlorwasserstoffsäure sauer, dampft bei mässiger Wärme zur
Trockniss ab und behandelt die trockene Salzmasse mit heissem
Wasser, löst sich das Chlorkalium und der grösste Theil
des Chlorzinns auf und $\overline{\text{Ta}}$, $\overline{\text{D}}$, Th und $\overline{\text{W}}$ bleiben mit einer Spur
von Sn zurück. Die Auflösung, welche Zinn enthalten kann,
versetzt man mit ein wenig Schwefelammonium, schüttelt um
und fügt einige Tropfen verdünnte Chlorwasserstoffsäure hinzu;
ist Zinn vorhanden, so entsteht ein gelber Niederschlag von
Schwefelzinn. Um nun die Tantalsäure oder Diansäure von
der Wolframsäure und dem Zinnoxyde zu befreien, ist man
genöthigt, das auf dem Filtrum befindliche Gemenge mit
Schwefelammonium zu digeriren, was sogleich auf dem Filtrum geschehen kann. Man verschliesst deshalb den Hals
des Trichters mit einem Kork, übergiesst das noch feuchte
Gemenge mit Schwefelammonium, verdeckt den Filtrirtrichter
mit einem Uhrglase und lässt das Ganze längere Zeit ruhig
stehen, am besten an einem warmen Orte. Nachdem sich alle
Wolframsäure als Schwefelwolfram und das Zinnoxyd als
Schwefelzinn aufgelöst hat, öffnet man den Trichter, lässt die
Auflösung ablaufen und süsst die zurückgebliebene Säure gut
aus. Besitzt sie keine rein weisse Farbe, so übergiesst man

---

[*]) Mit Vortheil wendet man dazu einen etwas stärkern Platindraht
an als zu den gewöhnlichen Reactionsproben, weil man an einen solchen
Draht ein weiteres Oehr anbiegen und mithin auf einmal eine grössere
Portion von dem Gemenge schmelzen kann (S. 24, Fig. 27, C.)

sie sogleich auf dem Filtrum mit verdünnter Chlorwasserstoffsäure, wodurch die vielleicht vorhandenen Spuren von Schwefeleisen aufgelöst werden. Wie man sie nach dem
Ausziehen weiter prüft, soll bei der Probe auf Tantal und Niob angegeben werden. Die vielleicht
vorhandene Thorerde läßt sich durch Oxalsäure abscheiden.

Das aufgelöste Schwefelwolfram mit der vielleicht vorhandenen Spur von Schwefelzinn fällt man durch Chlorwasserstoffsäure oder Salpetersäure aus, filtrirt, und prüft den
schwefelreichen Niederschlag, nachdem man ihn auf Kohle
im Oxydationsfeuer von dem überschüssigen Schwefel befreit und darauf gut durchgeglüht hat, auf Platindraht mit
Phosphorsalz auf Wolframsäure und auf Kohle mit Soda und einem
Zusatz von Borax auf Zinn. Den bei Abscheidung der Ta,
Ꝺ und W gebliebenen Rückstand, welcher Ti, Zr und Spuren
von Sn enthalten kann, prüft man zuerst mit Phosphorsalz
in dem Oehr eines Platindrahtes auf Titansäure, hierauf mit
Soda auf Platinblech, wobei man beobachtet, ob die Masse
während des Schmelzens da, wo die Hitze am stärksten ist,
klar fliesst, oder nicht; im ersten Falle würde der Rückstand
nur aus Titansäure bestehen, in letztern dagegen, weil Zirkonerde mit Soda keinen klaren Fluss bildet, aus Titansäure
und Zirkonerde, sobald man sich vorher durch Phosphorsalz
von der Gegenwart der Titansäure überzeugt hat. Auch kann
man einen Theil des Rückstandes zu einer Reductionsprobe
verwenden, im Fall man sich noch von einem geringen Zinngehalt überzeugen will.

3) Versetzt man die Auflösung der schwefelsauren Salze,
die freie Chlorwasserstoffsäure enthält, nach und nach unter
stetem Umrühren mit Ammoniak im geringen Ueberschuss;
es werden (angenommen, dass sich in der Auflösung auch Ti,
Zr und Th befinden) dadurch ausgefällt: Ti, Y, Th, Zr, Ce;
Ln, Fe und Ü, während Ca und Mn grösstentheils aufgelöst
bleiben. Den Niederschlag filtrirt man ab, süsst ihn mit
heissem Wasser aus und fällt aus der davon getrennten ammoniakalischen Flüssigkeit die Kalkerde durch eine Auflösung
von Oxalsäure, und einen vielleicht vorhandenen Gehalt an
Mangan durch eine Auflösung von Phosphorsalz oder durch
Schwefelammonium.

4) Den durch Ammoniak erhaltenen Niederschlag süst
man aus, trocknet ihn und löst ihn in Schwefelsäure, die mit
gleichen Theilen Wasser verdünnt ist, durch Unterstützung
von Wärme auf. Versetzt man die klare Auflösung mit
Wasser und bringt das Ganze zum Kochen, so wird, wenn
Titansäure vorhanden ist, dieselbe ausgeschieden. Man trennt
sie durch Filtration und prüft sie vor dem Löthrohre.

16 *

5) Die von der Titansäure abfiltrirte Flüssigkeit neutralisirt man mit Kalilösung so weit, dass sie nur noch ganz
schwach sauer reagirt, versetzt sie hierauf mit einer
grossen Menge einer kurz vorher in der Wärme bereiteten concentrirten Auflösung von neutralem
schwefelsauren Kali bis zur Sättigung und lässt das Ganze
erkalten. Während des Erkaltens setzt sich gewöhnlich ein
theils flockiger, theils pulverförmiger Niederschlag ab, der
aus basisch schwefelsaurer Zirkonerde und schwefelsaurem
Cer- und Lanthanoxyd-Kali besteht. Enthält das Mineral Thorerde, so befindet sich auch diese mit im Niederschlag. Man bringt
denselben auf ein Filtrum und wäscht ihn mit einer gesättigten
Auflösung von neutralem schwefelsauren Kali aus, wodurch man
alle $\dot{Y}$, alles Fe und $\overline{U}$ in der Auflösung erhält. Vertauscht man
jetzt das Untersetzgefäss mit einem leeren Gefäss, und wäscht die
auf dem Filtrum befindlichen Salze mit reinem siedenden Wasser
aus, so lösen sich die Doppelsalze von Cer und Lanthan auf,
während die basisch schwefelsaure Zirkonerde und die schwefelsaure Thorerde zurückbleiben. Eine Trennung beider ver-
lohnt sich bei geringen Mengen nicht, bei grössern kann sie
durch Oxalsäure bewirkt werden, in welcher die Zirkonerde
sich löst, während die Thorerde darin unlöslich ist. Die
Oxyde von Cer und Lanthan werden aus ihrer Auflösung
durch Kali ausgefällt und durch verdünnte Salpetersäure geschieden, wie es bei der Probe auf Cer angegeben werden soll.

6) Die Auflösung, welche noch $\dot{Y}$, Fe und $\overline{U}$ enthalten
kann, versetzt man mit Kalilösung im geringen Ueberschuss,
wodurch alle drei Basen als Hydrate ausgefällt werden. Man
bringt den Niederschlag auf ein kleines Filtrum, süsst ihn
mit siedend heissem Wasser gut aus und behandelt ihn hierauf in einem kleinen Porcellangefäss mit einer verdünnten
Auflösung von Oxalsäure bei mässiger Wärme so lange, bis
der Rückstand rein weiss erscheint. Es lösen sich Fe und $\overline{U}$
auf, während oxalsaure Ytererde zurückbleibt, die man
durch Filtration trennt, mit Wasser aussüsst, trocknet, glüht,
und wenn sie nicht in zu geringer Menge vorhanden ist, noch
nach S. 234 weiter prüft.

Das in der Auflösung befindliche Fe und $\overline{U}$ scheidet man,
nachdem man etwas Salpetersäure hinzugefügt hat, abermals
durch Kalilösung aus, erwärmt das Ganze, filtrirt, süsst
aus und behandelt den Niederschlag noch feucht mit einer
Auflösung von kohlensaurem Ammoniak, welches das Uranoxyd auflöst, das Eisenoxyd aber unaufgelöst zurücklässt.
Aus der ammoniakalischen Flüssigkeit lässt sich dann das
Uranoxyd sowohl durch anhaltendes Kochen der Flüssigkeit,
als auch dadurch ausfüllen, dass man die Auflösung nach

und nach mit so viel Chlorwasserstoffsäure versetzt, bis sie schwach sauer reagirt, und hierauf Aetzammoniak hinzufügt. Die auf diese Weise von einander getrennten Metalloxyde lassen sich dann vor dem Löthrohre mit Glasflüssen sehr leicht als solche erkennen.

Titansaure Verbindung.

Polymignit von Fredrikswärn verhält sich nach Berzelius vor dem Löthrohre, wie folgt:

Im Glaskolben erhitzt, giebt er weder Wasser noch sonst etwas Flüchtiges aus. Auf Kohle zeigt er sich unveränderlich.

Von Borax wird er leicht zu einem von Eisen gefärbten Glase aufgelöst, das durch einen grössern Zusatz die Eigenschaft erhält, unklar geflattert werden zu können, wobei es sich gewöhnlich in's Braungelbe zieht. Von einem noch grössern Zusatze wird es unter der Abkühlung unklar. Mit Zinn nimmt die Kugel eine rothe, in's Gelbe sich ziehende Farbe an.

Von Phosphorsalz wird er schwer gelöst, das Glas wird im Reductionsfeuer röthlich und behält auch diese Farbe bei, wenn es mit Zinn behandelt wird.

Von Soda wird er zerlegt und nimmt eine graurothe Farbe an; er kann aber nicht geschmolzen werden. Auf Platinblech zeigt er Manganreaction.

Will man im Polymignit mit Hülfe des nassen Weges die einzelnen Bestandtheile nachweisen, so kann man dasselbe Verfahren anwenden, wie es für die tantal-, dian- und titansauren Verbindungen (S. 241) beschrieben worden ist.

Silicate.

a) Gadolinit von Ytterby, Finbo und Broddbo.

Ueber diese Gadolinite und deren Verhalten vor dem Löthrohre sagt Berzelius Folgendes:

Diese Gadolinite sind von zwei besonderen Arten, von denen die eine (α) so glasig ist, als wäre sie ein Stück schwarzes Glas; die andere (β) hingegen ist im Bruche splitterig und nicht so breitschalig. Sie scheint ein inniges Gemenge von Gadolinit und Orthit zu sein.

Var. α) Für sich im Glaskolben erleidet er keine Veränderung und giebt keine Feuchtigkeit; wird der Kolben beinahe bis zum anfangenden Schmelzen erhitzt, so kommt ein Augenblick, wo die Probe schnell glimmt, als hätte sie Feuer gefangen; sie schwillt dabei etwas an, und wenn das Stück gross war, so bekommt es hier und da Sprünge und die Farbe wird licht graugrün. Etwas Flüchtiges wird dabei nicht entwickelt. Auf Kohle wird dieselbe Erscheinung hervorgebracht; er schmilzt nicht, wird aber bei starkem Feuer in dünnen Kanten schwarz.

Var. β) Für sich schwillt er an zu blumenkohlartigen

Verzweigungen und wird weiss; dabei giebt er Feuchtigkeit
ab. Bei dieser Varietät kann aber die erwähnte Feuererscheinung nur selten bemerkt werden. Uebrigens verhalten sich beide zu den Glasflüssen gleich.

silicate.

Von Borax werden sie leicht zu einem dunkeln, von
Eisen stark gefärbten Glase aufgelöst, das im Reductionsfeuer tief bouteillengrün wird.

Von Phosphorsalz werden sie sehr schwer aufgelöst. Das
Glas nimmt Eisenfarbe an und das Stück wird an den Kanten
abgerundet, bleibt aber weiss und undurchsichtig, so dass die
Kieselerde nicht von der Phosphorsäure abgeschieden wird,
wodurch diese Gadolinite sich hauptsächlich vom Gadolinit
vom Kararfvet unterscheiden.

Von Soda werden sie zu einer rothbraunen, halb geschmolzenen Schlacke aufgelöst. Die Var. β) schmilzt indess
mit Soda zur Kugel, wenn die Menge des Flusses nicht zu
gross ist. Ein Gehalt an Mangan kann durch Soda auf Platinblech nicht aufgefunden werden.

Nach Damour und Descloizeaux *) verhalten sich
verschiedene Gadolinit-Varietäten von Ytterby vor dem Löthrohre folgendermassen. Zum Theil geben sie im Kölbchen Wasser
ab, zeigen bei stärkerer Hitze ein mehr oder weniger lebhaftes
Aufglühen, blähen sich auf und sind mit Ausnahme einer
einzigen Varietät, welche eine schwarze Schlacke giebt, unschmelzbar. Die dunkle Farbe des Minerals geht dabei über
in eine grünlich graue bis graulich weisse.

Gadolinite von Braxldbo und Finbo verhalten sich nach
den Genannten ähnlich, Gadolinit von Fahlun giebt Wasser,
zeigt kein merkliches Aufglühen, wird beim Glühen in der
Platinzange dunkelbraun und bleibt ebenfalls ungeschmolzen.

δ) Gadolinit von Kararfvet verhält sich nach Berzelius vor dem Löthrohre, wie folgt:

Für sich im Glaskolben giebt er ein wenig Wasser. Auf
Kohle brennt er sich weiss und schmilzt im strengen Feuer,
ohne anzuschwellen, zu einem dunkel perlgrauen oder röthlichen unklaren Glase.

Von Borax wird er leicht zu einem klaren, von Eisen
wenig gefärbten Glase aufgelöst. Ist die Glasperle gesättigt,
so krystallisirt das undurchsichtige Glas unter der Abkühlung
und wird grau, in's Rothe oder Grüne sich ziehend, nach der
ungleichen Oxydirung des Eisens; aber eine emailartige Un-
durchsichtigkeit, die die Yttererde allein giebt, kann nicht
hervorgebracht werden.

Von Phosphorsalz wird er mit Hinterlassung eines Kie-

---

*) Ann. de chim. et de phys. LIX. 357. — Kenngott, Uebersicht
der Resultate mineral. Forsch. i. J. 1860. 80.

selskelett« zu einem beinahe ungefärbten Glase aufgelöst, welches unter der Abkühlung opalisirt.

Mit Soda schmilzt er schwer zu einer graurothen Schlacke. Auf Platinblech giebt er Reaction von Mangan.

Nach Damour und Descloizeaux (a. a. O.) glüht der Gadolinit von Kararfvet vor dem Löthrohr lebhaft auf, bläht sich ein wenig auf, ist schwer schmelzbar an den Kanten und wird grau.

c) Gadolinit von Hitteröen, ist von Scheerer chemisch untersucht worden.

Wird ein nicht zu kleines Stück in einem theilweise bedeckten Platinlöffel bis zum schwachen Rothglühen erhitzt, so zeigt es eine Feuererscheinung, indem es von einem Punkte aus mit einem Male sehr stark erglüht.

Vor dem Löthrohre ist er unschmelzbar und giebt, mit Glasflüssen behandelt, einen Gehalt an Eisen und Kieselerde zu erkennen.

Nach Damour und Descloizeaux (a. a. O.) zeigt der Gadolinit von Hitteröen bei Rothgluth Aufglühen, bekommt Risse, bleibt durchsichtig und schmilzt nicht.

d) Alvit ist unschmelzbar. Mit Borax erhält man ein in der Hitze grünlich gelbes, kalt farbloses Glas; mit Phosphorsalz ein gelbes, bei der Abkühlung grün und kalt farblos werdendes Glas, mit Zinn keine Titanreaction.

e) Muromontit von Boden bei Marienberg soll sich nach Kerndt vor dem Löthrohre verhalten wie Bodenit von demselben Fundorte.

f) Bodenit von Boden bei Marienberg verhält sich nach Kersten vor dem Löthrohre, wie folgt:

Für sich im Glaskolben erhitzt, entwickelt er ein wenig bronzlich riechendes Wasser und nimmt eine erbsengelbe Farbe an. Beim Erhitzen im Platinlöffel zeigen manche Stückchen eine plötzliche Lichterscheinung, jedoch schwächer als Gadolinit, ohne zu zerspringen. Bei stärkerem Glühen bekommt das eingelegte Stück Risse.

Auf Kohle erhitzt, schwillt er an, wird schmutzig röthlichgelb und schmilzt endlich unter Aufschäumen zum schwarzen blasigen Glase.

In Borax löst er sich leicht und in reichlicher Menge zu einem klaren Glase auf, das, so lange es heiss ist, braunroth erscheint, unter der Abkühlung aber gelb wird und bei starker Sättigung nicht unklar geflattert werden kann; mit Zinn auf Kohle behandelt, wird es vitriolgrün.

Von Phosphorsalz wird er sehr leicht unter Abscheidung eines Kieselskeletts zersetzt, zum heiss gelben, nach dem Erkalten farblosen Glase, das, mit Zinn auf Kohle behandelt keine Reaction auf Titansäure giebt.

Mit Soda schmilzt er unter Aufwallen zur schmutziggelben Schlacke. Auf Platinblech mit Soda und Salpeter zeigt
sich Manganreaction.

Silicate.   Um in vorgenannten Silicaten die Yttererde
und gleichzeitig auch die andern Bestandtheile auffinden zu
können, die sich durch das Verhalten vor dem Löthrohre
nicht zu erkennen geben, ist man genöthigt, den nassen
Weg zu Hülfe zu nehmen. Da sie so beschaffen sind, dass
sie sich (sobald sie nicht geglüht werden) durch Chlorwasserstoffsäure vollständig zersetzen lassen, so kann man auf folgende Weise verfahren:

1) Man behandelt das möglichst fein gepulverte Silicat
mit Salpetersalzsäure in der Wärme so lange, bis es voll-
kommen zersetzt ist, dampft hierauf das Ganze bei gelinder
Hitze bis zur Trockniss ab, befeuchtet die trockene Masse mit
Chlorwasserstoffsäure, löst die gebildeten Salze in heissem
Wasser auf und trennt die ausgeschiedene Kieselerde durch
Filtration. Nach gutem Auslösen kann sie dann vor dem
Löthrohre geprüft werden. In der Auflösung können nun
folgende Basen vorhanden sein:

Ca, Mg, A̅l, B̅e, Ẏ, Ċe, L̇n, Fe, Mn, mit Spuren von
K und N̊a.

Zur Trennung dieser Basen wird

2) Die saure Auflösung nach und nach mit Ammoniak
im Ueberschuss versetzt, wodurch A̅l, B̅e, Ẏ, Ċe, L̇n und
Fe ausgefällt werden, während Ca, Mg und Mn aufgelöst
bleiben. Man sammelt den Niederschlag auf einem Filtrum,
süsst ihn gut aus und scheidet die noch in der ammoniakalischen
Flüssigkeit befindlichen Bestandtheile durch Oxalsäure und
Phosphorsalz, wie es S. 194 ff. bei der Probe auf Kalkerde
beschrieben ist.

3) Den durch Ammoniak erzeugten Niederschlag löst
man, da er nur geringe Mengen von Thonerde und Beryllerde enthält, in einem kleinen Porcellangefäss in der gerade
nöthigen Menge verdünnter Chlorwasserstoffsäure auf, versetzt
die Auflösung unter Umrühren mit einer Auflösung von Kali
im Ueberschuss und erwärmt, jedoch nicht bis zum Kochen.
Durch den Zusatz von Kali werden anfangs alle Basen gefällt,
A̅l und B̅e werden aber später und vorzüglich beim Erwärmen
wieder aufgelöst. Man verdünnt das Ganze mit Wasser, filtrirt,
süsst mit siedend heissem Wasser aus und scheidet die in der
alkalischen Flüssigkeit befindlichen Erden, wie es bei der
Probe auf Beryllerde (S. 226) angegeben ist.

4) Den Rückstand, welcher Ẏ, Ċe, L̇n und Fe enthält,
behandelt man im feuchten Zustande mit einer verdünnten
Auflösung von Oxalsäure in der Wärme, wodurch das Fe ab-

geschieden wird. Die zurückgebliebenen oxalsauren Salze werden abfiltrirt, ausgesüsst, getrocknet und bei Zutritt von Luft geglüht; die geglühten Oxyde werden dann in verdünnter Chlorwasserstoffsäure aufgelöst und durch schwefelsaures Kali geschieden, wie es bereits oben beim Yttrocerit (S. 235) angegeben ist. Das in der Auflösung befindliche Eisenoxyd wird, nachdem man etwas Salpetersäure hinzugefügt hat, durch Kaliauflösung ausgefällt und vor dem Löthrohre geprüft.

Silicate, welche Titansäure enthalten.

Das Verhalten des hierhergehörigen Yttrotitanits ist bereits S. 198 erwähnt.

12) Zirkonerde (Zirkonsäure) $\bar{Z}r$ *).

Vorkommen derselben im Mineralreiche.

Die Zirkonerde oder Zirkonsäure findet sich selten und zwar stets in Verbindung mit Basen und andern Säuren im:

Polymignit
Fergusonit $\Big\}$ s. Yttererde;
Aeschynit
Polykras

Wöhlerit, 1, 1 = $\bar{S}i$, $\bar{Z}r$, $\bar{N}b$ *), $\dot{C}a$, $\dot{N}a$, $\dot{F}e$, $\dot{M}n$, mit Spuren von $\dot{M}g$ und $\dot{H}$;

Eudialyt (Eukolith), s. Natron.

Oerstedtit, III, = $\bar{T}i$ und $\bar{Z}r$ verbunden mit $(\dot{C}a, \dot{M}g, \dot{F}e)^3$ $\bar{S}i^2 + 9\dot{H}$ und Spuren von $\dot{S}n$;

Zirkon (Hyacinth), III, = $\bar{Z}r^3\bar{S}i^2$, mit einer geringen Menge von $\dot{F}e$;

Auerbachit, III = $\bar{Z}r\bar{S}i$ mit sehr wenig $\dot{F}e$ und $\dot{H}$.

Malakon, III, = $\bar{Z}r^3\bar{S}i + \dot{H}$, mit wenig $\dot{F}e$ und $\dot{M}n$.

Katapleit, 1, 1 = $3(\dot{N}a, \dot{C}a)\bar{S}i + 3\bar{Z}r\bar{S}i + 6\dot{H}$;

Tachyaphaltit, III, 2 = $\bar{S}i$, $\bar{Z}r$, $\bar{T}h$?, $\dot{F}e$, $\bar{A}l$, $\dot{H}$.

Hohnit, s. Kalkerde unter den wasserhaltigen Silicaten.

Probe auf Zirkonerde,
mit Einschluss des Löthrohrverhaltens der genannten hierher gehörigen zirkonerdehaltigen Mineralien.

Wöhlerit verhält sich nach Scheerer vor dem Löthrohre folgendermassen:

---

*) Nach L. Svanberg (Poggend. Ann. Bd. 65, S. 317 und Bd. 66. S. 300) enthält die aus norwegischen und uralischen Zirkon dargestellte Zirkonerde noch zwei andere Metalloxyde, deren eines von ihm Norerde genannt worden ist. Wegen mangelnder zuverlässiger Trennungsmethoden sind indess die charakteristischen Eigenschaften dieser neuen Verbindungen noch nicht genau untersucht.

**) V. Kobell fand in braunem Wöhlerit Diansäure.

In der Pincette bis zum Glühen erhitzt, verändert er sich nicht. Bei stärkerer Glühhitze schmilzt er ohne Blasenwerfen zum gelblichen Glase. (Da dieses Mineral gegen 8 Proc. Natron enthält, so reagirt es ohne Zweifel in der äussern Löthrohrflamme auch ausdauernd stark auf Natron.)

Mit Borax, Phosphorsalz und Soda zeigt es Reactionen auf Mangan, Eisen, Kieselerde und Spuren von Zinn.

Um in diesem Mineral die Zirkonerde, so wie die Unterniobsäure mit Bestimmtheit nachweisen zu können, ist man genöthigt, den nassen Weg einzuschlagen; man kann dabei auf folgende Weise verfahren:

Man digerirt das ganz fein gepulverte Mineral mit concentrirter Chlorwasserstoffsäure in der Wärme so lange, bis es vollständig aufgeschlossen ist. Es lösen sich nach Scheerer dabei auf:

Na, Ca, Mg, Zr, Fe und Mn, hingegen Si und Nb bleiben ungelöst zurück. Den Rückstand sammelt man auf einem Filtrum, süsst ihn gut aus, trocknet ihn, vermengt ihn hierauf im Achatmörser mit 5 Volumentheilen kohlensauren Kali's und schmelzt das mit wenig Wasser befeuchtete Gemenge in einzelnen Portionen in dem Oehr eines starken Platindrahtes so zusammen, dass die jedesmal eingeschmolzene Masse klar fliesst. Die vom Drahte abgestossenen Perlen, welche unter der Abkühlung unklar werden, pulverisirt man, behandelt das Pulver in einem Porcellanschälchen zuerst mit kaltem Wasser, um das überschüssig zugesetzte kohlensaure Kali und das gebildete kieselsaure Kali aufzulösen. Nachdem sich das in kaltem Wasser unauflösliche Salz zu Boden gesetzt hat, saugt man die darüber befindliche Flüssigkeit mit dem Glasheber weg, löst das rückständige Salz in siedend heissem Wasser auf, bringt diese Auflösung mit der erstern zusammen und prüft sie auf die betreffenden Säuren, wie es bei der Probe auf Tantal und Niobium speciell beschrieben werden soll. Der Gehalt an Kieselsäure verhindert die Reaction auf Unterniobsäure durchaus nicht. Auch kann man jede Auflösung für sich prüfen.

Die saure Auflösung der Basen versetzt man mit Ammoniak im geringen Ueberschuss, wodurch Zr, Fe und ein kleiner Theil von Ca gefällt werden und der andere Theil der Ca nebst dem Na und dem grössten Theil der Mg und des Mn in der Auflösung bleibt. Den Niederschlag filtrirt man ab, süsst ihn mit kaltem Wasser gut aus und behandelt ihn in der Wärme mit verdünnter Oxalsäure, wobei sich Zr und Fe auflösen und die Ca in Verbindung mit Oxalsäure zurückbleibt. Nach der Filtration versetzt man die Auflösung mit etwas Salpetersäure, fällt Zr und Fe durch Kali aus, sammelt den Niederschlag auf einem Filtrum, süsst ihn mit heissem Wasser aus, trocknet ihn und glüht ihn schwach im Platinlöffel. Da er jetzt nicht als feines Pulver, sondern zum Theil als eine stark zusammen gebackene Masse erscheint, so zerreibt man ihn im Achatmörser und digerirt ihn mit Chlorwasserstoffsäure, wodurch das Eisenoxyd abgeschieden wird und die Zirkonerde fast rein weiss zurückbleibt. Man prüft dieselbe dann mit Borax vor dem Löthrohre. Das in der Auflösung befindliche Eisenoxyd kann man durch Ammoniak ausfüllen und ebenfalls mit Borax vor dem Löthrohre prüfen. Auch kann man den mit Kali erhaltenen Niederschlag von Zr und Fe mit Schwefelammonium übergiessen und das Eisen in Schwefeleisen verwandeln; decanthirt man nach einiger Zeit die Flüssigkeit und vermischt den schwarzen Niederschlag mit wässriger schwefliger Säure, so wird das Schwefeleisen aufgelöst, während die Zirkonerde farblos zurückbleibt.

Von den anderen Basen, welche noch in der ammoniakalischen Flüssigkeit aufgelöst sind, nämlich Ka, Ca, Mg und Mn, scheidet man die Ca durch Oxalsäure und Mg und Mn durch eine Auflösung von Phosphorsalz aus, wie es schon bei der Probe auf Kalk- und Talkerde gezeigt worden ist. Eine besondere Nachweisung des Natrons ist nicht nöthig, weil sich dieses Alkali schon bei der Prüfung des Minerals in der Pincette zu erkennen giebt.

Eudialyt (Eukolith) zeigt folgendes Löthrohrverhalten:

Im Glaskolben erhitzt, giebt er eine geringe Menge von Wasser aus.

In der Pincette schmilzt er leicht zu einer grünlichgrauen Perle, nach Damour zu einem durchscheinenden dunkelgrünen Glase, während die äussere Flamme intensiv röthlichgelb gefärbt wird, vorzüglich wenn man die Probe mit der Spitze der blauen Flamme berührt.

Von Borax wird er leicht gelöst. Das Glas erscheint klar und schwach von Eisen gefärbt; es kann aber nicht unklar geflattert werden.

Von Phosphorsalz wird er leicht zerlegt. Das zurückbleibende Kieselskelett schwillt an, und zwar so bedeutend, dass die Glasperle ihre runde Form verliert. Nach Berzelius unterscheidet sich der Eudialyt durch dieses Verhalten von den Granaten, mit welchen er sonst Aehnlichkeit zeigt.

Mit einer gewissen Menge von Soda bildet er ein schwer schmelzbares Glas; mit mehr Soda geht er in die Kohle. Auf Platinblech zeigt er Mangan-Reaction. Wird eine kleine Menge des fein gepulverten Minerals mit einer kupferoxydhaltigen Phosphorsalzperle auf Platindraht innerhalb der blauen Flamme zusammengeschmolzen, so wird die äussere Flamme azurblau gefärbt von gebildetem Chlorkupfer (s. Probe auf Chlor).

Um in diesem Minerale die Zirkonerde und die Kalkerde auffinden zu können, ist man genöthigt, den nassen Weg zu Hülfe zu nehmen. Man löst das fein gepulverte Mineral in Chlorwasserstoffsäure, wobei sich die Kieselerde nebst der Tantalsäure abscheidet, dampft das Ganze vorsichtig bis beinahe zur Trockniss ab, löst in Wasser, verwandelt das Eisenchlorür durch einige Tropfen Salpetersäure in Eisenchlorid und filtrirt. Die durchgelaufene Flüssigkeit versetzt man mit Ammoniak im geringen Ueberschuss, wobei neben der Zirkonerde und dem Eisenoxyd auch ein Theil der Kalkerde mit ausgefällt wird. Den gebildeten Niederschlag sammelt man auf einem Filtrum, süsst ihn gut aus und digerirt ihn mit verdünnter Oxalsäure, wodurch Zirkonerde und Eisenoxyd aufgelöst werden und die Kalkerde in Verbindung mit Oxalsäure zurückbleibt. Nach der Trennung des Rückstandes von der Auflösung der Zirkonerde und des Eisenoxydes durch Filtration, scheidet man die letztgenannten Basen, nachdem man etwas Salpetersäure hinzugefügt hat, durch Kali aus und trennt solche auf die Weise, wie es oben beim Wöhlerit angegeben wurde.

Die ammoniakalische Flüssigkeit prüft man noch mit Oxalsäure auf Kalkerde und mit Schwefelammonium auf Mangan.

Die durch Chlorwasserstoffsäure gelatinös abgeschiedene Kieselerde ist nicht als reine Kieselerde zu betrachten; sie enthält ausser der vorhandenen Metallsäure nach Rammelsberg (Poggendorff's Annalen Bd. 63, S. 142) noch ein neu gebildetes Silicat von Zirkonerde, Kalkerde und Eisenoxydul in bestimmten Verhältnissen. Dasselbe findet sich, wenn man die gut ausgesüsste Kieselerde trocknet, glüht und mit einer Auflösung von kohlensaurem Natron kocht, als Rückstand. Will man sich von der Gegenwart der Metallsäure überzeugen, so muss der durch Chlorwasserstoffsäure abgeschiedene Rückstand, wie es oben beim Wöhlerit S. 250 angegeben, weiter behandelt werden.

Oerstedtit zeigt nach Forchhammer folgendes Löthrohrverhalten:

Im Glaskolben erhitzt, giebt er Wasser.

In der Pincette und auf Kohle mit der Löthrohrflamme erhitzt, zeigt er sich unschmelzbar.

In Borax und Phosphorsalz löst er sich schwer und ertheilt den Gläsern im Oxydationsfeuer auch keine Farbe. Im Phosphorsalzglase kann jedoch auf Kohle durch Zinnzusatz eine Reaction auf Titan hervorgerufen werden.

Von Soda wird er nicht gelöst, nach Berzelius können

aber durch eine Reductionsprobe Spuren von Zinn aufgefunden werden.

Um in diesem Minerale die Zirkonerde mit Bestimmtheit nachweisen zu können, schmelzt man dasselbe in fein gepulvertem Zustande mit der Sfachen Gewichtsmenge doppeltschwefelsauren Kali's im Platinlöffel, behandelt die geschmolzene und gepulverte Masse mit Wasser, verdünnt die Auflösung, nachdem man dieselbe von der rückständigen Kieselerde abfiltrirt hat, mit viel Wasser, setzt einige Tropfen Salpetersäure hinzu und fällt durch anhaltendes Kochen die Titansäure so weit als möglich aus. Nachdem sich dieselbe durch Ruhe abgesetzt hat, sammelt man sie auf einem Filtrum und versetzt die spare Auflösung, welche noch Zr, Ca, Mg und Fe enthält, mit Ammoniak. Es werden dadurch Zr und Fe vollständig ausgeschieden; auch fällt ein Theil der Kalkerde mit aus, und Mg bleibt fast ganz in der Auflösung. Wie man nun weiter verfährt, ergiebt sich aus dem Gange der Untersuchung der vorhergehenden Mineralien.

Zirkon (Hyacinth) verhält sich nach Berzelius vor dem Löthrohre, wie folgt:

Der farblose und durchsichtige ändert sich für sich nicht. Der klare, rothe (Hyacinth) verliert seine Farbe und wird entweder wasserklar, oder höchst unbedeutend gelblich. Der unklare, braune verliert seine Farbe und wird weiss, einem gesprungenen Glase ähnlich. Der dunkel gefärbte Zirkon von Finbo giebt etwas Feuchtigkeit, wird milchweiss und sieht dann aus, als hätte er fatiscirt. Keiner kann geschmolzen werden, weder in Pulverform, noch an den dünnsten Kanten.

Von Borax wird er schwer zu einem klaren Glase aufgelöst, das nach einer gewissen Sättigung unklar geflattert werden kann und von einem noch grössern Zusatze von selbst unter der Abkühlung unklar wird.

Von Phosphorsalz wird er gar nicht angegriffen. Ein eingelegtes Stück behält seine scharfen Kanten und in Pulverform bleibt er so unverändert, dass man gar nicht unterscheiden kann, ob er angegriffen worden ist oder nicht. Auch bleibt das Glas ganz farblos, sowohl in Oxydationsfeuer, als im Reductionsfeuer.

Von Soda wird er nicht aufgelöst; die Soda greift ihn zwar an den Kanten ein wenig an, sie geht aber nachher in die Kohle. Auf Platinblech zeigen die meisten Zirkone Spuren von Mangan.

Auerbachit, verhält sich wie Zirkon.

Malakon zeigt nach Scheerer folgendes Löthrohrverhalten:

Im Glaskolben erhitzt, giebt er etwas Wasser.

In der Pincette und auf Kohle zeigt er sich unschmelzbar.

In Form kleiner Splitter ist er weder in Borax noch in Phosphorsalz auflöslich; die eingelegten Splitter brennen sich aber weiss und werden undurchsichtig. Wendet man ihn im höchst fein gepulverten Zustande an, so löst er sich langsam in Borax auf und ertheilt dem Glase eine schwach gelbe Farbe von Eisen; auch wird er in diesem Zustande durch Phosphorsalz zerlegt, so dass die Kieselerde allein zurückbleibt.

Von Soda wird er in kleinen Stücken nicht angegriffen.

Kataplëit schmilzt leicht zu einem weissen Email und soll sich in Borax schwer zu einem klaren, farblosen Glase auflösen.

Tachyalphtit giebt beim Erhitzen hinlängliches Wasser, wird vor dem Löthrohr weiss, schmilzt aber nicht.

Holmit. Ueber das Löthrohrverhalten dieses von Richardson chemisch untersuchten Minerals ist nur so viel bekannt, dass es im Löthrohrfeuer farblos und undurchsichtig wird und von Borax ein von Eisen schwach gelb gefärbtes Glas giebt.

Um in dem Zirkon oder Hyacinth, Auerbachit, Malakon, Kataplëit und Tachyalphtit die Zirkonerde nachweisen zu können, ist man genöthigt, den nassen Weg zu Hülfe zu nehmen. Man schmelzt die genannten Mineralien im möglichst fein gepulverten Zustande dem Volumen nach mit 1½ Theilen Soda und 3 Theilen Borax auf Kohle im Oxydationsfeuer zur klaren Perle, pulverisirt dieselbe, behandelt das Pulver mit Chlorwasserstoffsäure und dampft, zur Abscheidung der Kieselsäure, das Ganze bei sehr gelinder Hitze bis nahe zur Trockniss ab. (Geschieht nämlich das Abdampfen bei zu starker Hitze und sehr rasch, so bleibt dann neben der abgeschiedenen Kieselsäure auch viel Zirkonerde ungelöst zurück, wenn die Salze wieder in Auflösung gebracht werden.) Die fast trockene Masse behandelt man mit einer hinreichenden Menge von Wasser und trennt die Kieselsäure durch Filtration. Enthält das Mineral Oxyde des Eisens, so findet sich in der Auflösung Eisenchlorür, welches vor seiner Ausfällung erst durch einige Tropfen Salpetersäure in Chlorid verwandelt werden muss. Hierauf fällt man durch Ammoniak Zirkonerde und Eisenoxyd (auf geringe Mengen von Yttererde und Kalkerde, welche im Malakon enthalten sind, kann keine Rücksicht genommen werden) und erhitzt das Ganze bis zum Kochen, damit der Niederschlag, welcher sehr voluminös ist, sich concentrirt und leichter filtriren lässt. Wie man dann das Eisenoxyd von der Zirkonerde trennt, ist oben beim Wöhlerit und Eudialyt (S. 251 u. 252) angegeben. Ob in der ammoniakalischen Flüssigkeit noch Bestandtheile des Minerals aufgelöst sind, erfährt man durch eine Prüfung mit Oxalsäure, Phosphorsalz und Schwefelammonium.

Im Tachyalphtit soll Thorerde enthalten sein, welche sich in dem mit Ammoniak erhaltenen Niederschlag von Zirkonerde und Eisenoxyd befinden würde. Bei Digestion dieses Niederschlages mit Oxalsäure bleibt die Thorerde zurück.

Im Holmit sind nach Richardson nur 2,05 Proc. Zirkonerde enthalten; man wird daher auch bei Anwendung einer nur geringen Menge von Mineral davon absehen müssen, die Zirkonerde mit Sicherheit nachzuweisen.

13) Thorere = Th.

Vorkommen derselben im Mineralreiche.

Die Thorerde kommt sehr selten vor; sie ist gefunden worden:

a) In einer Verbindung von Unterniob- resp. Diansäure mit mehreren Basen im

Pyrochlor von verschiedenen Orten, s. Kalkerde.

Samarskit, s. Yttererde.

b) An Kieselsäure gebunden im

Thorit, III, 1 G = $Th^3 Si + 3 H$ (vielleicht nur 2H), verbunden mit circa 28 Proc. anderen Silicaten, deren Basen aus $\bar{K}$, $\bar{N}a$, $\bar{C}a$, $\bar{M}g$, $\bar{A}l$, $\bar{F}e$, $\bar{M}n$, $\bar{C}$, Pb und Sn bestehen; ist vielleicht unreiner Orangit;

Orangit entspricht der Formel $Th^3Si + 2H$, und enthält außer dem wenig Kalkerde, so wie geringe Mengen von Oxyden des Urans, Eisens, Vanadins und Bleies.

Probe auf Thorerde
mit Einschluss des Löthrohrverhaltens der letztgenannten Mineralien.

Kieselsaure Thorerde.

Thorit zeigt nach Berzelius folgendes Verhalten vor dem Löthrohre:

Im Kolben giebt er Wasser und nimmt eine braunrothe Farbe an.   Silicate

Auf Kohle zeigt er sich unschmelzbar.

Von Borax wird er leicht aufgelöst; das gesättigte Glas wird beim Erkalten unklar, nicht aber durch Flattern, wenn es sich unter der Abkühlung klar erhält. Das Glas ist von Eisenoxyd gelb gefärbt.

Von Phosphorsalz wird er mit Hinterlassung von Kieselerde aufgelöst. Das Glas ist von Eisen schwach gelb gefärbt und opalisirt während des Erkaltens.

Mit Soda auf Kohle bildet er eine gelbbraune Schlacke. Auf Platin wird die geschmolzene Soda ringsum grün.

Durch eine Reductionsprobe mit Soda werden geschmei-

dige Metallkügelchen erhalten, die von einem geringen Blei-
und Zinngehalte herrühren.

Orangit verhält sich nach Bergemann
vor dem Löthrohre wie folgt:

Kleine Splitter im Platinlöffel erhitzt, zerfallen meistentheils zu einer dunkelbraunen Masse, welche beim Erkalten
die orange Farbe wieder annimmt, die das Mineral besitzt;
die grösseren Stückchen verlieren dabei ihre Durchscheinen-
heit. Werden Bruchstücke mit der Platinpincette in die Flamme
der Spirituslampe gebracht, so findet ein geringes Decrepitiren
statt. Einzelne abspringende Stäubchen verglimmen dabei
mit lebhaftem Lichte, ohne nachher in ihrer Farbe eine Veränderung zu zeigen.

Auf Kohle schmilzt das Mineral nicht, nur an den Kanten findet zuweilen eine geringe Verglasung statt, vielleicht
nur in Folge der Einmischung fremder Stoffe.

Mit Soda wird nur die Kieselerde aufgelöst; die übrigen
Stoffe lassen sich in der undurchsichtigen Glasmasse mit
Hülfe der Lupe als gelbliche Theilchen erkennen.

Borax liefert eine gelbliche und nach dem Erkalten farblose Perle. Phosphorsalz dagegen in der Oxydationsflamme
ein röthliches, nach dem Erkalten ein farbloses Glas, während
die Perle im Reductionsfeuer gelblich und nach der Abkühlung ebenfalls farblos wird.

Um in dem Thorit und Orangit die Thorerde und
zugleich auch die anderen Bestandtheile dieser Mineralien,
welche sich durch obiges Verhalten vor dem Löthrohre nicht
zu erkennen geben, nachweisen zu können, ist man genöthigt,
den nassen Weg mit zu Hülfe zu nehmen, und kann dabei
auf folgende Weise verfahren: Man schmilzt zuerst das fein
gepulverte Mineral nach S. 143 mit Soda und Borax auf
Kohle neben einem Feinsilberkorne im Reductionsfeuer so
lange, bis die vielleicht beigemengten Oxyde von Zinn und
Blei reducirt und mit dem Silber verbunden sind, auch die
geschmolzene Masse völlig klar erscheint. Die geschmolzene
Perle pulverisirt man, und behandelt das Pulver wie gewöhnlich mit Chlorwasserstoffsäure bis zur Trockniss; die trockene
Masse löst man nach vorhergegangener Befeuchtung mit Chlorwasserstoffsäure in Wasser und filtrirt die ausgeschiedene
Kieselsäure ab. Die Auflösung, nachdem man solche zur
Oxydation des Eisenoxyduls bis zum Kochen erhitzt, derselben einige Tropfen Salpetersäure hinzugefügt und nochmals
erhitzt hat, versetzt man mit Ammoniak im geringen Ueberschuss, wodurch Thorerde, Eisenoxyd, Uranoxyd und ein Theil
des Manganoxyduls gefällt werden. (Der Gehalt an Thonerde ist zu gering, als dass er hier mit berücksichtigt werden
könnte.) Der feuchte, ausgewaschene Niederschlag wird in
verdünnter Schwefelsäure gelöst und die Auflösung in der

Wärme so weit abgedampft, bis nur noch wenig Flüssigkeit übrig ist. Während des Abdampfens scheidet sich neutrale schwefelsaure Thorerde als eine weisse, lockere Masse aus, von welcher man nach einiger Zeit die saure Auf- Silicate. lösung der anderen Basen abgiesst; das ausgeschiedene Salz süsst man mit siedend heissem Wasser aus, trocknet und glüht es, wo- bei es sich in reine Thorerde verwandelt. Um die in der sauren Flüssigkeit und in dem Auslaugewasser noch enthaltene Thorerde zu erlangen und von den anderen Bestandtheilen zu trennen, dampft man die gesammte Flüssigkeit ziemlich weit ein, neutralisirt sie mit kohlensaurem Natron und ver- setzt sie mit einer siedend heissen, gesättigten Auflösung von schwefelsaurem Kali. Während des Erkaltens scheidet sich ein Doppelsalz von schwefelsaurem Thorerde-Kali aus, welches mit einer concentrirten kalten Auflösung von schwefelsaurem Kali gewaschen werden muss. Dieses Doppelsalz löst man in kochend heissem Wasser mit etwas Säure auf und fällt mit Ammoniak die Thorerde aus, die man trocknet und glüht.

Wie man Eisenoxyd und Uranoxyd aus einer solchen Auflösung trennt, ist schon oben bei der Probe auf Yttererde (S. 241) beschrieben worden.

Die Kalkerde findet man in der ersten ammoniakalischen Flüssigkeit, welche von der Thorerde, dem Eisen- und Uran- oxyd abfiltrirt wurde, durch einen Zusatz von Oxalsäure.

B. Proben auf Metalle oder deren Oxyde.

1) Cer = Ce, Lanthan = La und Didym = Di.

Vorkommen dieser Metalle im Mineralreiche.

Das Cer gehört zu den selten vorkommenden Metallen, und findet sich in nachstehenden Mineralien fast immer in Gemeinschaft mit mehr oder weniger Lanthan und Didym.

a) An Fluor gebunden, als

Fluorcerium, neutrales, (Fluocerit), von Broddbo = CeFl, gemengt mit GeFl³ incl. Ẏ und Ḧ;

Fluorcerium, basisches, (Hydrofluocerit), von Finbo = GeFl³ + 3C̄eḦ;

Fluorcerium von Riddarhyttan = (GeFl³ + 3Ḧ) + C̄eḦ; Yttrocerit, s. Kalkerde.

b) In Verbindung mit Phosphorsäure.

Kryptolit (Phosphocerit), = Ċe³P̄ nebst wenig Fe;

Monazitoid, 2 = (Ċe, La)⁵P̄ nebst geringen Mengen von Ta (?), Ċa und Ḧ;

Monazit, 2 = (Ċe, La, Th?)³P̄, nebst ger. Mengen von Ċa, Ṁg und S̈n.

c) In Verbindung mit **Kohlensäure**.

Parisit, 1 $= CaFl + 3(\dot{C}e, \dot{L}a, \dot{D}i)\ \ddot{C} + \ddot{H}$.

Kischtim-Parisit, 1 $= 3\dot{L}a\ \ddot{C} + Ce^2\,(Fl,\ O)^3 + \ddot{H}$;

Lanthanit 1 $= (\dot{L}a,\ \dot{D}i)\ \ddot{C} + 3\ddot{H}$;

d) Mit verschiedenen **metallischen Säuren** (Diansäure, Unterniobsäure, Titansäure) im:

Pyrochlor, s. Kalkerde;

Fergusonit
Aeschynit
Euxenit   } s. Yttererde.
Polykras
Polymignit

e) Mit **Kieselsäure** in folgenden Silicaten:

Cerit, III, 1 $= 2(\dot{C}e, \dot{L}a, \dot{D}i)^3\ \ddot{S}i + 3\ddot{H}$, nebst wenig Ca und Fe; in dem von Hastnäs sollen sich geringe Mengen Te, $\dot{V}$ und Ti befinden;

Tritomit, IIIA, 1 G $= \ddot{S}i, \ddot{C}e, (\dot{C}e?),$ La, $\dot{C}a$ und $\ddot{H}$, nebst ger. Mengen von $\dot{M}g, \bar{A}l, \dot{Y}, \dot{N}a,$ Fe, Mn, $\dot{C}u,$ Sn und $\ddot{W}$;

Allanit (Cerin), I A, 1 G $= 3\dot{R}^3\ \ddot{S}i + 2\bar{R}\ \ddot{S}i; \dot{R} = $ Fe, $\dot{C}e,$ La, $\dot{D}i, \dot{C}a, \dot{M}g,$ Mn; $\bar{R} = \bar{A}l,$ Fe;

Orthit, I—IIA, 1 G $= (\dot{R}^3\ddot{S}i + \bar{R}\ \ddot{S}i) + \ddot{H}; \dot{R} = \dot{C}e,$ La, Fe, $\dot{C}a, \dot{M}g, \dot{Y}; \bar{R} = \bar{A}l,$ Fe. Der Orthit von Miask enthält jedoch nur halb so viel $\ddot{H}$;

Pyrorthit, I—II, 1 $= \ddot{S}i, \dot{C}e, \dot{F}e,$ Mn, $\dot{Y}, \bar{A}l, \dot{C}a$ mit viel Wasser und Kohle. Berzelius betrachtet ihn als ein Kohle und Wasser enthaltendes Gemenge von Orthit mit Drittelsilicaten von $\dot{C}e, \dot{Y},$ Fe $(\bar{A}l)$ und $\dot{M}n$;

Bodenit,
Muromontit, } s. Yttererde.
Gadolinit.

f) In **Silicaten**, welche **Titansäure** enthalten:

Tschewkinit, I A, 1 G $= \ddot{S}i, \ddot{T}i, \dot{C}e,$ La, $\dot{D}i,$ Fe, $\dot{C}a,$ sowie sehr geringe Mengen von $\dot{M}g,$ Mn, $\dot{K}, \dot{N}a$;

Mosandrit, I A, 1 $= \ddot{S}i, \ddot{T}i, \dot{C}e, \dot{L}a, \dot{D}i, \ddot{M}n, \dot{C}a, \dot{M}g, \dot{K}, \ddot{H}.$

Probe auf Cer, Lanthan und Didym,
mit Einschluss des Löthrohrverhaltens der genannten Mineralien.

a) *Probe auf Cer, Lanthan und Didym im Allgemeinen.*

Bei den grossen Schwierigkeiten, welche mit einer scharfen Trennung der drei Oxyde von einander verbunden sind, wird man bei Löthrohrproben, wo man gewöhnlich nur mit

geringen Mengen zu thun hat, auch nur selten eine Trennung
vornehmen können.   Das Ceroxyd kann man aus dem bei
der Untersuchung erhaltenen und geglühten gemischten Oxyd
annähernd rein abscheiden, wenn man letzteres zuerst mit
verdünnter, dann mit concentrirter Salpetersäure behandelt,
wodurch Lanthan und Didym ausgezogen werden.   Wird
diese Lösung abgedampft, das Salz geglüht und das Oxyd
wieder mit sehr verdünnter Salpetersäure behandelt, so bleibt
das mit aufgelöste Ceroxyd ungelöst. Aus der Didym- und
Lanthanlösung werden die Oxyde durch Ammoniak gefällt
und in Schwefelsäure gelöst. Wird das trockene Salzgemenge
bei 5° bis 6° bis zur Sättigung in Wasser gelöst und diese
Lösung zu 30° erwärmt, so scheidet sich das schwefelsaure
Lanthanoxyd aus, während das Didymsalz gelöst bleibt,
welches dann durch Kalihydrat ausgefällt werden kann. Durch
Wiederholung dieses Verfahrens lassen sich die Oxyde noch
reiner darstellen.   Eine andere Trennungsmethode der gemischten Oxyde durch Kalihydrat und Chlorgas lässt sich bei
so geringer Menge weniger gut anwenden.

Das Ceroxyd ist in reinem Zustande gelb mit einem Stich
ins Rothe, das unreine ist ziegelroth; das Oxyd-Oxydul, erhalten durch Glühen des oxalsauren Oxydulsalzes an der
Luft, ist weiss, mit Schein ins Gelb, beim Erhitzen orangeroth. Das Lanthanoxyd ist farblos; das geglühte Didymoxyd
ist weiss, das Superoxyd braun.

In manchen der oben genannten Mineralien, in denen
ausser Ceroxyd, (oder Oxydul) Lanthanoxyd und Didymoxyd
weiter keine anderen färbenden Metalloxyde in merklicher
Menge enthalten sind, wie namentlich im Fluorcerium, in
den phosphorsauren und kohlensauren Verbindungen, und im Cerit, lässt sich die Gegenwart der genannten
Metalloxyde ziemlich leicht auffinden. Man bekommt mit
Borax und Phosphorsalz im Oxydationsfeuer rothe oder dunkelgelbe Glasperlen, je nachdem man mehr oder weniger
aufgelöst hat, die unter der Abkühlung, so wie auch im Reductionsfeuer, an Farbe so abnehmen, dass die Phosphorsalzperle ganz farblos wird. Auch kann die Boraxglasperle unklar oder emailweiss geflattert werden, und zwar um so eher,
je weniger das Mineral Kieselerde enthält.

In den anderen Mineralien, welche zugleich Oxyde des
Eisens, des Urans oder Titansäure enthalten, lässt sich die
Gegenwart der Oxyde des Cers, Lanthans und Didyms nicht
immer mit Sicherheit nachweisen; bei solchen Mineralien ist
man in der Regel genöthigt, den nassen Weg mit in Anspruch
zu nehmen, wie er schon für manche oben genannte Mineralien
bei der Probe auf Yttererde beschrieben worden ist.

17*

b) Verhalten der oben genannten Mineralien vor dem Löthrohre.

Fluor-Verbindungen.

Fluorcerium, neutrales, (Fluocerit), giebt nach Berzelius für sich im Glaskolben etwas Wasser, und bei einer Temperatur, bei welcher Glas schmilzt, wird der Kolben in einiger Entfernung von der Probe angegriffen. Das Wasser färbt das Fernambukpapier gelb. Die Probe wird dabei weiss.

In einer offenen Glasröhre, wenn man die Flamme in die Röhre leitet, wird die innere Seite derselben angegriffen und durch abgesetzte Kieselerde unklar. Die Probe wird dunkelgelb und das in der Röhre sich abgesetzte Wasser färbt Fernambukpapier gelb.

Auf Kohle schmilzt es nicht, die Farbe wird aber dunkler.

Zu Borax und Phosphorsalz verhält es sich wie Ceroxyd (welches Lanthan- und Didymoxyd enthält).

Von Soda wird es zertheilt, es schwillt auf, wird aber nicht aufgelöst; die Soda geht in die Kohle und giebt eine graue Masse.

Fluorcerium, basisches, (Hydrofluocerit), giebt nach Berzelius im Kolben Wasser und wird dunkler von Farbe.

Auf Kohle verändert es seine Farbe durch die Hitze und sieht, wenn es beinahe glüht, schwarz aus; aber während der Abkühlung wird es dunkelbraun, dann schön roth und endlich dunkelgelb. Durch diese Farbenveränderung unterscheidet es sich von dem neutralen Fluorcerium, bei dem sie nicht eintritt. Es schmilzt nicht.

Zu den Flüssen verhält es sich übrigens wie das vorhergehende, nur mit dem Unterschiede, dass es von Soda nicht zertheilt wird, sondern ganz bleibt, wenn nicht lange und stark darauf geblasen wird.

Fluorcerium von Riddarhyttan giebt nach Berzelius im Kolben etwas Feuchtigkeit, ohne das Ansehen zu verändern.

Auf Kohle schmilzt es nicht; durch gelinde Hitze wird es undurchsichtig. Es brennt sich etwas dunkler von Farbe und erleidet dasselbe Farbenspiel, wie das vorhergehende.

In einer offenen Röhre giebt es, wenn die Flamme in die Röhre geleitet wird, eine starke Reaction von Fluorwasserstoffsäure.

Zu Borax und Phosphorsalz verhält es sich wie das vorhergehende.

Von Soda verliert es seinen Zusammenhang nicht, schwillt nicht an und wird auch nicht aufgelöst.

Phosphorsaure Verbindungen.

Kryptolit (Phosphocerit). Das Löthrohrverhalten die-

sea seltenen Minerals, welches beim Auflösen des grünen und
röthlichen Apatits von Arendal, sowie des gerösteten Kobalt-
glanzes von Johannisberg in Schweden, in Säuren
zurückbleibt, ist noch nicht ermittelt.   Phosphorsaure Verbindungen.

Monazit verhält sich nach Kersten vor
dem Löthrohre wie folgt:

Im Glaskolben giebt er nichts Flüchtiges aus, zerspringt
nicht und erleidet anscheinend auch keine Veränderung.

In der Pincette geglüht, wird er dunkelgrau und bei
starkem Feuer werden die Krystallflächen glänzend. Mit
Schwefelsäure befeuchtet, färbt er die äussere Flamme blaugrün.

In Borax löst er sich im Oxydationsfeuer zu einem gelblichen Glase auf, das unter der Abkühlung beinahe farblos
wird. Im Reductionsfeuer ist die Glasperle in der Wärme
gelb, nach dem Erkalten farblos und kann bei starker Sättigung emailweiss geflattert werden.

Phosphorsalz löst den Monazit im Oxydationsfeuer leicht
zu einem klaren Glase auf, das in der Wärme gelb, nach
dem Erkalten beinahe farblos ist. Im Reductionsfeuer verhält es sich fast eben so. Auf Kohle mit Zinn wird eine
schwache Reaction auf Titan bemerkbar.

Mit Soda auf Kohle erhält man ein wenig metallisches
Zinn und auf Platinblech eine Reaction auf Mangan.

Mit Borsäure und Eisendraht bildet sich Phosphoreisen.

Monazitoid giebt im Glaskolben Wasser. Vor dem
Löthrohre erhitzt, leuchtet er stark ohne zu schmelzen. Zu
Glasflüssen verhält er sich wie Monazit. Hermann.

Kohlensaure Verbindungen.

Parisit giebt, im Glaskolben erhitzt, Wasser und Kohlensäure, wird dabei zimmtbraun und leicht zerreiblich.

Vor dem Löthrohre phosphorescirt er, ist aber
unschmelzbar. Mit Borax erhält man eine gelbe,   Kohlensaure Verbindungen.
beim Erkalten farblose Perle. Bunsen.

Kischtim-Parisit verhält sich folgendermassen: Beim
Glühen im Kölbchen nimmt das Mineral eine dunkle Farbe
an und verliert dabei Wasser. Beim Glühen verliert es schon
bei gelinder Hitze seinen Glanz, wird matt, opalartig, gelb;
bei stärkerem Glühen leuchtet es und besitzt nach dem Erkalten starken Glanz und ziegelrothe Farbe. Mit Borax bildet es in der äussern Flamme ein heiss gelbrothes, kalt
schwach gelbliches Glas, in der inneren Flamme ist das heisse
Glas schwach gelblich, nach dem Erkalten farblos. Mit Phosphorsalz erhält man ganz ähnliche Reactionen.

Lanthanit von Bethlehem in Pennsylvanien wird beim
Erhitzen weiss, dann braun und zeigt sich vor dem Löthrohre
unschmelzbar. Mit Borax erhält man ein bläuliches, beim
Erkalten braunes, dann amethystrothes Glas.

Kieselsaure Verbindungen (Silicate).

a) Cerit verhält sich nach Berzelius vor dem Löthrohre folgendermassen:

Silicate.   Für sich im Glaskolben giebt er Wasser und
wird ganz opak.

Auf Kohle springt er hier und da, schmilzt aber nicht.

Von Borax wird er langsam aufgelöst; im Oxydationsfeuer bekommt man ein tief dunkelgelbes Glas, dessen Farbe
während der Abkühlung lichter wird. Das Glas kann emailweiss geflattert worden. Im Reductionsfeuer zeigt das Glas
eine schwache Eisenfarbe.

Von Phosphorsalz wird das Ceroxyd mit dem gewöhnlichen Farbenspiele ausgezogen. Das Glas erscheint nach der
Abkühlung farblos und die Kieselerde bleibt ungelöst als ein
weisses, undurchsichtiges Skelett zurück.

Von Soda wird er nicht aufgelöst, schmilzt aber halb zu
einer dunkelgelben, schlackigen Masse.

b) Tritomit giebt im Glaskolben Wasser und schwache
Fluorreaction.

Vor dem Löthrohre brennt er sich weiss, blähet sich etwas auf, bekommt Risse, und zerspringt zuweilen mit Heftigkeit in Stücke.

Von Borax wird er in der äussern Flamme zu einem
rothgelben Glase aufgelöst, welches beim Erkalten farblos wird.

Von Chlorwasserstoffsäure wird das feingepulverte Mineral
unter Chlorentwickelung und Abscheidung gallertartiger Kieselsäure zersetzt. N. J. Berlin.

c) Allanit (Cerin von der Bastnäs Grube) verhält sich
nach Berzelius vor dem Löthrohre, wie folgt:

Für sich im Kolben giebt er etwas Wasser, ohne dass
er sein Ansehen verändert; dieses Wasser ist also nicht chemisch
gebunden. Er schmilzt leicht unter Aufblähen zu einer schwarzen, glänzenden Glaskugel.

Von Borax wird er leicht aufgelöst. Das Glas ist schwarz,
undurchsichtig, wird aber in der äussern Flamme blutroth,
wenn es heiss ist, und gelb, mehr oder weniger dunkel, nach
der Abkühlung; im Reductionsfeuer nimmt es eine schöne,
eisengrüne Farbe an. Durch Flattern wird es nicht unklar.

Von Phosphorsalz wird er, mit Hinterlassung eines undurchsichtigen Kieselskeletts, zerlegt. Das Glas hat Eisenfarbe, wenn es heiss ist, unter der Abkühlung wird es aber
farblos und opalisirend.

Von Soda wird er zu einem schwarzen Glase gelöst, das
von mehr Soda nicht schwerer schmelzbar wird.

Damour und Descloizeaux (Ann. de chim. et de
phys. LIX, 365) haben Allanit von verschiedenen Fundorten
auf sein Verhalten vor dem Löthrohre geprüft. Derjenige
von Bastnäs giebt im Glaskolben kein Wasser und ist vor

dem Löthrohre ohne Aufblähen zum schwarzen magnetischen Glase schmelzbar; derjenige von Hitteröe giebt im Glaskolben etwas Wasser und ist leicht schmelzbar mit Blasenentwickelung, ohne sich aber aufzublähen, zu Silicate. schwarzem magnetischen Email. Verschiedene Allanite aus Grönland geben im Glaskolben wenig Wasser, blähen sich dabei sehr auf, eine schwammige graue Masse bildend, welche, kurze Zeit vor dem Löthrohr erhitzt, sich in ein schwarzes magnetisches Glas verwandelt.

d) Orthit, von Finbo und Gottliebsgang, so wie aus dem Granit bei Stockholm und Söderköping, verhält sich nach Berzelius vor dem Löthrohre wie folgt:

Für sich im Kolben giebt er Wasser und nimmt bei einer höheren Temperatur eine lichtere Farbe an. Auf Kohle bläht er sich auf, wird gelbbraun und schmilzt endlich unter Kochen zu einem schwarzen, blasigen Glase.

Von Borax wird er leicht gelöst; das Glas wird im Oxydationsfeuer blutroth und unter der Abkühlung gelb. Im Reductionsfeuer wird es grün.

Von Phosphorsalz wird er leicht mit den gewöhnlichen Erscheinungen zerlegt.

Von Soda schwillt er an; mit sehr wenig schmilzt er, mit mehr schwillt er zu einer graugelben Schlacke an. Auf Platinblech zeigt er einen Mangangehalt.

Nach Damour und Descloizeaux (a. a. O.) giebt Orthit von Snarum im Kolben Wasser und schmilzt vor dem Löthrohr schwer zu einer schwarzen magnetischen Schlacke; ähnlich verhalten sich verschiedene Orthite von Hitteröe, von denen einige im Kolben eine graue Farbe annehmen, der Uralorthit von Miask, sowie Orthite von Stockholm (die eine Varietät schmilzt zu einer graulichen, blasigen, schwach magnetischen Email) und Arendal. Orthit von Fahlun wird vor dem Löthrohr weiss und schmilzt an den Kanten zu einem weissen Email. Orthit aus Grönland giebt etwas Wasser, bläht sich stark auf und verwandelt sich in eine graue Masse, welche bei der einen Varietät zum grauschwarzen, sehr wenig magnetischen Email, bei der andern zur bräunlich grauen Schlacke und in der Reductionsflamme zu schwarzem magnetischen Email schmilzt.

e) Pyrorthit (⅓ seines Gewichts Kohle enthaltend) verhält sich nach Berzelius vor dem Löthrohre wie folgt:

Für sich im Kolben giebt er sehr viel Wasser, dessen letzte Theile gelblich werden und angebrannt riechen. Der übrig bleibende Stein ist schwarz wie Kohle.

Auf Kohle gelinde erhitzt und nachher an einem Punkte zum Glühen gebracht, fängt er Feuer und glimmt von selbst fort. Legt man mehrere kleine Stücke zusammen, oder nimmt man einen kleinen Haufen von grobem Pulver, so geschieht

die Verbrennung noch lebhafter. Durch gelindes Anblasen
wird sie vermehrt. Nach beendigter Verbrennung ist der
Stein weiss oder grauweiss; von ungleichen Stücken
ist dies ungleich und bisweilen zieht sich die Farbe

Silicate.

in's Rothe. Die Stücke sind nun so porös und leicht, dass
sie bei der Behandlung mit der Löthrohrflamme nicht mehr
auf der Kohle liegen bleiben. In der Pincette schmelzen
sie schwer zu einer schwarzen, auf der Oberfläche matten
Kugel.

Von Borax wird er leicht zu einem Glase aufgelöst, das
sich wie das Boraxglas mit aufgelöstem Orthit verhält.

Von Phosphorsalz wird er schwer gelöst; das poröse Stück
erhält sich auf der Oberfläche der Kugel, so lange die Masse
schmilzt, zieht sich aber bei der Abkühlung hinein. Wird
die Masse von Neuem erhitzt, so kommt es auch wieder
heraus.

Zu Soda verhält er sich wie Orthit.

Will man in vorgenannten Silicaten sich von den einzelnen Bestandtheilen überzeugen, so muss man den nassen Weg
in Anspruch nehmen, und kann dabei auf folgende Weise
verfahren:

Man behandelt eine entsprechende Menge des fein gepulverten Minerals mit Salpetersalzsäure in einem Porcellangefäss bis zur Trockniss, löst in Wasser, dem man etwas
Chlorwasserstoffsäure zugesetzt hat, und trennt die ausgeschiedene Kieselerde durch Filtration. Die Auflösung versetzt man
mit Ammoniak im geringen Ueberschuss, wodurch $\dot{F}e$, $\dot{C}e$, $\dot{L}a$,
$\dot{D}i$ und $\ddot{A}l$ ausgefällt werden und $\dot{C}a$, $\dot{M}g$ und $\dot{M}n$ grösstentheils aufgelöst bleiben.

Den durch Ammoniak erhaltenen Niederschlag digerirt
man nach der Filtration und gutem Aussüssen mit einer Auflösung von Kali, wodurch die Thonerde abgeschieden wird;
wie man dieselbe aus ihrer alkalischen Auflösung fällt, ist bei
der Probe auf Thonerde für kieselsaure Verbindungen angegeben. Die von Thonerde befreiten Metalloxyde behandelt
man in noch feuchtem Zustande in einem Porcellangefäss mit
einer nicht zu concentrirten Auflösung von Oxalsäure in der
Wärme, wobei das Eisenoxyd aufgelöst wird und die anderen
Oxyde in Verbindung mit Oxalsäure in Form eines schweren
krystallinischen Pulvers sich zu Boden setzen. Man trennt
diese Salze durch Filtration, süsst sie mit kaltem Wasser aus
und glüht sie in einem Platinschälchen. Ueber die Trennung
der drei Oxyde findet sich das Nähere bereits oben, bei der
Probe auf die betreffenden Metalle im Allgemeinen, angegeben.
Dass man die einzelnen Metalloxyde dann mit Glasflüssen
vor dem Löthrohre prüft, versteht sich von selbst.

Das angelöste oxalsaure Eisenoxyd kann man, nachdem

man ein wenig Salpetersäure hinzugefügt hat, durch Kali ausfällen und vor dem Löthrohre mit Borax prüfen.

Wie man die Kalkerde, die Talkerde und das Manganoxydul aus der ammoniakalischen Flüssigkeit trennt, ist bei den Erden schon öfter erwähnt worden.

Silicate, welche Titansäure enthalten.

Tschewkinit verhält sich nach G. Rose vor dem Löthrohre, wie folgt:

Im Glaskolben erhitzt, bläht er sich auf und giebt eine geringe Menge Wasser aus. *Silicate mit Titansäure.*

Vor dem Löthrohre glüht er bei der ersten Einwirkung der Hitze, dann bläht er sich stark auf, wird braun und schmilzt endlich zu einer schwarzen Kugel.

In Borax löst er sich im gepulverten Zustande ziemlich leicht zu einem klaren, von Eisen schwach gefärbten Glase auf; bei nur geringem Zusatz bleibt das Glas ganz wasserhell.

In Phosphorsalz löst er sich langsamer, aber mit denselben Farbenerscheinungen auf; in geringer Menge zugesetzt, ist das Glas ganz durchsichtig, bei grösserem Zusatze scheidet sich Kieselsäure aus und die Glasperle opalisirt unter der Abkühlung.

Mit Soda schmilzt das Mineral zusammen, aber die Masse breitet sich bald aus und zieht sich in die Kohle. Durch Zerreiben und Schlämmen der mit Soda getränkten Kohle erhält man einige Flitterchen von Eisen. Mit Soda auf Platinblech giebt es die Reaction auf Mangan.

Mosandrit. Dieses mit dem Leucophan zusammen vorgekommene Mineral ist von Erdmann näher beschrieben worden. Nach demselben giebt es im Glaskolben viel Wasser aus, und wird, bis zum Glühen erhitzt, braungelb.

Vor dem Löthrohre schmilzt es leicht unter Aufblähen zu einer braungrünen, halbglänzenden Perle.

Von Borax wird es leicht zu einem amethystrothen Glase aufgelöst, welches im Reductionsfeuer gelblich, fast farblos wird.

Durch Phosphorsalz wird es zerlegt; es bleibt ein Kieselskelett zurück, während mit der inneren Flamme in der Glasperle die Reaction des Titanoxydes sichtbar wird.

Mit Soda auf Platinblech zeigt sich Manganreaction.

Um in vorstehenden beiden titansäurehaltigen Silicaten die einzelnen Bestandtheile, welche sich auf trockenem Wege nicht auffinden lassen, mit möglichster Sicherheit zu erfahren, muss man den nassen Weg einschlagen.

Man behandelt eine nicht zu geringe Menge des ganz fein gepulverten Minerals mit Chlorwasserstoffsäure bei sehr gelinder Wärme so lange, bis es vollkommen zersetzt ist, verdünnt mit Wasser und filtrirt die Kieselerde ab, die man nach dem Aussüssen vor dem Löthrohre auf ihre Reinheit prüfen kann.

Die Auflösung der anderen Bestandtheile erhitzt man bis zum Kochen und setzt einige Tropfen Salpetersäure hinzu, um das Eisenchlorür in Chlorid zu verwandeln. Da sich hierbei leicht ein Theil der aufgelösten Titansäure ausscheidet, so filtrirt man dieselbe ab und versetzt hierauf die Auflösung mit Ammoniak im geringen Ueberschuss.

Hierdurch werden gefällt: Ce, La, Di, Fe und die rückständige Ti; aufgelöst bleiben: Ca, Mg, Mn, K und Na.

Den durch Ammoniak erhaltenen Niederschlag filtrirt man ab, süsst ihn mit kaltem Wasser aus und behandelt ihn mit einer verdünnten Auflösung von Oxalsäure. Dabei lösen sich Fe und Ti auf, und Ce, La und Di bleiben als oxalsaure Salze zurück. Erstere fällt man durch eine Auflösung von Kali aus und trennt sie auf die Weise, dass man sie in wenig verdünnter Schwefelsäure auflöst, ein Paar Tropfen Salpetersäure hinzufügt, die Auflösung mit viel Wasser verdünnt und dieselbe so lange kocht, bis möglichst alle Titansäure ausgefällt ist. Uebrigens hat man diese Trennung nicht einmal nöthig, weil man in dem durch Kali erzeugten Niederschlag sich von der Gegenwart der Titansäure und des Eisenoxydes durch eine Prüfung mit Borax und Phosphorsalz (s. Probe auf Titansäure) ganz sicher überzeugen kann.

Die unaufgelöst gebliebenen oxalsauren Salze glüht man im Platinschälchen und behandelt sie wie oben (S. 259) angegeben.

Was nun endlich die in der ammoniakalischen Flüssigkeit noch vorhandenen basischen Bestandtheile betrifft, so werden diese auf bereits bekannte Weise ausgeschieden.

2) Mangan = Mn.

Vorkommen dieses Metalles im Mineralreiche und in Hüttenprodukten.

Die Mineralien, in welchen Mangan einen wesentlichen Bestandtheil ausmacht, sind in Hinsicht ihrer chemischen Zusammensetzung ziemlich verschieden; es findet sich in folgenden Verbindungen:

a) Mit Arsen im

Arsenmangan = Mn^{3}As.

b) Mit Schwefel im

Manganglanz = Mn;

Hauerit = Mn.

c) Im oxydirten Zustande, entweder frei oder an Hydratwasser gebunden.

Hausmannit = Mn Mn, zuweilen geringe Mengen von Ba, Si und H enthaltend;

Braunit = $\bar{M}n$, ebenfalls öfters kleine Mengen von $\bar{B}a$, $\bar{S}i$ und $\dot{H}$ enthaltend;

Manganit (Glanzmanganerz) = $\bar{M}n\dot{H}$;

Psilomelan, nach Rammelsberg: $(\dot{M}n, \bar{B}a, \dot{K}) \bar{M}n + \dot{H}$;

Varvicit = $\bar{M}n\dot{H} + \dot{M}n$ (beide vielleicht auch nur gemengt);
Wad, wahrscheinlich ein Zersetzungsresiduum mancher Manganerze. Er besteht vorzugsweise aus $\bar{M}n$, $\dot{M}n$ und $\dot{H}$, enthält aber gewöhnlich noch mehr oder weniger andere Substanzen, namentlich $\bar{F}e$, $\bar{B}a$, $\bar{A}l$, $\bar{S}i$ etc.;

Groroilit, dem Wad sehr ähnlich, hauptsächlich $\dot{M}n + \dot{H}$, jedoch mit $\bar{M}n + \dot{H}$ gemengt, sowie ger. Mengen von Fe und Thon enthaltend;

Polianit (lichtes Graumanganerz) = $\dot{M}n$, mit sehr geringen Mengen von $\bar{A}l$, $\bar{F}e$ und dem geringsten Wassergehalte unter allen Manganerzen, deren Hauptbestandtheil $\bar{M}n$ ist;

Pyrolusit (Weichmanganerz) = $\bar{M}n$, enthält öfters geringe Mengen von $\bar{B}a$, $\bar{S}i$ und $\dot{H}$;

d) In Verbindung mit anderen Metalloxyden und zwar:

α) mit Kobaltoxydul im

Erdkobalt, schwarzer (Kobaltmanganerz) = $\dot{M}n$, $\dot{C}o$, $(\dot{C}u)$, $\dot{H}$; zuweilen gemengt mit $\bar{F}e$, $\dot{C}o^3\bar{A}s$ und Thonerdesilicaten. Nach Rammelsberg ist der schwarze E. von Camsdorf bei Saalfeld = $(\dot{C}o, \dot{C}u) \bar{M}n^3 + 4\dot{H}$, und enthält 19,4 $\dot{C}o$ = 15,4 Co.

β) mit Zink- und Eisenoxyd im

Franklinit = $(\bar{F}e, \dot{Z}n)^3 (\bar{F}e, \bar{M}n)$, zuweilen ger. Mengen von $\bar{S}i$, $\bar{A}l$ und $\dot{M}g$ enthaltend.

γ) mit Kupferoxyd im

Crednerit = $\dot{C}u^3\bar{M}n^2$ incl. $\bar{B}a$ und ausserdem wenig $\dot{C}a$, mit 33,7 Cu;

Kupfermanganerz = $(\dot{C}u, \dot{M}n) \bar{M}n^2 + 2\dot{H}$ incl. geringer Mengen von $\dot{C}o$, $\dot{C}a$, $\bar{B}a$, $\dot{M}g$ und $\dot{K}$ mit circa 12 Cu.

ε) In Verbindung mit Säuren, und zwar:
α) mit Schwefelsäure im
Alaun, mangan- und talkerdehaltiger, s. Talkerde.
β) mit Phosphorsäure im
Hureaulit = $(\dot{M}n, Fe)^5 \bar{P}^2 + 5 \dot{H}$.

Triplit (Eisenpecherz) von Limoges $= \dot{F}e^4 \bar{\bar{P}} + \dot{M}n^4 \bar{\bar{P}}$ incl.
wenig $\dot{C}a$;

Zwieselit (Eisenapatit) $= (\dot{F}e, \dot{M}n)^3 \bar{\bar{P}} + (FeMn)Fl$, mit wenig $\ddot{S}i$;

Heterosit (Hetepozit) $= 3(\dot{F}e\dot{M}n)^6\bar{\bar{P}}^2 + 5\dot{H}$;
Triphylin,
Tetraphylin } s. Lithion.

γ) mit Kohlensäure im

Manganspath (Diallagit, Himbeerspath) $= \dot{M}n \bar{C}$; da indess
in diesem Minerale ein Theil des $\dot{M}n$ gewöhnlich durch
$\dot{F}e$, $\dot{C}a$ und $\dot{M}g$ ersetzt ist, so kann dasselbe auch mit
$(\dot{M}n, \dot{F}e, \dot{C}a, \dot{M}g) \bar{C}$ bezeichnet werden.

Manganocalcit $= (\dot{C}a, \dot{M}g) \bar{C} + 2(\dot{F}e, \dot{M}n) \bar{C}$.

δ) mit Wolframsäure im
Wolfram, s. Eisen.

ε) mit Tantalsäure und Unterniobsäure im Tan-
talit und Columbit, s. Eisen.

ζ) mit Kieselsäure in folgenden Silicaten:
Kalk-Mangan-Augit, als:

Mangankiesel, rother
Bustamit {
s. Kalkerde; die sich hieran schliessenden Mineralien, Allagit, Photizit, Horn-
mangan, Hydropit, sind Gemenge von
Hornstein und Manganoxydulsilicat zum
Theil auch von Hornstein und Manganspath.

Cummingtonit, hauptsächlich aus $\dot{M}n^3\ddot{S}i^2$ bestehend mit geringen Mengen von $\dot{C}a$, $\dot{M}g$ und $\dot{F}e$.

Tephroit, I—II $= \dot{M}n^3\ddot{S}i$, excl. $\dot{F}e$, $\dot{C}a$, $\dot{M}g$, $\dot{H}$;

Knebelit, III, 1 G $= \dot{F}e^3 \ddot{S}i + \dot{M}n^3\ddot{S}i$, mit 34,5 $\dot{F}e$ und
35,1 $\dot{M}n$;

Fowlerit $= \dot{R}^3\ddot{S}i^2$; $\dot{R} = \dot{M}n$, $\dot{F}e$, $\dot{Z}n$, $\dot{C}a$ und $\dot{M}g$;

Mangankiesel, schwarzer, I A, wahrscheinlich $\dot{M}n^3\ddot{S}i + 3\dot{H}$, enthält jedenfalls auch $\dot{M}n$.

Marcelin (Heteroclin) $= \dot{M}n\ddot{S}i$ incl. ger. Mengen von $\dot{F}e$.

Auch kommen nach Bahr folgende Verbindungen vor:
$2\dot{M}n\ddot{S}i + 3\dot{H}$, aus Klapperud; ferner $(2\dot{M}n\ddot{S}i + 3\dot{H}) +$
$\ddot{R}^3\ddot{S}i + 3\dot{H})$ von demselben Fundorte, so wie $(6\dot{M}n^3\ddot{S}i +$
$\dot{H}) + \dot{F}e\dot{H}^2$, und $(3\ddot{R}^3\ddot{S}i + \dot{H}) + \ddot{R}\ddot{S}i^2$ eben daher; zu
diesen Verbindungen dürfte auch der Wittingit, der 8 p. c.

Magnesia enthaltende Stratopeit, sowie der eisenoxydreiche
Neotokit zu rechnen sein.

Helvin, s. Beryllerde;

Mangan-Thongranat, I, $2 = \dot{M}n^3 \bar{S}i + \bar{A}l \bar{S}i$, auch Fe enthaltend;

Karpholith, s. Thonerde;

Troostit, s. Zink.

Ausser den genannten Silicaten giebt es noch sehr viele,
welche Mangan enthalten; sie sind zum Theil schon bei den
Alkalien und Erden genannt worden, theils sollen sie bei den
folgenden Metallen etc. noch genannt werden.

Was das Vorkommen des Mangans in Hüttenprodukten
betrifft, so ist dieses Metall als ein sehr häufiger Begleiter
der die verschiedenen Produkte bildenden Bestandtheile anzusehen, sobald die Erze selbst oder die Zuschläge Mangan
enthalten. Es findet sich das Mangan sowohl im metallischen
Zustande im Roheisen, im Rohstahl und in Verbindung mit
Schwefel in den verschiedenen steinigen Produkten vom Verschmelzen mancher Silber-, Blei- und Kupfererze, als auch
und vorzüglich als Oxydul an Kieselsäure gebunden in den
verschiedenen Schlacken.

Probe auf Mangan

mit Einschluss des Lothrohrverhaltens der vorgenannten
Mineralien.

a) Probe auf Mangan im Allgemeinen.

In Substanzen, die ausser den Oxyden des Mangans
keine solchen Metalloxyde enthalten, welche mit Borax und
Phosphorsalz gefärbte Gläser geben, lässt sich das
Mangan sehr leicht erkennen, wenn man eine   Oxyde u. Salze.
solche Substanz in den genannten Flüssen auf Platindraht
im Oxydationsfeuer auflöst und darauf die Glasperlen mit
der Reductionsflamme behandelt. Die Perlen erscheinen anfangs, so lange sie heiss sind, amethystfarbig, werden aber
unter der Abkühlung roth, in's Violette fallend, und verlieren ihre Farbe, wenn sie eine Zeit lang mit der Reductionsflamme, besonders auf Kohle, behandelt werden. Phosphorsalz wird weit weniger intensiv gefärbt als Borax, auch
verschwindet die Farbe im Reductionsfeuer viel leichter (s. Tabellen S. 128 u. 129). Enthält eine solche Substanz zugleich andere
färbende Metalloxyde in geringer Menge, so verändern zwar
diese die im Oxydationsfeuer hervortretende Amethystfarbe
wenig oder gar nicht, zeigen sich aber bisweilen nach der
Reduction, wenn die Färbung vom Mangan verschwunden
ist, mit ihren eigenthümlichen Farben, wie z. B. das Eisenoxyd. Ist dagegen der Gehalt an Eisenoxyd bedeutend, so

erscheint die Perle nach gutem Oxydationsfeuer blutroth und
nach kurzem Reductionsfeuer gelb. Ist der Mangangehalt bedeutend, so muss die Probe nach der Reduction
schnell mit der Pincette ein wenig zusammen gedrückt werden, so dass sie sofort erstarrt, weil sie sich bei
einer langsamen Abkühlung, während welcher sich etwas Manganoxydul höher oxydirt, wieder färbt. Auch kann man zur
Vermeidung einer höhern Oxydation diese Perle abstossen,
wobei sie ebenfalls schnell erstarrt.

Ist der Mangangehalt in irgend einer Substanz so gering,
dass er dem Phosphorsalzglase eine Färbung zu ertheilen
nicht im Stande ist, so muss man die Phosphorsalzperle, in
welcher man eine hinreichende Menge der zu untersuchenden Substanz aufgelöst hat, mit einem kleinen Salpeterkrystall
in Berührung bringen, wobei die Probe aufschäumt und der
Schaum unter der Abkühlung nach dem grössern oder geringern Mangangehalte eine Amethyst- oder eine schwache
Rosenfarbe annimmt. Man verfährt dabei auf folgende Weise:
Man legt ein kleines Bruchstück eines Salpeterkrystalles in
ein Porcellanschälchen, erhitzt das am Platindrahte befindliche
manganoxydhaltige Glas stark mit der Oxydationsflamme und
führt schnell mit demselben nach dem Salpeter. Während
man diesen mit dem Glase berührt, findet eine Vereinigung
beider Salze, und zugleich eine Bildung von übermangansau-
rem Kali durch Oxydation statt. Das Glas schwillt in Folge
einer Gasentwickelung auf, wird schaumig und färbt sich entweder sogleich, oder es nimmt im Anfange keine Farbe an,
scheint aber nach der Abkühlung gefärbt. Eine neue Behandlung mit der Löthrohrflamme zerstört die durch Salpeter
hervorgebrachte Reaction gänzlich.

Für zusammengesetzte Verbindungen, in welchen noch
andere Metalloxyde in nicht geringer Menge enthalten sind,
die ebenfalls dem Borax- und Phosphorsalzglase sehr deutliche
Farben ertheilen, muss man einen andern Weg zur Auffindung des Mangans wählen. Man wendet hier am besten Soda
an, die übrigens in jedem Falle das entscheidenste Reagens
auf Mangan ist. Enthält eine Substanz nicht unter 0,1 Proc.
Manganoxyd, so gelingt die Probe auf Mangan sehr leicht
auf folgende Weise: Man pulverisirt die zu prüfende Substanz
möglichst fein, vermengt das Pulver dem Volumen nach mit
2 bis 3 mal so viel Soda und bringt dieses Gemenge auf
Platinblech mit der Oxydationsflamme zum Schmelzen. Das
Manganoxyd löst sich in der Soda zu einer durchsichtigen,
grünen Masse, die aus mangansaurem Natron besteht, auf,
die Auflösung fliesst um das Unaufgelöste und erscheint nach
völliger Abkühlung deutlich blaugrün. Ist der Mangangehalt
noch geringer als 0,1 Procent, so bekommt man mit Soda
allein nicht leicht diese grüne Fritte; wendet man aber ein

Gemenge von 2 Theilen Soda und ein 1 Theil Salpeter an, so wird alles Manganoxyd höher oxydirt und die Soda wird noch von der geringsten Spur Manganoxydes deutlich blaugrün gefärbt, welche Färbung eben- Oxyde und Asche falls erst bei der Abkühlung sichtbar wird.

Um die Manganreaction bei Granaten sicher zu erhalten, hat Fischer (Leonh. Jahrb. 1861. 653) empfohlen, von dem Mineral eine nicht zu geringe Menge in einer Boraxperle aufzulösen und diese dann mit Soda auf Platinblech zu schmelzen; die Manganreation wird so deutlicher, als wenn man gleich Soda anwendet.

Enthält die Substanz Chromoxyd, so wird bei Anwendung von Soda und Salpeter auch chromsaures Alkali gebildet, welches eine gelbe Farbe besitzt. Diese Farbe verdrängt indessen die grüne des mangansauren Alkali's durchaus nicht; denn es lässt sich in den Oxyden des Chroms durch Schmelzen derselben mit gleichen Theilen Soda und Salpeter auf Platinblech noch eine sehr geringe Menge von Mangan durch die grüne Farbe der geschmolzenen und völlig erkalteten Masse nachweisen. Die geschmolzene Masse erscheint aber dann nicht blaugrün, sondern gelblichgrün.

Mineralien, welche das Mangan im oxydirten Zustande enthalten, und zwar in einem höher oxydirten als im Oxydul, entwickeln bei der Prüfung mit Chlorwasserstoffsäure in einem Probirglase Chlorgas, welches sich durch den Geruch zu erkennen giebt.

Metallverbindungen, in welchen man einen Gehalt von Mangan vermuthet, müssen in Salpetersäure aufgelöst werden. Die Auflösung dampft man zur Trockniss ab, zerstört die trockenen Salze durch Glühen und prüft die gebildeten Oxyde mit Soda und Salpeter auf Platinblech, wie es oben beschrieben worden ist.

Besteht die Substanz aus Arsen- oder Schwe- Arsen- und Schwefelmetalle. felmetallen, oder enthält sie nur solche, so muss sie, ehe man sie nach obigen Vorschriften auf Mangan prüfen kann, erst auf Kohle nach S. 97 abgeröstet werden.

Enthält eine manganhaltige Substanz, z. B. ein im Grossen aufbereitetes Erz, Kieselerde Aufbereitete Erze. und Kobaltoxydul zugleich, so bekommt man mit Soda keine grüne, sondern eine blau gefärbte Masse, welche aus kieselsaurem Natron und aufgelöstem Kobaltoxydul besteht, so dass die Reaction auf Mangan ganz unterdrückt wird. Trennt man aber erst die Kieselerde und andere nachtheilige Bestandtheile durch Schmelzen mit Soda und Borax und weitere Behandlung der geschmolzenen Masse auf nassem Wege, wie es bei der Probe auf Kalkerde für kieselsaure Verbindungen (S. 194)

angegeben ist, so lässt sich dann das Mangan ganz sicher
auffinden.

b) Verhalten der oben angeführten Mineralien vor dem Löthrohre.

Arsen-Mangan.

Arsen-Mangan brennt nach Kane auf Kohle mit
blauer Flamme und beschlägt die Kohle mit arseniger Säure. Der Rückstand verhält sich dann
zu Glasflüssen jedenfalls wie Manganoxyd

Arsen-Mangan.

Schwefel-Mangan.

a) Manganglanz zeigt sich, in einer an einem Ende
zugeschmolzenen Glasröhre erhitzt, unveränderlich. In einer
an beiden Enden offenen Glasröhre geröstet,
entwickelt er schweflige Säure und die Oberfläche der Probe nimmt eine graugrüne Farbe an.

Schwefel-Mangan.

Auf Kohle vollkommen abgeröstet (was sehr langsam erfolgt), verhält er sich zu den Flüssen wie reines Manganoxyd.

Das Phosphorsalzglas zeigt erst dann eine reine Amethystfarbe, wenn alles Brausen aufgehört hat und die Perle
im Oxydationsfeuer behandelt worden ist.

b) Hauerit giebt in der zugeschmolzenen Glasröhre ein
Sublimat von Schwefel. Das Probestückchen zeigt nach dem
Erhitzen eine grüne Farbe. In einer an beiden Enden offenen
Glasröhre entwickelt er viel schweflige Säure und das ein-
gelegte Stück nimmt ebenfalls auf der Oberfläche eine grüne
Farbe an.

Auf Kohle gut abgeröstet, verhält er sich zu den Glasflüssen wie Manganoxyd.

Manganoxyde.

Von den oben genannten Manganoxyden: Hausmannit,
Braunit, Manganit, Psilomelan, Varvicit und Wad,
geben die meisten im Glaskolben mehr oder weniger Wasser, und diejenigen, welche auf einer
hohen Oxydationsstufe stehen, geben, bis zum Glühen erhitzt,
Sauerstoff, welcher durch ein eingelegtes Kohlensplitterchen
zu erkennen ist; dahin gehört hauptsächlich der Polianit,
Pyrolusit und der Ureroilit.

Manganoxyde.

Von Borax und Phosphorsalz werden sie zum Theil unter Brausen, von entweichendem Sauerstoffgas, aufgelöst und
verhalten sich entweder wie reines Manganoxyd, oder zeigen
nach der Behandlung im Reductionsfeuer noch Eisenfarbe,
wovon oben (S. 269) gesprochen wurde.

Da die Manganoxyde öfters kleine Mengen von Alkalien,
Baryterde oder Kalkerde enthalten, so brennt man eine Probe
von dem betreffenden Oxyde im Oxydationsfeuer gut durch,
legt sie dann auf Platinblech, befeuchtet sie mit ein Paar

Tropfen Wasser und untersucht nach einer Weile, ob das Wasser die Eigenschaft bekommen hat, geröthetes Lakmuspapier zu bläuen.

Löst man von einem solchen Manganoxyd *Manganoxyde.* eine kleine Menge im gepulverten Zustande in Chlorwasserstoffsäure auf, wobei Chlor entwickelt wird, so bleibt, wenn dem Oxyde Kieselerde beigemengt ist, diese zurück. Will man die Auflösung auf nassem Wege noch weiter untersuchen, so kann man auf dieselbe Weise verfahren, wie bei der Probe auf Baryterde und Kalkerde.

Manganoxyde in Verbindung mit anderen Metalloxyden.

Schwarzer Erdkobalt von Saalfeld giebt im Glaskolben Wasser, das brenzlich riecht.

In der Pincette und auf Kohle zeigt er sich *Oxydverbindungen* unschmelzbar; enthält er $Co^3\bar{A}s$, so färbt er in der Pincette die äussere Flamme hellblau und auf Kohle verbreitet er schwachen Arsengeruch.

Von Borax wird er im Oxydationsfeuer leicht zu einem dunkelvioletten Glase aufgelöst, welches im Reductionsfeuer smalteblau wird.

Von Phosphorsalz wird er mit Kobaltfarbe aufgelöst, die so intensiv ist, dass man einen Gehalt von Mangan und Kupfer gar nicht wahrnehmen kann. Behandelt man aber das gesättigte Phosphorsalzglas auf Kohle mit Zinn, so wird es, wenn man nicht zu lange bläst, unter der Abkühlung undurchsichtig roth von einem Gehalt an Kupfer (s. Probe auf Kupfer).

Von Soda wird er nicht aufgelöst; mit Soda und Salpeter giebt er aber auf Platinblech starke Manganreaction.

Schwarzer Erdkobalt von Schneeberg giebt, im Glaskolben erhitzt, Wasser.

Von Borax wird er mit dunkelvioletter Farbe aufgelöst; im Reductionsfeuer verschwindet die Manganreaction, und die Glasperle erscheint rein smalteblau.

In Phosphorsalz reagirt er nur auf Kobalt.

Mit Soda und Salpeter auf Platinblech geschmolzen, reagirt er sehr stark auf Mangan.

Mancher sogenannte Erdkobalt enthält so wenig Co und so viel Mn, dass man eine sehr grosse Menge davon in einer Boraxperle lösen muss, um nach anhaltendem und gutem Reductionsfeuer endlich eine blaue Färbung der Perle wahrnehmen zu können.

Franklinit ist für sich unschmelzbar; wird das befeuchtete Pulver des Minerals in einer flachen Vertiefung auf Kohle mit einer kräftigen Reductionsflamme einige Zeit behandelt, so zeigt sich ein sehr deutlicher Zinkoxydbeschlag.

In Borax und Phosphorsalz löst er sich mit Manganfarbe auf. Die Boraxperle erscheint jedoch bei ziemlich starker Sättigung mehr roth; wird sie auf Kohle im Reductionsfeuer behandelt, so bleibt eine bouteillengrüne Farbe von Eisenoxyd-Oxydul zurück.

Oxydverbindungen.

Mit Soda auf Platinblech geschmolzen, reagirt er auf Mangan. Mit demselben Reagens auf Kohle im Reductionsfeuer behandelt, bildet sich ein schwacher Beschlag von Zinkoxyd, dieser wird aber stärker, wenn man noch etwas Borax zusetzt und hinreichend stark bläst.

Crednerit schmilzt vor dem Löthrohre bei starker Hitze nur in sehr dünnen Blättchen an den Kanten.

Mit Borax erhält man ein dunkel violettes, mit Phosphorsalz ein grünes Glas, welches unter der Abkühlung blau und in der innern Flamme kupferroth wird.

Von Chlorwasserstoffsäure wird er unter Chlorentwickelung zu einer grünen Flüssigkeit aufgelöst.   Rammelsberg.

Kupfermanganerz giebt im Glaskolben viel Wasser und zerspringt dann mit einiger Decrepitation.

Auf Kohle wird es im Reductionsfeuer braun, schmilzt aber nicht.

Von Borax wird es leicht mit Manganfarbe aufgelöst. Wird das Glas im Reductionsfeuer behandelt, so verliert es seine Farbe, trübt sich unter der Abkühlung und wird roth.

Von Phosphorsalz wird es ebenfalls leicht aufgelöst; die Perle erscheint in der Wärme grünlich und wird unter der Abkühlung blauviolett. Behandelt man die Perle auf Kohle mit Zinn, so wird sie unter der Abkühlung undurchsichtig und roth von Kupferoxydul.

Mit Soda und Salpeter auf Platinblech geschmolzen, reagirt es stark auf Mangan.

Mit Soda und einem Zusatz von Borax auf Kohle im Reductionsfeuer behandelt, scheidet sich ein Kupferkörnchen aus.

Verbindungen des Manganoxyduls mit Säuren.

Die Verbindungen des Manganoxyduls mit Phosphorsäure, zu welchen der Hureaulit, Triplit (Eisenpecherz), Zwieselit (Eisenapatit),

Salze.

Heterosit, Hetepozit, Triphylin und Tetraphylin gehören, geben, im Glaskolben erhitzt, mehr oder weniger Wasser.

In der Pincette schmelzen sie sehr leicht zur Kugel und färben die äussere Flamme. Diejenigen, welche frei von Lithion sind, verursachen eine bläulichgrüne Färbung von der Phosphorsäure, und diejenigen, welche Lithion enthalten, wie die letzteren beiden, bringen zugleich eine rothe Färbung mit hervor.

Mit Borax, Phosphorsalz und Soda reagiren sie auf Mangan und Eisen.

Die Verbindungen des Manganoxyduls mit Kohlensäure, nämlich: **Salze.**

Manganspath und Manganocalcit geben im Glaskolben zuweilen etwas Wasser und decrepitiren oft sehr heftig.

Wird eine kleine Menge dieser Mineralien auf Kohle mit der Löthrohrflamme stark durchgeglüht und dann auf Platinblech mit Wasser befeuchtet, so reagirt dieses nach einer Weile auf geröthetem Lakmuspapier gewöhnlich alkalisch von aufgelöster kaustischer Kalkerde.

Zu den Flüssen, in welchen sie sich unter Aufbrausen von entweichender Kohlensäure leicht auflösen, verhalten sie sich wie eisenhaltiges Manganoxyd.

Silicate.

Die oben S. 268 genannten Silicate, wenn sie im Glaskolben erhitzt werden, geben zum Theil etwas Wasser, das bisweilen brenzlich riecht.

Ihre relative Schmelzbarkeit ergiebt sich aus **Silicate.** den beigefügten Zahlen.

Von Borax werden sie leicht zum klaren Glase gelöst, das im Oxydationsfeuer Manganfarbe und im Reductionsfeuer eine stärkere oder schwächere Eisenfarbe zeigt, je nachdem sie mehr oder weniger Eisenoxydul enthalten.

Von Phosphorsalz werden sie im Oxydationsfeuer mit Hinterlassung eines Kieselskeletts zu einem von Mangan gefärbten Glase aufgelöst, das im Reductionsfeuer gewöhnlich farblos wird, aber bisweilen unter der Abkühlung opalisirt.

Mit wenig Soda schmelzen sie zur schwarzen Kugel, mit mehr geben sie eine schwer schmelzbare Schlacke und ein Ueberschuss von Soda geht in die Kohle.

Findet man es für nöthig, erdige Beimischungen nachzuweisen, so verfährt man, wie es bei der Probe auf Kalkerde (S. 195) für kieselsaure Verbindungen beschrieben ist.

c) Probe auf Mangan in Hüttenprodukten.

Im Roheisen und Rohstahl kann ein Gehalt an Mangan nur auf die Weise aufgefunden werden, dass man diese Produkte in Salpetersäure auflöst, die **Roheisen etc.** Auflösung bis zur Trockniss abdampft und das trockene Salz nach S. 270 weiter behandelt, wie es dort für Metallverbindungen angegeben ist.

Steinige Produkte, wie z. B. Rohstein, Bleistein, Kupferstein etc., röstet man in gepulvertem Zustande auf Kohle gut ab, und schmelzt die dabei **Rohsteine etc.** gebildeten Oxyde mit Soda und Salpeter auf Platinblech, wie es S. 270 angegeben ist.

Wie man in aufbereiteten Erzen und in Schlacken einen Gehalt an Mangan entdeckt, ist bereits bei der Probe auf Kalkerde für kieselsaure Verbindungen (S. 195) speciell beschrieben worden.

3) Eisen = Fe.

Vorkommen dieses Metalles im Mineralreiche und in Hüttenprodukten.

Das Eisen ist in der Natur sehr verbreitet; die meisten Mineralien enthalten Eisen, und wenn es auch nur Spuren sind. Es findet sich in verschiedenem Zustande in folgenden Mineralien:

a) **Metallisch**, und zwar als:

Gediegen Eisen (tellurisches Eisen) = Fe, in Form von Körnern und Blättchen, öfters etwas Kohlenstoff (Graphit), seltener Blei und Kupfer enthaltend;

Meteoreisen = Fe mit mehr oder weniger Ni und geringen Mengen von Co, Mg, Mn, Sn, Cu, Cr, Si, C, Cl, S und P;

Eisenplatin, s. Platin.

b) **In Verbindung mit Arsen** in

Arseneisen von Reichenstein = Fe^6As^2 mit 33,3 Fe; es enthält jedoch gegen 9 Proc. Arsenkies;

Arseneisen von Fossum, Reichenstein, Schladming, Breitenbrunn und Andreasberg = FeAs mit 27,2 Fe; es enthält aber gegen 6 Proc. Arsenkies;

c) **In Verbindung mit Arsen und Schwefel** in

Arsenkies = $FeS^2 + FeAs$ mit 33,5 Fe;

Kobaltarsenkies = $(Fe, Co)S^2 + (Fe, Co)As$, in welchem Mineral ein Theil des Fe durch 4,7—9,0 Co ersetzt ist;

Glaukodot, s. Kobalt.

d) **In Verbindung mit Schwefel** in

Magnetkies; nach den neusten Untersuchungen von Rammelsberg ist seine Zusammensetzung am wahrscheinlichsten = Fe^6Fe mit 60,8 Fe[*]). In den meisten Magnetkiesen befindet sich ein kleiner Nickelgehalt;

Eisenkies (Schwefelkies) = Fe, mit 46,0—49,0 Fe; öfters geringe Mengen von As und zuweilen auch Thallium enthaltend;

Strahlkies (Speerkies, Kammkies, Leberkies) = Fe; seine Eigenschaft leicht zu verwittern soll nach Berzelius in einer Beimengung von Fe begründet sein; in manchem Leberkies befinden sich geringe Mengen von Thallium;

[*]) Das Eisensulfuret Fe kommt für sich nur im Meteoreisen vor und ist von Haidinger mit dem Namen Troilit bezeichnet worden.

Lonchidit (Kausimkies) $= \overline{Fe}$ mit 4,4 p. c. As, vielleicht
ein Gemenge von Speerkies und Arsenkies.

Kyrosit, wahrscheinlich eine etwas Cu und As enthaltende
Varietät des Speerkieses.

Ausserdem bilden die verschiedenen Schwefelverbindungen des Eisens einen mehr oder weniger wesentlichen Bestandtheil vieler Mineralien, welche beim Co, Ni, Zn, Sn, Cu,
Ag und Sb, Erwähnung finden werden.

e) Im oxydirten Zustande, entweder frei oder an
Hydratwasser gebunden, als:

Magneteisenstein $= \overline{Fe}\overline{Fe}$ mit 72,4 Fe, öfters ger. Mengen
von Mn und $\overline{Si}$ enthaltend;

Eisenmulm $= (\overline{Fe}, \overline{Mn}) \overline{Fe}$ mit 57,1 Fe, und 13,2 Mn, auch
wenig Cu und $\overline{Si}$ enthaltend;

Eisenglanz (Rotheisenstein) $= \overline{Fe}$ mit 70,0 Fe, zuweilen geringe Mengen von Chrom oder Titan enthaltend;

Hydrohämatit (Turgit) $= \overline{Fe}^2\overline{H}$ mit 66,3 Fe;

Brauneisenstein, schuppig faseriger (Lepidokrokit), Nadeleisenerz (Göthit), Rubinglimmer (Pyrosiderit) und dichter Brauneisenstein (Stilpnosiderit) $= \overline{Fe}\overline{H}$ mit 62,9 Fe, zuweilen
gemengt mit $\overline{Mn}$ und $\overline{Si}$, seltener Cu und $\overline{Fe}^3\overline{P}$ enthaltend;

Brauneisenstein, faseriger (brauner Glaskopf) $= \overline{Fe}^2\overline{H}^2$ mit
59,9 Fe, zuweilen $\overline{Si}$, $\overline{Mn}$, $\overline{Al}$, so wie $\overline{P}$ und Spuren von
Cu und Co enthaltend;

Xanthosiderit (Gelbeisenstein) $= \overline{Fe}\overline{H}^2$ mit 57,1 Fe, ausser-
dem $\overline{Si}$, $\overline{Al}$, $\overline{Mn}$, $\overline{Ca}\overline{C}$ und $\overline{Mg}\overline{C}$ enthaltend;

Thoneisenstein, ein Gemenge von Brauneisenstein und Kieselthon, dahin gehört: der schalige gelbe Thoneisenstein
(Eisenniere und der körnige gelbe Thoneisenstein (Bohnerz);

Raseneisenstein (Sumpferz, Wiesenerz, Quellerz), Eisenoxydhydrat mit Manganoxyd, Quarzsand und Beimischungen
von phosphorsaurem, kieselsaurem und huminsaurem Eisenoxyd und Oxydul;

Eisenocker, eine aus eisenhaltigen Quellen sich absetzende,
wesentlich aus $\overline{Fe}\overline{H}^2$ bestehende Masse, die jedoch noch
andere Metalloxyde und Erden in ger. Mengen enthält.

f) Im oxydirten Zustande in Verbindung mit andern Oxyden:

α) mit Talkerde im
Magnoferrit, s. Talkerde.

β) mit Mangan- und Zinkoxyd im
Franklinit, s. Mangan.

γ) mit Chromoxyd im

Chromeisenstein = $(Fe, \bar{C}r, \bar{M}g) \bar{C}r, \bar{F}e, \bar{A}l)$, zuweilen auch ger. Mengen von Mn und $\bar{S}i$ enthaltend; der Gehalt an Fe variirt zwischen 20 und 36 Procent.

g) In Verbindung mit Säuren, und zwar

α) Mit Chlor im

Kremersit, s. Kali.

β) mit Schwefelsäure im

Eisenvitriol (Eisenoxydul, schwefelsaures) = $\bar{F}e\bar{S} + 7\bar{H}$ mit 25,8 Fe;

Pisanit = $(\bar{C}u, \bar{F}e)\bar{S} + 7\bar{H}$ mit 10,9 Fe;

Botryogen = $\bar{F}e^3\bar{S}^3 + 3\bar{F}e\bar{S}^3 + 36\bar{H}$, in welchem jedoch ein Theil des Fe durch $\bar{M}g$ und $\bar{C}a$ ersetzt ist;

Voltait, s. Kali;

Römerit, nach Rammelsberg wahrscheinlich: $[(\bar{F}e, \bar{Z}n)\bar{S} + \bar{F}e\bar{S}^3] + 12\bar{H}$ mit 20,7 Fe und 7,2 Fe;

Eisenalaun = $\bar{F}e\bar{S} + \bar{A}l\bar{S}^3 + 24\bar{H}$ mit 7,6 Fe, jedoch stets mit mehr oder weniger Eisenvitriol gemengt;

Vitriolocker (Glockerit), = $\bar{F}e^3\bar{S}^3 + 6\bar{H}$ mit 62,4 Fe, zuweilen ger. Mengen von $\bar{Z}n$ und $\bar{C}u$ enthaltend;

Apatelit = $\bar{F}e^3\bar{S}^3 + 2\bar{H}$ oder $(2\bar{F}e\bar{S}^3 + \bar{F}e\bar{S}) + 2\bar{H}$ mit 53,3 Fe;

Misy = $\bar{F}e^3\bar{S}^7 + 8\bar{H}$ oder $(\bar{F}e\bar{S}^3 + 2\bar{F}e\bar{S}^3) + 8\bar{H}$ mit 41 Fe nach Abzug der Beimengungen von $\bar{K}\bar{S}$, Zinkvitriol und Bittersalz;

Fibroferrit = $\bar{F}e^3\bar{S}^3 + 27\bar{H}$ oder $(2\bar{F}e\bar{S}^3 + 21\bar{H}) + (\bar{F}e\bar{S} + 6\bar{H})$ mit 34,4 Fe;

Copiapit = $\bar{F}e^3\bar{S}^3 + 12\bar{H}$ oder $(\bar{F}e\bar{S}^3 + \bar{F}e\bar{S}^3) + 12\bar{H}$ excl. ger. Mengen von $\bar{A}l$, $\bar{C}a$, $\bar{M}g$ und $\bar{S}i$;

Stypticit = $\bar{F}e\bar{S}^3 + 10\bar{H}$ mit 32 Fe; ger. Mengen von $\bar{C}a$, $\bar{M}g$ und $\bar{S}i$ enthaltend;

Coquimbit = $\bar{F}e\bar{S}^3 + 9\bar{H}$ mit 28 Fe; durch $\bar{S}i$, Gyps und Bittersalz verunreinigt. Hierher gehört auch ein Theil der als Misy bezeichneten Substanzen aus dem Rammelsberg bei Goslar;

Jarosit = $(5\bar{F}e\bar{S} + \bar{K}\bar{S}) + 10\bar{H}$ mit 51,4 Fe;

Gelbeisenerz, kalihaltiges, = $4\bar{F}e\bar{S} + \bar{K}\bar{S} + 9\bar{H}$ mit 48,7 Fe, natronhaltiges = $4\bar{F}e\bar{S} + \bar{N}a\bar{S} + 9\bar{H}$ mit 50,0 Fe;

Pissophan = $(\bar{A}l, \bar{F}e)^3\bar{S}^3 + 30\bar{H}$ (grüne Varietät), so wie

($\bar{\mathrm{Al}}$, Fe)$^3\bar{\mathrm{S}}$ + 15 $\dot{\mathrm{H}}$ (gelbe Varietät); der Gehalt an $\bar{\mathrm{Fe}}$ variirt zwischen 9,7 und 40 Procent.

γ) mit Phosphorsäure im

Grüneisenstein (Kraurit), = 2$\bar{\mathrm{Fe}}^2\bar{\mathrm{P}}$ + 5$\dot{\mathrm{H}}$ mit 62,5 Fe; nach Schnabel enthält die Varietät aus Siegen Fe und entspricht der Formel: ($\mathrm{Fe}^3\bar{\mathrm{P}}$ + 3$\bar{\mathrm{Fe}}^2\bar{\mathrm{P}}$) + 9$\dot{\mathrm{H}}$;

Vivianit (Blaueisenerz, Anglarit) = 6($\mathrm{Fe}^3\bar{\mathrm{P}}$ + 8$\dot{\mathrm{H}}$) + ($\bar{\mathrm{Fe}}^3\bar{\mathrm{P}}^2$ + 8$\dot{\mathrm{H}}$) mit 33,0 Fe und 12,2 $\bar{\mathrm{Fe}}$;

Diadochit = ($\bar{\mathrm{Fe}}^2\bar{\mathrm{P}}^2$ + 12$\dot{\mathrm{H}}$) + 2($\bar{\mathrm{Fe}}\bar{\mathrm{S}}^2$ + 12$\dot{\mathrm{H}}$) mit 38,9 $\bar{\mathrm{Fe}}$;

Delvauxit = $\bar{\mathrm{Fe}}^2\bar{\mathrm{P}}$ + 18 $\dot{\mathrm{H}}$ (?) mit 40,4 $\bar{\mathrm{Fe}}$;

Pseudotriplit = (Fe, $\dot{\mathrm{Mn}}$)$^3\bar{\mathrm{P}}^2$ + 2$\dot{\mathrm{H}}$ excl. ger. Mengen von $\bar{\mathrm{Si}}$; mit 51,5$\bar{\mathrm{Fe}}$;

Kakoxen = $\bar{\mathrm{Fe}}^2\bar{\mathrm{P}}$ + 12$\dot{\mathrm{H}}$ mit Beimengungen von $\bar{\mathrm{Si}}$, $\dot{\mathrm{Ca}}$, $\dot{\mathrm{Mg}}$ und $\bar{\mathrm{Al}}$, von denen letztere einen Theil des Fe zu ersetzen scheint, auch ist etwas Fl vorhanden; der Gehalt an Eisenoxyd variirt zwischen 36 und 43 Procent;

Childrenit = [2(Fe, $\dot{\mathrm{Mn}}$, $\dot{\mathrm{Mg}}$)$^4\bar{\mathrm{P}}$ + $\bar{\mathrm{Al}}^2\bar{\mathrm{P}}$] + 15 $\dot{\mathrm{H}}$, nebst wenig $\bar{\mathrm{Si}}$ als Quarz, mit 30,6 Fe;

Alluaudit, nach Damour = ($\dot{\mathrm{R}}^3\bar{\mathrm{P}}$ + $\bar{\mathrm{Fe}}\bar{\mathrm{P}}$) + $\dot{\mathrm{H}}$ mit 25,6 Fe; $\dot{\mathrm{R}}$ = $\dot{\mathrm{Mn}}$ und $\dot{\mathrm{Na}}$;

Calcoferrit = (3 $\dot{\mathrm{R}}^3\bar{\mathrm{P}}^2$ + 4 $\dot{\mathrm{H}}^2\bar{\mathrm{P}}$) + 48 $\dot{\mathrm{H}}$; $\dot{\mathrm{R}}$ = $\dot{\mathrm{Ca}}$, $\dot{\mathrm{Mg}}$; $\bar{\mathrm{R}}$ = $\bar{\mathrm{Fe}}$, $\bar{\mathrm{Al}}$; mit 24,3 Fe;

Triphylin
Tetraphylin } s. Lithion;

Eisenapatit
Heterosit } s. Mangan.
Triplit
Hureaulit

δ) mit Kohlensäure im

Spatheisenstein = $\mathrm{Fe}\bar{\mathrm{C}}$ mit 62,0 Fe oder 48,2 $\bar{\mathrm{Fe}}$; er enthält aber gewöhnlich mehr oder weniger Mn, Ca, Mg und zuweilen auch Zn, so dass die allgemeine Formel (Fe, $\dot{\mathrm{Mn}}$, $\dot{\mathrm{Zn}}$, $\dot{\mathrm{Ca}}$, $\dot{\mathrm{Mg}}$) $\bar{\mathrm{C}}$ ist.

ε) mit Oxalsäure im

Humboldtit (Oxalit, Eisenresin) = 2$\mathrm{Fe}\bar{\mathrm{C}}$ + 3$\dot{\mathrm{H}}$ mit 40,5 Fe.

ζ) mit Borsäure im

Lagonit = $\bar{\mathrm{Fe}}\bar{\mathrm{B}}$ + 3$\dot{\mathrm{H}}$ mit 37,8 $\bar{\mathrm{Fe}}$.

η) mit **Arsensäure** im

Arseniosiderit, $= (2\overset{..}{Ca}{}^3\overset{...}{As} + 3\overset{..}{Fe}{}^3\overset{...}{As} + 12\overset{.}{H}) + \overset{.}{Fe}\overset{...}{H}$ mit 39,3 Fe;

Würfelerz $= \overset{..}{Fe}{}^3\overset{...}{As} + \overset{...}{Fe}{}^3\overset{...}{As} + 18\overset{.}{H}$ mit 37,8 Fe, zuweilen ger. Mengen von $\overset{...}{P}$ und $\overset{..}{Cu}$ enthaltend;

Skorodit $= \overset{...}{Fe}\overset{...}{As} + 4\overset{.}{H}$ mit 34,6 Fe;

Eisensinter $= (\overset{..}{Fe}{}^3\overset{...}{As}{}^2 + 16\overset{.}{H}) + (\overset{..}{Fe}\overset{..}{S} + 15\overset{.}{H})$ mit 35,5 Fe;

Carminspath $= \overset{..}{Pb}{}^3\overset{...}{As} + 5\overset{..}{Fe}\overset{...}{As}$ mit 28 Fe;

Symplesit von Lobenstein $= \overset{.}{Fe}, \overset{..}{Fe}, \overset{...}{As}$ und $\overset{.}{H}$, mit ger. Mengen von $\overset{..}{Ni}, \overset{..}{Mn}$ und $\overset{..}{S}$;

Strahlerz, s. Kupfer.

θ) mit **Wolframsäure** im

Wolfram, von dem es mehrere Varietäten giebt:

$\overset{..}{Mn}\overset{....}{W} + 4\overset{..}{Fe}\overset{....}{W}$ mit 19,3 Fe von Ehrenfriedersdorf etc.,

$3\overset{..}{Mn}\overset{....}{W} + 2\overset{..}{Fe}\overset{....}{W}$ mit 9,5 Fe von Zinnwald, Altenberg, Freiberg, Harzgerode, Schlackenwalde, Connecticut;

$4\overset{..}{Mn}\overset{....}{W} + \overset{..}{Fe}\overset{....}{W}$ mit 4,7 Fe von Schlackenwalde (feine braunrothe Nadeln) und aus Missouri.

In verschiedenen Varietäten des Wolframs hat man ger. Mengen von Niobsäure und Tantalsäure gefunden.

ι) mit **Titansäure** im

Titaneisen (Ilmenit, Crichtonit, axotomes Eisenerz, Kibdelophan, Washingtonit, Eisenrose, Iserin, Menakan). Nach Mosander und Rammelsberg isomorphe Mischungen von $\overset{..}{Fe}\overset{....}{Ti}$ und von $\overset{...}{Fe}$, in denen das $\overset{..}{Fe}$ fast immer zum Theil durch $\overset{..}{Mg}$ ersetzt ist. Die verschiedenen Varietäten lassen sich nach Rammelsberg unter folgende Formeln bringen:

Crichtonit, Kibdelophan, T. von Rio Chico $= \overset{..}{Fe}\overset{....}{Ti}$;

Titaneisen von Laytons Farm $= (\overset{..}{Fe}, \overset{..}{Mg})\overset{....}{Ti}$.

Die übrigen Titaneisen $= m (\overset{..}{Fe}, \overset{..}{Mn}, \overset{..}{Mg})\overset{....}{Ti} + n \overset{...}{Fe}$. Es ist:

m = 9   n = 1. Egersund, Krageröe, St. Paulsthal, Cienaga.
m = 6   n = 1. Ilmengebirge (Ilmenit).
m = 4   n = 1. Château-Richer.
m = 3   n = 1. Iserwiese (Iserin z. Th.)
m = 1   n = 1. Lichfield, Tredestrand, Sió-Tok.
m = 1   n = 2. Bodenmais, Eisenach, Horrsjöberg, Uddewalla.
m = 1   n = 3. Aschaffenburg.
m = 1   n = 4. Snarum, Binnenthal, Oak Bowery.
m = 1   n = 5. St. Gotthardt (Eisenrose).
m = 1   n = 13. Krageröe, Tavetschthal.

x) mit Tantalsäure im

Tantalit, im Wesentlichen Ḟe Ṫa mit kleinern oder grösseren Mengen von Ṁn Ṫa. Ausserdem enthalten die Tantalite fast stets Ṡn, die französischen Ẓr, und endlich findet sich bisweilen Ẇ, sowie ein geringer Gehalt an Ċa und Ċu.

λ) mit Unterniobsäure im

Columbit (Niobit). Die reinsten Abänderungen, die nicht eine mehr oder weniger vorgeschrittene Zersetzung erlitten haben, entsprechen der Formel 'ṚṈb, worin Ṛ = Ḟe und Ṁn. Es sind dies die Columbite von Grönland, vom Ilmengebirge und vom Ural. In manchen Varietäten findet sich ein geringer Gehalt von Ẇ, Ṡn und Ċu, in der vom Ilmengebirge auch Uranoxyd.

μ) mit Diansäure (s. d. Anmerk. a. S. 233) im

Dianit von Tamela, von ähnlicher Zusammensetzung wie der Tantalit oder Columbit, nur dass anstatt einer dieser beiden Säuren Diansäure vorhanden ist.

ν) mit Kieselsäure in folgenden Silicaten:

Sideroschisolith, I, 1 G = Ḟe³S̄i + 3 Ḟe Ḧ mit 71 Ḟe nebst wenig Ā̄l;

Chamoisit, I, 1 G = 2 Ḟe³ S̄i + Ḟe⁴ Ā̄l + 12 Ḧ mit 63,1 Ḟe;

Thuringit, I -II, 1 G = (3 Ḟe³ S̄i + Ḟe S̄i) + 9 Ḧ incl. Ṁg, mit 42,6 Ḟe und 21,9 Ḟe;

Cronstedtit, II, 1 G = (Ḟe, Ṁn, Ṁg)³ S̄i + Ḟe Ḧ³ mit 58,8 Ḟe;

Grunerit = Ḟe³ S̄i² incl. ger. Mengen von Ā̄l, Ċa und Ṁg mit 53,8 Ḟe;

Hisingerit (Thraulit), II—III, 1, ist in seiner Zusammensetzung verschieden:

H. von Riddarhyttan = (Ḟe³ S̄i + 2 Ḟe S̄i) + 6 Ḧ, incl. Ċa und Ṁg, mit 17,6 Ḟe und 34,7 Ḟe;

H. von der Gillinge Grube (Gillingit) = (Ḟe³ S̄i + 2 Ḟe S̄i) + 9 Ḧ; incl. Ċa und Ṁg, mit 8,6 Ḟe und 30,1 Ḟe;

H. von Orijerfvi = (7 Ḟe³ S̄i + 2 Ḟe S̄i) + 21 Ḧ, incl. Ṁg, mit 49,0 Ḟe und 10,2 Ḟe.

Der Hisingerit enthält zuweilen Ċu und Ḟe eingemengt.

Melanolith, I, 1 = Ṛ³ S̄i + Ṛ S̄i + 3 Ḧ; Ṛ = Ḟe (25 p. c.), Ṅa; Ṛ = Ḟe (23,1 p. c.), Ā̄l;

Fayalit (Eisenperidot), I, 2 = S̄i, Ḟe (42 Proc.), mit Ṁn, Ṁg, Ċa, Ā̄l, Ċu, Ṗb und Ḟe;

Degeröit, vielleicht $\bar{F}e^2\bar{S}i^3 + 6\ddot{H}$, incl. ger. Mengen von
$\bar{A}l$, $\bar{F}e$, $\dot{C}a$ und $\dot{M}g$, nebst wenig $\bar{\bar{P}}$, mit 41,4 p. c. $\bar{F}e$;

Metachlorit, 1 G $= \bar{S}i$, $\bar{A}l$, $\bar{F}e$ (40,3 p. c.) $\ddot{H}$ mit ger. Mengen von $\dot{M}g$, $\dot{C}a$, $\dot{K}$, $\dot{N}a$;

Stilpnomelan, I—II, 2, nach Rammelsberg vielleicht $2\bar{F}e^3\bar{S}i^3 + \bar{A}l\bar{S}i^3 + 6\ddot{H}$ excl. $\dot{C}a$, $\dot{M}g$ und $\dot{K}$, mit 33—37 Proc. $\bar{F}e$;

Xylit, II, 2 $= (\dot{C}a, \dot{M}g)\bar{S}i + \bar{F}e\bar{S}i + \ddot{H}$ mit 37,8 $\bar{F}e$;

Nontronit, III, 2 $= \bar{F}e\bar{S}i^2 + 6\ddot{H}$ mit 30—37 $\bar{F}e$ und ger. Mengen von $\dot{F}e$, $\bar{A}l$ und $\dot{M}g$;

Chalkodit, 1, 1 $= 2\dot{R}\bar{S}i + \bar{R}\bar{S}i + 3\ddot{H}$; $\dot{R} = \dot{F}e$ (16,4 p. c.), $\dot{M}g$, $\dot{C}a$; $\bar{R} = \bar{F}e$ (20,4 p. c.) $\bar{A}l$;

Anthosiderit, II, 1 $= \bar{F}e\bar{S}i^3 + \ddot{H}$ mit 34,6 $\bar{F}e$;

Eisengranat, 1, 2 $= \bar{F}e^3\bar{S}i + \bar{A}l\bar{S}i$ als Hauptbestandtheil, mit mehr oder weniger $\dot{C}a$, $\dot{M}g$, $\dot{M}n$, $\dot{F}e$, und zwar: im Almandin mit 39,6 $\bar{F}e$, im edlen Granat, von verschiedenen Orten, mit 25—32 $\bar{F}e$, im braunen und rothen Granat, ebenfalls von verschiedenen Orten, mit 23,5 bis 33,0 $\bar{F}e$;

Gelberde, III, 2 $= \bar{A}l\bar{S}i + 2\bar{F}e\bar{S}i + 6\ddot{H}$, excl. wenig $\dot{M}g$, mit 37,7 $\bar{F}e$; (vielleicht nur ein inniges Gemenge von Thon und Eisenoxydhydrat).

Pinguit, II, 1 $= \bar{F}e\bar{S}i + \bar{F}e^3\bar{S}i^3 + 15\ddot{H}$ mit 30,6 $\bar{F}e$ und 6,8 $\dot{F}e$; er enthält jedoch ger. Mengen von $\bar{A}l$, $\dot{M}g$ und $\dot{M}n$; ähnlich der Gramnit, nur mit höherem Thonerde- und niedrigerem Eisengehalte;

Chloropal, III, 2 $= \bar{S}i$, $\bar{F}e$ (32—33 Proc.), $\dot{M}g$, $\bar{A}l$ und $\ddot{H}$;

Unghwarit $= \bar{S}i$, $\bar{F}e$ (20,8 p. c.) $\ddot{H}$ mit wenig $\dot{C}a$;

Krokydolith, s. Natron;

Knebelit, s. Mangan;

Chlorophaeit (Eisensilicat), I $= \bar{F}e\bar{S}i + 6\ddot{H}$ mit 26,4 $\dot{F}e$, incl. wenig $\dot{M}g$;

Pyrosmalith, I, (1 durch $\bar{\bar{N}}$) $= 3\,FeCl + 4(\dot{R}^3\bar{S}i + 2\dot{R}^3\bar{S}i^3 + 6\ddot{H})$; $\dot{R} = \dot{F}e$, $\dot{M}n$, $\dot{C}a$, mit ger. Mengen von $\bar{A}l$;

Grünerde, I, 3 $= \bar{S}i$, $\bar{F}e$ (17—28 Proc.), $\bar{A}l$, $\dot{M}g$, $\dot{K}$, $\dot{N}a$, $\ddot{H}$;

Meteorsteine, s. Kali;

Eisensteinmark, s. Thonerde;

Rhodalith, III $= \bar{F}e\bar{S}i^4 + \bar{A}l\bar{S}i^4 + 18\ddot{H}$ mit 11,4 $\dot{F}e$ und ger. Mengen von $\dot{C}a$, $\dot{M}g$ und $\dot{M}n$.

In Hüttenprodukten, welche bei der Zugutemachung der Erze durch den Schmelzprocess erzeugt werden, ist das Eisen ebenfalls in verschiedenem Zustande enthalten, und zwar:

a) metallisch im

Roheisen und Rohstahl, in Verbindung mit mehr oder weniger C und geringen Mengen von S, P, Si, Mn, Al, Ca und Mg; ferner:

in den Eisensauen (Härtlingen), die sich bisweilen beim Verschmelzen der Eisen-, Kupfer-, Zinn- und Bleierze über Schachtöfen, entweder in Folge einer fehlerhaften Beschickung oder aus anderen Ursachen auf der Sohle des Ofens auflegen und gewöhnlich aus einem Gemenge von Eisen (Kohleneisen, Kieseleisen) und anderen Metallen bestehen, sehr häufig aber auch Schwefel- und Arsenmetalle eingemengt enthalten.

Auch ist das im Grossen ausgebrachte Schwarzkupfer, welches ausser Cu als Hauptbestandtheil bisweilen noch verschiedene andere Metalle in grösserer oder geringerer Menge enthält, z. B. Pb, Ni, Co, As, Zn, Mo, Sb und Ag, selten frei von Fe.

Endlich finden sich auch ger. Mengen von Eisen im Zinn und Blei, bevor diese Metalle einer besondern Reinigung durch Umschmelzen oder Raffiniren unterworfen werden; desgleichen auch im Zink.

b) in Verbindung mit Arsen in

den verschiedenen Speisen, die beim Verschmelzen solcher Silber-, Blei- und Kupfererze fallen, welche Eisen, Nickel und Kobalt an Arsen gebunden enthalten. Die Zusammensetzung einer solchen Speise ist sehr verschieden; in den meisten Fällen besteht sie aus (Fe, Ni, Co)^{4}As, seltener aus R^{2}As, in sehr veränderlichen Verhältnissen der basischen Metalle, gemengt oder verbunden mit mehr oder weniger Fe, Fe, Pb, Cu, Sb, Zn und Ag.

Diejenige Speise, welche bei der Verschmelzung abgerösteter goldhaltiger Arsenkiese fällt, ist eine Verbindung von Fe^{4}As und Fe.

Die Kobaltspeise von den Blaufarbenwerken besteht hauptsächlich aus (Ni, Co)^{3}As, seltener aus (Ni, Co)^{4}As, mit eingemengtem Bi; bisweilen enthält sie auch Fe^{2}As und Ag, seltener Cu.

c) in Verbindung mit Schwefel in

den verschiedenen steinigen Produkten, welche beim Verschmelzen der Gold-, Silber-, Blei- und Kupfererze fallen, namentlich im Rohstein = Fe^{2}Fe, verbunden mit mehr oder weniger Pb, Cu, Co, Ni, Zn, Sb, Ag, und zuweilen gemengt mit (Fe, Ni, Co)^{4}As;

im Bleistein $=$ (Fe, Pb, Cu)^3 Fe, verbunden mit mehr oder weniger Co, Ni, Zn, Sb, Ag, öfters auch gemengt mit (Fe, Ni, Co)^4 As;

im Kupferstein, welcher entweder aus CuFe, oder aus Cu, Fe und Fe in veränderlichen Verhältnissen besteht, oder noch mit anderen Schwefel- und Arsenmetallen verbunden ist, wohin Pb, Zn, Sb, Ag und (Ni, Co)^4 As gehören.

Dasselbe gilt für den Kupferlech.

Auch gehören hierher diejenigen Ofenbrüche, welche sich auf dem Wege der Sublimation bilden, namentlich:

der Rohofenbruch, welcher hauptsächlich aus Zn besteht, aber öfters mit mehr oder weniger Fe, Pb und geringen Mengen anderer Schwefelmetalle verbunden, so wie

der Bleiofenbruch, dessen Hauptbestandtheil Pb ist, der aber öfters noch andere Schwefelmetalle, wie namentlich Fe, Zn, Sb und Ag enthält.

d) Als Oxydul in Verbindung mit Kieselerde in den verschiedenen Schlacken.

e) Als Oxyd-Oxydul im Hammerschlag, Glühspan etc.

Probe auf Eisen
mit Einschluss des Löthrohrverhaltens der oben genannten Mineralien und Hüttenprodukte.

a) *Probe auf Eisen im Allgemeinen.*

Die Probe auf Eisen ist, da dieses Metall in Verbindung mit Sauerstoff dem Borax- und Phosphorsalzglase eine eigenthümliche Farbe ertheilt und aus beiden Flüssen durch alleinige Einwirkung der Löthrohrflamme nicht metallisch ausgefällt werden kann, sehr leicht. Man hat nur zu berücksichtigen, ob man es bei einer solchen Probe mit Metallverbindungen unter sich, oder mit Schwefel- oder Arsenmetallen, oder mit Metalloxyden zu thun hat.

Sind es Metallverbindungen, die nur aus schwer schmelzbaren Metallen bestehen, so schmelzt man diese
Metall-Verbindungen.   auf Kohle neben Borax so lange im Oxydationsfeuer, bis das Boraxglas von den sich bildenden Oxyden der leicht oxydirbaren Metalle hinreichend stark gefärbt erscheint. Enthalten jedoch die Verbindungen Blei, Zinn, Wismuth, Antimon oder Zink und schmelzen leicht, so wendet man die Reductionsflamme an; diese Flamme leitet man aber nur hauptsächlich auf das Glas, damit nicht zu viel von den letztgenannten Metallen mit oxydirt und aufgelöst werde. In beiden Fällen nimmt man das noch weiche Glas von dem

Metallkörne weg und behandelt es auf einer andern Stelle der Kohle mit der Reductionsflamme, wo die leicht reducirbaren Metalloxyde ausgefällt werden und das Boraxglas dann von Eisenoxyd-Oxydul bouteillengrün **Metall-Verbindungen.** gefärbt erscheint, sobald nicht Kobaltoxydul diese Reaction verhindert. Enthält das Metallgemisch viel Zinn, oder behandelt man das bouteillengrüne Glas auf einer andern Stelle der Kohle neben einem Stückchen Zinn nochmals einige Augenblicke mit der Reductionsflamme, so wird das Eisen vollkommen bis auf die Stufe des Oxyduls reducirt und das Glas erscheint nach dem Erkalten rein vitriolgrün.

Zeigt das Boraxglas nicht die grüne Farbe, welche vom Eisenoxydul hervorgebracht wird, sondern eine blaue, so ist dies ein Beweis, dass Kobaltoxydul gegenwärtig ist, welches die Eisenfarbe verdrängt. In diesem Falle muss man das Glas wieder im Reductionsfeuer erweichen, den grössten Theil desselben mit der Pincette von der Kohle nehmen, ohne dass etwas Metall daran hängen bleibt, und in das Oehr eines Platindrahtes schmelzen, wozu man eine reine Oxydationsflamme anwendet. Färbt es sich dabei so dunkel, dass man kaum durchsehen kann, so muss man es, so lange es noch weich ist, mit der Pincette breit drücken, einen Theil davon auf dem Amboss abklopfen und den noch hängen gebliebenen Theil mit mehr Borax verdünnen. Hierauf behandelt man das Glas von Neuem mit der Oxydationsflamme, und zwar so lange, bis alles aufgelöste oxydirte Eisen vollkommen in Oxyd umgeändert ist und in diesem Zustande das Boraxglas gelb bis braunroth, je nach der vorhandenen Menge, gefärbt haben kann. Enthält das Glas neben Kobaltoxyd nur eine Spur von Eisenoxyd, so erscheint es, so lange es heiss ist, grün und wird unter der Abkühlung rein blau. Ist der Gehalt an Eisen schon bedeutender, so ist das heisse Glas dunkelgrün und nach der Abkühlung schön grün, weil das Eisenoxyd in nicht zu grosser Menge dem Boraxglase nach dem Erkalten eine gelbe Farbe ertheilt, die mit dem Blau vom Kobaltoxyd jenes Grün giebt.

Die bei der Behandlung des Metallgemisches mit Borax im Reductionsfeuer zurückbleibenden Metalle, die zuweilen fast nur aus Kupfer und Nickel bestehen, weil die flüchtigen Metalle sich grösstentheils entfernen und die Kohle mit ihren Oxyden beschlagen, lassen sich durch eine weitere Behandlung mit Borax oder Phosphorsalz leicht erkennen, wie es bei der Probe auf diese Metalle an den betreffenden Orten angegeben werden soll.

Hat man es mit ganz unschmelzbaren Verbindungen zu thun, in welchen vielleicht ausser Eisen und einigen der oben genannten Metalle auch Nickel vorhanden ist, so verfährt man am sichersten, wenn man eine kleine Menge der betreffenden

Substanz in Salpetersäure auflöst und weiter verfährt, wie es
unten beim Gediegen Eisen angegeben werden soll.

Die Verbindungen von Schwefel-,und Arsenmetallen kann
man auf zweierlei Art auf Eisen untersuchen.
**Schwefel- und
Arsenmetalle.** Die erste Art ist folgende: Man röstet die Probe
auf Kohle nach S. 97 ab, löst dann von dersel-
ben nach und nach kleine Theile in Borax und Platindraht
im Oxydationsfeuer auf und sieht nach, was das Glas, sowohl
in der Wärme als unter und nach der Abkühlung, für eine
Farbe besitzt. Bei manchen dergleichen Verbindungen, die
blos Metalle enthalten, deren Oxyde nicht sehr intensiv färben, bekommt man sogleich die Eisenfarbe; bei manchen anderen aber, wenn sie z. B. Kupfer enthalten, bekommt man
sie nicht, sondern es entsteht hier eine grüne Farbe, die unter der Abkühlung lichter wird und die nach der Abkühlung
aus dem Gelb vom Eisenoxyd und dem Blau vom Kupferoxyd zusammengesetzt ist. In diesem Falle muss man das
Glas nach S. 100 abstossen und auf Kohle so lange im Reductionsfeuer behandeln, bis das Kupfer ausgefällt ist und das
Glas die bouteillengrüne Farbe des Eisenoxyd-Oxyduls zeigt,
wenn nicht zugleich Kobaltoxydul vorhanden ist. Auch kann
man nach dem Zusammendrücken der Perle reine Stückchen
des bouteillengrünen Glases am Platindrahte im Oxydationsfeuer umschmelzen und das Eisen an der gelben Farbe des
Glases erkennen.

Die zweite Art ist: Man pulverisirt die Substanz, vermengt sie mit Probirblei und Borax und schmilzt das Ganze
auf Kohle im Reductionsfeuer so lange, bis das Boraxglas
von den anwesenden leicht oxydirbaren, nicht flüchtigen Metallen gefärbt ist. Anfangs bedeckt man das Gemenge ganz
mit der Reductionsflamme, so wie sich aber der Borax zur
Kugel vereinigt hat, leitet man die Flamme nur auf diese
und lässt der atmosphärischen Luft freien Zutritt zu dem
schmelzenden Metalle. Das Boraxglas hebt man nach beendigter Schmelzung schnell mit der Pincette von dem flüssigen
Bleie ab, behandelt es zuerst für sich auf Kohle im Reductionsfeuer, um eine vielleicht noch vorhandene geringe Menge
von Bleioxyd zu reduciren, und prüft es dann auf Platindraht
im Oxydationsfeuer; sollte das Glas zu dunkel gefärbt erscheinen, so verdünnt man es mit so viel Borax, bis es durchsichtig ist. Die mit dem Bleie verbundenen anderen Metalle,
wie z. B. Kupfer und Nickel, lassen sich dann leicht mit
Glasflüssen erkennen, wenn man das Blei durch Borsäure
abscheidet, wie es bei der Probe auf Kupfer angegeben werden soll.

Verbindungen, die für sich leicht auf Kohle schmelzen,
kann man ohne Probirblei mit Borax im Reductionsfeuer behandeln. So kann z. B. auf diese Weise in manchem Blei-

glanz noch ein ganz geringer Gehalt an Eisen aufgefunden
werden, vorzüglich, wenn das Glas dann noch mit Zinn behandelt wird. Zeigt das Boraxglas keine vitriolgrüne Farbe, sondern eine blaue, so verführt man
mit einem solchen Glase weiter, wie es oben bei
den Metallverbindungen angegeben wurde.

Schwefel- und
Arsenmetalle

In den Verbindungen der Oxyde des Eisens mit anderen
Metalloxyden oder mit Erden und Säuren findet
man das Eisen ebenfalls am besten durch Schmelzen dieser Substanzen mit Borax oder Phosphorsalz.

Oxyd-Ver-
bindungen etc.

Will man erfahren, ob die Substanz das Eisen als Oxyd
oder als Oxydul enthält, so setzt man nach Chapman*) die
Probe einer kupferoxydhaltigen Boraxglasperle zu. Bei Eisenoxyd wird die Perle blaugrün, bei Oxydul zeigen sich darin
deutlich rothe Flecken von gebildetem Kupferoxydul.

Verbindungen von Metalloxyden, in denen man weder
Kupferoxyd, noch Nickeloxydul, noch Chromoxyd oder Uranoxyd vermuthet, löst man auf Platindraht in Borax mit Hülfe
der Oxydationsflamme auf und betrachtet die gefärbte Glasperle, gegen das Tageslicht gehalten, so lange, bis sie so weit
erkaltet ist, dass sich ihre Farbe nicht weiter verändert. Zeigt
das Glas blos die Farbe des Eisens, oder die des Eisens und
Kobalts zugleich, von welcher Farbe oben schon gesprochen
wurde, so braucht die Glasperle nicht weiter behandelt zu
werden; zeigt sie aber eine andere Farbe, vielleicht eine
violette mit viel Roth, so muss man sie eine Zeit lang im
Reductionsfeuer behandeln, wodurch die violette Farbe, welche
von Mangan entstanden ist, verschwindet und die bouteillengrüne Farbe des Eisenoxyd-Oxyduls übrig bleibt. Enthält
eine solche Substanz viel Mangan, so erscheint das Glas nach
der Behandlung im Oxydationsfeuer, so lange es heiss ist,
ganz dunkelroth und nach dem Erkalten roth, etwas in's
Violette fallend. In diesem Falle ist man nicht im Stande,
alles Mangan auf Platindraht auf die Stufe des Oxyduls zu
bringen, sondern man ist genöthigt, das Glas abzustossen und
es auf Kohle mit Zinn zu behandeln, wo die Manganfarbe
verschwindet und die vitriolgrüne Farbe vom Eisenoxydul
allein zum Vorschein kommt, wenn nicht auch Kobaltoxydul
gegenwärtig ist. Auch lässt sich bei überwiegendem Gehalte
von Mangan ein geringer Gehalt an Eisen leicht durch Phosphorsalz nachweisen, weil das Phosphorsalzglas im Oxydationsfeuer vom Manganoxyd nicht mehr intensiv gefärbt und im
Reductionsfeuer leicht farblos wird, während die Farbe vom
aufgelösten Eisenoxyd nach der Behandlung des Glases im
Reductionsfeuer zurück bleibt; das Glas erscheint in der Regel nach der Abkühlung röthlich (S. 127).

*) Erdmann's Journal für pract. Chemie, Bd. XLVI, S. 119.

Enthält eine Substanz ausser Eisen- und Manganoxyd
noch Kobaltoxydul, und man prüft sie mit Borax auf Platindraht, so erscheint das Glas nach dem Oxydationsfeuer mehr oder weniger dunkel violett gefärbt
und wird, wenn man es eine kurze Zeit mit der
Reductionsflamme behandelt, grün und nach der Abkühlung
blau.   Auch kann man in einer Verbindung von viel Manganoxyd und Kobaltoxydul mit wenig Eisenoxyd letzteres sehr
leicht finden, wenn man die Substanz, sobald sie in Säuren
leicht auflöslich ist, in Chlorwasserstoffsäure auflöst und aus
der mit Wasser verdünnten Auflösung das Eisenoxyd durch
Ammoniak ausfällt, oder wenn sie nicht vollständig auflöslich
ist, sie mit doppelt-schwefelsaurem Kali schmelzt, die geschmolzene Masse in Wasser auflöst, die Auflösung mit einigen
Tropfen Chlorwasserstoffsäure und dann mit Ammoniak im
geringen Ueberschuss versetzt.   Das ausgefällte Eisenoxyd,
welches jedoch nicht frei von Mangan ist, filtrirt man ab und
prüft es mit Borax oder Phosphorsalz auf Platindraht.

Enthält die auf Eisen zu untersuchende Substanz ausser
Eisenoxyd auch Oxyde von Kupfer und Nickel, so ist es
besser, wenn man sie auf Kohle zu Borax mit Hülfe der Oxydationsflamme auflöst und darauf mit der Reductionsflamme
behandelt; Kupfer und Nickel werden dabei metallisch ausgefällt und die Eisenfarbe bleibt allein übrig.   Zur vollkommneren Abscheidung der reducirten Metalltheile ist es zweckmässig, ein kleines Stückchen Blei zuzusetzen; man kann auch
dann das plattgedrückte Glas am Platindrahte im Oxydationsfeuer umschmelzen, um die reine Eisenoxydfärbung zu erhalten.   Erscheint das Glas in Folge eines Kobaltgehaltes blau,
so muss man dasselbe jedenfalls auf Platindraht nehmen und
wieder oxydiren, wie es auch oben schon angegeben worden
ist.   Ein Gehalt an Kupfer giebt sich dadurch zu erkennen,
dass, wenn man die Substanz in Phosphorsalz auflöst und das
Glas auf Kohle mit Zinn behandelt, dasselbe undurchsichtig
roth wird.

Enthält eine auf Eisen zu prüfende Substanz neben
Eisenoxyd auch Chromoxyd, so bekommt man mit Borax ein
Glas, welches, so lange es heiss ist, durch seine Farbe die
Gegenwart von Eisen und nach der Abkühlung nur die Gegenwart von Chrom anzeigt.   Da indess ein von Chromoxyd
gesättigtes Boraxglas, nach der Behandlung im Oxydationsfeuer, im noch heissen Zustande ebenfalls eine dunkelrothe
Farbe besitzt, so lässt sich noch nicht mit Sicherheit auf einen
Eisengehalt schliessen.   In solchen Fällen kann man die Substanz mit 3 Theilen Salpeter und 1 Theil Soda mengen, dieses
Gemenge nach und nach in das Oehr eines Platindrahtes
schmelzen, das sich bildende chromsaure Alkali in Wasser
auflösen und den Rückstand, nachdem er mit Wasser ge-

waschen worden ist, auf Platindraht in Borax auflösen, wo
man, wenn keine anderen färbenden Metalloxyde zugegen
sind und alles Chromoxyd abgeschieden worden,
die Farbe des Eisens bekommt. Auch kann *Oxyd-Verbindungen etc.*
man das Eisen durch Soda auf Kohle reduciren
und durch Abschlämmen der nicht reducirten Theile als Metall auffinden.

Enthält die Substanz neben Eisen auch Uran, so bekommt
man zwar mit Borax die Farben des Eisens, aber diese werden nicht vom Eisen allein hervorgebracht, sondern gleichzeitig auch vom Uran, welches dieselben Farben giebt. Will
man daher die reine Eisenfarbe haben, so muss man die Substanz, wenn sie nicht in Säuren vollkommen löslich ist, mit
doppelt-schwefelsaurem Kali schmelzen, die geschmolzene
Masse in Wasser auflösen und eine Auflösung von kohlensaurem Ammoniak im Ueberschuss zusetzen. Das Uranoxyd,
welches anfangs mit dem Eisenoxyd gefällt wird, löst sich
wieder auf, so dass letzteres durch Filtration erhalten und
nach dem Waschen mit Wasser mit Borax geprüft werden
kann. Bringt man die ammoniakalische Flüssigkeit zum
Kochen, so fällt das Uranoxyd als gelbes Pulver nieder und
kann ebenfalls vor dem Löthrohre, und zwar mit Phosphorsalz, sehr leicht erkannt werden. Leichter lässt sich das
Uranoxyd ausfüllen, wenn man die ammoniakalische Flüssigkeit mit Chlorwasserstoffsäure schwach sauer macht und hierauf
Aetzkali hinzufügt.

Enthält die Substanz ausser Oxyden des Eisens auch
Oxyde des Wolframs oder Titans, so bekommt man mit Borax und Phosphorsalz im Oxydationsfeuer nur die gelbe Farbe,
welche Eisenoxyd hervorbringt, weil die mit Sauerstoff im
Maximo verbundenen andern genannten Metalle (Wolframsäure
und Titansäure) nur schwach gelb färben; im Reductionsfeuer
hingegen nimmt das Phosphorsalzglas eine ganz andere Farbe
an, die sich vorzüglich unter der Abkühlung zeigt; es wird
stärker oder schwächer braunroth. (S. 136, 137 und 139.)

b) Verhalten der oben bezeichneten eisenhaltigen Mineralien vor dem Löthrohre.

Gediegen Eisen und Meteoreisen zeigt sich vor
dem Löthrohr unschmelzbar.

Auf Kohle mit Borax oder Phosphorsalz im *Gediegen Eisen und Meteoreisen.*
Oxydationsfeuer so lange behandelt, bis die betreffenden Gläser gefärbt sind, erhält man nur eine Reaction
auf Eisen; werden die bouteillengrünen Gläser auf Platindraht
im Oxydationsfeuer umgeschmolzen, so zeigen sie blos die
gelbe Farbe, welche Eisenoxyd allein hervorbringt. Löst man
aber eine kleine Menge eines solchen Eisens in Salpetersalzsäure auf und fällt aus der verdünnten sauren Auflösung das

Eisenoxyd durch einen Ueberschuss von Ammoniak aus, so
können dann aus der ammoniakalischen Flüssigkeit, welche
vom Meteoreisen den grössten Theil des Nickels, Kobalts,
Mangans und Kupfers enthält, diese Metalle durch Schwefelammonium ausgefällt, und wenn sie sich abgesetzt haben, filtrirt und vor dem Löthrohre mit Borax erkannt werden;
s. Probe auf Kobalt für Schwefelmetalle im Allgemeinen.

Verbindungen des Eisens mit Arsen und Schwefel.

Arseneisen von Reichenstein und Fossum giebt
in einer an einem Ende zugeschmolzenen Glasröhre ein Sublimat von metallischem Arsen.   In einer an bei-

Arsen- und Schwefeleisen. den Enden offenen Glasröhre vorsichtig erhitzt,
sublimirt sich viel arsenige Säure; auch bemerkt
man durch befeuchtetes Lakmuspapier eine Bildung von
schwefliger Säure.

Auf Kohle entwickelt es viel Arsen und schmilzt im Reductionsfeuer zur magnetischen Kugel.

Im abgerösteten Zustande mit Glasflüssen behandelt, reagirt es nur auf Eisen.

Aehnlich verhält sich das Arseneisen von den übrigen
oben genannten Fundorten.   Behandelt man jedoch bei der
Varietät von Schladming das auf Kohle geschmolzene Körnchen mit Borax, wie es bei der Probe auf Nickel für solche
Substanzen angegeben werden soll, die aus verschiedenen
Arsenmetallen bestehen, so findet man, dass ausser Eisen
auch Nickel und Kobalt vorhanden ist.

Arsenkies giebt in einer an einem Ende zugeschmolzenen Glasröhre anfangs ein rothes Sublimat von Schwefelarsen, später aber ein schwarzes, glänzendes von metallischem
Arsen, welches krystallinisch ist.   In der offenen Glasröhre
giebt er arsenige und schweflige Säure; bei zu starker Hitze
entstehen leicht Sublimate von Arsensuboxyd und metall-
lischem Arsen (S. 75).

Auf Kohle giebt er anfangs einen starken Arsenrauch
und beschlägt die Kohle mit arseniger Säure; dann schmilzt
er, vorzüglich in der Reductionsflamme, unter Arsengeruch
zur Kugel, die sich wie geschmolzener Magnetkies verhält
(s. unten).

Enthält der Arsenkies ein wenig Kobalt und man röstet
eine kleine Menge dieses Kieses auf Kohle ab, so lässt sich
das genannte Metall sehr leicht nachweisen, wenn man das
Abgeröstete mit Borax prüft, wie es oben (S. 285) angegeben ist.

Kobaltarsenkies von Skuterud bei Modum ver-
hält sich wie Arsenkies, nur reagirt er, im abgerösteten Zustande mit Borax behandelt, sehr stark auf Kobalt.

Verbindungen des Eisens mit Schwefel.

Magnetkies in einer an einem Ende zugeschmolzenen Glasröhre erhitzt, giebt bei stärkerem Glühen ein geringes Sublimat von Schwefel. In der offenen Glasröhre giebt er nur schweflige Säure. Schwefelskies.

Auf Kohle schmilzt er im Reductionsfeuer zum Korne, das nach der Abkühlung mit einer anebenen schwarzen Masse überzogen ist, dem Magnete folgt und beim Zerschlagen einen gelblichen, metallisch glänzenden, krystallinischen Bruch zeigt. Im Oxydationsfeuer auf Kohle geröstet, verwandelt er sich in rothes Oxyd, welches mit Borax und Phosphorsalz geprüft nur auf Eisen reagirt.

Enthält der Magnetkies nur eine geringe Menge von Nickel, so findet sich diese am besten, wenn man eine auf Kohle völlig abgeröstete Probe mit Borax und Gold auf Kohle im Reductionsfeuer behandelt, wie es bei der Probe auf Nickel im Allgemeinen angegeben werden soll.

Eisenkies (Schwefelkies) in einer an einem Ende zugeschmolzenen Glasröhre erhitzt, verbreitet gewöhnlich einen Geruch nach Schwefelwasserstoff und giebt ein Sublimat von Schwefel. Enthält er Arsen, so bildet sich später auch ein Sublimat von Schwefelarsen, das nach der Menge des Arsens dunkler oder lichter erscheint. Der gut durchgebrannte Rückstand erscheint metallisch und porös und verhält sich wie Magnetkies.

Auf Kohle giebt er Schwefel ab, der mit blauer Flamme verbrennt, und verhält sich dann wie Magnetkies.

Strahlkies (Speerkies, Kammkies, Leberkies) verhält sich wie Eisenkies, giebt aber schon bei schwächerer Hitze Schwefel ab, auch bemerkt man sehr häufig Feuchtigkeit in der Röhre.

Lonchidit (Kausimkies) von der Grube Churprinz bei Freiberg, giebt in einer an dem einen Ende zugeschmolzenen Glasröhre zuerst ein Sublimat von Schwefel, und dann ein geringes Sublimat von Schwefelarsen, welches unter der Abkühlung rothgelb wird. In der offenen Glasröhre giebt er bei schwacher Hitze schweflige und arsenige Säure (bei stärkerer Hitze Schwefelarsen).

Auf Kohle mit der Reductionsflamme berührt, verflüchtigt sich Schwefel und Arsen, wobei die Kohle mit arseniger Säure beschlagen wird. Ist ein gewisser Theil des Schwefels und alles Arsen entfernt, so schmilzt die Probe unter Bildung eines schwachen Bleibeschlags ruhig zur Kugel, die nach dem Erkalten dem Magnete folgt.

Eine abgeröstete Probe dieses Kieses verhält sich zu den
Flüssen wie folgt:

In Borax löst sie sich im Oxydationsfeuer mit
Schwefelkies. dunkelrother Farbe leicht auf; die Probe wird aber
unter der Abkühlung grün, und auf Kohle mit Zinn behandelt,
blaugrün (Eisen und Kobalt). In Phosphorsalz löst sie sich im
Oxydationsfeuer ebenfalls mit dunkelrother Farbe auf; die Probe
wird aber unter der Abkühlung zuerst grün und dann violett
(Eisen und Kobalt), und auf Kohle mit Zinn behandelt, unter
der Abkühlung undurchsichtig roth (Kupfer). Durch eine
Reductionsprobe mit einem Zusatz von Gold lässt sich, wenn
das Goldkorn dann mit Phosphorsalz behandelt wird, ebenfalls ein geringer Gehalt von Kupfer und Kobalt nachweisen.

Kyrosit vom Briccinastollu aus Annaberger Revier
giebt, in einer an einem Ende zugeschmolzenen Glasröhre
erhitzt, zuerst etwas Schwefel und dann ein geringes Sublimat
von Schwefelarsen. In der offenen Glasröhre entwickelt er
schweflige Säure, auch beschlägt er die Röhre im Innern
mit krystallinischer arseniger Säure.

Auf Kohle giebt er Schwefel ab, der mit blauer Flamme
verbrennt, und schmilzt, ohne einen merklichen Beschlag von
arseniger Säure auf Kohle abzusetzen, zur Kugel, die dem
Magnete folgt.

Röstet man das gepulverte Mineral auf Kohle ab, so erhält man ein rothbraunes Pulver, welches, wenn ein Theil
davon in Borax mit Hülfe der Oxydationsflamme aufgelöst
wird, in diesem Flusse eine Farbe hervorbringt, die, so lange
die Glasperle heiss ist, von Eisenoxyd dunkelgelb erscheint,
unter der Abkühlung aber grünlich wird. Im Reductionsfeuer
behandelt, wird die Glasperle unter der Abkühlung undurchsichtig und dunkel rothbraun von einem Gehalt an Kupfer.

Wird das geröstete Mineral in Phosphorsalz aufgelöst, so
erhält man eine dunkelgelb gefärbte Glasperle, die unter der
Abkühlung grün und, auf Kohle mit Zinn behandelt, undurchsichtig roth wird.

Durch eine Reductionsprobe mit Soda auf Kohle erhält
man metallisches Eisen mit eingemengten metallischen Kupfer-
theilen.

Eisenoxyde und Eisenoxyd-Hydrate.

Die Oxyde des Eisens, als: Magneteisenstein, Eisenmulm, Eisenglanz und Rotheisenstein, verhalten sich
vor dem Löthrohre im Allgemeinen wie Eisen-
Eisen-Oxyde etc. oxyd (S. 126). Geringe Beimengungen von andern Metalloxyden, z. B. Manganoxyd, Chromoxyd, Kupferoxyd etc. können entweder schon bei der Behandlung der
betreffenden Oxyde mit Glasflüssen gleichzeitig mit aufgefunden

worden, oder sie lassen sich durch besondere Proben nachweisen, wie es an den betreffenden Orten angegeben ist.

Die Eisenoxyd-Hydrate, zu denen die B r a u n - Eisen-Oxyde etc.
eisensteine, nämlich: brauner Glaskopf,
Lepidokrokit, Nadeleisenerz, Rubinglimmer, Stilpnosiderit etc., ferner Thoneisenstein, Eisenniere,
Bohnerz und Raseneisenstein, Sumpferz, Wiesenerz
und Quellerz, so wie Eisenocker gehören, geben, wenn
sie im Glaskolben erhitzt werden, Wasser und ändern sich
in Oxyd um, dessen rothe Farbe nach der Reinheit der angewandten Probe verschieden ist.

In der Pincette können sie mehr oder weniger leicht an
den Kanten geschmolzen werden, vorzüglich wenn man die
blaue Flamme anwendet; dabei färben diejenigen, welche Phosphorsäure enthalten, die äussere Flamme (am sichersten nach
dem Befeuchten mit Schwefelsäure) blaugrün.

Bei der Prüfung mit Borax und Phosphorsalz reagiren
sie sämmtlich auf Eisen, zuweilen auch mit auf Kupfer und
Kobalt. Der Thoneisenstein hinterlässt im Phosphorsalzglase
bisweilen ein Kieselskelett.

Mit Soda und Salpeter auf Platinblech geschmolzen, zeigen sie fast alle Manganreaction.

Eisenoxyd in Verbindung mit anderen Oxyden.

Magnoferrit. Das Löthrohrverhalten dieses Minerals
ist nicht bekannt.

Chromeisenstein im Glaskolben bis zum Oxyd-Verbindungen.
Glühen erhitzt, verändert sich nicht.

In der Pincette mit der Oxydationsflamme behandelt,
zeigt er sich unschmelzbar; im Reductionsfeuer kann er dagegen an den Kanten bisweilen abgerundet werden, worauf
er dann auch dem Magnete folgt.

Von Borax und Phosphorsalz wird er langsam, aber vollkommen zu einem klaren Glase aufgelöst, welches, so lange
es heiss ist, nur von Eisenoxyd gefärbt zu sein scheint, unter
der Abkühlung aber chromgrün wird. Diese grüne Farbe
wird noch reiner, wenn man das Glas im Reductionsfeuer
behandelt oder es auch auf Kohle mit Zinn in dieser Flamme
umschmelzt.

Von Soda wird er nicht angegriffen; auch ist mit diesem
Flusse auf Platinblech eine Reaction auf Mangan nicht hervorzubringen; wird aber etwas Salpeter hinzugesetzt, so färbt
sich die geschmolzene Masse von gebildetem chromsauren
Alkali gelb.

Durch eine Reductionsprobe erhält man metallisches Eisen.

Oxyde des Eisens in Verbindung mit Säuren.

Die schwefelsauren Salze der Oxyde des Eisens, als:
Eisenvitriol, Botryogen, Vitriolocker, Apatelit,

Misy, Fibroferrit, Copiapit, Stypticit, Coqnimbit, so wie der Pissanit, Voltait, Römerit, das Gelbeisen-erz und der Jarosit, geben sämmtlich beim Er-hitzen im Glaskolben mehr oder weniger Wasser, das bei stärkerem Erhitzen der Probe einen Theil der entweichenden Säure aufnimmt und auf Lakmuspapier sauer reagirt. Diejenigen Salze, welche das Eisen als Oxydul enthalten, namentlich der Eisenvitriol, entwickeln anfangs nur schweflige Säure.

Auf Kohle im Oxydationsfeuer behandelt, verwandeln sie sich unter Abgabe der Säure in Eisenoxyd. Die anderen, in diesen Mineralien vorhandenen charakteristischen Bestandtheile, wie das Kupfer im Pisanit, das Zink im Römerit, so wie die Alkalien im Gelbeisenerz und Jarosit, lassen sich nach den bei den betreffenden Stoffen angegebenen Proben auffinden.

Eisenalaun schmilzt im Glaskolben in seinem Krystallwasser, bläht sich auf und giebt viel Wasser. Wird der Rückstand bis zum Glühen erhitzt, so giebt er schweflige Säure und färbt sich braun.

Von Borax und Phosphorsalz wird er im Oxydationsfeuer zu einem klaren Glase aufgelöst, welches stark von Eisenoxyd gefärbt ist.

Mit Soda giebt er eine hepatische Masse.

Im Wasser aufgelöst, und das Eisenoxydul durch einige Tropfen Salpetersäure bei Kochhitze in Eisenoxyd verwandelt, giebt er mit Ammoniak einen Niederschlag von Thonerde und Eisenoxyd, welcher durch eine Auflösung von Kali leicht getrennt werden kann (s. Probe auf Thonerde S. 226).

Pissophan giebt im Glaskolben Wasser, welches nach Erdmann alkalisch reagirt. Wird die trockne Masse bis zum Glühen erhitzt, so entwickeln sich sauer reagirende Dämpfe und die Masse erscheint nach dem Erkalten bräunlichgelb.

Von Borax und Phosphorsalz wird er zu einem klaren, von Eisenoxyd gelb gefärbten Glase aufgelöst.

Mit Soda giebt er auf Kohle eine unschmelzbare hepatische Masse.

Kobaltsolution bringt nur dann eine deutliche blaue Farbe hervor, wenn der Gehalt an Eisen in dem Minerale nicht zu bedeutend ist.

Lässt sich durch Kobaltsolution die Thonerde nicht nachweisen, so darf man das gepulverte Mineral nur in Chlorwasserstoffsäure auflösen, Thonerde und Eisenoxyd gemeinschaftlich durch Ammoniak ausfüllen und beide durch eine Auflösung von Kali trennen, wie es bei der Probe auf Thonerde in Silicaten S. 226 angegeben ist.

Die Verbindungen des Eisenoxydes mit Phosphorsäure allein, als: Grüneisenstein (Kraurit), Vivianit (Blaueisenerz) und Dolvauxit goben im Glaskolben Wasser, welches nicht sauer reagirt.

In der Pincette schwellen sie auf, schmelzen aber dann, wenn man sie mit der Spitze der blauen Flamme berührt, zur stahlgrauen metallischen Kugel, während die äussere Flamme blaugrün gefärbt wird. (Phosphorsäure).

Zu Borax und Phosphorsalz verhalten sie sich wie Eisenoxyd.

Durch eine Reductionsprobe mit Soda oder neutralem oxalsauren Kali auf Kohle erhält man magnetische Eisenkörner.

Aehnlich verhält sich der Pseudotriplit, nur giebt derselbe mit Soda auf Platinblech eine Manganreaction.

Bei dem Alluaudit ist wegen des Natrongehaltes dieses Minerals die Färbung der äussern Flamme durch die Phosphorsäure jedenfalls nicht wahrzunehmen, letztere muss daher auf andere Weise nachgewiesen werden (s. Probe auf Phosphorsäure).

Ueber das Vorhalten des Calcoferrits ist nur so viel bekannt, dass derselbe beim Erhitzen Wasser giebt und vor dem Löthrohre sehr leicht zu einer schwarzen, glänzenden, magnetischen Kugel schmilzt.

Diadochit giebt im Glaskolben viel Wasser, nimmt an Volumen zu und ändert seine braunrothe Farbe in eine gelbe um, während Glanz und Durchsichtigkeit verloren gehen. Bis zum Glühen erhitzt, entwickelt sich schweflige Säure.

In der Pincette voluminirt er sehr stark und zerfällt fast zu Pulver. Ein im Glaskolben geglühtes Stückchen schmilzt in der Pincette unter Aufwallen zur Kugel und färbt die äussere Flamme blaugrün. (Phosphorsäure).

Auf Kohle bläht er sich stark auf, schmilzt aber nachher zur Kugel, welche unter der Abkühlung ein Aufglühen zeigt. Die Kugel erscheint nach dem Erkalten stahlgrau und wird vom Magnet gezogen.

Mit Soda auf Kohle im Reductionsfeuer behandelt, zieht sich fast Alles in die Kohle ein; die geschmolzene Masse reagirt auf befeuchtetem Silberblech sehr stark auf Schwefel und hinterlässt beim Schlämmen mit Wasser metallische Theile, die dem Magnete folgen.

Die im Glaskolben durchgeglühten Theile verhalten sich zu Borax und Phosphorsalz wie Eisenoxyd.

Kakoxen giebt, im Glaskolben erhitzt, Wasser, von welchem das zuletzt frei werdende auf Fernambukpapier sauer reagirt. Auch wird von der frei gewordenen Fluorwasserstoffsäure das Glas angegriffen, so dass nach völliger Verdunstung des Wassers im Kolben, Ringe von Kieselerde sich zeigen.

In der Pincette schmilzt er an den Kanten zu einer

schwarzen, metallisch glänzenden Schlacke und färbt die
äussere Flamme deutlich blaugrün (Phosphorsäure).

In Borax und Phosphorsalz löst er sich leicht
auf. Die Gläser sind vollkommen klar und von
einem bedeutenden Gehalte an Eisenoxyd gelb gefärbt.

Mit Soda schmilzt er anfangs unter Aufbrausen zusammen, später geht aber das gebildete phosphorsaure Natron in
die Kohle und es bleibt eine schwarze unschmelzbare Masse
zurück.

Von Chlorwasserstoffsäure wird er, bis auf eine ganz geringe Menge von Kieselerde, aufgelöst.

Schmilzt man ihn mit Soda und Kieselerde (s. Probe auf
Phosphorsäure) auf Kohle zur Perle, pulverisirt dieselbe, zieht
die in Wasser auflöslichen Salze in der Wärme durch destillirtes Wasser aus, filtrirt, löst den Rückstand in Chlorwasserstoffsäure, und fügt zu der mit Wasser verdünnten Auflösung
Ammoniak im Ueberschuss, so entsteht ein Niederschlag von
Eisenoxyd, Thonerde und Kieselerde, welchen man auf die
Weise zerlegt, wie beim Lazulith (S. 205) angegeben wurde.
Die von dem Niederschlage abfiltrirte ammoniakalische Flüssigkeit kann man noch mit Oxalsäure auf Kalkerde prüfen.

Childrenit giebt im Glaskolben erhitzt, viel Wasser.

Vor dem Löthrohre schwillt er zu einzelnen Verästelungen
auf, färbt die äussere Löthrohrflamme deutlich blaugrün, und
bildet eine zerklüftete, theils schwarze, theils braunrothe, an
den Kanten abgerundete Masse.

Mit Flüssen reagirt er auf Eisen und Mangan. Rammelsberg.

Die Verbindung des Eisenoxyduls mit Kohlensäure als:

Spatheisenstein im Glaskolben erhitzt, decrepitirt bisweilen, giebt Kohlensäure und Kohlenoxydgas aus, färbt sich
schwarz und verwandelt sich in Eisenoxyd-Oxydul, welches
dem Magnete folgt.

Zu Glasflüssen verhält er sich wie Eisenoxyd.

Mit Soda und Salpeter auf Platinblech geschmolzen, reagirt er zuweilen auf Mangan.

Ist ein Theil des Eisenoxyduls durch Kalkerde oder Talkerde ersetzt, so kann dies nur auf nassem Wege nachgewiesen werden, wie es bei der Probe auf Talkerde für kohlensaure Verbindungen (S. 200) angegeben ist.

Humboldtit (Oxalit, Eisenrosin) giebt, im Glaskolben erhitzt, Wasser und färbt sich schwarz.

Auf Kohle erhitzt, färbt er sich schwarz, brennt sich aber
im Oxydationsfeuer bald roth. Mit den Flüssen giebt er die
Reactionen des Eisens.

Das Löthrohrverhalten des Lagonit's ist nicht bekannt.

Die Verbindungen des Eisenoxydes mit Arsensäure allein,
zu welchen der Arseniosiderit, das Würfelerz und der

Skorodit gehört, gehen, im Glaskolben erhitzt, Wasser, welches nicht sauer reagirt.

In der Pincette mit der blauen Flamme erhitzt, schmelzen sie zur grauen, metallisch glänzenden Schlacke, während die äussere Flamme hellblau gefärbt wird. Salze.

Auf Kohle geben sie Arsenrauch und schmelzen im Reductionsfeuer zur grauen, metallisch glänzenden, magnetischen Schlacke, die in Glasflüssen die Reactionen des Eisens giebt.

Der Eisensinter giebt, im Glaskolben erhitzt, Wasser und bei stärkerer Hitze schweflige Säure.

In der Pincette und auf Kohle für sich verhält er sich wie die vorhergehenden.

Mit Soda auf Kohle entwickelt er Arsendämpfe und zieht sich grösstentheils in die Kohle. Die eingedrungene Masse reagirt auf befeuchtetem Silberblech stark auf Schwefel.

Der Carminspath ist beim Erhitzen unveränderlich. Vor dem Löthrohre schmilzt er auf Kohle unter Entwickelung von Arsendämpfen zu einer grauen Schlacke, wobei ein Bleibeschlag wahrzunehmen ist oder doch sicher nach Zusatz von etwas Soda erhalten werden kann. Mit Borax und Phosphorsalz erhält man die Eisenreaction.

Symplesit von Lobenstein im Glaskolben his zu 80° R. erhitzt, verändert sich nicht; bei höherer Temperatur giebt er Wasser aus (24,6 Proc.) und färbt sich braun; in der Glühhitze sublimirt eine merkliche Menge arseniger Säure, und ein in den Hals des Glaskolbens geschobenes Streifchen Lakmuspapier wird schwach roth gefärbt.

In der Pincette zeigt er sich im Oxydationsfeuer unschmelzbar; mit der Spitze der blauen Flamme berührt, schmilzt er an den Kanten und färbt die äussere Flamme hellblau.

Auf Kohle verbreitet er im Reductionsfeuer einen starken Arsengeruch, färbt sich schwarz, schmilzt nur an den Kanten und folgt dann dem Magnetstahle.

In Borax und Phosphorsalz löst sich das im Glaskolben oder auf Kohle durchgeglühte Stückchen mit Eisenfarbe auf; das Boraxglas erscheint jedoch nach gutem Oxydationsfeuer mehr bräunlichgelb. Löst man auf Kohle so viel in Borax auf, bis die Glasperle ganz undurchsichtig erscheint, und behandelt dieselbe hierauf mit der Reductionsflamme, so reduciren sich kleine Kugeln eines leichtflüssigen Arsenmetalles; sammelt man diese in einem kleinen Goldkorne an und behandelt dieses dann auf Kohle mit Phosphorsalz im Oxydationsfeuer, so entsteht ein braunes Glas, welches unter der Abkühlung goldgelb wird und einen Gehalt von Nickel anzeigt.

Mit Soda auf Kohle behandelt, entwickelt sich ein starker Arsengeruch und die in die Kohle gedrungene Masse reagirt, wenn sie auf Silberblech gelegt

und mit Wasser befeuchtet wird, schwach auf Schwefel, was
auf einen geringen Gehalt an Schwefelsäure deutet. Mit
Soda und Salpeter auf Platinblech geschmolzen,
erfolgt eine schwache Manganreaction.

Verbindung des Eisenoxyduls und Manganoxyduls mit Wolframsäure.

Wolfram decrepitirt bisweilen beim Erhitzen im Glaskolben und giebt manchmal Spuren von Wasser.

In der Pincette und auf Kohle schmilzt er schwer zur
Kugel, deren Oberfläche aus einer Zusammenhäufung von
blättrigen, eisengrauen, metallisch glänzenden Krystallen besteht. (Unterschied vom Titaneisen, welches im Oxydationsfeuer unschmelzbar ist).

Von Borax wird er im Oxydationsfeuer ziemlich leicht
zu einem klaren Glase aufgelöst, welches je nach der Zusammensetzung der Probe mehr eine Mangan- oder eine
Eisenreaction erkennen lässt, so dass man bei einem gewissen
Zusatze die eisenreicheren Varietäten von den eisenärmeren
leicht unterscheiden kann; bei jenen ist das Glas unter der
Abkühlung gelb von Eisenoxyd, während es bei diesen gelblich roth erscheint. Nach kurzem Reductionsfeuer werden
die Farben lichter und sprechen nur für Eisenoxyd.

Von Phosphorsalz wird er im Oxydationsfeuer leicht zu
einem klaren Glase aufgelöst, das in der Wärme röthlichgelb
und nach der Abkühlung etwas lichter erscheint, jedoch nur
einen Eisengehalt anzeigt. Wird das Glas aber hierauf mit
der Reductionsflamme behandelt, so bekommt es unter der
Abkühlung eine ganz andere Farbe; es wird dunkelroth.
Von einem mässigen Zusatze wird es schon undurchsichtig.
Behandelt man ein nicht zu sehr gesättigtes Glas auf Kohle
ganz kurze Zeit im Reductionsfeuer mit Zinn, so erscheint
es nach dem Erkalten grün. Bläst man lange mit gutem
Reductionsfeuer darauf, so verschwindet die grüne Farbe und
es bleibt eine schwach röthlichgelbe zurück, die sich nicht
weiter verändert.

Mit Soda und Salpeter auf Platinblech geschmolzen, reagirt er stark auf Mangan.

Wegen Nachweisung der Wolframsäure s. die Probe auf
Wolfram.

Verbindung des Eisenoxyduls etc. mit Titansäure.

Titaneisen ist für sich im Oxydationsfeuer unschmelzbar, im Reductionsfeuer kann es aber an den Kanten etwas
abgerundet werden.

Zu Borax und Phosphorsalz verhält es sich im Oxydationsfeuer wie Eisenoxyd, wird aber das Phosphorsalzglas
eine Zeit lang mit der Reductionsflamme behandelt, so nimmt

das Glas unter der Abkühlung eine mehr oder weniger intensiv braunrothe Farbe an. Die Tiefe dieser rothen Farbe giebt die relative Grösse des Titangehaltes zu erkennen. Behandelt man ein solches Glas auf Kohle ^{Sohse.} mit Zinn, so wird, wenn der Gehalt an Titan nicht zu gering ist, die Glasperle violettroth. Durch Schmelzen mit doppeltschwefelsaurem Kali (s. Probe auf Titan) lässt es sich in seine Bestandtheile zerlegen.

Mit Soda und Salpeter auf Platinblech geschmolzen, giebt es oft eine schwache Reaction auf Mangan.

Verbindung des Eisenoxyduls etc. mit Tantalsäure und Diansäure.

Tantalit von Tammela, von Kimito und von Finbo, der frei von Wolframsäure ist, zeigt folgendes Löthrohrverhalten:

Im Glaskolben erhitzt, giebt er nichts Flüchtiges; auch zeigt er sich sowohl in der Pincette als auf Kohle unschmelzbar.

Von Borax wird er langsam zu einem von Eisen gefärbten Glase aufgelöst, welches bei einer gewissen Sättigung in Folge der vorhandenen Tantalsäure graulich-weiss geflattert werden kann, vorzüglich wenn es vorher mit der Reductionsflamme behandelt worden ist; bei völliger Sättigung wird es unter der Abkühlung von selbst unklar.

Von Phosphorsalz wird er ebenfalls nur langsam zu einem von Eisenoxyd gefärbten Glase aufgelöst, das, im Reductionsfeuer behandelt, unter der Abkühlung blassgelb, aber nicht roth wird, woraus hervorgeht, dass keine Wolframsäure vorhanden ist. Wird das Glas auf Kohle mit Zinn behandelt, so wird es grün.

Mit Soda und Salpeter auf Platinblech geschmolzen, reagirt er auf Mangan.

Mit Soda und einem kleinen Zusatze von Borax, welcher zur Auflösung der tantalsauren Verbindung dient und die Reduction des Eisens verhindert, bekommt man auf Kohle in einem guten Reductionsfeuer etwas metallisches Zinn.

Will man sich von der Gegenwart der Tantalsäure noch weiter überzeugen, so kann man dies auf die Weise, wie sie bei der Probe auf Tantal weiter unten beschrieben werden soll.

Tantalit von Broddbo, welcher Wolframsäure enthält, verhält sich im Glaskolben, in der Pincette, auf Kohle und zu Borax wie der vorhergehende.

Von Phosphorsalz wird er langsam zu einem von Eisen gefärbten Glase aufgelöst, das, im Reductionsfeuer behandelt, unter der Abkühlung dunkelroth wird und damit die Gegenwart von Wolframsäure andeutet. Wird das Glas auf Kohle mit Zinn behandelt, so behält es seine rothe Farbe bei und unterscheidet sich daher dadurch von jenem Glase (in welchem kein Wolfram aufgelöst ist), das bei einer solchen Behandlung eine grüne Farbe annimmt, ganz deutlich.

Mit Soda und Salpeter auf Platinblech geschmolzen, reagirt er stark auf Mangan.

Durch eine Reductionsprobe mit Soda und einem Zusatze von Borax bekommt man metallisches Zinn.

Tantalit von Kimito, mit zinntbraunem Pulver, verhält sich nach Berzelius vor dem Löthrohre, wie folgt:

Für sich ist er unveränderlich.

Von Borax wird er schwer und nur im fein gepulverten Zustande aufgelöst. So lange, als noch ein Theil der Probe ungelöst ist, erscheint das Glas nur dunkelgrün von Eisenoxydul gefärbt.

Von Phosphorsalz wird er leichter aufgelöst und verhält sich übrigens zu diesem Flusse wie ein von Wolframsäure freier Tantalit.

Von Soda wird er zerlegt, aber nicht aufgelöst, er reagirt auf Mangan und giebt durch eine Reductionsprobe etwas Zinn.

Dianit von Tammela verhält sich nach v. Kobell vor dem Löthrohre wie der Tantalit von Kimito. Wegen des Nachweises der Diansäure s. die Probe auf Tantal.

Verbindung des Eisenoxyduls etc. mit Unterniobsäure.

Columbit von Bodenmais im Glaskolben erhitzt, giebt nichts Flüchtiges.

In der Pincette und auf Kohle zeigt er sich unschmelzbar.

Von Borax wird er leicht zu einem von Eisenoxyd gefärbten Glase aufgelöst, welches erst bei starker Sättigung, und vorzüglich nach der Behandlung im Reductionsfeuer, unklar geflattert werden kann.

Von Phosphorsalz wird er langsam zu einem von Eisenoxyd gefärbten Glase aufgelöst, welches nach der Behandlung im Reductionsfeuer unter der Abkühlung heller von Farbe wird, zum Beweis, dass dieser Columbit frei von Wolframsäure zu sein scheint.

Mit Soda und Salpeter reagirt er auf Mangan. Durch eine Reductionsprobe mit Soda und Borax auf Kohle erhält man Spuren von Zinn, die, wenn sie mit Phosphorsalz auf Kohle behandelt werden, manchmal auf Kupfer reagiren.

Wie man sich von der Gegenwart der Unterniobsäure überzeugt, soll bei der Probe auf Niob angegeben werden.

Ein ganz ähnliches Verhalten zeigen auch die Columbite von den übrigen Fundorten.

Silicate.

Von den oben S. 281 u. f. verzeichneten Silicaten geben die meisten im Glaskolben mehr oder weniger Wasser. Aus

dem Pyrosmalith entwickelt sich bei stärkerer Hitze ausserdem noch ein gelber Stoff (Eisenchlorid), der sich in dem
zuletzt kommenden Wasser löst, wodurch dieses
die Eigenschaft bekommt, auf Lakmuspapier sauer   Silirate.
zu reagiren; auch ist an der Mündung des Kolbens ein stechender Geruch wahrzunehmen.

Ihre relative Schmelzbarkeit ist aus den beigefügten Zahlen zu ersehen. Die geschmolzenen Proben folgen, wenn man
die blaue Flamme angewendet hat, gewöhnlich dem Magnete.

Von Borax werden manche leicht, manche schwer und
der Anthosiderit selbst als Pulver nur sehr unvollkommen
aufgelöst. Das Boraxglas zeigt dabei gewöhnlich nur die
Reaction auf Eisen.

Zu Phosphorsalz verhalten sie sich wie zu Borax, nur
mit dem Unterschiede, dass diejenigen, deren Basen sich vollkommen auflösen, Kieselerde hinterlassen.

Mit wenig Soda schmelzen die meisten zur Kugel, mit
mehr Soda geben aber diejenigen, welche auf einer niedrigen
Stufe der Silicirung stehen, eine schlackige Masse.

Mit Soda und Salpeter auf Platinblech geschmolzen,
bringen mehrere eine Reaction auf Mangan hervor.

Hat man Ursache, auch die in manchen dieser Silicate
vorhandenen erdigen Bestandtheile aufzusuchen, so schlägt
man denselben Weg ein, der bei der Probe auf Kalkerde
(S. 194) speciell beschrieben ist.

*c) Probe auf Eisen in Hüttenprodukten und deren Verhalten vor dem
Löthrohre.*

Roheisen und Rohstahl werden in der Regel nur auf
Nebenbestandtheile untersucht, wie namentlich auf Mangan
(S. 275), Kohlenstoff, Kiesel, Schwefel und Phos-   Metalle und
phor (man s. diese Proben.)   Metall-Verbin-
                                                       dungen.
Wie man bei der Prüfung der Eisensauen,
der Härtlinge, des Schwarzkupfers und des unreinen
Bleies und Zinnes auf Eisen und auf die übrigen Nebenbestandtheile vor dem Löthrohre verfährt, ergiebt sich aus
dem, was S. 284 für die eisenhaltigen Metallverbindungen
speciell angeführt ist.

Die verschiedenen Speisen, welche beim Verschmelzen
mancher Gold-, Silber-, Blei- und Kupfererze fallen,
so wie die bei Blaufarbenwerken sich in den Hä-   Arsenmetalle.
fen absetzende Speise, sind alle sehr leicht auf ihre einzelnen
Bestandtheile zu untersuchen; denn sie verhalten sich vor
dem Löthrohre wie folgt:

In einer an beiden Enden offenen Glasröhre geben die
meisten arsenige und schweflige Säure, manche jedoch nur
erst, wenn sie im pulverförmigen Zustande angewendet werden.

Auf Kohle schmelzen sie im Reductionsfeuer zur Kugel

und geben den Ueberschuss an Arsen ab, wenn der Arsengehalt die Verbindung von (Ni, Co, Fe)⁴As übersteigt. Enthalten sie Schwefelmetalle, welche flüchtig sind,

Arsenmetalle.　wie z. B. Pb und Sb, so bildet sich ein Beschlag
von Bleioxyd und Antimonoxyd, welche letztere mit schwefelsaurem Bleioxyd gemengt ist. Ist der Gehalt an Eisen sehr
bedeutend, so dass sich schwer ein Beschlag bildet, so muss
man das Eisen durch eine Behandlung mit Borax auf Kohle
erst grösstentheils wegschaffen und das zurückbleibende Metallkorn für sich erhitzen, wobei dann ein Beschlag von Bleioxyd und Antimonoxyd deutlich wahrgenommen werden kann.
Enthält die Speise Wismuth, wie es z. B. mit der Kobaltspeise der Fall ist, so entsteht ein Beschlag von Wismuthoxyd. (Ueber Beschläge s. S. 81 u. f.)

Behandelt man die geschmolzene Kugel mit Borax auf
Kohle, so oxydirt sich zuerst das Eisen, hierauf das Kobalt
und die sich bildenden Oxyde lösen sich ohne Weiteres auf,
während man eine Verflüchtigung von Arsen durch den Geruch wahrnimmt. Zeigt das Metallkorn eine blanke Oberfläche, so unterbricht man das Blasen, nimmt schnell das Metallkorn heraus und hierauf mit der Pincette einen Theil des
weichen Glases und prüft es, wenn es vielleicht ganz undurchsichtig erscheint, mit Borax am Platindrahte im Oxydationsfeuer, wo es entweder blos die Reaction von Eisen oder von
Eisen und Kobalt zugleich giebt (S. 284). Das Metallkorn
schmilzt man abermals mit Borax auf Kohle. Wurde bei der
ersten Behandlung mit Borax aller Eisen- und Kobaltgehalt
abgeschieden, so zeigt jetzt das Glas nur die Farbe des
Nickels; blieb aber von diesen Metallen noch ein Theil des
Kobalts zurück, so ist das Glas zugleich auch von diesem
Metalle gefärbt, und wenn der Gehalt an Kobalt bedeutend
ist, so erscheint es sogar nur rein smalteblau. In diesem Falle
muss man das zum zweiten Male mit Borax behandelte Metallkorn noch zum dritten und zuweilen sogar zum vierten
Male mit Borax behandeln, wo dann nur die Farbe vom
Nickeloxydul wahrzunehmen ist.

Enthält die Speise Kupfer, welches Metall sich bei der
Prüfung mit Borax nicht zu erkennen giebt, weil das Nickel
leichter oxydirbar ist als das Kupfer, so lässt sich dasselbe
sehr leicht auffinden, wenn man das von Eisen und Kobalt
befreite Metallkorn, welches nun aus Ni⁴As besteht und mehr
oder weniger Cu enthält, auf Kohle mit Phosphorsalz im
Oxydationsfeuer behandelt; es oxydirt sich neben Nickel auch
Kupfer und man erhält eine gelb-grün gefärbte Glasperle, die
auch unter der Abkühlung von dem Gelb des Nickels und
dem Blau des Kupfers so bleibt. Behandelt man die Glasperle auf Kohle mit Zinn, so wird sie unter der Abkühlung

roth und undurchsichtig von Kupferoxydul. Hierbei wird aber vorausgesetzt, dass erst alles Antimon bei der Behandlung der Speise für sich auf Kohle schon entfernt worden sei, damit die Glasperle unter der ^{Arsenmetalle.} Abkühlung sich nicht schwarz färben kann.

Ist in einer Speise der Gehalt an Schwefelblei so bedeutend, dass man auf Kohle einen Beschlag von Antimonoxyd nicht gut von dem sich gleichzeitig bildenden Beschlag von schwefelsaurem Bleioxyd unterscheiden kann, so darf man nur einen Theil der fein gepulverten Speise mit Soda mengen und das Gemenge auf Kohle im Reductionsfeuer schmelzen. Der Schwefel wird durch die Soda abgeschieden, das Blei bildet blos einen gelben Beschlag und der Beschlag von Antimonoxyd tritt rein hervor.

Ist eine ziemliche Menge von Schwefelzink in der Speise enthalten, so bildet sich auch ein geringer Beschlag von Zinkoxyd; ist die Menge desselben aber nur gering, so lässt sich der Zinkgehalt nicht mit Sicherheit nachweisen.

Hat man es mit einer sehr unreinen Speise zu thun, die z. B. viel Schwefelmetalle eingemengt enthält, so kann man auch, nachdem man sich durch eine Behandlung auf Kohle von der Anwesenheit der flüchtigen Metalle überzeugt hat, eine kleine Menge gut abrösten und das Abgeröstete mit Glasflüssen behandeln, wie es S. 286 angegeben ist.

Die verschiedenen steinigen Produkte, als: Rohstein, Bleistein, Kupferstein und Kupferlech, so wie die Ofenbrüche, entwickeln, wenn sie in einer an ^{Schwefelmetalle.} beiden Enden offenen Glasröhre erhitzt werden, schweflige Säure, und legen, wenn sie Schwefelantimon enthalten, in der Nähe der Probe auch einen dünnen Beschlag von Antimonoxyd und Antimonsäure an, der nicht flüchtig ist.

Auf Kohle im Reductionsfeuer schmelzen die genannten Produkte, mit Ausnahme des zinkreichen Rohofenbruches, zur Kugel und beschlagen, wenn sie flüchtige Schwefelmetalle und nicht sehr wenig Schwefelzink enthalten, die Kohle mit deren Oxyden, namentlich mit Bleioxyd, schwefelsaurem Bleioxyd, Antimonoxyd und Zinkoxyd; auch lässt sich bisweilen ein Geruch nach Arsen wahrnehmen. Ist dies nicht der Fall, so kann man eine besondere Probe auf Arsen vornehmen, wie sie später beim Arsen selbst angegeben werden soll.

Um die anderen Bestandtheile auffinden zu können, röstet man eine hinreichende Menge des Produktes auf Kohle gut ab und prüft das Abgeröstete zuerst mit Borax und Phosphorsalz, wie es oben (S. 286 ff.) für die Verbindungen der Eisenoxyde mit anderen Metalloxyden angegeben ist; dann unterlässt man auch nicht, einen Theil des abgerösteten Produktes mit Soda auf Kohle im Reductionsfeuer zu behandeln, um Kupfer und Eisen metallisch zu erlangen und einen geringen Gehalt an Zink durch den sich bildenden Beschlag zu erkennen, der sich in der unmittelbaren Nähe der Probe bildet.

Schlacken. Die Schlacken, welche bei den verschiedenen metallurgischen Processen fallen, sind so verschieden, dass sich ein allgemeines Löthrohrverhalten derselben nicht aufstellen lässt; es ergiebt sich indess aus ihrem Verhalten für sich auf Kohle und zu Glasflüssen sehr bald, was sie für metallische Basen enthalten, auf die man bei der Zerlegung theils auf trockenem, theils auf nassem Wege nach S. 194 Rücksicht zu nehmen hat.

Hammerschlag etc. Hammerschlag, Glühspan etc. von der Bearbeitung des gefrischten Eisens, geben sich bei der Prüfung in der Pincette für sich sowohl, als auch mit Borax und Phosphorsalz sogleich zu erkennen. Sie schmelzen, wenn sie in der Pincette mit der Spitze der blauen Flamme erhitzt werden, zur Kugel, und reagiren mit den Glasflüssen nur auf Eisen. Mit Soda und Salpeter kann bisweilen eine Manganreaction hervorgebracht werden.

4) Kobalt = Co.

Vorkommen dieses Metalles im Mineralreiche und in Hüttenprodukten.

Das Kobalt findet sich in verschiedenem Zustande in folgenden Mineralien:

a) In Verbindung mit **Arsen** im

Speiskobalt. Die damit bezeichneten Mineralien enthalten in isomorpher Mischung Arsenide von Kobalt und Eisen oder von Kobalt, Nickel und Eisen. Rammelsberg unterscheidet:

a) Dreiviertel-Arsenkobalt (Nickel, Eisen) = R⁴ As³
b) Einfach-Arsenkobalt (N. E.) = R As
c) Vierdrittel-Arsenkobalt (N. E.) = R³ As⁴
d) Anderthalb-Arsenkobalt (Arsenkobaltkies, Tesseralkies) v. Skuterud = Co³ As² mit 21 p. c. Kobalt, wovon aber ein geringer Theil durch Eisen ersetzt ist.

Der Kobaltgehalt schwankt zwischen 3,3 und 24 p. c.; der Nickelgehalt zwischen 0 (?) und 25,8 p. c.; der Eisengehalt zwischen 0,8 und 18,4 p. c.

Wismuthkobalterz = As, Co, Fe, Bi, Cu, Ni und S, mit 9,8 Co und 3,8 Bi; wahrscheinlich ein Gemenge von (Co, Fe, Ni)² As³ mit Wismuthglanz etc.

Auch findet sich eine geringe Menge von Kobalt im
Rothnickelkies {
Weissnickelkies { s. Nickel.

b) In Verbindung mit **Arsen und Schwefel** im

Kobaltglanz (Glanzkobalt) = $CoS^2 + CoAs$, mit 35,8 Co, wovon jedoch einige Procent durch Fe ersetzt sind;

Glaukodot aus Chile = $(Co, Fe)S^2 + (Co, Fe)As$ oder genauer $(\bar{F}e + FeAs) + 2(\bar{C}o + CoAs)$ mit 24 Co incl. einer Spur von Ni;

Danait = $5(\bar{F}e + FeAs) + (\bar{C}o + CoAs)$ mit 6,3 Co. Kobaltarsenkies s. Eisen.

Auch findet sich eine geringe Menge von Kobalt im Nickelglanz, s. Nickel.

c) In Verbindung mit Schwefel im

Kobaltsulfuret = $\bar{C}o$ mit 65,2 Co, welches Mineral bei Rajpootanah in Ostindien vorkommt;

Kobaltkies (Kobaltnickelkies) von Siegen = $\dot{R}\ddot{R}$, worin $\dot{R}$ = $\dot{N}i, \dot{C}o, \dot{F}e$ und $\ddot{R}$ = $\ddot{N}i, \ddot{C}o, \ddot{F}e$ bedeutet; mit 29,5 bis 42,6 Ni und 11 bis 25,6 Co.

Carrollit = $\dot{C}u\ddot{C}o$ mit 38,5 Co; enthält geringe Mengen von Ni und Fe.

Auch findet sich das Kobalt in geringer Menge im Nickelwismuthglanz, s. Nickel.

d) In Verbindung mit Selen im

Selenkobaltblei = $CoSe^2 + 6PbSe$, mit 64,2 Pb und 3,1 Co.

e) Im oxydirten Zustande in Verbindung mit andern Metalloxyden im

Erdkobalt, schwarzer (Kobaltmanganerz), s. Mangan;

Erdkobalt, gelber und brauner. Die Abänderung von Kamsdorf ist ein Gemenge wasserhaltiger arsensaurer Salze von Eisenoxyd, Kobaltoxyd und Kalk.

f) In Verbindung mit Säuren und zwar
α) mit Schwefelsäure im

Kobaltvitriol = $\dot{C}o\bar{S} + 7\dot{H}$, im reinen Zustande mit 25,5 Co, enthält aber gewöhnlich Beimengungen von Ca, Mg und Cu. Die Varietät von Bieber bei Hanau ist nach Winkelblech $(\dot{C}o, \dot{M}g)\bar{S} + 7\dot{H}$ mit 20,8 Co.

β) mit Arsensäure in der

Kobaltblüthe = $\dot{C}o^3\bar{A}s + 8\dot{H}$, mit 37,8 Co = 29,6 Co; wovon aber zuweilen ein kleiner Theil durch Ni, Fe oder Ca ersetzt ist; ferner im

Kobaltbeschlag, welcher nach Kersten's Untersuchung aus einem Gemenge von Kobaltblüthe und arseniger Säure besteht, und nur 16,6—18,3 Co enthält;

Lavendulan = $\ddot{A}s, \dot{C}o, \dot{N}i, \dot{C}u$ und $\dot{H}$.

Auch findet sich eine geringe Menge von Co in der Nickelblüthe (Nickelocker), s. Nickel.

In Hüttenprodukten, die aus Erzen erzeugt wurden, welche
Kobalt entweder als einen wesentlichen oder nur zufälligen
Bestandtheil enthalten, ist dieses Metall ebenfalls vorhanden.
Ausser der, auf den Blaufarbenwerken dargestellten Smalte,
sind hauptsächlich noch folgende Produkte zu nennen:
Kobaltspeise, welche sich bei der Bereitung der Smalte
   in den Häfen absetzt, s. Eisen, S. 283.
Nickelspeise, vom Verschmelzen armer kobalthaltiger Nickelerze, behufs einer Concentration der vorhandenen Arsen-
   metalle des Nickels und Kobalts; hauptsächlich aus (Ni,
   Co, Fe)⁴ As oder R³ As und zuweilen wenig Schwefelmetallen von Fe, Cu, Pb und Sb bestehend;
Bleispeise, vom Verschmelzen silber-, kobalt-, nickel-, blei-
   und kupferhaltiger Erze mit bleiischen Zuschlägen, welche
   Speise hauptsächlich aus (Fe, Ni, Co)⁴ As in sehr veränderlichen Verhältnissen der basischen Metalle besteht, und ausserdem noch mit mehr oder weniger Schwefelmetallen von
   Fe, Pb, Cu, Sb, Zn und Ag gemengt oder verbunden ist;
Raffinatspeise, jede durch Concentriren und Raffiniren
   von Nebenbestandtheilen so weit befreite Speise, dass sie
   sich der Zusammensetzung von (Ni, Co)⁴ As nähert;
Rohstein, Bleistein, Kupferstein, s. Eisen S. 284.
Schlacken, welche beim Verschmelzen kobalthaltiger Erze
   und Produkte, sowie beim Gaarmachen nickel- und kobalthaltiger Schwarzkupfer fallen.

Probe auf Kobalt
mit Einschluss des Löthrohrverhaltens der oben genannten
Mineralien.

a) *Probe auf Kobalt im Allgemeinen.*

Da das Kobalt ein Metall ist, welches sich ziemlich leicht
oxydirt und in diesem Zustande dem Borax- und Phosphorsalzglase eine smalteblaue Farbe ertheilt, die im Oxydations-
und Reductionsfeuer sich gleich bleibt, so ist die Probe auf
Kobalt sehr leicht; nur können einfache und zusammengesetzte
Verbindungen nicht auf gleiche Weise behandelt werden.

Metallisches Nickel, welches unschmelzbar ist, verwandelt

**Metallisches
Nickel.**

man zur Prüfung auf Kobalt durch Zusammenschmelzen mit metallischem Arsen auf Kohle in
Arsennickel. Man vermengt zu diesem Behuf
dünne Blättchen oder Feilspäne des zu prüfenden Nickels
mit ein wenig metallischem Arsen, schmelzt beides auf Kohle in
einem Grübchen mit der Reductionsflamme zusammen, und
behandelt das geschmolzene Kügelchen eine kurze Zeit mit
Borax unmittelbar mit der Spitze der blauen Flamme; enthält das Nickel etwas Kobalt, so wird das Boraxglas blau
gefärbt. Ist der Gehalt an Kobalt nicht zu gering, so kann,
wenn man das Metallkügelchen von dem anhängenden Glase

befreit, und mit einer neuen Portion von Borax behandelt, selbst diese noch blau gefärbt werden.

Wie in Metallverbindungen ein Gehalt an Kobalt aufgefunden werden kann, ist schon bei der Probe auf Eisen (S. 284) mit beschrieben worden.

Metall-Verbindungen.

Die Verbindungen des Kobalts mit Arsen und anderen Arsenmetallen, behandelt man für sich auf Kohle so lange in der Schmelzhitze, bis sie kein Arsen mehr abgeben, setzt dann etwas Borax hinzu, schmelzt diesen neben der jetzt weniger Arsen enthaltenden Metallverbindung zur Perle und setzt das Blasen so lange fort, bis die Glasperle gefärbt ist. War die Probe frei von Eisen, so erscheint die Glasperle rein smalteblau; enthielt sie aber Eisen, welches sich eher oxydirt als das Kobalt, so ist sie zugleich von Eisenoxyd-Oxydul mit gefärbt. Durch eine wiederholte Behandlung des vom Glase getrennten Metallkörnchens mit einem neuen Zusatz von Borax erhält man dann aber ein von Kobalt rein smalteblau gefärbtes Glas. Ist zugleich Nickel und Kupfer gegenwärtig, so oxydiren sich diese, ebenfalls an Arsen oder resp. Schwefel gebundenen Metalle nicht eher, als bis man erst alles Kobalt durch mehrere Schmelzungen mit Borax im Oxydationsfeuer abgeschieden hat. Färbt sich ein neuer Zusatz von Borax nicht mehr blau, sondern braun vom Nickel, so behandelt man das übrig gebliebene Metallkörnchen noch mit Phosphorsalz im Oxydationsfeuer, wobei das Glas, wenn das Metallkörnchen neben Nickel noch Kupfer enthält, eine grüne Farbe annimmt, die auch unter der Abkühlung grün bleibt. Dieses Glas auf Kohle mit Zinn behandelt, wird dann unter der Abkühlung undurchsichtig und roth von Kupferoxydul.

Arsenmetalle.

Ein Gehalt an Wismuth giebt sich sogleich durch den Beschlag zu erkennen, der sich bildet, während man die Substanz zur Abscheidung des überschüssigen Arsens für sich auf Kohle behandelt. Ist die Substanz frei von Antimon, so kann man den Beschlag mit Phosphorsalz und Zinn prüfen, wie es bei der Probe auf Wismuth im Allgemeinen angegeben werden soll.

Man kann zwar Arsenmetalle, in denen Kobalt einen Hauptbestandtheil ausmacht, auch auf Kohle gut abrösten und hiernach mit Glasflüssen auf die Weise behandeln, wie man bei der Prüfung der Schwefelmetalle verfährt; allein der vorbeschriebene Weg bleibt immer der kürzeste.

Schwefelmetalle, die zuweilen Arsenmetalle enthalten, behandelt man zuerst für sich auf Kohle so lange im Reductionsfeuer, bis sie nichts Flüchtiges mehr abgeben. Es wird dadurch eine Beimischung von Wismuth oder Blei an dem sich bildenden Beschlage erkannt. Die geschmolzene Verbindung pulverisirt man, röstet sie auf Kohle

Schwefelmetalle.

gut ab, löst einen Theil des gerösteten Pulvers sogleich auf
Kohle in Borax im Oxydationsfeuer auf und sieht nach, was
das Glas für eine Farbe besitzt.

Schwefelmetalle. Enthält die geröstete Probe ausser Kobaltoxydul weiter keine andern färbenden Metalloxyde, so erscheint das Glas von Kobaltoxydul rein smalteblau und behält auch diese Farbe, wenn nun einen Theil desselben, mit
Borax verdünnt, in das Oehr eines Platindrahtes schmelzt und
es eine Zeit lang mit der Oxydationsflamme behandelt, bei.
Enthält es jedoch eine geringe Menge Eisen, so erscheint das
Glas in der Wärme grün und wird unter der Abkühlung
blau. Enthält die Substanz Kupfer oder Nickel, so lösen sich
die bei der Röstung gebildeten Oxyde dieser Metalle im Borax ebenfalls mit auf und ertheilen dem Glase eine Farbe,
durch welche die Kobaltfarbe bisweilen ganz unterdrückt
wird. Behandelt man aber ein solches Glas auf Kohle lange
genug mit der Reductionsflamme, und zwar so lange, bis es
sich im Verlaufe der Schmelzung durchsichtig zeigt, auch
wenig oder gar keine Gasblasen mehr ausstösst, so werden
die Oxyde des Kupfers und Nickels zu Metall reducirt und
die Kobaltfarbe kommt dann entweder rein, oder, wenn die
Substanz gleichzeitig auch Eisen enthält, mit einer bouteillengrünen Farbe gemischt, zum Vorschein. Zur besseren Aus-
füllung der Metalle kann man auch, was schon oben bei
der Prüfung der Substanzen mit Borax (S. 102) erwähnt
wurde, ein wenig Probirblei hinzufügen, die erhaltene
Metallverbindung aber dann zuerst für sich auf Kohle behandeln, um einen Ueberschuss an Blei zu verflüchtigen,
und hierauf mit Phosphorsalz im Oxydationsfeuer schmelzen;
wobei sich Kupfer und Nickel als Oxyde auflösen und dem
Glase eine grüne Farbe ertheilen, das, mit Zinn behandelt,
unter der Abkühlung undurchsichtig und roth wird. Auch
kann man an der Stelle des Bleies Gold anwenden (s. Probe
auf Nickel in Metalloxyden im Allgemeinen).

Selenmetalle. Selenmetalle behandelt man zuerst für sich und dann
sogleich mit Borax auf Kohle so lange im Reductionsfeuer, bis das Boraxglas von den leicht
oxydirbaren, nicht flüchtigen Metallen gefärbt ist. Wie man
ein solches Glas weiter untersucht, wenn es keine reine Kobaltfarbe besitzt, ergiebt sich aus dem Vorhergehenden.

Oxyde und Salze. Hat man es mit Metalloxyden oder mit Metalloxydsalzen
zu thun, in denen Kobaltoxydul einen Haupt- oder Nebenbestandtheil ausmacht, so behandelt man eine
kleine Menge davon mit Borax auf Kohle im
Reductionsfeuer so lange, bis alle diejenigen Metalloxyde, welche hierbei nicht zu Metall reducirt werden,
aufgelöst und die anderen reducirt und resp. verflüchtigt sind.

Enthält die Substanz ausser Kobaltoxydul auch Oxyde des Eisens und Mangans, so wird das Eisen als Oxyd-Oxydul mit bouteillengrüner Farbe und das Mangan als Oxydul farblos im Borax aufgelöst, so dass nur Oxyde und Salze. ein Farbengemisch von Blau und Bouteillengrün entsteht, welches von der grünen Farbe, welche die Oxyde des Eisens im Reductionsfeuer allein hervorbringen, sehr leicht unterschieden werden kann, selbst wenn der Gehalt an Kobalt nur gering ist. Bei der Prüfung dieses Glases in dem Oehr eines Platindrahtes im Oxydationsfeuer, bekommt man nur dann eine deutliche Reaction auf Kobalt und Eisen, wenn die Substanz frei von Mangan ist: denn bei Gegenwart von Mangan wird die Kobaltfarbe unterdrückt, indem sich das Mangan höher oxydirt und in diesem Zustande das Glas intensiv färbt.

Die bei der Behandlung des Glases mit der Reductionsflamme ausgefällten Metalle, welche bisweilen ein geschmolzenes Körnchen bilden, wenn z. B. die Substanz viel arsensaures Nickeloxydul enthält, kann man mit Borax und Phosphorsalz weiter prüfen. Ist der Gehalt an Nickel so gering, dass man auf diese Weise kein sicheres Resultat erlangt, so muss man ein anderes Verfahren einschlagen, welches bei der Probe auf Nickel speciell beschrieben werden soll.

b) Verhalten der oben verzeichneten kobalthaltigen Mineralien vor dem Löthrohre.

Verbindungen des Kobalts mit Arsen.

Speiskobalt giebt, in einer an einem Ende zugeschmolzenen Glasröhre bis zum Rothglühen erhitzt, gewöhnlich ein Sublimat von metallischem Arsen. In einer an Arsenmetalle. beiden Enden offenen Glasröhre vorsichtig erhitzt, giebt er ein krystallinisches Sublimat von arseniger Säure in reichlicher Menge; auch entwickelt er bisweilen schweflige Säure. Wendet man ihn in gepulverten Zustande an, so verwandelt er sich in basisch arsensaures Kobaltoxydul.

Auf Kohle schmilzt er leicht unter Abgabe von Arsen zu einer graulichschwarzen, magnetischen Metallkugel, die sich unter dem Hammer spröde zeigt und, nach S. 307 mit Borax behandelt, sich wie Arsenkobalt verhält, welches geringe Mengen von Eisen und Nickel enthält.

Hartkobaltkies (Tesseralkies) giebt in einer an einem Ende zugeschmolzenen Glasröhre ein starkes Sublimat von metallischem Arsen. In der offenen Glasröhre und auf Kohle verhält er sich wie Speiskobalt; eben so auch zu Borax.

Wismuthkobalterz giebt in einer an einem Ende zugeschmolzenen Glasröhre ein Sublimat von metallischem Arsen. In einer an beiden Enden offenen Glasröhre giebt es ein

krystallinisches Sublimat von arseniger Säure; auch wird ein
befeuchtetes Lakmuspapier von entweichender schwefliger
Säure geröthet.

Arsenmetalle.   Auf Kohle erleidet es eine Sinterung, während es viel Arsen abgiebt und die Kohle mit Wismuthoxyd
beschlägt.

Wird die auf Kohle zurückbleibende Masse nach S. 307
zuerst mit Borax und hierauf das sich dabei ausscheidende
Metallkörnchen, nachdem es von einem Kobaltgehalt befreit
worden ist, mit Phosphorsalz behandelt, so lassen sich durch
diese Flüsse Eisen, Kobalt, Kupfer und Nickel nachweisen.

Verbindungen des Kobalts mit Arsen und Schwefel.

Kobaltglanz (Glanzkobalt) giebt in der einseitig
geschlossenen Glasröhre mit Ausnahme einer höchst geringen
Menge arseniger Säure, die sich auf Kosten der ein-
Arsen- und Schwefelkobalt. geschlossenen Luft bildet, nichts Flüchtiges. In
einer an beiden Enden offenen Glasröhre giebt
er bei Rothglühhitze ein Sublimat von arseniger Säure und
röthet befeuchtetes Lakmuspapier von entweichender schwefliger Säure.

Auf Kohle giebt er Schwefel und Arsen ab und schmilzt
dann zur Kugel, die sich zu Borax wie eisenhaltiges Arsenkobalt verhält. Durch eine fortgesetzte Behandlung mit Borax im Oxydationsfeuer (nach S. 307) und einem Zusatz von
Gold zur Vergrösserung des Volumens, lässt sich dann ermitteln, ob auch Nickel vorhanden ist.

Glaukodot aus Chile giebt, wie das vorige Mineral,
in einer an einem Ende zugeschmolzenen Glasröhre geringe
Mengen von arseniger Säure; das eingelegte Stückchen verliert seinen Glanz. In einer an beiden Enden offenen Glasröhre giebt er schweflige Säure und arsenige Säure.

Auf Kohle im Reductionsfeuer erhitzt, schmilzt er unter
Abgabe von Schwefel und Arsen ruhig zur Kugel, die nach
dem Erkalten eine schwarze, rauhe Oberfläche, auf dem Bruche
aber ein feinkörniges, speisiges Ansehen besitzt, und schwach
dem Magnetstahle folgt.

Wird die auf Kohle erhaltene Kugel mit Borax im Reductionsfeuer so lange behandelt, bis das Metallkörnchen eine
blanke Oberfläche zeigt, so erfolgt eine starke Reaction auf
Eisen. Wird das zurückgebliebene Metallkörnchen wiederholt mit neuen Portionen von Borax im Oxydationsfeuer geschmolzen, so findet nur eine smalteblaue Färbung von Kobaltoxyd statt. Wird endlich das Körnchen, zur Vergrösserung
seines Volumens, mit Gold zusammengeschmolzen und hierauf
mit Borax fort behandelt, so bringen die letzten Spuren des
Arsenmetalles, während sie sich oxydiren, in dem Boraxglase

eine schwach braune Färbung von Nickeloxydul hervor, zum Beweis, dass Spuren von Nickel in dem Minerale enthalten sind.

Damit verhält sich ganz ähnlich wie Kobaltarsenkies S. 290.

Verbindungen des Kobalts mit Schwefel.

Kobaltsulfuret. Das Löthrohrverhalten des natürlichen Kobaltsulfurets ist nicht bekannt. Das künstliche giebt in der einseitig geschlossenen Glasröhre nichts Flüchtiges, in der offenen Glasröhre schweflige Säure. Schwefelkobalt.

Auf Kohle schmilzt es zur Kugel, die selbst nach längerer Behandlung mit der Reductionsflamme noch mit glatter Oberfläche erstarrt und dem Magnete folgt.

Auf Kohle in Pulverform abgeröstet, und das Geröstete mit Glasflüssen behandelt, erhält man die Reaction des reinen Kobaltoxyduls.

Kobaltkies (Kobaltnickelkies) von Siegen, giebt in einer an einem Ende zugeschmolzenen Glasröhre, bis zum Glühen erhitzt, ein geringes Sublimat von Schwefel. In einer an beiden Enden offenen Glasröhre erhitzt, entwickelt sich viel schweflige Säure; auch bildet sich ein sehr geringes Sublimat von arseniger Säure. Wird die Probe in Pulverform angewendet, so erscheint das Durchgeglühte nach der Abkühlung schwarz.

Auf Kohle schmelzen kleine Krystallbruchstücke des Kieses im Reductionsfeuer unter Abgabe von etwas Schwefel ziemlich leicht zur Kugel, die längere Zeit mit oxydfreier Oberfläche erhalten werden kann und ohne dass sich auf Kohle ein Beschlag bildet. Die geschmolzene Kugel ist nach der Abkühlung mit einer schwarzen rauhen Oxydhaut (wahrscheinlich Eisenoxyd-Oxydul) überzogen und folgt sowohl im Ganzen, als auch in oxydfreien Bruchstückchen dem Magnetstahle.

Das gepulverte und auf Kohle abgeröstete Mineral ertheilt dem Boraxglase im Oxydationsfeuer eine smalteblaue, in's Violette fallende Farbe. Wird eine ganz dunkel gefärbte Boraxglasperle auf Kohle im Reductionsfeuer behandelt, so scheidet sich metallisches Nickel aus, welches auf mehreren Stellen der Oberfläche der Glasperle ganz deutlich zu sehen ist. Setzt man ein kleines Goldkorn zu, und sammelt das zerstreute Nickel in dem Golde mit Hülfe der Reductionsflamme an, so erscheint das Glas rein smalteblau. Schmelzt man jedoch einen Theil dieses Glases mit so viel Borax auf Platindraht im Oxydationsfeuer zusammen, dass das Glas vollkommen durchsichtig erscheint, so besitzt es, während es noch heiss ist, eine blaugrüne Farbe (in Folge eines geringen Gehaltes an Eisen), wird aber unter der Abkühlung smalteblau vom Kobalt. Das Goldkorn hat seine gelbe Farbe

verloren und reagirt, mit Phosphorsalz auf Kohle im Oxydationsfeuer behandelt, stark auf Nickel.

Schwefelkobalt. Wird ein Theil des auf Kohle abgerösteten
Pulvers mit einem Zusatz von neutralem oxal-
saurem Kali reducirt, so bekommt man ein dem Magnete fol-
gendes Metallpulver. (Wären die Metalle im Mineral zum
Theil oder ganz an Arsen gebunden, so würden sich bei der
Röstung basisch arsensaure Oxyde, und bei der Reduction
Kügelchen von Arsenmetallen bilden.)

Das Löthrohrverhalten des Carrollits ist nicht bekannt.

Verbindung des Kobalts mit Selen.

Selenkobaltblei giebt in einer an einem Ende zugeschmolzenen Glasröhre ein Sublimat von Selen.

Selenmetalle. Auf Kohle stösst es einen starken Rauch aus,
der nach Selen riecht, und beschlägt die Kohle
mit Selen und Bleioxyd. Lässt man die blaue Flamme unmittelbar auf die Probe wirken, so bemerkt man einen azurblauen Schein um dieselbe herum. Die Probe nimmt, ohne
vollkommen zu schmelzen, an Volumen ab und hinterlässt
endlich eine schlackige Masse, die sich nicht weiter verändert.
Wird diese Masse in Borax aufgelöst und das Glas in dem
Oehr eines Platindrahtes im Oxydationsfeuer umgeschmolzen,
so erhält man Reactionen von Kobalt und Eisen.

Kobaltoxydul in Verbindung mit Säuren.

Kobaltvitriol giebt, im Glaskolben erhitzt, zuerst Wasser und bei anhaltendem Glühen schweflige Säure, welche
durch Lakmuspapier erkannt wird.

Salze. Zu Glasflüssen verhält er sich wie Kobaltoxydul.
Die Talkerde kann nur mit Hülfe des nassen Weges
aufgefunden werden, wenn man das Salz in Wasser auflöst
und dann beide Basen trennt, wie es S. 195 angegeben ist.

Kobaltblüthe giebt, im Glaskolben erhitzt, nur Wasser.
Die rothen Krystalle von Schneeberg zeigen ein Aufglühen und
haben nach der Abkühlung eine dunkle, schmutzig violette
Farbe angenommen.

Ein kleiner Krystall in der Pincette der Spitze der blauen
Flamme ausgesetzt, schmilzt und färbt die äussere Flamme
hellblau.

Auf Kohle verbreitet sie Arsendämpfe und schmilzt im
Reductionsfeuer zu einer schwarzgrauen Kugel von Arsenkobalt, die, mit Flüssen behandelt, nur auf Kobalt reagirt.

Kobaltbeschlag giebt, im Glaskolben erhitzt, Wasser
und ein Sublimat von arseniger Säure.

Auf Kohle und zu Glasflüssen verhält er sich wie Kobaltblüthe.

Lavendulan giebt, im Glaskolben erhitzt, Wasser,

sonst aber weiter nichts Flüchtiges. Das eingelegte Stück
wird blättrig und zeigt nach dem Erkalten eine bläulichgraue
Farbe.

In der Pincette ist er leicht schmelzbar und
färbt die äussere Flamme hellblau. Die geschmolzene Probe
krystallisirt unter der Abkühlung mit grossen Flächen, ähnlich wie phosphorsaures Bleioxyd, wenn dieses auf Kohle im
Reductionsfeuer eine Zeit lang geschmolzen worden ist. Die
Krystalle sind meist schwarz und undurchsichtig; einige besitzen indessen auch eine dunkel hyacinthrothe Farbe.

Auf Kohle im Reductionsfeuer behandelt, schmilzt er und
scheint sich zu reduciren, während ein starker Geruch nach
Arsen wahrzunehmen ist.

Mit Glasflüssen nach S. 300 behandelt, bekommt man
Reactionen auf Kobalt, Nickel und Kupfer.

c) Probe auf Kobalt in Hüttenprodukten.

Wie in Hüttenprodukten ein Gehalt an Kobalt aufgefun-
den wird, ergiebt sich aus dem, was bei der Probe auf Eisen
(S. 234) im Allgemeinen sowohl, als auch für Hüttenprodukte
(S. 301) mitgetheilt ist.

5) Nickel = Ni.

Vorkommen dieses Metalles im Mineralreiche und in Hütten-produkten.

Es findet sich in verschiedenem Zustande in folgenden
Mineralien:

a) In Verbindung mit andern Metallen.
Antimonnickel = Ni^3Sb mit 32,5 Ni; jedoch oft durch ger.
Mengen von Fe, As und eingemengtem Bleiglanz verunreinigt.
Meteoreisen, s. Eisen.

b) In Verbindung mit Arsen.
Rothnickelkies (Kupfernickel) = Ni^2As mit 43,5 Ni; jedoch
selten frei von ger. Mengen Co, Fe, Pb, so wie Cu, Bi
und S.
Rothnickelkies aus dem Annivierthale, von Allemont und ein
demselben sehr ähnliches Mineral von Dalen (Départem.
Basses-Pyrénées), welche sämmtlich, besonders aber die
beiden letzten, einen Gehalt von Antimon besitzen, enthalten wahrscheinlich Ni^2Sb in isomorpher Mischung, z. Th.
wohl auch Antimonglanz und Nickelglanz beigemengt.
Weissnickelkies und Chloanthit = NiAs mit 27,8 Ni, worin
oft ein Theil des Ni durch Co und Fe ersetzt ist, auch
enthalten sie bisweilen etwas Bi beigemengt.
Tombazit von der Grube „Freudiger Bergmann" bei Lobenstein = As, Ni nebst Spuren von Co und Fe.
Speiskobalt, s. Kobalt.

c) In Verbindung mit Antimon, Arsen und Schwefel im Nickelglanz, als:

Antimonnickelglanz (Nickelantimonglanz, Nickelspiessglanzerz) = $\dot{N}i\,S^2$ + $NiSb$, mit 27,6 Ni; zuweilen ger. Mengen von Co und Fe enthaltend.

Arsennickelglanz = $\dot{N}i\,S^2$ + $NiAs$ mit 30 bis 35,2 Ni, worin biswoilen ein Theil des Ni durch Co und Fe ersetzt ist; von wenig abweichender Zusammensetzung ist der Ameibit und Gersdorffit.

Antimon-Arsennickelglanz = $\dot{N}i\,S^2$ + $\dot{N}i\,(Sb,\;As)$ mit 25,2 — 29,4 Ni.

Wismuthkobalterz, mit wenig Ni, s. Kobalt.

d) In Verbindung mit Schwefel.

Haarkies (Nickelkies, Millerit) = $\dot{N}i$ mit 64,4 Ni.

Nickelwismuthglanz. Nach der Untersuchung von Schnabel besteht dieses Mineral von der Grube Grünau bei Schutzbach aus 32,5 S, 10,4 Bi, 22,4 Ni, 11,5 Co, 11,5 Cu, 5,7 Fe und 4,3 bis 5,1 Pb.

Eisennickelkies = $\dot{N}i$ + $2\dot{F}e$ mit 21,8 Ni, jedoch selten frei von eingemengtem Kupferkies.

Kobaltnickelkies, s. Kobalt.

e) Im oxydirten Zustande, im

Nickeloxydul = $\dot{N}i$ von Johann-Georgenstadt, von Wismuth und Nickelocker begleitet mit 78,3 Ni.

f) In Verbindung mit Säuren, und zwar

α) mit Kohlensäure im

Nickelsmaragd (Emerald-Nickel) = $(\dot{N}i\,\ddot{C}$ + $4\dot{H})$ + $2\dot{N}i\,\ddot{H}$ mit 46,5 Ni.

β) mit Arsensäure im

Nickelarseniat (wasserfrei), von Johann-Georgenstadt. Die gelbe Verbindung ist nach Bergemann $\dot{N}i^3\,\bar{\ddot{A}}s$, mit 38,5 Ni, die grüne Verbindung $\dot{N}i^3\,\bar{\ddot{A}}s$ mit 48,6 Ni, beide geringe Mengen von Co, Cu und Bi enthaltend.

Nickelocker (Nickelblüthe) = $\dot{N}i^3\,\bar{\ddot{A}}s$ + $8\dot{H}$ mit 29,2 Ni, zuweilen ger. Mengen von Co, Fe und S enthaltend; so wie im

Lavendulan, welcher nur wenig Ni enthält, s. Kobalt.

γ) mit Kieselsäure im

Röttisit II — III = $3\dot{N}i\,\ddot{S}i$ + $4\dot{H}$ mit 39,1 Ni. Enthält zugleich wenig Co, Cu, Fe, $\ddot{A}l$, $\ddot{P}$ und $\ddot{A}s$.

Nickelgymnit, 1 = 1 $(\dot{M}g,\,\dot{N}i)^3\,\ddot{S}i$ + $3\dot{H}$ mit 28,4 Ni, incl. sehr geringer Mengen von Fe und $\dot{C}a$.

Pimelith, mit welchem Namen mehrere nickelhaltige Silicate bezeichnet werden, so der Alizit $= 2$ (Mg, Ni) $\overline{Si} + H$, eine andere Varietät $=$ (Mg, Ni)^3 $\overline{Si} + (\overline{Al},$ Fe)$\overline{Si} + 0H$ mit 2,8 Ni.

Geringe Mengen von Nickel finden sich noch in folgenden Mineralien:

Olivin und Chrysolith, s. Talkerde.

Meteorsteine, s. Eisen.

Chrysopras, s. Kiesel und Kieselsäure.

Das Nickel findet sich auch in mehreren Hüttenprodukten, wenn die zu Gute zu machenden Erze nicht frei von Nickelerzen sind. Es concentrirt sich gewöhnlich in Verbindung mit Arsen und Arsenmetallen von Eisen und Kobalt entweder in den aus Schwefelmetallverbindungen bestehenden Produkten (Steine, Leche), die beim Verschmelzen mancher Silber-, Blei- und Kupfererze fallen, und macht in denselben nur einen Gemengtheil aus (s. Eisen S. 283), oder es setzt sich in Verbindung mit Arsen und andern Arsenmetallen, so wie mit Schwefelmetallen als besonderes Produkt, nämlich als Speise (Bleispeise) ab (s. Kobalt S. 306). Ferner bildet es den Hauptbestandtheil derjenigen Speise, welche beim Verschmelzen kobalthaltiger Nickelerze, behufs einer Concentration der in solchen Erzen vorhandenen Arsenmetalle von Nickel und Kobalt erzeugt wird, so wie der Raffinaspeise und der Kobaltspeise (s. Kobalt S. 306). Auch macht es zuweilen einen Nebenbestandtheil des im Grossen erzeugten Schwarzkupfers, so wie mancher Schlacken aus.

Probe auf Nickel
mit Einschluss des Löthrohrverhaltens der vorgenannten Mineralien.

a) *Probe auf Nickel im Allgemeinen.*

Das Nickel lässt sich in seinen Verbindungen ziemlich leicht, und selbst auch dann, wenn es nur in sehr geringer Menge vorhanden ist, mit Sicherheit auffinden. Seine Reaction in Glasflüssen s. S. 130 und 131.

Metallverbindungen, welche Nickel enthalten und schmelzbar sind, schmilzt man auf Kohle mit Borax eine Zeit lang im Reductionsfeuer und prüft das Glas auf Platindraht im Oxydationsfeuer, wie es bei der Probe auf Eisen (S. 285) beschrieben wurde. Auch überzeugt man sich, ob die Kohle vielleicht von irgend einem flüchtig gewordenen Metalle mit Oxyd beschlagen worden ist. Das rückständige Metallkorn prüft man abermals mit Borax im Reductionsfeuer, um zu erfahren, ob das Glas noch Metalloxyde aufnimmt, die zu den nicht reducirbaren gehören, oder ob es farblos bleibt. In letzterem Falle behandelt man das

noch rückständige Körnchen mit Phosphorsalz im Oxydationsfeuer, um wahrzunehmen, ob jetzt blos eine Färbung von
Nickeloxydul entsteht, oder ob neben Nickel auch
Kupfer gegenwärtig ist. Ist Letzteres der Fall,
so erhält man ein grünes oder gelbgrünes Glas,
das auch unter der Abkühlung grün bleibt und, auf Kohle
mit Zinn behandelt, undurchsichtig roth wird. Enthält indessen die Metallverbindung auch Antimon oder Wismuth,
so wird die Glasperle unter der Abkühlung schwarz und dadurch die Reaction auf Kupfer unterdrückt. In diesem Falle
muss man eine neue Probe anwenden und selbige vor der
Behandlung mit Glasflüssen erst so lange auf Kohle im Reductionsfeuer behandeln, bis sie nichts Flüchtiges mehr abgiebt.

Ist die Metallverbindung unschmelzbar und besteht vorzugsweise aus Eisen, so kann man dasselbe Verfahren anwenden, welches oben (S. 289) für das gediegene Eisen angegeben
wurde; scheint sie dagegen hauptsächlich aus Nickel und
Kobalt zu bestehen, so kann man die Metallverbindung erst
in schmelzbare Arsenmetalle verwandeln, wie es S. 306 zur
Prüfung des metallischen Nickels auf Kobalt beschrieben
worden ist.

Arsenmetalle. Verbindungen des Nickels mit Arsen und
anderen Arsenmetallen behandelt man bei der
Prüfung auf Nickel ganz so, wie es bei der Probe auf Kobalt
für Arsenmetalle (S. 307 u. f.) beschrieben ist.

Schwefelmetalle. Schwefelmetalle, die zuweilen Arsenmetalle
enthalten, prüft man nach demselben Verfahren,
welches für kobalthaltige Schwefelmetalle (S. 308) mitgetheilt
wurde.

In Metalloxyden und Metalloxydsalzen kann man einen
Gehalt an Nickel, wenn er nicht zu unbedeutend ist, nach
demselben Verfahren auffinden, welches für kobalt-
Oxyde und Salze. haltige Metalloxyde und Metalloxydsalze (S. 308)
angeführt wurde. Ist der Gehalt an Nickel aber sehr gering,
so ist es auf diesem Wege nicht immer möglich, ihn mit Bestimmtheit nachzuweisen. In diesem Falle geht man sicherer,
wenn man folgendes Verfahren einschlägt. Angenommen,
man hätte es mit einer Verbindung von Kobaltoxydul, Manganoxyd und Eisenoxyd zu thun, und man wollte untersuchen,
ob dieselbe vielleicht auch eine geringe Menge von Nickeloxydul enthalte, so löst man eine nicht zu geringe Menge
hiervon auf Platindraht in Borax im Oxydationsfeuer auf,
stösst das ganz dunkel gefärbte oder undurchsichtige Glas
ab und bereitet sich auf dieselbe Weise noch zwei bis drei
solcher Glasperlen. Diese Perlen legt man zusammen in eine
auf Kohle gemachte Grube oder in ein Kohlentiegelchen und
behandelt sie neben einem reinen Goldkörnchen von ungefähr
50—80 Milligr. Schwere so lange in einem guten, starken

Reductionsfeuer, bis man überzeugt ist, alles Nickeloxydul
aus dem zu einer Perle vereinigten Glase zu Metall reducirt
zu haben. Während man dieses Glas mit der
Reductionsflamme behandelt, lässt man das flüssige Goldkorn durch behutsames Drehen und Wenden der
Kohle von einer Stelle des Glases zur andern fliessen und
sammelt so die reducirten Nickeltheilchen auf. Ist nach
der Unterbrechung des Blasens das Goldkorn erstarrt, so
hebt man es mit der Pincette aus dem Glase heraus, legt
es zwischen Papier und trennt mit Hülfe des Hammers auf
dem Amboss das noch anhängende Glas von dem Korne rein
ab. Das Goldkorn, welches von einer geringen Beimischung
an Nickel schon eine mehr oder weniger graue Farbe bekommen hat und sich unter dem Hammer auch etwas härter zeigt,
als reines Gold, behandelt man nun auf Kohle neben einer
Phosphorsalzperle eine Zeit lang im Oxydationsfeuer. Hat
man das Boraxglas nicht mit Metalloxyden übersättigt, so
dass sich vom Kobaltoxydul nicht auch ein Theil mit reduciren konnte, so bekommt man jetzt eine Glasperle, welche
nur von Nickeloxydul gefärbt ist und die, so lange sie heiss
ist, röthlich bis braunroth, und nach dem Erkalten gelb bis
röthlichgelb erscheint, je nach dem wenig oder viel Nickel
oxydirt und aufgelöst wurde. War hingegen etwas Kobaltoxydul mit reducirt, so bekommt man, da das Kobalt sich
eher oxydirt als das Nickel, entweder nur eine blaue Glasperle, die von Kobaltoxydul allein gefärbt ist, oder eine Perle,
die, so lange sie heiss ist, dunkel violett erscheint und unter
der Abkühlung schmutzig-grün wird, wenn schon etwas Nickel
mit oxydirt wurde. In beiden Fällen trennt man das Glas
von dem Korne und behandelt letzteres mit einer andern
Phosphorsalzperle im Oxydationsfeuer so lange, bis das
Glas im heissen Zustande gefärbt erscheint. Hat man im
Anfange die Boraxglasperlen nicht zu sehr übersättigt, so bekommt man diesmal nur ein von Nickeloxydul gefärbtes Glas,
sobald die Metalloxydverbindung wirklich eine geringe Menge
von Nickeloxydul enthielt; war sie hingegen frei davon, so
bleibt die Phosphorsalzperle vollkommen farblos.

Enthalten die Verbindungen von Metalloxyden oder Metalloxydsalzen auch solche Metalloxyde, die ebenfalls Glasflüsse färben und sich auch aus der Boraxperle im Reductionsfeuer metallisch ausscheiden lassen, wie dies namentlich
mit den Oxyden des Kupfers der Fall ist, so bekommt man
bei Zusatz von Gold ein nickel- und kupferhaltiges Goldkorn,
welches, wenn es von einem geringen Gehalt an Kobalt durch
Phosphorsalz befreit worden ist, mit diesem Salze von Neuem
im Oxydationsfeuer behandelt, ein Glas giebt, das, selbst
wenn der Gehalt an Kupfer den Gehalt an Nickel bedeutend
überwiegt, in der Wärme grün erscheint und auch unter der

Abkühlung grün bleibt, mit Zinn behandelt aber roth und undurchsichtig wird. War die Probe ganz frei von Nickel, so erscheint das Phosphorsalzglas in der Wärme *Oxyde und Salze.* zwar grün, es wird aber unter der Abkühlung blau.*)

b) Verhalten der oben verzeichneten nickelhaltigen Mineralien vor dem Löthrohre.

Verbindung des Nickels mit Antimon, Arsen und Schwefel.

Antimonnickel von Andreasberg in einer an beiden Enden offenen Glasröhre erhitzt, entwickelt viel Antimonrauch, ohne zu schmelzen; die Probe erscheint *Metall-Verbindung.* nach dem Erkalten graugrün.

Auf Kohle schmilzt es im Reductionsfeuer und fährt fort, nach unterbrochenem Blasen eine kurze Zeit lang zu rauchen wie Antimon (S. 82), ohne sich jedoch mit Antimonoxyd zu bedecken. Setzt man das Blasen von Neuem fort, so bildet sich auf der Kohle ein Beschlag von Antimonoxyd, und, wenn die Probe nicht ganz frei von eingemengtem Bleiglanz war, auch in der Nähe derselben ein gelber Beschlag von Bleioxyd. Bemerkt man bei der Behandlung des Minerals für sich auf Kohle keinen Geruch nach Arsen, so zeigt sich ein solcher, wenn man etwas Soda hinzusetzt. Die Soda zieht sich in die Kohle hinein und reagirt, wenn die Probe nicht frei von eingemengtem Bleiglanz war, auf Silberblech gelegt und mit Wasser befeuchtet, auf Schwefel.

Behandelt man eine Probe auf Kohle mit Borax im Reductionsfeuer, so erhält man ein schwach grün gefärbtes Glas, welches, auf Platindraht im Oxydationsfeuer umgeschmolzen, gelb erscheint und blos einen Gehalt an Eisen anzeigt. Wird das übrig gebliebene Körnchen abermals mit Borax, jedoch diesmal im Oxydationsfeuer behandelt, so reagirt es auf Nickel.

Rothnickelkies (Kupfernickel), antimonfreier, in einer an einem Ende zugeschmolzenen Glasröhre erhitzt, entwickelt auf Kosten der in der Röhre befindlichen atmosphärischen Luft ein wenig arsenige Säure.

In einer an beiden Enden offenen Glasröhre giebt er viel arsenige Säure und zuweilen auch etwas schweflige Säure; die Probe nimmt dabei eine gelblich-grüne Farbe an und zerfällt zu Pulver.

Auf Kohle schmilzt er unter Abgabe von Arsen zur Kugel, die, kurze Zeit mit Borax behandelt, diesem Flusse

*) Ein nickel- oder kupferhaltiges Gehlkorn darf man nur mit einer angemessenen Quantität von Probirblei zusammenschmelzen, auf Knochenasche abtreiben und nach Befinden noch mit Borsäure auf Kohle behandeln, um es wieder rein zu erhalten.

zuweilen eine Färbung von Kobalt und Eisen ertheilt, was sich beim Umschmelzen des Glases auf Platindraht im Oxydationsfeuer sehr deutlich wahrnehmen lässt. Auch bemerkt man bisweilen, dass die Kohle *Arsenmetalle.* von Blei- oder Wismuthoxyd schwach beschlagen wird. Prüft man das übrig gebliebene Metallkorn noch weiter mit Glasflüssen, so erhält man die Reaction des Nickels.

Vom antimonhaltigen Kupfernickel von Allemont und dem demselben ähnlichen Minerale von Kalen ist das Löthrohrverhalten nicht bekannt. Aus dem Verhalten des Antimonnickels ergiebt sich indessen, wie die einzelnen Bestandtheile dieser Mineralien nachgewiesen werden können. Auch zeigen sie wahrscheinlich ein ähnliches Verhalten wie der unten folgende Antimonnickelglanz.

Tombazit verhält sich wie Kupfernickel, der nicht frei von geringen Mengen an Kobalt und Eisen ist.

Weissnickelkies und Chloanthit verhalten sich ähnlich wie Kupfernickel, nur mit dem Unterschiede, dass man in einer an einem Ende zugeschmolzenen Glasröhre ein Sublimat von metallischem Arsen erhält und dabei eine Verbindung zurückbleibt, welche der Zusammensetzung des Rothnickelkieses entspricht. Mit den Flüssen lassen sich ausser Nickel gewöhnlich geringe Mengen von Kobalt und Eisen auffinden. Auch giebt er auf Kohle bisweilen einen geringen Beschlag von Wismuthoxyd.

Antimonnickelglanz (Nickelspiessglanzerz) giebt in einer an einem Ende zugeschmolzenen Glasröhre auf Kosten der eingeschlossenen Luft ein *Arsen- und Schwefelmetalle.* geringes, weisses Sublimat. In einer an beiden Enden offenen Glasröhre entwickelt er einen starken Antimonrauch und schweflige Säure.

Auf Kohle schmilzt er im Reductionsfeuer zur Kugel und stösst Antimonrauch aus, der zum Theil die Kohle beschlägt. Auch überzeugt man sich durch den Geruch von entweichendem Arsen, welches bisweilen einen Theil des Antimons im Minerale ersetzt. Der Geruch nach Arsen kann am deutlichsten wahrgenommen werden, wenn man die Probe auf Kohle mit etwas Probirblei im Oxydationsfeuer zusammenschmilzt (s. Probe auf Arsen).

Behandelt man die für sich auf Kohle geschmolzene Probe anfangs mit Borax im Reductionsfeuer und prüft das Glas am Platindrahte im Oxydationsfeuer, so überzeugt man sich von der Gegenwart geringer Mengen von Kobalt und Eisen; setzt man die Behandlung mit einer neuen Portion von Borax fort und zwar im Oxydationsfeuer, so erhält man dann die Reaction des Nickels. Dasselbe findet auch mit Phosphorsalz Statt.

Arsennickelglanz in einer an einem Ende zuge-

schmolzenen Glasröhre erhitzt, decrepitirt und giebt ein gelb-
lichbraunes Sublimat von Schwefelarsen.

In einer an beiden Enden offenen Glasröhre
entwickelt er arsenige und schweflige Säure, welche
letztere durch den Geruch sowohl, als auch durch
Lakmuspapier erkannt wird.

*Arsen- und
Schwefelmetalle*

Auf Kohle giebt er Schwefel und Arsen ab und schmilzt
zur Kugel, die, mit Borax im Reductionsfeuer behandelt, dem
Glase die Färbung der Oxyde von Eisen und Kobalt ertheilt,
wovon man sich am sichersten überzeugt, wenn man das Glas
auf Platindraht im Oxydationsfeuer umschmelzt, wobei das
diesen Oxyden entsprechende Farbengemisch (S. 285) deutlich
zum Vorschein kommt. Später reagirt die Metallkugel mit
Borax oder Phosphorsalz nur auf Nickel.

Amoibit und Gersdorffit verhalten sich jedenfalls
wie Arsennickelglanz.

Antimon-Arsennickelglanz giebt die Reactionen
beider Verbindungen.

Haarkies (Nickelkies, Millerit) entwickelt, in einer an
beiden Enden offenen Glasröhre erhitzt, schweflige
Säure.

Schwefelmetalle.

Auf Kohle schmilzt er ziemlich leicht zur Kugel, die stark
sprüht und ihr Volumen etwas vermindert, aber flüssig bleibt.
Wird er vorher geröstet und dann in einem guten Reductionsfeuer behandelt, so giebt er eine zusammenhängende, etwas
geschmeidige Metallmasse, die vom Magnet gezogen wird.

Behandelt man den gut abgerösteten Haarkies mit Glasflüssen, so verhält er sich wie Nickeloxydul; nur lassen sich
häufig noch geringe Mengen von Eisen und Kupfer auffinden.

Nickelwismuthglanz entwickelt, in einer an beiden
Enden offenen Glasröhre erhitzt, schweflige Säure und setzt
in der Nähe der Probe einen schwachen, gelblichweissen Beschlag ab, welcher aus schwefelsaurem Wismuthoxyd zu bestehen scheint.

Auf Kohle schmilzt er unter Entwickelung von schwefliger Säure zu einem grauen Korne, das bei fortgesetztem
Löthrohrfeuer die Kohle mit Wismuthoxyd gelb und mit
schwefelsaurem Wismuthoxyd weiss beschlägt. Wird das
Zurückbleibende im Stahlmörser gepulvert, dann auf Kohle
abgeröstet und mit Glasflüssen behandelt, so ergiebt sich als
Hauptbestandtheil Nickel, welches nicht unbedeutende Mengen
von Kobalt, Kupfer und Eisen enthält. Ein Gehalt an Blei
lässt sich bei Gegenwart des nicht unbedeutenden Wismuthgehaltes auf trocknem Wege allein nicht auffinden.

Eisennickelkies erleidet, in einer an einem Ende zugeschmolzenen Glasröhre erhitzt, keine Veränderung. In
einer an beiden Enden offenen Glasröhre entwickelt er schweflige Säure.

Auf Kohle schmilzt er zur Kugel, die beim Zerschlagen einen gelblichen, metallisch glänzenden Bruch zeigt.

Röstet man eine kleine Menge dieses Kieses auf Kohle gut ab und prüft das Abgeröstete mit Borax, so findet man, dass die metallischen Bestandtheile hauptsächlich in Eisen und Nickel bestehen. Findet sich noch ein geringer Kupfergehalt, so gehört dieser eingemengtem Kupferkies an.

Nickeloxydul.

Das Verhalten desselben s. S. 130 und 131.

Nickeloxydul in Verbindung mit Säuren.

Nickelsmaragd giebt im Glaskolben schon bei einer Temperatur von 100° Cels. viel Wasser aus und nimmt eine schwarze Farbe an.

Zu Borax und Phosphorsalz, in welchen Glasflüssen er sich unter Aufbrausen auflöst, verhält er sich wie Nickeloxydul. **Salze.**

Nickelocker (Nickelblüthe) giebt beim Erhitzen im Glaskolben Wasser und nimmt eine dunklere Farbe an.

In der Pincette der Spitze der blauen Flamme ausgesetzt, schmilzt er und färbt die äussere Flamme hellblau.

Auf Kohle mit der Reductionsflamme behandelt, schmilzt er unter Abgabe von Arsen zu einer schwarzgrauen Kugel von Arsennickel, die, mit Borax im Reductionsfeuer behandelt, gewöhnlich schwach auf Kobalt reagirt, dann aber mit einer neuen Portion von Borax im Oxydationsfeuer die Gegenwart von Nickel anzeigt.

Mit Soda auf Kohle im Reductionsfeuer geschmolzen und die Masse auf befeuchtetes Silberblech gelegt, zeigt sich bisweilen eine Reaction auf Schwefel.

Nickelarseniat, sowohl das gelbe als das grüne verhält sich wie Nickelocker. Die grüne Varietät soll jedoch v. d. L. unschmelzbar sein.

Von den oben verzeichneten Nickelsilicaten giebt der Pimelith, im Glaskolben erhitzt, Wasser, stösst einen brenzlichen Geruch aus und färbt sich schwarz.

In der Pincette kann er nur an den dünnen Kanten geschmolzen werden, die dann ein graues Ansehen besitzen.

Von Borax und Phosphorsalz wird er ziemlich leicht aufgelöst; die Gläser zeigen die Gegenwart des Nickels an und das Phosphorsalzglas ausserdem noch die Kieselerde.

Von Soda wird er unvollkommen aufgelöst. Wendet man die Reductionsflamme an, so bekommt man nach der Abschlämmung der Schlacke metallisches Nickel, welches dem Magnete folgt.

Ein ganz ähnliches Löthrohrverhalten zeigen die übrigen oben genannten nickelhaltigen Silicate.

Will man die in diesen Mineralien befindliche Talkerde, Kalkerde, Thonerde und die geringe Menge von Eisenoxyd nachweisen, so muss man dasselbe im gepulverten Zustande mit Soda, Borax und einem Zusatz von Silber auf Kohle im Reductionsfeuer schmelzen und weiter verfahren, wie es S. 194 angegeben ist.

c) Probe auf Nickel in Hüttenprodukten.

Wie man Hüttenprodukte auf einen Gehalt an Nickel untersucht, findet sich theils bei der Probe auf Eisen im Allgemeinen (S. 285), theils auch bei dem Verhalten der eisenhaltigen Hüttenprodukte (S. 301) gleichzeitig mit angegeben.

6) Zink = Zn.

Vorkommen dieses Metalles im Mineralreiche und in Hüttenprodukten.

Das Zink findet sich in der Natur in folgendem Zustande:

a) **Metallisch als**

Gediegen Zink = Zn mit etwas Fe und Cd. Bis jetzt nur in australischem Basalt und im dortigen Seifengebirge aufgefunden.

b) In Verbindung mit **Schwefel als**

Zinkblende, von gelber, grüner, rother, brauner und schwarzer Farbe, sehr selten farblos. Die reinste (ungefärbte) Abänderung = $\acute{Z}n$ mit 66,9 Zn. Die gefärbten Arten enthalten in grösserer oder geringerer Menge das isomorphe Eisensulfuret beigemischt, so ist die schwarzbraune Blende von verschiedenen Fundorten = $\acute{F}e + 4\acute{Z}n$, mit 54,5 Zn; der sogenannte Marmatit (schwarze Blende) = $\acute{F}e + 3\acute{Z}n$, mit 51,5 Zn; der Christophit = $\acute{F}e + 2\acute{Z}n$ mit 46,1 Zn. Ein häufiger Bestandtheil der Zinkblende ist $\acute{C}d$, ferner findet sich zuweilen $\acute{M}n$ (besonders in den schwarzen Varietäten, die auch nicht selten zinnhaltig sind) und endlich scheint nach den bisherigen Untersuchungen die (schwarzbraune oder schwarze) Blende dasjenige Mineral zu sein, in welchem besonders das Indium vorkommt.

Leberblende = $\acute{Z}n$, gemengt mit organischer Substanz.
Kupferblende, s. Kupfer.

Ferner findet sich das Zink in geringer Menge in manchem Bleiglanz, z. B. von Przibram, der 2—3,5 Procent $\acute{Z}n$ enthält, s. Blei; im Jamesonit, s. Blei; im Zinnkies, s. Zinn, und im Fahlerz, s. Kupfer.

c) In einer Verbindung von **Schwefelzink** und **Zinkoxyd,** dem

Voltzin $= \ddot{Z}n + 4\dot{Z}n$ mit 69,2 Zn; jedoch geringe Mengen von $\overset{..}{F}e$ enthaltend.

d) Als **Oxyd** im

Rothzinkerz (Zinkoxyd) $= \dot{Z}n$ mit 80,2 Zn; aber gewöhnlich gemengt mit mehr oder weniger $\overset{..}{M}n$, Franklinit oder Magneteisen.

e) Als **Oxyd in Verbindung mit andern Metalloxyden** im Franklinit, s. Mangan.

f) In Verbindung mit **Schwefelsäure**:

Zinkvitriol $= \dot{Z}n\overset{..}{S} + 7\dot{H}$ mit 22,6 Zn; jedoch öfters mit Oxyden von Mn, Fe und Cu und erdigen Theilen verunreinigt.

Vitriolocker, s. Eisen.

g) In Verbindung mit **Kohlensäure**:

Zinkspath $= \dot{Z}n\ddot{C}$ mit 52,0 Zn; in den meisten Varietäten ist aber ein Theil des Zn durch andere Metalloxyde und Erden ersetzt, namentlich gehören hierher: Fe, Mn, Cd, Cu, Pb, Ca und Mg, so dass der Betrag an $\dot{Z}n\ddot{C}$ bis auf 40 Proc. sinken kann; manche Varietäten enthalten auch Kieselzinkerz beigemengt.

Zinkblüthe $= \dot{Z}n\ddot{C} + 2\dot{Z}n\dot{H}$ mit 57,1 Zn.

Aurichalcit (Buratit) $= (\dot{Z}n^2\ddot{C} + 2\dot{H}) + (\dot{C}u^2\ddot{C} + \dot{H})$ mit 35,8 Zn und 23,2 Cu. — Im Buratit ist eine geringe Menge von Ca enthalten.

Zinkbleispath (Iglesiasit) $= \dot{Z}n\ddot{C} + 6\dot{P}b\ddot{C}$ mit 3,7 Zn und 71,8 Pb.

h) In Verbindung mit **Arsensäure** im

Köttigit aus Schneeberg $= \dot{Z}n^3\overset{..}{A}s + 8\dot{H}$, worin ein Theil des Zn durch Co (6,9 p. c.) und Ni (2 p. c.) ersetzt ist

i) In Verbindung mit **Kieselsäure** im

Kieselzinkerz, als:

Wasserfreies (Willemit), III $= \dot{Z}n^3\ddot{S}i$ mit 58,1 Zn; jedoch öfters ger. Mengen von Mn, Fe, Ca und Mg enthaltend. Auch gehört hierher der

Troostit, II—III $= (\dot{Z}n, \dot{M}n, \dot{M}g)^3\ddot{S}i$ mit 48,1 Zn, der als ein Willemit betrachtet werden kann, in welchem ein Theil des Zn durch Mn und Mg ersetzt ist.

Wasserhaltiges Kieselzinkerz (Kieselgalmei), III $= 2\dot{Z}n^3\ddot{S}i + 3\dot{H}$ mit 53,7 Zn; bisweilen aber eine geringe Menge von Pb enthaltend.

Auch macht das Zinkoxyd einen ger. Bestandtheil im Jeffersonit aus, s. Kalkerde.

k) In Verbindung mit **Thonerde in Aluminaten**, als: Gahnit (Automolith), III = (Zn, Mg, Fe) $\bar{A}$l mit 19,4 bis 27,9 Zn; diesem schliesst sich an, der

Kreittonit, III = (Zn, Fe, Mg, Mn) + ($\bar{A}$l, Fe) mit 21,3 Zn, so wie der

Dysluit = (Zn, Fe, Mn) + ($\bar{A}$l, Fe) mit 19,4 Zn.

Das Zink findet sich auch in verschiedenen Hüttenprodukten, und zwar:

a) **Metallisch** im Rohzink (Werkzink, Tropfzink), welches gewöhnlich ger. Mengen von Pb, Fe und Cd, zuweilen auch In enthält. Die bei der Zinkgewinnung aus kadmiumhaltigen Erzen zuerst übergehenden Portionen sind besonders sehr kadmiumhaltig.

b) In Verbindung mit **Schwefel**, den verschiedenen, aus Schwefelmetallen bestehenden Produkten, namentlich im Rohstein, Bleistein, Kupferstein, im Roh- und Bleiofenbruch, wenn diese Produkte aus blendigen Silber-, Blei- oder Kupfererzen erzeugt werden.

c) Als **Oxyd** in dem bei der Zinkgewinnung hauptsächlich zuerst, so wie auch später in geringer Menge in den Vorlagen etc. ausser dem metallischen Zink sich noch ansetzenden Zinkoxyd, wovon das zuerst sich ansetzende in der Regel sehr kadmiumhaltig ist; ferner in den bei der Verschmelzung blendiger gerösteter Silbererze über Schacht- oder Flammenöfen erhaltenen Schlacken und Flugstaub.

Auch gehört hierher der sogenannte **Gichtenschwamm** der Eisenhohöfen, welcher zuweilen aus reinem Zinkoxyd in krystallisirtem Zustande, öfters aber auch nur aus einem Gemenge von Zinkoxyd, Oxyden des Eisens und erdigen Theilen besteht und eine dichte Masse bildet. Endlich ist noch die sogenannte **Rohofenblume** zu erwähnen, der sich an der Brust eines Rohofens absetzende weisse Beschlag, welcher — wenn blendige Erze verschmolzen werden — hauptsächlich aus Zinkoxyd besteht, zuweilen aber mit schwefelsaurem und kohlensaurem Bleioxyd, so wie mit Säuren des Antimons gemengt ist.

Probe auf Zink
mit Einschluss des Löthrohrverhaltens der zinkhaltigen Mineralien.

a) Probe auf Zink im Allgemeinen.

Die Probe auf Zink ist, da dieses Metall flüchtig und sein Oxyd im Oxydationsfeuer feuerbeständig ist, sehr einfach und in solchen Fällen ganz sicher, wenn die Substanz entweder viel Zink enthält, oder sich, bei einem nur geringen Gehalte an Zink, frei von anderen Metallen oder Metalloxyden zeigt, die auf Kohle reducirt werden können und auf selbiger einen Beschlag bilden. Ist dagegen der Gehalt an Zink bei Gegenwart z. B von vielem Blei, Wismuth oder Antimon nur sehr unbedeutend, so ist man nicht im Stande, ersteres vor dem Löthrohre mit Sicherheit aufzufinden.

Substanzen, welche viel Zink und zwar entweder im geschwefelten oder oxydirten Zustande enthalten, behandelt man für sich, diejenigen aber, welche dieses Metall in geringer Menge enthalten, kann man in Pulverform mit einer hinreichenden Menge von Soda auf Kohle im Reductionsfeuer schmelzen; man bekommt indess auch bei letzteren gewöhnlich einen deutlichen Zinkoxydbeschlag durch alleinige Anwendung einer guten Reductionsflamme. Besteht die Substanz aus einer Verbindung von Metalloxyden, oder enthält sie vielleicht noch Erden, so wendet man ein Gemenge von 2 Theilen Soda und 1—1½ Theil Borax an. Das Zink wird dabei metallisch verflüchtigt, aber sogleich wieder oxydirt, so bald es mit der atmosphärischen Luft in Berührung kommt und setzt sich als Beschlag auf der Kohle ab, der, so lange er heiss ist, gelb, nach völligem Erkalten aber weiss erscheint. Ein solcher Beschlag charakterisirt sich vorzüglich noch dadurch, dass er, wenn er mit Kobaltsolution befeuchtet und darauf im Oxydtionsfeuer geglüht wird, eine grüne Farbe annimmt (S. 139). Enthält die Substanz viel Blei, so bekommt man, trotz dem, dass das Zinkoxyd sich weniger entfernt von der Probe absetzt, als das Bleioxyd, doch nicht allemal einen reinen, sondern gewöhnlich einen mit Bleioxyd verunreinigten Zinkoxydbeschlag. Befeuchtet man einen solchen Beschlag mit Kobaltsolution und glüht ihn im Oxydationsfeuer vorsichtig durch, so wird das Bleioxyd durch die glühende Kohle reducirt und verflüchtigt, und das zurückbleibende Zinkoxyd erscheint nach dem Erkalten grün. Bildet der Beschlag von Zinkoxyd eine so dünne Lage, dass er sich nach dem Befeuchten mit Kobaltsolution leicht mechanisch wegblasen lässt, so bekommt man nicht immer ein entscheidendes Resultat. In diesem Falle ist es besser, man befeuchtet die Stelle der Kohle, auf welcher sich das Zinkoxyd neben der Probe gewöhnlich abzusetzen pflegt, eher mit Kobaltsolution, als man die Substanz im Löthrohrfeuer behandelt. Ein einziger Tropfen von der Solution, den man mit einem Glasstäbchen breit streicht, ist hinreichend, um noch einen geringen Gehalt von Zink aufzufinden. Da man genöthigt ist, die Substanz eine längere Zeit mit der Löthrohrflamme zu behandeln, so erglüht die von Kobaltsolution befeuchtete Stelle von selbst, ein vielleicht mit dem Zinkoxyde vermengter Theil Blei- oder

Wismuthoxyd wird entfernt und das abgesetzte Zinkoxyd erscheint nach dem Erkalten doch deutlich grün. Ein ähnliches Verfahren kann man auch bei einem bereits erhaltenen schwachen Beschlage anwenden, indem man nach dem Befeuchten desselben mit der Kobaltsolution die Flamme nicht auf diesen richtet, sondern auf's Neue die auf der Kohle befindliche Probe mit der Reductionsflamme erhitzt, wodurch sowohl noch mehr Zinkoxyd verflüchtigt, als auch das bereits als Beschlag vorhandene und mit Solution befeuchtete, durchge glüht wird. Man muss indess hierbei berücksichtigen, dass, wenn die zu untersuchende Substanz sehr wenig oder gar kein Zink enthält, dagegen aber viel Antimon, und man die Kohle vor der Behandlung im Löthrohrfeuer mit Kobaltsolution bestreicht, man ebenfalls einen grünen Beschlag bekommt, welcher aber aus einer Verbindung von Kobaltoxydul mit einer Säure des Antimons besteht und im Oxydationsfeuer nicht fortgetrieben werden kann (S. 115). In diesem Falle ist ein geringer Gehalt an Zink vor dem Löthrohre nur schwierig aufzufinden. Bei manchen Verbindungen, wie z. B. bei antimonhaltigen Fahlerzen, kann man sich dann damit helfen, dass man zunächst im Oxydationsfeuer fast alles Antimon verflüchtigt, den Beschlag von Antimonoxyd durch Anblasen mit der Flamme von der Kohle entfernt und hierauf durch Behandeln des Rückstandes mit der Reductionsflamme in der oben angegebenen Weise die Gegenwart von Zink zu erkennen sucht. Enthält die Substanz Zinn, so ist ein Gehalt an Zink durch den sich bildenden Beschlag auf Kohle nicht zu erkennen, indem sich in diesem Falle das Zinkoxyd mit Zinnoxyd vermengt, welches letztere von Kobaltoxyd eine blaugrüne Farbe annimmt (S. 141).

b) Verhalten der oben verzeichneten zinkhaltigen Mineralien vor dem Löthrohre.

Verbindungen des Zinkes mit Schwefel.

Zinkblende, ungefärbt und von gelber, grüner, rother, brauner und schwarzer Farbe, in einer an einem Ende zugeschmolzenen Glasröhre bis zum Glühen erhitzt, decrepitirt bisweilen sehr heftig, giebt aber nichts Flüchtiges und behält auch in den meisten Fällen ihre Farbe bei. Wird die geglühte Probe ausgeschüttet und in einer an beiden Enden offenen Glasröhre stark erhitzt, so entwickelt sich schweflige Säure und die Probe erscheint, wenn sie lange genug erhitzt worden ist, nach völligem Erkalten entweder gelblich oder braunroth, je nachdem sie Schwefeleisen in geringerer oder grösser Menge enthielt.

Auf Kohle für sich im Reductionsfeuer behandelt, giebt sie, wenn sie nicht zu wenig Kadmium enthält, anfangs einen

schwachen, rothbraunen Beschlag von Kadmiumoxyd, später
aber einen deutlichen Beschlag von Zinkoxyd, ohne dabei zu
schmelzen. Im Oxydationsfeuer wird sie geröstet; *Schwefelmetalle.*
zu einer vollständigen Röstung ist indessen eine
ziemlich lange Zeit erforderlich. Prüft man die abgeröstete
Blende mit Borax, so überzeugt man sich sofort, ob sie
eisenhaltig und ob der Gehalt an Eisen gering oder bedeutend ist.

Mit Soda auf Kohle geschmolzen, erhält man einen Kad-
mium- und Zinkoxydbeschlag.

Leberblende giebt, im Glaskolben erhitzt, Wasser und
ein geringes Sublimat von Schwefel; auch stösst sie anfangs
einen Geruch nach Schwefelwasserstoff aus, der sich später
in einen brandigen umändert. Dabei decrepitirt sie ziemlich
stark und färbt sich mehr oder weniger schwarz. Fast ganz
schwarz färbt sich die Leberblende aus Cornwall; es giebt
indessen auch Leberblende, welche sich nicht schwarz färbt,
sondern im Gegentheil eine lichtere Farbe bekommt, z. B.
die von Hochmuth bei Geyer in Sachsen.

Das im Glaskolben behandelte Mineral verhält sich dann
bei weiterer Prüfung wie eisenhaltige Zinkblende.

Die Verbindung von Schwefelzink mit Zinkoxyd, als

Voltzin verhält sich vor dem Löthrohre wie Zinkblende,
die nur Spuren von Eisen enthält.

Das Zinkoxyd, als

Rothzinkerz, zeigt sich vor dem Löthrohre unschmelzbar. In Borax löst es sich im Oxydationsfeuer *Zinkoxyd.*
mit Manganfarbe leicht auf; wird das stark gesättigte Glas eine kurze Zeit mit der Reductionsflamme behandelt, wobei die Manganfarbe verschwindet, so bleibt gewöhnlich eine gelbe oder (bei zu langem Blasen) eine bouteillengrüne Farbe übrig, die noch einen Gehalt von Eisen
anzeigt. Wird das Glas auf Kohle im Reductionsfeuer behandelt, so entsteht ein Beschlag von Zinkoxyd.

Für sich und mit Soda auf Kohle erhitzt, erhält man
einen starken Beschlag von Zinkoxyd; auf Platinblech im
Oxydationsfeuer bekommt man Manganreaction.

Zinkoxyd in Verbindung mit Säuren.

Zinkvitriol giebt, für sich im Glaskolben erhitzt, Wasser; mit Kohlenpulver gemengt und erhitzt, giebt er schweflige
Säure.

Zu Glasflüssen verhält er sich wie Zinkoxyd *Salze.*
und reagirt zuweilen zugleich mit auf Mangan-, Eisen- und
Kupferoxyd, von welchen Oxyden oft geringe Mengen vorhanden sind.

Mit Soda auf Kohle im Reductionsfeuer wird er zerlegt; es bildet sich ein starker Beschlag von Zinkoxyd, so wie Schwefelnatrium, welches mit dem Ueberschuss **Salae.** an Soda in die Kohle geht und auf Silberblech hepatisch reagirt.

Zinkspath giebt in einem Glaskolben erhitzt, Kohlensäure ab, und erscheint dann, wenn er ziemlich frei von andern Metalloxyden ist, in der Wärme gelb und nach dem Erkalten weiss. Diese weisse Masse verhält sich zu Glasflüssen entweder wie reines oder wie eisenhaltiges Zinkoxyd. Enthält das Mineral ziemlich viel Eisen- und Manganoxydul, so nimmt es beim Glühen im Glaskolben eine ganz dunkle Farbe an, folgt dann dem Magnet und reagirt, wenn es mit Borax und Phosphorsalz geprüft wird, stark auf Eisen und Mangan. Kupferhaltiger Zinkspath färbt, in der Pincette erhitzt, selbst wenn der Kupfergehalt sehr gering ist, die äussere Flamme ausdauernd grün. Der Kupfergehalt lässt sich leicht durch Phosphorsalz und Zinn nachweisen. — Wendet man zur Prüfung mit Glasflüssen das Mineral im ungeglühten Zustande an, so wird es unter Aufbrausen, von entweichender Kohlensäure, leicht aufgelöst.

Für sich oder mit Soda gemengt und auf Kohle im Reductionsfeuer behandelt, wird der Zinkspath zerlegt, so dass besonders bei hinreichend starkem Blasen sich sogar eine Zinkflamme bildet. Im Anfange bemerkt man, dass die Kohle nur mit Kadmium, später aber nur mit Zinkoxyd beschlagen wird.

Zinkblüthe giebt, im Glaskolben erhitzt, Wasser aus, verliert ihre Kohlensäure und verhält sich dann vor dem Löthrohre wie Zinkoxyd.

Auf Kohle für sich im Reductionsfeuer behandelt, kann sie nach und nach grösstentheils verflüchtigt werden, es bildet sich dabei ein starker Beschlag von Zinkoxyd, während in den meisten Fällen eine geringe Menge einer schlackigen Masse zurückbleibt, die, in Borax aufgelöst, die Reactionen des Eisens zeigt.

Aurichalcit (Buratit) giebt, für sich im Kolben erhitzt, Wasser und ändert seine grüne (der Buratit seine blaue) Farbe in eine schwarze um.

In Borax und Phosphorsalz löst er sich unter Aufbrausen zu einem klaren Glase auf, das in der Wärme grün erscheint und unter der Abkühlung blau wird (Kupfer). Behandelt man ein solches Glas auf Kohle mit Zinn im Reductionsfeuer, so wird es unter der Abkühlung undurchsichtig und roth; auch bemerkt man auf der Kohle einen schwachen Beschlag von Zinkoxyd.

Mit Soda auf Kohle im Reductionsfeuer behandelt, wird er zerlegt; man bekommt einen starken Beschlag von Zinkoxyd und beim Schlämmen des geschmolzenen Rückstandes metallisches Kupfer.

Die im Buratit enthaltene geringe Menge von Ca, durch welche ein Theil des Zn ersetzt zu sein scheint, lässt sich leicht auffinden, wenn man das Mineral im gepulverten Zustande mit Soda, Borax und einem Zusatz von Silber oder Gold so lange im Reductionsfeuer schmelzt, bis die Oxyde von Cu und Zn reducirt sind, und letzteres grössentheils verflüchtigt ist, und hierauf die Glasmasse auf nassem Wege weiter behandelt, wie es S. 194 angegeben ist.

Zinkbleispath schmilzt auf Platinblech im Oxydationsfeuer zu einem durchsichtigen gelben Glase.

In Glasflüssen löst er sich unter Aufbrausen leicht zu einem gelblichen Glase auf, das unter der Abkühlung farblos wird und auf Kohle im Reductionsfeuer einen Bleioxydbeschlag giebt.

Auf Kohle für sich, oder mit Soda gemengt, reducirt er sich unter Aufbrausen zu metallischem Blei und bildet ausser einem Beschlag von Bleioxyd noch einen zweiten, weissen, der sich in der Nähe der Probe befindet und der, mit Kobaltsolution befeuchtet und geglüht, eine grüne Farbe annimmt (Zinkoxyd).

Köttigit giebt, im Glaskölbchen erhitzt, viel Wasser, sonst aber weiter nichts Flüchtiges.

Auf Kohle schmilzt er im Oxydationsfeuer leicht zur Kugel, die im Reductionsfeuer einen Geruch nach Arsen verbreitet, die Kohle mit Zinkoxyd belegt, und nach der Abkühlung eine schwarze Farbe besitzt.

In der Pincette schmilzt er leicht zur Kugel und färbt die äussere Flamme intensiv hellblau.

In Borax und Phosphorsalz löst er sich in grosser Menge auf, und ertheilt diesen Glasflüssen eine smalteblaue Farbe von einem Gehalt an Kobaltoxydul; werden die stark gesättigten Gläser auf Kohle mit der Reductionsflamme behandelt, so entsteht ein Beschlag von Zinkoxyd.

Mit Soda oder neutralem oxalsaurem Kali auf Kohle im Reductionsfeuer behandelt, reducirt sich viel Zink, welches die Kohle sehr stark mit Zinkoxyd beschlägt.

Die Verbindung des Zinkoxydes mit Kieselsäure, als

Kieselzinkerz (Willemit, Troostit und Kieselgalmei) giebt, wenn es wasserhaltiges ist (Kieselgalmei), im Glaskolben erhitzt, Wasser und wird milchweiss.

In der Pincette zeigt es sich unschmelzbar.

Von Borax wird es zu einem klaren Glase aufgelöst, das nicht unklar geflattert werden kann.

Von Phosphorsalz wird es ebenfalls zu einem klaren

Glase aufgelöst, das aber unter der Abkühlung unklar wird. Bei einem stärkern Zusatze bemerkt man, so lange das Glas noch warm ist, eine geringe Menge von ausgeschiedener Kieselsäure.

Von Soda allein wird es auf Kohle nicht aufgelöst, es schwillt an und giebt schwer einen Beschlag von Zinkoxyd. Wendet man aber 2 Theile Soda und 1 Theil Borax an, so wird alles Zinkoxyd reducirt und verflüchtigt, während die Kieselsäure mit den Flüssen zu Glas schmilzt, das, mit Borax auf Platindraht im Oxydationsfeuer umgeschmolzen, bisweilen auf Eisen reagirt. Enthält das Mineral geringe Mengen von Bleioxyd, so bildet sich hinter dem Beschlag von Zinkoxyd auch ein schwacher Beschlag von Bleioxyd. In einem solchen Glase lassen sich, wenn man es auf nassem Wege weiter behandelt, Kieselerde und andere erdige Beimengungen leicht auffinden.

Mit Soda und Salpeter auf Platinblech geschmolzen, bekommt man bisweilen Manganreaction.

Die Verbindung des Zinkoxydes mit Thonerde, als

Gahnit (Automolith), zeigt sich im Glaskolben und in der Pincette unveränderlich.

Von Borax und Phosphorsalz wird er selbst als feines Pulver ausserordentlich schwer aufgelöst, ohne jedoch eine deutliche Färbung von Eisen zu geben.

Von Soda wird er nicht aufgelöst, sondern sintert nur zu einer dunkeln Schlacke zusammen. Wendet man dagegen gleiche Theile Soda und Borax an, so löst er sich im Reductionsfeuer sehr bald zu einem klaren Glase auf, welches nach der Abkühlung vitriolgrün erscheint. Das Zinkoxyd reducirt und verflüchtigt sich dabei vollständig, sobald man eine hinreichend starke Reductionsflamme anwendet, und bildet auf der Kohle einen deutlichen Beschlag.

Mit Soda und Salpeter auf Platinblech bekommt man Manganreaction.

Kreittonit zeigt sich im Glaskölbchen und in der Pincette unveränderlich.

In Borax und Phosphorsalz wird er schwer aufgelöst; die Gläser verrathen aber einen merklichen Gehalt an Eisen.

Zu Soda verhält er sich wie Gahnit. Auch kann mit einem Gemenge von gleichen Theilen Soda und Borax bei richtig angewandter Reductionsflamme alles Zinkoxyd reducirt, und dabei ein starker Beschlag von wieder gebildetem Zinkoxyd erlangt werden.

Mit Soda und Salpeter auf Platinblech geschmolzen, reagirt er auf Mangan.

Dysluit verhält sich vor dem Löthrohre wahrscheinlich ähnlich wie Kreittonit; nur dürfte er sich etwas leichter in

den Glasflüssen auflösen lassen und eine intensivere Färbung
von Eisen, dagegen aber einen schwächeren Beschlag von
Zinkoxyd geben.

Will man sich in den vorgenannten drei Mi- **Aluminate.**
neralien von der Gegenwart der Thonerde und der Talkerde
näher überzeugen, so pulverisirt man das bei der Behandlung
des Minerals mit Soda und Borax erhaltene Glas im Stahlmörser, löst es in der Wärme in Salpetersalzsäure auf, verdünnt
die Auflösung mit Wasser und scheidet die genannten Erden
und das Eisenoxyd nach bereits bekannten Methoden aus.

c) Probe auf Zink in Hüttenprodukten.

Wie man in den oben verzeichneten Hüttenprodukten
einen Gehalt an Zink auffindet, oder dieselben überhaupt vor
dem Löthrohre auf ihre Bestandtheile prüft, ergiebt sich theils
aus dem, was bei der Probe auf Zink im Allgemeinen (S. 324
u. f.) gesagt ist, theils auch aus dem Verhalten derjenigen
eisenhaltigen Hüttenprodukte, welche zugleich Zink enthalten
(s. S. 303).

7) Kadmium = Cd.

**Vorkommen dieses Metalles im Mineralreiche und in Hütten-
produkten.**

Das Kadmium gehört zu den seltener vorkommenden
Metallen, es findet sich

a) In Verbindung mit **Schwefel** im
Greenockit = Čd mit 77,6 Čd. Als Nebenbestandtheil ist der
Schwefelkadmium in mancher Zinkblende vorhanden.

b) Als **Oxyd** in Verbindung mit **Kohlensäure** im
Zinkspath, in welchem diese Verbindung nur einen geringen
Nebenbestandtheil ausmacht (s. Zink).

In Hüttenprodukten findet sich das Kadmium besonders
in dem bei der Zinkgewinnung im Anfange der Destillation
übergehenden Zinkoxyd und Zinkstaub.

Probe auf Kadmium
mit Einschluss des Löthrohrverhaltens der kadmiumhaltigen
Mineralien.

a) Probe auf Kadmium im Allgemeinen.

Das Kadmium kann vor dem Löthrohre wegen seiner
Flüchtigkeit nur als Oxyd aufgefunden werden. Man erhitzt
deshalb die zu prüfende Substanz auf Kohle eine Zeit lang
im Reductionsfeuer, wobei das Kadmium sich metallisch verflüchtigt, aber bei der Berührung mit atmosphärischer Luft
sich sogleich wieder oxydirt. Das Oxyd legt sich zum grössten
Theil auf die Kohle und kann nach völligem Erkalten an

seiner braunen, in dünnen Lagen jedoch nur orangegelben
Farbe erkannt werden (S. 83). Hält es bei einem sehr geringen Gehalte an Kadmium schwer, auf diese Weise einen
deutlichen Beschlag zu bekommen, so vermengt man die gepulverte Substanz mit Soda und behandelt das Gemenge nur
ganz kurze Zeit auf Kohle im Reductionsfeuer; es bildet sich
dann ein deutlicher Beschlag von Kadmiumoxyd. Setzt man
das Blasen zu lange fort, so verflüchtigt sich auch ein Theil
des Zinkes und beschlägt die Kohle ebenfalls mit Oxyd, wodurch bisweilen der Kadmiumoxydbeschlag an Deutlichkeit
verliert.

     b) Verhalten der kadmiumhaltigen Mineralien vor dem Löthrohre.

      Verbindungen des Kadmiums mit Schwefel.

     Greenockit in einer an einem Ende zugeschmolzenen
Glasröhre schwach erhitzt, nimmt eine vorübergehend carminrothe Farbe an.

Schwefelmetalle.   In einer an beiden Enden offenen Glasröhre
geröstet, entwickelt er schweflige Säure.

     Auf Kohle für sich im Reductionsfeuer behandelt, giebt
er einen deutlichen Beschlag von Kadmiumoxyd. Durch einen
Zusatz von Soda wird er zerlegt und das Kadmium verflüchtigt, welches die Kohle sehr stark mit rothbraunem Oxyd beschlägt, während die Soda grösstentheils in die Kohle eindringt. Wird die Stelle, auf welcher sich die Probe befand,
mit Wasser befeuchtet, so entsteht ein Geruch nach Schwefelwasserstoff.

     Das Verhalten der **Zinkblende** s. S. 326.

          8) Blei = Pb.

**Vorkommen dieses Metalles im Mineralreiche und in Hütten-
produkten.**

     Das Blei ist in der Natur ziemlich weit verbreitet; es fin-
det sich:

     a) **Metallisch** im
Gediegen Blei = Pb;

     b) In **Verbindung mit Tellur** im
Tellurblei vom Altai = PbTe gemengt mit AgTe, enthält
60,3 Pb und 1,3 Ag;
Weisstellur, s. Gold;

     c) In **Verbindung mit Selen** im
Selenblei = PbSe mit 72,3 Pb, zuweilen etwas Ag oder auch
     geringe Mengen von Co enthaltend;
Selenkobaltblei = $CoSe^3$ + 6PbSe, mit 64,2 Pb und 3,1
     Co, jedoch nicht ganz frei von Eisen;
Selenbleikupfer und Selenkupferblei. Verbindungen von
Cu^2Se und CuSe mit PbSe in verschiedenen Verhältnissen;

der Gehalt an Pb schwankt zwischen 48,4 und 65,1, und
der des Cu zwischen 4,0 und 15,7;

Selenquecksilberblei, ein Gemenge von HgSe und PbSe in
sehr verschiedenen Verhältnissen mit 27,3 bis 65,8 Pb.

d) In Verbindung mit Schwefel in nachstehenden Mineralien, als:

Bleiglanz = $\dot{P}b$ mit 86,6 Pb, jedoch öfters geringe Mengen
von Ág, Šb, Fe und Żn enthaltend; der Bleischweif oder
dichte Bleiglanz enthält häufig Šb auch wohl Żn.

Steinmannit aus Przibram = Pb und Šb in noch nicht bekannten Verhältnissen;

Kilbrickenit = $\dot{P}b^4\bar{S}b$ mit 70,1 Pb, aber nicht ganz frei von Fe;

Geokronit = $\dot{P}b^4\bar{S}b$ mit 67,6 Pb. Die Varietäten von Sala
und aus Toskana = $4\dot{P}b^4\bar{S}b + 3\dot{P}b^3\bar{A}s$ mit 69,5 Pb.
Geringe Mengen von Cu und Fe enthaltend;

Meneghinit = $\dot{P}b^4\bar{S}b$ mit 64,0 Pb, jedoch scheint etwas Ću
beigemischt zu sein, auch nicht ganz frei von Fe;

Boulangerit (Embrithit und Plumbostib) = $\dot{P}b^3\bar{S}b$ mit 58,9
Pb und geringen Mengen von Fe, Cu und Zn.

Binnit = $\dot{P}b^3\bar{A}s$ mit 57,1 Pb sowie etwas Ag und Fe, jedoch
findet sich auch die Verbindung PbĀs mit 42,6 Pb;

Heteromorphit (Federerz, Plumosit) = $\dot{P}b^3\bar{S}b$ mit 50,8 Pb;
fast stets ist etwas Cu, Fe und Zn vorhanden. Nach
Rammelsberg sind Heteromorphit und Federerz Abänderungen des Jamesonits;

Jamesonit = $\dot{P}b^2\bar{S}b^2$ mit 43,7 Pb, doch ist immer ein Theil
des Bleies durch 2 bis 4 p. c. Fe ersetzt, auch ist etwas
Cu, Zn oder Bi vorhanden.

Plagionit = $\dot{P}b^3\bar{S}b^4$ mit 40,7 Pb;

Zinkenit = $\dot{P}b\bar{S}b$ mit 35,9 Pb und Spuren von Cu;

Zundererz, wahrscheinlich ein Gemenge von Jamesonit, (Federerz), Binnit, Arsenkies und Rothgültigerz mit 43,0 Pb;

Clayit = (Pb Cu) (S, As, Sb) mit 67,4 Pb und 5,6 Cu;

Cuproplumbit = Ću + $\dot{P}b^2$ mit 61,9 Pb und 19,6 Cu;

Alisonit = 3 Ću + $\dot{P}b$ mit 28,9 Pb und 53,1 Cu;

Blättererz, scheint als antimonfreies und als antimonhaltiges
vorzukommen, ersteres ist etwa = (Pb, Au) (S, Te) mit
50,0 bis 54,4 Pb und 8,3 bis 9,1 Au, letzteres = (Pb, Au)²
(S, Te, Sb)³ mit 60,5 bis 63,1 Pb und 5,9 bis 6,7 Au;

Bournonit = Ću³$\bar{S}b$ + 2$\dot{P}b^3\bar{S}b$ mit 42,5 Pb und 13,0 Cu;

Kobellit, nach G. Rose vielleicht 2$\dot{P}b^3\bar{S}b$ + 3$\dot{P}b^3\bar{B}i$; nach
der Anal. 40,1 Pb und 25,2 Bi mit ger. Mengen von Cu und Fe;

Nadelerz von Berezowsk in Sibirien $= \overset{..}{Cu}{}^3\overset{..}{Bi} + 2\overset{..}{Pb}{}^2\overset{..}{Bi}$ mit 36,0 Pb, 36,2 Bi und 11,0 Cu;

Chiviatit $= \overset{..}{Cu}{}^2\overset{..}{Bi}{}^3 + 4\overset{..}{Pb}{}^2\overset{..}{Bi}{}^3$ mit 16,7 Pb, 62,9 Bi und 2,5 Cu;

Antimonkupferglanz, s. Kupfer;

Schilfglaserz } s. Silber.
Brongniardit }

e) In Verbindung mit Chlor im

Cotunnit $= \overset{.}{Pb}Cl$ mit 74,4 Pb;

Mendipit $= \overset{.}{Pb}Cl + 2\overset{.}{Pb}$ mit 85,8 Pb, zuweilen wenig $\overset{.}{Pb}\overset{..}{C}$ und $\overset{..}{H}$ enthaltend;

Matlockit $= \overset{.}{Pb}Cl + \overset{.}{Pb}$ mit 83,0 Pb;

Bleihornerz $= \overset{.}{Pb}Cl + \overset{.}{Pb}\overset{..}{C}$ mit 73,8 Pb.

Percylit, nach Percy $= (\overset{.}{Pb}Cl + \overset{.}{Pb}) + (\overset{.}{Cu}Cl + \overset{.}{Cu}) + \overset{..}{H}$;

f) Im oxydirten Zustande als:

Bleiglätte, natürliche $= \overset{.}{Pb}$ mit 92,8 Pb, aber öfters gemengt mit mehr oder weniger $\overset{.}{Pb}\overset{..}{C}$, $\overset{..}{C}a$, $\overset{..}{Fe}$ und $\overset{..}{Si}$;

Mennige $= \overset{.}{Pb}\overset{..}{Pb}$ mit 90,6 Pb;

Schwerbleierz (Plattnerit) $= \overset{..}{Pb}$ mit 86,6 Pb, bisweilen Spuren von $\overset{..}{S}$ enthaltend;

g) In Verbindung mit Säuren und zwar:

α) Mit Schwefelsäure als

Bleivitriol $= \overset{.}{Pb}\overset{...}{S}$ mit 68,3 Pb, jedoch immer etwas $\overset{..}{H}$, bisweilen auch $\overset{..}{Fe}$ und $\overset{..}{Mn}$ enthaltend;

Bleilasur (Linarit) $= \overset{.}{Pb}\overset{...}{S} + \overset{.}{Cu}\overset{.}{H}$ mit 51,7 Pb und 15,7 Cu;

Caledonit, nach v. Kobell $= 3\overset{.}{Pb}\overset{...}{S} + 2\overset{.}{Pb}\overset{..}{C} + \overset{.}{Cu}\overset{..}{C}$ mit 63,5 Pb und 5,8 Cu;

Lanarkit $= \overset{.}{Pb}\overset{...}{S} + \overset{.}{Pb}\overset{..}{C}$ mit 72,5 Pb.

Leadhillit und Susannit $= \overset{.}{Pb}\overset{...}{S} + 3\overset{.}{Pb}\overset{..}{C}$ mit 75 Pb.

β) Mit Phosphorsäure im

Pyromorphit (Grün- und Braunbleierz z. Th.) $= 3\overset{.}{Pb}{}^3\overset{...}{P} + \overset{.}{Pb}Cl$ mit 76,2 Pb, wobei jedoch zuweilen etwas $\overset{...}{P}$ durch $\overset{...}{As}$ und (besonders im Braunbleierz) ein Theil des $\overset{.}{Pb}$ durch $\overset{.}{Ca}$, sowie des $\overset{.}{Pb}Cl$ durch $CaFl$ ersetzt ist, wodurch der Bleigehalt herabgezogen wird. Solche Varietäten sind der Polysphärit, Miesit, Nüssierit.

Bleigummi $= \overset{.}{Pb}{}^3\overset{...}{P} + 6\overset{..}{Al}\overset{..}{H}{}^3$ nach einer Analyse von Damour. Nach andern Analysen ist es jedoch wahrscheinlich, dass das Bleigummi keine gleichmässige Verbindung ist.

γ) Mit Arsensäure im

Mimetesit (Grün- und Braunbleierz z. Th) = $3Pb^3\bar{\bar{A}}s + PbCl$ mit 69,5 Pb. Auch hier finden sich isomorphe Mischungen dieser Verbindung mit der entsprechenden phosphorsauren und den analogen Kalkverbindungen. Eine solche Varietät ist der Hedyphan = $3(Pb,Ca)^3(\bar{P},\bar{\bar{A}}s) + PbCl$ mit 49 Pb. Im Kampylit befindet sich eine geringe Menge von chromsaurem Bleioxyd.

Carminspath s. Eisen.

δ) Mit Kohlensäure als

Weissbleierz = $Pb\bar{C}$ mit 77,6 Pb;

Bleierde, erdiges Weissbleierz, mit wenig Ca und H;
Plumbocalcit, s. Kalkerde;
Tarnowitzit, s. Kalkerde beim Arragonit;
Zinkbleispath, s. Zink.

ε) Mit seleniger Säure, als

Bleioxyd, selenigsaures = Pb, Se, Cu und Fe.

ζ) Mit Chromsäure, als

Melanochroit = $Pb^3\bar{C}r^2$ mit 70,8 Pb;

Rothbleierz = $Pb\bar{C}r$ mit 63,2 Pb;

Vauquelinit = $Cu^3\bar{C}r^2 + 2Pb^3\bar{C}r^2$ mit 56,4 Pb und 6,6 Cu.

η) Mit Vanadinsäure als

Descloizit = $Pb^2\bar{V}$ (?) mit 65,7 Pb, enthält jedoch Zn, Cu, Mn, Fe, Cl und H;

Dechenit = $Pb\bar{V}$ mit 50,7 Pb; dieselbe Zusammensetzung hat auch der Vanadit;

Vanadinit (Vanadinbleierz) von Zimapan = $PbCl + 3Pb^3\bar{V}$ mit circa 66 Pb und geringen Mengen von Zn, Cu, Fe und Si. Die Varietäten von Windischkappel und Beresowak enthalten Phosphorsäure, so dass dieselben als isomorphe Mischungen von Pyromorphit und der angegebenen Vanadinverbindung anzusehen sind.

Eusynchit, nach Rammelsberg = $(Pb, Zn)^2(\bar{P},\bar{\bar{A}}s) + 15$ $(Pb, Zn)^3\bar{V}$; mit 53,5 Pb.

Arsoxen, nach Bergemann = $(Pb, Zn)^3\bar{\bar{A}}s + 2(Pb, Zn)^3\bar{V}$ mit 47,4 Pb;

Vanadinkupferbleierz = $Pb^3(\bar{\bar{A}}s,\bar{P}) + 3(Pb, Cu)^3\bar{V}$ mit circa 56,2 Pb und 14,2 Cu. Ist wahrscheinlich ein Gemenge.

ϑ) Mit Molybdänsäure im

Gelbbleierz $= \dot{P}b \, \bar{\bar{M}}o$ mit 57 Pb, zuweilen geringe Mengen von
Fe, $\bar{C}r$ und $\bar{V}$ enthaltend.

ι) Mit Wolframsäure im

Wolframbleierz (Scheelbleispath) $= \dot{P}b \, \bar{W}$ mit 44,9 Pb, jedoch
nicht frei von $\bar{C}a$, Fe und Mn.

$\varkappa$) Mit Antimonsäure in der

Bleiniere von Nortschinsk $= 2 \dot{P}b^3 \bar{\bar{S}}b + 7 \dot{H}$ mit 59 Pb. Die
Varietät von Horrhausen $= 2 \dot{P}b^3 \bar{\bar{S}}b + 5 \dot{H}$ mit 61 Pb.
Aehnliche Verbindungen aus Cornwall enthalten noch we-
niger Pb.

Das Blei findet sich auch in verschiedenem Zustande in
Hüttenprodukten, welche bei der Zugutemachung bleihaltiger
Erze fallen, und zwar:

a) Metallisch in

den verschiedenen Bleisorten, welche in den Handel gebracht
werden, die aber bisweilen Spuren von Cu, Sb, As und Ag
enthalten.

Ferner gehört hierher das

Abstrichblei, welches oft viel Sb, As, etwas Cu und Fe, bisweilen auch Ag und S enthält;

Werkblei, eine Verbindung von Pb und Ag, die jedoch häufig geringe Mengen von Cu, Sb, As, Zn, Ni, Fe und S
enthält;

Schwarzkupfer, welches aus bleihaltigen Kupfersteinen
gewonnen wird, das ausser Cu und Pb noch mehrere andere Metalle enthält (s. Eisen, S. 283);

b) In Verbindung mit Schwefel in

den verschiedenen steinigen Produkten, welche beim Verschmelzen von Bleierzen oder bleihaltigen Silbererzen fallen, so wie in der Bleispeise und den bleiischen Ofenbrüchen (s. diese Produkte beim Eisen, S. 284).

c) Im oxydirten Zustande in folgenden Produkten:

Glätte (Bleiglätte) $= \dot{P}b$, zuweilen geringe Mengen von $\bar{C}u$,
$\dot{A}g$, $\bar{S}$ und eingemengte Theile der Heerdmasse enthaltend;

ist sie sehr unrein, so finden sich auch $\bar{\bar{S}}b$ und $\bar{\bar{A}}s$ an Pb
gebunden darin;

Abstrich $= \dot{P}b$, gemengt mit verschiedenen Substanzen, na-
mentlich mit $\dot{P}b^3 \bar{\bar{S}}b$, $\dot{P}b^3 \bar{\bar{A}}s$, $\dot{P}b \bar{S}$, $\dot{C}u$, $\dot{N}i$, Fe und Ag;

Abzug $= \dot{P}b$, gemengt mit denselben Substanzen wie im Abstrich, und ausserdem noch mit $\dot{P}b$, Fe und Heerdmasse;

Heerd, die mit Glätte durchdrungene Heerdmasse;

Flugstaub von der Bleiarbeit, besteht zuweilen hauptsächlich aus PbC, gemengt mit anderen Metalloxyden; oft enthält er aber auch Pb, $Pb\bar{S}$, $Pb\bar{S}i$ etc. und eingemengte Erztheile;

Flugstaub vom Abtreiben und Raffiniren des Bleies besteht ebenfalls hauptsächlich aus PbC, enthält aber öfters $Pb^3\bar{\bar{S}}b$, $Pb^3\bar{\bar{A}}s$, $Pb\bar{S}i$ und Aschentheile;

Flugstaub von der Röstung der Silber-, Blei- und Kupfererze in Flammöfen, besteht in den meisten Fällen aus einem Gemenge von mehr oder weniger vollständig abgerösteten Erztheilen, verschiedenen Metalloxyden, flüchtigen Metallsäuren ($\bar{\bar{A}}s$ und $\bar{\bar{S}}b$), Metalloxydsalzen (PbC, $Pb\bar{S}$, $Pb^3\bar{\bar{S}}b$, $Pb^3\bar{\bar{A}}s$, $Pb\bar{S}i$ etc.) nebst Aschentheilen. Wird das Erz mit einem Zuschlag von Kochsalz geröstet, so finden sich auch Chloride von Eisen, Blei oder Kupfer im Flugstaub und war das Bleierz selenhaltig, so können auch geringe Mengen von Selen mit in ihm vorhanden sein.

d) Als Oxyd, in den meisten Fällen an Kieselsäure gebunden in den verschiedenen Schlacken, die beim Verschmelzen bleihaltiger Beschickungen fallen.

Probe auf Blei
mit Einschluss des Löthrohrverhaltens der oben genannten
Mineralien und Hüttenprodukte.

a) Probe auf Blei im Allgemeinen.

In Metallverbindungen, wie sie in der Natur und als Hüttenprodukte vorkommen, erkennt man das Blei an dem Beschlage, welchen es giebt, wenn man diese Substanzen auf Kohle im Oxydationsfeuer behandelt. Beigemischte, leicht zu verflüchtigende Metalle rauchen dabei entweder ganz fort, oder setzen sich ebenfalls als Oxyde auf die Kohle mit ab. Der Bleioxydbeschlag, welcher noch warm dunkel citrongelb und nach völligem Erkalten schwefelgelb erscheint (S. 82), befindet sich aber der Probe näher, als der Beschlag von einigen anderen Metalloxyden, namentlich von denen des Tellurs, Antimons und Arsens, und kann daher leicht von diesen unterschieden werden; nur ist zu berücksichtigen, dass bei Gegenwart von Antimon der Beschlag von Bleioxyd (wahrscheinlich in Folge einer Bildung von antimonsaurem Bleioxyd) dunkler gelb, ähnlich wie ein Beschlag von Wismuthoxyd erscheint (s. weiter unten bei den Schwefelverbindungen).

Ist in irgend einem Metallgemisch ausser Blei auch Zink enthalten, so bekommt man bei der Prüfung für sich auf

Kohle einen Beschlag von Bleioxyd, welches zwar mit Zinkoxyd gemengt ist, sich aber an der schwefelgelben Farbe nach
völligem Erkalten, so wie bei der Berührung mit
der Reductionsflamme an der azurblauen Färbung
der äussern Flamme, doch als Bleioxyd zu erkennen giebt.

*Metall-
Verbindungen.*

Hat man es mit einem Metallgemisch von Blei und Wismuth zu thun, in welchem das Blei vorwaltet, und man behandelt eine kleine Probe davon auf Kohle, so bildet sich
ein Beschlag, der zwar etwas dunkler erscheint, als ein reiner
Bleioxydbeschlag, aber noch nicht so dunkel, als ein reiner
Wismuthoxydbeschlag. Eine Prüfung des Beschlags mit
Phosphorsalz, wie sie bei der Probe auf Wismuth angegeben
werden soll, zeigt die Gegenwart von Wismuth an; hierbei
wird aber vorausgesetzt, dass die Substanz frei von Antimon
sei. Ist der Gehalt an Blei so gering, dass er sich durch
die Farbe des Beschlags nicht erkennen lässt, so behandelt
man einen solchen Beschlag mit der Reductionsflamme und
beobachtet, ob er sich entfernt, ohne die äussere Flamme zu
färben, oder ob er eine azurblaue Färbung verursacht, in
welchem letzteren Falle die Gegenwart von Blei nachgewiesen
wird; vorausgesetzt, dass kein Selen vorhanden ist.

Eine Verbindung von Blei und Selen schmilzt, wenn der
Gehalt an Selen schon ziemlich bedeutend ist,
auf Kohle mit der Reductionsflamme behandelt,
schwerer als reines Blei, und färbt die äussere Flamme intensiv azurblau (hauptsächlich in Folge des Selengehaltes), verbreitet Selengeruch und giebt anfangs einen schwachen, graulichen
Beschlag von Selen, später einen weissen Beschlag von selenigsaurem Bleioxyd, so wie einen geringen gelben von reinem Bleioxyd.

Selenmetalle.

Die Verbindungen des Bleies mit Schwefel und andern
Schwefelmetallen kann man auf verschiedene Weise
auf Blei untersuchen. Die einfachste Art ist die,
dass man von der zu prüfenden Substanz eine kleine Probe
auf Kohle, entweder für sich oder mit einem geringen Zusatz
von Borax zur Abscheidung eines vielleicht vorhandenen Gehaltes an Eisen, mit der Reductionsflamme behandelt und
das Blei an dem Beschlage erkennt, welchen es bei seiner
Verflüchtigung auf Kohle giebt. Will man hierbei gleichzeitig auf einen Gehalt an Antimon mit Rücksicht nehmen,
so lässt sich ein solcher, wenn er nicht sehr bedeutend ist,
nicht mit Sicherheit auffinden, weil sich neben dem gelben
Beschlag von Bleioxyd auch ein weisser Beschlag von schwefelsaurem Bleioxyd bildet, der die grösste Aehnlichkeit mit
einem Beschlag von Antimonoxyd hat (S. 84). In diesem
Falle geht man sicherer, wenn man eine kleine Probe des
zu prüfenden Schwefelmetalles im gepulverten Zustande mit
einer hinreichenden Menge von Soda mengt und das Gemenge

Schwefelmetalle.

auf Kohle eine kurze Zeit im Reductionsfeuer behandelt. Ist die Substanz frei von Antimon, so bekommt man, während sich Schwefelnatrium bildet, welches in die Kohle geht, nur einen gelben Beschlag von Bleioxyd,[Schwefelmetalle.] der eine bläulich-weisse Kante hat; ist aber Antimon vorhanden, so bildet sich ausserhalb des gelben Beschlags von Bleioxyd auch ein weisser Beschlag, welcher aus Antimonoxyd besteht. Ist der Antimongehalt sehr gering, wie z. B. in manchem Bleiglanz, so bekommt man auf diese Weise kein ganz zuverlässiges Resultat, weil nach länger fortgesetztem Blasen das gebildete Schwefelnatrium sich zum Theil auch verflüchtigt und ebenfalls einen weissen Beschlag auf Kohle absetzt, der aus schwefelsaurem Natron besteht (S. 84). Man kann sich aber von einem geringen Gehalt an Antimon in manchem Bleiglanz sowohl, als auch in Schwefelmetall-Verbindungen, in denen Schwefelblei einen Hauptbestandtheil ausmacht, ganz sicher überzeugen, wenn man folgendes Verfahren einschlägt. Man bringt eine kleine Menge der feingepulverten Substanz, ungefähr 50 Milligr., mit einem Stückchen Eisendraht von der Stärke einer mittlern Stricknadel zusammen in eine auf dem Querschnitt einer guten Kohle gebohrte, cylindrische Grube, oder in ein Kohlentiegelchen, überdeckt beides mit einem Gemenge von Soda und Borax in einem solchen Verhältnisse, dass die Soda das Doppelte und der Borax das einfache Volumen der zur Probe bestimmten Menge der Substanz ausmacht, und behandelt das Ganze im Reductionsfeuer so lange, bis aller Schwefel von dem Blei abgeschieden und theils an das Eisen, theils an die Schlacke übergegangen ist. Das Blei, welches ziemlich vollständig ausgeschieden wird, vereinigt sich mit dem ebenfalls ausgeschiedenen Antimon zu einer Kugel, während nur ein sehr geringer Theil von beiden Metallen verflüchtigt wird. Trennt man nach dem Erkalten das Bleikorn von der Schlacke und dem mit Schwefeleisen umgebenen übrig gebliebenen Eisen, und behandelt es auf einer der langen Seiten einer anderen Kohle mit ein wenig Soda im Reductionsfeuer, so verflüchtigt sich zuerst das Antimon und beschlägt die Kohle mit Antimonoxyd und später verflüchtigt sich auch ein Theil des Bleies und giebt einen Beschlag von Bleioxyd. Berührt man den weissen Beschlag von Antimonoxyd, noch ehe sich ein deutlicher Beschlag von Bleioxyd gebildet hat, mit der Reductionsflamme, so verschwindet er mit einem grünlich-blauen Scheine. Auch kann man den Beschlag von Bleioxyd ganz vermeiden, wenn man zu dem antimonhaltigen Blei etwas verglaste Borsäure setzt und die Probe mit der Reductionsflamme behandelt. Das sich bildende Bleioxyd wird von der Borsäure aufgenommen, während sich das Antimon verflüchtigt und die Kohle mit Antimonoxyd beschlägt.

22*

Bei dieser ganzen Probe, welche zwar mit Leichtigkeit ausgeführt werden kann, hat man indessen doch Folgendes genau zu beobachten: a) Muss man die Abscheidung des Schwefels vom Blei und Antimon in einer in die Kohle ziemlich tief gebohrten Grube vornehmen, damit das sich ausscheidende antimonhaltige Blei vor dem Zutritt der atmosphärischen Luft geschützt ist und sich so wenig wie nur möglich von dem Antimon verflüchtigen kann. b) Darf man die Löthrohrflamme nicht unmittelbar auf das sich ausscheidende Metallkorn wirken lassen, weil es in diesem Falle zu stark erhitzt werden würde und einen Theil seines Antimongehaltes durch Verflüchtigung verlieren könnte, sondern man muss dieselbe nur auf die Schlacke richten, welche aus der angewandten Soda und dem Borax gebildet wird, und muss suchen das Metallkorn mit dieser Schlacke bedeckt zu erhalten.

Verfährt man bei einer solchen Probe vorsichtig, so kann man noch einen ziemlich geringen Gehalt von Antimon durch den Beschlag auf Kohle auffinden.

Ist der Antimongehalt in einer Schwefelblei enthaltenden Substanz sehr gross, so bekommt man bei der Behandlung derselben mit Soda allein, als auch bei der Behandlung eines durch Eisen ausgefällten antimonhaltigen Bleies auf Kohle im Reductionsfeuer nicht nur einen unverkennbaren Beschlag von Antimonoxyd, sondern man bemerkt auch, dass der gelbe Beschlag von Bleioxyd eine dunklere Farbe besitzt, als gewöhnlich; er sieht dann, so lange er heiss ist, orangegelb und nach der Abkühlung beinahe citrongelb aus, ganz ähnlich wie ein Wismuthoxydbeschlag. Es scheint sich antimonsaures Bleioxyd zu bilden; denn wird ein solcher Beschlag mit dem Messerchen vorsichtig abgeschabt, auf Platindraht in Phosphorsalz mit Hülfe der Oxydationsflamme aufgelöst, das Glas abgestossen und auf Kohle mit Zinn behandelt, so nimmt dasselbe unter der Abkühlung eine schwarze Farbe an und wird ganz undurchsichtig, wodurch bei Abwesenheit von Wismuth die Gegenwart des Antimons bestätigt wird.

Auch lässt sich ein Gehalt an Blei in Schwefelmetall-Verbindungen dadurch auffinden, dass man die Substanz im fein gepulverten Zustande auf Kohle nach S. 97 abröstet und das Geröstete mit Soda auf Kohle im Reductionsfeuer behandelt. Man bekommt dabei entweder metallische Bleikügelchen, wenn die geröstete Substanz frei von anderen leicht reducirbaren Metalloxyden ist, oder eine Legirung von Blei und anderen Metallen, wenn sie ausser Bleioxyd noch andere leicht reducirbare Metalloxyde enthält. Nebenbei bildet sich aber auch noch ein Beschlag von Bleioxyd, den man ebenfalls beachten muss, vorzüglich wenn der Gehalt an Blei nur gering ist.

Enthält die Substanz ausser Blei auch Wismuth, so bekommt man bei der Reduction ein sprödes Blei, welches, wenn der Wismuthgehalt nicht ganz unbedeutend ist, oft gar nicht für Blei erkannt werden kann; auch ist ^Schwefelmetalle der Beschlag auf Kohle von dunklerer Farbe. In diesem Falle muss man die geröstete Probe mit doppelt-schwefelsaurem Kali schmelzen und die geschmolzene Masse weiter behandeln, wie es bei der Probe auf Wismuth für dergleichen Substanzen angegeben werden soll. Das bei einer solchen Behandlung zurückbleibende Bleioxyd reducirt man dann mit Soda auf Kohle, wobei man einen reinen Bleioxydbeschlag und metallisches Blei bekommt.

Enthält die Substanz viel Kupfer, so bekommt man bei der Reduction der gerösteten Probe mit Soda eine Legirung, in der man einen Gehalt an Blei durch die Farbe nicht wahrnehmen kann. Behandelt man diese Legirung aber nach dem Abschäumen für sich auf Kohle mit einer starken Oxydationsflamme und sucht sie eine Zeit lang im Flusse zu erhalten, so verflüchtigt sich der grösste Theil des Bleies und beschlägt die Kohle. Das Kupfer lässt sich dann leicht durch eine Behandlung mit Phosphorsalz erkennen.

Wie sich Chlorblei auf Kohle vor dem Löthrohre verhält, ist bereits S. 85. angegeben.

Substanzen, die ausser Bleioxyd noch andere Metalloxyde oder Erden enthalten, geben in der Regel schon ^Metalloxyde für sich auf Kohle, im Reductionsfeuer behandelt, einen deutlichen Beschlag von Bleioxyd; deutlicher wird er jedoch bei Zusatz von Soda. Dasselbe findet auch Statt, wenn das Bleioxyd an irgend eine Säure gebunden ist; nur macht das phosphorsaure Bleioxyd in sofern eine Ausnahme, als dasselbe für sich auf Kohle zur Kugel schmilzt und die Kohle wenig oder gar nicht mit Bleioxyd beschlägt.

Wie sich die verschiedenen Bleioxydsalze auf Kohle verhalten, ergiebt sich aus dem unten folgenden Löthrohrverhalten der in der Natur vorkommenden ^Salze. Verbindungen des Bleioxydes mit verschiedenen Säuren.

b) Verhalten der oben verzeichneten bleihaltigen Mineralien vor dem Löthrohre.

Gediegen Blei

verhält sich auf Kohle vor dem Löthrohre wie reines Blei (S. 82).

Tellur-Blei

giebt nach G. Rose in einer an beiden Enden offenen Glasröhre Tellurrauch, der beim Daraufblasen zu klaren Tropfen schmilzt. ^Tellurblei

Auf Kohle schmilzt es, färbt die äussere Flamme grünlich-blau und verdampft bis auf ein kleines Silberkorn.

Blei in Verbindung mit Selen.

Selenblei in einer an einem Ende zugeschmolzenen Glasröhre erhitzt, decrepitirt bisweilen, verändert sich aber dann weiter nicht.

Selenmetalle.

In einer an beiden Enden offenen Glasröhre giebt es Selen ab, das sich am weitesten von der Probe entfernt, mit rother und in der Nähe derselben mit stahlgrauer Farbe an das Glas ansetzt; am obern Ende der Röhre ist ein deutlicher Geruch nach faulem Rettig wahrzunehmen.

Auf Kohle raucht es, riecht stark nach Selen, schmilzt im Reductionsfeuer nur unvollkommen und beschlägt die Kohle anfangs mit Selen, welches in der Nähe der Probe grau und schwach metallisch glänzend, weiter entfernt aber röthlich erscheint; später bildet sich auch ein deutlicher Beschlag von Bleioxyd. Nach längerm fortgesetztem Blasen verflüchtigt es sich bis auf eine sehr geringe Menge einer schwarzen, schlackigen Masse, die, mit Glasflüssen behandelt, bisweilen Reactionen von Eisen, Kobalt oder Kupfer zeigt.

Mit Soda, oder besser mit neutralem oxalsaurem Kali, auf Kohle im Reductionsfeuer geschmolzen, scheidet sich metallisches Blei aus, welches gesammelt und auf Knochenasche abgetrieben, bisweilen ein kleines Silberkorn zurücklässt.

Selenkobaltblei verhält sich wie Selenblei, nur mit dem Unterschiede, dass die beim Verblasen des Minerals auf Kohle zurückbleibende schlackige Masse, mit Glasflüssen behandelt, sehr stark auf Kobalt reagirt.

Selenkupferblei und **Selenbleikupfer** verhalten sich nach Berzelius, wie folgt:

Das erste von diesen Erzen verhält sich wie Selenblei. Nach fortgesetztem Blasen hinterlässt es eine schwarze Schlake, die, mit Borax geschmolzen, stark auf Kupfer reagirt, und nach Zusatz von Soda ein Kupferkorn giebt.

Das letztere Erz schmilzt leicht, fliesst auf der Kohle und bildet eine graue, metallisch glänzende Masse, die nach vollkommener Röstung mit Borax und Soda ein Kupferkorn giebt.

Selenquecksilberblei giebt für sich im Kolben ein metallisch glänzendes, krystallinisches, graues Sublimat von Selenquecksilber und bisweilen vor diesem einige Kugeln von reinem Quecksilber. Mit viel Soda im Kolben erhitzt, giebt es nur Quecksilber. In der offenen Glasröhre giebt es ausser etwas Selen auch ein tropfbar flüssiges Sublimat von selenigsaurem Quecksilberoxyd.

Auf Kohle verhält es sich wie Selenblei.

Selenquecksilberkupferblei giebt im Kolben Selenquecksilber und lässt auf Kohle erhitzt unter Bildung eines Bleibeschlags einen Rückstand, der stark auf Kupfer reagirt.

Blei in Verbindung mit Schwefel und andern Schwefelmetallen.

Bleiglanz und Bleischweif in einer an einem Ende zugeschmolzenen Glasröhre erhitzt, decreptiren gewöhnlich stark; auch bildet sich nicht selten ein geringes weisses Sublimat, welches jedoch nur Schwefel zu Schwefelmetalle sein scheint.

In einer an beiden Enden offenen Glasröhre geröstet, entwickeln sie schweflige Säure, auch entsteht bei stärkerer Hitze ein weisses Sublimat von schwefelsaurem Bleioxyd, das bei starkem Feuer dicht über der Probe grau wird.

Auf Kohle schmelzen sie schwer, bis der grösste Theil des Schwefels verflüchtigt ist, wo sich dann Blei metallisch ausscheidet. Die Kohle wird dabei sehr stark mit schwefelsaurem Bleioxyd und reinem Bleioxyd beschlagen. Enthält der Bleiglanz Antimon, so ist der Beschlag von schwefelsaurem Bleioxyd mit Antimonoxyd gemengt. Wie man sich davon überzeugt, ist S. 339 beschrieben.

Wie Beimengungen von Eisen und Zink im Schwefelblei aufgefunden werden, ist S. 286 und 325 angegeben.

Da nun auch die meisten Bleiglanze mehr oder weniger Silber enthalten, so darf man nur, um dieses aufzufinden, das auf Kohle ausgeschiedene metallische Blei auf Knochenasche abtreiben. Wie man dabei verfährt, ergiebt sich aus dem, was bei der quantitativen Silberprobe über die Trennung des Bleies vom Silber gesagt ist.

Steinmannit aus Przibram in einer an einem Ende zugeschmolzenen Glasröhre erhitzt, decreptirt ziemlich heftig.

Auf Kohle schmilzt er unter Entwickelung von schwefliger Säure und Antimonrauch, der sich zum Theil auf der Kohle absetzt, nach fortgesetztem Blasen zu einem Bleikorne, welches, auf Knochenasche abgetrieben, ein Silberkorn zurücklässt.

Kilbrickenit, Geokronit, Meneghinit, Boulangerit, Embrithit, Plumbostib, Heteromorphit, Federerz, Plumosit, Jamesonit, Plagionit und Zinkenit sind Verbindungen von $\dot{P}b$ mit $\ddot{P}b\ddot{S}b$ in verschiedenen Verhältnissen; auch ist zuweilen ein Theil des $\ddot{S}b$ durch $\ddot{A}s$ ersetzt, wie dies namentlich beim Geokronit der Fall ist.

Diese Mineralien verhalten sich im Allgemeinen vor dem Löthrohre wie folgt:

In einer an einem Ende zugeschmolzenen Glasröhre decrepitiren sie mehr oder weniger stark und unterscheiden sich durch ihre Schmelzbarkeit, wenn man die Glasröhre durch die Löthrohrflamme erhitzt; dabei lassen sich diejenigen am leichtesten schmelzen, welche den höchsten Gehalt an Schwefelantimon besitzen, und geben auch gleichzeitig ein dunkelrothes Sublimat von amorphem Dreifach-Schwefelantimon, welches Antimonoxyd enthält.

In einer an beiden Enden offenen Glasröhre Schwefelmetalle, geben sie Antimonrauch, von dem ein Theil flüchtig, ein anderer Theil aber nicht flüchtig ist. Ersterer besteht aus Antimonoxyd und letzterer theils aus einer Verbindung von Antimonoxyd und Antimonsäure, theils aus schwefelsaurem Bleioxyd und theils (in der Nähe der Probe) aus antimonsaurem Bleioxyd. Nebenbei entwickelt sich auch viel schweflige Säure.

Auf Kohle schmelzen sie und setzen auf solcher starke Beschläge ab, von welchen der am weitesten entfernte aus Antimonoxyd, gemengt mit schwefelsaurem Bleioxyd, besteht und weiss erscheint, und der der Probe am nächsten befindliche Beschlag hauptsächlich aus Bleioxyd besteht, das aber mit antimonsaurem Bleioxyd gemengt ist und eine dunkelgelbe Farbe besitzt. Enthält das Mineral geringe Mengen von Eisen und Kupfer, so bleiben diese nach dem Fortblasen des Bleies und Antimons gewöhnlich als eine schlackige Masse zurück und können mit Glasflüssen erkannt werden.

Mit Soda auf Kohle im Reductionsfeuer behandelt, findet eine Zerlegung Statt; es bildet sich Schwefelnatrium, welches in die Kohle geht, während Metallkörner ausgeschieden werden, die die Kohle mit Antimonoxyd und Bleioxyd beschlagen. Ist es zweifelhaft, ob der sich bildende weisse Beschlag nur allein aus Antimonoxyd besteht, oder ob er mit schwefelsaurem Bleioxyd gemengt ist, so kann man zur Ueberzeugung den oben S. 339 beschriebenen Weg einschlagen.

Enthält das Mineral Arsen und zwar in nicht zu geringer Menge, so giebt sich dasselbe, oft schon bei der Prüfung des Minerals in den Glasröhren und auf Kohle, durch sein ihm eigenthümliches Verhalten zu erkennen.

Binnit, welcher sich von den vorhergehenden Mineralien dadurch unterscheidet, dass in ihm das Pb nur mit As verbunden ist, giebt in einer an einem Ende zugeschmolzenen Glasröhre erhitzt, ein rothes Sublimat von Schwefelarsen.

(In einer an beiden Enden offenen Glasröhre giebt er jedenfalls neben schwefliger Säure und einem Beschlag von schwefelsaurem Bleioxyd auch ein Sublimat von arseniger Säure.)

Auf Kohle schmilzt er sehr leicht, entwickelt schweflige Säure und Arsendämpfe und verwandelt sich endlich in ein Bleikorn.

Das Löthrohrverhalten des Zundererzes lässt sich aus dem Verhalten der dasselbe zusammensetzenden Verbindungen leicht entnehmen.

Clayit. Ueber das Verhalten dieses Minerals v. d. L. ist nur so viel bekannt, dass es leicht schmilzt, Reactionen auf

Blei, Arsenik und Antimon giebt und mit Soda eine glänzende metallische Kugel hinterlässt, welche beim Abkühlen matt wird [und jedenfalls nach Entfernung des grössten Theils des Bleies durch Borsäure (s. Probe Schwefelmetalle. auf Kupfer) ein Metallkörnchen hinterlässt, welches mit Glasflüssen auf Kupfer reagirt].

Cuproplumbit in einer an einem Ende zugeschmolzenen Glasröhre erhitzt, giebt nichts Flüchtiges; in einer an beiden Enden offenen Glasröhre mit Hülfe der Löthrohrflamme erhitzt, schmilzt er unter Aufwallen, entwickelt schweflige Säure und giebt ein geringes Sublimat von schwefelsaurem Bleioxyd.

Auf Kohle für sich im Reductionsfeuer behandelt, giebt er Beschläge von Bleioxyd und schwefelsaurem Bleioxyd; mit Soda giebt er ein Metallkorn, während sich Schwefelnatrium bildet, das in die Kohle geht. Wird das Metallkorn, welches sich etwas härter zeigt als reines Blei, mit verglaster Borsäure auf Kohle behandelt (s. Probe auf Kupfer im Allgemeinen), so hinterlässt es ein Kupferkörnchen. Treibt man dieses Körnchen mit einem Zusatz von Probirblei auf Knochenasche, ab, so findet sich auch etwas Silber.

Alisonit verhält sich ähnlich wie Cuproplumbit.

Blättererz, antimonhaltiges, in einer an beiden Enden offenen Glasröhre stark erhitzt, raucht und setzt einen Beschlag ab, der dicht über der Probe grau erscheint und aus einem Gemenge von tellursaurem, antimonsaurem und vielleicht auch schwefelsaurem Bleioxyd besteht. Der weiter hin sich absetzende Beschlag besteht zum Theil aus Antimonoxyd, welches beim Erhitzen verflüchtigt werden kann; zum Theil besteht er auch aus telluriger Säure, die beim Erhitzen zu klaren Tröpfchen schmilzt.

Auf Kohle für sich raucht es und bildet zwei Beschläge, einen weissen, flüchtigen, der aus einem Gemenge von Antimonoxyd, telluriger Säure und schwefelsaurem Bleioxyd besteht, und einen gelben, weniger flüchtigen, der hauptsächlich aus Bleioxyd (vielleicht gemengt mit antimonsaurem Bleioxyd) besteht. Ersterer verschwindet im Reductionsfeuer mit einem blaugrünen und letzterer mit einem blauen Scheine. Setzt man das Blasen so lange fort, bis die flüchtigen Bestandtheile entfernt sind, so bleibt endlich ein geschmeidiges Goldkörnchen übrig, das, wenn es mit ein wenig Probirblei auf Knochenasche abgetrieben wird, eine reine Goldfarbe annimmt.

Sollte in dem auf Kohle gebildeten weissen Beschlag die Gegenwart von telluriger Säure nicht deutlich genug durch die Färbung der äussern Flamme wahrzunehmen sein, so darf man nur das fein gepulverte Mineral mit verglaster Borsäure behandeln, wie es bei der Probe auf Tellur angegeben werden soll. Man bekommt dann einen Beschlag, welcher nur aus einem Gemenge von Antimonoxyd und telluriger Säure besteht, der, wenn er mit der Reductionsflamme angeblasen wird, mit einem bläulichgrünen Scheine verschwindet.

Schwefelmetalle.

Die antimonfreie Verbindung verhält sich ähnlich, nur dass, wegen der Abwesenheit des Antimons, die Reactionen des Tellurs deutlicher wahrzunehmen sind.

Bournonit in einer an einem Ende zugeschmolzenen Glasröhre erhitzt, decrepitirt und giebt bei starker Hitze ein nicht sehr bedeutendes dunkelrothes Sublimat, welches hauptsächlich aus amorphem Dreifach-Schwefelantimon mit Antimonoxyd besteht.

In einer an beiden Enden offenen Glasröhre erhitzt, entwickelt er schweflige Säure und starken Rauch, der sich theils auf die nach oben, theils auf die nach unten gewandte Seite der Glasröhre anlegt. Der obere Theil ist flüchtig und besteht aus Antimonoxyd, der untere Theil hingegen, welcher in grosser Menge vorhanden ist, zeigt sich nicht flüchtig und besteht aus einer Verbindung von Antimonoxyd und Antimonsäure mit nicht wenig antimonsaurem Bleioxyd.

Auf Kohle für sich schmilzt er sehr leicht, beschlägt anfänglich die Kohle mit Antimonoxyd, welchem sich bald $PbSb$, PbS und Pb beimengen, so dass der der Probe zunächst liegende Beschlag eine dunkelgelbe Farbe annimmt. Bei fortgesetztem Blasen bildet sich endlich nur ein Beschlag von Bleioxyd. Behandelt man das übrig gebliebene Kügelchen mit Borax, so bekommt man ein in der Wärme grünliches Glas, welches unter der Abkühlung eine blaue Färbung von Cu zeigt und, kurze Zeit im Reductionsfeuer behandelt, undurchsichtig roth, oder zuweilen in Folge eines noch vorhanden gewesenen Antimongehaltes grau wird. Dasselbe zeigt sich bei Anwendung von Phosphorsalz und Zinn. Das zurückgebliebene Körnchen ist wegen eines geringen Gehaltes an Schwefel und Antimon noch spröde und lässt, mit Probirblei auf Knochenasche abgetrieben, zuweilen ein kleines Silberkorn übrig.

Kobellit in einer an einem Ende zugeschmolzenen Glasröhre mit Hülfe der Löthrohrflamme so stark erhitzt, bis er schmilzt, giebt ein geringes Sublimat von Schwefel.

In einer an beiden Enden offenen Glasröhre giebt er viel Antimonrauch und schweflige Säure; die Probe schmilzt nicht, überzieht sich aber mit gelbem Oxyd.

Auf Kohle schmilzt er leicht, giebt zwei Beschläge, einen weissen, der aus Antimonoxyd und schwefelsaurem Blei- und Wismuthoxyd besteht, und einen gelben, der nach völliger Abkühlung dunkel pomeranzgelb erscheint, im Reductionsfeuer aber mit schwach blauem Scheine verschwindet; nach längerem Blasen bleiben kleine Metallkörner zurück, die sich unter dem Hammer ziemlich weich und dehnbar zeigen. Werden diese Metallkörner gesammelt [Schwefelmetalle.] und auf Kohle noch eine Zeit lang mit der Oxydationsflamme behandelt, dann mit Phosphorsalz im Oxydationsfeuer so lange geschmolzen, bis alles Metall sich oxydirt und aufgelöst hat, so zeigt das Glas eine grüne Farbe; wird die Glasperle mit Zinn behandelt, so nimmt sie nach kurzem Reductionsfeuer unter der Abkühlung eine graue Farbe an und wird ganz undurchsichtig; behandelt man die Probe wiederholt mit der Reductionsflamme, so wird sie endlich unter der Abkühlung undurchsichtig roth.

Wird eine kleine Menge des Minerals auf Kohle im Oxydationsfeuer von dem grössten Theil des Schwefelantimons befreit und darauf mit Borax im Reductionsfeuer geschmolzen, so erhält man eine grünlichgelb gefärbte Perle, die, auf Platindraht im Oxydationsfeuer umgeschmolzen, von einem Gehalt an Eisen gelb wird.

Röstet man einen andern Theil auf Kohle so weit ab, bis der grösste Theil des Antimons und Schwefels entfernt ist, schmelzt das Geröstete im fein gepulverten Zustande mit dem 3—4fachen Volumen doppelt-schwefelsauren Kali's im Platinlöffel und verführt dann weiter, wie es bei der Probe auf Wismuth für bleihaltige Substanzen angegeben werden soll, so überzeugt man sich auch von einem Gehalt an Wismuth.

Nadelerz zeigt nach Berzelius folgendes Löthrohrverhalten: In einer offenen Glasröhre giebt es weissen Rauch, der zum Theil zu klaren Tröpfchen schmelzbar ist, die unter der Abkühlung weiss werden. Die ausströmende Luft riecht nach schwefliger Säure. Das übrig bleibende Metallkorn umgiebt sich mit einem schwarzen geschmolzenen Oxyde, das nach der Abkühlung durchsichtig und grünlichgelb von Farbe ist.

Auf Kohle schmilzt es und raucht, setzt einen weissen, an den inneren Kanten gelben Beschlag ab und giebt ein dem Wismuth ähnliches Metallkorn. Der Beschlag wird in der innern Flamme reducirt, ohne dass dabei die äussere Flamme gefärbt wird.

Chiviatit verhält sich wie das vorhergehende Mineral.

Blei in Verbindung mit Chlor.

Cotunnit schmilzt, im Glaskolben erhitzt, zu einer gelben Flüssigkeit und sublimirt z. Th. Auf Kohle schmilzt er sehr leicht, breitet sich aus und verflüchtigt sich, wobei ein weisser Beschlag von Chlorblei entsteht. [Chlor-Blei.] Der Beschlag verschwindet im Reductionsfeuer mit einem azurblauen Scheine und hinterlässt an den zum Glühen erhitzten Stellen der Kohle einen gelben Fleck von Bleioxyd. Mit Soda giebt das Mineral regulinisches Blei. Mit Kupferoxyd erhält man die Reaction des Chlors (s. Probe auf Chlor).

Mendipit im Glaskolben erhitzt, decrepitirt, färbt sich gelber und verhält sich bei stärkerer Hitze wie das vorige Mineral.

Auf Kohle schmilzt er leicht und reducirt sich unter Ausstossung sauer riechender Dämpfe zu metallischem Blei; auch bildet sich ein weisser Beschlag von Chlorblei und ein gelber von Bleioxyd.

Durch eine besondere Probe auf Chlor zeigt er einen Chlorgehalt.

Matlockit verhält sich vor d. L. wahrscheinlich ganz ähnlich wie der Mendipit, der sich von ersterem nur durch einen etwas höheren Bleigehalt unterscheidet.

Bleihornerz verhält sich ganz ähnlich wie der Mendipit, nur mit dem Unterschiede, dass es sich in Salpetersäure unter Aufbrausen von entweichender Kohlensäure auflöst, während jener ohne Brausen gelöst wird.

Bleioxyde.

Bleiglätte, Mennige und Schwerbleierz verhalten sich vor dem Löthrohre wie Bleioxyd (S. 124).

Bleioxyd in Verbindung mit Säuren.

Bleivitriol im Glaskolben erhitzt, decrepitirt und giebt gewöhnlich eine geringe Menge von Wasser aus.

Auf Kohle im Oxydationsfeuer schmilzt er zur klaren Perle, die unter der Abkühlung milchweiss wird. Im Reductionsfeuer wird diese Perle unter Brausen zum Bleikorne reducirt.

Mit Soda auf Kohle im Reductionsfeuer behandelt, scheidet sich metallisches Blei aus, während die Soda in die Kohle geht; wird die eingedrungene Masse nach dem Erkalten der Probe ausgebrochen, auf Silberblech gelegt und mit Wasser befeuchtet, so reagirt sie stark auf Schwefel.

Geringe Beimengungen von Eisen- und Manganoxyd lassen sich leicht durch bekannte Proben mit Borax resp. Soda und Salpeter auffinden.

Bleilasur (Linarit) giebt, im Glaskolben erhitzt, etwas Wasser und verliert ihre blaue Farbe.

Auf Kohle schmilzt sie im Oxydationsfeuer zur Perle, im Reductionsfeuer wird sie dagegen unter Brausen zum Metallkorne reducirt, welches bei fortgesetztem Blasen die Kohle mit Bleioxyd beschlägt. Behandelt man das übrig bleibende Metallkorn auf Kohle mit verglaster Borsäure (s. Probe auf Kupfer), so bekommt man ein reines Kupferkorn.

Mit Soda auf Kohle im Reductionsfeuer behandelt, scheiden sich Blei und Kupfer gemeinschaftlich metallisch aus, während die Soda in die Kohle geht; wird die in die Kohle gedrungene

alkalische Masse ausgebrochen, auf Silberblech gelegt und stark
mit Wasser befeuchtet, so reagirt sie auf Schwefel.

Caledonit reducirt sich wahrscheinlich auf
Kohle sehr leicht unter Brausen zum Metallkorne,   **Salre**
welches auf Kohle einen Beschlag von Bleioxyd absetzt und,
mit Borsäure behandelt, ein Kupferkorn giebt.

Die Schwefelsäure lässt sich jedenfalls durch eine Behandlung des Minerals mit Soda auf Kohle und die Kohlensäure beim Uebergiessen mit Salpetersäure nachweisen.

Lanarkit schmilzt auf Kohle im Oxydationsfeuer zur
Kugel, die nach der Abkühlung weiss erscheint und reducir-
tes Blei eingemengt enthält. Im Reductionsfeuer wird Alles
zu metallischem Blei reducirt.

In Salpetersäure löst er sich nur zum Theil, aber unter
Brausen, auf.

Leadhillit schwillt auf Kohle bei schwachem Feuer ein
wenig, wird gelb, aber beim Erkalten wieder weiss; bei
stärkerem Feuer reducirt er sich leicht zum Bleikorne.

In Salpetersäure löst er sich bis auf einen Rückstand
von schwefelsaurem Bleioxyd unter Brausen auf.

Aehnlich verhält sich der Susannit.

Pyromorphit (Grün- und Braunbleierz z. Th.)
im Glaskolben erhitzt, decrepitirt bisweilen und giebt bei
fortgesetztem starken Erhitzen ein geringes weisses Sublimat
von PbCl, das sich weiter treiben lässt.

In der Pincette schmilzt er sehr leicht zur Kugel und
färbt, wenn man das Stückchen während des Schmelzens mit
der Spitze der blauen Flamme berührt, die äussere Flamme
blau, das Ende derselben jedoch (besonders bei schwachem
Blasen) deutlich grün von Phosphorsäure. Der geschmolzene
Theil besitzt eine krystallinische Oberfläche.

Auf Kohle erhält man anfänglich einen schwachen Beschlag von Chlorblei, das weitere Verhalten ist etwas verschieden, je nachdem das Bleioxyd entweder nur an Phosphorsäure, oder z. Th. auch an Arsensäure gebunden ist.
Im erstern Fall schmilzt das Probestückchen zur Kugel,
welche beim Abkühlen unter nochmaligem Aufglühen lebhaft
glänzende Facetten erhält. Der Beschlag von Chlorblei hat
sich verstärkt, und um die Probe ist ein blassgelber Beschlag
von Bleioxyd wahrzunehmen. Ist ein Theil des Bleioxydes
an Arsensäure gebunden, so reducirt sich diese Verbindung
unter Brausen und Arsenrauch zu Blei, welches neben dem
phosphorsauren Bleioxyd zurückbleibt. Letzteres zeigt die
erwähnte krystallinische Beschaffenheit.

Wird das gepulverte Mineral mit etwas Kupferoxyd auf
Kohle geschmolzen, so bemerkt man eine azurblaue Färbung
der äussern Flamme durch Chlorkupfer.

Mit Soda auf Kohle bekommt man metallisches Blei,

welches, auf Knochenasche abgetrieben, bisweilen Spuren von
Silber hinterlässt.

Mit 3 bis 4 Theilen doppelt-schwefelsauren
Kali's in Platinlöffel geschmolzen, entsteht eine
klare Salzmasse, die unter der Abkühlung weiss wird. (Vanadinsaures Bleioxyd verursacht eine pomeranzgelbe und
chromsaures Bleioxyd eine in der Hitze violette und nach der
Abkühlung grünlichweisse Salzmasse).

Mimetesit (Grün- und Braunbleierz z. Th.) schmilzt
auf Kohle etwas schwerer als die vorhergehende Verbindung,
reducirt sich aber dann unter lebhaftem Brausen und starkem
Arsengeruch zu metallischem Blei. Anfangs bildet sich ein
weisser Beschlag von Chlorblei, später entstehen aber auch
Beschläge von arseniger Säure und Bleioxyd. Ist etwas phosphorsaures Bleioxyd vorhanden, so bemerkt man eine oder
mehrere krystallinische Perlen von dieser Verbindung auf
der Kohle.

Der Chlorgehalt lässt sich wie bei der vorigen Verbindung nachweisen.

Ein Gehalt an Kalkerde giebt sich in den verschiedenen
Varietäten, bei der Behandlung mit Soda auf Kohle zu erkennen, während das Mineral zerlegt wird, das Blei sich metallisch ausscheidet und die Soda in die Kohle dringt; die
Kalkerde bleibt dabei mit einem Theil der Soda als eine unschmelzbare Masse zurück.

Bleigummi für sich im Glaskolben erhitzt, decrepitirt
und giebt viel Wasser. Wird ein kleines Stück davon in
der Pincette geprüft, so schwillt es an wie Zeolith und färbt
die äussere Flamme azurblau, schmilzt aber nur unvollkommen.
Auf Kohle kann es ebenfalls nicht in Fluss gebracht werden;
man bemerkt aber einen schwachen weissen Beschlag, welcher
aus Chlorblei besteht.

Von Borax und Phosphorsalz wird das Mineral leicht zu
einem klaren Glase aufgelöst. Das Phosphorsalzglas wird von
einem grossen Zusatze unter der Abkühlung unklar.

Von Soda wird es zwar nicht aufgelöst, es kommen aber
eine Menge kleine Bleikugeln zum Vorschein.

Mit Kobaltsolution behandelt, nimmt es eine blaue Farbe an.

Mit Borsäure und Eisen (s. Probe auf Phosphorsäure)
giebt es geschmolzenes Phosphoreisen.

Weissbleierz, im Glaskolben erhitzt, decrepitirt und
färbt sich, während es seine Kohlensäure abgiebt, gelb, bei
stärkerem Erhitzen dunkelroth, die gelbe Färbung kehrt jedoch nach dem Erkalten wieder.

Auf Kohle wird es schon für sich zu metallischem Blei
reducirt.

Zu den Glasflüssen, in welchen es sich unter Brausen
auflöst, verhält es sich wie Bleioxyd.

In verdünnter Salpetersäure wird es ebenfalls unter Brausen aufgelöst.

Bleierde verhält sich ganz ähnlich wie Weissbleierz, nur dass bei der Reduction auf Kohle sich eine geringe Menge einer schlackigen Masse ausscheidet, die, in Borax aufgelöst, auf Eisen reagirt.

Bleioxyd, selenigsaures, verknistert nach Kersten im Glaskolben, schmilzt beim Rothglühen zu einem schwarzen Liquidum und entwickelt eine sehr geringe Menge von Selen; bei stärkerer Hitze sublimirt etwas selenige Säure.

Auf Kohle schmilzt es sehr leicht zu einer schwarzen Schlacke unter starkem Selengeruch und Reduction metallischer Körner. Die Probe umgiebt sich mit einem Blei- und weiterhin mit einem Selenbeschlag. In der Pincette färbt es die Flamme nicht (?).

Mit den Flüssen erhält man zugleich Reactionen auf etwas Kupfer und Eisen.

Melanochroit verhält sich nach Hermann vor dem Löthrohre, wie folgt;

Auf Kohle knistert er ein wenig, ohne zu zerspringen, schmilzt dann im Oxydationsfeuer leicht zu einer dunkeln Masse, die beim Erkalten krystallinische Structur annimmt. Im Reductionsfeuer giebt er Bleirauch und zersetzt sich dabei in Chromoxyd und Bleikörner. Mit Flüssen giebt er chromgrüne Gläser.

Rothbleierz, im Glaskolben erhitzt, decrepitirt und zerspringt, der Länge der Krystalle nach, in ganz kleine Stücke; auch nimmt es eine vorübergehende dunklere Farbe an.

Auf Kohle schmilzt es und breitet sich aus, wobei dann mit einem Male unter Detonation eine Reduction von Blei erfolgt und die Kohle mit Bleioxyd beschlagen wird. Die Chromsäure wird zu Chromoxyd reducirt und bleibt als eine graugrüne Masse neben dem Blei zurück.

Von Borax und Phosphorsalz wird es im Oxydationsfeuer ziemlich leicht aufgelöst; die Gläser erscheinen, so lange sie heiss sind, gelblich, färben sich aber unter der Abkühlung grün. Im Reductionsfeuer wird die grüne Farbe dunkler.

Mit Soda auf Kohle bekommt man ein Bleikorn, während die Soda in die Kohle geht. Auf Platinblech mit Soda geschmolzen, entsteht eine dunkelgelbe Salzmasse, die nach der Abkühlung hellgelb erscheint.

Mit 3 bis 4 Theilen doppelt-schwefelsauren Kali's im Platinlöffel geschmolzen, entsteht eine ganz dunkel violette Salzmasse, die beim Erstarren röthlich und nach dem Erkalten grünlichweiss erscheint. (Unterschied vom vanadinsauren Bleioxyd, welches diesem sauren Salze eine gelbe Farbe ertheilt).

Vauquelinit im Glaskolben erhitzt, giebt nichts Flüchtiges. Auf Kohle schwillt er ein wenig an und schmilzt dann unter Aufschäumen zu einer grauen, metallisch glänzenden Kugel, deren Oberfläche da, wo sie mit der Kohle in Berührung ist, kleine reducirte Metallkörner zeigt; ausserdem bildet sich ein deutlicher Beschlag von Bleioxyd.

Von Borax und Phosphorsalz wird das Mineral im Oxydationsfeuer zu klaren, grün gefärbten Gläsern aufgelöst, die auch unter der Abkühlung grün bleiben, im Reductionsfeuer aber, unter der Abkühlung, je nachdem man wenig oder viel aufgelöst hat, roth, opakroth oder fast schwarz werden. Die rothe Farbe, welche von Kupferoxydul herrührt, kommt am deutlichsten auf Kohle mit Zinn zum Vorschein.

Von Soda wird er auf Platindraht im Oxydationsfeuer unter Brausen aufgelöst; man erhält ein klares, grünes Glas, das unter der Abkühlung gelb und unklar wird. Wird dieses Glas in einigen Tropfen Wasser aufgelöst, so entsteht eine gelbe Auflösung, in welcher man die Chromsäure nach dem bei der Probe auf Chrom angegebenen Verfahren mit Sicherheit nachweisen kann.

Mit Soda auf Kohle erfolgt eine vollständige Zersetzung; Blei- und Kupferoxyd reduciren sich, während die Soda in die Kohle geht. Behandelt man nach dem Abschlämmen der Kohle etc. die Metallkörner mit Borsäure auf Kohle (s. Probe auf Kupfer), so löst sich das Blei als Oxyd auf und es bleibt ein Kupferkörnchen zurück. Es wird jedoch hierbei vorausgesetzt, dass man auch eine hinreichende Menge zur Probe verwendet habe.

Deseloizit giebt im Glaskolben erhitzt etwas Wasser, schmilzt vor dem Löthrohre, reducirt sich theilweis zu Blei innerhalb einer schwarzen Schlacke und giebt auf der Kohle einen gelben Beschlag.

Mit Borax erhält man in der innern Flamme ein grünes, in der äussern Flamme bei Zusatz von Salpeter ein (von Mangan gefärbtes) violettes Glas. Mit Phosphorsalz giebt das Mineral in der äussern Flamme ein gelbes, in der innern Flamme chromgrünes Glas.

Dechenit verhält sich nach Bergemann vor dem Löthrohre wie folgt: In der Pincette erhitzt, schmilzt er leicht zu einem gelben Glase; eben so im Glaskölbchen, ohne dabei Wasser oder einen Beschlag zu geben, auch decrepitirt er nicht.

Auf Kohle schmilzt er leicht zur gelblichgrünen Perle, indem sich Bleikörnchen und ein Beschlag unter den gewöhnlichen Erscheinungen absetzen. An mehreren Proben war ein deutlicher Arsengehalt wahrzunehmen; bei andern fehlte er; namentlich bei den reinern, durchscheinenden Bruchstücken. Phosphorsäure ist nicht aufzufinden.

Phosphorsalz und Borax zeigen bei dem Zusammenschmelzen nur die Reactionen der Vanadinsäure.

Soda liefert ein weisses Email, in welchem sich Bleikügelchen zeigen.

Vanadit, Eusynchit und Aräoxen sollen dasselbe Löthrohrverhalten wie die oben genannten Bleivanadate zeigen.

Vanadinit (Vanadinbleierz) von Zimapan im Glaskolben bis zum Glühen erhitzt, decrepitirt, giebt aber nichts Flüchtiges; bei stärkerer Hitze bildet sich ein geringes, weisses Sublimat.

Auf Kohle schmilzt das gepulverte Mineral im Oxydationsfeuer leicht zu einer schwarzen, etwas glänzenden Masse, die im Reductionsfeuer metallisches Blei giebt. Anfangs wird die Kohle schwach mit Chlorblei und später mit Bleioxyd beschlagen. Behandelt man, nachdem das Blei fortgeblasen ist, den Rückstand, der eine dunkelgraue Farbe besitzt, mit Phosphorsalz im Reductionsfeuer, so bildet sich eine smaragdgrüne Glasperle.

Von Borax wird es leicht zu einem klaren, gelben Glase aufgelöst, welches unter der Abkühlung beinahe farblos wird, jedoch einen Schein in's Grünliche zeigt. Im Reductionsfeuer wird es nach völligem Erkalten dunkelgrün.

Von Phosphorsalz wird es ebenfalls leicht zu einem klaren, gelben, unter der Abkühlung etwas heller werdenden Glase aufgelöst, welches nach der Behandlung mit der Reductionsflamme in noch heissem Zustande bräunlich und nach der Abkühlung smaragdgrün erscheint.

Mit Soda schmilzt es auf Platindraht im Oxydationsfeuer zu einer gelben Masse, die beim Erstarren krystallinisch und unter der Abkühlung lichter von Farbe wird. Auf Kohle scheidet sich ein Bleikorn aus.

Mit einer kupferoxydhaltigen Phosphorsalzperle innerhalb der blauen Flamme zusammengeschmolzen, wird die äussere Flamme, in Folge eines Chlorgehaltes, azurblau gefärbt.

Mit 3 bis 4 Theilen doppelt-schwefelsauren Kali's im Platinlöffel geschmolzen, bildet sich eine klare, gelbe, flüssige Salzmasse, die sich beim Erkalten röthet und endlich eine pomeranzengelbe Farbe annimmt, wodurch sich das Vanadinbleierz sogleich vom Rothbleierz und Pyromorphit unterscheidet.

Vanadinkupferbleierz aus Chile schmilzt schon in der Lichtflamme zur schwarzen Perle, giebt vor dem Löthrohre mit Phosphorsalz ein grünes Glas, und mit Soda auf Kohle ein kupferhaltiges Bleikorn. Domeyko.

Gelbbleierz, im Glaskolben erhitzt, decrepitirt und färbt sich vorübergehend dunkler.

Auf Kohle schmilzt es und zieht sich zum Theil in die Kohle, während metallisches Blei ausgeschieden und die Kohle mit Bleioxyd beschlagen wird. Behandelt man ^{Sulze.} das Ganze noch eine Zeit lang mit der Reductions-flamme, so wird der grösste Theil des Bleies verflüchtigt und man bekommt dann bei der Schlämmung der in die Kohle gedrungenen Masse mit Wasser ein Gemenge von geschmeidigem Blei und Molybdänblei.

Von Borax wird es auf Platindraht leicht zu einem klaren, gelblichen Glase aufgelöst, das unter der Abkühlung farblos, im Reductionsfeuer aber undurchsichtig schwarz wird; drückt man indess das undurchsichtige Glas mit den breiten Schenkeln der Pincette platt, so erscheint es schmutzig grün und enthält viel schwarze Flocken von Molybdänoxyd, vorzüglich wenn man die Perle ablöst und auf Kohle behandelt.

Von Phosphorsalz wird es (auf Platindraht) leicht zu einem gelblichgrünen Glase aufgelöst; das unter der Abkühlung bedeutend an Farbe verliert, im Reductionsfeuer aber dunkelgrün wird.

Mit Soda auf Kohle geschmolzen, scheidet sich das Blei metallisch aus.

Mit doppelt-schwefelsaurem Kali im Platinlöffel geschmolzen, bildet sich eine gelbliche Masse, die unter der Abkühlung weiss wird. Behandelt man diese Masse in der Wärme mit destillirtem Wasser und legt ein Stückchen Zink oder Zinn hinzu, so färbt sich die Auflösung sehr schnell dunkelblau.

Wolframbleierz (Scheelbleispath) im Glaskolben erhitzt, decrepitirt, verändert sich aber sonst nicht.

Auf Kohle behandelt, schmilzt es, während die Kohle mit Bleioxyd beschlagen wird, zur Kugel, die unter der Abkühlung krystallisirt und auf der Oberfläche eine dunkle Farbe so wie ein metallisches Ansehen, auf dem Bruche dagegen eine graulichweisse Farbe und Glasglanz besitzt.

Von Borax wird es im Oxydationsfeuer leicht zu einem klaren, farblosen Glase aufgelöst, das im Reductionsfeuer gelblich und unter der Abkühlung bisweilen grau und undurchsichtig wird.

Von Phosphorsalz wird es im Oxydationsfeuer ebenfalls zu einem klaren, farblosen Glase aufgelöst, das nach kurzer Behandlung im Reductionsfeuer eine blaue Farbe annimmt, die zuweilen jedoch nicht so rein ist, wie von Wolframsäure allein. Bei einem zu grossen Zusatze, oder wenn man zu lange bläst, wird das Glas grünlich und endlich ganz undurchsichtig.

Mit Soda oder neutralem oxalsaurem Kali auf Kohle im Reductionsfeuer behandelt, erhält man metallisches Blei.

Mit Soda und Salpeter auf Platinblech im Oxydationsfeuer behandelt, reagirt es deutlich auf Mangan.

Mit doppelt-schwefelsaurem Kali wie das vorhergehende Mineral geschmolzen und weiter behandelt, färbt sich die Lösung nach dem Zusatz von Zink oder Zinn allmählich graublau.

Bei der Probe auf Wolframsäure ist ein Verfahren angegeben, wie man sich sehr leicht von der Gegenwart der Wolframsäure auf nassem Wege überzeugt.

Bleiniere (antimonsaures Bleioxyd) giebt nach Hermann, im Glaskolben erhitzt, Wasser und färbt sich dunkler.

Auf Kohle reducirt sie sich zu einem Metallkorne, welches bei fortgesetztem Blasen sich verflüchtigt und die Kohle mit Antimon- und Bleioxyd beschlägt.

c) Probe auf Blei in Hüttenprodukten mit Einschluss ihres Löthrohr-verhaltens.

Die verschiedenen Bleisorten, welche in den Handel gebracht werden, enthalten bisweilen mehr oder weniger Kupfer, Antimon und Arsen. Erhitzt man ein solches Blei auf Kohle vor dem Löthrohre so stark, dass es nach dem Schmelzen in eine rotirende Bewegung kommt, so giebt sich ein Gehalt an Arsen durch den Geruch und ein Gehalt an Antimon durch den Beschlag auf Kohle zu erkennen, den es neben dem Beschlag von Bleioxyd absetzt. Ist der Gehalt an Antimon so gering, dass die Probe zweifelhaft wird, so schmelzt man ein neues Stückchen Blei neben verglaster Boraxsäure auf Kohle im Reductionsfeuer, wobei sich das Antimon allein verflüchtigt und die Kohle mit Antimonoxyd beschlägt *).

Einen Gehalt an Kupfer findet man, wenn man ein Stückchen Blei mit verglaster Boraxsäure auf Kohle so lange behandelt, bis fast alles Blei verschlackt ist, und hierauf das rückständige Metallkörnchen mit Phosphorsalz im Oxydationsfeuer schmilzt, (s. Probe auf Kupfer).

Von einem Gehalt an Silber überzeugt man sich durch

*) Dem praktischen Hüttenmann kann die Anwendung des Löthrohrs zur leichten und sichern Erkennung der oben genannten beiden Bestandtheile im Blei ganz besonders empfohlen werden. Selbst sehr geringe Mengen von Arsen lassen sich sofort durch den Geruch wahrnehmen, wenn man circa 2 Gramm von dem zu prüfenden Blei in einer Vertiefung auf Holzkohle vor der blauen Flamme schnell einschmilzt und wenige Augenblicke im Treiben erhält. Ein geringer Antimongehalt giebt sich dabei durch einen bläulich weissen Beschlag von Antimonoxyd zu erkennen, ehe der gelbe Bleibeschlag sich bildet. In jedem Falle aber macht sich eine äusserst geringe Beimengung beider Bestandtheile sofort schon dadurch wahrnehmbar, dass ein solches Bleikorn, wenn man es nach dem Einschmelzen erkalten lässt, nicht die für völlig reines Blei charakteristische bleigraue, glänzende und von entstandener Glätte gelblich schimmernde Oberfläche zeigt, sondern matt und von schwärzlich grauer Farbe erscheint.

23*

Abtreiben des zu prüfenden Bleies auf Knochenasche (s. die quantitative Silberprobe).

Das bleiische Schwarzkupfer ist zwar von
Schwarzkupfer. verschiedener Qualität, es giebt aber, für sich
auf Kohle behandelt, allemal einen deutlichen
Beschlag von Bleioxyd. Wie man es noch auf vielleicht vorhandene andere Bestandtheile untersucht, ergiebt sich aus dem, was bei der Probe auf Eisen im Allgemeinen (S. 264) über Metallverbindungen gesagt ist.

Das Verhalten der bleihaltigen Speisen und Steine findet sich beim Eisen (S. 301 u. f.)

Glätte verhält sich auf Kohle wie Bleioxyd. Enthält sie arsensaures oder antimonsaures Bleioxyd, so entwickelt sie bei ihrer Reduction im ersten Falle Arsengeruch und im zweiten Falle bildet sie einen Beschlag von Antimonoxyd. Enthält sie Kupferoxyd und man behandelt das auf Kohle aus ihr reducirte Blei eine Zeit lang mit verglaster Borsäure, so bringt das dabei zurückbleibende Bleikörnchen, wenn es mit Phosphorsalz auf Kohle im Oxydationsfeuer geschmolzen wird, eine deutliche Reaction auf Kupfer hervor, indem die Glasperle, so lange sie heiss ist, deutlich grün und nach der Abkühlung blau erscheint; ist die Reaction zweifelhaft, so entscheidet eine Behandlung der Glasperle auf Kohle mit Zinn.

Abstrich vom Abtreiben des Silbers für sich auf Kohle behandelt, reducirt sich unter starkem Arsengeruch zu metallischem Blei, welches die Kohle mit Bleioxyd und Antimonoxyd beschlägt. Wird das reducirte Blei mit verglaster Borsäure so lange behandelt, bis nur noch ein kleines Korn übrig ist und dieses mit Phosphorsalz im Oxydationsfeuer geschmolzen, so bekommt man eine deutliche Reaction auf Kupfer.

Ein Gehalt an Eisenoxyd findet sich, wenn man auf Kohle neben einer kleinen Boraxperle ein grösseres Stück Abstrich so reducirt, dass man dabei die Glasperle ununterbrochen mit einer guten Reductionsflamme bedeckt, und das sich reducirende Blei von Zeit zu Zeit auf den Amboss schüttet. Das Glas braucht man dann nur auf Platindraht im Oxydationsfeuer umzuschmelzen, um das Eisen auf die Stufe des Oxydes zu bringen.

Ein Gehalt an Schwefelsäure giebt sich zu erkennen, wenn man eine nicht zu geringe Menge des gepulverten Abstrichs mit etwas Soda auf Kohle im Reductionsfeuer behandelt, die dabei in die Kohle eindringende Masse nach Unterbrechung des Blasens ausgräbt, auf Silberblech legt und mit Wasser befeuchtet (s. Probe auf Schwefelsäure).

Abzug vom Abtreiben des Silbers verhält sich vor dem Löthrohre im Allgemeinen ganz ähnlich wie Abstrich. Enthält er indessen viel Heerdmasse eingemengt, so lassen sich die in ihm befindlichen Metalloxyde nur durch einen Zusatz von Borax oder Soda und Borax auf Kohle reduciren.

Heerd vom Abtreiben des Silbers, so wie Flugstaub von der Bleiarbeit, vom Abtreiben des Silbers und vom Rösten der Bleierze in Flammöfen, bilden bei der Behandlung auf Kohle im Reductionsfeuer schon für sich einen Beschlag von Bleioxyd. Wie man die anderen, noch vorhandenen Bestandtheile auffindet, ergiebt sich aus dem Vorhergehenden.

Schlacken, welche Bleioxyd enthalten, geben, wenn sie auf Kohle entweder für sich oder mit einem Zusatz von Soda im Reductionsfeuer zur Kugel geschmolzen werden, einen Beschlag von Bleioxyd. Wie man die übrigen Bestandtheile auffindet, ist bei der Probe auf Kalkerde (S. 194) angegeben.

9) Zinn = Sn.

Vorkommen dieses Metalles im Mineralreiche und in Hüttenprodukten.

Das Zinn findet sich in der Natur in folgenden Mineralien:

a) In Verbindung mit Schwefel im

Zinnkies = $\bar{C}u^2\bar{S}n$ + ($\bar{F}e$, $\bar{Z}n)^2\bar{S}n$ mit 27,4 Sn und 29,6 Cu.

b) Im oxydirten Zustande im

Zinnstein = $\bar{S}n$ mit 78,6 Sn; jedoch in den meisten Fällen geringe Mengen von Fe, Mn und bisweilen selbst Ta oder Nb enthaltend.

Stannit aus Cornwall = $\bar{S}i$, $\bar{S}n$ und geringe Mengen von Äl und Fe enthaltend, mit 30,5 Sn.

Ausserdem findet sich das Zinn als unwesentlicher Bestandtheil in mehreren anderen Mineralien, namentlich im Meteoreisen, Titaneisen, Tantalit, Columbit, Fergusonit, Brochantit, Monazit, Thorit, Olivin, Euklas und Oerstedtit. Auch lassen sich Spuren von Zinn in mancher braunen und schwarzen Zinkblende nachweisen, wenn man davon Quantitäten von mehreren Grammen auf nassem Wege zerlegt.

In Hüttenprodukten hat man dieses Metall, ausser in den eigentlichen Zinnhüttenprodukten, selten zu suchen. Zu den Zinnhüttenprodukten gehören folgende:

a) Die verschiedenen im Handel vorkommenden Zinnsorten, von denen die gewöhnlichsten nicht selten mehr oder weniger Eisen, Kupfer und Arsen und bisweilen auch Wolfram, Molybdän und Wismuth enthalten.

b) Die verschiedenen Gekrätze, welche sowohl beim Verschmelzen der Erze, als auch beim Reinigen (Pauschen, Raffiniren) des Zinnes fallen und in der Regel einen merklichen Gehalt an Eisen und Arsen, zuweilen auch Kupfer, Wismuth, Wolfram und Molybdän zeigen.

c) Die Härtlinge (Hartbruch), die sich beim Verschmelzen der Zinnerze über Schachtöfen auf der Sohle des Ofens auflegen und hauptsächlich aus Eisen und Zinn bestehen, aber nicht selten auch etwas Arsen, Kupfer, Wolfram, Molybdän und Wismuth enthalten.

d) Die Zinnschlacken.

Kommen Kupfererze mit Zinnstein oder Zinnkies zusammen vor und ist bei der Gewinnung und Aufbereitung eine vollständige Trennung nicht möglich, so entsteht bei dem Schmelzprocesse zinnhaltiger Kupferstein, besonders aber bilden sich bei Concentrationsschmelzungen Ausscheidungen von zinnhaltigem Kupfer.

Probe auf Zinn
mit Einschluss des Löthrohrverhaltens der oben genannten Mineralien.

a) Probe auf Zinn im Allgemeinen.

Wie sich metallisches Zinn auf Kohle und ein auf Kohle gebildeter Beschlag von Zinnoxyd vor dem Löthrohre verhält, ist S. 83 angegeben. Enthält das Zinn Blei oder Wismuth, so ist es kaum möglich, eine kleine Menge des Metallgemisches auf Kohle mit der besten Reductionsflamme in Form einer flüssigen Kugel zu erhalten, ohne dass sich dieselbe mit Oxyd bedeckte. Setzt man aber etwas Borax hinzu und behandelt diesen mit der Reductionsflamme, so giebt sich eine Beimischung von Blei oder Wismuth durch den gelben Beschlag zu erkennen, der sich auf der Kohle absetzt. Ist es zweifelhaft, ob die Beimischung in Blei oder Wismuth besteht, so schabt man den Beschlag vorsichtig ab, löst ihn auf Platindraht in Phosphorsalz auf, und behandelt die Glasperle auf Kohle mit Zinn. Ein Grau- oder Schwarzwerden der Perle unter der Abkühlung deutet auf Wismuth. (S. 138). Auch überzeugt man sich bei der Behandlung des Metallgemisches mit Borax durch den Geruch von der Gegenwart an Arsen, und wenn man die Boraxglasperle auf Platindraht im Oxydationsfeuer umschmilzt, kann man auch an der gelben Farbe des Glases einen Gehalt an Eisen gewahr werden. Um das Zinn auf einen Gehalt an Kupfer zu untersuchen, schmilzt man dasselbe mit einem Gemenge, welches aus 100 Gewichtstheilen Soda, 50 Theilen Borax und 30 Theilen Kieselerde gebildet worden, auf Kohle so, wie es bei der quantitativen Kupferprobe zur Trennung des Zinnes vom Kupfer speciell beschrieben ist, und prüft das zurückbleibende Körnchen, in welchem

(Marginal note: Metallisches Zinn.)

das Kupfer nur noch mit wenig Zinn verbunden ist, mit Phosphorsalz auf Kohle so lange im Oxydationsfeuer, bis das Glas
gefärbt erscheint. Durch eine Behandlung des Phosphorsalzglases mit Zinn kann man sich dann überzeugen, ob Kupfer
wirklich vorhanden ist oder nicht. Ein Gehalt an Wolfram,
der in der Regel nur gering ist, lässt sich vor dem Löthrohre
nicht immer mit völliger Sicherheit durch Glasflüsse auffinden,
weil das Zinn selten ganz frei von Eisen ist. Löst man aber
eine nicht zu geringe Menge des zu untersuchenden Zinnes
in einem Porcellangefäss durch Unterstützung von Wärme
in Salpetersalzsäure auf, verdünnt die Auflösung mit Wasser,
giesst nach einiger Zeit die klare Auflösung von dem vielleicht
gebliebenen Rückstande ab und digerirt diesen von Neuem
mit etwas Salpetersalzsäure, so bleibt, wenn Wolfram im Zinne
vorhanden war, dasselbe als Wolframsäure mit gelblich-grüner
Farbe zurück. Die gewöhnlich von Eisen gelb gefärbte saure
Flüssigkeit giesst man abermals ab, süsst die rückständige
Wolframsäure mit Wasser aus und prüft sie mit Phosphorsalz auf Platindraht, wobei man nach kurzem Reductionsfeuer eine blaue Perle bekommt (S. 139).

Bildet Zinn einen Bestandtheil von Legirungen, so verräth sich beim Schmelzen derselben auf Kohle die Gegenwart
dieses Metalls fast immer dadurch, dass selbst in der innern
Flamme kein blankes Metallkorn erhalten werden kann, vielmehr an der Oberfläche des Probestückchens eine rasch an
Volumen zunehmende Oxydschicht entsteht, die selbst nach
Zusatz von Borax sich nur schwierig entfernen lässt.

Schwefelmetalle, welche Zinn enthalten, für sich auf Kohle
aber keinen Beschlag von Zinnoxyd in der Nähe   Schwefelmetalle.
der Probe geben, muss man rösten und das Ge-
röstete mit Soda und einem Zusatz von Borax auf Kohle im
Reductionsfeuer behandeln. Man erhält dabei metallisches
Zinn, welches für sich auf Kohle geprüft werden kann. Sind
noch andere reducirbare Metalloxyde in der gerösteten Probe
vorhanden, so scheidet sich eine Metalllegirung aus, in welcher, durch eine Prüfung derselben mit Borax oder Phosphorsalz, die anderen Metalle erkannt werden können.

In Metalloxyden oder überhaupt solchen Substanzen,
deren Bestandtheile Oxyde sind, lässt sich das
Zinn am besten durch eine Reductionsprobe mit   Metalloxyde.
Soda oder neutralem oxalsaurem Kali auf Kohle auffinden;
nur ist man in manchen Fällen genöthigt, zur Verschlackung
eines bedeutenden Eisengehaltes etwas Borax zuzusetzen.

b) *Verhalten der oben genannten Mineralien vor dem Löthrohre.*

Zinnkies auf Kohle im Reductionsfeuer behandelt,
schmilzt zur Kugel. Im Oxydationsfeuer entwickelt er
schweflige Säure und bedeckt sich mit Zinnoxyd; auch wird

die Kohle in ihrer unmittelbaren Nähe mit Zinnoxyd belegt, welches sich durch sein bekanntes Verhalten (S. 85) sogleich erkennen lässt.

Schwefelmetalle. In einer an beiden Enden offenen Glasröhre erhitzt, giebt er schweflige Säure und etwas Zinnoxyd, welches letztere sich ganz nahe der Probe an das Glas anlegt, aber nicht wieder verflüchtigt werden kann.

Auf Kohle abwechselnd mit der Oxydations- und Reductionsflamme geröstet und dann mit Borax geprüft, bekommt man Reactionen auf Eisen und Kupfer.

Von einem geringen Gehalt an Zink, welcher sich in dem Zinnkies auf nassem Wege nachweisen lässt, kann man sich bei der Prüfung vor dem Löthrohre nicht überzeugen, weil der Beschlag, den es bei seiner Verflüchtigung auf Kohle bildet, durch den Beschlag von Zinnoxyd unkenntlich gemacht wird.

Zinnoxyd. Zinnstein verhält sich vor dem Löthrohre wie Zinnoxyd (S. 140), nur mit dem Unterschiede, dass er, in hinreichender Menge in Borax aufgelöst, diesem Flusse zuweilen eine gelbliche Farbe von Eisenoxyd ertheilt, die jedoch nur in der Wärme wahrzunehmen ist, und dass er mit Soda und einem Zusatz von Salpeter auf Platinblech öfters eine schwache Manganreaction hervorbringt.

Wie eine geringe Menge von Tantalsäure oder Unterniobsäure im Zinnstein aufgefunden werden kann, soll bei der Probe auf Tantal und Niobium angegeben werden.

Staunit ist v. d. L. auf Kohle und in der Pincette unschmelzbar.

In Borax und Phosphorsalz löst er sich schwer, in letzterem mit Hinterlassung eines Kieselskeletts, zum farblosen Glase auf.

Mit wenig Soda schmilzt er zur schlackigen Masse, mit einer grösseren Menge von Soda im Reductionsfeuer behandelt, scheidet sich Zinn im metallischen Zustande aus.

c) Probe auf Zinn in Hüttenprodukten mit Einschluss ihrer Löthrohrverhaltens.

Hüttenprodukte. Das Verhalten des im Handel vorkommenden Zinnes vor dem Löthrohre ergiebt sich aus dem, was bereits bei der Probe auf Zinn im Allgemeinen (S. 358) gesagt ist.

Das Verhalten der verschiedenen Gekrätzsorten, sowohl vom Verschmelzen der Zinnerze, als vom Raffiniren des ausgeschmolzenen Zinnes, ist nach ihrer Beschaffenheit verschieden. Man findet indess bei der Prüfung derselben für sich auf Kohle und mit Glasflüssen, wobei man alles das beobachtet, was bei der Probe auf Zinn im Allgemeinen gesagt worden ist, sehr bald, aus was für Bestandtheilen sie zusammengesetzt sind.

Die Härtlinge (Hartbruch) geben, wenn man eine Probe davon auf Kohle mit Borax im Reductionsfeuer behandelt, zuweilen einen unverkennbaren Beschlag von Zinnoxyd. Wie man sie auf die übrigen Bestandtheile untersucht, ergiebt sich aus dem, was bei der Probe auf Eisen im Allgemeinen für Metallverbindungen (S. 284) gesagt ist. Ist jedoch der Zinngehalt sehr gering, so dass sich kein deutlicher Beschlag bildet, so darf man das eisenreiche Produkt nur in Salpetersäure auflösen und das dabei zurückbleibende Zinnoxyd mit Soda auf Kohle prüfen.

Die Zinnschlacken schmelzen für sich auf Kohle, ohne im Reductionsfeuer einen merklichen Beschlag zu geben. Durch eine Reductionsprobe mit Soda und einem Zusatz von Borax bekommt man aber metallisches Zinn. Wie die anderen Bestandtheile aufgefunden werden, ist bereits bei der Probe auf Kalkerde (S. 194) angegeben. Nur ist zu bemerken, dass sie wegen ihres Zinngehaltes ausser mit Soda und Borax, noch mit einem Zusatz von Silber auf Kohle im Reductionsfeuer geschmolzen werden müssen, sobald man beabsichtigt, alles Zinnoxyd zu reduciren. Enthält die Schlacke Wolframsäure, so findet sich der ganze Gehalt an Wolfram bei der ausgeschiedenen Kieselerde (s. Probe auf Wolfram für Zinnschlacken).

10) Wismuth = Bi.

Vorkommen dieses Metalles im Mineralreiche und in Hüttenprodukten.

Das Wismuth gehört zu den seltener vorkommenden Metallen; es findet sich:

a) Metallisch und zwar als
Gediegen Wismuth = Bi.

b) In Verbindung mit anderen Metallen als
Tellurwismuth (Tetradymit). Man bezeichnet mit diesem Namen mehrere isomorphe Mischungen, in denen z. Th. auch Schwefel und Selen vorkommen; so ist das Tellurwismuth aus Virginien nach Genth = Bi + Te^3 mit 51,0 Bi; Schwefel-Tellurwismuth von verschiedenen Orten = Bi^2 + Te + S^4 mit 86,6 Bi; Bi + Te^2 + S mit 59,0 Bi; Bi + Te^2 + S^2 mit 56,4 Bi.

Selen-Tellurwismuth aus Virginien = Bi^3 + Te^4 + Se^2 mit 54,6 Bi; desgl. aus Georgia = Bi^{12} + Te^9 + Se mit 79,0 Bi; Schwefel-Selen-Tellurwismuth aus Brasilien, in welchem ein geringer Theil Schwefel durch Selen ersetzt ist.

Wismuthsilber, s. Silber.

c) In Verbindung mit Schwefel im

Wismuthglanz $= \bar{\bar{B}}i$ mit 81,2 Bi, zuweilen etwas Fe und Cu
enthaltend;

Kupferwismuthglanz $= \acute{C}u\,\bar{\bar{B}}i$ mit 62,0 Bi und 18,9 Cu.

Wittichenit (Kupferwismutherz) $= \acute{C}u^2\,\bar{\bar{B}}i$ mit 42,0 Bi und
38,4 Cu.

Nadelerz von Beresowsk, \
Chiviatit, $\qquad \Big\}$ s. Blei.
Kobellit,

Annivit, s. Kupfer.

Nickelwismuthglanz, s. Nickel.

d) In einer Verbindung von Schwefelwismuth und
Wismuthoxyd

Karelinit $= \bar{\bar{B}}i\,\acute{B}i$ mit 91,2 Bi.

e) Im oxydirten Zustande im

Wismuthocker $= \bar{B}i$ mit 89,6 Bi, jedoch immer geringe Mengen Fe, $\dot{C}$ und $\dot{H}$, zuweilen auch As enthaltend.

f) In Verbindung mit Kohlensäure im

Wismuthspath aus Süd-Carolina $= 3\,(\bar{B}i\,\dot{C} + \dot{H}) + \bar{B}i\,\dot{H}$
mit 74,0 Bi und geringen Mengen von $\bar{S}i$, $\bar{A}l$, $\dot{C}a$, $\dot{M}g$
und $\dot{F}e$;

Bismuthit (Wismuthoxyd, kohlensaures) $= \bar{B}i$, $\dot{C}$ und geringe
Mengen von $\dot{F}e$, $\dot{C}u$, $\bar{S}$ und $\dot{H}$. (Vielleicht im reinen Zustande wie der Wismuthspath).

g) In Silicaten mit Phosphaten im

Kieselwismuth (Eulytin, Wismuthblende), 1 A, 1 O; vielleicht
$\bar{B}i^2\,\bar{S}i^3$, ausserdem sind $\ddot{P}$, $\dot{F}e$, $\dot{M}n$, Fl und $\dot{H}$ vorhanden
(62,2 Bi).

Hypochlorit (Grüneisenerde), III, wahrscheinlich ein Zer-
setzungsprodukt $= \bar{S}i$, $\bar{A}l$, $\bar{B}i$ (13 p. C.), $\dot{F}e$, $\ddot{P}$ und Spuren
von $\dot{M}n$.

Auch macht das Wismuth, welches in der Regel nur durch
einen einfachen Saigerungsprocess aus Kobalterzen gewonnen
wird, zuweilen einen Nebenbestandtheil mancher Hüttenprodukte aus. Es findet sich z. B. metallisch in grösserer oder
geringerer Menge in der Kobaltspeise, wenn die zur
Smaltebereitung kommenden Kobalterze nicht rein von Wismuth sind. Ferner concentrirt sich ein Gehalt an Wismuth
beim Verschmelzen solcher zugleich silberhaltiger Kobalterze
in den dabei fallenden Zwischenprodukten, namentlich in der
Speise und im Bleistein. Auch findet sich nicht selten ein
Gehalt an Wismuth im Blicksilber, welcher sich beim Feinbrennen oder Raffiniren desselben grösstentheils in die Test-

masse einzieht. Endlich kann auch ein geringer Gehalt von Wismuth in manchem, im Grossen ausgebrachten Zinne vorhanden sein, wenn das geröstete Zinnerz vor seiner Verschmelzung nicht erst durch Behandlung mit verdünnter Salzsäure etc. davon befreit wurde.

Probe auf Wismuth
mit Einschluss des Löthrohrverhaltens der oben genannten Mineralien

a) Probe auf Wismuth im Allgemeinen.

In Metallverbindungen, wie sie in der Natur und als Hüttenprodukte vorkommen, lässt sich das Wismuth an dem Beschlag erkennen, welchen es bei der Behandlung der betreffenden Verbindung für sich, am besten im Reductionsfeuer auf Kohle absetzt. Er erscheint in der Wärme dunkel orangegelb, wird unter der Abkühlung citrongelb und verändert im Reductionsfeuer seine Lage, ohne einen farbigen Schein zu geben (S. 82). Sind in der Substanz leicht zu verflüchtigende Metalle enthalten, so rauchen diese zum Theil fort, zum Theil bilden sie auch einen Beschlag auf Kohle, der sich an den Wismuthoxydbeschlag anschliesst, wie z. B. Tellur, Arsen etc.

Wismuthhaltiges Blei, welches sich, je nach dem es viel oder wenig Wismuth enthält, mehr oder weniger spröde zeigt, wird so lange für sich auf Kohle behandelt, bis sich ein deutlicher Beschlag gebildet hat. Dieser Beschlag wird vorsichtig mit dem Messer abgeschabt, auf Platindraht in Phosphorsalz mit Hülfe der Oxydationsflamme aufgelöst, und die farblose Glasperle auf Kohle mit Zinn im Reductionsfeuer umgeschmolzen. Enthielt der Beschlag Wismuthoxyd, so färbt sich das Glas unter der Abkühlung dunkelgrau bis fast schwarz. Da aber die Säuren des Antimons eine ähnliche Reaction hervorbringen, so muss man die Metallverbindung erst durch längere Behandlung auf Kohle im Oxydationsfeuer von einem Gehalt an Antimon durch Verflüchtigung befreien, im Fall sie nicht frei davon ist, und dann auf einer anderen Kohle so lange im flüssigen und rotirenden Zustande erhalten, bis sich ein Beschlag gebildet hat, der zu einer Prüfung mit Phosphorsalz völlig hinreicht.

Hat man es mit sehr strengflüssigen Metallverbindungen zu thun, wenn sie z. B. viel Nickel enthalten, so setzt man etwas reines Silber hinzu und behandelt das Ganze im Reductionsfeuer.

Ist das Wismuth an Schwefel gebunden, und man behandelt die Substanz für sich auf Kohle, so bildet sich ausserhalb des gelben Beschlags auch noch ein weisser, welcher aus schwefelsaurem Wismuthoxyd besteht. Dieser weisse Beschlag lässt sich aber verhindern, wenn man zu der zu prüfenden Substanz etwas Soda setzt.

Enthält die Substanz viel Blei, so bildet sich ein Beschlag, der aus einem Gemenge von Wismuthoxyd und Bleioxyd besteht und eine Farbe besitzt, die kaum von der Schwefelmetalle. eines reinen Bleioxydbeschlages zu unterscheiden ist. Da sich in diesem Falle ein geringer Cobalt an Wismuth nicht erkennen lässt, so ist man genöthigt, eine besondere Probe vorzunehmen, welche auf zweierlei Weise ausgeführt werden kann. Das einfachste Verfahren ist das, dass man die Probe zuerst so lange auf Kohle behandelt, bis sich ein starker gelber Beschlag gebildet hat, den man, wie es oben beim wismuthhaltigen Blei angegeben ist, mit Phosphorsalz prüft. Da aber Antimonoxyd eine ähnliche Reaction hervorbringt, so muss man sich erst durch eine besondere Probe auf Antimon von der Abwesenheit dieses Metalles überzeugt haben.

Auch kann man sich von einem geringen Wismuthgehalt auf folgende Weise überzeugen: Man röstet die Substanz im gepulverten Zustande auf Kohle gut ab, aber vorsichtig, damit keine Sinterung eintritt, schmelzt das Geröstete mit 3 bis 4 Volumentheilen doppelt-schwefelsauren Kali's im Platinlöffel und behandelt die geschmolzene Masse in einem kleinen Porcellangefässe mit Wasser über der Lampenflamme so lange, bis sich Alles aus dem Löffel gelöst hat. Hierbei lösen sich schwefelsaures Kali und andere in Wasser auflösliche schwefelsaure Salze auf, hingegen das gebildete schwefelsaure Bleioxyd bleibt als neutrales und das schwefelsaure Wismuthoxyd als basisches Salz zurück; nur eine geringe Menge des letzteren geht als neutrales Salz in die Auflösung mit über. Enthält die Substanz Antimon, so bleibt dieses als Säure ebenfalls zurück. Die über diesen Salzen befindliche Auflösung giesst man behutsam ab, übergiesst den Rückstand mit reinem Wasser, fügt einige Tropfen Schwefelsäure, sowie etwas Salpetersäure hinzu und erwärmt das Ganze bis zum Kochen. Das schwefelsaure Wismuthoxyd löst sich nun auf und das schwefelsaure Bleioxyd bleibt mit dem Antimonoxyd, wenn solches vorhanden ist, ungelöst zurück. Trennt man hierauf beide Salze durch Filtration und schlägt aus der Flüssigkeit das Wismuthoxyd in der Wärme durch Phosphorsalz nieder, so erhält man einen weissen Niederschlag, der sich nach dem Filtriren und Auswaschen auf Platindraht in Phosphorsalz farblos oder nur gelblich auflöst, aber dem Glase, wenn es auf Kohle mit Zinn im Reductionsfeuer behandelt wird, unter der Abkühlung eine dunkelgraue Farbe ertheilt und sich daher ganz wie Wismuthoxyd verhält. Auch giebt es sich auf Kohle als solches zu erkennen.

Substanzen, welche das Wismuth im oxydirten Zustande enthalten, geben, wenn sie auf Kohle für sich oder mit einem Zusatz von Soda im Reductionsfeuer behandelt wer-

den, einen unverkennbaren Wismuthoxydbeschlag. Diesen
Beschlag kann man, wenn das Resultat ja noch zweifelhaft
sein sollte, abschaben und, wie oben angegeben,
mit Phosphorsalz prüfen. Dabei wird jedoch vor-   Oxyde etc.
ausgesetzt, dass dergleichen Substanzen auch frei von Antimon sind.

*b) Verhalten der oben genannten wismuthhaltigen Mineralien vor dem
Löthrohre.*

Gediegen Wismuth

verhält sich vor dem Löthrohre wie reines Wismuth (S. 82).

Tellurwismuth, Schwefel-Tellurwismuth, Selen-Tellurwismuth und Schwefel-Selen-Tellurwismuth.

Die Verbindung des Wismuths mit Tellur schmilzt leicht
und giebt in der offenen Röhre einen weissen Rauch, der
sich zum Theil in der Röhre hinzieht, zum Theil
sich aber auf dem Glase nahe der Probe anlegt   Metall-
und bei starkem Feuer an einer gewissen Stelle   Verbindungen.
mit einem rothen Stoffe vermengt wird, welcher Selen ist und
wovon auch das der Röhre entströmende Gas stark riecht.
Der weisse Beschlag kann mit Hülfe der Löthrohrflamme zu
klaren, farblosen Tröpfchen geschmolzen werden, wodurch er
sich als tellurige Säure zu erkennen giebt; der röthliche Anflug, hingegen verflüchtigt sich. Die zurückbleibende Metallkugel umgiebt sich, sobald die flüchtigen Bestandtheile grös-
tentheils entfernt sind, mit geschmolzenem Wismuthoxyd, das
braun erscheint und unter der Abkühlung undurchsichtig
und gelb wird.

Auf Kohle für sich schmilzt das Mineral sehr leicht zur
metallischen Kugel, die, wenn sie von der blauen Flamme getroffen wird, die äussere Flamme blaugrün färbt, einen merklichen Geruch nach Selen verbreitet und die Kohle mit einem
weissen und, noch näher der Probe, mit einem dunkel orangegelben Beschlag bedeckt. Ersterer verschwindet, wenn die
Reductionsflamme auf ihn gerichtet wird, mit einem blaugrünen Scheine, und letzterer färbt sich unter der Abkühlung
citrongelb. Die übrig bleibende Metallkugel kann bei fortgesetztem Blasen vollkommen verflüchtigt werden, wobei die
Kohle von Neuem stark mit Wismuthoxyd belegt wird.

Schwefel-Tellurwismuth verhält sich ähnlich, giebt
aber in der offenen Glasröhre zugleich schweflige Säure.

Das Verhalten des Selen-Tellurwismuths und
Schwefel-Selen-Tellurwismuth geht aus dem oben
Mitgetheilten hervor.

Wismuth in Verbindung mit Schwefel und anderen Schwefelmetallen.

Wismuthglanz in einer an einem Ende zugeschmolzenen Glasröhre erhitzt, schmilzt, und giebt ein geringes Sublimat von Schwefel.

<small>Schwefelmetalle.</small> In einer an beiden Enden offenen Glasröhre vorsichtig erhitzt, schmilzt er, giebt schweflige Säure und einen Beschlag von schwefelsaurem Wismuthoxyd, der im Löthrohrfeuer zu braunen Tröpfchen geschmolzen werden kann und nach dem Erkalten gelb und undurchsichtig erscheint. Wird die Probe stark erhitzt, so kommt sie in's Kochen und setzt Wismuthoxyd rund um die Probe herum an das Glas ab.

Auf Kohle giebt er zuerst einen Theil Schwefel ab, dann schmilzt und kocht er mit Umherwerfung kleiner glühender Tropfen und beschlägt die Kohle mit Wismuthoxyd und schwefelsaurem Wismuthoxyd. Ist alles Wismuth entfernt, so bleibt gewöhnlich eine geringe Menge einer schlackigen Masse zurück, die, mit Glasflüssen geprüft, öfters auf Eisen und zuweilen auch auf Kupfer reagirt.

Ganz ähnlich wie das vorige Mineral verhalten sich **Kupferwismuthglanz** und **Wittichenit** (Kupferwismutherz). Schmilzt man bei diesen Verbindungen den auf Kohle verbleibenden Rückstand mit Soda oder neutralem oxalsaurem Kali, so scheidet sich ein Kupferkorn aus.

Schwefelwismuth mit Wismuthoxyd.

Karelinit zeigt nach Hermann folgendes Verhalten. Im Kolben erhitzt, erhält man etwas schweflige Säure aber keinen Schwefel; aus der geschmolzenen Masse treten metallische Kugeln von Wismuth heraus. Im Glasrohre erhitzt, entwickelt das Mineral ebenfalls schweflige Säure, dabei reducirt sich ein Metallkorn, umgeben von leicht schmelzbarem Wismuthoxyd.

Wismuthoxyd.

Wismuthocker giebt beim Erhitzen gewöhnlich etwas Wasser und zeigt häufig auf dem Zusatz von Salzsäure eine geringe Entwickelung von Kohlensäure. Zu Glasflüssen und auf Kohle verhält sich das Mineral wie Wismuthoxyd (s. S. 138).

Wismuth in Verbindung mit Säuren.

Wismuthspath im Glaskolben erhitzt, decrepitirt, färbt sich braun, und schmilzt leicht an das Glas an.

<small>Kohlensaures Wismuthoxyd.</small> Auf Kohle wird er schnell zu Wismuth reducirt.

Phosphorsalz giebt eine in der Hitze dunkelgelbe, nach dem Erkalten farblose Perle und Flocken von Kieselsäure.

Salpetersäure löst ihn unter Brausen und mit Hinterlassung eines gelben thonigen Rückstandes auf. Rammelsberg.

Bismuthit (Wismuthoxyd, kohlensaures) giebt, im Glaskolben erhitzt, ein wenig Wasser aus, decrepitirt und nimmt eine graue Farbe an.

Auf Kohle für sich schmilzt er sehr leicht und reducirt sich unter Brausen zu einem leichtflüssigen Metallkorne, welches bei fortgesetztem Blasen die Kohle mit Wismuthoxyd beschlägt. Nach längerem Blasen bleibt eine geringe Menge einer schlackigen Masse zurück, die im Reductionsfeuer zur Kugel schmilzt, welche dem Magnete folgt und bei der Behandlung mit Glasflüssen hauptsächlich auf Eisen und Kupfer reagirt.

Wird das gepulverte Mineral mit Soda auf Kohle im Reductionsfeuer geschmolzen, hierauf die in die Kohle gedrungene Soda ausgebrochen, auf Silberblech gelegt und mit Wasser befeuchtet, so entsteht eine schwache Reaction auf Schwefel. Das Mineral ist also nicht ganz frei von Schwefelsäure.

In Chlorwasserstoffsäure löst es sich unter Aufbrausen von entweichender Kohlensäure, zu einer schwach gelblich gefärbten Flüssigkeit auf.

Kieselwismuth (Eulytin, Wismuthblende) im Glaskolben erhitzt, verändert sich nicht, giebt auch nichts Flüchtiges.

Silicate mit Phosphaten.

In der Pincette schmilzt es unter Aufwallen sehr leicht und färbt, wenn es rein ist, die äussere Flamme blaugrün von einem Gehalt an Phosphorsäure.

Auf Kohle schmilzt es ebenfalls unter Aufwallen leicht zu einer braunen Perle, während sich ein Beschlag von Wismuthoxyd absetzt, und zuweilen ein Geruch nach Arsen wahrnehmen lässt.

Wird es mit einer geringen Menge von Soda zusammengeschmolzen, so bildet sich unter Aufbrausen und Reduction von Wismuth eine Perle, die von ein wenig Kobaltoxydul blau gefärbt erscheint. Pulverisirt man diese Perle, behandelt das Pulver mit Essigsäure, verdünnt mit Wasser, filtrirt, und versetzt die saure Flüssigkeit mit einigen Tropfen essigsauren Bleioxydes, so entsteht eine starke Trübung von phosphorsaurem Bleioxyd.

In Phosphorsalz löst es sich unter Abscheidung von Kieselsäure zu einem in der Hitze gelblich erscheinenden Glase auf, welches unter der Abkühlung farblos und, mit Zinn auf Kohle behandelt, schwarzgrau wird.

Hypochlorit (Grüneisenerde) giebt, im Glaskolben erhitzt, nichts Flüchtiges und verändert auch sein Ansehen wenig.

In der Pincette zeigt er sich unschmelzbar, nimmt aber eine dunkelbraune Farbe an. Wird er im gepulverten Zustande, mit Schwefelsäure befeuchtet, auf Platindraht der blauen Flamme ausgesetzt, so reagirt er deutlich auf Phosphorsäure.

Silicate mit Phosphaten.   Auf Kohle giebt er im Reductionsfeuer, ohne zu schmelzen, einen geringen Beschlag von Wismuthoxyd.

In Borax löst er sich zwar langsam, aber vollständig zu einem von Eisenoxyd gelb gefärbten Glase auf, das, wenn es gesättigt ist, auf Kohle im Reductionsfeuer sich etwas trübt und die Kohle schwach mit Wismuthoxyd beschlägt, während die Perle eine gelblichgrüne Farbe annimmt.

Von Phosphorsalz wird er mit Hinterlassung eines Kieselskeletts zerlegt. Die Glasperle erscheint gelb, wird aber, auf Kohle mit Zinn behandelt, unter der Abkühlung dunkelgrau von reducirtem Wismuth.

Mit Soda schmilzt er auf Kohle unter Aufbrausen zur Kugel und giebt einen deutlichen Beschlag von Wismuthoxyd.

Auf Platinblech mit Soda und Salpeter geschmolzen, reagirt er schwach auf Mangan.

c) Probe auf Wismuth in Hüttenprodukten.

Hier gilt das, was bereits bei der Probe auf Wismuth im Allgemeinen gesagt ist.

11) Uran = U.

Vorkommen dieses Metalles im Mineralreiche.

Es findet sich in der Natur in folgenden Mineralien:

a) Im oxydirten Zustande in

Uranpecherz = $\ddot{U}\bar{U}$, welches aber stets nicht unbedeutende Mengen von andern Substanzen, namentlich von Pb, Bi, Cu, Fe, Co, V, As, S, Ca, Mg, $\bar{S}i$ und $\ddot{H}$ enthält; hierher ist jedenfalls auch der Corneit zu rechnen.

Elinsit, in der Hauptsache Uranoxydhydrat mit Pb, Ca, Mg, Fe, $\dot{F}e$, $\bar{S}i$, $\ddot{C}$ und $\ddot{P}$.

Uranmierz von Johann-Georgenstadt, wesentlich Uranoxydhydrat gemengt mit etwas phosphorsaurem Kalk und Kieselerde, sowie ausserdem Spuren von $\bar{A}s$, ∇ und Fl enthaltend.

b) In Verbindung mit Säuren, und zwar:

   α) mit Schwefelsäure als gelbes basisches Salz in folgenden Mineralien:

Uranblüthe von Joachimsthal = $\ddot{U}^3\bar{S}^3 + 12\ddot{H}$; die kupferhaltige Varietät = $\ddot{C}u\bar{S} + \ddot{U}^3\bar{S}^3 + 12\ddot{H}$;

Uranocker ebendaher = $2\ddot{U}^3\bar{S} + 27\ddot{H}$;

Sogenannter Uranvitriol ebendaher $= \bar{U}^3 \bar{S} + 18 \dot{H}$;
als Uranoxydoxydulsulfat im

Johaunit. Nach Lindacker enthält dieses Mineral 67,7 $\bar{U}\dot{U}$,
6 Cu, 0,2 Fe, 20,0 $\bar{S}$, 5,6 $\dot{H}$; ferner in einer kupferfreien
und auch kupferhaltigen (2,2 p.c.) basischen Verbindung,
sowie im Urangrün mit 6,5 Cu, 10,1 Ca und 27,1 $\dot{H}$.

β) mit Phosphorsäure im

Uranit (Uranglimmer, kalkhaltiger) $= (\dot{C}a^3\bar{\bar{P}} + 2\bar{U}\dot{\bar{P}}) +$
24 $\dot{H}$ nebst einer geringen Menge von $\dot{B}a$;

Chalkolith (Uranglimmer, kupferhaltiger) $= (\dot{C}u^3\bar{\bar{P}} + 2\bar{U}^3\bar{\bar{P}})$
$+ 24 \dot{H}$.

γ) mit Kohlensäure im

Uran-Kalkcarbonat von Joachimsthal $= (\dot{C}a\ddot{C} + \dot{U}\ddot{C}) + 5\dot{H}$

Voglit, vielleicht $\dot{R}\ddot{C} + \dot{H}$; $R = \dot{U}$, $\dot{C}a$ $\dot{C}u$;

Liebigit, nach Rammelsberg $= (2\dot{C}a\ddot{C} + \bar{U}^2\ddot{C}) + 36\dot{H}$,
nach L. Smith $= (\dot{C}a\ddot{C} + \dot{U}\ddot{C}) + 20\dot{H}$.

δ) mit Diansäure im

Samarskit, s. Yttererde.

ε) mit Kieselsäure im

Uranophan, II—III, $1 = 3\dot{R}^3\ddot{S}i + 5\bar{R}^3\ddot{S}i + 36\dot{H}$, $\dot{R} = \dot{C}a$,
$\dot{M}g$, $\dot{K}$; $\bar{R} = \bar{U}$, $\bar{A}l$. Enthält Tetradymit und verschiedene
Schwefelmetalle eingemengt.

Auch findet sich das Uran noch in geringer Menge in
folgenden Mineralien, als: im

Pyrochlor von Brevig und Fredrikswärn, s. Kalkerde;
Fergusonit, Yttrotantalit, Enxenit, Tyrit und Polykras, s.
Yttererde.

Probe auf Uran
mit Einschluss des Löthrohrverhaltens der hierher gehörigen Mineralien.

a) Probe auf Uran im Allgemeinen.

Bei der Prüfung irgend einer Substanz auf einen Gehalt
an Uran muss man sich hauptsächlich an das Verhalten des
Uranoxydes zu Phosphorsalz erinnern, welches Oxyde und Salze.
diesem Flusse im Oxydationsfeuer eine gelbe Farbe
ertheilt, die unter der Abkühlung gelbgrün und im Reductionsfeuer rein grün wird (s. Tabellen, S. 137).

Ist die Substanz frei von anderen ähnlich färbenden Me-
talloxyden, so bekommt man bei der Prüfung derselben mit
Phosphorsalz entscheidende Resultate, enthält sie aber noch
Oxyde des Eisens und vielleicht auch Titansäure, in welchem
Falle das Phosphorsalzglas nach der Behandlung im Reduc-

tionsfeuer unter der Abkühlung roth wird (s. Probe auf Eisen, S. 289), so ist die Farbe vom Uran nur in dem mit der Oxydationsflamme behandelten Phosphorsalzglase wahrzunehmen, das unter der Abkühlung eine mit viel Gelb gemischte grüne Farbe bekommt.

Enthält eine Substanz nur wenig Uran, dagegen aber viel Eisen, so dass man mit Borax und Phosphorsalz nur Eisenreaction bekommt, so kann man die Substanz im fein gepulverten Zustande mit doppelt-schwefelsaurem Kali schmelzen, die geschmolzene Masse in Wasser auflösen und die aufgelösten Oxyde durch kohlensaures Ammoniak trennen, wie es bei der Probe auf Eisen (S. 289) angegeben wurde.

Enthält die Substanz ausser Uranoxyd auch Kupferoxyd, so bekommt man mit Borax und Phosphorsalz schon im Oxydationsfeuer grüne Perlen. Da dies nun Substanzen, die Oxyde des Eisens und Kupfers zugleich enthalten, ebenfalls thun, ohne dass Uran gegenwärtig zu sein braucht, so kann man zur Auffindung einer geringen Menge von Uran folgenden Weg einschlagen. Man schmilzt die Substanz mit Soda und Borax neben einem reinen Silberkorne auf Kohle so lange im Reductionsfeuer, bis alles Kupferoxyd reducirt und das ausgeschiedene Kupfer mit dem Silber verbunden ist. Die Schlacke, welche das Uran und noch andere, nicht reducirbare Metalloxyde, wie namentlich die des Eisens, auf niedrigen Oxydationsstufen enthält, löst man in wenig Salpetersäure durch Unterstützung von Wärme auf, setzt zu der Auflösung kohlensaures Ammoniak im Ueberschuss und verfährt dann weiter, wie es bei der Probe auf Eisen (S. 289) angegeben ist.

b) Verhalten der hierher gehörigen uranoxydhaltigen Mineralien vor dem Löthrohre.

Uranpecherz von Johann-Georgenstadt im Glaskolben erhitzt, giebt, ohne sich an Gestalt und Farbe zu verändern, zuerst etwas Wasser, dann folgt, wenn es viel fremde Substanzen beigemengt enthält, gewöhnlich ein geringes Sublimat von Schwefel, hierauf ein Sublimat von Schwefelarsen und zuletzt noch metallisches Arsen.

In der offenen Glasröhre entwickelt sich schweflige Säure, die sich durch den Geruch und durch befeuchtetes Lakmuspapier zu erkennen giebt, und in der Röhre setzt sich ein Ring von arseniger Säure an, ohne dass sich das Probestückchen dabei merklich verändert.

In der Pincette runden sich nur die scharfen Kanten etwas ab, wobei die äussere Flamme in den meisten Fällen nahe an der Probe azurblau, von einem Gehalt an Blei, und entfernter schön grün, von einem Gehalt an Kupfer, gefärbt wird.

Zu Borax und Phosphorsalz verhält sich das gut durchgeglühte Mineral wie Uranoxyd (s. Tabellen, S. 136).

Von Soda wird es nicht aufgelöst; es können aber nach der Behandlung auf Kohle im Reductionsfeuer (wobei oft ein deutlicher Geruch nach Arsen wahrzunehmen ist) durch Abschlämmen der kohligen Theile und des Uranoxyduls einige glänzende Metalltheilchen im Mörser erhalten werden, die eine lichte kupferrothe Farbe besitzen und, da sich ein gelber Beschlag von Bleioxyd auf der Kohle zeigt, aus bleihaltigem Kupfer zu bestehen scheinen. Eine Prüfung mit Phosphorsalz bestätigt diese Vermuthung vollkommen.

Coracit, Gummierz und Eliasit geben im Kolben viel Wasser und verhalten sich sonst vor dem Löthrohre ähnlich wie Uranpecherz.

Die oben genannten Uranoxydsulfate geben beim Erhitzen Wasser, färben sich roth, dann braun, entwickeln, auf Kohle geglüht, schweflige Säure und reagiren mit den Flüssen auf Uran. Die Uranoxyoxydulsulfate zeigen ein ähnliches Verhalten, nur verwandeln sie sich v. d. L. in eine braune oder grünlich schwarze Masse. Die Phosphorsalzperle wird, wenn Cu vorhanden, auf Kohle mit Zinn dunkelroth. Die Auflösung in Salpetersäure, mit etwas Wasser und mit Ammoniak im Ueberschuss versetzt, giebt einen gelben Niederschlag, welcher sich nach der Filtration zu den Flüssen wie reines Uranoxyd verhält. War Cu vorhanden, so besitzt die ammoniakalische Flüssigkeit eine blaue Farbe.

Mit Soda auf Kohle geschmolzen, erhält man bei sämmtlichen Verbindungen eine auf Silberblech stark hepatisch reagirende Masse.

Uranit (Uranglimmer, kalkhaltiger) verhält sich nach Berzelius vor dem Löthrohre, wie folgt:

Im Glaskolben giebt er Wasser, wird strohgelb und undurchsichtig.

Auf Kohle schmilzt er unter einiger Anschwellung zu einer schwarzen Kugel, die eine etwas krystallinische Oberfläche hat.

Von Borax und Phosphorsalz wird er leicht zu einem klaren Glase aufgelöst, das im Oxydationsfeuer dunkelgelb und im Reductionsfeuer schön grün ist.

Von Soda wird er nicht aufgelöst, sondern bildet eine gelbe, ungeschmolzene Schlacke.

Chalkolith (Uranglimmer, kupferhaltiger) verhält sich nach Berzelius wie der vorhergehende, giebt aber mit Phosphorsalz und Zinn Reactionen von Kupferoxydul und mit Soda ein Kupferkorn bei der Reductionsprobe. Dieses ist manchmal weiss von einem Arsengehalt, der beim Blasen sich auch durch den Geruch zu erkennen giebt.

24*

Urankalkcarbonat wird beim Erhitzen unter Wasser-
verlust grauschwarz oder (bei Luftzutritt) braunschwarz, ist
unschmelzbar und reagirt mit den Flüssen auf Uran.

Oxyde und Salze.   Voglit schwärzt sich ebenfalls beim Erhitzen,
schmilzt nicht, färbt aber die Flamme grün. Mit Soda erhält
man bei der Reduction metallisches Kupfer.

Liebigit giebt, im Glaskolben erhitzt, Wasser und wird
grünlichgrau, beim Glühen nimmt er eine schwarze Farbe an
ohne zu schmelzen, wird aber unter der Abkühlung orangeroth.

In der Pincette und auf Kohle verhält er sich ebenso,
bleibt aber schwarz.

Von Borax wird er im Oxydationsfeuer zu einem gelben
Glase aufgelöst, das im Reductionsfeuer grün wird.

In Chlorwasserstoffsäure ist er unter starkem Aufbrausen
mit gelber Farbe auflöslich. L. Smith.

Uranophan giebt, im Glaskolben erhitzt, viel alkalisch
reagirendes Wasser, die Probe wird schwarz, beim Abkühlen
rostbraun. Im Glaskolben wird er fast orangegelb, bei starkem
Erhitzen bilden sich schwache Nebel und ein Beschlag, den
man theils vorjagen, theils zu Tröpfchen (Te) schmelzen kann,
während am obern Ende ein schwacher Rettiggeruch (Se)
wahrnehmbar ist. Für sich schmilzt das Mineral unter schwacher
Kupferfärbung der Flamme zum schwarzen Glase; auf Kohle
erhält man Beschläge von Sb und Bi.

Mit Flüssen giebt er die Reactionen auf $\overline{\overline{Si}}$ und U.

12) Kupfer = Cu.

Vorkommen dieses Metalles im Mineralreiche und in Hütten-
produkten.

Das Kupfer ist in der Natur ziemlich weit verbreitet;
man findet es:

a) Metallisch, und zwar als
Gediegen Kupfer = Cu, zuweilen silberhaltig.

b) In Verbindung mit Arsen im
Whitneyit (Darwinit) = Cu¹⁸As mit 88,3 Cu, ⎫ enthalten fast
Algodonit = Cu¹²As mit 83,5 Cu,   ⎬ sämmtlich etwas
Domeykit = Cu⁶As mit 71,6 Cu,   ⎭   Silber.
Condurrit, in der Hauptsache ein Gemenge von Cu³As, Ċu,
Ġu, Ċu, Ās, Ās, welches wahrscheinlich aus der Zersetzung
von Arsenkupfer oder Schwefel-Arsenkupfer entstanden ist,
mit 51,2 Cu.

c) In Verbindung mit Selen im
Selenkupfer = Cu²Se, mit 61,5 Cu;
Eukairit, s. Silber;

Selenbleikupfer, Selenkupferblei und Selenquecksilberkupferblei, s. Blei;

Selenkupferquecksilber = Se, Cu, Hg und wenig Fe, bisweilen auch Pb enthaltend.

d) In Verbindung mit Schwefel in folgenden Mineralien:

Kupferglanz = $\acute{C}u$ mit 79,8 Cu, / beide zuweilen etwas Fe

Digenit = $\acute{C}u + 4\acute{C}u$? mit 70,4 Cu, \ und Ag enthaltend;

Kupferindig = $\acute{C}u$, mit 66,4 Cu, aber nicht immer frei von
Fe und Pb; dieselbe Zusammensetzung hat der Cantonit.

Buntkupfererz = $\acute{C}u^3\bar{F}e$ mit 55,6 Cu, in den meisten Fällen
aber mit mehr oder weniger Kupferglanz ($\acute{C}u$), bisweilen
auch mit Kupferkies ($\acute{C}u\bar{F}e$) gemengt oder verbunden;

Tennantit = $(\acute{C}u, \bar{F}e)^4\bar{A}s$ mit 47,7 bis 51,6 Cu;

Kupferblende von Junge hohe Birke bei Freiberg = $(\acute{C}u,$
$\bar{F}e, \acute{Z}n)^4\bar{A}s$ mit 41,0 Cu und Spuren von Pb, Sb und Ag;
sie unterscheidet sich vom Tennantit dadurch, dass in ihr
ein Theil des Cu durch Zn (8,9 p. c.) ersetzt ist;

Enargit (Guayacanit = $\acute{C}u^3\bar{A}s$ mit 48,2 Cu, jedoch eine geringe Menge von $\acute{C}u$ durch Fe und $\acute{Z}n$ und ein kleiner
Theil des As durch Sb ersetzt;

Barnhardtit = $\acute{C}u^2\bar{F}e$ mit 48,1 Cu;

Homichlin = $\acute{C}u^3\bar{F}e + 2\bar{F}e$ mit 44,2 Cu;

Fahlerz = $(\acute{C}u, \bar{F}e, \acute{Z}n, \acute{A}g, \bar{H}g)^4(\bar{S}b, \bar{A}s)$. Der Kupfergehalt geht von 15 bis zu einigen 40 p. c., je nachdem
mehr oder weniger andere Metalle vorhanden sind. Die
silberleeren erreichen den höchsten Kupfergehalt, in den
silberreichsten (Weissgültigerz) sinkt derselbe bis auf 15 p. c.
Der Quecksilbergehalt geht von 0,5 bis 17,2 p. c.; Blei
findet sich selten;

Dufrénoysit = $\acute{C}u^3\bar{A}s^2$? mit 39,2 Cu;

Annivit = $(\acute{C}u, \bar{F}e, \acute{Z}n)^3(\bar{A}s, \bar{S}b, \bar{B}i)$ mit 39,2 Cu;

Fieldit = $(\acute{C}u, \acute{Z}n, \bar{F}e)^4(\bar{S}b, \bar{A}s)$ mit 36,7 Cu;

Altonit = $\acute{C}u, \acute{A}g, \acute{Z}n, \bar{F}e, \acute{C}o, \bar{S}b$, mit sehr geringen Mengen
von Pb; er enthält 32,9 Cu, 3,0 Ag;

Fournetit, nach Kenngott $3(\acute{C}n, \bar{P}b)(\bar{S}b, \bar{A}s)$ mit 32,0 Cu.

Kupferkies = $\acute{C}u\bar{F}e$ mit 34,4 Cu;

Kupferwismuthglanz, } s. Wismuth;
Wittichenit,

Silberkupferglanz,
Jalpait, } s. Silber;
Weissgiltigerz, dunkles,

Zinnkies, s. Zinn;

Kupferantimonglanz = $\overset{\cdot}{Cu}\overset{5}{Sb}$ mit 24,9 Cu; er enthält jedoch
  geringe Mengen von Fe und Pb;

Cuban = $\overset{\cdot}{Cu}\overset{5}{Fe}$ + 2 Fe mit 22,9 Cu und Spuren von Blei;

Carrollit, s. Kobalt;

Antimonkupferglanz = S, Pb, Cu, Sb, As und Fe mit 29,9
  Pb und 17,3 Cu;

Bournonit,
Nadelerz,
Alisonit,   }   s. Blei;
Cuproplumbit,
Clayit,

Polybasit,   } s. Silber.
Jalpait,

  e) In Verbindung mit Chlor im

Atakamit = (CuCl + 3 Cu) + 3 H, doch kommen auch Verbindungen mit 6 H und 9 H vor, der Kupfergehalt geht
  von 52,7 bis 59,4 p. c.

Percylit, s. Blei.

  f) Im oxydirten Zustande im

Rothkupfererz und in der Kupferblüthe = $\overset{\cdot}{Cu}$ mit 88,7 Cu;

Tenorit = $\overset{..}{Cu}$ mit 79,8 Cu, auf Klüften vesuvischer Lava,
  sowie in derben Massen am Lake Superior, hier zuweilen
  durch etwas $\overset{..}{Fe}$, $\overset{..}{Ca}$ und $\overset{..}{Si}$ verunreinigt.

Kupferschwärze von Lauterberg = $\overset{..}{Cu}$ (H,5 p. c.), $\overset{..}{Mn}$, $\overset{..}{Fe}$
  und $\overset{..}{H}$.

Crednorit,
Kupfermanganerz, } s. Mangan.

  g) In Verbindung mit Säuren, und zwar:
    α) mit Schwefelsäure im

Brochantit = $\overset{..}{Cu}\overset{..}{S}$ + 3 $\overset{..}{Cu}H$ mit 56,1 Cu;

Kupfersammterz = $\overset{..}{Cu}$, $\overset{..}{Al}$, ($\overset{..}{Fe}$), $\overset{..}{S}$, $\overset{..}{H}$ mit 38,2 Cu;

Kupfervitriol = $\overset{..}{Cu}\overset{..}{S}$ + 5 H mit 25,4 Cu;

Cyanochrom, s. Kali;

Pisanit, s. Eisen;

Bleilasur, s. Blei.

  β) mit Phosphorsäure im

Phosphochalcit = $\overset{..}{Cu}{}^3\overset{...}{P}$ + 3 $\overset{..}{Cu}H$ mit 56,6 Cu, in der Varietät von Ehl ist ein Theil der $\overset{...}{P}$ durch $\overset{...}{As}$ ersetzt;

Dihydrit = $\overset{..}{Cu}{}^3\overset{...}{P}$ + 2 $\overset{..}{Cu}H$ mit 55 Cu;

Ehlit = ($\overset{..}{Cu}{}^3\overset{...}{P}$ + H) + 2 $\overset{..}{Cu}H$ mit 53,3 Cu; die Varietät
  von Ehl enthält nach Bergemann $\overset{...}{V}$ und kann nach Ram-

molsborg angesehen werden als $\dot{C}u^3\bar{V} + 6\,[(\dot{C}u^3\bar{P} + \dot{H}) + 3\,\dot{C}u\dot{H}]$;

Liebethenit $= \dot{C}u^3\bar{P} + \dot{C}u\dot{H}$ mit 53,1 Cu; nach Borgemann 2,3 p. c. $\bar{\bar{A}}s$ enthaltend. Im sogenannten Pseudolibethonit befindet sich die doppelte Menge Wasser.

Tagilith $= (\dot{C}u^3\bar{P} + 2\dot{H}) + \dot{C}u\dot{H}$ mit 49,4 Cu;

Thrombolith $= \dot{C}u^3\bar{P}^3 + 6\,\dot{H}$? mit 30 Cu;
Chalkolith, s. Uran.

γ) mit Kohlensäure im

Malachit $= \dot{C}u\dot{C} + \dot{C}u\dot{H}$ mit 57,4 Cu;

Kupferlasur $= 2\,\dot{C}u\dot{C} + \dot{C}u\dot{H}$ mit 55,2 Cu;
Aurichalcit, s. Zink;

δ) mit Arsensäure in folgenden Mineralien:

Strahlerz (Klinoklas) $= \dot{C}u^3\bar{\bar{A}}s + 3\,\dot{C}u\dot{H}$ mit 50 Cu, worin aber eine geringe Menge $\bar{\bar{A}}s$ durch $\bar{P}$ ersetzt ist;

Olivenit $= \dot{C}u^3(\bar{\bar{A}}s, \bar{P}) + \dot{C}u\dot{H}$ mit 45,2 Cu;

Cornwallit $= (\dot{C}u^3\bar{\bar{A}}s + 3\dot{H}) + 2\,\dot{C}u\dot{H}$ mit 43,9 Cu;

Erinit $= \dot{C}u^3\bar{\bar{A}}s + 2\,\dot{C}u\dot{H}$ mit 41,9 Cu;

Euchroit $= (\dot{C}u^3\bar{\bar{A}}s + 6\dot{H}) + \dot{C}u\dot{H}$ mit 37,5 Cu;

Kupferglimmer $= (\dot{C}u^3\bar{\bar{A}}s + n\dot{H}) + 5\,\dot{C}u\dot{H}$; worin n nach den verschiedenen Analysen $= 8$ 10 und 18 ist, mit 35,5 bis 46,3 Cu;

Kupferschaum $= [(\dot{C}u^3\bar{\bar{A}}s + 8\dot{H}) + 2\,\dot{C}u\dot{H}] + \dot{C}a\dot{C}$ mit 35 Cu;

Trichalcit $= \dot{C}u^3\bar{\bar{A}}s + 5\dot{H}$ mit 34 Cu, worin jedoch ein geringer Theil der $\bar{\bar{A}}s$ durch $\bar{P}$ ersetzt ist;

Linsenerz $= 3\,[\dot{C}u^6(\bar{\bar{A}}s, \bar{P}) + 12\dot{H}] + 2\,[\bar{A}l(\bar{P}, \bar{\bar{A}}s) + 12\dot{H}]$ mit 28,7 Cu;

Konichalcit $= 2\,(\dot{C}u, \dot{C}a)^4(\bar{\bar{A}}s, \bar{P}) + 3\dot{H}$ incl. 1,7 Proc. $\bar{V}$, mit 25,3 Cu.

ε) mit Chromsäure im
Vauquelinit, s. Blei.

ζ) mit Vanadinsäure im

Volborthit $= \dot{C}u^4\bar{V} + \dot{H}$ mit 48,5 Cu, jedoch nicht frei von $\dot{C}a$ und daher zweifelhaft, ob nicht mit dem folgenden identisch;

Kalkvolborthit $=$ $(\ddot{C}u, \ddot{C}a)^4\ddot{V} + \ddot{H}$ mit circa 35 Cu;

Vanadinkupferbleierz, s. Blei

r) mit Kieselsäure in folgenden Silicaten:

Dioptas, III, 1 G $=$ $\ddot{C}u^3\ddot{S}i^2 + 3\ddot{H}$ mit 39,9 Cu, zuweilen geringe Mengen von $\ddot{F}e$, $\ddot{A}l$, $\ddot{C}a$ und $\ddot{M}g$ enthaltend;

Kupferblau, III, 1 $=$ $\ddot{C}u$, $\ddot{S}i$ und $\ddot{H}$ mit 36,3 Cu;

Kieselkupfer, III, 1 G $=$ $\ddot{C}u^3\ddot{S}i^2 + 2\ddot{H}$ mit 35,7 Cu. Manches Kieselkupfer ist ein Gemenge von Kupfersilicat und Carbonat. Das sogenannte Kupferpecherz ist in der Hauptsache ein Gemenge von Brauneisenstein und Kupfersilicat von wechselnder Zusammensetzung;

Allophan, s. Thonerde.

Das Kupfer findet sich ferner ausser in den wirklichen Kupferhüttenprodukten auch öfters als Nebenbestandtheil in den Silber- und Bleihüttenprodukten, wenn die zu verschmelzenden Silber- oder Bleierze nicht frei von Kupfer sind. Es kommt daher vor:

a) metallisch als

Gaarkupfer, als Cementkupfer und in Verbindung mit anderen Metallen im Rohkupfer oder Schwarzkupfer, in den Frischstücken, in den Saigerdörnern, in den Darrlingen, in den kupferhaltigen Eisensauen (Kupfersauen), die beim Verschmelzen eisenreicher Kupfererze oder Kupferhüttenprodukte über Schachtöfen sich unter gewissen Umständen auf der Sohle des Schmelzofens auflegen, so wie im kupferhaltigen Werkblei. Die Metalle, welche dem Kupfer beigemischt sein können, sind, wie schon beim Eisen (S. 283) bemerkt wurde, Pb, Ni, Co, Fe, Zn, Mo, Sb und As; auch enthalten sie bisweilen Ag;

b) in Verbindung mit Schwefel in

den verschiedenen Steinen oder Lechen, in mancher Speise (s. Eisen S. 283 u. f.) und

c) im oxydirten Zustande als

Kupferglimmer vom Gaarmachen antimonhaltigen Rohkupfers, von der Zusammensetzung $(\ddot{C}u, \ddot{N}i)^{12}\ddot{S}b$ und $(\ddot{C}u, \ddot{N}i)^{18}\ddot{S}b$.

Auch findet es sich als Oxydul

in Verbindung mit Bleioxyd und geringen Mengen anderer Oxyde im Darrgeschur (Darrschlacke) und im Pickschiefer, so wie mit Kieselsäure in allen Arten von Schlacken, die in Kupfer- und Saigerhütten fallen.

Probe auf Kupfer
mit Einschluss des Löthrohrverhaltens der hierher gehörigen Mineralien.

a) *Probe auf Kupfer im Allgemeinen.*

Von den Verbindungen des Kupfers mit anderen Metal-

len, wie sie in der Natur vorkommen, enthalten die meisten
Selen; schafft man diesen auf Kohle im Oxydationsfeuer fort,
wobei leicht zu verflüchtigende Metalle sich zum
Theil ebenfalls mit entfernen, und behandelt die ⎫ Metall-
zurückbleibende Metallkugel mit Borax eine Zeit ⎭ Verbindungen.
lang ebenfalls im Oxydationsfeuer, so zeigt das Glas gewöhnlich die Farbe, welche von Kupferoxyd hervorgebracht
wird (S. 128). Schmelzt man das erkaltete Glas auf einer
andern Stelle der Kohle im Reductionsfeuer um, so bekommt
es unter der Abkühlung eine rothe Farbe und wird ganz undurchsichtig. Letzteres gelingt jedoch nicht allemal, weil,
wenn man die Reductionsflamme zu lange auf das Glas wirken lässt, das Kupfer metallisch ausgefüllt wird und das Glas
farblos erscheint. Besser gelingt diese Reaction, wenn man
neben das Glas nach S. 102 ein Stückchen metallisches Zinn
legt und ersteres einige Sekunden lang mit der Reductionsflamme behandelt. Ein Theil des Zinnes oxydirt sich auf
Kosten des Kupferoxydes und löst sich farblos im Glase,
während das Kupferoxyd zu Oxydul reducirt wird, welches
letztere das Glas unter der Abkühlung roth färbt und undurchsichtig macht. Die rothe Farbe erscheint um so lichter,
je reiner das Glas von andern färbenden Metalloxyden ist. An
der Stelle des Borax kann man auch Phosphorsalz anwenden.

Ist der Gehalt an Kupfer sehr unbedeutend, so dass er
nur eine Spur ausmacht, welches bei dem im Grossen erzeugten Werkblei und dem aus kupferhaltiger Bleiglätte oder
kupferhaltigem Abstrich erzeugten Frischblei der Fall sein
kann, so bekommt man auf diese Weise nicht allemal eine
roth gefärbte Perle, und enthält die Metallverbindung zugleich
noch Antimon, so wird das Glas unter der Abkühlung grau
oder schwarz und undurchsichtig. In solchen Fällen muss
man das Metallgemisch zuerst für sich auf Kohle so lange
im Oxydationsfeuer flüssig erhalten, bis alles Antimon verflüchtigt ist, dann den grössten Theil des Bleies in verglaster
Borsäure auflösen, wie es bei der quantitativen Kupferprobe
und namentlich beim Gaarmachen angegeben worden soll,
und das zurückbleibende Körnchen mit Phosphorsalz auf Kohle
eine Zeit lang im Oxydationsfeuer und darauf die Glasperle
mit Zinn im Reductionsfeuer behandeln. Ist eine Spur Kupfer
vorhanden, so färbt sich jetzt das Glas unter der Abkühlung
deutlich roth und wird vollkommen oder stellenweise undurchsichtig.

Enthält das Metallgemisch viel Nickel, Kobalt, Eisen und
Arsen, so kann man den grössten Theil des Kobalts und
Eisens erst durch Borax auf Kohle im Reductionsfeuer abscheiden und die letztgenannten beiden Metalle an der Farbe
des Glases erkennen, welche ihre Oxyde darin hervorbringen
(s. Probe auf Eisen im Allgemeinen S. 287). Darauf kann

man Blei zusetzen und dieses mit dem übrigen Theil des Kobalts und Eisens in Borsäure auflösen, wobei sich der grösste Theil des Arsens verflüchtigt. Das zurückbleibende kupferhaltige Nickelkorn, welches vielleicht

Metall-Verbindungen. noch Arsen enthält, behandelt man mit Phosphorsalz im Oxydationsfeuer und sieht nach, was es dem Glase für eine Farbe ertheilt. Ist nicht zu wenig Kupfer vorhanden, so erscheint es, während es noch heiss ist, dunkelgrün, wird aber unter der Abkühlung heller und nach völligem Erkalten schön grün. Das letztere Grün besteht aus dem Gelb vom Nickeloxydul und dem Blau vom Kupferoxyd.

Um einen geringen Gehalt an Kupfer im metallischen Zinn nachzuweisen, behandelt man eine kleine Probe davon auf Kohle so lange mit neuen Portionen von Phosphorsalz im Oxydationsfeuer, bis fast alles Zinn abgeschieden ist und das zurückbleibende Körnchen dem Glase der letzten Portion des Phosphorsalzes eine blaugrüne Farbe ertheilt. Hierauf setzt man ein Stückchen reines Zinn hinzu und behandelt das Glas eine kurze Zeit mit der Reductionsflamme; die Glasperle wird dann unter der Abkühlung roth.

Die Verbindungen des Kupfers mit Schwefel und anderen Schwefelmetallen röstet man im fein gepulverten Zustande

Schwefelmetalle. nach S. 97 gelinde auf Kohle abwechselnd mit der Oxydations- und Reductionsflamme so lange, bis aller Schwefel entfernt ist, und behandelt das Geröstete entweder mit Soda auf Kohle im Reductionsfeuer, wobei man das Kupfer metallisch erhält, oder man löst es in Borax oder Phosphorsalz auf und behandelt das Glas dann auf Kohle mit Zinn, wo sich die Gegenwart des Kupfers durch seine rothe Farbe im Glase zu erkennen giebt.

Enthält die geröstete Substanz ausser Kupferoxyd noch andere und zwar leicht reducirbare Metalloxyde, so bekommt man durch die Reductionsprobe mit Soda kein reines Kupfer, sondern ein Gemisch von Kupfer und anderen Metallen, welches, wenn es nicht in einem einzigen Korne vorhanden ist, durch Abschlämmen der Schlacke und der kohligen Theile mit Wasser, im Mörser erhalten und nur durch einen Zusatz von Blei, sobald kein Blei vorhanden ist, mit Borsäure auf Kohle gaar gemacht werden kann. Will man das Gaarmachen ersparen, so kann man auch das durch Reduction erhaltene Metallgemisch mit Borax oder Phosphorsalz auf Kupfer prüfen, wie es oben bei den Metallgemischen angegeben ist. Enthält das Geröstete ausser Kupferoxyd nur Eisenoxyd, so, bekommt man durch die Reductionsprobe kein Gemisch von beiden Metallen, sondern besondere Reguli von Kupfer und Eisen, die sich nach dem Abschlämmen durch die Loupe und durch den Magnet deutlich unterscheiden lassen. Enthält es aber Zinnoxyd, wie es z. B. mit geröstetem Zinnkies der Fall ist, so bekommt man bei der Reduction ein weisses, sprödes Metallgemisch, welches, wenn man es auf Kohle neben einer Phosphorsalzperle eine Zeit lang im Oxydationsfeuer flüssig erhält, Kupferoxydul an dieselbe ^{Schwefelmetalle.} abgiebt und folglich die Perle unter der Abkühlung roth und undurchsichtig macht.

Behandelt man die geröstete Substanz, auch wenn sie ausser Kupferoxyd noch andere färbende Metalloxyde — Wismuthoxyd und Antimonoxyd ausgenommen — enthält, mit Borax oder Phosphorsalz im Oxydationsfeuer und darauf mit Zinn im Reductionsfeuer, so erhält man allemal, wenn der Kupfergehalt nicht zu unbedeutend ist, neben anderen Reactionen auch die des Kupfers. Enthält sie aber auch zugleich viel Wismuth oder Antimon, so färbt sich die mit Zinn behandelte Perle unter der Abkühlung dunkelgrau bis schwarz, so dass die rothe Farbe vom Kupferoxydul ganz verschwindet. Ist der Wismuth- und Antimongehalt unbedeutend, so wird die Perle manchmal nur braungrau. Bekommt man eine schwarze oder graue Perle, so muss man die geröstete Substanz mit Soda, Borax und Probirblei mengen und dieses Gemenge auf Kohle im Reductionsfeuer schmelzen. Das dabei sich ausscheidende Metallkorn behandelt man, zur Verflüchtigung des Antimons, zuerst für sich und dann mit Borsäure auf Kohle, und zwar entweder so lange, bis ein reines Kupferkörnchen zurückbleibt, oder bis Alles aufgelöst ist und das Kupfer sich in der Borsäure mit blauer, grüner oder rother Farbe aufgelöst hat; oder man behandelt das mit Borsäure von dem grössten Theil des Bleies und Wismuthes befreite Kupferkorn mit Phosphorsalz und Zinn, wie es oben angegeben wurde.

Ist der Gehalt an Kupfer in einer Substanz, deren Hauptbestandtheil z. B. Schwefeleisen ist, so gering, dass eine in Borax oder Phosphorsalz aufgelöste Menge nach der Behandlung mit Zinn keine Reaction auf Kupfer hervorbringt, so muss man eine grössere Quantität, ungefähr 100 Milligr., wie eine quantitative Kupferprobe rösten, das Geröstete mit gleichen Theilen Soda und der Hälfte Borax, und wenn die Substanz keine leicht reducirbaren Metalloxyde enthält, noch mit 30 bis 50 Milligr. Probirblei mengen und das Gemenge wie eine quantitative Kupferprobenbeschickung der Reduction aussetzen. Das dabei zu einer Kugel sich vereinigende Metallgemisch, in welchem der ganze Kupfergehalt befindlich ist, kann, nach Entfernung der Schlacke, mit Borsäure und darauf mit Phosphorsalz und Zinn auf Kupfer weiter untersucht werden. Wie man dabei verfährt, ist so eben erst angeführt worden. Man kann auch an der Stelle des Bleies ein Stückchen reines Gold zusetzen und dieses nach beendigter Reduction mit Phosphorsalz auf Kupfer prüfen.

Die Oxyde des Kupfers sind sehr leicht durch eine Prüfung mit Borax oder Phosphorsalz, sowie durch eine Reductionsprobe mit Soda oder neutralem oxalsaurem Kali zu erkennen (s. das Verhalten des Kupferoxydes in den Tabellen); sind denselben noch andere Metalloxyde oder Metallsäuren beigemengt, wie dies z. B. bei einigen Hüttenprodukten und namentlich bei dem Kupferglimmer, dem Darrgeschur oder den Darrschlacken und dem Pickschiefer der Fall ist, so beobachtet man bei der Prüfung das, was bei der Probe auf Eisen im Allgemeinen (S. 287) darüber gesagt ist. Ein Gehalt an Antimon giebt sich auf Kohle theils durch den Beschlag, theils im Phosphorsalz mit Zinn zu erkennen, wobei die Glasperle schwarz wird.

Die Kupfersalze und die an Kieselsäure gebundenen Kupferoxyde lösen sich in Borax oder Phosphorsalz im Oxydationsfeuer mit grüner Farbe auf, die, wenn die Substanz frei von anderen färbenden Metalloxyden ist, unter der Abkühlung blau wird. Von kieselsauren Kupferoxyden bleibt im Phosphorsalz der grösste Theil der Kieselsäure ungelöst zurück. Die Glasperlen auf Kohle mit Zinn behandelt, nehmen unter der Abkühlung eine rothe Farbe an und werden undurchsichtig. Will man aus diesen Substanzen das Kupfer ausscheiden, so muss man das schwefelsaure und arsensaure Kupferoxyd erst auf Kohle gut abrösten, und das Geröstete, so wie die übrigen Salze, mit Soda und Borax auf Kohle der Reduction aussetzen; das Kupfer vereinigt sich dabei gewöhnlich zu einem Korne, während die schwer reducirbaren Metalloxyde vom Borax aufgelöst werden. Phosphorsaures Kupferoxyd giebt bei einer solchen Reductionsprobe jedoch nur dann seinen ganzen Kupfergehalt ab, wenn zur Reduction der Phosphorsäure ein kleines Stück ganz schwachen Eisendrahtes zugesetzt worden ist. Hat man es mit einer Verbindung von schwefelsaurem oder arsensaurem Kupferoxyd, Nickeloxydul, Kobaltoxydul und Eisenoxyd zu thun, so wird bei der Röstung zwar der Schwefel verflüchtigt, aber ein Theil des Arsens bleibt als Arsensäure mit dem Nickeloxydul zurück. Reducirt man das Geröstete mit Soda und einem Zusatz von Borax auf Kohle, so vereinigen sich Kupfer, Nickel und Arsen zu einem leichtflüssigen Metallkorne und die Oxyde des Kobalts und Eisens werden vom Borax aufgelöst. Enthält nun das reducirte Metallkorn Kupfer, so ertheilt es dem Phosphorsalzglase im Oxydationsfeuer, von Nickel und Kupfer zugleich, eine grüne Farbe, die unter der Abkühlung etwas lichter wird. Die Gegenwart des Kupfers wird auch noch dadurch bestätigt, dass ein solches Glas, wenn es mit Zinn behandelt wird, unter der Abkühlung seine Durchsichtigkeit verliert und eine rothe Farbe annimmt.

Das in den verschiedenen Schlacken als Oxydul befindliche
Kupfer lässt sich, ausser demjenigen, welches in Gaarkupferschlacken enthalten ist, schwer durch Borax und **Salze und**
Phosphorsalz auffinden, weil es oft nur als ganz **Silicate.**
geringer Bestandtheil darin enthalten ist, und
die anderen Hauptbestandtheile, welche Silicate von verschiedenen Erden und schwer reducirbaren Metalloxyden
sind, die Reaction auf Kupfer zu sehr unterdrücken; man ist
daher genöthigt, mit solchen Schlacken stets eine Reductionsprobe mit Soda auf Kohle zu unternehmen. Wird auch dadurch noch kein Kupfer sichtbar, so muss man eine grössere
Quantität, ungefähr 100 Milligr., mit gleichen Theilen Soda,
der Hälfte Borax und 30 bis 50 Milligr. Probirblei der Reduction aussetzen und das zum Korne vereinigte Blei mit
Borsäure so lange behandeln, bis entweder Alles aufgelöst,
oder das Kupfer nur concentrirt ist. Enthält die Schlacke
Kupfer, und sei es auch nur eine Spur, so ist dieses reducirt
und mit dem Bleie verbunden worden und hat im ersten Falle
die Borsäure roth, grün oder blau gefärbt. Bei einem höchst
geringen Gehalt an Kupfer ist die rothe, grüne oder blaue
Färbung nur an derjenigen Stelle zu sehen, wo der letzte
Theil des kupferhaltigen Bleies aufgelöst wurde. Enthält die
zu untersuchende Schlacke schon 1 Procent Kupfer und man
behandelt das Glas der Borsäure neben dem kupferhaltigen
Bleie mit der Reductionsflamme, so wird nur das Blei aufgelöst und das Kupfer bleibt mit seiner im schmelzenden Zustande eigenthümlich blaulichgrünen Farbe zurück. Leitet
man dann eine Zeit lang die Oxydationsflamme unmittelbar
auf das Kupfer, so oxydirt es sich und die ganze Perle wird
von gebildetem Kupferoxydul roth gefärbt. Zeigt sich das
bei der Behandlung des kupferhaltigen Bleies mit Borsäure
zurückbleibende Körnchen nicht als reines Kupfer, so schmelzt
man es auf Kohle neben Phosphorsalz im Oxydationsfeuer
und behandelt die gefärbte Glasperle dann mit Zinn wie oben.

Erhitzt man kupferhaltige Mineralien in der Pincette mit
der Spitze der blauen Flamme, so wird die äussere Flamme
grün gefärbt. Ist das Kupfer an Chlor gebunden, so entsteht
anfangs eine azurblaue Färbung vom Chlorkupfer, später aber
eine grüne. Enthalten die kupferhaltigen Mineralien zugleich
viel Blei, so entsteht eine blaue Flamme mit grünen Enden.
Giebt sich ein Gehalt an Kupfer durch diese einfache Prüfung nicht zu erkennen, so gelingt es aber, wenn man noch
einen Tropfen Chlorwasserstoffsäure zu Hülfe nimmt. Man
braucht in manchen Fällen nur die Substanz mit Chlorwasserstoffsäure zu befeuchten und darauf in der Pincette mit der
Spitze der blauen Flamme zu erhitzen; die äussere Flamme
wird dabei von gebildetem Chlorkupfer entweder azurblau,
oder grünlichblau und manchmal röthlichblau gefärbt. Silicate,

wie z. B. Schlacken, muss man im Mörser möglichst fein
pulverisiren, dieses Pulver in einem Porcellanschälchen mit
einem Tropfen Chlorwasserstoffsäure befeuchten,
über der Lampenflamme wieder zur Trockniss
abdampfen, und das trockene Pulver mit einem
Tropfen Wasser zu einer Grütze anrühren. Diese Grütze
streicht man in das Oehr eines Platindrahtes und schmelzt
sie in der Spitze der blauen Flamme zusammen. Enthält
das Silicat Kupfer, so entsteht eine azurblaue Färbung in
der äussern Flamme.

Kalke und Silicate.

*b) Verhalten der oben verzeichneten kupferhaltigen Mineralien vor dem
Löthrohre.*

Gediegen Kupfer

schmilzt auf Kohle zur Kugel, die bei hinreichend starkem Feuer
eine blanke blaugrüne Oberfläche bekommt und
unter der Abkühlung sich mit schwarzem Oxyd
überzieht.

Gediegen Kupfer

Den Glasflüssen ertheilt es im Oxydationsfeuer nur die
Farben, welche vom Kupferoxyd hervorgebracht werden.

Arsenkupfer.

Die oben genannten Verbindungen des Kupfers mit Arsen,
der Whitneyit, Algodonit und Domeykit geben in der
einseitig geschlossenen Glasröhre nichts Flüchtiges, schmelzen
auf Kohle leicht zur blanken Metallkugel unter Ausstossung von
Arsenrauch und reagiren mit Glasflüssen auf Kupfer.

Condurrit in einer an einem Ende zugeschmolzenen
Glasröhre erhitzt, giebt zuerst etwas Wasser, hierauf ein
Sublimat von arseniger Säure, die dem Mineral
beigemengt ist, und nimmt an der Oberfläche eine
silberweisse, in's Bläuliche fallende Farbe an. In einer an
beiden Enden offenen Glasröhre erhitzt, giebt er arsenige
Säure, die sich krystallinisch an das Glas ansetzt.

Arsenkupfer.

Auf Kohle schmilzt er leicht, verbreitet starken Arsengeruch und verwandelt sich in eine gelbliche, metallische Masse,
die mit Borax im Reductionsfeuer behandelt, schwach auf
Eisen reagirt und sich dann als Kupfer zu erkennen giebt.

Kupfer in Verbindung mit Selen.

Selenkupfer schmilzt auf Kohle zu einer grauen, ziemlich geschmeidigen Metallkugel, während sich
Selen verflüchtigt, das durch seinen Geruch erkannt wird. In der offenen Glasröhre giebt es zunächst der
Probe ein rothes, pulverförmiges Sublimat von Selen und,
weiter entfernt, ein krystallinisches Sublimat von seleniger
Säure, welches letztere sich durch gelinde Hitze forttreiben lässt.

Selenmetalle.

Wird es auf Kohle geröstet und dann mit Soda reducirt, so bekommt man ein Kupferkorn (Berzelius).

Selenkupferquecksilber giebt im Glaskolben Quecksilber und Selen; auch ist bei starker Hitze ein Geruch nach schwefliger Säure wahrzunehmen.

Auf Kohle lässt es sich bis auf einen geringen Rückstand (der zum Theil mechanisch verblasen wird) unter starkem Selengeruch verflüchtigen, während sich ein deutlicher Beschlag von Selenrauch bildet.

Durch eine Reductionsprobe erhält man Spuren von Kupfer und Eisen.

Kupfer in Verbindung mit Schwefel und anderen Schwefelmetallen.

Kupferglanz, in einer an einem Ende zugeschmolzenen Glasröhre erhitzt, giebt nichts Flüchtiges; in einer an beiden Enden offenen Glasröhre giebt er schweflige Säure. Schwefelmetalle.

Auf Kohle schmilzt er leicht zur Kugel, die kocht, glühende Tropfen ausstösst und einen Geruch nach schwefliger Säure verbreitet.

Im gepulverten Zustande mit neutralem oxalsaurem Kali auf Kohle im Reductionsfeuer behandelt, wird er zerlegt, indem sich metallisches Kupfer ausscheidet, während Schwefelkalium gebildet wird, welches in die Kohle geht, und beim Befeuchten mit Wasser einen stark hepatischen Geruch verbreitet.

Digenit giebt in einer an einem Ende zugeschmolzenen Glasröhre Spuren von Wasser und ein Sublimat von Schwefel.

Auf Kohle erhitzt, giebt er etwas Schwefel ab, der mit blauer Flamme brennt und einen schwefligsauren Geruch verbreitet; dann schmilzt er und verhält sich übrigens wie Kupferglanz.

Kupferindig giebt, in einer an einem Ende zugeschmolzenen Glasröhre erhitzt, Spuren von Wasser und ein starkes Sublimat von Schwefel. In der offenen Glasröhre entwickelt er viel schweflige Säure, und bei rascher, starker Hitze giebt er auch ein Sublimat von Schwefel.

Auf Kohle brennt er mit blauer Flamme und verbreitet einen Geruch nach schwefliger Säure; hierauf schmilzt er zur Kugel und verhält sich dann wie Kupferglanz.

Buntkupfererz, in einer an einem Ende zugeschmolzenen Glasröhre erhitzt, giebt nichts Flüchtiges, wird aber auf der Oberfläche dunkler. In der offenen Glasröhre giebt es schweflige Säure, aber kein Sublimat.

Auf Kohle schmilzt es leicht zur Kugel, die dem Magnete folgt, sich beim Zerschlagen spröde zeigt und einen graulichrothen Bruch besitzt.

Auf Kohle in Pulverform gut abgeröstet, giebt es mit Glasflüssen die Reactionen von Eisen- und Kupferoxyd und mit Soda oder neutralem oxalsaurem Kali im *Schwefelmetalle* Reductionsfeuer metallisches Kupfer und Eisen.

Tennantit, in einer an einem Ende zugeschmolzenen Glasröhre erhitzt, decrepitirt bisweilen ein wenig und giebt ein Sublimat von Schwefelarsen. In der offenen Glasröhre giebt er schweflige Säure und ein Sublimat von arseniger Säure.

Auf Kohle schmilzt er ziemlich leicht unter Aufwallen und Entwickelung von Schwefel-Arsendämpfen zur dunkelgrauen Kugel, die dem Magnete folgt. Ein Beschlag auf Kohle in der Nähe der Probe ist nicht wahrzunehmen.

Auf Kohle in Pulverform gut abgeröstet und mit Glasflüssen geprüft, erhält man Reactionen auf Eisen und Kupfer. Durch eine Reductionsprobe mit Soda oder neutralem oxalsaurem Kali bekommt man kleine Kupferkörner und etwas pulverförmiges, metallisches Eisen; ein Beschlag auf Kohle ist hierbei nicht wahrzunehmen.

Kupferblende von Junge hohe Birke und Alte Mordgrube bei Freiberg, in einer an einem Ende zugeschmolzenen Glasröhre erhitzt, decrepitirt sehr stark, giebt dann ein wenig Schwefel und bei stärkerer Hitze ein Sublimat von Schwefelarsen. In der offenen Glasröhre giebt das gepulverte Mineral bei gelinder Hitze schweflige Säure und ein Sublimat von arseniger Säure, bei stärkerer Hitze bildet sich leicht ein Sublimat von Schwefelarsen.

Auf Kohle schmilzt das Mineral unter Aufwallen zur Kugel, man erhält einen Beschlag von arseniger Säure und unter Anwendung der Reductionsflamme in der Nähe der Probe viel Zinkoxyd, wodurch es sich vom Tennantit unterscheidet. Die geschmolzene Kugel folgt dem Magnete.

Im gerösteten Zustande reagirt das Pulver, wenn es in Borax oder Phosphorsalz aufgelöst wird, im Oxydationsfeuer sowohl, als auch im Reductionsfeuer und mit Zinn, auf Eisen und Kupfer.

Bei der Reductionsprobe mit Soda oder neutralem oxalsaurem Kali auf Kohle bildet sich ein starker Beschlag von Zinkoxyd, und nach Abschlämmung der kohligen Theile findet sich im Mörser metallisches Eisen und Kupfer. Nimmt man die Eisentheile mit dem Magnete weg, schmilzt das Kupfer mit Blei zusammen und treibt die Metallverbindung auf Knochenasche ab, so bleibt ein kleines Silberkorn zurück.

Enargit (Guayacanit), in einer an einem Ende zugeschmolzenen Glasröhre erhitzt, decrepitirt ziemlich heftig und giebt schon bei schwacher Hitze ein Sublimat von Schwefel; bei stärkerer Hitze schmilzt er zur Kugel, und das Sublimat vermehrt sich durch Schwefelarsen. In einer an beiden En-

den offenen Glasröhre schwach erhitzt, giebt das Pulver des
Minerals schweflige und arsenige Säure, von welchen letztere
mit Antimonoxyd gemengt ist.

Auf Kohle schmilzt das gepulverte Mineral Schwefelmetalle.
unter Abgabe von Schwefelarsen sehr leicht zur Kugel, wobei
sich schwache Beschläge von arseniger Säure, Antimonoxyd und
Zinkoxyd bilden. Wird die zurückbleibende Kugel gepulvert,
das Pulver auf Kohle abgeröstet und mit Borax auf Platindraht
geprüft, so reagirt es nur auf Kupfer; wird aber die Glasperle
fast übersättigt und hierauf auf Kohle so lange im Reductionsfeuer behandelt, bis das Kupfer metallisch ausgefällt ist, so
bleibt ein geringer Gehalt an Eisen zurück, der sich durch
die grünliche Farbe des mit der Reductionsflamme behandelten Boraxglases sowohl, als auch dadurch zu erkennen giebt,
dass die Glasperle, wenn sie auf Platindraht im Oxydationsfeuer umgeschmolzen wird, eine gelbe Farbe annimmt.

Barnhardtit und Homichlin geben, in der einseitig
geschlossenen Glasröhre erhitzt, ein Sublimat von Schwefel,
in der offenen Glasröhre, schweflige Säure. Die übrigen Reactionen sind denen des Buntkupfererzes (S. 383) ganz ähnlich.

Fahlerz, in einer an einem Ende zugeschmolzenen Glasröhre erhitzt, decrepitirt bisweilen, schmilzt dann und giebt,
wenn man mit Hülfe der Löthrohrflamme die Hitze bis zum
Schmelzen des Glases verstärkt, je nachdem Sb, As oder
beide Verbindungen zugleich vorhanden sind, entweder ein
dunkelrothes Sublimat von amorphem Dreifach-Schwefelantimon mit Antimonoxyd oder Schwefelarsen oder ein Gemenge
von beiden. Enthält das Fahlerz Hg, so bildet sich schon
bei schwacher Rothglühhitze ein dunkelgrauer bis schwarzer
Beschlag von diesem Schwefelmetalle.

In der offenen Glasröhre schmilzt es ebenfalls, giebt viel
Antimonrauch, häufig auch arsenige Säure und an dem obern
Ende der Glasröhre ist sowohl durch den Geruch, als auch
durch befeuchtetes Lakmuspapier schweflige Säure wahrzunehmen. Der zurückbleibende Theil der Probe wird unschmelzbar und erscheint nach dem Erkalten schwarz. Enthält das Fahlerz Schwefelquecksilber, so wird dieses flüchtig,
dabei aber in schweflige Säure und Quecksilber zerlegt, welches letztere sich in der Glasröhre in Gestalt sehr kleiner
Tropfen condensirt, so dass bisweilen ein Metallspiegel entsteht, ehe noch viel Antimonrauch gebildet worden ist. Wirkt
die Hitze zu schnell ein, so sublimirt schwarzes Schwefelquecksilber.

Auf Kohle schmilzt es leicht zur Kugel, die stark raucht
und die Kohle mit Antimonoxyd beschlägt. Auch bemerkt
man in der Nähe der Probe noch einen zweiten Beschlag,
der durch gutes Reductionsfeuer noch stärker wird und in

der Hitze gelblich, nach der Abkühlung aber weiss erscheint; er nimmt, mit Kobaltsolution befeuchtet und im Oxydationsfeuer geglüht, eine grüne Farbe an und besteht *Schwefelmetalle.* demnach aus Zinkoxyd (s. Probe auf Zink im Allgemeinen). Ist das Fahlerz bleihaltig, so bildet sich ein Beschlag von Bleioxyd und es ist in diesem Falle der Beschlag von Zinkoxyd nicht immer deutlich wahrzunehmen. Enthält das Fahlerz eine nicht zu geringe Menge von Arsen, so giebt sich dieses bei der Behandlung des Erzes auf Kohle durch den Geruch zu erkennen. Ist der Gehalt an diesem Metalle aber gering und wegen des Schwefelgehaltes nicht durch den Geruch zu bemerken, so braucht man nur einen Theil des fein gepulverten Erzes, mit Soda gemengt, auf Kohle im Reductionsfeuer zu schmelzen; der Schwefel wird dadurch zurückgehalten, und das Arsen allein verflüchtigt, so dass man sich durch den Geruch deutlich davon überzeugen kann.

Pulverisirt man die bei der Prüfung des Erzes für sich auf Kohle zurückgebliebene Kugel zuerst im Stahlmörser, und dann im Achatmörser, röstet das Pulver auf Kohle vollständig ab und prüft es mit Glasflüssen, so erhält man Reactionen auf Eisen und Kupfer. Mit Soda bekommt man metallisches Kupfer nebst etwas Eisen. Mit Soda und Borax bekommt man metallisches Kupfer, welches, wenn das Fahlerz nicht ganz frei von Nickel ist, mit Phosphorsalz auf Kohle im Oxydationsfeuer geschmolzen, diesem Flusse eine grüne Farbe ertheilt, die auch unter der Abkühlung sich nicht verändert.

Um im Fahlerz einen Gehalt an Quecksilber mit völliger Sicherheit nachweisen zu können, wenn derselbe so gering ist, dass er sich weder in einer an einem Ende zugeschmolzenen, noch in einer an beiden Enden offenen Glasröhre deutlich zu erkennen giebt, muss man das Erz möglichst fein pulverisiren, mit drei Mal so viel ganz trockener Soda oder neutralem oxalsaurem Kali zusammenreiben und das Gemenge in einem kleinen Glaskolben über der Spirituslampe bis zum Glühen erhitzen. Das Quecksilber steigt dabei dampfförmig auf und verdichtet sich im Hals des Kolbens (s. w. Probe auf Quecksilber im Allgemeinen).

Einen Gehalt an Silber findet man, wenn man eine kleine Menge des Fahlerzes mit Probirblei neben Boraxglas auf Kohle auf dieselbe Weise zusammenschmelzt, wie es bei der quantitativen Silberprobe angegeben werden soll, und hierauf das kupferhaltige Blei auf Knochenasche abtreibt.

Dufrénoy sit giebt in der einseitig geschlossenen Glasröhre Schwefelarsen, in der offenen Röhre schweflige Säure und arsenige Säure. Auf Kohle erhält man einen Beschlag von arseniger Säure, auch riecht man Arsen. Die Probe schmilzt endlich unter Kochen und Spritzen zu einer eisenschwarzen, dem Magnet nicht folgenden Kugel, um welche

sich ein Zinkbeschlag absetzt. Die Kugel giebt mit Soda
ein Kupferkorn. Glasflüsse geben nur die Reactionen des
Kupfers.

Annivit, verhält sich ganz ähnlich wie ein Schwefelmetalle.
bleihaltiges Fahlerz (S. 386). Die Gegenwart des Wismuths
lässt sich nur mittelst des nassen Weges nachweisen.

Fieldit. Das Verhalten dieses Minerals vor dem Löthrohre ist nicht bekannt, hat jedoch wahrscheinlich Aehnlichkeit mit dem des Enargits (S. 384), nur dass die Reactionen
des Antimons vorherrschender sein werden, als die des Arsens.

Aftonit, ein dem Fahlerz sehr nahe stehendes Mineral.
verhält sich vor dem Löthrohre wie silberhaltiges Fahlerz.

Fournetit verhält sich vor dem Löthrohre wie bleihaltiges Fahlerz (S. 386).

Kupferkies in einer an einem Ende zugeschmolzenen
Glasröhre erhitzt, decrepitirt, giebt ein Sublimat von Schwe-
fel, färbt sich dunkler oder läuft auch bunt an; in der offenen
Glasröhre giebt er viel schweflige Säure.

Auf Kohle schmilzt er ziemlich leicht unter Aufkochen
und Funkensprühen zur Kugel, die nach der Abkühlung dem
Magnete folgt, eine schwarze, rauhe Oberfläche besitzt und
auf dem Bruche dunkelgrau erscheint.

Eine im gepulverten Zustande auf Kohle gut abgeröstete
Probe giebt mit Glasflüssen die Reactionen des Eisens und
Kupfers. Bei der Reductionsprobe mit Soda bekommt man
Eisen und Kupfer.

Kupferantimonglanz in einer an einem Ende zugeschmolzenen Glasröhre erhitzt, decrepitirt zuerst, schmilzt
dann und giebt bei starkem Feuer ein geringes Sublimat von
amorphem Schwefelantimon, das unter der Abkühlung dunkelroth wird. In der offenen Glasröhre giebt er schweflige Säure
und viel Antimonrauch, der sich grösstentheils an das Glas
anlegt.

Auf Kohle schmilzt er leicht unter Entwickelung von
Antimonrauch zur Kugel, die nach einiger Zeit nichts Flüchtiges mehr abzugeben scheint. Schmelzt man diese Kugel
mit Borax im Reductionsfeuer und prüft das Glas auf Platindraht im Oxydationsfeuer, so zeigt es, so lange es heiss ist,
eine gelbe Farbe von einem geringen Eisengehalt. Behandelt
man die übrig gebliebene Metallkugel noch mit Soda, so erhält man ein ziemlich geschmeidiges Kupferkorn. Der bei
der Prüfung des Minerals auf Kohle sich bildende Beschlag
verhält sich wie Antimonoxyd.

Cuban giebt in einer an einem Ende zugeschmolzenen
Glasröhre Spuren von Schwefel. In der offenen Glasröhre
entwickelt er nur schweflige Säure.

Auf Kohle schmilzt er unter Entwickelung von schwefliger
Säure leicht zur Kugel, die nach der Abkühlung dem Magnete

folgt. Ist er nicht ganz frei von Blei, so bildet sich ein
schwacher Beschlag von Bleioxyd.

Schwefelmetalle.   In Pulverform geröstet und mit Glasflüssen
behandelt, bekommt man Reactionen auf Eisen
und Kupfer. Mit Soda oder neutralem oxalsaurem Kali auf
Kohle reducirt, erhält man Eisen und Kupfertheile.

Antimonkupferglanz. Nach Schrötter giebt er
im Glaskolben etwas Wasser und schmilzt unter Entwickelung
von Schwefel und Schwefelarsen zu einer rothbraunen,
schlackigen Masse.

Auf Kohle schmilzt er unter Brausen und Absetzung eines
Antimon- und Bleioxydbeschlags zu einem bleigrauen Metallkorne, das, weiter geröstet und zuletzt mit Soda behandelt,
ein Kupferkorn giebt.

Kupfer in Verbindung mit Chlor.

Atakamit im Glaskolben erhitzt, giebt ziemlich viel
Wasser und ein graues Sublimat, das unter der Abkühlung
graulich-weiss wird.

Chlorkupfer.   Auf Kohle schmilzt er, färbt die äussere
Flamme azurblau mit grünen Enden, bildet zwei Beschläge,
einen bräunlichen und einen graulichweissen, und reducirt
sich zu einem Kupferkorne, welches mit etwas Schlacke umgeben ist. Werden die Beschläge mit der Reductionsflamme
angeblasen, so verändern sie zum Theil ihre Lage mit einem
azurblauen Scheine, wie er dem Chlorkupfer eigen ist.

Percylit decrepitirt beim Erhitzen im Kölbchen, die
blaue Farbe geht bei gelindem Erhitzen über in eine grüne,
kommt aber nach dem Erkalten wieder zum Vorschein; man
erhält wenig Wasser und endlich schmilzt das Mineral zu
einer braunen Flüssigkeit.

Vor dem Löthrohre in der äussern Flamme erhitzt, wird
dieselbe grün gefärbt mit dunkelblauer Spitze; auf Kohle in
der innern Flamme erhitzt, erhält man Metallkügelchen von
Kupfer und Blei, mit Soda ebenfalls.

Kupferoxyde.

Rothkupfererz im Glaskolben erhitzt, giebt nichts
Flüchtiges. In der Pincette mit der Spitze der blauen Flamme
erhitzt, schmilzt es und färbt die äussere Flamme
Oxyde.   smaragdgrün; mit Chlorwasserstoffsäure befeuch-
tet, verursacht es dagegen auf kurze Zeit eine azurblaue
Färbung von gebildetem Chlorkupfer.

Auf Kohle erhitzt, nimmt es anfangs eine schwarze Farbe
an, schmilzt dann und reducirt sich zum Kupferkorne, welches
nach der Abkühlung mit einer dünnen schwarzen Oxydhaut
überzogen ist.

Tenorit verhält sich vor dem Löthrohre wie Kupferoxyd (S. 128). Beimengungen von Si und Fe lassen sich nach dem Früheren leicht auffinden.

Kupferschwärze giebt, im Glaskolben erhitzt, zuweilen ziemlich viel Wasser.

Oxyde.

Auf Kohle für sich im Reductionsfeuer behandelt, reducirt sich ein Kupferkorn, das aber öfters mit Schlacke umgeben ist.

Mit Glasflüssen behandelt, erhält man Reactionen auf Kupfer, Eisen und Mangan. Letzteres giebt sich vorzüglich bei der Prüfung mit Soda und Salpeter auf Platinblech zu erkennen.

Kupferoxyd in Verbindung mit Säuren.

Die Verbindungen des Kupferoxydes mit Schwefelsäure verhalten sich vor dem Löthrohre, wie folgt:

Brochantit giebt, im Glaskolben erhitzt, Wasser und färbt sich bisweilen schwarz. Wird die erhitzte Probe gepulvert, mit Kohlenstaub gemengt und in einer an einem Ende zugeschmolzenen Glasröhre stark erhitzt, so entwickelt sich schweflige Säure.

Salze.

Auf Kohle reducirt sich das Mineral unter Aufbrausen zum Kupferkorne, das nach der Abkühlung eine schwarze Oberfläche besitzt.

Kupfervitriol, im Glaskolben erhitzt, bläht sich auf, giebt Wasser und wird weiss. Mit Kohlenpulver gemengt und in einer an einem Ende zugeschmolzenen Glasröhre erhitzt, entwickelt sich schweflige Säure in grosser Menge.

Auf Kohle färbt er, wenn das Wasser entfernt ist, die äussere Flamme grün, schmilzt dann und reducirt sich unter Brausen zum Kupferkorne, welches jedoch mit einer Rinde von Schwefelkupfer umgeben ist.

Auf Kohle gut abgeröstet, verhält er sich zu Glasflüssen wie Kupferoxyd; doch reagirt er bisweilen auch auf Eisen. Mit Soda erhält man metallisches Kupfer.

Das Löthrohrverhalten des Kupfersammterzes, Pisanit's und Cyanochrom's ist nicht bekannt, geht indess leicht aus den Bestandtheilen dieser Mineralien hervor.

Von den Verbindungen des Kupferoxydes mit Phosphorsäure verhalten sich Phosphochalcit, Dihydrit, Ehlit und Liebethenit vor dem Löthrohre, wie folgt:

Im Glaskolben erhitzt, geben sie Wasser und färben sich schwarz; bei schnellem Erhitzen decrepitiren sie bisweilen.

Ein im Glaskolben erhitztes Stückchen schmilzt in der Pincette zur Kugel, ohne die äussere Flamme merklich zu färben; die Kugel zeigt unter der Abkühlung eine krystallinische Oberfläche und besitzt eine schwarze Farbe.

Auf Kohle nach und nach erhitzt (wobei man diejenigen, welche decrepitiren, in Pulverform anwendet), werden sie

schwarz und schmelzen zur Kugel, in deren **Mitte** sich ein
Kern von metallischem Kupfer befindet.

Zu **Borax** und **Phosphorsalz** verhalten sie
Soda.　　sich wie Kupferoxyd.

Von einer hinreichenden Menge von Soda werden sie
auf Kohle bei starkem Feuer zerlegt, so dass sich fast alles
Kupfer metallisch ausscheidet. Wendet man dagegen nur
eine kleine Portion von Soda an, so schwillt die Probe anfangs an, schmilzt aber dann zur Kugel. Diese Erscheinung
wiederholt sich so oft, als man eine neue Portion von Soda
zusetzt, so dass sich endlich eine aufgeschwollene Masse bildet, die nur bei starkem Feuer schmilzt, sich ausbreitet,
grösstentheils in die Kohle geht und Kupfer metallisch zurücklässt.

Von der Gegenwart der **Arsensäure** in einigen dieser
Mineralien kann man sich beim Zusammenschmelzen derselben mit Soda überzeugen.

Berzelius hat ein eigenthümliches Verhalten **des** phosphorsauren Kupferoxydes zu metallischem Blei angegeben,
welches zur Erkennung der Phosphorsäure in den oben genannten Mineralien benutzt werden kann. Wird nämlich
eine auf Kohle geschmolzene Probe dieser Verbindung mit
dem gleichen Volumen metallischen Bleies in einem guten
Feuer zusammengeschmolzen und einige Zeit behandelt, so
wird das Kupfer metallisch abgeschieden und es bildet sich
um das Metallkorn herum eine flüssige Masse von phosphorsaurem Bleioxyd, die bei der Abkühlung krystallinisch wird.
Trennt man nach dem Erkalten das Metallkorn von der
neuen Verbindung und behandelt letztere auf Kohle im Reductionsfeuer, so bekommt man endlich eine vollkommen
runde Perle, die unter der Abkühlung mit grossen Facetten
krystallisirt und häufig eine röthe Farbe (Cu) zeigt. Dieses
Verhalten beweist, dass die Phosphorsäure grössere Verwandtschaft zum Bleioxyd hat, als zum Kupferoxyd.

Tagilith. Hermann, welcher dieses Mineral analy-
sirte, hat das Verhalten vor dem Löthrohre nicht angegeben.
Es verhält sich wahrscheinlich ganz ähnlich wie die vorhergehenden.

Thrombolith im **Glaskolben** erhitzt, giebt viel **Wasser**
und färbt sich schwarz.

In der Pincette schmilzt er leicht und färbt die äussere
Flamme anfangs azurblau (wahrscheinlich von einem geringen
Gehalt an Chlorkupfer), später aber dunkel smaragdgrün.

Auf Kohle schmilzt er leicht zur schwarzen Kugel, die
nach wiederholtem Blasen sich ausbreitet und hier und da
metallisch ausgeschiedene Kupferkörner zeigt.

Glasflüsse zeigen nur die Gegenwart von Kupfer an.

Mit Borsäure und Eisen giebt er Phosphoreisen.

Mit Hülfe des nassen Weges lassen sich noch geringe Mengen von Thonerde und Kieselerde auffinden.

Die Verbindungen des Kupferoxydes mit Kohlensäure zeigen folgendes Löthrohrverhalten:

Malachit und Kupferlasur geben, im Glaskolben erhitzt, Wasser und werden schwarz.

Auf Kohle schmelzen sie zur Kugel und werden dann bei hinreichend starkem Feuer zu metallischem Kupfer reducirt.

Zu Glasflüssen und zu Soda verhalten sie sich wie Kupferoxyd.

In Chlorwasserstoffsäure lösen sie sich unter Aufbrausen von entweichender Kohlensäure auf.

Die Verbindungen des Kupferoxydes mit Arsensäure verhalten sich vor dem Löthrohre, wie folgt:

Strahlerz aus Cornwall (Klinoklas) im Glaskolben erhitzt, giebt ein wenig Wasser.

In der Pincette verhält es sich wahrscheinlich ganz ähnlich wie das nachfolgende Mineral, der Olivenit.

Auf Kohle schmilzt es und reducirt sich unter Detonation und Entwickelung von Arsendämpfen zum Kupferkorne, welches von einem geringen Gehalt an Arsen auf dem Bruche graulich erscheint. Wird das Kupferkorn im Oxydationsfeuer umgeschmolzen, so wird es vollkommen dehnbar.

Zu Glasflüssen verhält sich das Mineral wie Kupferoxyd.

Olivenit giebt, im Glaskolben erhitzt, etwas Wasser.

In der Pincette schmilzt er zur Kugel und färbt die äussere Flamme bläulichgrün. Der geschmolzene Theil zeigt nach der Abkühlung eine krystallinische Beschaffenheit.

Auf Kohle schmilzt das Mineral mit Detonation und Entwickelung von Arsendämpfen zu einem äusserlich braunen, innen weissen, etwas spröden Regulus. Schmilzt man diesen mit etwas Blei zusammen, trennt nach dem Erkalten das geschmolzene Metall von der anhängenden Schlacke und behandelt letztere auf Kohle im Reductionsfeuer, so giebt sich dieselbe als phosphorsaures Bleioxyd zu erkennen, das im Entstehungsmomente krystallisirt. Wird das Metallkorn mit Borsäure behandelt, so bekommt man ein reines Kupferkorn.

Cornwallit, giebt im Glaskolben erhitzt, Wasser.

Vor dem Löthrohre auf Kohle entwickelt er Arsendämpfe, während er zur Kugel schmilzt, die nach dem Erkalten aus einem Kupferkorne besteht, das mit einer spröden Rinde umgeben ist.

Erinit, im Glaskolben erhitzt, decrepitirt oft sehr stark und giebt viel Wasser.

Auf Kohle reducirt sich das feingepulverte Mineral unter Entwickelung von Arsengeruch zu einer spröden, auf dem

Bruche graulich erscheinenden Metallkugel, die sich, längere
Zeit im Oxydationsfeuer behandelt, in reines, dehnbares Kupfer
umändert. Bei Gegenwart von etwas Phosphor-
säure bleibt eine kleine Menge einer krystallinischen Schlacke neben dem Kupfer zurück.

Euchroit giebt, im Glaskolben erhitzt, ziemlich viel
Wasser und färbt sich dunkler grün.

In der Pincette verhält er sich wie der Olivenit.

Auf Kohle wird er mit Detonation und Entwickelung von
Arsendämpfen zu weissem Arsenkupfer reducirt, das, eine
Zeit lang mit der Oxydationsflamme behandelt, sich in ein
reines Kupferkorn umändert.

Kupferglimmer decrepitirt beim Erhitzen im Glaskolben sehr stark, giebt viel Wasser und spaltet in leichte
Schuppen von Olivenfarbe.

Auf Kohle verhält er sich wie das vorige Mineral.

Kupferschaum im Glaskolben erhitzt, decrepitirt, giebt
ziemlich viel Wasser und färbt sich schwarz.

Ein im Glaskolben erhitztes Stückchen schmilzt in der
Pincette zur stahlgrauen Perle.

Auf Kohle schmilzt das entwässerte Mineral unter Entwickelung von Arsengeruch zu einer grauen, schlackigen
Masse, in welcher sich bei Anwendung der Reductionsflamme
hier und da Kupferkörner ausscheiden.

Schmelzt man das Mineral mit Soda und einem Zusatz
von Borax auf Kohle so lange im Reductionsfeuer, bis alles
Kupferoxyd zu einem Metallkorne reducirt ist, und löst hierauf die Schlacke in Chlorwasserstoffsäure auf, so lässt sich in
der ammoniakalisch gemachten Auflösung durch Oxalsäure
ein merklicher Gehalt an Kalkerde auffinden. Dass die Kalkerde an Kohlensäure gebunden in dem Minerale enthalten ist,
geht daraus hervor, dass sich dasselbe in erwärmter Salpetersäure unter Aufbrausen auflöst.

Trichalcit verhält sich vor dem Löthrohre ähnlich
wie Cornwallit.

Linsenerz aus Cornwall im Glaskolben erhitzt, giebt,
ohne zu decrepitiren, viel Wasser und wird dunkel olivengrün.

In der Pincette schmilzt es und färbt die äussere Flamme
bläulichgrün.

Auf Kohle schmilzt es unter Aufwallen und unter Entwickelung von Arsendämpfen zu einer dunkelbraunen Schlacke,
in welcher sich hier und da Kupferkörner zeigen. Setzt man
etwas Soda und Borax zu und behandelt das Ganze im Reductionsfeuer, so scheidet sich ein Kupferkorn aus, welches
noch etwas Arsen enthält. Löst man die Schlacke in Chlorwasserstoffsäure auf und übersättigt die Auflösung mit Ammoniak, so erhält man einen nicht geringen Niederschlag von
Thonerde, welche zum Theil an Phosphorsäure gebunden ist.

Konichalcit verhält sich nach Fritzsche wie folgt:
Im Glaskolben erhitzt, decrepitirt er heftig, giebt Wasser
aus und färbt sich schwarz.

Auf Kohle sintert er unter einiger Detonation
und Entwickelung schwachen Arsengeruchs zu einer schlackigen
rothen Masse zusammen, die nach dem Befeuchten mit Wasser
geröthetes Lakmuspapier blau färbt.

In der Pincette schmilzt er und färbt die äussere Flamme
anfangs stark grün von Kupferoxyd, später nur an der Spitze
grün und zunächst der Probe schwach hellblau.

In Borax löst er sich im Oxydationsfeuer leicht mit gelb-
lichgrüner Farbe auf, die unter der Abkühlung blau wird.
Bei starkem Zusatz kann das Glas emailartig geflattert werden, und bei einem noch stärkeren Zusatze wird es von selbst
unklar. Mit Phosphorsalz unter Bleizusatz giebt er auf Kohle
im Reductionsfeuer ein Glas, welches in der Hitze dunkelgelb, nach dem Erkalten aber chromgrün erscheint (Vanadinsäure).

Mit Soda auf Kohle im Reductionsfeuer schmilzt er unter
Brausen und Entwickelung von Arsendämpfen zur Kugel.
Wird diese Kugel noch weiter mit der Löthrohrflamme behandelt, so geht der grösste Theil der Soda in die Kohle und
hinterlässt eine weisse erdige Substanz und ein Kupferkorn.

Bei Mitanwendung des nassen Weges lassen sich noch
Kalkerde und Phosphorsäure auffinden.

Die Verbindung des Kupferoxydes mit Vanadinsäure
als Volborthit und Kalkvolborthit giebt, im Glaskolben
erhitzt, Wasser und wird schwarz.

Auf Kohle erhält man eine schwarze Schlacke, in der
sich nach längerem Blasen Kupferkörner zeigen.

Borax und Phosphorsalz geben grüne Glasperlen, welche
auf Zusatz von Zinn roth von Kupferoxydul werden.

Durch eine Reductionsprobe mit Soda bekommt man metallisches Kupfer.

[Die Vanadinsäure findet sich, wie es bei der Probe auf
Vanadin angegeben werden soll.]

Die Verbindungen des Kupferoxydes mit Kieselsäure,
als Dioptas, Kupferblau und Kieselkupfer
geben, im Glaskolben erhitzt, Wasser und färben
sich schwarz.

In der Pincette zeigen sie sich unschmelzbar, färben aber
die äussere Flamme intensiv grün.

Auf Kohle werden sie im Oxydationsfeuer schwarz und
im Reductionsfeuer roth.

Von Borax und Phosphorsalz werden sie mit den Reactionen des Kupfers aufgelöst; das Phosphorsalzglas enthält
aber ein Kieselskelett.

Mit einer gewissen Menge von Soda schmelzen sie auf

Kohle im Oxydationsfeuer unter Aufbrausen zur Kugel, die nach der Abkühlung undurchsichtig und auf dem Bruche roth erscheint. Mit einer grösseren Menge von Soda bildet sich im Reductionsfeuer eine Schlacke, die zum Theil in die Kohle geht, zum Theil sich auf solcher bloss ausbreitet und eine Menge kleiner Kupferkörner eingemengt enthält.

Silicate.

c) *Probe auf Kupfer in Hüttenprodukten.*

Wie die oben angedeuteten Hüttenprodukte auf Kupfer untersucht werden, ergiebt sich aus dem, was bereits bei der Probe auf Kupfer im Allgemeinen gesagt ist.

13) Quecksilber = Hg.

Vorkommen dieses Metalles im Mineralreiche und in Hüttenprodukten.

Das Quecksilber kommt in der Natur in folgendem Zustande vor:

a) Metallisch im

Gediegen Quecksilber = Hg, zuweilen etwas Ag enthaltend;

Amalgam = AgHg³ mit 73,5 Hg und 26,4 Ag; AgHg² mit 64,9 Hg und 35,0 Ag und Ag³Hg (Arquerit) mit 13,4 Hg und 86,6 Ag.

b) In Verbindung mit Selen im

Selenquecksilber vom Oberharz und Tilkerode = HgSe mit 71,6 Hg. Kerl hat jedoch in der, nach Abzug geringer Beimengungen von Eisenkies und Quarz bleibenden reinen Verbindung 74,8 bis 75,1 Procent Hg gefunden.

Das Selenquecksilber kommt ausserdem noch in andern selenhaltigen Mineralien am Harze vor, namentlich im

Selenquecksilberblei, s. Blei, und im

Selenkupferquecksilber, s. Kupfer.

Auch findet sich Selenquecksilber in Verbindung mit Schwefelquecksilber im

Selenschwefelquecksilber von San Onofre in Mexico = HgSe + 4HgS mit 82,8 Hg. Ebendaselbst findet sich auch selenigsaures Quecksilberoxydul (Onofrit)

c) In Verbindung mit Schwefel im

Zinnober = Hg mit 86,2 Hg; jedoch nicht immer frei von geringen Beimengungen fremder Substanzen als: Cu, Fe, Mn und erdigen Theilen;

Quecksilberlebererz, welches aus einem Gemenge von Zinnober, Kohle und erdigen Theilen besteht.

Auch findet es sich in diesem Zustande im

Quecksilberhaltigen Fahlerz, s. Kupfer.

d) In Verbindung mit Chlor im

Quecksilberhornerz = Hg^2Cl mit 85 Hg.

e) In Verbindung mit Jod im
Quecksilberjodid (Coccinit) aus Mexico.

Auch macht das Quecksilber einen Bestandtheil mancher Amalgamationsprodukte und der nach der Amalgamation noch nicht gereinigten Abfälle aus. Hierher gehört das bei der Amalgamation der Gold- und Silbererze erzeugte Gold- und resp. Silber-Amalgam. Ferner enthalten die noch nicht verwaschenen Amalgamir-Rückstände öfters geringe Mengen von Gold- und Silber-Amalgam im fein zertheilten Zustande; auch findet sich nicht selten Quecksilberchlorür in denselben. Waren die Erze nicht frei von Kupfer- und Bleierzen, so enthalten die Rückstände auch nicht selten geringe Mengen von Kupfer- und Blei-Amalgam.

Probe auf Quecksilber
mit Einschluss des Löthrohrverhaltens der vorgenannten
Mineralien.

a) Probe auf Quecksilber im Allgemeinen.

Die Verbindungen des Quecksilbers mit Gold und Silber, zu welchen das natürliche und künstliche Amalgam gehört, so wie auch die durch Verwaschen von Silber-, Kupfer- und Blei-Amalgam noch nicht ge- Metall-Verbindungen. reinigten Rückstände, erhitzt man in einem Glaskolben, der aus einer Glasröhre besteht, die an dem einen Ende zugeschmolzen und zur Kugel ausgeblasen ist (von der Form nebenstehender Figur), über der Spirituslampe bis zum Glühen. Von den Metallverbindungen (den Amalgamen) braucht man dazu oft nur ein Bröckchen von der Grösse eines Hirsekornes zu verwenden; von Amalgamirrückständen muss man dagegen so viel nehmen, dass die Glaskugel wenigstens halbvoll wird, wie beistehende Figur es andeutet. Enthält die zu prüfende Substanz vielleicht etwas Wasser mechanisch eingeschlossen, so entweicht dieses bei Einwirkung der ersten Hitze bis in den Hals des Kolbens, und muss mit Fliesspapier entfernt werden. Nach fortgesetztem Erhitzen bis zum Glühen, trennt sich das Quecksilber von den andern Metallen, steigt dampfförmig auf und setzt sich in dem kältern Theil der Röhre bei a in kleinen Kugeln metallisch an, die mit keinem andern Metalle verwechselt werden können. Die im Kolben zurückbleibenden Metalle und resp. Rückstände können dann weiter auf Gold, Silber etc. untersucht werden, wie es bei den betreffenden Proben beschrieben werden soll.

Fig. 73.

Selenquecksilber erkennt man daran, dass Selenquecksilber. es beim Erhitzen im Glaskolben sich als ein glänzendes, krystalli-

misches, graues Sublimat in dem Hals des Kolbens ansetzt.
Mit viel Soda gemengt, scheiden sich Quecksilberkügelchen
aus und das Selen bleibt an Natrium gebunden zurück.

Die Verbindung des Quecksilbers mit Schwefel, als
Zinnober, sublimirt im Glaskolben als schwarzer
Schwefel-
quecksilber. Beschlag, der beim Reiben eine rothe Farbe annimmt. Vermengt man den Zinnober in Form
eines feinen Pulvers mit dem dreifachen Volumen von Soda,
die man vorher zur Entfernung ihres Wassergehaltes im Platinlöffel bis zum anfangenden Glühen erhitzt hat, so wird er
grösstentheils zerlegt; es sublimirt sich metallisches Quecksilber und ein wenig Zinnober, während der Schwefel an Natrium gebunden zurückbleibt. Wendet man an der Stelle der
Soda eben so viel neutrales oxalsaures Kali, oder besser, ein
Gemenge von neutralem oxalsaurem Kali und Cyankalium
an, so bekommt man nur metallisches Quecksilber.

Ist der künstliche Zinnober vielleicht mit Mennige ver-
fälscht, und man erhitzt ihn für sich im Glaskolben, so bleibt
Schwefelblei zurück, welches sich auf Kohle durch sein bekanntes Verhalten erkennen lässt. Dasselbe gilt auch für
eine Beimengung an Schwefelantimon.

Ist Schwefelquecksilber mit anderen Schwefelmetallen
verbunden, wie dies z. B. in manchen Fahlerzen der Fall ist,
so bekommt man bei der Prüfung einer solchen Substanz für
sich in einem Glaskolben, selbst wenn auch nur sehr wenig
Schwefelquecksilber vorhanden ist, schon bei der ersten Einwirkung der Hitze ein schwarzes Sublimat von diesem Schwefelmetalle, weil sich dasselbe wegen seiner Flüchtigkeit von allen
andern Schwefelmetallen bei erhöhter Temperatur leicht trennt.
Auch kann man das Quecksilber metallisch ausscheiden, wenn
man die fein gepulverte Substanz mit neutralem oxalsaurem
Kali und Cyankalium mengt, und das Gemenge in einem
Glaskolben mit engem Halse bis zum Rothglühen erhitzt; es
verdichtet sich dabei in dem Halse des Kolbens zu einem
grauen Beschlag, der bei nicht zu geringen Mengen durch
leises Klopfen an den Kolben, zur Metallkugel zusammengeht. Ist der Quecksilbergehalt einer Substanz so gering,
dass man einen Anflug von metallischem Quecksilber nicht
mit Gewissheit wahrnehmen kann, so darf man nur die Probe
wiederholen und während des Erhitzens das eine, mit ächtem
Blattgold überlegte Ende eines Eisendrahtes ziemlich nahe an
das Gemenge halten. Ist Quecksilber vorhanden, und sei es
auch noch so wenig, so wird das Gold entweder ganz oder
doch sehr auffallend weiss.

Die Verbindung des Quecksilbers mit Chlor giebt, im
Glaskolben erhitzt, ein weisses Sublimat. Mit
Chlorquecksilber. vorher völlig getrockneter Soda oder mit neu-
tralem oxalsaurem Kali gemengt und ebenfalls im Glaskolben

erhitzt, scheidet sich das Quecksilber metallisch aus und das
Chlor bleibt an die Radicale der Reductionsmittel gebunden
zurück.   Hat man es nun mit einer Substanz
zu thun, in welcher geringe Mengen von Chlor- _{Chlorquecksilber.}
quecksilber eingemengt sind, so darf man dieselbe nur mit
trockener Soda oder neutralem oxalsaurem Kali mengen, das
Gemenge im Glaskolben bis zum Glühen erhitzen und dabei
dasselbe beobachten, was bei solchen Substanzen beobachtet
werden muss, die nur wenig Schwefelquecksilber enthalten.

Die Verbindung des Quecksilbers mit Jod als J o d i d,
HgJ, schmilzt im Glaskolben sehr leicht und giebt
ein krystallinisches, gelbes Sublimat, welches un- _{Jodquecksilber.}
ter der Abkühlung roth wird.   Das J o d ü r, Hg^2J schmilzt
beim raschen Erhitzen und sublimirt sich unverändert.   Wird
es dagegen langsam erhitzt, so zerfällt es in Jodid und in
Quecksilber.   Beide Verbindungen geben, mit trockener Soda
oder neutralem oxalsaurem Kali gemengt, im Glaskolben metallisches Quecksilber.

Die Sauerstoffsalze des Quecksilbers werden ebenfalls am
besten durch völlig getrocknete Soda oder neu-
trales oxalsaures Kali im Glaskolben zerlegt, wo- _{Salze.}
bei sich das Quecksilber metallisch ausscheidet.

b) Verhalten der oben genannten quecksilberhaltigen Mineralien vor dem
Löthrohre.

Gediegen Quecksilber,

im Glaskolben vorsichtig erhitzt (bei zu starker Hitze kocht
und spritzt es), verwandelt sich nach und nach in Dampf
und condensirt sich im Hals des Kolbens in Form kleiner
Kugeln, die sich leicht vereinigen lassen.   Ist das Quecksilber
nicht frei von Silber, so bleibt dieses zurück und kann mit
etwas Blei auf Knochenasche abgetrieben werden (s. Probe
auf Silber im Allgemeinen).

Amalgam,

im Glaskolben vorsichtig nach und nach bis zum Glühen erhitzt, giebt metallisches Quecksilber und hinterlässt eine
schwammige Silbermasse, die auf Kohle zu einem
Silberkorne geschmolzen und nach Befinden mit _{Metall-Verbindungen.}
wenig Probirblei auf Knochenasche abgetrieben
werden kann, im Fall noch fremde Metalle in geringer Menge
vorhanden sein sollten.

Quecksilber in Verbindung mit Selen.

Selenquecksilber vom Oberharz verhält sich nach
Kerl vor dem Löthrohre wie folgt:

In einer einseitig geschlossenen Glasröhre zerknistern
kleine Stücke, blähen sich dann auf, und schmelzen und ver-

flüchtigen sich, wenn sie rein sind, vollständig, wobei sich zunächst der Probe ein schwarzes, und weiter entfernt ein braunrothes Sublimat bildet. Unreine Stücke hinter-
Selenquecksilber. lassen einen Rückstand, welcher mit Glasflüssen behandelt, auf Eisen und Kieselerde (Quarz) reagirt. Bei Zusatz von nicht zu wenig Soda scheiden sich Quecksilberkügelchen aus.

In der offenen Glasröhre bildet sich, unter Entwickelung eines Selengeruches, in einiger Entfernung von der Probe ein schwarzes Sublimat, welchem ein rothbraunes, und diesem ein weisses von selenigsaurem Quecksilber folgt, das zuweilen, ähnlich wie tellurige Säure, Tröpfchen bildet.

Auf Kohle verflüchtigt sich das Mineral, färbt die äussere Löthrohrflamme azurblau und giebt einen strahligen, etwas metallisch glänzenden Beschlag, welcher von einem dunkelbraunen umgeben ist, und mit der Reductionsflamme angeblasen, mit azurblauem Scheine verschwindet. Ein Geruch nach schwefliger Säure ist nicht zu bemerken; auch zeigt sich kein gelber Beschlag von Bleioxyd.

Selenschwefelquecksilber von San Onofre in Mexico ist nach H. Rose im Glaskolben ohne Zersetzung vollkommen flüchtig; es giebt ein schwarzes Sublimat, welches aus einem Gemenge von Schwefelquecksilber und Selenquecksilber besteht. Mit Soda gemengt, giebt es metallisches Quecksilber und auf Kohle verbreitet es Selengeruch.

Der Onofrit, ein gelbes erdiges Mineral, verflüchtigt sich nach Köhler beim Erhitzen mit Selengeruch, wobei Quecksilber und eine gelbe Verbindung sublimiren.

Quecksilber, in Verbindung mit Schwefel, als

Zinnober, verwandelt sich beim Erhitzen im Glaskolben in ein dunkles Sublimat, welches einen rothen Strich giebt.
Schwefel-quecksilber. Bleibt ein Rückstand, so reagirt dieser mit Glasflüssen bisweilen auf Eisen, Kupfer und Blei.

In einer an beiden Enden offnen Glasröhre vorsichtig erhitzt, wird er in schweflige Säure und metallisches Quecksilber zerlegt, welches letztere sich ziemlich entfernt von der Probe in der Glasröhre absetzt. Bei zu schnellem und starkem Erhitzen wird er auch unverändert sublimirt, so dass sich vor dem Quecksilberbeschlag noch ein schwarzes Sublimat von Schwefelquecksilber bildet.

Auf Kohle verflüchtigt er sich, wenn er rein ist, vollkommen; im entgegengesetzten Falle bleiben die Beimengungen zurück.

Quecksilberlebererz giebt, im Glaskolben erhitzt, ein dunkles, fast schwarzes Sublimat von Zinnober, stösst einen deutlichen Geruch nach Schwefelwasserstoff aus und hinterlässt eine schwarze Masse. Wird diese herausgenommen und

in einer offenen Glasröhre oder auf Platinblech geglüht, so
verschwindet sie nach und nach, ohne ein Sublimat oder einen
Geruch zu geben, bis auf eine Spur einer erdigen Substanz.
Der schwarze Rückstand besteht demnach hauptsächlich aus
Kohle.

Die Verbindung des Quecksilbers mit Chlor, als

Quecksilberhornerz von Almadon, giebt, im Glaskolben erhitzt, ein weisses Sublimat von Chlorquecksilber. Mit
Soda oder neutralem oxalsaurem Kali gemengt,
giebt es metallisches Quecksilber. *Chlorquecksilber.*

Auf Kohle verflüchtigt es sich und setzt einen weissen
Beschlag ab.

Einer kupferoxydhaltigen Phosphorsalzperle zugesetzt,
zeigt es die Reaction des Chlors (s. Probe auf Chlor).

Die Verbindung des Quecksilbers mit Jod, als

Jodquecksilber, künstliches, giebt bei der Prüfung
im Glaskolben ein krystallinisches, gelbes Sublimat, welches
sich unter der Abkühlung röthet. Mit Soda oder
neutralem oxalsaurem Kali gemengt, giebt es im *Jodquecksilber.*
Glaskolben metallisches Quecksilber und mit doppelt-schwefelsauren Kali violette Joddämpfe.

c) Probe auf Quecksilber in Hüttenprodukten.

Das Nöthige hierzu findet sich bei der Probe auf Quecksilber im Allgemeinen.

14) Silber = Ag.

Vorkommen dieses Metalles im Mineralreiche und in Hütten-
produkten.

Das Silber findet man in der Natur:
a) Metallisch für sich im
Gediegen Silber = Ag, zuweilen geringe Mengen von Sb,
As, Hg, Co, Fe, Cu und Au enthaltend.

b) In Verbindung mit anderen Metallen, und zwar:
α) mit Gold im
Gediegen Gold, s. Gold;
β) mit Wismuth im
Wismuthsilber aus Chile, in reinem Zustande wahrscheinlich
Ag^{12}Bi mit 85,6 Ag und 14,4 Bi. Das darin gefundene
Cu und As rührt jedenfalls von dem damit zusammenvor-
kommenden Domeykit her;
γ) mit Quecksilber im
Amalgam, s. Quecksilber;
δ) mit Antimon im
Antimonsilber von verschiedener Zusammensetzung, die Va-

rietlden von Wolfach = Ag^4Sb mit 84 Ag und Ag^4Sb
mit 77 Ag (letzteres auch von Andreasberg); nach den
Analysen von Domeyko existiren auch die Verbindungen
Ag^2Sb mit 62,6 Ag und $Ag^{18}Sb$ mit 94,2 Silber;
das mit dem Namen
Arsensilber bezeichnete Mineral von Andreasberg, welches
nach der Untersuchung von Rammelsberg gegen 9 Proc.
Ag enthält, ist vielleicht ein Gemenge aus 4,9 Arsenkies,
70,2 Arseneisen und 24,3 Antimonsilber;

ε) mit T e l l u r im

Tellursilber = $AgTe$ mit 62,7 Ag, zuweilen Au und Spuren
von Fe enthaltend;

Tellurgoldsilber = $AuTe + 4 AgTe$ mit 45,5 Ag und 20,7 Au;

Schrifterz, } s. Gold; und in geringer Menge im
Weisstellur,

Tellurblei, s. Blei.

c) In Verbindung mit S e l e n und anderen Selenmetal-
l e n im

Selensilber, scheint nur in isomorpher Mischung mit Selenblei
vorzukommen; die eine Verbindung = $PbSe + 13 AgSe$,
die andere = $AgSe + 4—5 PbSe$. Im reinen $AgSe$ sind
73,15 Ag;

Eukairit = $AgSe + CuSe$ mit 43 Ag und 25,8 Cu.

d) In Verbindung mit S c h w e f e l und anderen Schwefelmetallen, als

Silberglanz (Glaserz) und Akanthit = $\overset{\prime}{A}g$ mit 87 Ag;

Melanglanz (Sprödglaserz) = $\overset{\prime}{A}g^4Sb$ mit 68,5 Ag, zuweilen
geringe Mengen von Fe, Cu und As enthaltend;

Eugenglanz (Polybasit) = $(\overset{\prime}{C}u, \overset{\prime}{A}g)^9 (\overset{..}{S}b, \overset{..}{A}s)$ mit 64 bis 72
Ag und 10 bis 3 Cu, zuweilen geringe Mengen von Fe
und Zn enthaltend;

Jalpait = $3\overset{\prime}{A}g + \overset{\prime}{C}u$ mit 71,7 Ag und 14 Cu;

Rothgiltigerz, lichtes = $\overset{\prime}{A}g^3\overset{..}{A}s$ mit 65,4 Ag, worin zuweilen
ein geringer Theil des As durch Sb ersetzt ist;

Xanthokon = $\overset{\prime}{A}g^3\overset{..}{A}s + 2\overset{\prime}{A}g^3\overset{..}{A}s$ mit 64,0 Ag;

Rothgiltigerz, dunkles, = $\overset{\prime}{A}g^3\overset{..}{S}b$ mit 59,9 Ag;

Feuerblende = Ag, Sb und S; vielleicht ähnlich zusammengesetzt wie Xanthokon;

Silberkupferglanz = $\overset{\prime}{C}u + \overset{\prime}{A}g$ mit 53 Ag und 31,2 Cu, bisweilen eine geringe Menge von Fe enthaltend; der Silber-
kupferglanz scheint an einigen Orten gemengt mit Kupferglanz vorzukommen, so dass der Silbergehalt bis auf wenige Procente herabgezogen werden kann;

Miargyrit = $\overset{\prime}{A}g\overset{..}{S}b$ mit 36,9 Ag; geringe Mengen von Cu
und Fe enthaltend;

Sternbergit = $\overset{*}{Ag}{}^{2}\overset{*}{Fe}$ + 2 $\overset{*}{Fe}{}^{2}\overset{*}{Fe}$ mit 34,1 Ag;

Brongniardit = $\overset{*}{Ag}{}^{2}\overset{*}{Sb}$ + $\overset{*}{Pb}{}^{2}\overset{*}{Sb}$ mit 24,7 Ag;

Schilfglaserz = $\overset{*}{R}{}^{3}\overset{*}{Sb}$ oder 3 $\overset{*}{R}{}^{2}\overset{*}{Sb}$ + $\overset{*}{R}{}^{3}\overset{*}{Sb}$; $\overset{*}{R}$ = $\overset{*}{Ag}$ und $\overset{*}{Pb}$, mit 24,4 Ag; in demjenigen von Freiberg 1,2 Proc. Cu und sehr geringe Mengen von Fe;

Weissgiltigerz, lichtes, von den Gruben Himmelsfürst und Alte Hoffnung bei Freiberg, besteht aus (Fe, Zn, Pb, Ag)^{4}Sb mit 38 Pb, 5,7 Ag und Spuren von Cu;

Wismuthsilbererz (Silberwismuthglanz) besteht nach Klaproth aus 16,3 S, 33 Pb, 27 Bi. 15 Ag, wenig Fe und Cu;

Fahlerz (sog. dunkles Weissgiltigerz mit 18—31,8 Ag) s. Kupfer;

Aftanit, s. Kupfer.

Ausser in den hier genannten Mineralien findet sich das Silber an Schwefel gebunden noch in geringer Menge in vielen Blei- und Kupfererzen, namentlich im Bleiglanz und in mehreren der S. 332 verzeichneten bleihaltigen Mineralien, so wie in den S. 372 namhaft gemachten Kupfererzen. Auch enthält der Schwefelkies, der Arsenkies so wie die Zinkblende nicht selten geringe Mengen von Schwefelsilber.

e) In Verbindung mit Chlor und resp. Brom im Chlorsilber (Silberhornerz, Hornsilber) = AgCl mit 75,2 Ag; bisweilen mit Fe und erdigen Theilen gemengt;

Chlorbromsilber, in verschiedenen isomorphen Mischungen von Chlorsilber und Bromsilber aus Chilo und zwar

$$\begin{array}{llll} 8\ AgCl & + & AgBr & \text{mit } 69{,}8 \text{ Ag (Mikrobromit),} \\ 2\ AgCl & + & AgBr & \text{» } 68{,}2 \text{ »} \\ 3\ AgCl & + & 2\ AgBr & \text{» } 65{,}9 \text{ » (Embolit),} \\ 4\ AgCl & + & 5\ AgBr & \text{» } 64{,}2 \text{ » (Megabromit),} \\ & & AgCl + 3\ AgBr & \text{» } 61{,}0 \text{ »} \end{array}$$

f) In Verbindung mit Brom im Bromsilber = AgBr mit 57,4 Ag.

g) In Verbindung mit Jod im Jodsilber = AgI mit 45,9 Ag.

In den Hüttenprodukten ist das Silber enthalten:

a) **Metallisch** im Brandsilber oder Raffinatsilber, häufig mit Spuren von Pb, zuweilen Au und Cu;

Blicksilber, geringe Mengen von Pb, Cu und zuweilen Bi, Sb, As, Ni und Au enthaltend;

Cementsilber von der Extraction silberhaltiger Erze und Produkte, welches häufig, mehr oder weniger Pb und noch andere Metalle in geringer Menge enthält;

Amalgamirsilber, welches oft mehr oder weniger Cu, Spuren von Au, Ni, Co und vor dem Raffinirschmelzen auch Fe, Zn, Sb, Pb, As und Hg enthält;

Amalgam, gewöhnlich mit den dem vorhergehenden angehörigen Nebenbestandtheilen;

Werkblei, fast stets mit geringen Mengen anderer Metalle verunreinigt, s. Blei.

Auch findet sich Silber in geringer Menge im Schwarzkupfer, Rohkupfer und Gaarkupfer, s. Eisen; so wie in manchen Bleisorten, s. Blei.

b) In Verbindung mit Schwefel in geringer Menge in den verschiedenen Steinen und speisigen Produkten, die beim Verschmelzen der Silber-, Blei- und Kupfererze fallen, so wie in manchen Ofenbrüchen, s. diese Produkte beim Eisen;

c) Im oxydirten Zustande in sehr geringer Menge in den beim Abtreiben des Silbers fallenden Produkten, nämlich: in der Glätte, dem Abzug, Abstrich und Heerd, s. diese Produkte beim Blei. Auch sind zu erwähnen: die mit Bleioxyd durchdrungenen Teste vom Feinbrennen des Blicksilbers.

Schlacken, welche Silber enthalten, haben den Gehalt an diesem Metalle öfters hauptsächlich nur fein eingemengten silberhaltigen Steintheilchen zu verdanken. Es giebt indessen auch Schlacken, welche das Silber als Oxyd an Kieselerde gebunden enthalten.

Probe auf Silber

mit Einschluss des Löthrohrverhaltens der oben verzeichneten Mineralien und Hüttenprodukte.

a) Probe auf Silber im Allgemeinen.

Verbindungen des Silbers mit anderen Metallen geben, wenn letztere in starkem Feuer flüchtig sind, bei der Behandlung auf Kohle einen Beschlag, wie namentlich Antimon, Blei und Wismuth. Ist das

Metall-Verbindungen.

Silber in nicht zu geringer Menge vorhanden und sind diese Metalle fast vollständig entfernt, so färbt sich nach längerem Blasen der gebildete Beschlag röthlich bis carmoisinroth von Silberoxyd (S. 84), und das zurückbleibende Silberkorn besitzt mehr oder weniger die Farbe des reinen Silbers. Diese Röthung des Beschlags ist höchst charakteristisch und kann unter allen Umständen als ein untrügliches Zeichen der Gegenwart des Silbers in der zu untersuchenden Substanz angesehen werden. Ist das Silber an viel Blei oder Wismuth gebunden, so treibt man das Metallgemisch entweder für sich, oder, wenn noch andere oxydirbare Metalle vorhanden sind, mit einem Zusatz von Probirblei auf Knochenasche ab, wie es bei der quantitativen Silberprobe beschrieben werden soll.

Enthält das Silber Arsen und man behandelt es für sich auf Kohle, so verflüchtigt sich das Arsen und giebt sich durch den Geruch zu erkennen. Dasselbe findet auch bei

einem Gehalt an Selen Statt.   Enthält das Silber Tellur,
und zwar in bedeutender Menge, so verflüchtigt sich ein Theil
des Tellurs und beschlägt die Kohle, ein anderer
Theil aber bleibt hartnäckig beim Silber zurück   Metall-
und kann nur dadurch entfernt werden, dass man   Verbindungen.
das Metallgemisch, so weit als es möglich ist, pulverisirt und
mit einem Zusatz von Soda oder neutralem oxalsaurem Kali auf
Kohle im Reductionsfeuer behandelt.   Es bildet sich Tellur-
Natrium (Kalium), welches in die Kohle geht und das Silber
in Form kleiner Kugeln zurück lässt.

Ist das Silber mit Quecksilber verbunden, so kann
man letzteres entweder auf Kohle oder in einem Glaskolben
entfernen; auf Kohle schmilzt das Silber dabei zum Korne
und im Glaskolben bleibt es in einem porösen Zustande zurück.

Ist das Silber an viel Gold gebunden, so behandelt man
die Legirung auf Kohle mit Phosphorsalz im Oxydationsfeuer;
das Silber oxydirt sich, löst sich nach und nach in dem Glase
auf und verursacht, dass dasselbe nach der Abkühlung opalartig wird.   Trennt man das Glas von dem Goldkorne und
behandelt es für sich auf Kohle im Reductionsfeuer, so wird
das aufgelöste Silberoxyd zu metallischem Silber reducirt und
leicht zu einem Körnchen vereinigt (s. Silberoxyd S. 134).

Enthält das Silber Metalle, welche nicht flüchtig, aber
leichter oxydirbar sind als das Silber, wie namentlich Kupfer,
Nickel und Kobalt, so lassen sich dieselben, wenn sie
nicht in zu geringer Menge vorhanden sind, durch eine Prüfung des Silbers mit Borax oder Phosphorsalz auf Kohle nachweisen und manchmal so weit abscheiden, dass das Silber
eine reine Oberfläche bekommt.   Sind die beigemischten Metalle in grosser Menge vorhanden, so kann man das Silber
nur dadurch rein erhalten, dass man es mit einem Zusatz von
Probirblei auf Knochenasche abtreibt.   Sind dergleichen Metalle in geringer und zwar in so geringer Menge vorhanden,
dass man bei der Prüfung mit Glasflüssen deutliche Reactionen
gar nicht erlangt, so behandelt man von dem zu prüfenden
Silber ein nicht zu kleines Stück zuerst auf Kohle für sich
im Oxydationsfeuer und beobachtet, ob und was sich für ein
Beschlag bildet; hierauf löst man das geschmolzene Silberkorn
in einem Probircylinder in Salpetersäure auf, verdünnt mit
Wasser, setzt einige Tropfen Chlorwasserstoffsäure hinzu, und
schüttelt, um das ausgeschiedene fein zertheilte Chlorsilber zu
verdichten, so lange, bis die darüber befindliche Flüssigkeit
klar erscheint.   Hierauf setzt man abermals einige Tropfen
Chlorwasserstoffsäure hinzu und beobachtet, ob noch eine Trübung entsteht oder nicht.   Im erstern Falle muss man das
abermals ausgeschiedene Chlorsilber durch Schütteln verdichten, im letztern Falle kann man sogleich zur Filtration schreiten.   Die abfiltrirte Flüssigkeit erhitzt man in einem Por-

26*

cellangefäss bis zum Kochen und versetzt sie mit einer Auflösung von Kali nach und nach so lange, bis sie schwach
alkalisch reagirt.   Die mit dem Silber verbunden
Metall-Verbindungen.   gewesenen Metalle, welche sich als Oxyde in der
Auflösung befinden, werden hierdurch ausgefällt
und können nach der Filtration durch eine Prüfung mit Glasflüssen leicht erkannt werden.   Das ausgeschiedene Chlorsilber
kann man mit einem Zusatz von Soda auf Kohle zu metallischem Silber reduciren.

Mineralien und Hüttenprodukte, die aus Schwefelmetallen
bestehen oder Schwefelmetalle enthalten und di-
Schwefelmetalle.   rect auf Silber untersucht werden sollen, behandelt man am besten nach der bei der quantitativen Silberprobe angegebenen Verfahrungsart mit Probirblei und Borax
auf Kohle.   Das silberhaltige Blei, welches man dabei erhält,
treibt man auf Knochenasche ab.   Hat man es mit einer
Substanz zu thun, die reich an Silber ist, so braucht man
nur wenig zur Probe zu nehmen; scheint sie aber sehr arm
an diesem Metalle zu sein, so ist man genöthigt, eine eben
so grosse Menge anzuwenden, wie zu einer quantitativen Probe
auf Silber.   Die Menge des dazu nöthigen Probirbleies und
Boraxglases richtet sich zum Theil nach der zur Probe ver-
wendeten Quantität der zu untersuchenden Substanz, theils
aber auch nach deren Beschaffenheit, ob sie nämlich streng-
flüssige, zu verschlackende Bestandtheile, oder ob sie Kupfer,
Nickel etc. enthält.   Die meisten der oben angeführten geschwefelten Silbermineralien lassen bei der Prüfung auf Kohle
die Gegenwart des Silbers durch Entstehung des S. 402
erwähnten, röthlich gefärbten Beschlags erkennen.

*b)   Verhalten der oben verzeichneten silberhaltigen Mineralien vor dem
Löthrohre.*

Gediegen Silber

schmilzt auf Kohle zur Kugel, nimmt eine blanke Oberfläche
an und erkaltet mit silberweisser Farbe.   Enthält es Antimon,
so bildet sich während des Schmelzens ein schwacher
Gediegen Silber   weisser Beschlag von Antimonoxyd, der sich aber
bei fortgesetztem Blasen röthet (S. 84.)   Enthält es Arsen,
so giebt sich dieses durch den Geruch zu erkennen, während
die Probe schmilzt.

Behandelt man ein kleines Stück des gediegen Silbers
auf Kohle mit Borax im Reductionsfeuer, so bekommt man
ein Glas, welches bisweilen auf Kobalt und Eisen reagirt.

Wismuthsilber.

Das Verhalten vor dem Löthrohre ist nicht bekannt.
Aus den aufgefundenen Bestandtheilen lässt sich aber auf folgendes Verhalten schliessen:

Auf Kohle wird es leicht schmelzen und die Kohle unter schwachem Arsengeruch mit Wismuthoxyd beschlagen.

Mit Probirblei auf Knochenasche abgetrieben, wird es ein Silberkorn hinterlassen; auch wird die Kapelle nach dem Abtreiben von Kupferoxyd dunkelgrün gefärbt erscheinen.

Antimonsilber

schmilzt auf Kohle sehr leicht zum Korne, giebt einen starken Beschlag von Antimonoxyd, der sich später von Silberoxyd röthet, und hinterlässt nach längerem Blasen ein ziemlich reines Silberkorn.   *Antimonsilber.*

Tellursilber

schmilzt in der offenen Glasröhre, ohne sehr zu rauchen, verändert sich aber weiter nicht.

Auf Kohle schmilzt es leicht zur Kugel und giebt einen Theil seines Tellurgehaltes ab, wovon   *Tellursilber.* die Kohle beschlagen wird (S. 81), der grössere Theil bleibt aber beim Silber zurück. Beim Erkalten bedeckt sich die Oberfläche mit lauter kleinen, metallisch glänzenden Kügelchen. Schmelzt man die Verbindung im zerkleinerten Zustande mit Soda oder neutralem oxalsaurem Kali auf Kohle im Reductionsfeuer, so wird das Tellur abgeschieden und das Silber bleibt in Form kleiner Kügelchen zurück. Sammelt man die Kügelchen durch Abschlämmen der anhängenden kohligen und schlackigen Theile im Mörser und löst sie in Salpetersäure auf, so hinterlassen sie gewöhnlich ein wenig Gold.

Das Verhalten des Tellurgoldsilbers vor dem Löthrohre ist nicht bekannt, jedenfalls aber sehr ähnlich dem des eben genannten Minerals.

Silber in Verbindung mit Selen.

Selensilber in einer an einem Ende zugeschmolzenen Glasröhre erhitzt, schmilzt und giebt ein geringes Sublimat.

Auf Kohle schmilzt es, so lange die äussere Flamme angewendet wird, ruhig, in der innern   *Selenmetalle.* Flamme schäumt es aber und glüht beim Erstarren wieder auf.

Mit Soda und Borax behandelt, erhält man ein glänzendes Silberkorn (G. Rose).

Eukairit verhält sich in der offenen Glasröhre wie Selenkupfer (s. dieses S. 382).

Auf Kohle schmilzt es, riecht stark nach Selen und giebt ein graues, weiches, aber nicht geschmeidiges Metallkorn. Mit Blei auf Knochenasche abgetrieben, riecht es stark nach Selen und hinterlässt ein Silberkorn.

Mit Glasflüssen giebt es eine starke Reaction auf Kupfer (Berzelius).

Silber in Verbindung mit Schwefel.

Silberglanz (Glaserz), ebenso **Akanthit**, schmilzt auf Kohle im Oxydationsfeuer unter Aufwallen und Entwickelung von schwefliger Säure nach längerem Blasen *Schwefelmetalls.* zum Silberkorne. War das Mineral nicht rein, so bleibt neben dem Silber etwas Schlacke zurück, die auf Platindraht in Borax aufgelöst, gewöhnlich auf Eisen und zuweilen auch auf Kupfer reagirt.

Mit Soda bekommt man sehr leicht ein Silberkorn.

Melanglanz (Sprödglaserz) in einer an einem Ende zugeschmolzenen Glasröhre erhitzt, decrepitirt, schmilzt dann und giebt bei fortdauernder Erhitzung ein geringes Sublimat von Schwefelantimon; in der offenen Glasröhre schmilzt er und entwickelt dabei Antimonrauch und schweflige Säure.

Auf Kohle schmilzt er sehr leicht, beschlägt im Oxydationsfeuer, unter Ausstossen kleiner Theile, die Kohle mit Antimonoxyd und verwandelt sich in Schwefelsilber, welches nur noch wenig Antimon enthält. Wird das Blasen längere Zeit fortgesetzt, so färbt sich der Beschlag von Antimonoxyd rosa und es bleibt endlich ein Silberkorn zurück, an welchem sich bisweilen eine schlackige Masse wahrnehmen lässt, die, mit Borax geprüft, Reactionen auf Kupfer und Eisen zeigt.

Eugenglanz (Polybasit) schmilzt in einer an einem Ende zugeschmolzenen Glasröhre ausserordentlich leicht, giebt aber nichts Flüchtiges; in der offenen Glasröhre giebt er, nachdem er geschmolzen ist, schweflige Säure und Antimonrauch, der sich zum Theil an das Glas ansetzt. Betrachtet man das Sublimat mit der Loupe, so findet man, dass dasselbe, wenn das Mineral $\bar{A}$s enthält, aus einem Gemenge von Antimonoxyd und krystallinischer arseniger Säure besteht.

Auf Kohle schmilzt er im Oxydationsfeuer sehr leicht unter Spritzen zur Kugel, welche schweflige Säure entwickelt, die Kohle mit Antimonoxyd und, bei Gegenwart von Arsen, auch mit arseniger Säure beschlägt. Nach länger fortgesetztem Blasen bildet sich bisweilen in der Nähe der Probe ein gelblichweisser Beschlag, der auf einen geringen Gehalt von Zink hindeutet, und endlich kommt ein Metallspiegel zum Vorschein. Lässt man das geschmolzene Metallkorn erkalten, so nimmt es auf der Oberfläche eine schwarze Farbe an; auch bemerkt man, dass der weisse Beschlag von Antimonoxyd durch Silberoxyd etwas geröthet worden ist.

Zu Phosphorsalz verhält sich das Metallkorn wie kupferhaltiges Silber.

Rothgiltigerz, lichtes, schmilzt in einer an einem Ende zugeschmolzenen Glasröhre sehr leicht und giebt bei eintretender Rothglühhitze ein geringes Sublimat von Schwefelarsen. Der Rückstand besitzt einen dunkel bleigrauen, blättrigen Bruch und schwachen Metallglanz.

In einer an beiden Enden offenen Glasröhre giebt es, nach und nach bis zum Schmelzen erhitzt, schweflige und arsenige Säure. Ist in dem Minerale ein Theil des Schwefelarsens durch Schwefelantimon ersetzt, so entwickelt sich auch etwas Antimonrauch.

Schwefelmetalle.

Auf Kohle geschmolzen, entwickeln sich anfangs Dämpfe von Schwefel und Arsen, wobei die Kohle mit arseniger Säure (und bei Gegenwart von Antimon auch mit Antimonoxyd) beschlagen wird; später entwickelt sich aber nur schweflige Säure und die geschmolzene Kugel verhält sich wie Schwefelsilber. Wird dieselbe entweder für sich längere Zeit im Oxydationsfeuer oder mit einem Zusatz von Soda im Reductionsfeuer geschmolzen, so verwandelt sie sich in reines Silber.

Xanthokon, in einer an einem Ende zugeschmolzenen Glasröhre erwärmt, ändert seine gelbe Farbe in eine dunkelrothe um, nimmt aber unter der Abkühlung die ursprünglich gelbe Farbe wieder an. Bei etwas stärkerer Hitze schmilzt er und bei eintretender Rothglühhitze giebt er ein geringes Sublimat von Schwefelarsen. Der Rückstand besitzt dieselben Eigenschaften wie der vom lichten Rothgiltigerz. In der offenen Glasröhre und auf Kohle verhält er sich wie lichtes Rothgiltigerz, welches frei von Antimon ist.

Rothgiltigerz, dunkles, schmilzt in einer an einem Ende zugeschmolzenen Glasröhre, nachdem es manchmal erst in kleinere Theile zersprungen ist, sehr leicht und giebt bei anhaltender Rothglühhitze ein Sublimat von amorphem Dreifach-Schwefelantimon. In einer an beiden Enden offenen Glasröhre schmilzt es, entwickelt schweflige Säure und Antimonrauch.

Auf Kohle schmilzt es sehr leicht unter Spritzen zur Kugel, giebt Schwefelantimon ab, beschlägt die Kohle stark mit Antimonoxyd und verwandelt sich in Schwefelsilber, welches jedoch etwas Antimon hartnäckig zurückhält. Wird das Schwefelsilber entweder für sich längere Zeit im Oxydationsfeuer oder mit einem Zusatz von Soda im Reductionsfeuer behandelt, so verwandelt es sich in reines Silber.

Ist in dem dunkeln Rothgiltigerz ein Theil des Schwefelantimons durch Schwefelarsen ersetzt, so giebt sich das Arsen durch den Geruch zu erkennen, wenn man das fein gepulverte Mineral mit Soda oder neutralem oxalsaurem Kali mengt und das Gemenge auf Kohle im Reductionsfeuer schmilzt.

Feuerblende verhält sich in der offenen Glasröhre und auf Kohle wie dunkles Rothgiltigerz.

Silberkupferglanz, in einer an einem Ende zugeschmolzenen Glasröhre erhitzt, schmilzt sehr leicht und giebt nur selten ein wenig Schwefel aus. In einer an beiden En-

den offenen Glasröhre schmilzt er zur Kugel, giebt schweflige
Säure, aber kein Sublimat, wenn er rein ist.

Schwefelmetalle. Auf Kohle schmilzt er sehr leicht zur Kugel,
die im Oxydationsfeuer bloss schweflige Säure
entwickelt, sobald das Mineral frei von Antimon und Arsen
ist. Die geschmolzene Kugel besitzt Metallglanz, ist halb geschmeidig und grau im Bruche. Mit Glasflüssen behandelt,
reagirt sie stark auf Kupfer, bisweilen auch schwach auf
Eisen. Wird sie hierauf mit einer hinreichenden Menge von
Probirblei auf Knochenasche abgetrieben, so bleibt ein Silberkorn zurück und die Kapelle erscheint von Kupferoxyd dunkelgrün gefärbt.

Jalpait verhält sich wie das vorhergehende Mineral.

Miargyrit, in einer an einem Ende zugeschmolzenen
Glasröhre erhitzt, decrepitirt, schmilzt sehr leicht und giebt
einen Anflug von Schwefelantimon. In einer an beiden Enden offenen Glasröhre giebt er schweflige Säure und viel Antimonrauch.

Auf Kohle schmilzt er sehr leicht und ruhig unter Entwickelung von schwefliger Säure und starkem Antimonrauch
zur grauen Kugel, die, längere Zeit mit der Oxydationsflamme
behandelt, sich in ein blankes Silberkorn umändert. Der vorher entstandene Beschlag von Antimonoxyd färbt sich dabei
röthlich von Silberoxyd. Wird das Silberkorn hierauf mit
Phosphorsalz im Oxydationsfeuer behandelt, und das sich dabei bildende emailähnlich grünlich gefärbte Glas mit Zinn im
Reductionsfeuer umgeschmolzen, so entsteht eine schwache,
aber deutliche Reaction auf Kupfer.

Sternbergit giebt in einer an beiden Enden offenen
Glasröhre schweflige Säure, sonst aber weiter nichts Flüchtiges.

Auf Kohle schmilzt er unter Entwickelung von schwefliger
Säure zur Kugel, die sich mit ausgeschiedenem metallischem
Silber bedeckt und nach dem Erkalten dem Magnete folgt.

Im gepulverten Zustande auf Kohle abgeröstet und das
Geröstete auf Kohle mit Borax im Reductionsfeuer behandelt,
bekommt man ein undurchsichtiges, schwarzes Glas und ein
Silberkorn. Schmelzt man einen kleinen Theil dieses Glases
mit Borax auf Platindraht im Oxydationsfeuer zusammen, so
bildet sich eine klare, von Eisenoxyd stark gelb gefärbte Perle.

Schilfglaserz, in einer an beiden Enden offenen Glasröhre erhitzt, giebt schweflige Säure und Antimonrauch, der
in seinem nicht zu verflüchtigenden Theile auch antimonsaures Bleioxyd enthält.

Auf Kohle schmilzt es leicht, beschlägt dabei die Kohle
in gewisser Entfernung mit Antimonoxyd, welches mit schwefelsaurem Bleioxyd gemengt ist, und näher der Probe bildet sich
ein Beschlag von Bleioxyd, der mit antimonsaurem Bleioxyd

gemengt ist und eine dunkelgelbe Farbe besitzt. Nach Entfernung des Schwefelantimons und des Schwefelbleies röthet sich der Beschlag sehr stark und es bleibt endlich ein Silberkorn zurück, welches durch Behandeln mit Borsäure auf Kohle rein erhalten werden kann. **Schwefelmetalle.**

Weissgiltigerz, lichtes, von Freiberg, in der offenen Glasröhre erhitzt, schmilzt und giebt viel Antimonrauch, der sich eben so verhält wie der vom Schilfglaserz. Auch entwickelt sich schweflige Säure.

Auf Kohle schmilzt es sehr leicht, breitet sich aus, beschlägt die Kohle stark mit Antimonoxyd und Bleioxyd und hinterlässt zerstreute kleine graulichweisse Metallkörner. Ein geringer Zinkoxydbeschlag kann wegen des zu starken Bleioxydbeschlags nicht wahrgenommen werden. Setzt man zu den Metallkörnern etwas Borax und sucht diese, während des Zusammenschmelzens genannten Flusses, im Reductionsfeuer zu vereinigen, so erhält man ein von Eisenoxyd-Oxydul bouteillengrün gefärbtes Glas und ein kleines Silberkorn, welches, mit Phosphorsalz geprüft, eine schwache Reaction auf Kupfer hervorbringt.

Wismuthsilbererz (Silberwismuthglanz). Vom Löthrohrverhalten dieses Minerals ist nur so viel bekannt, dass es auf Kohle leicht schmilzt, dieselbe mit Blei- und Wismuthoxyd beschlägt, schweflige Säure entwickelt und ein Silberkorn hinterlässt, welches noch geringe Mengen von Blei, Wismuth und Kupfer enthält.

Die Verbindung des Silbers mit Chlor, als

Chlorsilber (Silberhornerz, Hornsilber), schmilzt auf Kohle im Oxydationsfeuer (manchmal unter Kochen) sehr leicht zur Kugel, die nach der Reinheit des Minerals perlgrau, bräunlich oder schwarz erscheint. **Chlorsilber** Im Reductionsfeuer wird es nach und nach, und durch Zusatz von Soda sogleich, in metallisches Silber verwandelt.

Mit Kupferoxyd auf Kohle im Reductionsfeuer geschmolzen, bildet sich Chlorkupfer, welches die äussere Flamme azurblau färbt.

In einem Glaskölbchen mit doppelt-schwefelsaurem Kali geschmolzen, vereinigt es sich unter dem flüssigen Salze zur Perle, die nach der Abkühlung weiss erscheint. Löst man das saure Salz durch Unterstützung von Wärme in Wasser auf, trocknet die zurückgebliebene Chlorsilberperle zwischen Fliesspapier gut ab, und setzt sie dem Sonnenlichte aus, so färbt sie sich bald grau bis violett.

Die Verbindungen des Silbers mit Chlor und Brom

schmelzen auf Kohle sehr leicht, die geschmolzene Masse brei-

tet sich aus, und reducirt sich unter Entwickelung eines
stechenden Geruchs allmählich zu metallischem Silber. Mit
Bromschlorsilber. einem Zusatz von Soda geschieht die Reduction
viel schneller. Wird die dabei in die Kohle gedrungene alkalische Masse ausgebrochen, in Wasser gelöst,
die Lösung zur Trockniss abgedampft und das trockene Salz
in einem Glaskölbchen mit doppelt-schwefelsaurem Kali geschmolzen, so entwickeln die bromreicheren Verbindungen
rothgelbe Bromdämpfe.

Mit Kupferoxyd auf Kohle im Reductionsfeuer geschmolzen, wird die äussere Flamme anfangs grünlich, später aber
intensiv blau gefärbt.

Mit doppelt-schwefelsaurem Kali in einem Glaskölbchen
geschmolzen, bilden sämmtliche Verbindungen unter dem
flüssigen Salze einen dunkelrothen Tropfen, welcher nach dem
Erstarren hell citrongelb erscheint. Löst man das geschmolzene Kalisalz in warmem Wasser auf, und setzt die zurückbleibende gelbe Perle nach völliger Reinigung ihrer Oberfläche der Einwirkung des Sonnenlichtes aus, so färbt sie
sich nach und nach. Die Verbindungen, in denen Chlorsilber
vorherrscht, nehmen eine grünlich graue Färbung an, diejenigen dagegen, welche mehr Bromsilber enthalten, erscheinen
schmutzig grün.

Silber in Verbindung mit Brom.

Bromsilber. Das Löthrohrverhalten des natürlichen
Bromsilbers ist nicht bekannt. Das künstliche schmilzt auf
Bromsilber. Kohle ausserordentlich leicht, breitet sich etwas
aus, entwickelt sowohl im Oxydationsfeuer als
im Reductionsfeuer einen stechenden Geruch nach Brom
und hinterlässt nach längerem Blasen metallisches Silber.
Mit Kupferoxyd im Reductionsfeuer geschmolzen, färbt es die
äussere Flamme anfangs grünlich, später aber intensiv grünlichblau.

Im Glaskölbchen schmilzt es sehr leicht; im flüssigen Zustande besitzt es eine ganz dunkelrothe Farbe, wird aber
beim Erstarren heller, so dass es nach dem Erkalten intensiv
gelb erscheint und fast durchsichtig ist. Mit doppelt-schwefelsaurem Kali geschmolzen, entwickelt es Bromdämpfe in sehr
geringer Menge und die das Bromsilber umgebende Flüssigkeit färbt sich gelb. Wird das saure Salz in warmem Wasser aufgelöst und das geschmolzene, auf der Oberfläche gereinigte und getrocknete Bromsilber dem Sonnenlichte ausgesetzt, so färbt es sich nach und nach dunkel spargelgrün.

Die Verbindung des Silbers mit Jod, als

Jodsilber, künstliches, schmilzt auf Kohle ausser-

ordentlich leicht, breitet sich aus, verbreitet einen stechenden
Jodgeruch, färbt die äussere Flamme röthlich und hinterlässt
sehr bald zerstreute metallische Silberkörner. Mit
Kupferoxyd im Reductionsfeuer geschmolzen, färbt $\quad$ _Jodsilber._
es die äussere Flamme grün.

Im Glaskölbchen schmilzt es sehr leicht zu einer dunkelrothen Flüssigkeit, nimmt aber beim Erstarren eine gelbe
Farbe an und wird undurchsichtig. Setzt man doppelt-schwefelsaures Kali hinzu, und schmelzt es unter diesem Salze um,
so bildet es einen dunkelrothen Tropfen und entwickelt Joddämpfe. Wird das saure Salz in heissem Wasser gelöst und
die Jodsilberperle, nach dem sie auf der Oberfläche gereinigt
ist, dem Sonnenlichte ausgesetzt, so findet eine Veränderung
der gelben Farbe nicht Statt.

c) _Probe auf Silber in Hüttenprodukten._

Wie die oben (S. 401) genannten Hüttenprodukte auf
Silber untersucht werden, ergiebt sich aus dem, was bei der
Probe auf Silber im Allgemeinen gesagt ist.

15) Platin = Pt, Palladium = Pd, Rhodium = Rh, Iridium = Ir, Ruthenium = Ru und Osmium = Os.

Vorkommen dieser Metalle im Mineralreiche.

Sie finden sich a) im metallischen Zustande in folgenden Mineralien:

Platin, gediegen = Pt, fast stets mit etwas Fe, Cu, Rh, Ir,
Pd und Os verbunden, so dass der Gehalt an Pt bis auf
einige 70 Proc. herabgezogen werden kann; besonders beträchtlich ist der Gehalt an Fe, welcher von 5,3 bis fast
13 Proc. gefunden worden ist;

Platiniridium (gediegen Iridium) = 27,8—76,8 Ir, 19,6—55,4
Pt, ausserdem Rh, Pd, Fe und Cu enthaltend;

Palladium, gediegen = Pd, verbunden mit geringen Mengen
von Pt und Ir;

Palladiumgold, $\Big\}$ s. Gold;
Rhodiumgold, $\Big\}$

Osmiridium, lichtes = IrOs mit 46,7 Ir, 49,3 Os nebst wenig Rh, Ru und Fe;

Iridosmin (dunkles Osmiridium) = IrOs² mit circa 25 Proc. und
IrOs⁴ mit circa 20 Proc. Ir; vielleicht auch Ru enthaltend.

Auch finden sich von den oben genannten Metallen zwei

b) im oxydirten Zustande im

Irit, vielleicht = (Ir, Os, Fe) + (Ir, Os, Cr) mit 55,2 Ir,
9,3 Os, 10,5 Fe, 10,0 Cr.

Nach Pettenkofer (Dinglers Journal Bd. CIV,
S. 198 ff., auch Polytechn. Centralblatt 1847, S. 1085) soll

das Platin sehr verbreitet sein und alles im Handel und Wandel vorkommende Silber Platin enthalten.

Verhalten der vorgenannten Mineralien vor dem Löthrohre.

Gediegen Platin und Platiniridium sind vor dem Löthrohre unschmelzbare Verbindungen verschiedener Metalle, die man durch eine weitere Behandlung vor dem Löthrohre nicht so zu zerlegen im Stande ist, dass man sich von jedem einzelnen Metalle durch eine bestimmte Reaction überzeugen könnte.

Metall-Verbindungen.

Prüft man sie mit Borax oder Phosphorsalz, so schmelzen sie nicht, oxydiren sich nicht und lösen sich nicht auf; man erhält dabei (wenn man die Verbindung vorher mit einer Feile recht fein zertheilt hat) zwar mehr oder weniger gefärbte Glasperlen, allein diese Färbung rührt von den beigemischten oxydirbaren Metallen, namentlich vom Eisen und Kupfer her, die man auf diese Weise auffinden kann.

Schmilzt man dergleichen Verbindungen auf Kohle neben Borax mit Probirblei zusammen und versucht das Metallgemisch auf Knochenasche abzutreiben, so dauert diese Operation nur so lange, als es die vor dem Löthrohre unschmelzbaren Metalle zulassen. Man erhält am Ende eine unschmelzbare Verbindung, in der sich noch viel Blei befindet, und die daher eine glanzlose Oberfläche besitzt und etwas spröde ist. Setzt man aber ein nicht zu kleines Goldkorn zu und treibt bei starker Hitze ab, so gelingt es bisweilen, ein von Blei völlig reines, glänzendes, gelblichweisses oder schon beinahe platingraues Metallkorn zu erlangen. Bringt man es auf der Kapelle nicht rein, so behandelt man es mit verglaster Borsäure auf Kohle. Man verfährt dabei auf folgende Weise: Man bohrt sich entweder auf dem Querschnitt oder auf derjenigen Seite einer guten Kohle, auf welcher die Jahresringe auf der Kante stehen, oder auf einem Kohlenschützchen ein flaches Grübchen, legt das noch bleihaltige Metallgemisch hinein, bedeckt es mit ein wenig verglaster Borsäure und behandelt das Ganze mit der Spitze der blauen Flamme. Ist das Metallkorn flüssig, so neigt man die Kohle so, dass dasselbe unter dem ebenfalls flüssig gewordenen Boraxglase hervortritt und viel Oberfläche darbietet, aber mit dem Glase noch in Berührung bleibt. Man richtet nun die Spitze der blauen Flamme eine längere Zeit ununterbrochen auf das flüssige Glas und gestattet der Luft freien Zutritt zu dem Metalle; es oxydirt sich auf diese Weise alles noch beigemischte Blei und löst sich in der Borsäure auf, so dass das Metallkorn eine glänzende Oberfläche bekommt.

Das so erhaltene Metallgemisch von Gold, Platin, Rhodium, Iridium, Palladium und Osmium (Eisen und Kupfer sind

entfernt), plattet man aus, erbitzt das dünne Blättchen auf
Kohle bis zum Glühen und löst es in Königswasser auf, wobei
das Iridium metallisch fein zertheilt mit schwarzer
Farbe zurückbleibt. Die Auflösung giesst man _{Metall-Verbindungen.}
in ein Porcellanschälchen, versetzt sie mit so viel
Chlorammonium, als nöthig ist, um alles Platin in Platinsalmiak
zu verwandeln, und dampft das Ganze bei gelinder
Wärme bis zur Trockniss, und zwar mit der Vorsicht ab, dass
dabei eine theilweise Zersetzung der gebildeten Salze nicht
erfolgen kann. Die trockenen Salze bringt man auf ein kleines
Filtrum und wäscht sie mit 60—70grädigem Spiritus so
lange aus, bis sich ein neuer Zusatz von Spiritus nicht mehr
gelb färbt. Das Gold löst sich hierbei neben noch andern
auflöslichen Salzen auf und kann aus der mit etwas Wasser
versetzten Flüssigkeit, nachdem der in demselben befindliche
Alkohol durch Verdampfen entfernt worden ist, durch eine
Auflösung von Eisenvitriol in der Wärme metallisch ausgefüllt
werden. Das zurückbleibende Doppelsalz besitzt eine
hellgelbe Farbe und verwandelt sich beim Glühen im Platinlöffel
in metallisches Platin von schwammiger Beschaffenheit.
Auf die im gediegenen Platin noch vorkommenden geringen
Mengen von Rhodium, Palladium und Osmium kann man bei
so kleinen Proben keine Rücksicht nehmen.

Das metallisch ausgefüllte Gold kann man nach der Filtration
mit einem kleinen Zusatz von Borax oder Phosphorsalz
auf Kohle zum Korne schmelzen. In der Regel erhält
man ein reines Goldkorn. Gesetzt aber, dasselbe zeigte sich
nicht ganz rein, so schmilzt man es mit 3 Theilen reinen
Silbers neben Borax auf Kohle im Reductionsfeuer zusammen,
behandelt die Legirung zuerst mit Salpetersäure und das zurückbleibende
Gold nach dem Aussüssen noch mit doppeltschwefelsaurem
Kali, wie es bei der quantitativen Goldprobe
für rhodiumhaltiges Gold speciell beschrieben worden soll; es
werden auf diese Weise alle Metalle, welche noch beim Golde
sein können, vollständig abgeschieden. Wird das gut ausgekochte
Gold dann auf Kohle zum Korne geschmolzen, so
zeigt es sich völlig rein.

Löst man gediegen Platin in Königswasser auf, dampft
die blutrothe Auflösung bis nahe zur Trockniss ab, verdünnt
die noch hinreichend saure Auflösung mit etwas Wasser und
setzt ein Paar Tropfen Kaliauflösung hinzu, so entsteht ein
gelber Niederschlag, der hauptsächlich aus Kalium-Platinchlorid
besteht.

Palladium, gediegen. Das Verhalten dieses gediegenen
Metalles vor dem Löthrohre ist nicht bekannt.

Palladium, welches aus Palladiumoxyd reducirt, aber noch
nicht geschmiedet ist, verhält sich nach Berzelius, wie folgt:

Vorsichtig auf Platinblech über der Spirituslampe bis zur
anfangenden Glühung erhitzt, läuft es blau an, was bei vollkommener Glühung wieder verschwindet.

Metall-
Verbindungen. Für sich auf Kohle ist es unschmelzbar und
unveränderlich. Mit Schwefel schmilzt es im Reductionsfeuer. Im Oxydationsfeuer brennt der Schwefel fort
und das Palladium bleibt zurück.

Mit doppelt-schwefelsaurem Kali in einem hinreichend
weiten Glaskölbchen geschmolzen, wird es unter Entwickelung
von schwefliger Säure von diesem Salze aufgelöst. Das Salz
erscheint nach der Abkühlung gelb.

Osmiridium, lichtes, ist vor dem Löthrohre unschmelzbar. Wird es mit Salpeter im Glaskolben geschmolzen, so
entwickelt es Dämpfe von Osmiumsäure, die sich sehr deutlich durch ihren unangenehmen Geruch zu erkennen geben.

Iridosmin (Osmiridium, dunkles) ist zwar vor dem
Löthrohre unschmelzbar, verbreitet aber einen Geruch von
Osmium; auch zeichnet es sich nach G. Rose von dem vorigen dadurch aus, dass es im Löthrohrfeuer seinen Glanz verliert, sich dunkel färbt und schon in der Weingeistflamme
die Reaction des Osmiums hervorbringt, nämlich die Flamme
leuchtend macht, als ob reines ölbildendes Gas verbrenne.
Mit Salpeter im Glaskolben geschmolzen, entwickelt es
noch mehr Dämpfe von Osmiumsäure als das vorige.

Irit ist vor dem Löthrohre unschmelzbar, auch in allen
Säuren unauflöslich.

Mit Salpeter im Glaskolben geschmolzen, entwickelt er
Osmiumsäure.

16) Gold = Au.

**Vorkommen dieses Metalles im Mineralreiche und in Hütten-
produkten.**

Die grösste Menge des Goldes findet man in der Natur
metallisch, aber nie rein, sondern allemal in Verbindung mit
andern Metallen in folgenden Mineralien:

a) In Verbindung mit Silber im
Gediegen Gold, d. i. eine Verbindung von Au und Ag in
unbestimmten und so verschiedenen Verhältnissen, dass dieselbe von 0,16 bis fast zu 40 Proc. Ag enthält; auch finden sich zuweilen Spuren von Cu und Fe darin.

b) In Verbindung mit Quecksilber im
Goldamalgam, von der Zusammensetzung $AuHg^2$ mit 39,5 Au
und $(Au, Ag)^2 Hg^3$ mit 36,6 Au und 5,0 Ag;

c) In Verbindung mit Palladium im
Palladiumgold, Ouro poudre genannt, von Porpez in Brasilien,
mit 86 Au, 41 Ag, 0,8 Pd.

d) In Verbindung mit Rhodium im

Rhodiumgold aus Mexico, welches 34 bis 43 Proc. Rhodium
enthält.

e) In Verbindung mit Tellur im
Schrifterz, nach der Analyse von Petz $= AgTe + 2 AuTe^3$
mit 59,6 Te, 26,5 Au und 13,9 Ag incl. sehr geringen
Mengen von Pb, Sb, und Cu;

Tellursilber,
Tellurgoldsilber,   } s. Silber;

Gediegen Tellur, s. Tellur.

f) In Verbindung mit Tellur, wobei aber ein Theil des
Tellurs durch Antimon ersetzt ist, im
Weisstellur (Gelberz) $=$ (Au, Ag, Pb) (Te, Sb)^3 mit 24,8 bis
29,6 Au, 2,7–14,6 Ag und 2,5–19,5 Pb.

g) In Verbindung mit Tellur und Schwefelmetallen im
Blättererz, s. Blei, S. 333.

h) In einem Minerale, dessen Bestandtheile noch nicht quan-
titativ bestimmt sind, dem
Phyllinglanz aus Deutsch-Pilsen in Ungarn; er enthält Sb, Pb,
Te, Au und S, nebst Spuren von Se und Ag.

i) Als zufälliger Bestandtheil mancher Schwefel-,
Arsen- und Kupferkiese sowie Zinkblenden.

Von den Hüttenprodukten, in denen das Gold einen
Hauptbestandtheil ausmacht, ist hauptsächlich nur das bei der
Amalgamation der Golderze erzeugte Goldamalgam zu erwähnen. Bei der Verschmelzung goldhaltiger Silbererze findet sich das Gold auch als Nebenbestandtheil in mehreren
bereits beim Silber angeführten Hüttenprodukten, namentlich
im Brandsilber, Blicksilber, Werkblei, Rohstein,
Bleistein, sowie auch in derjenigen Speise, die beim Verschmelzen goldhaltiger Arsenkiese fällt.

Probe auf Gold
mit Einschluss des Löthrohrverhaltens der hierher gehörigen goldhaltigen Mineralien.

a) *Probe auf Gold im Allgemeinen.*

Verbindungen des Goldes mit anderen Metallen geben,
sobald die mit dem Golde verbundenen Metalle bei erhöhter
Temperatur flüchtig sind, auf Kohle einen Beschlag,
wenn sie im Oxydationsfeuer geschmolzen werden,   *Metall-
Verbindungen.*
wie z. B. Tellur, Antimon, Quecksilber und Blei.
Auch kann man das Quecksilber in einem kleinen Glaskolben oder in einer an einem Ende zugeschmolzenen Glasröhre abscheiden, wie es beim Silberamalgam (S. 395) angegeben wurde, und das Blei durch Abtreiben auf Knochenasche entfernen. Sind diese Metalle entfernt, so bleibt das
Gold, im Fall es frei von solchen Metallen ist, die nicht flüchtig sind, ziemlich rein zurück und lässt sich an seiner gold-

gelben Farbe erkennen. Enthält es aber dergleichen Metalle,
wie namentlich Kupfer, Silber, Platin, Palladium, Rhodium
etc., so müssen diese Metalle nach besonderen Methoden getrennt werden, wie sie so eben beschrieben werden sollen.

Metall-
Verbindungen.

Enthält das Gold z. B. Kupfer und Silber, wovon man
sich sehr leicht durch eine Prüfung mit Phosphorsalz auf Kohle
im Oxydationsfeuer überzeugen kann, so muss man zuerst
die Legirung mit einer hinreichenden Menge von Probirblei
auf Knochenasche abtreiben (s. die quantitative Goldprobe).
Man entfernt dadurch das Kupfer vollständig und behält nur
noch eine Legirung von Gold und Silber übrig. Erscheint
das Metallkorn gelb, so ist dies ein Beweis, dass der Gehalt
an Silber nicht bedeutend ist; man prüft es daher nur mit Phosphorsalz auf Kohle im Oxydationsfeuer, wobei man eine Glasperle bekommt, die unter der Abkühlung ein opalartiges Ansehen annimmt (s. Silberoxyd S. 134). Besitzt das Metallkorn aber mehr die Farbe des Silbers, so kann der Goldgehalt geringer sein als der des Silbers. In diesem Falle legt
man das Metallkorn in ein Porcellanschälchen, übergiesst es
mit ein wenig Salpetersäure und erwärmt. Enthält das Metallkorn weniger oder bis etwa den vierten Theil seines Gewichtes an Gold, so färbt es sich anfangs schwarz und wird
dann nach und nach zerlegt, indem sich das Silber auflöst,
das Gold aber mit schwarzer oder brauner Farbe fein zertheilt oder als eine zusammenhängende Masse zurückbleibt.
Enthält das Metallkorn mehr als den vierten Theil Gold, so
färbt es sich zwar ebenfalls schwarz, es findet aber keine
Auflösung des Silbers Statt. Ist das Verhältniss des Goldes
zum Silber ziemlich gleich, so bleibt das Metallkorn in der
Säure unverändert. In den letzteren beiden Fällen muss man
das Metallkorn dem Gewichte nach mit wenigstens zwei Mal
so viel goldfreien Silbers auf Kohle neben etwas Borax zusammenschmelzen und wieder mit Salpetersäure behandeln,
wo dann eine vollständige Trennung stattfindet. Will man
das zurückbleibende Gold zu einem Korne vereinigen, so muss
man es mit destillirtem Wasser gut auskochen und aussüssen
und dann entweder mit Borax auf Kohle zusammenschmelzen,
oder mit ein wenig Probirblei auf Knochenasche abtreiben,
wie es speciell bei der quantitativen Goldprobe angegeben
werden soll. Es muss dann eine rein goldgelbe und glänzende Oberfläche besitzen.

Ein auf diese Weise erhaltenes Goldkorn enthält öfters
noch Spuren von Silber; will man es ganz frei von Silber
darstellen, so muss bei der Scheidung dasjenige beobachtet
werden, was bei der quantitativen Goldprobe für Metalllegirungen angegeben werden soll.

Enthält das Gold solche Metalle, die vor dem Löthrohre

für sich nicht geschmolzen werden können, wie namentlich Platin, Iridium, Palladium und Rhodium, so zeigt sich eine derartige Legirung vor dem Löthrohre schwerer schmelzbar als reines Gold; auch geben sie sich dadurch zu erkennen, dass, wenn man eine solche Legirung in Königswasser auflöst, ein Gehalt an Iridium zurückbleibt und die Auflösung eine dunklere Farbe besitzt als die des reinen Goldes. Wie man die genannten Metalle vom Golde trennt, soll bei der quantitativen Goldprobe speciell beschrieben werden.

Um einen geringen Goldgehalt in Schwefel-, Arsen- und Kupferkiesen, so wie in den verschiedenen, aus Schwefel- und Arsenmetallen bestehenden Hüttenprodukten aufzufinden, verfährt man, wie es bei der quantitativen Goldprobe für dergleichen Erze und Produkte speciell angegeben werden soll.

b) Verhalten der goldhaltigen Mineralien vor dem Löthrohre.

Gediegen Gold

schmilzt auf Kohle zur Kugel, die mit blanker Oberfläche erstarrt. Die Farbe der Kugel erscheint um so reiner goldgelb, je weniger Silber vorhanden ist.

Mit Phosphorsalz auf Kohle im Oxydationsfeuer behandelt, bildet sich eine Glasperle, die in Folge aufgenommenen Silberoxydes unter der Abkühlung opalisirt.

Goldamalgam giebt, im Glaskolben erhitzt, metallisches Quecksilber und hinterlässt eine schwammige Masse, die auf Kohle mit einem Zusatz von Borax geschmolzen, sich zu einem Goldkorne vereinigt, welches von einem geringen Gehalte an Silber eine lichte goldgelbe Farbe besitzt.

Palladiumgold und Rhodiumgold.

Von diesen beiden Mineralien ist über ihr Verhalten vor dem Löthrohre nur so viel bekannt, dass sie auf Kohle schmelzen und eine geschmeidige Legirung bilden. (Ueber dergleichen Legirungen s. man Probe auf Gold im Allgemeinen.)

Gold in Verbindung mit Tellur.

Schrifterz. Nach Berselius setzt es in einer offenen Glasröhre einen weissen Rauch ab, der zunächst der Probe grau ist (von sublimirtem Tellur). Der Rauch schmilzt zu klaren, durchsichtigen Tropfen, wenn die Flamme darauf gerichtet wird; er riecht säuerlich, aber ohne die mindeste Spur von einem Rettiggeruch.

Auf Kohle schmilzt es zu einer dunkelgrauen Metallkugel, beschlägt die Kohle mit einem weissen Rauche, der mit einem blaugrünen Scheine verschwindet, wenn man ihn mit der Reductionsflamme berührt. Nach fortgesetztem Blasen bleibt ein lichtgelbes Metallkorn zurück, das im Erstarrungsmomente aufglüht. Das nach der Abkühlung vollkommen glänzend erscheinende Metallkorn ist geschmeidig.

Weisstellur (Gelberz) verhält sich in der offenen Glasröhre ähnlich wie das vorhergehende Mineral.

Metall-Verbindungen.

Auf Kohle schmilzt es leicht zur Kugel, beschlägt die Kohle zuerst mit Tellurrauch, der sich mit der Reductionsflamme unter einem blaugrünen Scheine forttreiben lässt; dann entsteht bei fortgesetztem Blasen ein gelber Beschlag von Bleioxyd, und endlich bleibt ein Metallkorn zurück, welches zwar die Farbe des Silbers zeigt, sich jedoch nicht in Salpetersäure auflösen lässt. Schmilzt man es aber mit zwei Mal so viel chemisch reinen Silbers zusammen und behandelt es abermals mit Salpetersäure, so löst sich alles Silber auf und es bleibt ziemlich viel Gold zurück.

Phyllinglanz. In einer an einem Ende zugeschmolzenen Glasröhre schwach erhitzt, verändert sich das Mineral nicht, bei stärkerer Hitze schmilzt es und giebt ein geringes weisses Sublimat, welches sich aber nicht wieder verflüchtigen lässt.

Tellurgold mit Schwefelmetallen.

In der offenen Glasröhre schmilzt es bei schwacher Hitze zwar nur unvollkommen, entwickelt aber schweflige Säure und einen weissen Rauch, der sich ziemlich nahe der Probe an das Glas ansetzt, das Ansehn von einer Verbindung des Antimonoxyds mit Antimonsäure besitzt und bei stärkerer Hitze, wobei das Mineral zur Kugel schmilzt, sich noch vermehrt. Die geschmolzene Probe ist mit einem braunen Glase umgeben, welches an den Kanten durchscheinend und von gelber Farbe ist.

Auf Kohle für sich schmilzt es sehr leicht, breitet sich aus, raucht und verflüchtigt sich bis auf einige ganz kleine zerstreute Goldkörner, während es einen kaum bemerkbaren Geruch nach Selen wahrnehmen lässt. Es bildet sich dabei ein weisser Beschlag, welcher, wenn er mit der Flamme berührt wird, mit einem schwach grünlichblauen Scheine verschwindet und gelbe Flecke hinterlässt. Der weisse Beschlag besteht demnach hauptsächlich aus einem Gemenge von Antimonoxyd und schwefelsaurem Bleioxyd.

Mit Borax auf Kohle im Oxydationsfeuer behandelt, bildet sich ein weisser Antimonbeschlag, der jedoch eine dunkelgelbe Kante hat, zum Beweis, dass etwas Tellur vorhanden ist. Das übrig bleibende Metallkorn besitzt Glanz und die Farbe des reinen Goldes. Die Boraxglasperle erscheint farblos und ist vollkommen klar.

c) Probe auf Gold in Hüttenprodukten.

Alles, was bei der Probe auf Gold in Hüttenprodukten

zu berücksichtigen ist, ergiebt sich aus dem, was bei der Probe auf Gold im Allgemeinen gesagt wurde.

17) Titan = Ti.

Vorkommen dieses Metalles im Mineralreiche und in Hütten-produkten.

In der Natur findet man das Titan nur im oxydirten Zu-stande und zwar:

a) Als Säure für sich im

Anatas, Brookit (Arkansit) und Rutil = Ti mit 60,1 Ti; welche Mineralien jedoch öfters geringe Mengen von Fe, Mn und zuweilen Sn enthalten. Der sogenannte Ilmenorutil ist eine eisenreiche Abänderung.

b) Als Säure in Verbindung mit Erden und Metall-oxyden in folgenden Mineralien:

Perowskit, Titanit und Schorlamit, s. Kalkerde;

Polymignit, Polykras, Aeschynit, Euxenit und Yttrotitanit, siehe Yttererde;

Oerstedtit, s. Zirkonerde;

Tschewkinit und Mosandrit, s. Cer;

Titaneisen, s. Eisen.

Auch macht das Titan einen geringen und unwesentlichen Bestandtheil einiger anderer Mineralien aus, die ebenfalls früher schon genannt worden sind.

In Hüttenprodukten kommt Titan vor:

a) In Verbindung mit Cyan und Stickstoff, theils krystalli-sirt auf manchen Eisenhohofenschlacken in kleinen kupfer-rothen Hexaëdern, die nach Wöhler zusammengesetzt sind aus $TiC^3N + 3Ti^3N$ mit 78 Ti, 18,1 N und 3,4 C oder 16,2 Titancyanür und 83,8 Stickstofftitan, theils in mehr oder weniger zusammenhängenden unregelmässig gestalteten Partieen zuweilen in den beim Ausblasen der Eisenhohöfen sich bildenden Eisensauen.

Auch sollen b) nach Kersten manche Hohofenschlacken ihre schöne blaue Farbe einem geringen Gehalt an Titanoxyd zu verdanken haben.

Probe auf Titan
mit Einschluss des Löthrohrverhaltens der titanhaltigen Mineralien.

a) Probe auf Titan im Allgemeinen.

Mineralien, die hauptsächlich nur aus Titansäure bestehen, können sehr leicht durch ihr Verhalten zu den Glasflüssen und Soda erkannt werden (s. Titansäure, S. 136).

Ist die Titansäure aber an Basen gebunden oder über-haupt mit Erden und Metalloxyden verbunden, so ist es nicht

immer möglich, dieselbe durch die Glasflüsse sofort zu erkennen, weil manche der basischen Bestandtheile die Reaction
                auf Titan unterdrücken.   Sind ausser Titansäure
Oxyde und Salze. nur Oxyde des Eisens in nicht zu grosser Menge
vorhanden, so lässt sich aus dem Verhalten der Substanz zu
Phosphorsalz im Reductionsfeuer auf die Gegenwart eines Titangehaltes schliessen, wenn die Perle unter der Abkühlung
an Farbe dunkler und mehr oder weniger braunroth wird
und man überzeugt ist, dass die Substanz frei von Wolfram ist.   Ist der Titangehalt bedeutend, so kann in dem Phosphorsalzglase mit Zinn auf Kohle im Reductionsfeuer eine
violette Farbe hervorgebracht werden (Titanoxyd).

Nach Riley (Quart. Journ. of the Chem. Soc. XII. 13;
desgleichen Erdm. Journ. Bd. 79 p. 64) soll, wenn bei einem
geringen Titangehalte der Substanz die violette Färbung
nicht deutlich zum Vorschein kommt, die Anwendung eines
Stückchens metallischen Zinks der des Zinns vorzuziehen sein.

In zusammengesetzten Substanzen, die mit Glasflüssen
keine entscheidende Reaction auf Titan geben, lässt sich selbst
noch ein geringer Gehalt an Titan auf folgende Weise auffinden: Man schmilzt die ganz fein gepulverte Verbindung
mit der 6—8fachen Gewichtsmenge doppelt-schwefelsauren
Kali's in mehreren Portionen im Platinlöffel bei mässiger Rothglühhitze (S. 147), löst die geschmolzene Masse in einem kleinen Porcellangefäss über der Lampenflamme in einer gerade
hinreichenden Menge von Wasser auf und lässt das Ungelöste
sich absetzen.   Die Auflösung kann bis zum Kochen erhitzt
werden, sobald dieselbe concentrirt ist.

Die klare Flüssigkeit giesst man in ein grösseres Porcellangefäss, versetzt sie zuerst mit einigen Tropfen Salpetersäure, verdünnt sie hierauf mit wenigstens 6 Mal so viel Wasser und bringt sie zum Kochen.   War in der Substanz ein
Gehalt an Titan vorhanden, so hat sich dieser nebst anderen
Bestandtheilen beim Schmelzen mit doppelt-schwefelsaurem
Kali und bei der Behandlung mit Wasser aufgelöst, wird aber
durch anhaltendes Kochen aus der sauren Auflösung als Titansäure mit weisser Farbe ausgefällt.   Wird die Auflösung
vor dem Kochen nicht durch Salpetersäure erst sauer gemacht,
so erhält man von eisenhaltigen Substanzen eine gelb gefärbte
eisenhaltige Titansäure.   Die ausgefällte Titansäure sammelt
man auf einem kleinen Filtrum, süsst sie mit Wasser aus,
dem etwas Salpetersäure zugesetzt worden ist, und prüft sie
mit Phosphorsalz entweder auf Platindraht oder auf Kohle.
Ist die Menge der Titansäure so gering, dass sie dem Phosphorsalzglase im Reductionsfeuer die bekannte, von Titanoxyd
entstehende, violette Farbe nicht ertheilt, so darf man nur,
wenn man die Probe auf Platindraht behandelt, ein wenig

Eisenoxyd, und wenn man sie auf Kohle behandelt, ein Stückchen feinen Eisendraht zusetzen und das Glas wieder eine
Zeit lang mit der Reductionsflamme flüssig erhal-
ten; dasselbe erscheint dann, so lange es heiss ^{Oxyde und Salze.}
ist, gelblich und färbt sich unter der Abkühlung braunroth
(S. 137).

Schmilzt man Verbindungen, in denen ausser Titansäure
auch Zirkonerde vorhanden ist, mit doppelt-schwefelsaurem
Kali und behandelt die geschmolzene Masse mit Wasser, so
bleibt gern ein Theil der Titansäure mit der Zirkonerde ungelöst zurück; hierüber findet sich schon ein Mehreres bei
der Yttererde (S. 241).

b) *Verhalten der hierher gehörigen titanhaltigen Mineralien vor dem*
Löthrohre.

Anatas, Brookit (Arkansit) und Rutil sind vor dem
Löthrohre unschmelzbar. Zu den Glasflüssen und zu Soda
verhalten sie sich wie Titansäure (s. diese, S. 136).
Nur ist zu bemerken, dass sie sich in Phos- ^{Titansäure, na-}
phorsalz schwerer auflösen, als die rein darge- ^{türliche.}
stellte Titansäure, dass ferner die Farben, welche sowohl im
Borax als im Phosphorsalz durch Titansäure hervorgebracht
werden, durch geringe Beimengungen anderer Metalloxyde,
namentlich Eisenoxyd, bisweilen ein wenig verändert erscheinen, und dass mit Soda und Salpeter öfters eine Manganreaction hervorgebracht wird.

c) *Verhalten des in Hüttenprodukten vorkommenden Titans.*

Das theils an Cyan, theils an Stickstoff gebundene Titan,
wie es sich krystallisirt auf Eisenhohofenschlacken, als auch
blos eingemengt in den Eisensauen findet, löst sich
in Borax schwer, in Phosphorsalz dagegen ziem- ^{Cyanstickstoff-}
lich leicht auf. Man bekommt aber selbst von den ^{titan.}
reinsten Particen keine reine violette Titanfarbe, wenn man
sie in Phosphorsalz auflöst und das Glas mit der Reductionsflamme behandelt. Das Glas wird unter der Abkühlung in
Folge eines Eisengehaltes immer mehr oder weniger intensiv
braunroth. Auch selbst durch eine Behandlung des Glases mit
Zinn kann keine violette Farbe hervorgebracht werden.

18) Tantal = Ta, Niob = Nb und Dian = D.*)

Vorkommen dieser Metalle im Mineralreiche.

Die genannten drei Metalle finden sich nur als Säuren an
Basen gebunden, und zwar in folgenden Mineralien:

---

*) S. die Anmerkung auf S. 253.

Tantalit, Columbit und Dianit, s. Eisen;
Pyrochlor, s. Kalkerde;
Yttrotantalit, Hjelmit, Fergusonit, Samarskit, Tyrit, Aeschynit,
    Euxenit, Polykras, s. Yttererde;
Wöhlerit, |
Eukolit, | s. Zirkonerde.
Wolfram, s. Eisen.
Zinnstein, in manchem, s. Zinn.

Probe auf Tantal, Niob und Dian.

Der sicherste Weg, um die Gegenwart der Tantal-, Niob-
und Diansäure in sehr zusammengesetzten Verbindungen zu
erkennen, ist derselbe, der bereits bei der Yttererde (S. 241)
zur Zerlegung solcher Mineralien mitgetheilt worden ist. Man
schmilzt nämlich eine nicht zu geringe Menge des höchst fein
gepulverten Minerals mit doppelt-schwefelsaurem Kali und löst
das geschmolzene Salz, nachdem es gepulvert worden ist, in
Wasser. Enthält das Mineral eine der genannten Säuren und
vielleicht auch Wolframsäure, so werden dieselben bei der
Behandlung mit Wasser ausgeschieden, während ein Gehalt
an Titansäure, so wie die Basen sich auflösen. Den Rückstand kann man entweder mit kohlensaurem Kali schmelzen,
wie es S. 242 angegeben ist, oder ihn, wenn er frei von Titansäure und Zirkonerde ist, ohne Weiteres mit Schwefelammonium behandeln, um einen Gehalt an Wolframsäure und
Zinnoxyd abzuscheiden. Nach der Filtration und gutem Aussüssen behandelt man das Zurückgebliebene sogleich auf dem
Filtrum mit verdünnter Chlorwasserstoffsäure, um Spuren von
Eisen abzuscheiden, und untersucht nun, ob man es mit Tan-
tal-, oder Niob-, oder Diansäure zu thun hat.

Hierzu bietet sowohl das Verhalten dieser Säuren zu
Glasflüssen und Kobaltsolution einen Weg, als auch, was
sicherer und in mancher Beziehung mehr zu empfehlen sein
dürfte, das eigenthümliche Verhalten derselben, nach den
Beobachtungen von H. Rose und v. Kobell, zu Chlorwasserstoffsäure und Schwefelsäure, bei Zusatz von metallischem
Zinn und Zink.

Die Reactionen der Diansäure in Glasflüssen haben die
grösste Aehnlichkeit mit denen der Tantalsäure (s. die Tabelle S. 134 u. 135), dagegen nimmt letztere Säure (vorausgesetzt, dass sie möglichst rein abgeschieden worden ist) nach
der Anwendung von Kobaltsolution unter der Abkühlung eine
röthliche Färbung an, während die Diansäure schmutzig grün
erscheint und in dieser Beziehung Aehnlichkeit mit der Unterniobsäure (welche Verbindung man stets bei der Zerlegung
niobhaltiger Mineralien auf diese Weise erhält) zeigt. Letztere
unterscheidet sich aber wieder von jenen beiden Säuren durch

ihr Verhalten zu Phosphorsalz, mit welchem sie im Reductionsfeuer eine braune Perle giebt (s. S. 133)*).

Der andere Weg ist folgender: Man macht sich aus Stanniol einen flachen Trichter und streicht in denselben einen
Theil der beim Schmelzen mit saurem schwefelsaurem Kali etc.
erhaltenen fraglichen Säure, bringt den Stanniol in ein Porcellanschälchen (Fig. 61, S. 51), giesst so viel Chlorwasserstoffsäure hinzu, dass der Stanniol bedeckt ist, erhitzt bis zum
Kochen und setzt diess unter Umrühren mit einem Glasstäbchen wenige Minuten lang fort. Bemerkt man jetzt eine
dunkelblaue Färbung der Flüssigkeit, die nach Zusatz von
Wasser in einem Glase sich wenig oder nicht verändert (es
scheidet sich allerdings beim Stehenlassen nach einiger Zeit ein
dunkelblauer Niederschlag ab) und selbst noch blau gefärbt
durch ein Papierfilter geht, so ist nach den Beobachtungen von
v. Kobell die fragliche Säure Diansäure; färbt sich dagegen
die Flüssigkeit nur graublau oder auch blau, zeigt sich aber
diese Farbe nach Zusatz von Wasser bald verschwindend,
wobei sich ein weisses Präcipitat absetzt und die Flüssigkeit
farblos wird, so hat man entweder Tantalsäure oder Unterniobsäure vor sich. Zur Unterscheidung der letztern beiden
Säuren dient eine ähnliche Reaction, wie die eben mitgetheilte.
Man nimmt zu diesem Behufe den andern reservirten Theil
des beim Schmelzen mit saurem schwefelsaurem Kali etc. erhaltenen Niederschlags, bringt denselben in ein ähnliches Porcellanschälchen, setzt verdünnte Schwefelsäure zu, erhitzt zum
Kochen und wirft einige Körnchen destillirtes Zink hinein,
färbt sich die weisse Säure nach einiger Zeit stark smalte- oder
sapphirblau und bleibt auch so nach dem Zusatz von Wasser
(wobei sie sich nur allmählich als blauer Niederschlag zu Boden senkt, die Flüssigkeit aber farblos wird), so hat man Unterniobsäure; färbt sich dagegen die Säure nur blaugrau und
verschwindet diese Färbung auf Zusatz von Wasser bald wieder, so hat man Tantalsäure vor sich. Die Diansäure zeigt
übrigens ein ganz ähnliches Verhalten zu Schwefelsäure und
Zink, wie die Unterniobsäure, weshalb nur der Versuch mit
Chlorwasserstoffsäure und Zinn für erstere entscheidend ist.

Man kann auch zur Auffindung eines Gehaltes an den
betreffenden Säuren die Substanz im feingepulverten Zustande

---

*) Nach H. Rose (Pogg. Ann. Bd. CXII. St. 4. p. 556) giebt, wie
auch bereits S. 133 in den Tabellen bemerkt ist, nur die aus dem Unter-
niobchlorid dargestellte Unterniobsäure mit Phosphorsalz am Platindraht
in der innern Flamme ein blaues Glas. Ist hingegen, wie in vorliegendem
Falle, die Unterniobsäure unmittelbar aus Columbit etc. dargestellt, so
giebt sie mit Phosphorsalz in der innern Flamme nur ein braunes Glas.
Diese Verschiedenheiten in dem Verhalten der Phosphorsalzperlen scheinen nach dem Genannten von den verschiedenen Dichtigkeiten der Unterniobsäure herzurühren.

mit kohlensaurem Kali schmelzen. Ein Gehalt an Titansäure
schadet nicht, weil von dem sich bildenden titansauren Kali
später bei der Behandlung der geschmolzenen Masse mit Wasser nur wenig in die Auflösung mit übergeht. Die Schmelzung geschieht entweder in einzelnen Portionen an einem
starken Platindraht, nachdem das Gemenge etwas befeuchtet
worden, oder auch bequemer in einem kleinen Platintiegel,
welcher die Gestalt des in Fig. 38, S. 28 abgebildeten Thontiegels hat und wie dieser in eine Kohlenhalterkohle eingesetzt,
und, wie diess bei den quantitativen Proben beschrieben,
möglichst stark erhitzt wird. Dem Volumen nach wendet
man 5 bis 6 Theile kohlensaures Kali an und setzt demselben,
wenn die basischen Bestandtheile auf niedrigen Oxydationsstufen stehen, noch 1 Theil Salpeter zu. Die geschmolzene
Masse behandelt man in einem kleinen Porcellanschälchen
mit heissem Wasser, filtrirt die von der Gegenwart des selten
fehlenden Mangans mehr oder weniger grün gefärbte Flüssigkeit ab und zersetzt sie durch Chlorwasserstoffsäure. Die niederfallende Metallsäure, welche gewöhnlich von etwas Mangan
röthlich gefärbt erscheint, wird abfiltrirt, bei Gegenwart von
Wolframsäure und Molybdänsäure mit Schwefelammonium behandelt und die Untersuchung wie oben weiter geführt.

Die Tantalsäure ist übrigens auch noch durch folgende
Reaction zu erkennen: Mengt man die beim Schmelzen mit
saurem schwefelsaurem Kali zurückgebliebene fragliche Säure
mit der fünffachen Menge kohlensauren Kali's und schmilzt
dies Gemenge entweder in einem kleinen Platintiegel im Kohlenhalter, wie bereits oben erwähnt, oder nachdem es mit ein
Paar Tropfen Wasser in eine teigige Masse verwandelt worden, in einzelnen Portionen in dem Oehre eines starken Platindrahtes zur klaren Masse, die man im letztern Falle jedesmal, wenn das Oehr voll ist, im noch flüssigen Zustande in
das Porcellanschälchen abstösst, so erhält man beim Auflösen
desselben in heissem Wasser eine klare Lösung, die nach
Zusatz von Chlorwasserstoffsäure die betreffenden Metallsäuren
fallen lässt. Setzt man dann zur Flüssigkeit Galläpfeltinctur,
so färbt sich der weisse Niederschlag, wenn derselbe Tantalsäure ist, hellgelb, bei Gegenwart von Unterniob- oder Diansäure dagegen orangegelb bis orangeroth.

Enthält eine der hierher gehörigen Verbindungen auch
Kieselsäure, so schlägt man bei der Probe auf die betreffenden Säuren denselben Weg ein, welcher oben (S. 250 und
251) für die Zerlegung des Wöhlerit's und Eudialyt's bezeichnet wurde, welche Mineralien durch Chlorwasserstoffsäure auf-
schliessbar sind. Gesetzt aber, man hätte es mit einer Verbindung zu thun, die sich nicht durch diese Säure zersetzen
lässt, so wäre solche nach S. 143 mit Soda und Borax zu
schmelzen, die geschmolzene Masse mit Chlorwasserstoffsäure

bis zur Trockniss und hierauf mit Wasser zu behandeln. Die
dabei zurückbleibenden Säuren wären dann auf einem Filtrum
mit angesäuertem Wasser zu waschen, nach dem Trocknen
mit 5 Volumentheilen kohlensauren Kali's auf Platindraht in
einzelnen Portionen zusammenzuschmelzen, die geschmolzenen
Perlen zu pulverisiren und weiter zu behandeln, wie es oben
angegeben ist. Die Gegenwart von Kieselsäure verhindert
die Reaction auf die fraglichen Säuren durchaus nicht.

19) Antimon = Sb.

**Vorkommen dieses Metalles im Mineralreiche und in Hütten-
produkten.**

In der Natur findet man dieses Metall
a) **Metallisch für sich im**

Gediegen Antimon = Sb, gewöhnlich etwas Ag, Fe und As
enthaltend.

b) **In Verbindung mit anderen Metallen, im**

Antimonnickel, s. Nickel;

Arsenantimon (Allemontit) = $SbAs^3$ mit 34,8 Sb; eine Varietät von der Grube Palmbaum bei Marienberg = $SbAs^{13}$
mit 8 Sb;

Antimonsilber, s. Silber.

c) **In Verbindung mit Schwefel, sowohl für sich, als auch
mit anderen Schwefelmetallen, nämlich im**

Antimonglanz (Grauspiesglanzerz) = $\overset{\cdots}{S}b$ mit 71,4 Sb;

Berthierit, welcher in seiner Zusammensetzung etwas verschieden ist; die Varietät von Anglar im Dept. de la Creuse,
die von Arany-Idka und die von Bräunsdorf = $Fe\overset{\cdots}{S}b$ mit
56,6 Sb*); die von Chazelles in der Auvergne entspricht
der Formel: $Fe^3\overset{\cdots}{S}b^2$ mit 51,3 Sb;

Antimonnickelglanz (Nickelspiesglanzerz), s. Nickel;

Bournonit, Zinkenit, Plagionit, Jamesonit, Meneghinit, Heteromorphit, Boulangerit, Kilbrickenit, Geokronit, Steinmannit,
Kobellit und Clayit, s. Blei;

Kupferantimonglanz, Fahlerz, Aftonit und Antimonkupferglanz,
s. Kupfer;

Melanglanz (Sprödglaserz), Eugenglanz (Polybasit), dunkles
Rothgiltigerz, Feuerblende, Miargyrit, Schilfglaserz, Brongniardit, Weissgiltigerz, s. Silber.

d) **In einer Verbindung von Schwefelantimon und Antimonoxyd, der**

---

*) Die Varietät von Bräunsdorf enthält 2,5 p. c. Mangan und kann
durch (Fe, Mn) $\overset{\cdots}{S}b$ ausgedrückt werden; v. Hauer fand dieselbe der
Formel $Fe^3\overset{\cdots}{S}b^2$ entsprechend.

Antimonblende (Rothspiessglanzerz) $= 2\,\overline{\overline{Sb}} + \overline{Sb}$ mit 75,0 Sb.

e) Im oxydirten Zustande, als:

Antimonblüthe (Weissspiessglanzerz) und Senarmontit $= \overline{Sb}$ mit 83,3 Sb;

Antimonocker und zwar im sogenannten Cervantit $= \overline{Sb}\overline{\overline{Sb}}$

mit 79,0 Sb, im Stiblith $= \overline{Sb}\overline{\overline{Sb}} + 2\,H$ mit 74,5 Sb, in

einer Varietät von Constantine $\overline{Sb} + 4\,H$ mit 61,3 Sb.

f) In Verbindung mit **Erden** und **Metalloxyden** im Romeït, s. Kalkerde, und in der
Bleiniere, s. Blei.

In Hüttenprodukten macht das Antimon einen Hauptbestandtheil nur in dem durch Aussaigerung gewonnenen Schwefelantimon, $\overline{Sb}$, aus; als Nebenbestandtheil findet man es aber in mehreren Silber- und Bleihüttenprodukten, wenn die verschmolzenen oder durch Amalgamation entsilberten Erze nicht frei von eingemengtem Grauspiessglanzerz oder antimonhaltigen Silber- oder Bleierzen waren. Hierher sind vorzüglich zu rechnen:

das Werkblei und Abstrichblei, s. Blei;
das Amalgamirsilber, s. Silber;
Rohstein, Bleistein, Kupferstein, Ofenbruch, s. Eisen, in welchen Produkten das Antimon als $\overline{Sb}$ enthalten ist; so wie Abzug und Abstrich, s. Blei, welche Produkte das Antimon

als Antimonsäure, $\overline{\overline{Sb}}$, an Bleioxyd gebunden enthalten.

Ausser diesen Produkten giebt es noch mehrere andere, welche zuweilen geringe Mengen von Antimon enthalten, wie namentlich manches Roh- oder Schwarzkupfer, manche Speisen und diejenige Glätte, welche beim Abtreiben eines antimonhaltigen Werkbleies fällt.

Probe auf Antimon
mit Einschluss des Löthrohrverhaltens der hierher gehörigen Mineralien.

a) Probe auf Antimon im Allgemeinen.

Die Probe auf Antimon ist sehr einfach und beschränkt sich oft nur auf eine Prüfung der Substanz auf Kohle oder in einer an beiden Enden offenen Glasröhre.

Metall-Verbindungen. Metallverbindungen prüft man in der Regel auf Kohle und erkennt das Antimon an dem Beschlag, welchen es auf der Kohle absetzt (s. das Verhalten des Antimons auf Kohle S. 81).

Ist das Antimon mit Metallen verbunden, die auf Kohle ebenfalls einen Beschlag geben, so wird zwar ein sichtbarer Beschlag von Antimonoxyd gebildet, wenn der Gehalt an Antimon nicht zu gering ist, aber der von dem andern Metalle nebenbei entstehende, gewöhnlich weniger flüchtige Beschlag erscheint bisweilen an Farbe etwas verändert, wie dies namentlich bei antimonhaltigem Blei der Fall ist (S. 337).   Behandelt man eine solche Verbindung *Metall-Verbindungen.* aber mit ein wenig verglaster Borsäure so, dass das flüssige Glas mit der blauen Flamme bedeckt wird und das Metallkorn sich an der Seite des Glases befindet, so wird das Blei als Oxyd von der Borsäure aufgenommen und es bildet sich, wenn man nicht zu stark bläst, ein reiner Beschlag von Antimonoxyd.   Eben so verfährt man, wenn Wismuth in der Metallverbindung ist.

Ist das Antimon in geringer Menge an solche Metalle gebunden, von denen es sich schwer trennt, wie z. B. vom Kupfer, wo sich bei langsamer Verflüchtigung kein Beschlag bildet, so behandelt man ein solches Metallgemisch auf Kohle mit Phosphorsalz im Oxydationsfeuer so lange, bis man überzeugt ist, dass ein Theil des Antimons oxydirt und in das Glas übergegangen ist, nimmt dann das Glas von dem Metallkorne weg, behandelt es auf einer andern Stelle der Kohle mit Zinn im Reductionsfeuer und beobachtet, ob es unter der Abkühlung undurchsichtig, dunkelgrau oder schwarz wird, wodurch sich in den meisten Fällen ein Gehalt an Antimon sehr deutlich zu erkennen giebt (S. 122).   Da aber von den mit Antimon verbundenen Metallen, wenn sie oxydirbar sind, ebenfalls ein Theil oxydirt und in das Glas mit übergeführt wird, so muss man bei einer solchen Probe berücksichtigen, was diese Oxyde dem Glase für eine Farbe ertheilen, wenn dasselbe mit Zinn behandelt wird.   Hierbei ist hauptsächlich auf einen Gehalt an Wismuth Rücksicht zu nehmen, weil das Wismuthoxyd sich zu Phosphorsalz fast eben so verhält, wie die Säuren des Antimons (S. 123 und 139).   Kommen daher beide Metalle gemeinschaftlich an irgend ein anderes Metall gebunden vor, so ist die Probe mit Phosphorsalz nicht entscheidend; in diesem Falle muss man sich entweder bei Anwendung eines grösseren Probestückchens durch die Beschläge auf Kohle zu überzeugen suchen, oder man muss den nassen Weg in Anspruch nehmen.   In letzterem Falle löst man die Metallverbindung in Salpetersalzsäure, versetzt die Auflösung mit Ammoniak im Ueberschuss, fällt die Metalle durch Schwefelammonium (in welchem man vorher etwas Schwefel aufgelöst hat) als Schwefelmetalle aus, löst das mit niedergefallene Schwefelantimon durch Unterstützung von Wärme wieder auf, verdünnt mit Wasser, filtrirt, fällt das aufgelöste Schwefelantimon durch verdünnte Chlorwasserstoffsäure aus, sammelt es auf einem Filtrum und prüft es nach dem Trocknen entweder auf Kohle oder in einer an beiden Enden offnen Glasröhre.

Bei der Probe auf Kupfer (S. 377) ist angegeben, dass ein kupferoxydhaltiges Phosphorsalzglas nach kurzer Behand-

lung mit Zinn auf Kohle unter der Abkühlung undurchsichtig und roth, aber sofort dunkelgrau bis schwarz werde, wenn
es ausserdem noch eine geringe Menge von Antimon enthalte. Da nun ein solches Glas erst nach
lange fortgesetztem Reductionsfeuer unter der Abkühlung roth wird, so lässt sich auch ein geringer Gehalt an
Antimon durch die Probe mit Phosphorsalz selbst im Kupfer
leicht auffinden.

Metall-Verbindungen.

Schwefelmetalle prüft man auf einen Gehalt an Antimon
theils in der offenen Glasröhre, theils auf Kohle.
Je nachdem die Substanz reich oder arm an Schwefelantimon ist, bildet sich in der Röhre neben schwefliger
Säure mehr oder weniger Antimonrauch, der sich theils als
Antimonoxyd, theils als eine Verbindung von Antimonoxyd
und Antimonsäure pulverförmig an das Glas ansetzt. Ersteres
ist am weitesten von der Probe entfernt und kann beim Erhitzen von einer Stelle zur andern getrieben werden; es oxydirt sich jedoch dabei gern ein Theil desselben auf Kosten
der durchströmenden Luft zu einer Verbindung mit Antimonsäure, die, wie auch diejenige, welche sich in der Nähe
der Probe an die untere Seite der Glasröhre angelegt hat,
weder verflüchtigt noch geschmolzen werden kann. Ist der
Antimongehalt nur unbedeutend, so bildet sich fast nur eine
Verbindung von beiden Oxydationsstufen.

Schwefelmetalle.

Enthält die Substanz ausser Schwefelantimon auch Schwefelblei, so entwickelt sich zwar viel Rauch, aber der geringste
Theil desselben setzt sich als flüchtiges Antimonoxyd ab. Er
ändert sich grösstentheils in eine Verbindung von Antimonoxyd und Antimonsäure um, die aber mit schwefelsaurem
Bleioxyd, und in der Nähe der Probe noch mit antimonsaurem Bleioxyd, gemengt ist und durch Erhitzen nicht verflüchtigt werden kann.

Enthält die Substanz Arsen, so bemerkt man, wenn man
die Probe nur kurze Zeit erhitzt, dass sich ein Gemenge von
pulverförmigem Antimonoxyd und krystallinischer arseniger
Säure in der Glasröhre ansetzt. Hat man es mit einem Gemenge von Schwefelarsen und Schwefelantimon zu thun, in
welchem das letztere nur einen geringen Bestandtheil ausmacht, so bringt man das Gemenge in eine an dem einen
Ende zugeschmolzene Glasröhre und entfernt das Schwefelarsen bei gelinder Hitze durch Sublimation, wobei das meiste
Schwefelantimon mit schwarzer Farbe zurückbleibt. Hierauf
schneidet man den untern Theil der Röhre ab, trennt das in
demselben befindliche Schwefelantimon los und prüft es in
einer an beiden Enden offenen Glasröhre. Da man hierbei
ein ganz entscheidendes Resultat erhält, so ist diese Probe
auch zur Prüfung desjenigen Gemenges von Schwefelarsen
und Schwefelantimon zu empfehlen, welches man bei qualita-

tiven Untersuchungen zusammengesetzter Substanzen auf nassem Wege durch Schwefelwasserstoffgas ausscheidet oder aus einer Auflösung in Schwefelammonium durch eine Säure ausfällt. Nur muss man es vorher völlig Schwefelmetalle. trocknen.

Die Prüfung der Schwefelmetalle auf einen Gehalt an Antimon kann auch auf Kohle geschehen, weil der Beschlag von Antimonoxyd sich leicht von anderen ähnlichen Beschlägen unterscheiden lässt.

Enthält die Substanz Arsen, so wird zuerst dieses schon durch eine schwache Flamme verflüchtigt, sobald es nicht in geringer Menge vorhanden und an Nickel oder Kobalt gebunden ist; die Kohle wird sehr weit entfernt von der Probe davon weiss und in dünnen Lagen graulich beschlagen (S. 81). Enthält sie kein Arsen, so setzt sich oft schon ein schwacher Beschlag von Antimonoxyd ab. Bemerkt man keinen Arsendampf mehr, so schafft man den Beschlag von arseniger Säure mit einer schwachen Löthrohrflamme, ohne die Kohle anzuglühen, weg, damit man wieder eine reine Fläche oder Unterlage bekommt, auf welcher der bei fortgesetzter Erhitzung der Probe sich bildende Beschlag von Antimonoxyd erkannt werden soll. Ist die Substanz frei von Blei und Wismuth, so setzt sich, bei wiederholtem Erhitzen der Probe, auf die freie Stelle der Kohle ein weisser Beschlag von Antimonoxyd ab, der bei der Berührung mit der Reductionsflamme durch sein Verhalten (S. 81) erkannt wird. Enthält die Substanz aber Blei oder Wismuth, so bildet sich ein weisser Beschlag, welcher aus einem Gemenge von Antimonoxyd und schwefelsaurem Blei- oder Wismuthoxyd besteht; auch bildet sich in der Nähe der Probe noch ein gelber Beschlag von Blei- oder Wismuthoxyd, der jedoch antimonhaltig ist. Wie man sich von der Gegenwart eines Antimongehaltes in dergleichen Substanzen mit Sicherheit überzeugt, ist bei der Probe auf Blei im Allgemeinen (S. 337 ff.) speciell beschrieben worden. Das daselbst beschriebene Verfahren gilt zwar hauptsächlich nur für bleihaltige Substanzen; es lässt sich indess aber auch bei wismuthhaltigen Substanzen anwenden.

Enthält die Substanz Zink, so setzt sich bei der Behandlung derselben auf Kohle in der Nähe der Probe auch ein Zinkoxydbeschlag ab, der sich aber leicht von einem Antimonbeschlag unterscheiden lässt, indem er sich in der äussern Flamme nicht verflüchtigt, während das Antimonoxyd von einer Stelle zur andern getrieben oder auch zum Theil ganz verflüchtigt werden kann.

Substanzen, welche Antimon im oxydirten Zustande enthalten, prüft man am sichersten auf Kohle entweder für sich oder am besten mit einem Zusatz von Soda im Reductionsfeuer; das Antimon wird reducirt und Metalloxyde.

verflüchtigt, wobei es sich aber wieder oxydirt und die Kohle beschlägt. Hat man es mit Bleioxyd zu thun, von welchem ein Theil an Antimonsäure gebunden ist, wie z. B.

Metalloxyde. im Abstrich, so darf man nicht zu anhaltend blasen, damit man nicht zu viel Blei verflüchtigt und dadurch den Beschlag von Antimonoxyd unerkennbar macht.

Ist das Antimon im oxydirten Zustande mit solchen Metalloxyden gemengt oder verbunden, die bei ihrer Reduction das sich ebenfalls reducirende Antimon zurückhalten, wie z. B. Zinnoxyd und Kupferoxyd, so behandelt man die Metalloxyde mit Soda und einem Zusatz von Borax auf Kohle im Reductionsfeuer; es scheiden sich dabei kleine, leichtflüssige Metallkugeln aus, die, wenn der Antimongehalt nicht sehr bedeutend ist, selbst bei längerem Reductionsfeuer wenig oder gar kein Antimonoxyd auf die Kohle absetzen. Die reducirten Metallkügelchen sucht man in Mörser, durch Zerreiben der geschmolzenen Masse und durch Schlämmen mit Wasser, zu reinigen, und schmelzt sie auf Kohle mit dem 3—5fachen Volumen von Probirblei neben ein wenig verglaster Borsäure im Reductionsfeuer zusammen. Behandelt man dabei blos das Glas mit der Reductionsflamme, so verflüchtigt sich das Antimon und beschlägt die Kohle ganz deutlich mit Antimonoxyd.

b) Verhalten der hierher gehörigen antimonhaltigen Mineralien vor dem Löthrohre.

Gediegen Antimon

verhält sich auf Kohle vor dem Löthrohre wie reines Antimon (S. 81); es verbreitet jedoch zuweilen einen deutlichen Arsengeruch und, neben Borax im Reductionsfeuer *Gediegen Antimon.* verflüchtigt, reagirt es mehr oder weniger stark auf Eisen. Mit Probirblei zusammengeschmolzen, die flüssige Metallkugel so lange im Oxydationsfeuer behandelt, bis alles Antimon verflüchtigt ist, und hierauf das Blei auf Knochenasche abgetrieben, erhält man gewöhnlich ein kleines Silberkorn.

Arsenantimon (Allemontit)

schmilzt auf Kohle sehr leicht, verflüchtigt sich unter starkem Arsengeruch und beschlägt die Kohle mit ar-*Arsenantimon.* seniger Säure und Antimonoxyd.

Antimon in Verbindung mit Schwefel und anderen Schwefelmetallen.

Antimonglanz (Grauspiessglanzerz), in einer an einem Ende zugeschmolzenen Glasröhre mässig erhitzt, schmilzt sehr leicht und giebt zuweilen ein geringes Sublimat *Schwefelmetalle.* von Schwefel; bei stärkerem Erhitzen mit der Löthrohrflamme entsteht aber ein Sublimat, welches nach völligem Erkalten kirschroth bis bräunlichroth erscheint (S. 75.)

In der offenen Glasröhre erhitzt, schmilzt er ebenfalls
sehr leicht, entwickelt neben schwefliger Säure starken Antimonrauch, der sich grösstentheils als eine Verbindung von Antimonoxyd mit Antimonsäure in Schwefelmetalle.
der Nähe der Probe an der untern Seite der Glasröhre ansetzt, zum Theil auch als Antimonoxyd in der Röhre hinzieht
und theils entweicht, theils sich als solche in der Röhre ansetzt. Bei zu starker Hitze entsteht leicht eine röthliche
Färbung des Beschlags.

Auf Kohle schmilzt er ebenfalls ganz leicht, breitet sich
aus und wird theils von der Kohle eingesogen, theils verflüchtigt; der in die Kohle gedrungene Theil kommt nach fortgesetztem Blasen in Form kleiner glänzender Kugeln wieder
zum Vorschein und wird ebenfalls verflüchtigt. Während die
Probe auf Kohle behandelt wird, verbreitet sie einen Geruch
nach schwefliger Säure und beschlägt die Kohle sehr stark
mit Antimonoxyd, welches sich durch sein Verhalten bei De-
rührung mit der Reductionsflamme sogleich erkennen lässt,
(S. 82).

Berthierit in einer an einem Ende zugeschmolzenen
Glasröhre erhitzt, decrepitirt bisweilen, schmilzt, giebt dann
ein geringes Sublimat von Schwefel, bei starker Hitze aber
ein sehr deutliches schwarzes Sublimat von Schwefelantimon,
welches unter der Abkühlung kirschroth wird.

In der offenen Glasröhre erhitzt, schmilzt er ebenfalls
und entwickelt schweflige Säure und Antimonrauch, wie der
Antimonglanz.

Auf Kohle schmilzt er sehr leicht, giebt ziemlich viel Antimonrauch, wovon die Kohle beschlagen wird, und hinterlässt,
nachdem das Antimon entfernt ist, eine schwarze, schlackige
Masse, die vom Magnete gezogen wird, mit Glasflüssen behandelt, auf Eisen reagirt, und, wenigstens bei der Bräuns-
dorfer Varietät, mit Salpeter und Soda auf Platinblech geschmolzen auf Mangan reagirt.

Schwefelantimon in Verbindung mit Antimonoxyd.

Antimonblende (Rothspiessglanzerz) in einer an einem
Ende zugeschmolzenen Glasröhre erhitzt, schmilzt sehr leicht,
giebt anfangs wenig Antimonoxyd, dann ein geringes, gelb-
lichrothes Sublimat. Bei stärkerer Hitze kommt sie in's Kochen und giebt ein schwarzes Sublimat, welches nach dem
Erkalten dunkel kirschroth und nur an den Kanten etwas
lichter erscheint.

In der offenen Glasröhre und auf Kohle verhält sie sich
wie Antimonglanz.

Antimonoxyd.

Antimonblüthe (Weissspiessglanzerz) und Senarmontit im Glaskolben erhitzt, schmelzen und sublimiren zum Theil,

Auf Kohle schmelzen sie sehr leicht unter Entwickelung von Antimonrauch, welcher die Kohle sehr stark beschlägt.

Antimonoxyd. Bei Anwendung der Reductionsflamme reducirt sich ein Theil zu metallischem Antimon, welches sich aber bei fortgesetztem Blasen verflüchtigt. Während man die Reductionsflamme auf die Probe leitet, wird die äussere Flamme blass grünlichblau gefärbt.

Antimonocker (Cervantit) wird auf Kohle im Reductionsfeuer nach und nach reducirt; das reducirte Antimon verflüchtigt sich, beschlägt die Kohle mit Antimonoxyd, und Beimengungen fremder Substanzen bleiben, wenn sie feuerbeständig sind, zurück. Mit Soda wird er schnell reducirt, so dass sich kleine Kugeln von metallischem Antimon ausscheiden, die aber bei längerem Blasen verschwinden.

Mancher Antimonocker giebt im Glaskolben erhitzt Wasser ab.

Stiblith verhält sich wie wasserhaltiger Antimonocker.

c) Probe auf Antimon in Hüttenprodukten.

Wie man sich von einem Gehalt an Antimon in den oben genannten Hüttenprodukten überzeugt, ist theils bei der Probe auf Eisen (S. 303), theils bei der Probe auf Blei (S. 355 und 356) und theils auch bei der Probe auf Silber (S. 402) angegeben.

20) Wolfram = W.

Vorkommen dieses Metalles im Mineralreiche und in Hüttenprodukten.

Das Wolfram kommt in der Natur nur als Säure vor und zwar in folgenden Mineralien:

a) für sich als

Wolframocker = $\overline{W}$ mit 79,3 W.

b) In Verbindung mit Basen im

Scheelit (Schwerstein), s. Kalkerde;
Wolframbleierz (Scheelbleispath), s. Blei;
Wolfram, s. Eisen; so wie in geringer Menge im
Samarskit und Yttrotantalit, s. Yttererde;
Tantalit und Colombit, s. Eisen.

In Hüttenprodukten findet man das Wolfram zuweilen in geringer Menge im Stahl, in manchen Zinnsorten, öfters auch in nicht unbedeutender Menge in den Härtlingen (S. 358), im Gekrätz vom Raffinirschmelzen (Pauschen) des Zinnes, hauptsächlich aber als Säure in manchen Zinnschlacken.

Probe auf Wolfram.

Wolframocker verhält sich nach v. Kobell vor dem Löthrohre, wie folgt:

Auf Kohle im Reductionsfeuer erhitzt, schwärzt er sich.

In Phosphorsalz ist er zu einem im Oxydationsfeuer farb- Wolframsäure. losen oder gelblichen Glase auflöslich, welches, im Reductionsfeuer behandelt, unter der Abkühlung schön blau wird; er verhält sich demnach wie reine Wolfram- säure (S. 138).

In den andern oben genannten Mineralien giebt sich ein Gehalt an Wolframsäure, so bald er nicht zu gering ist, schon bei der Prüfung derselben mit Phosphorsalz zu erkennen, in- dem die Glasperle nach der Behandlung im Reductionsfeuer unter der Abkühlung blau, oder bei einem Gehalt an Eisen mehr oder weniger roth wird. Da aber Substanzen, welche Titan und zugleich auch Eisen im oxydirten Zustande ent- halten, sich eben so verhalten wie solche Substanzen, in denen sich neben Wolfram auch Eisen befindet, so ist es in manchen Fällen zweckmässig, eine besondere Probe auf Wolfram vor- zunehmen.

Bei der Zerlegung zusammengesetzter Substanzen, wie namentlich der tantal-, niob- und titansauren Ver- Salze. bindungen, durch Schmelzen mit doppelt-schwefel- saurem Kali, und weitere Behandlung theils auf trocknem, theils auf nassem Wege (S. 241), scheidet man das Wolfram als Schwefelwolfram aus. Dieses darf man nur auf Kohle im Oxydationsfeuer durchglühen, damit es sich in Oxyd verwan- delt, und mit Phosphorsalz am Platindraht prüfen. Löst man genug auf, so erscheint das Glas nach der Behandlung im Oxydationsfeuer, so lange es heiss ist, gelblich, wird aber unter der Abkühlung farblos; nach kurzem Reductionsfeuer wird es unter der Abkühlung blau, nach längerem Blasen blaulichgrün (S. 139).

Will man Substanzen, bei denen sich aus dem Verhalten zu Phosphorsalz nicht ersehen lässt, ob sie Wolframsäure oder Titansäure enthalten, auf Wolframsäure untersuchen, so kann man auf folgende Weise verfahren: Man mengt die fein ge- pulverte Substanz dem Volumen nach mit ungefähr 5 Mal so viel Soda, verwandelt das Gemenge mit wenig Wasser in eine teigige Masse, schmilzt diese in einzelnen Portionen in dem Oehr eines hinreichend starken Platindrahtes im Oxyda- tionsfeuer zusammen und stösst jedes Mal, wenn das Oehr voll ist, die noch flüssige Masse in ein Porcellanschälchen ab. Die geschmolzene Masse pulverisirt man, behandelt sie in einem etwas tiefen Porcellanschälchen mit Wasser über der Lampenflamme bis zum Kochen, damit, wenn vielleicht man- gansaures Natron gebildet und mit aufgelöst worden ist, die- ses von dem reducirend wirkenden Rückstande zerstört werde, und giesst die Auflösung, nachdem sie sich geklärt hat, von den unauflöslichen Erden und Metalloxyden, zu welchen letz- teren auch die Titansäure gehört, in ein anderes Porcellan-

schälchen ab. Die klare Auflösung, welche wolframsaures
Natron enthält, versetzt man mit einigen Tropfen Salpetersäure, so dass sie sauer reagirt; es scheidet sich

Salze.   dabei die Wolframsäure als ein weisses Pulver
aus, welches sich, wenn das Ganze bis zum anfangenden
Kochen erlitzt wird, verdichtet und citrongelb färbt. Eine
Hauptbedingung bei dieser Probe ist, dass die Auflösung des
wolframsauren Natrons, die zugleich noch kohlensaures Natron
enthält, nicht zu concentrirt sei, weil die Wolframsäure, nachdem sie durch Salpetersäure ausgeschieden ist, in der Kochhitze nur in einer nicht zu concentrirten Auflösung diese gelbe
Farbe annimmt. Die Säure kann dann mit Phosphorsalz weiter geprüft werden.

Es ist jedoch hierbei zu berücksichtigen, dass wenn man
nach diesem Verfahren Substanzen auf Wolframsäure prüft,
die zugleich viel Tantalsäure oder Niob- resp. Diansäure enthalten, man in die Auflösung auch diese Säuren in Verbindung
mit Natron bekommt und bei Zusatz von Salpetersäure ein
weisser Niederschlag entsteht, der sich beim Erhitzen der
Flüssigkeit entweder gar nicht, oder doch nicht deutlich citrongelb färbt. Man muss dann zur Erkennung der Wolframsäure
den Niederschlag mit Schwefelammonium digeriren und das
Wolfram als Schwefelwolfram extrahiren. Letzteres wird dann
wie oben erwähnt weiter behandelt.

Digerirt man Scheelit (wolframsauren Kalk) im feingepulverten Zustande in einem Probirgläschen mit Chlorwasserstoffsäure, so scheidet sich die Wolframsäure als gelbes Pulver ab; fügt man jetzt ein Stückchen metallisches Zinn hinzu,
so färbt sich das Ganze von entstandenem wolframsauren
Wolframoxyd blau, welche Färbung, wenn man das Erwärmen fortsetzt, nach und nach immer dunkler wird. Diese
Probe kann man auch zur Untersuchung des Wolframs direct
anwenden. Digerirt man von diesem Mineral etwas im fein
gepulverten Zustande mit Chlorwasserstoffsäure, so dass man
eine ziemlich concentrirte Auflösung bekommt, giesst dieselbe,
nachdem sie sich geklärt hat, von dem Rückstande ab, fügt
ein Stückchen metallisches Zinn hinzu und erwärmt, so färbt
sie sich in der Regel schon nach Verlauf einer kurzen Zeit blau.

Kommen wolframsaure Salze in Verbindung mit Silicaten
   vor, wie dies namentlich bei manchen Zinnschlacken
Schlacken.   der Fall ist, so bleibt die Wolframsäure bei der
Zerlegung von dergleichen Verbindungen in ihre einzelnen
Bestandtheile (s. Kalkerde, S. 194) mit der Kieselerde gemengt zurück und kann, wenn der Gehalt an Wolframsäure
nicht zu gering ist, dadurch aufgefunden werden, dass man
das Gemenge eben so, wie es oben für wolframhaltige Tantalsäure angegeben wurde, mit einer eisenhaltigen Phosphorsalzglasperle im Oxydationsfeuer zusammenschmelzt, die Glasperle

dann eine Zeit lang im Reductionsfeuer behandelt und beobachtet, ob das Glas unter der Abkühlung eine dunkelgelbe
bis rothe Farbe annimmt. Die Kieselerde, welche
grösstentheils unaufgelöst in dem Glase vertheilt Schlacken.
bleibt, verhindert diese Reaction nicht. Ist der Gehalt an Wolframsäure gegen den Gehalt an Kieselerde sehr gering, so bekommt man jedoch durch diese Probe kein zuverlässiges Resultat. Hat man bei der Prüfung irgend einer Zinnschlacke,
die allemal Eisenoxydul enthält, mit Phosphorsalz keine recht
deutliche Reaction auf Wolframsäure wahrgenommen, so kann
man die bei der Zerlegung einer solchen Schlacke ausgeschiedene Kieselerde sogleich auf dem Filtrum mit Schwefelammonium behandeln, wie es bei der Yttererde für die Trennung
der Wolframsäure von der Tantal- und Niobsäure (S. 241)
beschrieben worden ist. Das aufgelöste Schwefelwolfram fällt
man durch verdünnte Chlorwasserstoffsäure aus und prüft es,
nachdem man es auf Kohle bis zum Glühen erhitzt und ent-
schwefelt hat, mit Phosphorsalz auf Platindraht.

Auch giebt sich ein Gehalt an Wolframsäure in Zinnschlacken häufig dadurch zu erkennen, dass, wenn man solche
im fein gepulverten Zustande in einem Probirglase mit Chlorwasserstoffsäure in der Wärme digerirt, sich eine tief indigo-
blaue Auflösung bildet. Der Grund ist darin zu suchen,
dass die Zinnschlacken ausser Zinnoxyd auch sehr fein zertheilten metallisches Zinn enthalten, welches letztere bei seiner
Auflösung auf die in die Auflösung der Basen mit überge-
hende Wolframsäure reducirend wirkt und wolframsaures
Wolframoxyd bildet, welches die Flüssigkeit blau färbt*).

Wie man metallisches Zinn auf einen Gehalt an Wolfram
untersucht, ist bei der Probe auf Zinn im Allgemeinen (S. 359)
beschrieben worden.

21) Molybdän = Mo.

**Vorkommen dieses Metalles im Mineralreiche und in Hütten-
produkten.**

Das Molybdän kommt in der Natur vor:

a) In Verbindung mit Schwefel im

Molybdänglanz = Mo mit 59,0 Mo.

b) Als Säure für sich im

Molybdänocker = Mo mit 65,7 Mo, zuweilen Spuren von
Eisen und Uran enthaltend.

---

*) Wenn Zinnschlacken, die durch vorsichtiges Schlämmen von den
metallischen Zinntheilen befreit sind, sich eben so verhalten, so liegt diess
jedenfalls darin, dass man nicht im Stande ist, das in diesen Schlacken
sehr fein zertheilte metallische Zinn auf mechanischem Wege von dem
Schlackenpulver vollkommen zu trennen.

c) In Verbindung mit Bleioxyd im Gelbbleierz, s. Blei.

Auch findet man das Molybdän in geringer Menge in einigen Kupfer- und Zinnhüttenprodukten, und zwar:

a) metallisch in manchem Rohkupfer, Gaarkupfer und Zinn, so wie in manchen Eisensauen (Kupfersauen, Härtlingen) die beim Verschmelzen molybdänhaltiger Kupfer- und Zinnerze über Schachtöfen sich zuweilen auf der Sohle des Ofens auflegen. Endlich findet man es auch

b) im oxydirten Zustande in den verschiedenen Gekrätzen und Schlacken, die sowohl beim Verschmelzen molybdänhaltiger Kupfer- und Zinnerze, als beim Raffiniren (Gaarmachen) des ausgebrachten Roh- oder Schwarzkupfers und beim Reinigen (Pauschen) des Zinnes fallen.

Probe auf Molybdän
mit Einschluss des Löthrohrverhaltens der hierber gehörigen Mineralien.

Molybdänglanz in einer an einem Ende zugeschmolzenen Glasröhre bis zum Glühen erhitzt, zeigt sich unveränderlich. In der offenen Glasröhre erhält man
_{Schwefelmolybdän.} nur schweflige Säure.

Wird ein dünnes Blättchen des Minerals in der Pincette mit der Spitze der blauen Flamme erhitzt, so erfolgt zwar keine Schmelzung, aber in der Mitte der äussern Flamme bemerkt man einen gelbgrün gefärbten Streif (S. 95).

Auf Kohle im Oxydationsfeuer verbreitet das Mineral einen Geruch nach schwefliger Säure und beschlägt, wenn man die Probe so entfernt als möglich von der Flamme hält, die Kohle mit krystallinischer Molybdänsäure, die in der Wärme gelblich erscheint und unter der Abkühlung weiss wird; auch ist in der Nähe der Probe der charakteristische kupferrothe, metallisch glänzende Anflug von Molybdänoxyd (S. 83) wahrzunehmen. Das Probestückchen nimmt dabei an Volumen ab, ohne zu schmelzen.

Mit Salpeter im Platinlöffel erhitzt, detonirt es mit einer Feuererscheinung und löst sich in dem geschmolzenen Salze auf, jedoch mit Zurücklassung einiger gelber Flocken, die bei der Auflösung der geschmolzenen Masse in Wasser zurückbleiben und sich zu Glasflüssen wie Eisenoxyd verhalten. In der alkalischen Auflösung lässt sich die gebildete Molybdänsäure, wie später erwähnt, leicht nachweisen.

Molybdänocker verhält sich auf Kohle für sich wie Molybdänsäure (S. 130). Behandelt man ihn
_{Molybdänsäure etc.} mit Soda, so geht er mit letzterer in die Kohle, lässt aber etwas Eisen zurück.

In Substanzen, welche nicht zu wenig Molybdän enthalten, kann man dieses Metall auf folgende Weise auffinden: Man schmilzt die zu prüfende Substanz im fein gepulverten Zustande, wenn sie das Molybdän Molybdänsäure etc. als Schwefelmolybdän enthält, mit dem 3fachen Volumen von Salpeter, und wenn sie es als Säure enthält, mit einem Gemenge von Salpeter und Soda im Platinlöffel so lange, bis alles Molybdän als Säure an die vorhandenen alkalischen Basen übergegangen ist. Die geschmolzene Masse löst man in einem kleinen Porcellangefäss über der Lampenflamme in Wasser auf, giesst die klare Auflösung von dem vorhandenen Rückstande in ein Porcellanschälchen ab, versetzt sie mit einigen Tropfen Chlorwasserstoffsäure, bis sie schwach sauer reagirt, erwärmt sie und legt ein Stückchen blankes Kupferblech hinein; nach kurzer Zeit färbt sie sich von der Stelle aus, wo das Metall liegt, von ausgeschiedenem molybdänsauren Molybdänoxyd sehr schnell schön dunkelblau (Wolframsäure nimmt unter diesen Umständen nur allmählich eine schwach bläuliche Färbung an).

Nach v. Kobell kann die Molybdänsäure in ihren Verbindungen auch erkannt werden, wenn man die Substanz im fein gepulverten Zustande in einem Porcellanschälchen mit concentrirter Schwefelsäure erhitzt und dann Weingeist zusetzt. Die Flüssigkeit färbt sich beim Erkalten, besonders an den Wänden der Schale, schön lasurblau.

Um einen geringen Gehalt an Molybdän in den oben genannten Hüttenprodukten aufzufinden, ist man genöthigt, den nassen Weg zu Hülfe zu nehmen. Von den aus Metallverbindungen bestehenden Produkten löst man eine nicht zu geringe Menge in Salpetersalzsäure (zinnhaltige Produkte besser in Salpetersäure) auf, verdünnt mit Wasser, filtrirt, versetzt die Auflösung mit Ammoniak im Ueberschuss, fügt Schwefelammonium hinzu, stellt das Gefäss verdeckt eine Zeit lang warm, und lässt die ausgefällten Schwefelmetalle sich absetzen. Das aufgelöst gebliebene Schwefelmolybdän fällt man nach der Filtration durch sehr verdünnte Salpetersäure aus, wäscht es mit Wasser, dem man ein wenig Schwefelammonium zugesetzt hat, und prüft es nach dem Trocknen vor dem Löthrohre. Es verhält sich, wenn es rein ist, im Allgemeinen wie Molybdänglanz.

Gekrätz und Schlacken, welche die in ihnen vorhandenen Metalle im oxydirten Zustande enthalten, Schlacken. schmelzt man im fein zertheilten Zustande mit doppelt-schwefelsaurem Kali, löst die geschmolzene Masse in Wasser, filtrirt und trennt die Molybdänsäure von den Metalloxyden durch Ammoniak und Schwefelammonium wie im Vorhergehenden.

22) Vanadin = V.

Vorkommen dieses Metalles im Mineralreiche.

Das Vanadin gehört zu den selten vorkommenden Metallen; man hat es bis jetzt nur als Säure in Verbindung mit Basen aufgefunden in folgenden Mineralien:

Descloizit,
Dechenit,
Vanadinit (Vanadinbleierz), } s. Blei;
Eusynchit,
Araoxen,
Vanadinkupferbleierz,
Volborthit, } s. Kupfer.
Kalkvolborthit,

Ferner macht es einen unwesentlichen Bestandtheil aus im Konichalcit, s. Kupfer, und im Hydrophit (Jenkinsit), s. Talkerde.

Auch ist es in sehr geringer Menge in manchen Thonen und Eisenerzen, im Uranpecherz, in Kupferschiefern und in Schlacken gefunden worden.

Probe auf Vanadin.

Ist der Gehalt an Vanadin in irgend einer Substanz nicht zu gering, so giebt er sich bei der Prüfung derselben mit Borax oder Phosphorsalz zu erkennen, sobald die Reaction nicht durch andere färbende Metalloxyde unterdrückt wird. Die Gläser erscheinen nach der Behandlung im Oxydationsfeuer gelb, verändern ihre Farbe aber im Reductionsfeuer so, dass sie, so lange sie heiss sind, bräunlich aussehen und unter der Abkühlung smaragdgrün werden. (Man s. Vanadinsäure, S. 136).

Erhitzt man vanadinsäurehaltige Substanzen, die frei von kieselsauren Verbindungen sind, im fein gepulverten Zustande dem Volumen nach mit 2mal so viel Soda und eben so viel Salpeter im Platinlöffel bis zum Schmelzen, behandelt hierauf die geschmolzene Masse mit Wasser, so löst sich vanadinsaures, salpetrigsaures und das überschüssig zugesetzte salpetersaure Kali und kohlensaure Natron auf und die anderen Bestandtheile der Substanz bleiben, sobald sie sich nicht ebenfalls als Säuren an einen Theil der Alkalien binden, zurück. Enthält daher die Substanz zugleich Chromsäure, Phosphorsäure, Arsensäure oder Schwefelsäure, so gehen auch diese Säuren, an Kali und Natron gebunden, mit in die Auflösung über. Die Auflösung der alkalischen Salze giesst man, nachdem sie sich geklärt hat, von dem Rückstande in ein Porcellanschälchen ab, übersättigt sie mit Essigsäure, erwärmt und fügt eine geringe Menge krystallisirtes oder gepulvertes

essigsaures Bleioxyd hinzu, welches sich klar auflöst, sobald
die Flüssigkeit frei von solchen Säuren ist, die dieses Salz
zerlegen und einen Niederschlag bilden. Enthält
die Auflösung aber Vanadinsäure, so bildet sich *Salze etc.*
neutrales vanadinsaures Bleioxyd, welches durch starkes Erwärmen zu Boden fällt und eine blassgelbe Farbe zeigt. Das
Verhalten dieses Salzes zu Borax und Phosphorsalz bestätigt
das Vorhandensein des Vanadins. Enthält die Auflösung zugleich Chromsäure, so wird der Niederschlag verhältnissmässig
dunkler gelb und bei Gegenwart von Phosphorsäure, Arsensäure oder Schwefelsäure, lichter; in letzterem Falle ist man
genöthigt, den Niederschlag auf einem Filtrum zu sammeln
und ihn erst auf Kohle im Reductionsfeuer so lange zu behandeln, bis alles Arsen und der grösste Theil des Bleies fortgeblasen ist, ehe man ihn mit Borax oder Phosphorsalz prüfen kann. Hat man Chromsäure mit bei dem Niederschlage,
so erscheint die Phosphorsalzperle nach einem reinen Oxydationsfeuer nicht gelb, sondern gelbgrün.

Die Verbindungen der Vanadinsäure mit Bleioxyd (S. 335)
lassen sich nach v. Kobell auch daran erkennen, dass die
Lösung derselben in concentrirter Chlorwasserstoffsäure (wobei sich viel Chlorblei abscheidet), nach dem Zusatz von Weingeist concentrirt, und von dem ausgeschiedenen Chlorblei abgegossen, nach dem Hinzufügen von Wasser eine himmelblaue
Farbe annimmt. (Chromsaures Bleioxyd auf diese Weise
behandelt, giebt ebenfalls eine grüne Lösung, welche aber
grün bleibt.)

Enthält eine Substanz neben Vanadin auch eine geringe
Menge von Eisen, so lässt sich dieses am sichersten dadurch
auffinden, dass man die Substanz mit 3—4 Gewichtstheilen
doppelt-schwefelsauren Kali's schmelzt, die geschmolzene Masse
in Wasser auflöst und die klare Auflösung mit einer Auflösung
von Kaliumeisencyanür prüft. Ist die Auflösung frei von
Eisen, so entsteht ein grüner, flockiger Niederschlag von Va-
nadineisencyanür; enthält sie aber auch Eisen, so ist dieses
als Oxyd vorhanden und es entsteht noch eine dunkelblaue
Färbung der Flüssigkeit von Berlinerblau.

Kieselsaure Verbindungen, wie namentlich Schlacken,
schliesst man durch eine Schmelzung mit Soda *Silicate.*
und Borax auf Kohle (S. 143) auf, behandelt die
geschmolzene Masse im gepulverten Zustande mit einem gleichen Volumen von Salpeter im Platinlöffel und verfährt dann
weiter, wie es oben angegeben worden ist.

23) Chrom = Cr.

Vorkommen dieses Metalles im Mineralreiche.

Es kommt vor:

a) **Metallisch**, in sehr geringer Menge im Meteoreisen, s. Eisen.

b) **Als Oxyd**, im
Chromeisenstein, s. Eisen;
Chromocker, } s. Thonerde.
Miloschin, }

Wolchonskoit, III, 2; nach Kersten $= (\overline{C}r, \overline{F}e, \overline{A}l)^3 \ddot{S}i^3 +$ 9 $\dot{H}$ mit 18 Proc. $\overline{C}r$, incl. geringer Mengen von $\dot{M}g$, $\overline{M}n$ und $\dot{P}b$; nach Berthier und nach neueren Untersuchungen von Ilimoff enthält er jedoch 31 bis 34 Proc. $\overline{C}r$ und scheint ein Gemenge von $\overline{C}r$ und wasserhaltigen Silicaten von $\dot{M}g$, $\dot{F}e$ und $\overline{C}r$ zu sein;

Chromgranat (Uwarowit), s. Kalkerde;
Fuchsit, } s. Kali;
Chromglimmer, }
Pyrop aus Böhmen, }
Kämmererit (Rhodochrom), } s. Talkerde;
Pyrosklerit, }
Serpentin, }
Smaragd, s. Beryllerde.

In folgenden **Aluminaten**, ebenfalls in geringer Menge:
Spinell, rother, s. Talkerde;
Chrysoberyll, grüner, s. Beryllerde.

c) **Als Chromsäure**, im
Vauquelinit, }
Rothbleierz, } s. Blei.
Melanochroit, }

Probe auf Chrom
mit Einschluss des Löthrohrverhaltens der hierher gehörigen Mineralien.

a) *Probe auf Chrom im Allgemeinen.*

Mineralien, in denen Chromoxyd oder Chromsäure einen wesentlichen Bestandtheil ausmacht, bringen in den meisten Fällen eine deutliche Reaction auf Chrom hervor, wenn man sie mit Borax oder Phosphorsalz auf Platindraht im Oxydationsfeuer prüft, indem die Glasperlen nach völliger Abkühlung gelblichgrün erscheinen (s. Chromoxyd S. 124). Wendet man die Reductionsflamme an, so wird, wenn die Substanz frei von Kupfer- oder Bleioxyd ist, die grüne Farbe noch schöner, und zwar bei einem reichlichen Gehalte an Chrom rein smaragdgrün; sind aber diese Metalloxyde vorhanden, so werden die Glasperlen unter der Abkühlung undurchsichtig roth oder grau, und die grüne Farbe von Chrom wird unterdrückt. Oxyde etc.

Eine geringe Menge von Eisen findet man in chromhaltigen Mineralien sehr leicht auf dieselbe Weise, wie in vanadinhaltigen Mineralien, durch Schmelzen mit doppelt-schwefelsaurem Kali, Auflösen in Wasser und Prüfen der Auflösung mit Kaliumeisencyanür (s. S. 439).

Die durch Chromoxyd blutroth gefärbten Mineralien, wie namentlich der Pyrop und der Spinell von Ceylon, haben die Eigenschaft, durch blosses Erhitzen in der Pincette schwarz und undurchsichtig, unter der Abkühlung aber gelblich oder chromgrün, dann fast farblos und später wieder eben so roth zu werden, wie vor dem Erhitzen. Diejenigen kieselsauren Verbindungen, welche von Chrom und Eisen zugleich roth gefärbt sind, werden beim Glühen zwar ebenfalls undurchsichtig, sie bekommen aber unter der Abkühlung zugleich ihre ursprüngliche rothe Farbe und ihre Durchsichtigkeit wieder.

Mineralien, die wenig Chromoxyd, aber andere färbende Metalle im oxydirten Zustande in nicht geringer Menge enthalten und mit Borax oder Phosphorsalz keine genügende Reaction auf Chrom hervorbringen, kann man, mit Ausnahme der Silicate und des Spinell's auf folgende Weise auf Chrom untersuchen: Man pulverisirt eine kleine Menge des Minerals möglichst fein, mengt das Pulver dem Volumen nach mit 2 Mal so viel Soda und 2 Mal so viel Salpeter und schmelzt das Gemenge entweder in dem Oehr eines starken Platindrahtes oder in dem kleinen Platinlöffel mit einer kräftig wirkenden Oxydationsflamme so lange, bis man überzeugt zu sein glaubt, dass alles Chrom in Chromsäure verwandelt worden sei. Man erzeugt dadurch chromsaures Alkali, welches man in einem kleinen Porcellangefäss über der Lampenflamme in Wasser auflöst. Enthält das Mineral vielleicht Mangan, so bildet sich bei der Schmelzung auch mangansaures Alkali, welches der Auflösung anfangs eine grüne Farbe ertheilt, jedoch beim Erhitzen bis zum Kochen durch die rückständigen Oxyde zerstört wird[*]. Eine solche Auflösung macht man nun, ohne sie erst vom Rückstande zu trennen, mit Essigsäure stark sauer und erhitzt sie bis zum Kochen. (Enthält die Substanz

---

[*] Ist das mangansaure Alkali in so grosser Menge vorhanden, dass die rückständigen Oxyde nicht reducirend genug wirken, so darf man nur ein kleines Stück reinen Spatheisensteins in einem Glaskölbchen bis zum Glühen erhitzen, das dabei entstehende Eisenoxyd-Oxydul nach dem Erkalten fein reiben, dieses Pulver zur Probe schütten und das Ganze bis zum Kochen erhitzen; es wird dadurch alle Mangansäure reducirt und aus der Flüssigkeit entfernt.

Bleioxyd, so muss man die alkalische Auflösung vom Rück-
stande abgiessen und erst dann mit Essigsäure versetzen.)
Ist die über dem Rückstande befindliche saure
Flüssigkeit vollkommen klar, so giesst man sie
behutsam in ein Porcellanschälchen ab, legt einen kleinen
Krystall von essigsaurem Bleioxyd hinein und rührt das Ganze
mit einem Glasstäbchen um. Indem sich nun das essigsaure
Bleioxyd auflöst, verbindet sich die freie Chromsäure mit dem
Bleioxyde zu einem citrongelben Pulver, das bald zu Boden
fällt und nach der Filtration mit Borax oder Phosphorsalz im
Oxydationsfeuer ein Glas giebt, welches unter der Abkühlung
schön grün erscheint. Auf diese Weise kann man noch sehr
geringe Mengen von Chrom auffinden. Enthält die Substanz
vielleicht etwas Schwefelsäure, so wird das chromsaure Bleioxyd mit schwefelsaurem Bleioxyd verunreinigt und die gelbe
Farbe des erstern, nach der grössern oder geringern Menge
von letzterem, verhältnissmässig lichter. Eben so verhält es
sich mit einem Gehalt an Phosphorsäure. Diese Beimengungen verhindern aber die Reaction auf Chrom nicht, wenn man
den erhaltenen Niederschlag mit Borax oder Phosphorsalz prüft.

Silicate, die wenig Chrom, aber viel Eisen oder andere
färbende Metalle im oxydirten Zustande enthalten
und mit Glasflüssen nur die Farben der Oxyde
des Eisens oder die der anderen Metalloxyde hervorbringen,
kann man, da sich kieselsaure Verbindungen durch Salpeter
nicht zerlegen lassen, auch nicht sogleich nach dem zuletzt
beschriebenen Verfahren auf Chrom untersuchen, sondern man
ist genöthigt, einen anderen Weg einzuschlagen, auf welchem
man auch gleichzeitig die übrigen Bestandtheile mit auffinden
kann. Man schmelzt das ganz fein gepulverte Mineral dem
Volumen nach mit 1—1¹/₂ Theil Soda und ¹/₂—³/₄ Theil Borax auf Kohle im Oxydationsfeuer zur klaren Perle, pulverisirt dieselbe und behandelt sie mit Chlorwasserstoffsäure in
der Wärme bis zur Trockniss. Hierauf löst man die gebildeten Chlorverbindungen in Wasser auf, filtrirt sie von der
zurückgebliebenen Kieselsäure ab, verwandelt das in der Auflösung befindliche Eisenchlorür bei Anwendung von Kochhitze
durch einige Tropfen Salpetersäure in Eisenchlorid und fällt
aus der sauren Auflösung durch Ammoniak die dadurch fäll-
baren Basen, wie namentlich Chromoxyd, Eisenoxyd, Thonerde etc. aus. Den Niederschlag sammelt man auf einem
Filtrum, süsst ihn aus und schmelzt ihn mit Soda und Salpeter, wie oben. Dadurch bildet man chromsaures Alkali,
welches ebenfalls auf die oben angeführte Weise durch Essigsäure und essigsaures Bleioxyd zersetzt werden kann.

Spinell schmelzt man im fein gepulverten Zustande dem
Volumen nach mit 2 Theilen Soda und 3 Theilen
Borax auf Kohle im Oxydationsfeuer zur Perle,

pulverisirt dieselbe, vermengt das Pulver mit einer gleichen
Menge von Salpeter und erhitzt das Ganze im Platinlöffel bis
zum Schmelzen. Löst man das Geschmolzene in Wasser und
prüft die mit Essigsäure sauer gemachte Auflösung mit essigsaurem Bleioxyd, so überzeugt man sich, ob der fragliche
Spinell Chrom enthält oder nicht; entsteht ein Niederschlag,
so ist solcher nach der Filtration mit Borax zu prüfen.

b) Verhalten der hierher gehörigen Mineralien vor dem Löthrohre.

Berzelius hat verschiedene sogenannte Chromocker
und zwar aus dem Depart. Saone und Loire in Frankreich,
von Elfdalen und von Mårtanberg vor dem Löthrohre untersucht. Chromoxyd etc.

Die Varietät aus Frankreich verliert beim Erhitzen die
Farbe und wird beinahe weiss, schmilzt nicht, zeigt aber eine
schlackige Oberfläche, die unter der Loupe aussieht, als wäre
sie zusammengesetzt aus verglasten und ungeschmolzenen
Theilen.

Von Borax wird das Chromoxyd ausgezogen und das
Glas bekommt eine schöne grüne Farbe. Das angewandte
Probestück wird weiss und löst sich sehr schwer. Von Phos-
phorsalz wird er eben so schwer aufgelöst. Das Glas wird
von einem gleichen Zusatze minder stark gefärbt, als das
Boraxglas.

Von Soda wird er aufgelöst, aber schwer; auch ist viel
Soda nöthig. Das Glas ist selbst im geschmolzenen Zustande
nicht klar und sieht nach der Abkühlung wie ein schmutziges,
graugrünes Email aus.

Der Chromocker von Elfdalen verhält sich ähnlich wie
der vorhergehende. Eben so der chromhaltige Thon von Mårtanberg, nur mit dem Unterschiede, dass bei letzterem die ganze
Masse bei einem guten Feuer zu einer schwarzen Schlacke schmilzt.

Wolchonskoit von Perm zeigt nach Berzelius folgendes Löthrohrverhalten: Silicate.

Im Glaskolben erhitzt, giebt er Wasser und
verändert seine grüne Farbe in eine bräunliche.

In der Pincette zeigt er an der äussersten Kante Spuren
einer Verschlackung, berstet auf der Oberfläche, wird braun,
schmilzt aber nicht.

Borax und Phosphorsalz lösen ihn sehr unvollständig mit
der Farbenreaction des Chromoxydes. Das Ungelöste ist
schwarz.

Mit Soda schmilzt er auf Kohle unter Aufbrausen zur
Kugel, die nach der Abkühlung stellenweise grün und gelb
erscheint. Auf Platinblech giebt er chromsaures Natron, das
umherfliesst, und eine unaufgelöste dunkelrothe Masse.

Rhodochrom, im Glaskolben erhitzt, giebt Wasser

und wird grauweiss. In der Pincette schmilzt er nur an den
äussersten Kanten zu einem gelben Email.

In Borax löst er sich vollständig, in Phosphorsalz aber mit Ausscheidung von Kieselsäure auf
und färbt die Perlen chromgrün.

Mit Soda schmilzt er zu einer undurchsichtigen gelblichen
Masse.

Chromgranat (Uwarowit) von Bissersk in Sibirien.
Nach Berzelius giebt dieses Mineral, im Glaskolben erhitzt,
Wasser und wird undurchsichtig schmutzig gelb; unter der
Abkühlung wird es aber wieder grün.

In der Pincette zeigt es sich unschmelzbar; an der Kante,
wo die Hitze am stärksten gewesen ist, erscheint es etwas
dunkler und bräunlich.

Von Borax wird es äusserst langsam aufgelöst. Das Glas
ist chromgrün. Von Phosphorsalz wird es ebenfalls sehr langsam aufgelöst. Das Glas zeigt das gewöhnliche Farbenspiel
des Chromoxydes; heiss ist es durchsichtig purpurfarben, dann
wird es undurchsichtig und nach völligem Erkalten klar smaragdgrün.

Mit Soda auf Kohle bildet es eine grünlichgelbe Schlacke.
Auf Platinblech färbt sich die ringsum fliessende Soda gelb
von einem Gehalt an Chromsäure.

24) Arsen = As.

Vorkommen dieses Metalles im Mineralreiche und in Hütten-produkten.

Das Arsen ist nicht sehr selten; man findet es in verschiedenem Zustande:

a) Metallisch, für sich im

Gediegen Arsen (Scherbenkobalt) = As, zuweilen geringe
Mengen von Fe, Co, Ni, Sb und Ag enthaltend;

Arsenglanz, nach Kersten aus 97 As und 3 Bi bestehend;
auch enthält er zuweilen S, Fe und Co.

In Verbindung mit anderen Metallen, und zwar mit Mangan, Eisen, Kobalt, Nickel, Kupfer und Antimon (s. diese
Metalle).

b) An Schwefel gebunden, für sich im

Realgar = As mit 70,1 As;

Auripigment (Rauschgelb, Operment) = As mit 61 As;

In Verbindung mit Schwefel und anderen Schwefelmetallen; dahin gehören mehrere von denjenigen Mineralien, welche
beim Eisen, Kobalt, Nickel, Kupfer, Silber und Antimon genannt sind.

c) Als arsenige Säure, in der

Arsenblüthe = As mit 75,8 As.

d) Als Arsensäure in Verbindung mit Basen, und zwar:
mit Kalkerde, mit den Oxyden des Eisens, mit Kobalt- und
Nickeloxydul, so wie mit Blei- und Kupferoxyd (s. d. betr.
Metalle).

Da mehrere arsenhaltige Mineralien und Erze theils für
sich, theils mit anderen Erzen zugleich, wegen der darin befindlichen Metalle, der Zugutemachung im Grossen unterworfen werden, und das Arsen sich nur sehr schwer beim Rösten
von manchen Metallen trennen lässt; so macht auch dasselbe
nicht blos einen Hauptbestandtheil der wirklichen Arsenhütten-
produkte, wie namentlich des grauen oder metallischen
Arsens, des gelben und rothen Arsens und des Gift-
mehles oder der arsenigen Säure aus, sondern es bildet
auch öfters einen Bestandtheil mancher andern noch weiter
zu bearbeitenden Hüttenprodukte. Zu den letztern gehören
vorzüglich die schon früher beim Eisen, Kobalt, Nickel, Blei,
Zinn, Kupfer, Silber und Gold genannten Produkte, als: Rohstein, Bleistein, Kupferstein, Ofenbruch, Abzug,
Abstrich, Bleispeise, Kobalt- oder Nickelspeise.

Probe auf Arsen
mit Einschluss des Löthrohrverhaltens der hierher gehörigen
Mineralien.

Die Probe auf Arsen ist in den meisten Fällen sehr einfach und es lassen sich selbst in zusammengesetzten Substanzen geringe Mengen von diesem Metalle sogleich ganz unzweifelhaft auffinden, sobald es nicht an Nickel oder Kobalt,
oder als Säure an deren Oxyde gebunden ist. In solchen
Fällen muss man dann ein besonderes Verfahren anwenden.
Das metallische Arsen hat neben seiner Flüchtigkeit beim Erhitzen auf Kohle noch die Eigenthümlichkeit, einen auffallen-
den, knoblauchartigen Geruch zu verbreiten und die Kohle
mit arseniger Säure zu beschlagen (S. 81); auch lässt es sich
in einer an einem Ende zugeschmolzenen Glasröhre unverändert sublimiren, wobei es sich krystallinisch an das Glas
ansetzt und, durch dasselbe angesehen, metallisch glänzend
erscheint (S. 75). Die Säuren des Arsens, von denen die arsenige Säure flüchtig ist und in einer an beiden Enden offenen
Glasröhre sich krystallinisch absetzt (S. 77), lassen sich sehr
leicht zu metallischem Arsen reduciren und in diesem Zustande erkennen, wie aus den weiter unten beschriebenen
Verfahrungsarten hervorgehen wird.

Gediegen Arsen

in einer an einem Ende zugeschmolzenen Glasröhre erhitzt,
sublimirt und hinterlässt bisweilen eine nicht flüch-   Metallisches
tige Metallmasse, die, mit Glasflüssen auf Kohle   Arsen.
geprüft, öfters Reactionen auf Eisen, Kobalt oder Nickel her-

vorbringt. Schmelzt man einen andern Theil einer solchen nicht flüchtigen Metallmasse auf Kohle mit nicht zu wenig Probirblei neben etwas Borax im Reductionsfeuer **Metallisches Arsen.** zusammen und treibt das Blei auf Knochenasche ab, so bleibt manchmal ein Silberkörnchen zurück.

Auf Kohle erhitzt, verhält es sich, wie es S. 81 beim reinen Arsen angegeben ist; nur bleibt bisweilen eine kleine Menge einer nicht flüchtigen Substanz zurück, die aus Verbindungen des Arsens mit Eisen, Kobalt und Nickel besteht und die öfters auch Silber enthält.

Arsenglanz vom Palmbaum in Marienberg giebt, in einer an einem Ende zugeschmolzenen Glasröhre erhitzt, zuerst ein Sublimat von Schwefelarsen, dann sublimirt metallisches Arsen und es bleibt ein geringer dunkelgrauer Rückstand, welcher, mit Glasflüssen geprüft, Reactionen auf Eisen, Kobalt und Wismuth hervorbringt.

In der offenen Glasröhre giebt er bei schwachem Erhitzen schweflige und arsenige Säure, bei stärkerem Erhitzen zuerst ein wenig Schwefelarsen und dann metallisches Arsen.

Auf Kohle durch die Löthrohrflamme entzündet, brennt er von selbst fort, stösst einen grauen Arsendampf aus und umgiebt sich mit krystallinischer arseniger Säure.

Die Verbindungen des Arsens mit anderen Metallen

geben zum Theil beim Erhitzen in der einseitig zugeschmolzenen Glasröhre ein Sublimat von metallischem Arsen, dagegen giebt es aber auch wieder einige, die es **Arsenmetalle.** nicht thun. (Man vergleiche das Verhalten der Arsenmetalle beim Eisen, Kobalt, Nickel und Kupfer). Bisweilen erhält man indessen ein Sublimat von arseniger Säure, indem sich ein geringer Theil des Arsens auf Kosten der in der Glasröhre eingeschlossenen atmosphärischen Luft oxydirt. In der offenen Glasröhre geben sie aber sämmtlich arsenige Säure, die jedoch von solchen Verbindungen, welche zugleich Antimon enthalten, mit Antimonoxyd gemengt ist. Entsteht, bei Anwendung eines ganzen Stückchens zur Probe, kein Sublimat, so geschieht es, wenn man die Substanz im gepulverten Zustande anwendet.

Die meisten Arsenmetalle geben, wenn sie auf Kohle im Reductionsfeuer erhitzt werden, einen Theil ihres Arsengehaltes ab, der sich verflüchtigt und die Kohle mit arseniger Säure beschlägt. Ist der Gehalt an Arsen in der Substanz bedeutend, so steigt von der Probe ein starker, graulichweisser Rauch auf, der durch seinen knoblauchartigen Geruch von sich bildendem Suboxyd (S. 81) sofort die Gegenwart des Arsens anzeigt; ist er aber gering, so bemerkt man nicht immer einen aufsteigenden Rauch und während des Blasens auch selten einen Arsengeruch. In diesem Falle muss man die glühende Probe unter die Nase führen, damit man die entweichende geringe Menge von Arsen durch den Geruch erkennen kann. Ist das Arsen in geringer Menge an Metalle gebunden, von denen es sich schwer trennt, wie z. B. an Kobalt und Nickel, so kann man die Metallverbindung auf Kohle mit Probirblei im Oxydationsfeuer zusammenschmelzen und sich durch den Geruch überzeugen, ob Arsen flüchtig wird oder nicht.

Enthält irgend ein Metall oder eine Metallverbindung eine geringe Menge von Arsen, die nach den so eben beschriebenen Verfahrungsarten nicht aufgefunden werden kann, so dient folgendes Verfahren zur Entscheidung: Metalle und Metallverbindungen, welche spröde sind und sich pulverisiren lassen, pulverisirt man, und wenn sie dehnbar sind, sucht man sich die zu einer Probe erforderliche Menge durch Abfeilen im fein zertheilten Zustande zu verschaffen. Von den feinen Metalltheilen vermengt man einen Theil (ungefähr 50 bis 75 Milligr.) im Achatmörser dem Volumen nach mit 5—6 Theilen Salpeter und glüht dieses Gemenge in dem kleinen Platinlöffel nach S. 148 mit Hülfe der Löthrohrflamme so lange, bis keine metallischen Theile mehr wahrzunehmen sind. Die Metalle werden dabei oxydirt und die sich bildende Arsensäure wird an das Kali des zersetzten Salpeters gebunden, während salpetrige Säure frei wird. Hierauf übergiesst man die im Löffel befindliche Masse in einem kleinen Porcellangefäss mit Wasser und erwärmt das Ganze über der Lampenflamme so lange, bis Alles aus dem Löffel gelöst ist. Von jetzt an kann man die Probe nach zwei verschiedenen Verfahrungsarten vollenden.

Nach der einen giesst man die klar gewordene Lösung von dem aus Metalloxyden bestehenden Rückstande in ein kleines Porcellangefäss (S. 51) ab, macht sie mit Chlorwasserstoffsäure sauer, löst in dieser sauern Auflösung etwa 30 bis 50 Milligr. Bittersalz durch Unterstützung von Wärme über der Lampenflamme auf, fügt dann Aetzammoniak im Ueberschuss hinzu und erhitzt bis zum Kochen. Es scheidet sich dabei arsensaure Ammoniak-Talkerde aus, die sich, wenn man das Gefäss von der Flamme nimmt, bald am Boden desselben ansammelt. Ist die darüber stehende Flüssigkeit vollkommen klar, so giesst man sie ab, wäscht den Niederschlag sogleich im Gefäss mit stark ammoniakalischem Wasser aus, welches man bis zum Kochen erhitzt, lässt wieder absetzen, giesst die Flüssigkeit abermals ab, und trocknet den gewaschenen Niederschlag sogleich im Porcellangefäss über der Lampenflamme. Dieses trockene Salz vermengt man dem Volumen nach mit 3mal so viel neutralem oxalsaurem Kali oder, nach Fresenius und v. Babo, mit 6mal so viel einem Gemenge von gleichen Theilen Cyankalium und Soda, und behandelt die im Mörser zusammen geriebenen Salze entweder auf Kohle oder in einem Glaskölbchen mit engem Hals. Im erstern Falle bringt man das auf Kohle gelegte Gemenge

Metall-Verbindungen. mit der Reductionsflamme zum Schmelzen, und überzeugt sich durch den Geruch von dem dampfförmig frei werdenden Arsen. Im zweiten Falle schüttet man das Gemenge in ein Glaskölbchen, welches einen engen Hals hat, erwärmt es anfangs über der Spirituslampe nur mässig, um Spuren von vielleicht mit eingeschlossener Feuchtigkeit auszutreiben, und in einem eingeschobenen, zusammengerollten Streifchen Fliesspapier anzusammeln; dann aber erhitzt man es so stark, dass das Gemenge zum Glühen und Schmelzen kommt. Die Arsensäure wird zu metallischem Arsen reducirt, welches sublimirt und sich in dem Hals des Kolbens bei *a* Fig. 74 ansetzt. Ist bei einem sehr geringen Gehalte an Arsen der Metallspiegel nicht recht deutlich, so darf man nur in den Hals des Kölbchens, dicht über dem Sublimat, mit der Feile einen Einschnitt machen, den obern Theil des Halses abbrechen und das Kölbchen da, wo das Sublimat sitzt, in die Spiritusflamme halten. Besteht dasselbe aus Arsen, so entfernt es sich und giebt sich durch den Geruch zu erkennen.

Fig. 74.

Die zweite Verfahrungsart ist die: dass man die Auflösung des arsensauren, salpetrigsauren und salpetersauren Kali's von dem Rückstande in ein Probirglas abgiesst, mit einigen Tropfen Schwefelammonium versetzt, das Ganze umschüttelt und hierauf das entstandene Schwefelarsen durch verdünnte Chlorwasserstoffsäure ausfällt. Die Flüssigkeit erhitzt man bis zum Kochen, damit sich der Niederschlag besser absetzt, und filtrirt. Das abfiltrirte Schwefelarsen, oder den Schwefelarsen enthaltenden Schwefel trocknet man, reibt die völlig trockene Masse im Achatmörser mit 4 bis 5 Theilen trocknem, neutralem oxalsaurem Kali und etwas Kohlenstaub oder mit einem Gemenge von Cyankalium und Soda zusammen und erhitzt das Gemenge entweder in einer an einem Ende zugeschmolzenen, nicht zu engen Glasröhre, oder besser, in einem Kölbchen mit engem Hals, wie oben Fig. 74, bis zum Rothglühen. Hierbei bildet sich Schwefelkalium und metallisches Arsen, welches letztere sublimirt und sich an seinem Glanze, so wie an seiner krystallinischen Beschaffenheit (wenn es nicht in zu geringer Menge vorhanden ist) erkennen lässt. Ist das Sublimat nur in geringer Menge da, so verflüchtigt man es und überzeugt sich durch den Geruch, wie es oben angegeben wurde.

Ein Haupterforderniss bei einer solchen Reductionsprobe ist, dass das zu erhitzende Gemenge möglichst frei von Wasser sei; es muss daher die zu prüfende Substanz sowohl, als auch das Reductionsmittel möglichst vollständig getrocknet angewendet werden.

Nach **Vogel** soll die geringste Menge Arsen, *Metall-Verbindungen.* welche in gewöhnlicher Weise auf Kohle am Knoblauchgeruch nicht mehr wahrzunehmen ist, sich dadurch auffinden lassen, dass man die arsenhaltige Substanz mit Kohlenpulver und einer sehr verdünnten Schellacklösung zu einem Teige anmengt, aus diesem ein Stängelchen formt und dieses wie eine Sprengkohle behandelt. Beim Glimmen entwickelt dasselbe Knoblauchgeruch.

Schwefel-Arsen.

Realgar und **Auripigment** im Glaskolben erhitzt, schmelzen, kochen und werden sublimirt; das Sublimat des erstern ist nach der Abkühlung roth, das des letztern dunkelgelb; beide Sublimate sind durchsichtig.   *Schwefelarsen.*

In einer an beiden Enden offenen Glasröhre schwach erhitzt, verbrennen sie, geben schweflige Säure und ein Sublimat von arseniger Säure. Bei zu starkem Erhitzen sublimirt leicht ein Theil der Probe unverändert.

Auf Kohle verbrennen sie mit einer weissgelben Flamme und graulich-weissem Rauch.

Will man aus Schwefelarsen das Arsen metallisch ausscheiden, so kann dies auf zweierlei Weise geschehen:

Nach **Berzelius** wird das Schwefelarsen durch vorsichtiges Erhitzen in der offenen Glasröhre in arsenige und schweflige Säure zerlegt, wobei erstere sich in der Röhre krystallinisch absetzt und letztere gasförmig entweicht. Die Röhre ist dabei geneigt zu halten und nahe über der Probe zu erhitzen, damit der von der Probe aufsteigende Dampf bei der heissesten Stelle vorbeikommt und vollkommen verbrennt. Hierauf wird die Glasröhre dicht neben der angesammelten arsenigen Säure ausgezogen, mit Hülfe der Spirituslampe die arsenige Säure in den ausgezogenen Theil der Röhre getrieben und durch einen eingeschobenen Kohlensplitter reducirt, wie es auf der folgenden Seite speciell angegeben werden soll.

Ein anderes, sehr einfaches Verfahren kann man bei Anwendung von neutralem oxalsaurem Kali oder Cyankalium einschlagen. Man braucht nur das zu zerlegende Schwefelarsen, oder den auf Arsen zu prüfenden Schwefel, im Achatmörser dem Volumen nach mit 4 Theilen neutralem oxalsaurem Kali und ein wenig trocknem Kohlenstaub, oder mit 6 Theilen eines Gemenges von Cyankalium und trockner Soda zusammen zu reiben und das Gemenge entweder in einer an einem Ende zugeschmolzenen, nicht zu engen Glasröhre, oder in einem Kölbchen mit engem Hals, nach und nach bis zum

Glühen und resp. Schmelzen zu erhitzen, wie es bereits bei der Probe auf Arsen in Metallverbindungen — wenn das Arsen als Schwefelarsen ausgeschieden wird — S. 448 beschrieben ist. Scheint die Menge des Arsens im Verhältnisse zum Schwefel sehr gering zu sein, so ist es zweckmässig, wenn man den Ueberschuss des letztern vorher in einem Glaskölbchen bei gelinder Hitze durch Sublimation entfernt, hierauf das Kölbchen zerklopft, den Rückstand pulverisirt, und mit diesem Pulver erst eine Reduction in einem Glaskölbchen unternimmt.

Metall-Verbindungen

Arsen-Schwefelmetalle.

Die natürlichen Arsen-Schwefelmetalle geben, wenn sie in einer an einem Ende zugeschmolzenen Glasröhre erhitzt werden, nach der Verschiedenheit ihrer Zusammensetzung, theils wenig Schwefelarsen und viel metallisches Arsen zugleich, theils geben sie nur Schwefelarsen allein aus, theils geben sie auch gar kein Sublimat. In der offenen Glasröhre geben sie aber alle arsenige und schweflige Säure. Ebenso verhält es sich auch mit denjenigen Hüttenprodukten, welche Arsen-Schwefelmetalle in nicht zu geringer Menge enthalten.

Arsen-Schwefelmetalle.

Arsen-Schwefelmetalle auf Kohle im Reductionsfeuer erhitzt, entwickeln öfters einen deutlichen Arsengeruch. Ist der Gehalt an Arsen gering, so lässt sich derselbe nicht immer durch den Geruch wahrnehmen, weil er entweder an Schwefel gebunden fortgeht, oder sich bei Anwesenheit von Nickel oder Kobalt gar nicht verflüchtigt. Solche Substanzen, zu denen hauptsächlich manche Hüttenprodukte zu zählen sind, wie z. B. Rohstein, Bleistein, Ofenbruch etc., kann man auf die Weise auf einen Gehalt an Arsen prüfen, dass man sie im gepulverten Zustande mit 3 bis 4 Mal so viel neutralem oxalsaurem Kali oder Cyankalium mengt und das Gemenge auf Kohle im Reductionsfeuer zusammenschmelzt. Der Schwefel wird hierbei abgeschieden, indem sich Schwefelkalium bildet, und das Arsen wird (wenn es nicht an Nickel oder Kobalt gebunden ist) verflüchtigt, wobei es sich durch seinen eigenthümlichen Geruch zu erkennen giebt.

Bekommt man auf diese Weise kein befriedigendes Resultat, so dient zur Entscheidung dasselbe Verfahren, welches oben (S. 447 u. f.) für Metallverbindungen beschrieben wurde, die nur wenig Arsen enthalten.

Arsenblüthe (arsenige Säure)

im Glaskolben erhitzt, sublimirt sehr leicht, das Sublimat ist krystallinisch und es lassen sich durch die Loupe oft ganz deutlich reguläre Octaëder wahrnehmen. Will man eine sehr geringe Menge von arseniger Säure

Arsenige Säure.

zu Metall reduciren, so verfährt man nach Berzelius auf folgende Weise: Man zieht sich eine Glasröhre so aus, dass der Durchmesser des ausgezogenen Theils nur so dick ist wie eine starke Stricknadel, und schmelzt das Ende desselben zu. Die zu reducirende arsenige Säure, die noch weniger als 1 Milligr. betragen kann, bringt man in den ausgezogenen Theil bis an das Ende a, (siehe beistehende Fig. 75) und schiebt einen Splitter von Holzkohle darüber, welcher im Verhältniss zur Grösse der Glasröhre die Länge hat

Fig. 75.

wie c b. Darauf erhitzt man den ausgezogenen Theil der Röhre, wo der Kohlensplitter liegt, in der Flamme der Spirituslampe so weit, bis die Kohle glüht, und führt dann auch das Ende der Röhre, wo sich die arsenige Säure befindet, mit in die Flamme. Während nun die Dämpfe der arsenigen Säure an der glühenden Kohle hinstreichen, entsteht eine Reduction und es bildet sich vorn in dem kältern Theil der Röhre, bei d, ein Beschlag von metallischem Arsen. Ist die Menge der angewandten arsenigen Säure sehr gering, so erhält man nur zwischen c und d einen schwarzen Anflug von metallischem Arsen. Erhitzt man indess den ausgezogenen Theil der Röhre nach und nach immer näher dem schwarzen Anflug, so lässt sich solcher zu einem Ringe zusammentreiben, und das Arsen kann, wenn man den ausgezogenen Theil bei c wegschneidet und den Theil d in die Spiritusflamme hält, bei der Verflüchtigung an dem knoblauchartigen Geruche erkannt werden.

Arsenige Säure für sich auf Kohle erhitzt, verfliegt, ohne einen Geruch zu verbreiten; mengt man sie aber mit etwas befeuchtetem neutralem oxalsaurem Kali und behandelt das Gemenge auf Kohle mit der Reductionsflamme, so wird sie zu metallischem Arsen reducirt, welches sich bei seiner Verflüchtigung durch den Geruch zu erkennen giebt.

Für medicinische und pharmaceutische Zwecke ist es nöthig, Antimonoxyd (antimonige Säure) auf arsenige Säure zu prüfen. Ist der Gehalt an arseniger Säure nicht zu gering, d. h. beträgt er nicht viel weniger als ein Tausendtheil, so giebt er sich dadurch zu erkennen, dass, wenn eine Probe des Antimonoxyds auf Kohle mit neutralem oxalsaurem Kali oder Cyankalium im Reductionsfeuer behandelt wird, sich ein deutlicher Arsengeruch verbreitet. Ist die arsenige Säure aber in so geringer Menge vorhanden, dass diese Probe nicht entscheidet, so muss man eine Reductionsprobe in einem Glaskölbchen vornehmen. Als Reductionsmittel wendet man neutrales oxalsaures Kali oder ein Gemenge von Cyankalium und Soda an. Antimonoxyd, welches weniger als ein Tausendtheil

arseniger Säure enthält, mit 9 Volumentheilen neutralen oxalsauren Kali's und 1 Volumentheil Kohlenstaub zusammengerieben und in einem Glaskölbchen mit engem Hals
Arsenige Säure. bis zum Glühen erhitzt, giebt einen ganz deutlichen Metallspiegel, der sich bei weiterer Prüfung in der
Spiritusflamme verflüchtigt, und einen unverkenbaren Arsengeruch verbreitet.

Arsensäure

im Glaskolben stark geglüht, wird zerlegt in arsenige Säure
und Sauerstoff; erstere sublimirt und letzterer entweicht. Auf
Kohle wird sie zu Metall reducirt, welches sich
Arsensäure. aber sogleich verflüchtigt und einen starken Arsengeruch verbreitet.

Verbindungen der Säuren des Arsens mit Erden und Metall-oxyden.

Dergleichen Verbindungen lassen sich auf verschiedene
Weise auf Arsen prüfen.

Einige wenige arsensaure Salze lassen sich bei der Prüfung im Glaskolben dadurch erkennen, dass sie krystallinische
arsenige Säure ausgeben. (Vergl. das Verhalten der arsensauren Salze des Eisens, Kobalts und Nickels.) Dagegen geben sie sich häufiger dadurch zu erkennen, dass sie bei der
Prüfung in der Pincette die äussere Flamme hellblau färben,
sobald die Base nicht selbst die Eigenschaft besitzt, eine intensive Färbung in der äussern Flamme hervorzubringen
(S. 96.)

Kann man durch die Prüfung eines Salzes für sich die
Anwesenheit von Arsensäure oder arseniger Säure nicht wahrnehmen, so muss man zweckentsprechende Reagentien anwenden.

Ein sehr einfaches Verfahren, ein arsensaures Salz zu
erkennen, ist das, dass man die Substanz im gepulverten Zustande mit Soda, oder besser mit neutralem oxalsauren Kali
oder Cyankalium mengt, das Gemenge auf Kohle mit der
Reductionsflamme behandelt und sich durch den Geruch überzeugt, ob Arsen metallisch frei wird. In allen Fällen ist jedoch diese Probe nicht entscheidend genug, vorzüglich wenn
die Säuren des Arsens nur in geringer Menge an solche Metalloxyde gebunden sind, die sich leicht reduciren lassen und
mit Arsen schmelzbare Verbindungen bilden, von denen sich
das Arsen schwer trennt. Ist daher das Arsen nicht in reichlicher Menge vorhanden, so kann der Fall eintreten, dass gar
kein Arsen frei wird.

In solchen Fällen wählt man dasselbe Verfahren, welches
S. 447 zur Auffindung geringer Mengen Arsens in Metallverbindungen beschrieben worden ist, nur mit dem Unterschiede, dass man an der Stelle des Salpeters ein Gemenge

von gleichen Theilen Salpeter und Soda zur Schmelzung anwendet.

Arsensaure und arsenigsaure Salze, deren Basen schwer zu reduciren sind, oder, wenn sie sich leicht reduciren lassen, doch keine grosse Verwandtschaft zum Arsen haben, kann man auch auf die Weise prüfen, dass man sie im fein gepulverten Zustande dem Volumen nach mit 3—4 Mal so viel neutralem oxalsaurem Kali oder einem Gemenge von Cyankalium und trockner Soda im Achatmörser zusammenreibt und das Gemenge in einem kleinen Glaskolben bis zum Glühen und Schmelzen erhitzt. Dabei beobachtet man alles das, was S. 448 schon mitgetheilt ist. Man erhält ganz deutliche Metallspiegel, z. B. von solchen Salzen, deren Basen aus Erden oder aus Silberoxyd bestehen; etwas weniger deutlich ist der Spiegel, wenn die Base z. B. aus Eisen- oder Kupferoxyd besteht.

25) Tellur = Te.
Vorkommen dieses Metalles im Mineralreiche.

Es kommt hauptsächlich nur metallisch vor, und zwar:
a) für sich im
Gediegen Tellur = Te, welches jedoch selten frei von anderen Metallen, namentlich von Gold und Eisen, ist.
b) In Verbindung mit anderen Metallen, dahin gehören:
Tellurblei und Blättererz (Blättertellur), s. Blei;
Tellurwismuth (Tetradymit), s. Wismuth;
Tellurgoldsilber, | s. Silber;
Tellursilber,
Schrifterz (Tellursilbergold) und Weisstellur, s. Gold.

Auch soll es als tellurige Säure (Tellurocker) = $\overset{..}{Te}$ das gediegene Tellur zuweilen begleiten.

Probe auf Tellur.

Gediegen Tellur in einer an beiden Enden offenen Glasröhre erhitzt, schmilzt, brennt mit bläulichgrüner Flamme und raucht. Der Rauch setzt sich mit graulichweisser Farbe innerhalb der Glasröhre an, ändert sich bei starkem Erhitzen vollständig in tellurige Säure um und schmilzt zu klaren, durchsichtigen Tröpfchen.

Auf Kohle zeigt es dasselbe Verhalten wie nach S. 81, nur mit dem Unterschiede, dass nach der Verflüchtigung des Tellurs gewöhnlich ein geringer Rückstand bleibt, welcher, wenn man ihn mit Borax und ein wenig Probirblei im Reductionsfeuer behandelt, dem Glase eine Eisenfarbe und dem Bleie etwas Gold ertheilt, welches letztere durch Abtreiben des Bleies auf Knochenasche in Form eines Körnchens zurück bleibt.

Die Probe auf Tellur in zusammengesetzten Verbindungen kann sowohl in einer an beiden Enden offenen Glasröhre, als auch auf Kohle geschehen. Wie sich die oben genannten Verbindungen des Tellurs mit anderen Metallen verhalten, wenn sie in der offenen Glasröhre bei Zutritt von atmosphärischer Luft erhitzt werden, ist an den betreffenden Orten angegeben. Im Allgemeinen ist jedoch zu bemerken, dass bei der Röstung eines tellurhaltigen Minerals in der offenen Glasröhre sich das Tellur mehr oder weniger vollständig verflüchtigt, in tellurige Säure umändert und einen weissen Rauch bildet, der sich in der Röhre ziemlich nahe der Probe absetzt. Wird die Stelle der Glasröhre, wo sich der meiste Rauch abgesetzt hat, mit der Löthrohrflamme erhitzt, so schmilzt die daselbst befindliche tellurige Säure zu klaren, farblosen Tröpfchen, die man mit Hülfe der Loupe am deutlichsten sehen kann. Man darf jedoch nicht übermässig stark und zu lange erhitzen, weil die tellurige Säure bei Zutritt von Luft nicht feuerbeständig ist. Enthält die tellurhaltige Substanz viel Blei, so bildet sich in der Nähe der Probe ein grauer und, weiter entfernt, ein weisser Beschlag. Letzterer kann bei mässigem Löthrohrfeuer zu farblosen Tröpfchen geschmolzen werden und besteht demnach aus telluriger Säure; ersterer dagegen, nämlich der graue Beschlag, schmilzt nicht zu Tröpfchen, sondern verändert sein Ansehen so, dass er als halbgeschmolzener, graulicher Ueberzug auf dem Glase erscheint. Nach Berzelius ist dies tellursaures Bleioxyd.

Enthält die Substanz Wismuth, so bleibt dieses zurück, während das Tellur fortraucht und sich als tellurige Säure in der Röhre absetzt. Bei fortgesetztem Erhitzen oxydirt sich das zurückbleibende Metall auf der Oberfläche und wird mit schmelzendem braunem Wismuthoxyd umgeben.

In manchen Fällen lässt sich auch eine Probe auf Tellur in einer an einem Ende zugeschmolzenen Glasröhre mit Vortheil vornehmen. Das Tellur hat bekanntlich die Eigenschaft, in Verbindung mit Kalium oder Natrium sich in siedend heissem Wasser mit purpurrother Farbe aufzulösen, so dass man die Gegenwart des Tellurs daran erkennen kann. Man braucht daher nach Berzelius nur die Substanz mit Soda und etwas Kohle zusammenzureiben, das Gemenge in einer unten verschlossenen Glasröhre bis zum Schmelzen zu erhitzen und nach dem Erkalten einige Tropfen so eben aufgekochten Wassers in die Röhre fallen zu lassen; es färbt sich dieses nach einer Weile von aufgelöstem Tellurnatrium mehr oder weniger intensiv purpurroth. Diese Probe lässt sich nicht bloss für Substanzen anwenden, in denen sich das Tellur im metallischen Zustande befindet, sondern auch für die Säuren des Tellurs, die dabei mit reducirt werden.

Nach v. Kobell lassen sich die natürlich vorkommenden Tellurverbindungen daran erkennen, dass dieselben in einem kleinen Glaskolben mit viel concentrirter Schwefelsäure gelinde erhitzt, der Säure eine purpur- rothe oder auch hyacinthrothe Farbe ertheilen, welche auf Zusatz von Wasser unter Bildung eines schwarzgrauen Präcipitats verschwindet.

Tellur-Verbindungen.

Bei der Prüfung eines tellurhaltigen Minerals auf Kohle bildet sich gewöhnlich ein weisser Beschlag von telluriger Säure, der eine röthlich-gelbe Kante hat und der, wenn die Reductionsflamme auf ihn gerichtet wird, mit einem grünen, und bei Gegenwart von Selen mit einem blaugrünen Scheine verschwindet (S. 81). Riecht dabei die Probe nach verfaultem Rettige, so ist mit Sicherheit auf einen Gehalt von Selen zu schliessen.

Enthält das Mineral Blei oder Wismuth und man behandelt es für sich auf Kohle, so bildet sich, wenn man nur einige Augenblicke zu lange bläst, kein reiner Beschlag von telluriger Säure, sondern es setzt sich leicht ein Gemenge von telluriger Säure und Blei- oder Wismuthoxyd auf der Kohle ab. Diesen Uebelstand kann man aber verhindern, wenn man die Probe pulverisirt und mit dem gleichen Volumen vorglaster Borsäure mengt, darauf das Gemenge auf die eine lange Seite der Kohle legt und mit der Reductionsflamme behandelt. Das sich bildende Blei- oder Wismuthoxyd wird dabei trotz der Reductionsflamme von der Borsäure aufgelöst, ohne einen Beschlag auf der Kohle zu geben, während das Tellur entweicht und die Kohle allein beschlägt. Enthält das Mineral gleichzeitig viel Selen, so setzt sich auch ein Theil desselben auf der Kohle ab und der Beschlag von telluriger Säure kann in diesem Falle weniger deutlich erkannt werden. In solchen Fällen muss man nicht unterlassen, das Mineral auch in einer offenen Glasröhre zu prüfen.

C) Proben auf nichtmetallische Körper und Säuren.

1) Sauerstoff = O und Wasserstoff = H in Verbindung als Wasser = Ḣ.

Vorkommen des Wassers im Mineralreiche.

Es macht theils einen wesentlichen Bestandtheil der meisten natürlichen Salze, vieler Silicate, so wie der natürlichen Hydrate, theils auch nur einen zufälligen Bestandtheil vieler Mineralien aus, wie aus der chemischen Zusammensetzung der verschiedenen, an den betreffenden Orten genannten Mineralien hervorgeht.

Probe auf Wasser.

Diese Probe ist sehr einfach und geschieht auf folgende Weise:

Man legt die zu prüfende Substanz in einen kleinen Glaskolben (S. 26, Fig. 27, *A*), den man, wegen vielleicht eingeschlossener feuchter Luft, zuvor erwärmt und nach
S. 26 ausgetrocknet hat, und erhitzt ihn allmählich in der Spiritusflamme. Enthält die Substanz
mechanisch gebundenes Wasser, oder hat man es mit einem
Salze zu thun, welches chemisch gebundenes Wasser enthält
und in Wasser auflöslich ist, so wird das gebundene Wasser
im erstern Falle ganz, und im letzteren zum Theil schon bei
der ersten Einwirkung der Hitze in Dampfform ausgetrieben.
Dieser Wasserdampf schlägt sich aber an dem obern, engern
und kältern Theil des Kolbens rings herum tropfbar-flüssig
nieder, so dass man die Tröpfchen mit blossen Augen deutlich schon kann. Enthält eine in Wasser unauflösliche Substanz chemisch gebundenes Wasser, so erfolgt bei der ersten
Einwirkung der Hitze selten eine Wasserdampfentwickelung;
bringt man aber den Kolben etwas tiefer in die Flamme und
erhitzt ihn bis zum Glühen, so entweicht das Wasser und
setzt sich ebenfalls deutlich sichtbar in dem obern, kältern
Theil des Kolbens an. Um bei Silicaten mit geringem Wassergehalte denselben deutlich zu erkennen, muss man diese
im pulverisirten Zustande, nach Befinden auch unter Anwendung des Löthrohrs, erhitzen.

Auf besondere Erscheinungen, die bei der Probe auf
Wasser noch vorkommen können, ist bereits S. 72 und 73
aufmerksam gemacht worden.

2) Stickstoff = N und Sauerstoff = O in Ver-

binbung als Salpetersäure = $\bar{N}$.

Vorkommen der Salpetersäure im Mineralreiche.

Diese Säure findet sich in Verbindung mit Kali im Kalisalpeter (s. Kali), in Verbindung mit Natron im Natron-
salpeter (s. Natron) und in Verbindung mit Kalk im Kalksalpeter (s. Kalkerde).

Probe auf Salpetersäure
mit Einschluss des Löthrohrverhaltens der salpetersauren
Salze im Allgemeinen.

Die salpetersauren Salze, welche beim Erhitzen im Glaskolben zum Theil schmelzen, werden dabei mehr oder weniger
leicht zersetzt. Ist die Salpetersäure an starke
Basen gebunden, so entwickelt sich anfangs bloss
Sauerstoffgas, jedoch nur in so geringer Menge,
dass es durch ein glimmendes Holzspänchen nicht erkannt
werden kann; dabei bleiben salpetrigsaure Salze zurück, die

nur bei sehr starker Hitze eine völlige Zersetzung erleiden. Salpetersaures Ammoniak schmilzt sehr leicht und zersetzt sich während des Kochens in Wasser und Stickoxydulgas. (Bei zu schnellem und starkem Erhitzen; oder wenn das Glaskölbchen einen engen Hals hat, kann leicht eine Explosion erfolgen.) Die Salze mit schwachen Basen entwickeln schon bei mässiger Hitze Sauerstoff und gasförmige salpetrige Säure, welche letztere an der gelben Farbe und am Geruche zu erkennen ist.

Salpetersaure Salze.

Werden salpetersaure Salze, deren Basen aus fixen Alkalien oder aus alkalischen Erden bestehen, vor dem Löthrohre auf Kohle so stark erhitzt, dass die mit ihnen in Berührung stehenden Kohlentheile zum Glühen kommen, so detoniren sie sehr stark und verwandeln sich in kohlensaure Salze. Die übrigen salpetersauren Salze detoniren weniger stark und es bleiben die Basen entweder als Erden, Metalloxyde, oder wenn die letzteren leicht reducirbar sind, als regulinische Metalle zurück. Sind die Metalle flüchtig, so rauchen sie zum Theil oder auch ganz fort und beschlagen die Kohle.

Enthält ein anderes Salz oder irgend eine Substanz eine geringe Menge eines salpetersauren Salzes, so lässt sich dies bald nachweisen. Man darf die fragliche Substanz nur mit etwas mehr als gleichen Theilen doppelt-schwefelsauren Kali's mengen und das Gemenge in einer an einem Ende zugeschmolzenen Glasröhre oder in einem Glaskölbchen erhitzen. Es füllt sich die Röhre oder das Kölbchen dabei mit salpetrigsaurem Gase an, dessen gelbe Farbe am deutlichsten wahrzunehmen ist, wenn man von oben herein in die Röhre oder in das Kölbchen sieht, weil man auf diese Weise durch eine dickere Schicht des Gases hindurch blickt. Ist bei einer sehr geringen Menge von Salpetersäure diese Färbung nicht mehr deutlich sichtbar, so lässt sich nach Stein (Polyt. Centralbl. 1859 Nr. 23 p. 1624) die geringste Menge davon auf die Weise entdecken, dass man die Probe mit etwas Bleiglätte erhitzt, welche die Salpetersäure anfangs aufnimmt, bei höherer Temperatur aber wieder entlässt. Man schiebt dann in den obern Theil des Röhrchens oder Kölbchens einen Streifen Filtrirpapier, welcher mit einer eisenoxydfreien Eisenvitriollösung, der man etwas Schwefelsäure zugesetzt hat, getränkt ist. Bei Anwesenheit von salpetriger Säure wird der Streifen gelblich bis braun gefärbt. Man kann auf diese Weise in einem Gemenge von 1000 Theilen Glaubersalz mit 1 Theil Salpeter, welcher also etwa 0,0005 Salpetersäure enthält, letzteren noch deutlich nachweisen. Die Färbung des Papiers verschwindet rasch wieder, wenn dasselbe in der Röhre zu heiss wird, weshalb man letztere oder das Kölbchen etwas lang nehmen muss[*]).

---

[*] Enthält die Glätte Bleisuperoxyd und sind in der Probe Chlorme-

Die oben genannten Salze, der **Kalisalpeter**, **Natron-salpeter** und **Kalksalpeter** geben sich bei ihrer Prüfung auf Kohle durch die entstehende Detonation, so wie in einem Glaskölbchen mit doppelt-schwefel-saurem Kali, sogleich als salpetersaure Salze zu erkennen. Ihre Basen lassen sich durch die Färbung der äussern Flamme unterscheiden (s. Probe auf Kali, Natron und Kalkerde).

3) Kohlenstoff = C und Kohlensäure = $\bar{C}$.

Vorkommen des Kohlenstoffs und der Kohlensäure im Mineralreiche und in Hüttenprodukten.

Der Kohlenstoff kommt in der Natur vor:

a) **Für sich** im

Diamant = C;

Anthracit = C; er hinterlässt aber bei seiner Verbrennung mehr oder weniger Asche, aus $\bar{Si}$, $\bar{Al}$ und $\bar{Fe}$ bestehend;

Graphit = C, gewöhnlich Fe, so wie $\bar{Si}$, $\bar{Ca}$, $\bar{Al}$ und $\bar{H}$ ent-haltend; auch findet sich zuweilen Cr darin;

Kohleneisenstein aus Westphalen und England besteht wesent-lich aus $Fe\bar{C}$, geringen Mengen von $(\bar{Ca}, \bar{Mg})$ $\bar{C}$, Ca $\bar{S}$, $\bar{Si}$, $\bar{Al}$, $\bar{Fe}$ und $\bar{H}$ mit 12—35 Kohle;

Pyrorthit, s. Cer; | beide enthalten eingemengte Kohle.
Zeichenschiefer, s. Kali |

b) **In Verbindung mit Wasserstoff**, im

Idrialin = $C^6 H^2$, mit 94,8 C und 5,2 H, gemengt mit Zinno-ber und erdigen Substanzen im Quecksilberbranderz von Idria;

Könlit = $C^2 H$ mit 92,3 C und 7,7 H;

Fichtelit, Tekoretin, Hartit, Branchit, welche Verbindungen mehr oder weniger alle der Zusammensetzung $C^3 H^4$ mit 88,2 C und 11,8 H entsprechen;

Steinöl (Erdöl, Naphta) von verschiedenen Fundorten = CH oder $C^6 H^2$ mit 85,7 bis 87,8 C und 12,2 bis 14,3 H;

Ozokerit (nat. Paraffin, Erdwachs, Hatchettin, Neft-gil), wahr-scheinlich ebenfalls aus gleichen Atomen Kohlenstoff und Wasserstoff bestehend;

Scheererit, vielleicht $C^3 H^4$ mit 75 C und 25 H;

Elaterit, wesentlich CH^2.

c) **In Verbindung mit Wasserstoff und Sauerstoff**, im

Asphalt = C, H, O in veränderlichen Verhältnissen;

alle enthalten, so entwickelt sich beim Erhitzen Salzsäure oder Chlor, welche das Papier auch färben. Man erkennt einen Gehalt an Bleisuper-oxyd in der Glätte daran, dass sie beim Erhitzen mit etwas Kochsalz und doppelt-schwefelsaurem Kali Chlorgas giebt, welches man riechen oder mittelst eines Indigopapierstreifens erkennen kann. Letzterer wird beim Einstecken in die Röhre gebleicht.

Retinit (Erdharz), mit welchem Namen man eigentlich die fossilen Harze der Braunkohle bezeichnet. Es lassen sich hierher rechnen: Krantzit $= C^{10}H^9O$; Walchowit $= C^{12}H^9O$; Pyroretin, ähnlich wie das vorhergehende zusammengesetzt, Piausit, Anthracoxen;

Middletonit $= C^{20}H^{11}O$ mit 86,3 C, 7,91 H, 5,76 O;

Scleretinit $= C^{10}H^7O$ mit 80 C, 9,3 H, 10,7 O;

Dopplerit $= C^9H^5O^4$ mit 51,6 C, 5,3 H, 43,0 O;

Bernstein $= C, H, O$; die Masse des Bernsteins besteht aus etwas Bernsteinsäure, einem ätherischen Oele, zwei in Alkohol und Aether löslichen Harzen und einem unlöslichen Stoff, der den Hauptbestandtheil ausmacht; nach Schrötter könnte seine Gesammtmischung vielleicht durch $C^{10}H^8O$ bezeichnet werden;

Steinkohle $= C, H, O$ in veränderlichen Verhältnissen und zwar Kohlenstoff vorherrschend (74—96 p. c.), mit Sauerstoff (3—20 p. c.), Wasserstoff (0,5—5,5 p. c.) und sehr wenig Stickstoff, ausserdem verunreinigende Beimengungen (1—30 p. c.) von Erden, Metalloxyden und Schwefelmetallen, besonders Schwefelkies;

Braunkohle (Lignit). Die Zusammensetzung ähnlich derjenigen der Steinkohle, doch ist das Verhältniss des Sauerstoffs und Wasserstoffs grösser;

Dysodil, nach Ehrenberg ein von Erdpech durchdrungener Polirschiefer aus Infusorienschalen.

d) In Verbindung mit Sauerstoff als Kohlensäure.

Die Kohlensäure findet man in der Natur sowohl frei in Gasform, als auch an Basen gebunden in vielen Mineralien, die bereits bei den Alkalien, den Erden und den Metallen genannt worden sind.

Auch findet man geringe Mengen von Kohlenstoff entweder frei, oder an Wasserstoff, Sauerstoff und Stickstoff gebunden, in mehreren Mineralien bloss eingemengt.

In Hüttenprodukten findet man Kohlenstoff als wesentlichen Bestandtheil im Roheisen und im Stahl. Uebrigens enthalten auch noch andere Produkte, und zwar hauptsächlich manche Eisensauen öfters geringe Mengen von Kohle (s. diese Produkte beim Eisen).

Probe auf Kohlenstoff und Kohlensäure
mit Einschluss des Lothrohrverhaltens mehrerer hierher gehörigen Mineralien.

Diamant bedarf nach den Versuchen von Petzholdt keiner so ausserordentlich hohen Temperatur, um sich zu entzünden und zu verbrennen. Das höchst feine Pulver, welches durch Aneinanderreiben zweier Kohlenstoff. Diamanten erhalten wird, soll nach ihm mit grosser Leichtigkeit schon mit Hülfe der Spiritusflamme auf einem dünnen Platinbleche verbrannt werden können; es soll dabei

eben so lebhaft aufglühen wie Kohlenpulver, wenn solches
auf Platinblech gestreut und verbrannt wird. Eben so soll

Kohlenstoff. ein kleiner Diamant auf einem Platinbleche mittelst einer von untenher gegen dasselbe gerich-
teten Löthrohrflamme vollständig verbrennen, wobei sich zuletzt immer ein lebhaftes Aufglühen zeigt. Eine sehr hohe
Temperatur soll nur zur Verbrennung eines grösseren Diamanten
nothwendig sein. Das Produkt der Verbrennung ist gasförmige
Kohlensäure.

Anthracit giebt, im Glaskolben erhitzt, gewöhnlich
etwas Feuchtigkeit, aber kein empyreumatisches Oel. An der
Flamme eines Kerzenlichts ist er nicht entzündlich.

Im Platinlöffel mit der Oxydationsflamme erhitzt, verbrennt er sehr langsam und ebenfalls ohne Flamme, mit Hinterlassung von etwas Asche, die mehr oder weniger eisenhaltig ist.

Graphit giebt, im Glaskolben erhitzt, bisweilen eine
ziemliche Menge von Wasser.

Im Platinlöffel mit der Spiritusflamme erhitzt, scheint er
sich nicht zu verändern; in der Pincette vermindert sich im
Oxydationsfeuer nach und nach sein Volumen. Auf feuerfesten Thon gestrichen und im Oxydationsfeuer so lange geglüht, bis alle Kohle verbrannt ist, erscheint der Strich oft
roth von zurückgebliebenem Eisenoxyd. Im gepulverten Zustande mit Salpeter im Platinlöffel bis zum Glühen erhitzt,
detonirt er. Wird das grösstentheils in kohlensaures Kali
umgeänderte Salz in Wasser gelöst, so bleiben die erdigen
und metallischen Beimengungen zurück und können auf die
Weise weiter untersucht werden, wie es mit kieselsauren Verbindungen geschieht (S. 194).

Kohleneisenstein aus Westphalen giebt, im Glaskolben erhitzt, Wasser, und einen schwach bituminösen Geruch.

Vor dem Löthrohre auf Kohle brennt er sich rothbraun.

Säuren entwickeln Kohlensäure; mit Königswasser eine
längere Zeit gekocht, hinterlässt er nur Kohle mit einer Spur
von Kieselsäure.

Quecksilberbranderz von Idria, in welchem sich das

Kohlenstoff-Ver- Idrialin findet, im Glaskolben erhitzt, schmilzt,
bindungen. entwickelt Quecksilber- und Schwefeldämpfe, so
wie ölbildendes Kohlenwasserstoffgas, und hinterlässt einen kohligen, porösen Rückstand.

Auf einem Thonschälchen mit der Löthrohrflamme berührt, entzündet es sich, brennt unter Entwickelung von Rauch
und schwefliger Säure und hinterlässt eine braunrothe Asche.

Könlit schmilzt bei 114° und kommt bei 200° in's Sieden, wobei auch eine Zersetzung eintritt. Er hinterlässt einen
kohligen Rückstand.

Ozokerit (Erdwachs) schmilzt schon in der Lichtflamme zu einer klaren, öligen Flüssigkeit, welche unter der

Abkühlung erstarrt. Bei höherer Temperatur brennt er mit Flamme und verflüchtigt sich zuweilen mit Hinterlassung eines geringen kohligen Rückstandes.

Scheererit. Nach S t r o m e y e r schmilzt er ^Kohlenstoff-Verbindungen.^ schon bei 36° R. zu einer farblosen Flüssigkeit, die beim Erkalten zu einer strahligen Masse gesteht. Ueber den Kochpunkt des Wassers erhitzt, verflüchtigt er sich und verdichtet sich zu nadelförmigen Krystallen. Angezündet, verbrennt er unter Verbreitung eines schwachen Geruches mit etwas russender Flamme, ohne einen Rückstand zu hinterlassen.

Asphalt in einem Glaskölbchen erhitzt, schmilzt sehr leicht, entwickelt brenzliches Oel, ein wenig ammoniakhaltiges Wasser, brennbare Gase, und hinterlässt einen kohligen Rückstand, der bei seiner Verbrennung auf einem Thonschälchen etwas Asche giebt, die hauptsächlich aus Kieselerde, Thonerde und Eisenoxyd besteht.

Angezündet, verbrennt er mit leuchtender Flamme und dickem Rauch.

Retinit. Die Varietät von Halle im Glaskölbchen erhitzt, schmilzt, schwärzt sich, giebt ein braunes, dickflüssiges Oel und Wasser aus, welches sauer reagirt, und verbrennt, angezündet, mit leuchtender Flamme und Rauch.

Bernstein im Glaskolben erhitzt, schmilzt ziemlich schwer, entwickelt Wasser, brenzliches Oel, Bornsteinsäure und Gase, und hinterlässt das sogenannte Bornsteincolophonium.

Angezündet, brennt er mit heller Flamme und einem eigenthümlichen angenehmen Geruche.

Steinkohle in einem Glaskolben erhitzt, zeigt sich entweder unschmelzbar (Sandkohle), oder sie sintert zusammen (Sinterkohle), oder sie erweicht und bläht sich auf (Backkohle). Sie entwickelt aber in allen diesen Fällen empyreumatische Produkte und brennbare Gasarten, unter denen sich öfters Schwefelwasserstoffgas befindet. Der Rückstand besteht aus einer mehr oder weniger metallisch glänzenden Kohle (Koaks), die sich in freier Luft schwer entzündet und ähnlich wie Anthracit verhält.

An die Flamme eines Kerzenlichtes gehalten und ebenso auf einem Thonschälchen mit der Löthrohrflamme erhitzt, entzündet sie sich, brennt mit leuchtender Flamme und Rauch; und wenn die Erhitzung so lange fortgesetzt wird, bis alle Kohle verbrannt ist, bleiben die feuerbeständigen Theile als Asche übrig, die aus Kieselerde, Thonerde, Kalkerde (Gyps) und Eisenoxyd besteht.

Braunkohle im Glaskolben erhitzt, schmilzt nicht; doch giebt es einige Varietäten, welche etwas erweichen. Bei fortgesetztem Erhitzen entwickelt sie brennbare Gase, saures Wasser, empyreumatische Oele und einen eigenthümlichen, unangenehmen Geruch. Ein grosser Theil bleibt zurück,

welcher sich bei der Prüfung in freier Luft wie Kohle verhält. Diese Kohle hinterlässt bei ihrer Verbrennung oft eine
merkliche Menge von Asche.

Kohlenstoff-Ver-bindungen.   Am Kerzenlichte angezündet oder auf einem
Thonschälchen mit der Löthrohrflamme erhitzt,
verbrennt sie mit russender Flamme und verbreitet einen unangenehmen Geruch.

Nach v. Kobell ertheilen die Steinkohlen und der
Asphalt der Kalilauge beim Kochen keine oder nur eine
schwach gelbliche Farbe. Kocht man ihr Pulver mit Aether,
welches am besten in einem Kolben oder in einer an einem
Ende zugeschmolzenenen Glasröhre geschieht, welche in heisses
Wasser gestellt werden, so färbt der Asphalt den Aether wein-
roth oder braunroth, die Steinkohlen aber färben ihn nicht
oder nur schwach gelblich. Asphalt schmilzt auch merklich
leichter als die meisten schmelzbaren Steinkohlen und fliesst
förmlich am Kerzenlicht. Die Braunkohlen unterscheiden
sich von den vorhergehenden leicht durch ihr Verhalten zur
Kalilauge, indem sie ihr beim Kochen eine braune Farbe
ertheilen. Die Steinkohlen an der Flamme eines Lichtes oder
vor dem Löthrohre zum Glühen erhitzt, erlöschen sogleich,
wenn sie aus der Flamme genommen werden, bei den Braunkohlen aber dauert dann das Glühen noch einige Zeit fort.

Dysodil von Gleimbach bei Giessen verbrennt mit Flamme
und unangenehmem Geruch.

In einem Glaskolben erhitzt, giebt er Wasser und eine
gelbe, empyreumatische Flüssigkeit.

Vor dem Löthrohre blättert er sich auf, und nach der
Zerstörung der organischen Theile bleibt ein rother Rückstand, welcher in starker Hitze zu einer rothbraunen Schlacke
schmilzt, die Glas ritzt und nicht von Säuren, wohl aber von
Kali unter Extraction von Kieselsäure angegriffen wird. Mit
Borax und Phosphorsalz giebt sie Eisen- und Kieselsäure-
reaction.

Um in Mineralien und anderen Substanzen (Metalle und
deren Verbindungen ausgenommen), welche Kohle oder deren
Verbindungen mit Wasserstoff und geringen Men-
Kohlenstoffhaltige Substanzen. gen von Sauerstoff oder Stickstoff eingemengt
enthalten, die Gegenwart von Kohlenstoff nach-
weisen zu können, glüht man sie mit antimonsaurem Kali
(S. 61). Man mengt einen Theil der ganz fein gepulverten
Substanz, wenn sie hauptsächlich aus erdigen Theilen besteht,
dem Volumen nach mit 2 bis 3 Mal und, wenn sie Schwefelmetalle enthält, mit 6 bis 8 Mal so viel antimonsaurem Kali
im Achatmörser gut zusammen und erhitzt das Gemenge in
einem Glaskölbchen über der Spirituslampe bis zum Glühen.
Der Kohlenstoff oxydirt sich auf Kosten der Antimonsäure
zu Kohlensäure, welche sich mit dem frei gewordenen Kali

verbindet, während bei einem merklichen Gehalte an Kohle
oder Schwefel eine geringe Menge von Antimonoxyd flüchtig
wird, die sich zum Theil in dem Halse des Kol-
bens ansetzt. Besteht die Substanz aus Schwefel-   *Kohlenstoffhaltige*
metallen, so bildet sich auch schwefelsaures Kali   *Substanzen.*
und eine geringe Menge von Schwefelkalium. Nachdem die
geglühte Masse erkaltet ist, übergiesst man sie sogleich im
Glaskölbchen mit so viel Wasser, dass dasselbe ziemlich den
Hals des Kölbchens erreicht, und erhitzt es allmählich bis
zum Kochen. Das gebildete kohlensaure und schwefelsaure
Kali löst sich nebst einem Theil des unzersetzt gebliebenen
antimonsauren Kali's auf und der grösste Theil desselben, so
wie Erden und Metalloxyde, bleiben zurück. Lässt man jetzt,
während die Auflösung noch ganz warm ist, einige Tropfen
Salpetersäure in dieselbe fallen, so entsteht sofort ein stärkeres
oder schwächeres Aufbrausen von entweichender Kohlensäure,
je nachdem der Gehalt an Kohle bedeutend oder nur gering
war. Prüft man auf vorbeschriebene Weise Substanzen, die
frei von Kohlenstoff sind, so bemerkt man ein Aufsteigen von
Gasblasen durchaus nicht; bei einem geringen Kohlengehalte
können dagegen mehrere kleine Gasblasen wahrgenommen
werden. Hierbei muss jedoch vorausgesetzt werden, dass die
Lösung der geschmolzenen Masse auch warm genug sei, damit die Kohlensäure entweichen könne.

Die kohlensauren Salze, wenn sie im Glaskölbchen erhitzt werden, verhalten sich verschieden. Ist die
Kohlensäure an Erden oder Metalloxyde gebun-   *Kohlensaure*
den, so entweicht dieselbe oft schon vor dem Roth-   *Salze.*
glühen, und manche Metalloxyde, namentlich das Eisenoxydul,
oxydiren sich höher. Kohlensaure Talkerde wird in der
Rothglühhitze vollständig zersetzt; kohlensaure Kalkerde
dagegen nur unvollständig, aber ebenfalls vollkommen bei
wiederholtem starkem Glühen, nachdem das unvollständig zer-
setzte Salz mit Wasser befeuchtet worden. Die kohlensauren
Salze der fixen Alkalien, des Baryts und Strontians erleiden
für sich keine Zersetzung. Kohlensaures Ammoniak sublimirt
unzersetzt.

Auf Kohle werden alle nicht flüchtigen kohlensauren
Salze zersetzt; die kohlensauren Alkalien und der kohlensaure
Baryt schmelzen, dringen in die Kohle, entwickeln Kohlen-
oxydgas und reagiren dann, wenn die durchdrungenen Kohlen-
theile ausgebrochen werden, auf befeuchtetem, geröthetem
Lakmuspapier sehr stark alkalisch.

Die kohlensauren Alkalien schmelzen mit Kieselerde auf
Platindraht oder auf Kohle unter Aufbrausen zum klaren,
farblosen Glase; auch geben sie ihre Kohlensäure unter Brausen ab, wenn sie mit Borax oder Phosphorsalz zusammen ge-

schmolzen werden.   Letzteres findet auch Statt bei kohlensauren Salzen, deren Basen aus Erden oder Metalloxyden
bestehen.

Kohlensaure Salze.   Die einfachste Probe, einen Gehalt an Kohlensäure in irgend einer Substanz mit Sicherheit
nachzuweisen, ist allemal die, dass man eine kleine Menge
der zu prüfenden Substanz in ein Glaskölbchen oder in ein
kleines Probirglas legt, dieselbe mit einigen Tropfen verdünnter Salpetersäure, oder, wenn man sicher ist, dass keine
Schwefelmetalle vorhanden sind, mit verdünnter Chlorwasserstoffsäure übergiesst und beobachtet, ob ein Aufbrausen entsteht.   Findet bei gewöhnlicher Temperatur eine Gasentwickelung nicht Statt, so erwärmt man das Gefäss ein wenig.
Die Säuren im concentrirten Zustande anzuwenden, ist nicht
räthlich, weil manche kohlensaure Salze, z. B. Witherit, nur
in verdünnten Säuren löslich sind.

Probe auf Kohlenstoff in Hüttenprodukten.

Im Roheisen und Stahl, so wie in den Eisensauen,
lässt sich der Kohlenstoff, er mag chemisch gebunden oder
nur als Graphit eingemengt sein, am einfachsten
Kohlenstoffhaltige Hüttenprodukte.   auf die Weise auffinden, dass man ein kleines
Stück des zu prüfenden Produktes dem Gewichte
nach auf ungefähr 6 Mal so viel geschmolzenes Chlorsilber
legt, beide in einem Porcellangefäss mit Wasser übergiesst,
das man vorher mit einem Tropfen Chlorwasserstoffsäure an-
gesäuert hat, und das Ganze, mit einem Uhrglase verdeckt,
so lange stehen lässt, bis alles Eisen aufgelöst ist.   Das Eisen
verwandelt sich in Eisenchlorür, der Kohlenstoff bleibt zurück
und eine dem Eisen entsprechende Menge Silber wird reducirt.   Die abgeschiedene Kohle, die gewöhnlich noch erdige
Theile enthält, kann man dann, wenn es nöthig erscheint, mit
antimonsaurem Kali prüfen, wie es S. 462 angegeben ist.

Hüttenprodukte, die hauptsächlich aus Schwefelmetallen
bestehen, kann man ebenfalls mit antimonsaurem Kali auf
einen Gehalt an eingemengter Kohle prüfen, wie es oben beschrieben ist.

4) Bor = B und Borsäure = $\overset{\cdots}{B}$.

Vorkommen der Borsäure im Mineralreiche.

Man findet sie

a) In Verbindung mit **Wasser** im
Sassolin (nat. Borsäure) = $\overset{\cdots}{B} + 3\overset{.}{H}$.

b) In Verbindung mit **Natron** im
Tinkal (nat. Borax), s. Natron.

c) In Verbindung mit **Ammoniak** im
Larderellit, s. Ammoniak.

d) In Verbindung mit Erden im
Boracit, s. Talkerde;
Borocalcit,
Boronatrocalcit,
Hydroborocalcit, } s. Kalkerde.
Hydroboracit,

e) In kieselsauren Verbindungen, und zwar besonders im
Datolith,
Botryolith,
Axinit, } s. Kalkerde;
Danburit,
Turmalin, s. Kali.

Probe auf Borsäure
mit Einschluss des Löthrohrverhaltens der hierher gehörigen Mineralien.

Sassolin giebt, im Glaskolben erhitzt, Wasser und ein wenig Ammoniak.

Auf Platindraht oder auf Kohle schmilzt er *Borsäure.* unter Aufblähen zum klaren Glase und färbt, wenn man das geschmolzene Glas mit der Spitze der blauen Flamme berührt, die äussere Flamme gelblichgrün. Ist er gypshaltig, so wird das Glas unter der Abkühlung unklar.

Tinkal im Glaskolben erhitzt, giebt viel Wasser, bläht sich auf und schwärzt sich an den heissesten Stellen in Folge des Verkohlens anhängender organischer Substanzen; auch ist ein brandiger Geruch wahrzunehmen. *Borsaure Salze.* Vor dem Löthrohre schmilzt er unter Aufblähen zu einer klaren, farblosen Perle. Berührt man ihn dabei mit der blauen Flamme, so färbt er die äussere Flamme röthlichgelb vom Natron. Eine Reaction von Borsäure bekommt man erst dann, wenn man besondere Reactionen anwendet, von denen sogleich die Rede sein soll.

Larderellit giebt im Kölbchen Wasser und Ammoniak, welches letztere sowohl durch Lakmuspapier, als auch durch den Geruch sich zu erkennen giebt, auch zeigt sich ein geringes weisses Sublimat; bei stärkerer Hitze schmilzt das Mineral. Am Platindraht erhält man die reine Borsäurereaction.

Die borsauren Salze, die wasserhaltigen sowohl, als die wasserfreien, haben alle das gemein, dass sie sich beim Erhitzen mehr oder weniger stark aufblähen und dann zur Perle schmelzen. Sind die Basen flüchtig, wie z. B. Ammoniak und Quecksilberoxyd, so entfernen sich dieselben und hinterlassen reine Borsäure.

Besitzt die Base nicht die Eigenschaft, in der äussern Löthrohrflamme eine Färbung hervorzubringen, so färbt das Salz, auf Platindraht mit der Spitze der blauen Flamme geschmolzen, die äussere Flamme gelblichgrün. Wird eine solche Färbung nicht hervorgebracht, oder hat man es mit einer bor-

säurehaltigen Substanz zu thun, welche die äussere Flamme
ebenfalls nicht grün färbt, so kann man die Borsäure oft dadurch auffinden, dass man die Probe mit Schwefelsäure
Borsaure Salze. befeuchtet und auf Platindraht in der blauen Flamme
erhitzt, worüber das Nöthige S. 94 schon mitgetheilt ist.

Turner hat für die Probe auf Borsäure in Salzen und
Mineralien folgendes Verfahren angegeben. Man pulverisirt
die zu prüfende Substanz möglichst fein, vermengt das Pulver mit einem Theile eines Flusses, der aus $4\frac{1}{2}$ Theilen
doppelt-schwefelsauren Kali's und 1 Theil fein gepulverten,
völlig borsäurefreien Flussspathes (S. 62) besteht, nebst wenig Wasser zu einem Teig, streicht diesen in das Oehr
eines Platindrahtes und schmelzt ihn innerhalb der blauen
Flamme zusammmen. In den ersten Augenblicken verdampft
das zugesetzte Wasser, ist diess jedoch erfolgt, so bildet sich
bald Fluorborsäure, die ausgetrieben wird und dabei die
äussere Flamme gelblichgrün färbt. Die grüne Färbung der
Flamme dauert jedoch nicht lange, da das Gemenge schnell
zersetzt ist; man muss daher bei einem geringen Gehalt an
Borsäure auf den Eintritt der grünen Färbung der äussern
Flamme sehr genau Acht haben. — Nach Merlet sind zu
1 Theil der zu prüfenden Substanz 3—4 Theile von dem
Flusse nothwendig, um ein sicheres Resultat zu bekommen.

5) Kiesel (Silicium) $=$ Si und Kieselsäure $=$ S̄i.

Vorkommen der Kieselsäure im Mineralreiche und in Hüttenprodukten.

Die Kieselsäure kommt in der Natur sehr häufig vor,
theils frei, theils an Wasser, theils an verschiedene Basen gebunden, und bildet mit den letzteren die natürlichen Silicate.

a) Im freien Zustande bildet sie den Quarz; von diesem
unterscheidet man mehrere Arten, als:

Bergkrystall (Citrin, Rauchtopas, Morion) $=$ S̄i;

Amethyst $=$ S̄i, mit höchst geringen Mengen von N̄a, C̄a,
M̄g, F̄e etc.;

Gemeiner Quarz $=$ S̄i, mit sehr geringen Mengen von F̄e,
M̄n, Ā̄l, C̄a etc.

Als besondere Varietäten, die sich durch Farbe, Glanz
oder Structur auszeichnen, sind bekannt: Rosenquarz, Milchquarz, Sidorit (indig bis berlinerblau), Prasem (lauchgrün),
Katzenauge (grünlichweiss bis grünlichgrau und olivengrün,
auch roth und braun), Avanturin (gelb, roth oder braun mit
vielen kleinen Glimmerschuppen, oder kleinen Rissen nach
verschiedenen Richtungen), Faserquarz in parallelfaserigen
Aggregaten von plattenförmiger Gestalt.

Eisenkiesel $=$ S̄i, mit rothem oder gelbem Eisenocker gemengt;

Hornstein $= \overline{\overline{Si}}$, mit wenig $\dot{C}a$, $\overline{Al}$ und $\overline{Fe}$;

Kieselschiefer (Lydit) $= \overline{\overline{Si}}$, mit $\dot{C}a$, $\overline{Al}$, Fe und C;

Jaspis $= \overline{\overline{Si}}$, mit wenig $\overline{Al}$ und Fe;

Chalcedon (Carneol, Onyx, Sardonyx, Heliotrop, Plasma, Mokka-
stein) $= \overline{\overline{Si}}$, mit höchst geringen Mengen von $\dot{K}$, $\dot{N}a$, $\dot{M}g$,
$\overline{Al}$ und $\overline{Fe}$;

Chrysopras $= \overline{\overline{Si}}$, verbunden mit geringen Mengen von $\dot{C}a$,
$\overline{Al}$, Fe und $\dot{N}i$;

Feuerstein $= \overline{\overline{Si}}$, mit geringen Mengen von $\dot{C}a$, $\overline{Al}$, Fe, H und
organischen Stoffen;

Achat, aus einem Gemenge mehrerer Quarzarten, namentlich
von Amethyst, Calcedon und Jaspis, bestehend.

  b) In Verbindung mit Wasser bildet die Kieselsäure
den Opal, welcher wesentlich amorphe Kieselsäure ist und
einen zwischen 0,1 und 13 p. c. schwankenden Wassergehalt hat. Von anderen Bestandtheilen enthält er häufig
sehr geringe Mengen von $\dot{K}$, $\dot{N}a$, $\dot{C}a$, $\dot{M}g$, $\overline{Al}$ und Fe.

  Es gehören dahin:

Edler Opal, Feuer-Opal, gemeiner Opal, Hydrophan, Halb-
Opal, Hyalith, Menilit, Cacholong, Jasp-Opal (Eisen-Opal),
Kieselsinter (Kieseltuff, Perlsinter).

  Endlich sind noch hierher zu rechnen:

Schwimmkiesel und Alumocalcit, thonerde- und kalkhaltig,
der Polirschiefer, Tripel und die Kieselguhr.

  c) In Verbindung mit verschiedenen Basen bildet die Kieselsäure eine grosse Anzahl von natürlichen Silicaten,
die bei den Alkalien, den Erden und den Metallen schon genannt worden sind. Ferner ist sie als ein Hauptbestandtheil
mehrerer im Grossen aufbereiteter Erze und der meisten
Schlacken zu betrachten. Auch finden sich geringe Mengen
von Kiesel im Roheisen, Rohstahl und in manchen Eisensauen
(S. 283).

Probe auf Kieselsäure
mit Einschluss des Löthrohrverhaltens der kieselsäurehal-
tigen Mineralien und Hüttenprodukte im Allgemeinen.

  Die oben genannten, zum Quarz gehörigen Varietäten,
als: Bergkrystall (Citrin, Rauchtopas, Morion), Amethyst,
gemeiner Quarz, (Rosenquarz, Milchquarz, Siderit, Prasem, Katzenauge, Avanturin, Faserquarz),
Eisenkiesel, Hornstein, Kieselschiefer,
Jaspis, Chalcedon (Carneol etc.), Chrysopras, Feuerstein und Achat, geben, wenn sie in einem Glaskolben
bis zum Glühen erhitzt werden, entweder gar kein Wasser
oder nur Spuren davon.

  In der Pincette sind sie völlig unschmelzbar.

30 *

In Borax lösen sie sich im gepulverten Zustande langsam
zu einem klaren, schwer schmelzbaren Glase, das im heissen
Wasserfreie   Zustande manchmal von dem in der Probe befind-
Kieselsäure.   lichen Metalloxyde gefärbt erscheint.

Von Phosphorsalz werden sie fast gar nicht angegriffen.
Mit Soda schmelzen sie unter Brausen zum klaren Glase.

Die zum Opal gehörigen Mineralien, wie namentlich
edler Opal, Feuer-Opal, gemeiner Opal, Hydro-
         phan, Halb-Opal, Hyalith, Menilith,
Wasserhaltige Cacholong, Jasp-Opal (Eisen-Opal), Kiesel-
Kieselsäure.   sinter (Kieseltuff, Perlsinter), sowie Schwimmkiesel, Alumocalcit, Polirschiefer, Tripel und Kieselguhr, geben, im Glaskolben bis zum Glühen erhitzt,
mehr oder weniger Wasser und verlieren ihren Glanz.

In der Pincette sind sie unschmelzbar, und wenn sie rasch
erhitzt werden, verknistern sie.

Zu Borax, Phosphorsalz und Soda verhalten sie sich wie
die vorhergehenden.

Die Silicate, sowohl die natürlichen als diejenigen,
      welche die verschiedenen Schlacken bilden, lassen
Silicate.   sich sowohl durch Phosphorsalz als durch Soda
erkennen. Von Phosphorsalz werden sie fast sämmtlich so zersetzt, dass nur die Basen mit der freien Phosphorsäure des Phosphorsalzglases verbunden werden und die Kieselsäure unaufgelöst
bleibt. Man unternimmt die Probe auf Platindraht, an welchem
man erst das Phosphorsalz zur Perle schmilzt, darauf einige
sehr dünne Splitter des Silicates an das weiche Glas hängt und
letzteres eine hinlängliche Zeit mit der Oxydationsflamme behandelt. Die Basen werden, wenn das Silicat auf diese Weise
zerlegbar ist, dadurch so im Phosphorsalzglase aufgelöst,
dass die Perle im heissen Zustande klar erscheint, die abgeschiedene Kieselsäure aber in Form eines gelatinösen Ske-
lettes darin schwimmt. Bei solchen Silicaten, deren Basen für sich mit Phosphorsalz, bei gewisser Sättigung des
Glases, unter der Abkühlung oder durch Flattern milchweiss
oder opalartig werden (Kalkerde, Talkerde, Beryllerde oder
Yttererde), wird die Perle unter der Abkühlung mehr oder
weniger trübe; man muss sich daher, so lange das Glas
heiss ist, von der ausgeschiedenen Kieselerde überzeugen.
Scheint das Silicat in Form eines Splitters sich nicht zersetzen
zu wollen, so prüft man es als feines Pulver; die Kieselsäure
bleibt dann, wenn das Silicat zersetzbar ist, in zertheiltem,
gelatinösem Zustande zurück. Silicate, deren Basen hauptsächlich aus Zirkonerde bestehen, lassen sich selbst als feines
Pulver durch Phosphorsalz nicht vollkommen zerlegen. In
solchen Silicaten findet man die Kieselerde am besten, wie es
bei der Probe auf Zirkonerde (S. 254) angegeben ist. —
Enthält eine Substanz nur wenig von einem Silicat, oder ist

in ihr nur etwas Quarz eingemengt, so bekommt man mit Phosphorsalz ein Glas, in welchem nichts von ausgeschiedener Kieselsäure zu bemerken ist, weil in diesen Fällen die geringe Menge von Kieselsäure mit aufgelöst Silicate. wird. Man kann sie aber finden, wenn man den nassen Weg mit zu Hülfe nimmt und dabei so verfährt, wie es bei den Proben auf Kalkerde, Talkerde und Thonerde angegeben ist, wenn diese Basen an Kieselsäure gebunden sind. Die Kieselsäure wird dabei so abgeschieden, dass man sie dann mit Phosphorsalz oder Soda leicht als solche erkennen kann (S. 122).

Von Soda werden die Silicate auf Kohle sowohl, als auch auf Platindraht unter Brausen theils vollkommen, theils auch nur unvollkommen aufgelöst. Das Speciellere hierüber ist bereits S. 109 ff. mitgetheilt worden.

Enthält irgend eine aus oxydirten, aber durch Soda nicht reducirbaren Bestandtheilen zusammengesetzte Substanz eine nicht zu geringe Menge einer kieselsauren Verbindung, so kann bei der Prüfung mit Soda ein schwaches Aufbrausen wahrgenommen und daraus der Schluss gezogen werden, dass, sobald die Substanz frei von andern feuerbeständigen Säuren ist, Kieselsäure vorhanden sein müsse. Sicherer geht man indessen aber immer, wenn man den nassen Weg zu Hülfe nimmt, was auch bei der Prüfung derartiger Substanzen mit Phosphorsalz im Vorhergehenden bereits erwähnt wurde.

Ein Gehalt an Kiesel im Roheisen, Rohstahl und in den Eisensauen lässt sich auf die Weise auf- Kieselsäurehaltige finden, dass man ein solches Product entweder Hüttenprodukte. in Salpetersäure auflöst, oder nach S. 464 auf Chlorsilber legt, wobei Kieselerde, Kohle etc. zurückbleiben. Den Rückstand sammelt man auf einem kleinen Filtrum, verbrennt die beigemengte Kohle im Platinlöffel und prüft die übrig bleibende Erde mit Soda auf Kohle.

6) Schwefel $= S$ und Schwefelsäure $= \bar{S}$.

Vorkommen des Schwefels und der Schwefelsäure im Mineralreiche und in Hüttenprodukten.

In der Natur kommt der Schwefel vor:

a) als gediegener Schwefel $= S$, aber öfters mit Bitumen, Kiesel, Kalk, Eisen, Kohle, Wasser etc. verunreinigt und

b) in Verbindung mit vielen Metallen.

Die Schwefelsäure findet sich gebunden an Alkalien, Erden und Metalloxyde.

Alle Mineralien, welche Schwefel oder Schwefelsäure enthalten, sind an den verschiedenen Orten, wo über das Vorkommen der Alkalien, der Erden und der Metalle oder deren Oxyde im Mineralreiche gesprochen wurde, bereits genannt worden.

In Hüttenprodukten macht der Schwefel einen Hauptbestandtheil der verschiedenen Steine und Leche aus, die
beim Eisen und den anderen betreffenden Metallen genannt
worden sind. Als Nebenbestandtheil findet man ihn zuweilen
in manchen Rohmetallen, und Metallverbindungen, die noch
einer weitern Bearbeitung unterworfen werden, z. B. im Roheisen, so wie auch in manchen Schlacken.

Die Schwefelsäure macht einen Hauptbestandtheil der
künstlich bereiteten Vitriole und der überhaupt im Grossen
dargestellten schwefelsauren Salze aus; auch findet man sie
in grösserer oder geringerer Menge an Erden und Metalloxyde gebunden in den im Grossen gerösteten Erzen, welche
der Zugutemachung auf ihre resp. Metalle, oder auf Alaun,
Eisen-, Kupfer- und Zinkvitriol unterworfen werden sollen.

Probe auf Schwefel und Schwefelsäure
mit Einschluss des Löthrohrverhaltens der schwefelsauren
und schwefligsauren Salze im Allgemeinen.

Der gediegene Schwefel schmilzt, in einem Glas-
kölbchen erhitzt, sehr leicht und sublimirt mit bräunlicher
Farbe, wird aber unter der Abkühlung wieder
Gediegener gelb; fremdartige Beimengungen, wenn sie nicht
Schwefel. flüchtig sind, bleiben dabei zurück.

Auf Kohle mit der Löthrohrflamme angezündet, verbrennt
er mit bläulicher Flamme und unter Entwickelung von schwefliger Säure, die durch ihren eigenthümlich stechenden Geruch
erkannt wird.

In den Verbindungen des Schwefels mit Metallen kann
derselbe auf verschiedene Weise aufgefunden
Schwefelmetalle. werden:

a) In manchen Fällen durch starkes Glühen der Substanz
in einer an einem Ende zugeschmolzenen Glasröhre
nach S. 74. Einige Schwefelmetalle, die auf einer hohen
Schwefelungsstufe stehen, wie z. B. $\overset{..}{F}e$, $\overset{.}{F}e$, $\overset{..}{M}n$, $\overset{.}{C}u$, geben Schwefel ab, der sublimirt. Ist der Schwefel an
solche Metalle gebunden, die selbst flüchtig sind, wie
namentlich Arsen und Quecksilber, so sublimirt der
Schwefel in Verbindung mit diesen Metallen und das
Sublimat lässt sich an seiner Farbe erkennen, s. Schwefelarsen (S. 75 und 449), so wie Zinnober (S. 76 und 398).
Ist der Schwefel an Antimon gebunden, so bildet sich
bei starker Hitze das bereits S. 75 erwähnte Sublimat
von $\overset{.}{S}b$ mit $\overset{..}{S}b$.

Ferner lässt sich der Schwefel in seinen Verbindungen
mit Metallen auffinden:

b) durch Rösten der Substanz in einer an beiden Enden
offenen Glasröhre nach S. 77 ff. Bei einem geringen
Gehalte an Schwefel bemerkt man zwar nicht allemal

einen Geruch von ausströmender schwefliger Säure; sie
giebt sich aber zu erkennen, wenn man in die Röhre
ein Streifchen befeuchtetes Lakmuspapier
schiebt, indem sie dieses roth färbt. Sub- Schwefelmetalle.
stanzen, die Schwefelmetalle in geringer Menge enthalten,
aber in Form eines ganzen Stückchens keine schweflige
Säure geben, thun es, wenn man sie im gepulverten Zustande prüft.

In manchen Fällen lässt sich ein Gehalt an Schwefel
wahrnehmen:

c) durch Erhitzen der Substanz auf Kohle mit der Oxydationsflamme. Ist der Schwefelgehalt bedeutend, so verbreitet sich ein Geruch nach schwefliger Säure; ist er
aber gering, so ist ein solcher Geruch nicht allemal zu
bemerken.

In den meisten Fällen lässt sich aber selbst noch ein
geringer Gehalt an Schwefel

d) durch eine Schmelzung der gepulverten Substanz mit
2 Theilen Soda, die sich nach S. 55 ganz frei von
schwefelsaurem Natron zeigt, und 1 Theil Borax auf
Kohle im Reductionsfeuer mit der Voraussetzung nachweisen, dass die Substanz frei von Selen ist. Von leicht
schmelzbaren Metallen, die nur fein eingemengte Schwefelmetalle enthalten und nicht gepulvert werden können,
wie z. B. Werkblei, Schwarzkupfer etc., wendet man
ein ganzes Stückchen an, welches die Grösse eines Senf-
bis kleinen Pfefferkorns hat; von schwer schmelzbaren
Metallen, wie z. B. Roheisen, muss man sich die nöthige Menge mit einer feinen Feile trennen. Es bildet
sich, während man entweder die gepulverte Substanz
mit der Soda und dem Borax im Reductionsfeuer zusammenschmelzt, oder das Glas von Soda und Borax
neben dem Metalle eine längere Zeit im Reductionsfeuer
behandelt, Schwefelnatrium, welches sofort eine hepatische
Reaction hervorbringt, wenn man die geschmolzene Masse
von der Kohle nimmt, pulverisirt, und auf einem blanken
Silberbleche mit Wasser befeuchtet. Das Silber läuft
in Folge einer bei der Zerlegung von Wasser stattfindenden Schwefelwasserstoffentwickelung, bei einem schon
merklichen Gehalte an Schwefel ganz schwarz, bei einem
geringeren Gehalte aber nur dunkelbraun oder gelb
von gebildetem Schwefelsilber an. (Der entstandene
Fleck lässt sich durch befeuchtete Holzkohle oder feine
Knochenasche augenblicklich wieder abschleifen.) Der
Zusatz von Borax gewährt den Vortheil, dass das sich
bildende Schwefelnatrium nicht in die Kohle geht, sondern mit ihm als eine von der Kohle leicht zu trennende
Masse zurückbleibt. Da indessen die Selenmetalle, wenn

sie auf die zuletzt angegebene Weise behandelt werden,
dieselbe Reaction hervorbringen wie Schwefelmetalle, indem sich Selennatrium bildet, welches das Silber
Schwefelmetalle. ebenfalls schwärzt, so darf man nie unterlassen,
die Substanz vorher auf Kohle für sich zu erhitzen und
sich zu überzeugen, ob ein Geruch nach Selen wahrzunehmen ist. Kommen Schwefel und Selen zusammen
in einer Verbindung vor, so muss man die Probe auf
Schwefel in einer an beiden Enden offenen Glasröhre
vornehmen und sich dabei von einer Bildung von schwefliger Säure entweder durch den Geruch oder durch befeuchtetes Lakmuspapier überzeugen.

Die **schwefelsauren Salze** zeigen bei ihrer Prüfung
im Glaskolben und auf Kohle ein verschiedenes
Schwefelsaure Verhalten.
Salze.
Im Glaskolben geglüht, werden die Salze der
Alkalien, der **alkalischen Erden** und des **Bleioxydes**
gar nicht zersetzt. Eine unvollständige Zersetzung erleiden
die Salze mit anderen starken Salzbasen, wie **Eisen-** und
Manganoxydul, Zinkoxyd etc. (weil die zur Zersetzung
erforderliche Hitze nicht hervorgebracht werden kann). Eine
mehr oder weniger leichte Zersetzung findet Statt bei den Salzen
der **nicht alkalischen Erden** und der **schwächeren
metallischen Salzbasen.** Erleidet das Salz eine theilweise
Zersetzung, so entwickelt sich schweflige Säure, die durch
den Geruch und durch befeuchtetes Lakmuspapier erkannt
werden kann.

Auf **Kohle**, vorzüglich im Reductionsfeuer, werden die
schwefelsauren fixen Alkalien und **alkalischen Erden** in alkalisch reagirende Schwefelmetalle verwandelt, von
denen die ersteren, nachdem sie in die Kohle gedrungen sind,
sich zum Theil verflüchtigen und die Kohle weiss beschlagen
(S. 84). Werden diese Schwefelmetalle mit Wasser, oder
besser, mit verdünnter Chlorwasserstoffsäure befeuchtet, so
entwickelt sich Schwefelwasserstoff. Die übrigen schwefelsauren Salze hinterlassen, unter Entwickelung von schwefliger
Säure, theils Erden oder Metalloxyde, theils regulinische oder
schwefelhaltige Metalle, sobald das reducirte Metall nicht flüchtig ist. Ist Letzteres der Fall, so wird die Kohle mit Oxyd
beschlagen.

Die **schwefligsauren Salze** werden beim Glühen im
Glaskolben sämmtlich zersetzt, und zwar so, dass
Schwefligsaure entweder reine Oxyde zurückbleiben, oder sich
Salze. ein Gemenge von basisch-schwefelsauren Salzen
und Schwefelmetallen bildet, weshalb auch die geglühten
schwefligsauren Salze der Alkalien und der alkalischen Erden
Schwefelwasserstoffgas entwickeln, wenn sie mit verdünnter
Chlorwasserstoffsäure befeuchtet werden.

Auf Kohle verhalten sie sich ganz ähnlich wie die schwefelsauren Salze.

Um in schwefelsauren und schwefligsauren Salzen, so wie in anderen Salzen, welche geringe Mengen von Schwefelsäure oder schwefliger Säure enthalten, die genannten Säuren nachweisen zu können, giebt es zwei Wege.

a) In Salzen, deren Basen keine Färbung in Glasflüssen hervorbringen, lässt sich die Schwefelsäure auf die Weise auffinden, dass man sich auf **Salze, welche Schwefel oder schweflige Säure enthalten.** Kohle von Soda und Kieselerde eine Glasperle bildet, die nach der Behandlung im Reductionsfeuer vollkommen klar und farblos erscheint, hierauf diese Glasperle mit einer geringen Menge des zu prüfenden Salzes im Reductionsfeuer zusammenschmelzt und Acht giebt, mit welcher Farbe das Glas erkaltet. Die Schwefelsäure wird hierbei reducirt; es bildet sich Schwefelnatrium, und dieses verursacht in dem Glase eine gelbe bis dunkelrothe Farbe, je nachdem der Gehalt an Schwefelsäure gering oder bedeutend ist. Salze, deren Basen aus Metalloxyden bestehen, die in Glasflüssen eine Färbung hervorbringen, muss man erst durch Soda zerlegen. Man vermengt einen kleinen Theil des Salzes mit 1 bis 2 Mal so viel Soda, glüht das Gemenge auf Platinblech oder auf Platindraht im Oxydationsfeuer, löst das dabei gebildete schwefelsaure Natron in einigen Tropfen Wassers auf, verdampft die klare Auflösung auf Platinblech oder in einem Porcellanschälchen zur Trockniss und prüft das Salz mit kieselsaurem Natron, wie oben.

b) Kann die Probe auf Schwefelsäure auch auf die Weise geschehen, dass man das zu prüfende Salz mit Soda oder, wenn diese nicht ganz frei von schwefelsaurem Natron sein sollte, mit neutralem oxalsaurem Kali mengt, das Gemenge auf Kohle im Reductionsfeuer zusammenschmelzt, die geschmolzene und zum Theil in die Kohle gedrungene Masse von der Kohle nimmt, auf Silberblech legt und mit Wasser befeuchtet. Enthielt das Salz Schwefelsäure, so hat sich beim Schmelzen Schwefelnatrium oder resp. Schwefelkalium gebildet, welches in Berührung mit Wasser Schwefelwasserstoff entwickelt, und in Folge davon läuft das Silber schwarz oder dunkelgelb an. Man kann auch die geschmolzene Masse in ein Glaskölbchen legen, mit verdünnter Chlorwasserstoffsäure übergiessen und die Mündung des Kölbchens mit einem Stückchen Filtrirpapier bedecken, welches man vorher mit Bleizuckerauflösung getränkt hat. Das Papier färbt sich, indem sich Schwefelblei bildet, schwarz oder braun.

Nach Dana (Chem. Gaz. 1851, p. 459) prüft man eine Substanz auf Schwefel vor dem Löthrohre wie folgt: Man schmelzt die Substanz im Reductionsfeuer mit *Salze, welche Schwefel- oder schweflige Säure enthalten.* Soda, legt die Probe mit einem Tropfen Wasser zusammen auf ein Uhrglas, und fügt ein kleines, nadelkopfgrosses Stück Natriumnitroprussid hinzu. Ist Schwefel vorhanden, so entsteht die Purpurfärbung, auf welche Playfair zuerst aufmerksam gemacht hat. Sucht man auf diese Weise Schwefel in organischen Materien, z. B. in Horn, Haar, Nägelsubstanz etc., so mischt man zweckmässig etwas Stärke zur Soda. Ein 4 Zoll langes Stück von einem Haar, das man um einen Platindraht wickelt, dann in die Mischung von Stärke und Soda eintaucht und vor dem Löthrohre, wie oben angegeben, behandelt, soll eine unzweideutige Reaction auf Schwefel liefern.

Nach Schlossberger (Chem. Centralbl. VI. 160) ist molybdänsaures Ammoniak ein höchst empfindliches Reagens auf Schwefel. Eine verdünnte, mit Chlorwasserstoffsäure übersättigte Lösung dieses Salzes wird durch sehr kleine Mengen von in Wasser gelöstem Schwefelwasserstoff oder Schwefelmetallen schön blau gefärbt.

Um mit Sicherheit aufzufinden, ob in einem Minerale der Gehalt an Schwefel einem beigemengten oder beigemischten Schwefelmetalle oder einem schwefelsaueren Salze angehöre, verfährt man nach v. Kobell folgendermassen. Man schmelzt die zu prüfende Substanz im feingepulverten Zustande mit Kalihydrat im Platinlöffel vor dem Löthrohre. Den Platinlöffel mit dem Flusse stellt man nebst einem Streifchen Silberblech in ein kleines Porcellangefäss mit Wasser und beobachtet, während die geschmolzene Masse sich auflöst, ob das Silber sich schwärzt oder ob es, selbst nach Verlauf einer längern Zeit blank bleibt. Im erstern Falle enthält die Substanz ein Schwefelmetall, wie z. B. der Hauyn, Helvin etc.; im letztern — wenn man sich nämlich auf Kohle mit Soda schon von einem Schwefelgehalt überzeugt hat — ein schwefelsaures Salz. Dass in letzterem Falle die Substanz völlig frei von jedem reducirend wirkenden Gemengtheil sein muss, versteht sich von selbst.

7) Selen = Se.

Vorkommen des Selens im Mineralreiche.

Man findet es nur in Verbindung mit Metallen und zwar im Selenblei, Selenkobaltblei, Selenbleikupfer, Selenkupferblei und Selenquecksilberblei, s. Blei; ferner: im Selenkupfer und Selenkupferquecksilber, s. Kupfer; Selenquecksilber, s. Quecksilber, so wie im Selensilber und Eukairit, s. Silber. Als un-

wesentlicher Bestandtheil kommt es zuweilen vor in Tellur-
erzen, in manchem Bleiglanz und Schwefelkies, sowie im
Phosphorkupfererz.

Probe auf Selen.

Die Probe auf Selen ist so leicht, dass wenn irgend eine
Substanz nur eine Spur von Selen enthält, dieselbe noch aufgefunden werden kann.

Das Verhalten des Selenquecksilbers s. S. 397.

Verbindungen, die sich in der zugeschmol-
zenen Glasröhre nicht flüchtig zeigen, prüft man   Selenmetalle.
auf folgende Weise auf Selen.

Man legt ein kleines Bruchstück der Verbindung auf
Kohle, erhitzt es mit der Oxydationsflamme bis zum Rothglühen und führt es sogleich unter die Nase. Enthält die
Substanz Selen, so lässt sich der dem gasförmigen Oxyd des
Selens eigenthümliche Geruch, ähnlich verfaultem Rettig (S. 81),
wahrnehmen. Enthält die Substanz viel Selen, so zeigt sich,
noch ehe das Probestückchen zum Glühen kommt, ein brauner Rauch, der nur aus fein zertheiltem Selen besteht; später
entsteht auf der Kohle auch noch ein stahlgrauer, metallisch
schimmernder Beschlag, der zuweilen eine rothe Kante hat.

Auch kann man das Selen aus seinen Verbindungen auf
folgende Weise ausscheiden. Man erhitzt die Substanz nach
S. 76 in einer offenen Glasröhre und neigt dabei die Röhre
so, dass die übrigen Bestandtheile oxydirt werden; das Selen
scheidet sich aus und setzt sich in der Röhre mit rother Farbe
ab; bei einem reichlichen Gehalte an Selen erscheint das
Sublimat in der Nähe der Probe mehr stahlgrau. Zuweilen
setzen sich auch vor dem rothen Sublimat kleine Krystalle
von seleniger Säure an, die aber bei gelinder Hitze schon
verfliegen. Enthält die Substanz ausser Selen auch Schwefel,
so entweicht dieser als schweflige Säure und lässt sich entweder schon durch den Geruch oder durch befeuchtetes Lakmuspapier erkennen.

Kommt das Selen in geringer Menge mit Tellur vor, wie
z. B. im Tellurwismuth, und man unternimmt die Probe
in der offenen Glasröhre, so setzt sich zuerst tellurige Säure
an das Glas ab, und nach fortgesetztem Erhitzen mit Hülfe
der Löthrohrflamme bemerkt man auch, dass die tellurige
Säure an einer gewissen Stelle mit einem rothen Stoffe vermengt wird, welcher aus Selen besteht.

Die selensauren und selenigsauren Salze werden
auf Kohle im Reductionsfeuer zu Selenmetallen reducirt, die
dann einen deutlichen Rettiggeruch verbreiten. Bei einem
Zusatz von Soda geschieht die Reduction noch schneller.

8) Phosphor = P und Phosphorsäure = $\bar{\bar{P}}$.

Vorkommen des Phosphors und der Phosphorsäure im Mineralreiche und in Hüttenprodukten.

Die Phosphorsäure kommt in der Natur stets an Basen gebunden vor. Die Mineralien, in denen sie einen wesentlichen Bestandtheil ausmacht, sind beim Lithion, der Kalkerde, Talkerde, Thonerde, Yttererde, dem Mangan, Eisen, Blei, Uran und Kupfer genannt. Auch sind Spuren von Phosphorsäure in verschiedenen anderen Mineralien und Gebirgsarten aufgefunden worden.

Werden Silber-, Blei- oder Kupfererze verschmolzen, die nicht frei von phosphorsauren Salzen sind, so enthalten die dabei fallenden Schlacken allemal Phosphorsäure, welche an verschiedene Basen gebunden sein kann; auch enthält die Eisenfrischschlacke öfters phosphorsaure Verbindungen, weil das Roheisen, welches dem Frischprocess unterworfen wird, nicht immer frei von Phosphoreisen ist.

Probe auf Phosphor und Phosphorsäure
mit Einschluss des Löthrohrverhaltens der phosphorsauren Salze im Allgemeinen.

Eine Probe auf Phosphor kommt hauptsächlich beim Roheisen vor. Man löst ein Stückchen des zu prüfenden Eisens (circa 100 Milligr.) durch Unterstützung von Wärme *Phosphorhaltiges Roheisen.* in Salpetersäure auf, wobei ein Gehalt an Phosphor sich in Phosphorsäure verwandelt und der im Roheisen vorhandene Graphit zurückbleibt. Die Auflösung dampft man in einem Porcellanschälchen zur Trockniss ab, erhitzt die trockene Masse noch so stark, bis sich keine sauren Dämpfe mehr entwickeln, und prüft sie auf Phosphorsäure, wie es unten unter a bis d beschrieben werden soll.

Die phosphorsauren Salze erleiden, wenn sie im Glaskolben bis zum Glühen erhitzt werden, keine *Phosphorsaure Salze.* Zersetzung; einige zeigen sich schmelzbar.

In der Pincette oder auf Platindraht können die meisten, vorzüglich die sauren Salze, geschmolzen werden, sie färben dabei die äussere Flamme schwach bläulichgrün, sobald die Basen nicht selbst die Eigenschaft besitzen, die äussere Flamme zu färben.

Auf Kohle können ebenfalls die meisten phosphorsauren Salze geschmolzen werden, ohne dass sie eine Zersetzung erleiden, weil die gebundene Phosphorsäure dabei entweder gar nicht oder nur sehr unvollkommen reducirt wird. Als deutlichstes Beispiel dient das neutrale phosphorsaure Bleioxyd, welches auf Kohle sehr leicht zur Perle schmilzt, aber im Reductionsfeuer fast gar keine Zersetzung erleidet; die Perle ist von krystallinischer Beschaffenheit (S. 349 ff.).

Werden phosphorsaure Salze mit Soda auf Platindraht oder im Platinlöffel geschmolzen, so bildet sich phosphorsaures Natron und die Basen werden frei.

Phosphorsaure Salze.

Die Probe auf Phosphorsäure kann auf verschiedene Weise ausgeführt werden:

a) durch Erhitzen der phosphorsauren Verbindung, entweder für sich oder nach dem Befeuchten mit Schwefelsäure, in der Spitze der blauen Flamme, wobei die äussere Flamme schwach blaugrün gefärbt wird; das Speciellere darüber ist schon S. 95 mitgetheilt.

b) Wenn der Gehalt derselben in irgend einer Substanz mehr als 4 bis 5 Procent beträgt, nach Berzelius folgendermassen: Man löst von der zu prüfenden Substanz einen Theil in verglaster Borsäure auf, was am besten auf Kohle mit der Oxydationsflamme geschieht, schiebt in die flüssige Glaskugel ein Stück eines feinen Eisendrahtes, dessen Länge etwas mehr beträgt als der Durchmesser der Kugel, und giebt ein starkes Reductionsfeuer. Das Eisen oxydirt sich auf Kosten der Phosphorsäure, wodurch borsaures Eisenoxydul und Phosphoreisen entstehen, von welchen das letztere bei guter Hitze schmilzt. Anfangs zieht sich das Glas am Drahte hin, bekommt aber seine runde Gestalt wieder, sobald das Phosphoreisen schmilzt. Während die Kugel erkaltet, ist gewöhnlich in dem auf der Kohle befestigten Theile ein Aufglühen zu bemerken, welches von der Krystallisation des Phosphoreisens herrührt. Nach völligem Erkalten wird das Glas von der Kohle genommen, zwischen Papier auf dem Amboss behutsam entzwei geschlagen und das Phosphoreisen, welches sich dabei als ein rundes metallisches Körnchen abscheidet, der weitern Prüfung unterworfen. Es muss dem Magnete folgen, unter dem Hammer zerspringen und Eisenfarbe im Bruche zeigen. Die Sprödigkeit des Phosphoreisens richtet sich nach dem grössern oder geringern Gehalte an Phosphorsäure. Enthält die Substanz nur wenig von dieser Säure, so bekommt man ein Körnchen, welches sich sogar etwas ausplatten lässt und das ziemlich starke Hammerschläge duldet, ehe es zerspringt. Enthält die Substanz sehr wenig Phosphorsäure oder ist sie ganz frei davon, so fällt beim Zerschlagen der Glaskugel der Eisendraht mit Beibehaltung seiner Drahtform heraus und ist nur an den Enden verbrannt, die aus der Kugel hervorragten.

Enthält eine auf Phosphorsäure zu prüfende Substanz noch andere Bestandtheile, die vom Eisen reducirt und mit dem übrig bleibenden Eisen zur Kugel geschmolzen werden können, wie z. B. Schwefelsäure, Arsensäure, oder Metalloxyde,

die ebenfalls vom Eisen reducirt werden, so bekommt man
deren Radikale mit Eisen verbunden. Daher muss man sich
vorher erst überzeugt haben, ob die auf Phosphorsäure zu prüfende Substanz vielleicht einen
dieser Körper enthält.

Phosphorsaure
Salze etc.

c) Nach Bunsen lassen sich geringe Mengen von Phosphorsäure auf die Weise auffinden, dass man die Substanz
mit 2 bis 3 Mal so viel Soda mengt, das Gemenge vollständig austrocknet und hierauf in den ausgezogenen Theil einer
Glasröhre (welcher von etwas grösseren Dimensionen sein
kann als in Fig. 75) schüttet. Man schiebt hierauf in das zur
Austreibung jeder Feuchtigkeit vorher nochmals erhitzte Gemenge ein längliches Stückchen Natrium und erhitzt stärker
mit Hülfe des Löthrohrs, bis die Masse zum Schmelzen kommt.
Nach der Abkühlung bricht man den mit der geschmolzenen
Masse gefüllten Theil der Glasröhre ab, legt denselben in ein
Porcellanschälchen und tropft etwas Wasser darauf; wenn Phosphorsäure vorhanden, so giebt sich dieselbe durch den bekannten Geruch (nach faulen Fischen) des Phosphorwasser-
stoffgases zu erkennen.

d) Kann man die Phosphorsäure in ihren Verbindungen
auch mit Hinzuziehung des nassen Weges auffinden, dieses
Verfahren kann man sogar nicht umgehen, wenn die Substanz
so wenig Phosphorsäure enthält, dass sie in der äussern Löthrohrflamme keine Reaction hervorbringt, und ausserdem auch
nicht frei von Schwefelsäure oder Arsensäure ist. Das Verfahren dabei ist für Substanzen, die hauptsächlich aus Erden
oder Metalloxyden bestehen, folgendes: Man reibt von der
feingepulverten Substanz 40 bis 50 Milligr. mit dem
5fachen Volumen eines vorräthig aus 4 Gewichtstheilen Soda
und 1 Gewichtstheil Kieselerde bereiteten Gemenges (wie es
Berzelius zur quantitativen Trennung der Phosphorsäure
von der Thonerde vorgeschlagen hat) im Achatmörser zusammen, schüttet dieses Gemenge in einen Sodapapiercylinder
(S. 51) und schmelzt es auf Kohle im Oxydationsfeuer zur
klaren Perle. Diese Perle pulverisirt man entweder im Stahlmörser oder zwischen Papier auf dem Amboss und behandelt
das Pulver in einem kleinen Porcellangefäss über der Lampenflamme mit einer hinreichenden Menge von Wasser bis
zum Kochen. Es löst sich phosphorsaures Natron und das
überschüssig zugesetzte kohlensaure Natron auf, während bei
Gegenwart von Thonerde kieselsaures Thonerde-Natron und
andere Erden oder Metalloxyde zurückbleiben. Enthält die
Substanz nur wenig oder gar keine Thonerde und ist auch
frei von Eisenoxyd, so löst sich eine merkliche Menge von
Kieselsäure mit auf, welche indess keinen nachtheiligen Einfluss auf die Auffindung der Phosphorsäure in der Flüssigkeit
äussert. Nach geschehener Auflösung nimmt man das Por-

cellangeffäss von der Flamme und lässt die ungelösten Theile sich absetzen. Die klare Flüssigkeit trennt man entweder durch Filtration oder giesst sie bloss behutsam mit Hülfe eines Glasstäbchens von dem Rück- *Phosphorsäure Salze etc.* stande in ein anderes kleines Porcellangefäss ab. Vermuthet man, dass sich viel kieselsaures Natron mit auf- gelöst habe, so ist es zweckmässig, die vom Rückstande ab- gegossene Flüssigkeit mit einer Auflösung von kohlensaurem Ammoniak zu versetzen und das Ganze zum Kochen zu bringen, wobei sich die Kieselsäure gelatinös ausscheidet. Nachdem man dieselbe durch Filtration getrennt hat, über- sättigt man die Flüssigkeit mit Essigsäure, fügt etwas essig- saures Bleioxyd hinzu und rührt um. Es entsteht, wenn der Gehalt an Phosphorsäure schon einige Procente beträgt, sofort ein weisser Niederschlag von phosphorsaurem Bleioxyd, welchen man auf einem kleinen Filtrum sammelt, aussüsst und auf Kohle in einem flachen Grübchen zusammenschmelzt. Man bekommt ein Kügelchen, welches mit weisser oder gelblicher Farbe erkaltet, und wenn man gut ausgesüsst hat, besitzt es auch eine krystallinische Oberfläche. Es verhält sich mithin wie phosphorsaures Bleioxyd (S. 349 ff.) Zum Ueberfluss kann man es noch mit Borsäure und Eisen prüfen, wie es im Vorhergehenden angegeben ist. — Entsteht beim Zusatz von essigsaurem Bleioxyd ein so geringer Niederschlag, dass man denselben nicht vom Filtrum nehmen kann, ohne das Filtrum zum Theil mit zerstören zu müssen (was jedoch zu vermeiden ist, weil die Probe sonst mit der Asche des Fil- trums, die hauptsächlich aus Kieselerde besteht, verunreinigt wird), so setzt man noch einen Tropfen verdünnte Schwefel- säure hinzu, damit man ein Gemenge von phosphorsaurem und schwefelsaurem Bleioxyd bekommt, dessen Menge so viel beträgt, als nöthig ist, um es leicht vom Filtrum nehmen und auf Kohle abstreichen zu können. Beim Zusammenschmelzen desselben mit Hülfe der Löthrohrflamme reducirt sich das schwefelsaure Bleioxyd theils zu Schwefelblei, theils zu me- tallischem Blei; ersteres verflüchtigt sich sehr bald, letzteres aber nur nach und nach, und das phosphorsaure Bleioxyd bleibt in Form kleiner Kugeln zurück, die mit Hülfe der Loupe an den oben angegebenen Eigenschaften dieses Salzes als solches erkannt werden können.

Vermuthet man, dass der Gehalt an Phosphorsäure sehr gering sei, so wendet man eine grössere Menge von der Sub- stanz zur Probe an; man nimmt gegen 100 Milligr. und schmelzt diese mit dem 5fachen Volumen des oben angegebenen Gemenges von Soda und Kieselerde in zwei oder drei Por- tionen. Die geschmolzenen Perlen behandelt man aber dann gemeinschaftlich weiter, wie es oben angegeben wurde. Dies ist vorzüglich nöthig bei der Untersuchung mancher Eisenerze.

Enthält die Substanz Arsensäure, so wird dieselbe bei
der Schmelzung reducirt und verflüchtigt.   Enthält sie Schwefelsäure, so bildet sich bei der Schmelzung Schwe-
Phosphorsaure felnatrium, welches mit in die Auflösung übergeht;
Salze etc. da aber dieses durch Essigsäure nicht zerstört
wird, so entsteht beim Zusatz von essigsaurem Bleioxyd ein
schwarzer Niederschlag von Schwefelblei. Dieser Niederschlag
schadet aber nicht, weil sich das Schwefelblei auf Kohle verflüchtigt, während das phosphorsaure Bleioxyd allein zurückbleibt, und an seinem Verhalten erkannt werden kann.

9) Chlor = Cl.

Vorkommen dieses Körpers im Mineralreiche.

Das Chlor kommt in der Natur stets in Verbindung mit
anderen Körpern vor.

Die Mineralien, welche Chlor als wesentlichen Bestandtheil enthalten, sind beim Kali, Natron und Ammoniak, bei
der Kalkerde, beim Eisen, Blei, Kupfer, Quecksilber und Silber genannt worden.

Probe auf Chlor
mit Einschluss des Löthrohrverhaltens der Chlormetalle
und der chlorsauren Salze im Allgemeinen.

Die Chlormetalle können beim Erhitzen im Glaskolben
grösstentheils geschmolzen werden.   Die wasserfreien zeigen
sich mehr oder weniger flüchtig; feuerbeständig
Chlormetalle hierbei sind die Chloride der Alkali- und Erd-
alkalimetalle, so wie die Chloride des Mangans, Kupfers und
einige andere; die Chloride des Goldes und Platins werden
reducirt.

Auf Platindraht und auf Kohle werden die Chlormetalle,
selbst diejenigen, welche sich im Glaskolben feuerbeständig
zeigen, durch das Wassergas der Löthrohrflamme mehr oder
weniger leicht in Oxyde und Chlorwasserstoffsäure zersetzt, oder sie werden reducirt, vorzüglich wenn die Prüfung
auf Kohle geschieht.   Auch werden manche entweder ganz
oder nur zum Theil verflüchtigt und bilden auf Kohle einen
Beschlag (S. 85).

Die chlorsauren Salze schmelzen, im Glaskolben erhitzt, ganz leicht und geben, wenn die Base aus
Chlorsaure Salze. einem Alkali oder einer alkalischen Erde besteht,
oder sonst stark ist, bis zum Glühen erhitzt, Sauerstoffgas
aus, welches einen glimmenden Holzspahn an der Mündung
des Kolbens zum Brennen bringt; nach starkem und
hinreichend langem Glühen bleiben reine Chloride zurück.
Die Salze mit weniger starken Basen entwickeln neben Sauerstoff zugleich Chlor und hinterlassen basische Chlormetalle.

Auf Kohle detoniren die chlorsauren Salze noch heftiger als die salpetersauren, und hinterlassen, wenn die Basen stark sind, neutrale Chloride; sind dagegen die Basen schwach, so bleiben basische Chloride zurück. Chlormetalle und chlorsaure Salze.

Nach Berzelius findet man das Chlor in seinen Verbindungen auf folgende Weise: Man löst auf Platindraht in Phosphorsalz mit der Oxydationsflamme so viel Kupferoxyd auf, bis sich eine undurchsichtige Perle gebildet hat. An die noch flüssige Perle hängt man einen Theil der zu prüfenden Substanz und berührt die Perle mit der Spitze der blauen Flamme. Enthält die Substanz Chlor, so umgiebt sich die Perle mit einer intensiv azurblau gefärbten Flamme, welche entsteht, während Chlorkupfer gebildet und verflüchtigt wird, und dies dauert so lange, als noch etwas Chlor übrig ist. Ein neuer Zusatz von der Substanz bringt dieselbe Reaction hervor. Ausser Brom (S. 97) bringt keine von den im Mineralreiche vorkommenden Säuren eine ähnliche Flamme hervor. — Diese Probe ist bei ihrer Einfachheit so sicher, dass in Erden, Metalloxyden und Salzen durch diese Reaction das Chlor ganz deutlich nachgewiesen werden kann.

Bei Substanzen, welche nur wenig Chlor enthalten, oder bei solchen Chlorverbindungen, welche in der Hitze das Platin beschädigen, kann man den Versuch auch auf folgende Weise anstellen: Man reibt eine kleine Menge der Verbindung im Mörser fein, vermengt das Pulver dem Volumen nach mit etwa ½ Kupferoxyd, setzt ein wenig Wasser hinzu, reibt alles gut unter einander und setzt von dieser Mengung mit dem Pistill des Achatmörsers ein Paar Tropfen auf Kohle. Diese Masse trocknet man zuerst mit Hülfe der Löthrohrflamme, ohne sie jedoch bis zum Glühen zu erhitzen, und leitet dann die blaue Flamme unmittelbar darauf. Es bildet sich, wie bei Anwendung einer kupferoxydhaltigen Phosphorsalzperle, Chlorkupfer, welches die Probe mit einem azurblauen Scheine umgiebt. Im Anfange des Erhitzens ist die Färbung der Flamme häufig mehr grünlichblau, sie wird aber bald azurblau. Ist die Verbindung frei von Chlor, so bemerkt man gar keine Färbung. Chlormetalle, die sich nicht pulverisiren lassen, z. B. Chlorsilber, muss man auf dem Amboss zwischen Papier möglichst dünn ausplatten, mit der Scheere zerschneiden, mit Wasser befeuchten und mit Kupferoxyd mengen, ehe man sie auf Kohle der Einwirkung der blauen Löthrohrflamme aussetzt.

Ein anderes ebenfalls von Berzelius angegebenes Verfahren, das Chlor in Chlormetallen aufzufinden, die in Wasser löslich sind, ist, dass man auf ein blankes Silberblech etwas schwefelsaures Eisenoxydul oder schwefelsaure Kupferoxyd legt, einen Tropfen Wasser darauf tröpfelt und das Chlormetall hineinlegt, worauf das Silber nach einer Weile

sich mit der schwarzen Farbe schwärzt, die man auf Bronze-
Arbeiten findet.   Auch kann man auf dieselbe Weise nach
        Merlet solche Chlormetalle auf Chlor untersuchen,
Chlormetalle und die in Wasser unauflöslich sind, wenn man sie
chlorsaure Salze vorher am Platindrahte mit ein wenig Soda zusammenschmelzt, um auflösliches Chlornatrium zu bilden. —
Auch hier muss man jedoch sicher sein, dass die Substanz
frei von Brom ist, weil Brommetalle dieselbe Reaction hervorbringen.

10) Brom = Br.

Vorkommen dieses Körpers im Mineralreiche.

In Mineralien hat man das Brom bis jetzt nur in Verbindung mit Silber gefunden, und zwar im

Bromsilber und   } s. Silber.
Bromchlorsilber, }

Auch kommt es vor als **Bromnatrium** oder **Brom-
magnesium**, in höchst geringer Menge in manchen Salz-
quellen.

Probe auf Brom
mit Einschluss des Löthrohrverhaltens der Brommetalle und der bromsauren Salze im Allgemeinen.

Die **Brommetalle** und die **bromsauren Salze** verhalten sich beim Erhitzen im Glaskolben eben so wie die
        entsprechenden Chlormetalle und chlorsauren
Brommetalle und Salze (S. 480).
bromsaure Salze.
        Die **bromsauren Salze** detoniren auf Kohle
ziemlich heftig und hinterlassen entweder neutrale oder, wenn
die Basen schwach sind, basische Brommetalle.

Manche Brommetalle, wenn sie auf Platindraht oder auf
Kohle der Löthrohrflamme ausgesetzt werden, zeigen sich entweder flüchtig oder werden zersetzt; in beiden Fällen verbreiten sie aber einen unangenehmen, dem Chlorgas ähnlichen
Geruch. Bromkalium und Bromnatrium geben auf Kohle
einen weissen Beschlag (S. 85).

Nach Berzelius geben Brommetalle mit Phosphorsalz
        und Kupferoxyd, so wie auch mit Kupfervitriol
Brommetalle. auf Silberblech, dieselben Reactionen wie die Chlormetalle; aber die blaue Farbe, welche die äussere Flamme
bei ihrer Vergrösserung annimmt, ist nicht rein azurblau, sondern zieht sich in's Grüne, vorzüglich an den Kanten (S. 97);
ist alles Brom als Bromkupfer entfernt, so entsteht nur noch
eine grüne Färbung vom Kupferoxyd.

Um mit Sicherheit die Brommetalle von den Chlormetallen zu unterscheiden, schmelzt man sie nach Berzelius im
Glaskolben mit doppelt-schwefelsaurem Kali. Es entwickelt

sich dabei Brom und schweflige Säure und der Kolben füllt sich mit rothgelben Dämpfen an, die deutlich an ihrem widerlich chlorgasähnlichen Geruch erkannt werden können, ungeachtet sie mit schwefliger Säure ge- Bromnetalle. mengt sind. Eine Ausnahme hiervon macht das Bromsilber, welches, mit doppelt-schwefelsaurem Kali geschmolzen, nur äusserst wenig Bromdämpfe entwickelt. Es unterscheidet sich dasselbe aber vom Chlorsilber dadurch, dass es, wenn es nach dem Schmelzen mit dem genannten sauren Salze dem Sonnenlichte ausgesetzt wird, eine spargelgrüne Farbe annimmt (S. 410).

Ist in irgend einer Substanz Brom nur in geringer Menge enthalten und man wendet vorstehendes Verfahren an, so muss man nach der Schmelzung sogleich durch den Hals des Glaskolbens in den erweiterten Theil desselben sehen, damit man durch eine dickere Schicht der gefärbten Bromdämpfe hindurchblickt, im Fall der Kolben frei davon zu sein scheint, wenn man ihn von der Seite ansieht.

Enthält die Substanz zugleich Chlor, so wird dasselbe ebenfalls und zwar gasförmig ausgeschieden, aber dessen gelbe Farbe ist in kleinen Mengen kaum wahrzunehmen. Enthält die Substanz auch Jod, so wird freilich die Reaction unsicher, da sich zugleich auch violette Joddämpfe entwickeln.

Um in Salzlaugen, z. B. in der Mutterlauge von Salinen, einen Gehalt an Brom zu ermitteln, leitet man nach Balard durch die Lauge einen Strom von Chlorgas, giesst dann etwas Aether hinzu und schüttelt das Ganze stark. Der Aether scheidet sich bei eintretender Ruhe wieder ab und erscheint von aufgelöstem Brom hyacinthroth gefärbt. Den bromhaltigen Aether schüttelt man mit einer Auflösung von kaustischem Kali, wobei der Aether wieder entfärbt und das Brom an das Kali gebunden wird. Nach dem Eindampfen zur Trockniss kann man das Salz noch mit schwefelsaurem Kali prüfen. Heine*) hat bei Ausscheidung des Broms aus seinen Verbindungen in Salzsoolen etc. an der Stelle des Chlorgases Chlorwasser angewendet.

11) Jod = J.

Vorkommen dieses Körpers im Mineralreiche.

Das Jod kommt vor in Verbindung mit Silber in einem seltenen Minerale, dem Jodsilber, s. Silber.

Auch findet es sich an Natrium und Magnesium gebun-

---

*) Dessen „chemische Untersuchung der Soolen, Salze, Gradir- und Siede-Abfälle von sämmtlichen Salinen der Provinz Sachsen." Berlin 1846. (Aus Karsten's und v. Dechen's Archiv Bd. XIX besonders abgedruckt.) S. 355.

den in Mineralwässern, und zwar hauptsächlich in solchen,
die Kochsalz enthalten.

Probe auf Jod
mit Einschluss des Löthrohrverhaltens der Jodmetalle und der jodsauren Salze im Allgemeinen

Die Jodmetalle können beim Erhitzen im Glaskolben
meistens geschmolzen, aber nicht leicht verflüchtigt werden.

Jodmetalle und jodsaure Salze. Bei Gegenwart von Wasser oder einem jodsauren
Salze mit schwacher Base entstehen bisweilen Jod-
dämpfe.

Die jodsauren Salze werden leicht zersetzt. Im Glaskolben geben die Salze der Alkalien und alkalischen Erden,
wenn sie bis zum Glühen erhitzt werden, Sauerstoffgas aus
und hinterlassen schwach alkalische Jodide. Die übrigen jodsauren Salze entwickeln zugleich violette Joddämpfe und hinterlassen basische Jodmetalle oder nur Oxyde.

Die jodsauren Salze detoniren auf Kohle nur schwach
und hinterlassen entweder basische Jodmetalle, oder, wenn
die Basen schwach sind, auch jodfreie Rückstände.

Jodmetalle. Manche Jodmetalle, wenn sie auf Platindraht oder auf
Kohle der Löthrohrflamme ausgesetzt werden,
verhalten sich eben so wie die denselben entsprechenden Brommetalle (S. 482).

Nach Berzelius ertheilen Jodmetalle, wenn sie mit
einer kupferoxydhaltigen Phosphorsalzglasperle geprüft werden, der äusseren Löthrohrflamme eine intensiv grüne Färbung (S. 94).

Werden Jodmetalle mit doppelt-schwefelsaurem Kali in
einem Glaskolben zusammengeschmolzen, so entweicht das
Jod, welches theils sublimirt, theils auch den Kolben mit
violetten Dämpfen anfüllt, während zugleich schweflige Säure
entweicht. Diese Probe ist so empfindlich, dass man noch
geringe Mengen von Jod in Salzen etc. entdecken kann. Jodsilber wird jedoch auf diese Weise nur zum Theil zersetzt;
es entwickeln sich zwar Joddämpfe, der grösste Theil des
Jodsilbers vereinigt sich aber unter dem geschmolzenen sauren Salze zu einem Tropfen, der, gereinigt dem Sonnenlichte
ausgesetzt, seine gelbe Farbe nicht verändert (S. 411).

Um in Salzsoolen, die durch Abdampfen von ihrem Koch-
salzgehalt fast ganz befreit sind, einen geringen Gehalt von
Jod aufzufinden, wendet man in der Regel eine Auflösung
von Stärkemehl in siedendem Wasser (Kleister) und Chlorwasser an, indem sich eine unauflösliche Verbindung bildet,
die eine ausgezeichnet schöne blaue Farbe besitzt. Heine
hat mit besserem Erfolg an der Stelle des Chlorwassers Salpetersäure angewendet und verfährt dabei auf folgende Weise:
In die auf Jod zu untersuchende neutrale Flüssigkeit wird

eine geringe Menge einer Auflösung von Stärkemehl in heissem
Wasser mit Hülfe eines Glasstabes eingerührt, hierauf ein
Paar Tropfen Salpetersäure zugesetzt und das Ganze
nochmals umgerührt. Enthält die Soole Jod, selbst ^Jodmetalle,^
nur in sehr geringer Menge, so entsteht sofort eine intensiv
blaue Färbung.

Nach Stein (Polyt. Centralbl. 1858. p. 143) lassen sich
sehr geringe Mengen von Jod in der Salpetersäure und im
Chilisalpeter auf folgende Art nachweisen. Man giesst eine
beliebige Menge der zu prüfenden Säure in ein Probirröhrchen
und steckt alsdann eine Stange Zinn so lange in dieselbe,
bis rothe Dämpfe sich deutlich erkennbar entwickeln. Die
Zinnstange wird nun herausgezogen und eine geringe Menge
Schwefelkohlenstoff zugegossen, geschüttelt und das Gemisch
einige Augenblicke der Ruhe überlassen. Die gewöhnlich
über der Säure sich ansammelnde Schwefelkohlenstoffschicht
erscheint nur roth gefärbt, wenn der Jodgehalt der Säure
nicht allzu gering ist. Bei Spuren von Jod kann die Farbe
der Schicht aber auch blos dunkelgelb sein; diese Färbung
geht jedoch in eine rothe über, wenn man den Schwefelkohlenstoff abhebt und in einem Porcellanschälchen durch Blasen
einen Theil desselben verdunstet.

Vom Chilisalpeter übergiesst man eine beliebige Menge
desselben in einem Probirröhrchen mit Wasser und jodfreier
Salpetersäure und bringt dann eine Zinnstange und Schwefelkohlenstoff hinzu, wie bereits angegeben.

Pasquale la Cava[*] hat eine Methode angegeben, um
Jod auf trockenem Wege zu entdecken, die viel sicherer und
empfindlicher sein soll, als die auf nassem Wege mit Stärkemehl. Man vermischt die Masse, in welcher Jod vermuthet
wird, mit ein wenig in der Luft zerfallenem Kalk und trocknet das Gemenge gut aus. (Nach Berzelius würde ein Gemenge von kohlensaurem Kalk und ungelöschtem Kalk, welches
frei von Wasser ist, bequemer sein.) Von der völligen Abwesenheit des Wassers hängt das Resultat der Probe ab.
Die Masse wird dann höchst genau mit ein wenig Quecksilberchlorid vermischt, in eine an einem Ende zugeschmolzene
Glasröhre geschüttet und diese, ein Stück von der Masse entfernt, vor einer Lampe ausgezogen, so dass sie eine feine
Röhre bildet. Wird nun die Masse bis zum Glühen erhitzt,
so bildet sich Quecksilberjodid, welches in die feine Röhre
sublimirt, worin es dann leicht durch seine, häufig zuerst
gelbe, aber nachher rothe Farbe entdeckt werden kann. —
Der Kalk zersetzt das Quecksilberchlorid, aber nicht das
Jodid, welches sublimirt. - Quellwasser, die beim Abdampfen
einen leicht zerfliesslichen Rückstand geben, wenn sie Chlor-

[*] Berzelius Jahresbericht 1846. S. 274.

calcium und Chlormagnesium enthalten, müssen erst mit so
viel kohlensaurem Alkali versetzt werden, als nöthig ist, um
die Erden auszuscheiden, damit der Rückstand völlig trocken
erhalten werden kann.

12) Fluor = Fl.

Vorkommen dieses Körpers im Mineralreiche und in Hütten-
produkten.

Das Fluor findet sich stets in Verbindung mit anderen
Körpern. Die Mineralien, in denen es einen wesentlichen
Bestandtheil ausmacht, sind folgende: Kryolith und Chiolith,
s. Natron; Amblygonit, s. Lithion; Flussspath und Yttrocerit,
s. Kalkerde; Wagnerit, Chondrodit und Humit, s. Talkerde;
Topas und Pyknit, s. Thonerde; Fluorcerium und Parisit,
s. Cer.

Ausserdem findet es sich als unwesentlicher Bestandtheil
in mehreren andern Mineralien, wie z. B. in manchem Glimmer, s. Kali; in manchem Apatit, Pyrochlor und im Holmit,
s. Kalkerde; in der Hornblende, s. Talkerde; im Karpholith,
s. Thonerde; im Zwieselit, s. Mangan.

Auch fallen bei manchen Schmelzprocessen Schlacken,
die mehr oder weniger Fluorcalcium enthalten, wenn die Erze
entweder selbst viel Flussspath eingemengt enthalten, oder
wenn absichtlich Flussspath zugesetzt wird und derselbe keine
vollständige Zerlegung durch vorhandene Kieselsäure erleidet.

Probe auf Fluor oder auf Fluorwasserstoffsäure.

Kommt Fluor in geringer Menge mit schwächeren Basen
und zugleich mit einer geringen Portion von
Wasser in Mineralien vor, so braucht man von
der zu prüfenden Substanz nur eine kleine Probe
in einer an einem Ende zugeschmolzenen Glasröhre zu erhitzen, in deren offenes Ende man
ein befeuchtetes Fernambukpapier eingeschoben hat. Während durch die Hitze Fluorkiesel gasförmig ausgetrieben,
derselbe aber durch die sich gleichzeitig bildenden Wasserdämpfe zerlegt wird, setzt sich in der Glasröhre, nicht weit
von der Probe, ein Ring von Kieselerde ab, und das
eingeschobene Ende des Fernambukpapiers wird von entweichender Fluorwasserstoffsäure strohgelb gefärbt. Diese
Reaction zeigt sich noch, wenn z. B. im Glimmer der Gehalt
an Fluor nur circa 2½ Proc. beträgt.

Zeigt die Substanz in der zugeschmolzenen Glasröhre
weder auf dem Glase noch an dem eingeschobenen Fernambukpapier eine Reaction auf Fluorwasserstoffsäure, so muss
man sie nach Berzelius mit Phosphorsalz behandeln, und
zwar auf folgende Weise: Man mengt die zu prüfende Sub-

Fluormetalle und zusammengesetzte Substanzen, welche Fluor-metalle enthalten.

stanz im fein gepulverten Zustande mit vorher auf Kohle geschmolzenem und ebenfalls gepulvertem Phosphorsalze, und
erhitzt das Gemenge an dem einen Ende einer
beiderseits offenen Glasröhre so, dass die *Fluormetalle und zusammengesetzte*
Flamme durch den Luftstrom in die Röhre ge- *Substanzen,*
trieben wird. Während nun das Phosphorsalz *welche Fluor-metalle enthalten.*
auflösend wirkt, wird bei Mineralien, die frei von
Kieselerde sind, wasserhaltige Fluorwasserstoffsäure gebildet,
die in der Röhre hinstreicht und sowohl an ihrem eigenthümlichen stechenden Geruch, als auch daran erkannt werden
kann, dass das Glas inwendig angegriffen und seiner ganzen
Länge nach matt wird, vorzüglich an solchen Stellen, wo sich
Feuchtigkeit absetzt. Bringt man mit der ausströmenden
sauren Luft ein befeuchtetes Fernambukpapier in Berührung,
so wird dieses gelb, wodurch ebenfalls die Gegenwart von
Fluorwasserstoffsäure angezeigt wird. Enthält die Substanz
Kieselerde, z. B. natürliche Silicate und Schlacken, so wird
Fluorkiesel ausgeschieden, welcher aber durch das aus den
Verbrennungsprodukten der Flamme sich abscheidende Wasser
zerlegt wird. Die ausgeschiedene Kieselsäure löst sich auf
und so wie nun das Wasser in der Glasröhre sich condensirt
und nach und nach durch die zuströmenden warmen gasförmigen Verbrennungsprodukte verdampft, bleibt Kieselsäure
zurück, die man deutlich sehen kann. Wäscht man die Röhre
mit Wasser und trocknet sie mit Fliesspapier aus, so bemerkt
man zuweilen, dass selbst das Glas von Fluorwasserstoffsäure
angegriffen ist, indem es an manchen Stellen ganz matt erscheint. Ein vor dem Beginn der Probe in die Röhre eingeschobenes befeuchtetes Fernambukpapier wird ebenfalls
gelb gefärbt.

Da man bei einer solchen Probe eine so starke Hitze
geben muss, dass das Gemenge zum Schmelzen kommt, so
geschieht es bei Anwendung einer dünnen Glasröhre sehr
leicht, dass diese erweicht, sich zusammenzieht und man das
Blasen unterbrechen muss, noch ehe man zu einem Resultat
gelangt ist. Zur Vermeidung dieses Uebelstandes befestigt
Smithson an dem einen Ende der Glasröhre mittelst eines
Metalldrahtes ein Platinblech so, dass dasselbe eine halbe
Röhre oder gleichsam einen Canal ausserhalb der Glasröhre
bildet. Die Probe wird nun in diesen offenen Canal gelegt
und darauf geblasen, so dass das Produkt des Blasens in die
Glasröhre hineingetrieben wird. Man kann auch das Befestigen
des Platinbleches mit einem Metalldrahte umgehen, wenn man
ein dünnes Platinblech, das an zwei gegenüberstehenden Seiten
etwas beschnitten ist, zusammen-
rollt und so in die Glasröhre
einschiebt, wie es beistehende
Fig. 76 zeigt. Man hat dabei

Fig. 76.

den Vortheil, dass die Probe während des Schmelzens gar
nicht mit dem Glase in Berührung kommt.

Auch kann man nach Merlet Substanzen,

Fluormetalle und auseinanderzuhaltende Substanzen, welche Fluormetalle enthalten. wenn sie nicht zu wenig Fluor enthalten, auf
die Weise prüfen, dass man die feingepulverte
Probe mit gleichen Theilen (nach Berzelius
mit ihrem 4fachen Gewicht) geschmolzenem doppelt-schwefelsaurem Kali in einer an einem Ende zugeschmolzenen Glasröhre entweder in der Spiritusflamme oder mit
Hülfe des Löthrohrs so stark erhitzt, bis dass sich Schwefelsäure zu entwickeln anfängt. Die Erhitzung darf aber nicht
vom Boden aus geschehen, sondern von oben herein, weil
sonst leicht ein Aufstossen der ganzen Masse stattfindet. Der
leere Theil der Röhre wird dabei mit Kieselsäure mehr oder
weniger stark belegt, welche sich aus dem Fluorkieselgase
absetzt. Man schneidet die Röhre dicht über der geschmolzenen Masse ab, spült sie im Innern mit Wasser aus und
trocknet sie mit Fliesspapier. Bei einem bedeutenden Gehalte
an Fluor erscheint die Glasröhre, von unten herauf, ganz
matt, bei einem geringen Gehalte zeigen sich jedoch nur hier
und da matte Stellen. — Zur Auffindung sehr geringer Mengen von Fluor steht indess diese Probe der vorhergehenden,
mit Phosphorsalz in der offenen Glasröhre, nach.

13) Cyan = Cy. Formel: C^2N.

Vorkommen des Cyans in Hüttenprodukten.

Beim Verschmelzen der Eisenerze über Schachtöfen mit
Holzkohlen bildet sich aus dem in den Holzkohlen befindlichen
kohlensauren Kali leicht Cyankalium; indem nämlich das
kohlensaure Kali unter Bildung von Kohlenoxydgas zu Kalium
reducirt wird, scheint zugleich aus der unmittelbar mit dem
Kalium in Berührung stehenden Kohle und dem Stickstoff
der Gebläseluft Stickstoff-Kohlenstoff zu entstehen, welche
Verbindung mit dem Kalium zusammentritt und dampfförmig
entweder sich durch die Gicht mit entfernt, oder, wenn der
Schachtofen mit geschlossener Brust arbeitet, durch das Licht-
loch heraustritt und sich als ein weisses oder graues Salz
unter und über demselben ansetzt und erstarrt. Werden die
Gichtengase zu irgend einem Zwecke aufgefangen, so sammelt
sich zuweilen in den dazu erforderlichen Röhren ebenfalls ein
solches Salz an, welches jedoch mit Kohle und Erzstaub mehr
oder weniger verunreinigt ist. Ein solches Salz erleidet in
Berührung mit feuchter Luft leicht eine theilweise Zersetzung und besteht in den meisten Fällen aus einem Gemenge von Cyankalium (KCy), cyansaurem Kali ($K\dot{C}y$) und
kohlensaurem Kali ($K\dot{C}$); auch enthält es bei Gegenwart von

kohlensaurem Kali gewöhnlich ein demselben entsprechendes
Ammoniaksalz, so wie mehr oder weniger Kohleneisen und
Kohle beigemengt.

Auch kommt das Cyan in Verbindung mit Titan und
Stickstofftitan in kleinen Krystallen sowohl, als auch in un-
regelmässiger Form in den Ofenbrüchen mancher Eisenhohöfen vor, s. Titan S. 419.

Probe auf Cyan
mit Einschluss des Löthrohrverhaltens der Cyanmetalle im Allgemeinen.

Werden Cyanmetalle (die der Alkalien und alkalischen
Erden ausgenommen) in einer an einem Ende zugeschmolzenen
Glasröhre oder in einem Glaskölbchen bis zum
schwachen Rothglühen erhitzt, so werden sie un-   Cyanmetalle.
ter Verkohlung und Entwickelung von Cyan, Ammoniak,
Wasser und Stickgas zersetzt. AgCy zersetzt sich in metallisches Silber oder Kohlensilber und Cyangas; HgCy zerfällt in Cyangas und Quecksilber, welches sublimirt und ein
schwarzes Pulver (Paracyan = CyN) hinterlässt. Die wasserfreien Cyanüre der Alkalien und der alkalischen Erden erleiden, bis zum Rothglühen erhitzt, keine Veränderung, und
Cyankalium kann sogar bis zum mässigen Weissglühen erhitzt werden.

Auf Kohle und bei starkem Glühen im Platinlöffel werden die Cyanmetalle sämmtlich (die der Alkalien jedoch langsam) zerstört und die sich ausscheidende Stickstoffkohle wird
verbrannt.

Um in dem oben bezeichneten Salze, welches sich beim
Verschmelzen der Eisenerze mit Holzkohlen bildet, einen Gehalt an Cyan nachzuweisen, wendet man am besten den nassen
Weg an und verfährt dabei auf folgende Weise: Zuerst löst
man eine kleine Menge des Salzes in Wasser auf, wobei die
eingemengten Kohlen- und Eisentheile zurückbleiben. Die
von dem Rückstande abgegossene klare Auflösung versetzt
man mit so viel Chlorwasserstoffsäure, bis sie sauer reagirt,
wobei ein wenig Blausäure entwickelt wird. (Enthält das
Salz kohlensaures Kali, so entsteht dabei ein Aufbrausen von
entweichender Kohlensäure). Zu dieser sauren Auflösung setzt
man ein Paar Tropfen einer Auflösung von Eisenoxyd-Oxydul
(Magneteisenstein oder im Glaskölbchen geglühten Spatheisenstein) in Chlorwasserstoffsäure und fügt dann tropfenweise
Aetzkali hinzu. Bei Gegenwart von Cyan bildet sich sogleich
Berlinerblau. Man kann auch die Probe auf die Weise vornehmen, dass man einen Theil der Salzauflösung blos mit
Chlorwasserstoffsäure auf einen Gehalt an Kohlensäure prüft
und den andern Theil mit ein Paar Tropfen einer Eisenoxyd-
oxydulauflösung versetzt, wobei ein graugrüner Niederschlag ent-

steht. Fügt man dann Kalianflösung in geringem Ueberschuss hinzu, schüttelt um und setzt Chlorwasserstoffsäure bis zur stark sauern Reaction hinzu, so bleibt beim wiederholten Umschütteln Berlinerblau zurück.

Cyanmetalle.

Das letztere Verfahren ist dem erstern in solchen Fällen vorzuziehen, wenn der Gehalt an Cyan nur gering ist, weil hierbei kein Cyan durch Bildung von Blausäure verloren geht.

III. Ueber den Gang bei der Untersuchung verschiedener Verbindungen auf ihre Bestandtheile mit Hülfe des Löthrohrs.

Die Untersuchung einer problematischen Substanz mit Hülfe des Löthrohrs muss unter Berücksichtigung gewisser Regeln geschehen, über die das Speciellere von S. 71 an bereits mitgetheilt worden ist. Da indessen die Substanzen, welche vor dem Löthrohre untersucht werden sollen, in Hinsicht ihrer chemischen Zusammensetzung sehr verschieden sein können, so ist es für Anfänger in dieser Untersuchungsmethode doch nicht ganz leicht, sogleich den richtigen und kürzesten Weg der Untersuchung zu wählen, sobald es denselben an den nöthigen Anhaltungspunkten fehlt. Dem äussern Ansehen nach wird man in den meisten Fällen unterscheiden können, ob die Substanzen, welche untersucht werden sollen, aus Salzen oder salzähnlichen Verbindungen, aus Silicaten (Aluminaten), aus Metalloxyden, aus Schwefelmetallen (Selenmetallen) oder Arsenmetallen oder aus Metallverbindungen bestehen. Kennt man nun den Gang, welcher bei der Untersuchung irgend einer in diese Reihe gehörigen Substanz zu berücksichtigen ist, so hält es auch dann nicht schwer die einzelnen Bestandtheile derselben aufzufinden. Nachstehende Beispiele, in welchen wenigstens die am häufigsten vorkommenden Fälle so viel als möglich berücksichtigt sind, mögen zeigen, wie eine solche Untersuchung eingeleitet und ausgeführt wird, nachdem vorher durch das äussere Ansehen der Substanz bestimmt worden ist, zu welcher Abtheilung der bezeichneten Reihe dieselbe zu gehören scheint.

A) Sauerstoffsalze mit Einschluss von Chlor-, Brom-, Jod-, Fluor- und Cyanmetallen.

Die Sauerstoffsalze (saure, neutrale und basische) sind entweder solche, deren Basen aus Alkalien, oder aus Erden, oder aus Metalloxyden bestehen, oder es sind solche, in welchen mehr als eine Säure oder mehr als eine Base enthalten ist. Eben so können auch Chlor, Brom, Jod, Fluor und Cyan nur mit einem Metalle oder mit mehreren Metallen zugleich verbunden sein.

Der Gang bei der Untersuchung dieser Verbindungen mit Hülfe des Löthrohrs, ist im Allgemeinen folgender:

1) Erhitzt man eine kleine Menge der Substanz in einem kleinen Glaskolben nach und nach bis zum Glühen, und beobachtet dabei, was sich für Erscheinungen zeigen. (Das Nähere darüber S. 72 ff.)

2) Prüft man die Substanz, wenn sie leicht schmelzbar zu sein scheint, in dem Oehr eines vorher vollkommen gereinigten Platindrahtes, oder wenn sie schwer schmelzbar ist, in der Pincette mit Platinspitzen auf Färbung der äussern Löthrohrflamme. Bringt sie für sich eine entscheidende Reaction nicht hervor, so muss sie entwässert, gepulvert, und mit Schwefelsäure befeuchtet auf Platindraht geprüft werden (S. 88 ff.)

3) Erhitzt man eine kleine Menge der Substanz (wenn sie im Glaskölbchen decrepitirte, im gepulverten Zustande) auf Kohle mit der Löthrohrflamme. Anfangs wendet man die Oxydationsflamme an, und wenn dabei eine merkliche Veränderung der Substanz nicht wahrzunehmen ist, ändert man die Oxydationsflamme in eine Reductionsflamme um, und beobachtet, was für Erscheinungen vorkommen. (Das Speciellere hierüber ist S. 79 ff. angegeben.)

Einfache Salze geben sich durch eine solche Prüfung oft sogleich zu erkennen, indem sowohl die Base, als die Säure dabei aufgefunden wird. Salze mit mehreren Basen oder mehreren Säuren, so wie Verbindungen von Chlor-, Brom-, Jod-, Fluor- und Cyanmetallen müssen noch weiter, und manche Erden- und Metalloxydsalze müssen auch mit Borax, Phosphorsalz, Soda und Kobaltsolution geprüft werden.

Beispiele.

Schwefelsaures Kali. Das krystallisirte Salz in einem kleinen Glaskolben bis zum schwachen Rothglühen erhitzt, decrepitirt, schmilzt aber nicht, und giebt auch nichts Flüchtiges. (Doppelt-schwefelsaures Kali schmilzt und entwickelt bei starker Hitze Dämpfe von Schwefelsäure). Wird eine kleine Menge des gepulverten Salzes an das befeuchtete Oehr eines reinen Platindrahtes gelangt und mit der Spitze der blauen Flamme erhitzt, so schmilzt es und färbt die äussere Flamme violett (S. 91).

Wird eine andere kleine Menge des gepulverten Salzes auf Kohle mit der Oxydationsflamme behandelt, so schmilzt es, zieht sich unter Brausen, ohne einen Rückstand zu hinterlassen, in die Kohle, und beschlägt dieselbe bei fortgesetztem Blasen weiss wie ein schwefelsaures Alkali, oder ein flüchtig werdendes Chlor-, Brom- oder Jodmetall (S. 84). Wird der Beschlag mit der Reductionsflamme angeblasen, so verschwindet er mit einem violetten Scheine. Die Basis des Salzes besteht daher allem Vermuthen nach aus Kali. Wird die Stelle der Kohle, auf welcher die Probe des Salzes eingedrungen ist, mit Wasser befeuchtet, so entwickelt sich ein hepatischer Geruch; oder wird ein Theil mit dem Messer ausgebrochen, auf Silberblech gelegt und stark mit Wasser befeuchtet, so läuft das Silber schwarz an. In beiden Fällen giebt sich das Schwefelmetall zu erkennen, welches auf der Kohle durch Reduction des Salzes (also schwefelsauren Salzes) gebildet worden ist.

Anmerkung. Es wurde bereits S. 91 angedeutet, dass die Färbung der Rubidium- und Caesiumsalze sehr ähnlich derjenigen der Kalisalze ist, so dass letztere mit jener verwechselt werden kann. Da auch die Anwendung von Indigolösung und Kobaltglas (S. 156) wegen grosser Aehnlichkeit der Erscheinungen hierbei nicht ausreicht, so bleibt in zweifelhaften Fällen zur Unterscheidung dieser Salze nur die Prüfung mittelst des Spectroscops übrig. — Um zu erfahren, ob ein alkalisches Salz frei von Baryt- oder Strontianerde sei, weil die Salze dieser Erden bei einer so einfachen Prüfung, wie oben beschrieben, sich nicht mit auffinden lassen, indem sie mit dem Alkali in die Kohle eindringen (S. 108), so löst man ein wenig davon in Wasser auf und überzeugt sich, ob alles aufgelöst wird, oder ob ein Rückstand bleibt, der weiter zu prüfen ist. (Bei einem schwefelsauren Salze kann es schwefelsaure Baryt- oder schwefelsaure Strontianerde sein). Ist die Base des Salzes an eine solche Säure gebunden, die mit Baryt- und Strontianerde ebenfalls in Wasser lösliche Salze bildet, so versetzt man die klare Auflösung mit einem Tropfen Schwefelsäure, oder löst ein wenig doppelt-schwefelsaures Kali darin auf, und beobachtet, ob eine Trübung entsteht, welche die Gegenwart von einer der genannten beiden Erden anzeigt. Ist dies der Fall, so muss man eine grössere Menge des Salzes in Wasser auflösen, die Auflösung mit Schwefelsäure versetzen, den entstehenden Niederschlag, nachdem er sich abgesetzt hat, abfiltriren, aussüssen und nach S. 170 oder 175 prüfen.

Salpetersaures Kali (Salpeter, Kalisalpeter). Im Glaskolben erhitzt, schmilzt es leicht, fliesst klar und kommt bei stärkerem Erhitzen zum Kochen, indem es etwas Sauerstoff abgiebt, der jedoch so gering ist, dass er durch ein glimmendes Holzspänchen nicht erkannt werden kann. Hieraus geht hervor, dass die Base ein Alkali ist.

Auf Platindraht innerhalb der blauen Flamme geschmolzen, vermindert es nach und nach sein Volumen, indem es zersetzt wird; es verbreitet keinen Geruch, färbt aber die äussere Flamme violett. Die Base besteht also aus Kali (s. die Anmerk. oben).

Auf Kohle detonirt es äusserst lebhaft und hinterlässt eine weisse Salzmasse, die bei fortgesetztem Blasen in die Kohle eindringt, aber weder einen Beschlag giebt, noch nach dem Anbrechen auf Silberblech eine Reaction hervorbringt. Die Säure kann demnach, mit Berücksichtigung des Verhaltens im Glaskolben und auf Platindraht, keine andere sein als Salpetersäure, was auch durch eine besondere Probe mit doppelt-schwefelsaurem Kali nach S. 457 bestätigt wird.

Jodkalium. Im Glaskolben bis zum Glühen erhitzt, decrepitirt es erst ein wenig, dann schmilzt es zur klaren Flüssigkeit, giebt aber weder Sauerstoff noch Wasser. — Die Base ist also ein Alkali.

Auf Platindraht schmilzt es leicht, färbt die äussere Flamme violett und verflüchtigt sich mit einem weissen Rauche, der einen stechenden, chlorgasähnlichen Geruch besitzt. — Die Base ist demnach Kali. (S. die Anmerk. oben).

Auf Kohle schmilzt es, ohne zu detoniren, zieht sich in dieselbe hinein, verflüchtigt sich aber bei fortgesetztem Blasen nach und nach und bildet einen weissen Beschlag, der in Berührung mit der Reductionsflamme mit einem violetten Scheine theils weiter getrieben wird, theils auch ganz verschwindet; nebenbei ist noch ein chlorgasähnlicher Geruch wahrzunehmen.

Dieses Verhalten spricht, wenn man die Flüchtigkeit und die Verbreitung eines chlorgasähnlichen Geruchs bei der Prüfung auf Platindraht mit berücksichtigt, für eine Verbindung des Alkalimetalls mit Brom oder Jod (S. 162). Schmelzt man zur Entscheidung einen kleinen Theil der zerriebenen Verbindung nach S. 184 mit einer kupferoxydhaltigen Phosphorsalzglasperle auf Platindraht in der blauen Flamme zusammen, so wird die äussere Flamme von gebildetem Jodkupfer schön grün gefärbt. Erhitzt man eine kleine Menge nach S. 484 in einem Glaskolben mit doppelt-schwefelsaurem Kali, so entwickeln sich violette Dämpfe von Jod.

Schwefelsaures Natron (Glaubersalz, Thenardit). Im Glaskolben erhitzt, giebt das wasserhaltige Salz Wasser, das weder sauer noch alkalisch reagirt; der Rückstand zeigt sich unschmelzbar.

Auf Platindraht schmilzt es und färbt die äussere Flamme intensiv röthlichgelb, die Base scheint demnach Natron zu sein. (Durch eine besondere Probe auf Kali nach S. 156 u. f. kann man sich überzeugen, ob vielleicht ein Gehalt an diesem Alkali vorhanden ist.)

Die Schwefelsäure findet man wie im schwefelsauren Kali (S. 491).

Kohlensaures Natron (Soda, Trona und Urao). Im Glaskolben erhält man Wasser, das weder sauer noch alkalisch reagirt. Bei schwacher Rothglühhitze kann das entwässerte Salz nicht geschmolzen werden.

Auf Platindraht geschmolzen, färbt es die äussere Flamme intensiv röthlichgelb; die Base scheint demnach nur Natron zu sein, was auch durch besondere Proben auf Kali und Lithion nach S. 156 und 165 bestätigt wird.

Auf Kohle schmilzt es, ohne zu detoniren, zieht sich in dieselbe ein, bildet aber bei fortgesetztem Blasen keinen Beschlag; wird das in die Kohle gedrungene Salz ausgebrochen, auf Silberblech gelegt und stark mit Wasser befeuchtet, so entsteht, wenn das Salz nicht ganz frei von Schwefelsäure ist, eine hepatische Reaction.

Da durch vorstehendes Verhalten des Salzes sich die Säure desselben nicht zu erkennen giebt, so muss man es noch mit Lakmuspapier und Chlorwasserstoffsäure oder Kieselsäure prüfen.

Auf geröthetes Lackmuspapier gelegt, und mit Wasser befeuchtet, reagirt es alkalisch. In verdünnter Chlorwasserstoffsäure löst es sich unter starkem Aufbrausen von entweichender Kohlensäure auf. Mit Kieselerde schmilzt es auf Kohle unter Aufbrausen zur klaren Perle, die, wenn das Salz nicht frei von schwefelsaurem Natron ist, nach der Behandlung im Reductionsfeuer unter der Abkühlung gelblich wird (S. 478).

Doppelt-borsaures Natron (Borax). Im Glaskolben erhitzt, giebt es viel Wasser, welches weder sauer noch alkalisch reagirt und bläht sich auf. Das natürlich vorkommende Salz schwärzt sich in Folge des Verkohlens der anhängenden organischen Substanz.

Auf Platindraht und auf Kohle bläht es sich anfangs stark auf, schmilzt aber dann zur klaren, farblosen Perle; berührt man die am Platindrahte hangende Perle mit der blauen Flamme, so wird die äussere Flamme intensiv röthlichgelb von Natron gefärbt. Prüft man das entwässerte Salz nach S. 94 auf Platindraht mit Schwefelsäure, so zeigt sich eine deutliche Reaction auf Borsäure.

Chlornatrium (Kochsalz, Steinsalz). Im Glaskolben erhitzt, decrepitirt es zuweilen ziemlich stark und giebt gewöhnlich etwas Wasser, welches aber weder sauer noch alkalisch reagirt.

Auf Platindraht schmilzt es leicht, färbt die äussere Flamme intensiv röthlichgelb (Natron) und verflüchtigt sich nach und nach, ohne einen auffälligen Geruch zu verbreiten.

Auf Kohle schmilzt es, zieht sich in dieselbe ein, bildet aber bei fortgesetztem Blasen einen weissen Beschlag (S. 85). Die in die Kohle gedrungene Verbindung reagirt nicht hepatisch; sie scheint demnach aus Natrium und Chlor zu bestehen. Prüft man Kochsalz auf Kohle, welches nicht frei von schwefelsaurer Talkerde (Bittersalz) oder schwefelsaurer Kalkerde (Gyps) ist, so bleiben die erdigen Basen dieser Salze auf der Kohle zurück, während das Chlornatrium in dieselbe eindringt; auch reagirt die eingedrungene Masse, wenn sie ausgebrochen, auf Silberblech gelegt und mit Wasser befeuchtet wird, auf Schwefel. Diese Reaction ist um so deutlicher, je mehr das Kochsalz Bittersalz oder Gyps, oder wohl gar Glaubersalz enthält.

Berücksichtigt man nun bei einem unreinen Kochsalz, welches man dem Verhalten auf Kohle zufolge für schwefelsaures Natron halten könnte,

das Verhalten auf Platindraht, so hat man Ursache, es direct auf Chlor
zu prüfen.

Mit einer mit Kupferoxyd gesättigten Phosphorsalzperle nach S. 481
geprüft, reagirt es stark auf Chlor, indem es die äussere Flamme intensiv azurblau färbt. (Wegen der ähnlichen Reaction des Broms muss
eine Schmelzung mit s. schwefelsaurem Kali vorgenommen werden, wobei
man sich deutlich von der Anwesenheit des Chlors überzeugt.) Es ist
also auch das Chlor nachgewiesen.

Schwefelsaures Ammoniak (Mascagnin). Beim Erhitzen im
Glaskolben decrepitirt es ein wenig, dann schmilzt es und zersetzt sich.
Es entwickelt sich **Ammoniak** (durch den Geruch und durch befeuch-
tetes geröthetes Lakmuspapier erkennbar); auch giebt es etwas Wasser.
Das Uebrige verschwindet unter Sublimation von schwefligsaurem Am-
moniak, dem gewöhnlich etwas schwefelsaures Ammoniak beigemengt ist.

Schmelzt man das Salz, da es beim Erhitzen zersetzt wird, mit Soda
auf Kohle, so entwickelt sich ein deutlicher Ammoniakgeruch, die Soda
geht in die Kohle und bringt, auf Silberblech mit Wasser befeuchtet, eine
starke hepatische Reaction hervor.

Chlorammonium (Salmiak). Im Glaskolben erhitzt, sublimirt
es, ohne vorher zu schmelzen und ohne einen Rückstand zu hinterlassen,
sobald es rein ist. An der Mündung des Glaskolbens bemerkt man zuweilen einen brandigen Geruch.

Erhitzt man einen andern Theil der flüchtigen Verbindung mit Soda
im Glaskolben, so entwickelt sich kohlensaures **Ammoniak** (S. 169).

Prüft man dieselbe noch mit einer kupferoxydhaltigen Phosphorsalzperle (wobei man nicht zu wenig von der flüchtigen Substanz zusetzen
darf, so wird die äussere Flamme azurblau gefärbt, von gebildetem Chlorkupfer.

Kohlensaure Baryterde (Witherit). Im Glaskolben erhitzt,
giebt dieses Salz bisweilen Spuren von Wasser, scheint sich aber sonst
weiter nicht zu verändern.

Nach S. 171 schmilzt es in der Pincette leicht zur Perle und färbt
dabei die äussere Flamme gelbgrün, was auf Baryterde deutet (S. 96).

Auf Kohle schmilzt es zur Kugel, die sich aber bald ausbreitet und
unter Brausen in die Poren der Kohle eindringt, jedoch nicht so tief, wie
ein alkalisches Salz. Wird die eingedrungene Masse ausgebrochen und
auf befeuchtetes geröthetes Lakmuspapier gelegt, so reagirt sie alkalisch.
Es scheint also die Baryterde an Kohlensäure gebunden zu sein; was auch
dadurch bestätigt wird, dass ein Stückchen des Salzes in verdünnter
Chlorwasserstoffsäure unter Aufbrausen von entweichender **Kohlensäure**
sich vollständig auflöst.

Ob dieses Salz geringe Mengen von irgend einem Metalloxyde enthält,
erfährt man, wenn man es mit Glasflüssen prüft.

In Borax und Phosphorsalz löst es sich leicht unter Aufbrausen auf,
verhält sich wie Baryterde (S. 118) und ertheilt den Gläsern bisweilen
eine gelbliche Farbe von einem geringen Gehalt an Eisen.

Schwefelsaure Baryterde (Schwerspath), S. 170.
Schwefelsaure Strontianerde (Cölestin), S. 175.
Kohlensaure Strontianerde (Strontianit), S. 175.

Salpetersaure Strontianerde. Ist das Salz frei von Krystallwasser, so zerknistert es beim Erhitzen im Glaskolben und giebt nur ein
wenig mechanisch eingeschlossenes Wasser aus. Bei fortdauerndem Erhitzen füllt sich der Glaskolben mit gelben Dämpfen von salpetriger
Säure an, die an der Mündung des Kolbens durch den Geruch auch als
solche zu erkennen sind, die Salzmasse kommt dabei zum Schmelzen, ohne
jedoch klar zu werden und kocht. (Diejenigen Theile der Salzmasse,
welche am Boden des Glaskölbchens anliegen, nehmen häufig eine grünliche Färbung an, die aber nur in dem manganhaltigen Glase ihren Grund
hat, welches in der Hitze von dem Salze angegriffen wird.)

Auf Platindraht schmilzt es schon bei schwacher Hitze, kommt in's kochen, giebt seine Salpetersäure ab und hinterlässt eine unschmelzbare weisse, erdige Masse, die stark leuchtet und die äussere Flamme intensiv roth färbt.

Auf Kohle verpufft es schwach und hinterlässt dabei eine weisse, erdige Masse, die bei starkem Anblasen mit der Löthrohrflamme leuchtet und nach dem Erkalten auf geröthetem Lakmuspapier alkalisch reagirt.

Aus diesem Verhalten ergiebt sich, dass die Bestandtheile dieses Salzes Salpetersäure und Strontianerde sind.

Fluorcalcium (Flussspath). Aus dem S. 188 u. f. beschriebenen Löthrohrverhalten gehen die Bestandtheile dieser Verbindung sogleich deutlich hervor; doch ist zur Erläuterung noch Folgendes zu bemerken: Der Flussspath schmilzt im gepulverten Zustande für sich auf Kohle zur Kugel, die nach längerer Behandlung mit der Löthrohrflamme strengflüssiger wird und dann auf geröthetem Lakmuspapier alkalisch reagirt. Da nun aus dem Verhalten im Glaskolben, in der Pincette und auf Kohle zu schliessen ist, dass Kalkerde oder Strontianerde vorhanden sein müsse, so ist eine Prüfung mit Soda auf Kohle nöthig, durch welche nach S. 108 beide Erden leicht von einander unterschieden werden können. Auch ist, da aus dem ganzen Verhalten jetzt der Schluss gezogen werden kann, dass die Substanz Flussspath sein müsse, noch eine besondere Probe mit geschmolzenem Phosphorsalz auf Fluor vorzunehmen, wie solche S. 186 ff. beschrieben ist.

Schwefelsaure Kalkerde (Gyps und Anhydrit), S. 184.

Phosphorsaure Kalkerde mit Chlor- und Fluor-Calcium (Apatit). Das Löthrohrverhalten dieses Minerals ist S. 186 ff. beschrieben; es ist aber zur Erläuterung noch Folgendes zu bemerken:

1) Da das Mineral eine undeutliche Färbung in der äusseren Löthrohrflamme verursacht, so muss eine kleine Menge desselben im fein gepulverten Zustande, mit Schwefelsäure befeuchtet, in dem Oehr eines Platindrahtes mit der blauen Flamme behandelt werden (S. 95), wodurch sich der Gehalt an Phosphorsäure nachweisen lässt.

2) Muss das Mineral, da es für sich geprüft, wenig Veränderung erleidet, mit Borax, Phosphorsalz und Soda behandelt werden, wobei sich ergiebt, dass der erdige Bestandtheil desselben hauptsächlich Kalkerde ist.

Wenn man nun berücksichtigt, dass die in der Natur vorkommenden phosphorsauren Salze in der Regel grössere oder geringere Mengen von Chlor- oder Fluormetallen enthalten, so hat man auch Ursache, besondere Proben auf Chlor (S. 481) und Fluor (S. 486) vorzunehmen.

Will man eine vielleicht vorhandene geringe Menge von Talkerde auffinden, so muss man den nassen Weg zu Hülfe nehmen, wie er S. 187 ff. beschrieben ist.

Kohlensaure Kalkerde (Kalkspath und Arragonit), S. 187.

Wolframsaure Kalkerde (Scheelstein), S. 191.

Schwefelsaure Talkerde (Bittersalz), S. 208.

Kohlensaure Talkerde (Magnesit), S. 209.

Borsaure Talkerde (Boracit), S. 209.

Phosphorsaure Ammoniak-Talkerde wird erhalten bei der Untersuchung talkerdehaltiger Silicate, wenn der nasse Weg mit in Anspruch genommen wird (S. 196 u. f.)

Im Glaskolben erhitzt, giebt das trockene Salz Wasser und entwickelt, noch ehe es zum Glühen kommt, Ammoniak; es schmilzt aber nicht.

Auf Platindraht schmilzt es und färbt (wenn es frei von Natron ist) die äussere Flamme blass bläulichgrün von der Phosphorsäure; ist diese Färbung nicht wahrzunehmen, so kann sie auf kurze Zeit hervorgebracht werden, wenn das Salz vorher mit Schwefelsäure befeuchtet wird.

Auf Kohle schmilzt es, unter Abgabe seines Wasser- und Ammoniakgehaltes, schwer zur emailweissen Perle (wenn es frei von Kobalt und Mangan ist). Befeuchtet man die Perle mit Kobaltsolution und schmilzt sie im Oxydationsfeuer um, so erscheint sie beim Tageslicht violett, bei Feuerschein aber roth.

Da die Schmelzbarkeit und die von Kobaltsolution entstehende violette Farbe als charakteristische Kennzeichen für phosphorsaure Talkerde anzusehen sind, so geht aus obigem Verhalten hervor, dass das Salz aus wasserhaltiger phosphorsaurer Ammoniak-Talkerde besteht.

Ob dieses Salz frei von Manganoxydul ist, erfährt man sofort, wenn man es nach S. 270 mit Soda und einem Zusatz von Salpeter auf Platinblech im Oxydationsfeuer schmelzt.

Schwefelsaure Kali-Thonerde (Kali-Alaun). S. 290 findet sich das Löthrohrverhalten dieses Salzes zwar so weit als nöthig angegeben; soll es aber als Beispiel dienen, so ist noch Folgendes zu bemerken.

Da das Salz im Glaskolben zuerst in seinem Krystallwasser schmilzt, dann Wasser und schweflige Säure abgiebt, so geht daraus hervor, dass dieses wasserhaltige Salz ein schwefelsaures zu sein scheint, und zwar entweder ein saures, oder ein solches, dessen Base nicht stark genug ist, die Säure bei erhöhter Temperatur zurückzuhalten.

Da indess das entwässerte Salz, auf Platindraht behandelt, in der äussern Flamme eine violette Färbung hervorbringt, sich ferner unschmelzbar zeigt, auch, mit Kobaltsolution befeuchtet und in einem reinen Oxydationsfeuer durchgeglüht, eine blaue Farbe annimmt, so geht daraus hervor, dass zwei Basen, und zwar Kali und Thonerde, vorhanden sind, welche letztere, wenn sie an Schwefelsäure gebunden ist, bekanntlich bei starkem Glühen ihre Säure abgiebt.

Durch eine Prüfung des Salzes mit Soda auf Kohle im Reductionsfeuer nach S. 472 überzeugt man sich noch vollkommen von der Gegenwart der Schwefelsäure.

Schwefelsaure Ammoniak-Thonerde (Ammoniak-Alaun), S. 221.

Phosphorsaure Thonerde (Wawellit), S. 223.

Fluornatrium mit Fluoraluminium (Kryolith). Nach S. 319 erhält man bei der Untersuchung dieser Verbindung Reactionen auf Natron, Thonerde und Fluorwasserstoffsäure.

Prüft man das Salz noch am Platindraht mit Schwefelsäure in der blauen Flamme, so bemerkt man in der äussern Flamme ebenfalls keine andere Färbung als eine röthlichgelbe vom Natron; woraus hervorgeht, dass weder Phosphorsäure noch Borsäure vorhanden ist.

In Chlorwasserstoffsäure löst es sich ohne Brausen vollkommen auf; mithin ist es auch frei von Kohlensäure und Kieselsäure. Da nun Salpetersäure, Schwefelsäure, Chlor, Brom und Jod ebenfalls nicht vorhanden sein können, weil sich dieselben auf Kohle würden zu erkennen gegeben haben, so ist anzunehmen, dass Natron und Thonerde als Natrium und Aluminium an Fluor gebunden sind; was auch durch eine besondere Probe nach S. 486 ff. in sofern bestätigt wird, als die Reaction auf Fluorwasserstoffsäure sehr stark ausfällt.

Beispiele von solchen Salzen hier anzuführen, deren Basen aus Metalloxyden bestehen, würde überflüssig sein, da das Löthrohrverhalten derselben bei den verschiedenen Metallen an den betreffenden Orten speciell angegeben ist. Zur Uebung können einige aus folgender Reihe gewählt werden.

Fluorcalcium mit Fluoryttrium und Fluorcerium (Yttrocerit), S. 235.

Tantalsaure Yttererde (Yttrotantalit), S. 238.

Schwefelsaures Eisenoxydul, wasserhaltiges (Eisenvitriol), S. 294.

Phosphorsaures und schwefelsaures Eisenoxydhydrat (Diadochit), S. 295.

Arsensaures und schwefelsaures Eisenoxydhydrat (Eisensinter), S. 297.

Kohlensaures Eisenoxydul (Spatheisenstein), S. 296.

Wolframsaures Eisen- und Manganoxydul (Wolfram), S. 298.
Titansaures Eisenoxydul mit Eisenoxyd (Titaneisen).
S. 298.
Tantalsaures Eisen- und Manganoxydul (Tantalit). S. 299
und ff.
Untersalzsaures Eisen- und Manganoxydul (Columbit)
S. 300 und ff.
Arsensaures Kobaltoxydul, wasserhaltiges (Kobalt-
blüthe), S. 312.
Arsensaures Nickeloxydul, wasserhaltiges (Nickel-
ocker), S. 321.
Kohlensaures Zinkoxyd (Zinkspath), S. 328.
Phosphorsaures oder arsensaures Bleioxyd mit Chlorblei
(Grün- und Braunbleierz), S. 349.
Kohlensaures Bleioxyd (Weissbleierz), S. 350.
Chromsaures Bleioxyd (Rothbleierz), S. 351.
Molybdänsaures Bleioxyd (Gelbbleierz), S. 353.
Wolframsaures Bleioxyd (Scheelbleispath), S. 355.
Kohlensaures Wismuthoxyd (Wismuthspath), S. 367.
Phosphorsaures Uranoxyd mit Kalkerde oder Kupferoxyd,
wasserhaltiges (Uranglimmer), S. 371.
Schwefelsaures Kupferoxyd, wasserhaltiges (Kupfervi-
triol) S. 389.
Phosphorsaures Kupferoxyd, wasserhaltiges, S. 389.
Kohlensaures Kupferoxyd, wasserhaltiges (Malachit und
Kupferlasur), S. 391.
Arsensaures Kupferoxyd, wasserhaltiges, S. 391.

B) Silicate (incl. Aluminate).

Die Prüfung der Silicate geschieht:

1) In einem kleinen Glaskolben; unter Berücksichtigung
dessen, was bereits S. 456 erwähnt ist, kann man dadurch
die wasserfreien Silicate von den wasserhaltigen unterscheiden; 2) in der Platinpincette; hierbei hat man alles
Dasjenige zu beobachten, was sowohl S. 86 bis 88, als auch
S. 151 über die Schmelzbarkeit der Silicate gesagt ist. Bei
einigen Silicaten lässt sich zugleich eine Färbung der äussern
Flamme von Lithion oder Borsäure wahrnehmen (auf die
Färbung von Natron ist nur dann besonderes Gewicht zu
legen, wenn dieselbe deutlich und ausdauernd ist) und 3) mit
Anwendung von Reagentien (Borax, Phosphorsalz, Soda und
in gewissen Fällen auch Kobaltsolution, sowie ein Gemenge von
saurem schwefelsaurem Kali und Flussspath.) Charakteristisch
ist das Verhalten zu Phosphorsalz S. 105 und 463, sowie zu
Soda, mit welcher die verschiedenen Silicate entweder zu
einer Kugel oder zu einer schlackigen Masse zusammenschmelzen, s. S. 100 u. f. Die Anwendung der Kobaltsolution ist
nur in wenig Fällen entscheidend und ist das Nähere hierüber
bereits bei der Probe auf Talkerde S. 210 und auf Thonerde
S. 225 angegeben. Die Anwendung eines Gemenges von
saurem schwefelsaurem Kali und Flussspath kommt bei der Untersuchung auf Lithion S. 167 und auf Borsäure S. 466 vor, sobald
diese Stoffe durch die einfache Erhitzung in der Pincette nicht oder

nur undeutlich wahrzunehmen sind. In solchen Fällen, wo sich die Basen vor dem Löthrohre allein nicht zu erkennen geben, muss man den nassen Weg zu Hülfe nehmen und dabei die Verbindung entweder sogleich durch Chlorwasserstoffsäure zerlegen, sobald sie sich durch diese Säure vollständig zerlegen lässt (worüber das Nähere S. 151 und bei den einzelnen Silicaten durch deutsche Ziffern bemerkt ist), oder man muss sie vorher mit Soda und Borax auf Kohle schmelzen, wie es S. 143 u. f. angegeben ist.

Die in der Natur vorkommenden Aluminate sind nicht zahlreich und die Prüfung vor dem Löthrohre wird auf dieselbe Weise vorgenommen, wie die der Silicate, auch findet sich ihr Löthrohrverhalten an den betreffenden Orten bei der Talkerde, Beryllerde und dem Zink beschrieben. Von den Silicaten lassen sie sich im Allgemeinen dadurch unterscheiden, dass sie sich im Phosphorsalz vollkommen auflösen und mit Soda in keinem Verhältniss eine völlig schmelzbare Verbindung bilden.

Beispiele.

Kieselsaure Kalkerde (Wollastonit, Tafelspath). Im Glaskolben bis zum Glühen erhitzt, verändert er sich nicht, giebt aber zuweilen ein wenig Wasser.

In der Pincette schmilzt er an den Kanten zu einem halbklaren Glase und färbt die äussere Flamme anfangs gelblich, später aber schwach roth.

Von Borax wird er leicht und in grosser Menge zu einem klaren Glase aufgelöst, das nicht unklar geflattert werden kann. Ist das Mineral nicht ganz frei von Eisen, so erscheint die Glasperle, so lange sie beim ist, gelblich gefärbt, wird aber unter der Abkühlung farblos.

Von Phosphorsalz wird er mit Hinterlassung eines Kieselskeletts zum klaren Glase gelöst, das bei starker Sättigung unter der Abkühlung opalartig wird.

Mit gleichen Theilen Soda schmilzt er unter Aufbrausen von entweichender Kohlensäure zu einem blasigen Glase, das von mehr Soda anschwillt und unschmelzbar wird.

Mit Kobaltsolution befeuchtet und im Oxydationsfeuer stark erhitzt, zeigen dann nur die geschmolzenen Kanten eine blaue Farbe.

Aus diesem Löthrohrverhalten geht hervor, dass der Tafelspath eine kieselsaure Verbindung ist, indem die Kieselsäure sich sowohl durch das Verhalten des Minerals in Phosphorsalz als auch zu Soda zu erkennen giebt. Da nun das Mineral in der äussern Flamme eine schwach rothe Färbung hervorbringt, in Borax leicht aufgelöst, und durch Phosphorsalz vollkommen zersetzt wird, das Phosphorsalzglas bei starker Sättigung unter der Abkühlung opalartig wird, ferner das Mineral mit wenig Soda zum klaren Glase schmilzt und Kobaltsolution weder Thonerde noch Talkerde anzeigt, weil blos beim Schmelzen eine blaue Farbe zum Vorschein kommt, so kann die Base nur in Kalkerde bestehen. (Vergl. auch S. 194). Um sich vollkommen davon zu überzeugen, muss man den nassen Weg zu Hülfe nehmen, wie es bei der Probe auf Kalkerde für kieselsaure Verbindungen (S. 195) angegeben ist. Da dieses Mineral sich durch Chlorwasserstoffsäure völlig zersetzen lässt, so gehört es zu denjenigen kieselsauren Verbindungen, welche sich allein auf nassem Wege schneller untersuchen lassen als vor dem Löthrohre.

Kieselsaure Kali-Thonerde (Feldspath, Adular). Für sich im Glaskolben erhitzt, verändert er sich nicht und giebt, wenn er nicht schon etwas verwittert ist, auch kein Wasser.

In der Pincette schmilzt er nur an den Kanten zu einem halbklaren, blasigen Glase und färbt die äussere Flamme mehr oder weniger intensiv gelb, von einem geringen Gehalt an Natron.

Von Borax wird er sehr langsam und ohne Brausen zu einem klaren Glase aufgelöst, das bisweilen in der Wärme von einem geringen Eisengehalte gelblich gefärbt erscheint.

Von Phosphorsalz wird er nur in Pulverform vollständig mit Hinterlassung eines Kieselskeletts zerlegt. Die Glasperle opalisirt unter der Abkühlung. (Vergl. S. 225.)

Von Soda wird er langsam und unter Aufbrausen zu einem schwer schmelzbaren, klaren Glase gelöst, das kaum blasenfrei wird.

Wird das feine Pulver des Feldspaths mit Kobaltsolution befeuchtet und im Oxydationsfeuer stark erhitzt, so nehmen nur diejenigen Theile eine blaue Farbe an, welche zum Schmelzen kommen.

Aus diesem Löthrohrverhalten geht hervor, dass man es mit einem Silicat zu thun hat, in welchem die Kieselsäure an Thonerde (weil es in Borax schwer löslich ist) und an Natron (weil es die äussere Flamme gelb färbt) oder vielleicht auch zugleich an Kali gebunden zu sein scheint, indem eine Reaction auf Kali durch die Gegenwart von Natron unterdrückt wird. Ob letzteres der Fall ist, muss durch einen besondern Versuch nach S. 157 ausgemittelt werden. Mengt man das feingepulverte Mineral nach S. 158 mit reinem Gyps, schmelzt das befeuchtete Gemenge an dem Oehre eines Platindrahtes und betrachtet die äussere Flamme durch Kobaltglas (Fig. 71. S. 157), so bemerkt man deutlich eine violette Färbung derselben, wodurch der Gehalt an Kali nachgewiesen wird. (S. die Bemerkung auf S 492.) Ob endlich ausser Thonerde noch andere erdige Basen vorhanden sind, lässt sich vor dem Löthrohre allein nicht ermitteln; man ist genöthigt, den nassen Weg zu Hülfe zu nehmen.

Da das Mineral aber selbst als ganz feines Pulver durch Chlorwasserstoffsäure nicht zerlegbar ist, so schmelzt man eine nicht zu geringe Menge davon mit Soda und Borax auf Kohle zur klaren Perle, wie es S. 143 angegeben und behandelt die geschmolzene Perle nach S. 191 und f. weiter. Ausser Thonerde lässt sich dann zuweilen noch eine sehr geringe Menge Kalkerde nachweisen. Auch kann man einen Theil der mit Chlorwasserstoffsäure eingedampften Masse nach S. 158 zur Nachweisung des Kali's auf nassem Wege verwenden.

Kieselsaure Beryllerde und Thonerde (Beryll, Smaragd). Das Verhalten dieser Silicat-Verbindung vor dem Löthrohre, so wie das Verfahren zur Auffindung der einzelnen Bestandtheile, s. S. 239 ff.

Silicate von Yttererde etc. (Gadolinit). Das Löthrohrverhalten des Gadolinits und das Verfahren zur Auffindung aller Bestandtheile desselben s. S. 243—246.

Kieselsaure Zirkonerde (Zirkon, Hyacinth). Das Verhalten vor dem Löthrohre und das Verfahren zur Zerlegung in seine Bestandtheile s. S. 263 u. f.

Kieselsaures Ceroxydul etc. (Cerit). Das Verhalten vor dem Löthrohre s. S. 262, und das Verfahren zur Zerlegung in seine Bestandtheile s. S. 264.

Kiesel- und borsaure Verbindung von Kalkerde, Talkerde, Thonerde, Eisenoxyd und Manganoxyd (Axinit). Im Glaskolben erhitzt, giebt der Axinit nichts Flüchtiges und verändert auch seine Farbe nicht.

In der Pincette schmilzt er unter Aufwallen sehr leicht. Leitet man die blaue Flamme unmittelbar auf das Probestückchen, so bemerkt man während des Schmelzens eine schwach grüne Färbung in der äussern Flamme und das geschmolzene Mineral erscheint nach dem Erkalten dunkelgrün. Behandelt man es hierauf mit der Oxydationsflamme so, dass es vollkommen in Fluss kommt, so färbt es sich schwarz.

Von Borax wird der Axinit auf Platindraht im Oxydationsfeuer leicht zu einem dunkelrothen Glase aufgelöst, welches einen Schein in's Violette hat. Behandelt man das Glas eine kurze Zeit mit der Reductionsflamme, so wird es gelb; stösst man es ab und schmelzt es auf Kohle mit Zinn im Reductionsfeuer um, so wird es vitriolgrün (Eisen).

Von Phosphorsalz wird er auf Platindraht im Oxydationsfeuer mit Hinterlassung eines Kieselskeletts zu einem gelben Glase aufgelöst, welches nach der Abkühlung farblos erscheint; wird es aber von Neuem erhitzt und mit einem kleinen Salpeterkrystall in Berührung gebracht, so schäumt es auf und nimmt eine violette Farbe an.

Mit Soda auf Kohle schmilzt er unter Brausen zu einem schwarzen, beinahe metallisch glänzenden Glase. Auf Platinblech reagirt er stark auf Mangan.

Aus diesem Löthrohrverhalten geht hervor, dass man es mit einer Verbindung von Silicaten zu thun hat, deren Basen aus einem Oxyde des Eisens (weil die Gläser und vorzüglich das Boraxglas nach kurzem Reductionsfeuer gelb erscheinen), ferner aus einem Oxyde des Mangans (weil das Boraxglas nach der Behandlung im Oxydationsfeuer eine dunkelrothe Farbe besitzt und einen Schein in's Violette hat, das Phosphorsalzglas von Salpeter eine violette Farbe bekommt und das Mineral mit Soda auf Platinblech eine grüne Fritte giebt) und aus Erden zu bestehen scheinen (weil man verhältnissmässig ziemlich viel in den Glasflüssen auflösen muss, um eine intensive Färbung zu bekommen). Da sich aber die erdigen Basen auf trocknem Wege nicht auffinden lassen, so ist man genöthigt, das Mineral auf Kohle mit Soda und Borax zu schmelzen und die geschmolzene Masse auf nassem Wege weiter zu zerlegen, wie es S. 194 und 226 angegeben ist. Hierbei ergiebt sich, dass der Axinit ausser Eisen und Manganoxyd auch Thonerde, Kalkerde und wenig Talkerde als basische Bestandtheile enthält.

Bei der Prüfung des Minerals auf seine Schmelzbarkeit bemerkte man eine grüne Färbung in der äussern Flamme, welche auf einen Gehalt an Borsäure deutet. Unternimmt man deshalb noch eine besondere Probe mit doppelt-schwefelsaurem Kali und Flussspath, wie es S. 466 angegeben ist, so überzeugt man sich von der Anwesenheit der Borsäure noch vollkommener.

Bleischlacke von den Freiberger Hütten. In der Pincette schmilzt sie ziemlich leicht zur Kugel und färbt, wenn man sie mit der blauen Flamme berührt, die äussere Flamme bläulich, zuweilen auch grünlich.

Befeuchtet man die Schlacke im fein gepulverten Zustande mit Chlorwasserstoffsäure, streicht die zusammenhängende Masse in das Oehr eines Platindrahtes und schmelzt sie innerhalb der blauen Flamme zusammen, so entsteht, wenn sie Kupfer enthält, in der äussern Flamme eine azurblaue Färbung von gebildetem und flüchtig gewordenem Chlorkupfer.

Für sich schmelzen nicht zu grosse Stückchen der Schlacke auf Kohle ziemlich leicht zur Kugel, wird dieselbe in Berührung mit der Flamme einige Zeit flüssig erhalten, so bemerkt man die Bildung eines ziemlich starken Beschlags von Zinkoxyd, welches jedoch, wie die blaue Färbung der Flamme beim Anblasen desselben verräth, nicht frei von Bleioxyd ist.

Von Borax wird sie im Oxydationsfeuer leicht zu einem klaren, von Eisenoxyd dunkelgelb gefärbten Glase aufgelöst, das unter der Abkühlung heller wird.

Von Phosphorsalz wird sie mit Hinterlassung eines geringen Kieselskeletts zu einem klaren Glase gelöst, das ebenfalls von Eisenoxyd gelb gefärbt erscheint.

Mit Soda schmilzt sie auf Kohle unter Brausen zur schwarzen Perle. Wird dieselbe eine Zeit lang mit der Reductionsflamme behandelt, so bildet sich auf der Kohle ein starker gelblicher Beschlag von Zinkoxyd und Blejoxyd. Die geschmolzene Masse auf Silberblech gelegt und mit Wasser befeuchtet, reagirt stark auf Schwefel (s. unten).

Durch eine Reductionsprobe mit viel Soda erhält man Metalltheile, die entweder aus reinem Blei bestehen, oder, wenn die Schlacke Kupfer enthält, sich an Borsäure wie ein Gemisch von Blei und Kupfer verhalten.

Mit Soda und Salpeter auf Platinblech geschmolzen, reagirt sie deutlich auf Mangan.

Aus diesem Löthrohrverhalten ergiebt sich, dass diese Bleischlacke hauptsächlich aus einem Eisenoxydul-Silicat besteht, welches geringe Mengen von Bleioxyd, Zinkoxyd, (Kupfer-) und Manganoxydul enthält. Ob aber auch noch erdige Basen vorhanden sind, lässt sich nur mit Hinzuziehung des nassen Weges ermitteln.

Man schmelzt deshalb ungefähr 100 Milligr. der fein gepulverten Schlacke mit Soda und Borax neben einem ungefähr 80 Milligr. schweren Goldkorne im Reductionsfeuer nach der S. 143 gegebenen Vorschrift zur Perle und behandelt diese Perle weiter, wie es bei der Probe auf Kalkerde (S. 194) für kieselsaure Verbindungen angegeben ist. Dabei findet man, dass die Bleischlacke noch Thonerde, sowie etwas Kalkerde und Talkerde enthält.

Wird das von Schlacke freie Goldkorn für sich auf Kohle geschmolzen, so erhält man einen reinen Bleibeschlag. Behandelt man das zurückbleibende Korn mit Phosphorsalz auf Kohle eine kurze Zeit im Oxydationsfeuer und darauf das Glas nach Hinwegnahme des Korns neben ein wenig Zinn im Reductionsfeuer, so wird es, wenn die Schlacke nicht ganz frei von Kupfer ist, unter der Abkühlung braunroth und undurchsichtig von Kupferoxydul.

Die Bleischlacke besteht also aus: Kieselerde, Eisenoxydul, Thonerde, Kalkerde (Talkerde) und geringen Mengen von Bleioxyd, Kupferoxydul, Manganoxydul und Schwefel (in Verbindung mit verschiedenen Bestandtheilen). Eine besondere Probe auf Silber zeigt auch noch eine Spur von Silber an.

Die selbst bei ganz reinen Stücken der Schlacke auftretende starke Schwefelreaction spricht für die Gegenwart von Schwefelcalcium (zuweilen auch Schwefelbaryum). Uebergiesst man einen Theil der fein gepulverten Schlacke in einem Probirglase mit Chlorwasserstoffsäure und rührt man das Ganze mit einem Glasstabe auf, erwärmt es auch nach Befinden etwas, so entsteht sofort ein Geruch nach Schwefelwasserstoff. Ist der Geruch nicht deutlich, so überzeugt man sich durch ein mit Bleizuckeranflösung befeuchtetes Streifchen Papier, welches man entweder auf die Mündung des Probirglases legt, oder in das Probirglas hineinhält und Acht giebt, ob es sich in Folge einer Bildung von Schwefelblei braun oder schwarz färbt.

Talkerde-Aluminat (Spinell), S. 212.

Beryllerde-Aluminat (Chrysoberyll), S. 232.

Zinkoxyd-Talkerde und Eisenoxydul-Aluminat (Gahnit, Automolith), S. 330.

C) Verbindungen von Metalloxyden.

Die in der Natur vorkommenden Metalloxyde sind entweder reine Oxyde oder Hydrate. Einige derselben bilden für sich und einige wieder in Verbindung mit anderen eigene Mineralien. Diejenigen, welche im Glaskolben bis zum Glühen erhitzt werden können ohne Wasser zu geben, sind Oxyde, und diejenigen, welche Wasser geben, sind entweder Hydrate, oder Oxyde, die Hydrate enthalten.

Die als Hüttenprodukte vorkommenden Metalloxyde enthalten zwar öfters Schwefelsäure oder Säuren des Arsens und

Antimons, an welche ein Theil dieser Oxyde gebunden ist, aber nie enthalten sie chemisch gebundenes Wasser.

Die Prüfung erfolgt zuerst für sich, und zwar a) in einem Glasköllchen, b) in der Pincette, und c) auf Kohle; stellt sich dabei ein entscheidendes Resultat nicht heraus, so geht man zur Prüfung mit Borax, Phosphorsalz und Soda über.

Beispiele.

Mangansuperoxyd (Pyrolusit), S. 272.
Mangansuperoxyd mit Kobaltoxyd und Wasser (Erdkobalt, schwarzer), S. 273.
Mangansuperoxyd mit Kupferoxyd und Manganoxydul (Kupfermanganerz), S. 274.
Oxyde des Eisens (Magneteisenstein, Rotheisenstein), so wie Eisenoxydhydrat (Brauneisenstein), S. 292 u. 293.
Eisenoxydul, Chromoxydul und Talkerde mit Chromoxyd und Thonerde (Chromeisenstein), S. 298.
Zinnoxyd (Zinnstein), S. 300.
Uranoxyd-Oxydul (Uranpecherz)), S. 370.
Kupferoxydul (Rothkupfererz), S. 388.

Als Beispiel eines aus Metalloxyden bestehenden Hüttenproduktes kann folgendes Produkt vom Abtreiben des Werkbleies (silberhaltigen Bleies) dienen, nämlich:

Abstrich von den Freiberger Hütten. Im Glaskolben bis zum anfangenden Glühen erhitzt, verändert er sich nicht.

Auf Kohle schmilzt er sehr leicht, breitet sich aus und reducirt sich unter Brausen zu einem leichtflüssigen Metallkorne, das, wenn es im Oxydationsfeuer bei Rothglühhitze im Flusse erhalten wird, stark nach Arsen riecht, die Kohle mit Antimonoxyd, später auch mit Bleioxyd beschlägt und sich am Ende wie reines Blei verhält.

Von Borax wird er auf Platindraht im Oxydationsfeuer leicht zu einem klaren, grünen Glase aufgelöst, das auch nach der Abkühlung grün erscheint. Wird das Glas (da es hauptsächlich borsaures Bleioxyd, so wie arsensaures und antimonsaures Natron enthält) abgestossen und auf Kohle im Reductionsfeuer behandelt, so breitet es sich aus, und es dauert gar nicht lange, so reduciren sich eine Menge Bleikügelchen, die stark nach Arsen riechen und die Kohle mit Antimonoxyd und Bleioxyd beschlagen. Sucht man die zerstreuten kleinen Bleikugeln zu vereinigen (wobei man eine sich ausbreitende Reductionsflamme anwendet), nimmt das vereinigte Blei von dem Glase weg und leitet auf letzteres die Reductionsflamme noch so lange, bis es wieder zur Perle geschmolzen ist, so erscheint es farblos und bleibt auch unter der Abkühlung farblos.

Von Phosphorsalz wird er auf Platindraht im Oxydationsfeuer ebenfalls zu einem klaren, grünen Glase aufgelöst, das auch unter der Abkühlung grün bleibt. Behandelt man dieses Glas, nachdem es abgestossen worden, auf Kohle eine Zeit lang im Reductionsfeuer, so erscheint es, so lange es warm ist, grün, wird aber unter der Abkühlung unklar und nimmt eine grünlich-gelbe Farbe an. Wird es noch mit Zinn behandelt, so wird es unter der Abkühlung schwarzgrau von reducirtem Antimon; erhält man es aber lange genug im Reductionsfeuer flüssig, so wird das Antimon verblasen, und man bekommt ein Glas, das unter der Abkühlung undurchsichtig und roth von Kupferoxydul wird.

Mit Soda reducirt er sich sehr schnell zu einem grauen, etwas spröden Metallkorne. Wird die geschmolzene, grösstentheils in die Kohle eingedrungene Soda ausgekrochen, auf Silberblech gelegt und mit Wasser befeuchtet, so entsteht öfters eine merkliche Reaction auf Schwefel, zum Beweis, dass der Abstrich auch bisweilen schwefelsaures Bleioxyd enthält. Wird das reducirte Bleikorn für sich auf Kohle so lange mit der Oxydationsflamme behandelt, bis alles Arsen und Antimon verraucht ist, und hierauf mit verglaster Borsäure geschmolzen, wozu man die blaue Flamme anwendet, so wird der grösste Theil des Bleies als Oxyd aufgelöst, und es bleibt ein Körnchen zurück, welches, wenn es mit Phosphorsalz im Oxydationsfeuer geschmolzen wird, dem Glase eine grüne Farbe ertheilt, die durch Zinn roth wird. (Das Speciellere s. man bei der Probe auf Kupfer im Allgemeinen. S. 377).

Aus diesem Löthrohrverhalten geht hervor, dass der Abstrich ein Bleioxyd ist, welches wenig Kupferoxyd enthält, und dass ein Theil des Bleioxydes an Arsen-, Antimon- und Schwefelsäure gebunden ist.

D) Schwefel-, Selen- und Arsenmetalle.

Der Gang bei der Untersuchung solcher Verbindungen ist folgender: 1) erhitzt man die Substanz für sich aus dem S. 72 angeführten Grunde in einer an dem einen Ende zugeschmolzenen Glasröhre; 2) nach S. 76 in einer offenen Glasröhre und 3) auf Kohle, wobei Dasjenige zum Anhalten dient, was S. 79 u. f gesagt ist. Ist es nöthig, die Substanz auch noch mit Glasflüssen zu behandeln, so muss sie vorher in vielen Fällen von ihrem Gehalte an Schwefel oder Arsen so viel als möglich befreit werden.

Beispiele.

a) *Schwefelmetalle.* Einfach-Schwefelmangan (Manganglanz), S. 272.

Einfach-Schwefeleisen mit Anderthalb-Schwefeleisen (Magnetkies), S. 291.

Doppelt-Schwefeleisen (Eisenkies, Schwefelkies), S. 291.

Doppelt-Schwefelkobalt mit Arsenkobalt (Kobaltglanz, Glauzkobalt), S. 310.

Schwefelzink mit Schwefeleisen und Schwefelkadmium (Zinkblende, schwarze und braune), S. 326.

Von dem Mangangehalte mancher Zinkblende kann man sich durch eine Schmelzung der gerösteten Probe mit Soda und Salpeter auf Platinblech überzeugen.

Schwefelblei (Bleiglanz), S. 343.

Halb-Schwefelkupfer und Schwefelblei in Verbindung mit Dreifach-Schwefelantimon (Bournonit), S. 348.

Halb-Schwefelkupfer, Einfach-Schwefeleisen und Schwefelzink in Verbindung mit Schwefelzinn (Zinnkies), S. 859.

Anderthalb-Schwefelwismuth (Wismuthglanz), S. 366.

Halb-Schwefelkupfer mit $\frac{1}{4}$ Anderthalb-Schwefeleisen (Buntkupfererz), S. 383.

Halb-Schwefelkupfer, Einfach-Schwefeleisen, Schwefelzink und Schwefelquecksilber mit Dreifach-Schwefelantimon und Schwefelarsen (Fahlerz, quecksilberhaltiges), S. 385 und 386.

Halb-Schwefelkupfer mit Anderthalb-Schwefeleisen zu gleichen Atomen (Kupferkies), S. 387.

Schwefelquecksilber (Zinnober), S. 398.

Schwefelsilber (Silberglanz, Glaserz), S. 406.

Schwefelsilber und Schwefelkupfer in Verbindung mit Dreifach-Schwefelantimon und wenig Schwefelarsen (Eugenglanz, Polybasit), S. 406.

Schwefelsilber in Verbindung mit Dreifach-Schwefelarsen (Rothgiltigerz, lichtes), S. 400.

Schwefelsilber in Verbindung mit Dreifach-Schwefelantimon (Rothgiltigerz: dunkles, Sprödglaserz, Miargyrit), S. 406, 407 und 408.

Schwefelantimon (Antimonglanz), S. 430.

Einfach-Schwefeleisen mit Dreifach-Schwefelantimon (Berthierit), S. 431.

Rohstein von den Freiberger Hütten. In einer an einem Ende zugeschmolzenen Glasröhre bis zum Glühen erhitzt, giebt er nichts Flüchtiges.

In gepulvertem Zustande in der offenen Glasröhre geglüht, entwickelt er schweflige Säure, die sowohl durch befeuchtetes geröthetes Lakmuspapier als auch durch den Geruch erkannt wird. Auf der nach unten gewandten Seite der Glasröhre bildet sich zuweilen ganz in der Nähe der Probe ein dünner weisser Beschlag, der nicht flüchtig ist und Aehnlichkeit mit einer Verbindung von Antimonoxyd und Antimonsäure, oder mit schwefelsaurem Bleioxyd hat.

Auf Kohle für sich schmilzt er innerhalb der Flamme leicht zur Kugel und bildet nach fortgesetztem Reductionsfeuer zwei verschiedene Beschläge. Der eine Beschlag, welcher zuerst entsteht, ist entfernter von der Probe, weiss, lässt sich mit der Oxydationsflamme von einer Stelle zur andern treiben, wobei er in Berührung mit der Flamme derselben eine blaue Färbung ertheilt und hinterlässt gelbe Flecke, er scheint also aus schwefelsaurem Bleioxyd zu bestehen. Der später entstehende Beschlag hat eine in der Wärme hellgelbe Farbe, welche nach dem Erkalten gelblich weiss wird. Erhitzt man den äussern Theil des Beschlags mit der Reductionsflamme, so verändert derselbe seine Stelle mit einem azurblauen Schein und auf der Kohle entstehen gelbe Flecke von Bleioxyd. Der grössere Theil des Beschlags bis zur Probe besteht entschieden in der Hauptsache aus Zinkoxyd und nimmt auch, namentlich an der letztern Stelle, nach völligem Erkalten mit Kobaltsolution befeuchtet und im Oxydationsfeuer vorsichtig durchgeglüht, eine gelblichgrüne Farbe an.

Schmelzt man eine nicht zu geringe Menge des gepulverten Rohsteins mit Soda auf Kohle im Reductionsfeuer zusammen, so bemerkt man zuweilen einen schwachen Geruch nach Arsen.

Röstet man einen Theil des gepulverten Rohsteins auf Kohle nach S. 97 vorsichtig ab und prüft das Geröstete mit Glasflüssen, so zeigt sich Folgendes:

In Borax auf Platindraht im Oxydationsfeuer aufgelöst, erhält man ein klares Glas, welches, mehr oder weniger gesättigt, durch seine gelbe Farbe nur die Gegenwart von Eisen anzeigt. Behandelt man das Glas auf Kohle kurze Zeit mit Zinn, so wird es unter der Abkühlung undurchsichtig roth von einem Gehalt an Kupfer; nach längerem Reductionsfeuer wird das Kupfer aber ausgefällt, das Glas bleibt unter der Abkühlung klar und erscheint dann rein vitriolgrün von einem bedeutenden Gehalt an Eisen.

Löst man eine andere kleine Menge des gerösteten Rohsteins in Phosphorsatz auf Platindraht im Oxydationsfeuer auf, so erhält man ein von Eisenoxyd stark gelb gefärbtes, (zuweilen auch in Folge eines grösseren Kupfergehaltes des Rohsteins ein grünlich gelbes) Glas; auch bemerkt man häufig fein ausgeschiedene Kieselerde im Glas, von fein eingemengter Schlacke herrührend, welche sich besonders in den obern Schichten des abgestochenen Rohsteins findet. Behandelt man dieses Glas auf Kohle mit Zinn im Reductionsfeuer, so wird es unter der Abkühlung grauschwarz von Antimon; nach wiederholtem längeren Blasen erscheint es jedoch unter der Abkühlung roth von Kupferoxydul.

Vermengt man die noch übrige Menge des gerösteten Rohsteins mit Soda, Borax und etwas fein gekörntem Probirblei, und schmelzt dieses Gemenge auf Kohle im Reductionsfeuer, so vereinigen sich diejenigen Metalle, welche dabei reducirt werden, mit dem Blei. Trennt man das Bleikorn von der Schlacke und behandelt es auf Kohle mit Borsäure so lange, bis der grösste Theil des Bleies abgeschieden ist, schmelzt es darauf nebst Phosphorsalz auf Kohle im Oxydationsfeuer, so erhält man eine Glasperle, die in der Wärme grünlich erscheint, unter der Abkühlung aber blau wird (Kupferoxyd) und, mit Zinn behandelt, unter der Abkühlung eine rothe Farbe annimmt (Kupferoxydul). Durch eine besondere Probe auf Silber (s. die quantitative Silberprobe für Schwefelmetalle) lässt sich auch ein geringer Gehalt an Silber nachweisen.

Die Bestandtheile dieses Rohsteins sind demnach: Schwefel, Eisen, Blei, Kupfer, Zink, (Antimon, Arsen) und Silber.

b) *Selenmetalle.* Blei in Verbindung mit Selen (Selenblei), S. 342.

Quecksilber in Verbindung mit Selen (Selenquecksilber), S. 397.

c) *Arsenmetalle.* Eisen in Verbindung mit Arsen (Arsen-eisen). S. 290.

Kobalt in Verbindung mit Arsen (Speiskobalt), S. 309.

Nickel in Verbindung mit Arsen und zwar: 1) Halb-Arsennickel (Kupfernickel, Rothnickelkies), S. 318; 2) zu gleichen Aequivalenten (Weissnickelkies), S. 319.

Arsenmetalle von Eisen, Nickel, Kobalt etc. mit Schwefel-metallen von Kupfer, Blei, Antimon etc. (Bleispeise von den Freiberger Hütten).

In einer an einem Ende zugeschmolzenen Glasröhre bis zum Glühen erhitzt, läuft sie schwarz an, giebt aber nichts Flüchtiges.

In einer an beiden Enden offenen Glasröhre giebt sie im gepulverten Zustande ein deutliches Sublimat von krystallinischer arseniger Säure, die sich in der Röhre forttreiben lässt; auch zeigt sich zuweilen in der Nähe der Probe ein weisser, nicht flüchtiger Anflug, der aus einer Verbindung von Antimonoxyd und Antimonsäure zu bestehen scheint, und an dem höher gehaltenen Ende der Glasröhre ist ein Geruch nach schwefliger Säure zu bemerken, die auch ein in die Röhre eingeschobenes befeuchtetes Lakmuspapier roth färbt.

Auf Kohle für sich schmilzt sie im Reductionsfeuer (wenn der Gehalt an Eisen nicht zu bedeutend ist) zur Kugel und entwickelt Arsen-dämpfe; nach fortgesetztem Blasen bildet sich aber auf der Oberfläche eine Kruste, die nach und nach dicker wird und Ursache ist, dass die Kugel nach Verlauf einiger Zeit nicht mehr geschmolzen werden kann; auch zeigt sich hierbei häufig ein schwacher Bleibeschlag. Setzt man jetzt eine nicht zu geringe Menge von Borax zu und behandelt das Ganze mit der Spitze der blauen Flamme, so tritt ein stark dampfendes Metallkorn hervor und das Boraxglas wird, in Folge einer Verschlackung des grössten Theils des in der Speise befindlichen Eisens, dickflüssig, schwer schmelz-bar und nimmt eine ganz schwarze Farbe an. Prüft man eine kleine Menge dieses schwarzen Glases mit Borax auf Platindraht im Oxydations-feuer, so erhält man nur die Reaction auf Eisen. Schmelzt man hierauf das von dem grössten Theile des Eisens (Arsen-Eisens) befreite Metall-korn für sich auf Kohle im Reductionsfeuer, so entwickelt es ebenfalls wieder Arsendämpfe, beschlägt aber auch die Kohle mit wenig Bleioxyd (zuweilen auch Antimonoxyd).

Behandelt man nun das Metallkorn mit Borax weiter, wie es bei der Probe auf Eisen in Hüttenprodukten und namentlich für die verschiedenen Speisen (S. 301) speciell beschrieben ist, so findet man, dass das Borax-glas nach der ersten Behandlung noch Eisen, nach der zweiten und drit-ten Behandlung aber Kobalt und endlich nach weiterem Schmelzen mit Borax blos Nickel enthält. Wird das übrig bleibende Arsennickel aber mit Phosphorsalz im Oxydationsfeuer behandelt, so erhält man ein grünes Glas, welches auch unter der Abkühlung grün bleibt und daher von Nickel und Kupfer zugleich gefärbt ist. Schmelzt man das Glas nach Entfernung des Arsenmetallkorns noch einen Augenblick mit Zinn, so wird es unter der Abkühlung undurchsichtig roth von Kupferoxydul. Ist der Gehalt an

Kupfer so gering, dass er sich auf diese Weise nicht zu erkennen giebt, so schmelzt man das Arsennickel mit ungefähr 60—80 Milligr. Gold zusammen, und verschlackt mit Phosphorsalz im Oxydationsfeuer so lange, bis eine neue Portion von diesem Salze nicht mehr gelb, sondern grün gefärbt wird; wo dann mit Zinn die Reaction auf Kupfer deutlich hervorgebracht werden kann.

Es können demnach in dieser Bleispeise aufgefunden werden: Arsen, Schwefel, Eisen, Nickel, Kobalt, Kupfer, Blei (Antimon), und wenn man eine besondere Probe auf Silber fertigt, auch etwas Silber.

E) Verbindungen von Metallen, die kein Arsen und keinen Schwefel oder wenigstens nur eine sehr geringe Menge davon enthalten.

Der Gang bei der Untersuchung von Metallverbindungen ist im Allgemeinen derselbe wie bei den Substanzen der vorhergehenden Abtheilung. Die Röstung fällt selbstverständlich hierbei weg. In manchen Fällen wird man die eine oder die andere von den dort angedeuteten Prüfungen unterlassen können, sobald man aus der bereits vorhergegangenen abnehmen kann, dass sie zu keinem Resultate führen werde; dagegen ist man aber bisweilen genöthigt, eine besondere Prüfung auf irgend einen Stoff vorzunehmen, der sich im Verlauf der Untersuchung im Allgemeinen zu erkennen giebt.

Beispiele.

Kupfer in Verbindung mit Nickel und Zink (Neusilber, Argentan). Auf Kohle im Reductionsfeuer schmolz es und verursachte in der Nähe der Probe einen Beschlag, der in der Wärme gelb und nach der Abkühlung weiss erschien. Dieser Beschlag nahm, mit Kobaltsolution befeuchtet und im Oxydationsfeuer durchgeglüht, eine gelblichgrüne Farbe an; gab sich demnach als Zinkoxyd zu erkennen.

Das für sich auf Kohle geschmolzene Metallkorn wurde mit Borax im Oxydationsfeuer so lange behandelt, bis alle diejenigen Metalle oxydirt und aufgelöst sein konnten, deren Oxyde aus dem Borax durch die Reductionsflamme allein sich nicht reduciren lassen; hierauf wurde das übrig gebliebene Metallkorn von dem Glase weggenommen und letzteres so lange im Reductionsfeuer flüssig erhalten, bis alle reducirbaren Metalloxyde reducirt waren. Das Glas sah jetzt blau aus und veränderte auch seine Farbe nicht, als es auf Platindraht im Oxydationsfeuer umgeschmolzen wurde. Es war also nur Kobalt aufgelöst geblieben.

Das von Kobalt befreite Metallkorn wurde mit Phosphorsalz auf Kohle im Oxydationsfeuer geschmolzen; dabei entstand ein Glas, das eine ganz dunkelgrüne Farbe zeigte. Ein Theil dieses Glases mit mehr Phosphorsalz auf Platindraht im Oxydationsfeuer zusammengeschmolzen, gab eine schöne grüne Perle, die auch unter der Abkühlung grün blieb. Diese Perle, abgestossen und auf Kohle mit Zinn behandelt, wurde unter der Abkühlung undurchsichtig und roth von Kupferoxydul. Die grüne Farbe des erkalteten Phosphorsalzglases zeigte demnach Kupfer und Nickel an.

Das bei der Behandlung mit Phosphorsalz noch unaufgelöst gebliebene Metallkörnchen war vollkommen dehnbar, sah röthlichweiss aus und bestand, da es, mit Probirblei auf Knochenasche abgetrieben, nur eine Spur von Silber gab, nur noch aus Kupfer und Nickel. (Wäre dieses Körnchen auf Kohle neben Borax mit etwa 3 Mal so viel Gold im Oxydationsfeuer zusammen geschmolzen und die Verbindung eine Zeit lang im Flusse erhalten worden, so würde das Glas nur eine gelbe Farbe von Nickeloxydul gezeigt haben, weil das Kupfer in Verbindung mit Nickel bei Gegenwart von vielem Golde sich sehr schwer oxydirt).

Die Zusammensetzung dieses Argentans war also: Kupfer mit einer Spur von Silber, Nickel mit ein wenig Kobalt, und Zink.

Werkblei von den Freiberger Hütten. Metallverbindungen, von denen man überzeugt ist, dass sie frei von Quecksilber sind und auch wenig oder gar keine anderen flüchtigen Metalle enthalten, brauchen nicht in einer zugeschmolzenen Glasröhre geprüft zu werden; man unterlässt dies daher auch beim Werkblei.

In der offenen Glasröhre schmilzt es, überdeckt sich mit Oxyd, giebt aber nichts Flüchtiges.

Auf Kohle schmilzt es sehr leicht, riecht ziemlich stark nach Arsen und beschlägt die Kohle anfangs mit Antimonoxyd und nach fortgesetztem Blasen stark mit Bleioxyd. Auch setzt sich zuweilen in der Nähe der Probe ein schwacher gelblicher Beschlag ab, der unter der Abkühlung beinahe weiss wird, und daher auf einen Gehalt an Zink deutet.

Schmelzt man ein Stückchen von diesem Werkblei neben Borax auf Kohle im Reductionsfeuer so, dass das Boraxglas durch die Löthrohrflamme vor dem Zutritt der Luft geschützt wird, so erhält man ein klares farbloses Glas, welches auch in den meisten Fällen farblos bleibt, wenn es in dem Oehr eines Platindrahtes im Oxydationsfeuer umgeschmolzen wird. Ist indessen das Werkblei nicht ganz frei von Eisen, so erscheint das Boraxglas, so lange es heiss ist, schwach gelb.

Behandelt man ein anderes Stückchen Werkblei auf Kohle neben Borsäure mit der blauen Flamme, so wird im Anfange die Kohle mit Antimonoxyd beschlagen, auch bemerkt man einen deutlichen Geruch nach Arsen. Setzt man die Behandlung so lange fort, bis nur noch ein kleines Korn übrig ist, und schmelzt dieses auf Kohle mit Phosphorsalz im Oxydationsfeuer, so entsteht ein grünliches Glas, welches, mit Zinn behandelt, unter der Abkühlung undurchsichtig und roth von einem Kupfergehalte wird. Treibt man das mit Phosphorsalz geschmolzene Metallkörnchen mit ein wenig Probirblei auf Knochenasche ab, so bleibt ein Silberkörnchen zurück.

Schmelzt man ein drittes Stückchen Werkblei mit neutralem oxalsaurem Kali und etwas Borax auf Kohle im Reductionsfeuer, legt die geschmolzene, zum Theil in die Kohle gedrungene Salzmasse auf Silberblech und befeuchtet sie mit Wasser, so entsteht manchmal ein schwarzer oder brauner Fleck von Schwefelsilber, zum Beweis, dass bisweilen etwas Schwefelblei vorhanden ist.

Dieses Werkblei besteht demnach aus: Blei, Silber, wenig Kupfer, Arsen und Antimon und zuweilen Spuren von Eisen, Zink und Schwefel.

Schwarzkupfer (Rohkupfer), sehr mürbe. In Form von Feilspähnen in der offenen Glasröhre mit Hülfe der Löthrohrflamme bis zum Glühen erhitzt, entwickelte es ein wenig schweflige Säure, die durch ein in die Röhre eingeschobenes befeuchtetes Lakmuspapier erkannt wurde; auch setzte sich in einiger Entfernung von der Probe ein äusserst geringer weisser Beschlag ab, der das Ansehen von Antimonoxyd hatte.

Auf Kohle für sich schmolz es schwer, ohne einen Geruch zu verbreiten, und gab nur einen deutlichen Beschlag von Bleioxyd.

Mit Probirblei neben Borsäure so zusammen geschmolzen, dass das Metallkorn mit einer Seite frei blieb, war ebenfalls kein Geruch zu bemerken, es entstand aber, während sich das Blei oxydirte und das sich bildende Oxyd in der Borsäure auflöste, ein weisser Beschlag, der, abgescheuert mit Platindraht in Phosphorsalz aufgelöst, sich bei der Behandlung der Glasperle auf Kohle mit Zinn als Antimonoxyd zu erkennen gab, indem die Glasperle unter der Abkühlung ganz dunkelgrau wurde. Das bei der Behandlung mit Borsäure übrig gebliebene Metallkorn, welches sich bei der Prüfung für sich auf Kohle frei von Blei zeigte, hatte eine graue Farbe und war spröde.

Mit Borax auf Kohle im Reductionsfeuer geschmolzen, verursachte das Schwarzkupfer in dem sich bildenden Glase eine smalteblaue Farbe von Kobaltoxydul; als das Glas für sich auf Platindraht umgeschmolzen wurde, erschien es, so lange es heiss war, grün, wurde aber unter der Abkühlung wieder blau (Kobalt und wenig Eisen).

Das bei der Behandlung mit Borsäure zurückgebliebene Metallkorn, nachdem noch ein kleiner Rückhalt von Kobalt durch Borax abgeschieden worden war, färbte, als es mit Phosphorsalz auf Kohle im Oxydationsfeuer geschmolzen wurde, das Glas ganz dunkelgrün, welche Farbe auch unter der Abkühlung sich nicht veränderte. Mit Zinn behandelt, wurde das grüne Glas undurchsichtig und roth. Die grüne Farbe deutete daher auf Kupfer und Nickel. Das noch unaufgelöst gebliebene Metallkorn sah ebenfalls noch grau aus und war sehr spröde. Diese Sprödigkeit deutete auf einen Gehalt an Arsen, der hauptsächlich dem Nickel anzugehören schien, weil er weder bei der Behandlung mit Borsäure noch mit Phosphorsalz getrennt werden konnte.

Eine besondere Probe auf Arsen nach S. 447 zeigte auch wirklich einen nicht ganz unbedeutenden Gehalt davon an.

Dieses Schwarzkupfer bestand demnach aus: Kupfer, Blei, Nickel, Kobalt, Eisen, Antimon, Arsen, Schwefel und, nach einer besondern Probe auf Silber, auch etwas Silber.

Goldhaltiges Silber-Amalgam, sehr unrein. Für sich in einer an einem Ende zugeschmolzenen Glasröhre erhitzt, setzten sich in dem kältern Theil der Röhre eine Menge metallischer Tröpfchen an, die durch leises Klopfen an die Röhre sich zu einer Quecksilberkugel vereinigten, welche leicht ausgeschüttet werden konnte.

Als der poröse Rückstand zuerst für sich auf Kohle geschmolzen wurde, bildete sich ein geringer gelber Beschlag von Bleioxyd und das geschmolzene Silberkorn überzog sich mit einer Kruste. Es wurde deshalb etwas Borax zugesetzt und das Ganze im Reductionsfeuer geschmolzen; dabei kam ein scheinbar reines Silberkorn mit blanker Oberfläche zum Vorschein und das Boraxglas erschien nach dem Erkalten grünlich. Das Glas auf einer andern Stelle der Kohle mit Zinn behandelt, nahm eine vitriolgrüne Farbe von aufgelöstem Eisenoxydul an.

Als hierauf das rückständige Silberkorn mit Phosphorsalz geprüft wurde, bekam das Glas eine grüne Farbe und wurde, mit Zinn umgeschmolzen, unter der Abkühlung undurchsichtig und roth von Kupferoxydul. Das Silberkorn wurde, um es völlig rein zu erhalten, mit etwas Probirblei auf Knochenasche abgetrieben und dann in Salpetersäure aufgelöst, wobei mehrere schwarze Flöckchen zurückblieben, die, mit destillirtem Wasser gut abgewaschen und mit ein wenig Probirblei abgetrieben, sich in ein reines Goldkörnchen verwandelten.

Das Amalgam bestand demnach hauptsächlich aus: Silber und Quecksilber, enthielt aber noch geringe Beimischungen von Gold, Kupfer, Blei und Eisen.

Tellurwismuth, S. 365.

Tellursilber, S. 405.

Antimonsilber, S. 405.

Platin in Verbindung mit andern Metallen (gediegen Platin), S. 412.

Gold in Verbindung mit Silber (gediegen Gold), S. 417.

Dritte Abtheilung.

Quantitative Proben mit Hülfe des Löthrohrs.

I. Das Vorrichten der auf gewisse Bestandtheile quantitativ zu untersuchenden Substanzen.

Vor Anstellung quantitativer Löthrohrproben ist es ebenso wie bei quantitativen analytischen Arbeiten auf nassem Wege erforderlich, mit der zu untersuchenden Substanz gewisse Vorarbeiten vorzunehmen, welche sich hier besonders auf das Trocknen und bei Gemengen zugleich mit auf die Herstellung einer möglichst richtigen Durchschnittsprobe beschränken.

Zerreibliche und mechanisch gebundenes Wasser enthaltende Substanzen müssen bei einer Temperatur von 100° Cels. getrocknet und hierauf im Achatmörser fein gerieben werden; ist die Substanz nicht zerreiblich, aber spröde, so wird sie auf dem Amboss zwischen Papier so weit als möglich zerkleint; und ist sie dehnbar, so wird sie zuerst auf dem Amboss zwischen Papier zu dünnen Blättchen geschlagen (lamellirt), und hierauf mit der Scheere noch weiter zerschnitten.

Im Grossen aufbereitete Erze, wenn sie nicht besonders getrocknet worden sind, erscheinen gewöhnlich trocken und enthalten doch noch einige Procent Wasser mechanisch gebunden, auch ziehen dergleichen Erze, wenn sie nach dem Trocknen an feuchten Orten in unverschlossenen Gefässen aufbewahrt werden, wieder Feuchtigkeit aus der Atmosphäre an; man muss daher eine etwas grössere Quantität derselben, als zu zwei Proben erforderlich ist, in einem Porcellanschälchen über der Lampenflamme bei circa 100° Cels. trocknen, und hierauf das trockene Erz im Achatmörser fein reiben. Bei dem Trocknen muss man vorsichtig sein, dass bei Erzen, die Schwefeloder Arsenverbindungen enthalten, die Temperatur nicht zu hoch steige, weil sonst eine Röstung, und mithin eine theilweise Zerstörung und Gewichtsveränderung des Erzes eintreten kann.

Mineralien und Hüttenprodukte, die man fast stets nur im trocknen Zustande zur Untersuchung bekommt, zerkleint man sogleich entweder zwischen Papier auf dem Amboss oder im Stahlmörser, und reibt sie, wenn sie zerreiblich sind, im Achatmörser völlig fein.

Am sichersten verfährt man, wenn man sich von einer zu probirenden Substanz (reine Krystalle und reine Bruchstücke der Mineralien und Hüttenprodukte ausgenommen) eine 8 bis 10 Mal grössere Menge Probemehl vorbereitet, als zu einer einzigen Probe erforderlich ist, weil, wenn man eine zu geringe Menge dazu verwendet, man doch nicht überzeugt sein kann, ob man hinsichtlich des Metallgehaltes eine richtige Durchschnittsprobe erlangt hat.

Nimmt man z. B. von einem unter dem Stempel trocken gepochten reichen Silbererze, welches ein Gemenge von wirklichen Silbererzen und silberunhaltigen anderen Bestandtheilen sein kann, eine zu geringe Menge zur Probe weg, so kann man entweder zu viel reiche oder zu viel arme Theile bekommen, die durchschnittlich einen ganz andern Gehalt geben, als das grosse Gemenge selbst. Deshalb muss man allemal von einem im Grossen aufbereiteten Erze eine Quantität von wenigstens zwei Löthen (circa 30 Grammen) von verschiedenen Punkten aus der Mitte herausnehmen, diese, wenn man es haben kann, in einer eisernen Reibschale gut durchmengen, vielleicht auch etwas verfeinern, und aus diesem Gemenge erst die zur Löthrohrprobe nöthige Quantität von etwa 8 bis 10 Löthrohrprobircentnern von verschiedenen Punkten wegnehmen, welche Quantität man dann unter den bereits angegebenen Vorsichtsmassregeln trocknet und im Achatmörser völlig fein reibt.

II. Beschreibung der einzelnen quantitativen Proben vor dem Löthrohre.

1) Die Silberprobe.

Die Silberprobe vor dem Löthrohre, welche Harkort zuerst angegeben und in seinem, im Jahre 1827 in Freiberg erschienenen Hefte beschrieben hat, ist eine der wichtigsten quantitativen Proben, welche man mit Hülfe dieses Instrumentes fertigen kann. Man ist nicht nur im Stande, den in jedem Erze, Minerale, Hütten- und Kunstprodukte befindlichen Silbergehalt in kurzer Zeit aufzufinden, sondern ihn auch hinreichend genau quantitativ zu bestimmen. Da man aber hierbei berücksichtigen muss, mit was für Stoffen man es ausser dem Silber zu thun hat, so müssen auch die mineralischen und metallischen Körper, nebst den Hütten- und Kunstprodukten, hinsichtlich der Bestimmung des in ihnen befindlichen Silbergehaltes, in besondere Klassen gebracht und nach dem für jede dieser Klassen passenden Verfahren probirt werden.

Man kann sie eintheilen:

A. In Erze, Mineralien und Hüttenprodukte, in denen das Silber vorzugsweise an nicht metallische Körper gebunden ist, und zwar in solche:

a) welche flüchtige Bestandtheile, namentlich Schwefel und Arsen, sowie Chlor, Brom und Jod in grösserer oder geringerer Menge enthalten, oder auch gänzlich frei davon sind und durch Schmelzen mit Borax und Probirblei auf Kohle zerlegt werden können;

b) welche Verbindungen enthalten, die durch Schmelzen mit Borax und Probirblei allein nicht zerlegbar sind;

c) welche aus Metalloxyden bestehen, die sich auf Kohle leicht reduciren lassen.

B. In Metallverbindungen; dies sind solche:

a) in denen Silber der Hauptbestandtheil ist, oder in denen neben Silber noch Gold vorkommt:

b) in denen Kupfer oder Nickel den vorwaltenden und Silber nur einen geringeren Bestandtheil ausmacht;

c) in denen Blei oder Wismuth der Hauptbestandtheil ist;

d) in denen Tellur, Antimon oder Zink den Hauptbestandtheil ausmacht;

e) in denen Zinn den Haupt- oder auch nur einen Nebenbestandtheil ausmacht;

f) in denen Quecksilber der vorwaltende Bestandtheil ist; und

g) in denen Eisen oder Stahl der Hauptbestandtheil ist.

A. Erze, Mineralien und Hüttenprodukte, in denen das Silber vorzugsweise an nichtmetallische Körper gebunden ist, auf Silber zu probiren,

und zwar:

a) *solche, welche flüchtige Bestandtheile, namentlich Schwefel und Arsen, sowie Chlor, Brom und Jod in grösserer oder geringerer Menge enthalten, oder auch gänzlich frei davon sind und durch Schmelzen mit Borax und Probirblei auf Kohle zerlegt werden können.*

Hierher gehören von den im Grossen aufbereiteten Erzen diejenigen, welche mehr oder weniger Schwefelkies, Kupferkies, Arsenkies, Antimonglanz und Blende enthalten, sowie auch die oben genannten Mineralien; ferner alle sogenannten dürren Erze, das sind solche, welche grösstentheils aus erdigen Gemengtheilen bestehen und nur einen geringen Theil wirklicher Silbererze enthalten; alle S. 399 bis 401 namhaft gemachten Silbererze, in denen das Silber in Verbindung mit Selen oder Schwefel und anderen Selen- oder Schwefelmetallen, sowie mit Chlor, Brom und Jod vorkommt; ferner alle S. 372 bis 374 genannten Kupfererze, in denen das Kupfer an Selen oder Schwefel gebunden ist; so wie alle S. 332 und 334 angeführten Bleierze, in denen das Blei als Selenblei oder als Schwefelblei vorhanden ist; ferner geröstete silberhaltige Blei- und Kupfererze, alle mit Kochsalz gerösteten Silbererze und Hüttenprodukte, die amalgamirt oder extrahirt werden sollen, und die Amalgamir- und Extractions-

Rückstände; endlich von den Hüttenprodukten: Rohstein, Bleistein, Kupferstein, Kupferlech, Ofenbruch, Flugstaub, Bleispeise, Kobaltspeise, Heerd vom Abtreiben und Raffiniren des Silbers, alle Arten von silberhaltigen Schlacken, sowie auch das silberhaltige Gekrätz der Gold- und Silberarbeiter.

1) Abwiegen und Beschicken der Probe.

Erze, welche aus einem Gemenge von reichen Silbererzen und erdigen Theilen bestehen und bei der Untersuchung gewöhnlich verschiedene Gehalte an Silber geben, wiegt man am zweckmässigsten doppelt, und nach Befinden auch dreifach, auf 1 Centner (= 1 Decigramm oder 100 Milligramm, s. S. 33) ein; hingegen arme Silbererze und krystallisirte Mineralien, so wie auch Hüttenprodukte, die sämmtlich sehr wenig oder gar nicht im Gehalte differiren, wiegt man in der Regel nur einfach ein.

Die abgewogene Menge Probemehl wird in die Mengkapsel (S. 48) geschüttet, über dieser das Aufsatzschälchen der Wage mit einem Pinsel gereinigt und Boraxglas und Probirblei hinzugefügt. . Die zu einer Probe nöthige Quantität an Boraxglas richtet sich nach der Schmelzbarkeit und nach der Menge der zu verschlackenden Bestandtheile. Ein gehauftes Löffelchen voll, wie Fig. 55 (S. 50), welches ungefähr 1 Decigramm oder 1 Centner Boraxglas fasst, ist zu einer strengflüssigen Probe hinreichend; sollte sich jedoch die Probe während des Einschmelzens zu strengflüssig zeigen, so kann man noch eine kleine Portion von diesem Flussmittel nachsetzen. Bei sehr leichtflüssigen Erzen, oder überhaupt bei solchen, in denen keine erdigen Substanzen eingemengt sind, sondern die nur aus Schwefelmetallen bestehen, welche sich leicht mit dem Blei vereinigen lassen und schwerer oxydirbar sind als das Blei, braucht man weniger Boraxglas anzuwenden; man reicht vollkommen aus, wenn man das Löffelchen nur wenig gehauft voll (½ bis ⅓ Centner) nimmt. Hat man aber viel erdige Gemengtheile oder viel Eisen, Kobalt oder Zinn in der Probe, so muss man das Löffelchen stets gehauft voll nehmen.

Die Menge des anzuwendenden Probirbleies richtet sich nach dem Vorhandensein anderer Metalle in der zu probirenden Substanz. Ist es ein Erz, Mineral oder Hüttenprodukt, welches nicht über 7 Proc. Kupfer oder 10 Proc. Nickel enthält, (ein Gehalt an Kobalt ist, da sich dieses Metall leicht mit Borax verschlacken lässt, hierbei weniger in Berücksichtigung zu ziehen) so wendet man zu 1 Centn. Probemehl 5 Centn. Probirblei an, die man mit dem S. 50 beschriebenen Masse abmisst; enthält aber die Substanz über 7 Proc. Kupfer

oder über 10 Proc. Nickel, so muss der Bleizusatz nach der
Menge dieser Metalle vermehrt werden.

Da man jedoch nicht allemal im Voraus wissen kann,
wie hoch der Gehalt an diesen Metallen in der Probe ist, so
wendet man lieber einige Centner Blei zu viel als zu wenig
an, weil bei zu wenig Blei die Trennung des Kupfers vom
Silber nicht vollständig geschehen kann und das Antreiben
eines nickelreichen Werkbleies fast nicht möglich ist.

So sind z. B. nachstehende Mineralien und Hüttenprodukte, die theils Kupfer, theils Nickel enthalten, mit beistehen-
den Mengen von Probirblei zu beschicken, als:

1 Ctr. Kupferglanz	zu circa 80 Proc. Kupfergehalt mit 15 Ctr. Probirblei.
1 " Kupferindig	" 65—60 "	" 12 " "
1 " Buntkupfererz	" 55—60 "	" 12 " "
1 " Tennantit	" 48—50 "	
1 " Kupferblende	" 40—41 "	
1 " Fahlerz	" 30—40 "	" 10 "
1 " Kupferkies	" 30—34 "	
1 " Silberkupferglanz	" 30—31 "	
1 " Zinnkies	" 29—30 "	
1 " Eukairit	" 23—25 "	" 7 "
1 " Bournonit	" 12—13 "	
1 " Kupferstein oder Lech von 30—60 Proc.	" 10 "
1 " " " 60—70 "	" 10 "
1 " Bleiglanz	" 10—40 Proc. Nickel-, Ko-	
	balt- und Kupfergehalt	" 10 "
1 " Kobaltspeise	zu 40—60 " Nickel- und	
	Kobaltgehalt	" 10 "

Nach der möglichst vollständigen und mit Hülfe des Löffelstiels ausgeführten Mengung der Substanzen in der Mengkapsel, schüttet man die Beschickung in einen nach S. 51 gefertigten Cylinder von Seidenpapier. Man hält zu diesem Behufe den Cylinder leise zwischen dem Daumen und Zeigefinger
der linken Hand und mit denselben Fingern der rechten Hand
die Mengkapsel (das geschlossene Ende des Cylinders steht
hierbei zur Sicherheit auf dem Mittelfinger der linken Hand
auf). Die Schnauze der Mengkapsel schiebt man nun in den
ein wenig zur Seite geneigten Papiercylinder so weit hinein,
als man es zum sichern Einschütten der Beschickung für nöthig erachtet, und drückt letztern an die Kanten der Schnauze
fest an, damit die Kapsel, wenn man sie mit der rechten
Hand verlässt, nicht tiefer in den Papiercylinder hinein- oder
gar zurückfallen kann. Hierauf klopft man mit der Pincette
leise an die äussere Seite der Mengkapsel, lässt die Beschickung,
allmählich in den Papiercylinder gleiten und streicht, wenn
die Mengkapsel leer erscheint, mit dem Pinsel den hängen
gebliebenen Staub von der Beschickung nach. Nach Reinigung
der Schnauze der Mengkapsel mittelst des Pinsels, legt man
dieselbe bei Seite und verschliesst, indem man das untere
Ende des Cylinders auf den Mittelfinger der linken Hand auf-
stehen lässt, das obere offene Ende. Man drückt zu dem

Ende den leer gebliebenen Theil des Cylinders breit, rollt dann den zusammengedrückten Theil von oben herein zusammen, stellt den so weit verschlossenen Cylinder mit dem untern Ende auf die Spitze des Daumens der linken Hand, und biegt die beiden Enden des zusammen gerollten Theils etwas aufrecht. Während man die Beschickung auf vorbeschriebene Weise einschliesst, muss man aber immer zur Vermeidung mechanischer Verluste mit einer gewissen Vorsicht verfahren, damit weder der untere Theil des Cylinders sich öffnet, noch der Cylinder an irgend einer Stelle aufreisst.

2) Die Schmelzung oder das Ansieden der Probe.

Das Einschmelzen oder Ansieden einer Silberprobe geschieht unmittelbar auf Kohle mit Hülfe der Löthrohrflamme. Entweder bohrt man sich dazu in eine gute Kohle, und zwar auf dem Querschnitt, nahe einer Ecke, mit dem Kohlenbohrer (S. 46, Fig. 45) eine der eingepackten Beschickung angemessene, tiefe cylindrische Grube, die so weit ist, dass ihr Durchmesser ungefähr $\frac{1}{4}$ mehr beträgt als der des Papiercylinders, oder man wendet einen Kohlentiegel (S. 20, Fig. 18) an, wie aus

Fig. 77.

nebenstehender Fig. 77 A hervorgeht; nur muss man letzteren nach Erforderniss etwas tiefer ausbohren und von oben herein mit dem Messer gehörig ausweiten, damit man die Löthrohrflamme auch zwischen die Probe und innere Seite des Kohlentiegels bis auf den Boden desselben leiten und dadurch die Probe schnell einschmelzen kann. Letztere wird in die Vertiefung so eingesetzt, dass das zuletzt verschlossene Ende des Cylinders sich oben befindet und dann mit dem Finger fest eingedrückt.

Hierauf leitet man auf die gegen die Flamme geneigte Probe eine reine, aber anfangs nicht zu starke Reductionsflamme, und zwar so, dass der obere Theil des Papiercylinders beinahe von derselben bedeckt wird. Das Sodapapier wird zwar in einigen Augenblicken verkohlt, diese Kohle aber nicht eher zerstört, als bis sich schon das Boraxglas an die einzelnen Erztheilchen von oben herein angeschmolzen hat und ein Verblasen dieser Theile nicht mehr möglich ist. Hat man die Kohle des obern Theils des Papiercylinders zerstört, wobei auch schon die kleinere Hälfte der Beschickung sich als flüssige Schlacke, mit schmelzenden Bleikügelchen gemengt, zeigt, so bedeckt man die ganze Probe mit einer starken, aber reinen Reductionsflamme, die, wie in Fig. 77, eine Neigung zwischen 30 und 35° hat.

Während der Zeit, wo man diese Flamme anwendet, verflüchtigen sich zwar einige Theile des Schwefels, Arsens, Antimons, Zinks etc., aber der grösste Theil derselben, so wie auch mehrere der noch mit Schwefel und Arsen verbundenen Metalle, vereinigen sich mit dem Bleie und schmelzen mit solchem zu einer Kugel; die erdigen Gemengtheile hingegen, so wie schwer reducirbare Metalloxyde und ein geringer Theil der leicht oxydirbaren nichtflüchtigen Metalle, welche sich bei der ersten Einwirkung der Hitze zum Theil oxydiren, schmelzen mit dem Borax zu Schlacke. Bei den Verbindungen des Silbers mit Chlor, Brom und Jod bemerkt man in Folge der Zerlegung derselben durch das Blei, Dämpfe von Chlor-, Brom- oder Jodblei sich entfernen. Scheint es auch gewöhnlich nach einiger Zeit, als ob die Schlacke vollkommen frei von Bleikörnern sei; so darf man sich doch dabei nicht begnügen, denn es stecken unter der gut geschmolzenen Schlacke häufig noch ungeschmolzene Theile der Beschickung, die man nur mit der Löthrohrflamme behandeln kann, wenn man dieselbe zwischen Schlacke und Kohle auf den Boden des Tiegels richtet und die Kohle oder den Thoncylinder mit dem Kohlentiegel während des Blasens etwas dreht und nach einer andern Seite so lange neigt, bis die Probe in der Grube eine andere Lage angenommen und sich gewendet hat.

Beim Wenden, welches auch bei der leichtflüssigsten Probe geschehen muss, hebt sich der Boden des bis dahin völlig zerstörten Papiercylinders mit heraus und kommt im verkohlten Zustande oben auf oder zur Seite zu liegen. Um die Papierkohle zu zerstören, muss man jetzt die Probe so gegen die Flamme halten, dass nur der Theil der Schlacke, auf welchem sich kein Papier befindet, von ihr bedeckt wird. In dem Augenblicke, wo man der Probe diese Richtung giebt, tritt Luft hinzu und die Papierkohle wird zerstört.

Zeigt sich endlich die mit der Reductionsflamme a b, Fig. 77 (S. 516), bedeckt gewesene Schlacke c, nachdem man ihre Lage einige Male neben der flüssigen Bleikugel d verändert hat, ebenfalls in Kugelform, vollkommen dünnflüssig und ganz frei von Bleikügelchen, so kann man auch überzeugt sein, dass sie frei von Silber ist; man ändert jetzt die Reductionsflamme in eine nicht zu starke Oxydationsflamme um und lässt diese bei etwas grösserer Entfernung der Probe nur auf das Bleikorn wirken. Hierbei verflüchtigen sich die oben angeführten flüchtigen Metalle nebst dem Schwefel aus dem Bleie, und einige der leicht oxydirbaren Metalle, als: Eisen, Zinn, Kobalt, so wie auch ein kleiner Theil des Nickels und Kupfers, oxydiren sich und vereinigen sich in diesem Zustande mit der Schlacke; nur allein das Silber nebst dem grössten Theil des Kupfers und Nickels bleibt beim Blei zurück. Bei Substanzen, die viel Arsennickel enthalten, hält es schwer, diese Verbindung mit zu zerstören; sie setzt sich, weil sie eine innige Verbindung mit dem Bleie nicht eingeht, oben auf und will lange Zeit mit der Oxydationsflamme behandelt sein, wenn alles Arsen und Nickel oxydirt und verschlackt werden soll. Da indess eine solche Verbindung ihren Silbergehalt sehr leicht an das Blei abgiebt, so hat man einen Verlust an Silber selbst in diesem Falle nicht zu befürchten, wenn auch noch lange nicht alles Arsennickel zerstört ist. In manchen Fällen kann dasselbe nach dem Erkalten der Probe sogar mit Vortheil mechanisch vom Bleie getrennt werden.

Wenn die flüchtigen Theile aus der Probe ziemlich entfernt sind, oxydirt sich auch ein Theil des Bleies und mit diesem zugleich eine Spur des Silbers, die jedoch selbst bei reichen Proben sehr gering ist. Beide Oxyde werden zwar von der Schlacke aufgenommen; da dieselbe aber stets mit der Kohle in Berührung ist, so wird durch diese an den Berührungspunkten ein Theil des aufgelösten (äusserst wenig silberhaltigen) Bleioxydes unter Brausen wieder reducirt. Die reducirten Bleikörner zeigen sich zuerst am Rande der Schlacke, welche jetzt ihre Kugelform verloren und sich mehr ausgebreitet hat, und werden durch die Bewegung derselben dem silberhaltigen Bleikorne zum Theil wieder zugeführt und mit selbigem vereinigt.

Sind die flüchtigen Stoffe entfernt, so fängt das Bleikorn an, sich stärker zu oxydiren, es geräth in eine rotirende Bewegung und das Brausen in der Schlacke wird lebhafter. Bei Wahrnehmung dieser Erscheinung neigt man die Kohle ein wenig nach einer Seite, damit das Bleikorn, im Falle es ganz mit Schlacke umgeben sein sollte, sich zur Seite begiebt, unterbricht das Blasen und lässt die Probe auf der nach einer Seite geneigten Kohle erkalten.

Bei Substanzen, welche wenig oder gar keine solchen Bestandtheile enthalten, die durch oxydirendes Blasen wieder verflüchtigt werden müssen, bedarf es nach dem Aus- und Zusammenschmelzen der Silbertheile mit dem Bleie und Verschlacken der erdigen Gemengtheile und schwer reducirbaren Metalloxyde durch den Borax, nur einer kurzen Behandlung mit der Oxydationsflamme.

Zeigt sich nach dem Erkalten der Probe das silberhaltige Blei, nun Werkblei genannt, von weisser Farbe, so ist das Ansieden als beendigt anzusehen; hat es aber noch eine schwarze Farbe, so rührt diese bei einer an Kupfer freien Substanz in der Regel nur von einem Rückhalt an Schwefel oder Antimon, bei einer kupferhaltigen Substanz dagegen entweder vom Kupfer allein oder zugleich von diesem und jenen beiden Stoffen her. Schwefel und Antimon können in beiden Fällen durch eine nochmalige Behandlung der Probe mit der Oxydationsflamme fortgeschafft werden; das Kupfer dagegen lässt sich erst beim Abtreiben mit dem Bleie gemeinschaftlich durch Oxydation vom Silber scheiden. Bei der Probe auf Silber von irgend einer Substanz, die einen nicht geringen Gehalt an Kupfer besitzt, kann man sich daher auch keine Rechnung auf ein Werkblei von weisser Farbe machen, sondern man kann nur dann annehmen, dass aller Schwefel entfernt sei, wenn sich das Werkblei wenigstens 1 Minute lang in einer ziemlich stark rotirenden Bewegung befunden hat.

Die vollkommene Entfernung der flüchtigen Körper aus dem Werkbleie durch ein oxydirendes Schmelzen ist in doppelter Hinsicht nöthig: einmal, weil das unreine Werkblei gewöhnlich spröde ist und deshalb beim Abschlagen der Schlacke leicht ein Theil davon verloren gehen kann, und dann, wenn es vorzüglich noch Schwefel enthält, es auf der Kapelle leicht spritzt.

Ist die Probe erkaltet, so sticht man die Schlacke nebst dem Blei aus dem Kohlentiegel mit Hülfe des Messers heraus, legt Alles auf den Amboss und trennt durch einige Hammerschläge auf das Bleikorn die Schlacke so viel als möglich von demselben, fasst dann das Werkblei mit der Zange und schlägt es auf dem Amboss zu einem Würfel. Befindet sich von einer nickelreichen Probe auf dem Werkblei ein Körnchen von Arsennickel (wovon schon oben gesprochen wurde), so muss man diess hierbei mit zu trennen suchen, damit es das Abtreiben auf der Kapelle nicht erschwert.

Von den nach der beschriebenen Methode zu schmelzenden oder anzusiedenden Erzen, Mineralien und Hüttenprodukten, zeigen sich Schwefelkies, Arsenkies, manche Nickel- und Kobalterze, so wie auch derjenige Rohstein, welcher hauptsächlich aus Schwefeleisen besteht, am strengflüssigsten; die übrigen in diese Klasse gehörigen Substanzen schmelzen grösstentheils sehr leicht zusammen, selbst wenn sie mit schwer schmelzbaren erdigen Theilen gemengt sind.

Wollte man das Schmelzen oder Ansieden einer Silberprobe mit der Oxydationsflamme bewerkstelligen (wie es oft Anfänger im Löthrohrprobiren zu thun pflegen), so würde man zu keinem richtigen Resultate gelangen: denn man würde sogleich im Anfange eine ansehnliche Menge von Blei oxydiren, das sich bildende Oxyd in Borax mit auflösen und bei der durch die Kohle entstehenden Reduction desselben wieder neue Bleikügelchen bekommen, die sich mit einem Theile des noch in der Schlacke befindlichen Silbers verbinden würden. Suchte man auch nach Verlauf einiger Minuten, durch eine stets veränderte Lage des Hauptbleikornes in der Schlacke, die sich auf der Kohle sehr ausgebreitet haben würde, die zertheilten Bleikügelchen zu sammeln, so würden sich an deren Stelle immer wieder neue bilden, die man von den silberhaltigen zu unterscheiden nicht im Stande wäre. Auch gestattet die sich ausgebreitet habende Schlacke schwierig oder gar nicht das völlige Auschmelzen der am Boden des Tiegels befindlichen Beschickung. Proben, bei denen das erwähnte Vergehen begangen, müssen als unbrauchbar angesehen werden.

Die Zeit, in welcher eine Silberprobe nach dem angegebenen Verfahren eingeschmolzen oder angesotten werden kann, hängt von der zu behandelnden Probe selbst ab, ob dieselbe viel oder wenig flüchtige und viel oder wenig zu verschlackende Bestandtheile enthält. Im ersteren Falle kann man etwa 8—10 Minuten und im letzteren circa 5 Minuten rechnen.

Hat man mehrere Proben nach einander zu fertigen, so legt man, der Zeitersparniss wegen, die Kohle, auf welcher sich die zuerst angesottene Probe befindet, zum Erkalten bei Seite und schreitet sogleich zum Ansieden der zweiten Probe; ist auch diese fertig, so nimmt man die dritte in Arbeit, und fährt, wenn man mit Kohlen oder Kohlentiegelchen versehen ist, so fort, bis alle eingewogenen Proben angesotten sind. Dass dabei die einzelnen Proben nach der fortlaufenden Nummer hingestellt werden müssen, um keine Verwechselung zu verursachen, versteht sich von selbst. Hat man nur eine einzige Probe zu fertigen, und man will dabei keine Zeit verlieren, so schlägt man sich, während die angesottene Probe auf der Kohle erkaltet, die zum Abtreiben des Werkbleies nöthige Kapelle, wie es beim Abtreiben selbst beschrieben werden soll. Hat man mehrere Proben nach einander angesotten, so ist, wenn man mit der letzten fertig ist, die erste so weit erkaltet, dass man sie der Reihe nach von der Kohle oder aus dem Kohlentiegelchen nehmen und das Werkblei von der anhängenden Schlacke befreien kann.

3) Abtreiben des durch das Ansieden erhaltenen Werkbleies.

Das Abtreiben des Werkbleies ist bekanntlich ein bei Rothglühhitze unter Zutritt von atmosphärischer Luft von Statten gehender Oxydationsprocess, durch welchen das Blei nebst anderen oxydirbaren Metallen von dem auf diesem Wege schwer oxydirbaren Silber getrennt wird.

Ein solcher Oxydations- oder Abtreibeprocess zerfällt bei der Löthrohrprobe in zwei Perioden, nämlich: in ein Haupttreiben und in ein Feintreiben, weil man hier nicht im Stande ist, wie bei der Muffelprobe eine grosse Menge von Blei auf der Kapelle in einer Periode so vom Silber zu trennen, dass dasselbe sogleich rein in Form eines runden Körnchens zurückbleibt.

Es folgt daher zunächst die erste Periode des Abtreibens oder das

Haupttreiben.

Das Haupttreiben ist die leichteste Arbeit bei der ganzen Silberprobe. Man schlägt sich nach S. 47 in das daselbst beschriebene Kapelleneisen, Fig. 48, A, eine Kapelle von gesiebter Knochenasche (S. 30), setzt diese Kapelle auf das dazu gehörige Stativ, Fig. 49, und glüht die Knochenasche mit Hülfe der Oxydationsflamme an allen Punkten so stark als möglich aus, damit, wenn ja noch hygroskopische Feuchtigkeit in derselben vorhanden sein sollte, diese entfernt wird. Unterlässt man dieses ausglühen (Abäthmen), so kann während des Einschmelzens durch die entweichenden Wasserdämpfe leicht ein Spritzen des Werkbleies und daher ein Verlust entstehen.

Nach geschehener Glühung der Kapelle legt man vermittelst der Pincette das abzutreibende Werkblei mitten darauf

und bringt es, während man die Kapelle von der Lampe ein
wenig rückwärts neigt, durch eine ziemlich starke Oxydationsflamme zum Schmelzen, so dass die Oberfläche ganz hell
erscheint und das Treiben, d. h. die unter Rotation des flüssigen
Werkbleies von Statten gehende Oxydation des Bleies, seinen
Anfang nimmt. Am schnellsten bewerkstelligt man dies, wenn
man die Spitze der blauen Flamme unmittelbar auf das Werkblei wirken lässt. Enthält das Werkblei viel Kupfer oder
Nickel, so dauert das Einschmelzen bis zu der Erscheinung
des Treibens, oder das Antreiben, etwas länger, als wenn
es von diesen Metallen frei ist. Das Kupfer macht nämlich
das Blei strengflüssig und das Nickel scheidet sich, so wie
das Blei zu treiben anfängt, aus, überzieht die ganze Oberfläche mit einer unschmelzbaren Kruste und verursacht entweder ein schweres Antreiben, oder verhindert bei zu wenig
Blei das Antreiben ganz. Ist Letzteres der Fall, so muss
sogleich auf der Kapelle dem Werkbleie noch ein Stückchen
reines Blei von ungefähr 2 bis 4 Centnern, je nachdem die
Kruste dünn oder dick ist, zugesetzt werden, wodurch das
Antreiben erst ermöglicht wird.

Wer im Blasen mit dem Löthrohre noch nicht geübt ist,
hat bisweilen die Unannehmlichkeit, dass er ein grosses Werkbleikorn nicht sogleich zum Treiben bringt, oder, wenn dasselbe schon im Treiben war, es wieder erstarrt und sich dabei mit einer Rinde von oxydirtem Blei überzieht, die er
wegzublasen nicht so leicht im Stande ist. Tritt dieser Fall
ein, so muss man etwas stärker blasen und das Werkblei
unmittelbar mit der Spitze der blauen Flamme berühren.
Lässt man nun eine solche Flamme unverändert ununterbrochen
auf einen Punkt des Werkbleikornes wirken, so dauert es
auch gar nicht lange, so befindet sich das Blei wieder in einem
treibenden Zustande.

Ist dem Werkbleie die zum Treiben
nöthige Hitze beigebracht, so taucht man,
wie aus beistehender Fig. 78 zu ersehen
ist, die Löthrohrspitze tiefer in die Flamme
ein, um eine feine blaue Spitze, a, hervorzubringen, und leitet diese mit einer
Neigung von ungefähr 30° auf das treibende Werkblei so, dass dasselbe in einer
mässigen Rothglühhitze erhalten, aber keineswegs von der blauen, sondern nur von

Fig. 78.

der äussern Flamme berührt wird. Hierbei gewinnt die umgebende Luft freien Zutritt zur Probe, das Blei (und Kupfer)
absorbirt aus solcher einen Theil des Sauerstoffs und oxydirt
sich. Das gebildete Oxyd wird von der Oberfläche des Bleies
nach dem Rande zugeführt, zeigt dabei durch die Brechung
des Lichts Regenbogenfarben und gesteht auf der Kapelle

hinter dem Korn zu einer festen Masse, die man Glätte nennt
(Fig. 78, c), und die, wenn sie rein von andern Metalloxyden
ist, nach dem Erkalten auf dem Bruche eine röthlichgelbe
Farbe besitzt. Enthält das Werkblei sehr viel Silber, so sind
diese Regenbogenfarben weniger deutlich zu sehen, weshalb
man hieraus schon auf einen sehr hohen Silbergehalt schliessen
kann; enthält es Kupfer, so erscheint die Farbe der erstarrten
Glätte fast schwarz.

Das Treiben selbst darf weder zu heiss noch zu kühl
gehen. Geht es zu heiss, so fängt das Blei an zu dampfen,
wobei leicht etwas Silber mechanisch mit fortgerissen werden
kann, vorzüglich wenn das Werkblei reich an Silber ist; auch
erstarrt die gebildete Glätte nicht auf der Kapelle, sondern
zieht sich in dieselbe hinein, wodurch wiederum ein Theil
des Silbers verloren geht, indem die Oberfläche des treibenden Bleies mit zu wenig geschmolzenem Bleioxyd bedeckt
ist, und das Silber Gelegenheit bekommt, sich zu oxydiren.
Geht das Treiben zu kühl, d. h. ist die Temperatur nicht
hoch genug, um die Oxydation des Bleies zu unterhalten, so
überzieht sich das Blei mit vieler Glätte, hört auf, sich auf
der Oberfläche zu bewegen, und erstarrt (erfriert). Wird das
Treiben durch eine zu niedrige Temperatur unterbrochen, so
schadet dieser Fehler weniger, als wenn sie zu hoch ist, weil
man die erstarrte Probe augenblicklich durch eine etwas
stärkere Flamme wieder zum Treiben bringen kann, ohne
dabei einen Verlust an Silber zu erleiden; nur darf es freilich bei einer und derselben Probe nicht mehrere Male vor-
fallen.

Geschieht das Haupttreiben bei angemessener Hitze, die
sich nicht so deutlich beschreiben als bei der practischen
Ausübung wahrnehmen lässt, so sammelt sich die sich bildende
Glätte um das treibende Blei herum oder auch hauptsächlich
hinter demselben an und erstarrt. Hat sich nun eine Menge
solcher Glätte angehäuft, in deren Mitte sich das treibende
Blei befindet und eine zu kleine Oberfläche zeigt, so bringt man
die Kapelle, ohne das Treiben zu unterbrechen, nach und
nach in eine andere Lage, damit das treibende Blei vermöge
seiner Schwere sich zur Seite der Glätte begeben und zur
Oxydation eine grössere Oberfläche darbieten kann. Hat dasselbe an Volumen so abgenommen, dass es von einer an Silber nicht sehr reichen Probe nur noch von der Grösse eines
Senfkorns (Fig. 78, d), hingegen von einer silberreichen
Probe ungefähr noch 2 bis 3 Mal so gross ist, so entfernt man
die Kapelle nach und nach von der Flamme, damit das Werkbleikorn ganz allmählich in der Glätte erstarre. Das Korn
wird zwar stets von der beim Erstarren sich zusammenziehen-
den Glätte etwas herausgehoben, zieht man indess die Kapelle
lustig von der Flamme weg, so wird in Folge des schnelleren

Erstarrens der Glätte, das noch weiche Körnchen zu heftig herausgetrieben, wodurch leicht ein Verspritzen von Bleitheilchen und daher ein Silberverlust entstehen kann.

Einer Erscheinung ist hierbei zu gedenken, welche sich zuweilen bei Beendigung des Haupttreibens an einem an Silber sehr reichen Werkbleikorne zeigt. Hat man eine sehr reiche Probe mit Probirblei und Boraxglas auf Kohle geschmolzen oder ausgesotten und das dabei erhaltene Werkblei so weit abgetrieben, dass es aus ungefähr 6 bis 7 Theilen Silber und 1 Theil Blei besteht, und man lässt es in der Glätte vor der allmählich geschwächten Löthrohrflamme langsam erstarren, so wird aus dem Werkbleie während des Erstarrens eine graulichweisse, leicht zerreibliche Masse herausgetrieben, welche allemal sehr reich an Silber ist. (Es scheint ein Suboxyd des Bleies, gemengt mit metallischem Silber, zu sein, und ist wahrscheinlich als eine Erscheinung zu betrachten, die mit dem Spritzen (Spratzen) des Silbers — worüber beim Feintreiben gesprochen werden soll — verwandt ist). Beachtet man dies nicht, so fällt in der Zeit, wo das Werkblei von der Glätte getrennt wird, der grösste Theil dieser Masse herunter und man hat einen nicht ganz unbedeutenden Verlust an Silber. Diesen Uebelstand kann man aber beseitigen, wenn man das bleihaltige Silberkorn sofort auf der Kapelle mit der Reductionsflamme behandelt oder eine geringe Menge Probirblei in Form eines Stückchens damit zusammenschmilzt. Es vereinigt sich dabei das Ganze zu einem Korne, welches mit reiner Oberfläche erstarrt. Hat man daher reiche Erze oder Produkte zu probiren, so thut man jederzeit wohl, wenn man entweder das Haupttreiben nur so lange fortführt, als das Blei noch über den sten Theil des Silbers beträgt, da man dies im Voraus nicht immer bestimmen kann, man das Haupttreiben erst dann unterbricht, wenn das Silber fast rein von Blei ist, wo in beiden Fällen diese Erscheinung nicht eintritt.

Das nach dem Haupttreiben in der Glätte befindliche oder von derselben zum Theil umgebene Werkbleikörnchen wird mit dieser herausgehoben und nach dem Erkalten von aller anhängenden Glätte befreit, was sich auf folgende Weise sehr leicht bewerkstelligen lässt. Man legt das Ganze auf den Amboss und drückt mit dem Hammer die leicht zerbrechliche Glätte rings um das Korn ab, jedoch ohne dasselbe zu berühren. Die etwa noch am Körnchen hängen gebliebene Glätte entfernt man durch einige leichte Hammerschläge.

Es folgt jetzt die zweite Periode des Abtreibens,

das Feintreiben.

welches schon mehr Vorsicht und Uebung als die vorige Operation verlangt.

Die vom Haupttreiben zurückgebliebene, von Bleioxyd undurchdrungene Knochenasche sticht man mit dem kleinen eisernen Spatel auf, überdeckt dieselbe mit so viel geschlämmter Knochenasche, bis das Kapelleneisen voll ist, und stellt, nach dem Aufsetzen des demselben entsprechenden Bolzens, durch einige leichte Hammerschläge die Kapelle für das darauf vorzunehmende Feintreiben wieder her. Die Kapelle wird eben so, wie vor dem Haupttreiben, recht gut ausgeglüht (abgeäthmet); bilden sich beim Glühen kleine Risse, oder trennen sich kleine Theile von Knochenasche los, welches geschicht, wenn die geschlämmte Knochenasche Feuchtigkeit enthält, so darf man nur den rein abgewischten Bolzen nochmals aufsetzen und ein paar Mal leise darauf schlagen; der entstandene Fehler wird dadurch sofort beseitigt. Es versteht sich, dass dabei das Kapelleneisen vom Stativ genommen und auf den Amboss gesetzt werden muss.

Das von der Glätte getrennte Werkbleikorn d (Fig. 78, S. 521) bringt man nun mit Hülfe der Pincette auf die wieder auf das Stativ gestellte Kapelle, und zwar so, dass es, wie aus beistehender Figur 79 zu ersehen ist, zur linken Hand näher dem Rande als der Mitte zu liegen kommt, damit, wenn demselben zufällig etwas anhängen sollte, dieses, während das treibende Blei sich nach der Mitte begiebt, am Rande hängen bleibt und beim Feintreiben keine Störung, in der Gestaltung des Silberkornes zur Kugel, hervorbringt, und treibt es unter folgenden Vorsichtsmassregeln ab:

Fig. 79.

Zuerst nähert man die Kapelle der Lampenflamme, wobei man das Stativ nach der entgegengesetzten Seite so viel neigt, dass das auf dieser Seite befindliche Werkbleikorn nicht herabrollen kann, ehe es zum Schmelzen kommt. Hierauf erhitzt man dieses Korn mit einer so viel als möglich niederwärts gerichteten Oxydationsflamme so lange, bis es schmilzt und zu treiben anfängt. Sobald diese Erscheinung eingetreten ist, bringt man das Stativ ganz allmählich in eine senkrechte Stellung, lenkt, während sich das treibende Werkblei nach der Mitte der Kapelle begiebt, die Flamme a b mit einer Neigung von 40 bis 45° davon ab, erhitzt die Knochenasche unmittelbar um das Korn herum und erhält sie so weit als möglich im Umkreise in beständiger Glühung. Man bewerkstelligt dies am besten auf die Weise, dass man die Kapelle vor der Löthrohrflamme, deren Richtung unverändert bleibt, in einem kleinen Kreise langsam herum bewegt, und dabei das Stativ nach Erforderniss gegen die Flamme neigt, auch wenn es nöthig erscheint, dasselbe etwas dreht. Die Hitze, welche der Knochenasche beigebracht wird, muss aber so stark sein, dass die Probe, ohne von der Flamme getroffen zu werden, darauf forttreibt und nicht zum Gestehen oder Erfrieren kommt. Geschieht Letzteres, so muss man das starr gewordene Werkblei auf einen Augenblick der Flamme nähern, dadurch zum Treiben bringen, aber hierauf die Kapelle sogleich wieder vor der Flamme im Kreise langsam herum bewegen.

Je trockener bei dem Feintreiben die Knochenasche auf der Oberfläche bleibt, d. h. je vollkommener sich die gebildete Glätte in die Knochenasche einzieht, desto besser geht das

Treiben. Erhitzt man die Knochenasche nicht stark genug, so bedeckt sie sich mit einem dünnen Ueberzug von Glätte, das Korn fängt an, schnell darauf herum zu schwimmen, und wenn die Probe dabei auch gerade nicht verunglückt, so lässt sich doch nachher das Silberkorn sehr schwer von der Kapelle trennen und veranlasst eine unsichere Gehaltsbestimmung. Es ist nicht unbedingt nöthig und bei einer, beim Silber zurückgebliebenen, grösseren Menge Blei auch nicht möglich, das Feintreiben auf einer einzigen Stelle der Kapelle zu bewirken und zu vollenden, sondern man kann ebensogut das treibende Metallkorn nach und nach von einer Stelle zur andern rollen lassen, muss aber dabei die Knochenasche um das Korn herum stets rothglühend erhalten, ohne dass dasselbe selbst von der Flamme getroffen wird.

Haben sich von einem silberarmen Werkbleikorne die letzten Antheile des Bleies oxydirt, so hört die rotirende Bewegung in dem zurückbleibenden Silberkörnchen auf, ohne dass man dabei immer eine Farbenveränderung wahrnehmen kann; man verstärkt hierauf noch einmal das Feuer, um den letzten dünnen Ueberzug von Glätte, der am schwersten verschwindet, vollends zu trennen und lässt das Silberkorn langsam abkühlen, indem man es nach und nach von der Flamme entfernt. Durch die Loupe erkennt man alsdann, ob es rein ist: ob es nämlich die reine Silberfarbe besitzt und die Oberfläche sich glänzend zeigt, oder ob es einer fernern Erhitzung bedarf.

Ist das treibende Werkblei reich an Silber, so sieht man schon ungefähr 5 bis 10 Secunden vor dem Blick (dies ist nämlich das Hervortreten des reinen Silbers, während der letzte Theil des Bleies sich als Glätte trennt) eine Farbenveränderung; es zeigen sich ähnliche Farben wie bei dem Haupttreiben des Werkbleies, aber sie werden, weil der Ueberzug von Glätte dünner und spiegelnder wird, durch die bessere Brechung des Lichtes weit schöner und verschwinden ganz, sobald das Silber rein hervortritt. So lange, als sich die schönen Regenbogenfarben zeigen, muss man die Kapelle so vor der oxydirend wirkenden Löthrohrflamme im Kreise herum bewegen, dass das treibende Metallkorn an der Seite von einem Punkte zum andern beinahe von der blauen Spitze derselben getroffen wird, und darf mit dem Blasen nicht eher aufhören, bis die Oberfläche des Silbers vollkommen rein von Glätte ist, was man bei reichen Proben sehr gut beobachten kann. Sobald es aber eine reine Oberfläche zeigt, muss man sofort die Probe von der Flamme ganz langsam entfernen und das Silberkorn allmählich erstarren lassen.

Erhitzt man ein grösseres Silberkorn, nachdem es geblickt hat, noch längere Zeit fort, so kann sich leicht etwas Silber verflüchtigen, was an dem rosafarbenen Beschlage wahrzunehmen ist, der sich auf der Kapelle bildet; auch entstehen auf der blanken Oberfläche des flüssigen Feinsilberkornes hier und da einzelne matte Erhabenheiten, die, als fremde Körper erscheinend, sich an einander anreihen, am Ende eine förmliche Kruste bilden und nach dem Erkalten des Silberkornes eine matte silberweisse Farbe besitzen*).

Eine langsame Abkühlung des Silberkornes ist deshalb nöthig, damit nicht das sogenannte Spratzen eintritt, eine Erscheinung, die bekanntlich davon herrührt, dass das Silber während des Abtreibens eine kleine Menge Sauerstoffgas aufnimmt, die im Augenblicke des Erstarrens wieder fortgeht, wobei leicht etwas verloren gehen kann.

Hat man es beim Feintreiben mit einem Werkbleie zu thun, welches Kupfer enthält und zwar noch so viel, dass sich dasselbe mit dem Bleie nicht gleichzeitig völlig oxydiren kann, so breitet sich das Silberkorn während des Blickens gewöhnlich etwas aus, nach der Abkühlung erscheint es auf der Oberfläche zwar weiss, es ist aber oft nichts weniger als rein von Kupfer. Ein solches Korn muss man sogleich auf der Kapelle, wenn es zum Auswiegen gross genug ist, mit 1 Centner, wenn es aber nicht gewogen werden kann, sondern das Gewicht desselben auf dem Maassstabe bestimmt werden muss, mit ungefähr ¼ bis ½ Centner zusammengeschmolzenen Probirbleies verbinden und auf einer anderen Stelle der Kapelle feintreiben, damit es rund und vollkommen fein wird. Es ist besser, ein sehr kupferhaltiges Werkblei auf diese Weise feinzutreiben, als sogleich im Anfange so viel Probirblei zuzusetzen, als zur vollkommenen Abscheidung des Kupfers gerade nöthig ist, weil man in manchen Fällen fast das Doppelte an Probirblei gebrauchen und sich dabei das Ausieden und das Abtreiben erschweren würde. Oxydirte sich beim Haupttreiben gleichzeitig mit dem Bleie verhältnissmässig eben so viel Kupfer als beim Feintreiben, so könnte das Kupfer beim ersten Feintreiben geschieden werden; da dies aber der Fall nicht ist, so muss man den letzten Theil des Kupfers erst durch ein zweites Feintreiben mit einer kleinen Quantität Probirbleies entfernen.

Bei dem Feintreiben eines silberreichen Werkbleies ereignen sich zuweilen kleine Hindernisse, die, wenn man sie nicht beachten wollte, einen sehr nachtheiligen Einfluss auf die Gewichtsbestimmung des erhaltenen Silberkornes auf dem Maassstabe haben würden, nämlich:

1) Kann der Fall eintreten, dass trotz aller Vorsicht das treibende Werkblei sich an etwas anhängt, z. B. an ein abgelöstes Körnchen Knochenasche etc. Wollte man dessen ungeachtet das Feintreiben fortsetzen, so liefe man Gefahr, dass das Silberkorn sich fest an diesen Gegenstand ansetzen, oder, wenn es sehr klein wäre, sich gar darunter verstecken, auf

---

*) Eine solche Ausscheidung scheint aus einer Verbindung von metallischem Silber und Silberoxyd zu bestehen, und dürfte demnach, analog dem übergaaren Kupfer, als überfeines Silber zu betrachten sein.

jeden Fall aber sehr unregelmässig ausfallen würde. In diesem Falle
thut man besser, wenn man das Treiben unterbricht, ein Stückchen zu-
sammengeschmolzenes Probirblei zur Probe legt, beides zusammen schmilzt
und zum Treiben bringt. Hierdurch wird die Masse des Werkbleies vermehrt und hat, wenn man die Kapelle nach einer andern Seite etwas
neigt, Schwere genug, um sich von dem anhängenden Gegenstande loszu-
reissen und sich auf eine andere Seite der Kapelle zu begeben, auf welcher
es dann völlig fein getrieben werden kann.

2) Geschieht es zuweilen, dass, wenn man noch nicht die gehörige
Uebung im Feintreiben besitzt, die gebildete Glätte wegen zu geringer
Erhitzung der Kapelle sich nicht vollkommen in die Knochenasche einzieht, sondern, wie beim Haupttreiben das treibende Körnchen umgiebt.
Ist dies der Fall, so muss man das Treiben unterbrechen, das Körnchen
nach dem Erkalten, sobald es zum Anfassen mit der grösseren Pincette
gross genug ist, von der Glätte trennen, oder, wenn es schon zu klein
geworden ist, zugleich noch in der Glätte mit einem Stückchen Probirblei
(etwa 50—60 Milligr.) zusammenschmelzen, nach dem Erkalten ebenfalls
von der Glätte trennen und in beiden Fällen das Feintreiben auf einer
neu geschlagenen und abgeäthmeten Kapelle vollenden.

3) Bleibt, bei zu geringer Erhitzung der Kapelle, das Silberkorn während des Blickens zuweilen mit ein wenig Glätte umgeben, die nicht in
die Knochenasche gedrungen ist. Das Silberkorn scheint zwar fein zu
sein, aber es ist nicht leicht rein von der anhängenden Glätte zu trennen.
In diesem Falle muss man das Silberkorn nebst der Glätte in ziemlicher
Entfernung mit der Oxydationsflamme stark und so lange erhitzen, bis
alle Glätte eingedrungen und das Silberkorn rein zurückgeblieben ist,
worauf man es dann langsam erkalten lässt.

4) Bestimmung des Gewichts der durch die Probe erhaltenen
Silberkörner.

Zur Gewichtsbestimmung hebt man das fein getriebene
Silberkorn, wenn es für den Massstab (S. 38) zu gross ist,
mit Hülfe der Zange von der Kapelle, drückt es, im Fall
etwas Heerd daran hängen sollte, vorsichtig mit der Zange
etwas zusammen, bis aller anhängende Heerd getrennt ist,
und wiegt es nach dem S. 34 beschriebenen Probirgewichte
aus. Ist das Silberkorn so klein, dass das Gewicht desselben
sicherer auf dem Massstabe als auf der Wage bestimmt werden kann, so muss man es vorsichtig von der Kapelle trennen, damit es seine Form behält und so wenig wie möglich
Heerd daran hängen bleibt, weil, wenn das Korn einen zu
starken Druck erleidet, der Durchmesser desselben verändert
wird, und, wenn so viel Heerd daran hängen bleibt, dass
derselbe zu sehen ist, wenn das Silberkorn auf die platte
Seite gestellt wird, man das Silberkorn nicht mit Genauigkeit
messen kann. Am sichersten verfährt man dabei auf folgende
Weise: Zuerst bringt man das Kapelleneisen auf den Amboss,
setzt hierauf das eine scharfe Ende des kleinen eisernen Spatels oder die Spitze eines kleinen Messers behutsam zwischen
das Silberkorn und den Heerd der Kapelle ein, drängt ersteres
vom Heerde los, während man mit einer feinen Pincette dagegen hält, und bringt es auf den Massstab. Wie man beim
Messen eines solchen Silberkornes oder überhaupt bei der
Bestimmung des Silbergehaltes auf dem Massstabe zu verfah-

ren habe, ist bereits bei der Beschreibung des Maassstabes
(S. 35 u. f.) angegeben.

Die Oxydirbarkeit des Silbers veranlasst beim Abtreiben
von silberhaltigem Blei unter der Muffel einen geringen Verlust an diesem Metall, welchen man Kapellenzug nennt.
Auch bei der Löthrohrprobe findet ein solcher Verlust statt
und zwar nicht allein beim Feintreiben, wo die Glätte sich
in die Knochenasche einzieht, sondern auch, jedoch weniger,
schon beim Haupttreiben und bei dem Ansieden, während
man die Probe mit der Oxydationsflamme behandelt; er ist
aber geringer als der, welchen man bei der Probe in der
Muffel erleidet, wo beim Abtreiben des Werkbleies alle Glätte,
die sich auf dem treibenden Bleie bildet, in die Kapellenmasse
eindringen muss.

Bei einem Gehalte von 1 Proc. Silber ist dieser Kapellenzug zwar auf der Waage fast gar nicht merklich, er wird es
aber, je grösser das auszuwiegende Silberkorn ist, und nach
Procenten berechnet, nimmt er wieder zu, je kleiner das Silberkorn wird; auch verändert er sich, wenn man das zu ver-
treibende Bleiquantum vermehrt oder vermindert; übrigens
bleibt er aber für jeden einzelnen Gehalt constant, sobald man
allemal eine und dieselbe Menge Blei und beim Abtreiben den
richtigen Feuersgrad anwendet.

Durch sorgfältige Versuche hat Plattner den bei richtiger Treibhitze stattfindenden Kapellenzug für jeden wägbaren
Silbergehalt bis zu 1 p. c. herunter bei verschiedenen Blei-
mengen auszumitteln gesucht. Die erhaltenen Werthe befinden sich S. 530 und 531 tabellarisch zusammengestellt.   Da
kupferhaltige Silbererze und Mineralien, je nachdem sie wenig oder viel Kupfer enthalten, nach S. 515 mit 5, 7, 10, 12
und 15 Centnern Probirblei beschickt werden, aber das beim
Abtreiben erhaltene Silberkorn noch mit 1 Centner Probirblei
erst völlig fein getrieben werden kann, so ist auch der Kapellenzug sogleich für die ganze Menge Blei (6, 8, 11, 13
und 16 Centner) aufgezeichnet.

Ist die (S. 32) beschriebene Löthrohrprobirwage so empfindlich, dass man noch 0,05 Milligr. nach dem Ausschlage
darauf zu bestimmen im Stande ist, so kann man den Kapellenzug mit beiden Decimalstellen in Rechnung bringen und
für ein Silberkorn, dessen Gewicht zwischen 70 und 60, oder
50 und 60 etc. Milligr. beträgt, denselben aus der Differenz
berechnen.   Zum Beispiel: Man hätte aus 1 Löthrohrprobircentner irgend eines silberreichen Erzes, welches man mit
5 Centnern Probirblei beschickte, ein Silberkorn erhalten,
dessen Gewicht 53,45 Milligr. wäre, so würde, da zwischen
50 und 60 eine Differenz von 10 ist und 53,45 ungefähr auf
den 3ten Theil dieser Differenz fällt, der Kapellenzug für

diesen Gehalt $0{,}32 + \dfrac{0{,}36 - 0{,}32}{3} = 0{,}32 + 0{,}01 = 0{,}33$ Milligramm betragen; und der wahre Silbergehalt des untersuchten Erzes würde demnach $53{,}45 + 0{,}33 = 53{,}78$ Procent sein. Ist die Wage nur so empfindlich, dass man kaum noch 0,1 Milligr. darauf zu bestimmen im Stande ist, so hat man auch nicht nöthig, den Kapellenzug mit beiden Decimalstellen, sondern denselben nur mit einer Stelle in Rechnung zu bringen, dafür aber eine Zahl, welche in der zweiten Stelle über 5 beträgt, für 0,1 zu rechnen*).

Dass die Zurechnung des Kapellenzugs nur bei solchen Proben Anwendung finden kann, welche nicht zur Controle für merkantilische Erzproben dienen sollen, versteht sich von selbst; auch ist bei den Löthrohrproben denjenigen Gehalten der erlittene Kapellenzug nicht mit anzurechnen, welche auf dem Maassstabe bestimmt werden, weil dergleichen Gehalte so gering sind, dass der Kapellenzug davon oft nicht so viel beträgt, als der Fehler, den man beim Messen selbst begehen kann.

Ist der Silbergehalt irgend einer zu probirenden Substanz so gering, dass derselbe z. B. zwischen die untersten Striche des Maassstabes fällt, so ist es für den weniger Geübten sicherer, sich von dem vorgerichteten Probemehle mehrere einzelne Probircentner abzuwiegen, solche für sich mit den nöthigen Mengen von Borax und Probirblei zu beschicken, die beschickten Proben nach dem oben beschriebenen Verfahren anzusieden und darauf je 2 und 2 oder je 3 und 3 dabei erhaltene Werke auf einmal bis zu einem kleinen Korne abzutreiben. Mit diesen kleinen Werkbleikörnern, in welchen der Silbergehalt schon bedeutend concentrirt ist, unternimmt man wieder ein Haupttreiben und mit dem dabei zurückbleibenden Körnchen ein Feintreiben. Auf diese Weise bekommt man den Silbergehalt der Substanz in einem grössern Körnchen vereinigt, dessen Gewicht, wie es der Maassstab angiebt, man nur nöthig hat, durch die Anzahl Centner zu dividiren, welche man einwog,

---

*) Anfänger, welche noch nicht die gehörige Uebung besitzen und dabei gewöhnlich zu heiss treiben, können, wenn auch der Kapellenzug, wie er in der Tabelle angegeben ist, mit in Rechnung gebracht wird, immer noch einen zu niedrigen Gehalt ausbringen. Will man den richtigen Hitzgrad durch Uebung kennen lernen, wie er zum Abtreiben (hauptsächlich beim Feintreiben) erforderlich ist, so schmelze man ein genau gewogenes, feines Silberkorn mit 5 Centnern Probirblei unter einer Boraxglasdecke, die man mit der Reductionsflamme behandelt, zusammen, treibe das dadurch künstlich gebildete Werkblei ab und wiege das feine Silberkorn wieder aus; beträgt der Verlust mehr, als er für das Gewicht dieses Kornes in der Tabelle angegeben ist, so hat man zu heiss getrieben (vorausgesetzt, dass kein mechanischer Verlust stattgefunden hat); beträgt er nicht mehr, so war die Hitze, welche angewandt wurde, die richtige. Gewöhnlich findet der grösste Verlust beim Feintreiben Statt.

T a ·

über den beim Abtreiben des Silbers mit verschie-

Gewicht des bei dem Feintreiben erhaltenen Silberkornes.	Enthielt die Probe Kupfer, und			
	80 bis 99 Procent.	60 bis 79 Procent.	30 bis 59 Procent.	10 bis 29 Procent.
	so ist sie beschickt und resp. abgetrieben worden			
	16 Ctnr. Blei.	13 Ctnr. Blei.	11 Ctnr. Blei.	8 Ctnr. Blei.
	Dabei hat das in der Probe befindlich			
Milligramme.	Milligr.	Milligr.	Milligr.	Milligr.
99,5 bis 99,75.	—	—	—	—
90.	—	—	—	0,83.
80.	—	—	—	0,75.
70.	—	—	0,82.	0,69.
60.	—	—	0,74.	0,61.
50.	—	—	0,65.	0,54.
40.	—	0,62.	0,55.	0,46.
35.	—	0,57.	0,50.	0,42.
30.	—	0,51.	0,45.	0,39.
25.	—	0,46.	0,40.	0,34.
20.	0,45.	0,39.	0,35.	0,29.
15.	0,37.	0,32.	0,28.	0,23.
12.	0,32.	0,26.	0,23.	0,19.
10.	0,27.	0,23.	0,20.	0,17.
9.	0,25.	0,21.	0,18.	0,16.
8.	0,22.	0,18.	0,16.	0,15.
7.	0,20.	0,16.	0,14.	0,13.
6.	0,17.	0,14.	0,12.	0,11.
5.	0,14.	0,12.	0,11.	0,10.
4.	0,11.	0,10.	0,09.	0,08.
3.	0,09.	0,08.	0,07.	0,06.
2.	0,07.	0,06.	0,05.	0,04.
1.	0,05.	0,04.	0,04.	0,03.

um den Gehalt in 1 Centner zu erfahren. Bei einer solchen Concentrationsprobe wird aber vorausgesetzt, dass das Probirblei völlig frei von Silber sei; ist dies nicht der Fall, so muss der Betrag des Silbers in der angewandten Menge durch Concentration einer eben so grossen Menge, und durch Feintreiben des dadurch an Silber angereicherten Bleies, auf der Kapelle besonders ausgemittelt und in Abzug gebracht werden.

b e l l e

denen Probirbleimengen stattfindenden Kapellenzug.

zwar: 7 bis 9 Procent. mit:	Enthielt die Probe unter 7 Procent Kupfer, oder war sie ganz frei von diesem Metalle, so wurde sie beschickt und resp. abgetrieben mit:				
6 Ctr. Blei.	5 Ctr. Blei.	4 Ctr. Blei.	3 Ctr. Blei.	2 Ctr. Blei.	1 Ctr. Blei.

gewesene Silber an Kapellenzug erlitten:

Milligr.	Milligr.	Milligr.	Milligr.	Milligr.	Milligr.
--	0,50.	0,45.	0,39.	0,32.	0,28.
0,69.	0,47.	0,42.	0,36.	0,29.	0,22.
0,84.	0,44.	0,39.	0,33.	0,26.	0,20.
0,58.	0,40.	0,36.	0,29.	0,23.	0,18.
0,52.	0,36.	0,30.	0,26.	0,20.	0,16.
0,46.	0,32.	0,26.	0,23.	0,17.	0,14.
0,39.	0,27.	0,22.	0,20.	0,15.	0,12.
0,36.	0,25.	0,20.	0,18.	0,13.	0,11.
0,32.	0,22.	0,18.	0,16.	0,12.	0,10.
0,29.	0,20.	0,16.	0,14.	0,10.	u. s. w.
0,25.	0,17.	0,14.	0,12.	u. s. w.	
0,20.	0,15.	0,12.	0,10.		
0,17.	0,13.	0,11.	u. s. w.		
0,16.	0,11.	0,10.			
0,14.	0,10.	u. s. w.			
0,13.	0,09.				
0,12.	0,08.				
0,10.	0,07.				
0,09.	0,06.				
0,07.	0,05.				
0,05.	0,04.				
0,04.	0,03.				
0,03.	0,02.				

b) *Mineralien, welche Verbindungen enthalten, die durch Schmelzen mit Borax und Probirblei allein auf Kohle nicht zerlegbar sind, auf Silber zu probiren.*

Ein Mineral dieser Art ist der M o l y b d ä n g l a n z. Eine silberhaltige Partie desselben aus den Zwitternmassen des Altenberger Zinnstockwerks in Sachsen enthielt nach Plattner 0,176 Proc. Silber.

Da sich dieses Mineral durch Borax weder zerlegen, noch in demselben auflösen, hingegen mit Soda unter Brausen sehr

leicht zersetzen lässt, so muss dieses Verhalten beim Einschmelzen oder Ansieden berücksichtigt werden.

Zuerst sucht man eine kleine Quantität des Molybdänglanzes, wenn sie sich im Achatmörser nicht zerreiben lässt,
entweder im Stahlmörser, oder zwischen Papier auf dem Amboss so weit als möglich zu zertheilen, wiegt dann 1 Löthrohrprobircentner ab und mengt denselben mit

1½ Centner Soda,
1½   „   Boraxglas und
5   „   Probirblei.

Diese Beschickung wird wie bei jeder anderen Probe
eingepackt und ebenso in einer Vertiefung auf Kohle oder in
einem etwas ausgeweiteten Kohlentiegel geschmolzen. Während hierbei der Molybdänglanz durch die Soda zerlegt wird,
verbindet sich der Schwefel desselben mit dem Radikal der
Soda zu Schwefelnatrium und das Molybdän wird frei: dieses
verbindet sich theils mit dem Probirblei, theils raucht es fort
und beschlägt die Kohle weiss. Fliesst die Schlacke ruhig
und sind in derselben Blättchen von Molybdänglanz nicht
mehr wahrzunehmen, so lässt man das Bleikorn, welches gewöhnlich unter der Schlacke steckt, hervortreten, indem man
die Kohle oder den Tiegel stark neigt, behandelt es mit der
Oxydationsflamme, bis alles Molybdän, welches mit dem Bleie
ein beinahe weisses, aber etwas sprödes Metallgemisch giebt,
verraucht ist, und lässt die Probe erkalten.

Der Zusatz von Borax ist nöthig, um das Ausbreiten des
sich bildenden Schwefelnatriums auf der Kohle zu verhindern.

Das erhaltene Werkblei wird, wie bereits erwähnt, abgetrieben.

*c) Hüttenprodukte, welche aus Metalloxyden bestehen, die sich auf Kohle
leicht reduciren lassen, auf Silber zu probiren.*

Hierher gehört vorzüglich die Glätte und der Abstrich.
Sind diese beiden Produkte aus der Verschmelzung silberhaltiger Bleierze hervorgegangen, so enthalten sie auch allemal
etwas Silber, und sei es auch noch so wenig; wahrscheinlich befindet sich das Silber als Oxyd darin. Diese
Produkte sind indess gewöhnlich so arm an Silber, dass man
von einem Löthrohrprobircentner nicht allemal im Stande ist,
den Gehalt genau zu bestimmen; da sie aber fast nur aus
Bleioxyd bestehen, welches sehr leicht reducirt wird, so ist
auch die Bestimmung ihres Silbergehaltes ohne Schwierigkeiten, da man eine grössere Menge davon nehmen kann.

Man wiegt sich von jedem dieser Produkte 0,5 Gramm
= 5 Löthrohrprobircentner im gepulverten Zustande ab, mengt
diese mit einem Löffelchen, gestrichen voll, Soda und eben
so viel Boraxglas, bringt dieses Gemenge, in einen Sodapapiercylinder eingepackt, entweder in die Grube einer guten Kohle

oder in ein gehörig ausgeweitetes Kohlentiegelchen und behandelt das Ganze so lange mit der Reductionsflamme, bis alles Oxyd reducirt ist und die Schlacke sich im flüssigen Zustande als Kugel, frei von Bleikörnern, daneben befindet. Man muss jedoch am Ende die Flamme mehr auf die Schlacke, als auf das reducirte Blei richten, weil im Gegentheil eine zu starke Bewegung in dem Blei entstehen würde, und man deshalb einen Verlust an Silber haben könnte.

Das aus Glätte reducirte Blei enthält bisweilen Spuren von Kupfer, es ist aber gewöhnlich frei von flüchtigen Metallen; dasjenige Blei hingegen, welches man durch Reduction des Abstrichs bekommt, enthält oft ausser einer kleinen Menge von Kupfer noch Antimon, Arsen, Zink etc. Diese letztern Bestandtheile entfernen sich aber, wenn man nach Beendigung des Einschmelzens die Schlacke allein neben dem Werkbleie mit der Reductionsflamme behandelt. Treibt man hierauf das reducirte Blei wie ein anderes bei der Probe erhaltenes Werkblei ab, so bleibt ein Silberkorn zurück, welches auf dem Maassstab den Gehalt in 5 Centnern des untersuchten Produktes anzeigt und welcher daher durch 5 zu dividiren ist.

B. Metall-Verbindungen,

und zwar:

a) in denen Silber einen Hauptbestandtheil ausmacht, auf Feinsilber zu probiren.

In diese Abtheilung sind zu rechnen: Gediegen Silber, Blicksilber, Cementsilber, Brandsilber, Amalgamirsilber, Raffinatsilber, Werksilber (Arbeitssilber) und Silbermünzen.

Man hat bei diesen Substanzen zwar kein vollständiges Ansieden, wohl aber ein Zusammenschmelzen mit Probirblei nöthig, um durch Abtreiben die dem Silber beigemengten, leicht oxydirbaren Metalle gleichzeitig mit dem Blei vom Silber trennen zu können. Ebenso braucht man, da sich dergleichen Verbindungen nicht pulverisiren lassen, auch nicht gerade 100 Milligramm zur Probe abzuwägen, sondern durch Abmeisseln oder Abbrechen ein Stückchen zu trennen, welches ungefähr 80 bis 100, aber nicht über 100 Milligr. wiegt. Ist die Oberfläche der zu untersuchenden Metallverbindung nicht rein, so muss man dieselbe vor der Zerkleinerung durch Abfeilen reinigen.

Das abgelöste reine Stückchen wiegt man genau aus, legt es entweder in eine, mit dem Kohlenbohrer (Fig. 45, S. 46) in die Kohle gemachte Grube oder in ein Kohlentiegelchen und bedeckt es, wenn es gediegen Silber, Blicksilber, Cementsilber oder Brandsilber ist, mit 1 Centner Probirblei und einem halben Löffelchen Boraxglas; wenn es aber kupferhaltiges Amalgamirsilber, Raffinatsilber oder ein anderes mit Kupfer legirtes Silber ist, nach dem Betrag des Kupfers, mit 2 bis 5 Centnern Probirblei und einem halben Löffelchen Boraxglas.

Das Einschmelzen erfolgt mit der Reductionsflamme; das Probirblei vereinigt sich bald mit der zu probirenden Metallverbindung und geräth in eine treibende Bewegung. Hat dies einige Augenblicke gedauert, so kann man auf eine vollkommene Vereinigung der einzelnen Metalle rechnen; man unterbricht das Blasen, lässt das Ganze erkalten, hebt endlich die geschmolzene Probe aus der Kohle und trennt durch einige Hammerschläge das Boraxglas möglichst sorgfältig von dem Werkblei ab.

Das Blei lässt sich zwar ohne Boraxzusatz mit Silber, Kupfer und mehreren andern Metallen auf Kohle durch jede Löthrohrflamme leicht vereinigen, aber sobald es in eine treibende Bewegung geräth, oxydirt sich auch gern ein Theil desselben, und das sich bildende Oxyd wird, wenn es mit der Kohle in Berührung kommt, augenblicklich wieder reducirt, wodurch in der flüssigen Metallmasse eine so heftige Bewegung hervorgebracht wird, dass leicht ein Spritzen entstehen kann. Setzt man aber ein wenig Boraxglas hinzu und behandelt dieses ununterbrochen mit der Reductionsflamme, so schmilzt das Blei mit der zu probirenden Metallverbindung ganz leicht zusammen und kommt in eine treibende Bewegung, ohne dass der erwähnte Uebelstand eintritt.

Das Abtreiben des Werkbleies erfolgt auf die früher beschriebene Weise. Metallverbindungen, welche nur mit 1 Cntr. Blei vereinigt worden sind, kann man der Kürze halber sofort feintreiben, bei einem grösseren Zusatz von Blei ist diess weniger und höchstens nur den Geübteren zu empfehlen; man lässt in diesem Falle das treibende silberreiche Werkbleikorn nach einiger Zeit bei geringer Neigung der Kapelle aus der Glätte heraus und auf eine freie Stelle der Knochenasche treten und treibt es, ohne dass man es mit der angehäuften Glätte in Berührung kommen lässt, darauf fein.

Enthält das auf Feinsilber zu probirende Metallgemisch mehrere Procente Kupfer, so muss man diesem Metalle schon beim Haupttreiben so viel als möglich Gelegenheit zur Oxydation geben, damit man beim Feintreiben den Rest des Kupfers mit dem nach S. 526 erforderlichen Zusatz von nur 1 Centner Probirblei völlig abscheiden kann. Hat man es daher mit einem silberreichen Werkblei zu thun, in welchem gleichzeitig auch eine nicht geringe Menge von Kupfer enthalten ist, so darf man beim Haupttreiben das treibende Werkblei sich nicht mit vieler Glätte umgeben lassen, sondern man muss die Kapelle stets in etwas geneigter Richtung erhalten, damit die Oberfläche des treibenden Werkbleies möglichst frei wird und das Kupfer hinreichend Gelegenheit hat, sich mit dem Bleie gemeinschaftlich zu oxydiren.

Das erhaltene Silberkorn wird mit Hülfe der Werkbleizange von der Kapelle genommen, entweder zwischen der Pincette auf dem Amboss auf die Kante gestellt und durch einige leichte Hammerschläge von der vielleicht anhängenden Kapellenmasse befreit, oder letzteres geschieht durch sicheres Fassen und Drücken mit der Zange. Da man, wie schon erwähnt, von den hierher gehörigen Metallverbindungen selten 100 Milligr. abwiegen wird, so ist, resp. unter Berücksichtigung des Kapellenzugs, die ausgewogene Menge Silber auf 1 Ctnr. zu berechnen.

Enthält die untersuchte Metallverbindung Gold, so muss der Betrag desselben nach dem bei der Goldprobe angegebenen Verfahren ermittelt und vom Gewicht des Silbers in Abzug gebracht werden.

An manchen Orten wird der Gehalt der hierher gehörigen Substanzen an Silber nach der Anzahl Lothe (Löthigkeit) dieses Metalls in einer Mark angegeben. Gesetzt man hätte von einer Legirung 85,5 Milligr. zur Probe eingewogen, diese mit 2 Ctnr. Probirblei abgetrieben und dabei 83,6 Milligr. Feinsilber erhalten. Unter Berücksichtigung des Kapellenzugs nach S. 630 würde sich der Gehalt dieser Legirung an Silber zu

$$\frac{83,87 \cdot 100}{85,5} = 98,09 \text{ p. c.}$$

herausstellen. Will man die Löthigkeit pro

Mark (= 16 Loth) erfahren, so hat man $\frac{83,87 \cdot 16}{85,5} = 15,696$ Loth; oder,

da ein Loth in 4 Quent, ein Quent in 4 Pfenniggewichte und ein Pfenniggewicht in 4 Viertelpfennige getheilt wird, =

15 Loth 3 Quent 3 Pfenniggewichte reichlich; oder,

da ein Loth 18 Gräa enthält, =

15 Loth 12,5 Grän reichlich.

b) Metallverbindungen, in denen Kupfer oder Nickel den vorwaltenden und Silber nur einen geringen Bestandtheil ausmacht, auf Silber zu probiren.

Hierher sind zu zählen: Schwarzkupfer, Rohkupfer und Gaarkupfer, ferner: silberhaltige Kupfermünzen (zu denen hier auch die meiste Silber-Scheidemünze gerechnet werden kann), Messing, Argentan etc.

Von solchen Metallverbindungen muss man sich, von einem auf der Oberfläche gereinigten Stücke, durch Ausplatten und Zerschneiden mit der Scheere oder durch Abfeilen, eine kleine Quantität in zertheiltem Zustande verschaffen, um leicht eine Probe davon abwiegen zu können.

Vom Schwarzkupfer, Rohkupfer, Gaarkupfer, von silberhaltigen Kupfermünzen und vom Argentan beschickt man 1 Löthrohrprobircentner mit

20 Ctnr. Probirblei, oder, um ein so grosses Volumen zu vermeiden, ½ Ctnr. der Metallverbindung mit

10 Ctnr. Probirblei und

½ Ctnr. oder einem Löffelchen gestrichen voll Boraxglas.

Eine solche Beschickung mengt man in der Mengkapsel durcheinander, packt sie hierauf in einen Sodapapiercylinder und schmilzt sie nach dem bereits angegebenen Verfahren mit Hülfe der Reductionsflamme zusammen. Das Blei muss mit dem aufgenommenen Metallgemisch eine Zeit lang im treibenden Zustande gewesen und keine ungeschmolzenen Metalltheile mehr wahrzunehmen sein, die im Anfange gewöhnlich auf der Oberfläche des Bleies umherschwimmen. Wollte man das Zusammenschmelzen zeitiger unterbrechen, so würden diejenigen Theile des Metallgemisches, welche noch nicht mit dem Blei innig verbunden sind, bei dem darauf folgenden Abtreiben (Haupttreiben) zum Theil in die Glätte, mechanisch mit übergehen. Während des Zusammenschmelzens oxydiren sich Kobalt und Eisen, die als zufällige Bestandtheile im Argentan zuweilen enthalten sind, und lösen sich im Boraxglase auf; ein Hauptbestandtheil des Argentans, das Zink, wird aber verflüchtigt.

Nach dem Erkalten wird das Werkblei von der Schlacke auf dem Amboss getrennt, und wie früher erwähnt, abgetrieben. Da sich aber auch hier das beim Feintreiben erhaltene Silberkörnchen bei Gegenwart von Kupfer gern ausbreitet, so muss es, wie schon S. 526 angegeben, mit ¼ bis ½ Centner zusammengeschmolzenem Probirblei einem nochmaligen Feintreiben auf der Kapelle unterworfen werden, damit das Körnchen den, zur Bestimmung des Gehaltes auf dem Massstabe, richtigen Durchmesser bekommt. Hat man von dem Metallgemisch nur ½ Centner für die Probe abgewogen, so ist selbstverständlich das Gewicht des ausgebrachten Silberkörnchens zu verdoppeln. Um recht sicher zu gehen, kann man eine solche Probe auch doppelt auf ½ Centner einwiegen und das beim Haupttreiben beider Proben zurückbleibende silberhaltige Blei beim Feintreiben vereinigen.

Will man Messing auf einen Gehalt an Silber untersuchen, so beschickt man 1 Löthrohrprobircentner desselben mit

10 Centnern Probirblei und

einem Löffelchen gehauft voll Boraxglas.

Die Beschickung bringt man, ebenfalls in einen Sodapapiercylinder eingepackt, entweder in eine in die Kohle gebohrte Vertiefung oder in einen Kohlentiegel und behandelt das Ganze so lange mit der Reductionsflamme, bis das Blei, mit dem zu probirenden Metalle verbunden, sich ein Paar Minuten im treibenden Zustande gezeigt hat, aber dabei das Boraxglas frei von Metallkörnern ist. Hierauf lässt man die Flamme nur allein auf den Borax wirken. Das beim Zusammenschmelzen mit dem Bleie noch nicht verflüchtigte Zink entfernt sich dabei vollkommen. Zeigt sich das Blei mit einer blanken Oberfläche, so erhitzt man es einige Augenblicke ziemlich stark und giesst es über dem Amboss aus, wenn das Zusammenschmelzen auf einer gewöhnlichen Kohle geschah, oder lässt es neben dem Boraxglas erkalten, wenn die Schmelzung in einem Kohlentiegelchen bewerkstelligt wurde. Das Abtreiben des auf diese Weise erhaltenen kupferhaltigen Werkbleies geschieht ganz auf dieselbe Weise, wie bei demjenigen, welches man von den vorhergehenden kupferreichen Metallverbindungen bekommt.

c) *Metallverbindungen, in denen Blei oder Wismuth ein Hauptbestandtheil ist, auf Silber zu probiren.*

In diese Abtheilung gehört das im Grossen ausgebrachte silberhaltige Blei, so wie silberhaltiges Wismuth; auch dürfte wohl von den Mineralien das Wismuthsilber aus Chile mit hierher zu zählen sein. Von silberhaltigem Blei lamellirt man sich ein Stückchen, zerschneidet es mit der Scheere in grössere oder kleinere Theile und wiegt sich zu einer Probe, je nach dem etwa zu erwartenden Silbergehalte, 2 bis 5, wohl auch 10 Löthrohrprobircentner davon ab. Es bedarf wohl kaum der Erwähnung, dass man auch hier der Kürze halber nur eine gewisse Menge Blei genau auszuwiegen und den Gehalt dann auf 1 Centner zu berechnen braucht. Nur bei völlig reinem Blei ist es anzurathen, dasselbe ohne Weiteres sofort abzutreiben; in den meisten Fällen thut man besser, die abgewogene Menge in einer Vertiefung auf Kohle oder in einem Kohlentiegel mit einem gestrichenen Löffelchen Boraxglas einzuschmelzen und kurze Zeit oxydirend zu behandeln. Bei sehr kupfrigem Werkblei ist dasjenige zu berücksichtigen, was S. 526 über die völlige Abscheidung des Kupfers beim Feintreiben gesagt ist. Vom Wismuth zerstückt man sich, da dieses Metall spröde ist, so viel, als man ungefähr zu mehreren Proben gebraucht, mit dem Hammer auf dem Amboss und zerkleinert es noch so weit als möglich. Die abgewogene Menge, etwa 5 Centner, schmilzt man in einer Vertiefung auf Kohle mit etwas Boraxglas einige Zeit oxydirend zusammen und giesst dann die flüssige Metallkugel auf dem Amboss aus, was sich bei einiger Vorsicht ohne den mindesten Verlust ausführen lässt. Das Korn wird dann wie silberhaltiges Blei dem Haupttreiben unterworfen. Bei der Trennung des während des Haupttreibens gebildeten Wismuthoxydes von dem noch zum Feintreiben übrig gelassenen silberhaltigen Wismuthkörnchen muss man aber sehr vorsichtig verfahren, damit man, wegen der Sprödigkeit des Wismuthes, nicht Theile davon verliert. Man muss niemals das Korn aus dem sich angehäuft habenden Oxyde herausheben, sondern letzteres mit Hülfe der Werkbleizange nach und nach von dem Körnchen trennen.

Da silberhaltiges Wismuth beim Abtreiben nie ein Silberkorn mit blanker Oberfläche zurücklässt, so ist man genöthigt, das fein zu treibende Körnchen mit einem Stückchen Probirblei von ungefähr 30—40 Milligr. Schwere auf der Kapelle zusammen zu schmelzen und dann sofort feinzutreiben.

d) Metallverbindungen, in denen Tellur, Antimon oder Zink einen Hauptbestandtheil ausmacht, auf Silber zu probiren.

Hierher ist ausser dem in der Natur vorkommenden **Tellursilber** und **Antimonsilber** auch noch silberhaltiges **Antimon** oder silberhaltiges **Zink** zu rechnen.

Von diesen Verbindungen schmilzt man die abgewogene Menge von 1 Ctnr. auf Kohle oder in einem Kohlentiegelchen mit 5 Centnern Probirblei unter etwas Boraxglas in der Reductionsflamme zusammen und giebt dem mit dem Silber vorher in Verbindung gewesenen Metalle Gelegenheit zur Verflüchtigung, indem man das bleireiche Metallkorn mit der Oxydationsflamme allein fort behandelt. Zink verflüchtigt sich dabei ziemlich leicht; Antimon ebenfalls, doch hält es ziemlich schwer, die letzten Antheile vollständig zu entfernen; Tellur lässt sich nur zum Theil verflüchtigen und muss daher durch Abtreiben mit vielem Blei auf dem Wege der Oxydation getrennt werden. — Scheinen die Metalle (namentlich Zink und Antimon) durch Verflüchtigung entfernt zu sein, so unterbricht man das Blasen, trennt nach dem Erkalten der Probe das Werkblei von der Schlacke und schreitet zum Abtreiben. Ist das Werkblei frei von dem betreffenden flüchtigen Metalle, so kann es ohne Weiteres in zwei Perioden abgetrieben werden; ist dies nicht der Fall, wie namentlich bei der Probe des natürlichen Tellursilbers und anderer tellurhaltiger Metallverbindungen auf Silber, so muss man das Haupttreiben mit neuen Quantitäten von Probirblei (jedesmal 5 Centner) wiederholen, so lange das beim Haupttreiben zurückbleibende bleihaltige Silberkorn unter der Abkühlung noch mit dunkel gefärbter Oberfläche erstarrt, ehe man es feintreiben kann. Erstarrt endlich das Silberkorn nach dem Feintreiben mit gestrickter, graulichweisser matter Oberfläche, so ist dies ein Beweis, dass noch Spuren von Tellur vorhanden sind. In diesem Falle setzt man noch 1 Ctnr. Probirblei hinzu und treibt abermals fein. Reines Tellursilber verlangt, wenn man 1 Ctnr. zur Probe abgewogen hat, gegen 20 Ctnr. Probirblei, und erleidet, bei einem Silbergehalte von circa 62,7 Procent, einen Verlust an Silber (Kapellenzug), der gegen 1,5 Milligr. beträgt, so dass man also nur circa 61 Procent Silber wirklich ausbringt.

e) Metallverbindungen, in denen Zinn den Haupt- oder nur einen Neben-
bestandtheil ausmacht, auf Silber zu probiren.

In diese Abtheilung gehören silberhaltiges Zinn,
das Glocken- und Kanonenmetall, so wie verschiedene andere in der Technik Verwendung findende zinnhaltige Legirungen.

Von einem zerschnittenen oder sonst zerkleinten Stückchen
des zu untersuchenden Zinnes oder Metallgemisches wiegt
man sich 1 Ctnr. ab, mengt diesen in der Mengkapsel mit

    5 bis 15 Ctnr. Probirblei (je nachdem das Metallgemisch
        wenig oder viel Kupfer enthält), so wie mit
    50 Milligr. Soda und
    50   •   Boraxglas,

und bringt das Gemenge in einem Sodapapiercylinder eingepackt, entweder in eine Vertiefung auf Kohle oder in einen
Kohlentiegel; hierauf behandelt man die ganze Beschickung
mit einer starken Reductionsflamme, und zwar so lange, bis
das Zinn oder das Metallgemisch mit dem Bleie zu einer
Kugel, und die Soda, welche die leichte Oxydation des Zinnes
verhindert, mit dem Borax zu Glas geschmolzen ist. Jetzt
berührt man die Metallkugel nur allein mit der Löthrohrflamme (wozu sich die blaue Flamme am besten eignet), jedoch
so, dass das Zinn, welches sehr leicht oxydirbar ist, sich langsam oxydiren und das sich bildende Oxyd von dem flüssigen
Glase aufgenommen werden kann. Zeigen sich am Rande
der Schlacke reducirte Zinnkügelchen, so unterbricht man das
Blasen und lässt die Probe erkalten. Das erkaltete, noch
zinnhaltige Werkblei behandelt man dann auf einer andern
Kohle mit einem Löffel voll Boraxglas, und zwar zuerst mit
der Reductionsflamme und, wenn Alles eingeschmolzen ist,
mit der Oxydationsflamme auf dieselbe Weise, wie vorher
mit Soda und Borax, bis das Blei eine blanke Oberfläche
zeigt oder sich dieselbe überhaupt nicht mehr mit Zinnoxyd
bedeckt. Das auf diese Weise vom Zinne befreite Blei wird
nach dem Erkalten wie ein anderes durch Ansieden erhaltenes
silberhaltiges Blei abgetrieben.

f) Metallverbindungen, in denen Quecksilber als vorwaltender Bestand-
theil auftritt, auf Silber zu probiren.

Hierher gehört das natürliche und künstliche Silberamalgam und das silberhaltige Quecksilber.

Von einer solchen Verbindung wiegt man sich 1 Ctnr.
ab (sind die Wagschälchen von Silber oder vergoldet, so
muss aus bekanntem Grunde Papier eingelegt und die Wage
wieder tarirt werden) und bringt die abgewogene Quantität
in eine kleine Glasröhre, die an einem Ende zugeschmolzen
und zur Kugel ausgeblasen ist, wie Fig. 73, S. 395, zeigt.

Darauf erhitzt man, während man die Glasröhre etwas geneigt hält, das ausgeblasene Ende ganz allmählich mit der Flamme der Spirituslampe, und unterbricht diesen Destillationsprocess erst dann, wenn das zurückbleibende Metall sich eine Zeit lang im rothglühenden Zustande befunden hat.

Nachdem die Glasröhre etwas abgekühlt ist, sammelt man durch Drehen und Klopfen an dieselbe das ganze abgeschiedene Quecksilber zu einer einzigen Kugel an, die man dann ausschüttet.

War die der Destillation ausgesetzt gewesene Metallverbindung ein Amalgam, so befindet sich das zurückgebliebene Silber als ein einziges poröses Kügelchen in dem aufgeblasenen Theil der Röhre und kann, wenn die Temperatur nicht zu hoch wurde, leicht ausgeschüttelt werden. Dieses Kügelchen schmelzt man mit 1 oder, wenn es vielleicht kupferhaltig zu sein scheint, mit 2 bis 3 Centr. Probirblei unter einer Boraxglasdecke auf Kohle im Reductionsfeuer zusammen und treibt das dadurch entstehende bleireiche Metallgemisch wie gewöhnlich ab.

War die der Destillation ausgesetzt gewesene Metallverbindung nur ein silberhaltiges Quecksilber, so findet sich ein sehr geringer Rückstand, welcher sich fest an das Glas angelegt hat und nicht ausgeschüttet werden kann. In diesem Falle muss man den ausgeblasenen Theil der Glasröhre abschneiden, ihn mit einem Gemenge von 1 Centner Probirblei und ½ Löffelchen Soda anfüllen, das Ganze entweder in eine in die Kohle gemachte Vertiefung oder in ein ausgeweitetes Kohlentiegelchen legen und mit einer starken Reductionsflamme das Blei mit dem zurückgebliebenen Silber zusammenschmelzen. Die entstehende Metallverbindung tritt darauf aus dem zugleich mit schmelzenden Glase heraus und kann nach dem Erkalten leicht von der Kohle und dem Glase getrennt und abgetrieben werden. Vermuthet man, dass der Gehalt an Silber sehr gering sei, so kann man mehrere Centner Quecksilber der Destillation aussetzen.

g) Metallverbindungen, in denen Eisen oder Stahl der Hauptbestandtheil ist, auf Silber zu probiren.

Hierher gehören ausser Eisen und Stahl auch die beim Verschmelzen silberhaltiger Erze und Produkte sich unter gewissen Umständen zuweilen bildenden Eisensauen, welche S. 283 genannt worden sind.

Da sich weder Eisen noch Stahl unmittelbar mit Blei vor dem Löthrohre vereinigen lässt, so muss man dieselben erst mit Schwefel verbinden, das Metall giebt dann seinen Silbergehalt eben so leicht wie silberhaltiger Schwefelkies etc. an das Blei ab.

Gehärteter Stahl muss erst ausgeglüht werden, damit er

seine Härte verliert, hierauf reinigt man die Oberfläche von dem dabei entstandenen Oxyd-Oxydul durch Abfeilen und zerkleint, sich durch Dünnschlagen oder Abfeilen eine zu einer Probe nöthige Quantität. Eisensauen sind mehr oder weniger spröde und lassen sich unter dem Hammer oft leicht zertheilen. Von dem zertheilten Metalle (welches noch in Stücken von 20 bis 30 Milligr. Schwere bestehen kann), wiegt man sich 1 Centner ab und mengt diesen in der Mengkapsel mit

   ½ Centn. gepulvertem Schwefel,
   8 Centn. Probirblei und
   1 Löffelchen voll Boraxglas.

Das Gemenge schüttet man in einen Sodapapiercylinder, und behandelt die Probe in einer Vertiefung auf Kohle oder in einem Kohlentiegelchen mit der Reductionsflamme so lange, bis Alles zu einer dünnflüssigen Kugel zusammengeschmolzen ist. Hierbei verbindet sich der Schwefel zuerst mit dem leicht schmelzbaren Blei, und wenn nach fortgesetztem Blasen das Eisen anfängt glühend zu werden, nimmt dieses einen Theil des Schwefels zu seiner Sättigung aus dem Blei auf und verbindet sich als Einfach-Schwefeleisen mit dem noch schwefelhaltigen Blei zu einer leichtflüssigen Masse, die von dem flüssigen Borax umgeben wird.

Da nun ein einziges Löffelchen voll Boraxglas nicht hinreichend ist, alles Eisen aufzunehmen, welches bei der nach dem Zusammenschmelzen folgenden Behandlung der Probe mit der Oxydationsflamme sich oxydiren muss, so setzt man noch ein gehäuftes Löffelchen voll von diesem Auflösungsmittel zu, schmelzt es zuerst mit der schon geschmolzenen Kugel zusammen und behandelt das Ganze darauf mit einer kräftig wirkenden Oxydationsflamme so lange, bis das unreine Blei aus dem Glase herauszutreten anfängt. So wie dies geschieht, hält man die Kohle so, dass hauptsächlich nur das Blei von der äussern Flamme getroffen wird, damit der Schwefel sich verflüchtigen und das Eisen sich oxydiren und im Borax auflösen kann.

Nachdem aller Schwefel entfernt und das Eisen ebenfalls abgeschieden ist, unterbricht man das Blasen und lässt das mit blanker Oberfläche versehene Werkblei erkalten. Ist es von weisser Farbe, so treibt man es wie gewöhnlich in zwei Perioden ab und bestimmt das Gewicht des Silberkorns. Zeigt das Blei aber eine schwarze Farbe und ist dabei spröde, so muss es einer nochmaligen Oxydation ausgesetzt werden, ehe es zum Abtreiben gelangen kann.

2) Die Goldprobe.

Das Gold lässt sich aus seinen Verbindungen auf trockenem Wege eben so ausscheiden, wie das Silber; daher ist es auch möglich, den in Erzen, Mineralien, Hütten- und Kunstprodukten befindlichen Gehalt an Gold vor dem Löthrohre auszumitteln. Das Gold ist auf diesem Wege einer Oxydation nicht fähig, und erleidet also auch keinen Kupellenzug. Da indess das Gold in der Natur nur selten, ohne etwas Silber zu enthalten, vorkommt (s. S. 414), auch sehr häufig Silbererze mehr oder weniger goldhaltig sind, das Silber sich aber auf trockenem Wege nicht vom Golde trennen lässt, so ist die Ausscheidung des Goldes in reinem Zustande etwas umständlicher als die des Silbers.

Hinsichtlich der quantitativen Probe auf Gold kann man die verschiedenen Mineralien, Erze und Produkte eintheilen:

A. In Golderze, goldhaltige Silbererze und silber- und goldhaltige Hüttenprodukte.

B. In Metallgemische, und zwar:

   a) die nur aus Gold und Silber bestehen;

   b) die ausser Gold und Silber noch andere Metalle enthalten, z. B. Kupfer, Platin, Iridium, Palladium und Rhodium; und

   c) die aus Gold und Quecksilber bestehen.

A. Golderze, goldhaltige Silbererze und silber- und goldhaltige Hüttenprodukte auf Gold zu probiren.

Hierher gehört 1) das gediegene Tellur, welches 0,25 bis 2,78 Procent Gold, aber kein Silber enthalten soll; 2) alle S. 414 und 415 genannten Mineralien und Erze, die ausser Gold noch Silber enthalten; 3) die an verschiedenen Orten vorkommenden goldhaltigen Schwefel- und Kupferkiese; 4) der aus goldhaltigen Silbererzen erzeugte Roh- und Bleistein; so wie auch 5) der sogenannte Schliff und das goldhaltige Gekrätz der Gold- und Silberarbeiter.

Von den eigentlichen Golderzen, die entweder gar kein Silber oder nur wenig von diesem Metalle enthalten, richtet man sich nach S. 511 die zu mehreren Proben nöthige Menge Probemehl vor und fertigt davon eine Probe ganz auf dieselbe Weise wie eine Silberprobe. Nach dem Abtreiben sieht man an der Farbe des Körnchens, ob es reines Gold ist oder ob es Silber enthält, indem 2 Procent Silber schon hinreichen, dem Golde eine messinggelbe Farbe zu geben. Hat das Körnchen die reine Goldfarbe, so kann das Gewicht desselben sogleich entweder auf der Wage oder auf dem Maassstabe nach S. 40 u. f. bestimmt werden; zeigt es aber eine lichtere Farbe, so ist dies ein Beweis, dass es Silber enthält und muss in diesem Falle eine besondere Scheidung, die weiter unten beschrieben werden soll, ausgeführt werden.

Von den übrigen Substanzen, die mehr Silber als Gold enthalten, bereitet man sich eine zu ungefähr 10 bis 15 Proben nöthige Menge Probemehl vor und fertigt davon vorläufig eine Probe auf Silber. Aus dem gefundenen Gehalte berechnet man, wie vielfach man das Erz auf Silber zu probiren habe, um sich eine hinlängliche Quantität Silber verschaffen zu können, in der man das Gold quantitativ zu bestimmen vermag. Ist es eine Substanz, welche vielleicht nur 4 Loth oder 11 Pfundtheile Silber im Centner enthält und in welcher man auch nur wenig Gold vermuthet, so muss man sich mehr Probemehl vorbereiten und davon wenigstens noch 24 Proben einwiegen; enthält sie aber mehr Silber, vielleicht 10 Loth oder ungefähr 28 Pfundtheile im Centner, so reicht man mit einer 10 bis 15fachen Probe aus. Im Allgemeinen ist aber anzurathen, eine silberarme Substanz so vielfach als möglich zu probiren, weil man nur in einer so grossen Quantität der Legirung das Verhältniss des Silbers zum Golde quantitativ zu bestimmen im Stande ist, die man auf der Wage auswiegen kann. Enthält die Substanz vielleicht mehrere Procent Silber, so wiegt man nur eine 3- bis 5fache Probe ein.

Was die Beschickung der einzelnen Proben anlangt, so geschieht diese ganz auf dieselbe Weise wie bei einer Silberprobe mit Borax und Probirblei; enthält die zu probirende Substanz Kupfer, so muss auch hier der Bleizusatz nach dem ungefähren Gehalt an diesem Metalle erhöht werden.

Das Ansieden jeder einzelnen Beschickung geschieht ebenfalls ganz nach der bei der Silberprobe gegebenen Vorschrift; hingegen das Abtreiben des von einer angesottenen Probe erhaltenen Werkbleies geschieht der Zeitersparniss wegen nicht für sich allein bis zur Feine, sondern auf die Weise, wie sie eben beschrieben werden soll.

Hat man sämmtliche Proben geschmolzen (angesotten), die Werke von der Schlacke befreit und zu Würfeln geschlagen, so setzt man je 2 oder 3 Werke (sobald sie zusammen nicht über 15 Löthrohrprobircentner wiegen) auf eine gut abgeäschirte Kapelle und unternimmt damit eine Haupttreiben, nach dem bei der Silberprobe (S. 520.) beschriebenen Verfahren. Hat man das Haupttreiben so weit fortgeführt, wie es dort angegeben ist, so unterbricht man dasselbe, hebt die Glätte mit dem Werkbleikörnchen von der noch undurchdrungenen Knochenasche hinweg und legt sie zur Seite, schlägt darauf wieder eine neue Kapelle und setzt auf diese nach dem Ausglühen das Haupttreiben mit je 2 oder 3 andern Werken fort. Mit den übrigen Werken verfährt man eben so. Ist das in sämmtlichen Werken befindliche Silber nebst dem Golde in den beim Haupttreiben zurückgebliebenen Werkbleikörnern concentrirt, so setzt man die sämmtlichen Körnchen auf eine neue, gut abgeäschirte Kapelle und führt die Concentration des Silbers und des Goldes so weit fort, bis das Werkblei nur noch von der Grösse eines grossen Senfkornes ist. Dieses Korn treibt man dann auf einer andern Kapelle fein. Sollte die Substanz sehr kupferhaltig sein und demnach das Silberkorn nicht rein blicken, so muss man ein wenig Probirblei zusetzen und das Korn auf einer freien Stelle der Kapelle feintreiben. Das erhaltene goldhaltige Silberkorn wird genau ausgewogen und nach dem weiter unten bei den Metallverbindungen beschriebenen Verfahren geschieden.

Zur Scheidung muss man allemal ein so grosses goldhaltiges Silberkorn haben, dass es ausgewogen werden kann, weil man auf dem Maassstabe wegen des grössern specifischen Gewichts des Goldes nicht das richtige Gewicht des goldhaltigen Silbers abnehmen kann.

Hat man reine Kiese oder Erze, die sehr kiesig sind und wenig Silber enthalten, oder Hüttenprodukte, die hauptsächlich aus Schwefelmetallen bestehen, auf Gold zu probiren, so kann man ein anderes Verfahren anwenden, das darin befindliche Silber nebst dem Golde zu concentriren. Man wiegt sich nämlich von dem zu untersuchenden, fein aufgeriebenen Erze oder Produkte, wenn es nicht unter 4 Loth oder ungefähr 11 Pfundtheile Silber im Centner enthält, nach der Reichhaltigkeit 24 bis 36 Probircentner in Posten von 3 Centnern ab, bringt darauf jede solche Post in ein mit Röthel ausgestrichenes Thonschälchen (S. 27) und röstet sie ohne Zusatz von irgend einer kohligen Substanz wie eine quantitative Kupferprobe. Sobald man keine schwefligsauren Dämpfe durch den Geruch mehr bemerkt, reibt man die Röstpost im Mörser auf und glüht sie hierauf noch so lange auf dem Scherbchen, bis man durchaus nichts mehr von entweichender schwefliger Säure wahrnimmt. Mit den übrigen Posten verfährt man eben so. Ist man mit einer Gaslampe oder Spirituslampe mit doppeltem Luftzuge versehen, so kann man eine solche Röstung in sehr kurzer Zeit bewerkstelligen; man darf nur die ganze abgewogene Quantität Erz auf ein Mal in einem dünnen, flachen Porcellanschälchen über einer solchen Lampe bei Zutritt von Luft bis zum schwachen Glühen erhitzen, von Zeit zu Zeit mit dem eisernen Spatel (S. 48) umrühren und so lange im glühenden Zustande erhalten, bis ein Geruch nach schwefliger Säure nicht mehr wahrzunehmen ist.

Sind alle 24 bis 36 Centner geröstet, so bringt man das geröstete Erz oder Produkt in ein der Menge desselben entsprechendes Porcellangefäss (S. 51) und fügt so viel Chlorwasserstoffsäure hinzu, als nöthig ist, um die genannten Oxyde aufzulösen. Das Porcellangefäss verdeckt man mit einem Uhrglase, stellt es auf das in einen Messingring gespannte Drahtgitter über die nur schwach brennende Lampenflamme und lässt die Auflösung durch Unterstützung von Wärme beginnen. Es löst sich Eisenoxyd, Kupferoxyd, schwefelsaures Kupferoxyd und das sich gleichzeitig bildende Chlorsilber auf. Ist das geröstete Erz frei von solchen Metalloxyden,

die sich in Chlorwasserstoffsäure unter Chlorentwickelung
auflösen, so bleibt das Gold metallisch zurück; enthält es aber
dergleichen Oxyde, namentlich Manganoxyd-Oxydul, so geht
auch Gold mit in die Auflösung über.   Sollten dem Erze
erdige Theile beigemengt sein, die von Chlorwasserstoffsäure
nicht mit aufgelöst werden, so bleiben diese zurück.

Nach vollkommener Auflösung der auflöslichen Theile
dampft man das Ganze, am besten im Wasserbade, bis zur
Trockniss ab; behandelt die zurückbleibende Masse in der
Wärme mit einer hinreichenden Menge von Wasser, um die
auflöslichen Chloride von dem jetzt unauflöslichen Chlorsilber
und den andern unauflöslichen Theilen zu trennen; versetzt
das Ganze, zur Ausfällung des in der Lösung befindlichen
Goldes, mit einer Auflösung von Eisenvitriol, rührt um und
lässt absetzen.   Hat sich die Flüssigkeit geklärt, so filtrirt
man, wäscht den Niederschlag, resp. Rückstand mit Wasser aus und trocknet das Filtrum, ohne es auseinander zu
legen, in einem Porcellanschälchen über der Lampenflamme.
Hierauf entfaltet man das trockene Filtrum, schüttet zu dem
darauf liegenden Pulver 5 Centner Probirblei und 1 Löffel
voll Boraxglas, mengt das Ganze auf dem Filtrum vorsichtig
durcheinander, legt dasselbe wieder zusammen, schneidet den
obern Theil davon, so weit er nicht mit der Beschickung
in Berührung gekommen ist, mit der Scheere ab, wickelt den
untern Theil, in welchem sich die Beschickung befindet, fest
zusammen und legt ihn entweder in eine Vertiefung auf Kohle
oder in einen Kohlentiegel.   Nun sucht man zuerst durch
eine schwache Oxydationsflamme das Papier zu verkohlen
und grösstentheils zu zerstören und schmilzt dann das Ganze
mit einer guten Reductionsflamme zusammen.   Das Chlorsilber
wird dabei durch das Probirblei zerlegt, das frei gewordene
Silber nebst dem Golde mit dem Blei verbunden und die
vielleicht vorhandenen erdigen Theile werden von dem Borax
aufgelöst.   Das Werkblei treibt man dann in zwei Perioden, wie
bei der Silberprobe, ab und behandelt das goldhaltige Silberkorn weiter, wie es bei der Scheidung des Goldes vom Silber weiter unten angegeben werden soll.

Hat man Kiese oder steinige Hüttenprodukte mit noch geringerem
Gehalt (unter 4 Loth) als oben angegeben, auf Gold zu probiren, so
müsste man auch grössere Quantitäten davon zur Probe verwenden; das
Verfahren würde aber dann ziemlich langweilig werden.   Für solche Fälle
ist entschieden die Zuhülfenahme anderer Apparate und Vorrichtungen,
welche in Nachstehendem Erwähnung finden sollen, zu empfehlen.   Das
Löthrohr lässt sich auch dabei, wie man sehen wird, mit Nutzen verwenden.   Das eine Verfahren ist folgendes:

Man wiegt sich auf einer weniger feinen Wage nach dem Gramm-
Gewicht 50 bis 500 Gramm von der Substanz im fein zertheilten Zustande
ab und röstet das Abgewogene unter einer gut ziehenden Esse auf einem
mit Thonwasser ein Paar Mal überstrichenen und wieder abgetrockneten
Eisenbleche, dessen Kanten aufgebogen sind, oder Kohlen- oder Koaks-

feuer, welches man in einem tragbaren, kleinen Zugofen*) unterhält, unter Umrühren mittelst eines eisernen Spatels so lange, bis sich bei ziemlich starker Rothglühhitze kein Geruch nach schwefliger Säure mehr wahrnehmen lässt; reibt die Post nach ihrem Erkalten in einem eisernen Mörser auf, bringt sie wieder auf das Eisenblech zurück, und glüht sie auf demselben noch so lange, bis ein Geruch nach schwefliger Säure durchaus nicht mehr zu bemerken ist.

Das geröstete Erz oder Produkt feuchtet man, nachdem es kalt geworden, in einer Porcellanschale oder Schüssel, mit so viel Wasser an, dass es sich immer noch in einem lockern, oder sogenannten wolligen Zustande befindet, in welchem es sich am besten mit Chlor behandeln lässt. Ist die Röstung vollständig bewirkt worden, so lässt sich das im metallischen Zustande vorhandene Gold zwar durch frisch bereitetes Chlorwasser, welches vollkommen frei von Chlorwasserstoffsäure ist, in Goldchlorid verwandeln, und als solches extrahiren; sind aber in der gerösteten Substanz doch noch Schwefel- und Arsenmetalle in geringer Menge zu finden, so wendet man zweckmässiger das Chlor in Gasform an, und berücksichtigt dabei folgende Bedingungen, unter welchen die Extraction des Goldes vollkommen geschehen kann.

1) Ist darauf zu sehen, dass die zu behandelnde Substanz möglichst frei von eingemengtem metallischem Eisen (z. B. Abgang von Pochstempeln) sei, wovon man sich leicht mit dem Magnetstabe überzeugen kann; findet man dergleichen Eisentheile, so müssen sie ausgezogen werden.

2) Wird eine sorgfältige Röstung des fein zertheilten Erzes oder Produktes vorausgesetzt, damit so wenig wie möglich unzersetzte Schwefel- und Arsenmetalle vorhanden sind.

3) Muss das Chlorgas, welches in das befeuchtete, geröstete Erz oder Produkt geleitet wird, frei von Chlorwasserstoffsäure sein, weil dieselbe nicht allein vorhandene Metalloxyde leicht auflöst, sondern auch bei Gegenwart von Schwefeleisen etc. zur Entwickelung von Schwefelwasserstoffgas Veranlassung giebt, welches auf schon gebildetes Goldchlorid und selbst auch schon auf das zuströmende Chlorgas nachtheilig einwirkt, indem sowohl Gold als Schwefelgold ausgefällt, als auch Chlorgas absorbirt wird, und daher nur wenig Gold extrahirt werden kann. Das Chlorgas muss deshalb, ehe es in das befeuchtete, geröstete Erz oder Produkt geleitet werden kann, erst von aller gasförmigen Chlorwasserstoffsäure befreit werden. Man führt demnach die Extraction des Goldes auf folgende Weise aus.

Man bringt in einen Glascylinder A, der nachstehenden Figur 80. (S. 547), welcher circa 200—250 Millim. hoch und 60 Millim. weit ist, und an der Seite, nahe am Boden, einen 18—20 Millim. weiten Hals hat, eine Schicht kleiner Quarzstücke, die bis über den so eben erwähnten Hals reichen; auf diese Schicht schüttet man eine dünne Schicht groben, und auf diese noch eine Schicht klaren Quarzsand, so dass auf diese Weise ein Filtrum gebildet wird. Hierauf trägt man das geröstete und mit Wasser befeuchtete Erz oder Produkt ein, jedoch so, dass es möglichst locker liegt; verschliesst den Cylinder oben mit einer Kautschukkappe, in welcher man eine zwei Mal unterm rechten Winkel gebogene Glasröhre befestigt hat, und setzt ihn durch diese Glasröhre mit einem andern Glascylinder B, in dem sich zusammengerolltes, steifes Löschpapier (oder auch Hobelspähne) befindet, welches man später mit Spiritus befeuchtet, in Verbin-

---

*) In Ermangelung eines hierzu passenden, tragbaren Zugofens kann man auch einen geräumigen, etwa 0,8 Meter hohen Graphittiegel anwenden, wie dergleichen zum Schmelzen von Metallen gebraucht werden, in welchen man an der Seite, nahe am Boden, eine circa 7 Centimeter in's Quadrat betragende Oeffnung, so wie auch oben am Rande mehrere kleine Oeffnungen einschneidet, und in den Tiegel selbst einen passenden eisernen Rost legt.

Fig. 80.

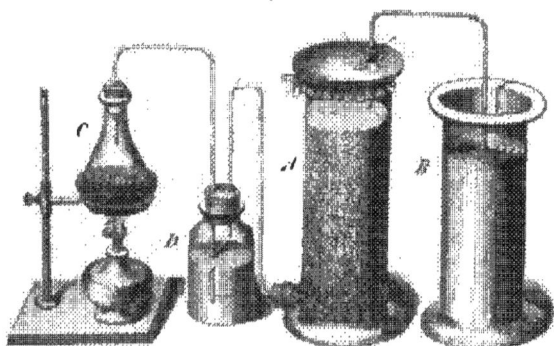

dung. (Jede der Glasröhren lässt man am besten aus 2 Theilen bestehen und verbindet sie durch Kautschuk). Zur Darstellung der z. B. für 500 Grammen gerösteten Erzes nöthigen Menge von Chlorgas bringt man in einen Glaskolben C. 10 Grammen fein geriebenen Braunstein (Mangansuperoxyd), 4 Grammen gewöhnliche Salzsäure und 10 Grammen Schwefelsäure, die man vorher mit gleichviel Wasser verdünnt hat; stellt den Glaskolben, nachdem sein Inhalt durch Schwenken gehörig gemischt worden ist, auf ein kleines Sandbad, welches durch eine einfache Spirituslampe erwärmt werden kann, und verbindet ihn, auf bekannte Weise mit Hülfe eines Korkes, durch eine Glasröhre mit einem Waschgefäss D. Dieses Gefäss besteht in einer Glasflasche mit weitem Halse, die bis über die Hälfte mit reinem Wasser gefüllt und mit einem Kork geschlossen ist. Aus diesem Waschgefäss lässt man das Chlorgas, welches seinen Gehalt an Chlorwasserstoffsäure an das Wasser abgegeben hat, durch eine zweckentsprechend gebogene Glasröhre in den Cylinder A treten, wie aus der Zeichnung hervorgeht. Ist der ganze Apparat, bis auf die nahe über dem Boden des Cylinders B endigende, offene Glasröhre, überall luftdicht verschlossen, so kann man die Extraction des Goldes sogleich im Arbeitszimmer vornehmen, ohne eine Spur von Chlorgas durch den Geruch zu bemerken; weil, wenn man das überschüssige Chlorgas aus dem Cylinder A in den Cylinder B treten lässt, in welchem letzteren man das darin befindliche zusammengerollte Papier oder die Hobelspähne stark mit Spiritus befeuchtet hat, sich Chloral und Salzsäure bilden, welche durchaus nicht belästigen.

Anfangs erhitzt man das im Glaskolben befindliche Gemisch nur ganz schwach, damit die Gasentwickelung nicht zu lebhaft erfolgt, später aber etwas stärker. Man sieht ganz deutlich, wie das Chlorgas im Glascylinder A absorbirt wird, wie bei einem merklichen Gehalte an Gold die Farbe des gerösteten Erzes oder Produktes sich etwas verändert, wie das Gas endlich in dem leeren Theile des Cylinders mit seiner gelblichen Farbe zum Vorschein kommt, und wie dasselbe in den Cylinder B übergeht. Je weniger umsersetzte Schwefel- oder Arsenmetalle in der gerösteten Substanz vorhanden sind, um so schneller zeigt sich das Chlorgas über derselben; je bedeutender aber eine solche Beimengung ist, um so später gelangt es auch daselbst an, und man bemerkt am Glascylinder eine nicht unbedeutende Wärmeentwickelung. Obgleich schon alles, im metallisch fein zertheilten Zustande, vorhandene Gold in Goldchlorid umgeändert ist, wenn das Chlorgas in dem leeren Theile des Cylinders zum Vorschein kommt, so ist dies aber noch keineswegs der Fall mit demjenigen Golde, welches in den bei der Röstung noch unzersetzt gebliebenen Theilen enthalten ist. Man muss daher das Chlorgas wenigstens noch 1 Stunde lang durch das feuchte Pulver hindurch gehen lassen, ehe man die Extraction als beendigt betrachten und den Apparat auseinander nehmen kann. (Dass man dabei zuerst den Kork des Glaskolbens C lüftet, damit nach Entfernung der Spirituslampe kein Wasser zurücktreten kann, ist als bekannt vorauszusetzen).

Ist der Apparat auseinander genommen, so stellt man den Glascylinder A auf einen hinreichend hohen Untersetzer, verschliesst den über dem Boden des Cylinders befindlichen Hals mit einem Kork, durch welchen eine kurze enge, abwärts gebogene Glasröhre geht, setzt ein Becherglas unter und wäscht, durch behutsames Aufgiessen kleinerer Quantitäten heissen Wassers, das Goldchlorid und die vielleicht noch weiter gebildeten, in Wasser auflöslichen Chloride aus, wobei man zuletzt den Cylinder stark neigt, damit am Boden keine Chloride zurückbleiben*). Die Flüssigkeit versetzt man zuerst mit Chlorwasserstoffsäure und hierauf, zur Ausfällung des Goldes, mit einer Auflösung von Eisenvitriol in hinreichender Menge, rührt mit einem Glasstabe stark um und lässt das Ganze so lange stehen, bis sich alles Gold abgesetzt hat, was, wenn man die Flüssigkeit warm stellt, in kurzer Zeit geschieht. Das ausgeschiedene Gold sammelt man auf einem Filter, wäscht es mit Wasser aus, und trocknet es sogleich mit dem Filter in einem Porcellanschälchen über der Lampenflamme. Ist das Filter trocken, so verbrennt man es in einem Platinschälchen (S. 25) über der Spirituslampe bei Zutritt von atmosphärischer Luft, vermengt den Rückstand sogleich im Schälchen mit 1 bis 2 Ctm. Prohirblei und ein wenig Borazglas, schliesst das Ganze in einen Sodapapiercylinder ein, und schmelzt es auf Kohle oder in einem Kohlentiegel, wie eine quantitative Silberprobe im Reductionsfeuer zusammen. Das goldhaltige Blei treibt man ab, und wiegt das dabei zurückbleibende Goldkorn aus, oder bestimmt sein Gewicht auf dem Masstabe. — Hat man nun z. B. 200 Grammen rohes kiesiges Erz zur Probe verwendet, die 2000 Löthrohrprobircentner anzuwaschen, so braucht man nur das auf der Wage oder auf dem Masstabe bestimmte Gewicht des Goldkornes durch 2000 zu dividiren, um den Gehalt in 1 Centner des zur Untersuchung gekommenen Erzes zu erfahren. — In der Regel ist das auf diese Weise ausgebrachte Gold frei von Silber, weil das Chlorsilber, welches sich bei der Behandlung der gerösteten Substanz gleichzeitig mit bildet, in reinem Wasser nicht auflöslich ist. War dagegen die Substanz nicht gut geröstet, so dass sich noch andere Chloride in ziemlicher Menge bilden konnten, so entsteht beim Auswaschen des mit Chlorgas behandelten Pulvers mit Wasser anfangs eine concentrirte Lösung, in welcher das gebildete Chlorsilber nicht ganz unlöslich ist und man daher Chlorsilber mit in die Lösung bekommt, welches sich, trotz dem, dass die Flüssigkeit immer mehr und mehr mit Wasser verdünnt wird, nur höchst langsam vollständig ausscheidet. In diesem Falle kann das ausgebrachte Gold ein wenig Silber enthalten, und muss daher noch einer besonderen Scheidung unterworfen werden, wie sie weiter unten bei den Metalllegirungen beschrieben werden soll.

Ein anderes Verfahren, welches jeder Probirer, dem Muffel- und Zugöfen zur Disposition stehen, zur Bestimmung des Goldgehaltes irgend eines Erzes oder Produktes, sobald er mit dem Gebrauch des Löthrohrs hinreichend bekannt ist, anwenden kann, ist folgendes: Ist die Substanz sehr arm an Silber und Gold, so muss man von derselben bei dem Verfahren unter der Muffel, um schliesslich das Goldkorn auswiegen zu können, gegen 3 bis 4 Pfund zu derselben zur Probe verwenden. Man kommt aber mit einer weit geringeren Quantität ebenfalls, und sogar oft noch genauer zum Ziele, wenn man zuletzt das Löthrohr mit zu Hülfe

*) Sollte der Hals im Glascylinder zu weit vom Boden entfernt sein, so kann man diesen Theil vor dem Einlegen der Quarzstücke erst durch Einschmelzen von Pech ausfüllen.

nimmt. Man verfährt dabei auf folgende Weise: Zuerst scheidet man sich nach irgend einer, jedem Probirer bekannten Methode das in 20 oder 30 Probircentnern (oder etwa 75 bis 120 Gramm) betreffenden Erzes oder Produktes befindliche goldhaltige Silber aus, und zwar entweder durch Ansieden auf Probirscherben in der Muffel, Concentration der Werke auf Probirscherben und Abtreiben des bei der Concentration übrig gebliebenen Werkbleies auf einer Kapelle; oder durch Rösten des Erzes oder Produktes, Schmelzen der gerösteten Substanz mit alkalischen Flussmitteln, Bleiglätte oder Probirblei und andern Zuschlägen in Thontiegeln oder grossen Probirtuten, Concentration des dabei erlangten silber- und goldhaltigen Bleies auf Probirscherben in der Muffel und Abtreiben des dabei zurückbleibenden, an Silber und Gold angereicherten Bleies auf der Kapelle. Das goldhaltige Silberkorn, welches das in der zugesetzten Glätte oder im Probirblei befindlich gewesene Silber mit enthält, wiegt man zuerst auf der Wage nach dem gewöhnlichen Probirgewicht aus, und berechnet nach Abzug des der Glätte oder dem Probirblei angehörigen Silbers (welches man entweder schon aus Erfahrung kennt, oder durch eine besondere Concentrationsprobe erst ausgemittelt hat), wie viel in 1 Centner des betreffenden Erzes oder Produktes goldhaltigen Silber enthalten ist. Hierauf wiegt man das ausgeschiedene Metallkorn nach dem Löthrohrprobirgewicht aus, bringt den Betrag des in der Glätte oder im Probirblei befindlich gewesenen Silbers, der sich aus der Vergleichung des gewöhnlichen Probirgewichtes mit dem Löthrohrprobirgewicht sehr leicht ergiebt, in Abzug, scheidet das Silber vom Golde nach dem so eben folgenden Verfahren, bestimmt das Gewicht des geschiedenen Goldes auf dem Massstabe und berechnet, wie viel Gold im Erz sowie in 1 Mark Silber enthalten ist.

B. Metall-Verbindungen,

und zwar:

a) die nur aus Gold und Silber bestehen, auf Gold zu probiren.

Hierher gehört das gediegene Gold, das mit Silber legirte Gold und das bei der Probe goldhaltiger Mineralien, Erze und Produkte ausgeschiedene silberhaltige Gold oder goldhaltige Silber.

Auf trocknem Wege giebt es kein sicheres Mittel, eines von diesen beiden Metallen leicht aufzulösen oder zu verschlacken, und dadurch das andere metallisch rein und ohne Verlust abzuscheiden, sondern man ist, wie bei der merkantilischen Probe, auch bei der Löthrohrprobe genöthigt, die Scheidung durch Salpetersäure vorzunehmen.

Bei einer solchen Scheidung darf aber das Verhältniss des Silbers zum Golde in der Legirung nicht unter 2,5 : 1 kommen, weil sonst keine oder nur eine sehr unvollkommene Auflösung des Silbers stattfindet. Deshalb hat man vor der Scheidung erst auszumitteln, mit was für einem Gemische man es zu thun hat; ob nämlich der Goldgehalt über dieser Gränze ist, weil man im letztern Falle die fehlende Silbermenge zusetzen muss.

Bei der Muffelprobe bedient man sich wohl der Probirnadeln. Bei der Löthrohrprobe, wo man es mit sehr kleinen Quantitäten zu thun hat, sind sie zwar nicht wesentlich nothwendig; indessen gewähren wenigstens einige vorräthige Legirungen von bekannter Zusammensetzung nebst einem dazu gehörigen kleinen Probirstein (S. 63), sobald man öfters Goldproben zu fertigen hat, vielen Vortheil. Enthält das Gold nur 2 Procent Silber, so ist die Farbe licht messinggelb; und enthält es 60 Procent Silber, so ist gar keine gelbe Färbung mehr wahrzunehmen. Aus dieser mehr oder weniger gelben Farbe des Metallgemisches lässt sich die ungefähre Zusammensetzung, so wie auch die noch nöthige Silbermenge abschätzen, welche zu Ergänzung des erforderlichen Verhältnisses zugesetzt werden muss. Genauer lässt sich allerdings die Zusammensetzung aus dem Strich auf dem Probirstein erkennen.

Hat man gediegen Gold, welches eine messinggelbe Farbe besitzt, auf feines Gold zu probiren, so lässt sich schon vermuthen, dass der Silbergehalt nicht bedeutend sei; in diesem Falle wiegt man sich je nach der zur Disposition stehenden Probemenge 50 bis 80 Milligr. ab und schmelzt diese mit der 2,5fachen Menge goldfreien Silbers, welches man sich, der Vorsicht halber, aus Hornsilber reducirt hat, neben ein wenig Boraxglas auf Kohle in der Reductionsflamme zusammen. Hat man ein sehr lichtes messinggelbes Gold, so ist dies ein Beweis, dass der Silbergehalt nicht ganz unbedeutend ist. In diesem Falle schmilzt man die abgewogene Quantität nur mit der zweifachen Menge Silber zusammen.

Von den Verbindungen des Goldes mit Silber, die eine ganz silberweisse Farbe besitzen und vielleicht aus 40 Gold und 60 Silber bestehen, kann man den Silbergehalt nicht taxiren; man ist deshalb genöthigt, die abgewogene Menge mit der reichlichen Hälfte goldfreien Silbers zusammenzuschmelzen.

Beim Zusammenschmelzen der Legirung mit Silber neben Borax muss man darauf bedacht sein, dass sich das Gold im Silber ganz gleichmässig vertheile und deshalb das Metallkorn eine längere Zeit im flüssigen Zustande erhalten, während man die Reductionsflamme nur allein auf die Boraxglasperle wirken lässt.

Die aus Mineralien oder den eigentlichen Golderzen durch die Probe erzeugte Verbindung von Gold und Silber ist gewöhnlich reicher an Gold als an Silber; deshalb ist man auch hier genöthigt, ein solches Korn mit seinem 2,5fachen Gewichte goldfreien Silbers zusammenzuschmelzen. Was hingegen das aus güldischen Silbererzen oder Kiesen oder steinigen Hüttenprodukten durch die Probe ausgebrachte Gemisch von Silber und Gold betrifft, so ist dies gewöhnlich so beschaffen, dass das Gold darin noch lange nicht den dritten bis vierten Theil ausmacht. Darum hat man auch nicht nöthig, einem solchen Gemische noch Silber zuzusetzen.

Will man im gediegen Golde oder in einer künstlichen

Legirung von Gold und Silber den Silbergehalt mit bestimmen,
so muss man das zur Probe abgewogene Metallgemisch, ehe
man es mit Feinsilber zusammenschmelzt, erst mit 1 bis 2 Centnern Probirblei abtreiben, um eine geringe Beimischung von
leicht oxydirbaren Metallen, wie z. B. Eisen oder Kupfer, zu
entfernen, das Metallkorn nach dem Abtreiben wieder auswiegen und den Silbergehalt, nachdem das Gewicht des geschiedenen Goldes bestimmt ist, aus der Differenz berechnen.
Soll hierbei auf den Kapellenzug Rücksicht genommen werden, den das Silber beim Abtreiben erleidet, so muss alle
Glätte und auch derjenige Theil der Kapelle, welcher von
Bleioxyd durchdrungen ist, auf Kohle mit einem Zusatz von
Soda und Boraxglas reducirt, das reducirte Blei abgetrieben,
das Gewicht des zurückbleibenden Silberkörnchens auf dem
Maassstabe bestimmt, und mit zu demjenigen Silber gerechnet
werden, welches sich nach Abscheidung des Goldes aus der
Differenz ergiebt.

Das zu scheidende Metallgemisch plattet man zwischen
Papier auf dem Amboss etwas aus, damit es mehr Oberfläche
bekommt, erhitzt es darauf auf Kohle mit einer schwachen
Löthrohrflamme bis zum Glühen, um ihm die durch das Ausplatten beigebrachte Dichtheit wieder zu nehmen, und biegt
es zu einem Röllchen. Bei sehr kleinen Körnern unterlässt
man natürlich diese Vorbereitung. Man legt es hierauf in
ein kleines Porcellangefäss (S. 51, Fig. 61) und übergiesst es
darin mit chemisch reiner, mässig starker Salpetersäure, und
zwar mit mehr, als zur Auflösung des ganzen Silbers nöthig
ist, damit noch freie Säure übrig bleibt, setzt das Gefäss
über die nicht zu starke freie Löthrohrlampenflamme auf das
Drahtgitter D Fig. 8, S. 10 und überdeckt es mit einem Uhrglase, um nicht unnöthiger Weise das Zimmer mit Säure-
dämpfen anzufüllen. Durch die Erwärmung der Säure geschieht die Auflösung des Silbers sehr leicht. Das Gold bleibt
metallisch und von schwärzlicher Farbe zurück und kann
durch das Uhrglas deutlich gesehen werden; bei bedeutenden
Goldgehalten behält das Gold die Gestalt des in die Scheidung
genommenen Metallgemisches, bei geringerem Gehalte aber zertheilt es sich in mehrere Theile.

Sobald sich bei der Behandlung mit Salpetersäure keine
gelben Dämpfe mehr entwickeln, rückt man die Flamme dem
Gefässe etwas näher und erhitzt die Säure bis zum mässigen
Kochen. Hat sich dieselbe ein Paar Minuten in diesem Zustande befunden, so rückt man das Drahtgitter mit dem Gefässe zur Seite und lässt letzteres so weit abkühlen, bis man
es mit den Fingern fassen kann und giesst die Auflösung des
Silbers von dem am Boden liegenden Golde mit Hülfe eines
Glasstäbchens behutsam ab. Um bei einer goldreichen Legirung ganz sicher zu gehen, dass auch alles Silber vollkom-

mon abgeschieden werde, muss man das zurückgebliebene Gold noch mit einer neuen Quantität Salpetersäure kochen. Ist die Auflösung des Silbers abgegossen, so füllt man das Gefäss halb voll destillirtes Wasser, setzt das Gefäss wieder auf das Drahtgitter über die Flamme und bringt es zum Kochen, giesst hierauf ab und wiederholt dieses Auswaschen noch mehrmals, besonders wenn der Goldgehalt bedeutend ist*) Nachdem das letzte Auswaschwasser vom Golde abgegossen, lässt man das Gold im Gefäss über der Lampenflamme völlig trocken werden.

Ist die Menge des zurückgebliebenen trockenen Goldes nicht bedeutend und befindet sich dasselbe, wie es eben bei geringen Gehalten am häufigsten der Fall, in einem fein zertheilten Zustande, so ist es gerathener, dasselbe sogleich im Porcellangefäss mit ungefähr 1 Ctnr. Probirblei und ein wenig Boraxglas zu vermengen, dieses Gemenge zuerst in die Mengkapsel, hierauf in einen Sodapapiercylinder zu schütten und das Ganze auf Kohle mit einer nicht zu starken Reductionsflamme zusammenzuschmelzen. Nach vollständig erfolgter Schmelzung und nach dem Erkalten trennt man das göldische Werkblei durch sehr behutsames Klopfen mit dem Hammer zwischen Papier auf dem Ambosse von dem Glase und treibt es auf einer gut ausgeglühten Kapelle, die aus gesiebter und geschlämmter Knochenasche hergestellt worden ist, sogleich fein.

Man hat hierbei zu berücksichtigen, dass das Gold mit dem Bleie ein sprödes Metallgemisch giebt, sobald die Menge des Goldes zu der des Bleies nicht unbedeutend ist, und darf daher ein solches Werkblei auch nicht stark klopfen oder drücken, weil man sonst leicht durch Zerbrechen desselben Verlust erleiden kann. Das beim Abtreiben zurückbleibende Goldkorn wird, wenn es schwer genug ist, auf der Wage ausgewogen, oder, wenn es zu klein ist, auf dem Maassstabe gemessen (s. S. 40).

Ist die Masse des bei der Scheidung zurückgebliebenen Goldes bedeutender, so kann man dasselbe in den Platinlöffel oder in ein Thontiegelchen (S. 28 schütten und darin glühen. Das Glühen im Platinlöffel geschieht in der Spitze der freien Spiritusflamme; bedient man sich eines Thontiegels, so setzt man denselben, wie es bei der quantitativen Bleiprobe beschrieben, in eine Kohlenhalterkohle ein und giebt kurze Zeit

---

*) Die Auflösung des Silbers zersetzt man durch Zusatz von Salzsäure, wäscht das ausgefallte Chlorsilber gut aus, trocknet es und bewahrt es auf, bis man noch mehr dergleichen gewinnt. Die Zugutemachung geschieht dann so, dass man das Chlorsilber in ein kleines Porcellangefäss legt, mit Wasser übergiesst, dem etwas Chlorwasserstoffsäure zugesetzt worden, und es durch ein aufgelegtes Stückchen reines Zink zu metallischem Silber reducirt, welches man nach gutem Auswaschen mit Wasser auf Kohle neben ein wenig Borax im Reductionsfeuer zur Kugel vereinigt.

eine nicht starke Rothglühhitze, wobei man jedoch den Tiegel
wie die Kohlenhalterkohle unbedeckt lässt. Das geglühte
Gold, welches zusammengebacken und von lichter Goldfarbe
erscheint, wird ausgewogen.

An manchen Orten bestimmt man (wie bereits S. 41 erwähnt, den
Goldgehalt eines Erzes nach Grän (1 Loth = 18 Grän). Die Tabelle
S. 41 giebt für die zum Messen geeigneten Körner auch zugleich die An-
zahl der Grän an. Will man den Goldgehalt nach Grän in 1 Mark einer
Legirung wissen, so darf man nur, da 1 Ctnr. in 230 Mark eingetheilt
wird, den Gehalt nach Grän pro Ctnr. durch 230 dividiren. Auch wiegt
man das Gold mehrfach nach dem Karatgewicht aus und zwar wird eine
Cölnische Mark in 24 Karat und ein Karat in 12 Grän getheilt.

Gesetzt man hätte aus 30 Milligr. einer Legirung 25,5 Milligr. Gold
erhalten, so sind dies 85 p. c. Gold, oder in einer Mark dieser Legirung
sind 85 : 25,5 = 24 : x = 20,4 Karat, d. i. 20 Karat 4,8 Grän Gold enthalten. —

Hat man aus Erzen, Mineralien oder Hüttenprodukten, die mehr Silber als Gold enthalten, den Goldgehalt geschieden, so fragt es sich:

1) Wie viel enthält 1 Ctnr. der untersuchten Substanz Loth oder Procent Gold?
2) Wie viel enthält 1 Mark des in dieser Substanz befindlichen Silbers
Grän Gold?

Die erste Frage ergiebt sich einfach durch Division des auf der Wage
oder auf dem Massstabe gefundenen Gehaltes nach Lothen oder Procenten durch die Anzahl Centner Erz etc., welche man zur Probe auf Gold
verwendet hat.

Die zweite Frage, wie viel in 1 Mark des nach dem Ansieden und
Abtreiben mit dem Golde zugleich ausgebrachten Silbers Grän Gold enthalten seien, lässt sich auf folgende Weise beantworten: Man habe z. B.
aus 15 Centnern Erz 5,5 Milligr. — 12 Mark goldisches Silber, ausgebracht
und nach der Scheidung 0,336 Loth Gold darin gefunden, so sind, da
1 Loth = 18 Grän ist, folglich 0,336 Loth = 6,048 Grän ausmachen, in

$$1 \text{ Mark } \frac{6,048}{12} = 0,504 \text{ Grän Gold enthalten.}$$

Hat man aus irgend einem Erze das Gold durch Chlor extrahirt, wobei das Silber als Chlorsilber im Erze zurückbleibt, so muss man den
Silbergehalt des rohen Erzes durch eine doppelte Löthrohrprobe auf goldisches Silber besonders ausmitteln, und herrechnen, wie viel auf 1 Mark
dieses Silbers Gold kommt. Man hätte z. B. durch eine doppelte Löthrohrprobe gefunden: 1) dass in 1 Centner rohen Erzes 0,5 Loth goldisches
Silber enthalten sei, und 2) dass sich aus 2000 Grammen = 2000 L.P.Centnern
desselben Erzes nach der Röstung durch Chlor 1,34 Loth Gold extrahiren
liessen: so würden in diesen 2000 Centnern Erz 2000 . 0,5 = 1000 Loth
Silber incl. 1,34 Loth = 24,12 Grän Gold enthalten sein. Da nun 1000 Loth

$$\frac{1000}{16} = 62,5 \text{ Mark betragen, so sind in 1 Mark Silber } \frac{24,12}{62,5} = 0,388 \text{ Grän Gold enthalten.}$$

*b) Metallverbindungen, die ausser Gold und Silber noch andere Metalle,
namentlich Kupfer, Platin, Iridium, Palladium oder Rhodium enthalten,
auf Gold zu probiren.*

Hierher ist 1) das mit Kupfer und Silber zugleich legirte Gold zu rechnen.

Von einer solchen Legirung wiegt man sich 30 bis 50 Milligr.
zur Probe ab, schmelzt die abgewogene Menge nach dem un-

geführten Gehalte an Kupfer, mit 3,5 bis 8 Centnern Probirblei auf Kohle unter einer Boraxglasdecke mit Hülfe einer
guten Reductionsflamme zusammen und treibt das gebildete
Werkblei wie ein anderes kupferhaltiges Werkblei (S. 526)
ab. Das Kupfer wird hierbei mit dem Bleie gleichzeitig
oxydirt und das Gold bleibt mit dem Silber zurück. Sollte
sich jedoch nach dem Feintreiben das silberhaltige Goldkorn
wegen einer noch geringen Beimischung von Kupfer nicht
fein genug zeigen, so muss man es mit 1 Centner Probirblei
sogleich auf der Kapelle zusammenschmelzen und auf einer
freien Stelle derselben nochmals feintreiben.

Will man ausser dem Gehalt an Gold gleichzeitig auch
den Gehalt an Silber mit bestimmen, so wiege man jetzt das
feine silberhaltige Goldkorn nach dem Löthrohrprobirgewichte
genau aus. Die Scheidung des Silbers vom Golde unter-
nehme man aber nach der oben gegebenen Anleitung..

Dass beim Abtreiben einer solchen Legirung auch Silberverlust durch Kapellenzug stattfindet, muss zugegeben werden;
dieser Verlust lässt sich aber ausmitteln, wenn, wie schon
S. 551 angeführt wurde, die beim Abtreiben entstandene
Glätte und die mit Bleioxyd durchdrungene Knochenasche
auf Kohle mit einem Zusatz von Soda und Boraxglas reducirt und das reducirte Blei abgetrieben wird.

Hätte man z. B. von einer Legirung, aus Gold, Silber und Kupfer
bestehend, 40 Milligr. zur Probe eingewogen, daraus nach dem Abtreiben
ein silberhaltiges Goldkorn erhalten, welches 28 Milligr. wiegt, und von
diesem wieder 20 Milligr. Gold geschieden, so würde diese Legirung bestehen aus:

    40 — 28 = 12 Theilen Kupfer,
    28 — 20 = 8   „   Silber } in 40 Theilen;
           20   „   Gold }

oder die Mark aus:

   40 : 12 = 16 : 4,8 Loth = 7,2 Karat Kupfer,
   40 : 8 = 16 : 3,2   „   = 4,8   „   Silber und
   40 : 20 = 16 : 8,0   „   = 12,0   „   Gold
              16,0 Loth — 24,0 Karat.

2) Gehören hierher: die Legirungen des Goldes mit Platin, ferner mit Platin und Silber und mit Platin, Silber und
Kupfer.

a) Gold und Platin. Die Scheidung des Platins vom
Golde geschieht, wenn der Gehalt an Platin bedeutend ist,
am besten dadurch, dass man 30 bis 50 Milligr. der Legirung
in einem Probirglase durch Unterstützung von Wärme in Königswasser (3 Theile Chlorwasserstoffsäure und 1 Theil Salpetersäure) auflöst, dieser Auflösung eine Auflösung von Chlorammonium zusetzt, das Ganze in einem Porcellanschälchen über
der Spiritusslampe bei mässiger Temperatur so weit abdampft,
bis das zurückbleibende Salz trocken erscheint, ohne dass
schon eine theilweise Zersetzung stattgefunden hat, und den
Rückstand mit 75- bis 80grädigem Spiritus so lange auf einem

kleinen Filtrum wäscht, bis sich ein neuer Zusatz von Spiritus nicht mehr gelb färbt. Das Gold löst sich hierbei auf und kann aus der mit etwas Wasser versetzten Flüssigkeit, nachdem der in derselben befindliche Alkohol durch Verdampfen entfernt worden ist, entweder durch eine Auflösung von Eisenvitriol oder durch eine Auflösung von Antimonchlorür in der Wärme metallisch ausgefällt und, nachdem es sich vollständig abgesetzt hat, abfiltrirt werden. Das Filtrum mit dem Golde legt man auseinander, trocknet es auf einem Porcellanschälchen über der Lampenflamme, legt es wieder zusammen, fasst es am Rande mit der Pincette und verbrennt es über dem Achatmörser zu Asche oder Kohle. Den kohligen Rückstand mit dem eingemengten Golde vermengt man vorsichtig mit etwa 50 Milligr. Boraxglas, schliesst dieses Gemenge in einen Sodapapiercylinder ein und schmelzt das vertheilte Gold auf Kohle im Oxydationsfeuer zum Korne, wobei sich die Asche vom Filtrum verschlackt. Das feine Goldkorn trennt man hierauf zwischen Papier auf dem Amboss von dem anhängenden Boraxglas und wiegt es aus.

Da man es indessen selten mit einer solchen Legirung zu thun hat, in welcher viel Platin enthalten ist, so kommt eine derartige, ziemlich viel Zeit erfordernde Scheidung auch nur selten vor. Oefter kann aber der Fall eintreten, dass man ein platinhaltiges Gold auf Feingold zu probiren hat, welches nur eine geringe Menge von Platin enthält.

Bei einem solchen Golde geschieht die Scheidung des Platins durch Salpetersäure, indem man 30 bis 50 Milligr. desselben mit dem 3fachen Gewichte chemisch reinen Silbers neben Boraxglas nach den oben (S. 550) angegebenen Vorsichtsmassregeln zusammenschmelzt und die Legirung, nachdem man dieselbe möglichst dünn ausgeplattet, geglüht und zu einem Röllchen gebogen hat, in einem kleinen Porcellangefäss nach dem bereits (S. 551) beschriebenen Verfahren ein Paar Mal mit Salpetersäure behandelt; wobei, wenn man das Kochen etwas länger fortsetzt als bei einer Legirung, die frei von Platin ist, sich mit dem Silber gleichzeitig auch das Platin auflöst und das Gold entweder rein zurückbleibt, sobald der Gehalt an Platin nur gering ist, oder noch ein wenig Platin enthält, wenn der Gehalt desselben schon gegen 10 Procent beträgt. Im ersten Falle kocht man das Gold mit destillirtem Wasser aus, wäscht es noch ein Paar Mal mit kaltem Wasser ab, trocknet und glüht es im Platinlöffel über der Spirituslampe und wiegt es aus. Im zweiten Falle hingegen muss man das zurückgebliebene Gold, welches nach dem Auswiegen und Zusammenschmelzen neben ein wenig Borax auf Kohle keine reine Goldfarbe zeigt, noch ein Mal mit dem 3fachen Gewichte chemisch reinen Silbers zusammenschmelzen und einer zweiten Scheidung mittelst Salpetersäure

unterwerfen, damit **das** noch vorhandene Platin **völlig abgeschieden** werde.

β) G o l d , P l a t i n u n d S i l b e r . Enthält das Gold ausser
Platin auch etwas Silber, auf dessen Gehalt weiter keine Rücksicht genommen werden soll, so verfährt man ganz nach dem
zuletzt angegebenen Verfahren. Hat man dagegen die Absicht, den Gehalt an Silber gleichzeitig mit zu bestimmen, so
ist man genöthigt, das Silber erst durch Schwefelsäure auszuziehen. Soll dies nun mit hinreichender Genauigkeit geschehen, so muss nach Chaudet die Legirung auf 1 Theil
Gold und Platin wenigstens 1¼ oder nur höchstens 2 Theile
Silber enthalten; weil bei einem grösseren Silbergehalte sich
schon etwas Platin mit aufzulösen scheint. Fehlt es der Legirung an Silber, so muss man eine genau abgewogene Menge
Feinsilber zusetzen, und fehlt es ihr an Gold, so ist man genöthigt, dieselbe mit Feingold zusammenzuschmelzen, um das
erforderliche Verhältniss zwischen den genannten Metallen zu
erlangen. Hat man von der zu probirenden Legirung 30 bis
50 Milligr. abgewogen und dieselben durch Zusammenschmelzen mit Silber oder Gold neben Boraxglas auf Kohle auf das
erforderliche Verhältniss gebracht, wie es eben angegeben
wurde, hiernach das geschmolzene Metallkorn möglichst dünn
ausgeplattet, geglüht, zu einem Röllchen gebogen und es noch
einmal zur Ueberzeugung, dass man keinen mechanischen
Verlust erlitten habe, auf die Wage gelegt, so übergiesst man
es in einem kleinen Porcellangefäss mit concentrirter Schwefelsäure und bringt dieselbe über der Spirituslampe zum Sieden. Nach einem 10 Minuten langen Sieden unter einer gut
ziehenden Esse lässt man das Porcellangefäss etwas abkühlen,
giesst die saure Flüssigkeit, welche schwefelsaures Silberoxyd
enthält, von der rückständigen, porös gewordenen Metallverbindung ab und siedet von Neuem mit concentrirter Schwefelsäure noch etwa 5 Minuten lang, worauf die Trennung des
Silbers vom Golde und Platin beendigt ist. Das rückständige
Röllchen kocht man mit destillirtem Wasser **aus**, trocknet,
glüht und wiegt es; die Differenz giebt dann **das** Gewicht
des Silbers.

Die zurückgebliebenen Metalle von Gold und Platin
schmelzt man mit 3 Theilen chemisch reinen Silbers neben
Boraxglas auf Kohle zusammen und scheidet das Gold **nach**
der oben angegebenen Methode mittelst Salpetersäure.

γ) G o l d , P l a t i n , S i l b e r u n d K u p f e r . Enthält die
Legirung von Gold, Platin und Silber auch noch Kupfer, so
muss man dasselbe durch Abtreiben der Legirung mit reinem
Blei, wie es oben (S. 554) angegeben ist, erst trennen. Bringt
man wegen eines zu hohen Platingehaltes das Gold nicht fein,
so scheidet man den Rest des Bleies durch Borsäure auf Kohle
ab, und zwar auf dieselbe Weise, wie es bei den qualitativen

Proben (S. 412) angegeben ist, wobei jedoch vorausgesetzt wird, dass schon alles Kupfer auf der Kapelle entfernt worden sei. Hierauf folgt die Abscheidung des Silbers mittelst Schwefelsäure, und auf diese die Trennung des Platins vom Golde, wie oben.

3) Ist in diese zweite Abtheilung der Metallverbindungen das Iridium enthaltende Gold zu rechnen.

Ein im Golde befindlicher Gehalt an Iridium kann sehr leicht dadurch aufgefunden und entfernt werden, dass man die Legirung mit Königswasser behandelt, wobei das Gold aufgelöst wird, das Iridium aber als ein schwarzes Pulver zurückbleibt. Ist die Zersetzung erfolgt, so verdünnt man die Auflösung des Goldes mit Wasser, filtrirt und süsst das rückständige Iridium gut aus. Das in der Auflösung befindliche Gold fällt man nach S. 554 entweder durch Eisenvitriol oder durch Antimonchlorür mit Anwendung von Wärme metallisch aus und bestimmt es, wie dort angegeben, weiter.

War die Legirung nicht frei von Kupfer, so muss dasselbe erst durch Abtreiben mit 3 bis 5 Theilen Probirblei auf der Kapelle geschieden und das Iridium enthaltende Gold, wenn es durch blosses Abtreiben auf der Kapelle nicht fein wird, noch mit Borsäure auf Kohle behandelt werden, um jede Spur von Blei zu entfernen.

4) **Palladium enthaltendes Gold.** Da sich das Palladium bei Gegenwart einer hinreichenden Menge Silbers vom Golde durch Salpetersäure eben so trennen lässt, wie ein nicht zu grosser Gehalt an Platin, so darf man nur 30 bis 50 Milligr. von dem palladiumhaltigen Golde mit dem 3fachen Gewicht chemisch reinen Silbers zusammenschmelzen und mit Salpetersäure behandeln, wie es bei der Scheidung des Platins vom Golde oben angegeben ist; das Gold bleibt allein zurück und kann nach dem Auskochen und Aussüssen mit destillirtem Wasser getrocknet, geglüht und gewogen werden. Ist das palladiumhaltige Gold vielleicht auch nicht frei von solchen Metallen, die sich in der Glühhitze bei Zutritt von atmosphärischer Luft oxydiren, so muss der Scheidung des Palladiums vom Golde ein Abtreiben mit 3 bis 5 Theilen Bleies auf der Kapelle und nach Befinden auch eine Behandlung mit Borsäure auf Kohle vorangehen. Das Silber fällt man aus der verdünnten Auflösung durch Kochsalz und das Palladium durch Zink metallisch aus.

5) **Rhodium enthaltendes Gold.** Gold, welches Rhodium nur in einer solchen Menge enthält, dass das Gold vorherrscht, löst sich nach del Rio in Königswasser ohne Rückstand auf. Das Gold kann dann aus der Auflösung durch Eisenvitriol metallisch, frei von Rhodium, gefällt werden.

Da nach Berzelius das Rhodium vom Platin, Iridium und Osmium durch Schmelzen des fein zertheilten Metallgemischtes mit doppelt-schwefelsaurem Kali getrennt werden kann, indem sich Rhodium in diesem Salze auflöst, die anderen Metalle aber zurückbleiben, so lässt sich, da das Gold durch eine solche Schmelzung ebenfalls nicht aufgelöst wird, diese Trennungsmethode auch bei einem rhodiumhaltigen Golde anwenden, sobald man die zu scheidende Legirung in einen durch und durch porösen Zustand versetzt. Man verführt dabei auf folgende Weise:

Zuerst wiegt man sich 30 bis 50 Milligr. von der zu probirenden Legirung genau ab, schmelzt diese auf Kohle neben Boraxglas mit 3 Gewichtstheilen chemisch reinen Silbers zusammen, plattet das Körnchen möglichst dünn aus, glüht es auf Kohle, biegt es zu einem Röllchen und behandelt dieses in einem kleinen Porcellangefäss über der Lampenflamme mit Salpetersäure so lange, bis alles Silber aufgelöst ist. Das Gold bleibt dabei nebst dem Rhodium mit Beibehaltung der Röllchenform in einem schwammigen Zustande zurück. Giesst man die saure Auflösung des Silbers vorsichtig ab, kocht und süsst das rückständige poröse Röllchen mit destillirtem Wasser gut aus und trocknet es sogleich im Porcellangefäss, so ist es dann auch zur Abgabe seines Rhodiumgehaltes fähig. Man erhitzt es nun mit einer hinreichenden Menge doppelt-schwefelsauren Kali's entweder in dem grössern Platinlöffel oder in einem Platinschälchen über der Spirituslampe nach und nach so stark, bis das Salz sich in einem schwach rothglühenden Flusse befindet. Das Rhodium löst sich dabei unter lebhafter Entwickelung von schwefliger Säure auf und ertheilt dem Salze eine dunkelrothe bis fast schwarze Farbe. Auch wird gleichzeitig ein Rückhalt von Silber mit aufgelöst. Hört die Entwickelung von schwefliger Säure bei Rothglühhitze auf und verhält sich die flüssige Salzmasse ruhig, so giesst man dieselbe von dem Golde ab, und zwar am besten auf den Amboss, wobei man mit dem eisernen Spatel zu Hülfe kommt, damit sich möglichst alles Salz aus dem Löffel oder dem Schälchen entferne, und wiederholt die Schmelzung mit einer zweiten Portion von doppelt-schwefelsaurem Kali noch ein Mal. Nachdem man das flüssige Salz von dieser zweiten Schmelzung, welches diesmal nur noch wenig gefärbt ist, ebenfalls abgegossen hat, kocht man das Goldröllchen einige Mal in einem kleinen Porcellangefäss mit destillirtem Wasser aus, trocknet und glüht es und ermittelt sein Gewicht auf der Wage.

Will man sich überzeugen, ob das geschiedene Gold auch vollkommen frei von Rhodium sei, welche Vorsicht bei einer Legirung, die viel Rhodium enthält, stets zu empfehlen ist: so muss man das Gold noch ein Mal mit seinem 3fachen Gewichte chemisch reinen Silbers zusammenschmelzen, hierauf die Verbindung in Form eines Röllchens erst mit Salpetersäure und dann mit doppelt-schwefelsaurem Kali behandeln und das dabei zurückbleibende Gold mit destillirtem Wasser vollkommen auskochen, trocknen, glühen und wieder wiegen. Eine Spur von noch nicht abgeschiedenem Rhodium lässt sich dabei schon daran erkennen, dass das zur Schmelzung verwendete doppelt-schwefelsaure Kali noch eine schwach gelbliche Farbe annimmt, und wenn die abgeschiedene Menge wägbar war, man dieses auch an der Gewichtsabnahme des Goldes wahrnimmt.

c) *Metallverbindungen, die aus Gold und Quecksilber bestehen, auf Gold zu probiren.*

Das Goldamalgam kommt in der Natur vor (S. 414) und wird auch bei der Amalgamation der Golderze erzeugt, so wie zum Vergolden metallener Gerätschaften etc. künstlich zusammengesetzt.

Von einem solchen Amalgam wiegt man sich ungefähr 50 Milligr. zur Probe ab (sind die Wagschälchen vielleicht vergoldet oder von Silber, so muss man ein wenig Papier unterlegen und die Wage wieder tariren), schreibt das Gewicht auf und destillirt die abgewogene Quantität ganz auf dieselbe Weise wie ein Silberamalgam (S. 539). Das bei der Destillation zurückgebliebene Gold treibt man dann mit 1 Centner Probirblei ab und bestimmt das Gewicht.

Besitzt das Goldkorn eine zu lichte Farbe, so ist dies ein Beweis, dass gleichzeitig auch etwas Silber mit in dem Goldamalgam vorhanden gewesen ist; in diesem Falle muss man das silberhaltige Goldkorn nach der S. 551 gegebenen Vorschrift scheiden und den Gold- und Silbergehalt nach dem Auswiegen des dargestellten feinen Silberkornes für 1 Centner oder 1 Mark des untersuchten Amalgams berechnen.

Hat man ein gold- und zugleich silberhaltiges Quecksilber, welches in 1 Centner eine noch wägbare Quantität dieser Metalle enthält, so verfährt man ganz nach der S. 539 gegebenen Vorschrift. Das dabei zurückbleibende silberhaltige Goldkorn wiegt man genau aus, schmelzt es, da man nicht allemal wissen kann, in welchem Gewichtsverhältnisse das Gold zum Silber steht, mit 2 bis 3 Theilen feinen goldfreien Silbers zusammen und scheidet es wie oben. Das Gewicht des Goldkornes zeigt den Gehalt in 1 Centner des untersuchten Quecksilbers an. Den Silbergehalt erfährt man, wenn man das Gewicht des Goldkornes von dem Gewichte des nach der Destillation und dem Abtreiben erhaltenen silberhaltigen Goldkornes abzieht. Ist das Quecksilber sehr arm an Gold und Silber, so dass man aus 1 Centner ein wägbares silberhaltiges Goldkorn nicht erhält, so muss man mehrere Centner entweder sogleich in

einer kleinen gläsernen Retorte mit Vorlage über der Spiritusflamme der Destillation aussetzen, oder, wenn man die Destillation in einer unten zugeschmolzenen und daselbst etwas
ausgeblasenen Glasröhre unternimmt, die Röhre von dem aus
1 Centner überdestillirten Quecksilber reinigen, wieder einen
andern Centner des zu untersuchenden Quecksilbers hinein-
bringen, dieses wieder destilliren und so fortfahren, bis man
eine wägbare Kruste von Gold und Silber in dem ausgeblasenen Theil der Glasröhre wahrnimmt. Dann verfährt man
weiter, wie es S. 540 für das silberhaltige Quecksilber angegeben ist.

Das zu einem Korne vereinigte silberhaltige Gold wiegt
man genau aus, schmelzt es, wenn es nöthig ist, mit noch
2 bis 3 Theilen goldfreien Silbers zusammen, scheidet es
hierauf durch Salpetersäure wie oben und bestimmt das Gewicht des ausgeschiedenen Goldes, wobei sich gleichzeitig der
Silbergehalt mit berechnen lässt. Das Gewicht des Silbers
und Goldes dividirt man durch die Anzahl Centner Quecksilber, welche man der Destillation aussetzte, wodurch man
den Gehalt an Gold und Silber in 1 Centner des untersuchten Quecksilbers erfährt.

3) Die Kupferprobe.

Das Kupfer lässt sich mit Hülfe des Löthrohrs aus seinen
Verbindungen ziemlich leicht metallisch ausscheiden und selbst
auch von anderen Metallen, mit denen es verbunden, trennen.
Das verschiedenartige Vorkommen dieses Metalles, sowohl in
der Natur als in den durch Kunst erzeugten Produkten, wie
es S. 372 bis 376 verzeichnet ist, muss aber jedesmal vorher
berücksichtigt werden, weil die quantitative Bestimmung in
den verschiedenen Fällen mit mehr oder weniger Umständen
verbunden ist. Man theilt deshalb die kupferhaltigen Substanzen am zweckmässigsten ein:

A. in Erze, Mineralien und Hüttenprodukte:
    a) welche flüchtige Bestandtheile enthalten, und
    b) welche das Kupfer im oxydirten Zustande enthalten,
       und zwar mit oder ohne Säuren und Wasser verbun-
       den, oder mit erdigen Theilen verschlackt, oder sonst
       vereinigt;
B. in Metallverbindungen, in denen Kupfer den
    Haupt- oder einen Nebenbestandtheil aus-
    macht, als:
    a) bleihaltiges Kupfer und kupferhaltiges Blei,
    b) die Verbindungen des Kupfers mit Eisen, Nickel, Ko-
       balt, Zink und Wismuth, theils mit einem dieser Me-
       talle allein, theils mit mehreren zugleich, so wie auch
       öfters nebenbei noch mit Blei, Antimon und Arsen,

c) antimonhaltiges Kupfer, und

d) zinnhaltiges Kupfer.

Für die zur ersten Abtheilung gehörigen Erze, Mineralien und Hüttenprodukte, welche flüchtige Bestandtheile enthalten, ist vor dem Ausschmelzen des Kupfers, zur Entfernung des Schwefels und Arsens, eine Röstung nöthig, die hingegen bei den übrigen kupferhaltigen Substanzen wegfällt.

A. Erze, Mineralien, Hütten- und Kunstprodukte,

welche

a) flüchtige Bestandtheile, als: Schwefel, Selen und Arsen enthalten, auf Kupfer zu probiren.

In diese Klasse gehören die im Grossen aufbereiteten Kupfererze; von den Mineralien: alle die S. 372, 373 und 374 angegebenen Verbindungen des Kupfers mit Selen, Arsen und Schwefel; und von den Hüttenprodukten: Kupferstein, Kupferlech, kupferhaltiger Rohstein, Bleistein, Ofenbruch etc.

Von diesen Substanzen richtet man sich nach S. 511 das nöthige Probemehl vor, wiegt sich davon 1 Centner ab und beginnt zunächst mit dem

Rösten der Probe.

Man vermengt die abgewogene Quantität im Achatmörser entweder dem Volumen nach mit 3 Mal so viel reinem trockenen Kohlenstaub oder mit 20 bis 30 Milligr. Graphit, welcher letztere fast in allen Fällen und ganz vorzüglich bei sehr arsenreichen Substanzen vortheilhafter anzuwenden ist als Kohle. Hat man es mit Mineralien zu thun, die, in Folge eines bedeutenden Gehaltes an Schwefelantimon oder Schwefelwismuth, schon bei schwacher Rothhitze leicht sintern, wie z. B. Kupferantimonglanz, Bournonit, Kupferwismuthglanz, so bringt man zu dem Gemenge noch 50 Milligr. reines Eisenoxyd (fein gepulverten Rotheisenstein), welches das Sintern verhütet und bei der auf die Röstung folgenden Ausscheidung des Kupfers nicht im Geringsten nachtheilig einwirkt. Das mit Sorgfalt hergestellte Gemenge schüttet man auf ein mit Röthel (Eisenoxyd) ausgestrichenes Thonschälchen und breitet es mit Hülfe des eisernen Spatels darauf aus.

Jetzt spannt man in den (S. 48) beschriebenen Kohlenhalter ein Kohlenprisma mit Grube, von gewöhnlicher oder künstlich hergestellter Kohle (S. 21, Fig. 20 F) und schneidet aus der einen Seite der Kohle, welche die Grube begrenzt, mit dem Messer so viel heraus, als durch die Spalte b (Fig. 52, S. 49) vorgezeichnet wird, so dass der ausgeschnittene

Raum als Classe nach der Grube betrachtet werden kann.
Auch versieht man die Grube mit dem (S. 49) beschriebenen
Platindraht und dem dazu gehörigen Platinblech und setzt
endlich das Schälchen mit Hülfe der Pincette auf den Platindraht, wie aus beistehender Fig. 81
zu ersehen ist.

Fig. 81.

Das Löthrohr erhält am zweckmässigsten bei allen diesen Proben eine
Spitze, die eine nicht zu enge Oeffnung
hat (S. 5). Anfangs leitet man eine
mässig starke Oxydationsflamme durch
die Gasse, und zwar durch den untern
Theil a (Fig. 81) derselben, in den
leeren Raum unter das Schälchen und
bringt dadurch sowohl die Seiten des begrenzten Raumes als
auch das Schälchen selbst zum schwachen Glühen. Die Spitze
der blauen Flamme darf dabei nicht oder nur wenig in den
Kohlenhalter hineinragen. Tritt der Grad des Glühens in
der zu röstenden Substanz ein, so bläst man, wenn die Röstung
mit Kohlenstaub geschieht, noch eine längere Zeit nur mässig
stark fort, damit kein Zusammenbacken, noch weit weniger
ein Sintern der Erztheile stattfindet, und lässt den Kohlenzusatz aus dem Erze verbrennen. Ist diess geschehen, was
man durch eine Untersuchung vermittelst des eisernen Spatels erfahren kann (den man, um das Anhängen von Erztheilen zu verhindern, an dem zu gebrauchenden Ende an
der Lampenflamme erwärmt), so hebt man mit der Pincette
das Schälchen aus der Kohle, schüttet die darin befindliche
Röstprobe, nachdem man sie erst hat ein wenig abkühlen
lassen, in den Achatmörser und reibt sie auf. Gewöhnlich
befindet sich das Erz bei schon veränderter Farbe in ganz
lockerem Zustande auf dem Schälchen, so dass man selten
nöthig hat, nach dem Ausschütten den vielleicht im Schälchen
noch hängen gebliebenen Theil mit dem Spatel zu lösen.

Durch diese Röstung, welche in ungefähr 10 Minuten
beendigt ist, wird der grösste Theil der in der Substanz befindlichen flüchtigen Theile, als: Schwefel, Selen, Arsen, so
wie ein Theil des Antimons entfernt und durch den Zusatz
von Kohle die Bildung schwefelsaurer und arsensaurer Metallsalze bedeutend verhindert. Zur möglichst vollständigen
Entfernung der schädlichen flüchtigen Theile, namentlich des
Schwefels und Arsens, welche sich bei der ersten Röstung
nicht entfernten, sondern theils mit Metallen als unveränderte
Schwefel- und Arsenmetalle zurückgeblieben, theils auch als
Säuren mit den gebildeten Metalloxyden in Verbindung ge-
treten sind, ist aber noch eine zweite Röstung nöthig, und
diese geschieht folgendermassen:

Nach dem Aufreiben der einmal gerösteten Substanz vermengt man dieselbe im Achatmörser dem Volumen nach ebenfalls mit 3 Mal so viel Kohlenstaub, streicht das Thonschälchen von Neuem mit Röthel aus, bringt das Schälchen, wie das erste Mal, in die Kohle auf den Platindraht und setzt die Röstung wie oben fort. Ist die mit der zu röstenden Substanz vermengte Kohle im völligen Glühen, so wendet man eine etwas stärkere Hitze an und überzeugt sich durch den Geruch, ob noch aufsteigende flüchtige Bestandtheile zu bemerken sind oder nicht. Zeigt sich das Gemenge ohne Geruch, so lässt man die übrige Kohle bei fortdauerndem Blasen herausbrennen und betrachtet die Probe als gut geröstet. Bemerkt man aber noch aufsteigende Dämpfe, so haben sich bei dieser zweiten Röstung die flüchtigen Theile noch nicht vollkommen entfernt, und man ist genöthigt, die Röstprobe nochmals aufzureiben, wieder mit Kohlenstaub zu vermengen und noch einer dritten Röstung auszusetzen, bei welcher man während des Glühens sich ebenfalls durch den Geruch von der An- oder Abwesenheit der flüchtigen Bestandtheile überzeugt. Sind durch den Geruch keine Dämpfe mehr zu bemerken, so lässt man den übrigen Kohlenstaub verbrennen, hebt das Schälchen aus der Kohle und setzt es zum Erkalten hin. Sollten noch Dämpfe zu bemerken sein, welches jedoch nur bei solchen Substanzen der Fall ist, die viel Arsennickel enthalten, so ist sogar noch eine vierte Röstung nöthig. Gewöhnlich kann man aber schon die zweite Röstung als die letzte betrachten.

Als Kennzeichen einer mit Kohlenstaub vollkommen geschehenen Röstung könnte die sich nicht weiter vermindernde Abnahme des Gewichts der Röstpost dienen, da indess das abwechselnde Wiegen und Wiederrösten sehr umständlich und zeitraubend wäre, so betrachtet man die Röstung als beendigt, sobald man, bei Gegenwart von Kohlenstaub, über der im glühenden Zustande sich befindenden Probe durch den Geruch keine aufsteigenden flüchtigen Stoffe mehr wahrnimmt.

Ein ziemlich sicheres Kennzeichen für die Reichhaltigkeit der mit Kohlenstaub gerösteten Substanzen an Kupfer ist die Farbe. Je schwärzlichbrauner dieselben nach der Röstung und Abkühlung erscheinen, um so reicher sind sie an Kupfer; je röther oder heller sie aber werden, um so ärmer ist auch der Gehalt an diesem Metalle.

Geschieht die Röstung mit Graphit, so erhält man die Röstprobe vom Anfange der Röstung an so lange im rothglühenden Zustande, bis man durch den Geruch keine flüchtigen Bestandtheile mehr wahrnimmt. Hierbei wirkt der Kohlenstoff des Graphits (indem er wegen seiner schweren Zer-

36*

störbarkeit mit der zu röstenden Substanz länger in unmittelbarer Berührung bleibt als Kohlenstaub) stets desoxydirend auf die flüchtigen Bestandtheile ein und verhindert die Bildung schwefelsaurer oder arsensaurer Metalloxydsalze, die, wie es bei der Röstung mit Kohlenstaub der Fall ist, durch einen neuen Kohlenzusatz erst wieder zerlegt werden müssen, noch besser als Kohle. Bemerkt man also durch den Geruch keine aufsteigenden Dämpfe mehr, so nimmt man das Schälchen aus der Kohle und reibt die mit den noch unzerstörten Graphittheilen vermengte Substanz im Achatmörser sorgfältig auf. Dieses Aufreiben ist in sofern nöthig, als bei der Röstung der Graphit in der obern Schicht der Röstprobe mehr zerstört wird als wie in der untersten, und sich vielleicht auch hier und da noch unvollkommen geröstete Theile befinden, die dadurch mit einem neuen Theil von Graphit in Berührung kommen. Das aufgeriebene Gemenge schüttet man wieder auf das Thonschälchen, welches man nöthigen Falls von Neuem mit Röthel ausgestrichen hat, breitet es darauf so viel als möglich nach allen Seiten gleichmässig aus und bringt es nochmals in der Kohle zum Glühen, jedoch stärker als das erste Mal. Bei anfangender Glühung bemerkt man zuweilen einige Dämpfe durch den Geruch, welche gewöhnlich von einem zurückgebliebenen Theil von Arsen entstehen; es dauert aber nicht lange, so riecht man auch nicht die geringste Spur mehr davon. Setzt man das Blasen noch eine Zeit lang fort, so wird fast aller Graphit zerstört und die Probe kann dann aus der Kohle genommen werden.

Als Merkmal einer mit Graphit gut gerösteten Probe dient bloss die Ueberzeugung durch den Geruch, sobald sich über der mit dem unzerstörten Theile des Graphits vermengten und im glühenden Zustande befindlichen Röstprobe keine aufsteigenden flüchtigen Bestandtheile mehr wahrnehmen lassen.

Enthält die zu röstende Probe Schwefelblei, so wird bei der Röstung nur ein Theil des mit dem Blei verbundenen Schwefels als schweflige Säure entfernt, und es bleibt basisch-schwefelsaures Bleioxyd zurück. Hat man ferner ein im Grossen aufbereitetes Erz, welches als Gemengtheil Schwerspath oder Gyps enthält, auf Kupfer zu untersuchen und solches vor dem Ausschmelzen dieses Metalles erst zu rösten, so ist man nicht im Stande, weder durch Kohle noch durch Graphit die mit der Baryt- oder Kalkerde chemisch verbundene Schwefelsäure zu entfernen. Enthält das zu röstende Erz eingemengten Kalkspath, so verändert sich derselbe während des Röstens der Probe ebenfalls in schwefelsaure Kalkerde, sobald Schwefelmetalle vorhanden sind. Diese durch Röstung unzerlegbaren schwefelsauren Salze können aber bei der Reduction des gebildeten Kupferoxydes sehr nachtheilig auf das Gelingen der Probe einwirken, sobald man dieselben unberücksichtigt lässt, indem sie bei der Schmelzung mit alkalischen Zuschlägen zerlegt werden und zu einer Bildung von Schwefelkupfer Veranlassung geben. Man muss diess daher bei der Reduction oder der Schmelzung auf Schwarzkupfer berücksichtigen und dabei, wie dort angegeben, diesen zurückgebliebenen Gehalt an Schwefel unschädlich zu machen suchen.

Auf die Röstung folgt

das Einschmelzen oder Ansieden der Probe auf Schwarzkupfer.

Zur Reduction des Kupfers aus 1 Centner einer Substanz,
die nach dem beschriebenen Verfahren geröstet worden ist
und nach der Röstung ausser Kupferoxyd noch verschiedene
andere Metalloxyde und erdige Theile enthalten kann, wiegt
man sich eine Beschickung ab, welche aus

100 bis 150 Milligr. Soda, je nachdem die Substanz
wenig oder viel Kieselerde (Quarz) enthält,
50 Milligr. Boraxglas und
30 bis 50 Milligr. Probirblei

besteht*). Enthält die Substanz selbst eine hinreichende
Menge von Blei, oder ist in derselben ein bedeutender Gehalt
von Antimon oder Wismuth oder Zinn vorhanden, wie z. B.
im Fahlerz, im Kupferwismuthglanz und im Zinnkies, so kann,
wenn die Röstung mit aller Sorgfalt ausgeführt wurde, der
Zusatz von Probirblei wegfallen, weil man in allen diesen
Fällen bei der Reduction ein leicht schmelzbares Metallgemisch
bekommt, aus welchem sich das Kupfer dann rein darstellen
lässt. Sicherer geht man freilich, wenn man selbst bei bleihaltigen Substanzen wegen der nicht zu umgehenden Bildung von
schwefelsaurem Bleioxyd noch wenigstens 30 Milligr. Probirblei zusetzt.

Von diesen Zuschlägen dient die Soda als Reductionsmittel für das Kupferoxyd und für andere leicht reducirbare
Metalloxyde, so wie auch zur Verschlackung von eingemengtem Quarz oder kieselsauren Verbindungen; das Boraxglas
als Auflösungsmittel für schwer reducirbare Metalloxyde,
namentlich für die des Eisens, Mangans und Kobalts, so wie
für manche erdige Bestandtheile; und das Probirblei zur Aufnahme des sich reducirenden Kupfers und zur gleichzeitigen
Bildung eines leicht schmelzbaren Metallgemisches (Schwarzkupfers), aus welchem das Kupfer dann in kurzer Zeit rein
ausgeschieden werden kann.

Die geröstete Substanz mengt man mit der abgewogenen
Beschickung im Achatmörser gut unter einander und schüttet
das Gemenge wie bei der Silberprobe in die Mengkapsel, und
aus dieser in einen Sodapapiercylinder. Da aber das Einschütten der Beschickung in den Cylinder hier nicht so leicht geschieht wie bei der Silberprobe, wo sich mehr Probirblei in
dem Gemenge befindet, so muss man bei der Kupferprobenbeschickung den Löffelstiel oder Spatel mit zu Hülfe nehmen

*) Auf die vollkommen trockene Beschaffenheit der Soda und des
Boraxglases ist ganz besondere Rücksicht zu nehmen, indem sonst beim
Einschmelzen der Beschickung eine so lebhafte Bewegung in der Masse
entsteht, dass ein mechanischer Verlust kaum zu vermeiden ist.

und mit solchem das Gemenge in kleinen Portionen aus der
Mengkapsel in den Sodapapiercylinder schieben, hierauf aber
alles mit dem Pinsel von anhängenden Beschickungstheilen
reinigen, und den Cylinder wie bei einer Silberprobenbeschickung verschliessen. Die Beschickung drückt man entweder in eine Grube auf dem Querschnitt einer guten Kohle
oder in ein Kohlentiegelchen, welches man nach Erforderniss
ausweitet.

Man leitet jetzt wie bei der Silberprobe eine reine Reductionsflamme unmittelbar auf die eingepackte Probe und
bläst im Anfange nur sehr schwach, später aber stärker, so
lange fort, bis alles Papier zerstört ist und entweder in der
flüssigen Glasperle, die nun als Schlacke zu betrachten ist,
sich grössere und kleinere schmelzende Metallkügelchen zeigen,
oder neben derselben das reducirte Kupfer mit dem Blei
oder andern leicht schmelzbaren Metallen schon zu einer Kugel vereinigt zu sein scheint. Von dieser Zeit an leitet man
die Reductionsflamme nur allein auf die Schlacke und sucht
durch langsames Drehen und Wenden der Kohle die Lage
der Schlacke so zu verändern, dass die noch zerstreuten Metallkügelchen sich zu einer einzigen Kugel vollkommen vereinigen können. Hat man die Schlacke mehrere Male neben
der flüssigen Metallkugel so in ihrer Lage verändert, dass
jeder mit der Kohle in Berührung gewesene Theil derselben
sich vollkommen frei von anhängenden Metallkügelchen zeigte,
als er die entgegengesetzte Lage annahm, so kann man das
Blasen unterbrechen und die Reduction oder das Ansieden
als beendigt ansehen. Man nimmt entweder in dem Augenblicke, wo das Metallkorn erstarrt ist, dasselbe mit Hülfe der
Pincette aus der noch flüssigen Schlacke heraus, oder lässt
das Korn neben der Schlacke auf der Kohle erkalten, trennt
es dann zwischen Papier auf dem Amboss von der anhängenden Schlacke und scheidet, nach den weiter unten bei den
Metallverbindungen beschriebenen Verfahrungsarten, die mit
dem Kupfer verbundenen oxydirbaren Metalle durch geeignete
Glasflüsse oder durch blosse Verflüchtigung ab. Das Korn
muss eine lichte bleigraue oder weissliche Farbe haben und
schwachen Metallglanz zeigen*).

Besitzt die Schlacke nach dem Erkalten eine schwarze
oder graue Farbe und ist sie überall vollkommen frei von

*) Alles Schwarzkupfer, welches frei von Antimon, Wismuth oder
Zinn ist und auch keinen Schwefel enthält, zeigt sich unter dem Hammer
dehnbar; hingegen ein Schwarzkupfer, welches dergleichen Metalle in
grösserer oder geringerer Menge enthält, oder in welchem sich vielleicht
geringe Mengen von Arsen an Nickel oder an Kobalt gebunden befinden,
ist mehr oder weniger spröde, weshalb man auch bei der Trennung der
Schlacke die grösste Vorsicht gebrauchen muss, um jeden mechanischen
Verlust zu vermeiden.

anhängenden Metallkügelchen, wovon man sich am besten mit
Hülfe der Loupe überzeugt, so kann sie als gut ausgeschmol-
zen weggethan werden; zeigt sie aber eine mehr oder weniger
rothe Farbe, welche verschlacktes Kupferoxydul verräth, oder
zeigen sich wohl gar noch eingemengte Metallkügelchen, so
muss die Probe noch eine längere Zeit im Reductionsfeuer
behandelt werden; auch ist es vortheilhaft, wenn man dann noch
circa 50 Milligr. Soda zusetzt.   Beim Abklopfen der Schlacke
von dem Schwarzkupferkorne muss man stets vorsichtig zu
Werke gehen, damit ja keine Theile von der Schlacke verloren gehen, im Fall man genöthigt sein sollte, sie noch einmal umzuschmelzen.   In der Regel sieht man es der Probe
schon an, ob alles Kupfer vollkommen reducirt und zu einem
Korne geschmolzen ist, wenn man sie nach dem Erkalten
von der Kohle nimmt und mit Hülfe der Loupe an allen
Punkten genau betrachtet, so dass man, im Fall eine ver-
längerte Schmelzung nöthig sein sollte, nicht erst die Schlacke
vom Schwarzkupfer zu trennen braucht.

Erscheint die Oberfläche des Schwarzkupferkorns sehr grau oder fast
schwarz und ganz ohne metallischen Glanz, so kann man ziemlich sicher
darauf rechnen, dass dasselbe mehr oder weniger Schwefel enthält, der
entweder dadurch hinzugekommen ist, dass die auf Kupfer zu probirende
Substanz nach der Röstung vielleicht noch schwefelsauren Baryt,
oder schwefelsauren Kalk, oder schwefelsaures Bleioxyd enthielt, oder dass die Röstung nicht vollständig bewirkt wurde.   Im ersteren
Falle werden die genannten Salze bei der Reduction durch die Soda zerlegt; es bildet sich im Anfange nur Schwefelnatrium, dieses giebt aber
wieder Schwefel an die sich reducirenden Metalle, namentlich an das
Kupfer, ab.   Im zweiten Falle, wenn die Röstung nicht vollständig geschah,
enthielt die geröstete Substanz noch schwefelsaure Metalloxyde, die sich
bei der Reduction sehr leicht zu Schwefelmetallen reduciren.   Ist die
Beimengung eines schwefelsauren Erden- oder Metalloxyd-Salzes in der
gerösteten Substanz beträchtlich, so ist das Schwarzkupferkorn, wenn die
Reduction schnell und bei starker Hitze geschah, mit einer ziemlich
dicken Schale von Schwefelkupfer und Schwefelblei umgeben, die sich
sehr spröde zeigt; geschah dagegen die Reduction nur langsam, so dass
der Schwefel Gelegenheit hatte, sich mit einem Theile des vorhandenen
Bleies als Schwefelblei zu verflüchtigen, so zeigt sich auch das Schwarzkupferkorn bisweilen ziemlich rein von Schwefel.   Ebenso werden auch
dann, wenn die Beimengung eines schwefelsauren Erden- oder Metalloxyd-
Salzes nicht bedeutend ist, die bei der reducirenden Schmelzung sich bildenden Schwefelmetalle, bei Gegenwart einer hinreichenden Menge von
Blei, unter fortdauernder Schmelzung wieder zerstört, so dass man in den
meisten Fällen ein von Schwefelmetallen reines Schwarzkupferkorn erhält.

Sollte der Fall eintreten, dass nach den angegebenen Kennzeichen
das Schwarzkupferkorn noch mit einer mehr oder weniger dicken Schale
von Schwefelkupfer und Schwefelblei umgeben ist, so muss man dasselbe
entweder mit aller Vorsicht zwischen Papier von der Schlacke trennen,
oder, um jeden mechanischen Verlust zu vermeiden, die ganze Probe noch
ein Mal auf Kohle mit der Reductionsflamme in Fluss bringen und das
Metallkorn nach dem Erstarren desselben schnell herausheben.   Das Korn,
welchem gewöhnlich noch ein wenig Schlacke anhängt, schmelzt man nun
mit ungefähr zwei Mal so viel Probirblei und etwas Boraxglas auf Kohle
im Reductionsfeuer zusammen und behandelt hierauf die Boraxglasperle
neben dem Metallkorne so lange mit der Reductionsflamme, bis aller

Schwefel mit einem Theile des zugesetzten Bleies aus dem kupferhaltigen Bleie verflüchtigt ist und die Metallverbindung unter der Abkühlung eine rein metallische Oberfläche zeigt. Nach dem Erkalten trennt man das Metallkorn von dem farblosen Glase und macht es nach dem unten sub B, a beschriebenen Verfahren mit Borsäure gaar, wobei, wenn vielleicht noch andere oxydirbare Metalle vorhanden sind, diese gleichzeitig mit dem Bleie abgeschieden werden.

Enthielt die auf Kupfer zu probirende Substanz viel Antimon, und man beschickte deshalb die Probe ohne Probirblei, so wird, bei Gegenwart schwefelsaurer Erden- oder Metalloxyd-Salze in der gerösteten Substanz, der Schwefel während des reducirenden Schmelzens in Verbindung mit Antimon verflüchtigt, so dass man nur ein antimonhaltiges Kupferkorn erhält, welches sich nach dem weiter unten sub B, c beschriebenen Verfahren gaar machen lässt.

Ein bei der Reduction erhaltenes wismuthhaltiges Kupferkorn wird von einem geringen Gehalte an Schwefel bei der Gaarprobe, wie sie weiter unten sub B, b, a mitgetheilt ist, gleichzeitig mit gereinigt. Ebenso verhält es sich mit einem zinnhaltigen Kupferkorne, wenn solches nicht ganz frei von Schwefel ist.

b) *Erze, Mineralien, Hütten- und Kunstprodukte, welche das Kupfer entweder im oxydirten Zustande oder an Chlor gebunden enthalten, es sei nun im ersten Falle rein, oder mit Säuren und Wasser verbunden, oder mit erdigen Theilen verschlackt, oder sonst vereinigt, auf Kupfer zu probiren.*

Hierher gehören von den Mineralien: Atakamit, Rothkupfererz, Tenorit, Kupferschwärze, Crednerit und Kupfermanganerz; ferner alle S. 374, 375 und 376 genannten Mineralien, in denen das Kupfer als Oxyd an Schwefelsäure, Phosphorsäure, Kohlensäure, Arsensäure, Chromsäure, Vanadinsäure und Kieselsäure gebunden ist; so wie von den Hüttenprodukten: alle Arten von Schlacken, welche in Kupferroh- und Saigerhütten fallen oder überhaupt beim Kupferhüttenprocesse erzeugt werden; und von den Kunstprodukten: vorzüglich die aus Kupfer bereiteten Farben und die kupferhaltigen Vitriole.

Von einer solchen Substanz (die Vitriole und kupferarmen Schlacken ausgenommen) richtet man sich die nöthige Menge Probemehl vor, wiegt davon 1 Centner ab und beschickt denselben ohne vorhergehende Röstung mit

    100 Milligr. Soda,
    50   »   Boraxglas und
    30 bis 50 Milligr. Probirblei.

Enthält die Substanz Phosphorsäure, wie z. B. das phosphorsaure Kupferoxyd, welches mit dieser Beschickung allein sich nicht vollständig reduciren lässt, so setzt man noch

    20 Milligr. feine Eisenfeile zu.

Bei kupferhaltigen Schlacken, und zwar bei solchen, in denen sich eine nicht geringe Menge von Bleioxyd mit befindet, wie z. B. in manchen Gaarschlacken, kann der Zusatz von Probirblei wegfallen. Enthalten sie jedoch zugleich Nickeloxydul, welches bei der Reduction leicht zu metallischem

Nickel reducirt und daher mit dem Kupfer verbunden wird, so giebt man zweckmässiger etwas Blei mit hinzu.

Die Beschickung vermengt man mit der Substanz im Achatmörser, packt das Gemenge in einen Sodapapiercylinder und verfährt bei der Schmelzung ganz auf dieselbe Weise wie bei einer gerösteten kupferhaltigen Substanz (S. 565). Es dient hierbei die Soda theils als Reductionsmittel, theils auch als Base für die nicht reducirbaren Säuren; der Borax als Auflösungsmittel für die in der Substanz vorhandenen erdigen Theile und schwer reducirbaren Metalloxyde, oder als Verhinderungsmittel, dass bei Abwesenheit solcher Bestandtheile die Soda nicht in die Kohle dringe; das Probirblei als Schutzmittel für mechanischen Kupferverlust; und die Eisenfeile zur Abscheidung der Phosphorsäure, indem sich Phosphoreisen bildet, welches zwar in die Metallverbindung von Blei und Kupfer (das Schwarzkupfer) mit übergeht, aber auch gleichzeitig mit dem Bleie vom Kupfer getrennt werden kann. Das Gaarmachen erfolgt nach der unten sub H, a gegebenen Vorschrift.

Kupfervitriol oder andere kupferhaltige Vitriole, kann man nach dem beschriebenen Verfahren nicht auf Kupfer untersuchen, weil die Schwefelsäure dabei zu Schwefel reducirt wird. Der reducirte Schwefel verbindet sich zwar anfangs mit dem Radikal der Soda zu Schwefelnatrium, aber nach längerem Reductionsfeuer trennt er sich grösstentheils wieder und verbindet sich mit dem reducirten Kupfer zu Schwefelkupfer, welches nicht ohne Verlust von dem gebundenen Schwefel befreit werden kann.

Sicherer verfährt man, wenn man 200 Milligr. eines auf Kupfer zu probirenden Vitriols zuerst in einem kleinen Porcellangefäss über der Lampenflamme in Wasser auflöst, das Eisenoxydul durch einige Tropfen Salpetersäure in der Siedehitze in Oxyd verwandelt, die Metalloxyde aus der heissen Auflösung durch eine Auflösung von Kali fällt, hierauf den Niederschlag mit Wasser auf einem Filtrum gut aussüsst, denselben in einem Porcellanschälchen über der Lampenflamme trocknet, das trockene Filtrum über dem Mörser verbrennt, die Metalloxyde, nebst der Asche vom Filtrum mit 100 Milligr. Soda, 50 Milligr. Boraxglas und 20 bis 30 Milligr. Probirblei mengt und das Gemenge, in einen Sodapapiercylinder eingepackt, schmilzt. Das Schwarzkupferkorn wird nach dem unten angegebenen Verfahren gaar gemacht.

In manchen der oben genannten Schlacken findet sich bisweilen nur ein so geringer Gehalt an Kupfer, dass es schwer hält, die in einem Centner befindliche Menge in Form eines Körnchens rein auszuscheiden und mit Genauigkeit quantitativ zu bestimmen. Setzt man aber der oben an-

gegebenen Beschickung noch 50 bis 80 Milligr. Gold in Form
eines Blättchens zu, so vereinigt sich das Kupfer bei der Reduction mit dem flüssigen Golde so vollkommen, dass nach
der reducirenden Schmelzung in der dabei gebildeten Schlacke
kein Kupfer aufzufinden ist.   Doch ist hierbei zu bemerken,
dass man während der reducirenden Schmelzung stets darauf
bedacht sein muss, das Gold im flüssigen Zustande mit allen
Theilen der ebenfalls flüssigen Schlacke in Berührung zu
bringen.

Enthielt nun eine auf diese Weise behandelte Schlacke
ausser Eisenoxydul bloss noch verschlacktes Kupferoxydul,
so giebt auch der Gewichtsüberschuss des von der Schlacke
gereinigten Kornes den Gehalt an Kupfer an.

Enthielt die Schlacke neben den Oxyden von Kupfer
auch noch Bleioxyd, so bekommt man bei der Reduction ein
kupfer- und bleihaltiges Goldkorn, welches man zur Abscheidung des Bleies erst auf Kohle mit ein wenig Borsäure behandeln muss, ehe man es genau auswiegen kann.   Wie man
dabei verfährt, soll weiter unten bei der Trennung des Bleies
vom Kupfer beschrieben werden.

Enthält die Schlacke neben Kupferoxydul zugleich eine
geringe Menge von Nickeloxydul, so reducirt sich dieses ebenfalls und geht an das Gold mit über, wodurch das kupferhaltige Gold eine graue Farbe bekommt, härter und spröder
wird, und einen zu hohen Gehalt an Kupfer veranlassen
würde, wenn man eine solche Beimischung ignoriren wollte.
Schmelzt man indessen das ausgewogene kupfer- und nickelhaltige Goldkorn auf Kohle neben Borax so, dass die blaue
Flamme das Boraxglas berührt, so oxydirt sich das Nickel
und löst sich in dem Glase mit brauner Farbe auf, während
das Kupfer beim Golde zurückbleibt und auf der Wage, nach
Abzug des Goldes, dem Gewichte nach bestimmt werden
kann.   Die Abscheidung des Nickels erfolgt zwar langsam,
aber bei gehöriger Vorsicht ohne Verlust an Kupfer.

**B. Metallverbindungen, in denen Kupfer einen Bestandtheil
ausmacht, auf Gaarkupfer zu probiren.**

a) Metallverbindungen, die aus Kupfer und Blei bestehen.

Hierher gehört zunächst diejenige bleihaltige Kupfer,
welches nach dem Vorhergehenden bei der Reduction der
mit Probirblei beschickten Kupfererze und kupferhaltigen
Hütten- und Kunstprodukte erlangt wird, ebenso auch das
kupferhaltige Blei, welches man bei der Probe auf Blei (s. d.)
erhält, wenn man das Erz im gerösteten Zustande der Reduction aussetzt; von den Hüttenprodukten sind hierher zu
rechnen: das im Grossen erzeugte kupferhaltige Werkblei, die Frischstücke, die Saigerdörner, die Darrlinge etc.

1) Diejenige Verbindung des Kupfers mit Blei, welche aus 1 Centner irgend einer kupferhaltigen Substanz bei der Reduction erhalten wird, trennt man, wenn sie reich an Kupfer ist, auf folgende Weise:

Zuerst schmelzt man in einem flachen Grübchen, das man entweder auf dem Querschnitt einer Kohle oder in eine schalenartig geformte Kohle (S. 20, Fig. 16) circa 4 Millimeter tief und oben 8 Millimeter weit gebohrt hat, dem Gewichte nach beinahe eben so viel verglaste Borsäure, als man bleihaltiges Kupfer hat, zu einer Perle, legt hierauf das zu scheidende Metallkorn daneben und bringt letzteres, indem es mit der blauen Flamme bedeckt, möglichst schnell zum Schmelzen. Ist diess geschehen, so leitet man den blauen Kegel so auf die schmelzende Borsäure, dass nur diese, aber nicht auch zugleich die schmelzende Metallkugel von ihm bedeckt wird. Auch ist dabei zu berücksichtigen, dass das Metall stets mit einer Seite mit dem Glase und mit einer andern mit der Kohle in Berührung sein muss. Es geschieht bei geringer falscher Neigung der Kohle sehr leicht, dass das Metallkorn sich unter dem Glase versteckt, wodurch zugleich der Oxydationsprocess unterbrochen wird; in diesem Falle muss man die Kohle nach einer andern Seite neigen und dabei stark blasen, damit das Korn wieder zum Vorschein kommt.

Während der Zeit, wo man das Glas mit der blauen Flamme behandelt, nimmt das Blei im Metallkorn Sauerstoff aus der atmosphärischen Luft auf, das sich bildende Bleioxyd aber geht in das daneben befindliche Glas der Borsäure über und wird von demselben sofort aufgelöst.

Diesen Process lässt man ununterbrochen so lange fortgehen, bis das Metallkorn eine grünliche Farbe anzunehmen scheint. In dem Augenblicke, wo man dieses bemerkt, lässt man eine sich mehr ausbreitende Flamme auf das Glas wirken, damit die Oxydation des noch vorhandenen Bleies langsam geschieht, das Kupfer vor Oxydation geschützt ist, und das Kupferkorn nicht zum Spritzen kommt. Unternimmt man diesen Process in einem zu kleinen Grübchen auf der Kohle, oder bläst man stärker, als es gerade nöthig ist, so spritzt das Kupfer fast allemal, selbst wenn es noch mit ein wenig Blei verbunden ist; daher muss man, um dieses zu vermeiden, das Grübchen den oben angegebenen Dimensionen entsprechend tief und weit machen, und auch nur so stark blasen, als nöthig ist, um das Kupfer oben noch im flüssigen, und mit blanker Oberfläche versehenen Zustande zu erhalten. Hat endlich das Kupferkorn die ihm im schmelzenden Zustande eigenthümliche blaugrüne Farbe vollkommen angenommen, welche den richtigen Grad der Gaare vorläufig anzeigt, so unterbricht man den Process, nimmt vermittelst der Pincette das erstarrte Kupferkorn aus der noch weichen Schlacke her-

aus und untersucht die Eigenschaften desselben im erstarrten
Zustande. Hat es die gehörige kupferrothe Farbe, lässt es
sich unter dem Hammer ausplatten, ohne Risse zu bekommen,
und zeigt es auf dem Bruche bei richtiger Kupferfarbe durch
die Loupe eine körnighakige Textur, welches letztere Kennzeichen jedoch nur bei grösseren Körnern wahrzunehmen ist,
so kann man auch überzeugt sein, dass das ausgebrachte
Kupfer frei von fremder Beimischung ist. Ist auch die auf
der Kohle zurückgebliebene Schlacke von Bleioxyd nur gelblich gefärbt und durchsichtig, so ist die Probe ohne chemischen
Verlust an Kupfer gelungen und das Kupferkorn kann ausgewogen werden. Zeigt die Schlacke aber rothe Streifen oder
sieht sie sehr roth aus, so zeigt dies einen Kupferverlust an,
der indessen sehr bald und zwar auf folgende Weise wieder
erlangt werden kann:

Ist, wie schon oben gesagt wurde, die Borsäure von Bleioxyd nicht übersättigt, so kann durch eine gute Reductionsflamme kein Blei, wohl aber sehr leicht das aufgenommene
Kupferoxyd und Kupferoxydul reducirt und metallisch ausgeschieden werden. Man darf nur ein solches Glas, nachdem
man das ganze Kupferkorn davon getrennt hat, nebst dem
wenigen von dem Korne abgeschlagenen Glase eine Zeit lang
mit der Reductionsflamme behandeln, so wird das Glas beim
Erkalten gelblich und durchsichtig und das reducirte Kupfer
zeigt sich in einzelnen kleinen Körnern in dem Glase. Diese
Körner kann man erlangen, wenn man entweder das grosse
Kupferkorn noch einmal mit dem Glase in einer kräftigen
Reductionsflamme zum Schmelzen bringt, darauf dasselbe stets
mit der Flamme bedeckt in der Schlacke herumschwimmen
lässt und, wenn man die Ueberzeugung hat, alle kleinen
Kupferkörner mit dem grossen Korne vereinigt zu haben, das
Kupfer wieder aus der Schlacke hebt; oder wenn man ohne
Weiteres das Glas zwischen Papier auf dem Ambosse zerschlägt
und in einem Porcellanschälchen durch Zerreiben und Schlämmen mit Wasser von den Metalltheilen entfernt. Im erstern
Falle hat man nur nöthig, das Kupferkorn auszuwiegen, im
letztern hingegen muss man die beim Abschlämmen des Glases
zurückgebliebenen kleinen Kupferkörner in dem Schälchen
über der Lampenflamme trocknen und mit dem grossen Korne
gemeinschaftlich auswiegen.

Enthält ein solches Glas ausser Kupferoxyd oder Kupferoxydul noch viel Bleioxyd, so bekommt man bei der Reduction
das Kupfer mit etwas Blei gemischt, aber in diesem Falle
gewöhnlich in einem einzigen Korne. Dieses bleihaltige Kupferkorn darf man dann nur eine kurze Zeit mit wenig Borsäure
in einem Grübchen auf Kohle mit der Reductionsflamme
im schmelzenden Zustande erhalten, es wird das beigemischte
Blei sehr bald entfernt und das Kupfer bleibt rein zurück.

Hierauf bringt man das kleine Kupferkorn nebst dem grossen Korne auf die Wage und bestimmt das Gewicht. — Bei gehöriger Uebung und Vorsicht hat man selten diese Nacharbeiten nöthig; man bringt gewöhnlich das Kupfer sogleich rein und fast ohne Verlust aus.

Enthält die Substanz, aus welcher das Kupfer geschieden wurde, eine nicht zu unbedeutende Quantität Silber, die man vielleicht vorher durch eine Silberprobe ausgemittelt hat, so ist solche von dem Gewichte des Kupfers abzuziehen. Beabsichtigt man den Silbergehalt im Kupferkorne zu bestimmen, so muss man dasselbe dem Gewichte nach mit 15 Mal so viel Probirblei zusammenschmelzen und auf der Kapelle abtreiben, wie es S. 520 u. f. angegeben wurde.

2) Bei der Probe auf Blei bekommt man, wenn die zu probirende Substanz vor der Schmelzung erst geröstet wird, aus kupferhaltigen Bleierzen entweder ein bleihaltiges Kupfer, sobald der Kupfergehalt beträchtlich ist, oder im Gegentheil ein kupferhaltiges Blei, wenn der Bleigehalt vorwaltet; eben so bekommt man bei der Probe auf Kupfer aus kupferarmen Erzen etc. durch den Zusatz von Probirblei nur ein kupferhaltiges Blei. Wie bleihaltiges Kupfer auf Gaarkupfer probirt wird, ist soeben speciell beschrieben worden; man hat dabei nur vor dem Gaarmachen die durch die Probe auf Blei erhaltene Metallverbindung genau auszuwiegen und von diesem Gewichte das Gewicht des Gaarkupfers und Feinsilbers abzuziehen, um den Bleigehalt zu erfahren. Bringt man hingegen bei einer Probe auf Blei oder Kupfer nur ein kupferhaltiges Blei aus, oder will man ein im Grossen erzeugtes Blei, z. B. Werkblei, auf einen Gehalt an Kupfer quantitativ untersuchen, so ist man wegen der langen Dauer des Oxydationsprocesses nicht im Stande, das Gaarmachen mit einem Male zu beendigen, sondern man ist genöthigt, es in zwei Perioden zu theilen, nämlich:

α) in eine Concentration des Kupfers und
β) in das eigentliche Gaarmachen desselben.

Die Concentration sowohl, als auch das darauf folgende Gaarmachen geschieht zwar ebenfalls mit Borsäure auf die oben angegebene Weise; wollte man aber gleich anfangs so viel Borsäure zusetzen, als zur Aufnahme des sich bildenden Bleioxydes nöthig ist, so würde man selten das zurückbleibende Kupferkörnchen rein erhalten, weil es noch vor Eintritt der Gaare sich in der grossen Menge der Schlacke verstecken würde. Deshalb muss

α) eine Concentration des Kupfers vorangehen.

Das durch die Probe auf Blei ausgebrachte kupferhaltige Blei wiegt man genau aus und schmelzt es mit ein wenig Soda und Boraxglas im Reductionsfeuer zu einem Korne. Was das bei der Probe auf Kupfer erlangte kupferhaltige

Blei betrifft, so besteht dieses schon in einem einzigen Korne, und braucht nicht erst umgeschmolzen zu werden. Von dem auf Kupfer zu untersuchenden Bleie (Werkblei) wiegt man sich 1 Centner ab und schmelzt dasselbe, wenn es nicht ein einzelnes Stück ist, auf Kohle zusammen. Hierauf behandelt man ein solches kupferhaltiges Blei mit dem gleichen Gewichte verglaster Borsäure auf Kohle eben so, wie es oben beim Gaarmachen des bleihaltigen Kupfers speciell angegeben ist, und zwar so lange, als es sich bei seinem Bestreben, sich unter dem Glase zu verstecken, neben dem Glase erhalten lässt und bis auf letzterem kleine, wieder reducirte Bleikörner zu bemerken sind. Ist auf diese Weise der grösste Theil des Bleies oxydirt und vom Kupfer abgeschieden, so unterbricht man den Process und trennt nach dem Erkalten das zurückgebliebene Metallkorn, in welchem das Kupfer bedeutend concentrirt ist, von dem Glase. Zeigt sich das Glas als ein weisses Email, was fast allemal der Fall ist, so hat man die Concentration ohne Kupferverlust beendigt und es folgt nun

β) das eigentliche Gaarmachen des Kupfers.

Durch die Concentration erhält man ein bleihaltiges Kupferkorn, welches nach der oben S. 571 gegebenen Anleitung weiter behandelt wird. Nach Abzug des Kupfer- und resp. Silbergehaltes erhält man dann den Bleigehalt.

b) Metallverbindungen, welche aus Kupfer, Eisen, Nickel, Kobalt, Zink und Wismuth bestehen und von denen das Kupfer theils mit einem von diesen Metallen allein, theils mit mehreren zugleich, so wie auch öfters nebenbei mit Blei, Antimon und Arsen verbunden ist.

In diese Abtheilung gehört:

α) das bei der Probe aus Mineralien, welche Kupfer und Wismuth enthalten, sich reducirende wismuthhaltige Kupfer, ferner das bei der Probe aus manchen Gaarkupferschlacken sich ausscheidende nickelhaltige Schwarzkupfer, so wie das im Grossen aus kupferhaltigem Bleistein durch weitere Bearbeitung erhaltene, oft sehr unreine Schwarzkupfer und die Snigerdörner.

β) das im Grossen aus bleifreien Kupfererzen erzeugte Schwarzkupfer, und

γ) das Neusilber oder Argentan, so wie andere Verbindungen des Kupfers mit Nickel, welche gar kein oder nur sehr wenig Blei enthalten.

Es folgt daher zuerst:

α) Das Gaarmachen des bei der Probe auf Kupfer ausgebrachten wismuth- oder blei- und nickelhaltigen Kupfers, so wie des im Grossen aus kupferhaltigem Bleistein durch weitere Bearbeitung erhaltenen, oft sehr unreinen Schwarzkupfers.

Die Verbindung des Kupfers mit Wismuth, wie man sie

bei der Probe von Mineralien, welche diese beiden Metalle zugleich enthalten, auf Kupfer ohne Zusatz von Blei ausbringt, muss man für sich auf Kohle so lange im Oxydationsfeuer behandeln, bis der grösste Theil des Wismuths sich verflüchtigt hat; hierauf setzt man ein wenig Blei zu und macht mit Borsäure gaar, wobei sich die geringe Menge von Wismuth, welche noch vorhanden ist, mit abscheidet.

Das im Grossen ausgebrachte, oft sehr unreine, Schwarzkupfer enthält, ausser Kupfer und Blei, auch Eisen, Nickel, Kobalt, Zink, Antimon, Arsen etc., es ist sehr spröde und kann nur zu leicht zerbrechbaren Blättchen gehämmert werden. Von einem solchen Schwarzkupfer wiegt man sich zur Probe 1 Centner ab und schmelzt es mit 20 bis 30 Milligr. Blei neben ein wenig Boraxglas und Soda auf Kohle zu einem Korne. Hierauf behandelt man dieses Korn mit 1 Centner verglaster Borsäure auf Kohle ganz nach der beim Gaarmachen des bleihaltigen Kupfers (S. 571) gegebenen Vorschrift so lange, bis entweder im Glase reducirte Bleikörner wahrzunehmen sind, oder sich das Kupferkorn mit einer Oxydhaut überzogen hat und nur noch schwer im flüssigen Zustande zu erhalten ist. Während der Dauer dieses Processes oxydiren sich: Blei, Eisen, Antimon, Zink, Arsen und andere leicht oxydirbare Metalle, so wie auch ein Theil des Nickels; die schwer zu verflüchtigenden Metalle verbinden sich im oxydirten Zustande mit der Borsäure und die leicht zu verflüchtigenden gehen theils fort, theils werden sie auch als Oxyd von der Borsäure aufgenommen; nur allein ein Theil des Nickels bleibt wegen seiner geringern Oxydationsfähigkeit beim Kupfer hartnäckig zurück und verursacht auf der Oberfläche einen dünnen Ueberzug, welcher das Gaarwerden des Kupfers erschwert. Setzt man den Oxydationsprocess noch längere Zeit fort, so wird zwar dieser Ueberzug, welcher aus Nickeloxydul besteht, von der Borsäure mit aufgenommen, so wie auch das übrige Nickel noch oxydirt und verschlackt, aber diess geschieht nicht ohne Verlust an Kupfer. Man muss daher das zurückgebliebene nickelhaltige Kupfer dem Gewichte nach mit gleichen Theilen Probirblei zusammenschmelzen und einem nochmaligen Oxydationsprocess aussetzen, welcher dem ersten ganz gleich ist. Hierdurch erhält das Ganze mehr Oberfläche und die Oxydation des Nickels geschieht gleichzeitig mit der Oxydation des Bleies fast ohne Verlust an Kupfer. Sollte sich jedoch aus der Schlacke, aus welcher das Gaarkupferkorn genommen wurde, wenn dieselbe eine rothe Farbe zeigte, etwas Kupfer reduciren lassen, so muss solches durch Zerreiben und Abschlämmen der Schlacke gesammelt und nach dem Trocknen mit gewogen werden. Das Nickel reducirt sich dabei, sobald die Schlacke von Blei- und Nickeloxydul nicht gesättigt ist, nicht so leicht mit; es

reducirt sich gewöhnlich erst später und auch nur bei Anwendung einer sehr kräftig wirkenden Reductionsflamme.

Da solche Schwarzkupfer häufig reich an Silber sind, so
ist der Gehalt an diesem Metalle auszumitteln und von dem
Gewichte des ausgebrachten Kupfers abzuziehen.

Hat man sich mit dem Gaarmachen eines solchen Schwarzkupfers bekannt gemacht, so ist es dann ein Leichtes, auch
das durch die Probe aus einer Gaarkupferschlacke ausgebrachte
blei- und nickelhaltige Schwarzkupferkorn gaar zu machen
Reicht das vorhandene Blei nicht aus, um alles Nickel abzuscheiden, so ist man genöthigt, noch einen zweiten Zusatz
anzuwenden.

ß) Das Gaarmachen des im Grossen aus bleifreien Kupfererzen erzeugten Schwarzkupfers.

Ein solches Kupfer ist gewöhnlich mit etwas Eisen, zuweilen auch mit etwas Zink verbunden. Da nun das Messing
ein ähnliches Metallgemisch ist, nur mit dem Unterschiede,
dass bei diesem der Zinkgehalt weit bedeutender ist, so soll
auch dieses Kunstprodukt mit hierher gezählt werden.

Jede Metallverbindung, welche aus Kupfer, Zink und
Eisen besteht, kann wie ein bleihaltiges Kupfer auf Gaarkupfer probirt werden. Man wiegt sich von dem zu probirenden Metalle, nachdem man eine Quantität zerkleint hat, 1 Centner ab, schmelzt diesen mit 1 oder ½ Centner Probirblei, je
nachdem das Kupfer viel oder wenig Zink und Eisen enthält,
auf Kohle neben ein wenig Soda und Boraxglas zusammen
und behandelt das Korn nach dem Erkalten und Abschlacken
mit dem gleichen Gewichte verglaster Borsäure auf Kohle
wie ein bleihaltiges Kupfer. Hierbei oxydirt und verschlackt
sich neben dem Blei auch das Eisen und ein Theil des Zinks,
ein anderer Theil des letztern verflüchtigt sich und das Kupfer
bleibt allein zurück. Da es bisweilen der Fall ist, dass auch
solche Schwarzkupfer, von denen hier die Rede ist, geringe
Mengen von Nickel und Kobalt enthalten, so muss das oben
bei den unreinen Schwarzkupfern Gesagte hier mit berücksichtigt werden. Sollte sich ja beim Gaarmachen ein geringer
Theil vom Kupfer mit oxydirt und verschlackt haben, so
kann derselbe, durch Behandlung der Schlacke mit der Reductionsflamme und darauf folgendes Abschlämmen der zwischen
Papier und in einem Porcellanschälchen fein zertheilten Schlacke,
im metallischen Zustande wieder erhalten werden.

Ein etwaiger bedeutender Silbergehalt des Schwarzkupfers
oder der Legirung muss nach S. 573 ermittelt und in Abzug
gebracht werden.

γ) Die Bestimmung des Kupfers bei Gegenwart
von viel Nickel, wie z. B. im Neusilber oder Argentan, Chinasilber etc.

Durch Gaarmachen mit Blei lässt sich der Kupfergehalt

in diesem Falle nicht mit hinreichender Genauigkeit bestimmen, da bei der Verschlackung der grösseren Menge von Nickel auch ein nicht unbedeutender Theil des Kupfers mit verschlackt wird. Bei der Probe auf Nickel und Kobalt findet sich ein Verfahren angegeben, mittelst dessen sowohl der Kupfer- als auch Nickelgehalt in solchen Legirungen mit Hülfe des Löthrohrs und unter Hinzuziehung des nassen Weges ziemlich genau ermittelt werden kann.

c) Metallverbindungen, die aus Kupfer und Antimon bestehen.

Hierher ist vorzüglich das durch die Probe auf Kupfer aus Fahlerzen ausgebrachte antimonhaltige Kupfer zu rechnen.

Da das Antimon, sobald es nur mit Kupfer in Verbindung ist, auf Kohle im Oxydationsfeuer verflüchtigt werden kann, so ist die Trennung dieses Metalles vom Kupfer sehr einfach und ohne Verlust an Kupfer leicht auszuführen.

Man legt das antimonhaltige Kupferkorn in ein, auf einer gewöhnlichen oder auf einer schalenartig geformten künstlichen Kohle gebohrtes flaches Grübchen, erhält es mit der Oxydationsflamme im schmelzenden Zustande und leitet von Zeit zu Zeit die Spitze der Flamme ein wenig zur Seite, damit die umgebende Luft freien Zutritt zur Probe bekommt. Hierbei verflüchtigt sich das Antimon, und das Kupfer bleibt auf der Kohle zurück. Bei Gegenwart von viel Antimon, wo bei anhaltender Oxydationsflamme die Kohle sehr ausgeblasen wird und dadurch die zu scheidende Metallverbindung zu tief zu liegen kommt, ist man zuweilen genöthigt, den Process zu unterbrechen und die Verflüchtigung des Antimons (das Verblasen des Antimons) in einem neuen Grübchen auf Kohle zu vollenden.

Die Reinheit des Kupfers erkennt man an der blaugrünen Farbe im schmelzenden und an der wahren Kupferfarbe im erkalteten Zustande, so wie an seiner Dehnbarkeit. Zeigt es sich bei der Prüfung mit den angegebenen Kennzeichen im erkalteten Zustande noch nicht übereinstimmend, so muss man den Oxydationsprocess wiederholen, bis es vollkommen rein ist, worauf man es dann auswiegt.

Da ein solches Kupfer gewöhnlich silberhaltig ist, so muss der Gehalt an diesem Metalle, sobald er nicht schon durch eine besondere Probe ausgemittelt worden ist, noch bestimmt und, wenn er wägbar ist, von dem Gewichte des silberhaltigen Kupferkornes abgezogen werden.

d) Metallverbindungen, die aus Kupfer und Zinn bestehen.

Hierher gehört das durch die Probe auf Kupfer aus dem Zinnkiese ausgebrachte Metallgemisch von Kupfer und

Zinn, und von den Kunstprodukten das Glocken-, Ka-
nonen- und Spiegelmetall, sowie die Bronze.

Da die Borsäure, wenn sie nicht mit Bleioxyd verbunden
ist, schwer schmilzt und dabei nicht besonders auflösend auf
das Zinnoxyd wirkt, so lässt sie sich auch nicht mit Vortheil
zur Trennung des Zinnes vom Kupfer anwenden. Man verfährt daher besser, wenn man sich an ihrer Stelle ein Glas
bereitet, welches sowohl leicht schmelzbar ist, als auch auflösend auf das Zinnoxyd wirkt.

Dieses Glas wird dem Gewichte nach zusammengesetzt aus:
   100 Theilen Soda,
    50   »   Boraxglas und
    30   »   Kieselerde.

Am zweckmässigsten schmelzt man sich eine Quantität
von dieser Mischung in einen Platintiegel oder dergleichen
Schälchen zusammen und hebt das erhaltene Glas in einem
gut verschlossenen Fläschchen auf.

Soll nun ein zinnhaltiges Kupfer geschieden werden, so
schmelzt man von diesem Gemenge ungefähr 60 Milligr. auf
Kohle zur Kugel und legt neben diese das zu scheidende
Metallgemisch. Von der aus dem Zinnkiese durch Reduction
ausgebrachten Verbindung nimmt man Alles, hingegen von
obigen Kunstprodukten nur 45 bis 50 Milligr. Hierauf bringt
man die Glaskugel nebst der Metallverbindung mit Hülfe
der Reductionsflamme so zum Schmelzen, dass das Metall in
eine treibende Bewegung geräth. In dem Augenblicke, wo
man dieses bemerkt, ändert man die Reductionsflamme in
eine mehr oxydirende um und leitet diese nur auf das Glas,
jedoch so, dass der Zutritt von Luft zu demselben möglichst
abgeschlossen ist. Hierbei fängt das Metallkorn an, sich auf
der Oberfläche zu oxydiren, und das Oxyd, welches in Zinnoxyd besteht, und bei Gegenwart von Eisen mit Eisenoxydul
vermengt ist, wird sofort von dem Glase aufgenommen.

Hat man es mit einer Verbindung von Kupfer und Zinn
zu thun, die durch die Probe auf Kupfer aus Zinnkies erhalten wurde, die aber in Folge einer zu unvollkommen stattgefundenen Röstung nicht ganz frei von Schwefel ist, so wird
dieser gleichzeitig mit abgeschieden; ist indessen die Menge
des beigemischten Schwefels zu gross, so ist dies ohne Verlust an Kupfer durch Verschlackung nicht möglich. In einem
solchen Falle ist man genöthigt, die Probe von Neuem ein-
zuleiten. Ist das Metallgemisch aber von der Beschaffenheit,
dass sich das darin befindliche Kupfer rein ausscheiden lässt,
so hat man beim Gaarmachen Folgendes zu berücksichtigen:
Während der Oxydation des Zinnes muss man die Probe so
gegen die Löthrohrflamme halten, dass die Metallverbindung
stets auf einer Seite mit der Kohle und auf einer andern mit
dem schmelzenden Glase in Berührung ist, damit sich kein

Kupfer mit oxydiren kann. Da ein solches Glas ziemlich viel Zinnoxyd aufzunehmen vermag, so lässt man diesen Process ununterbrochen fortgeben, bis das Glas vollkommen gesättigt ist. Den Grad der Sättigung erkennt man, wenn sich in dem emailähnlichen Glase hier und da kleine Metallpunkte von wieder reducirtem Zinne zeigen. Ist dieser Zeitpunkt eingetreten, so unterbricht man den Process, hebt vermittelst der Pincette das erstarrte Metall aus der noch weichen Schlacke heraus und behandelt es, ohne es von der anhängenden geringen Schlackenmasse zu befreien, auf einer andern Kohle ebenfalls mit 60 Milligr. des obigen Glases auf dieselbe Weise, wie das erste Mal, und zwar so lange, bis es die Farbe des schmelzenden Kupfers anzunehmen scheint. So wie man diese Erscheinung wahrnimmt, behandelt man das Glas mit einer mässig starken und sich nicht zu weit ausbreitenden Reductionsflamme noch so lange fort, bis das daneben befindliche Metall, welchem jedoch immer Zutritt von atmosphärischer Luft gestattet sein muss, die Kennzeichen eines reinen Kupfers im flüssigen Zustande besitzt. Hierauf unterbricht man sogleich das Blasen, nimmt, wie das erste Mal, das erstarrte Kupferkorn aus der Schlacke und untersucht zuerst seine Farbe und darauf seine Dehnbarkeit unter dem Hammer. Hat es die wahre Kupferfarbe und bekommt nach einem 3 bis 4 Mal vergrösserten Durchmesser keine Risse, so kann man es als reines Kupfer betrachten und sein Gewicht auf der Wage bestimmen; im Gegentheil muss man es noch ein Mal mit ungefähr 20 bis 30 Milligr. des obigen Glases nach der zuletzt gegebenen Vorschrift behandeln, damit es die Eigenschaften eines vollkommen gaaren Kupfers erlangt.

Bei diesem Scheideprocesse, welcher allerdings einige Uebung erfordert, muss man sich in Acht nehmen, dass man nicht auch gleichzeitig mit dem Zinne einen Theil des Kupfers oxydirt und in die Schlacke überführt. Man nimmt dies jedoch sehr leicht wahr, weil sich das im Glase vorhandene Kupfer nach dem Erkalten als Oxydul mit einer braunrothen Farbe zeigt. Ist dies der Fall, so muss man eine solche Schlacke ein Paar Minuten mit der Reductionsflamme behandeln, wobei das Kupfer metallisch ausgeschieden und mit dem neben der Schlacke befindlichen Korne wieder vereinigt wird. Von dem aufgelösten Zinnoxyde, wenn das Glas nicht davon übersättigt ist, wird nicht so leicht etwas reducirt. Bei der Trennung des letzten Antheils vom Zinne oxydirt sich allemal ein Theil des Kupfers; bei vorsichtiger Behandlung beträgt er auf 25 Milligr. Kupfer durchschnittlich 0,3 Milligr.

Es versteht sich von selbst, dass man bei der Scheidung eines Kunstproduktes, von welchem man ungefähr 50 Milligr. zur Probe verwendet hat, das Gewicht des ausgebrachten

Kupfers nach der angewandten Menge auf Procente zu berechnen hat.

4) Die Bleiprobe.

Die quantitative Bestimmung des Bleies vor dem Löthrohre kann auf zweierlei Weise ausgeführt werden. Das
eine umständlichere Verfahren ist indess nur für solche
Substanzen zu empfehlen, welche ausser Blei noch Kupfer
enthalten und bei denen man beabsichtigt, gleichzeitig auch
das letztere Metall quantitativ mit zu bestimmen. Es besteht darin, dass man zunächst durch eine Röstung flüchtige
Bestandtheile, wie Schwefel, Arsen, Antimon, soviel wie
möglich entfernt, und dann das Geröstete, mit Soda und
Boraxglas gemengt, in einem mit einer Kohlenpaste ausgefütterten Thontiegelchen schmelzt, wobei das Bleioxyd (und
das vorhandene Kupferoxyd) reducirt wird, die erdigen Beimengungen, so wie die auf diesem Wege nicht reducirbaren
Metalloxyde sich mit der Soda und dem Boraxglase zu Schlacke
vereinigen, und das reducirte Blei (und Kupfer) sich in grösseren
und kleineren Körnern ausscheidet. Substanzen, die frei von
den genannten flüchtigen Bestandtheilen sind, werden ungeröstet einer solchen Schmelzung ausgesetzt. Das kupferhaltige Blei oder bleihaltige Kupfer, wird, nachdem sein Gewicht
auf der Wage ausgemittelt worden ist, auf Kohle mit Borsäure behandelt (S. 571 und 573), wobei das Kupfer zurückbleibt. — Das andere einfachere und kürzere Verfahren besteht darin, dass man alle bleihaltigen (auch die zugleich
kupferhaltigen) Substanzen ungeröstet (oder doch nur in besonderen Fällen geröstet) in unausgefütterten Thontiegeln mit
metallischem Eisen und einem Fluss- und Reductionsmittel
schmelzt, wobei das Blei sich in einem Korne ausscheidet
und die erdigen Beimengungen so wie die nicht reducirbaren
Metalloxyde und Schwefelmetalle sich verschlacken.

Die bleihaltigen Mineralien, Erze, Hütten- und
Kunstprodukte kann man eintheilen:

A) in solche, welche das Blei im geschwefelten Zustande
enthalten,

B) welche das Blei sowohl als Chlorblei als auch im
Zustande des Oxyds und zwar entweder im freien oder verschlackten Zustande oder mit Säuren verbunden enthalten,

C) welche das Blei metallisch, entweder mit Selen oder
mit andern Metallen verbunden enthalten.

A. Mineralien, Erze und Hüttenprodukte, welche das Blei im geschwefelten Zustande enthalten, auf Blei zu probiren.

Erstes Verfahren.

Die Substanzen, für welche dieses Verfahren sich besonders eignet, sind alle diejenigen S. 332 u. f. aufgeführten schwefelbleihaltigen Mineralien, welche zugleich kupferhaltig sind, wie z. B. Bournonit, Cuproplumbit, Alisonit etc. und von den Hüttenprodukten vorzüglich kupferhaltiger Bleistein und bleihaltiger Kupferstein.

Von der nach S. 511 gehörig vorgerichteten Menge Probemehl wiegt man sich 1 Centner oder 100 Milligr. ab und befreit denselben ähnlich wie bei der Kupferprobe (S. 561) durch eine sorgfältige Röstung mit einem Zusatz von Kohlenpulver auf einem mit Röthel ausgestrichenen Thonschälchen von den flüchtigen Bestandtheilen. Substanzen, die bei der Röstung leicht sintern, wie z. B. Bournonit etc., vermengt man, ausser mit Kohle, noch mit ungefähr 50 Milligr. Eisenoxyd.

Ist die erste Röstung beendigt, d. h. ist alle Kohle aus dem Erze bei dunkler Rothglühhitze (bei stärkerer Hitze kann sich leicht Schwefelblei verflüchtigen) verbrannt und sind aufsteigende Dämpfe von flüchtigen Bestandtheilen nicht mehr zu bemerken, so nimmt man das Röstschälchen aus der Kohle, reibt das Erz im Mörser auf und vermengt es nochmals dem Volumen nach mit 2 Mal so viel Kohlenpulver. Dieses Gemenge bringt man wieder auf das Röstschälchen zurück, breitet es auf demselben aus und röstet zum zweiten Male. Hat die beigemengte Kohle Feuer gefangen, so überzeugt man sich schnell durch den Geruch, ob noch Dämpfe von flüchtigen Bestandtheilen aufsteigen. Ist dies der Fall, und zwar sehr bedeutend, so lässt man die Kohle bei mässiger Rothglühhitze aus dem Erze verbrennen, reibt darauf das Erz im Mörser wieder auf und röstet es nach Befinden noch zum dritten Male ebenfalls mit Kohle. Ein dreimaliges Rösten findet zwar nur selten Statt, es ist jedoch nicht zu umgehen, wenn die auf Blei zu untersuchende Substanz solche Schwefel- und Arsenmetalle enthält, die sich schwer zerlegen lassen. Zeigt sich das Gemenge mit dem zweiten Kohlenzusatz während des Anglühens der Kohle ohne Geruch, oder bemerkt man nur noch einen schwachen Geruch nach schwefliger Säure, so kann man, nachdem die Kohle aus dem Erze langsam verbrannt ist, die Probe als gut geröstet betrachten.

Glänzende Theile (von unzerlegten Schwefelmetallen herrührend) dürfen sich in ihr nicht mehr vorfinden, die ganze Masse muss vielmehr ein mattes, erdiges Ansehen haben, auch muss sie sich in einem lockeren Zustande auf dem Röstschälchen befinden.

Die Beschickung der gerösteten Probe zur Reduction des in derselben befindlichen Bleioxydes besteht aus:

100 Milligr. Soda (wasserfrei) und
30 bis 40 Milligr. Boraxglas.

Die Soda dient hier in Gemeinschaft mit der Kohle, welche die Beschickung während des Schmelzens umgiebt, hauptsächlich wegen Bildung von Kohlenoxydgas, als Reductionsmittel für das Bleioxyd, so wie zur Aufnahme der bei der Röstung mit den Metalloxyden und namentlich mit dem Bleioxyd in Verbindung zurückgebliebenen Schwefelsäure, indem sich Schwefelnatrium bildet. Sind andere Metalloxyde in der Beschickung vorhanden, so werden die auf diesem Wege reducirbaren ebenfalls metallisch ausgeschieden und die nicht reducirbaren auf die niedrigste Oxydationsstufe versetzt und in diesem Zustande verschlackt.

Der Borax verhindert das Eindringen der Soda in die Kohlenunterlage und wirkt als Auflösungsmittel für nicht reducirbare Metalloxyde. Die angegebene Menge reicht zwar in den meisten Fällen zur Bildung einer vollkommen flüssigen Schlacke hin, sollten indess viel erdige oder überhaupt verschlackbare Bestandtheile mit vorhanden sein, so ist es zweckmässig, den Boraxzusatz bis auf 50 Milligr. zu erhöhen.

Beide Zuschläge vermengt man im Achatmörser mit dem gerösteten Erze, schüttet dieses Gemenge in die Mengkapsel und aus dieser in einen Sodapapiercylinder, wie bei den vorhergehenden Proben. Den Papiercylinder verschliesst man so, dass die Ecken des zusammengewickelten leeren Theils nicht wie bei der Silber- oder Kupferprobe in die Höhe gedrückt, sondern abwärts gebogen werden und hier auf den gefüllten Theil aufzuliegen kommen, damit die eingepackte Probe mehr die Form einer halben Kugel erlangt.

Die so vorgerichtete Probe legt man in ein mit Kohle ausgefüttertes Thontiegelchen (Fig. 32, S. 31), welches aber, wenn es eben erst vorgerichtet worden ist, vollständig ausgetrocknet sein muss. — Hierauf überdeckt man die eingepackte Probe mit so viel feinem Kohlenpulver, dass, wenn man ein Thonschälchen (Röstschälchen), welches als Deckel dienen soll, umgekehrt auf den Thontiegel legt, der ganze Raum zwischen Tiegel und Schälchen ausgefüllt wird. Den Tiegel selbst stellt man dabei in das kleine Kapelleneisen (Fig. 48 B, S. 47), oder in einen von Eisendraht gebogenen Dreifuss.

Den Kohlenhalter versieht man mit einer künstlichen oder natürlichen Kohle, bohrt aber mit dem Kohlenbohrer (Fig. 47, S. 47) nur eine Oeffnung für die Flamme in die Kohle, ohne letztere weiter so anzuschneiden, wie es bei der Röstung nöthig ist, verschliesst vielmehr die im Kohlenhalter befindliche Spalte mit dem dazu bestimmten Eisenbleche *h* (Fig. 52 *H*, S. 49). Der Platindraht, auf welchem der Tiegel ruhen soll, wird ohne Blech eingehangen, weil die Kohle durch den Tiegel selbst vor einem zu schnellen Durchbrennen geschützt wird. Man senkt jetzt den gefüllten Tiegel mit Hülfe der Pincette in den Ring des Platindrahtes ein, so dass zwischen Kohle und Tiegel überall noch freier Raum bleibt, wie es beistehende Fig. 82 angiebt, und man, worauf ganz beson-

Fig. 82.

ders mit zu achten ist, noch den untern Theil des Tiegels (nicht blos die Spitze desselben) durch die Oeffnung bei *a* deutlich wahrnehmen kann. Den mit Kohlenstaub gehauft voll gefüllten Tiegel überdeckt man dann mit einem Thonschälchen und das Ganze mit einer an der innern Seite mit einer Vertiefung *o* und einer 4 Millim. weiten Oeffnung *p* versehenen prismatischen, gewöhnlichen oder künstlichen Kohle (Fig. 20 *G*, S. 21), die in den Kohlenhalter passt und von den noch vorstehenden Seiten desselben gehalten wird.

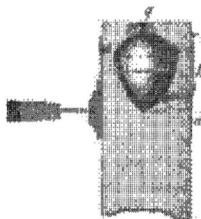

Ist Alles so vorgerichtet und hat man das Löthrohr mit einer nicht zu eng gebohrten Spitze versehen, so leitet man nach der runden Oeffnung *a* des Kohlenhalters eine starke Oxydationsflamme in horizontaler Richtung so ein, dass die blaue Spitze der Flamme noch ausserhalb der Oeffnung wahrzunehmen ist. Die Hitze verstärkt sich von unten herauf so schnell, dass nach einigen Minuten bei *q* (Fig. 82) ein Flämmchen von brennendem Kohlenoxydgas zu sehen ist. Ist die Kohle nicht zu hart oder zu dicht, in welchem Falle sie nur den gehörigen Hitzgrad hervorbringt, so kann man auch versichert sein, dass nach circa 8 Minuten langem, ununterbrochenem Blasen die strengflüssigste Probe geschmolzen ist. Nach Verlauf dieser Zeit unterbricht man das Blasen, nimmt zunächst die Deckkohle ab, hebt dann vermittelst des Werkbleizängelchens den Platindraht mit dem verdeckten Tiegelchen aus der Kohle (man fasst den Draht bei *n* Fig. 54, S. 50 fest) und setzt dasselbe in das kleine Kapelleneisen oder auf einen kleinen Dreifuss von Draht zum Erkalten hin.

Bei einer gut gelungenen Probe darf sich auf der obern Seite der Deckkohle neben der Oeffnung kein Bleioxydbeschlag zeigen. Ist dies der Fall, so ist die Hitze so stark gewesen, dass sich ein Theil des Bleies verflüchtigt hat; ferner muss die geschmolzene Probe als eine vollkommene Kugel auf dem Boden des ausgefütterten Tiegelchens liegen und sich von der fast unbeschädigten Kohlenunterlage, mit

welcher das Tiegelchen ausgefüttert ist, mittelst der Pincette
leicht wegnehmen lassen.

Das Blei findet sich nur äusserst selten als ein einziges
Korn, gewöhnlich liegt es in mehrere grössere und kleinere
Körner zertheilt in der Schlacke. Man zerschlägt letztere
deshalb zwischen Papier auf dem Ambosse zu einem gröblichen Pulver, schüttet die zerkleinte Probe in ein Porcellanschälchen, nimmt die grösseren, von Schlacke freien Bleikörner heraus und schlämmt die Schlacke durch Wasser von
den übrigen Bleikörnern ab, indem man durch behutsames
Reiben mit dem Pistill des Achatmörsers die Schlacke zertheilt, dieselbe mit dem Wasser abgiesst und dies einige Male
wiederholt, bis alle Schlackentheile entfernt sind. Die zurückbleibenden Bleikörner trocknet man sogleich im Porcellanschälchen über der freien Lampenflamme. Sollten die vorher
ausgelesenen grössern Bleikörner nicht ganz frei von Schlacke
sein, so müssen sie auf dem Ambosse noch dünner geschlagen,
darauf mit Wasser gereinigt und mit den übrigen Bleikörnern
im Schälchen getrocknet und gewogen werden.

Geschah die Röstung sorgfältig, so können in dem ausgebrachten Blei von fremden Bestandtheilen nur noch Kupfer,
Silber, Wismuth, sowie auch Antimon sein.

Das Kupfer findet man, wenn man die Bleikörner auf
Kohle neben etwas Boraxglas zusammenschmilzt und nach
S. 571 mit Borsäure behandelt. Nach Abzug des dabei zurück-
bleibenden Kupfers von dem Gewichte des kupferhaltigen
Bleies, ergiebt sich der Gehalt an Blei.

Zur Ermittelung des Gehaltes an Silber muss das beim
Gaarmachen resultirende Kupferkorn mit dem 15fachen seines
Gewichts Probirblei abgetrieben werden; ergiebt sich eine
wägbare Menge Silber, so ist der Betrag von dem Gewicht
des Kupferkorns abzuziehen.

Findet sich neben Blei und Kupfer auch noch Wismuth in der probirten Substanz, so stellt man am zweckmässigsten zwei Proben an; die eine dient zur Bestimmung
des Kupfergehaltes der Legirung, sowie der Summen des
Blei- und Wismuthgehaltes, mit der anderen aber verfährt
man zur Ausmittelung des Blei- resp. Wismuthgehaltes folgendermassen: Man plattet die ausgebrachten grösseren Körner
aus, schmelzt dieselben nebst den übrigen kleinen Körnern
mit ungefähr dem 20fachen Gewicht doppelt-schwefelsauren
Kali's in einem Porcellanschälchen Fig. 61, S. 61 (von den
dort angegebenen kleineren Dimensionen) über der Spirituslampe so lange, bis das Metallgemisch oxydirt ist, und die
Oxyde mit Schwefelsäure verbunden sind. Hat man vielleicht
zu wenig von diesem Salze angewendet, so setzt man das
Fehlende nach. Die geschmolzene Masse behandelt man
weiter, wie es bei der quantitativen Wismuthprobe angegeben

werden soll. Das schwefelsaure Bleioxyd sammelt man auf einem Filtrum, trocknet es scharf, wiegt es aus und berechnet aus dem Gewichte die Menge des metallischen Bleies. (100 Theile schwefelsaures Bleioxyd entsprechen 68,3 Theilen metallischen Bleies). Dieser Gehalt und das Gewicht des beim Gaarmachen der andern Probe erhaltenen Kupfers von dem Gesammtgewicht der bei der Probe im Tiegel abgeschiedenen Legirung abgezogen, giebt wenigstens annähernd den Wismuthgehalt.

Enthält das Probirgut Antimon, so kann man bei der Röstung nur den grössten Theil desselben entfernen; der kleinere Theil bleibt zurück und wird mit reducirt. Der Antimongehalt einer solchen Legirung lässt sich wenigstens qualitativ nachweisen, wenn man dieselbe auf Kohle im Oxydationsfeuer behandelt, wo das Antimon verflüchtigt und die Kohle mit Antimonoxyd weiss beschlagen wird. Eine quantitative Abscheidung, welche nur auf nassem Wege erfolgen könnte, ist wegen der geringen Menge nicht wohl ausführbar. Bei der Schmelzung mit saurem schwefelsaurem Kali wird das Antimon zwar oxydirt, aber nicht vom Blei getrennt.

Zum Schluss dieses ersten Verfahrens für geschwefelte Erze und Produkte ist übrigens noch zu bemerken, dass man aus allen Substanzen, in denen sich Schwefelblei befindet, stets einen um 1—3 Procent zu niedrigen Gehalt an Blei ausbringt, weil bei der Röstung das Schwefelblei sich hauptsächlich nur in basisch-schwefelsaures Bleioxyd verwandelt, welches während der reducirenden Schmelzung durch die Soda zwar zerlegt wird, aber in Folge des sich bildenden Schwefelnatriums auch etwas Schwefelblei entsteht, welches mit in die Schlacke übergeht. Dieser Verlust kann sogar noch höher steigen, wenn man die Schmelzung bei starker Hitze zu lange fortsetzt, weil sich dann leicht etwas Blei verflüchtigt.

Zweites Verfahren.

Die Substanzen, welche nach diesem Verfahren auf Blei quantitativ untersucht werden können, sind alle S. 333 und 334 genannten schwefelbleihaltigen Verbindungen; von den im Grossen aufbereiteten Erzen: die Bleiglanze und alle diejenigen Bleierze, welche mit noch anderen Schwefel- und Arsenmetallen gemengt sind; und von den Hüttenprodukten: vorzüglich Bleistein und bleiischer Ofenbruch, so wie auch Roh- und Bleischlacken.

Von einer vorgerichteten Menge Probemehl wiegt man sich 1 Centner ab und schüttet das Abgewogene, wenn die Substanz wenig oder gar kein Antimon enthält, ohne Weiteres in einen kleinen Thontiegel (Fig. 31, S. 28), den man vor-

läufig in das kleine Kapelleneisen gestellt hat. Enthält sie
aber Antimon in merklicher Menge, so röstet man sie vorher
entweder für sich oder nach Befinden mit einem Zusatz von
50 Milligr. Eisenoxyd — ohne Kohlenstaub — auf einem
Thonschälchen nach S. 561 bei schwacher Hitze so lange,
bis keine Dämpfe von Antimonoxyd mehr aufsteigen, und
fügt die nöthigen Fluss- und Reductionsmittel hinzu, nämlich:

1) Metallisches Eisen in Form von Draht und von der
Stärke einer mittelstarken Stricknadel; je nachdem in der
Substanz wenig oder viel Schwefelmetalle enthalten sind, und
je nachdem dieselben auf einer niedrigen oder auf einer hohen
Schwefelungsstufe stehen, wendet man ein Stückchen an,
welches 25 bis 50 Milligr. wiegt, und legt es unmittelbar zu
der abgewogenen Substanz in den Tiegel.

2) Ein alkalisches Fluss- und Reductionsmittel, aus
gleichen Aequivalenten von wasserfreiem kohlensaurem Natron
und kohlensaurem Kali bestehend, welchem Boraxglas und
Stärkemehl beigemengt ist, und welches man sich zusammen-
setzt aus:

10 Gewth. Soda (einfach-kohlensaurem Natron, S. 55),
13   «   kohlensaurem Kali,
5   «   gepulvertem Boraxglas und
5   «   trocknem Stärkemehl.

Die abgewogenen Ingredienzien reibt man in einem geräumigen Glas- oder Porcellanmörser sorgfältig untereinander
und bewahrt das so hergestellte Gemenge in einem gut ver
schliessbaren Glase auf. In Ermangelung eines Mörsers kann
man die verschiedenen Ingredienzien, sobald sie fein genug
zertheilt sind, auch in einem verkorkten Glase durch starkes
Schütteln mengen.

Von diesem leicht schmelzbaren Fluss- und Reductionsmittel wendet man zur Probe 300 Milligr. an, die man unmittelbar auf die im Thontiegelchen bereits befindliche Substanz
und das mit eingelegte Stückchen Eisen schüttet, und überdeckt das Ganze

3) noch mit 3 Löffelchen gehäuft voll (circa 600 Milligr.)
abgeknistertem Kochsalz (S. 62).

Substanzen, welche nur wenig Blei enthalten, bekommen
auch einen Zusatz von 50 bis 80 Milligr. Feinsilber in einem
Korne, zur Ansammlung des beim Schmelzen der Probe sich
ausscheidenden Bleies.

Bei der Schmelzung der Probe dient das Eisen zur Abscheidung des Schwefels und des Arsens (letzteres wird indessen in den meisten Fällen flüchtig); die kohlensauren Alkalien dienen in Gemeinschaft mit dem Boraxglase zur Bildung
der nöthigen Schlacke und zur Auflösung der erdigen Gemengtheile und derjenigen Schwefelmetalle, welche durch das
Eisen nicht zerlegt werden, so wie zur Aufnahme des grössten

Theils des sich erst bildenden Schwefeleisens; das Stärkemehl in Gemeinschaft mit den kohlensauren Alkalien als reducirend wirkendes Mittel und endlich das Kochsalz wegen seiner Dünnflüssigkeit im schmelzenden Zustande und wegen der Eigenschaft, sich mit der Schlacke nicht zu verbinden, als Decke, damit sich die einzelnen frei gewordenen Bleikörner leichter zu einem Korne vereinigen können.

Man kann zwar die zu untersuchende Substanz mit dem alkalischen Fluss- und Reductionsmittel vermengen; es tritt indess dann leicht der Fall ein, dass kleine Bleikörner auf die Oberfläche der Schlacke kommen und die Vereinigung derselben zu einem Korne etwas länger dauert. Besteht jedoch die Substanz grösstentheils aus solchen Bestandtheilen, die verschlackt werden müssen, so ist eine Vermengung derselben mit dem alkalischen Fluss- und Reductionsmittel wieder zu empfehlen.

Zur Schmelzung bedient man sich einer gewöhnlichen oder einer künstlichen Kohle (Fig. 20 F, S. 21), bohrt dieselbe mit dem grossen Kohlenbohrer hinreichend aus, spannt sie in den Kohlenhalter, bohrt in die vordere Seite die Oeffnung zum Einleiten der Flamme und beobachtet überhaupt hierbei alles Dasjenige, was bereits S. 582 u. f. bei der Beschreibung des ersten Verfahrens mitgetheilt ist.

Fig. 83.

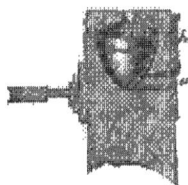

Hierauf verdeckt man, wie aus beistehender Fig. 83 hervorgeht, die Kohle, ohne vorher den Tiegel erst mit einem besonderen Deckel versehen zu haben, mit einer durchbohrten Deckkohle, und leitet endlich eine starke Oxydationsflamme in horizontaler Richtung nach der runden Oeffnung so, dass die Spitze der blauen Flamme noch kurz vor dieser Oeffnung zu sehen ist und hauptsächlich nur die glühenden gasförmigen Verbrennungsprodukte in die ausgehöhlte Kohle treten. Der Tiegel darf nicht unmittelbar von der Flamme getroffen werden, weil derselbe sonst an dieser Stelle, in Folge der hohen Temperatur, von der alkalischen Schlacke leicht angegriffen und durchbohrt werden kann. Ist die Kohle, in welcher die Schmelzung geschieht, nicht zu dicht, so verbreitet sich die Hitze ziemlich schnell und die Probe ist nach 5 bis höchstens 6 Minuten langem Blasen vollkommen geschmolzen. Schon nach Verlauf der ersten Minute fangen die im Tiegel befindlichen Substanzen an, auf einander einzuwirken, was durch ein Geräusch in Folge einer lebhaften Gasentwickelung wahrgenommen werden kann. Während man dieses Geräusch noch deutlich hört, darf man durchaus nicht stark blasen, weil die Gasentwickelung sonst zu lebhaft vor sich gehen und zu einem Uebersteigen der Beschickung

Veranlassung geben würde. Hat das Geräusch aber aufgehört, so darf man dann auch nicht unterlassen, noch wenigstens 1 bis 2 Minuten stark zu blasen und ganz besonders die Flamme nach der Spitze des Tiegels zu richten, wenn man sich auf ein quantitativ richtiges Bleiausbringen Rechnung machen will. So wie man das Blasen unterbrochen hat, hebt man die Deckkohle von dem Tiegel und klopft mit dem breiten Theil der Pincette an den Kohlenhalter, damit die vielleicht noch hier und da am Rande des Tiegels oder an der Oberfläche der flüssigen Masse befindlichen kleinen Bleikörner niederfallen und sich mit dem Hauptbleikorne vereinigen. Die Schlacke muss dabei eben so flüssig sein wie Wasser. — Den Tiegel hebt man hierauf aus der Kohle und stellt ihn in das kleine Kapelleneisen zur Abkühlung auf mehrere Minuten zur Seite. Ist der Tiegel so weit erkaltet, dass man ihn mit den Fingern anfassen kann, so zerschlägt man ihn vorsichtig mit dem Hammer auf dem Ambosse und trennt das Blei mit dem an seiner Seite befindlichen Eisen von der Schlacke. Das Bleikorn fasst man nun mit der Pincette, stellt es auf den Amboss, und zwar so, dass dabei das anhängende Eisen auf's Hohe kommt, und trennt letzteres, welches zuweilen (wenn das untersuchte Erz sehr kiesig war) mit Schwefeleisen umgeben ist, durch einige leichte Hammerschläge vom Bleie ab. Das vom Eisen befreite Bleikorn reinigt man von vielleicht anhängenden alkalischen Schlackentheilen zwischen befeuchtetem Filtrirpapier auf dem Ambosse durch einige leichte Hammerschläge und wiegt es aus.

Da bei diesem zweiten Verfahren eine Bildung von Schwefelnatrium und Schwefelkalium ebenfalls nicht zu vermeiden ist, und daher trotz des Eisenzuschlages sich ein wenig Schwefelblei mit in die Schlacke begiebt, so bringt man auch hier, wie bei dem ersten Verfahren (so wie auch bei der trocknen Probe im Grossen), immer etwas zu wenig aus.

Vermuthet man, dass die Substanz, aus welcher das Blei ausgeschieden wurde, silberhaltig gewesen sein könne, so muss man das Bleikorn auf einer Kapelle von Knochenasche abtreiben und das Gewicht des zurückbleibenden Silberkörnchens abziehen. Der beim Abtreiben des Bleikornes sich herausstellende Silbergehalt ist, wenn die Substanz aus reinem Bleiglanz besteht, derselbe, den man durch eine besondere Silberprobe findet; er fällt aber zu gering aus, wenn die Substanz silberhaltigen Schwefelkies oder andere silberhaltige Schwefelmetalle enthält.

Ist in einer bleihaltigen Substanz ein geringer Gehalt an Schwefelkupfer vorhanden, so geht derselbe in die alkalische Schlacke über; befinden sich aber grössere Mengen von Schwefelkupfer darin, oder ist das Kupfer im oxydirten Zustande da, und fehlt es ausserdem an Schwefelmetallen, so geht stets mehr oder weniger Kupfer mit an das Blei über. In diesem Falle ist man genöthigt, das Blei mit Borsäure auf Kohle zu behandeln (S. 573), um die demselben beigemischte Menge von Kupfer erfahren und sie von dem Gewicht des ausgebrachten kupferhaltigen Bleikornes abziehen zu können*).

Enthält die auf Blei zu probirende Substanz nur 1 bis 10 Procent Blei, so hält es schwer, das Bleikörnchen, welches sich beim Schmelzen der Probe ausscheidet, von dem überschüssig zugesetzten Eisen so zu trennen, dass man sein Gewicht genau zu bestimmen im Stande wäre. — In solchen Fällen setzt man der Beschickung noch 50 bis 80 Milligr. Feinsilber in Form klein geschnittener Stücke oder in einem oder mehreren Körnern zu, damit sich das Blei mit dem Silber verbindet, und mit demselben ein Metallkorn bildet, welches gross genug ist, um von dem anhängenden Eisen leicht getrennt werden zu können. Aus dem Gewichtsüberschuss ergiebt sich die Menge des Bleies.

B. Mineralien, Erze und Kunstprodukte, welche das Blei sowohl als Chlorblei als auch im Zustande des Oxyds und zwar entweder im freien oder verschlackten Zustande oder mit Säuren verbunden enthalten, auf Blei zu probiren.

In diese Abtheilung gehören: das Chlorblei, sowie die Verbindungen des Bleioxydes mit Phosphorsäure, Arsensäure, Schwefelsäure, Kohlensäure, Essigsäure, Vanadinsäure, Molybdänsäure, Wolframsäure und Chromsäure; ferner die Glätte, der Abstrich und der Heerd, sowie endlich alle Arten von bleihaltigen Gläsern.

Die genannten Verbindungen lassen sich zwar auch nach dem S. 581 mitgetheilten ersten Verfahren auf Blei probiren (wobei die Röstung nur in solchen Fällen vorzunehmen ist, wenn andere schwefelsaure Metallsalze mit vorhanden oder wohl gar Schwefel- und Arsenmetalle eingemengt sind); weit einfacher und ebenso zuverlässig ist jedoch die Probe auf Blei von diesen Verbindungen, wenn man das zweite Verfahren anwendet.

Man wiegt 1 Centner von der Substanz ab, schüttet solchen in ein unausgefüttertes Thontiegelchen und fügt 25 bis 30 Milligr. metallisches Eisen in Form eines Stückchen Drahtes hinzu. Hierauf wiegt man 300 Milligr. vom Fluss-

---

*) In solchen Fällen, wo man die Substanz wegen eines bedeutenden Antimongehaltes erst rösten müsste, kann man, um vielleicht vorhandene geringe Mengen von Kupfer nicht mit in das Blei überzuführen, nach der Röstung die Probe erst mit 100 Milligr. Schwefel im Tiegel mengen und denselben in einer Kohlenhalterkohle bis zum schwachen Rothglühen so lange erhitzen, bis sich keine blaue Flamme mehr zeigt. Das durch die Röstung gebildete Kupferoxyd verwandelt sich dabei in Schwefelkupfer und geht bei der Schmelzung in die Schlacke.

und Reductionsmittel, S. 586, so wie ausserdem noch 25 bis
30 Milligr. Stärkemehl ab, bringt beides zu der abgewogenen
Substanz, und mengt das Ganze sogleich im Tiegel mit dem
Löffelstiel oder dem kleinen eisernen Spatel untereinander.
Das Gemenge sucht man, durch behutsames Stossen des Tiegels gegen den Tisch, so weit als möglich zu verdichten und
zu ebenen, und giebt noch 3 Löffelchen gehauft voll (circa
600 Milligr.) Kochsalz als Decke.

Für Schlacken und solche Substanzen, die wenig Blei
enthalten, ist noch ein Zusatz von 50 bis 80 Milligr. Feinsilber als Ansammlungsmittel für das Blei nöthig.

Die Schmelzung führt man ganz auf dieselbe Weise, wie
früher beschrieben, aus.

Das alkalische Fluss- und Reductionsmittel dient hier zur
Zerlegung der Bleisalze, so wie in Gemeinschaft mit dem
Stärkemehl als Reductionsmittel für das Bleioxyd und der
ausserdem noch vorhandenen reducirbaren Bestandtheile, als
auch in Verbindung mit dem Boraxglase zur Bildung der
nöthigen Schlacke; das Eisen dient hauptsächlich als Schutzmittel gegen Verschlackung von Schwefelblei, im Fall solches
aus vorhandenem schwefelsaurem Bleioxyd gebildet werden
sollte.

Sind die hierher gehörigen Substanzen nicht frei von
Kupfer und ist dasselbe nur in geringer Menge vorhanden,
so kann man die Probe vor der Beschickung mit dem Fluss-
und Reductionsmittel erst nach S. 589, Anmerkung, anschwefeln.

C. Mineralien, welche das Blei metallisch entweder mit Selen oder mit anderen Metallen verbunden enthalten, auf Blei zu probiren.

In diese Abtheilung gehören: Selenblei, Selenkobaltblei, Selenbleikupfer, Selenkupferblei, Selenbleiquecksilber, Tellurblei, Blättererz und Weisstellur.

Diese Mineralien lassen sich am einfachsten in unausgefütterten Thontiegelchen auf Blei probiren. Man vermengt
1 Centner = 100 Milligr. des fein aufgeriebenen Minerals
sogleich im Tiegel mit 300 Milligr. des Fluss- und Reductionsmittels, fügt der Vorsicht halber auch 25 bis 30 Milligr. Eisendraht in einem Stückchen hinzu, verdichtet das Gemenge
durch behutsames Stossen des Tiegels gegen den Tisch, und
bedeckt es mit 3 Löffelchen gehauft voll Kochsalz.

Die Schmelzung geschieht ganz wie früher erwähnt. Die
Verbindungen des Bleies mit Selen oder Tellur werden dabei
zerlegt; es bilden sich alkalische Selen- und resp. Tellurmetalle, während das Blei frei wird. Enthält ein solches
Mineral zugleich Schwefelmetalle, so bildet sich auch Schwefel-
kalium-Natrium. Nach geschehener Schmelzung und Abkühlung der geschmolzenen Probe zerschlägt man den Tiegel

und befreit das ausgeschiedene Blei von der Schlacke und
dem Eisen.

Will man gleichzeitig den Gehalt des vielleicht damit
verbundenen Silbers oder Goldes erfahren, so darf man das
Bleikorn nur auf Knochenasche abtreiben.

Bei Anwesenheit grösserer Mengen von Kupfer kann
man auch hier nicht vermeiden, dass das ausgebrachte Bleikorn kupferhaltig ist, weshalb dasselbe in solchen Fällen dem
Gaarmachen unterworfen werden muss.

5) Die Wismuthprobe.

Das Wismuth kommt in der Natur hauptsächlich nur gediegen vor. Man findet es aber auch, wie aus der Zusammenstellung der wismuthhaltigen Mineralien S. 361 und 362 hervorgeht, in Verbindung mit Tellur; ferner in Verbindung mit
Schwefel, sowohl für sich, als in Verbindung mit Schwefelkupfer, Schwefelblei und andern Schwefelmetallen in einigen
seltenen Mineralien; so wie im oxydirten Zustande, theils frei,
theils in Verbindung mit Kohlensäure, Phosphorsäure und
Kieselsäure. In Hüttenprodukten macht es zuweilen einen
Bestandtheil der Kobaltspeise von der Smaltebereitung und
der Nickelspeise vom Verschmelzen wismuthhaltiger Nickelerze etc. aus; auch gewinnt man bei der Reinigung des im
Grossen gerösteten unreinen Zinnsteins durch verdünnte Salzsäure, wenn derselbe im rohen Zustande Wismuth beigemengt
enthält (was bei der Röstung in Oxyd verwandelt wird),
basisches Chlorwismuth, jedoch mehr oder weniger verunreinigt
mit anderen Substanzen, z. B. erdigen Theilen, feinen Zinnsteintheilen etc. Dasselbe Salz erhält man auch bei der Gewinnung des Wismuths auf nassem Wege aus der Heerdmasse
vom Silberraffiniren.

Man kann demnach die auf Wismuth zu probirenden
Mineralien, Erze und Hüttenprodukte eintheilen:

A) in solche, in denen das Wismuth metallisch, entweder
nur mit erdigen Substanzen, oder mit Arsenmetallen von Kobalt, Nickel und Eisen gemengt, oder mit Tellur oder Silber
chemisch verbunden ist;

B) in solche, in denen das Wismuth als Schwefelwismuth
entweder für sich, oder mit anderen Schwefelmetallen oder
mit Arsenmetallen chemisch verbunden vorkommt; und

C) in solche, die das Wismuth im oxydirten Zustande,
entweder frei, oder an Kohlensäure, Phosphorsäure, Kieselsäure etc. gebunden enthalten, und vielleicht auch mit Oxyden
von Kupfer, Nickel, Kobalt oder deren Salzen gemengt sind,
oder in denen das Wismuth an Chlor gebunden ist.

A. Mineralien, Erze und Hüttenprodukte, in denen das Wismuth metallisch, entweder nur mit erdigen Substanzen, oder mit Arsenmetallen von Kobalt, Nickel und Eisen gemengt, oder mit Tellur chemisch verbunden ist, auf Wismuth zu probiren.

In diese Abtheilung gehören alle im Grossen aufbereiteten Kobalt- und Nickelerze, welche gediegen Wismuth eingemengt enthalten; von den Mineralien: das in erdigen Gangmassen eingesprengte gediegene Wismuth, das Tellurwismuth und Selen-Tellurwismuth; und von den Hüttenprodukten: die Kobalt- und Nickelspeise.

Von diesen Substanzen stellt man in bekannter Weise das erforderliche Probemehl dar, wiegt davon 1 Löthrohrprobircentner genau ab, und bereitet es, wenn es nöthig ist, wie folgt zur Schmelzung vor.

Im Grossen aufbereitete wismuthhaltige Kobalt- und Nickelerze, in denen das Kobalt und Nickel an so viel Arsen gebunden ist, dass sie bei der Prüfung in einer an einem Ende zugeschmolzenen Glasröhre ein Sublimat von metallischem Arsen geben, und daher mehr Arsen enthalten als eine Verbindung von (Ni, Co)²As, müssen von diesem Ueberschusse befreit werden. Besteht nun die abgewogene Substanz in einem dergleichen Erze, so schüttet man sie in einen, später auch zur Schmelzung zu gebrauchenden kleinen Thontiegel, welchen man in das kleine Kapelleneisen oder in einen kleinen Dreifuss von Draht stellt. Diesen Thontiegel setzt man in eine, in den Kohlenhalter gespannte Kohle, die zu vorliegendem Zwecke mit einem Eisendraht (welchem man dieselbe Gestalt gegeben hat wie dem S. 49 abgebildeten Platindraht) versehen wird, eben so ein, wie es bei der Schmelzung einer Bleiprobe (S. 583) beschrieben wurde; verdeckt auch den Tiegel mit einem Thonschälchen und das Ganze mit einer durchbohrten Deckkohle. Hierauf leitet man auf früher beschriebene Weise die Löthrohrflamme nach der runden Oeffnung im Kohlenhalter so, dass sowohl die Kohle an ihren innern Seiten, als auch der Tiegel zum schwachen Glühen kommt, wobei der Ueberschuss von Arsen entweicht und die Substanz, wenn sie reich an Arsenmetallen ist, mehr oder weniger stark sintert*). Bemerkt man keine aufsteigenden Arsendämpfe mehr, so unterbricht man das Blasen, hebt den

---

*) Ist nach einer vorläufig, in einer an einem Ende zugeschmolzenen Glasröhre, unternommenen Probe vorauszusehen, dass sich viel Arsendämpfe entwickeln werden, so thut man wohl, wenn man das Glühen ausserhalb des Arbeitszimmers — vielleicht unter einer gut ziehenden Esse — vornimmt. Bietet sich hierzu keine Gelegenheit dar, so kann man den Ueberschuss von Arsen auch in einer an einem Ende zugeschmolzenen Glasröhre entfernen, wie es bei der Probe auf Kobalt und Nickel für die Substanzen der Abtheilung B, welche arsenicirt werden müssen, beschrieben werden soll.

Draht sammt Tiegel mit der kleinen Werkbleizange aus der
Kohle, wie es bei der Bleiprobe (S. 583) beschrieben worden
ist, und lässt ihn mit aufliegendem Deckschälchen erkalten,
damit der Zutritt von Luft abgeschlossen bleibt und keine
Röstung eintreten kann. Hat man durch ein solches schwaches
Glühen den Ueberschuss an Arsen entfernt, so ist die Probe
zur Schmelzung vorbereitet.

Man schüttet jetzt nach dem Erkalten zu der im Tiegel
befindlichen Substanz ein circa 30 Milligr. schweres Stückchen
Eisendraht von der Stärke einer mittelstarken Stricknadel,
welches zur möglichst vollständigen Zerlegung des Schwefel-
wismuthes und zur Sättigung der bei der bevorstehenden
Schmelzung unzerlegbaren Schwefel- und Arsenmetalle unumgänglich nöthig ist.

Ferner fügt man, um das sich bei der Schmelzung ausscheidende Wismuth vollständig ansammeln und nach voll-
endeter Schmelzung von der Schlacke, so wie von den sich
mit ausscheidenden Arsenmetallen oder dem unverändert gebliebenen Eisen so trennen zu können, dass dabei von dem
spröden Wismuthe etwas mechanisch nicht verloren geht, je
nachdem man einen niedrigen oder einen hohen Gehalt an
Wismuth vermuthet, 50—200 Milligr. feines Silber, in Form
kleingeschnittener Stücke oder in einem oder mehreren Körnern, hinzu, welches man genau auswiegt. Das Wismuth
findet dann bei der Schmelzung Gelegenheit, sich mit dem
Silber zu verbinden und mit demselben eine Legirung zu
bilden, die, wenn die Menge des Silbers 3 bis 4 Mal mehr
beträgt als die des Wismuthes, nach dem Erkalten weit weniger spröde ist, als reines Wismuth, und auf der Wage, nach
Abzug des Silbers, den Gehalt an Wismuth anzeigt, sobald
nicht noch andere Metalle mit reducirt worden sind. — Man
könnte an der Stelle des Silbers auch Blei anwenden, indem
wismuthhaltiges Blei, sobald auf 1 Gewichtstheil Wismuth
gegen 4 Gewichtstheile Blei kommen, sich ebenfalls dehnbar
zeigt; allein, man gelangt mit Blei zu einem weniger genauen
Resultate als mit Silber, weil bei einer so grossen Menge von
Blei, die man bei einem hohen Wismuthgehalte der Substanz
zusetzen müsste, leicht einige Procente davon durch Verschlackung als Schwefelblei, oder durch Verflüchtigung verloren gehen können, so dass sich der Wismuthgehalt nur so
viel höher herausstellen würde.

Zur Verschlackung erdiger Beimengungen, so wie vielleicht vorhandener schwer reducirbarer Metalloxyde und solcher
Schwefelmetalle, die weder durch metallisches Eisen noch
durch Alkalien in einem Thontiegel reducirt werden, als auch
zur Zerlegung der Verbindungen des Wismuthes mit Schwefel
und Tellur, kann man dasselbe Fluss- und Reductionsmittel
anwenden, welches bei der quantitativen Bleiprobe S. 586

angegeben ist. Man wiegt von diesem Gemenge **3** Centner
= 300 Milligr. ab, schüttet die abgewogene Quantität auf
die bereits im Tiegel vorhandene Substanz und das eingelegte Eisen und Silber, mengt, wenn die Substanz pulverförmig ist, das Ganze mit Hülfe des Löffelstiels untereinander,
stösst mit dem untern Theil des Tiegels behutsam einige Male
gegen den Tisch, damit das Gemenge zusammensinkt und
eine ebene Oberfläche bekommt, und bedeckt es noch mit
3 Löffelchen gehäuft voll (circa 600 Milligr.) Kochsalz. Sin-
terte oder schmolz die Substanz bei der Vorbereitung durch
Glühen zusammen, so kann eine Vermengung derselben mit
den Zuschlägen nicht erfolgen, und es ist auch nicht nöthig,
weil in diesem Falle wenig oder gar keine Bestandtheile zur
Verschlackung vorhanden sind.

Den auf beschriebene Weise mit

100 Milligr.	der zu probirenden Substanz,	
circa 30	«	Eisen,
50 bis 200	«	Feinsilber,
300	«	Fluss- und Reductionsmittel und
	der nöthigen Kochsalzdecke	

gefüllten Thontiegel, setzt man nun in eine, in den Kohlenhalter gespannte und mit dem Platin- oder Eisendrahte versehene Kohle, wie es bei der Bleiprobe (S. 583) beschrieben
ist, verdeckt auch das Ganze mit einer durchbohrten Deckkohle und leitet die Schmelzung ein. Dabei berücksichtigt
man alles das, was bei der Bleiprobe S. 583 angegeben worden ist, so dass die Schmelzung in 5 bis höchstens 6 Minuten
bewirkt werden kann. Nach beendigter Schmelzung nimmt
man zuerst die Deckkohle weg, hebt hierauf den Tiegel mit
der ganz flüssigen Probe mit Hülfe der Pincette aus der
Kohle und stellt ihn zum Erkalten in das Kapelleneisen oder
einen Dreifuss von Draht hin.

Ist der Tiegel mit der geschmolzenen Probe **so weit abgekühlt**, dass man ihn mit den Fingern fassen kann, so zerschlägt man ihn auf dem Amboss vorsichtig mit dem Hammer,
und befreit das am Boden desselben befindliche Metallkorn
so weit als thunlich von den noch anhängenden Schlackentheilen. Das geschmolzene Metallkorn ist nun entweder vollkommen rund und frei von anhängendem metallischem Eisen,
wenn die Substanz merkliche Mengen von Arsenmetallen enthielt, oder es besitzt wegen anhängendem metallischem Eisen,
welches vielleicht mit etwas Schwefeleisen überzogen ist, nicht
die vollständige Kugelform, wenn die Substanz frei von Arsenmetallen war.

Im erstern Falle kann man bei genauer Betrachtung wahrnehmen, dass die Kugel aus zwei verschiedenen Metallgemischen
besteht, und zwar aus einer weissen (von wismuthhaltigem Silber)
und aus einer grauen (von Arsenmetallen des Nickels, Kobalts

und Eisens). Man legt nun die Metallkugel zwischen Papier
auf den Amboss, oder, wenn man von den Arsenmetallen
nichts verlieren will, in den Stahlmörser und trennt durch
ein Paar behutsame Hammerschläge die Arsenmetalle von
dem wismuthhaltigen Silber, was in der Regel sehr vollkommen geschieht. Ist das ausgeschiedene Wismuth mit 3 bis
4 Mal so viel reinem Silber verbunden worden, so kann man
sogar die Legirung etwas ausplatten. Da man aber nicht im
Stande ist, die geringe Menge von Schlacke, die auf der
Oberfläche des Metallkorns vertheilt ist, wie auch Spuren von
anhängenden Arsenmetallen zu trennen, so legt man das Metallkorn in eine Vertiefung auf Kohle, fügt ein wenig Boraxglas hinzu, und schmelzt das Ganze mit einer schwachen Reductionsflamme auf einige Augenblicke um, jedoch nur so
lange, bis das Metallkorn eine blanke Oberfläche darbietet;
worauf man es sofort erstarren lässt, und durch einige Hammerschläge die jetzt nur an einer Seite anhängende geringe Menge
von Schlacke auf dem Amboss trennt. — Dass man dabei
vorsichtig verfahren muss und nicht zu lange blasen darf,
um kein Wismuth durch Verflüchtigung zu verlieren, versteht
sich von selbst. — Die von dem Metallkorne zuletzt getrennte
Schlacke fügt man den Arsenmetallen bei, im Fall man dieselben weiter auf Kobalt und Nickel quantitativ untersuchen
will, wie es bei der Probe auf diese Metalle speciell beschrieben werden soll. Das wismuthhaltige Silberkorn wiegt man
genau aus, und zieht das Gewicht des angewandten Silbers ab; der Ueberschuss zeigt den Gehalt an Wismuth an,
sobald die Substanz nicht selbst einen wägbaren Silbergehalt
besitzt. Ist Letzteres zu vermuthen, so treibt man das wismuthhaltige Silberkorn mit 1 Löthrohrcentner Probirblei auf
Knochenasche ab, wiegt es aus und rechnet den erlittenen
Kapellenzug nach S. 532 hinzu; wobei sich ergiebt, ob ein
wägbarer Gehalt an Silber in der Substanz vorhanden ist,
der in Abzug gebracht werden muss. Auch kann man sich
durch eine directe Probe auf Silber von der Höhe des Silbergehaltes überzeugen.

Befindet sich an der Seite des ausgeschmolzenen Metallkornes unverändert gebliebenes metallisches Eisen, so trennt
man dieses ebenfalls durch einige Hammerschläge entweder
zwischen Papier auf dem Amboss, oder im Stahlmörser;
schmelzt, wie im ersten Falle, das wismuthhaltige Silberkorn
auf Kohle neben ein wenig Boraxglas auf einige Augenblicke
um, trennt die anhängende Schlacke vollständig ab, und wiegt
das Metallkorn aus. War die Substanz frei von Silber, oder
enthielt sie nur eine unwägbare Menge von diesem Metalle,
wovon man sich vielleicht bereits durch eine besondere Probe
überzeugt hat, so ist der nach Abzug des Silbers bleibende
Ueberschuss als Wismuth zu betrachten; enthielt sie aber

38*

eine wägbare Menge von Silber, so muss der Betrag desselben mit in Abzug gebracht werden.

B. Mineralien, in denen das Wismuth als Schwefelwismuth, entweder für sich, oder mit anderen Schwefelmetallen, oder mit Arsenmetallen chemisch verbunden vorkommt, auf Wismuth zu probiren.

In diese Abtheilung sind zu rechnen: Wismuthglanz, Karelinit, Kupferwismuthglanz, Wittichenit (Kupferwismutherz), Wismuthsilber, Nadelerz, Chiviatit, Kobellit und Nickelwismuthglanz.

Diese Mineralien sind, mit Ausnahme des Kobellit's, welcher Schwefelantimon enthält, und deshalb nach S. 561 erst einer Röstung unterworfen werden muss, so zusammengesetzt, dass sie ohne weitere Vorbereitung sogleich mit einem, dem Zwecke entsprechenden alkalischen Fluss- und Reductionsmittel in einem Thontiegel geschmolzen werden können, so bald man zur Vermeidung einer möglichen Verschlackung von Schwefelwismuth ein Stückchen Eisen, und zur Ansammlung des sich ausscheidenden metallischen Wismuthes die nöthige Menge metallischen Silbers hinzufügt.

Man beschickt 1 Löthrohrprobircentner des Minerals (wenn eine Röstung nöthig ist, nach geschehener Röstung und wenn in diesem Falle auch Kupfer vorhanden, nach wiederum erfolgter Schwefelung nach S. 598) in einem Thontiegel mit

circa 30 Milligr.		Eisen in Form eines Drahtstückchens,
50 bis 200	.	Feinsilber in Form klein geschnittener Stücke oder in Körnern, und
300	.	desselben Fluss- und Reductionsmittels, dessen man sich zu Bleiproben etc. bedient.

Das Ganze mengt man, sobald es nicht durch die nach der Röstung erfolgte Schwefelung zusammengesintert ist, sogleich im Tiegel mit Hülfe des Löffelstiels untereinander, sucht es, wie bei den Substanzen der ersten Abtheilung, durch Aufstossen des Tiegels etwas zu verdichten, und bedeckt es mit 3 Löffelchen gehauft voll (circa 600 Milligr.) Kochsalz. Die Schmelzung führt man genau so aus wie bei den Substanzen der ersten Abtheilung.

Beim Zerschlagen des Tiegels findet man am Boden die Verbindung des Silbers mit dem Wismuth in Form eines runden Kornes, an dessen Seite das zugesetzte Eisen sitzt, welches gewöhnlich mit etwas Schwefeleisen überzogen ist. Nachdem man das Eisen auf dem Amboss von dem Metallkorne getrennt hat, schmelzt man letzteres auf Kohle neben ein wenig Boraxglas auf einige Augenblicke um, bis es eine blanke Oberfläche zeigt, lässt es hierauf erstarren, befreit es von der anhängenden geringen Menge von Schlacke und wiegt es aus.

Einige der oben genannten Mineralien enthalten ausser Wismuth noch andere Metalle, namentlich Kupfer, Silber, Blei und Antimon. Wenn der Gehalt an Kupfer nicht bedeutend ist, so geht auch, vorausgesetzt, dass dasselbe als Schwefelmetall vorhanden ist, wenig oder gar nichts davon in den Regulus mit über; das Antimon kann durch eine vorangegangene Röstung grösstentheils entfernt werden, es kann daher, wenn durch eine besondere Probe auf Silber nur ein sehr geringer Gehalt davon gefunden wurde, der Gewichtsüberschuss in Wismuth und Blei (resp. Kupfer) bestehen, sobald ausser Wismuth auch Blei in der Substanz enthalten war.

Um nun zu erfahren, wie viel von jedem dieser Metalle dem Gewichte nach vorhanden ist, schmelzt man das Metallkorn im Platinschälchen (S. 25) über der Spirituslampe mit der 12—15fachen Gewichtsmenge doppelt-schwefelsauren Kali's, und setzt, wenn es nöthig erscheint, von diesem Salze so lange kleine Portionen nach, bis das Metallkorn verschwunden ist. Das Platinschälchen übergiesst man hierauf in einem Porcellangefässe (Fig. 61, S. 51) mit destillirtem Wasser, erwärmt dasselbe so lange, bis das geschmolzene Salz gelöst ist, und die schwefelsauren Salze des Blei- und Wismuthoxydes sich pulverförmig ausgeschieden haben (S. 364). Man lässt das Ganze eine Zeit lang stehen, filtrirt oder giesst dann die klare Auflösung des schwefelsauren Kali's und schwefelsauren Silberoxydes mit Hülfe eines Glasstäbchens von dem Rückstande in ein anderes Gefäss ab, giesst neues Wasser auf, rührt um, lässt wieder absetzen und giesst abermals ab[*]). Den aus schwefelsaurem Bleioxyd und schwefelsaurem Wismuthoxyd bestehenden Rückstand übergiesst man mit Wasser, dem etwas Schwefelsäure zugesetzt worden ist, und erhitzt dasselbe bis zum Kochen. Das schwefelsaure Wismuthoxyd löst sich (besonders nach Zusatz einiger Tropfen Salpetersäure) leicht auf und das schwefelsaure Bleioxyd bleibt zurück, so dass es auf einem kleinen Filtrum gesammelt und gewaschen werden kann. Man trocknet es scharf, wiegt es aus und berechnet den Betrag an metallischem Blei (100 Gewichtstheile schwefelsaures Bleioxyd geben 68,3 Gewichtstheile metallisches Blei). Hierdurch erfährt man den Gehalt an Blei; der Gehalt an Wismuth ergiebt sich bei einem kupferfreien Regulus aus der Differenz. Ist Kupfer mit vorhanden, was man bereits an der mehr oder weniger blauen Färbung der beim

---

[*]) Die abgegossene silberhaltige Auflösung verdünnt man gehörig mit Wasser, versetzt sie mit einer Auflösung von Kochsalz, und macht das ausfallende Chlorsilber auf die Weise wieder zu Gute, wie es bereits bei der Goldprobe (S. 552) beschrieben worden ist.

Schmelzen mit saurem schwefelsaurem Kali erhaltenen Salzmasse erkennt, so muss das Wismuth aus seiner Auflösung
durch kohlensaures Ammoniak in der Wärme ausgefällt, abfiltrirt und nach dem Trocknen in einem Thontiegel mit dem
bereits mehrfach erwähnten Fluss- und Reductionsmittel und
mit Zusatz von Silber reducirt werden.   Dieser Weg ist jedoch nur dann anzurathen, wenn die Flüssigkeit eine deutlich blaue Färbung zeigt.

Obgleich die Bestimmung des Blei- und Wismuthgehaltes
auf vorbeschriebene Weise nicht ganz genau und besonders
bei Gegenwart von Kupfer sehr umständlich ist, so giebt sie
doch wenigstens ein der Wahrheit nahe kommendes Resultat.
Uebrigens wird auch der Bleigehalt ungenau, wenn eine kleine
Menge von Antimon mit vorhanden ist, weil dieses Metall bei
der Schmelzung der Legirung mit doppelt-schwefelsaurem
Kali zwar oxydirt, aber nicht vom Blei getrennt wird.
Ist durch eine besondere Probe auf Silber ein merklicher
Gehalt an diesem Metalle gefunden worden, so ist dieser
gleichzeitig mit dem Betrag des der Probe zugesetzten Silbers
von der bei der Schmelzung erzeugten Legirung abzuziehen.

Beispiel. Man hätte in irgend einer silber-, blei- und wismuthhaltigen
Substanz durch eine besondere Probe auf Silber, mit Berücksichtigung des
Kapellenzuges, 15 Procent (also in 100 Milligr. der Substanz 15 Milligr.) Silber gefunden. Bei der Probe auf Wismuth hätte man 100 Milligr. Feinsilber
zugesetzt, und eine Legirung erhalten, deren Gewicht 175 Milligr. gefunden worden wäre. Von diesen 175 Milligr. würden nun 100 + 15 =
115 Milligr. Silber abzuziehen sein, wobei für das Wismuth und Blei
60 Milligr. verbleiben würden. Wären nun nach der Schmelzung der Legirung mit doppelt-schwefelsaurem Kali und Abscheidung des Wismuthes
44 Milligramme schwefelsaures Bleioxyd erhalten worden, welche 100 : 68.3
= 44 : 32,8 Milligr. metallisches Blei geben, so würden 60 — 32,8 =
27,2 Milligr. Wismuth in der Substanz enthalten sein; und es wären also
gefunden worden: 15 Proc. Ag, 32,8 Proc. Pb und 27.2 Proc. Bi.

**C. Mineralien, Erze und Produkte, die das Wismuth im
oxydirten Zustande, entweder frei, oder an Kohlensäure,
Phosphorsäure, Kieselsäure etc. gebunden enthalten, und
vielleicht auch mit Oxyden von Kupfer, Nickel, Kobalt oder
deren Salzen gemengt sind, oder in denen das Wismuth an
Chlor gebunden ist, auf Wismuth zu probiren.**

In diese Abtheilung gehören von den Mineralien hauptsächlich folgende: Wismuthocker, Wismuthspath und
Bismuthit, Kieselwismuth, Hypochlorit, und von den
künstlichen Produkten das basische Chlorwismuth, welches
bei der Reinigung des im Grossen gerösteten wismuthhaltigen
Zinnsteins durch verdünnte Salzsäure, sowie bei der Gewinnung des Wismuthes auf nassem Wege aus der Heerdmasse vom Silberraffiniren etc. erhalten wird.

Sind die genannten Mineralien etc. rein, d. h. frei von
eingemengten Metalloxyden, die sich leicht reduciren lassen,

so können sie ohne Weiteres mit Fluss- und Reductionsmittel
beschickt und hierauf geschmolzen werden; enthalten sie aber
Kupfer, Nickel oder Kobalt im oxydirten Zustande, entweder
frei oder an Säuren gebunden, so müssen sie nach S. 589 Anm.
durch Glühen mit Schwefel in einem kleinen Thontiegel erst
in Schwefelmetalle umgeändert, oder, wobei man auch gleichzeitig den Gehalt an Nickel, Kobalt und Kupfer bestimmen
kann, in Arsenmetalle verwandelt werden, wie es bei der Ko-
balt- und Nickelprobe beschrieben werden soll.

Man wiegt von der gehörig vorgerichteten Substanz
1 Centner ab, bereitet ihn, wenn es nöthig erscheint, zur
Schmelzung vor, und beschickt ihn in einem kleinen Thontiegel auf dieselbe Weise, wie die Substanzen der ersten und
zweiten Abtheilung, und zwar mit

25 bis 30 Milligr. Eisen in Form eines Stückchen Drahtes,
80 bis 100 » Feinsilber in kleinen Stücken oder Körnern, und
300 « Fluss- und Reductionsmittel (S. 586).

Das Ganze mengt man sogleich im Tiegel mit Hülfe des
Löffelstiels untereinander, sucht das Gemenge durch behutsames Aufstossen des Tiegels so viel als möglich zu verdichten, bedeckt es mit 3 Löffelchen gehauft voll Kochsalz und
führt die Schmelzung in einer, in den Kohlenhalter gespannten und verdeckten Kohle auf dieselbe Weise aus, wie die
der Substanzen der ersten und zweiten Abtheilung.

Das Resultat der Schmelzung ist ein wismuthhaltiges
Silberkorn, entweder mit ansitzendem metallischem Eisen,
welches zuweilen mit Schwefeleisen oder mit Speise umgeben
ist, oder mit Arsenmetallen (Speise), die das zugesetzte Eisen
aufgenommen haben. Man trennt das Eisen oder die Speise
auf dem Amboss mit Vorsicht von dem Metallkorne los,
schmelzt letzteres auf Kohle neben ein wenig Boraxglas um,
damit es eine reine Oberfläche bekommt, trennt die Schlacke
davon ab, und wiegt es aus; der Betrag an Wismuth ergiebt
sich aus der Gewichtsdifferenz zwischen dem wismuthhaltigen
Silberkorne und dem zur Probe angewandten Feinsilber.

Untersucht man auf vorbeschriebene Weise das bei der
Behandlung des im Grossen gerösteten Zinnsteinschliches mit
verdünnter Salzsäure sich bildende Chlorwismuth, welches als
basisches Salz mit Wasser fortgewaschen und in Sümpfen aufgefangen wird, so bekommt man, wenn es nicht frei von eingemengten feinen Zinnsteintheilen ist, auch Zinn mit in die
Legirung; man wird dies aber sofort gewahr, wenn man das
wismuthhaltige Silberkorn mit Borax auf Kohle umschmelzt,
indem die Oberfläche, anstatt blank zu werden, sich mit einer
dünnen Oxydhaut überzieht. Tritt dieser Fall ein, so ist
man genöthigt, das Metallkorn in Salpetersäure aufzulösen
und das dabei als Oxyd zurückbleibende Zinn abzuscheiden

und seiner Menge nach zu bestimmen. Man verdünnt dazu
die Auflösung des Silbers und Wismuthes in Salpetersäure
mit Wasser und erwärmt, damit das anfangs sehr fein zertheilte Zinnoxyd sich etwas zusammenzieht und durch Filtration von der Auflösung der andern Metalle getrennt werden
kann. Nach dem Aussüssen und Trocknen glüht man es mit
der nöthigen Vorsicht im Platinschälchen, wiegt es aus und
berechnet aus dem Gewichte den Betrag an reinem Zinn.
(100 Zinnoxyd = 78,6 metallisches Zinn). Den gefundenen
Betrag zieht man von dem Betrage des unreinen Wismuthes
ab, und erführt auf solche Weise den Gehalt an Wismuth.
(Der Gehalt an Zinn, wie er sich hierbei mit herausstellt, ist
jedoch niedriger als der, den man durch eine directe Probe
auf Zinn erhält, weil besonders bei Gegenwart von Schwefelmetallen ein Theil des Zinns mit verschlackt wird).

6) Die Zinnprobe.

Dasjenige Erz, aus welchem im Grossen das Zinn dargestellt wird und welches auch der Probe auf Zinn hauptsächlich unterliegt, ist der Zinnstein. So einfach die quantitative Bestimmung des Zinngehaltes in demselben bei Abwesenheit fremder Substanzen ist, so umständlich wird die
Probe, sobald darin, wie diess nicht eben selten der Fall ist,
andere reducirbare Verbindungen mit enthalten sind, da dieselben vor der reducirenden Schmelzung des Erzes durch
eine Behandlung desselben auf nassem Wege entfernt werden
müssen.

Man kann daher bei der quantitativen Probe auf Zinn
die Mineralien, Erze und Produkte, in denen dieses Metall
einen wesentlichen Bestandtheil ausmacht, eintheilen:

A) in solche, welche das Zinn entweder im geschwefelten
   Zustande, oder als Oxyd, gemengt mit Schwefel- und
   Arsenmetallen, enthalten;

B) welche das Zinn im oxydirten Zustande, frei von Schwefel-
   und Arsenmetallen, enthalten und

C) welche das Zinn metallisch mit anderen Metallen verbunden enthalten.

**A. Mineralien, Erze und Produkte, welche das Zinn ent-
weder im geschwefelten Zustande, oder als Oxyd, gemengt mit Schwefel- und Arsenmetallen, enthalten, auf Zinn
zu probiren.**

In diese Abtheilung ist nicht nur der Zinnkies, welcher
das einzige Mineral ist, in dem das Zinn an Schwefel und
andere Schwefelmetalle chemisch gebunden vorkommt, zu
rechnen, sondern es gehören auch hierher die im Grossen
aufbereiteten Zinnschliche, welche zwar das Zinn im

oxydirten Zustande enthalten, aber sehr häufig trotz der vor
und nach der Aufbereitung stattgefundenen Röstung noch
Schwefel- und Arsenmetalle in geringer Menge aufzuweisen
haben. Von den zu dieser Abtheilung gehörigen Kunstprodukten ist das Musivgold (Zinn mit Schwefel im Maximo
verbunden) zu erwähnen.

Soll eine in diese Abtheilung gehörige Substanz auf Zinn
probirt werden, so richtet man sich das nöthige Probemehl
vor, wiegt davon einen Centner ab und befreit diesen durch
Röstung von den gebundenen flüchtigen Bestandtheilen. Da
das Rösten einer auf Zinn zu probirenden Substanz ganz auf
dieselbe Weise geschieht wie das Rösten eines Kupfererzes
mit Kohlenstaub (S. 561 ff.), so würde hier eine Beschreibung
des Verfahrens bei der Röstung überflüssig sein.

Enthält die zu röstende Substanz von flüchtigen Bestandtheilen nur Schwefel, oder Schwefel mit einer Spur von Arsen,
oder nur einige Procent Schwefel und Arsen, welches letztere
mit den im Grossen gerösteten und aufbereiteten Zinnschlichen
zuweilen der Fall ist, so ist die Röstung sehr bald beendigt;
enthält sie aber viel Arsen, so ist die Röstung mit Kohle
länger und zwar so lange fortzuführen, bis bei einem neuen
Zusatz von Kohle die Substanz im glühenden Zustande auch
nicht die geringste Spur von Arsengeruch mehr bemerken
lässt. Die im Grossen aufbereiteten Zinnschliche, wenn sie
der Aufbereitung wegen schon geröstet worden sind, hat man
nur ein Mal, hingegen die andern Substanzen, in welchen
das Zinn an Schwefel gebunden oder als Oxyd mit Schwefel-
und Arsenmetallen gemengt ist, zwei bis drei Mal mit Kohle
zu rösten.

Durch diesen Röstprocess, wenn er sorgfältig unternommen wird, werden von einer zinnhaltigen Substanz, die vielleicht mit Schwefelkies, Arsenkies, Kupferkies, Antimonglanz,
Wismuthglanz oder gediegen Wismuth, Zinkblende, Wolfram etc.
gemengt ist, Schwefel und Arsen verflüchtigt, und von den
anderen Metallen das Zinn (wenn es nicht schon als Oxyd
vorhanden ist), Kupfer, Eisen, Wismuth und Zink oxydirt.
Diejenigen Metalle, welche ausser dem Arsen noch säuerungs-
fähig sind, aber während des Röstens sich schwer oder gar
nicht verflüchtigen, wie namentlich ein Theil des Antimons,
das Molybdän, Wolfram und Titan, bleiben als Säuren
zurück.

Was die Kennzeichen eines gut gerösteten Zinnerzes betrifft, so sind diese ganz denen eines gut gerösteten Bleierzes
ähnlich. Das geröstete Erz darf nämlich im glühenden Zustande, während demselben noch Kohlenstaub beigemengt ist,
keinen Geruch und, nach vollkommener Zerstörung der Kohle,
beim Aufreiben im Mörser keine glänzenden Schwefel- oder

Arsenmetalle mehr zeigen; auch muss es sich in einem ganz lockeren Zustande auf dem Röstschälchen befinden.

Wollte man nun ein gut geröstetes Zinnerz, z. B. aus Zinnoxyd, Eisenoxyd, Manganoxyd, Wismuthoxyd und Kupferoxyd bestehend, sogleich der Reduction aussetzen, so würde man bei den besten Fluss- und Reductionsmitteln doch ein sprödes, graues und zu schweres Zinnkorn bekommen, weil ausser dem Zinnoxyde gleichzeitig sich nicht nur die Oxyde des Wismuths und Kupfers mit reduciren, sondern auch, sowohl in Folge der Einwirkung der nothwendigerweise in grosser Menge vorhandenen Kohle als des reducirten Zinns auf das Eisenoxyd auch ein Theil des letztern sich zu Metall reducirt und in das Zinn mit übergeht.

Da sich nun diese Nachtheile auf trockenem Wege nicht beseitigen lassen, so ist man genöthigt, die in dem gerösteten Zinnerze eingemengten Eisen-, Mangan-, Wismuth- und Kupferoxydtheile durch Chlorwasserstoffsäure auszuziehen*) Dabei verfährt man folgendermassen:

Das gut geröstete Erz schüttet man in ein kleines Porcellangefäss (Fig. 51, S. 61), und giesst Chlorwasserstoffsäure darauf, soviel, dass dieselbe ungefähr 0,5 Centim. über dem Pulver steht. Man setzt jetzt das Porcellangefäss auf das Drahtgitter der Lampe (S. 10), welches sich ungefähr 60 Millim. über der Flamme entfernt befindet, und schiebt den Docht so weit in die Dille zurück, dass nur noch eine kleine Flamme bleibt, die bloss stark erwärmend auf das Gefäss einwirkt. Um aber dabei so viel als möglich zu verhüten, dass die von der Säure aufsteigenden Dämpfe sich im Arbeitszimmer verbreiten, so verdeckt man das Gefäss mit einem Uhrglase, dessen convexe Seite dabei nach unten gerichtet ist.

Mit dieser Digestion fährt man bei derselben Wärme ungefähr 4 bis 5 Minuten ununterbrochen fort und verhütet, dass die Säure nicht in zu starkes Kochen gerathe. Die aufsteigenden Dämpfe schlagen sich grösstentheils an der con-

*) Berthier empfiehlt, das gepulverte rohe Zinnerz einige Minuten lang mit der blureichenden Menge von Königswasser zu kochen, die Flüssigkeit mit Wasser zu verdünnen, den Rückstand auf ein Filtrum zu bringen und denselben mit Wasser gut auszuwaschen, wodurch das Zinnerz ebenfalls von Eisen und anderen der Probe schädlichen Bestandtheilen gereinigt wird. Man hat dann nur das Filter zu trocknen, den Inhalt herauszunehmen, das Papier zu verbrennen und Alles zusammen in einem kleinen Porcellan- oder Thontiegel zu glühen, um den vielleicht bei der Behandlung des Erzes mit Königswasser ausgeschiedenen Schwefel zu verbrennen. Da sich indess aus einem Zinnerze, welches viel kiesige Gemengtheile enthält, bei der Behandlung mit Königswasser nicht ganz wenig Schwefel ausscheidet, der beim Verbrennen öfters geringe Mengen von Schwefelmetallen zurücklässt, die bei der Reduction des Zinnoxydes nachtheilig einwirken, so ist auch für kiesige Zinnerze die Röstung und die Behandlung des gerösteten Erzes mit Chlorwasserstoffsäure mehr zu empfehlen.

vexen Seite des Uhrglases tropfbar flüssig nieder und fallen in diesem Zustande wieder zur Flüssigkeit zurück.

Nach Verlauf von höchstens 5 Minuten, in welcher Zeit alle dem Zinnoxyde beigemengten Oxyde des Eisens, Mangans, Wismuths, Kupfers und Zinks, so wie die vielleicht vorhandenen Säuren des Antimons, aufgelöst worden sind, wendet man das Drahtgitter mit dem verdeckten Porcellangefäss von der Flamme ab und lässt das Ganze ein wenig abkühlen.

Hierauf hebt man das Uhrglas von dem Gefässe ab und reinigt es von der anhängenden Säure mit Fliesspapier. Das unaufgelöste Pulver, welches nur noch aus Zinnoxyd oder Zinnstein besteht, jedoch noch mit erdigen Theilen oder mit Wolfram- und Titansäure vermengt sein kann, indem eine Beimengung von Wolfram und Titaneisen so zerlegt wird, dass die genannten Säuren sich ausscheiden, kann man von der darüber befindlichen klaren, gelb oder grün gefärbten Flüssigkeit auf zweierlei Weise befreien: Erstens so, dass man die Auflösung der Metalloxyde mit Wasser verdünnt, hierauf filtrirt, den Rückstand gut aussüsst, trocknet und das Filter verbrennt; welches Verfahren hauptsächlich bei der Probe des Zinnkieses auf Zinn angewendet werden muss, und auch bei solchen Zinnerzen angewendet werden kann, die frei von Wismuth sind, so dass bei der Verdünnung mit Wasser eine Ausscheidung eines basischen Salzes nicht zu befürchten ist. In den meisten Fällen kann man indessen auch zweitens so verfahren, dass man die Auflösung, nachdem sich der Rückstand gut abgesetzt hat, mit Hülfe eines kleinen Glashebers so weit als möglich wegsaugt und an deren Stelle 3 bis 4 Mal so viel reines Wasser zufügt. Das Wasser muss man aber ganz behutsam an der Seite des Gefässes niederfliessen lassen, damit das am Boden liegende Erzpulver nicht in seiner Lage gestört werde und die leichtesten Theile desselben sich nicht mit dem Wasser vermengen, weil sonst zur Absonderung dieser Theile wieder besondere Zeit erforderlich ist. Erwärmt man jetzt das Gefäss über der Lampenflamme, so vereinigt sich der zurückgebliebene Theil der Auflösung mit dem Wasser und kann, wenn man das Gefäss ein wenig nach einer Seite neigt, mit Hülfe des kleinen Hebers gemeinschaftlich mit dem Wasser vollkommen klar (wenn es nicht durch basisches Chlorwismuth schwach getrübt ist) von dem specifisch schwerern Erzpulver entfernt werden. Trifft es sich, dass ganz geringe Theile des Pulvers, welches gewöhnlich nur erdige Theile sind, auf der Oberfläche des Wassers schwimmen und sich in diesem Falle schwer zu Boden setzen, so muss man die feine Oeffnung des Hebers beim Wegsaugen des Wassers so weit als möglich unter dem Wasserspiegel erhalten, damit auch diese Theile nicht verloren gehen. Um nun noch den an dem Erzpulver adhärirenden Rest des Wassers zu entfernen,

setzt man das Gefäss auf das Drahtgitter über die Lampenflamme und lässt es so lange stehen, bis das Pulver völlig
trocken ist.

Die ganze Operation, während welcher man bei gehöriger
Vorsicht einen Verlust an Zinn nicht zu befürchten hat, dauert,
sobald man nicht zu filtriren nöthig hat, mit Einschluss der
Auflösungszeit höchstens eine Viertelstunde.

Dass man auf diese Weise das mit dem Zinnstein chemisch
verbundene Eisen- und Manganoxydul, welches bei einem
ganz dunkel gefärbten Zinnstein wohl kaum zusammen 2 Procent beträgt, nicht mit entfernt, ist leicht einzusehen; da aber
diese geringen Mengen der genannten Oxyde verschlackt
werden, und nur etwa eine Spur von Eisenoxydul zu metallischem Eisen reducirt und in das Zinn übergeführt wird,
so ist der Fehler, der auf der Wage kaum zu bemerken ist,
auch zu übersehen.

Hat man Zinnschliche auf Zinn zu probiren, die wegen
einer möglichst vollkommenen Aufbereitung schon im Flammen-
ofen geröstet worden sind, und die, wie oben bemerkt wurde,
nur noch einige Procent Schwefel und Arsen enthalten, so
kann man die Röstung unterlassen, sobald man nach dem
Vorschlage von Berthier (s. d. Anmerk. auf S. 602) einen
solchen Schlich ohne Weiteres mit Königswasser (1 Theil
Salpetersäure und 2 Theile Chlorwasserstoffsäure) behandelt,
und zwar auf dieselbe Weise, wie ein auf dem Thonschälchen
geröstetes Zinnerz mit Chlorwasserstoffsäure.

Ist die auf Zinn zu probirende Substanz, entweder durch
Röstung und darauf erfolgte Behandlung mit Chlorwasserstoffsäure oder bloss durch Behandlung mit Königswasser, von den
für das Ausbringen eines reinen Zinnes nachtheiligen Bestand-
oder Gemengtheilen befreit, so folgt die Reduction des in ihr
befindlichen Zinnoxydes. Diese kann bei Anwendung zweckmässiger Fluss- und Reductionsmittel auf zweierlei Weise
geschehen; entweder in einem mit Kohle ausgefütterten Thontiegel, wie die Reduction des Bleioxydes in gerösteten Bleierzen (S. 582), oder in einem unausgefütterten dergleichen
Tiegel, wie eine Bleiprobe nach dem zweiten Verfahren
(S. 580).

*a) Die reducirende Schmelzung des vorbereiteten Zinnerzes in einem mit
Kohle ausgefütterten Thontiegel.*

Die zu einer solchen Schmelzung erforderlichen Zuschläge
beschränken sich auf

        100 Milligr. völlig trockene Soda und
         30   =   Boraxglas.

Diese Zuschläge werden, während das mit Chlorwasserstoffsäure behandelte und mit Wasser ausgesüsste Erz ab-

trocknet, abgewogen und mit demselben im Achatmörser zusammengemengt; das Gemenge wird dann, wie ein mit Soda und Borax beschicktes, geröstetes Bleierz (S. 582), in einen Sodapapiercylinder gepackt und eben so, wie es dort speciell beschrieben ist, in einem mit einer Kohlenpaste ausgefütterten, bedeckten kleinen Thontiegel geschmolzen. Die Schmelzzeit muss aber bei einer Zinnprobe 8 bis 10 Minuten dauern. Nach dem Erkalten der geschmolzenen Probe findet sich auf dem Boden des Tiegels eine Kugel, die grösstentheils aus Schlacke besteht, in welcher das reducirte Zinn sehr selten in einem einzigen Korne, öfter aber in mehrere grössere und kleinere Körner getheilt, eingeschlossen ist. Diese Körner werden (wie bei der Bleiprobe) durch Zerreiben und Abschlämmen der Schlacke mit Wasser gereinigt und dann getrocknet. Da die Schlacke von einer Zinnprobe in Ermangelung vieler erdiger Theile gewöhnlich so beschaffen ist, dass sie sich ziemlich leicht in siedendem Wasser löst, so gelingt die Trennung derselben von dem reducirten Zinne sehr einfach auf folgende Weise: Man zerklopft die aus Schlacke und Zinnkörnern bestehende Kugel entweder zwischen Papier auf dem Ambos oder im Stahlmörser so weit, als es die eingemengten Zinnkörner zulassen, schüttet hierauf die zerkleinte Masse in ein nicht zu kleines Porcellanschälchen, übergiesst sie in selbigem mit Wasser und stellt das Schälchen über die Lampenflamme. Ist die Schlacke gelöst, so giesst man die Flüssigkeit behutsam ab, reibt den feuchten Rückstand, welcher fein zertheilte, aus der Schlacke ausgeschiedene Kohlentheile enthält, mit dem Pistill des Achatmörsers auf, giesst wieder Wasser hinzu und schlämmt alle noch vorhandenen specifisch leichtern Theile der Schlacke von den Zinnkörnern ab. Ist die Schlacke, in Folge eines Quarzgehaltes im Erze, in Wasser unlöslich, so darf man sie nur mit Essigsäure übergiessen, das Ganze erwärmen und durch Schlämmen mit Wasser die Zinnkörner reinigen. Letztere lässt man dann sogleich im Porcellanschälchen über der Lampenflamme abtrocknen. Die Reinheit des ausgebrachten Zinnes erkennt man theils durch den Magnet, theils an seiner Farbe und Dehnbarkeit.

Geht man bei der Röstung und der Abscheidung der Oxyde des Eisens und Kupfers, so wie der Säuren des Antimons (die an Metalloxyde gebunden sein können) sorgfältig zu Werke, so hat man bei der Reduction, sobald man den nöthigen Hitzgrad anwendet, ein reines Zinn zu erwarten, dessen Gewicht das richtige ist; führt man aber die Röstung und die Digestion des gerösteten Erzes mit Chlorwasserstoffsäure nicht lange genug fort, so zeigt sich das Zinn nach der Reduction, bei Gegenwart von Kupfer und Antimon spröde, und, bei Gegenwart von wenig Eisen, zwar dehnbar, es folgt aber, im fein zertheilten Zustande unter Wasser gebracht, dem

Magnetstahle, und man kann sicher darauf rechnen, dass auch das Gewicht zu hoch gefunden wird. Enthält das auf Zinn zu probirende Erz Wolfram- oder Titansäure in geringer Menge, so können diese Säuren, wie schon oben erwähnt wurde, durch Chlorwasserstoffsäure nicht abgeschieden werden; sie gehen aber bei der Reduction des Zinnoxydes grössten- theils mit in die Schlacke über und sind daher als fast un- schädlich zu betrachten. Ist indess der Gehalt an Wolfram- säure schon bedeutend, so reducirt sich auch leicht ein Theil derselben mit und man bekommt in diesem Falle ein durch etwas Wolfram verunreinigtes Zinn, was nicht zu vermeiden ist.

Da der Zinnstein auf Stockwerken, Lagern und Gängen in und mit Granit, Gneis, Glimmerschiefer, Steinmark, Talk, Thon, Kalkspath und mehrern anderen erdigen Fossilien, so wie mit Kupfer-, Schwefel- und Arsenkies, gediegen Wismuth oder Wismuthglanz, Antimonglanz, Zinkblende, Wolfram, Mo- lybdänglanz, Eisenocker, Magneteisenstein etc. bricht und in einigen dieser Fossilien oft nur fein eingesprengt vorkommt, so dass man durch eine Löthrohrprobe keine sichere Auskunft erhält, weil der Gehalt vielleicht zu unbedeutend ist: so sind durch Sichern oder durch ein anderes vorsichtiges Schlämmen eines solchen ganz fein zerriebenen und abgewogenen Erzes die erdigen Gemengtheile grösstentheils wegzuschaffen und von dem erhaltenen Schliche, in welchem nun das specifisch schwerere Zinnerz concentrirt ist, nach vollkommener Abtrock- nung und Gewichtsbestimmung desselben, wenigstens zwei quantitative Proben auf Zinn nach der oben gegebenen Vor- schrift zu fertigen. Das ausgebrachte Zinn ist nach dem Aus- wiegen auf seine Reinheit zu untersuchen und der Gehalt für das rohe Erz zu berechnen.

Z. B. Man hätte aus 6 Grammen — 60 Centnern oder 6000 Milligr. eines solchen ganz fein gepulverten Erzes durch vorsichtiges Schlämmen mit Wasser (dies kann in einem dem Erzquantum angemessenen Becher- glase mit Hülfe eines Glasstabes geschehen) eine Quantität Schlich zurück- behalten, welche nach dem Trocknen 700 Milligr. wöge, so würde man von diesen 700 Milligrammen, die im Achatmörser gut zu mengen und durchzureiben wären, eine doppelte Probe auf Zinn fertigen. Erhielt man nun bei jeder dieser beiden Proben 1,5 Procent Zinn, so würden in den

700 Milligr. Schlich $\frac{700 \cdot 1,5}{100}$ — 10,5 Milligr. Zinn enthalten sein. Ist das

Schlämmen mit Vorsicht geschehen, so machen die 10,5 Milligr. auch bei- nahe den sämmtlichen Zinngehalt der obigen 6 Gramme — 6000 Milli-

gramme rohen Erzes aus; es kommen daher auf 100 dieses Erzes $\frac{100 \cdot 10,5}{6000}$

— 0,21 Milligr. oder Procent Zinn.

b) *Die reducirende Schmelzung des vorbereiteten Zinnerzes in einem unausgefütterten Thontiegel.*

Die Schmelzung des gehörig gereinigten Zinnerzes kann auch in kürzerer Zeit bewerkstelligt werden, wenn man ein unausgefüttertes Thontiegelchen anwendet, und das vorbereitete Zinnerz mit einem zweckentsprechenden, leicht schmelzbaren Fluss- und Reductionsmittel beschickt. Es ist aber hierbei, nach dem Vorschlage von Winkler (Berg- u. Hüttenm. Zeit. 1864. Nr. 3) für die trockene Zinnprobe im Grossen, der Zusatz eines Ansammlungsmittels für das reducirte Zinn zu empfehlen, und zwar kann man sich bei der Löthrohrprobe des Silbers bedienen, welches man im möglichst zertheilten Zustande*) und je nach der Reichhaltigkeit der Probe in einer genau ausgewogenen Menge von 50 bis 80 Milligr. dem Zinnerz im Tiegelchen beifügt.

Man giebt ferner 300 Milligr. von dem bei der Bleiprobe erwähnten Fluss- und Reductionsmittel, sowie 50 Milligr. Stärkemehl hinzu. Das Ganze mengt man mit Hülfe des Löffelstiels untereinander, verdichtet das Gemenge durch behutsames Stossen des Tiegels gegen den Tisch und bedeckt es noch mit 3 Löffelchen gehäuft voll (circa 600 Milligr.) Kochsalz.

Die auf solche Weise beschickte Probe schmelzt man in einer in den Kohlenhalter gespannten Kohle, die mit einem Platindraht (S. 49) versehen und mit einer Deckkohle verdeckt worden ist, unter denselben Vorsichtsmaassregeln, wie eine Bleiprobe S. 587.

Das Resultat einer 5 bis höchstens 6 Minuten dauernden Schmelzung ist a) eine vollkommen dünnflüssige Schlacke, die beim Erstarren hellgrau wird, und b) ein Metallkorn, aus Silber und Zinn bestehend, welches sich etwas hämmern lässt und dessen Gewicht nach Abzug der hinzugefügten Menge Silbers den Gehalt an Zinn in der Substanz angiebt. Durch Auflösen des Kornes in Salpetersäure, wobei das Zinn als Oxyd zurückbleibt, lässt sich das Silber wieder rein darstellen.

B. Mineralien und Produkte, welche das Zinn im oxydirten Zustande enthalten, auf Zinn zu probiren.

Die in diese Abtheilung gehörigen Mineralien und Produkte müssen nach verschiedenen Verfahrungsarten auf Zinn probirt werden und zerfallen daher in solche:

a) welche frei von den Oxyden des Eisens und eingemengten Schwefel- und Arsenmetallen sind, und

b) welche ausser Zinnoxyd auch Silicate von Eisenoxydul und Erden enthalten.

---

*) Dieses zertheilte Silber kann man sich leicht durch Zersetzung von Chlorsilber durch metallisches Zink verschaffen. Man schmilzt das getrocknete Chlorsilber in einem Porcellantiegel über der Lampe, giesst nach dem Erkalten Wasser, dem wenige Tropfen Chlorwasserstoffsäure zugesetzt sind, hinzu und legt auf das Chlorsilber ein Stückchen reines Zink. Nach einiger Zeit ist das Chlorsilber durchgängig in eine graue Masse von metallischem Silber verwandelt, welches feucht zerdrückt oder zerrieben, erst mit salzsäurehaltigem, dann mit reinem Wasser gut ausgesüsst, stark getrocknet und zum Gebrauch aufbewahrt wird.

a) Mineralien und Produkte, welche das Zinn im oxydirten Zustande enthalten und frei von den Oxyden des Eisens und eingemengten Schwefel- und Arsenmetallen sind, auf Zinn zu probiren.

In diese Abtheilung gehören von den Mineralien: der reine Zinnstein, und von den Produkten: Zinnasche und Email.

Dass bei solchen Substanzen vor der Reduction des Zinnoxydes die Röstung und, wenn nicht zufällig Eisen- und Kupferoxyd oder Säuren des Antimons eingemengt sind, auch die Behandlung mit Chlorwasserstoffsäure wegfällt, versteht sich von selbst. Man hat hier nur nöthig, von dem vollkommen trocknen und fein aufgeriebenen Zinnsteine und von denjenigen Produkten, welche nicht mit Kieselerde verbunden sind, 100 Milligramme abzuwiegen, diese mit

100 Milligr. Soda und
30   =   Boraxglas

zu beschicken und der Reduction in einem mit Kohle ausgefütterten Thontiegel, wie die der vorigen Abtheilung zugehörigen Substanzen, auszusetzen.

Was hingegen die Bestimmung des Zinngehaltes im Email betrifft, wo man es mit einer Verbindung von Kieselsäure und Zinnoxyd zu thun hat, so muss man 100 Milligr. desselben mit

150 Milligr. Soda und
30   =   Boraxglas

beschicken, damit sich die Kieselsäure an das Natron bindet, während das Zinnoxyd reducirt wird. Da aber im Email oft auch Bleioxyd vorhanden ist und dieses sich ebenfalls leicht reducirt, so bekommt man in diesem Falle kein reines, sondern ein mit Blei verunreinigtes Zinn. Eine solche Verbindung lässt sich zwar nicht auf trocknem Wege trennen, aber durch Salpetersäure kann sie so geschieden werden, dass das Blei aufgelöst wird und das Zinn als Oxyd unaufgelöst zurückbleibt. Man darf dann dieses Oxyd auf einem kleinen Filtrum nur mit Wasser gut aussüssen, hierauf trocknen, im Platinlöffel stark glühen und aus dem Gewichte des geglühten Oxydes das Metall berechnen. 100 Gewichtstheile Zinnoxyd geben 78,6 Gewichtstheile metallisches Zinn.

Auch kann die reducirende Schmelzung der in diese Unterabtheilung gehörigen Substanzen in einem unausgefütterten Thontiegel vorgenommen werden, und zwar ganz auf dieselbe Weise, wie die Substanzen der Abtheilung *A* (S. 606).

b) Produkte, welche das Zinn im oxydirten Zustande verbunden mit Silicaten von Eisenoxydul und Erden enthalten, auf Zinn zu probiren.

Hierher sind vorzüglich die Zinnschlacken oder die Schlacken vom Verschmelzen der Zinnerze zu rechnen, von denen man aber unterscheidet:

α) Schlacken (Steinschlacken), welche unmittelbar beim Verschmelzen der Zinnerze (des Zinnsteins) fallen; sie enthalten ausser verschlacktem Zinnoxyd und eingemengten unverändert gebliebenen Zinnsteintheilen oft noch ziemlich viel Zinnkörner eingeschlossen und werden deshalb auch nochmals umgeschmolzen;

β) Schlacken, welche beim Umschmelzen (Schlackentreiben) der vorgenannten Schlacken (Steinschlacken) fallen; sie sind zwar entweder rein von eingemengten Zinnkörnern, oder doch weit reiner davon als die vorigen, enthalten aber immer noch mehr oder weniger Zinnoxyd chemisch gebunden, so wie auch unverändert gebliebene Zinnsteintheile mechanisch beigemengt.

Diese Schlacken, sowohl die ersteren als die letzteren, lassen sich wegen ihres hohen Gehaltes an Eisenoxydul, welches an Kieselsäure, zuweilen auch zum Theil an Wolframsäure gebunden ist, nach keiner der vorbeschriebenen Vorfahrungsarten auf Zinn probiren, weil man ein eisenreiches Zinn und mithin einen zu hohen Gehalt an diesem Metalle ausbringen würde. Da nun Chlorwasserstoffsäure zur Abscheidung des Eisenoxyduls sich deshalb nicht anwenden lässt, weil die Verbindung von Silicaten nicht immer durch diese Säure vollkommen zersetzbar ist, man auch ausserdem noch in Gefahr kommen würde, Zinn mit in die Auflösung überzuführen, so muss ein anderes Verfahren in Anwendung gebracht werden.

Enthält die Schlacke eingemengte Zinnkörner, so stösst man mehrere kleine Stücke in einem eisernen Mörser zu Pulver, mengt dasselbe gut durcheinander und wiegt sich davon, je nachdem die eingemengten Zinnkörner klein oder gross sind, 2 bis 6 Grammen ab. Hierauf sucht man die in dem abgewogenen Schlackenpulver frei liegenden grösseren Zinnkörner mit Hülfe der Pincette heraus, zerreibt das Pulver in kleinen Portionen im Achatmörser und schlämmt jedesmal die wirklichen Schlackentheile mit Wasser von den specifisch schwereren metallischen Zinntheilen in ein Porcellangefäss oder in ein Becherglas ab, d. h. man setzt das abwechselnde Zu- und Abgiessen von Wasser und Aufreiben des im Mörser noch rückständigen Schlackenpulvers so lange fort, bis alle Schlacke entfernt ist. Die metallischen Zinntheile trocknet man in einem Porcellanschälchen über der Lampenflamme, wiegt sie gemeinschaftlich mit den ausgesuchten Zinnkörnern

auf der Wage aus und berechnet den Betrag nach Procenten.
Die abgeschlämmte Schlacke sammelt man auf einem Filtrum,
trocknet und bereitet sie durch eine Schmelzung mit doppelt-
schwefelsaurem Kali zur Reduction des in ihr enthaltenen
Zinnoxydes vor.

· Hat man es mit Zinnschlacken zu thun, welche frei von
eingemengten Zinnkörnern sind, so reibt man nur eine kleine
Quantität im Achatmörser fein, schlämmt sie aber ebenfalls
mit Wasser, weil man sie nur im höchst fein zertheilten Zustande zur Probe verwenden darf, trocknet sie und bereitet
sie wie die vorhergehende durch eine Schmelzung mit doppelt-
schwefelsaurem Kali zur Reduction vor.

Man wiegt sich hierzu von dem geschlämmten und ge-
trockneten Schlackenpulver 1 Centner genau ab, schmelzt die
15- bis 18fache Menge (1,5 bis 1,8 Gramm) doppelt-schwefelsaures Kali im Platinschälchen (S. 25) über der Spirituslampe
bei schwacher Hitze ein, trägt, wenn das flüssig gewordene
Salz sich ganz ruhig verhält, das abgewogene Schlackenpulver
in kleinen Mengen und allmählich, sowie bei etwas verstärkter
Hitze nach und führt diese Schmelzung fort, bis in dem rothglühenden flüssigen Salze keine unverändert gebliebenen
Schlackentheile mehr wahrzunehmen sind und auch keine
Gasblasen mehr aufsteigen*). Die Silicate werden dabei zersetzt, die Basen lösen sich grösstentheils (das Eisenoxydul
als Oxyd) auf und die Kieselsäure bleibt mit dem Zinnoxyde
zurück. Enthielt die Schlacke Wolframsäure, so bleibt auch
diese zurück. Hierauf löst man das geschmolzene Salz durch
Unterstützung von Wärme in Wasser auf, wozu man sogleich
das Platinschälchen mit seinem Inhalt in ein mit Wasser ver-
sehenes Porcellanfass legt, in welches man auch einige Tropfen
Chlorwasserstoffsäure gebracht hat, damit ja alles Eisenoxyd
in die Auflösung komme. Den bleibenden Rückstand sammelt
man auf einem kleinen Filtrum, süsst ihn mit heissem Wasser
aus, trocknet ihn und verbrennt das Filtrum zu Asche. Dieser
Rückstand enthält alles Zinn als Oxyd und ist nun zur reducirenden Schmelzung vorbereitet. Man vermengt ihn dazu mit

      150 Milligr. Soda und
       30   »   Boraxglas,

packt das Gemenge in einen Sodapapiercylinder und schmelzt
es in einem mit Kohle ausgefütterten Thontiegel, wie es für
die zur Abtheilung *A* gehörigen Substanzen angegeben ist.
Man bekommt, wenn die Schmelzung mit doppelt-schwefelsaurem Kali richtig unternommen worden ist und das Schlacken-

---

*) Von Vortheil ist ein auf das Platinschälchen passendes dünnes
Platinblech, welches man als Deckel benutzt, damit kein mechanischer
Verlust stattfinden kann und auch nicht unnöthiger Weise Schwefelsäure
entweicht.

pulver auch hinreichend fein war, ein fast ganz eisenfreies
und dehnbares Zinn. Enthielt die Schlacke eine merkliche
Menge Wolframsäure, die sich durch doppelt-schwefelsaures
Kali nicht abscheiden lässt, so enthält das Zinn auch etwas
Wolfram, weil sich die Wolframsäure mit reducirt und das
reducirte Wolfram sich leicht mit dem Zinne verbindet. Der
Gehalt an Wolfram ist indess selten bedeutend.

Auch kann die Reduction des beim Schmelzen mit saurem
schwefelsaurem Kali erhaltenen Rückstandes unter Zusatz
von Silber in einem unausgefütterten Tiegelchen nach S. 607
erfolgen.

C. Metallverbindungen, in denen Zinn einen Bestandtheil ausmacht, auf Zinn zu probiren.

Hierher ist das Glocken- und Kanonenmetall, die
Bronce, so wie jede Verbindung des Zinnes mit Blei, Wismuth, Zink und Antimon zu rechnen. Da aber letztere Verbindungen, so wie die Bronce, sobald sie, wie diess häufig
der Fall ist, auch Blei enthält, auf trocknem Wege vor dem
Löthrohre nur höchst unsicher, hingegen auf nassem Wege
grösstentheils leicht und richtiger auf ihren Zinngehalt quantitativ untersucht werden können, so kann sich die eigentliche
Löthrohrprobe nur auf das Glocken- und Kanonenmetall, so
wie die bleifreie Bronce beschränken.

Wie die Trennung des Zinnes vom Kupfer geschieht, ist
bei der Kupferprobe (S. 577) speciell beschrieben worden.
Bei diesem Verfahren wird nur das Kupfer im Auge behalten
und auf das Zinn weiter keine besondere Rücksicht genommen. Beabsichtigt man aber auch gleichzeitig den Zinngehalt besonders zu bestimmen, so darf man von dem Glase,
welches alles Zinn als Oxyd enthält, nichts verloren gehen
lassen, weil aus demselben das Zinn wieder reducirt werden
muss.

Soll also von einer Verbindung, die aus Zinn und Kupfer
besteht, der Zinngehalt für sich vor dem Löthrohre bestimmt
werden, so muss zuerst nach dem S. 578 erwähnten Verfahren das Zinn oxydirt und in diesem Zustande mittelst des
aus Soda, Borax und Kieselerde bestehenden Glases von
dem Kupfer sorgfältig getrennt werden. Darauf wird das
zinnhaltige Glas zerstossen, mit ungefähr 50 Milligr. Soda
gemengt, dieses Gemenge in einen Sodapapiercylinder gebracht
und in einem mit Kohle ausgefütterten Thontiegel wie eine
gewöhnliche Zinnprobe geschmolzen. Nach der Schmelzung
findet sich aber das Zinn gewöhnlich mit einer Spur von Kupfer
gemischt, weil bei der Trennung beider Metalle fast allemal
ein ganz geringer Theil Kupferoxyd mit in das Glas übergeht. Das ausgebrachte Zinn wird ausgewogen und der
Gehalt an Procenten (weil man gewöhnlich nur eine aus-

gewogene Menge einer solchen Metallverbindung zur Probe
verwendet) durch Rechnung gefunden.

7) Die Kobalt- und Nickelprobe.

Von den in der Natur vorkommenden Mineralien, welche
vorzugsweise Kobalt enthalten, sind nur die wenigsten frei
von Nickel; und so enthalten auch umgekehrt die nickelreichen Mineralien und Erze, so wie manche Hüttenprodukte,
namentlich die verschiedenen Speisen, welche theils bei der
Fabrikation der Smalte, theils beim Verschmelzen nickel- und
kobalthaltiger Silbererze als Zwischenprodukte fallen, mehr
oder weniger Kobalt. Es werden daher nur wenig Fälle vorkommen, wo bei der Untersuchung einer solchen Substanz
nur das eine oder das andere dieser beiden Metalle allein
quantitativ zu bestimmen wäre; in den meisten Fällen müssen
beide bestimmt werden.

Da nun das Verfahren bei der Probe auf Kobalt und
auf Nickel vor dem Löthrohre im Allgemeinen ein und dasselbe
ist, so sollen im Nachstehenden diese beiden Proben gemeinschaftlich beschrieben, so wie auch die Verfahrungsarten mitgetheilt werden, wie sich gleichzeitig ein Gehalt an Kupfer,
Blei oder Wismuth mit bestimmen lässt.

Kobalt und Nickel lassen sich zwar wegen ihrer schweren
Schmelzbarkeit nicht, wie z. B. Silber, Gold, Kupfer, Blei
und Zinn im rein metallischen Zustande mit Hülfe des Löthrohrs aus ihren Verbindungen darstellen; indess kann man
beide Metalle ziemlich leicht und mit grosser Genauigkeit
quantitativ bestimmen, wenn man sie in Verbindung mit Arsen ausscheidet. Das Verfahren beruht auf der bei der qualitativen Probe auf Eisen in Hüttenprodukten (S. 302 ff.) angegebenen Erfahrung: dass man durch eine oxydirende Schmelzung kobalt- und nickelhaltiger Arsenmetall-Verbindungen
mit Borax auf Kohle, diejenigen mit Arsennickel verbundenen
Arsenmetalle, welche leichter oxydirbar sind als Arsennickel,
nach ihrer verschiedenen Oxydationsfähigkeit der Reihe nach
verschlacken kann; so dass man von einer Substanz, die aus
Arsenmetallen von Nickel, Kobalt und Eisen besteht, nach
Abscheidung des Arseneisens und eines Ueberschusses von
Arsen, eine Verbindung von Arsennickel und Arsenkobalt
zurückbehält, in welcher jedes dieser beiden Metalle an eine
bestimmte Quantität von Arsen gebunden ist, und man hierauf durch Verschlackung des Arsenkobalts die Quantität des
Arsennickels und folglich auch die des Arsenkobalts erfahren
und daraus den Gehalt eines jeden dieser beiden Metalle berechnen kann.

Schmelzt man von einer solchen Substanz, die nur wenig
Eisen enthält, etwa 100 Milligr. mit etwas Boraxglas auf

Kohle in einem flachen Grübchen mit Hülfe einer kräftigen
Reductionsflamme oder auch innerhalb der blauen Flamme
so lange, bis das Metallgemisch eine rotirende Bewegung
zeigt, leitet aber dann die Oxydationsflamme unmittelbar auf
das zur Perle geschmolzene Boraxglas, so oxydirt sich zuerst
das Arseneisen und bedeckt, bei richtig angewandter (nicht
zu starker) Hitze, die vom Glase freie Oberfläche der flüssigen
Metallkugel mit einer dünnen Kruste von basisch-arsensaurem
Eisenoxydul, die jedoch, in Folge der rotirenden Bewegung
des Metalls, dem Boraxglase zugeführt und sogleich von diesem
aufgenommen wird, während sich ein Theil des an das Eisen
und an die übrigen Metalle gebundenen Arsens verflüchtigt,
wovon man sich durch den Geruch des aufsteigenden Dampfes
überzeugen kann. Unterbricht man, nachdem die Metallverbindung bei nicht zu starker Hitze an ihrer Oberfläche blank
und nicht mehr mit einer Oxydhaut bedeckt erscheint, dafür
aber mehr Arsendämpfe entwickelt, das Blasen und nimmt
nach einiger Zeit das erstarrte Korn mit der Pincette aus
der noch flüssigen Schlacke, so besitzt letztere eine schwarze
Farbe und reagirt, wenn man ein kleines Stück davon mit
reinem Borax auf Platindraht im Oxydationsfeuer zusammenschmelzt, bloss auf Eisen; die Metallverbindung hat sich aber
unter der Abkühlung mit einer fast schwarzen Oxydhaut überzogen. Enthält die Substanz viel Arseneisen, so reicht eine
einzige Schmelzung mit Borax nicht aus, dasselbe abzuscheiden.
In diesem Falle ist man genöthigt, das Metallkorn mit neuen
Portionen von Borax so lange zu behandeln, bis es blank
wird und Arsendämpfe auszustossen anfängt; wobei man nach
jeder Schmelzung, wenn das Boraxglas gesättigt ist, das Metallkorn nach dem Erstarren wie erwähnt herausnimmt, und
in ein Porcellanschälchen wirft, in welchem sich etwas Wasser
befindet, damit die noch anhängende Schlacke abgeschreckt
wird und dann, zwischen den Fingern oder Papier gerieben,
leicht von dem Metallkorne getrennt werden kann.

Erhält man das von Schlacke freie Metallkorn für sich
in einem flachen Grübchen auf Kohle mit einer schwachen
Reductionsflamme so lange im flüssigen und mit blanker Oberfläche versehenen Zustande, bis man keine Arsendämpfe mehr
aufsteigen sieht, so hat man es jetzt mit constanten Verbindungen von Viertel-Arsennickel ($Ni^4 As$ = 39,27 As und 60,73 Ni)
und Viertel-Arsenkobalt ($Co^4 As$ = 38,46 As und 61,54 Co)
zu thun. Setzt man das Metallkorn einer weitern Schmelzung
mit Borax aus, bei welcher man eben so verfährt, wie bei
der Abscheidung des Arseneisens, so oxydirt sich das Arsenkobalt zu basisch-arsensaurem Kobaltoxydul und löst sich als
solches im Borax auf, während eine Verflüchtigung von Arsen
durch den Geruch nur ganz schwach wahrzunehmen ist, sobald man den Ueberschuss von Arsen vollständig entfernt

hatte. Wendet man dazu eine eben so starke Hitze an als
zur Oxydation des Eisens, so erscheint die Oberfläche des
flüssigen Metallgemisches dabei blank (nur wenn die Temperatur etwas sinkt, bemerkt man von Zeit zu Zeit einen
über das Korn schnell weggleitenden Ueberzug) und das Boraxglas zeigt, wenn man nach unterbrochenem Blasen einen
Theil davon mit der Pincette breit drückt und heraus hebt
oder zu einem dünnen Faden auszieht, eine smalteblaue Farbe.
Das erstarrte Metallkorn ist aber, wenn noch nicht alles Kobalt abgeschieden ist (was überhaupt viel langsamer geschieht
als die Trennung des Eisens), jetzt immer noch mit einer
schwarzen Oxydhaut bedeckt, wie nach der Abscheidung des
Eisens.   Dieses Blankbleiben des Kornes aber findet bei er-
neutem Zusatz von Boraxglas und richtig angewendeter Hitze
so lange statt, als noch Arsenkobalt vorhanden ist; ist endlich
alles Kobalt abgeschieden und das übrig bleibende Arsennickel
fängt an sich zu oxydiren, so bildet sich ein Ueberzug von
basisch-arsensaurem Nickeloxydul, der sich auf der Oberfläche
langsam herum bewegt und endlich von dem Boraxglase aufgenommen wird, und diese Erscheinung dauert fort, so lange
als man den Oxydationsprocess unterhält, und das Boraxglas
noch basisch-arsensaures Nickeloxydul aufzunehmen vermag.
Um dies aber genau wahrnehmen zu können, bedarf es
einer Kenntniss des richtigen Hitzgrades; denn bei zu starker
Hitze (wenn solche nämlich noch stärker ist als bei der
Oxydation des Arsenkobalts) geschieht es sehr leicht, dass
selbst das reine Arsennickel im flüssigen Zustande eine
blanke Oberfläche zeigt.   Unterbricht man, so wie sich
die vorbeschriebene Erscheinung deutlich wahrnehmen lässt,
das Blasen, drückt sogleich einen Theil des flüssigen Glases
(vorausgesetzt, dass dasselbe durch verschlacktes Kobalt nicht
zu stark gefärbt ist) mit der Pincette breit, hebt denselben
langsam in die Höhe und zwar so, dass dieser Theil noch
mit der Hauptmasse des Glases in Verbindung bleibt, so
erscheint der zusammengedrückte Theil nach dem Erstarren,
gegen das Tageslicht, gewöhnlich mehr violett als blau.   Wäre
vorher alles Kobalt abgeschieden gewesen, so würde das Glas
nur schwach braun erscheinen; allein dieses Braun mit dem
Blau vom Kobaltoxydul verursacht jene violette Farbe.   Neben
dem violett gefärbten Glase bemerkt man auf der Oberfläche
des zurückgebliebenen Arsennickels einen apfelgrünen Ueberzug von basisch-arsensaurem Nickeloxydul.   Dieser apfelgrün
gefärbte Ueberzug dient auch als Zeichen, dass man es jetzt
nur noch mit Viertel-Arsennickel zu thun hat.   Das Viertel-
Arsenkobalt verschlackt sich, ohne dass von dem Viertel-
Arsennickel etwas Arsen von ersterem zurückgehalten wird,
vollständig; weshalb sich auch beide Metalle in ihren Verbindungen quantitativ bestimmen lassen.   Der Verlust an

Nickel, welcher bei einer solchen Verschlackung des Kobalts
entsteht, ist, wenn man vorsichtig genug verfährt, nur unbedeutend. Es muss bei einem hohen Nickelgehalte die ganze
Oberfläche des Metallkornes apfelgrün überzogen sein und
das Boraxglas auch schon ein wenig von Nickeloxydul mit
gefärbt erscheinen, wenn der Verlust an Nickel 0,5 Milligr.
betragen soll.

Nicht so leicht lässt sich der Nickelgehalt in solchen Verbindungen bestimmen, die zugleich Kupfer enthalten, weil
dieses Metall, gewöhnlich an Schwefel gebunden, beim Arsennickel zurückbleibt, während die andern Bestandtheile, die
gewöhnlich mit Arsennickel und Arsenkobalt zusammen vorkommen, erst abgeschieden werden können, ehe man das Kobalt und Nickel bestimmt. Dahin gehört namentlich die Speise,
welche bei der Zugutemachung silberhaltiger Bleierze sich als
ein besonderes Produkt ausscheidet, sobald nickel- oder ko-
balt- und zugleich kupferhaltige Silbererze mit verschmolzen
werden. Eine solche Speise besteht (wie schon in der zweiten Abtheilung S. 283 bemerkt wurde) hauptsächlich aus
Arseneisen, Arsennickel und Arsenkobalt in veränderlichen
Verhältnissen, gemengt oder verbunden mit mehr oder weniger
Schwefelkupfer, Schwefelblei, Schwefeleisen etc.

Soll eine solche Substanz vor dem Löthrohre auf Kobalt,
Nickel und Kupfer probirt werden, so muss man das in derselben enthaltene Kupfer ebenfalls an Arsen binden, und
einen vielleicht vorhandenen Gehalt von Blei oder Wismuth
durch Eisen metallisch ausscheiden. Es lassen sich dann die
Arsenmetalle von Eisen, Kobalt und Nickel der Reihe nach
durch ein oxydirendes Schmelzen mit Borax vom Kupfer, unter gewissen Bedingungen ziemlich scharf trennen.

Das vorhandene Arsenkupfer verwandelt sich, während die
Arsenmetalle von Kobalt und Nickel in Viertel-Arsenmetalle
übergehen, in Sechstel-Arsenkupfer ($Cu^6 As = 28,31$ As und
71,69 Cu). Dieses Verhältniss des Arsens zum Kupfer bleibt
bei Abscheidung der mit dem Arsenkupfer verbundenen, leichter oxydirbaren Arsenmetalle von Kobalt und Nickel durch
Borax aber nur so lange constant, als das Arsenkupfer wenigstens mit einer eben so grossen Menge von Arsennickel noch
verbunden ist. Sobald das Arsennickel weiter verschlackt wird,
verflüchtigt sich auch ein Theil des dem Kupfer angehörigen
Arsens mit; und es ist daher nicht möglich, aus dem Gewichte des zurückbleibenden Arsenkupfers den Betrag an
reinem Kupfer, so wie den Betrag des wirklich verschlackten
Arsennickels durch Rechnung zu finden. Man gelangt indessen zu einem sehr befriedigenden Resultate, wenn man
nach Abscheidung des Arsenkobalts und Bestimmung des Kobaltgehaltes, der Verbindung von Viertel-Arsennickel und

Sechstel-Arsenkupfer, in welcher jedoch der Gehalt an Kupfer
den des Nickels nicht übersteigen darf, nach der ungefähren
Höhe des Kupfergehaltes ein genau ausgewogenes, circa
60—100 Milligr. schweres Goldkorn zusetzt, hierauf mit der
Verschlackung des Arsennickels auf Kohle so lange fortführt,
bis alles Arsennickel, so wie das mit dem Kupfer verbunden gewesene Arsen vollständig entfernt ist, und die
Legirung von Gold und Kupfer mit blanker Oberfläche
und der dem schmelzenden Golde sowohl als dem schmelzenden Kupfer eigenthümlichen blaugrünen Farbe zum Vorschein kommt, auch das Korn unter der Abkühlung blank
bleibt. Da aber das Arsennickel sich mit Borax sehr langsam
verschlackt, so wendet man hierzu am besten Phosphorsalz
an und verfährt dabei gerade so, wie bei der Trennung des
Arsenkobalts vom Arsennickel mittelst Borax. Man leitet die
äussere Flamme unmittelbar auf das Glas, bläst nur schwach
und gestattet der Luft Zutritt zu dem Metallkorne; das Arsennickel verwandelt sich nach und nach in basisch-arsensaures
Nickeloxydul, geht als solches in das Glas über und ertheilt
demselben eine rein gelbe Farbe. Ist die erste Portion von
Phosphorsalz gesättigt, so kühlt man das herausgenommene
Korn in Wasser ab, entfernt die Schlacke und fährt mit der
Verschlackung mittelst neuer Portionen von Phosphorsalz fort.
Lässt das Metallkorn nach, auf seiner Oberfläche sich mit
Oxydhäutchen zu überziehen und beginnt jene blaugrüne
Färbung des Metallkornes sich zu zeigen, so trennt man, um
einer möglichen Verschlackung von Kupfer vorzubeugen, die
letzten Antheile des Arsennickels am besten durch Borax,
wobei zugleich auch das noch vorhandene Arsen mit ver-
flüchtigt wird. Besitzt das kupferhaltige Goldkorn eine rein
metallisch glänzende Oberfläche und lässt es sich nach dem
Erkalten auf dem Ambosse ausplatten, ohne Risse zu bekommen, so wiegt man es aus; der Gewichtsüberschuss zeigt den
Gehalt an Kupfer an.

Um nun den Gehalt an Nickel zu erfahren, muss man
berechnen, wie viel diesem Kupfer, welches als Sechstel-Arsenkupfer mit dem Viertel-Arsennickel verbunden war, Arsen
angehört hat, und wie viel nach Abzug des Arsenkupfers
Viertel-Arsennickel vorhanden gewesen ist, aus welchem letzteren sich dann der Gehalt an Nickel leicht durch Rechnung
finden lässt, worüber weiter unten ein Beispiel angeführt werden soll).

Der Kürze wegen nimmt man bei der Berechnung des
Metallgehaltes der ausgewogenen Arsenverbindungen die Zusammensetzung derselben folgendermassen an:

Co^4As mit 61,5 p. c. Kobalt,
Ni^4As mit 60,7   „   Nickel,
Cu^2As mit 71,7   „   Kupfer.

Zur Ueberzeugung, dass bei dem im Vorstehenden beschriebenen Verfahren Nickel und Kobalt mit Arsen constante Verbindungen bilden, in welchen 4 Atome Ni oder Co mit 1 Atom As verbunden sind, darf man nur für das Kobalt möglichst reinen Tesseralkies, und für das Nickel reinen Rothnickelkies (Kupfernickel) wählen, und diese Mineralien wie folgt vor dem Löthrohre behandeln.

Der Tesseralkies (Co³ As⁶) enthält:

78,95 Arsen und
21,05 Kobalt,

in welcher Verbindung aber vielleicht 2 Proc. Kobalt durch Nickel und Eisen ersetzt sind.

Mengt man von diesem Minerale 100 Milligr. im gepulverten Zustande mit

, circa 50 Milligr. Soda und
15 , Boraxglas,

verschliesst dieses Gemenge in einem Sodapapiercylinder und behandelt es in einer cylindrischen Grube auf Kohle oder in einem Kohlentiegelchen mit der Reductionsflamme so lange, bis alle Metalltheile sich zu einer Kugel vereinigt haben, so geben dieselben ihren geringen Gehalt an Eisen an die Flussmittel ab, während der grösste Theil des Arsens sich verflüchtigt. Enthält der Tesseralkies etwas Schwefel, so geht dieser ebenfalls an die Flussmittel über und verursacht, dass sich dieselben grössentheils in die Kohle einziehen. Wird hierauf das Metallkorn nach dem Erstarren von der Kohle genommen und, nach Entfernung der vielleicht anhängenden Schlacke, für sich auf einer andern Kohle in einem nicht zu flachen Gröbchen mit der Reductionsflamme so lange im flüssigen Zustande erhalten, bis eine Verflüchtigung von Arsen nicht mehr stattfindet, so bleibt endlich eine Verbindung zurück, die nur noch circa 33 Milligr. wiegt. Hierbei ist aber zu bemerken, dass eine übermässig starke Löthrohrflamme auch nachtheilig einwirken kann, indem das Metallkorn dabei ziemlich leicht in eine kochende Bewegung geräth und spritzt, wodurch ein mechanischer Verlust entsteht. Wendet man aber die Reductionsflamme nur von einer solchen Intensität an, wie sie gerade nöthig ist, um das Metallkorn mit blanker Oberfläche eben flüssig zu erhalten, so hat man einen solchen Verlust durchaus nicht zu befürchten.

Die bei einer derartigen Behandlung des Tesseralkieses zurückbleibende Verbindung, von Kobalt und Arsen, giebt den deutlichsten Beweis, dass von den 78,95 Milligr. Arsen 2⅓ Theil = 65,8 Milligr. sich verflüchtigen und nur ⅓ Theil = 13,16 Milligr. davon mit dem Kobalt und der geringen Menge von Nickel zurückbleiben, welche Verbindung der Zusammensetzung von

1 Atom = 58,46 Arsen und
4 Atomen = 61,54 Kobalt

entspricht.

Das zurückgebliebene Metallkorn würde, abgesehen von einem Nickelgehalte, 100 : 61,54 = 33 : 20,3 Milligr. Kobalt enthalten; welches Resultat auch der Zusammensetzung des eisen- und nickelfreien Tesseralkieses, wie es oben angegeben ist, ziemlich nahe steht. Behandelt man aber dieses Metallkorn neben Borax auf Kohle mit einer schwachen Oxydationsflamme, und zwar mit neuen Portionen von diesem Salze so lange, bis dasselbe nicht mehr rein blau von Kobalt, sondern schon ein wenig von Nickel mit gefärbt wird, und wiegt das übrig gebliebene Körnchen aus, so ergiebt sich aus dem Gewichtsverlust der Betrag von Viertel-Arsenkobalt. Wenn nun z. B. bei einer solchen Behandlung 2,5 Milligr. Viertel-Arsennickel zurückbleiben, so sind 33—2,5 = 30,5 Milligr. Viertel-Arsenkobalt abgeschieden worden, welche $\frac{61,5 \cdot 30,5}{100}$ = 18,7 Milligr. (Procent) Kobalt enthalten.

Berechnet man nun noch, wie viel die 2,5 Milligr. Viertel-Arsennickel

metallisches Nickel enthalten, so ergeben sich (vergl. S. 616) $\frac{60,7 \cdot 2,6}{100}$
= 1,6 Milligr. (Procent) Nickel, und es ist auf diese Weise der Gehalt
an Kobalt und zugleich an Nickel bestimmt.

Der reine Rothnickelkies besteht aus:

1 Atom   — 56,4 Arsen.
2 Atomen — 43,6 Nickel,

in welcher Verbindung aber gewöhnlich circa 1 Procent fremdartige Bestandtheile enthalten sind, die in Kobalt, Eisen, (Blei, Wismuth,) und
Schwefel bestehen.

Behandelt man hiervon 100 Milligr. mit etwa 50 Milligr. Boraxglas
auf Kohle zuerst mit der Reductionsflamme, und dann mit der äussern
Flamme so lange, bis das Arsennickel anfängt sich zu oxydiren, unterbricht hierauf sofort das Blasen, hebt das erstarrte Korn aus der noch
flüssigen Schlacke, befreit es, wie früher erwähnt, völlig davon und schmilzt
es dann für sich auf Kohle mit einer nicht zu starken Reductionsflamme,
bis man keine Arsendämpfe mehr entweichen sieht, so wiegt das Metallkorn nur noch etwa 71 Milligr., und hat mithin circa 29 Proc. verloren.
Der grösste Gewichtsverlust entsteht dadurch, dass das Nickel die Hälfte
seines Arsens abgiebt, an das es vorher gebunden war.

Da nun der Kupfernickel 56,4 Proc. Arsen enthält, so verflüchtigen
sich etwa 28 Theile und das Andere bleibt mit dem Nickel als eine constante Verbindung, und zwar als Viertel-Arsennickel zurück, welches, wie
bereits früher angegeben, aus:

1 Atom   — 39,27 Arsen und
4 Atomen — 60,73 Nickel

besteht.

Berücksichtigt man, dass der Kupfernickel in der Regel geringe Mengen
von fremdartigen Bestandtheilen enthält, weshalb auch die angewandte
Probe bei der Behandlung mit Borax auf Kohle 29 Procent an ihrem Gewichte verlor, so bestanden diese demnach aus:

27,4 Arsen, welches mit dem Nickel verbunden war,
0,6 Arsen, welches dem Kobalt und Eisen angehörte, und etwa
1,0 Kobalt, Eisen, (Blei, Wismuth) und Schwefel,
—————
29,00

und es müssen also die zurückgebliebenen 71 Procent Arsennickel der
Zusammensetzung von Ni⁴As annähernd entsprechen. Da nun im reinen
Kupfernickel 43,6 Procent Nickel enthalten sind, so kommen, wenn man
die geringen Nebenbestandtheile unbeachtet lässt, auf die übrig gebliebenen
71 Procent Arsennickel 71—43,6 — 27,4 Procent Arsen; und es stellt sich
demnach folgendes Verhältniss heraus:

71 : 27,4 = 100 : 38,6 Arsen und
71 : 43,6 = 100 : 61,4 Nickel,

welches Verhältniss mit der Zusammensetzung des reinen Viertel-Arsen-
nickels ziemlich nahe übereinstimmt, jedoch deshalb etwas abweicht, weil
ein geringer Theil des Nickels in diesem Kupfernickel durch Kobalt ersetzt und das genannte Mineral nicht frei von Eisen etc. war, auch weil bei der
Behandlung mit Borax ein geringer Verlust an Nickel durch Verschlackung
stattfand.

**Eintheilung der kobalt- und nickelhaltigen Substanzen nach
ihrer chemischen Beschaffenheit.**

Die auf Kobalt, Nickel und in manchen Fällen zugleich
auf Kupfer, Blei oder Wismuth zu probirenden Substanzen
kann man in Bezug auf die bei der Probe anzuwendenden
Verfahrungsarten in folgende Klassen theilen:

A) in denen das Kobalt und Nickel metallisch mit Arsen

verbunden ist, die aber öfters mit andern Metallen gemischt und zuweilen auch mit geringen Mengen von Schwefelmetallen gemengt, jedoch frei von Kupfer sind;

B) in denen Nickel und Kobalt, und vielleicht noch andere Metalle, entweder vollständig an Arsen, oder zum Theil an Schwefel gebunden sind, die aber mehr oder weniger Schwefelmetalle oder erdige Theile eingemengt enthalten;

C) in denen Kobalt oder Nickel im oxydirten Zustande an Arsensäure oder an arsenige Säure, oder an andere Metalloxyde und zuweilen zugleich an Wasser gebunden, den Haupt- oder nur einen Nebenbestandtheil ausmacht;

D) die hauptsächlich nur aus Oxyden von Kobalt und Nickel bestehen und

E) die entweder aus Metallgemischen oder aus solchen Schwefel- und Arsenmetallen bestehen, in welchen mehr Kupfer als Nickel vorhanden ist.

A. Mineralien, Erze und Hüttenprodukte, in denen Kobalt und Nickel metallisch mit Arsen verbunden sind, die aber öfters mit andern Arsenmetallen gemischt und zuweilen auch mit sehr geringen Mengen von Schwefelmetallen gemengt, jedoch frei von Kupfer sind, auf Kobalt, Nickel, und wenn es nöthig erscheint, auch auf Wismuth zu probiren.

In diese Klasse gehören von den Mineralien die S. 304 und S. 313 genannten Verbindungen des Kobalts und Nickels mit Arsen, und von den Hüttenprodukten: die K o b a l t s p e i s e von den Blaufarbenwerken, so wie die durch Verschmelzen kobalthaltiger Nickelerze oder nickelhaltiger Kobalterze direct erzeugte N i c k e l s p e i s e.

Was zunächst diejenigen Substanzen anlangt, die frei von Wismuth sind, oder bei denen es nicht darauf ankommt, einen vielleicht vorhandenen geringen Gehalt an diesem Metall mit zu bestimmen, so kann die erste Arbeit, das Einschmelzen der Probe mit einem geeigneten Flussmittel, auf zweierlei Weise erfolgen, entweder in einem Kohlentiegel in ähnlicher Weise wie die Silber- und Kupferproben eingeschmolzen werden, oder in einem unausgefütterten Thontiegelchen wie die Blei- und Wismuthproben. Das letztere Verfahren bietet den Vortheil dar, dass ein mechanischer Verlust beim Mengen, Einpacken und Einschmelzen der Probe gänzlich vermieden wird und bei kobalthaltigen Substanzen, die wenig oder gar kein Eisen enthalten, eine Oxydation des Kobalts beim Einschmelzen nicht gut stattfinden kann, auch das Vorhandensein erdiger Bestandtheile nicht von Nachtheil ist; dagegen lässt sich in solchen Fällen, wo das Arsenkobalt in der Probe vorwaltend ist, wegen der Strengflüssigkeit dieser Verbindung kein Gebrauch davon machen.

Beim Einschmelzen der Probe in einer Vertiefung auf

Kohle oder in einem Kohlentiegel vermengt man 1 Ctr. der gepulverten Substanz im Achatmörser mit

    50 Milligr. Soda und
    15 - Boraxglas,

schüttet das Gemenge in einen Sodapapiercylinder und setzt diesen zusammengewickelt in die Kohle.

Die so beschickte Probe behandelt man mit einer reinen, mässig starken Reductionsflamme so lange, bis die zugesetzten Flussmittel sich in Schlacke verwandelt und die Metalltheile sich zu einer Kugel vereinigt haben. Hierbei bildet die Soda mit der geringen Menge von Boraxglas nicht nur eine leichtflüssige Schlacke, die zur schnellen Vereinigung der Metalltheile, so wie zur Absiehedung eines vielleicht vorhandenen Schwefelgehaltes beiträgt, und auch etwas Eisen als Oxydul aufnimmt, sondern sie verhindert auch bei Anwendung einer reinen Reductionsflamme die leichte Oxydation des Kobalts.

Es fragt sich jetzt, ob das abgeschiedene Metallkorn, welches man von der anhängenden Schlacke durch Abkühlen im Wasser befreit, noch Eisen enthält, da man vor völliger Entfernung desselben nicht im Stande ist, die resp. Viertel-Arsenmetalle von Nickel und Kobalt herzustellen. Man schmilzt zu dem Ende das Korn mit einer mässig starken Reductionsflamme in einem Grübchen auf Kohle ein und beobachtet, ob die Kugel schnell mit blanker Oberfläche zum Vorschein kommt und auch in diesem Zustande treibt. Ist diess der Fall, so erhält man das Korn noch so lange flüssig, als Arsendämpfe entweichen, worauf man das Blasen unterbricht und das kalt gewordene Korn auswiegt. Das Gewicht ergiebt die Summe der Viertel-Arsenverbindungen des Nickels und Kobalts. Man darf bei dieser Entfernung des Arsens, bei welcher sich auch eine vielleicht vorhandene geringe Menge von Wismuth mit verflüchtigt, nur so stark blasen, als gerade nöthig ist, um das Metallkorn mit blanker Oberfläche flüssig zu erhalten, weil es bei zu starker Hitze leicht spritzt. Enthält das Korn Eisen, so zeigt es nicht diese blanke Oberfläche, sondern bedeckt sich schnell mit einer Oxydhaut, in diesem Falle setzt man etwas Boraxglas hinzu und verschlackt die gewöhnlich geringe Menge Eisen nach S. 618, bis das Korn eine völlig blanke Oberfläche zeigt. Es ist hierbei nicht zu vermeiden, dass ein kleiner Verlust an Kobalt stattfindet, da in demselben Augenblicke, wo die letzten Antheile Eisen weggehen, auch bereits eine geringe Menge Kobalt mit verschlackt wird; die vollständige Entfernung des Eisens ist aber um deswillen nöthig, weil es sonst nicht möglich ist, das überschüssige Arsen gänzlich zu verflüchtigen. Man erhitzt jetzt das Korn für sich auf Kohle in einem mässigen Reductionsfeuer, wie vorhin erwähnt wurde, und erhält nach dem Auswiegen das Gewicht der Viertel-Arsenverbindungen des Nickels und Kobalts.

Die Verschlackung des Kobalts wird nun nach S. 613 so lange fortgesetzt, bis endlich das Viertel-Arsennickel allein übrig ist. Diese letzte Verbindung wiegt man wieder aus und zieht das Gewicht derselben von dem Gewichte beider Viertel-Arseniate ab. Aus der Differenz berechnet man dann den Gehalt an Kobalt nach dem oben (S. 617) gegebenen Beispiele.

Ist man mit dem richtigen Hitzgrade und den verschiedenen Erscheinungen bei der Kobalt- und Nickelprobe noch nicht hinreichend vertraut, so kann man zur Ueberzeugung, dass auch wirklich alles Kobalt abgeschieden sei, das ausgebrachte Metallkorn noch ein Mal mit ein wenig Borax auf Kohle eine kurze Zeit behandeln und nachsehen, ob das geschmolzene Glas von Nickeloxydul bräunlich, oder von einem geringen Rückhalt an Kobalt zugleich mit blau und daher von beiden Metalloxyden violett, oder von Kobaltoxydul allein blau gefärbt erscheint. Im letzteren Falle muss man, vorausgesetzt, dass jetzt auch wirklich alles Kobalt abgeschieden ist, das Metallkorn nochmals auswiegen und den Gehalt an Kobalt und Nickel von Neuem berechnen.

Hat man es mit Speiskobalt oder mit Kobaltspeise zu thun, in welchen Substanzen oft so viel Arsenkobalt vorhanden ist, dass man mit einer Schmelzung nicht ausreicht, so muss man, nachdem das Boraxglas bei der ersten Schmelzung gesättigt zu sein scheint, das Blasen unterbrechen, das Metallkorn nach S. 618 durch Abkühlen in Wasser von dem Glase (der Schlacke) trennen und dasselbe ohne Weiteres wieder mit einem neuen Zusatz von Boraxglas behandeln, bis entweder alles Kobalt abgeschieden oder das Glas nochmals gesättigt ist. Im erstern Falle, wenn sich nämlich auf der Oberfläche des erstarrten Metallkornes apfelgrüne Flocken zeigen, trennt man die Schlacke und wiegt das Metallkorn aus; im letztern Falle dagegen, wenn das Metallkorn nach dem Erstarren auf der Oberfläche noch mit einer grauen oder schmutziggelben Oxydhaut bedeckt ist, wiederholt man die Schmelzung mit einer dritten, aber nicht zu grossen Quantität von Boraxglas und hört mit der Behandlung des Metallkornes mit neuen, aber immer kleinern Portionen von diesem Verschlackungsmittel nicht eher auf, bis alles Arsenkobalt abgeschieden ist.

Wollte man das Boraxglas, nachdem es gesättigt ist, noch länger mit der blauen Flamme behandeln, so würde sich zwar das im Metallkorne noch vorhandene Arsenkobalt nach und nach oxydiren, es würden sich aber aus dem Glase wieder Arsenkobalttheilchen reduciren, weil die als Unterlage dienende glühende Kohle fortwährend reducirend auf das Glas einwirkt, uud man würde demnach den Oxydationsprocess nur aufhalten. Man verfährt also zweckmässiger, wenn man zur Abscheidung des letzten Antheils von Arsenkobalt eine neue Portion von Boraxglas anwendet.

War die in Untersuchung genommene Probe frei von Silber, so lässt sich jetzt auch der Gehalt an Nickel durch Rechnung finden; im Gegentheil muss der Gehalt an Silber, wenn er merklich ist, ausgemittelt und als Schwefelsilber (weil das Silber als solches im Arsennickel vorhanden ist) vom Arsennickel erst abgezogen werden. Man schmelzt deshalb das Metallkorn auf Kohle neben Boraxglas mit einer hinreichenden Menge von Probirblei zusammen, treibt es nach S. 535 ff. ab, wiegt das dabei zurückbleibende Silberkorn aus, und berechnet es auf Schwefelsilber (100 Silber bilden 115 Schwefelsilber).

Beabsichtigt man die Substanz anstatt im Kohlentiegel, in einem unausgefütterten Thontiegel einzuschmelzen, so schüttet man die abgewogene Menge in demselben und befreit sie, sobald Arsen in grossem Ueberschuss vorhanden, durch schwaches Glühen nach S. 592 davon, bis keine Dämpfe mehr wahrzunehmen sind. Auf die gewöhnlich zusammengesinterte Masse bringt man 300 Milligr. Fluss- und Reductionsmittel, ohne eine Mengung desselben mit der Substanz vorzunehmen und giebt endlich eine Lage Kochsalz (3 Löffelchen voll) wie bei der Blei- und Wismuthprobe. Das Resultat der Schmelzung, welche ganz so vorgenommen wird, wie dies bei der Blei- und Wismuthprobe beschrieben, ist eine vollkommen dünnflüssige Schlacke und ein am Boden des Tiegels, nach Wegnahme der Deckkohle durch die klar geflossene Schlacke hindurch sichtbares Arsenmetallkorn. Letzteres wird nach dem Erkalten und Zerschlagen des Tiegels für sich auf Kohle mit einer nicht zu starken Reductionsflamme erhitzt, wobei man nach S. 620 sofort wahrnimmt, ob Eisen vorhanden ist oder nicht. Der übrige Theil der Probe wird wie dort angegeben durchgeführt.

Will man den Gehalt an Wismuth gleichzeitig mit ausmitteln, so scheidet man dieses Metall durch eine Schmelzung der von einem Ueberschuss an Arsen befreiten Substanz in einem kleinen Thontiegel mit alkalischen Fluss- und Reductionsmitteln und einem Zusatz von metallischem Eisen und Silber aus, wie es bei der quantitativen Wismuthprobe (S. 593) beschrieben ist, schmelzt dann die Verbindung der Arsenmetalle des Eisens, Kobalts und Nickels, welche bei der mechanischen Trennung des wismuthhaltigen Silbers, entweder zwischen Papier auf dem Amboss oder im Stahlmörser, mehr oder weniger zerkleint worden ist, auf Kohle in einer Vertiefung, oder in einem Kohlentiegelchen mit einem Zusatz von etwas Soda und Boraxglas im Reductionsfeuer zusammen und ·

behandelt das Metallkorn zur Trennung der einzelnen Arsenmetalle, wie es im Vorhergehenden angegeben ist. Da der
Eisengehalt durch den Zusatz von metallischem Eisen, zur
Abscheidung des Wismuthes, vermehrt wird, so sind bisweilen
zwei und mehr Portionen von Boraxglas nöthig, um alle
Portionen von Arseneisen von den Arsenmetallen des Kobalts und Nickels
zu entfernen.

Zum Beweis, wie genau man den Gehalt an Kobalt, Nickel und Wismuth in einer Substanz bestimmen kann, die hauptsächlich aus Arsenmetallen besteht, und gediegen Wismuth eingemengt enthält, mag folgendes Beispiel dienen.

100 Milligr. Weissnickelkies aus Schneeberg, welcher rein
und vollkommen frei von Wismuth war, wurden im
gepulverten Zustande mit
15 metallischem Wismuth, welches ebenfalls gepulvert
war, in einem Thontiegel gemengt, und in demselben, verdeckt, nach
S. 592 so lange schwach geglüht, bis keine Dämpfe von Arsen mehr zu
bemerken waren.

Auf die beinahe zusammengeschmolzene Masse wurden gegeben
30 Milligr. metallisches Eisen in einem Stück,
102 Silber,
300 Fluss- und Reductionsmittel, und
a Löffelchen gehauft voll Kochsalz.

Bei der Schmelzung hatte sich eine Metallkugel gebildet, die auf der
Mitte der Oberfläche eine scharfe Grenze zeigte, und leicht so getheilt
werden konnte, dass das wismuthhaltige Silber scheinbar rein erhalten
wurde. Es wurde auf Kohle vorsichtig mit ein wenig Boraxglas umgeschmolzen, und in dem Augenblicke, als es eine blanke Oberfläche
zeigte, das Blasen unterbrochen. Nach Entfernung der anhängenden geringen Menge von Schlacke wurde es wieder angewogen, und genau
117 Milligr. schwer gefunden. Es ergeben sich also hierbei 117—102 =
15 Milligr. Wismuth. (Vergl. auch die Wismuthprobe S. 594 u. f.).

Die Arsenmetalle wurden, nebst der von dem wismuthhaltigen Silberkorne getrennten geringen Menge von Schlacke, mit einem geringen Zusatz von Soda in einem Kohlentiegelchen zusammengeschmolzen; das dabei erlangte Metallkorn wurde so lange mit neuen Portionen von Boraxglas behandelt, bis alles Arseneisen abgeschieden war, hierauf das Ober-
schüssige Arsen durch Verflüchtigung entfernt und die Metallkugel
ausgewogen; sie wog 46,0 Milligr. Da nun im Weissnickelkies gewöhnlich ein geringer Theil des Nickels durch Kobalt ersetzt ist, so wurde
die Metallkugel nach S. 614 mit Boraxglas behandelt, wobei sich noch
4 Milligr. Co²As abscheiden liessen. Die Metallkugel bestand also aus:

$$46-4 = 42 \text{ Milligr. Ni}^4\text{As mit } \frac{60,7 \cdot 42}{100} = 25,5 \text{ Milligr. Nickel,}$$

$$\text{und 4 Milligr. Co}^4\text{As mit } \frac{61,5 \cdot 4}{100} = 2,5 \text{ Milligr. Kobalt;}$$

mithin aus 28 Milligr. Nickel und Kobalt, welches Resultat mit der
Zusammensetzung des Weissnickelkieses übereinstimmt.

**B. Mineralien, Erze und Hüttenprodukte, in denen Kobalt
und Nickel, und vielleicht noch andere Metalle zum Theil
an Arsen, zum Theil an Schwefel oder vollständig an Schwefel
gebunden sind, und zugleich mehr oder weniger andere
Schwefelmetalle oder erdige Theile eingemengt enthalten,
auf Kobalt, Nickel und, nach Befinden, gleichzeitig auf Blei,
Wismuth oder Kupfer zu probiren.**

In diese Klasse gehören, von den Mineralien: Kobaltglanz, Glaukodot, Dannit, Kobaltarsenkies, Nickelglanz, Amoibit, Kobaltsulfuret, Kobaltkies, Haarkies, Nickelwismuthglanz und Eisennickelkies;
ferner: alle im Grossen aufbereitete Kobalt- und Nickelerze, die gewöhnlich mit erdigen Gangarten gemengt sind,
und öfters Arsenkies oder Schwefelkies, seltener Kupferkies
enthalten; und von den Hüttenprodukten: die Bleispeise,
welche neben Arsennickel und Arsenkobalt viel Arseneisen
und ausserdem noch verschiedene Schwefelmetalle enthält, so
wie nickel- und kobalthaltiger Rohstein und Bleistein.

Aufbereitete Nickel- und Kobalterze, welche ausser den
Arsenverbindungen des Eisens, Kobalts und Nickels, nur mehr
oder weniger erdige Bestandtheile enthalten, können ohne
Weiteres in einem Thontiegelchen, wie dies oben S. 619 bereits erwähnt wurde, der Schmelzung unterworfen werden;
sind sie dagegen nicht frei von eingemengtem Schwefel- und
Arsenkies, sowie von Schwefelantimon, Schwefelwismuth und
Schwefelblei (wovon man sich durch eine einfache Prüfung
auf Kohle überzeugt), so muss man sie wie die andern oben
genannten Schwefelverbindungen vorher auf einem Thonschälchen nach S. 561, anfangs ohne Zusatz, später aber,
wenn sie keinen Geruch mehr entwickeln, mit 50—60 Milligr.
kohlensaurem Ammoniak, welches man im Mörser mit der
vorgerösteten Probe zusammenreibt, vollständig abrösten und
die dabei zurückbleibenden Oxyde durch einen starken Zusatz von metallischem Arsen in Arsenmetalle verwandeln,
welches sowohl in einem Thontiegelchen, als auch in einer an
dem einen Ende zugeschmolzenen Glasröhre geschehen kann.

Bietet sich Gelegenheit dar, dass man die Umänderung
der Metalloxyde in Arsenmetalle, oder das „Arseniciren"
ausserhalb des Arbeitszimmers vornehmen kann, so verfährt
man auf folgende Weise: Man vermengt das geröstete Pulver
im Achatmörser mit 100 Milligr. gepulvertem metallischem
Arsen[*]) und schüttet dieses Gemenge in den später auch zur
Schmelzung zu gebrauchenden kleinen Thontiegel. Den Tiegel
setzt man hierauf in eine in den Kohlenhalter gespannte Kohle,

---

[*]) Eine geringere Menge darf man nicht nehmen, weil bei der Flüchtigkeit des Arsens sonst leicht der Zweck verfehlt wird.

die man zu vorliegendem Zwecke mit einem Eisendraht (S. 49)
versieht, eben so ein, wie es bei der Schmelzung einer Bleiprobe (S. 583) beschrieben worden ist; verdeckt auch den
Tiegel mit einem Thonschälchen, und das Ganze mit einer
durchbohrten Deckkohle. Leitet man jetzt die heissen gasförmigen Verbrennungsprodukte, welche die äussere Löthrohrflamme bilden, bei ziemlich weiter Entfernung des Kohlenhalters von der Lampe, in das Innere der Kohle, so wird dadurch der Tiegel so stark erhitzt, dass das im Gemenge befindliche Arsen zu sublimiren beginnt, und unter Bildung von
arseniger Säure und Arsensuboxyd reducirend auf die freien
und resp. basisch-arsensauren Metalloxyde einwirkt, dabei
aber auch gleichzeitig diejenigen Metalle in Arsenmetalle verwandelt, welche geneigt sind, sich mit Arsen zu verbinden.
Den Tiegel erhitzt man bis zum schwachen Rothglühen, damit der Ueberschuss von Arsen entweicht (so weit es nämlich
bei Abschluss von atmosphärischer Luft möglich ist), und die
gebildeten Arsenmetalle zusammensintern, oder nach Befinden
auch zusammenschmelzen. Ist das überschüssige Arsen entfernt, so hebt man den Eisendraht mit dem verdeckten Tiegel
mittelst des Werkbleizängelchens aus der Kohle, wie es mit
einer geschmolzenen Bleiprobe geschieht, stellt ihn in das
kleine Kapelleneisen, und lässt ihn mit aufliegendem Deckschälchen erkalten.

Hat man keine Gelegenheit, das Arseniciren ausserhalb
des Arbeitszimmers vorzunehmen, so schüttet man das Gemenge von Erzen etc. mit metallischem Arsen in die Mengkapsel, aus dieser in eine an dem einen Ende zugeschmolzene
völlig trockene Glasröhre und erhitzt das Gemenge in der
Flamme einer Spirituslampe nach und nach bis zum Glühen.
Es werden dadurch, wie in einem Thontiegelchen, die freien
und resp. basisch-arsensauren Metalloxyde in Arsenmetalle
umgeändert, während der Ueberschuss von Arsen sich als
Sublimat in dem kältern Theil der Glasröhre ansetzt. Ist die
Glasröhre erkaltet, so macht man mit der Feile, nahe unter
dem Sublimat, in die Glasröhre einen Einschnitt, bricht dieselbe an dieser Stelle von einander, schüttet die gebildeten
Arsenmetalle, die in der Regel ein dunkel gelblichgraues
Pulver bilden, in das für die Schmelzung bestimmte Thontiegelchen, reinigt die Röhre von den noch anhängenden Theilen mit Hülfe des Spatels und Pinsels, und beschickt die
Probe, wie es unten angegeben werden soll.

Wird das Arseniciren entweder im Thontiegelchen, oder
in einer an einem Ende zugeschmolzenen Glasröhre, bei einer
Temperatur ausgeführt, die nach und nach bis zum Rothglühen steigt, so entstehen Arsenmetalle, die bei Gegenwart
von Kobaltoxydul, Nickeloxydul, Kupferoxyd, Bleioxyd, Wismuthoxyd und Eisenoxyd aus Co^2As, Ni^2As, Cu^2As und

Verbindungen des Bleies oder Wismuthes mit Arsen in unbestimmten Verhältnissen bestehen; schwefelsaures Bleioxyd verwandelt sich in Schwefelblei und Eisenoxyd grösstentheils in $Fe^2 As$, zum Theil wird es auch nur zu Oxyd-Oxydul reducirt. Enthält die geröstete Probe Zinkoxyd, so bleibt dieses ganz unverändert, wird aber später beim Schmelzen der Probe reducirt und bei der Behandlung der Arsenmetalle auf Kohle verflüchtigt. Enthält die geröstete Probe Säuren des Antimons, so werden diese reducirt und in Arsenantimon von unbestimmter Zusammensetzung vorwandelt, welches bei der Schmelzung der gebildeten Arsenmetalle zum Korne, zwar mit in dasselbe übergeht, aber bei der Behandlung dieses Kornes auf Kohle flüchtig wird.

Nachdem man 1 Centner von der auf Kobalt und Nickel zu probirenden Substanz im fein gepulverten Zustande zur Probe abgewogen und, wenn die Substanz Schwefelmetalle enthält, die abgewogene Menge auf einem Thonschälchen vollkommen abgeröstet, auch die dabei gebildeten freien und basisch-arsensauren Metalloxyde in Arsenmetalle umgeändert hat, wie es im Vorhergehenden beschrieben worden ist, so entsteht jetzt die Frage: ob die Substanz auch Wismuth oder Blei enthält? — Ist dies der Fall, wovon man sich durch eine Prüfung einer kleinen Menge der rohen Substanz auf Kohle sofort durch den sich bildenden Beschlag von Wismuthoder Bleioxyd überzeugen kann, so können diese Metalle bei der Schmelzung ausgeschieden und quantitativ bestimmt werden: man darf nur, wie es bei der Wismuthprobe S. 593 angegeben wurde, zu den Arsenmetallen im Thontiegelchen ein Stückchen Eisendraht (etwa 20 Milligr.) und eine genau ausgewogene Menge feinen Silbers (50 bis 100 Milligr.) hinzu fügen, so dass man bei der Schmelzung eine Legirung von wismuth- oder bleihaltigem Silber erlangt, deren Gewicht mit dem des zugesetzten Silbers verglichen, den Gehalt an Wismuth oder Blei durch die Differenz anzeigt. Ist dagegen die Substanz frei von diesen Metallen, oder will man wegen der geringen Menge derselben keine besondere Rücksicht darauf nehmen, indem sie in diesem Falle bei der Trennung des Arseneisens und des überschüssigen Arsens auf Kohle durch Verflüchtigung entfernt werden können (S. 620), so lässt man den Zusatz von Eisen und Silber weg, und schüttet ohne Weiteres auf die im Tiegel bereits befindliche, nach Befinden arsenicirte Substanz die zur Schmelzung erforderlichen Zuschläge. Diese bestehen in

300 Milligr. Fluss- und Reductionsmittel, welches, wenn es mit dem Löffelchen etwas niedergedrückt worden ist, noch mit

3 Löffelchen gehäuft voll (circa 600 Milligr.) Kochsalz bedeckt wird.

Die Schmelzung geschieht dann ganz so, wie die einer Bleiprobe (S. 587). Nur ist zu bemerken, dass die Hitze in der letzten Zeit ziemlich stark sein muss, damit sich die Arsenmetalle vollkommen zu einem Korne vereinigen können. Wendet man 5 bis 6 Minuten lang eine entsprechend starke Hitze an, so geben die Arsenmetalle am Boden des Tiegels zu einem runden Korne zusammen, während die erdigen Theile und diejenigen Metalloxyde, welche sich nicht metallisch ausscheiden, vollständig verschlackt werden. War man zur Bestimmung eines vielleicht vorhandenen Gehaltes an Wismuth oder Blei genöthigt, der Probe Eisen und Silber zuzusetzen, so geht das Eisen in die Arsenmetalle über und scheidet das Wismuth oder das Blei metallisch aus; jedes dieser Metalle verbindet sich nun mit dem Silber zu einer Legirung, die, da sie ebenfalls flüssig genug wird, mit den Arsenmetallen zwar zu einer Kugel zusammengeht, aber nur einen Theil derselben ausmacht, und daher mechanisch leicht von den Arsenmetallen getrennt werden kann, worüber das Nöthige bereits bei der Probe auf Wismuth S. 593 mitgetheilt worden ist.

Enthält die Substanz mehr Nickel als Kobalt, so vereinigen sich die Arsenmetalle sehr leicht zu einem Korne; tritt aber der entgegengesetzte Fall ein, so geschieht die Vereinigung um so schwerer, je bedeutender der Betrag des Kobalts gegen den des Nickels ist. Da indessen eine Verbindung von Arsenkobalt mit Arseneisen ebenfalls leicht schmilzt, und beide Arsenmetalle auf Kohle getrennt werden können, ohne dass dabei ein erheblicher Verlust an Kobalt stattfindet, so kann man, um den erwähnten Uebelstand zu umgehen, das Arsenkobalt mit einer entsprechenden Menge von Arseneisen verbinden, indem man der rohen, oder der gerösteten und arsenicirten Substanz, je nachdem sie arm oder reich an Kobalt ist, 10 bis 20 Milligr. metallisches Eisen zusetzt, im Fall man es sonst wegen Abwesenheit von Wismuth unterlassen würde.

Scheint die Substanz sehr arm an Kobalt und Nickel zu sein, so dass es schwer halten würde, bei der Schmelzung ein vollkommen geschmolzenes Körnchen zu bekommen, so muss man ein Ansammlungsmittel anwenden, welches sich leicht von den Arsenmetallen des Kobalts und Nickels durch Verschlackung wieder trennen lässt; und dieses besteht auch hier in Arseneisen. Man setzt also der zu schmelzenden Substanz entweder 15—20 Milligr. direct in einem Thontiegelchen aus Eisenfeile und metallischem Arsen gebildetes Arseneisen zu, oder man mengt die zu arsenicirende Substanz ausser mit der nöthigen Quantität von metallischem Arsen noch mit 10—15 Milligr. Eisenfeilspähnen, damit bei der Schmelzung schon das nöthige Arseneisen vorhanden ist. Enthält die geröstete Substanz selbst viel Eisenoxyd, in welchem

40*

Falle man auf eine Bildung von Arseneisen rechnen kann, so lässt man den Zusatz von Eisenfeilspähnen weg. Hat man auf einen Gehalt an Wismuth oder Blei Rücksicht zu nehmen, so muss stets noch ein Stückchen Eisen und die nöthige Menge von Silber hinzugefügt werden.

Ist die Schmelzung nach Wunsch erfolgt, d. h. ist die Schlacke vollkommen dünnflüssig, und kann man, wenn dieselbe nicht zu viel Eisenoxydul und auch keine Kohle (die sich auf Kosten der Kohlensäure der Alkalien oxydirt) mehr enthält, durch dieselbe das flüssige Metallkorn am Boden des Tiegels liegen sehen, so stellt man die Probe zum Erkalten in das kleine Kapelleneisen; im Gegentheil muss man die Probe noch eine Zeit lang der Schmelzhitze aussetzen. Nach dem Erkalten zerschlägt man das Tiegelchen und befreit das Metallkorn auf dem Amboss mit Vorsicht von der Schlacke.

Hat man der Substanz, zur Ansammlung eines Wismuth- oder Bleigehaltes, Silber zugesetzt, so trennt man die Legirung von den Arsenmetallen entweder zwischen Papier auf dem Amboss oder im Stahlmörser, schmelzt sie zur Entfernung der auf der Oberfläche noch hängen gebliebenen Schlackentheile mit einer ganz geringen Menge von Boraxglas auf Kohle auf ein Paar Augenblicke um, wie es bei der Probe auf Wismuth (S. 595) angegeben ist, und überzeugt sich auf der Wage durch den Gewichtsüberschuss von dem Gehalt an Wismuth oder Blei.

Die Arsenmetalle schmelzt man nebst der von der Legirung zuletzt getrennten Schlacke mit einem Zusatz von Soda auf Kohle oder in einem Kohlentiegelchen im Reductionsfeuer zum Korne, und trennt die Arsenmetalle durch ein oxydirendes Schmelzen auf Kohle, wie es S. 613 beschrieben worden ist.

War die Substanz frei von Nickel, was jedoch nur selten der Fall ist, so verschwindet das Metallkorn bei der Behandlung mit neuen, nach und nach kleineren Portionen von Borax am Ende ganz; im Gegentheil aber bleibt ein Körnchen, welches sich entweder durch die S. 614 angegebenen Kennzeichen, oder mit der letzten Portion von Borax, als Arsennickel zu erkennen giebt, selbst wenn dessen Gewicht nur 1 Milligramm beträgt.

Löste sich Alles im Borax auf, so ist aus dem zuletzt notirten Gewicht der Gehalt an Kobalt nach S. 617 zu berechnen; blieb dagegen ein Körnchen von Arsennickel zurück, so ist dieses genau auszuwiegen; aus der Gewichtsdifferenz lässt sich dann der Gehalt an Kobalt durch Rechnung finden.

Enthält die Substanz ausser Kobalt und Nickel auch Kupfer, so hat man es mit einer Verbindung von Arsenmetallen des Eisens, Kobalts, Nickels und Kupfers zu thun, die auf folgende Weise getrennt werden: Zuerst scheidet man das Arseneisen durch Behandlung des Metallkornes mit Boraxglas nach S. 613 vollständig ab, wobei ein Gehalt von Zink und Antimon verflüchtigt wird; hierauf entfernt man das überschüssige Arsen und eine vielleicht noch vorhandene geringe Menge von Antimon durch Verflüchtigung, wiegt die Arsenmetalle aus, trennt das Arsenkobalt nach S. 614 und wiegt wieder aus. Die übrig gebliebene Verbindung von Arsennickel und Arsenkupfer schmelzt man mit 80—100 Milligr. Gold zusammen, trennt das Arsennickel nach S. 616 mit Phosphorsalz (die letzten Mengen mit Boraxglas), wiegt das zurückbleibende kupferhaltige Gold aus, und berechnet aus den gefundenen Gewichten die Gehalte der betreffenden Metalle.

Die Bestimmung des Kupfers und Nickels in dem nach Abscheidung des Arsenkobalts zurückgebliebenen Metallkorne, kann auch mit Anwendung des nassen Weges geschehen, welches Verfahren jedoch umständlicher ist. Man löst das Metallkorn in einem Probirglase in einem Gemisch von ungefähr 3 Theilen verdünnter Schwefelsäure und 1 Theil Salpetersäure durch Unterstützung von Wärme auf, verdünnt mit Wasser und fällt aus der Auflösung Kupfer und Arsen gemeinschaftlich durch Schwefelwasserstoffgas aus. *) Die ausgefällten Schwefelmetalle trennt man durch Filtration von der grün erscheinenden Flüssigkeit, welche alles Nickel enthält, süsst mit Schwefelwasserstoffwasser aus und erhält die klare Flüssigkeit in einem Porcellangefäss über der Spiritusflamme so lange warm, bis aller Schwefelwasserstoff entfernt ist. Das sich dabei gewöhnlich noch ausscheidende Schwefelarsen wird durch Filtration getrennt und das Nickeloxydul dann durch eine nicht zu concentrirte Auflösung von Aetzkali ausgefällt. Der Niederschlag wird auf einem (wegen der zurückbleibenden Asche) gewogenen Filtrum gesammelt, mit heissem Wasser ausgewaschen, hierauf vollkommen getrocknet und entweder bloss geglüht oder zu metallischem Nickel reducirt.

Im ersten Falle schüttet man den auf dem Filtrum befindlichen trocknen Niederschlag in das Platinschälchen, verbrennt das Filtrum und fügt auch die Asche desselben hinzu. Nachdem man das Ganze stark geglüht hat, wiegt man das Nickeloxydul aus, zieht den Betrag der Asche des Filtrums ab und berechnet den Gehalt an metallischem Nickel; 100 Gewichtstheile Nickeloxydul entsprechen 78,38 Gewichtsth. Metall. (Das Nickeloxydul darf dem Magnet nicht folgen).

*) Dass man eine solche Fällung, so wie überhaupt alle Operationen, bei welchen eine Verflüchtigung von Schwefelwasserstoff nicht zu vermeiden ist, ausserhalb des Arbeitszimmers vornehmen muss, ist als bekannt vorauszusetzen.

Im zweiten Falle wird der trockne Niederschlag, nach
dem Verbrennen des Filtrums, mit

     50 Milligr. Soda,
     25   =   Boraxglas und
einem genau gewogenen Goldkörnchen, in einen Sodapapiercylinder eingepackt, auf Kohle so lange im Reductionsfeuer
behandelt, bis alles Nickel reducirt und mit dem Golde vereinigt ist; der Gewichtsüberschuss zeigt dann den Gehalt an
Nickel an.

Will man den Gehalt an Kupfer mit bestimmen, so darf
man nur den durch Schwefelwasserstoffgas erhaltenen, bereits
ausgesüssten Niederschlag von Schwefelkupfer und Schwefelarsen trocknen und in einem tiefen Porcellanschälchen (S. 51,
Fig. 61) über der Spirituslampe unter einer gut ziehenden
Esse nach und nach so stark erhitzen, bis alles Schwefelarsen
verflüchtigt ist und man es nur noch mit Schwefelkupfer zu
thun hat. Damit aber nichts verloren gehe, so schüttet man
den trocknen Niederschlag zuerst vom Filtrum in das Schälchen, verbrennt das Filtrum zu Asche und bringt diese nach.
Die Erhitzung kann man auch so lange fortsetzen, bis das
Schwefelkupfer sich grösstentheils in schwefelsaures Kupferoxyd umgeändert hat. Bemerkt man in letzterem Falle keinen
Geruch nach schwefliger Säure mehr, so schüttet man eine
6 bis 8 Mal so grosse Menge trocknes doppelt-schwefelsaures
Kali hinzu, bringt dasselbe zum Schmelzen und erhält es bei
mässiger Rothglühhitze so lange im flüssigen Zustande, bis
alles Kupfer aufgelöst ist. Zweckmässig ist es, wenn man
das Porcellanschälchen dabei mit einem kleinen Platinblech
verdeckt. Die geschmolzene Masse löst man nach dem Erkalten in heissem Wasser auf, indem man das Schälchen mit
seinem Inhalte in ein bis zur Hälfte mit Wasser angefülltes
Porcellangefäss legt und das Ganze über der Lampenflamme
stark erwärmt; hierauf filtrirt man, wenn es nöthig erscheint,
bringt die Auflösung zum Sieden und fällt durch eine nicht
zu concentrirte Auflösung von Aetzkali das Kupfer als Oxyd
aus; dieses sammelt man auf einem gewogenen Filtrum,
süsst es mit siedend heissem Wasser gut aus, trocknet
und glüht es, während man gleichzeitig das Filtrum mit ein-
äschert. Nach der Gewichtsbestimmung des Kupferoxydes
und nach Abzug der Asche des Filtrums lässt sich dann der
Betrag an metallischem Kupfer sehr leicht durch Rechnung
finden, indem 100 Gewichtstheile Kupferoxyd 79,8 Gewichtstheilen metallischem Kupfer entsprechen. Zuverlässiger fällt
das Resultat aus, wenn man das Kupferoxyd mit 50 Milligr.
Soda und 25 Milligr. Boraxglas mengt, und das Gemenge, in
einen Sodapapiercylinder eingepackt, in einer cylindrischen
Grube auf Kohle, oder in einem Kohlentiegelchen mit einem
genau gewogenen Goldkorne im Reductionsfeuer schmelzt,

wobei das Kupferoxyd vollständig zu Metall reducirt wird und dieses an das Gold übergeht; der Gewichtsüberschuss des von Schlacke vollkommen befreiten Goldkornes zeigt dann den Gehalt an Kupfer an.

Sollte eine von den in die zweite Abtheilung gehörigen Substanzen einen merklichen Gehalt an Silber besitzen, so muss man diesen in Abzug bringen, und zwar entweder als Schwefelsilber vom Arsennickel, wenn die Substanz im rohen Zustande und ohne Zusatz von Eisen und Silber zur Schmelzung gelangte, oder als metallisches Silber von dem mit ausgebrachten Wismuth, wenn die Substanz geröstet, arsenicirt, und mit einem Zusatz von Eisen und Silber geschmolzen wurde, wie es bereits bei der Wismuthprobe (S. 595) angegeben worden ist.

Beispiel. Eine durch Concentration an Nickel und Kobalt angereicherte, jedoch noch sehr unreine Bleispeise von den Freiberger Hütten, wurde nach einer qualitativen Prüfung nach S. 595 zusammengesetzt gefunden aus: Arsenmetallen von Eisen, Nickel und Kobalt, und Schwefelmetallen von Kupfer, Blei, Zink und Antimon; an einen Silbergehalt, der in einer solchen Speise nur gering ist, wurde keine Rücksicht genommen. 100 Milligr. dieser Speise wurden nach dem vorbeschriebenen Verfahren geröstet, arsenicirt und mit Fluss- und Reductionsmittel, so wie mit einem Zusatz von circa 20 Milligr. Eisen und 50 Milligr. Feinsilber in einem Thontiegelchen geschmolzen. Dabei wurde ein Metallkorn erhalten, welches zur einen Hälfte aus Arsenmetallen und zur andern aus einer Legirung von Silber und Blei bestand. Nach der mechanischen Trennung beider Hälften im Stahlmörser wurde die Legirung auf Kohle mit ein wenig Boraxglas auf einige Augenblicke umgeschmolzen, nach dem Erstarren von der anhängenden Schlacke befreit und ausgewogen; sie wog 93,5 Milligr.; es hatten demnach die 50 Milligr. Silber 3,5 Milligr. Blei aufgenommen.

Die Arsenmetalle wurden, nebst der geringen Menge von Schlacke, die beim Umschmelzen der Legirung entstand, mit einem Zusatz von Soda zum Korne geschmolzen, hierauf vom Arseneisen und dem überschüssigen Arsen befreit, und dadurch in eine Verbindung von $m(Ni, Co)^4 As + n Cu^4 As$ verwandelt, deren Gewicht 61,5 Milligr. betrug. Nach Abscheidung des Arsenkobalts wog das Metallkorn noch 48,5 Milligr.; es wurden also 61,5 —48,5 = 13,0 Milligr. Co^4As abgeschieden, die auf Kobalt berechnet,

$$\frac{61,5 \cdot 13,0}{100} = 7,09 \text{ Milligr. oder Procent Kobalt nachwiesen.}$$

Wäre die Speise frei von Kupfer gewesen, so hätte aus dem Gewichte des übrig gebliebenen Metallkornes der Gehalt an Nickel berechnet werden können, weil dasselbe in diesem Falle nur aus Ni^4As bestanden hätte; da es aber eine Verbindung von $m Ni^4As + n Cu^4 As$ war, so wurde sie mit einem Goldkorne zusammengeschmolzen, welches 85,8 Milligr. wog, hierauf mit Phosphorsalz und zuletzt mit Borax so lange behandelt, bis das Goldkorn eine reine metallisch glänzende Oberfläche zeigte, dieselbe auch nach dem Erstarren beibehielt und sich übrigens unter dem Hammer vollkommen dehnbar zeigte. Das Goldkorn wog jetzt 93,9 Milligr., und hatte also 93,9 —85,8 = 8,3 Milligr. an seinem Gewichte zugenommen, woraus hervorging, dass die Speise 8,3 Procent Kupfer enthielt. Um den Gehalt an Nickel zu finden, wurde der Betrag des Kupfers auf Cu^4As berechnet, dieses von dem Gewichte der Verbindung beider Arsenmetalle (48,5 Milligr.) abgezogen und aus dem Gewichtsbetrag des übrig bleibenden Ni^4As der Gehalt an Nickel berechnet, nämlich:

Es bedürfen 71,7 Kupfer 28,3 Arsen um 100 Cu^4As zu bilden; mithin hatten die im Golde zurückgebliebenen 8,3 Milligr. Kupfer $\frac{100 \cdot 8,3}{71,7}$

= 11,57 Milligr. Cu²As betragen, wofür 11,6 Milligr. angenommen wurden. Diesen Betrag von der Verbindung beider Arsenmetalle abgezogen, bleiben 48,5 — 11,6 = 36,9 Milligr. Ni²As übrig, die

$\frac{60,7 \cdot 36,9}{100}$ = 22,4 Milligr. Nickel geben.

In dieser Speise wurden demnach aufgefunden:

22,4 Procent Nickel,
 7,9   »   Kobalt,
 8,3   »   Kupfer und
 3,5   »   Blei.

Führt man die Probe der oben gegebenen Vorschrift gemäss aus, und besitzt man die nöthige Uebung in den verschiedenen Manipulationen, so gebraucht man zu der ganzen Untersuchung etwa 3 Stunden Zeit, und gelangt dabei zu Resultaten, die mit denen der Untersuchung auf nassem Wege ganz nahe übereinstimmen, sobald man auf nassem Wege eine genaue Trennung des Kobalts vom Nickel bewirkt hat.

C. Mineralien, Erze und Produkte, in denen Kobalt und Nickel im oxydirten Zustande entweder an Schwefelsäure oder Arsensäure oder Kieselsäure oder an andere Metalloxyde und zuweilen zugleich an Wasser gebunden sind, auf Kobalt und Nickel zu probiren.

In diese Klasse gehören von den Mineralien und Erzen: Kobaltvitriol, Kobaltblüthe, Kobaltbeschlag, Lavendulan, Nickelsmaragd, Nickelocker (Nickelblüthe), Röttisit, Nickelgymnit, Pimelith, Erdkobalt und im Grossen geröstete Kobalt- und Nickelerze; von den Produkten: im Grossen geröstete Speisen, Smalte und kobalt- und nickelhaltige Schlacken, welche beim Raffiniren der Speise und bei andern Schmelzarbeiten fallen, und nur sehr wenig oder gar kein Kupfer enthalten.

Von den genannten Mineralien enthalten die Kobaltblüthe, der Kobaltbeschlag und der Nickelocker zwar die mehr als hinreichende Quantität von Arsensäure, welche erforderlich ist, um durch eine reducirende Schmelzung alles Kobalt und Nickel in Viertel-Arsenmetalle zu verwandeln und zu einem Korne zu vereinigen, so dass dann auch der Gehalt von jedem dieser beiden Metalle durch weitere Behandlung der bei der Schmelzung ausgeschiedenen Verbindung ausgemittelt werden könnte; allein, das aus der Kobaltblüthe und dem Kobaltbeschlag sich reducirende Arsenkobalt ist so strengflüssig, dass es ohne eine Beimischung von Arseneisen in einem Thontiegelchen nur sehr schwer zum Korne geschmolzen werden kann. Man ist daher genöthigt, entweder schon direct gebildetes Arseneisen zuzusetzen, oder die betreffende Substanz geradezu mit circa 15—20 Milligr. Eisenfeile zu vermengen und zu arseniciren (S. 625). Eben so muss auch ein im Grossen geröstetes Kobalterz, so wie der Kobaltvitriol, nachdem derselbe auf einem Thonschälchen mit einem Zusatz von Kohlenpulver gut abgeröstet worden ist, zur Schmelzung vorbereitet werden.

Die übrigen in diese Klasse gehörigen Mineralien, so wie im Grossen geröstete Nickelerze und Speisen können ohne Weiteres arsenicirt werden. Schlacken, die zuweilen Bleioxyd und Kupferoxydul enthalten, als auch Smalte, muss man im höchst fein zertheilten Zustande mit 10—15 Milligr. Eisenfeile mengen und dann ebenfalls arseniciren. Nachdem man von einer solchen, auf Kobalt und Nickel zu probirenden Substanz 1 Ctnr. im vollkommen trocknen und fein gepulverten Zustande abgewogen, und, wenn es nöthig war, geröstet und arsenicirt hat, man auch bei einem vorwaltenden Gehalt an Kobalt, so wie bei kobalt- und nickelarmen Erzen und Schlacken auf eine Bildung von Arseneisen bedacht gewesen ist, damit man nicht allein eine leicht schmelzbare Arsenmetall-Verbindung erlangt, sondern auch bei kobalt- und nickelarmen Substanzen die betreffenden Metalle in einem einzigen Korne ansammelt, beschickt man die Substanz in einem Thontiegelchen mit:

300 Milligr. Fluss- und Reductionsmittel, welches man etwas zusammendrückt, und bedeckt es mit

3 Löffelchen gehauft voll Kochsalz.

Enthält die Substanz Wismuth- oder Bleioxyd, welches letztere zuweilen in manchen Schlacken vorhanden ist, so setzt man vor dem Einschütten des Fluss- und Reductionsmittels, nach S. 593, der Probe ein Stückchen Eisendraht und eine genau gewogene Menge Silber zu, um eine Trennung der genannten Metalle von den Arsenmetallen zu bewirken.

Bei der Schmelzung, die eben so ausgeführt wird, wie die der Substanzen der ersten und zweiten Klasse, erhält man ein vollkommen rundes Metallkorn, welches entweder blos aus Arsenmetallen von Eisen, Kobalt und Nickel, in sehr verschiedenen Verhältnissen, besteht, und bisweilen auch ein wenig Arsenkupfer enthält, oder welches zum Theil eine Verbindung von Arsenmetallen, zum Theil eine Legirung von Silber und Blei bildet, welche letztere sich sowohl zwischen Papier auf dem Amboss, als auch im Stahlmörser leicht von den Arsenmetallen trennen lässt, und, auf einige Augenblicke auf Kohle mit einem geringen Zusatz von Boraxglas umgeschmolzen, durch ihr Uebergewicht den Gehalt an Blei anzeigt.

Die Arsenmetalle schmelzt man nebst der geringen Menge von Schlacke, die man von der umgeschmolzenen Legirung getrennt hat, mit einem Zusatz von circa 50 Milligr. Soda und 15—20 Milligr. Boraxglas auf Kohle zum Korne, und scheidet zuerst das Arseneisen von den übrigen Arsenmetallen durch mehrere Schmelzungen mit Boraxglas ab, wie es früher angegeben ist. Hierauf entfernt man das noch im Ueberschuss vorhandene Arsen und trennt die Arsenmetalle von Kobalt,

Nickel (und Kupfer) auf dieselbe Weise, wie es für die Substanzen *sub B*, S, 628 beschrieben worden ist.

D. Gemenge von Metalloxyden, die vorzugsweise aus Oxyden des Kobalts oder Nickels bestehen, auf Kobalt und Nickel zu probiren.

In diese Klasse gehören die im Grossen dargestellten Oxyde des Kobalts und Nickels, von denen die des Kobalts nicht immer frei von Nickeloxydul, und die Oxyde des Nickels selten ganz frei von Oxyden des Kobalts sind; auch beide Oxyde öfters geringe Beimengungen von andern Metalloxyden und erdigen Theilen enthalten.

Will man dergleichen Oxyde, die in der Regel im geglühten Zustande in den Handel kommen, vor dem Löthrohre auf Kobalt und Nickel quantitativ untersuchen, so erhitzt man zuerst etwa 100—200 Milligr. davon in einer an einem Ende zugeschmolzenen Glasröhre oder in einem Glaskölbchen in der Spirituslampe nach und nach bis zum anfangenden Glühen, um eine vielleicht vorhandene geringe Menge von mechanisch gebundenem Wasser auszutreiben, schafft hierauf die in der Röhre angelegte Feuchtigkeit mit Fliesspapier weg, schüttet das wasserfreie Oxyd, nachdem es kalt geworden ist, in den Achatmörser und reibt es, wenn es nicht schon fein genug ist, erst fein. Von diesem so vorbereiteten Oxyde wiegt man

50 Milligr. zur Probe ab, arsenicirt sie, und schmelzt die dadurch gebildeten Arsenmetalle zu einem Korne; was beides auf verschiedene Weise geschehen kann, je nachdem sich die Gelegenheit darbietet, das Arseniciren ausserhalb des Arbeitszimmers vornehmen zu können, oder man genöthigt ist, dasselbe im Arbeitszimmer zu bewirken. Man kann zwar auch 100 Milligr. von dem zu untersuchenden Oxyde zur Probe abwiegen, allein, hat man es hauptsächlich mit Oxyden von Kobalt zu thun, so lässt sich eine Quantität von 100 Milligr. weniger leicht vor dem Löthrohre behandeln als eine Quantität von nur 50 Milligr., weil das Arsenkobalt für sich schwerer schmelzbar ist, und auch mehr Geneigtheit zur Oxydation besitzt, als Arsennickel; man geht daher stets sicherer, wenn man nur 50 Milligr. zur Probe verwendet.

Kann man das Arseniciren ausserhalb des Arbeitszimmers vornehmen, wo die frei werdenden Arsendämpfe hinreichenden Abzug finden, so schüttet man die abgewogenen 50 Milligr. des betreffenden Oxydes in ein, später auch zum Schmelzen der zu bildenden Arsenmetalle zu gebrauchendes Thontiegelchen, wiegt hierauf 100 Milligr. gepulvertes metallisches Arsen ab, schüttet dieses zu dem Oxyde in das Tiegelchen, und mengt das ganze mit Hülfe des Löffelstiels oder des kleinen eisernen Spatels gut unter einander. Besteht das zu arsenicirende Oxyd hauptsächlich aus Nickeloxydul, oder aus einem Gemenge von Nickeloxydul und Oxyden des Kobalts in einem solchen Verhältnisse, dass ersteres vorwaltet, so bilden sich beim Erhitzen des Gemenges Arsenmetalle, die dann im Tiegel leicht zum Korne geschmolzen werden können; besteht dagegen das Oxyd hauptsächlich aus einem Oxyde des Kobalts oder aus einem Gemenge von diesem und Nickeloxydul in einem solchen Verhältnisse, dass das Oxyd des Kobalts vorwaltet, so entstehen Arsenmetalle, die sich im Tiegelchen schwer zu einem einzigen Korne zusammenschmelzen lassen. Im letzteren Falle ist man genötigt, der Probe noch circa 15 Milligr. Eisenfeilspähne beizumengen, um gleichzeitig Arsenoisen zu bilden, welches später beim Schmelzen sich mit dem Arsenkobalt zu einer leicht schmelzbaren Verbindung vereinigt. Das Arseniciren führt man genau so aus, wie es S. 625 beschrieben worden ist. Gab man vielleicht zuletzt eine etwas stärkere Hitze, als man sie überhaupt zu geben nöthig hat, so schmolzen die Arsenmetalle, wenn sie leicht schmelzbar sind, zuweilen zu einem Korne zusammen.

Hat man die gebildeten Arsenmetalle in dem verdeckten Tiegelchen erkalten lassen, so schüttet man auf dieselben

300 Milligr. Fluss- und Reductionsmittel, auf dieses

3 Löffelchen gehauft voll Kochsalz

und schmelzt sie nach der S. 627 gegebenen Vorschrift zusammen.

Eine andere Methode des Arseniciens, mit welcher zugleich das Zusammenschmelzen der sich bildenden Arsenmetalle verbunden ist, besteht nach Fritzsche darin, dass man 50 Milligr. der betreffenden Oxyde mit 100 Milligr. arsensaurem Kali und 30 Milligr. Boraxglas mengt, das Gemenge in einen Sodapapiercylinder einschliesst, und es ausserhalb des Arbeitszimmers in einem Kohlentiegelchen so lange mit der Reductionsflamme behandelt, bis die auf Kosten des metallisch frei werdenden Arsens sich bildenden Arsenmetalle zu einem Korne vereinigt sind, und das gebildete kohlensaure Kali mit der geringen Menge von Borax in die Kohle gedrungen ist. Geringe Beimengungen von solchen Metalloxyden, die sich weder in Arsenmetalle umändern lassen, noch sich verflüchtigen, bleiben dabei im Tiegelchen vertheilt zurück, ohne dass sie störend auf die Vereinigung der gebildeten Arsenmetalle einwirken.

Hat man keine Gelegenheit, das Arseniciren ausserhalb des Arbeitszimmers vorzunehmen, so muss man ein anderes Verfahren einschlagen, bei welchem dem verdampfenden Arsen Gelegenheit gegeben wird, sich zu condensiren, damit die Dämpfe sich nicht im Zimmer verbreiten können.

Man mengt 50 Milligr. der betreffenden Oxyde mit 100 Milligr. gepulvertem metallischem Arsen, schüttet das Gemenge entweder ohne Weiteres in eine an dem einen Ende zugeschmolzene Glasröhre, und erhitzt, wie es S. 625 für

Erme etc. beschrieben wurde, das Gemenge in der Flamme einer Spirituslampe so lange, bis das Sublimat von Arsen sich nicht weiter vermehrt, oder man schliesst, um jeden mechanischen Verlust zu vermeiden, das Gemenge in einen, aus einem 45 Millimeter langen und 20 Millim. breiten Streifchen Sodapapier von feinem Filtrirpapier gefertigten Cylinder wie eine Silberprobe fest ein, legt es in eine circa 80 bis 90 Millim. lange und etwa 10 Millim. weite, an dem einen

Fig. 61.

Ende zugeschmolzene Glasröhre, wie aus beistehender Figur 84 a hervorgeht, schiebt in das offene Ende bis b ein Streifchen zusammengerolltes gewöhnliches Filtrirpapier, welches zur Aufnahme der bei der Verkohlung des Sodapapiers sich entwickelnden Feuchtigkeit dient, und erhitzt die Probe in der Spiritusflamme nach und nach so stark, dass sie zum Glühen kommt, wobei man sie zuweilen um ihre Achse dreht, damit das Papier bei seiner Verkohlung nicht an das Glas anbäckt. In diesem Zustande erhält man sie so lange, bis das Sublimat c sich nicht weiter zu vermehren scheint*). Das Sodapapier wird durch das im Anfange vorsichtige Erhitzen in Kohle verwandelt, ohne dass es sich an irgend einer Stelle öffnet, oder an dem Glase haftet, und sichert daher vor jedem mechanischen Verlust.

Wurde das Gemenge ohne Weiteres in einer an einem Ende zugeschmolzenen Glasröhre erhitzt, so schneidet man den untern Theil derselben ab, schüttet die gebildeten Arsenmetalle in die Mengkapsel, vermengt sie mit

    50 Milligr. Soda und
    20   »   calcinirtem Borax, oder Boraxglas, schliesst das Gemenge in einen Sodapapiercylinder ein und schmelzt es auf einer Kohle oder in einem Kohlentiegelchen im Reductionsfeuer zum Korne. Wurde dagegen das zum Arseniciren vorbereitete Gemenge in einen Sodapapiercylinder eingeschlossen, so kehrt man die Glasröhre mit Vorsicht um, und lässt die Probe heraus, und zwar sogleich in die zum Einschmelzen vorgerichtete, hinreichend weite cylindrische Grube auf Kohle, oder in ein ausgeweitetes Kohlentiegelchen fallen. War das Sodapapier vielleicht zu stark mit Soda getränkt, und man wendete beim Arseniciren sogleich im An-

*) Das in der Glasröhre ziemlich fest ansitzende Sublimat entfernt man, nachdem die Probe wieder herausgenommen worden ist, am besten durch eine an beiden Enden offene Glasröhre durch blosses Abschaben.

fange eine starke Hitze an, so kann der Fall eintreten, dass die Probe, oder vielmehr die kohlige Hülle, an irgend einem Punkte am Glase haftet, und, wenn die Glasröhre umgekehrt wird, nicht von selbst herausfällt. Um die Probe zu lösen, bedarf es nur eines leisen Druckes mittelst eines Holzspähnchens oder eines Drahtes an der betreffenden Stelle. Auf die in der kohligen Hülle eingeschlossene Probe schüttet man
　　50 Milligr. Soda und
　　20 = calcinirten Borax oder reines Boraxglas, und schmelzt sie mit der Reductionsflamme ein. Dabei leitet man aber im Anfange die Löthrohrflamme, welche nur schwach sein darf, blos auf die zugesetzten Flussmittel, und hierauf so viel als möglich zwischen der eingeschlossenen Probe und dem Rande der Grube auf den Boden der letzteren und lässt die Arsenmetalle, während die kohlige Hülle verbrennt, von unten nach oben zum Schmelzen gelangen.

Während des Zusammenschmelzens der, auf die eine oder andere Weise gebildeten Arsenmetalle zum Korne, entweicht noch so viel Arsen, bis eine Verbindung zurückbleibt, die wenn gar kein Eisen vorhanden, entweder beinahe oder schon völlig der Zusammensetzung von $(Ni, Co)^4 As$ entspricht; auch ziehen sich die zugesetzten Flussmittel entweder in die Kohle, oder sie vereinigen sich zu einem durchsichtigen Glase (Schlacke), je nachdem die zu probirenden Oxyde frei von andern Metalloxyden sind, oder solche enthalten. Beim Zusammenschmelzen im Kohlentiegel thut man wohl, wenn man, ehe man das Metallkorn aus der Kohle nimmt, noch ein Löffelchen halb voll neutrales oxalsaures Kali zusetzt, und die Probe im Reductionsfeuer fort behandelt, wobei alle Schlacke in die Kohle dringt, und das Metallkorn ganz frei wird. Mit Hülfe der Loupe überzeugt man sich dann leicht, ob hier oder da noch ein kleines Metallkorn sitzt, oder ob, wie dies in der Regel geschieht, alles zu einem Korne zusammen gegangen ist. Findet man ein solches Körnchen, so trennt man es mit der Spitze des Messers los, lässt es zu dem Hauptkorne rollen, und schmelzt es mit selbigem ohne Weiteres im Reductionsfeuer zusammen.

Was nun die Trennung der nach den verschiedenen Verfahrungsarten gebildeten Arsenmetalle und die quantitative Bestimmung des Kobalts und Nickels betrifft, so kommt auch hier zuerst in Frage: ob das Metallkorn Arseneisen enthält, oder ob es frei davon ist? — Wie das Vorhandensein von Arseneisen wahrzunehmen und dasselbe abzuscheiden ist, wurde bereits S. 620 erwähnt.

Die nach Entfernung des überschüssigen Arsens erlangten Arsenmetalle von $(Co, Ni)^4 As$ wiegt man genau aus, trennt nach dem früher beschriebenen Verfahren das Arsenkobalt vom Arsennickel, wiegt letzteres ebenfalls aus, und berechnet

aus der Gewichtsdifferenz den Gehalt an Kobalt, so wie aus
dem Gewichte des Arsennickels den Gehalt an Nickel; wobei
man aber berücksichtigen muss, dass man nur 50 Milligr.
von den zu untersuchenden Metalloxyden zur Probe eingewogen hat. Da nun

      100 Gewth. Kobalt = 126,66 Gewth. Kobaltoxydul und
      100   ,   Nickel = 127,58   ,   Nickeloxydul

geben, so lässt sich sehr leicht der Betrag an diesen Oxyden
berechnen. Auch kann man, da

in 100 Gewth. $Co^4 As$ = 61,5 Kobalt (= 77,9 Kobaltoxydul) und
in 100   , $Ni^4 As$ = 60,7 Nickel (= 77,4 Nickeloxydul)

enthalten sind, den Betrag an diesen Oxyden sogleich direct
aus den betreffenden Arsenmetallen durch Rechnung finden.

Von den im Vorstehenden beschriebenen Verfahren lässt
sich auch bei der Analyse kobalt- und nickelhaltiger Mineralien,
Erze und Hüttenprodukte mit Vortheil Gebrauch machen.
Man scheidet nach bekannten Methoden die übrigen Bestandtheile der Probe und fällt schliesslich die Oxyde des Kobalts
und Nickels aus ihrer Auflösung gemeinschaftlich aus, trocknet
den ausgewaschenen Niederschlag, glüht denselben und bestimmt sein Gewicht. Man reibt hierauf die geglühten Oxyde
im Achatmörser fein, erhitzt sie nochmals bis zum Glühen
und wiegt 50 Milligr. davon ab.

Die abgewogene Menge arsenicirt man nach einer der
oben beschriebenen Verfahrungsarten (wenn möglich im Thontiegelchen, da hierbei kaum irgend ein mechanischer Verlust
stattfinden kann), schmilzt sie zum Korn, trennt die Arsenmetalle von Kobalt und Nickel nach S. 614 durch ein oxydirendes Schmelzen mit Boraxglas auf Kohle, und berechnet aus
dem Gewichtsbetrag derselben die Procente an Kobalt und
Nickel oder deren Oxyde, welche in der untersuchten Substanz
enthalten sind.

Beispiel. Man hätte aus 1 Gramm Nickelspeise einen Niederschlag
beider Oxyde bekommen, welcher nach dem Glühen 0,475 Gramm wiegt.
Erhielte man nun aus 50 Milligr. dieser Oxyde, nach dem Arsenciren,
dem Einschmelzen und der Entfernung des überschüssigen Arsens, eine
Verbindung von 64 Milligr. $(Ni, Co)^4 As$, und nach Abscheidung des Arsenkobalts 43,8 Milligr. $Ni^4 As$, so ergeben die bei der Analyse erlangten
0,475 Grammen Metalloxyde folgende Gehalte an Nickel und Kobalt:

  1) 50 : 43,8 = 0,475 Gr. : x Gr. Ni^4As;

$$x = \frac{43,8 \cdot 0,475}{50} = 0,4161 \text{ Gr. } Ni^4As, \text{ oder}$$

$$\frac{0,4161 \cdot 60,7}{100} = 0,2525 \text{ Gr. Nickel, folglich enthält die Speise}$$

25,25 Procent Nickel.

  2) Da sich aus der Differenz (64 — 43,8) 20,2 Milligr. $Co^4 As$ ergeben,
so enthalten die bei der Analyse ausgeschiedenen 0,475 Gr. Metalloxyde
50 : 20,2 = 0,475 Gr. : x Gr. $Co^4 As$.

$$x = \frac{20,2 \cdot 0,475}{50} = 0,1919 \text{ Gr. } Co^4 As, \text{ oder}$$

$$\frac{0{,}1919 \cdot 61{,}6}{100} = 0{,}1180 \text{ Gr. Kobalt, und folglich die Speise}$$

11.8 Procent Kobalt.

Es befinden sich demnach in dieser Speise
25,25 Procent Nickel und
11,80 „ Kobalt,

also im Ganzen 37,05 Procent Nickel und Kobalt.

E. Mineralien, so wie Hütten- und Kunstprodukte, die entweder aus Metallgemischen oder aus solchen Schwefel- und Arsenmetallen bestehen, in welchen mehr Kupfer als Nickel vorhanden ist, auf Kobalt und Nickel zu probiren.

In diese Klasse gehören von den Mineralien: das Antimonnickel; von den Hüttenprodukten: nickel- und kobalthaltiges Schwarzkupfer, so wie dergleichen Kupferstein und dergleichen Schlacken, die zugleich reich an Kupferoxydul sind; und von den Kunstprodukten: das Neusilber oder Argentan und ähnliche Legirungen. Die genannten Substanzen sind alle so beschaffen, dass sie nicht nach den *sub A* bis *D* beschriebenen Verfahrungsarten ohne Weiteres vor dem Löthrohre auf Kobalt und Nickel quantitativ untersucht werden können, weil sie entweder zu viel Antimon oder zu viel Kupfer enthalten. Von Metallverbindungen, in denen das Nickel und Kobalt an Antimon gebunden ist, löst man 100 Milligr. in Salpetersäure auf, filtrirt die Auflösung von dem zurückgebliebenen Antimonoxyd ab, und fällt die Oxyde des Nickels und Kobalts durch eine Auflösung von Aetzkali aus. Den Niederschlag sammelt man auf einem kleinen Filtrum, wäscht ihn mit heissem Wasser aus, trocknet denselben, wickelt hierauf das Filtrum zusammen und erhitzt es in dem Platinschälchen über der Spirituslampe nach und nach so stark, bis es zu Asche verbrannt ist und der Niederschlag schwach glüht. Die geglühten Oxyde, welche noch andere Metalloxyde, so wie geringe Mengen von Antimonsäure und Antimonoxyd enthalten können, arsenicirt man nach einer der S. 634 ff. beschriebenen Methoden, schmelzt die Arsenmetalle zusammen und behandelt sie zur Bestimmung des Kobalt- und Nickelgehaltes weiter, wie es S. 637 angegeben ist.

Hütten- und Kunstprodukte, welche mehr Kupfer als Nickel enthalten, müssen ebenfalls in Salpetersäure, oder nach Befinden, in Salpetersalzsäure aufgelöst werden. Vermuthet man, dass der Gehalt an Kobalt und Nickel nur gering sei, so wendet man zur Probe mehr als 100 Milligr. an. Schlacken muss man zu diesem Behuf höchst fein pulverisiren. — Aus der Auflösung fällt man Kupfer, Blei, Antimon etc. durch Schwefelwasserstoffgas aus, filtrirt die Schwefelmetalle ab, wäscht sie mit Schwefelwasserstoffwasser aus, dampft die Flüssigkeit so weit ab, bis sie nicht mehr nach Schwefel-

wasserstoff riecht, erhitzt sie bis zum Kochen, verwandelt das
vielleicht vorhandene Eisenoxydul in der Kochhitze durch
einen geringen Zusatz von Salpetersäure in Eisenoxyd und
fällt mit Aetzkali die in der Auflösung befindlichen Metalloxyde aus. Enthält die Auflösung der Metalloxyde in Salpetersalzsäure vielleicht Arsensäure, so wird diese, an Nickel-
und Kobaltoxydul gebunden, zum Theil mit ausgefällt, was
aber für vorliegenden Zweck nicht nachtheilig ist. Die ausgefällten Oxyde sammelt man auf einem Filtrum, wäscht sie
mit heissem Wasser aus, trocknet, glüht und arsenicirt sie
wie oben. Die gebildeten Arsenmetalle schmelzt man zusammen, und behandelt sie zur Bestimmung des Kobalt- und
Nickelgehaltes weiter, wie es früher beschrieben worden ist.
Die ausgefällten Schwefelmetalle von Kupfer, Blei etc. kann
man, wenn die betreffenden Metalle ebenfalls bestimmt werden sollen, trocknen, zur Entfernung des überschüssigen
Schwefels, des Schwefelarsens und des grössten Theils des
Antimons in einem dünnen Porcellanschälchen nach und nach
bis zum Glühen erhitzen, und sogleich in diesem Schälchen
mit doppelt-schwefelsaurem Kali schmelzen. Es werden dadurch die Metalle in schwefelsaure Metalloxyde verwandelt,
von welchen das schwefelsaure Bleioxyd bei der Auflösung
der geschmolzenen Salze in heissem Wasser zurückbleibt, das
schwefelsaure Kupferoxyd aber mit in die Auflösung übergeht, und nach der Filtration durch eine Auflösung von Aetzkali in der Kochhitze als Kupferoxyd gefällt werden kann.
Jedes der beiden Oxyde kann, wenn es rein ist, getrocknet
und geglüht werden, so dass sich dann aus dem Gewicht desselben der Betrag an Metall durch Rechnung finden lässt;
oder man kann auch den Betrag an Metall für jedes der
beiden Oxyde durch eine Reductionsprobe vor dem Löthrohre,
und zwar für das Blei nach S. 589 ff. und für das Kupfer
nach S. 568 ausmitteln.

8) Die Eisenprobe.

Der Eisenhüttenmann hat in der Probe auf Roheisen,
bei welcher das Eisenerz in einem mit Kohle ausgefütterten
feuerfesten Thontiegel mit entsprechenden Zuschlägen bei
hoher Temperatur geschmolzen wird, sowie in andern einfachen Verfahrungsarten auf nassem Wege, wie z. B. den
Proben von Fuchs, Marguerite u. A. hinreichende Mittel,
um den Metallgehalt seiner Erze kennen zu lernen; da man
indess in den Fall kommen kann, bei dem Mangel an den
zu jenen Proben erforderlichen Vorrichtungen etc. den Eisengehalt eines Erzes bestimmen zu wollen, man überdiess auch
mit dem Löthrohr unter Zuhülfenahme des nassen Weges im
Stande ist, die Menge der vorwaltendsten erdigen Bestand-

oder Gemengtheile eines Eisenerzes annähernd und für **die**
Praxis genügend genau zu ermitteln, so soll auch das betreffende Verfahren hier mitgetheilt werden.

Betrachtet man die verschiedenen Eisenerze, welche im
Grossen zur Verschmelzung gelangen, so lassen sich im Allgemeinen folgende unterscheiden:

1) **Magneteisenstein**, Eisenoxydoxydul, aber öfters
mit verschiedenen Silicaten, so wie manchmal mit Schwefelverbindungen gemengt.

2) **Eisenglanz und Rotheisenstein.** Beide bestehen
zwar hauptsächlich aus Eisenoxyd, sie sind aber selten frei
von Manganoxyd und von Einmengungen erdiger Substanzen,
als: Hornblende, Chlorit, Quarz, Eisenkiesel, Hornstein, Feldspath, Schwerspath etc.

3) **Braun-, Gelb- und Schwarzeisenstein** mit den
hierher gehörigen Wiesenerzen und Raseneisensteinen. Diese
Erze bestehen aus Eisenoxydhydrat und mehr oder weniger
Manganoxyd und Phosphorsäure; auch sind sie sehr oft mit
denselben erdigen Substanzen gemengt wie der Rotheisenstein.

4) **Thoneisenstein**, welcher hauptsächlich als ein Gemenge von Eisenoxydhydrat mit Kieselthon und Sand **zu** betrachten ist.

5) **Kieseleisenstein**, welcher der Hauptsache nach
aus kieselsaurem Eisenoxydul oder kieselsaurem Eisenoxyd
in verschiedenen Sättigungsstufen besteht, aber selten frei von
Erdensilikaten ist.

6) **Spatheisenstein**, im reinen Zustande aus kohlensaurem Eisenoxydul bestehend, oft aber mit mehr oder weniger
kohlensaurem Manganoxydul und kohlensaurer Kalk- und Talkerde gemengt oder verbunden; im Kohleneisenstein oder Black-
band mit Kohle und Schieferthon zusammen.

7) **Sphärosiderit.** Dieser enthält zwar das Eisen
ebenfalls, wie der Spatheisenstein, als Oxydul an Kohlensäure
gebunden, er unterscheidet sich aber von dem Spatheisenstein
durch die fremdartigen Beimengungen, namentlich durch Kieselthon, welcher mit dem kohlensauren Eisenoxydul so innig
vereinigt ist, dass das Erz ein ganz gleichartiges Ansehen
erhält. Ausserdem finden sich noch Beimengungen von phosphorsaurem Eisenoxyd, von phosphorsaurer Kalkerde, von
Schwefelkies etc. in ihm.

Man ersieht hieraus, dass in den meisten Erzen ausser
Eisen auch mehr oder weniger andere Bestand- oder Gemengtheile enthalten sind, rücksichtlich deren es dem Eisenhüttenmann von Interesse sein muss, bei der Ausmittelung des Eisengehaltes irgend eines Eisenerzes in manchen Fällen nebenbei
auch den ungefähren Gehalt derjenigen erdigen Theile mit
erfahren zu können, die hauptsächlich Einfluss auf die Schlacken-

bildung haben, wie namentlich die Kieselerde, Thonerde, Kalk-erde etc.

Vorrichten des Probemehls.

Von dem zur Untersuchung vorliegenden Erze muss jeden-falls eine hinreichend grosse Quantität zerkleint werden, und zwar eine um so grössere, je mehr fremdartige Theile das Erz eingemengt enthält, damit man eine möglichst richtige Durchschnittsprobe erlangt. Das Zerkleinen geschieht am besten anfangs mit Hülfe des Hammers, später aber in einem Mörser. Man kann sich dazu eines eisernen Mörsers bedienen sobald man das Erz darin nicht zerreibt, sondern blos zer-stösst. Ist das Probemehl ziemlich fein, so mengt man es sorgfältig unter einander und nimmt mit Hülfe des Elfenbein-löffelchens von verschiedenen Punkten kleine Quantitäten heraus, die man dann gemeinschaftlich im Achatmörser völlig fein reibt und in einem Porcellanschälchen über der Lampen-flamme bei circa 100° Cels. trocknet.

Verfahren bei der Probe auf Eisen.

Die oben beschriebenen Erze sind entweder so beschaffen, dass sich die darin befindlichen Oxyde des Eisens vollständig durch Säuren ausziehen lassen, wenn man sie damit in der Wärme behandelt, oder sie lassen dabei einen Rückstand, welcher noch mehr oder weniger eisenhaltig ist. Im erstern Falle hat man, sobald man von einer quantitativen Bestimmung der erdigen Theile absicht, eine Schmelzung nicht nöthig; im letztern dagegen muss man den bleibenden Rückstand erst durch eine Schmelzung mit geeigneten Flussmitteln auf Kohle vor dem Löthrohre aufschliessen. Man verfährt daher fol-gendermassen:

Man wiegt sich 1 Centner oder 100 Milligr. von dem vorgerichteten Probemehl ab, bringt die abgewogene Quantität in ein geräumiges Probirglas und übergiesst sie darin nach und nach mit der zur Auflösung erfor-derlichen Menge von Chlorwasserstoffsäure. Besteht das Erz grösstentheils aus kohlensauren Verbindungen, so darf man die Säure, wegen des heftigen Aufbrausens, nur in kleinen Portionen hinzufügen. Scheint dasselbe aber beim Ueber-giessen mit einer kleinen Portion der Säure frei von der-gleichen Verbindungen zu sein, so fügt man die noch nöthige Menge von Säure hinzu. Scheint bei gewöhnlicher Tempera-tur eine Auflösung nicht mehr stattzufinden, so digerirt man das Erz mit der Säure noch über der Spiritualampe so lange, bis entweder Alles aufgelöst ist (was jedoch nur bei ganz reinen und solchen Erzen geschieht, in denen die Oxyde des Eisens nicht an Kieselsäure chemisch gebunden sind), oder bis sich nichts mehr auflöst. Zu der kochend heissen Auflösung setzt man einige Tropfen Salpetersäure und erwärmt von Neuem. Enthielt die Auflösung Eisenchlorür, so färbt sich dieselbe erst dunkel und wird dann mit einem Male hellgelb, indem sich das Chlorür in Chlorid verwandelt.

Die Auflösung verdünnt man mit destillirtem Wasser, filtrirt, wenn ein Rückstand geblieben ist, denselben auf ein gewogenes Filtrum und süsst ihn mit heissem destillirtem Wasser gut aus. Erscheint er rein weiss, so braucht man ihn nicht weiter zu behandeln, sobald man nur das Eisen bestimmen will, weil er in diesem Falle gewöhnlich aus Quarz oder Erdensilikaten (seltener mit Schwerspath gemengt) besteht, welche Substanzen entweder ganz oder ziemlich frei von Eisen sind, sondern man kann sogleich zur Ausfällung des Eisens schreiten, wie es weiter unten angegeben werden soll. Besitzt ein solcher Rückstand aber eine gelbliche, rothe oder graue Farbe, oder ist er überhaupt nicht völlig weiss, so trocknet man ihn auf dem ausgebreiteten Filtrum in einem Porcellanschälchen über der Lampenflamme. Ist er völlig trocken, so mengt man ihn sogleich auf dem Filtrum dem Volumen nach mit 3 Theilen Soda und 1 Theil Boraxglas, wickelt das Filtrum zusammen, legt es entweder in eine auf dem Querschnitt einer guten Kohle gebohrte cylindrische Grube oder in ein Kohlentiegelchen und schmelzt das Ganze mit der Oxydationsflamme zur klaren, durchsichtigen Perle. Diese nimmt man nach dem Erkalten von der Kohle, zerkleint sie in Stahlmörser und behandelt das Pulver in einem Porcellanschälchen über der Lampenflamme entweder zuerst mit verdünnter Chlorwasserstoffsäure und später die Auflösung mit Salpetersäure, oder sogleich mit verdünntem Königswasser so lange, bis Alles trocken erscheint. War das Erz vielleicht nicht frei von Schwerspath oder anderen schwefelsauren Salzen, die sich bei der Behandlung mit Säuren nicht auflösen, so bildet sich bei der Schmelzung auf Kohle leicht etwas Schwefelnatrium, indem die schwefelsauren Salze zerlegt werden. In diesem Falle ist es besser, im Anfange nur verdünnte Chlorwasserstoffsäure anzuwenden, um den Schwefel des Schwefelnatriums in Verbindung mit Wasserstoff gasförmig zu entfernen, und die zur Oxydation nöthige Salpetersäure später nachzusetzen. Die trockene Masse befeuchtet man zuerst mit einigen Tropfen Chlorwasserstoffsäure und löst nach einiger Zeit die auflöslichen Salze in heissem Wasser auf, wobei die Kieselerde zurückbleibt, die man durch Filtration von der Auflösung trennt und vollständig auswässt. Die Auflösung nebst dem Auswasswasser vereinigt man mit der Hauptauflösung, welche man durch die Behandlung des Erzes unmittelbar mit Säuren erlangte, und fällt, nachdem man sich durch einen Tropfen Schwefelsäure überzeugt hat, dass die Auflösung frei von Baryterde ist, durch Ammoniak das Eisenoxyd und die

41*

Thonerde aus. Entstand jedoch durch Schwefelsäure eine Trübung von schwefelsaurer Baryterde, so ist man genöthigt, diese erst in der Wärme sich absetzen zu lassen, und dann durch ein Filtrum zu trennen.

Den durch Ammoniak entstandenen Niederschlag von Eisenoxyd und Thonerde filtrirt man ab, süsst ihn gut aus, legt das Filtrum auf mehrfach zusammengelegtes gewöhnliches Filtrirpapier und entfaltet es. Ist der grösste Theil des im Niederschlage noch befindlich gewesenen Wassers in das Fliesspapier übergegangen, so hebt man den Niederschlag vorsichtig mit dem Messerchen vom Filtrum ab und bringt ihn in ein Porcellangefäss. Das Filtrum, an welchem noch Spuren vom Niederschlage hängen, befeuchtet man zur Auflösung derselben in einem Porcellanschälchen mit Chlorwasserstoffsäure, fügt dann einige Male Wasser hinzu, und bringt dieses mit zu dem Niederschlage in das Porcellangefäss. Hierauf setzt man eine concentrirte Auflösung von Aetzkali hinzu und löst in welcher die Thonerde über der Lampenflamme auf, wobei das Eisenoxyd an seinem Volumen bedeutend schwindet. Nachdem das Ganze eine kurze Zeit sich in einem schwach kochenden Zustande befunden hat, verdünnt man mit Wasser, filtrirt das Eisenoxyd auf einem neuen Filtrum ab, dessen Gewicht man vorher bestimmt hat, süsst es gut aus und legt das Filtrum auf Fliesspapier, um den noch grössten Theil des noch vorhandenen Wassers zu entfernen. Ist dies geschehen, so entfaltet man das Filtrum, legt es in ein Porcellanschälchen und trocknet es mit dem darauf befindlichen Eisenoxyd über der Lampenflamme.

Ist das Filtrum trocken, so schüttet man das ebenfalls trockene Eisenoxyd einstweilen in ein kleines Porcellanschälchen, verbrennt das Filtrum in einem Platinschälchen über der Spirituslampe vollständig zu Asche, fügt hierauf das Eisenoxyd hinzu und erhitzt dasselbe nach und nach bis zum Glühen.

Das Eisenoxyd muss man deshalb vom Filtrum trennen, weil sich beim Einäschern des letztern wegen der langsamen Verbrennung stets etwas Kohlenoxydgas entwickelt, welches auf glühendes Eisenoxyd reducirend einwirkt, so dass, wenn man das zu glühende Eisenoxyd nicht erst absondern wollte, dasselbe sich zum Theil in Oxyd-Oxydul umändern und dadurch Veranlassung zu einem zu niedrigen Eisengehalte geben würde. Auch muss das Erhitzen des trocknen Eisenoxydes bis zum Glühen mit Vorsicht geschehen; denn wollte man die Hitze sogleich im Anfange stark einwirken lassen, so würde das zusammenhängende Oxyd in Folge eines noch vorhandenen geringen Wassergehaltes lebhaft zerspringen und dadurch ein mechanischer Verlust verursacht werden. Es ist daher von Vortheil, wenn man das Platinschälchen im Anfange mit einem Platinbleche verdeckt.

Ist das Glühen des Eisenoxydes erfolgt, so wiegt man dasselbe gemeinschaftlich mit der Asche des Filtrums aus, zieht dann den Betrag der Asche, den man aus dem Gewicht des Filtrums kennt, ab und berechnet aus dem Gewichte des Eisenoxydes den Betrag an metallischem Eisen. 100 Theile Eisenoxyd entsprechen ziemlich genau 70 Theilen metallischem Eisen, so dass man hier füglich gerade 70 Theile annehmen kann.

Will man den Gehalt an Roheisen (Kohleneisen) wissen, den das untersuchte Eisenerz nach der trocknen Probe im Kohlentiegel bei hoher Temperatur geben würde, so lässt sich derselbe leicht durch Rechnung finden, wenn man annimmt, dass das im Tiegel erzeugte Roheisen durchschnittlich in 100 Theilen aus 96 Theilen Eisen und 4 Theilen Kohlenstoff etc. besteht.

Man habe aus irgend einem Eisenerze 50,8 Milligr. Eisenoxyd erhalten, so wären diess

$$\frac{50,8 \cdot 70}{100} = 35,56 \text{ Milligr. oder Procent Eisen}$$

oder

$$\frac{100 \cdot 35,56}{96} = 37 \text{ Procent Roheisen.}$$

Verfahren bei der gleichzeitig quantitativen Bestimmung der vorwaltendsten erdigen Theile.

Ist daran gelegen, neben dem Gehalt an Eisen auch die anderen in nicht geringer Menge in einem Eisenerze vorhandenen Bestandtheile, wie namentlich Kieselerde, Thonerde und Kalkerde, annäherend zu bestimmen und vielleicht auch einen Gehalt an Talkerde und Mangan mit aufzufinden, so verfährt man folgendermassen:

a) Zur Ermittelung des Kieselerdegehaltes muss jeder Rückstand, welcher bei der Digestion des Erzes mit Säuren bleibt, mit Soda und Boraxglas auf Kohle geschmolzen, das geschmolzene und im Stahlmörser gepulverte Glas mit verdünntem Königswasser, oder, wenn der Rückstand Schwerspath enthielt, anfangs nur mit verdünnter Chlorwasserstoffsäure, und später, wenn es wegen eines Gehaltes an Eisenchlorür nöthig ist, auch mit Salpetersäure behandelt und bis zur Trockniss abgedampft werden. Ist diess geschehen, so wird die trockne Masse zuerst mit Chlorwasserstoffsäure befeuchtet und hierauf in heissem Wasser gelöst. Die zurückbleibende Kieselerde filtrirt man auf einem gewogenen Filtrum ab, süsst sie vollständig aus, trocknet sie gleichzeitig mit dem Filtrum auf einem Porcellanschälchen über der Lampenflamme, legt hierauf das Filtrum vorsichtig so zusammen, dass sich die vollkommen trockne Kieselerde in der Mitte befindet, und sichert das Filtrum im Platinschälchen (anfangs bedeckt) über der Spirituslampe ein, bis die Kieselerde rein weiss erscheint. Bestimmt man hierauf das Gewicht der Kieselerde nebst der Asche des Filtrums und zieht den Betrag der Asche ab, so ergiebt sich der Gehalt an Kieselerde. (Die Kieselerde muss aber vor dem Glühen möglichst stark getrocknet werden, damit beim Glühen derselben kein mechanischer Verlust entsteht, indem ein Rückhalt von Wasser, wenn es gewaltsam in Dampf verwandelt wird, sehr leicht Theile von der fein zertheilten Kieselerde mit fortnimmt).

b) Zur Bestimmung des Thonerdegehaltes versetzt man sowohl die von der Kieselerde abfiltrirte Flüssigkeit, wenn sie frei von Baryterde und Eisen ist, als auch die, welche man von dem mit Kali behandelten Eisenoxyd abfiltrirte, nachdem man dieselbe mit Chlorwasserstoffsäure schwach sauer gemacht hat, mit kohlensaurem Ammoniak. Die sich dabei ausscheidende Thonerde filtrirt man auf einem gewogenen Filtrum ab, süsst sie gut aus, trocknet, glüht und wiegt sie. Nach Abzug der Asche des Filtrums ergiebt sich der Gehalt an Thonerde.

c) Die Kalkerde fällt man aus der ammoniakalischen Flüssigkeit, welche vom Eisenoxyd und der Thonerde abfiltrirt wurde, durch eine Auflösung von Oxalsäure. Die gefällte oxalsaure Kalkerde verwandelt man nach der Filtration, dem Aussüssen und Trocknen durch schwaches Glühen in kohlensaure Kalkerde. Aus dem Gewicht derselben berechnet man nach Abzug der Asche des Filtrums den Betrag an Kalkerde. 100 Gewichtstheile kohlensaure Kalkerde enthalten 56,1 Theile Kalkerde. Endlich

d) fällt man Talkerde und Manganoxydul gemeinschaftlich aus der von der oxalsauren Kalkerde abfiltrirten Flüssigkeit durch eine Auflösung von Phosphorsalz. Der Niederschlag ist zwar selten von einer solchen Menge, dass man ihn mit Sicherheit quantitativ zu bestimmen im Stande wäre; man kann ihn aber doch nach der Filtration und dem Aussüssen nach S. 269 u. f. vor dem Löthrohr auf Mangan prüfen. Hat man es mit einem manganreichen Eisenerze zu thun, so ist es besser, wenn man aus der ammoniakalischen Flüssigkeit das Mangan durch Schwefelammonium und dann erst Kalk- und Talkerde mit den entsprechenden Reagentien ausfällt, wie es (S. 195) bei der qualitativen Probe auf Kalkerde angegeben wurde. Es werden in diesem Falle auch die noch aufgelöst gebliebenen Spuren von Thonerde mit gefällt.

Ist in dem Eisenerze Schwerspath eingemengt, so lässt sich die Baryterde in der von der Kieselerde abfiltrirten Flüssigkeit durch einen oder zwei Tropfen Schwefelsäure nachweisen; denn durch die Schmelzung des erdigen Rückstandes mit Soda und Boraxglas wird der Schwerspath zerlegt und

bei der Behandlung der geschmolzenen Probe mit Chlorwasserstoffsäure der Schwefel aus dem gebildeten Schwefelnatrium, mit Wasserstoff verbunden, entfernt und die Baryterde in die Auflösung gebracht.

Geringe Mengen von Schwefel, Arsen, Schwefelsäure, Phosphorsäure und Arsensäure lassen sich, wie
es in der zweiten Abtheilung für quantitative Proben an den
verschiedenen Orten angegeben ist, recht gut auffinden, aber
nicht quantitativ bestimmen; eine solche Bestimmung kann
man nur mit grösseren Quantitäten auf rein analytischem
Wege vornehmen und muss deshalb auf die Werke über
analytische Chemie verwiesen werden.

9) Die Probe auf Chrom.

Die von Hilgard[*]) angegebene quantitative Probe auf
Chrom mit Hülfe des Löthrohrs besteht im Allgemeinen darin,
dass das Probirgut durch Schmelzen mit Salpeter zersetzt,
die geschmolzene Masse in Wasser gelöst, die Solution ein-
gedampft und das chromsaure Kali durch Schmelzen mit saurem
schwefelsaurem Kali in eine constante Verbindung von schwefelsaurem Chromoxyd-Kali verwandelt wird, aus welchem der
Chromgehalt der Substanz leicht zu berechnen ist.

Die Manipulationen zerfallen daher in

A. Schmelzen mit Salpeter.

*a) Wenn in der Substanz weder Blei, Wismuth, Zinn, noch Kadmium
enthalten ist.*

Hierher gehören von den Mineralien das Chromeisenerz, der Chromocker und die demselben ähnlichen chromhaltigen Silicate (s. Thonerde); von Kunstprodukten das
Chromgrün, welches aber häufig mit verschiedenen Substanzen gemengt ist.

Der Chromeisenstein muss im geschlämmten Zustande
angewendet werden, indem nur dann auf eine vollständige
Zersetzung sicher zu rechnen ist, bei Chromocker und Chromgrün ist diese Vorarbeit nicht nöthig, da beide leicht von
Salpeter zersetzt werden.

Die abgewogene Menge, beim Chromeisenstein 100 Milligr.,
bei Chromgrün aber nur 50 bis 75 Milligr., bringt man in
ein Platintiegelchen, von derselben Form und Grösse wie die
zu den quantitativen Metallproben gebräuchlichen Thontiegel
und fügt 3 gehäufte Löffelchen Salpeter hinzu, bei Chromgrün indess, wegen der heftigen Oxydation desselben, nur

---

[*]) Auszugsweise aus der Original-Abhandlung übersetzt in der Berg-
und Hütten. Zeitung 1857. No. 37.

allmählich in Quantitäten von einem halben Löffelchen. Der Tiegel wird, nachdem man ihn mit einem Platinschälchen (von Form und Grösse wie die Röstschälchen von Thon) bedeckt hat, auf einen Triangel von Platindraht gesetzt, welcher seine Befestigung auf dem Glühring E (Fig. 6, S. 10) der Löthrohrlampe findet. Die Schmelzung erfolgt mit Hülfe der Flamme einer gewöhnlichen Spirituslampe, welche man zu diesem Behufe mit einem blechernen Schornsteine versieht und ist es für gewöhnlich hinreichend, wenn nur der Untertheil des Tiegels sich in der Spitze der Flamme befindet, da man auf diese Weise für die meisten Fälle eine vollkommen genügende Hitze erhält. Das Schmelzen muss aber trotzdem mit Vorsicht geschehen, damit kein übermässiges Aufwallen und Spritzen der Masse entsteht. Das Hinaufziehen des Salpeters an den Tiegelwänden bis zum Triangel und das Ausblühen der geschmolzenen Masse ist indess selten zu vermeiden, was bei Auflösung der letztern zu berücksichtigen ist. Bei Chromeisenerz dauert die Gasentwickelung 25 bis 30 Minuten: nach dieser Zeit wird die Masse im Tiegel ruhig und das Erz ist als völlig aufgeschlossen anzusehen. Es ist indess stets anzurathen, den erhaltenen Rückstand speciell auf Chrom zu prüfen.

b) Wenn Blei, Wismuth, Zinn oder Kadmium in der Substanz vorhanden sind.

Von Mineralien gehören hierher das Rothbleierz, der Melanochroit und Vauquelinit, von Kunstprodukten die im Handel vorkommenden Chromfarben Chromgelb, Chromroth, Chromgrün (wenn letzteres mit kohlensaurem Bleioxyd gemengt ist).

Von den genannten Substanzen wird 1 Ctr. im Achatmörser innig mit 3 bis 4 Löffelchen feiner Kieselerde und 2 Löffelchen voll Salpeter gemengt. Die Schmelzung erfolgt, wie bei a, und zwar giebt man von Zeit zu Zeit ein Löffelchen des Gemenges in den Tiegel, Mörser und Pistill werden zuletzt mit Salpeter ausgerieben, wozu 2 bis 3 halbe Löffelchen genügen. Die flüssige Masse muss sich am Ende der Schmelzung vollkommen klar zeigen, während an den Wänden und am Boden des Tiegels Flocken von Kieselerde wahrzunehmen sind. Unzersetzte Chromtheilchen zeigen sich dunkelroth und gehen beim Kaltwerden in Orangegelb über. Eine solche Erscheinung kann ihren Grund theils in einer unvollkommenen Mengung der Schmelzmasse, theils in unzureichendem Kieselerdezusatz haben und muss eine derartige Probe wiederholt werden.

Die Dauer des Aufschliessens bei Substanzen der hierhergehörigen Art beträgt 5 bis 10 Minuten. Zeigt sich die

Masse gegen das Ende der Schmelzung trocken, so setzt man noch ein Löffelchen Salpeter hinzu.

B. Weitere Behandlung der geschmolzenen Masse.

Die Schmelzmasse wird zunächst in Wasser gelöst. Es ist hierbei zu berücksichtigen, ob Mangan oder Kieselerde vorhanden ist; das erstere scheidet man durch Zusatz einiger Tropfen Alkohol aus der Lösung ab, während die Kieselerde durch Erhitzen der Solution bis zum Kochen sich schneller präcipitirt. Man bringt daher den Tiegel nebst Zubehör in dasselbe Gefäss, welches später zum Abdampfen dient, lässt das Kochen nicht länger als eine halbe Stunde dauern, giesst dann die Lösung in ein Becherglas und fügt den Tiegel bei. War hingegen, was indess wohl der seltene Fall sein wird, Antimon in der Substanz und darf überhaupt die Solution nicht erhitzt werden, so bringt man nach völligem Auskühlen den Tiegel in ein kleines Becherglas, welches ¼ Zoll hoch Wasser enthält und lässt ihn bis zum Gelöstsein der Masse darin. Hierauf giesst man die Solution in einen Probircylinder, giebt ein Löffelchen salpetersaures Ammoniak zu, verschliesst mit dem Daumen, schüttelt kräftig, bringt dann die Lösung wieder in das Becherglas zurück und spült Cylinder und Daumen sorgfältig ab.

Die auf die eine oder andere Weise erhaltene Solution der geschmolzenen Masse wird filtrirt und sobald der grösste Theil der Flüssigkeit das Filter passirt hat, bereits mit dem Eindampfen begonnen. Dasselbe geschieht in dem nämlichen Gefäss, welches später zum Schmelzen mit saurem schwefelsaurem Kali dient. Dieses Gefäss ist von Platin und hat die Gestalt der grösseren Porcellangefässe S. 51, Fig. 61. Während des Eindampfens setzt man eine Glasglocke auf, die an den Gefässrand gut anschliesst und die man sich durch Absprengen der obern Hälfte eines weissen Mediciglases herstellen kann. Das Gefäss wird über eine Spirituslampe auf den Rost der Lampe gestellt und der Hals der Glasglocke in einen Halter geklemmt: in dieser Vorrichtung kann die Flüssigkeit stark kochend erhalten werden, ohne dass man Verluste zu befürchten hat. Während des Abdampfens bringt man das Filtriren und Ansüssen zu Ende und giesst von Zeit zu Zeit das zukommende Filtrat in das Gefäss nach, aber ohne das Glas zu benetzen, vorsichtig in die Mitte, auch stets nach vorhergegangenem Entfernen der Lampe.

Da während des Abdampfens das Salz gern efflorescirt, so ist es am gerathensten, immer mit der nächsten Operation zu beginnen und durch Zusatz von Schwefelsäure und saurem schwefelsaurem Kali dem Ausblühen vorzubeugen. Die concentrirte Schwefelsäure setzt man nur tropfenweise so lange zu, bis die gelbe Farbe der Solution in Orange übergeht und hierauf noch 4 bis 5 Tropfen mehr. Der Bedarf an saurem schwefelsaurem Kali variirt analog dem angewendeten Salpeter; 3 bis 6 oder 7 gehaufte Löffelchen voll sind das mittlere Verhältniss, obwohl ein Ueberschuss nichts schadet.

Den letzten Theil des Auswaschwassers bringt man erst hinzu, wenn starke Dämpfe von Stickoxyd und Schwefelsäure zu entweichen anfangen, man spült damit die Glasglocke so wie die etwaigen Ausblühungen am Rande des Gefässes ab und wäscht schliesslich mit ein Paar Tropfen destillirten Wassers nach. Von diesem Auswaschwasser darf aber das Gefäss nicht über ein Dritttheil gefüllt werden; das Abdampfen wird hierauf vorsichtig zu Ende geführt, nachdem das Gefäss mit einem uhrglasähnlichen Platindeckel versehen worden ist. Endlich zeigt sich in der Masse ein gelindes Aufblähen, die letzten Wassertheile entweichen und bald darnauf geht Schwefelsäure fort. Das Salz bildet jetzt eine syrupdicke grüne Flüssigkeit, die noch weiter erhitzt, pfirsichblüthroth und als Doppelsalz von Chrom und Kali dick wird.

Entweichen keine dicken Nebel mehr, so entfernt man die Lampe, lüftet schnell den Deckel, legt ihn in eine Porcellanschale, fasst das Gefäss am Rande und neigt und dreht es, während die Masse noch flüssig ist, so dass letztere so viel als möglich vertheilt wird. Sind die Salze erstarrt, so bringt man das Gefäss auf den Glühring zurück, fügt 6 bis 8 Tropfen concentrirte Schwefelsäure hinzu, bringt den Deckel darauf und erhitzt aufs Neue wie vorher. Zeigen sich jetzt in der kalt gewordenen grüngefärbten Masse noch pfirsichblüthfarbene Partikelchen, so fehlte es an Kali; man hat dann noch solches zuzugeben und die Masse mit einigen Tropfen Schwefelsäure nochmals zu erhitzen. In jedem Fall muss die Consistenz des Zurückbleibenden so weich sein, dass es mit einem Spatel oder Glasstab schnell aus dem Gefäss entfernt werden kann. Am häufigsten erhält man einen zähen grünen Syrup, sehr schnell lüslich, zuweilen aber auch eine weiche, jedoch dichte krystallinische Masse. Hat man letztere zu hart werden lassen, so braucht man zum Lösen in Wasser ohne Hitze zu viel Zeit, blieb sie hingegen zu weich oder gar flüssig, so könnte sie sich beim Hinzubringen von Wasser zu stark erhitzen und eine Aenderung der Zusammensetzung des Präcipitats zu befürchten sein. Das Erstere lässt sich durch Zusatz einiger Tropfen Schwefelsäure und nochmaliges Erhitzen beseitigen, das Zweite durch Verjagen des Säureüberschusses.

Das von passender Beschaffenheit erhaltene Salz kratzt man jetzt, um es gut zu zertheilen, mit einem Platinspatel auf und giebt auf einmal so viel Wasser hinzu, dass eine Selbsterhitzung gänzlich vermieden wird. Sobald Alles mit Hülfe von Rühren und Zerdrücken gelöst ist, wird Solution

und Präcipitat in das ursprüngliche Becherglas zurückgebracht,
der Deckel abgespült und das Gefäss wegen etwa noch hängen
gebliebener Theile mit zurückgenommener Solution ausge-
spült und mit wenig Wasser und dem Zeigefinger ausgewaschen.
(Sind die inneren Wände des Platingefässes nicht ganz glatt,
so bleibt leicht etwas Chromsalz darin sitzen und muss durch
Schmelzen mit Salpeter entfernt werden.)

Zu der trüben Flüssigkeit im Becherglas giebt man ungefähr ⅓ Löffelchen gepulvertes Quecksilberchlorid, löst es
unter Umrühren schnell auf, tropft hierzu noch etwas sehr
verdünntes Schwefelammonium, rührt nach jedem Tropfen gut
um und sieht nach, ob die Chlorschwefelquecksilber-Flocken
in einer ganz klaren Flüssigkeit herumschwimmen. Diese
Flocken haben nämlich den Zweck, das pulvrige Chromsalz
anzusammeln und in sich einzuhüllen. Gewöhnlich tritt das
Klären ein, sobald die Flocken eine Olivenfarbe annehmen
und nur ein kleiner Ueberschuss von Quecksilberchlorid vorhanden ist. Das Präcipitat muss jedenfalls sehr gut auf- und
und durchgerührt werden, weil, wenn etwas Chromsalz am
Boden zurückbleiben sollte, dieses sich nachher vertheilt und
Trübung verursacht.

Meist setzen sich die Flocken des Chlorsulphides sofort
und die Filtration kann sogleich beginnen. Zu empfehlen
sind hierbei 1½zöllige Filter von schwedischem oder mit
Säure extrahirtem Papier mit möglichst wenig Asche. Wenn
die Hauptsolution abfiltrirt worden ist, bringt man am besten
gleich das Präcipitat auf das Filter, giebt eine kleine Dosis
von Quecksilberchlorid auf und Wasser dazu, dasselbe geschieht auch vor jedesmaligem Hinzubringen von Auswaschwasser. In 30 bis 45 Minuten kann das Auswassen vollständig beendigt sein und wird entweder mit Platinblech oder
etwas Chlorbaryumlösung controlirt. Den Niederschlag sucht
man übrigens so viel als möglich auf dem Filter auszubreiten,
und nicht blos im untern Theil anzusammeln.

Nach dem Auswassen wird das Filter sorgfältig vom
Trichter genommen, auf und zwischen Filtrir- oder Löschpapier getrocknet und zuletzt als würflig geformtes Packetchen
vorsichtig dazwischen gepresst.

Dieses Packet bringt man jetzt in ein Platinschälchen,
lässt über der Spirituslampe verkohlen und verflüchtigt dabei
schon das Meiste des Quecksilbersalzes. Hierauf wird eine
Kohlenhalterkohle so vorgerichtet, wie zum Rösten eines Kupfererzes, das Schälchen auf den Draht gesetzt und das Ganze
mit der Löthrohrflamme so weit erhitzt, dass eine vollkommene
Einäscherung stattfindet, wobei auch ein Wenden der obern
Theile nach unten zweckmässig ist. Nach vollendetem Einäschern nimmt man das Schälchen aus der Kohle, schliesst
das Blech am Kohlenhalter und bringt die geglühte Masse in

den Platintiegel. Letzterer, vorher mit einem kleinen Dreifuss von Platin auf der Waage tarirt, wird in die Kohle gesetzt, mit dem Schälchen bedeckt, das Ganze mit einem Kohlendeckel geschlossen und 5 bis 6 Minuten lang in der grössten
Hitze erhalten. Um die Waage nicht zu sehr zu belasten,
kann man sich für diesen Zweck eines besondern, sehr dünnen
Platintiegels bedienen, wogegen andererseits zu den Schmelzungen ein stärkerer von Vortheil ist.

Nach dem Glühen zeigt sich das Präcipitat, zuweilen mit
Ausnahme einiger halbgeschmolzenen Theile, über und über
mit schön grüner Farbe. Hatte man keine sehr starke Hitze
gegeben, so glüht man der Vorsicht halber nochmals unter
Zugabe eines Stückchens kohlensauren Ammoniaks. Man
nimmt endlich den Tiegel heraus, setzt ihn auf den Triangel,
lässt einen Tropfen concentrirtes Schwefelammonium auf die
poröse Masse fallen, trocknet behutsam über der Spiritusflamme und glüht zuletzt, um allen Schwefel zu entfernen.
Hatte sich bei der früheren Glühung irgendwie chromsaures Salz gebildet, so wird es durch letztere Manipulation
zerlegt und das so behandelte Salz kann als schwefelsaures
Chromoxyd-Kali angesehen werden, welches in 100 Theilen 47,3 Theile Chromoxyd enthält. Dieses Resultat kann
auch noch dadurch bestätigt werden, dass man das geglühte
Präcipitat auf einem Filter so lange aussüsst, bis alles schwefelsaure Kali gelöst ist; das zurückbleibende Chromoxyd, geglüht und gewogen, wird in der Hauptsache mit der Rechnung
übereinstimmen, höchstens ein geringes Mehr gegen erstere
Bestimmung sich herausstellen.

So langwierig die Probe auch nach dieser Beschreibung
erscheinen könnte, so soll sie sich doch in 1½ bis 2 Stunden
ausführen lassen. —

Der Verfasser giebt schliesslich noch einige Modificationen
der Probe an, welche bei Gegenwart gewisser Stoffe einzu-
treten haben.

Zuweilen kommt es vor, dass nach dem ersten Filtriren
die Solution sich beim Verdünnen trübt; diess rührt von Zinn
oder Wismuth her und ist ein Zeichen eines zu geringen
Kieselerdezuschlags beim Schmelzen. Auch findet dasselbe
bei Gegenwart von Antimon statt, wenn man nicht etwas
Salpeter auf's Filter giebt.

Bei Gegenwart von metallischen Säuren ist es im Allgemeinen rathsam, die Solution durch einige Tropfen Schwefelsäure stark sauer zu machen und etwas länger auszulösen,
besonders bei Gegenwart von Phosphorsäure. Wolframsäure
schlägt sich in der sauren Lösung nieder und verursacht
leicht während des Abdampfens ein heftiges Stossen der Flüssigkeit; hingegen verhindert sie beim Auflösen der geschmolzenen schwefelsauren Masse ein Lösen des Präcipitates, das

sich schnell in Flocken setzt und macht so die Anwendung von Quecksilberchlorid überflüssig. Durch Digeriren des erhaltenen Chromsalzes mit Ammoniak auf dem Filter wird schliesslich die Wolframsäure entfernt.

Bei Gegenwart von Antimonsäure darf die Solution nach der Schmelzung nicht gekocht, sondern muss, um die Kieselerde zu flocken und zu sammeln mit salpetersaurem Ammoniak in einem Probirglase geschüttelt werden; das Auswaschen erfolgt mit salpeterhaltigem Wasser. Beim Lösen des Disulphates giebt man gleichzeitig 1 bis 2 Löffelchen Weinsteinsäure in das Becherglas, hält die Solution stark sauer und fällt zuletzt gut mit Quecksilberchlorid aus.

Wenn Magnesia in grosser Menge in der Substanz vorhanden ist, so wird am Besten beim Schmelzen Kieselerde mit zugegeben. Enthielt das Erz Kupfer und war keine Kieselerde zugegeben worden, so zeigen sich beim Lösen der Masse gelbe Flocken von Chromoxyd-Kupferoxyd. Man kocht dann die Solution mit wenig kaustischem Kali, worauf sich die gelben Flocken zu schwarzen Schüppchen zusammenziehen, die kein Chromoxyd zurückhalten.

10) Die Untersuchung der Kohlen.

Eine nützliche Erweiterung der Anwendung des Löthrohres ist die Untersuchung der Kohlen mit Hülfe desselben, worüber Chapman (Mining and Statistic Magazine, Septemb. 1858, desgl. B. u. H. Zeit. 1859. No. 19) und Kerl (Leitfaden bei Löthrohr-Untersuchungen, 1862) Mittheilung gemacht haben. Diese Untersuchung lässt sich auf die hauptsächlichsten Bestimmungen ausdehnen, welche man bei dem gewöhnlichen dokimastischen Verfahren vornimmt, wie die Ausmittelung des hygroskopischen Wassergehaltes, des Koksausbringens, des Aschengehaltes sowie des absoluten Wärmeeffectes.

a) Bestimmung des Wassergehaltes. Man bringt 150 bis 200 Milligr. gröblich zerkleinte Kohle in ein Porcellanschälchen, stellt dasselbe auf den Rost der Löthrohrlampe und erhitzt mit der freien Oel- oder Spiritusflamme mindestens 5 Minuten nur so stark, dass ein in das Schälchen gelegtes Stückchen weisses Filtrirpapier nicht verkohlt; die Probe wird nach der Abkühlung gewogen und der Versuch zur Controle wiederholt. Manche Anthracitkohlen decrepitiren etwas bei der Erwärmung, weshalb man das Schälchen in solchen Fällen mit einem Uhrglas bedecken muss.

Der Wassergehalt ist bei den Anthraciten am geringsten, beträgt bei den anderen Steinkohlen gewöhnlich 3 bis 4 p. C., selten 6 bis 7 p. C. und erreicht bei den Braunkohlen das Maximum von 20 p. C. und wohl auch darüber.

b) Bestimmung des Koksausbringens. Man kann sich hierzu entweder des von Chapman empfohlenen kleinen Platingefässes oder eines gewöhnlichen Thontiegelchens Fig. 31.

S. 29 bedienen. Jenes Gefäss, Fig. 85, besteht aus zwei Schälchen von denen das eine, um das Umfallen auf der Wagschale zu verhindern, einen Henkel hat; der Rand des oberen ist ein wenig nach innen gebogen, so dass es als Deckel des unteren dient, beide Schälchen sind von sehr dünnem Platinblech, damit ihr Gewicht nicht viel über 2 Grammen beträgt und die Wägung mit denselben auf der Löthrohrwage vorgenommen werden kann. Die Menge der Probe beträgt 150 bis 200 Milligr. Die Erhitzung des Platin- oder Thontiegels, welcher letztere mit einem Röstschälchen zu verdecken ist, geschieht am zweckmässigsten in einer Kohlenhalterkohle wie bei quantitativen Metallproben; nach 4 bis 5 Minuten langer Rothgluth ist die Verkokung vollendet. Bei Anwendung eines Thontiegels muss der Koks aus demselben herausgebracht und gewogen werden; das Herausnehmen geht leicht und vollständig von Statten.

Der Koks hat bald ein geschmolzenes, blasiges Ansehen und metallischen Glanz, wie bei den Back- oder Fettkohlen, bald ist er nur zusammengesintert und theilweis erweicht wie bei der Mehrzahl der sogenannten Sinterkohlen und manchen Sandkohlen, bald gar nicht geschmolzen, sondern pulverig und sandig wie bei den Anthraciten, den meisten Sandkohlen und den Braunkohlen. Das Gewicht des erhaltenen Koks schwankt bei den Anthraciten zwischen 72 und 96 p. C., bei den Back- und Sinterkohlen zwischen 51 und einigen 60 p. C., bei den Sandkohlen zwischen 60 und 70 p. C. und bei den Braunkohlen zwischen 30 und 50 p. C.

c) Aschenbestimmung. Die Verbrennung der abgewogenen Menge (100 bis 150 Milligr.) oder zweckmässiger des beim Verkoken erhaltenen und zu diesem Behufe feingepulverten Koks erfolgt am besten auf einem Schälchen von Thon oder Platin, welches wie bei der Röstung einer Kupferprobe S. 561 in eine Kohlenhalterkohle gesetzt wird. Bei Anwendung der ursprünglichen Kohle entsteht leicht bei eintretender Entzündung derselben eine Verstäubung, so dass es rathsam ist, das Schälchen im Anfang zu bedecken und erst dann, wenn sich keine Gase mehr entwickeln, den Deckel wegzunehmen. Die Anwendung eines dünnen Platinschälchens von der Form der thönernen Röstschälchen hat den Vortheil, dass man die Asche gleich in dem vorher tarirten Schälchen wägen kann und dieselbe nicht in das Wageschälchen geschüttet zu werden braucht, wobei sehr leicht Verlust stattfinden kann. Von Zeit zu Zeit ist ein Umrühren des im Schälchen befindlichen Rückstandes mittelst eines umgebogenen

Platindrahtes zu empfehlen, um die noch nicht vollständig verbrannten Kohlenpartikelchen an die Oberfläche zu bringen.

Der Aschengehalt der Kohlen ist äusserst schwankend, bei guten Kohlen 2 bis 5 p. C., häufig aber 8 bis 10 p. C., bei schlechten sogar 15 bis 18 p. C. Die erhaltene Asche kann von bräunlicher, röthlicher oder graulicher Farbe sein, je nachdem mehr oder weniger Eisenoxyd, welches sich gewöhnlich erst bei der Veraschung aus vorhandenem Schwefelkies erzeugt, zugegen ist. Eine alkalische Reaction der befeuchteten Asche auf rothes Lakmuspapier zeigt die Gegenwart von Aetzkalk oder auch Alkalien an, während beim Mangel derselben besonders Silicate vorhanden sind. Ein Gehalt an Schwefelsäure (von Gyps herrührend) lässt sich durch Schmelzen der Asche mit Soda auf Kohle nach S. 473 leicht auffinden, ebenso das Vorhandensein von Mangan nach S. 270.

d) Bestimmung des absoluten Wärmeeffectes nach dem Verfahren von Berthier. 20 Milligr. des feingepulverten Brennmaterials werden in einem Thontiegelchen mit circa 500 Milligr. ebenfalls fein gepulverten Bleioxydchlorid (dasselbe ist hier seiner leichtern Schmelzbarkeit wegen der Glätte vorzuziehen und wird durch Zusammenschmelzen von 3 Gewichtstheilen Glätte und 1 Gewichtstheil Chlorblei im Porcellantiegel über einer Spirituslampe mit doppeltem Luftzuge oder einer Gaslampe bereitet) gemengt und mit derselben Quantität Bleioxychlorid auch noch bedeckt. Nachdem man auf das Ganze noch ein Gemenge von 8 Löffelchen Boraxglas und 1 Löffelchen Glaspulver als Decke gegeben, setzt man den Tiegel in eine vorgerichtete Kohlenhalterkohle, bedeckt erstere mit dem Thonschälchen, die Kohle aber mit einem Kohlendeckel und verfährt wie bei der Schmelzung einer Blei- oder Wismuthprobe. Nach 6 bis 8 Minuten ist die Schmelzung vollendet und man bemerkt, wenn die Temperatur hoch genug gewesen, nach Hinwegnahme des Thonschälchens durch die vollkommen geschmolzene und durchsichtige Schlacke, den reducirten Bleikönig auf dem Boden des Tiegelchens liegen. Aus dem Gewichte des ausgeschlackten Regulus ergiebt sich, nachdem dasselbe durch 20 dividirt worden, die Quantität Blei, welche 1 Theil des untersuchten Brennmaterials reduciren kann, und da 1 Theil Kohlenstoff 34 Theile Blei reducirt, so lässt sich auch die Brennkraft des Brennmaterials bestimmen.

Bei den verschiedenen Steinkohlen schwankt die Menge des Bleies, welche 1 Theil derselben zu reduciren vermag, zwischen 21 und 32 Theilen, bei den Braunkohlen zwischen 16 und 25 Theilen. —

ANHANG.

I. Die Anwendung quantitativer Metallproben vor dem Lothrohr zur Bestimmung verschiedener Stoffe in der quantitativen chemischen Analyse.

Das von Websky (Bergwerksfreund, neue Folge, Bd. 1. Lief. 1) angegebene und durch zahlreiche Beispiele erläuterte Verfahren besteht darin, dass man die nach analytischen Methoden abgeschiedenen Verbindungen der Elemente durch geeignete Metallsalze auf nassem Wege zersetzt und so das Element in bekannten stöchiometrischen Verhältnissen mit dem Metall verbindet. In dem auf diese Weise erhaltenen Präparat wird dann der Metallgehalt mittelst des Löthrohrs bestimmt und endlich der Gehalt der untersuchten Substanz an dem erst gedachten Element durch Rechnung gefunden oder mit anderen Worten die Bestimmung desselben auf eine quantitative Metallprobe zurückgeführt.

So complicirt auch das Verfahren im Princip zu sein scheint, so dürfte es doch für den in quantitativen Löthrohrproben Geübten unter Umständen von Vortheil sein, namentlich wenn es nur auf annähernde Resultate ankommt und nur kleine Mengen zur Disposition stehen.

Hinsichtlich der in Anwendung gebrachten substituirten Metalle hat sich fast allein die Benutzung der Silber-Verbindungen erfolgreich erwiesen; nur zur Bestimmung des Quecksilbers ist Gold geeigneter. Von der Anwendung anderer mit dem Löthrohr quantitativ zu bestimmender Metalle hat der Verfasser mit Recht abgesehen, weil deren Bestimmungsverfahren entweder complicirter ist oder doch der im vorliegenden Falle erforderlichen Genauigkeit entbehrt.

Das Silber wird in den meisten Fällen als salpetersaures, weniger häufig als schwefelsaures oder essigsaures Salz angewendet. Bei Umsetzung der verschiedenen Lösungen und Niederschläge in entsprechende Silberverbindungen und zwar besonders bei Behandlung von Schwefelmetallen sind mancherlei Vorsichtsmaassregeln zu beobachten, welche der Verfasser speciell mittheilt, und die hier in der Hauptsache zunächst Erwähnung finden sollen.

Hat man ein in Schwefelammonium lösliches Schwefelmetall, welches sich in Aetzammoniak unter Zurücklassung von Schwefel löst, so lässt man letztere Lösung sogleich aus dem Trichter in eine concentrirte überschüssige Lösung von schwefelsaurem Silberoxyd laufen, erhitzt bis zum Aufkochen und lässt den schwarzen Niederschlag von Schwefelsilber absetzen, was in einigen Stunden erfolgt; nach dem Abfiltriren und Auswaschen wird er der Silberprobe unterworfen. Man muss sogleich die ganze Menge des schwefelsauren Silberoxydes anwenden, weil die Lösungen dieser Schwefelmetalle in Ammoniak sich rasch oxydiren und dann weniger Schwefelsilber fällen. Man überschlägt daher möglichst reichlich den vermuthlichen Verbrauch an trocknem schwefels. Silberoxyd, wiegt das Quantum ab und löst es auf. (100 Th. Ag S enthalten 69,2 Th. Ag).

Die in Schwefelammonium nicht löslichen Schwefelmetalle schlägt man aus ihrer (am besten schwefelsauren oder salpetersauren, minder gut salzsauren) Lösung durch Ammoniak und Schwefelammonium im Ueberschuss nieder, filtrirt, behandelt Niederschlag sammt Filter mit salpetersaurem Silberoxyd, filtrirt nochmals und cupellirt den Rückstand. Bei salzsauren Lösungen mischt sich leicht etwas Chlorammonium dem Niederschlage bei, wodurch das Ausbringen erhöht wird. Das Schwefelammonium muss wo möglich frisch bereitet und nicht zu concentrirt sein, ausser wenn man gleichzeitig Schwefelantimon oder Schwefelarsen anziehen will, und die Umsetzung der frisch gefällten Schwefelmetalle in Schwefelsilber darf nicht unter Anwendung von Wärme geschehen, weil das Schwefelsilber sich in diesem Falle mit den salpetersauren Metallsalzen zersetzt.

Hat man Schwefelmetalle, die sich sehr leicht oxydiren, wie Schwefeleisen, Schwefelmangan, Schwefelzink, so muss der Niederschlag auf dem Filter, bis man hinreichend ausgesüsst hat, stets mit Wasser bedeckt erhalten werden; ist der Niederschlag sehr gering, so ist es zweckmässiger, den Trichter mit dem letzten Aussüsswasser, ohne dasselbe ablaufen zu lassen, in das Gefäss, in welchem die Behandlung mit Silbersalz vorgenommen werden soll, auszugiessen und das Filter sogleich unter die Flüssigkeit zu drücken, der man dann die Lösung des Silbersalzes zufügt.

In vielen Fällen ist es überhaupt nothwendig, die Niederschläge sammt Filter der Behandlung mit Silbersalz zu unterwerfen, da sich dieselben häufig nicht vollständig durch einen Wasserstrahl vom Filter ablösen lassen. Man bringt zu diesem Behufe das möglichst kleine Filter in einen etwa 2 Zoll tiefen Platintiegel und zerarbeitet darin unter Zusatz von etwas Silberlösung das Filter mittelst eines Glasstabes zu Brei, giesst dann noch die nöthige Menge des Silbersalzes hinzu, erwärmt, wenn dies stattfinden darf, verdünnt, lässt absetzen und filtrirt die Flüssigkeit ab. Aus dem Rückstand im Tiegel zieht man mit dem Glasstab so viel als möglich Papiertheilchen über das Niveau der flüssigen Masse, giesst den Niederschlag vollständig aufs Filter, bearbeitet die Papiertheilchen aufs Neue nach Zusatz von etwas destillirtem Wasser mit dem Glasstab im Tiegel, zieht den Rest derselben wieder an den Rand, giesst die erhaltene Flüssigkeit auf und wiederholt diese Manipulation, bis alles Papier fein zertheilt mit aufs Filter gebracht ist.

Nach dem Ablaufen des letzten Auswaschwassers wird das Filter auf Fliesspapier gelegt, der umgeklappte Flügel zurückgeschlagen, so dass die Contour des Filters ein Halbkreis wird, dasselbe durch aufgelegtes Fliesspapier stärker getrocknet und endlich zwischen trocknem Fliesspapier mit dem Ballen der Hand gedrückt. Man legt jetzt das Filter in eine Porcellanschale auf eine Scheibe Schreibpapier und erhitzt die Schale durch die Flamme der Löthrohr- oder Spirituslampe, bis das Filter völlig trocken ist. Dasselbe wird jetzt, mit der Pincette gefasst, über dem Achatmörser verbrannt, das Zurückgebliebene zur Probe auf Silber mit der nöthigen Menge Boraxglas zusammengerieben, hierauf mit Probirblei beschickt und in einen Papiercylinder, wie dies bei der Silberprobe beschrieben, eingepackt.

Der Verfasser findet für vortheilhafter das Papier zu den Cylindern in der Weise zu bereiten, dass dasselbe erst mit schwacher Sodalauge und nach dem Trocknen mit concentrirter Boraxlösung getränkt wird, da das gewöhnliche Sodapapier im vorliegenden Falle für die Beschickung, welche häufig viel schwer verbrennende Kohle enthält, zu rasch verbrennt.

Das Ansieden und Abtreiben geschieht genau so wie bei der Silberprobe beschrieben; aus dem erhaltenen Silberkorn ergiebt sich unter Zugrundelegung der Aequivalentgewichte die Menge des gesuchten Stoffs. Natürlicherweise muss bei dieser Probe stets der Kapellenzug mit in Rechnung gebracht werden.

Der Verfasser hat auf diese Weise Bestimmungsmethoden nachgewiesen für Phosphor, Chlor, die fixen Alkalien und die alkalischen Erden, Chrom, Uran, Mangan, Arsen, Antimon, Tellur, Wismuth, Zink, Cadmium, Blei, Eisen, Kupfer und Quecksilber. Diejenigen Stoffe, deren Bestimmung nach den mitgetheilten Versuchen mit Genauigkeit auszuführen ist und von besonderem Interesse sein dürfte, sind folgende:

Phosphorsäure. Dieselbe wird auf bekannte Weise als phosphorsaure Ammoniak-Talkerde abgeschieden und der Niederschlag sammt dem Filter ohne Erwärmen mit einer

Lösung von salpetersaurem Silberoxyd behandelt. 100 Silber entsprechen 9,69 Phosphor oder 22,04 Phosphorsäure. Das Verfahren schliesst die Bestimmung der Magnesia mit ein, die aus ihrer Lösung als phosphorsaures Salz gefällt und auf dieselbe Weise behandelt wird. 100 Silber entsprechen 12,36 Magnesia.

Chlor. Dasselbe wird durch Schmelzen mit kohlensaurem Kali oder Natron an diese gebunden, die Lösung mit Salpetersäure übersättigt und durch salpetersaures Silberoxyd Chlorsilber gefällt. Der Niederschlag enthält auf 1 At. Chlor, 1 At. Silber, oder 100 Silber entsprechen 32,84 Chlor.

Kali, Natron, Lithion, Baryt-, Strontian- und Kalkerde werden durch Salzsäure in Chlorverbindungen übergeführt, schwach geglüht, gelöst und durch salpetersaures Silberoxyd das Chlor gefällt; die Bestimmung desselben gestattet zugleich diejenige der Alkalien und Erden selbst. Auf 1 At. des Alkali oder der genannten Erden wird 1 At. Silber ausgebracht, oder 100 Silber entsprechen 36,25 Kalium = 43,66 Kali, 21,46 Natrium = 28,67 Natron, 6,08 Lithium = 13,48 Lithion, 40,45 Strontium = 47,86 Strontianerde, 63,48 Barium = 70,89 Baryterde, 18,64 Calcium = 26,05 Kalkerde.

Hat man von einem Gemisch von Chlorstrontium und Chlorbarium, oder Chlorkalium und Chlornatrium zuerst das Gewicht der frisch geglühten Chlorverbindung und dann den Chlorgehalt durch Chlorsilber bestimmt, so kann man das quantitative Verhältniss der beiden Stoffe zu einander durch Rechnung finden.

Kupfer. Man fällt dasselbe aus der ammoniakalischen Lösung eines Kupfersalzes durch Schwefelammonium und behandelt den Niederschlag, wie oben erwähnt, mit dem Filter unter sehr mässigem Erwärmen mit salpetersaurem Silberoxyd, wodurch die Umsetzung in Schwefelsilber erfolgt. Man bringt 1 Atom Silber auf 1 At. Kupfer aus, oder 100 Ag entsprechen 29,3 Kupfer = 36,6 Kupferoxyd.

Eisen. Fällt man Eisenoxyd aus einer Lösung durch Ammoniak und Schwefelammonium, so entsteht das Schwefeleisen Fe² S³, welches, nach den angegebenen Vorsichtsmaassregeln behandelt, aus einer Lösung von salpetersaurem Silberoxyd 1½ At. Silber auf 1 At. Eisen als Schwefelsilber niederschlägt. 100 Silber entsprechen 17,31 Eisen oder 22,25 Eisenoxydul oder 24,72 Eisenoxyd.

Mangan. Man schlägt ein beliebiges Manganoxydulsalz mit Ammoniak und phosphorsaurem Natron oder Ammoniak nieder und behandelt den Niederschlag mit dem Filter ohne Erwärmen mit einer neutralen Lösung von salpetersaurem Silberoxyd. Man bringt genau 1½ At. Silber auf 1 At. Mangan aus.

42 *

100 Silber entsprechen 17,03 Mangan oder 21,97 Manganoxydul oder 24,43 Manganoxyd.

Arsen. Die Bestimmung desselben kann auf zweierlei Weise erfolgen:

Nach dem einen Verfahren bildet man Fünffach-Schwefel-Arsen, filtrirt, löst es mit dem Filter in verdünntem Ammoniak unter gelindem Erwärmen, wobei der überschüssige Schwefel zurückbleibt, und filtrirt die Lösung in eine überschüssige Menge gelösten schwefelsauren Silberoxydes. Nach beendigter Filtration erwärmt man die schwarz gewordene Silberlösung rasch bis zum Aufstossen und lässt den Niederschlag absetzen, was in einigen Stunden erfolgt. Er enthält 5 At. Silber auf 1 At. Arsen, oder 100 Silber entsprechen 13,89 Arsen =18,34 arseniger Säure =21,3 Arsensäure.

Nach der andern Weise stellt man durch Schmelzen der Verbindung mit Salpeter und kohlensaurem Kali arsensaures Kali her, löst die Salzmasse auf, sättigt mit Salpetersäure, verdünnt stark, wenn Schwefelsäure zugegen ist, fügt überschüssiges salpetersaures Silberoxyd hinzu und so viel Ammoniak, dass der Niederschlag wieder verschwindet, dampft, ohne zu kochen, den Ueberschuss von Ammoniak ab, bis zum Verschwinden des Geruchs und filtrirt das ausgefallene arsensaure Silberoxyd ab. Es fallen 3 At. Silber auf 1 At. Arsen nieder, oder 100 Silber entsprechen 23,15 Arsen oder 35,5 Arsensäure.

Chrom. Durch Schmelzen mit salpetersaurem und kohlensaurem Kali bildet man chromsaures Kali, löst die Salzmasse in Wasser, sättigt mit Essigsäure, bringt die Lösung zum Kochen, damit die Kohlensäure entweicht, verdünnt mit Wasser, um die Ausscheidung des essigsauren Silberoxydes zu verhindern und fügt hinreichend salpetersaures Silberoxyd hinzu. Das niederfallende chromsaure Silberoxyd enthält auf 1 At. Chrom ½ At. Silber, oder 100 Silber entsprechen 48,69 Chrom d. i. 70,92 Chromoxyd oder 93,15 Chromsäure. Da die Verschlackung einer grössern Menge Chrom bei der Silberprobe so viel Borax erfordert, dass man das Glas mit dem Löthrohr nicht beherrschen kann, so kocht man den Niederschlag mit dem Filter in stark verdünnter Salzsäure, wodurch das chromsaure Silberoxyd in Chlorsilber übergeht, und Chromsäure gelöst wird; ersteres wird abfiltrirt und auf Silber probirt.

II. Die Spectralanalyse.

Die Färbung der äussern Flamme bietet bekanntlich bei Löthrohrversuchen ein einfaches Mittel zur Erkennung verschiedener Stoffe dar. So empfindlich und zuverlässig sich auch diese Reaction in vielen Fällen erweist, so entbehrt sie doch nicht selten bei der Aehnlichkeit mancher Färbungen mit einander oder dem Zusammenvorkommen stärker und schwächer färbender Stoffe der nöthigen Sicherheit und selbst der Geübtere vermag dann nur schwierig oder gar nicht das Vorhandensein mancher Körper auf diese Weise wahrzunehmen. Einen grössern Werth hat diese einfache Reaction jetzt dadurch erhalten, dass man das Licht der gefärbten Flamme mittelst eines Prismas zerlegt betrachtet, indem man hierdurch in den Stand gesetzt ist, das Vorhandensein solcher Stoffe auch unter sehr verschiedenartigen Umständen und unbehindert durch jene störenden Einflüsse noch sicher zu constatiren.

Waren auch schon früher Untersuchungen über die Spectra verschiedener Flammen angestellt worden, so verdanken wir doch erst Kirchhoff's und Bunsen's Arbeiten über diesen Gegenstand eine genauere Kenntniss der Eigenthümlichkeit der dabei auftretenden Erscheinungen, sowie die Angabe einer Methode, nach welcher dieselben als ein Reactionsmittel benutzt werden können, die betreffenden Stoffe schärfer, schneller und in geringerer Menge nachzuweisen, als dies durch irgend ein Hülfsmittel in der analytischen Chemie möglich ist.

Zur Erhitzung oder Verflüchtigung der Substanzen eignet sich am besten der von Bunsen angegebene Gasbrenner Fig. 9. S. 11, bei welchem das genügend mit atmosphärischer Luft gemengte Leuchtgas mit blauer, äusserst schwach leuchtender Flamme von sehr hoher Temperatur verbrennt; weniger bequem lassen sich die Versuche in einer (durch ein Gebläse anzufachenden) Weingeistflamme anstellen. Um die Substanzen bequem in die Flamme einführen zu können, schmilzt man kleine Mengen davon in das umgebogene Ende eines feinen Platindrahtes.

Die zu den Beobachtungen dienenden Spectral-Apparate oder Spectroscope beruhen zwar im Wesentlichen auf denselben Grundlagen, sind aber von verschiedener Einrichtung; bei den einen betrachtet man das Spectrum ohne Weiteres mit dem freien Auge, bei anderen bedient man sich dazu eines Fernrohres. Die Einrichtung eines einfacheren Apparates der letzteren Art geht aus Fig. 86 S. 662 hervor, in welcher die allgemeinen Umrisse desselben in der Horizontalprojection dargestellt und zugleich die Wirkungen der einzelnen Theile des Apparates durch punktirte Linien veranschaulicht sind. Das Rohr ab trägt bei a den durch eine Schraube regulirbaren Spalt; derselbe befindet sich im Brennpunkte der Linse b, welche das andere Ende des Rohres schliesst; die durch den Spalt einfallenden und durch die Linse parallel austretenden Strahlen gelangen auf das Schwefelkohlenstoff- oder Flintglasprisma c, erleiden hier eine Ablenkung und werden bei ihrem Austritt von dem Fernrohr de aufgenommen, vor welchem sich das Auge des Beobachters befindet. Handelt es sich einfach um Beobachtung von Flammenspectren, so

Fig. 86.

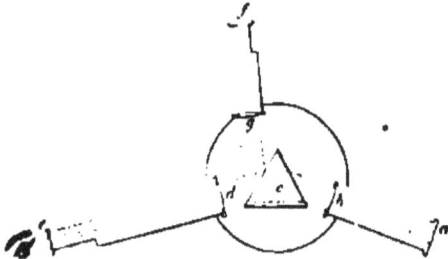

genügen auch die bis jetzt beschriebenen Theile des Apparates, bei genaueren Untersuchungen ist es jedoch wünschenswerth, die Lage der Lichtlinien bei den verschiedenen Spectren genau zu kennen, und zu diesem Behufe ist noch das Rohr *fg* angebracht. Dasselbe enthält an dem dem Prisma zugekehrten Ende *g* ebenfalls eine Linse, in deren Brennpunkt aber am andern Ende bei *f* eine horizontale, auf Glas photographirte Scala, die durch eine vorgestellte Kerzenflamme erleuchtet wird. Das Bild der Scala wird auf diese Weise auf die vordere Fläche des Prismas *c* geworfen und von hier in das Fernrohr *de* reflectirt, so dass dem Beobachter gleichzeitig dieses Spiegelbild der Scala und das durch das Prisma erzeugte Spectrum erscheint.

Sämmtliche Rohre sowie das Prisma sind auf einer runden Metallplatte befestigt, welche mit allem, was sie trägt, um ihre vertikale Axe auf einem Stativ drehbar ist. Bei vollkommneren Apparaten ist auch eine (in der Figur nicht angegebene) Vorrichtung angebracht, um zwei Spectra unmittelbar mit einander vergleichen zu können, dieselbe besteht darin, dass vor der unteren Hälfte des Spaltes bei *a* ein kleines Glasprisma angebracht ist, welches verhindert, dass an dieser Stelle Strahlen von der in der Verlängerung der Axe des Rohres befindlichen Lichtquelle eindringen, dagegen aber gestattet, das Licht einer seitlich in entsprechender Stellung stehenden Flamme einzuführen, so dass der Beobachter, in das Fernrohr schauend, dann die Spectra der beiden Flammen übereinander sieht.

Bei Betrachtung farbiger Flammen mit Hülfe eines Spectralapparates stellt sich dem Auge kein vollständiges zusammenhängendes Spectrum mehr dar, wie bei weissem Lichte, sondern es zeigen sich mehr oder weniger isolirte, gefärbte

Linien und nur bei wenigen Stoffen zugleich mit grössere oder kleinere zusammenhängende Stücke des gewöhnlichen Lichtspectrums.

Tafel I. enthält eine Abbildung derjenigen Spectren, deren Kenntniss von besonderem Interesse und in praktischer Hinsicht von Wichtigkeit ist; zur leichteren Orientirung befindet sich über den Spectren die Bezeichnung und Ausdehnung der Farben des Sonnenspectrums. Die hellen Linien in den Spectren sind nach ihrer Intensität und ihrer Wichtigkeit für die Erkennung des Stoffes mit α, β, γ, δ etc. etc. bezeichnet. Zur weiteren Erläuterung der Tafel diene Folgendes*):

Kalium. Die flüchtigen Kaliumverbindungen geben in der Flamme ein sehr ausgedehntes continuirliches Spectrum, welches nur zwei charakteristische Linien zeigt, Ka α im äussersten Roth und Ka β im Violett am anderen Ende des Spectrums. Kalihydrat und sämmtliche Verbindungen des Kalis mit flüchtigen Säuren zeigen die Reaction ohne Ausnahme. Kalisilicate und ähnliche feuerbeständige Salze dagegen bringen sie für sich allein nur bei sehr vorwiegendem Kaligehalt hervor. Bei geringerem Kaligehalte muss man die Probeperle mit etwas kohlensaurem Natron zusammenschmelzen, um die charakteristischen Linien zu erhalten. Um in Silicaten sehr geringe Mengen von Kali noch nachzuweisen, braucht man dieselben, nur mit einem grossen Ueberschuss von Fluorammonium auf einem Platindeckel schwach zu glühen und den Rückstand am Platindraht in die Flamme zu bringen. Auf diese Weise findet man in den meisten Silicaten einen Kaligehalt.

Rubidium. Das Rubidium zeigt ebenfalls ein continuirliches, jedoch weniger ausgedehntes Spectrum, als dies beim Kali der Fall ist. Unter den Linien desselben sind besonders die mit α und β bezeichneten von ausserordentlicher Intensität und zur Erkennung des Metalls geeignet. Weniger intensiv, aber immer noch sehr charakteristisch, zeigen sich die Linien δ und γ. Die übrigen Linien im continuirlichen Theil des Spectrums erscheinen nur bei grosser Reinheit der Substanz und bedeutender Lichtstärke und sind daher zur Erkennung des Rubidiums wenig brauchbar.

Caesium. Das Spectrum dieses Metalls ist besonders durch die beiden blauen Linien α und β charakterisirt, die sich durch Intensität und Schärfe der Begränzung auszeichnen. Ausserdem bemerkt man wie beim Rubidium im continuirlichen Theil des Spectrums gelbe und grüne Linien, welche aber erst bei grosser Lichtintensität zum Vorschein kommen.

*) Vergl. hierzu: Chemische Analyse durch Spectralbeobachtung v. Kirchhoff und Bunsen. (Pogg Annal. Bd. 110 St. 7. Desgl. Erdmann's Journ. Bd. 80. Heft 7.)

Rubidium und Caesium kommen höchst spärlich und immer nur mit den anderen Alkalien zusammen vor. Als Chloride lassen sich beide von den Natrium- und Lithiumverbindungen leicht mittelst Platinchlorid trennen; da aber Kali stets zugegen ist, so schlägt sich auch dieses mit nieder, und es gelingt nicht eher, das Rubidium und Caesium spectralanalytisch nachzuweisen, als bis der grösste Theil des Kaliumplatinchlorids durch wiederholtes Auskochen des Niederschlags mit Wasser entfernt ist.

Natrium. Die gelbe Linie α, die einzige, welche das Natriumspectrum aufzuweisen hat, zeichnet sich durch ihre scharfe Begrenzung und grosse Helligkeit aus und ist von allen Spectralreactionen die empfindlichste. Die Linie kommt übrigens bei den verschiedenartigsten Verbindungen des Natrons zum Vorschein, und bei der ungemeinen Verbreitung des Chlornatriums in der Natur ist es kaum möglich, eine Flamme herzustellen, in welcher die Natriumreaction gänzlich fehlt.

Lithium. Das Lithium zeigt eine scharf begrenzte glänzende Linie im Roth Li α und eine meist kaum wahrnehmbare im Orange Li β. Die verschiedenartigsten Verbindungen des Lithiums zeigen diese Reaction deutlich. Wo der Gehalt sehr gering wird, wie z. B. in vielen natürlich vorkommenden Silicaten, unternimmt man den Versuch am besten auf folgende Weise: man digerirt und verdampft eine kleine Menge der Substanz mit Fluorammonium, dampft etwas Schwefelsäure über dem Rückstand ab, und zieht die trockne Masse mit absolutem Alkohol aus. Die zur Trockniss eingedampfte alkoholische Lösung wird dann nochmals mit Alkohol extrahirt und die so erhaltene Flüssigkeit auf einem Glasschälchen verdunstet. Der hierbei zurückbleibende Anflug lässt sich zusammenschaben und an einem kleinen Platindrähtchen in die Flamme bringen.

Strontium. Das Strontiumspectrum zeigt 8 sehr ausgezeichnete Linien, sechs rothe, eine orange und eine blaue. Die Orangelinie Sr α, dicht neben der Natriumlinie, die beiden rothen Linien Sr β und γ und endlich die blaue Linie Sr δ sind die wichtigsten. Von den Verbindungen des Strontiums zeigt das Chlorstrontium die Reaction am stärksten, das schwefelsaure Salz nur schwach, die Verbindungen mit feuerbeständigen Säuren zeigen sie noch schwächer oder gar nicht. Ist daher Schwefelsäure vorhanden, so hält man die Probe kurze Zeit in den reducirenden Theil der Flamme, um die Schwefelverbindung zu erhalten, die durch Chlorwasserstoffsäure leicht zersetzbar ist. Die Verbindungen mit feuerbeständigen Säuren müssen mit kohlensaurem Natron in Platintiegel aufgeschlossen werden. Der nach dem Auflösen in Wasser gebliebene Rückstand enthält das Strontium als kohlensaures Salz, von dem eine sehr geringe Menge, mit etwas Salzsäure befeuchtet, eine intensive Reaction giebt.

Calcium. Das Calciumspectrum enthält besonders eine sehr intensive Linie im Orange Ca α und eine ebenso charakteristische im Grün Ca β. Die Linie im Violett ist schwach und nur bei einem sehr intensiven Spectrum deutlich bemerkbar. Chlorcalcium giebt die deutlichste Reaction. In den durch Salzsäure zersetzbaren Verbindungen des Calciums lässt sich die Reaction einfach auf die Weise erhalten, dass man die pulverisirte Substanz am Drahte erhitzt, mit Salzsäure befeuchtet und die Masse dann wieder in die Flamme bringt. Von dem durch Salzsäure nicht zersetzbaren Silicaten braucht man nur eine ganz geringe Menge mittelst Fluorammonium zu zersetzen, den Rückstand mit 1 bis 2 Tropfen Schwefelsäure zu befeuchten, nochmals zu glühen und das Zurückgebliebene am Draht nach dem Betupfen mit Salzsäure in der Flamme zu erhitzen.

Barium. Das Bariumspectrum ist sehr complicirt und besonders durch mehrere grüne Linien charakterisirt, unter denen namentlich Ba α und β hervortreten. Die Haloidsalze des Bariums, Baryterdehydrat, sowie die in der Natur am häufigsten vorkommenden Barytverbindungen (Ba $\overset{..}{C}$ und Ba $\overset{..}{S}$) zeigen die Reaction am deutlichsten und können durch einfaches Erhitzen in der Flamme erkannt werden. Durch Salzsäure angreifbare barythaltige Silicate zeigen die Reaction nach dem Befeuchten mit dieser Säure sehr deutlich. Die durch Salzsäure nicht zersetzbaren Verbindungen schliesst man am besten in der beim Strontium angegebene Weise mit kohlensaurem Natron auf und prüft den dadurch erhaltenen kohlensauren Baryt. Finden sich in diesen Verbindungen zugleich auch Kalkerde und Strontianerde, so löst man die durch Aufschliessen erhaltenen kohlensauren Salze in möglichst wenig Salpetersäure und zieht aus dem abgedampften Rückstand den Kalk durch Alkohol aus. Der Rückstand enthält dann noch Baryt und Strontian, die sich, wenn sie nicht in allzu ungleicher Menge vorkommen, leicht neben einander erkennen lassen.

Man kann auch den Rückstand durch Glühen mit Salmiak in Chlorverbindungen verwandeln, aus denen sich das Chlorstrontium durch Alkohol ausziehen lässt.

Thallium. Das Thalliumspectrum ist ausgezeichnet durch einen einzigen intensiv grünen Streifen von scharfer Begrenzung, der fast mit der Linie δ des Bariumspectrums zusammenfällt. Die verschiedenartigsten Salze des Thalliums zeigen diese Linie mit grosser Deutlichkeit, und selbst die thalliumhaltigen Kiese, in denen dieses Metall nur in sehr geringer Menge enthalten ist, lassen sofort bei unmittelbarer

Erhitzung im Saume der Flamme das Spectrum des Thalliums erkennen.

Indium. Das Spectrum dieses Metalls zeigt 2 Linien, von denen die eine In α im Indigo, die andere β im Violett sich befindet, jene ist die bei weitem intensivere, und an ihr kann die Gegenwart des Indiums leicht erkannt werden. Die verschiedenen Verbindungen des Indiums zeigen dieses Spectrum sehr deutlich, jedoch gelingt es nicht, die Gegenwart dieses Metalls auf diesem einfachen Wege ohne Weiteres in der Zinkblende, in welchem Minerale es bis jetzt gefunden worden ist, nachzuweisen, weder dadurch, dass man dieselbe für sich in der Flamme erhitzt, noch dass man die Blende im gerösteten Zustande, mit Salzsäure befeuchtet, in die Flamme bringt. Man muss vielmehr einige Gramme der Zinkblende entweder im gerösteten Zustande mit Salzsäure oder im ungerösteten Zustande durch Königswasser zersetzen, die Flüssigkeit nach dem Verdünnen mit Ammoniak übersättigen, den erhaltenen Niederschlag, welcher das Indiumoxyd (sowie das Eisenoxyd, wenn die Blende eisenhaltig war) enthält, trocknen und davon eine geringe Menge, mit Salzsäure befeuchtet, am Platindraht in die Flamme bringen. Beim Vorhandensein von Indium bemerkt man sehr deutlich auf kurze Zeit die blaue Linie α.

Ausser bei den genannten Stoffen zeigen sich auch bei der Erhitzung verschiedener anderer Substanzen mehr oder weniger charakteristische Spectren, wie z. B. beim Selen, beim Phosphor, wenn derselbe in einem Strome von Wasserstoffgas erhitzt, und die Flamme des angezündeten Gases betrachtet wird, bei Borsäure, Manganchlorür, Chlorblei, Chlorwismuth, Kupferchlorid. Selen giebt vom Gelb bis Violett des Spectrums eine grosse Anzahl gleichweit von einander abstehender dunkler Linien; das Phosphorspectrum zeichnet sich durch drei Linien im Grün aus; Borsäure und Manganchlorür liefern ebenfalls mehrere breite grüne Linien; Chlorblei, Chlorwismuth und Kupferchlorid zeigen helle Linien in fast allen Theilen des Spectrums.

Nicht weniger interessant sind die sogenannten Absorptionsspectren, welche dadurch erhalten werden, dass man zwischen den Spalt des Rohres und die hellleuchtende Flamme Lösungen gewisser Salze oder auch Gase in geeigneten gläsernen Gefässen bringt und so das Licht durch die Lösung oder das Gas hindurchfallen lässt; es verschwinden hierbei durch Absorption der entsprechenden Lichtstrahlen entweder einzelne grössere Theile des vollständigen Spectrums, oder man bemerkt auch nur schwarze Linien an verschiedenen Stellen desselben. Erscheinungen der genannten Art bieten z. B. die Lösungen des übermangansauren Kalis, ferner gewisser Kobalt-, Kupfer- und Chromsalze, sowie der Didym-, Erbium-

und Terbiumsalze dar. Für den Chemiker sind besonders die bei den letztgenannten Verbindungen auftretenden Spectren von Interesse. Bringt man Lösungen davon (welche fast farblos sind) in einer nicht zu dünnen Schicht zwischen Spalt und Licht, so bemerkt man bei den Didymsalzen im gelben sowohl wie im violetten Theil des Spectrums eine starke schwarze Linie und ausserdem noch im grünen und blauen Theil fünf feinere, mehr oder weniger intensive schwarze Linien; Lösungen von Terbiumsalzen zeigen im Gelb, Grün und Violett eine starke schwarze Linie, während Erbiumsalze im rothen, grünen, blauen und violetten Theil Streifen von verschiedener Stärke erkennen lassen. Auch Lösungen der Yttererde sollen im Gelb und Grün Linien zeigen.

Alphabetisches Verzeichniss

der zur zweiten Abtheilung gehörigen Mineralien und Hüttenprodukte.

Bemerkung. *Die Zahlen, welche unmittelbar nach den Namen der Mineralien und Producte stehen, bezeichnen die Seiten, auf welchen die chemische Zusammensetzung derselben zu finden ist; die folgenden Zahlen, die von der ersten durch einen Strich (—) getrennt und ausserdem in ( ) eingeschlossen sind, bezeichnen die Seiten mit dem chemischen Verhalten der betreffenden Substanzen.*

I. Mineralien.

Acadiolith 135 — (168).
Achat 157 — (187).
Achmit 160 — (110).
Adular 153 — (158, 196).
Andelforst 162 — (164).
Aeschinit 233 — (111, 240).
Aftonit 373 — (387).
Aqalmatolith 154 — (111).
Akanthit 405 — (406).
Alaun s. Kalialaun, Natronalaun usw.
Alaun, manganhaltiger 122 — (206).
Alaun, talkerdehaltiger 121 — (206).
Alaunstein 152 — (111, 220).
Albit 160 — (111).
Algarit 154 — (168).
Algodonit 372 — (382).
Alisonit 339 — (345).
Albit s. Pimelith.
Allagit s. Mangankiesel.
Allanit 258 — (262).
Allemontit 420 — (430).
Allophan 210 — (111).
Allnaxdit 270 — (286).
Almandin s. Eisengranat.
Alstonit 169 — (172).
Alunian 213 — (219).
Alunkit 118 — (111, 219).
Alumocalcit 157 — (168).
Alvit 233 — (247).
Amalgam 394 — (397).
Amazonenstein s. Feldspath.
Amblygonit 165 — (110, 223).

Amethyst 468 — (487).
Amianth s. Asbest.
Ammoniak, schwefelsaures s. Maskagnin.
Ammoniakalaun 165 — (221).
Amolbit 314 — (320).
Amphibol s. Hornblende.
Amphodelith 181 — (110).
Analcim 161 — (164).
Anatas 419 — (421).
Andalusit 216 — (225).
Andalusit 214 — (111, 225).
Andesin 160 — (164).
Anglarit 279 — (294, 295).
Anglesit s. Bleivitriol.
Anhydrit 177 — (110, 184).
Ankerit 178 — (207).
Aanivit 373 — (387).
Anorthit 181 — (111, 194).
Anthosiderit 282 — (301).
Anthracit 456 — (460).
Anthracoxen s. Hetinit.
Anxiorit 203 — (210).
Antimon, gediegen 420 — (430).
Antimonarseniekelglanz 314 — (320).
Antimonblende 426 — (431).
Antimonblüthe 426 — (431).
Antimonglanz 425 — (430).
Antimonkupferglanz 374 — (386).
Antimonnickel 313 — (318).
Antimonnickelglanz 314 — (319).
Antimonocker 426 — (431).
Antimonsilber 399 — (405).

Autophyllit 201 — (210).
Apatelit 278 — (283).
Apatit 177 — (111, 166, 495).
Aphrodit 203 — (210).
Aphroditerit 217 — (226).
Apophyllit 154 — (158).
Arkosen 336 — (363).
Arfvedsonit 160 — (164).
Arkansit 419 — (421).
Arquerit s. Amalgam.
Arragonit 178 — (112, 176, 180).
Arsen, gediegen 414 — (415).
Arsenantimon 425 — (430).
Arsenblüthe 444 — (450).
Arseneisen 276 — (900).
Arsenglanz 444 — (440).
Arsennickelkies 280 — (290).
Arsenkies 276 — (290).
Arsenmangan 260 — (272).
Arsennickelglanz 314 — (315).
Arsensilber 400 — (402).
Asbest 201 — (210).
Aspasiolith 216 — (225).
Asphalt 458 — (461, 462).
Astrachanit 159 — (200).
Atakamit 374 — (389).
Atherizadit s. Skapolith.
Auerbachit 249 — (253).
Augit 180 — (194).
Aurichalcit 328 — (328).
Auripigment 444 — (449).
Automolith 324 — (330).
Avanturin 466 — (467).
Axinit 181 — (110, 499).

Babingtonit 181 — (194).
Baldmorit 202 — (210).
Bamlit 215 — (295).
Barnhardtit 378 — (385).
Barsowit 181 — (194).
Baryharmotom 169 — (172).
Barytocalcit 169 — (112, 172).
Barytocölestin 160 — (170).
Basalt 183.
Batrachit 180 — (194).
Baulit 155 — (158).
Bergholz 204 — (210).
Bergkrystall 466 — (467).
Bergseife 217 — (225).
Bernstein 459 — (461).
Berthierit 425 — (431).
Beryll 227 — (229).
Berzelit 179 — (190).
Bimstein 155 — (158).
Bisulit 333 — (344).
Bismuthit 362 — (367).
Bittersalz 199 — (112, 205).
Bitterspath 178 — (112, 184, 209).
Blätererz 333 — (345).
Blätterzeolith 162 — (194).

Blaueisenerz 278 — (295).
Blauspath 199 — (207).
Blei, gediegen 332 — (341).
Bleierde 336 — (351).
Bleiglätte, natürliche 334 — (348).
Bleiglanz 333 — (343).
Bleigummi 334 — (111, 350).
Bleihornerz 334 — (345).
Bleiniere 334 — (348).
Bleiniere 336 — (345).
Bleioxyd, selenigsaures 335 — (351).
Bleischweif 333 — (343).
Bleivitriol 334 — (345).
Blödit s. Astrachanit.
Brdenit 233 — (247).
Bohnerz 277 — (295).
Bol 216 — (225).
Boltonit 200 — (210).
Bolus 216 — (225).
Boracit 199 — (110, 205).
Borax 160 — (493).
Borocalcit 178 — (180).
Boronatrocalcit 160 — (163).
Borsäure 464 — (110, 465).
Botryogen 278 — (295).
Botryolith 183 — (110, 195).
Boulangerit 333 — (341).
Bournonit 333 — (340).
Bowenit 202 — (210).
Braunit 458 — (459).
Brandisit 203 — (210).
Braunbleierz 334 — (349, 350).
Brauneisenstein 277 — (295).
Braunit 267 — (174, 272).
Braunkohle 459 — (461, 462).
Braunspath 178 — (209).
Brennerit 199 — (205).
Brevicit 161 — (110, 164).
Brewsterit 169 — (172).
Brochantit 374 — (389).
Bromsilber 401 — (410).
Bruncit 180 — (194).
Brongniardit 401 — (404).
Brookit 419 — (421).
Brucit 198 — (205).
Buchholzit 215 — (220).
Bucklandit 181 — (194).
Basikupfererz 373 — (385).
Buratit 323 — (328).
Bustamit 180 — (194).
Bytownit 181 — (194).

Cacholong 467 — (468).
Calcit 178 — (112, 188).
Calcoferrit 278 — (295).
Caledonit 331 — (340).
Cancrinit 162 — (164).
Caporcianit 183 — (194).
Cantonit s. Kupferindig.
Cerinthin 201 — (210).

Carnatspath 290— (297).
Carnallit 152— (205).
Caracol 467— (467).
Carrollit 305— (313).
Cerin 258— (110, 262).
Cerinth 162— (194).
Cerit 258— (111, 252).
Cervantit 426— (432).
Ceylonit 204— (212).
Chabasit 150— (159).
Chalcedon 467— (467).
Challilith 162— (194).
Chalkolith 369— (371).
Chamoisit 281— (301).
Chamerlith u. Feldspath.
Chiastolith 214— (225).
Childrenit 379— (296).
Chiolith 159— (210).
Chiviatit 334— (347).
Chloanthit 313— (349).
Chlorastrolith 182— (194).
Chlorbromsilber 401— (409).
Chlorit 203— (110, 210).
Chloritoid 215— (225).
Chloritspath 215— (225).
Chloropal 292— (300).
Chlorophaeit 292— (300).
Chlorospinell 204— (213).
Chlorsilber 401— (409).
Chondrodit 204— (211).
Chonikrit 182— (194).
Christophit 322— (326).
Chromchlorit 203— (210).
Chromeisenstein 278— (283).
Chromglimmer s. Glimmer
Chromgranat 179— (444).
Chromocker 216— (111, 443).
Chrysoberyll 228— (232).
Chrysolith 200— (210).
Chrysopras 467— (467).
Chrysotil 202— (210).
Cimolit 216— (225).
Citrin 456— (457).
Clayit 333— (344).
Clingmannit 215— (225).
Clintonit 182— (210).
Coccinit 395— (397).
Cölestin 174— (110, 175).
Colophonit 179— (194).
Columbit 281— (300).
Comptonit 161— (164).
Condurrit 372— (382).
Copiapit 278— (294).
Coquimbit 278— (294).
Coracit 368— (371).
Cordierit 201— (210).
Cornwallit 375— (381).
Corundellit 215— (225).
Cotunnit 334— (347).
Couseranit 151— (155).

Crednerit 267— (274).
Crichtonit 280— (298).
Cronstedtit 281— (110, 301).
Cuban 374— (387).
Cummingtonit 268— (275).
Cuproplumbit 333— (345).
Cyanit 214— (225).
Cyanochrom 182— (389).
Cyanolith 162— (194).
Cyprin 179— (194).

Damourit 154— (168).
Danait 305— (311).
Danburit 181— (194).
Darwinit u. Whitneyit.
Datolith 183— (110, 196).
Davyn 162— (164).
Dechenit 336— (352).
Degeroit 292— (300).
Delessit 203— (210).
Delvauxit 279— (295).
Dermatin 296— (210).
Deweilchit 335— (352).
Desmin 162— (194).
Deweylit 202— (210).
Diadochit 279— (295).
Diallag 186— (194).
Diallagit s. Manganspath.
Diamant 458— (459).
Diamantspath 213— (218).
Dianit 281— (300).
Diaspor 213— (213).
Dichroit 201— (110, 210).   111, 210
Dipnit 373— (383).
Dihydrit 374— (349).
Dillnit 215— (225).
Diopsid 186— (194).
Dioptas 376— (111, 382).
Diphanit 182— (194).
Dipolit 163— (155).
Dipyr 160— (154).
Distearit 203— (210).
Disthen 214— (225).
Dolomit 178— (194).
Domeykit 372— (382).
Dopplerit 459— (459).
Dreelit 169— (171, 195).
Dufrenoysit 373— (386).
Dyoluit 324— (330).
Dysodil 459— (462).

Eddlich 182— (194).
Edenit 201— (210).
Edingtonit 182— (194).
Egeran 179— (194).
Ehlit 374— (389).
Eisen, gediegen 276— (282).
Eisenalaun 278— (294).
Eisenapatit s. Zwiesellit.
Eisenchlorit 203— (210).

Eisenerz, axotomes 250 — (293).
Eisenglanz 277 — (293).
Eisengranat 262 — (300).
Eisenkies 376 — (391).
Eisenkiesel 466 — (467).
Eisenmulm 277 — (394).
Eisennickelkies 314 — (320).
Eisenniere 277 — (293).
Eisenocker 277 — (293).
Eisenopal 466 — (466).
Eisenoxyd, phosphorsaures 278 — (110).
„   „   schwefelsaures 278 — (111).
Eisenoxydul, schwefelsaures 278 — (213).
Eisenpecherz s. Triplit.
Eisenperidot 261 — (300).
Eisenresin 279 — (306).
Eisenrose 250 — (298).
Eisensilikat 262 — (300).
Eisensinter 280 — (297).
Eisensteinmark 216 — (228).
Eisenvitriol 278 — (203).
Ekebergit 181 — (194).
Eisolith 153 — (110, 188).
Elaterit 458 — (459).
Elaolit 368 — (371).
Ellagit 216 — (225).
Embolith 401 — (409).
Embrithit 343 — (343).
Emerald-Nickel 314 — (321).
Emarylith 216 — (225).
Enargit 373 — (384).
Enstatit 200 — (210).
Ephesit 216 — (225).
Epichlorit 203 — (210).
Epidot 181 — (111, 194).
Epistilbit 162 — (164).
Erdharz s. Resinit.
Erdkobalt, schwarzer 267 — (273).
Erdöl 455.
Erdwachs 458 — (460).
Erinit 373 — (391).
Erlan 181 — (194).
Erubyit 181 — (194).
Esmarkit 204 — (210).
Essonit 179 — (194).
Euchroit 376 — (392).
Eudialyt 162 — (110, 251).
Eugenglanz 400 — (406).
Eukairit 400 — (406).
Enkampit 202 — (210).
Euklas 227 — (111, 229).
Eukolit 162 — (251).
Eulytin 362 — (367).
Euphyllit 217 — (225).
Eusynchit 280 — (353).
Euxenit 239 — (240).

Färölith 161 — (164).
Fahlerz 373 — (385).
Fehlunit 162 — (110, 164).

Fassenquarz 466 — (467).
Faujasit 161 — (164).
Fayalit 261 — (301).
Federalaun 213 — (220).
Federerz 332 — (343).
Feldspath 152 — (111, 493).
Felsobanyit 213 — (219).
Forgusonit 239 — (239).
Ferrotitanit 165 — (196).
Feuerblende 400 — (407).
Feuerstein 467 — (467).
Fibroferrit 278 — (204).
Fibrolith 216 — (225).
Fichtelit 458 — (459).
Finidit 373 — (387).
Fischerit 214 — (222).
Fiuocerit 257 — (260).
Flnogresinum 257 — (111, 260).
Flussspath 177 — (110, 391).
Forsterit 260 — (210).
Fonyodit 373 — (387).
Fowlerit 268 — (272).
Francolit 117 — (186).
Franklinit 267 — (273).
Frugardit 179 — (194).
Fuchsit s. Günther.
Funkit 180 — (194

Gadolinit 233 — (110, 111, 246).
Gahnit 224 — (111, 230).
Galaktit 161 — (161).
Galmei s. Kieselzinkerz und Zinkspath.
Gay-Lussit 160 — (110, 188).
Gehlenit 179 — (194).
Gelbbleierz 316 — (358).
Gelbeisenerz, kalkhaltiges 278 — (204).
„   „   natronhaltiges 278 — (204).
Gelbeisenstein 277 — (293).
Gelberde 282 — (300).
Gelberz 415 — (418).
Genkronit 333 — (343).
Gersdorffit 314 — (320).
Gibbsit 214 — (223).
Gismondit 154 — (168).
Gigantolith 154 — (168).
Gilbertit 216 — (225).
Gillingit 261 — (301).
Gismondin 154 — (168).
Glagorit 216 — (225).
Glanzkobalt 305 — (310).
Glanzmangaerz 267 — (273).
Glaserit 152 — (155).
Glaserz 400 — (406).
Glaskopf 277 — (293).
Glaubapatit 177 — (187).
Glauberit 162 — (110, 185).
Glaubersalz 159 — (498).
Glaukodot 305 — (310).
Glaukolith 180 — (194).

Glaukophan 160 — (164).
Glimmer 103 — (110, 111, 158).
Glinkit 209 — (210).
Glockerit 278 — (293).
Glottalith 152 — (194).
Gmelinit 155 — (158).
Göthit 271 — (292).
Gold, gediegen 411 — (417).
Goldamalgam 414 — (417).
Gongylit 154 — (158).
Grammatit 209 — (210).
Grauer Talk (Manganaugit.) 291 — (110, 210).
Graphit 462 — (469).
Graumanganerz s. Polianit.
Gransplenaglanzerz 425 — (430).
Greenockit 331 — (332).
Greenovit 183 — (197).
Grengesit 208 — (210).
Groppit 154 — (158).
Grorofit 267 — (272).
Grossular 179 — (194).
Grünbleierz 354 — (349, 354).
Grüneisenerde 302 — (307).
Grüneisenstein 329 — (294).
Grünerde 288 — (300).
Grunerit 281 — (300).
Guarinit 183 — (197).
Guaynenit 373 — (374).
Guhrhofite 128 — (157).
Gummierz 368 — (371).
Gurolt 181 — (194).
Gymnit 302 — (210).
Gyps 177 — (110, 192).

Haarkies 314 — (220).
Haarsalz 213 — (220).
Haidingerit 172 — (190).
Halbopal 461 — (468).
Halloysit 216 — (110).
Harmotom, kalkhaltiger 155 — (158).
Harringtonit 154 — (164).
Hartit 450 — (459).
Hartkobaltkies s. Tesseralkies.
Hatchetin 452 — (459).
Hauerit 264 — (273).
Hausmannit 260 — (174, 272).
Hauyn 162 — (110, 165).
Hedenbergit 180 — (194).
Hedyphan 335 — (350).
Heliotrop 467 — (467).
Helvin 227 — (110, 230).
Hercinit 264 — (272).
Herschelit 154 — (158).
Hetepozit 268 — (110, 274).
Heterosit 265 — (275).
Heteromorphit 323 — (345).
Heterosit 265 — (274).
Heulandit 152 — (194).
Himbeerspath s. Manganspath.
Bismutit 281 — (111, 300).

Bjelmit 333 — (359).
Hörnesit 200.
Hohlspath 214 — (215).
Holmesit 152 — (194).
Helmit 182 — (254, 255).
Homichlin 315 — (346).
Honigstein 211 — (212).
Hornblende 201 — (210).
Hornsilber 401 — (409).
Horsteln 467 — (467).
Humboldtit 272 — (296).
Humboldtilith 154 — (158).
Humit 214 — (211).
Huronit 267 — (274).
Hureulit 162 — (194).
Hyacinth 219 — (223, 224).
Hyalith 467 — (468).
Hyalophan 152 — (164).
Hyaloiderit 300 — (210).
Hydrargillit 213 — (210).
Hydrospalit 177 — (187).
Hydroboracit 178 — (110, 192).
Hydrobornesit 178 — (190).
Hydrofluocerit 368 — (371).
Hydrohalmnit 277 — (292).
Hydrolith 155 — (158).
Hydromagnesit 199 — (205).
Hydromagnocalcit 178 — (158, 191).
Hydrophan 467 — (468).
Hydrophit 293 — (210).
Hydrotalkit 204 — (210).
Hypersthen 180 — (111, 194).
Hypochlorit 352 — (367).
Hyposklerit 161 — (164).

Ibarit 154 — (159).
Idocras 179 — (110, 194).
Idrialin 450 — (460).
Iglesiasit 333.
Ilmenit 260 — (208).
Ilmenorutil s. Anatas.
Indianit 161 — (164).
Iolith 201 — (210).
Iridium, gediegen 411 — (412).
Iridosmium 411 — (414).
Iris 411 — (414).
Iserin 260 — (208).
Isopyr 181 — (194).
Itnerit 162 — (165).

Jalpait 400 — (408).
Jamesonit 323 — (347).
Jarosit 278 — (294).
Jaspis 467 — (467).
Jasp-Opal 461 — (468).
Jeffersonit 183 — (194).
Jenkinsit 303 — (210).
Jodquecksilber 397 — (398).
Jodsilber 401 — (410).
Johnnit 262 — (371).

Kämmererit 202 — (210).
Kakoxen 279 — (295).
Kalait 214 — (111, 221).
Kalialaun 152 — (290, 406).
Kaliglimmer s. Glimmer.
Kalisalpeter 102 — (453).
Kalk-Eisengranat 179 — (194).
Kalkerde, oxalsaure 128 — (189).
Kalkgranat 179 — (194).
Kalkmesotyp 182 — (194).
Kalksalpeter 177 — (186, 453).
Kalkspath 178 — (119, 187).
Kalkstein 178 — (188).
Kalkvolborthit 376 — (393).
Kanzmkies 278 — (291).
Kampylit 335 — (350).
Kaneelstein 179 — (194).
Kaolin 216 — (226).
Karellnit 352 — (360).
Karpholith 216 — (111, 295).
Kastor 160 — (167).
Katapleit 248 — (264).
Katzenauge 456 — (467).
Kanzmkies 217 — (291).
Keilhauit 182 — (196).
Kerolith 203 — (210).
Klibdelophan 280 — (298).
Kieselgalmei 331 — (339).
Kieselgubr 467 — (464).
Kieselkupfer 376 — (393).
Kieselschiefer 467 — (467).
Kieselsinter 467 — (468).
Kieseltuff 467 — (468).
Kieselwismuth 362 — (367).
Kieselzinkerz 333 — (339).
Kieserit 152 — (210).
Kilbrikenit 338 — (343).
Killinit 154 — (158).
Kirwanit 182 — (194).
Kischtim-Parisit 268 — (261).
Klingstein 166 — (158).
Klinochlor 203 — (210).
Klinoklas 376 — (391).
Knebelit 203 — (275).
Kobaltarsenkies 278 — (290).
Kobaltbeschlag 305 — (312).
Kobaltblüthe 305 — (111, 312).
Kobaltglanz 305 — (310).
Kobaltkies 305 — (311).
Kobaltmangancrz s. schwarzer Erdkob.
Kobaltnickelkies 305 — (311).
Kobaltsulfuret 305 — (311).
Kobaltvitriol 305 — (312).
Kobellit 333 — (345).
Könlit 458 — (460).
Köttigit 323 — (330).
Kohlenblende 458 — (460).
Kokkolith 180 — (194).
Kollyrit 215 — (225).
Komichalit 375 — (393).

Korund 213 — (218).
Korphollith 182 — (194).
Krablit 153 — (159).
Kranttit 456 — (450).
Kraurit 379 — (394).
Kreide 177 — (187).
Kreittonit 324 — (330).
Kremersit 152 — (156).
Krokydolith 161 — (110, 164).
Kryolith 152 — (110, 218).
Kryptolith 257 — (260).
Kupfer, gediegen 372 — (382).
Kupferantimonglanz 374 — (387).
Kupferblau 376 — (393).
Kupferblende 373 — (384).
Kupferblüthe s. Rothkupfererz.
Kupferglanz 373 — (382).
Kupferglimmer 374 — (393).
Kupferindig 373 — (385).
Kupferkies 373 — (387).
Kupferlasur 375 — (391).
Kupfermanganerz 307 — (374).
Kupfernickel 313 — (318).
Kupferoxyd, arseniksaures 374 — (391).
　　"　　kieselsaures 376 — (393).
　　"　　kohlensaures 375 — (391).
　　"　　phosphorsaures 374 — (389).
　　"　　schwefelsaures 374 — (389).
　　"　　vanadinsaures 376 — (393).
Kupferpecherz s. Kieselkupfer.
Kupferschammerz 374 — (389).
Kupferschaum 375 — (393).
Kupferschwärze 374 — (389).
Kupfervitriol 374 — (390).
Kupferwismuther 362 — (366).
Kupferwismuthglanz 362 — (366).
Kyanlin 161 — (210).
Kyrosit 277 — (291).

Labrador 160 — (110, 164).
Lagonit 379 — (290).
Lanarkit 334 — (349).
Lancasterit 159 — (209).
Lanthanit 248 — (261).
Lardarellit 168 — (465).
Lasurapatit 178.
Lasurstein 162.
Latrobit 163 — (158).
Laumontit 182 — (194).
Lava 163.
Lavendulan 305 — (312).
Lazulith 160 — (111, 207).
Leadhillit 334 — (349).
Leberblende 322 — (327).
Leberkies 278 — (291).
Lecontit 159 — (153).
Ledererit 161 — (164).
Lehuntit 161 — (164).
Leonhardit 182 — (194).
Lepidokrokit 277 — (293).

Lepidolith 153 — (158).
Lepidomelan 158 — (158).
Lepolith 181 — (194).
Leuchtenbergit 203 — (210).
Leucit 152 — (111, 108).
Leucophan 152 — (231).
Levyn 156 — (168).
Liebenerit 154 — (159).
Liebethenit 376 — (389).
Liebigit 369 — (372).
Lievrit 181 — (110, 194).
Lignit 459.
Linarit 334 — (348).
Linneerit 373 — (392).
Lithionglimmer s. Glimmer.
Lithionturmalin (111).
Löwent 152 — (153).
Löwigit 142 — (156).
Loganit 202 — (210).
Lonchidit 377 — (391).
Loxoclas 153 — (158).
Luchssphir 201 — (210).
Lukullan 178 — (187).
Lydit s. Kieselschiefer.

Magnesia-Alaun 193 — (221).
Magnesiaglimmer s. Glimmer.
Magnesiahydrat 198 — (205).
Magnesit 122 — (112, 208).
Magnesitspath 199 — (209).
Magneteisenstein 277 — (292).
Magnetkies 276 — (291).
Magnoferrit 198 — (205).
Maiaolith 312 — (391).
Mainkalith 189 — (194).
Malakon 312 — (253, 254).
Malthacit 217 — (225).
Manganalaun (221).
Manganglanz 206 — (272).
Mangansalz 267 — (272).
Mangankiesel 189 — (110, 111, 194).
Manganocalcit 262 — (274).
Manganspath 262 — (275).
Mangan-Thongranat 253 — (276).
Marcelin 268 — (279).
Margarit 217 — (225).
Marmoit 122 — (335).
Marmolith 202 — (210).
Martinsit 189 — (205).
Massagnin 169 — (194).
Masonit 213 — (225).
Mallochit 334 — (348).
Meerschaum 208 — (210).
Megabromit 401 — (409).
Mejonit 181 — (194).
Melanglanz 400 — (408).
Melanochroit 335 — (351).
Melanolith 281 — (300).
Melilith 154 — (158).
Mellinophan 152 — (158).

Meilit 114 — (225).
Menakan 280.
Mendipit 334 — (348).
Menghinit 338 — (343).
Menilit 467 — (468).
Mennige 334 — (348).
Mergel 178.
Mesitinspath 199 — (209).
Mesolin 155 — (168).
Mesolith 161 — (164).
Metachlorit 288 — (300).
Metaxit 202 — (210).
Meteoreisen 275 — (289).
Meteorsteine 155.
Miargyrit 400 — (408).
Middletonit 459 — (459).
Miemit 152 — (156).
Miesit 334 — (349).
Mikrobromit 401 — (409).
Mikroklin 153.
Mikrolith 179.
Milchquarz 466 — (467).
Millerit 314 — (316).
Miloschin 215 — (225).
Mimetesit 336 — (350).
May 276 — (294).
Mokkastein 467 — (467).
Molybdänglanz 436 — (436).
Molybdänocker 440 — (430).
Monazit 257 — (261).
Monazitoid 257 — (261).
Monradit 209 — (210).
Monrolith 215 — (225).
Monticellit 189 — (194).
Morion 466 — (467).
Mosandrit 258 — (264).
Mnromontit 238 — (247).
Myelin 215 — (225).

Nadeleisenerz 277 — (293).
Nadlerz 334 — (347).
Nakrit 215 — (225).
Naphta 458.
Natrimolith 161 — (164).
Natrolith 161 — (164).
Natronalaun 193 — (221).
Natronaugentyp 161 — (164).
Natronsalpeter 199 — (199).
Natronspodumen 160 — (110, 164).
Neft-gil 458.
Nemalith 198 — (205).
Neolith 203 — (210).
Neotekit 269 — (275).
Nephelin 153 — (111, 158).
Nephrit 200 — (210).
Neurolith 182 — (194).
Nickelantimonglanz 314 — (316).
Nickelarsenit 314 — (321).
Nickelblüthe 314 — (321, 111).
Nickelgymnit 202 — (210).

Nickelarsen 314 — (316).
Nickelocker 314 — (321).
Nickeloxydul 314 — (316).
Nickelsmaragd 314 — (321).
Nickelspiessglanzerz 314 — (319).
Nickelwismuthglanz 314 — (320).
Niobit 281.
Nontronit 283 — (300).
Nosean 162 — (164).
Nüssierit 334.
Nuttalith 180 — (194).

Obsidian 155.
Oerstedtit 242 — (111, 252).
Okenit 181 — (110, 194).
Oligoklas 160 — (164).
Olivenit 375 — (301).
Olivin 200 — (111, 210).
Onkosin 161 — (158).
Osofrit 394 — (398).
Onyx 467 — (467).
Opal 467 — (468).
  „ edler 467 — (468).
  „ Feuer- 467 — (468).
  „ gemeiner 467 — (468).
Opalin-Allophan 215 — (225).
Oparment 444 — (449).
Orangit 255 — (265).
Orthit 258 — (110, 268).
Orthoklas 152 — (158).
Osmiridium, dunkles 411 — (414).
  „ lichtes 411 — (414).
Osteolith 178.
Ottrelith 216 — (225).
Oxalit 279 — (295).
Ozarkit 161 — (164).
Ozokerit 458 — (460).

Pajsbergit 180 — (194).
Palagonit 152 — (194).
Palladium, gediegen 411 — (413).
Palladiumgold 411 — (417).
Paraffin 458.
Paralogit 161 — (164).
Parastilbit 162 — (164).
Parisit 205 — (261).
Panht 180 — (194).
Pectstein 162 — (164).
Pegmit 214 — (225).
Pektolith 161 — (110, 164).
Pencatit 178 — (188, 205).
Pennin 208 — (210).
Pepiolith 203.
Pereylit 334 — (385).
Peridot 200 — (210).
Periklas 198 — (205).
Periklin 160 — (164).
Periglimmer 215 — (225).
Peristerit 467 — (468).
Perlspath 178 — (188).

Perlamin 154 — (158).
Perowskit 173 — (175).
Perowskyn 165 — (165).
Perthit 155.
Petalit 165 — (111, 167).
Pfeifenstein 161 — (164).
Phakolith 155 — (158).
Pharmakolith 179 — (110, 190).
Phenakit 227 — (111, 238).
Phillipsit 155 — (158).
Pholerit 215 — (225).
Phonolith 155.
Phosphorerz 257 — (260).
Phosphochalcit 374 — (382).
Phosphorit 177 — (190).
Photizit 268.
Phyllinglanz 415 — (418).
Pianit 452.
Pickeringit 132 — (205).
Pikrasmin 202.
Pikrolith 202 — (205).
Pikromerit 152 — (166).
Pikropharmakolith 179 — (190).
Pikrophyll 208 — (210).
Pikrosmin 203 — (111, 210).
Pimelith 215 — (111, 321).
Pinguit 262 — (300).
Pinit 154 — (111, 158).
Pinitoid 154 — (158).
Piotin 203 — (210).
Pissuit 278 — (385).
Pissophan 278 — (294).
Pistacit 181.
Pistomesit 189 — (205).
Pitkärandit 201.
Plagionit 333 — (343).
Plasma 467 — (467).
Platin, gediegen 411 — (412).
Platiniridium 411 — (413).
Plattnerit s. Schwerbleierz.
Pleonast 304 — (313).
Plinthit 217 — (225).
Plumbostcit 175 — (188).
Plumbostib 335 — (343).
Plumosit 332 — (343).
Polianit 367 — (372).
Poliarschiefer 467 — (468).
Pollux 154 — (158).
Polyadelphit 178 — (194).
Polyargit 154 — (158).
Polybasit 400 — (406).
Polyhalit 152 — (110, 184).
Polykras 232 — (240).
Polylith 180 — (194).
Polymignit 232 — (111, 245).
Polyspharit 334.
Porcellanerde 215 — (225).
Porcellanspath 160 — (164).
Porphyr 155.
Prasem 466 — (467).

43.*

Praseolith 204 — (210).
Predazzit 172 — (158, 209).
Prehnit 182 — (194).
Prehnitoid 160 — (164).
Prosopit 177 — (183).
Pseudophit 205 — (210).
Pseudotriplit 279 — (295).
Psilomelan 267 — (174, 272).
Puschkinit 181 — (194).
Pyknit 217 — (227).
Pyraëolith 205 — (210).
Pyrargillit 155 — (110, 158).
Pyrgom 180.
Pyrochlor 179 — (111, 191, 192).
Pyroklasit 177 — (186).
Pyrolusit 267 — (273).
Pyromorphit 334 — (349).
Pyrop 201 — (110, 441).
Pyrophyllit 215 — (111, 227).
Pyrophysalith 217 — (227).
Pyroretin 452.
Pyrorthit 255 — (110, 263).
Pyrosiderit 277 — (292).
Pyroxklerit 202 — (157).
Pyrosmalith 282 — (110, 301).

Quarz 466 — (111, 467).
Quecksilber, gediegen 394 — (397).
Quecksilberbranderz 458 — (460).
Quecksilberhornerz 395 — (399).
Quecksilberjodid 395 — (397).
Quecksilberlebererz 301 — (398).
Quellerz 277 — (293).

Raphilit 200 — (210).
Raseneisenstein 277 — (293).
Ranchtopas 466 — (467).
Ranschgeth 444 — (449).
Rautenspath 178 — (187).
Rasenmoffakin 216 — (225).
Realgar 444 — (449).
Russselaerit 205 — (210).
Retinalith 161 — (164).
Retinit 452 — (461).
Rhodalith 282 — (300).
Rhodeit 179 — (193).
Rhodiumgold 416 — (417).
Rhodochrom 202 — (443).
Rhodonit 180 — (194).
Ripidolith 205 — (210).
Römerit 278 — (293).
Röffeit 314 — (321).
Romeit 179 — (191).
Roselian 154 — (158).
Rossmanzm 466 — (467).
Rosit 154 — (158).
Rothbleierz 335 — (351).
Rotheisenstein 277 — (292).
Rothgültigerz, dunkles 400 — (407).
            helles 400 — (405).

Rothkupfererz 374 — (388).
Rothnickelkies 313 — (318).
Rothspiessglanzerz 426 — (4 1).
Rothzinkerz 373 — (327).
Rubin 213 — (218).
Rubinglimmer 277 — (293).
Rutil 419 — (111, 421).

Saccharit 161 — (164).
Salamstein 213 — (218).
Salit 180 — (194).
Salmiak 168 — (404).
Salpeter 452 — (155, 492).
Samarskit 235 — (239).
Sapphir 213 — (218).
Sapphirin 201 — (210).
Saponit 202 — (210).
Sarcolith 155 — (158).
Sardonyx 467 — (467).
Sassolin 464 — (465).
Saussurit 160 — (164).
Savit 161 — (164).
Scheelbleispath 336 — (354).
Scheelit 179 — (111, 191).
Scheererit 452 — (461).
Scherbenkobalt 444 — (446).
Schilfglaserz 401 — (408).
Schillerspath 202 — (210).
Schorlamit 183 — (195).
Schrifterz 415 — (417).
Schrötterit 216 — (225).
Schwefel, gediegen 469 — (470).
Schwefelkies 276 — (291).
Schwefelselenteollurwismuth 361 — (366).
Schwefeltellurwismuth 361 — (365).
Schwerbleierz 334 — (348).
Schwerspath 182 — (111, 170).
Schwerstein 179 — (191).
Schwimmkiesel 467 — (468).
Schreticit 452.
Seifenstein 205 — (110, 210).
Selenblei 332 — (342).
Selenbleikupfer 332 — (342).
Selenkobaltblei 305 — (312).
Selenkupfer 372 — (382).
Selenkupferblei 332 — (342).
Selenkupferquecksilber 375 — (383).
Selenquecksilber 394 — (397).
Selenquecksilberblei 332 — (342).
Selenquecksilberkupferblei 332.
Selenschwefelquecksilber 394 — (398).
Selensilber 400 — (405).
Selentellurwismuth 361 — (365).
Senarmontit 426 — (431).
Serbian 213 — (225).
Serpentin 202 — (111, 210).
Seybertit 182 — (194).
Siderit 466 — (467).
Sideromelan 154 — (158).

Sideroplesit 193 — (303).
Siderochisolith 381 — (111, 300.)
Silber, gediegen 389 — (404).
Silberglanz 400 — (406).
Silberhornerz 401 — (409).
Silberkupferglanz 400 — (407).
Silberwismuthglanz 401 — (408).
Sillimanit 214 — (225).
Sismondin 216 — (225).
Skapolith 190 — (110, 194).
Skolezit 182 — (194).
Skolopsit 162 — (164).
Skorodit 280 — (110, 297).
Skutlolith 204 — (210).
Slosait 217 — (225).
Smaragd 227 — (111, 229).
Smectit 217 — (225).
Smirgel 213 — (218).
Soda 160 — (453).
Sodalith 182 — (110, 111, 164).
Sordawalith 204 — (110, 210).
Spadait 203 — (210).
Speibelsenstein 273 — (206).
Speckstein 200 — (111, 210).
Speerkies 278 — (291).
Speiskobalt 304 — (309).
Sphärolith 154 — (154).
Sphen 183 — (111, 197).
Spinell 204 — (111, 212, 442).
Spodumen 165 — (110, 167).
Sprödglanzerz 430 — (405).
Stannit 357 — (360).
Stassfurthit 200 — (210).
Steareilith 215 — (225).
Steatit 200 — (210).
Steinheilit 201 — (210).
Steinkohle 459 — (461).
Steinmannit 333 — (343).
Steinöl 458.
Steinsalz 159 — (438).
Stilbit 181 — (194).
Sternbergit 401 — (408).
Stibilith 426 — (432).
Stilbit 182 — (194).
Stilpnomelan 282 — (300).
Stilpnosiderit 277 — (111, 293).
Strahlerz 314 — (301).
Strahlkies 278 — (291).
Strahlstein 200 — (210).
Strahlzeolith 182 — (194).
Strixopeit 283.
Striegisan 214 — (273).
Strogonowit 162 — (164).
Strontianit 174 — (111, 176).
Styptieit 275 — (294).
Sumpferz 277 — (293).
Sundvikit 161.
Susannit 334 — (349).
Svanbergit 159 — (193).
Syenit 155.

Sylvin 152 — (156).
Symplesit 280 — (297).

Tabergit 202 — (210).
Tachaphit 242 — (254).
Tachydrit 171 — (205).
Tachylith 154 — (154).
Tafelspath 170 — (111, 493).
Tagilith 275 — (390).
Talk 200 — (110, 111, 210).
Talkapatit 177 — (186).
Talkerdesinun 192 — (221).
Talkhydrat 198 — (205).
Talkspath 192 — (205).
Talksteinmark 216 — (225).
Tantalit 251 — (111, 269).
Taranowitzit 178.
Tantokiin 178.
Tekurein 462.
Tellur, gediegen 453 — (453).
Tellurblei 331 — (341).
Tellurgoldsilber 400 — (405).
Telluracker 453 — (453).
Tellursilber 400 — (405).
Tellurwismuth 361 — (365).
Tennantit 371 — (384).
Tenorit 274 — (386).
Tesseralkies 304 — (309).
Tetartin 160 — (164).
Tetradymit 361.
Tetraphylin 165 — (110, 274).
Thallit 205 — (210).
Tharandit 173 — (187).
Thenardit 159 — (493).
Thophroit 268 — (275).
Thermophyllit 202 — (210).
Thomsonit 181 — (164).
Thomelneusasin 227 — (295).
Thonerde, schwefels. 215 — (112, 320).
Thorit 266 — (250).
Thraulit 281.
Thrombolith 275 — (390).
Thuringit 281 — (300).
Tinkal 160 — (110, 465).
Titaneisen 280 — (112, 298).
Titanit 183 — (197).
Tombazit 313 — (319).
Topas 217 — (112, 327).
Trachyt 155.
Tremolit 200 — (210).
Trichalcit 275 — (390).
Tripel 457 — (462).
Triphan 165 — (167).
Triphyllin 165 — (274).
Triplit 267 — (274).
Tritomit 258 — (262).
Trona 160 — (465).
Troostit 273 — (329).
Tschewkinit 248 — (265).
Türkis 214 — (221).

Turgit 277 — (292).
Turmalin 301 — (110, 111, 210).
Tyrit 233 — (240).

Uughwarit 282 — (300).
Uralit 201.
Uranblüthe 368 — (371).
Uranglimmer, kalkhaltiger 369 — (371).
  „ kupferhaltiger 369 — (371).
Urangrün 362 — (371).
Uranit 369 — (110, 371).
Uran-Kalkcarbonat 362 — (372).
Uranocker 368 — (371).
Uranophan 369 — (372).
Urantantal 232 — (239).
Uranpechera 368 — (370).
Uranvitriol 369 — (371).
Urao 180 — (493).
Uwarowit 440 — (112, 441).

Valenciauit 162.
Vanadinbleiers 336 — (353).
Vanadiuit 335 — (353).
Vanadinkupferbleiers 335 — (353).
Vanadit 335 — (353).
Varisrit 214 — (224).
Varvicit 267 — (273).
Vauquelinit 355 — (111, 352).
Vermiculith 202 — (210).
Vesuvian 178 — (194).
Villarsit 202 — (210).
Vitriolocker 278 — (293).
Vivianit 279 — (293).
Völknerit 204 — (212).
Voglit 362 — (375).
Volborthit 375 — (398).
Voltait 152 — (294).
Voltzin 324 — (327).

Wad 267 — (272).
Wagnerit 199 — (206).
Walchowit 452.
Washingtonit 290.
Wasser 455 — (455).
Wawellit 214 — (112, 223).
Wabsterit s. Alaunialt.
Weichmangauera s. Pyrolusit.
Weissbleiers 385 — (860).
Weissgiltigers, dunkles 401 — (878).
  „ lichtes 401 — (409).
Weissit 154 — (158).
Weissnickelkies 518 — (519).
Weissspiesglanzera 428 — (431).
Weksstellur 415 — (418).
Wernerit 180 — (194).
Whitneyit 372 — (382).
Wichtyn (Wichtysit) 161 — (164).
Wismuera 277 — (273).

Willemit 328 — (329).
Williamsit 202 — (210).
Wiscuit 154 — (158).
Wismuth, gediegen 361 — (365).
Wismuthblende 362 — (367).
Wismuthglanz 362 — (366).
Wismuthkobaltera 304 — (306).
Wismuthocker 362 — (365).
Wismuthoxyd, kohlens. s. Wismuthblüthe
Wismuthsilber 399 — (404).
Wismuthsilberera 401 — (409).
Wismuthspath 362 — (366).
Witherit 169 — (110, 171, 434).
Wittichenit 362 — (366).
Wöhlergit 265.
Wöhlerit 249 — (249).
Wörthit 215 — (112, 225).
Weichonskoit 440 — (111, 443).
Wolfram 280 — (110, 298).
Wolframbleiers 336 — (354).
Wolframocker 432 — (432).
Wollastonit 170 — (409).
Würfelera 280 — (110, 295).

Xanthokon 400 — (407).
Xanthosiderit 277 — (964).
Xanthophyllit 182 — (194).
Xenolith 215.
Xenotim 232 — (237).
Xylit 282 — (300).
Xylochlor 154.

Ytterspath 232 — (237).
Yttrocerit 177 — (112, 184, 235).
Yttrotitanit 233.
Yttrophosphat 232 — (237).
Yttrotantalit 232 — (112, 235).
Yttrotitanit 183 — (195).

Zeagonit 154 — (158).
Zeichenschiefer 155.
Zeolith, rother s. Andelforah
Zeuxit 216 — (225).
Zink, gediegen 321.
Zinkbleispath 323 — (329).
Zinkblende 322 — (325).
Zinkblüthe 321 — (328).
Zinkenit 332 — (343).
Zinkspath 323 — (324).
Zinkvitriol 326 — (327).
Zinnkies 357 — (358).
Zinnober 324 — (326, 398).
Zinnstein 357 — (360).
Zirkon 249 — (112, 251, 254).
Zoisit 181 — (111, 194).
Zundererz 332 — (344).
Zwieselit 268 — (274).

II. Hütten- und Kunstprodukte.

Abstrich 336 — (350, 502).
Abstrichblei 336 — (355).
Abzug 336 — (356).
Amalgam 401 — (397, 508).
Amalgamir-Rückstände 395 — (399).
Amalgamsilber 401 — (411).
Argentan — (606).
Arsen, arsenige Säure 445.

Blei 336 — (355).
Bleiamalgam 396.
Bleiglätte 336 — (356).
Bleiofenbruch 284 — (308).
Bleischlacke — (357, 500).
Bleispeise 306 — (301, 508).
Bleistein 284 — (275, 303).
Blicksilber 401 — (411).
Brandsilber 401 — (411).

Cementkupfer 376.
Cementsilber 401.
Cyan- und Stickstoff-Titan 412 — (421).

Darrgmacher 376.
Darrlinge 376.
Darrschlacke 376.

Eisensau 283, 452 — (301, 464).

Flugstaub 327 — (357).
Frischblicke 376.

Gaarkupfer 376.
Gichtschwamm 324 — (331).
Gichtmehl s. arsenige Säure.
Glätte 336 — (356).
Glühspan 284 — (304).
Goldamalgam 412.

Hammerschlag 284 — (304).
Härdlinge 283, 458, (301, 361).
Hartbruch 368 — (361).
Heerd 336 — (357).

Kadmium 381

Kobaltspeise 283.
Kupferhammer 376.
Kupferlech 284 — (303).
Kupferrosen 376.
Kupferstein 284 — (275, 303).

Lech s. Kupferlech.

Neusilber — (606).
Nickelspeise 306 — (315).

Ofenbruch 284 — (303).

Pickschiefer 376.

Raffinatsilber 401 — (411).
Raffinatspeise 306.
Roheisen 283 — (275, 301, 464).
Rohkupfer 376 — (304, 507).
Rohofenblume 324 — (331).
Rohofenbruch 284 — (303).
Rohstahl 285 — (275, 361).
Rohstein 283 — (275, 303, 504).
Rohzink 324 — (331).

Saigerdörner 376 — (394).
Schlacken 304, 357.
Schwarzkupfer 283, 376 — (301, 356, 507).
Silberamalgam 395 — (508).
Smalte 306.
Speise s. Bleispeise, Kobaltspeise usw.
Stahl — (464).

Teste 402.
Titan s. Cyan- und Stickstoff-Titan.
Tropfkalk 324 — (331).

Werkblei 336 — (356, 394, 507).
Werkzink 324 — (331).

Zinn 357 — (360).
Zinngekrätz 357 — (360).
Zinnschlacken 358 — (360).

Atomgewichte.

Name der einfachen Körper.	Chemisches Zeichen	Atomgewicht O = 100	H = 1	Name der einfachen Körper.	Chemisches Zeichen	Atomgewicht O = 100	H = 1
Aluminium	Al	171,0	13,8	Natrium	Na	287,5	23,0
	Al	342,0	27,3	Nickel	Ni	369,5	29,0
Antimon	Sb	1504,0	120,3	Niobium	Nb	510,0	48,3
Arsen	As	937,6	75,0	Osmium	Os	1250,0	100,0
Baryum	Ba	857,2	68,6	Palladium	Pd	662,5	53,0
Beryllium	Be	87,5	7,0	Phosphor	P	387,5	31,0
Blei	Pb	1294,5	103,5	Platin	Pt	1232,0	98,7
Bor	B	137,5	11,0	Quecksilber	Hg	1250,0	100,0
Brom	Br	1000,0	80,0	Rhodium	Rh	651,9	52,2
Cadmium	Cd	700,0	56,0	Rubidium	Rb	1067,5	85,4
Cäsium	Cs	1641,9	123,3	Ruthenium	Ru	651,9	52,2
Calcium	Ca	250,0	20,0	Sauerstoff	O	100,0	8,0
Cer	Ce	575,0	46,0	Schwefel	S	200,0	16,0
Chlor	Cl	443,2	35,4	Selen	Se	495,4	39,5
Chrom	Cr	329,0	26,3	Silber	Ag	1350,0	108,0
Dian	D			Stickstoff	N	175,0	14,0
Didym	Di	604,5	48,5	Strontium	Sr	546,8	43,7
Eisen	Fe	350,0	28,0	Tantal	Ta	860,0	68,8
Erbium	E			Tellur	Te	806,2	64,5
Fluor	Fl	237,5	19,0	Terbium	Tr		
Gold	Au	2458,7	196,7	Thallium	Tl	2550,0	204,0
Indium	In	483,4	37,6	Thorium	Th	743,8	59,5
Iridium	Ir	1237,5	99,0	Titan	Ti	301,5	24,1
Jod	I	1587,5	127,0	Uran	U	750,0	60,0
Kalium	K	487,5	39,0	Vanadin	V	856,8	68,5
Kiesel	Si	277,7	22,2	Wasserstoff	H	12,5	1,0
Kobalt	Co	375,0	30,0	Wismuth	Bi	1300,0	104,0
Kohlenstoff	C	75,0	6,0		Bu	2600,0	208,0
Kupfer	Cu	396,6	31,7	Wolfram	W	1150,0	92,0
Lanthan	La	580,0	46,4	Yttrium	Y	437,5	35,0
Lithium	Li	87,5	7,0	Zink	Zn	406,6	32,5
Magnesium	Mg	150,0	12,0	Zinn	Sn	735,3	58,8
Mangan	Mn	337,5	27,0	Zirkonium	Zr	558,5	44,7
Molybdän	Mo	575,0	46,0				

Berichtigungen und Nachträge.

Seite	Zeile	
83	16 v. o.	folge auf „schmilzt" leicht.
110	25 v. u.	stehe Datolith statt Datholith.
111	14 v. o.	stehe Kalait statt Calait.
111	8 v. u.	stehe Staurolith statt Staurolid.
111	—	stehe Sphen A nicht sub c), sondern sub a).
112	11 v. o.	falle „Lasulit A" weg.
122	—	stehe bei 11) $\dot{T}b$ statt $\bar{T}b$.
124	—	stehe bei 4) $\bar{C}e$ statt $\dot{C}e$; sowie bei h) $\dot{D}i$ statt $\dot{D}$.
134	—	stehe bei 24) $\bar{N}h$ statt $\dot{N}h$; sowie bei 25) $\bar{N}n$ statt $\dot{N}n$.
159	8 v. u.	stehe nach „Astrachanit" (Blödit).
170	—	folgt nach Brewsterit der fälschlicherweise S. 152. Z. 12 v. o. genannte Edingtonit.
181	17 v. u.	stehe $\dot{N}a^2$ statt $\dot{K}^2$.
215	4 v. u.	stehe $\dot{C}e, \dot{C}u$ statt $\dot{C}u, \dot{C}u$.
255	9 v. o.	stehe Thorerde statt Thorwe.
256	—	Nachtrag zu den Thorerdehaltigen Mineralien. Nach den neuern Untersuchungen von Hermann ist der Monazit mit hierher zu rechnen; seine Zusammensetzung ist nach Demselben

$$2\,\ddot{T}h\ ^3\bar{\bar{P}} + 8\,\dot{R}\ ^3\bar{P}; \quad (\dot{M} = \dot{C}e, \dot{L}a, \dot{D}i, \dot{C}a).$$

Seite	Zeile	
267	2 v. u.	ist die Formel des Monazits in vorstehender Weise zu ändern.
279	19 v. u.	stehe Alluaudit statt Alluandit.
314	—	Bei den Verbindungen des Nickeloxyduls mit Säuren ist noch der Nickelvitriol von Riechelsdorf zu erwähnen; derselbe hat die Zusammensetzung $\dot{N}i\,\bar{S} + i\,\overset{\dots}{\rightleftharpoons}$.
399	7 v. u.	stehe $Ag^{12}\dot{B}i$ statt $Ag^{12}\dot{B}i$.
505	19 v. o.	stehe Aequivalenten statt Aequivalentet.
515	24 v. o.	stehe 12 Ctr. statt 10 Ctr.
535	17 v. o.	stehe gehörigen statt gehörigen.
596	23 v. u.	stehe 589 statt 598.

9 7 8 3 7 4 1 1 5 8 7 2 8